Tod und Sterben

Tod und Sterben

Anthropologische Grundlagen, kulturelle Deutungsmuster und aktuelle Herausforderungen

Herausgegeben von
Franz-Josef Bormann

DE GRUYTER

ISBN 978-3-11-104505-4
e-ISBN (PDF) 978-3-11-105560-2
e-ISBN (EPUB) 978-3-11-105564-0

Library of Congress Control Number: 2023943553

Bibliografische Information der Deutschen Nationalbibliothek
Die Deutsche Nationalbibliothek verzeichnet diese Publikation in der Deutschen Nationalbibliografie; detaillierte bibliografische Daten sind im Internet über http://dnb.dnb.de abrufbar.

Satz: Integra Software Services Pvt. Ltd.
Druck und Bindung: CPI books GmbH, Leck

www.degruyter.com

Inhaltsverzeichnis

Teil III: Sterben unter den Bedingungen moderner Medizin

Teil IV: Die Debatte um ‚selbstbestimmtes Sterben' und Suizidassistenz

Vorwort

Tod und Sterben gehören zu den existentiellen Grunderfahrungen des Menschseins, denen sich niemand entziehen kann. Auch wenn verschiedene Faktoren in den letzten Jahren dazu beigetragen haben, ihre starke Tabuisierung in unserer modernen Gesellschaft abzuschwächen, bleiben noch immer viele Aspekte dieser vielschichtigen Thematik im Dunkeln. Grund genug, einmal aus einer interdisziplinären Perspektive den Versuch zu unternehmen, einige Dimensionen dieses komplexen Phänomenbereichs näher auszuleuchten. Den Anstoß hierzu gab eine Ringvorlesung, die im Wintersemester 2022/23 an der Eberhard Karls Universität Tübingen im Rahmen des *Studium Generale* stattfand und deren Beiträge hier in überarbeiteter Form vorgelegt und durch eine Reihe weiterer Abhandlungen ergänzt werden.

Die Texte des ersten Hauptteils nähern sich Tod und Sterben aus dem Blickwinkel der philosophischen Anthropologie. Die einzelnen Beiträge spannen einen weiten Bogen von den bereits in der Antike durchgespielten systematischen Grundmodellen zur Lösung des sogenannten Leib-Seele-Problems – wie dem Dualismus, dem Hylemorphismus und dem Materialismus – über verschiedene tugendethische Bewältigungsstrategien im Umgang mit der eigenen Kontingenz bis hin zu existential- und prozessontologischen Interpretationsmodellen des Todes.

Der zweite Hauptteil des Bandes analysiert das variantenreiche Fortleben dieser philosophischen Interpretationsansätze von Tod und Sterben im Bereich der theologischen Anthropologie. Wie die einzelnen Untersuchungen zum rabbinischen Judentum, zur christlichen Theologie und zum islamischen Denken zeigen, kommt es dabei nicht nur zu vielfältigen Misch- und Übergangskonzeptionen, sondern auch zur Ausbildung einer reichen Ritualpraxis, die vor allem pastorale Ziele verfolgt.

Die Beiträge des dritten Hauptteils wenden sich dem Sterben unter den Bedingungen der modernen Medizin zu. Dabei geht es zum einen um das technisch kontrollierte Versterben auf einer modernen Intensivstation und die Möglichkeiten einer palliativmedizinischen Begleitung von schweren Krankheits- und Sterbeprozessen und zum anderen um die Debatte um das sog. Hirntod-Konzept, das der modernen Transplantationsmedizin zugrunde liegt.

Der vierte und letzte Hauptteil ist der aktuellen Kontroverse um die Suizidassistenz gewidmet. Neben der primär rechtswissenschaftlichen Auseinandersetzung mit dem vom Bundesverfassungsgericht propagierten ‚Recht auf selbstbestimmtes Sterben' und seinen Konsequenzen für die nähere Ausgestaltung einer legalen Unterstützung von Selbsttötungshandlungen kommen dabei auch ethische Reflexionen über das Leitbild eines natürlichen Todes sowie literarische Suchbewegungen zum

https://doi.org/10.1515/9783111055602-001

reflektierten Umgang mit den existentiellen Erfahrungen von Krankheit, Sterben und Tod zur Sprache.

Durch die Verknüpfung von philosophisch-theologischen Grundsatzfragen und aktuellen medizinethischen Konflikten soll deutlich werden, dass eine Auseinandersetzung mit dem reichen kulturellen Erbe des Nachdenkens über Tod und Sterben auch heute noch bedeutsam für die Bewältigung aktueller Herausforderungen ist.

Der Dank des Herausgebers gilt allen Kolleginnen und Kollegen, die dieses Projekt mit ihren Beiträgen überhaupt erst ermöglicht haben, sodann Frau Elisabeth Böckler, die mich bei den redaktionellen Arbeiten sehr unterstützt hat. Danken möchte ich auch dem Verlag Walter de Gruyter für die langjährige vertrauensvolle Zusammenarbeit.

Franz-Josef Bormann

Teil I: **Philosophische Anthropologie**

Christoph Horn

Philosophische Anthropologie bei Platon: Dualismus oder Monismus?

Eine der klassischen Positionen der philosophischen Anthropologie scheint erstmals von Platon vertreten worden zu sein: die eines starken Dualismus. Ein starker anthropologischer Dualismus behauptet, dass Leib und Seele vollkommen unterschiedliche ontologische Eigenschaften aufweisen. Und tatsächlich beschreibt Platon den Körper als bedürftig, instabil, begehrlich, veränderlich, verletzlich und sterblich, während er die Seele als (zumindest potentiell) invariant und unsterblich auffasst. Platon behauptet weiter, dass Leib und Seele auch unabhängig voneinander existieren können. Allerdings verfalle der Leib ohne die Seele schon nach kurzer Zeit; die Seele soll ohne den Leib dagegen sogar in einer besseren Verfassung sein, weil dieser sie, solange sie miteinander verbunden sind, einschränkt und nachteilig beeinflusst. Letzteres schließt die These ein, dass Leib und Seele aufeinander wirken können: Sie existieren also keineswegs parallel und berührungslos nebeneinander, sondern sie interagieren. Es liegt somit nahe anzunehmen, dass wir es hier mit einem *interaktionistischen Substanzdualismus* zu tun haben.

Zu diesem möglichen Substanzdualismus passt gut, dass Platon im Hintergrund eine generelle Zwei-Welten-Konzeption zu vertreten scheint, nämlich (a) eine Zwei-Welten-Ontologie und (b) eine Zwei-Welten-Epistemologie.[1] Wenn wir (a) und (b) als gegeben voraussetzen können, dann lässt sich der anthropologische Dualismus Platons vielleicht unter seinen *allgemeinen metaphysischen Dualismus* subsumieren, und Platon rückt auf diese Weise nahe an den Substanzdualismus des Descartes heran. Aber stimmt dies wirklich? Viele Debattenbeiträge aus der jüngeren Forschung haben eine solche Affinität mit starken Argumenten in Zweifel gezogen.

Im Folgenden behandle ich zunächst die Indizien, die für einen Substanzdualismus in Platons Bestimmung des Verhältnisses von Leib und Seele sprechen (1). Danach untersuche ich einige der Einwände gegen diese Auffassung (2). Und schließlich schlage ich eine Interpretation vor, die sowohl der traditionellen Sichtweise als auch den Einwänden Rechnung zu tragen versucht: die Lesart des *derivativen Monismus* anstelle eines Dualismus (3).

1 Belege für (a) finden sich an denjenigen Stellen, an denen er das ‚Sein' vom ‚Werden' oder die Ideen von dem, was an ihnen teilnimmt, unterscheidet (besonders in *Phd.* 79a, *Rep.* X.595c-597e, *Tim.* 27d-28c). Belege für (b) lassen sich überall dort identifizieren, wo Platon den Gegensatz von ‚Wissen' und ‚Meinung' thematisiert (z. B. in *Rep.* V.474b-480a oder in *Rep.* VI.504a-511e).

https://doi.org/10.1515/9783111055602-002

1 Dualistische Aspekte der Theorie Platons

Ein Substanzdualismus lässt sich wie folgt beschreiben: Körperliche Entitäten weisen im Unterschied zu seelischen oder mentalen Phänomenen stets räumlich-zeitliche Eigenschaften auf. Sie besitzen eine dreidimensionale Ausdehnung; sie haben sinnlich wahrnehmbare Eigenschaften wie Farb- und Formqualitäten; sie lassen sich in Abschnitte oder Segmente einteilen (links/rechts, oben/unten, vorn/hinten) und in Teile zerlegen, wobei ganze, ungeteilte Körper stets größer als ihre Abschnitte oder Teile sein müssen. Für einen Körper lässt sich zu jedem Zeitpunkt ein bestimmter Aufenthaltsort angeben; kein anderer Körper kann zur selben Zeit denselben Ort einnehmen. Demgegenüber scheint keine dieser Eigenschaften auf seelische Phänomene übertragbar zu sein: Sie gelten weder von einer Empfindung, einem Wunsch, einer Emotion, einer Imagination, einer Erinnerung, einer Wahrnehmung noch von einem Gedanken. Befürwortet Platon tatsächlich einen solchen anthropologischen Dualismus? Begreift er Seele und Körper als radikal verschiedene Entitäten? Nach traditioneller Lesart ist die Antwort eindeutig ja, vor allem im Hinblick auf die Dialoge *Phaidon*, *Politeia*, *Phaidros* und einige weitere Schriften der frühen und mittleren Periode.[2]

Platon charakterisiert den Zustand einer verkörperten Seele (d. h. ihr Sein in einem *sôma*, was sowohl ‚Körper' als auch ‚Leichnam' bedeuten kann) als den eines Lebens in einem ‚Grab' (*sêma*). Das Wortspiel von *sôma* und *sêma* erscheint mehrfach in Platons Schriften (vgl. *Gorgias* 493a; *Kratylos* 400c; *Phaidros* 250c; ähnlich *Phaidon* 82e). Die Seele ist in einem besseren Zustand, wenn sie vom Körper getrennt ist (*Phaidon* 76c, 79b-d), da der Körper ein „Hindernis" (*empodion*: *Phaidon* 65a10) darstellt. Während der Körper sichtbar ist, ist die Seele unsichtbar (*Phaidon* 78b-80d). In diesem Sinn versteht Platon Seele und Körper als zwei unabhängige, wechselseitig irreduzible Arten von Entitäten. Im *Phaidon* scheint er eindeutig Folgendes zu behaupten: (i) Ein Mensch besteht aus zwei Teilen: einem materiellen Körper und einer immateriellen Seele, (ii) die Seele ist das eigentliche Selbst einer Person; die Seele kann separat leben und braucht keinen Körper; (iii) der Tod bedeutet die Trennung oder Teilung von Seele und Körper, und (iv) die Seele ist unsterblich, während der Körper vergänglich ist.

Aufgrund von (i)-(iv) sieht es zunächst danach aus, als ob Platon einen anthropologischen Dualismus in Form eines interaktionistischen Substanzdualismus entwickeln würde. Die folgenden beiden zentralen Textpassagen aus dem *Phai-*

2 Für eine Erläuterung und Verteidigung der traditionellen Lesart vgl. T. A. Szlezák, *Platon. Meisterdenker der Antike*, München 2021, 307-347.

don könnten als Evidenzen für eine solche Position dienen. Betrachten wir zunächst folgenden Passus (*Phaidon* 64b9-c8; Übers. F. D. E. Schleiermacher):

> Lasst uns nun, sprach er, [...] zu uns selbst aber sagen, ob wir wohl glauben, dass der Tod etwas sei?
>
> Allerdings, fiel Simmias ein.
>
> Und wohl etwas anderes als die Trennung der Seele von dem Leibe? Und dass das heiße „tot sein", wenn abgesondert von der Seele der Leib für sich allein ist und auch die Seele abgesondert von dem Leibe für sich allein ist? Oder sollte wohl der Tod etwas anderes sein als dieses?
>
> Nein, sondern eben dieses.

Sokrates und sein Gesprächspartner Simmias stimmen darin überein, dass es sich beim Tod um die Trennung der Seele vom Leib (*tên tês psychês apo tou sômatos apallagên*) handeln soll. Fast direkt anschließend wird im Text eine pointierte Konsequenz gezogen (*Phaidon* 65a7-d2; Übers. F. D. E. Schleiermacher):

> Wie aber nun mit dem Erwerb der richtigen Einsicht selbst, – ist dabei der Leib im Wege oder nicht, wenn ihn jemand bei dem Streben danach zum Gefährten mit aufnimmt? Ich meine so: Gewähren wohl Gesicht und Gehör den Menschen einige Wahrheit? Oder singen uns selbst die Dichter dies immer vor, dass wir nichts genau hören noch sehen? Und doch, wenn unter den Wahrnehmungen, die dem Leibe angehören, diese nicht genau sind und sicher, dann die andern wohl gar nicht – denn alle sind ja wohl schlechter als diese. Oder dünken sie dich das nicht? – Freilich, sagte er. – Wann also trifft die Seele die Wahrheit? Denn wenn sie mit dem Leibe versucht etwas zu betrachten, dann offenbar wird sie von diesem hintergangen. – Richtig. – Wird also nicht in dem Denken, wenn irgendwo, ihr etwas von dem Seienden offenbar? – Ja. – Und sie denkt offenbar am besten, wenn nichts von diesem sie trübt, weder Gehör noch Gesicht noch Schmerz und Lust, sondern wenn sie am meisten ganz für sich ist, den Leib gehen lässt und, soviel irgend möglich, ohne Gemeinschaft und Verkehr mit ihm dem Seienden nachgeht. – So ist es. – Also auch dabei verachtet des Philosophen Seele am meisten den Leib, flieht von ihm und sucht für sich allein zu sein? – So scheint es.

Nach Platon ist die vom Leib getrennte Seele in einer günstigeren Lage, was den Erwerb von Einsicht (*tên tês phronêseôs ktêsin*) anlangt. Denn der Gesichtssinn und das Gehör sollen nur Erkenntnisse liefern, die ungenau und undeutlich (*mê akribeis eisin mêde sapheis*) seien. Stattdessen ist es das Denken (*logizesthai*), welches die Erkenntnis des Seienden möglich macht. Platon zieht hieraus explizit die Konsequenz, die Seele des Philosophen müsse den Leib maximal geringschätzen, aus ihm fliehen und für sich zu sein suchen (65c7-d2).

Bestätigt wird dieses Bild durch die These von der Unsterblichkeit der Seele. Diese Lehre gehört zweifellos zu denjenigen Überzeugungen, die wir Platon selbst zuschreiben können. Das wird besonders deutlich in den ‚eschatologischen' Mythen vom Hades und dem Jenseitsgericht. Drei Stellen sind hier besonders wichtig: *Gor-*

gias 523a-524a, *Phaidon* 113d-114c und *Politeia* X.617d-621b.[3] Die eschatologischen Mythen stimmen darin überein, dass die menschlichen Seelen nach dem Tod gemäß ihrer moralischen Qualität bewertet werden; hierin bekommt das bekannte platonische Motiv der ‚Fürsorge für die Seele' eine metaphysische Verankerung. Zudem ist Platon offenkundig Anhänger der Reinkarnationsidee, der zufolge Seelen aufgrund ihrer kognitiven und moralischen Leistungen (oder Fehlleistungen) im nächsten Leben auf- oder absteigen können. Die Reinkarnationstheorie wird etwa ausführlich in *Phaidon* 106e-115a behandelt.

Dass es sich beim Tod nach Platons Auffassung um eine Trennung der Seele vom Körper handelt, wird zusätzlich dadurch bestätigt, dass er wiederholt Argumente zugunsten der Unsterblichkeit der Seele entwickelt und die Seele dabei stets als etwas selbständig Existierendes auffasst. In Platons Werk finden wir sechs verschiedene derartige Argumente, vier davon im *Phaidon*,[4] eines im *Phaidros* und eines in *Politeia* X.

(1) Das ‚Zyklusargument' in *Phaidon* 69e-72e beruht auf der Vorstellung, dass korrelative Gegensatzpaare wie Tag und Nacht oder Wachsein und Schlafen einander in rhythmischer Folge ablösen: Auf jedes Wachsein folgt ein Schlafen, auf jedes Schlafen ein Wachsein. Das lässt sich auf Leben und Tod übertragen: Am Leben sein und Totsein sollen ebenfalls zyklisch alternieren. Die Schwäche des Arguments besteht jedoch darin, dass sich nicht allzu viele Phänomene anführen lassen, die eine solche Beschaffenheit der Zyklizität aufweisen; zudem bleibt uns Platon ein Zusatzargument dafür schuldig, weshalb sich am Leben sein und Totsein so verhalten sollten wie Wachsein und Schlafen (zumal deren Rhythmus selbst zeitlich begrenzt ist und keineswegs eine Unendlichkeit einschließt).

(2) Das Argument aus der Wiedererinnerung *(anamnêsis)* in *Phaidon* 72e-77b (vgl. *Menon* 80d-86c) besagt, dass wir über Wissen verfügen, das wir nicht in unserem jetzigen Leben erworben haben können. Im *Menon* wird die Existenz dieses Wissens exemplarisch daran vorgeführt, dass ein weitgehend ungebildeter Sklavenjunge ohne jeden Unterricht, allein durch geschicktes Fragen, auf die Lösung für die mathematische Frage gebracht werden kann, wie sich zu einem gegebenen Quadrat ein Quadrat mit dem doppelten Flächeninhalt konstruieren lässt. Wenn man ihn nur fragen muss, um sein latentes Wissen zu aktivieren, bedeutet dies, so

3 Jenseitserzählungen erscheinen bei Platon zudem in der *Apologie*, im *Protagoras* und im *Kratylos*.

4 Einen Überblick über die Argumente bietet D. Frede, *Platon Phaidon. Der Traum von der Unsterblichkeit der Seele*, Darmstadt 1999; eine detaillierte Analyse findet sich neuerdings bei D. Ebrey, *Plato's Phaedo: Forms, Death, and the Philosophical Life*, Cambridge 2023.

Platon, dass er sich (mit oder ohne fremde Unterstützung) an ein vorgeburtliches Wissen erinnern kann. Im *Phaidon* erscheint die These von der Wiedererinnerung erneut: Wir verfügen danach immer schon über ein unerworbenes Ideenwissen. Platons Beispiel ist die Idee des ‚Gleichgroßen selbst' (*auto to ison*), mit welcher man etwa einen Größenvergleich zwischen zwei Hölzern vornehmen könnte. Das Gleichgroße selbst bildet hierbei, so Platon, unseren immer schon vorhandenen, nicht aus der Erfahrung abgeleiteten Maßstab, ohne den wir Sinnliches nicht beurteilen können und über den es keinen intersubjektiven Dissens geben kann. Das Argument macht in der Tat auf etwas Bemerkenswertes aufmerksam: Wir finden in uns ideale, invariante, objektive und normative Geltungen, die wir uns nicht ohne Weiteres der sinnlichen Erfahrung entnommen denken können. Weniger plausibel wirkt allerdings, dass die Seele bereits deswegen ebenso invariant sein soll wie die von ihr erfassten Geltungen.

(3) Das Affinitätsargument in *Phaidon* 78b-84b stützt sich auf die These von der Ähnlichkeit der Seele mit dem Göttlichen. Auch das Göttliche ist unkörperlich und invariant. Daraus wird geschlossen, dass die Seele unvergänglich sein soll, indem sie dem Ewigen, Unzusammengesetzten und Unauflöslichen gleiche. Sokrates argumentiert, die Seele sei „im höchsten Maße ähnlich" (*homoiotaton*) demjenigen, das er als das Göttliche, Unsterbliche, Intelligible, Eingestaltige, Unauflösbare und Sich-immer-gleich-Verhaltende beschreibt. Allerdings erweist sich die Schlussfolgerung, die Seele sei unsterblich, wenn sie auf die Seite des Intelligiblen, nicht des Körperlichen gehört, nur dann als zugkräftig, wenn sich die Realität exakt aus diesen beiden Arten von Entitäten zusammensetzt: aus Intelligibel-Unveränderlichem und aus Nicht-Intelligibel-Veränderlichem. Wer nicht zur einen Seite gehört, muss dann der anderen angehören. Hinzu kommt, dass das Argument nur überzeugend wirkt, wenn „in höchstem Maße ähnlich sein" hinreichend ist für die Zuordnung einer Entität zum Intelligiblen (und nicht die verbleibende Unähnlichkeit den Ausschlag für die Zuordnung zum Physischen gibt). Für beides findet sich im Dialogkontext wenig explizite Unterstützung.

(4) Das Argument der substantiellen Eigenschaften in *Phaidon* 102a-107b soll die These von der Unsterblichkeit (103c-107b) mittels der Überlegung beweisen, dass bestimmte Entitäten Wesensmerkmale zeigen, die mit ihrem Gegenteil unverträglich sind. So kann beispielsweise Schnee niemals anders als kalt sein und Feuer niemals anders als heiß. Wird Schnee erhitzt, so verschwindet er, aber er gibt niemals seine Eigenschaft des Kaltseins auf. Genauso soll die Eigenschaft ‚Leben' mit der Seele verbunden sein. Denn die Seele ist dasjenige Prinzip, das den Körper durch seine Anwesenheit lebendig macht. Zwar könne man die Seele aus dem Körper vertreiben, indem man einen Menschen tötet; was einem aber nicht gelinge, ist, die Eigenschaft des Lebendigseins aus der Seele selbst herauszulösen. Von den vier Argumenten

des *Phaidon* ist dieses vielleicht das attraktivste. Allerdings ist es natürlich auch erheblichen Bedenken ausgesetzt. Dass etwa Schnee seine Eigenschaft, kalt zu sein, durch Erhitzen nicht einbüßt, heißt ja nicht, dass Schnee als solcher stets erhalten bleibe. Es ist lediglich so, dass seine Kälte bleibt, *solange* wir es mit Schnee zu tun haben. In Wasser aufgelöst ist der Schnee mitsamt der Kälte verschwunden. Ebenso könnte sich dann aber die Seele in etwas anderes auflösen, und es würde lediglich gelten, dass sie lebendig sein muss, *solange* sie als Seele besteht.

(5) Das Argument aus der Selbstbewegung in *Phaidros* 245c4-246a2 verdient es, in voller Länge zitiert zu werden, damit sich die Argumentationsschritte Platons genau nachvollziehen lassen:

> Der Anfang des Beweises [sc. zugunsten der Unsterblichkeit der Seele] ist folgender: Die Seele ist insgesamt unsterblich [oder: jede Seele ist unsterblich]. Denn etwas, das immer bewegt ist, ist unsterblich. Was aber anderes bewegt und von anderem bewegt wird, hat nur geringen Anteil an der Bewegung, und es hat nur geringen Anteil am Leben. Nur das, was sich selbst bewegt, hört niemals auf bewegt zu werden, weil es sich selbst ja nicht verlässt, vielmehr ist dieses auch für alles andere, das bewegt wird, Quelle und Anfang (Prinzip) der Bewegung. Der Anfang aber ist unentstanden. Notwendig entsteht nämlich alles Entstandene aus einem Anfang, dieser selbst aber entsteht aus nichts. Würde man den Anfang wegnehmen, dann entstünde weder dieser selbst noch irgendetwas anderes je aus ihm, wenn denn alles aus einem Anfang entstehen muss. Auf diese Weise bildet nun die Selbstbewegung den Anfang der Bewegung. Er kann weder zugrunde gehen noch entstehen, andernfalls würden der ganze Himmel und die ganze Erde in eines zusammenfallen und stehen bleiben und niemals wieder einen Bewegungsimpuls zu ihrer Entstehung erhalten. Da sich Selbstbewegung als unsterblich erwiesen hat, braucht man sich nicht zu scheuen, diese als das Wesen und die Definition der Seele zu behaupten. Denn jeder Körper, dem von außen das Bewegtwerden zukommt, ist unbeseelt. Der aber, dem das Bewegtwerden von innen her aus sich selbst zukommt, ist beseelt, so als sei dieses die Natur der Seele. Wenn sich dies so verhält, nämlich dass nichts anderes sich selbst bewegt als nur die Seele, dann dürfte die Seele notwendig unentstanden und unsterblich sein.

Der entscheidende Punkt in diesem Text ist, dass Platon die These von der Unsterblichkeit der Seele mittels des Begriffs von Selbstbewegung beweisen will. Zudem verfolgt er das Anliegen, Selbstbewegung als notwendiges Erklärungsprinzip aller im Kosmos auftretender Fremdbewegung zu erweisen. Platons komplexe Argumentation stützt sich auf eine nicht näher explizierte Voraussetzung: Unsterblich ist das, was sich immer in Bewegung befindet. Genauer gesagt: Unsterblich ist dasjenige, was immer lebt; die Eigenschaft, immer zu leben, lässt sich aber demjenigen beilegen, das sich immer bewegt. Als unaufhörlich Bewegtes kommt aber allein dasjenige in Betracht, was sich selbst bewegt. Alles Fremdbewegte ist dagegen nur periodisch oder transitorisch, nicht aber immer in Bewegung bzw. am Leben. Die Ewigkeit der Selbstbewegung beruht näherhin darauf, dass es etwas gibt, das sein unmittelbares affirmatives Selbstverhältnis niemals preisgeben könnte: die Seele. Diese Überlegung scheint die eigentliche Stütze des Arguments zu sein. Platon postuliert zudem für eine selbstbewegte Entität nicht nur, dass sie sich selbst nicht verlässt, sondern zudem, dass sie auch die Quelle (*pêgê*) und das Prinzip (*archê*) der Bewegung von allem anderen bildet. Platon schließt sein Argument wie folgt ab: Eine solche Quelle oder ein solches Prinzip (wie die selbstbewegte Seele) muss notwendig ohne Entstehen (*agenêton*) und ohne Vergehen (*adiaphthoron*) sein. Denn alles, was in der Zeit entsteht oder entstanden ist, benötigt dafür ein Prinzip, das man sich nicht selbst als entstanden denken kann; der relevante Punkt ist hier der drohende infinite Regress, der entstünde, wenn man eine Entstehungsursache mittels einer weiteren Ursache erklären würde usw. Gäbe es keine Erstursache, dann existierte auch kein Anfang aller Bewegung, d. h. kein erster Impulsgeber für Bewegung überhaupt, und folglich auch keine Fremdbewegung. Dann aber würden der ganze Himmel und die ganze Erde irreversibel in sich zusammenstürzen. Daraus wird nun eine Definition der Seele (*psychês ousian te kai logon*: 245e3) gewonnen: Die Seele ist substantiell durch Unsterblichkeit charakterisiert.

In *Physik* VIII.5 entwickelt Aristoteles die folgende überlegenswerte Kritik an Platons Argument: In der Frage nach der Verursachung von Bewegung muss man den Ausgangspunkt wählen, dass alles, was bewegt ist, von etwas anderem bewegt wird; dann aber kann es keine Bewegung geben, die von selbst, sozusagen *ex nihilo* entsteht. Ausgehend von diesem Prinzip ergibt der Begriff der Selbstbewegung keinen Sinn mehr, denn wenn etwas etwas anderes bewegt (oder allgemeiner: verändert), dann überführt der Beweger das Bewegte aus einem Zustand der Potentialität (*dynamis*) in einen Zustand der Aktualität (*energeia*). Dazu muss sich der Beweger aber in einem Zustand der *energeia* befinden. Das bedeutet aber: Damit sich etwas bewegen kann, muss es sich einerseits von *dynamis* in *energeia* versetzen und andererseits bereits im Zustand der *energeia* sein. Es ist aber unmöglich, dass ein und dieselbe Entität beide Bedingungen erfüllt, denn nichts kann sich gleichzeitig im Zustand der Potenz oder der Potentialität und der Aktualität befinden, zumindest nicht in derselben Hinsicht. Aus diesem Grund sieht Aristoteles in einem ‚Ersten Unbewegten Beweger' die Ursache der gesamten kosmischen Bewegung.

(6) In der Forschung oft vernachlässigt wird schließlich das Argument aus dem eigentümlichen Übel oder der spezifischen Korrosion in *Politeia* X.608c9-611a3, welches deswegen ebenfalls vollständig zitiert werden soll (Übers. R. Rufener):

> Hast du denn nicht bemerkt, erwiderte ich, dass unsere Seele unsterblich ist und niemals zugrunde geht?
>
> Da schaute er mich an und sagte ganz verwundert: „Beim Zeus, ich nicht – aber kannst denn du dies behaupten?"

Ja, wenn ich mich nicht irre. Und auch du könntest es, glaube ich; es ist ja auch gar nicht schwer.

„Für mich wohl“, sagte er. „Doch möchte ich diese einfache Sache gerne von dir hören.“

So höre also, versetzte ich.

„Sprich nur!“ erwiderte er.

Du nennst doch etwas ‚gut‘ und etwas ‚schlecht‘? fragte ich.

„Jawohl.“

Und du verstehst darunter dasselbe wie ich?

„Was denn?“

Alles, was zugrunde richtet und zerstört, ist das Schlechte, was aber erhält und fördert, ist das Gute.

„Ja“, sagte er.

Und bist du auch der Meinung, dass es für jegliches ein Schlechtes und ein Gutes gibt? Für die Augen zum Beispiel die Augenentzündung, für den Leib überhaupt die Krankheit, für das Getreide den Meltau, für das Holz die Fäulnis, für Erz und Eisen den Rost, und so fast für alle Dinge, wie gesagt, ein Übel und eine Krankheit, die einem jeden von Natur zugeordnet ist.

„Ja“, sagte er.

Wenn nun etwas von dem an irgend etwas herantritt, so macht es das, woran es herantritt, mangelhaft, und schließlich löst es das auf und richtet es zugrunde.

„Ohne Zweifel.“

Das einem jeden Ding von Natur zugeordnete Übel und die eigene Mangelhaftigkeit richtet also jegliches zugrunde. Wenn aber diese es nicht zerstören, dann kann auch nichts anderes es verderben. Denn das Gute wird gewiss nie etwas zugrunde richten, so wenig wie das, was weder schlecht noch gut ist.

„Nein, das ist nicht möglich“, sagte er.

Wenn wir also unter dem Seienden etwas finden, das zwar ein Übel hat, durch das es zerrüttet wird, das aber doch nicht imstande ist, es zu zerstören und aufzulösen, so wissen wir doch auch, dass es für etwas, das von Natur so ist, keinen Untergang gibt?

„Ja, so scheint es“, sagte er.

Wie ist es nun mit der Seele? Gibt es für sie auch etwas, das sie schlecht macht?

„Ja, freilich“, erwiderte er. „Alles das, was wir vorhin besprochen haben: Ungerechtigkeit, Zuchtlosigkeit, Feigheit und Unwissenheit.“

Ist es nun so, dass eines von diesen sie auflöst und zugrunde richtet? Doch gib acht, dass wir uns nicht täuschen lassen und etwa meinen, wenn ein ungerechter und uneinsichtiger Mensch bei einem Unrecht ertappt wird, so sei es dann die Ungerechtigkeit und also die Mangelhaftigkeit seiner Seele, an der er zugrunde geht. Sondern geh so vor: wie den Leib die Mangelhaftigkeit des Leibes, also die Krankheit, zersetzt und zerstört und so weit bringt, dass er kein Leib mehr ist, so gelangt alles das, wovon wir vorhin gesprochen haben, unter dem Einfluss der ihm selbst eigenen Schlechtigkeit, welche sich in ihm einnistet, ihm innewohnt und es dadurch zerstört, bis zum Nichtsein – oder ist es etwa nicht so?

„Doch.“

So wende das nun auch bei der Betrachtung der Seele an. Ist es etwa die Ungerechtigkeit und die übrige Schlechtigkeit in ihr, die dadurch, dass sie in ihr wohnt und sich in ihr einnistet, sie verdirbt und zersetzt und sie schließlich zum Tode bringt und vom Leibe trennt?

„Das auf keinen Fall", erwiderte er.

Andererseits ist es gegen die Vernunft, fuhr ich fort, dass die Mangelhaftigkeit eines anderen etwas zugrunde richtet, nicht aber die eigene.

„Ja, das ist gegen die Vernunft."

Denn bedenke, Glaukon, fuhr ich fort, dass wir ja auch nicht meinen, der Leib müsse infolge der Mangelhaftigkeit des Brotes zugrunde gehen, worin sie nun auch bestehen mag, etwa darin, dass es alt oder schimmlig oder sonst etwas ist. Erst wenn die Mangelhaftigkeit des Brotes dem Leib eine Zerrüttung des Leibes beibringt, werden wir sagen, er sei durch das Brot an seiner eigenen Schlechtigkeit, also an einer Krankheit, zugrunde gegangen. Dass aber durch die Mangelhaftigkeit des Brotes, das doch etwas anderes ist, der Leib, der von ihm verschieden ist, dass er also durch ein fremdes Übel zugrunde gehen kann, ohne dass dieses das ihm von Natur zugeordnete Übel hervorruft – das werden wir niemals glauben.

„Da hast du recht", sagte er.

Aus demselben Grund, fuhr ich fort, dürfen wir also niemals glauben, dass die Seele, wenn nicht eine Mangelhaftigkeit des Leibes in ihr eine Mangelhaftigkeit der Seele bewirkt, durch ein fremdes Übel ohne die eigene Mangelhaftigkeit zugrunde geht, also durch das Übel eines anderen, das von ihr verschieden ist.

„Dieser Schluss ist richtig", sagte er.

Entweder müssen wir das also widerlegen und zeigen, dass wir nicht richtig gesprochen haben, oder wir dürfen, solange es unwiderlegt bleibt, niemals behaupten, dass am Fieber oder sonst an einer Krankheit oder durch Zerstückelung des ganzen Leibes, und würde er auch in kleinste Stücke gehauen – dass deshalb die Seele je zugrunde gehen könnte, oder es müsste uns zuerst jemand nachweisen, dass durch diese Leiden des Leibes die Seele selbst ungerechter und gottloser wird. Denn wenn sich in etwas nur ein fremdes Übel findet, das eigene Übel aber jeweils nicht, dann können wir die Behauptung nicht gelten lassen, dass die Seele oder sonst etwas daran zugrunde geht.

„Das wird uns aber nie jemand beweisen können", sagte er, „dass die Seelen der Sterbenden durch den Tod ungerechter werden."

Falls es aber doch jemand mit unserem Beweis aufzunehmen wagt, fuhr ich fort, und behauptet, der Sterbende werde mangelhafter und ungerechter – nur damit er nicht zugeben muss, dass die Seelen unsterblich sind, so werden wir, wenn jener mit seiner Behauptung recht hat, doch wohl annehmen, dass die Ungerechtigkeit für den, der sie in sich trägt, tödlich wirkt wie eine Krankheit. Und weil es seiner Natur nach tödlich ist, finden die, die dieses Übel in sich aufnehmen, dadurch den Tod, die einen rascher, die anderen langsamer, je nach dem Grad ihrer Ungerechtigkeit, aber nicht so, wie es heute ist, dass die Ungerechten sterben, weil ihnen von anderen ihrer Ungerechtigkeit wegen diese Strafe auferlegt wird.

„Beim Zeus", sagte er, „dann erweist sich also die Ungerechtigkeit als etwas nicht gar so Schreckliches, wenn sie für den, der sie in sich aufnimmt, tödlich wirkt; sie wäre ja dann eine Befreiung von den Übeln. Ich glaube aber eher, dass sie sich gerade als das Gegenteil herausstellt; wenn sie kann, so tötet sie zwar andere Menschen, ihren Inhaber dagegen macht sie sogar sehr lebenskräftig, und nicht nur lebenskräftig macht sie ihn, sondern hält ihn auch in der Nacht noch wach. So weit ist sie offenbar davon entfernt, tödlich zu wirken."

Du hast recht, erwiderte ich. Reicht die eigene Mangelhaftigkeit und das eigene Übel nicht hin, um die Seele zu töten und zugrunde zu richten, dann wird wohl kaum ein Übel, das dem Verderben eines anderen zugeordnet ist, die Seele oder sonst etwas zugrunde richten, sondern einzig dasjenige, dem es zugeordnet ist.

„Wohl kaum", sagte er, „wie es den Anschein macht."

> Wenn also die Seele überhaupt durch kein Übel zugrunde gerichtet wird, weder durch ein eigenes noch durch ein fremdes, so ist doch klar, dass sie notwendig etwas immer Seiendes ist; wenn aber etwas immer Seiendes, dann auch etwas Unsterbliches.
> „Notwendig", sagte er.

In der Zitatpassage bietet Platon ein Argument zugunsten der Unsterblichkeit der Seele, das auf dem Grundsatz beruht, es gebe für jede Entität eine spezifische Form von Übel, so dass ganz unterschiedliche Korrosionsprozesse auseinandergehalten werden müssen. Jedes Ding geht jeweils nur an seinem eigenen Übel zugrunde, nicht an einem fremden. Während also „Augen durch ein spezifisches Augenleiden zerstört werden, ist das Übel für jeden organischen Körper die Krankheit, für Getreide Schimmel, für Holz Fäulnis, für Eisen und Erz Rost, und so gibt es, wie gesagt, fast für alle Dinge ein ursprünglich eigenes Übel". Im Fall der Seele soll das spezifische Übel in der Ungerechtigkeit liegen. Wenn nun gemäß diesem Grundsatz jede Entität nur an ihrem spezifischen Übel zugrunde geht, wäre es nach Platon unrichtig anzunehmen, die Seele könne von etwas anderem zerstört werden als nur von der Ungerechtigkeit. Wenn nun aber eine ungerechte Seele weiterexistiert, wie es unserer Erfahrung entspricht, obwohl sie von ihrem spezifischen Übel affiziert ist, beweist dies, dass sie überhaupt unzerstörbar und unsterblich ist. Zudem kann die Seele auch nicht durch die Schädigung des Leibes mitaffiziert werden, nicht einmal durch dessen Zerstückelung. Stirbt jemand, z. B. indem er strafweise hingerichtet wird, so bliebt seine Seele vom Tod des Körpers unberührt.

Sicherlich ist dieses Argument zweifelhaft. Denn selbst wenn es wahr sein mag, dass es für viele Entitäten spezifische Formen der Zerstörung gibt, gilt doch nicht, dass nur jeweils genau *eine* Form der Korrosion oder Zerstörung für eine Art von Ding existiert. Die Tatsache, dass Getreide durch Schimmel und Holz durch Fäulnis zerstört wird, schließt ja nicht aus, dass beide im Feuer verbrennen oder durch einen Wasserschaden unbrauchbar werden. Platons Schluss, dass ein Ding unzerstörbar ist, solange es nicht von seinem spezifischen Übel heimgesucht wird, ist also illegitim; vielmehr kann es auch von anderen destruktiven Faktoren affiziert werden.

Überdies wirkt eine Analogie wie ‚Rost verhält sich zu Eisen wie Ungerechtigkeit zur Seele' insgesamt verfehlt. Während Rost das Eisen mürbe und brüchig macht, mag eine ungerechte Seele sogar besonders leistungsfähig sein.[5] Ein problematischer Aspekt des vorliegenden Arguments ist auch, dass hier die perfektionistische Differenzierung von guten und schlechten Individuen einer Gattung

5 In *Politeia* VII.518e-519a scheint Platon zuzugeben, dass es eine zugleich böse und leistungsstarke Seele geben kann.

(vgl. ein gutes oder schlechtes Haus) mit dem Bestehen oder Zugrundegehen des betreffenden Individuums gleichgesetzt wird. Ein schlechtes Haus muss jedoch – anders als ein rostiges Messer, das beim Schneiden zerbricht – keineswegs eines sein, das beim nächsten Unwetter in sich zusammenstürzt; es kann auch dadurch schlecht sein, dass es zu wenige Fenster hat oder unpraktisch sowie schwer beheizbar ist. Eine schlechte, ungerechte Seele muss keineswegs eine sein, die existentiell bedroht ist; es genügt völlig, dass sie desorganisiert ist. Folglich muss man gar nicht erst annehmen, dass sie als schlechte zugleich existentiell bedroht sein müsste.

Zum Thema der Unsterblichkeit liefert uns Platon an anderer Stelle noch eine weitere relevante Überlegung. Diese beruht jedoch, im Unterschied zu den sechs soeben besprochenen Argumenten, auf der Idee, es gebe eine über-individuelle Form von Unsterblichkeit. Man kann dies als das Argument aus der Imitation des Ewigen durch Fortpflanzung (*immortality by proxy*) bezeichnen; es erscheint in *Symposion* 207a-208b. Der Gedanke ist, dass *erôs* in allen seinen Formen auf Unsterblichkeit hinzielt. Eine erste Stufe besteht in der Erzeugung von Nachkommen; eine zweite Stufe ist die der Erzeugung einer geistigen Nachkommenschaft, also die des Weiterlebens durch Nachruhm.[6] Allerdings ist diese Variante der Unsterblichkeit natürlich keine der individuellen Seele und insofern anthropologisch indifferent.

Für unsere Fragestellung einer dualistischen Anthropologie ist hingegen noch das Motiv der Seelenreise im *Phaidros* einschlägig (246a-247e). Dort wird die menschliche Seele mit einem „gefiederten Gespann“ verglichen, das von einem Wagenlenker gesteuert und von zwei (sehr unterschiedlichen) Pferden gezogen wird: Das eine Pferd ist gut und edel, das andere das Gegenteil davon. Das seelische Gespann kann durch einen Zugewinn an Federn wiederaufsteigen oder aber durch einen Verlust absinken. Im Fall einer optimalen Befiederung gelingt es der Seele, den Wohnsitz der Götter zu erreichen und am ‚überhimmlischen Ort‘ (*hyperouranios topos*) ‚das Wahre zu erblicken‘, so etwa ‚die Gerechtigkeit selbst‘, ‚die Besonnenheit‘ und ‚das Wissen‘ (247d). Interessanterweise wird in dieser Passage das widerständige Moment nicht im Körper, sondern in der Seele selbst lokalisiert.

6 Das Thema der irdischen Unsterblichkeit – sei es durch Nachruhm, sei es durch biologische Kontinuität – wird behandelt bei M. Liatsi, *Irdische Unsterblichkeit. Die Suche nach dem ewigen Leben in der Antike*, Berlin/Boston 2021; speziell zu Platon 80-83.

2 Einwände gegen einen anthropologischen Dualismus

Aus den beiden oben zitierten *Phaidon*-Stellen schien hervorzugehen, dass es der Körper ist, der das Problem für die Erkenntnis und die Integrität der Seele bildet, und zwar wegen der Unzulänglichkeit seiner Wahrnehmungen und wegen der körperlichen Schmerzen und Lüste. Mit der Hervorhebung seelischer Hindernisse im *Phaidros* wird nun ein ganz anderer Akzent gesetzt. Zeigt dies einen Positionswechsel bei Platon an? Wohl kaum; denn *Phaidon* und *Phaidros* stehen einander zeitlich wohl recht nahe. Plausibler ist die Annahme, dass eine schlechte Seele so nahe an das Körperliche heranrückt, dass die degenerierte Seele und das Körperliche kaum voneinander zu unterscheiden sind. Sollte dies zutreffen, so könnte Platon kaum ein Dualist sein, sondern ein Monist, der zwischen Seele und Körper eine Kontinuität annimmt.

Einerseits finden wir also eine pointierte Leib-Seele-Antithese. Die Vorstellung, dass die Seele des Menschen eine selbständige Existenzform besitzt, verbindet Platon übrigens mit den Vorsokratikern Heraklit, Empedokles sowie den Pythagoreern.[7] Aber andererseits sahen wir, dass bereits der Mitteldialog *Phaidros* die Idee formuliert, dass es einen innerseelischen Widerstand gegen die höhere Welt des Wissens und der Erkenntnis gibt. Zumindest kann der platonische Dualismus nicht so einfach sein, dass sich Gut und Schlecht auf Seele und Körper verteilen ließen.

Nun taucht ebenfalls schon in *Politeia* IV ein Element auf, das psychologische und physiologische Aspekte direkt miteinander verbindet: Ich meine die Theorie der Seelenteilung. Die Idee einer psychischen Dreiteilung dient dort einerseits dazu, das Problem zu lösen, wie die Tatsache innerer psychischer Konflikte erklärt werden kann (um es mit platonischen Worten auszudrücken: die rätselhafte Beobachtung, dass jemand „schwächer als er selbst“ oder „stärker als er selbst“ sein kann). Und sie liefert andererseits den Schlüssel zu Platons Darstellung der Gerechtigkeit, die als harmonisches Zusammenspiel von innerpsychischen Kräften bzw. sozialen Akteuren verstanden wird, gemäß dem Prinzip der *idiopragia*. Es überrascht daher nicht, dass Platon die Dreiteilung der Seele immer wieder bekräftigt und später in der *Politeia* mehrfach affirmativ auf sie zurückkommt (z. B. in IX.580c, 588c-589b und X.611a-b). Unklar scheint dabei der Charakter dessen zu sein, was Platon die ‚Teile‘ (*merê*) oder die ‚Arten‘ (*eidê*) der Seele nennt. Während einige Platon-

7 Belege dafür sind: Heraklit DK 22B45, 76 und 77; Empedokles DK 31B115, 117, 146 und 147 sowie Pythagoras: vgl. I. Kalogerakos, *Seele und Unsterblichkeit. Untersuchungen zur Vorsokratik bis Empedokles*, Stuttgart/Leipzig 1996/²2012.

Gelehrte auf eine gewisse Autonomie oder Quasi-Autonomie hinweisen, die er diesen Teilen zuschreibt, schlagen andere eine homogenere oder einheitlichere Interpretation vor, die die Teile als bloße Aspekte betrachtet. Wie dem auch immer sei, in jedem Fall ist die Theorie so konzipiert, dass sie einen engen psychophysischen Interaktionismus impliziert. Im *Timaios* wird sie dann auch so wiederaufgegriffen, dass die drei Seelenteile auf Körperregionen bezogen sind: der vernünftige Teil auf den Kopf, der muthafte Teil auf die Herzregion und das begehrliche Element auf den Bauchbereich (70a-71d).

Aber schließt dies bereits einen Substanzdualismus aus? Sicher nicht; selbst wenn in den Texten über Seelenteilung Platon keinen cartesischen Dualismus vom Typ *res cogitans-res extensa* im Sinn zu haben scheint, ist ein solcher Interaktionismus kein eindeutiges Indiz. Auch Descartes vertritt einen interaktionistischen Dualismus. Andererseits zeigt Descartes, anders als Platon, ein klares Bewusstsein für das Problem des Übergangspunkts zwischen den beiden Substanzen. Dagegen scheint Platon keinerlei Problem damit zu haben, die Seele räumlich-zeitlich agieren zu lassen und umgekehrt das Körperliche in seiner Einwirkung auf das Seelische zu beschreiben.

Vertritt Platon also vielleicht keinen Substanzdualismus, wohl aber einen *Eigenschaftsdualismus*, wie dies etwa Ostenfeld (1987) behauptet hat?[8] Wenn ja, so würde dies bedeuten, dass er einen Substanzmonismus damit verbinden würde, die Verwendung von psychischen (mentalen) und physischen (materiellen) Prädikaten oder Attributen zuzulassen. In gewisser Weise ist dies trivialerweise wahr. Aber es bleibt dann weiterhin unklar, worauf Platon seine pointierte Leib-Seele-Antithese im *Phaidon* u. a. stützt. Ostenfeld bietet genau für diesen zentralen Punkt keine Erklärung an.

Wenden wir uns damit dem *Timaios* zu, einem der spätesten platonischen Dialoge. Hier finden sich erneut ausführliche Überlegungen zum Verhältnis von Seele und Körper, und zwar sowohl auf der Ebene des Kosmos – Platon nimmt eine Weltseele an, die den Weltkörper steuert – als auch auf der Ebene beseelter Individuen. Diese späte Psychologie wirkt jedoch deutlich verschieden von dem, was wir bisher kennengelernt haben. In der jüngeren Debatte haben Gabriela R. Carone[9] (2005) und andere Gelehrte die Ansicht vertreten, dass Platon seine frühere Position revidiert habe. Die Seele sei gemäß dem *Timaios* (und vielleicht ebenso gemäß dem *Philebos* und den *Nomoi*) eine dreidimensionale körperliche

8 Vgl. E. Ostenfeld, *Ancient Greek Psychology and the Modern Mind-Body Debate*, Aarhus 1987.
9 Vgl. G. R. Carone, *Mind and Body in Late Plato*, in: *Archiv für Geschichte der Philosophie* 87 (2005), 227–269.

Entität, die zeitlich agiere und sich im Raum fortbewege. Folgende Indizien weisen darauf hin:

(a) Im *Timaios* wird die Unsichtbarkeit der Seele eher auf der Basis von ‚Kleinheit' als durch Unkörperlichkeit beschrieben. Der Geist (oder die Seele) scheint damit eine feinkörnige Art von Körper zu sein, nicht etwas Immaterielles. Auch das Prädikat der Unvergänglichkeit wird einigen materiellen Dingen zugeschrieben, nämlich den Himmelskörpern (*Timaios* 42b und 90a). Es scheint also keinen radikalen Unterschied in den Eigenschaften zu geben, die Platon der Seele (oder dem Geist) bzw. dem Körper zuschreibt.

(b) Seele oder Geist sollen zudem in räumlicher Bewegung sein. Um bewegt werden zu können, müssen dann aber Seele oder Geist ebenfalls von dreidimensionaler Ausdehnung sein. Dem Dialog zufolge gibt es hier nur eine gemeinsame Art der Fortbewegung im Raum, nämlich Rotation: Die Rotationsbewegung des Himmels umfasst also gleichzeitig die Weltseele und den Weltkörper (*Timaios* 34b).

(c) Ausgehend von *Phaidros* 245c4-246a2 charakterisiert Platon auch in anderen Spätdialogen die Seele als selbstbewegend oder selbstbewegt (vgl. *Politikos* 269d7-e7 und *Nomoi* X, 893b-896d). Da er sagt, dass „alles, was sich bewegt [...], sich an einem Ort bewegt" (X, 893c1-2), kann man erneut darauf schließen, dass sich auch die Seele räumlich bewegt.

(d) Seele (oder Geist) ist das, was den Körper organisiert. Der Körper (ausgehend von den vier Elementen) setzt eine mathematische Struktur voraus (*Timaios* 53b-c). Dann aber muss die Seele (oder der Geist) in der Lage sein, dem Körper Struktur zu geben. Das Bindeglied scheint hier in Platons geometrisch-stereometrischen Theorien zu liegen, mit denen er das Seelische und das Körperliche überbrückt.

(e) Der Demiurg schafft die Weltseele als unmittelbar mit dem Körper des sichtbaren Universums verwoben (*diaplakeisa*) (*Timaios* 36e). Beispielsweise meint Platon, unser Kopf sei rund, damit er die kreisenden Bewegungen der Vernunft aufnehmen könne (*Timaios* 44d). Das impliziert aber erneut, dass die runde Form Ausdruck einer seelischen Struktur sein kann.

Wie kann man dann aber die Beschreibungen der Seele im *Timaios* erklären, auf die Carone aufmerksam gemacht hat? Ich denke, hierfür gibt es mindestens zwei verschiedene Interpretationen:

(I) Es könnte so sein, dass der spätere Platon seine Auffassung tatsächlich radikal verändert hat. Nach seinen dualistischen Anfängen würde er nunmehr zu einer Theorie tendieren, die den Hylemorphismus des Aristoteles oder sogar den naturphilosophischen Materialismus der Stoiker vorbereitet. Dann müsste man die Trennung der Seele vom Leib als die Trennung zweier *körperlicher* Entitäten auffassen. Platon wäre dann ein korporealistischer Monist.

(II) Oder aber man deutet die Leib-Seele-Dichotomie weiterhin als beruhend auf der Unterscheidung von körperlichen und unkörperlichen Entitäten. Dann müsste man die Naturphilosophie des *Timaios* mit seiner Theorie von Elementardreiecken und Idealkörpern als Brückenkonzeption zwischen beiden Bereichen auffassen.

Ich plädiere für Lösung (II) und deute Platons ontologische Gesamtkonzeption im Sinn eines *derivationstheoretischen Monismus*. Damit meine ich, dass es eine fundamentale Einheit zwischen der Welt der Ideen und der der körperlichen Entitäten gibt, die genau durch den Seelenbegriff hergestellt werden soll. Für die Entstehung der körperlichen Welt sind die Ideen also dergestalt verantwortlich, dass ein gradueller, nicht ein prinzipieller Unterschied zwischen den Ebenen anzunehmen ist. Ich stütze mich besonders darauf, dass er auch im *Timaios* den Tod als ein Lösen der ‚Bänder' beschreibt, die die Seele an den Körper binden (*Timaios* 81d-e):

> Schließlich aber, wenn die zusammengefügten Bänder der Dreiecke im Mark durch die Mühen gelockert nicht mehr zusammenhalten, lösen sie auch die Fesseln der Seele. Diese aber fliegt befreit ihrer Natur entsprechend mit Freude heraus, denn alles Naturwidrige ist schmerzhaft, was aber im Einklang mit ihr geschieht, süß.

Platon interpretiert auch hier die Loslösung der Seele vom Körper erneut als Befreiung – als freudiges Ereignis, bei dem ein naturwidriger Zustand überwunden wird. Für Platon hingegen ist die Seele eindeutig in der Lage, einen bestimmten Körper zu leiten und zu lenken (selbst wenn jemand dies nicht in angemessener Weise tut). Der Körper (und nicht die Seele) hingegen wird als eine Entität charakterisiert, die Hunger und Durst empfindet, Begierden produziert und Affekte hat. Zugleich setzt Platon eine raumzeitliche Präsenz und Bewegung der Seele voraus. Das deutet darauf hin, dass er den Unterschied nicht substantiell, sondern graduell auffasst.

Man muss zudem beachten, dass Platon offenkundig lebenslang an der Vorstellung vom Primat der Seele gegenüber dem Körper und an deren selbständiger Existenz festgehalten hat. Dafür kann einer der spätesten Texte Platons als Beleg dienen, nämlich *Nomoi* XII.959a4-b7:

> Aber wir müssen dem Gesetzgeber glauben, wenn er uns sagt, dass die Seele in jeder Hinsicht dem Körper überlegen ist, und dass sogar im Leben das, was jeden von uns zu dem macht, was wir sind, nur die Seele ist; und dass der Körper uns in der Gestalt eines jeden von uns folgt, und daher, wenn wir tot sind, die Körper der Toten mit Recht als unsere Schatten oder Bilder bezeichnet werden; denn das wahre und unsterbliche Wesen eines jeden von uns, das die Seele genannt wird, macht sich auf den Weg zu anderen Göttern, um vor ihnen Rechenschaft abzulegen – was eine inspirierende Hoffnung für die Guten, aber sehr schrecklich für die Bösen ist, wie uns die Gesetze unserer Väter sagen; und sie sagen auch, dass nicht viel getan werden kann, um einem Menschen zu helfen, nachdem er tot ist.

Der Text wiederholt im Wesentlichen, was wir aus dem *Phaidon* kennen: Nach dem Tod löst sich die Seele vom Körper und geht zu den Göttern, um dort Rechenschaft über ihr Leben abzulegen. Das ist ein deutlicher Beleg dafür, dass Platon seine Position nicht grundlegend verändert haben kann.

3 Die Seele als Bindeglied zwischen Intelligiblem und Körperlichem

Man hat in der Platon-Forschung immer wieder darauf hingewiesen, dass Platons Seelenbegriff sehr weit gefasst ist und recht unterschiedliche Aspekte einschließt:

(1) Die Seele erscheint als das (zumindest potentiell) Göttliche und Ewige in uns; sie ist unser besseres und höheres Selbst (oder kann wenigstens dazu werden).

(2) Die Seele wird daher auch als Gegenstand moralischer Selbstfürsorge aufgefasst; dabei droht sie durch Ungerechtigkeit schlecht zu werden, und die damit verbundene Dissoziation von Seelenteilen macht das Individuum unglücklich.

(3) Die Seele erscheint als kosmisches (und individuelles) Bewegungsprinzip.

(4) Die Seele ist unsterblich und bildet das Prinzip des Lebens; dies wird auch etymologisch hergeleitet daraus, dass die Seele dem Körper das Vermögen des Atmens mitteilt: *Kratylos* 399d-e).

(5) Die Seele wird als Inbegriff der mentalen Vermögen und Gehalte, also von Kognition, Volition, Imagination, Emotion usw. verstanden.

(6) Die Seele gilt als Steuerungsorgan körperlicher Prozesse: beispielsweise Verdauung, Wachstum, Altern, Wundheilung etc.

Platon scheint in seinem Seelenbegriff einige nicht direkt zueinander passende Punkte zu verbinden. Mindestens drei unterschiedliche Tendenzen lassen sich hierbei identifizieren: Erstens steht er in der orphisch-pythagoreischen Tradition, in der die Seelenkonzeption moralisch und religiös interpretiert wird. Zweitens interpretiert Platon die Seele als Inbegriff mentaler Leistungen, besonders des Erkennens. Und drittens beschreibt er die Seele als Steuerungszentrum des Organismus, womit er Aristoteles' Behandlung des Themas in *De anima* antizipiert.

Ich denke nicht, dass man diese drei unterschiedlichen Motive und Absichten, die sich bei Platon mit dem Seelenbegriff verbinden, problemlos zu einer einheitlichen Theorie verbinden kann. Wohl aber glaube ich, dass eine unitarische Deutung dessen möglich ist, was uns einerseits in Abschnitt I als anthropologischer Dualismus, besonders im *Phaidon*, entgegentrat, und dem, was sich andererseits aufgrund des *Timaios* als fließender Übergang zwischen dem Seelisch-Mentalen und dem Räumlich-Körperlichen zeigte. Es stellt sich bei näherem Hinsehen nämlich heraus, dass dem anthropologischen Dualismus kein Substanzdualismus zugrunde liegen muss. Ontologisch gesehen ist es vorziehenswert, Platon einen derivationstheoretischen Monismus zuzuschreiben. Dabei wird die sinnlich wahrnehmbare Welt lediglich in einem rhetorisch zugespitzten Sinn als der höheren, intelligiblen Welt entgegengesetzt. In Wahrheit besteht ein kontinuierlicher Zusammenhang zwischen ‚Sein' und ‚Werden', der durch die mathematische Dimensionenfolge einerseits (Punkt – Linie – Fläche – Körper) und durch die mathematisierte Idee vom Aufbau der sinnlich wahrnehmbaren Welt andererseits (Elementardreiecke – regelmäßige Polyeder) andererseits hergestellt wird.

Wenn Platon immer als ein derivationstheoretischer Monist anzusehen ist, erklärt dies, weshalb er vom mittleren bis zum späten Werk den Vorrang der Seele vor dem Körper und die Unsterblichkeit der Seele lehren kann, obwohl er gleichzeitig einen intensiven Leib-Seele-Interaktionismus annimmt und der Seele auch körperliche Merkmale zuschreibt.

Klaus Corcilius

Die hylemorphistische Deutung von Tod und Sterben bei Aristoteles

Tod und Sterben werden weitgehend *privativ*, d. h. als *Abwesenheit* des Lebens und als *Versagen* funktionaler Lebensprozesse verstanden. Um Tod und Sterben zu verstehen, gilt es daher dasjenige zu verstehen, dessen Abwesenheit durch diese Worte markiert wird. Auf diese Weise möchte auch ich hier mit Bezug auf Aristoteles vorgehen. Ich werde Aristoteles' hylemorphes Modell der naturwissenschaftlichen Erklärung der Phänomene des Lebendigen und seine Theorie des dafür verantwortlichen Prinzips des Lebendigseins, der Seele (*psychê*), vorstellen, bevor ich zu seiner Erklärung des Vorgangs des Sterbens komme. Allerdings sollen hier auch die für Aristoteles außerhalb der Natur anzusiedelnden Aspekte von Tod und Sterben zur Sprache kommen. Damit meine ich diejenigen Aspekte unseres Lebens, die sich seiner Meinung nach daraus ergeben, dass wir mit unserer Vernunft (*nus*) über ein Vermögen verfügen, dass unsere Lebensäußerungen über die Sphäre nicht nur des Animalischen, sondern auch des Natürlichen hinaushebt. Sehr viel sagt Aristoteles nicht dazu und dementsprechend kurz wird die Diskussion hier ausfallen. Gleichwohl: Mit der Vernunft verfügt der Mensch Aristoteles zufolge über ein Lebensvermögen, das ihn zumindest zum Teil aus dem Geltungsbereich der hylemorphen Naturanalyse herausnimmt. Der Begriff des Lebens erstreckt sich bei ihm über natürliches Leben hinaus.

1 Zu Beginn eine kleine Überraschung: Der ‚andere' Aristoteles. Anthropologischer Dualismus im *Eudemus*

Unter Philosophiehistorikern ist Aristoteles (384–322 v. Chr.) als Kronzeuge einer ausgesprochen naturwissenschaftlich geprägten Auffassung vom Körper-Seele Verhältnis bekannt. Dies ist die berühmte hylemorphe Auffassung des Körper-Seele Verhältnisses. Körper und Seele sind in dieser Lehre, wie wir gleich noch genauer sehen werden, schon ihrer Definition nach untrennbar miteinander verbunden, so dass die Rede von einer Seele ohne Körper wenig Sinn macht. Was das bedeutet, ist klar. Ein Leben der Seele nach dem Tod (der Trennung vom Körper) kann es bei Aristoteles schon aus rein begrifflichen Gründen nicht geben. Angesichts dieser naturwissenschaftlichen Auffassung muss es dann aber überraschen, dass Aristote-

https://doi.org/10.1515/9783111055602-003

les in den zu seinen Lebzeiten veröffentlichten Werken für die gegenteilige Auffassung, nämlich die Unsterblichkeit der Seele, argumentiert zu haben scheint. Damit erscheint Aristoteles als Autor philosophischer Schriften gewissermaßen als Januskopf. Man unterscheidet bei ihm zwischen zwei Werkgruppen. Die Schriften, die wir heute von ihm besitzen, waren wohl meist nicht für die Veröffentlichung bestimmt und sind zu seinen Lebzeiten auch nicht veröffentlicht worden. Es handelt sich um die sogenannten *esoterischen* Schriften, wobei „esoterisch" nur so viel heißt wie „innerhalb von Aristoteles' Schule, dem Lyceum, zu gebrauchen". Die esoterischen Schriften sind höchst anspruchsvolle, in einem engen und ausgesprochen technischen Sinn philosophische Schriften. Sie werfen philosophische Forschungsfragen auf, denen sie hochkonzentriert, kompromisslos, und ohne Rücksicht auf literarische Form oder Allgemeinverständlichkeit nachgehen. Sie gelten daher als ausgesprochen schwierige Kost. Zu Aristoteles' Lebzeiten und wohl noch Jahrhunderte danach waren die esoterischen Schriften außerhalb des Lyceums aber so gut wie unbekannt. Zu dieser Zeit war Aristoteles vielmehr berühmt als Verfasser von höchst ansprechend geschriebenen Dialogen, die ganz im Stile seines Lehrers Platon verfasst waren. Diese Dialoge gehören zu den sogenannten *exoterischen* Schriften, die deswegen so heißen, weil sie für ein breites, dem Lyceum externes Publikum verfasst worden sind. Sie liegen uns heute nur noch in Fragmenten aus Zitaten anderer Autoren vor.[1] Aristoteles scheint in diesen Dialogen nun aber nicht nur literarisch Platons Dialogform, sondern auch die Inhalte und Thesen platonischen Philosophierens übernommen zu haben. Er erscheint in diesen Fragmenten, so weit wir davon wissen jedenfalls, als ein starker *anthropologischer Dualist*, d. h. als jemand, der annimmt, dass die Seele für sich selbst Subjekt mentaler Leistungen und vielleicht auch nach dem Tod noch ohne den Körper für sich weiter existieren kann. Aristoteles' naturwissenschaftliche Untersuchungen aus seinen esoterischen Schriften scheinen damit ihrem Inhalt nach den in seinen Dialogen geäußerten Ansichten direkt zu widersprechen. Dies betrifft auch seine Ansichten zum Menschen und über den Tod. Beide Seiten seines Schaffens miteinander in Einklang zu bringen, ist ein nach wie vor ungelöstes Rätsel der Aristoteles-Forschung. Schauen wir uns also, bevor wir zum ‚naturwissenschaftlichen' Aristoteles kommen, zwei Beispiele des exoterischen Aristoteles an!

---

1 Zur hochspannenden frühen Überlieferungsgeschichte der Aristotelischen Werke siehe O. Primavesi, *Ein Blick in den Stollen von Skepsis. Vier Kapitel zur frühen Überlieferung des Corpus Aristotelicum*, in: *Philologus* 51 (2007), 51–77. Für einen Überblick über das Werk und dessen Überlieferung siehe O. Primavesi, *Werk*, in: C. Rapp et al. (Hg.), *Aristoteles Handbuch*, Stuttgart 2021, 67–74. Für die Dialogfragmente des Aristoteles siehe den Überblick von Hellmut Flashar im *Aristoteles Handbuch*.

Beispiel 1: Fragment 41 R3 aus dem verlorenen Dialog *Eudemos oder Über die Seele* (aus Proklos, *Commentarius in Rem Publicam* II 349.13–26):

> Der gewaltige (gottbegnadete) Aristoteles gibt auch den Grund dafür an, warum die Seele auf ihrem Weg von dort nach hier vergisst, was sie dort gesehen hat, während sie auf ihrem Weg heraus von hier nach dort sich an die hier gemachten Erfahrungen erinnert. Und man muss sein Argument akzeptieren. Er sagt nämlich selber, dass manche Menschen auf dem Weg von Gesundheit in Krankheit selbst die Buchstaben vergessen, die sie gelernt hatten, dass aber auf dem Weg von Krankheit in Gesundheit niemandem dies je passiert. Es entspricht aber das Leben ohne Körper, das für Seelen der natürliche Zustand ist, der Gesundheit, der Krankheit [entspricht] das Leben im Körper. Das bedeutet, dass die von dort hierher gelangten (Seelen) die Dinge von dort vergessen, die von hier nach dort (gehenden Seelen) die hier erfahrenen Dinge in der Erinnerung behalten. (Übersetzung: Flashar 2006[2])

Diesem Bericht des spätantiken Philosophen Proklos zufolge (5. Jahrhundert AD) scheint Aristoteles von der Reinkarnation individueller Seelen ausgegangen zu sein. Dabei scheint er den körperlosen Zustand als den für die Seele natürlichen und „gesunden" Zustand angesehen zu haben, den verkörperten Zustand dagegen als eine Art Krankheit der Seele. Ferner scheint er gemeint zu haben, dass wir uns im Jenseits an die Geschehnisse hier auf Erden erinnern können, nicht aber umgekehrt hier auf Erden an die Geschehnisse im Jenseits. Die Seele ist dabei ganz klar als Subjekt mentaler Episoden konzipiert. Das heißt, dass Aristoteles hier die Seele als ein Subjekt von Erlebnissen versteht, das nicht nur den Körper überdauert, sondern sich auch ganz ohne Körper z. B. erinnern kann, Erfahrungen macht usw.

Beispiel 2: Fragment B 106 und 107 aus *Eudemos oder Über die Seele* (aus Jamblich, *Protreptikos* B 106 und 107 f.):

> Wenn man dies in Betracht zieht, wer würde dann noch meinen, er sei glücklich und selig – wer von uns, die wir alle gleich von vornherein (wie es heißt, wenn man in die Mysterien eingeweiht wird) von Natur her entstanden sind, als ob wir zu büßen hätten? Denn göttlich ist der Spruch der Alten, wenn sie sagen, dass die Seele Buße zu zahlen habe und dass wir zur Strafe für irgendwelche großen Verfehlungen leben. [B 107] Das folgende Bild scheint mir die Verknüpfung der Seele mit dem Leibe gut zu illustrieren: Wie man nämlich berichtet, dass öfters in Tyrrhenien die Gefangenen dadurch gefoltert werden, dass man Leichname an die Lebenden anbindet, und zwar so, dass Gesicht gegen Gesicht gerichtet ist und Glied mit Glied zusammengeheftet wird, so scheint auch die Seele ausgespannt und an alle wahrnehmenden Glieder des Leibes angeklebt zu sein. (Übersetzung: Düring 1969)

In diesem vom spätantiken Philosophen Jamblich (3. Jahrhundert AD) überlieferten Fragment wird die Lehre von der Reinkarnation der Seele in einen moralischen Zu-

2 H. Flashar, *Aristoteles. Fragmente zu Philosophie, Rhetorik, Poetik, Dichtung* (Aristoteles. Werke in deutscher Übersetzung 20/I), Berlin 2006.

sammenhang gestellt: Unsere Seelen werden inkarniert, damit wir für unsere Verfehlungen büßen (welche Verfehlungen dies sind, bleibt im Text offen). Das Körper-Seele Verhältnis wird dann sehr drastisch mit dem Bilde der Tyrrhenischen Folter illustriert: So wie dort die Gefangenen zur Folter Gesicht an Gesicht an eine Leiche gebunden werden, so werden unsere Seelen während unseres irdischen Lebens an den Körper gebunden. Der Körper steht hier für das Tote. Besonders auffällig ist, dass das Körper- bzw. Leib-Seele Verhältnis hier als ein durchaus künstliches, um nicht zu sagen als ein gewaltsames Verhältnis aufgefasst wird. Unser körperliches Leben – die Verbindung unserer Seele mit dem Körper – ist demnach als eine Strafe für bedeutende Verfehlungen zu verstehen, derer sich unsere Seelen schuldig gemacht haben. Damit ist sowohl eine Auffassung der Seele als Subjekt mentaler und sogar moralischer Vorkommnisse impliziert als auch die Ansicht, dass es für unsere Seelen nicht natürlich ist, überhaupt mit einem Körper verbunden zu sein. Vielmehr sei es eine *Strafe*, d. h. ein unerwünschtes Resultat unserer moralischen Verfehlungen, ohne welches unsere Seelen eigentlich viel besser dran wären. Glück, so folgert Aristoteles in dem von Jamblich überlieferten Fragment, kann daher nicht im Diesseits, sondern nur im Jenseits liegen, wo unsere Seele von dem an sie „angeklebten" Körper befreit ist.

Mit dieser moralischen Ausdeutung des diesseitigen Lebens als Strafe für begangene Untaten steigert der exoterische Aristoteles noch seine eigene, im ersten Beispiel überlieferte Aussage, derzufolge das Leben im Diesseits mit einer Krankheit – was ja immerhin ein irgendwie natürlicher Vorgang ist – zu vergleichen sei. In beiden Beispielen kann die Seele ohne den Körper leben und Subjekt mentaler Episoden sein. Diese Sicht von der Seele und ihrem Verhältnis zum Körper scheint Aristoteles naturwissenschaftlicher Naturauffassung aus seinen esoterischen Schriften direkt zu widersprechen. Wenden wir uns nun dieser Auffassung zu.

2 Der wissenschaftliche Aristoteles: Allgemeiner Hylemorphismus. Metaphysik der Naturdinge. Materie und Form

Aristoteles gilt als Begründer der Wissenschaft von der Natur als einer eigenständigen Regionalwissenschaft, die sich nicht so wie noch bei den Vorsokratikern mit mehr oder weniger allem, sondern eben nur mit der Natur, d. h. mit der Welt insofern sie sich verändert und materiell ausgedehnt ist, befasst. Diese Wissenschaft von der Natur, die *physikê epistême*, fußt philosophisch gesehen auf Aristoteles' grundsätzlicher Auffassung von der Natur. Dies ist seine, wie wir heute sagen würden, allgemeine metaphysische Naturauffassung, sein allgemeiner Hylemorphismus. Der allgemeine Hylemorphismus bezeichnet Aristoteles' Grundauffassung vom Wesen von Naturdingen (und damit dann mittelbar auch von Dingen überhaupt – da künstliche Dinge als Kontrastklasse der Naturdinge letztendlich auch aus Naturdingen bestehen). Dem allgemeinen Hylemorphismus zufolge sind Naturdinge wesentlich dadurch ausgezeichnet, dass sie „hylemorphe Komposita" sind, d. h. dass sie in einer gleich noch zu erläuternden Weise aus Form und Materie „zusammengesetzt" sind. Nähern wir uns der Sache zunächst über die Wortbedeutung. ‚Hylemorphismus' ist ein Kompositum aus ‚Hylê' und ‚Morphê', wobei *Hylê* die Materie eines Dinges bezeichnet, also das, woraus etwas besteht, etwa so wie ein Haus aus z. B. Steinen, Holz, Fundament usw. besteht, *Morphê* dagegen bezeichnet die Form oder Gestalt einer Sache. Aristoteles hält die Form für das Wesen einer Sache. Das Wesen ist das, was die Sache zu dem macht, was sie ist. ‚Hylemorphismus' bedeutet damit so etwas wie ‚Form-Materie-ismus' und steht für die These, dass jedes Naturding eben dadurch überhaupt ein Naturding ist, dass es aus Form und Materie „zusammengesetzt" ist.

Nun zur näheren Erläuterung von Aristoteles metaphysischer These über das Wesen von Naturdingen. Besonderes Gewicht müssen wir dabei auf die Erklärung der Weise setzen, in der Form und Materie im Hylemorphismus „zusammengesetzt" sind. Zunächst ist es wichtig zu betonen, dass Form und Materie für Aristoteles unterschiedlichen Seins*typen* angehören. Materie sind, wie gesagt, die materiell ausgedehnten *Bestandteile* einer Sache, so wie Steine, Zement usw. im Falle eines Hauses, Fleisch und Knochen usw. im Falle eines Tieres. Form dagegen ist das *immaterielle Prinzip der Einheit* für die Bestandteile. Die Form eines Dinges ist dasjenige an diesem Ding, welches dessen Bestandteile zu Bestandteilen ein- und desselben Naturdings macht. Ein Verweis auf die Materie antwortet auf die Frage ‚Woraus besteht dieses Ding?', ein Verweis auf die Form dagegen auf die Frage ‚Was ist dieses Ding?'. Formulieren wir die These des allgemeinen Hylemorphismus etwas genauer!

Sieben Thesen zum allgemeinen Hylemorphismus

(i) Alle natürlichen Dinge sind einheitliche natürliche Substanzen, d. h. (im Prinzip) wahrnehmbare, materiell ausgedehnte Träger von Eigenschaften. Sie sind natürlichen Prozessen (Bewegungen, Veränderungen) unterworfen, deren Subjekte sie sind.

(ii) Metaphysisch (ontologisch) gesehen, sind alle natürlichen Dinge aus einem Form- und einem Materieaspekt „zusammengesetzt".

(iii) Die Form ist nicht Materie, sondern das Wesen (die Essenz und wesensmäßige Identität) ihrer jeweiligen Materie. Der Besitz der Form erklärt, dass Naturdinge jeweils das sind, was sie sind, was heißt, dass sie sich auf die für sie charakteristische Art verändern und bewegen bzw. auf diese oder jene charakteristische Art verändert oder bewegt werden können. Das gleiche gilt für Stillstand von Veränderungsprozessen, die Aristoteles gleichfalls auf die Form von Naturdingen zurückführt. Formen von Naturdingen sind deren *Veränderungs- und Stillstandsprinzipien* (z. B. für den Fall eines Steins, für das Kochen von Wasser, das Wachsen des Grases usw.), die erklären, warum Naturdinge in eben den Weisen aktiv verändert und passiv verändert werden können, in denen ihnen dies möglich ist. Das, was es für ein bestimmtes Naturding heißt, dieses bestimmte Naturding zu sein, ist dies, ein ganz bestimmtes *Muster* von Veränderung und Veränderbarkeit aufzuweisen und eben dadurch Stein, Baum, Tier oder Mensch zu sein. Diese Muster, in denen Naturdinge Veränderungen aktiv bewirken oder passiv durchlaufen, sind so die Prinzipien des Seins dieser Dinge. Naturdinge sind im Hylemorphismus nichts anderes als materielle Dinge mit den ihnen als ihr Wesen innewohnenden Veränderungs- und Stillstandsprinzipien. Nehmen wir einen Klumpen Lehm als Beispiel. Das, was es für den Klumpen Lehm heißt, Erde zu sein – seine Form – bestimmt sich durch das ihm innewohnende Prinzip der Veränderung, was im Aristotelischen geozentrischen Weltbild darin besteht, dem Mittelpunkt der Erde zuzustreben. Seine Materie ist ein bestimmter Typ von Erde mit einer bestimmten Gestalt usw.

(iv) Form und Materie natürlicher Dinge sind *physikalisch untrennbare* Korrelate. Es ist nicht möglich, die Form eines Naturdings von seiner Materie zu lösen. Der Verlust der Form würde die Zerstörung des Dinges bedeuten, was hieße, dass es seine Identität verliert und somit aufhörte, das Naturding zu sein, das es ist.

(v) Form und Materie natürlicher Dinge haben keine unabhängige Existenz voneinander. Sie verhalten sich zueinander wie Wirklichkeit und Vermögen ein- und desselben Dinges. Als solche sind sie „auf gewisse Weise eins" (*Metaphysik* VIII 6, 1045^b 17–19). Die Form ist nichts anderes als das innewohnende Veränderungsprinzip *von* der ihr zugrundeliegenden Materie und die Materie nichts anderes als die Bestandteile, aus denen das Naturding zusammengesetzt ist.

(vi) Die Definitionen natürlicher Dinge isolieren zwar begrifflich deren Formen von ihrer Materie und umgekehrt (*definitorische Abtrennbarkeit*), aber auch in solchen Fällen müssen die begrifflich isolierten Formen eine Referenz auf die Materie enthalten (*schwache definitorische Untrennbarkeit*). „Zum Mittelpunkt der Erde zu streben" zählt erst dann als Definition von der Form von Lehmklumpen, wenn hinzugefügt wird, dass es sich dabei um die Form einer ihr zugrundeliegenden Materie handelt.

(vii) Die Formen natürlicher Dinge sind nicht deren Teile, sondern, wie wir in (iii) gesehen haben, deren Wesen. Da die Form dessen wesensmäßige Identität ist, macht es ebenso wenig Sinn, die Form als Teil des Naturdings zu betrachten, wie es Sinn machen würde, von meiner Identität als von einem Teil von mir zu sprechen. Meine Identität *macht* mich ja erst zu dem, was ich bin, die Rede von den Teilen einer Sache setzt demgegenüber die Identität des Ganzen voraus. Das ist bei Aristoteles sogar noch deutlicher gefasst, der die Rede von Teilen primär auf quantitative Teile zurückführt (*Metaphysik* V 25, 1023^{b}12–15). Das Wesen und die Form eines Dinges ist aber nicht dessen quantitativer Teil. Die Weise, in der Form und Materie im Hylemorphismus „zusammengesetzt" sind, ist daher nicht die, in der die Teile eines Dings zusammengesetzt werden. Teile haben – im Gegensatz zur Form und Materie hylemorpher Gegenstände – ein relativ selbstständiges Dasein und können unabhängig voneinander individuiert werden. Form und Materie sind daher Bestandteile von Naturdingen ausschließlich in dem Sinne, dass sie, wenn auch untrennbar miteinander verbundene, so doch *unterschiedliche Aspekte* der *metaphysischen Analyse* von Naturdingen ausmachen.

Soweit die Charakterisierung des Hylemorphismus als allgemeiner These über die metaphysische Verfasstheit von Naturdingen überhaupt. Gehen wir nun über zu Aristoteles' Psychologischem Hylemorphismus.

3 Psychologischer Hylemorphismus: Metaphysik lebendiger Naturdinge. Seele und Körper

Aristoteles' Psychologischer Hylemorphismus ist eigentlich nichts weiter als die *Anwendung* des allgemeinen Hylemorphismus auf einen bestimmten, d. h. regionalen, Bereich seiner allgemeinen Naturlehre, nämlich auf den Bereich *lebendiger Naturdinge*, also Pflanzen, sonstige Gewächse, Tiere und Menschen. Das heißt, dass auch Pflanzen, sonstige Gewächse, Tiere und Menschen hylemorphe Komposita, und in der oben erläuterten Weise metaphysisch (ontologisch) aus Form und Materie „zusammengesetzt" sind. Allerdings ergeben sich einige Modifikationen und z. T. auch Erweiterungen des allgemeinen Hylemorphismus. Dies beginnt damit, dass im psychologischen Hylemorphismus Form nicht mehr ‚Form', sondern ‚Seele' (*psychê*) heißt, und Materie nicht ‚Materie', sondern ‚Körper' (*sôma*). Funktional nehmen Seele und Körper jedoch exakt dieselben Stellen ein wie die allgemeineren Begriffe ‚Form' und ‚Materie'. Formulieren wir jetzt auch die These des psychologischen Hylemorphismus etwas genauer! Wir orientieren uns dabei an der obigen Charakterisierung des allgemeinen Hylemorphismus.

Sieben korrespondierende Thesen zum psychologischen Hylemorphismus

(i') Alle natürlichen lebendigen Dinge sind einheitliche, natürliche Substanzen, d. h. (im Prinzip) wahrnehmbare, materiell ausgedehnte Träger von Eigenschaften. Sie sind Subjekte von natürlichen Prozessen (Bewegungen, Veränderungen). Im Falle lebendiger Naturdinge sind diese Bewegungen und Veränderungen deren *Lebensprozesse* bzw. Lebensäußerungen. Der Besitz der Seele (ihrer Form) erklärt, dass lebendige Naturdinge jeweils das sind, was sie sind, was heißt, dass sie die für sie charakteristischen Lebensäußerungen an den Tag legen bzw. sich auf diese oder jene charakteristische Art verändern oder bewegt werden können. Das gleiche gilt für den Stillstand von Lebensprozessen (etwa das Aufhören des Wachstums), die Aristoteles gleichfalls auf die Seele von lebendigen Naturdingen zurückführt. Seelen von lebendigen Naturdingen sind die *Veränderungs- und Stillstandsprinzipien* für deren Lebensäußerungen. Sie erklären, warum sich lebendige Naturdinge in eben den Weisen aktiv verändern und passiv verändert werden können, die für sie charakteristisch sind. Das bedeutet, dass das, was es heißt, ein bestimmtes lebendiges Naturding zu sein, darin besteht, ein ganz bestimmtes Muster oder Prinzip von Lebensäußerungen im Sinne von lebensspezifischen Veränderungen und Veränderbarkeit aufzuweisen und eben damit lebendiges Naturding (Gewächs, Tier, Mensch) zu sein. Lebendige Naturdinge sind materielle Körper mit ihren spezifisch auf deren Lebensäußerungen ausgerichteten Veränderungs- und Stillstandsprinzipien.

(ii') Metaphysisch (ontologisch) betrachtet sind alle natürlichen lebendigen Dinge aus einem Form- und einem Materieaspekt „zusammengesetzt". Sie heißen ‚Seele' (*psychê*, Form des lebendigen Körpers) und ‚Körper' (*sôma*, Materie des lebendigen Körpers).

(iii') Die Seele ist nicht Körper, sondern das Wesen (wesensmäßige Identität) des Körpers. Der Besitz der Seele erklärt, dass lebendige Naturdinge jeweils das sind, was sie sind, und sich auf die für sie charakteristische Art verändern und bewegen bzw. verändert oder bewegt werden und sich in ihren Lebensäußerungen betätigen. Seelen lebendiger Naturdinge sind deren jeweilige *Veränderungs-* und *Bewegungsprinzipien.* Sie sind dies als die Prinzipien des vegetativen Selbsterhalts, der Wahrnehmung und des Denkens (Lebensfunktionen). Das gleiche gilt für Stillstand von lebensspezifischen Veränderungsprozessen, die Aristoteles gleichfalls auf die Seelen von lebendigen Naturdingen zurückführt (etwa das Aufhören des Wachstums). Seelen sind die *Veränderungs- und Stillstandsprinzipien* von lebendigen Naturdingen.

(iv') Seele und Körper natürlicher lebendiger Dinge sind *physikalisch untrennbare* Korrelate. Es ist nicht möglich, die Seele eines lebendigen Naturdings von seinem Körper zu lösen. Der Verlust der Seele würde die Zerstörung des lebendigen Körpers bedeuten, d. h. er verlöre seine Identität und würde aufhören, der lebendige Körper zu sein, der er ist.

(v') Seele und Körper verhalten sich zueinander wie Wirklichkeit und Vermögen ein- und desselben lebendigen Dinges. Als solche sind sie „auf gewisse Weise eins" (*Metaphysik* H 6, 1045^{b}17–19). Die Seele ist nichts anderes als das innewohnende Veränderungsprinzip *von* dem ihr zugrundeliegenden Körper und der Körper nichts anderes als die Bestandteile, aus denen der lebendige Körper zusammengesetzt ist.

(vi') Die Definitionen natürlicher lebendiger Dinge isolieren zwar begrifflich die Seele vom Körper und umgekehrt (*definitorische Abtrennbarkeit*), aber auch in solchen Fällen enthalten die isolierten begrifflichen Teile einen wechselseitigen Verweis aufeinander (*schwache definitorische Abtrennbarkeit*). „Selbsterhalt durch Assimilation von Nahrung" etwa wäre erst dann eine Definition von der Seele vegetativ lebendiger Dinge, wenn hinzugefügt wird, dass es sich dabei um die Seele eines ihr zugrundeliegenden Körpers handelt.

(vii') Die Seelen natürlicher belebter Dinge sind nicht deren Teile, sondern deren Wesen. Die Seele eines lebendigen Naturdings ist nicht dessen Teil. Die Weise, in der Seele und Körper im psychologischen Hylemorphismus „zusammengesetzt" sind, ist daher nicht die, in der die Teile eines Dings zusammengesetzt werden. Teile haben – im Gegensatz zu Seele und Körper ein- und desselben lebendigen Dinges – ein relativ selbstständiges Dasein und können unabhängig voneinander individuiert werden. Seele und Körper sind daher Bestandteile von lebendigen Naturdingen ausschließlich in dem Sinne, dass sie, wenn auch untrennbar miteinander verbundene, so doch *unterschiedliche Aspekte* der *metaphysischen Analyse* von lebendigen Naturdingen ausmachen. Hinzu kommt, dass die Seele für Aristoteles nicht nur das Wesen lebendiger natürlicher Körper ist, sondern auch der Zweck ihrer Tätigkeiten und Prozesse, die sie durchmachen. Damit unterscheidet sich seine Theorie lebendiger Dinge von den übrigen Teilen seiner Naturphilosophie. In der unbelebten Natur kommt Finalität und sog. Zweckursächlichkeit bei ihm nämlich nicht vor.

Soweit die schematische Charakterisierung des psychologischen Hylemorphismus. Aristoteles diskutiert die Natur der Seele in seiner Schrift ‚Über die Seele' (*De anima*). Dort macht er den Beginn seiner systematischen Behandlung der Seele am Beginn des zweiten Buches mit dem, was er die „gemeinsamste Definition der Seele" nennt *(koinotatos logos tês psychês)*. Dort nimmt er genau die Anwendung des allgemeinen Hylemorphismus auf den Bereich lebendiger Naturdinge vor, den wir oben bereits thesenartig dargestellt haben, und er zieht auch einige wichtige Konsequenzen aus dieser Anwendung. Er sagt folgendes:

(A) „Es ist also notwendig, dass die Seele Wesen (*ousia*) im Sinne der Form eines natürlichen Körpers ist, der dem Vermögen nach Leben hat." (*An.* II 1, $412^{a}19$–21)

(B) „Im Allgemeinen ist nun gesagt, was die Seele ist, nämlich Wesen im Sinne des Begriffs. Dies ist das Was-es-hieß-dies-zu-sein für einen solchen [d. h. lebendigen] bestimmten Körper." (*An.* II 1, $412^{b}10$–12)

(C) „Wenn daher etwas Gemeinsames für jede Seele gesagt werden soll, so dürfte sie die erste Vollendung [Wirklichkeit, *entelecheia*] eines natürlichen werkzeughaften Körpers sein." (*An.* II 1, 412^b4–6)

(D) „Deswegen muss man auch nicht untersuchen, ob die Seele und der Körper eins sind, so wie auch nicht beim Wachs und seiner Form, noch insgesamt bei der Materie eines jeden Dinges und dem, dessen Materie sie ist." (*An.* II 1, 412^b6–8)

Diese Serie von „Definitionen", wie sie in der Literatur manchmal genannt werden, dienen dem Zweck, den allgemeinen Hylemorphismus auf die Seelenlehre als einen Teilbereich zur Anwendung zu bringen und damit den hylemorphen Seelenbegriff einzuführen. In (A) führt Aristoteles die oben erläuterten Punkte (i'), (ii') und (v') sehr knapp ein, in (B) nochmal Punkt (i'), dann aber auch (iii'), in (C) nochmal (v') und in (D) die Punkte (iii') (vi'). Nur (iv'), die Feststellung, dass Seele und Körper natürlicher lebendiger Dinge *physikalisch untrennbare* Korrelate sind, scheint zu fehlen. Dies wäre angesichts der Tatsache, dass (iv') lediglich eine Konsequenz der metaphysischen (und nicht physischen) hylemorphen Analyse ausmalt, allerdings nicht weiter verwunderlich. Alle anderen wesentlichen Punkte sind wenigstens andeutungsweise vertreten. Aristoteles macht in der gemeinsamsten Definition der Seele nichts anderes, als den allgemeinen Hylemorphismus auf den Sachbereich lebendiger Naturdinge anzuwenden. Dabei ist ihm klar, dass er seinem Leser (oder Hörer) etwas Neues und Ungewohntes abverlangt. Deswegen greift er im unmittelbaren Anschluss zu zwei Analogien. Sie sollen uns anhand bekannterer Beispiele klarmachen, wie er die hylemorphe These verstanden wissen möchte.

> ***Die Analogie mit dem Beil*** (*An.* II 1, 412^b9–17)
> Im Allgemeinen ist nun gesagt, was die Seele ist, nämlich Wesen im Sinne des Begriffs. Dies ist das Was-es-hieß-dies-zu-sein für einen solchen bestimmten Körper, ganz so wie wenn ein Werkzeug, z. B. ein Beil, ein natürlicher Körper wäre. Denn dann wäre das Beil-Sein sein Wesen und dies [wäre] auch seine Seele, und getrennt von ihm wäre es kein Beil mehr, außer dem Namen nach. So aber ist es ein Beil. Freilich ist die Seele nicht das Was-es-hieß-dies-zu-sein und der Begriff eines *solchen* Körpers, sondern eines ganz bestimmten *natürlichen* Körpers, der das Prinzip von Bewegung und Stillstand in sich selber hat.

Wenn ein Beil ein lebendiges Ding wäre, dann wäre die „Seele" des Beils das, was es heißt, ein Beil zu sein. Das Beil-Sein, etwa „Werkzeug zum Spalten von Holz", ist das, was das Beil zu einem Beil macht. Das Wesen lebendiger Dinge ist die Funktion, das, was sie als solche *tun können*. Verliert ein Beil aus irgendeinem Grunde die Fähigkeit, Holz zu spalten, sieht es vielleicht noch aus wie ein Beil, *ist* aber kein Beil mehr. Es hat mit dieser Fähigkeit sein Wesen verloren und *ist* deswegen auch kein Beil mehr, außer dem Namen nach, ähnlich wie ein Bowie-Messer kein wirkliches Messer ist, weil es nicht schneiden kann. In einem nächsten Schritt stellt Aristoteles die Disanalogie heraus. Beil-Sein ist das Wesen eines unbelebten, künstlichen Körpers. Die Seele dagegen ist das Wesen eines natürlichen Körpers, d. h. eines solchen Körpers, der sein Prinzip von Bewegung (Veränderung) und Stillstand in sich selber trägt.

Die zweite Analogie illustriert den gleichen Gedanken mit Hilfe einer Teil-Ganzes Analogie:

> ***Die Analogie mit dem Auge*** (*An.* II 1, 412^{b}17–22)
> Man soll das Gesagte auch mit Blick auf die Teile betrachten. Wenn nämlich das Auge das Lebewesen wäre, so wäre seine Seele die Sehkraft, denn diese ist das Wesen des Auges im Sinne des Begriffs. Und das Auge ist die Materie der Sehkraft, die wenn diese [Sehkraft] ausbleibt, kein Auge mehr ist, außer dem Namen nach, so wie das steinerne und das gemalte.

Wenn das Auge ein Lebewesen wäre, dann wäre das Wesen und damit die Seele des Auges nichts anderes als das, was es tun kann, seine Sehkraft. Der Körper der Sehkraft wäre das Auge selbst. Wenn das Auge seine Sehkraft verliert, verliert es sein Wesen und ist dann kein Auge mehr, außer dem Namen nach. Wir sagen dann zwar noch ‚Auge', aber wir benennen mit diesem Wort etwas ganz anderes, das sich wesensmäßig von einem sehfähigen Auge unterscheidet.

In diesem Sinne will Aristoteles Seele und Körper nicht als unterschiedliche Dinge, sondern als unterschiedliche *metaphysische* Aspekte ein- und desselben lebendigen Körpers verstanden wissen. Körper und Seele bzw. Auge und Sehkraft oder Beil und Spalten sind *unterschiedliche Aspekte an ein- und demselben lebendigen Körper*, das eine die Bestandteile, das andere das, was die Bestandteile zu dem einheitlichen lebendigen Körper machen, der sie sind. Der in (iv') formulierte metaphysische Charakter der Unterscheidung wird daran deutlich, dass Körper und Seele immer zusammen vorkommen *müssen* und nicht getrennt voneinander existieren können:

> Es ist aber nicht der [Körper], der die Seele verloren hat, der dem Vermögen nach lebendig ist, sondern der, der sie besitzt. (Der Same aber und die Frucht ist dem Vermögen nach der auf diese Weise bestimmte Körper). So wie nämlich das Spalten und das Sehen, so ist auch das Wachen Vollendung [Wirklichkeit], und so wie die Sehkraft und das Vermögen des Werkzeugs, so ist die Seele [Vollendung, Wirklichkeit], und der Körper ist das dem Vermögen nach Seiende. Aber so wie das Auge der Augapfel *und* die Sehkraft ist, so ist auch dort die Seele *und* der Körper das Lebewesen. Dass nun die Seele nicht vom Körper zu trennen ist, oder, wenn sie von Natur teilbar ist, gewisse Teile von ihr, ist klar. Die Vollendung einiger ihrer Teile ist nämlich die von den [Körper-] Teilen selbst. (*An.* II 1, 412^{b}25–413^{a}6)

Dem Vermögen nach lebendig ist der lebendige Körper, nicht der tote. Aristoteles ist bereit, für seine Art der Unterscheidung von Körper und Seele recht drastische Konsequenzen in Kauf zu nehmen. Der tote menschliche Körper – die Leiche – hat keine Seele mehr und ist damit also auch nicht mehr dem Vermögen nach lebendig. Die Leiche ist deswegen *gar kein* Mensch mehr, außer eben dem Namen nach. Und das soll von allen lebendigen Körpern gelten. Dies ist Aristoteles' sogenanntes Homonymie-Prinzip.

Homonymie-Prinzip: Ein natürlicher funktionaler (lebendiger) Körper, der seiner Funktion (seiner Seele als seiner Weise des Lebendigseins) beraubt ist, ist nur noch *dem Namen nach* ein funktionaler Körper.

Das Homonymie-Prinzip zeigt, dass es Aristoteles Ernst ist mit seiner Behauptung, dass Seele und Körper physisch untrennbare metaphysische Aspekte ein- und desselben lebendigen Dinges sind. Aus der Definition der Seele in *De anima* II 1 ergeben sich aber noch zwei weitere Konsequenzen, die für unseren Zusammenhang wichtig sind:

(viii') Die Seele ist kein mögliches Subjekt von physikalischer Bewegung oder Veränderung, es sei denn akzidentell (d. h. aufgrund der Tatsache, dass der Körper, in dem die Seele sich befindet, sich bewegt/verändert).[3]

(ix') Die Seele ist kein Subjekt mentaler Episoden (sondern nur das Körper/Seele – Kompositum).

Die erste These (viii') ist nicht mehr als eine Anwendung der oben bereits eingeführten Idee, dass Form und Materie eines Dinges zwei unterschiedlichen Seinstypen angehören. Da der lebendige Körper die Materie der Seele ist, ist die Seele nichts Materielles. Da in Aristoteles' Physik aber nur materiell ausgedehnte Gegenstände mögliche Subjekte physikalischer Bewegung oder Veränderung sind, *kann* die Seele nicht physikalisch affiziert werden. Ganz ähnlich liegen die Dinge in (ix'). Da die Seele kein mögliches Subjekt von Veränderungen ist und mentale Episoden aber Veränderungen sind, *kann* die Seele auch kein mögliches Subjekt mentaler Episoden sein.[4] Damit schließt der psychologische Hylemorphismus den anthropologischen Dualismus grundsätzlich aus. Wenn die Seele kein mögliches Subjekt mentaler Episoden ist, kann sie keinerlei Erfahrungen für sich allein, ohne den Körper, und nach dem Tode erst recht nicht machen.

4 Das Interesse der Philosophie des Geistes am psychologischen Hylemorphismus

Mit seinem psychologischen Hylemorphismus wurde Aristoteles seit den 70er Jahren zu einer Art Hoffnungsträger für die angelsächsisch geprägte akademische

---

3 Siehe *An.* I 3, 405^b31–407^b11; 4, 408^a30–409^b18.

4 Aristoteles macht diesen Punkt anhand einer längeren Diskussion in *An.* II 4 sehr klar (408^a31-$^b31$).

Philosophie des Geistes. Er schien mit seiner Konzeption der Seele eine *nicht-reduktiv materialistische Theorie der Seele avant la lettre* vorzulegen, also eine Theorie, welche die für die postcartesische Situation in der Philosophie des Geistes typischen Fallstricke vermeidet.[5] Sie erreicht dies durch folgende Eigenschaften: Die hylemorphe Seelenkonzeption ...

- konzipiert die Seele nicht als eigene oder gar unabhängige Substanz neben materiell ausgedehnten Substanzen.
- bestreitet – anders als eliminativistische physikalistische Theorien des Geistes – aber auch nicht die Existenz der Seele, um sie auf Materiell-Physikalisches zu reduzieren.
- betont mit ihrer Behauptung, die Seele sei das *Wesen* und *Prinzip* des lebendigen Körpers, vielmehr deren reale Existenz.
- konzipiert die Seele nicht als der Bewegung oder Veränderung unterworfen.
- konzipiert die Seele nicht als mögliches Subjekt mentaler Episoden.

Damit versteht der psychologische Hylemorphismus die Seele als etwas *vom* lebendigen Körper, nämlich als dessen *substantielles Wesen* (deswegen ‚nicht-reduktiver Materialismus'). Die hylemorphe Seele verliert so alle mysteriösen Obertöne, die die Cartesische Auffassung des Geistes als Subjekt mentaler Episoden noch mit sich führt. Auch scheint der psychologische Hylemorphismus eine *Lösung für die typischen Schwierigkeiten der post-cartesischen Philosophie des Geistes* zu bieten. Dies sind vor allem das *Körper-Geist Problem* und das *Interaktionsproblem*. Beide ergeben sich aus dem Cartesischen Substanzdualismus, demzufolge es sich bei Körper und Geist um zwei verschiedene Substanztypen handelt. Wenn wir nun aber mit Descartes eine körperlich ausgedehnte und eine davon fundamental verschiedene denkende Substanz unterscheiden, die zudem Subjekt mentaler Episoden ist, dann stellen uns die Fragen, auf welche Weise die geistige Substanz mit der materiell ausgedehnten Substanz eine Einheit bilden und kausal interagieren kann, vor so gut wie unlösbare Probleme. Im psychologischen Hylemorphismus dagegen kommen diese Fragen gar nicht erst auf. Er scheint daher auch mit der physikalistischen Auffassung der materiellen Welt vereinbar. Das Einzige, was wir metaphysisch zusätzlich zur Annahme physikalisch erfassbarer Körper ‚investieren' müssen, ist die relativ bescheidene These, dass es darüber hinaus auch noch Formen physikalischer Dinge

5 Für eine grundsätzliche Kritik an der nicht-reduktiv materialistischen Auffassung von Aristoteles' psychologischem Hylemorphismus siehe D. Charles, *The Undivided Self. Aristotle and the Mind-Body Problem*, Oxford 2021. Für eine rezente Verteidigung des Hylemorphismus in der analytischen Philosophie des Geistes siehe W. Jaworski, *Structure and the Metaphysics of Mind. How Hylomorphism Solves the Mind-Body-Problem*, Oxford 2016.

gibt, d. h. deren Funktionen und Struktur. Aufgrund dieser Eigenschaften schien Aristoteles vielen Philosophen des Geistes eine Art goldenen Mittelweg zwischen reduktivem Materialismus und Cartesischem Substanzdualismus zu beschreiten.[6]

Allerdings stellt sich die Frage, inwieweit die Auslegung der Aristotelischen Seelenlehre als ein Stück nicht-reduktiv materialistische Philosophie des Geistes dieser Lehre tatsächlich gerecht wird. Zunächst ist hier darauf aufmerksam zu machen, dass Geist (*mind*) und Seele durchaus nicht dasselbe sind. ‚Seele' erstreckt sich bei Aristoteles, wie wir oben gesehen haben, auf alles Lebendige und keineswegs nur auf menschliche mentale Phänomene. Die Seele ist das *Prinzip* des Lebendig-Seins aller lebendigen Dinge.[7] Damit in direktem Zusammenhang steht, dass Aristoteles die Seele als fundamentalen *Grund* für die wissenschaftliche Erklärung der Phänomene des Lebendigen versteht (*An.* I 1, 402^{a}7–11, ^{b}16–403^{a}2), nicht aber als geistige bzw. mentale Leistung oder als deren Subjekt. Wenn man daher den psychologischen Hylemorphismus des Aristoteles in die Philosophie des Geistes übernehmen wollte, so ginge dies nur in Form einer vollständigen *Ersetzung* des Programms der Philosophie des Geistes, nicht aber als bloßer Thesenimport. Philosophie des Geistes als eigenständige Disziplin kann es im hylemorphen Modell jedenfalls nicht geben.[8] Hinzu kommt, dass Aristoteles unter keiner möglichen Beschreibung adäquat als Materialist bezeichnet werden kann, auch nicht als ‚nicht-reduktiver' Materialist. Dafür sind seine Erklärungen für den Vorrang der Form vor der Materie schlicht zu häufig. Zwar ist es unbestreitbar, dass Aristoteles' hylemorphe Seelenkonzeption *antidualistisch* ist. Dies betrifft aber nur seine hylemorphe Seelentheorie, also den biologisch-physikalischen Teil seiner Lehre, der sich mit der Seele befasst, insofern sie die Form eines lebendigen Körpers ist. Das Problem ist, dass sich die menschliche Seele für ihn nicht darin erschöpft, Form eines lebendigen Körpers zu sein. Nicht die gesamte Seele ist hylemorph. Damit scheitert die Kooptierung des psychologischen Hylemorphismus durch die moderne Philosophie des Geistes bereits an der Extension ihrer Grundthese. Aristoteles hat den Teil der Seele, der für den Menschen spezifisch ist – das Denkvermögen – von seiner hylemorphen Seelenkonzeption ausgeschlossen. Er betont, dass das Denkvermögen als einziges Seelenvermögen vom Körper abtrennbar ist.[9] Damit entfällt aus-

6 Siehe etwa J. Barnes, *Aristotle's Concept of Mind*, in: *Proceedings of the Aristotelian Society* 72 (1971/72), 101–114.

7 M. Frede, *On Aristotle's Conception of the Soul*, in: A. O. Rorty/M. C. Nussbaum (eds.), *Essays on Aristotle's De Anima*, Oxford 1992, 93–109.

8 Für eine Kritik an der Auffassung der Aristotelischen Seelenlehre als Philosophie des Geistes siehe die Einleitung in Aristoteles, *De anima. Einführung, griechischer Text von Aurelius Förster (1912), Übersetzung und Kurzkommentar*, übers. v. K. Corcilius, Hamburg 2017, IX–XXVIII.

9 *An.* I 4, 408^{b}18–25; II 1, 413^{a}5–7; 2, 413^{b}24–29; III 4.

gerechnet jener Teil des menschlichen Seelenlebens aus der hylemorphen Analyse, auf den die moderne Philosophie des Geistes sich seit Descartes so sehr kapriziert hat. Man muss daher konstatieren, dass die Kooptierung des Hylemorphismus durch die moderne analytische Philosophie des Geistes auf einem Missverständnis zu beruhen scheint, wenn dies vielleicht auch produktiv gewesen sein mag. Doch hierzu unten gleich mehr.

5 Tod und Sterben im Psychologischen Hylemorphismus

Wenn die hylemorphe Seele die Form des Körpers ist, Seelen aber keine vom Körper abtrennbare Existenz, ja nicht einmal eine davon abtrennbare Definition haben, was ist dann der Tod? Die „Trennung von Seele und Körper" mit je eigener Fortexistenz so wie noch bei Platon[10] kann es nicht mehr sein, denn eine hylemorphe Seele ohne Körper kann es genauso wenig geben wie einen belebten Körper ohne Seele. Der Tod (*thanatos*) ist vielmehr das Ereignis des Aussetzens der Lebensfunktionen im individuellen Lebewesen. Resultat dieses Aussetzens ist das Tot-Sein, das Nicht-mehr-Ausüben der Lebensfunktionen. Der Körper hat sein Lebensprinzip verloren und hört damit auf zu sein, was er war; die Leiche *scheint* dann zwar noch für eine gewisse Zeit ein menschlicher oder tierischer Körper zu sein, aber in Wahrheit gilt dies, wie wir gesehen haben, nur dem Namen nach. Der ehemals lebendige Körper beginnt sich in seine Bestandteile aufzulösen.[11] Biologisch-naturwissenschaftlich ist der Tod damit nichts anderes als die Abwesenheit aller Lebensäußerungen. Die Reste des lebendigen Körpers verwesen zusehends. Ein Subjekt für etwaige postmortale Zustände oder Erfahrungen gibt es nicht.

Sterben ist der Vorgang des Übergangs vom Lebendig- zum Tot-Sein. Aristoteles widmet dem Vorgang des Sterbens, den er übrigens gepaart mit dem Vorgang des Lebendig-Seins (*zôê*) behandelt, einen gesonderten naturwissenschaftlichen Traktat: *Über Jugend und Alter, Leben und Tod* (*De iuventute et senectute, De vita et morte*).[12]

---

10 Platon, *Phaidon* 64 B-C.

11 Zur Unwiederbringlichkeit des Auflösungsprozesses vgl. *Metaph.* VIII 5, 1044^{b}34–1045^{a}6. Die Überreste eines einmal gestorbenen Menschen können nicht wieder lebendig gemacht werden. Sie müssen sich erst in die Elementarbestandteile auflösen, bevor sie wieder als Teile lebendiger Wesen eine funktionale Rolle übernehmen.

12 *De juventute* schließt auch *De respiratione* („Über die Atmung") ein, da Aristoteles den Vorgang des Atmens als lebenserhaltenden Vorgang versteht. Zur Organisation der Schriften siehe R. A. H. King, *Parva naturalia*, in: *Aristoteles Handbuch*, 109–117.

Dort erklärt er den Tod durch *materielles Versagen*, d. h. durch den Verlust einer einzigen, von ihm als zentral lebenswichtig ausgemachten Eigenschaft, nämlich der Lebenswärme im Herzen bzw. dem analogen Zentralorgan in Lebewesen, die kein Blut führen. Die Lebenswärme im Herzen ist für ihn *die* materiale Grundbedingung für das Lebendig-Sein der Lebewesen.[13] Sie ist das erste, was unsere Körper haben, sobald sie lebendig sind, und das letzte, was sie verlieren, bevor sie sterben. Aristoteles vergleicht die Lebenswärme mit einer Art Glut, so wie sie in Feuerstellen schwelt, und er erklärt auch die Lebensphasen mithilfe einer Art Wärmezyklus: Biologisch gesehen bedeutet die Entstehung der Lebewesen den Erwerb ihrer Lebenswärme, ihr Lebendig-Sein deren fortgesetzten Erhalt (wobei die Phase der Jugend durch das Ausbilden des die Wärme kühlenden Teils – Lungen, Kiemen – gekennzeichnet ist, der die Lebenswärme im Herzen vor Überhitzung bewahrt), Alter bedeutet das zunehmende Schwinden der Lebenswärme; die Blüte liegt zwischen diesen beiden Phasen des Lebenszyklus;[14] der Tod ist das Verschwinden der Lebenswärme (*De juv.* 24, 479^{a}29-^{b}4). Die Erklärung für den Vorgang des *Übergangs* vom Leben in den Tod besteht für Aristoteles daher in der Erklärung dafür, wie die Lebenswärme in den Lebewesen *vergeht* bzw. verschwindet:

> Alle Teile und der ganze Körper der Tiere verfügen über eine angeborene natürlich Wärme (*symphyton thermotêta physikên*). Daher sind sie, wie man beobachten kann, warm, wenn sie leben, und wenn sie sterben und das Leben verlieren, kalt. Der Ursprung dieser Wärme liegt bei den blutführenden (Tieren) notwendig im Herzen, bei den Blutlosen in dem, was dem Herz analog ist. Denn alle Teile, vor allem aber das Zentralorgan, verarbeiten und verdauen die Nahrung durch die natürliche Wärme. Deshalb ist es möglich, dass das Leben, wenn die anderen Teile abgekühlt werden, fortdauert, wohingegen der ganze Körper zugrunde geht, wenn die Wärme im Herzen schwindet: denn die Wärme der anderen Körperteile hängt von der des Herzens ab und hat hier ihren Ursprung, und die Seele empfängt gleichsam ihre Glut (*psychês empepyreumenês*) in der betreffenden Region, d. h. im Herzen bei den Blutführenden, bei den Blutlosen im Analogon. Daraus folgt notwendig, dass Leben so lange gegeben ist, wie diese Wärme sich erhält, und dass, was wir Tod (*thanatos*) nennen, deren Verschwinden (*phthorá*) ist. (*De juventute* 4, 469^{b}6–20, übers. nach Eugen Dönt)

Angeborene Wärme ist die Grundbedingung des Lebens und der Vorgang des Sterbens ist der Verlust des Lebens durch den Verlust der Lebenswärme. Der Ver-

---

13 Die Sache verhält sich in den Details durchaus komplex. Die Lebenswärme ist zwar entscheidend, sie muss aber durch entsprechende Kühlung stets in einer Balance gehalten werden. Dafür braucht es die Atmung und das Gehirn als Kühlorgan. Damit diese wiederum ihre Aufgaben ausführen können, müssen sie über einen gewissen Grad an Feuchtigkeit verfügen (*Part. an.* II 7, 652^{b}10–653^{b}).

14 Zum Lebenszyklus bei Aristoteles siehe die ausführliche Studie von R. A. H. King, *Aristotle on Life and Death*, London 2001; und die neue Studie von G. Korobili, *Aristotle. On Youth and Old Age, Life and Death, and Respiration 1–6*, Cham 2022.

lust der Lebenswärme im Herzen kann allerdings auf verschiedene Weise geschehen. Aristoteles unterscheidet zwei Weisen:

> Nun, beim Feuer sehen wir, dass es auf zweierlei Arten vergehen kann, durch Ersticken und durch Auslöschen. Von Ersticken sprechen wir, wenn es von selbst ausgeht, von Auslöschen, wenn es durch seine Gegensätze vernichtet wird. Beide Arten des Vergehens haben freilich dieselbe Ursache: Der Brennstoff geht aus, die Wärme kann keinen mehr bekommen, deshalb erstirbt das Feuer. Denn der Gegensatz beendet den Prozess der Verbrennung und verhindert auf diese Weise die Nährung des Feuers. Ersticken tritt bisweilen ein, wenn sich aus Mangel an zugeführter Luft und Kühlung zuviel Hitze ansammelt. Denn auch in diesem Fall verbraucht die in großer Menge angestaute Hitze rasch die Nahrung ... (*De juventute* 5, 469^{b}21–30, übers. Eugen Dönt)

Ersticken und Auslöschen sind die beiden Grundarten, die Lebenswärme zu verlieren. Ersticken bringt den Verlust des Feuers durch ein *Übermaß* an Hitze zustande, das Auslöschen durch Gegensätzliches. Aber auch dies kann auf verschiedene Weisen geschehen, gewaltsam, sanft oder gar unmerklich. Letzteres ist der Fall beim Sterben im hohen Alter.

> Wenn nun bei einem die Lunge, bei den anderen die Kiemen sich verhärten [...], dann kann das Lebewesen diese Organe nicht bewegen, nicht ausdehnen und zusammenziehen, und schließlich erstickt das Feuer, wenn es zu einer Belastung des Organismus kommt. Daher genügt im hohen Alter das Auftreten von nur geringfügigem Leiden, um rasch den Tod herbeizuführen; denn da sich der größte Teil der Lebenswärme während der langen Dauer des Lebens verflüchtigt hat und infolgedessen nur noch eine geringe Menge von Wärme vorhanden ist, erlischt diese rasch bei der kleinsten Anstrengung des Herzens; es ist so, als wäre in ihm nur eine winzige, kurzlebige Flamme vorhanden, die durch einen kleinen Anhauch erlischt. Daher ist der Tod im Alter auch schmerzlos, denn man stirbt, ohne dass einen eine gewaltige Krankheit erfasste, und das Leben verlässt einen (*psychês apólysis*), ohne dass man es merkt. (*De juv.* 17,479^{a}10–23, übers. Eugen Dönt)

Aber auch der unmerkliche Tod im hohen Alter ist ein Ersticken oder Auslöschen der Lebenswärme und damit ein für den Organismus unnatürlicher Vorgang, selbst wenn die Lebenswärme nurmehr gering und ihr Vergehen daher geringen Aufwand erfordert. Begünstigt wird der Vorgang durch die Austrocknung der Organe und deren damit einhergehende Verhärtung, was deren Kühlfunktion behindert. Nicht gewaltsames Sterben ist für Aristoteles im Grunde genommen also auf Materialversagen zurückzuführen. Deswegen ist es zwar natürlich, dass wir sterben, weil der Tod uns alle ereilen wird, der Vorgang des Sterbens ist aber nicht im Aristotelischen Sinn natürlich: Es ist *gegen* die Natur des sterbenden Lebewesens, dass seine Lebenswärme und damit seine Lebensfunktionen vergehen. Seine Natur ist es ja, auf die ihm spezifische Weise lebendig zu sein. Dies gilt auch für Lebewesen mit hohem Alter.[15] So weit Aristoteles' naturwissenschaftliche Erklärung von Tod und Sterben.

6 Außerhalb der Natur: Tod und Vernunft

Wie oben schon gesagt, reicht die menschliche Seele für Aristoteles nicht nur über den Bereich des Biologischen, sondern sogar über den Bereich des Natürlichen hinaus. Das menschliche Vernunftvermögen (*to noêtikon meros tês psychês*) ist ein Teil der menschlichen Seele. Die menschliche Vernunft ist allerdings nicht hylemorph. Schon gleich im Anschluss an seine gemeinsamste Definition der Seele deutet Aristoteles dies an:

> Dass nun die Seele nicht vom Körper zu trennen ist, oder, wenn sie von Natur teilbar ist, gewisse Teile von ihr, ist klar. Die Vollendung einiger ihrer Teile ist nämlich die von den (Körper-) Teilen selbst. Allerdings spricht bei einigen (Seelenteilen) nichts dagegen, (dass sie vom Körper abtrennbar sind), weil sie nicht Vollendungen (Wirklichkeiten) eines Körpers sind. (*An.* II 1, 413ᵃ4–7)

Die Vernunft ist ein Teil der menschlichen Seele. Damit ist etwas Wichtiges gesagt: Die Vernunftausübung – das vernünftige Denken – ist eine Weise des Lebendig-Seins, Denken ist Leben, das sein Dasein in der Denktätigkeit selbst hat, ohne Körper.[16] Die Vernunft, auch die menschliche, ist *nicht* Form irgendeines Körpers, so wie der vegetative und der Wahrnehmungsteil es sind. Die Vernunft hat kein speziell ihr gewidmetes Organ (Aristoteles war der Meinung, dass das Herz das Organ der Wahrnehmungsfunktionen, und das Gehirn ein Kühlorgan ist, das dazu dient, die für die Ausübung der hochkomplexen menschlichen Wahrnehmungsfunktionen erforderliche Hitze zu regulieren). Damit ist das menschliche Vernunftvermögen definitorisch vom Körper abtrennbar. Zwar ist Aristoteles der Meinung, dass die menschliche Vernunftausübung an körperliche Voraussetzungen gebunden ist. So erfordert menschliches Denken einen hochkomplexen Wahrnehmungsapparat, um die Gehalte des Denkens zu repräsentieren und darüber hinaus sprachliche und noch viele andere Voraussetzungen, die alle mehr oder weniger körperlicher Natur sind.[17] Es handelt

15 Dies scheint bei Platon anders zu sein. Im *Timaios* spricht er vom gewaltfreien Tode im Alter als von einem natürlichen und deswegen manchmal angenehmen Vorgang (*meth' hêdonês*, 81 C-E).

16 Vgl. *Metaph.* XII 7, 1072ᵇ26–27.

17 Siehe P. van der Eijk, *The Matter of Mind. Aristotle on the Biology of Psychic Processes and the Bodily Aspects of Thinking*, in: S. Föllinger et al. (Hg.), *Aristotelische Biologie. Intentionen, Methoden, Ergebnisse.* (Philosophie der Antike 6), Stuttgart 1997, 221–258.

sich dabei aber um notwendige Bedingungen für *menschliches* Denken, was ein Denken lebendiger Menschenkörper ist, nicht aber um Bedingungen für Denken überhaupt. Vernünftiges Denken als solches hat keine intrinsische Beziehung zum Körper. Um es zu definieren, ist – anders als beim vegetativen Selbsterhalt und der Wahrnehmung – kein Verweis auf den Körper erforderlich. Da die menschliche Vernunft nichts Biologisches, ja gar nichts Natürliches ist, hat die hylemorphe Analyse für es keine Geltung:

> Über die Vernunft und das Vermögen der theoretischen Betrachtung ist noch nichts klar, es scheint aber eine andere Gattung von Seele zu sein, und diese allein scheint [vom Körper] abgetrennt werden zu können, so wie das Ewige vom Vergänglichen. (*An.* II 2, 413^{b}24–27)

Sterben ist ein biologischer Vorgang, den nur lebendige Körper erleiden können. Die Vernunft ist nicht körperlich und auch nicht affizierbar. Sie kann daher auch nicht sterben bzw. tot sein. Die Vernunft, auch die menschliche, stellt kein mögliches Subjekt des Sterbens dar. Was heißt dies für den Menschen? Heißt es, dass unsere Vernunft unsere biologische Existenz überdauert und wir auf ein ewiges Leben hoffen dürfen? Hier eine der wenigen Passagen, in der Aristoteles auf die Frage eingeht:

> Die Vernunft (*nous*) scheint aber als eine bestimmte Art von Substanz [in den Menschen] hineinzukommen und nicht zugrundezugehen. Sie würde sonst ja am ehesten durch Altersschwäche zugrundegehen. Nun ereignet sich aber wohl genau dasselbe wie bei den Sinnesorganen: Wenn ein alter Mann nämlich ein gleich gutes Auge erhielte, so würde er so sehen können wie ein Jüngling. Das Alter besteht folglich nicht darin, dass die *Seele* etwas erlitten hat, sondern das, in dem sie sich befindet, ganz so wie beim Rausch und Schlaf. Und so lässt auch das vernünftige Denken im Sinne der theoretischen Betrachtung (*noein kai dê to theôrein*) nach, wenn etwas *anderes* innen zugrundegeht, es selbst aber wird nicht affiziert. Und diskursiv zu denken (*dianoeisthai*) und zu lieben oder zu hassen sind nicht Affektionen von jener [Vernunft], sondern von diesem bestimmten Einzelnen, das sie [d. h. die Vernunft] besitzt, und zwar insofern es jenes besitzt. Deswegen erinnert sie sich nicht und liebt auch nicht, wenn dieses (bestimmte Einzelne) zugrundegeht, denn es gehörte nicht zu ihr, sondern zu dem gemeinsamen (aus Seele und Körper), das umgekommen ist; die Vernunft dürfte aber wohl etwas Göttlicheres und unaffiziert sein. (*An.* I 4, 408^{b}18–30)

Die Passage unterscheidet zwischen Vernunft und dem hylemorphen menschlichen Träger der Vernunft, in den sie „als eine bestimmte Art Substanz“ hineinkommt. Die Vernunft selber vergeht nicht (*ou phtheiresthai*). Sie ist eine unsterbliche und unvergängliche Vernunftausübung, ein ewiges Denken. Der die Vernunft (wenigstens manchmal im Laufe seines Lebens) besitzende Mensch vergeht dagegen. Die Passage unterscheidet ferner zwei unterschiedliche Typen der Vernunftausübung. Einmal ist dies die bereits erwähnte Vernunftausübung als solche. Sie kommt auch beim Menschen vor – dann, wenn er die speziellen Gegenstände der ersten Philosophie (abgetrennte göttliche Substanzen) theoretisch betrachtet, was durchaus keine Alltagserfahrung ist.[18] Eine andere Art des vernünftigen Denkens ist das diskursive Denken. Dies ist das Denken, wie wir es praktizieren, wenn wir uns beratschlagen, nachdenken oder auch diese oder jene (nicht metaphysische) Fachwissenschaft betreiben. Diese ist in einem emphatischen Sinne *unsere* Vernunftausübung, die sich daraus ergibt, dass wir als sterbliche Körper ein Denkvermögen besitzen und es denkend auf die Gegenstände unserer Erfahrung anwenden. Diskursives Denken wird hier als Affektion (*pathê*) bezeichnet, vermutlich, weil seine Gehalte nur von einem natürlichen hylemorphen Kompositum aus Seele und Körper erfahren werden können. Es sind Denkepisoden, die nur der Mensch, der nicht die Vernunft *ist*, sondern sie *hat*, und zwar auch nur *insofern er sie hat*, erfahren kann. Es sind dies unsere vernünftigen Gedanken, wie sie sich auf unsere Erfahrungswelt beziehen. Diese Vernunft des denkenden hylemorphen Individuums *qua* hylemorphes Individuum *ist* sterblich. Nach dem Tode bleiben dem Menschen seine Erinnerungen oder sonstigen mentalen Regungen nicht. Was bleibt, ist nur die Vernunft als solche. Wir können während unserer Existenz zwar mehr oder weniger an ihr teilhaben,[19] doch für gewöhnlich besteht unsere Vernunftausübung nicht in theoretischer Betrachtung, sondern eben in unserem Alltagsdenken. Wir können also teilhaben am ewigen Leben, nicht aber *insofern* wir hylemorphe Komposita sind. Was das Sterben und den Tod für uns Menschen betrifft, bleibt es also bei der hylemorphen Analyse.[20] Wir können so zwar sagen, dass Aristoteles in gewisser Weise Substanzdualist war, da er sowohl materiell ausgedehnte, natürliche Substanzen als auch von der Materie abgetrennte Substanzen (die göttliche Vernunft) angenommen hat, dass er aber gewiss kein *anthropologischer* Substanzdualist war, da auch die menschliche Vernunft von ihm in unpersönlicher Weise konzipiert wird. Unsere Teilhabe an der göttlichen Vernunft ist stark asymmetrisch und besteht nur in einer vorübergehenden und zudem stark durch unsere ephemeren Belange eingefärbte Teilhabe an der göttlichen Vernunft. Damit ist die menschliche Vernunft *qua* Vernunft zwar nicht hylemorph, aber dennoch sterblich. Was bedeutet Tod und Sterben dann für

---

18 Vgl. *Metaph.* XII 7, 1072^{b}15, 25.

19 Theoretisches Betrachten macht uns insofern unsterblich, als wir als Denker „Unsterbliches denken“, und auf diese Weise an der Unsterblichkeit teilhaben (*NE* X, 1077^{b}31–1078^{a}8), nicht als Individuen aus Körper und Seele.

20 „Wenn sie [die aktive Vernunft vom Körper] abgetrennt ist, ist sie nur das, was sie eigentlich ist, und nur dieses ist unsterblich und ewig. – Doch wir erinnern uns nicht, weil dieses unaffiziert, die affizierbare Vernunft aber vergänglich ist – und ohne jenes denkt nichts.“ (*An.* III 5, 430^{a}22–25).

uns? Dieses große Thema der Philosophie diskutiert Aristoteles nur in *äußerst* spärlicher Form. In seiner *Nikomachischen Ethik* sagt er immerhin dies: „im höchsten Grade Gegenstand der Furcht aber ist der Tod. Denn er ist ein Ende (*peras*), das heißt für den Gestorbenen scheint nichts mehr gut oder schlecht zu sein.“[21] Es bleibt bei der Januskköpfigkeit des Aristoteles.

21 *EN* III 9, 1115^{a}26–27.

Christof Rapp

Tod im Garten: Sterblichkeit und Todesfurcht bei Epikur und den Epikureern

1 Hintergrund

Spätestens seit Sokrates war der Tod und die Todesfurcht ein Thema praktisch aller Moralphilosophen der griechisch-römischen Antike. Da Sokrates sowohl das Todesurteil als auch die Vollstreckung desselben ohne erkennbaren emotionalen Zusammenbruch akzeptierte und selbst die Möglichkeit zur Flucht, die ihn vor der Todesstrafe bewahrt hätte, ausschlug, galt Sokrates als Vorbild dafür, wie man furchtlos dem Tod begegnet. Für die nachfolgenden Philosophen bedeutete das eine doppelte Herausforderung: Welche theoretische Annahmen über den Tod muss man machen, um die Sterblichkeit überhaupt und den bevorstehenden eigenen Tod oder den vorzeitigen eigenen Tod nicht als größtes aller Übel anzusehen? Und wie kann man sich praktisch so vollständig von diesen Annahmen überzeugen, dass man auch im Angesicht des Todes so ruhig wie Sokrates bleibt? Eine mögliche Strategie (die man in der Geschichte der Philosophie vor allem mit Platon assoziiert) besteht darin zu bezweifeln, dass der leibliche Tod, die Trennung von Körper und Seele (wie es in der Antike heißt), notwendig auch das Ende der Seele oder der gesamten Seele bedeutet; wenn aber unsere Seele und nicht der Körper als unser „eigentliches Selbst" gelten kann und wenn eine postmortale Existenz der Seele möglich oder sogar wahrscheinlich ist, dann verliert auch der leibliche Tod seinen Schrecken. Eine andere Strategie (die wiederholt von Aristoteles erwähnt wird) setzt darauf, den Blick von der individuellen Sterblichkeit auf die Ewigkeit der Art zu lenken. Für uns sterbliche Wesen gebe es nur eine Art von Ewigkeit, nämlich die, die durch den Fortbestand der biologischen Spezies gegeben ist. Bei den Stoikern hingegen steht weniger die Frage nach der postmortalen Existenz oder Inexistenz im Mittelpunkt, sondern vielmehr die Frage, ob der Tod wirklich ein Übel sei. Die stoische Antwort ist ein entschiedenes „Nein", denn wirklich schlecht sei nur das, was unsere moralische Integrität bzw. Tugend beeinträchtigt; Krankheit und Tod dagegen gehören zu den natürlichen, aber (moralisch) indifferenten Dingen. Epikur und die Epikureer stehen für eine ganz andere Strategie. Die Furcht vor dem Tod könne nur beseitigt werden, wenn wir verstehen und anerkennen, dass wir nach dem Tod keine Empfindungen mehr haben können. Wo es aber keine Empfindung von Lust und Unlust gibt, da gibt es auch kein Übel; und wo es kein Übel gibt, da gibt es nichts zu fürchten. Somit wäre es nach den Epikureern unvernünftig, sich vor dem Tod zu fürchten – nicht weil es eine Aussicht auf eine postmor-

https://doi.org/10.1515/9783111055602-004

tale Existenz gibt, sondern gerade weil wir uns von der Unmöglichkeit einer solchen postmortalen Existenz überzeugen können.

2 Epikur und die Epikureer

Epikur wurde im Jahr 341 v. Chr. auf der griechischen Insel Samos geboren. Von seiner Jugend an kam er in Kontakt mit Philosophen ganz unterschiedlicher Ausrichtung. So soll er sowohl platonische Philosophen als auch einen Schüler des Atomisten Demokrit gehört haben.[1] Irgendwann, wahrscheinlich ab 310 v. Chr., begann er, eine eigene Philosophenschule zu betreiben. Um das Jahr 306 v. Chr. siedelte er nach Athen über und erwarb dort für seine Schule ein Gartengrundstück (griechisch: *kêpos*), das der Schule ihren Namen gab; man spricht daher vom „Garten des Epikur", der „Schule des Gartens" bzw. vom „Kêpos". Epikur starb im Jahr 271/70 v. Chr. in Athen. In einem Brief an Idomeneus (Diogenes Laërtius X 22), den Epikur nach eigenen Angaben am „letzten Tag seines Lebens" verfasste, erwähnt er heftige, schmerzhafte Koliken, die er aber aufgrund der erfreulichen Erinnerung an frühere, mit Freunden geführte Gespräche leicht ertrage.

Epikur hat ein umfangreiches Werk verfasst, das jedoch größtenteils verloren ist. Sein verlorenes Hauptwerk *Über die Natur* soll 37 Bücher umfasst haben; Fragmente dieses Werks werden immer noch aus verkohlten Papyrusrollen rekonstruiert, die in den Ruinen des vom Vesuv verschütteten Herculaneum sichergestellt wurden. Auch Zusammenfassungen, die Epikur von seinem Hauptwerk verfasst hatte, sind verloren. Erhalten sind insgesamt drei Lehrbriefe, die wiederum Zusammenfassungen der Zusammenfassungen darstellen. Der *Brief an Menoikeus* enthält die ethischen Hauptlehren, der *Brief an Herodot* die naturphilosophischen Hauptthesen, der *Brief an Pythokles* skizziert seine kosmologischen Lehren. Außerdem sind zwei Spruchsammlungen von Epikur erhalten, die den angehenden Philosophen dabei helfen sollen, sich die epikureischen Lehren einzuprägen, die sogenannten *Hauptlehrsätze* bzw. *Kyriai doxai* (KD) und das *Gnomologium Vaticanum* (GV).[2]

Schon weil Epikurs Schriften nur lückenhaft überliefert sind, ist es für die Rekonstruktion seiner Philosophie oft unerlässlich, die Werke der späteren anti-

1 Zur Frage der Quellen für Epikurs Philosophie siehe J. Warren, *Epicurus and Democritean Ethics: an Archaeology of Ataraxia*, Cambridge 2002.

2 Für eine deutschsprachige Übersetzung der wichtigsten Texte Epikurs siehe C. Rapp, *Epikur: Ausgewählte Schriften*, Stuttgart 2010. Die hier abgedruckten Zitate sind dieser Übersetzung entnommen.

ken Epikureer heranzuziehen.[3] Diese kannten die Ansichten Epikurs genau, scheinen dessen Thesen aber auch in wichtigen Hinsichten weiterentwickelt zu haben. Neben den wenigen erhaltenen Schriften von Epikur stellt das Werk *De Rerum Natura* (DRN) des römischen Epikureers Lukrez (gestorben um 55 v. Chr.) die wichtigste Quelle für die „Philosophie des Gartens" dar. Das dritte Buch dieses monumentalen Werks ist überwiegend der atomistischen Seelentheorie und der Diskussion der Todesfurcht gewidmet. Eine der bemerkenswertesten Abhandlungen über Tod und Sterblichkeit überhaupt wurde von dem epikureischen Philosophen Philodem verfasst (gestorben um 35 v. Chr.); es trägt den Titel *Über den Tod* und konnte in wichtigen Teilen ebenfalls aus verkohlten Schriftrollen aus Herculaneum rekonstruiert werden.[4] Der Epikureer Diogenes von Oinoanda (2. Jahrhundert n. Chr.) ließ seinen Abriss der epikureischen Philosophie auf der Rückseite einer (inzwischen eingestürzten) Säulenhalle in seiner Heimatstadt anbringen.[5]

3 Hedonismus und Seelenruhe

Epikur und seine Anhänger stehen in der Philosophiegeschichte für den Hedonismus, die Auffassung, allein die Lust (*hêdonê*) sei ein Gut. In der Tat argumentiert Epikur, dass alles Gute und Schlechte in der Empfindung liege. Lust sei die gute Art von Empfindung. Jede Lust sei an sich ein Gut – das gelte für die (körperlichen) Lüste der zügellosen Person (KD VIII) nicht weniger als für die lustvolle Erinnerung an philosophische Gespräche. Die Lust sei das Ziel von allen Handlungen, was sich unter anderem daran zeige, dass wir schon von Geburt an – ganz natürlich und ohne weitere Überlegung – mit ihr zufrieden sind, während wir uns dem Schmerz widersetzen und ihn zu vermeiden suchen (Diogenes Laërtius X 137). Von den verschiedenen Gegnern des Hedonismus (z. B. den Stoikern) wurde Epikur häufig dafür kritisiert, eine angeblich egoistische, antisoziale und ausschweifende Lebensform zu predigen. Der Hedonismus, den Epikur lehrt, hat dagegen nur wenig mit exzessiven Sinnesfreuden zu tun, sondern ist durch eine überwiegend enthaltsame und reflektierte Lebens-

3 Empfehlenswerte Gesamtdarstellungen der Schule der Epikureer finden sich unter anderem in folgenden Werken: K. Algra/J. Barnes/J. Mansfeld/M. Schofield (eds.), *The Cambridge History of Hellenistic Philosophy*, Cambridge 1999; M. Erler, *Epikur – Die Schule Epikurs – Lukrez*, in: H. Flashar (Hg.), *Grundriss der Geschichte der Philosophie. Die Philosophie der Antike*, Bd. 4: *Die hellenistische Philosophie*, 1. Halbband, Basel 1994, 29–490; J. Warren (ed.), *The Cambridge Companion to Epicureanism*, Cambridge 2009.

4 W. B. Henry, *Philodemus, On Death*, Atlanta 2009.

5 C. W. Chilton, *Diogenes of Oenoanda. The Fragments*, Oxford 1971.

weise gekennzeichnet, die auf *ataraxia*, Seelenruhe, abzielt.[6] Zwar sei, sagt Epikur (*Brief an Menoikeus* 129), jede Lust ein Gut, aber nicht jede Lust sei wählenswert; die nüchterne Betrachtung lehre uns nämlich, solche Lüste zu meiden, aus denen größerer Schmerz folgt, oder Schmerzen zu ertragen, wenn daraus eine größere Lust folgt. Wir sollen nur die natürlichen Begierden befriedigen und von diesen wiederum vorzüglich solche, die Schmerz verursachen, falls sie nicht befriedigt werden (KD XXIX, XXX). Viele andere Begierden hingegen sind nicht natürlich, sondern entstehen aufgrund von leeren Meinungen; hier gilt es in erster Linie, die entsprechenden Meinungen zu ändern, damit die Begierden verschwinden, und nicht darum, die Begierden zu befriedigen. Durch eine enthaltsame Lebensweise, die auf alles Überflüssige verzichtet, machen wir uns unabhängig von Luxusgütern und lernen, mit wenigen und geringen Dingen zurechtzukommen, wenn die anderen Dinge nicht für uns verfügbar sind (*Brief an Menoikeus* 130). Außerdem verringere eine solche Lebensweise die Anfälligkeit für Erkrankungen und körperliche Gebrechen, was uns wiederum vor unnötigen körperlichen Schmerzen schütze.

Während der Hedonismus der sogenannten Kyrenaiker (benannt nach dem Sokrates-Schüler Aristippos von Kyrene) zwischen Lust und Schmerz, zwei entgegengesetzten Prozessarten, einen mittleren Zustand der Ruhe annehmen,[7] gibt es für Epikur und die Epikureer nur zwei Zustände, nämlich Schmerz und Abwesenheit von Schmerz, wobei letzterer mit der Lust identisch ist. Insofern ist es für die Epikureer leichter als für die Kyrenaiker, Lust zu erreichen, weil es für die Epikureer lediglich darum geht, Schmerz oder Unlust zu vermeiden. Deshalb betont Epikur immer wieder ausdrücklich, dass die Lust leicht zu erreichen sei. Anscheinend soll Epikur zwischen einer prozesshaften und einer zuständlichen (*katastêmatikê*) Lust unterschieden haben (Diogenes Laërtius X 136). Ziel ist die Erreichung der zuständlichen Lust, die in der Abwesenheit von Beschwerden (*aponia*) und Beunruhigung (*ataraxia*) besteht. Beunruhigung entsteht u. a., wenn wir uns innerlich von der Erlangung immer neuer Vergnügungen abhängig machen, denn wir sind darüber beunruhigt, ob wir auch künftig noch dazu imstande sein werden, uns die Mittel zur Befriedigung dieser Bedürfnisse zu beschaffen. Die größten Quellen der Beunruhigung sind jedoch falsche Meinungen über die Götter und die Furcht vor dem Tod. Falsche Meinungen über die Götter bestehen nach Epikur darin, dass wir uns sorgen, die Götter könnten uns gegenüber emotional eingestellt sein, indem sie uns zum Beispiel zürnen oder uns beneiden. Ähnlich rühre die Furcht vor Himmelserscheinungen, wie Blitz, Donner, Sonnenfinsternis, letztlich daher, dass wir sie im Sinne der Mythen mit

6 Zur folgenden Darstellung von Epikurs Hedonismus siehe die Einleitung zu Rapp, *Epikur*.

7 Die wichtigsten Fragmente der Kyrenaiker in deutscher Übersetzung finden sich in M. Hossenfelder, *Antike Glückslehren. Quellen zur hellenistischen Ethik in deutscher Übersetzung*, 2., aktualisierte Auflage, Stuttgart 2013.

Gefühlsausbrüchen der Götter assoziieren. Noch schwerer wiege jedoch die Furcht vor dem Tod. Sie sei unter den Menschen weit verbreitet und mache sie unglücklich. Wer es nicht schafft, die Furcht vor dem Tod zu eliminieren, habe auch keine Chance auf wahre Seelenruhe und wahres Glück. Eliminiert werden könne die Furcht vor dem Tod nur dadurch, dass wir uns klar machen, dass erstens der Tod in einer Empfindungslosigkeit besteht und zweitens, dass „wir" nach unserem Tod gar nicht mehr existieren und daher auch keine guten oder schlechten Erfahrungen mehr machen können. Anders als bei den Platonikern befreien wir uns von der Furcht vor dem Tod gerade nicht durch die Aussicht auf eine postmortale Existenz, sondern durch die Gewissheit von der postmortalen Nicht-Existenz. Für Letztere meint Epikur ein gewissermaßen „naturwissenschaftliches" Argument zu haben, denn er vertritt eine atomistische Welterklärung, der zufolge allein die Atome und das Leere unvergänglich sind. Alles aber, was aus Atomen zusammengesetzt ist, ist vergänglich. Auch die Seele ist aus Atomen zusammengesetzt; nach dem Tod eines Lebewesens verliert sie ihre Funktionsfähigkeit (auch die Empfindungsfähigkeit) und löst sich, wie auch der Körper, in ihre einzelnen Atome auf. Epikurs Naturphilosophie soll uns helfen, die Furcht vor dem Tod loszuwerden und so die Seelenruhe zu erlangen. Rational wäre es nach Epikur einzusehen, dass es nach dem Tod keine Empfindung geben kann und dass der Tod daher nichts ist, was wir zu fürchten haben. Im wirklichen Leben zeigt sich aber, dass es nicht genügt, sich diese Grundsätze (selbst wenn sie wahr und wissenschaftlich bewiesen wären) einmal klar gemacht zu haben; vielmehr müssen wir diese Gedanken ständig „einüben" und gegenläufige (vielleicht unbewusste) Gedanken, die den Tod als etwas Schlechtes darstellen, eliminieren. Nur so haben wir eine Chance, die Furcht vor dem Tod und die daraus entstehenden Beunruhigungen wirksam und nachhaltig zu verbannen.

Um im Sinne der epikureischen Philosophie glücklich zu sein, muss man sich immer wieder die Grundlehren Epikurs vergegenwärtigen. Die sogenannte „Vierfache Medizin", *tetrapharmakos*, bringt in vier kurzen Merksätzen den Kern der epikureischen Lebenshaltung auf den Punkt:

> Gott braucht man nicht zu fürchten.
> Der Tod ist ohne Empfindung.
> Das Gute ist leicht zu beschaffen.
> Das Schreckliche ist leicht zu ertragen.[8]

Der erste Merksatz wird an verschiedenen Stellen von Epikurs Werk näher behandelt (KD I, *Brief an Menoikeus* 123 f.). Es geht darum, dass nach Epikurs Auffas-

8 Überliefert bei Philodem in den Papyrusrollen von Herculaneum (*Herculaneum Papyrus 1005*, Kolumne 4, Zeilen 10–14).

sung Götter zwar existieren (weil wir untrügliche „Vorbegriffe“ vom Wesen der Götter haben), jedoch vollkommene und selige Wesen sind, die sich als solche nicht um die Belange der Menschen kümmern und schon gar nicht emotional auf das Tun und Lassen der Menschen bezogen sind. Wenn das so ist, dann wäre es Aberglaube zu meinen, dass man sich vor dem Zorn der Götter fürchten müsse oder Himmelserscheinungen durch emotionale Ausbrüche von göttlichen Wesen erklären könne. Der zweite Merksatz bringt das Kernargument der Epikureer zur Furcht vor dem Tod zum Ausdruck, das in den nachfolgenden Abschnitten (siehe unten Abschnitt 5) näher analysiert werden wird. Der dritte und der vierte Merksatz beziehen sich auf Lust und Schmerz, denn Lust sei das Gute und Schmerz das Schlechte oder Schreckliche. Nach KD III sei Lust die Beseitigung des Schmerzes und sei daher leicht zu beschaffen. Zugleich sei das auch die Grenze der Lust, denn wer sich vollständig von der Furcht vor dem Tod, vor den Göttern und den Himmelserscheinungen befreit habe, werde keine noch höhere Lust – etwa durch ausschweifende Sinnesgenüsse – finden. Nach KD IV sei das Schreckliche, der Schmerz, leicht zu ertragen, weil nach Epikurs (seiner Ansicht nach naturwissenschaftlich begründeten) Auffassung der heftigste Schmerz nur für kurze Zeit andauern könne, während man leichtere Schübe der Schmerzempfindung durch Lustempfindung kompensieren oder sogar ganz überdecken könne.

4 Naturforschung und Sterblichkeit der Seele

Die Naturforschung ist für Epikur eine der entscheidenden Voraussetzungen für die Erlangung der Seelenruhe. Naturforschung bedeutet für Epikur vor allem, dass man die Grundsätze der atomistischen Welterklärung auf möglichst viele erklärungsbedürftige Phänomene anwendet. Mit seiner naturwissenschaftlichen Untersuchung will uns Epikur unter anderem über das Wesen von Lust und Schmerz sowie über die Grenzen von Lust und Schmerz aufklären (woraus sich, wie gesagt, ergibt, dass die Lust leicht zu erreichen ist und der Schmerz nicht gefürchtet werden muss). Außerdem klärt die atomistische Naturphilosophie über potenzielle Quellen von Furcht und Beunruhigung auf; Phänomene, wie die Verfinsterung von Sonne und Mond, wie Donner und Blitz usw. können grundsätzlich durch die Naturphilosophie erklärt werden und müssen daher nicht länger Gegenstand von Aberglauben sein. „Es ist unmöglich, die Furcht vor den wichtigsten Dingen zu beseitigen, solange man die Natur des Alls nicht kennt, sondern aufgrund des Inhalts der Mythen besorgt ist. Daher ist es auch unmöglich, ohne Naturforschung unvermischte Lustempfindungen zu erlangen.“ (KD XII) Dass die Naturphilosophie Voraussetzung für die Seelenruhe sei, ist nicht so zu verstehen, dass jeder Einzelne zum Naturphilosophen oder zur Naturphilosophin werden müsse (siehe *Brief an Herodot* 35 f.). Aber es geht Epikur offenbar darum, die Ergebnisse der atomistischen Naturerklärung so nachvollziehbar zu formulieren, dass sich jeder Einzelne von der Unbegründetheit seiner bisherigen Befürchtungen und Beunruhigungen überzeugen kann. Bei manchen Phänomenen bietet Epikur sogar mehrere mit dem Atomismus vereinbare Erklärungen, ohne zu entscheiden, welche Ursache denn nun die maßgebliche ist (siehe *Brief an Pythokles* 87). Hier scheint es, als sei ihm in erster Linie daran gelegen, naturwissenschaftliche Alternativen zum Aberglauben aufzuzeigen, eben um die Menschen von ihrer Furcht vor diesen Erscheinungen zu befreien. In diesem Sinne sagt er auch:

> Wenn uns nicht die Besorgnis über die Himmelserscheinungen und die über den Tod beunruhigten, dass er am Ende doch eine Bedeutung für uns habe, und ebenso wenig unsere Unkenntnis über die Grenzen des Schmerzlichen und der Begierden, dann bedürften wir nicht der Naturforschung. (KD XI)[9]

Das für Epikur wohl wichtigste Ergebnis der atomistischen Naturforschung ist die Sterblichkeit der Seele. Dem Atomismus zufolge besteht die Welt aus Atomen und dem Leeren. Es gibt unendlich viele Atome, die sich durch den unendlichen leeren Raum bewegen; sie sind so klein, dass sie für das bloße Auge nicht sichtbar sind. Die Körper, die wir sehen, sind temporäre Aggregate aus vielen Atomen, die mehr oder weniger Leeres miteinschließen. Die Seele ist das, wodurch wir wahrnehmen, empfinden und erkennen. Wenn alles aus Atomen besteht, dann müssen wir erkennen, so Epikur (*Brief an Herodot* 63), dass die Seele ein feinteiliger Körper ist, der dem restlichen Aggregat (d. h. dem Körper eines Lebewesens) eingestreut ist. Die Seelenatome sind Atome einer besonderen Art, Beweglichkeit und Feinheit, durch die wir die Wahrnehmungsfähigkeit erhalten, aber sie sind dadurch nicht weniger körperlich als der restliche Körper. Ihre besonderen Fähigkeiten hat die Seele jedoch nur, solange sie in das restliche Aggregat (d. h. in den restlichen Körper) eingeschlossen ist. Bei Lukrez gibt es eine deutliche Unterscheidung zwischen *anima* (Seele) und *animus* (Geist, Verstand). Während die Seele (also die Seelenatome) über den ganzen Körper des Lebewesens verteilt ist, konzentrieren sich die Atome des Geistes an einer zentralen Stelle. Während es nun auch in der antiken Philosophie die Auffassung gibt, dass Seele oder Geist unkörperlich seien, zeigt Lukrez, dass Seele und Geist körperlich sein müssen, wenn wir die Interaktion von Seele/Geist und restlichem Körper erklären wollen (DRN III 136–176), denn es gebe keine Interaktion ohne Berührung und keine Berührung ohne Körper. Die entsprechende

---

9 Siehe hierzu auch C. Rapp, *Lebenskunst und Naturforschung bei Epikur*, in: G. Ernst (Hg.), *Philosophie als Lebenskunst*, Berlin 2016, 33–65.

Interaktion sei jedoch eine Tatsache und erfolge in beiderlei Richtung: Einmal bewege die Seele/der Geist den Körper und ein anderes Mal wird die Seele/der Geist durch den Körper in Bewegung gesetzt. Ersteres erfolge zum Beispiel, wenn unsere Seele Emotionen empfindet und unser Körper entsprechend errötet, erblasst, zittert, in Schweiß ausbricht usw. Letzteres erfolge, wenn der Körper, zum Beispiel durch einen Speer, verletzt werde und unser Geist dadurch sofort mitbetroffen wird bis hin zur Ohnmacht. Die wechselseitige Interaktion von Körper und Seele aber erfordere, dass sich beide berühren, und dies wiederum zeige, dass beide, sowohl Körper als auch Seele/Geist, körperlich sind, weil sich nur Körperliches gegenseitig berühren kann.

Da die Atome selbst weder entstehen noch vergehen, wird Entstehen im antiken Atomismus allgemein dadurch erklärt, dass sich viele Atome zu einem Aggregat vereinen, und Vergehen dadurch, dass sich das Aggregat wieder in seine einzelnen Atome auflöst. Wenn daher ein Lebewesen stirbt, dann löst sich das entsprechende Aggregat, das bis dahin den Körper des Lebewesens ausmachte, auf und seine Atome zerstreuen sich. Wenn sich aber das Körperaggregat auflöst, in das bis dahin die Seelenatome eingeschlossen waren, dann zerstreut sich auch die Seele und vergeht. Epikur beschreibt diesen Vorgang wie folgt: „Wenn sich das ganze Aggregat auflöst, dann zerstreut sich die Seele und hat nicht mehr dieselben Fähigkeiten und bewegt sich auch nicht mehr, so dass sie auch keine Wahrnehmung besitzt." (*Brief an Herodot* 65)

Damit zeigt die Naturforschung, welches die Natur der Seele ist (sie besteht aus feinen, schnell beweglichen Atomen) und dass sich auch die Seele – wie alle anderen Atomaggregate – in ihre einzelnen Atome auflöst, sobald sich das restliche Aggregat (der Körper) im Falle des Todes auflöst. Die Seele ist daher sterblich.

5 Furcht vor dem Tod – die argumentative Therapie

Epikur und die Epikureer machen die Furcht vor dem Tod als das am schwersten wiegende Hindernis für die Erlangung der Seelenruhe und des glücklichen Lebens aus. An manchen Stellen wirkt es, als habe Epikur vor allem das Phänomen im Blick, dass sich Menschen aufgrund ihrer mythologisch geprägten Vorstellungen von Jenseits und Unterwelt, also aufgrund ihres Aberglaubens, vor möglichen postmortalen Qualen fürchten. Bei näherem Hinsehen erweist sich jedoch die Todesfurcht, die die Epikureer durch ihre Philosophie zu kurieren versuchen, als ein durchaus vielschichtiges Phänomen. Die Epikur-Forschung unterscheidet heute mindestens folgende Ausprägungen dieser Furcht:[10]

(i) Die Furcht, die auf der Annahme beruht, der Zustand des Totseins sei für die verblichene Person ein Übel.
(ii) Die Furcht und Beunruhigung, die uns zu jedem Zeitpunkt unseres Lebens bei dem Gedanken an unsere eigene Sterblichkeit überfallen kann.
(iii) Die Furcht vor einem vorzeitigen eigenen Tod, durch den unser Leben in einem gewissen Sinn unvollständig bleibt.
(iv) Die Furcht vor dem Übergang vom Leben zum Tod, d. h. die Furcht vor dem Prozess des Sterbens.

Zu diesen grundlegenden Ausprägungen der Todesfurcht kommen weitere auf den Tod bezogene Formen der Beunruhigung:

(v) Die Furcht vor dem Tod uns nahestehender Personen.
(vi) Die Beunruhigung über die Auswirkungen unseres eigenen Tods auf die Hinterbliebenen.
(vii) Vielfältige Auswirkungen der auf den Tod und die Sterblichkeit bezogenen Beunruhigung für unsere seelische Befindlichkeit, unser Streben, unsere Präferenzen und Lebensziele im Allgemeinen.

In dem zuletzt genannten Sinn (vii) scheinen die Epikureer zu denken, dass vielerlei Verhaltensweisen und Kümmernisse letztlich auf nicht vollständig bewältigte Todesfurcht zurückgehen. Lukrez hält die Todesfurcht für den Ursprung vieler menschlicher Leiden, stellt jedoch fest, dass die Menschen in der Regel nicht dazu in der Lage seien, die Ursache dieser Leiden zu erkennen. Wüssten sie zum Beispiel, dass ihre Unrast und der ständige Versuch, sich selbst zu entfliehen, letztlich auf die Furcht vor dem Tod zurückgeht, würden sie nicht das Leben führen, wie sie es tun (DRN III 1053–1074). Furcht vor dem Tod ist für ihn daher ein unbewusstes Motiv vieler menschlicher Handlungen. Auch Diogenes von Oinoanda unterscheidet explizit zwischen bewussten und unbewussten Formen der Furcht vor dem Tod:

> Tatsächlich ist diese Furcht manchmal deutlich (bewusst), manchmal undeutlich (unbewusst): deutlich, wenn wir etwas erwiesenermaßen Schädliches, wie zum Beispiel Feuer, aus Furcht davor, dass wir dadurch getötet werden könnten, vermeiden; undeutlich hingegen, wenn, während unser Geist mit etwas anderem beschäftigt ist, die Furcht sich in unsere Natur eingeschlichen hat.[11]

---

10 Im Anschluss an J. Warren, *Facing Death. Epicurus and his Critics*, Oxford 2004, 1–6.

11 Diogenes von Oinoanda, *Fragment 29* (nach der Zählung von Chilton), *Fragment 35* nach der Zählung von Smith.

Ähnlich unterscheidet auch Philodem verschiedene Formen der Furcht und stellt fest, dass die Furcht vor dem Tod größtenteils auf unartikulierte Weise unter der Oberfläche lauere. Bewusste Furcht sei leichter zu kurieren, während es schwierig sei, sich vollständig von den verborgenen Ängsten zu befreien.[12]

Die Furcht vor dem Tod bestimmt den Epikureern zufolge also unser ganzes Leben. Die falschen Ansichten der Menschen über den Tod verbreiten sich nach Diogenes von Oinoanda wie eine Seuche (Frg. 2). Da die Menschen viele Ansichten über den Tod, das Sterben und die damit verbundenen Übel schon von Kindheit an hegen und solche Ansichten tief in ihrem Netzwerk an Überzeugungen verwurzelt sind, ist es nicht leicht, die Furcht vor dem Tod und die dafür verantwortlichen Ansichten auszumerzen. Hinzu kommt, dass die Furcht vor dem Tod besonders dann schwer zu kurieren ist, wenn sie unbewusst ist und auf unbewusste Weise unser Leben lenkt. In der Regel ist es daher nicht genug, sich einmal mit der Philosophie Epikurs vertraut gemacht zu haben; vielmehr muss man sich die entsprechenden Lehren und Argumente ständig ins Bewusstsein rufen. Die Argumente, die die Epikureer gegen die Todesfurcht vorbringen, sind daher Teil der Therapie, die die Menschen von der Todesfurcht befreien soll. Es handelt sich im Kern um eine kognitive Therapie, im Zuge derer man sich durch das Durchdenken der folgenden Argumente von der völligen Unbegründetheit der Furcht vor dem Tod überzeugen soll.

5.1 Das Keine-Empfindung-Argument

Das wichtigste Argument der Epikureer gegen die Todesfurcht geht davon aus, dass für uns alles Gute und alles Schlechte in der Empfindung/Wahrnehmung (*aisthêsis*) liegt. Diese Voraussetzung ist auch für Epikurs Hedonismus von zentraler Bedeutung: Nichts kann gut sein, was wir nicht als angenehm und lustvoll empfinden. Umgekehrt kann auch nichts schlecht oder ein Übel für uns sein, was keinen Schmerz verursacht. Bezogen auf den Tod bedeutet das, dass das Sterben die Aufhebung und das Totsein die Abwesenheit von aller Empfindung (*anaisthêsia*) ist. Wo es aber keine Empfindung gibt, da gibt es auch nichts Schlechtes. Also ist auch das Totsein nichts Schlechtes bzw. kein Übel. Was kein Übel ist, brauchen wir nicht zu fürchten. Es wäre geradezu irrational, etwas zu fürchten, was kein Übel ist. Diese Überlegung findet sich auf konzentrierteste Weise in der *Kyria Doxa* (KD) 2: „Der Tod ist nichts für uns. Denn was sich aufgelöst hat, hat keine Empfindung, was aber keine Empfindung hat, ist nichts für uns." Etwas ausführlicher findet sich dieselbe Überlegung in *Brief an Menoikeus* 124, im Kern läuft sie aber auf

12 Siehe Philodem, *Über die Götter*, Buch 1, XXIV.20–34 (Diels).

dasselbe hinaus: „Gewöhne dich aber daran, zu glauben, dass der Tod nichts für uns ist, weil alles Gute und Schlechte in der Empfindung liegt. Der Tod aber ist gerade die Aufhebung der Empfindung." Das Keine-Empfindung-Argument wendet sich daher direkt an diejenigen, die im Sinne von (i) fürchten, der Tod sei ein Übel für die, die tot sind, wenn sie tot sind. Unter der Prämisse, dass der Tod tatsächlich mit Empfindungslosigkeit gleichzusetzen ist, ist dieses Argument auch schlüssig. Wie verhält es sich aber mit denjenigen, für die der künftige Tod während ihres Lebens ein Übel darstellt? Epikur meint, diese dem Typ (ii) entsprechende Todesfurcht ebenfalls mit dem Keine-Empfindung-Argument als unbegründet erwiesen zu haben:

> Denn es gibt nichts Schreckliches im Leben für den, der vollständig erfasst hat, dass nichts Schreckliches in dem Nichtleben besteht. Daher redet der einfältig, der sagt, dass er den Tod nicht fürchte, weil er Schmerzen bringen werde, wenn er da ist, sondern (dass er ihn fürchte,) weil er jetzt als ein in der Zukunft bevorstehender schmerzt. Denn was keine Beschwerden bereitet, solange es gegenwärtig ist, das bereitet, wenn man es erwartet, allenfalls überflüssigen Schmerz. (*Brief an Menoikeus* 125)

Epikurs Erwiderung auf den Typ (ii) der Todesfurcht besagt also, dass ein Ereignis in der Zukunft, von dem wir wissen, dass es schmerzlos ist, wenn es eintritt, jetzt in der Gegenwart allenfalls überflüssigen oder unbegründeten Schmerz auslöst und dass wir uns von diesem unbegründeten Schmerz bzw. der unbegründeten Beunruhigung befreien müssen. Auch dieses Argument scheint folgerichtig, solange wir an Fälle wie den folgenden denken: Unsere jetzige Beunruhigung wäre begründet, wenn wir wüssten, dass uns ein schmerzliches Ereignis bevorsteht (zum Beispiel eine Behandlung beim Zahnarzt ohne Betäubung), dagegen unbegründet, wenn wir zuversichtlich davon ausgehen können, dass das bevorstehende Ereignis schmerzlos verlaufen wird (zum Beispiel der Besuch der Tante). So weit, so gut. Nun geht es aber beim Tod und dem Totsein nicht um irgendein schmerz- und empfindungsloses Ereignis, sondern um den dauerhaften Verlust der Fähigkeit, positive Erlebnisse jeglicher Art machen zu können. Darauf hat Thomas Nagel in einem vielbeachteten Artikel aufmerksam gemacht, auf den sich die heutige Diskussion über den Tod regelmäßig bezieht. Wenn der Tod ein Übel ist, so argumentiert Nagel, dann nicht wegen der Eigenschaften, die dem Tod selbst zukommen (zum Beispiel der Eigenschaft der Empfindungslosigkeit), sondern wegen der Dinge, derer uns der Tod beraubt: Er beraubt uns des Lebens und aller guten Dinge, die mit dem Leben verbunden sind.[13] Die Epikureer scheinen durchaus Vorkehrungen gegen diese Art von Einwand getroffen zu haben. Ihre Argumente gegen die Furcht vor dem vorzeitigen Tod oder Frühtod (= Typ (iii) der Todesfurcht) besagen letztlich, dass es unter bestimmten Umständen gar

---

13 T. Nagel, *Death*, in: ders., *Mortal Questions*, Cambridge 1979.

nichts gibt, dessen uns der frühzeitige Tod berauben würde; denn wenn wir bereits die Lust der Seelenruhe erreicht haben, gebe es nichts in unserem Leben, was wir noch hinzugewinnen könnten (siehe dazu unten, Abschnitt 5.5). In diesem Sinn spricht auch Philodem explizit davon, dass eine bestimmte Zeitspanne dieselbe Lust verschaffen könne wie die unendliche Zeit, wenn man nur die Grenzen der Lust erfasst habe.[14]

5.2 Das Keine-Identität-Argument

Das Keine-Identität-Argument wird von den Epikureern manchmal als selbstständiges Argument, häufiger aber zusammen mit dem Keine-Empfindung-Argument gebraucht. Es besagt im Kern, dass es nach unserem Tod keine Person, kein empfindendes Subjekt geben wird, das mit uns selbst identisch wäre. Die Kombination beider Argumente läuft darauf hinaus zu sagen, dass es nach dem Tod kein mit uns identisches Subjekt für die Empfindung von Schmerz gibt. Das Keine-Identität-Argument ist auch Teil der folgenden berühmten Formulierung Epikurs:

> Das furchterregendste Übel, der Tod, ist also nichts für uns, denn wenn wir sind, ist der Tod nicht anwesend, wenn aber der Tod anwesend ist, dann sind wir nicht. Daher ist er weder für die Lebenden noch für die Toten von Bedeutung. Denn die einen betrifft er nicht und die anderen sind nicht mehr. (*Brief an Menoikeus* 125)

Solange wir da sind, ist der Tod nicht da. Sobald der Tod da ist, sind wir nicht mehr da. Zweimal appelliert hier Epikur an die Nicht-Identität. „Wenn aber der Tod anwesend ist, dann sind wir nicht ..." bedeutet nämlich, dass, wenn unser Tod da ist, es kein mit uns identisches Subjekt mehr gibt. Ebenso greift die Formulierung „... die einen betrifft er nicht und die anderen sind nicht" auf die Nicht-Identität zurück: Die jeweils Lebenden betrifft der Tod nicht, denn der Tod ist, solange sie leben, gar nicht da. Betreffen würde uns unser Tod erst dann, wenn wir tot sind, allerdings sind wir da nicht mehr da, d. h. es gibt dann gar kein Subjekt mehr, das mit uns identisch wäre.

Wie das Keine-Identität-Argument konkret für die Therapierung der Furcht vor dem Tod eingesetzt werden kann, zeigen verschiedene Ausführungen bei Lukrez und Philodem. Beide stellen sich vor, wie sich Menschen im Sinne des Typs (ii) der Todesfurcht nicht nur jetzt während ihres Lebens Sorgen um den Zustand

---

14 Philodem, *Über den Tod*, 3.32–36. Zu dem entsprechenden Argument siehe auch V. Tsouna, *The Ethics of Philodemus*, Oxford 2007, 249.

des Totseins machen, sondern auch an der Vorstellung leiden, was mit ihrem Leichnam geschehen wird.

> Jeder nämlich, wenn er im Leben sich vorstellt, es drohe, dass die Vögel und Tiere den Leib zerfleischen im Tode, der bedauert sich selbst; denn er trennt von dort sich nicht selber, zieht sich nicht genug vom hingestreckten Kadaver zurück, meint, dass er es sei [...] Daher entrüstet er sich, dass er sterblich geschaffen wurde, und sieht nicht, dass im wahren Tod kein anderes Ich ist, das zu trauern imstande wäre. (Lukrez, DRN 879–886)[15]

Lukrez schildert hier die den Epikureern übliche Symptomatik der Todesfurcht. Dass solche Sorgen und Beunruhigungen unbegründet sind, ergibt sich nach seiner Analyse ganz einfach daraus, dass man es versäumt, sein Selbst von dem nach dem Tod verbleibenden Leichnam zu dissoziieren. Wer über das Schicksal seines Leichnams nach dem Tod klagt, vergesse schlechthin, dass es im Tod „kein anderes Ich" gibt, d. h. kein Ich, das mit mir selbst identisch und imstande wäre, an den Widerfahrnissen nach dem Tod zu leiden. Ähnlich verwendet Philodem das Keine-Identität-Argument im Hinblick auf Sorgen um die Bestattung des eigenen Leichnams: Wenn jemand gut und mit guten Freunden zusammen gelebt habe, wenn aber sein Leichnam aus irgendwelchen Gründen nicht den Gebräuchen entsprechend bestattet wird, dann sei auch das kein Anlass zu Schmerz oder Beunruhigung, wenn man sich nur klar mache, „dass man selbst (zu diesem Zeitpunkt) nicht einmal existieren werde."[16]

Primär befassen sich diese Argumente offenbar mit dem eigenen Tod. Zum Tod anderer oder zu den Auswirkungen des eigenen Tods auf andere (siehe oben, Typ (v) und (vi) der Todesfurcht) sagen sie wenig. Grundsätzlich scheinen sie davon auszugehen, dass, wenn der eigene Tod kein Übel ist, auch der Tod anderer kein Übel sein kann. Wir müssen uns daran gewöhnen zu denken, dass wenn der Tod uns nahestehender Person kein Übel für sie selbst ist, auch für uns kein Grund besteht, ihren Tod als Übel anzusehen. Ebenso müssten wir bemüht sein, unsere Freunde und Angehörigen von den epikureischen Lehren zu überzeugen, damit sie nicht um uns trauern, wenn wir selbst sterben.

---

15 Die Übersetzung beruht auf Büchner, übernimmt jedoch nicht das Versmaß; siehe Lukrez, *De rerum natura. Welt aus Atomen*, übersetzt von K. Büchner, Stuttgart 1981.
16 Philodem, *Über den Tod*, 32.2–7.

5.3 Naturwissenschaftliche Stützung

So wie das Keine-Empfindung-Argument von der Prämisse abhängig war, dass der Tod tatsächlich die vollständige Empfindungslosigkeit bedeutet, so ist das Keine-Identität-Argument von der Prämisse abhängig, dass der Tod tatsächlich unsere bisherige Existenz beendet und keine Persistenz über den Tod hinaus möglich ist. Was ist, wenn sich jemand genau über diese Prämissen im Zweifel befindet? Hier kommt Epikurs naturwissenschaftliche Stützung ins Spiel. Da Epikurs atomistisch-korporealistische Naturphilosophie die Seele grundsätzlich wie alle anderen zusammengesetzten Körper behandelt (siehe oben, Abschnitt 4), muss sich auch die Seele wie alle anderen Körper irgendwann auflösen. Für diejenigen, die sich durch diese allgemeinen atomistischen Grundsätze noch nicht von der Sterblichkeit der Seele überzeugen können, liefert Lukrez eine ganze Batterie an Argumenten, die uns von der Sterblichkeit der Seele überzeugen sollen. Es folgt eine Auswahl an solchen Argumenten: (1) Die Seelenatome sind klein und sehr beweglich, so dass sich die Seele schneller als Nebel oder Rauch auflöst, sobald der Behälter, d. h. der restliche Körper, stirbt. (2) Die Seele altert zusammen mit dem Körper, wie man an den mental-kognitiven Beeinträchtigungen älterer Menschen sehen kann. (3) Es gibt nicht nur Krankheiten des Körpers, sondern auch Krankheiten der Seele (zum Beispiel Trauer und Furcht). Wenn nun der Körper durch Krankheiten zugrunde gehen kann, dann muss auch die Seele durch Krankheiten zugrunde gehen können. (4) Wein beeinträchtigt die Fähigkeiten der Seele; wenn aber etwas durch geringfügige Einflüsse beeinträchtigt werden kann, dann kann es auch durch starke Einflüsse zerstört werden. (5) Die Medizin kann nicht nur den Körper, sondern auch die Seele heilen. Das ist ein Hinweis darauf, dass auch die Seele – wie der Körper – hinfällig und sterblich ist. (6) Für die Seele ist es wesentlich, an einem bestimmten Ort im Körper platziert zu sein, um ihre Fähigkeiten ausüben zu können (siehe oben, Abschnitt 4); daher kann sie nicht ohne den Körper existieren. (7) Körper und Seele sind gegenseitig voneinander abhängig. Daher kann die Seele nicht ohne den Körper existieren und die Luft allein könnte die Seelenatome nicht zusammenhalten. Außerdem bräuchte eine unsterbliche Seele Sinnesorgane, die sie aber ohne Körper nicht haben kann. (8) Dass der tote Körper verwest, ist ein Zeichen dafür, dass sich die Seele verflüchtigt hat. (9) Wenn wir sterben, spüren wir nicht, wie sich die Seele als ganze durch unseren Rachen aus dem Körper entfernt. (10) Seele und Körper werden zusammen geboren und sterben zusammen. Wäre das nicht so, könnte die Seele nicht altern und Körper und Seele würden sich nicht gemeinsam entwickeln.[17]

17 Lukrez, DRN 425–669 und 784–829.

Natürlich hat man bei dieser Liste sofort den Eindruck, dass keine dieser Beobachtungen und keines dieser Indizien für sich betrachtet irgendjemanden definitiv von der Sterblichkeit der Seele überzeugen würde. Man kann daher vermuten, dass diese Indizien eher die Absicht verfolgen, unsere durch Mythen und Vorurteile geprägte Weise, über die Seele zu denken, allmählich in eine neue Richtung zu lenken. Wenn wir uns immer und immer wieder die angeführten Phänomene vor Augen führen, dann werden wir uns mehr und mehr auch von solchen Überzeugungen befreien, die von der Unkörperlichkeit oder Unsterblichkeit der Seele ausgehen.

5.4 Das Symmetrie-Argument

Ein weiteres Argument zur Therapierung der Todesfurcht scheint zuerst von Lukrez aufgebracht worden zu sein. Im Kern besagt es Folgendes: Manche Menschen fürchten, wenn sie den Tod fürchten, künftige schmerzliche Erlebnisse nach ihrem Ableben. Andere hingegen fürchten vielleicht die schiere unendliche Nicht-Existenz. Das Symmetrie-Argument soll genau diese Art von Furcht als haltlos erweisen, indem es auf die unendliche Zeit unserer pränatalen Nicht-Existenz verweist. Wenn wir die Ereignisse während unserer pränatalen Nicht-Existenz als etwas ansehen, was uns damals nichts anging und uns auch nichts ausmachte, warum sollte uns dann die postmortale Nicht-Existenz etwas ausmachen und warum sollte sie uns überhaupt betreffen? Lukrez hat das Argument an zwei Stellen formuliert:

> Und, wie wir in vergangener Zeit nichts Betrübliches erfuhren, als zum Kampfe die Punier überall herbeieilten, damals, als alles erschüttert vom angstvollen Aufruhr des Krieges schauernd erbebte im Grund von des Äthers hohen Gestaden und es zweifelhaft war, zu wessen Reiche zu fallen allen Menschen bestimmt war auf der Welt sowohl zu Wasser als auch zu Lande, so wird, wenn wir nicht sind, wenn die Trennung von Leib und Seele, aus denen beiden wir zur Einheit zusammengefügt sind, erfolgt ist, dann natürlich auch uns, die wir ja nicht mehr sein werden, nichts mehr betreffen und Sinne berühren, nicht einmal, wenn Erde mit Meer sich mischt und das Meer mit dem Himmel. (DRN III 832–842)
>
> Denke desgleichen daran, wie nicht vergangenes Alter ewiger Zeit uns damals je betraf, bevor wir geboren waren. Dies stellt uns nun die Natur als Spiegel der kommenden Zeiten nach unserem Tod vor Augen, wenn alles zu Ende sein wird. (DRN III 972–975)[18]

18 Die Übersetzung beruht auf Büchner, *Lukrez*.

Verschiedene Deutungen dieses Arguments scheinen plausibel.[19] In der einfachsten Version wiederholt das Argument einfach nur Epikurs Maxime, dass der Tod keine Bedeutung für uns hat: Wenn die pränatale Nicht-Existenz keine Bedeutung für uns hatte, als wir nicht geboren waren, dann hat auch die postmortale Nicht-Existenz keine Bedeutung für uns, wenn wir tot sein werden. Für die Zeit nach unserem Tod hat uns die Natur einen Spiegel bereitgestellt, nämlich die Phase der pränatalen Inexistenz. Dieser Spiegel soll uns helfen, diese einfache, von Epikur unmissverständlich ausgesprochene Botschaft (wenn wir da sind, ist der Tod nicht da, wenn der Tod da ist, sind wir nicht mehr da) zu akzeptieren. Das Argument kann aber auch auf folgende, normative Weise konstruiert werden: So wie unsere pränatale Nicht-Existenz nichts für uns bedeutet, wenn wir jetzt – zu Lebzeiten – auf sie zurückblicken, so sollte uns auch die postmortale Nicht-Existenz nicht weiter berühren, wenn wir jetzt – zu Lebzeiten – auf sie vorausschauen.

5.5 Sterben und Frühtod

Alle bisher betrachteten Argumente scheinen sich direkt auf Typ (i) und (ii) der Todesfurcht zu beziehen. Was aber ist mit der Furcht vor dem frühzeitigen Tod (= Typ (iii)) und mit der Furcht vor dem Prozess des Sterbens (= Typ (iv))? Die Furcht vor dem Sterben als dem Übergang vom Leben zum Totsein läuft letztlich auf eine Furcht vor den damit verbundenen Schmerzen hinaus. Sie ist daher in gleicher Weise zu kurieren wie die Furcht vor Schmerzen im Allgemeinen (siehe oben, Abschnitt 3). Philosophisch anspruchsvoller ist die Reaktion auf die Furcht vor dem frühzeitigen Tod. Epikur scheint sie ausdrücklich anzusprechen: „Daher macht die richtige Erkenntnis, dass der Tod keine Bedeutung für uns hat, die Sterblichkeit des Lebens erst zu etwas, das wir genießen können, nicht indem sie eine unendliche Zeit (zum Leben hinzufügt), sondern indem sie das Streben nach Unsterblichkeit aufhebt." (*Brief an Menoikeus* 124) Erst wenn die Todesfurcht und das Streben nach Unsterblichkeit überwunden sind, können wir, so argumentiert hier Epikur, ein sterbliches Leben genießen. Insofern ist das ganze Leben von der Endlichkeit der Existenz her zu verstehen und unser gesamtes System der Strebungen und Wünsche muss in diesem Sinn revidiert werden, um die wahre Seelenruhe zu erlangen. Wichtig für unsere Haltung zum Frühtod ist der Zusatz „nicht indem sie eine unendliche Zeit zum Leben hinzufügt"; wer über den frühzeitigen Tod klagt, scheint nach Epikur wie jemand zu sein, der sich eine unendliche Zeitspanne hinzu-

19 Siehe Warren, *Facing Death*, Chapter 3.

wünscht und dadurch glaubt, ein glücklicheres Leben zu erhalten. Epikur spielt dagegen die Bedeutung der Lebenszeit systematisch herunter:

> Der Weise hingegen verschmäht weder das Leben noch fürchtet er das Nichtleben; denn weder ist ihm das Leben zuwider noch meint er, dass das Nichtleben ein Übel sei. Wie er aber nicht unbedingt die größte Speise wählt, sondern die angenehmste, so genießt er auch nicht die längste Lebenszeit, sondern die angenehmste. (*Menoikeus* 126)

Der Wunsch nach einer längeren oder vollständigen Lebenszeit scheint nach Epikurs Analyse also auf dem Missverständnis zu beruhen, dass die Lust und das Glück durch eine längere Lebenszeit vergrößert werden könnten. In KD III sagt Epikur jedoch ausdrücklich, dass die „Beseitigung der gesamten schmerzlichen Empfindung die Grenze der Größe der Lust" sei. Wenn er damit meint, dass die Lust nach Erreichung der Seelenruhe nicht mehr vergrößert werden könne (auch nicht durch ein längeres Leben), dann würde es zumindest für diejenigen (und wahrscheinlich nur für sie), die die Seelenruhe schon erreicht haben, bedeuten, dass sie ihr Lebensglück nicht durch eine längere Zeitspanne vergrößern können.

Maximilian Forschner

Die stoische Deutung von Tod und Sterben

> In all societies [...] the issue of death throws into relief the most important values by which people live their lives and evaluate their experiences. Life becomes transparent against the background of death, and fundamental social and cultural issues are revealed.[1]

1 Der Tod ist kein Ende, sondern Verwandlung: *Meditatio mortis* und Lebenskunst

In den philosophischen Systemen des Hellenismus sind Ethik und Physik eng verschränkt. Ihre Gedanken über das Sterben, ihre ethische Bewältigung des Todes sind in die Lehre vom natürlichen Kreislauf, vom Entstehen und Vergehen der Dinge eingebettet. Die Naturphilosophie Epikurs war atomistisch-mechanistisch, die der Stoa dynamistisch-pantheistisch; ihrer beider Ontologie war grundverschieden. Gleichwohl teilten sie viele Grundüberzeugungen. Für beide galt nur das als wirklich, was irgendwie materiell bzw. körperlich ist. Für beide galt der eherne Grundsatz, dass nichts aus nichts entsteht und nichts in nichts vergeht.[2] Beiden schien klar, dass es unsterbliches, ewiges, göttliches Leben gibt. Und beiden war klar, dass der Mensch nicht unsterblich, sondern sterblich ist. Beide leitete die im Grunde optimistische Vorstellung, dass die Wirklichkeit im Ganzen geordnet, ein Kosmos und kein Chaos ist; und dass es demnach am vergänglichen, aber vernunftbegabten Menschen selbst liegt, ob und wie er sich in diese Gesamtordnung einfügt und damit die ihm zukommende Rolle im Spiel des Ganzen erfüllt. Dass Stoa und Epikureismus, trotz elementarer Differenzen, vieles verbindet, haben Seneca und Marc Aurel häufig vermerkt.

Der Tod eines vergänglichen Lebewesens bedeutet keine radikale Zäsur, kein absolutes Vergehen, sondern eine Veränderung, eine Verwandlung (μεταβολή, ἀλλοίωσις) dessen, *woraus* das einzelne Leben besteht. Das konkrete Gefüge von Atomen bzw. von Elementarstoffen, das seine bestimmte Existenz ausmacht, löst sich auf, und die Atome bzw. Stoffe gehen neue Verbindungen ein. Seele ist das, was in

1 R. Huntington/P. Metcalf, *Celebrations of Death: The Anthropology of Mortuary Ritual*, Cambridge 1979, 2; zitiert von R. Garland, *The Greek Way of Death*, Ithaca, New York 1985, IX. Für die Lektüre des Manuskripts und wertvolle Hinweise danke ich Severin Koster (Erlangen/Saarbrücken) und Matthias Hengelbrock (Oldenburg).

2 Vgl. Diogenes Laërtius (= DL) X 38 f. (Alle folgenden Übersetzungen aus den Quellen sind von mir.)

https://doi.org/10.1515/9783111055602-005

einem Objekt das Leben und die Art des Lebens bewirkt. Das Sterben ist der Vorgang der Lösung und Trennung (χωρισμός; ἀπαλλαγή) der feinst materiell gedachten Seele vom Leib.[3] Mit der Trennung erlöschen die Lebensfunktionen des Organismus. Wie der Leib, so löst auch die Seele sich auf, wenn sie die schützende Hülle des Leibes verlässt.[4] Für die Epikureer erfolgt dies sogleich, für wenige Stoiker (Panaitios, Cornutus) auch,[5] doch für viele Stoiker nach unterschiedlich langer Zeit, je nachdem, wie schwach bzw. wie stark der Mensch seinen Geist und Charakter gebildet hat. Die Geistseele eines vollendet weise Gewordenen sei in ihrer Kohäsion so stark, dass sie erst mit der Auflösung alles Einzelnen und Bestimmten nach einer großen Weltperiode im Zuge der sog. Weltverbrennung (ἐκπύρωσις) in Gott eintaucht und aufgeht.[6] Allerdings verschwimmen die Vorstellungen über das Schicksal der Seele nach dem Tod bei manchen Stoikern. Dieses Bild zeigt jedenfalls die unklare doxographische Tradition ihrer Lehre. Doch das zählt im systematischen Ganzen wenig. Denn das ethische Interesse der Stoa zentriert sich, in diesem Punkt ähnlich dem Epikurs, auf die vollendete Gestaltung der je eigenen Gegenwart, wie lang oder kurz sie auch immer dauern mag, und nicht auf das, was den Einzelnen nach dem Tod erwartet.[7] Und ihre Naturphilosophie schloss weit mehr als an Platon an die Vorsokratik an. Sterben und Tod wird da verstanden als eine Rückkehr zum Ursprung;[8] als eine natürliche und notwendige Auflösung in die Elemente, die sich zu Anderem und Neuem verbinden, ein Ab- und Wiedereintauchen in den Kreislauf des Lebens,[9] und, insofern der Mensch seine göttliche Substanz bewahrt hat, eine Rückkehr und Auflösung in den alles in sich beschließenden und wieder aus sich entfaltenden Gott.

Antike Ethiken konzentrieren sich auf die Frage nach dem Glück. Menschliches Glück ist durch das Bewusstsein bedroht, dass unser Leben ein Ende hat. Niemand kann dem Tod entrinnen. Bekannt ist die Sentenz Epikurs: „Gegen alle anderen

3 Das Verständnis des Todes in Begriffen der Trennung der Seele vom Leib findet bei Platon, *Timaios* 81d-e seinen klassischen Ausdruck. Die Bestimmung wird dann formelhaft, vgl. etwa Seneca, *De providentia* 6, 9: *Ipsum illud, quod vocatur mori, quo anima discedit a corpore; Epist.* 30, 14: *distractio animae corporisque.* Wo die Geistseele des Menschen als göttlich verstanden wird, ist vom Tod als „Trennung des Menschlichen vom Göttlichen" die Rede: *dies ille, qui mixtum hoc divini humanique secernat,* Seneca, *Epist.* 102, 22.

4 Vgl. *Stoicorum Veterum Fragmenta,* ed. von Arnim (= SVF) I 137; 138; 146; DL X 65.

5 Vgl. *frgm.* 83 u. 84 ed. van Straaten; Cicero, *Tusculanae disputationes* I 18; I 79; Stobaios, *Eclogae* I 383, 28–384, 2 (ed. Wachsmuth).

6 Vgl. SVF II 809–822; DL VII 156–157; Seneca, *Ad Marciam de consolatione* 26, 6–7.

7 Vgl. dazu A. Bonhöffer, *Epictet und die Stoa,* Stuttgart 1890, ND 2018, 54–67.

8 Vgl. H. Diels/W. Kranz (Hg.), *Die Fragmente der Vorsokratiker (= VS), Griechisch und Deutsch,* 3 Bde., Berlin [6]1951, Nachdrucke, Anaximenes *VS* 13 A 11; dazu M. Baltes, *Die Todesproblematik in der griechischen Philosophie,* in: *Gymnasium* 95 (1988), 100 ff.

9 Vgl. Empedokles *VS* 31 B 8. 9. 10. 11. 12; B 17. 21. 26.

Dinge können wir uns schützen; doch gegenüber dem Tod gleicht der Mensch einer Polis ohne eine Mauer".[10] So wahr dies ist, Menschen neigen wohl zu allen Zeiten dazu, über all ihren Plänen, Freuden und Sorgen im Leben diese Erkenntnis auszublenden. Man denke niemals an ihn, außer bei anderen, wenn ihr Beispiel der Sterblichkeit uns erschreckend vor Augen tritt; das bleibe freilich nur so lange haften, als die Verwunderung anhält, klagt Seneca.[11] Doch den sicheren Tod zu verdrängen fiel in der Antike ersichtlich schwerer als heute. Die moderne gesellschaftliche Praxis, Sterben und Tod in die Spitäler zu schieben, begleitet von szientistischer Hybris, mit Wissenschaft und Technik die Natur beherrschen, gar überwinden zu können, lag noch fern. Der unausweichliche Tod war im Alltag präsent. Die Angst vor dem Tod lastete auf den Menschen, und dies umso mehr, je älter und gebrechlicher man wurde, je näher das Ableben rückte. Vor allem die Aristoteles-Schule bot erfahrungsgesättigte Traktate (περὶ γήρως) über die Beschwerden und Nöte des Alters.[12] Von Gaius Musonius Rufus (um 25 bis um 95 nach Chr.), einem erfolgreichen stoischen Weisheitslehrer der frühen Kaiserzeit, stammt der prägnante Satz: „Was das Leben für die Alten am bedrückendsten macht, ist die Angst vor dem Tod."[13] Philosophie im Sinne von Musonius erfüllte, neben, zum Teil auch im Widerstreit zu religiöser und mystagogischer Praxis, auch und nicht zuletzt eine therapeutische Funktion. Sie versuchte, auf dem Wege der Aufklärung, mit rationalen Argumenten die Menschen von Sorgen und Ängsten zu befreien. Sie verstand sich als Seelsorge und Lebenshilfe, als Lebenshilfe freilich nur für jene, die zur „Anstrengung des Begriffs" geneigt und befähigt waren und die mühsame Einübung des als richtig Erkannten in die Praxis nicht scheuten. Und was am meisten der theoretischen „Bewältigung" und praktischen Abhilfe bedurfte, war die Angst vor dem Tod. Mag das Alter mehr Leiden als Freuden mit sich bringen; so ganz ohne Vergnügen ist es, wie Seneca zu bedenken gibt, in aller Regel nicht; und sei es, dass an deren Stelle das „Vergnügen" tritt, keiner Vergnügen mehr zu bedürfen.[14] Doch mit dem Tod droht das Ende allen Erlebens des Lebens, all seiner schönen und weniger schönen Seiten. Vom Leiden befreit er uns wohl. Doch überschattet und mindert der unabweisbare Gedanke an das Ende

---

10 *Gnomologium Vaticanum* 31. Epikur, *Briefe, Sprüche, Werkfragmente, griechisch-deutsch*, hg. von H.-W. Krautz, Stuttgart 1980, 86.

11 *Epist.* 101, 6: *[...] interim ad latus mors est, quae quoniam numquam cogitatur nisi aliena, subinde nobis ingeruntur mortalitatis exempla non diutiu, quam dum miramur haesura.* Vgl. *Ad Marciam de consolatione* 9, 2: *Tot praeter domum nostram ducuntur exsequiae: de morte non cogitamus.*

12 Vgl. dazu H. Brandt, *Am Ende des Lebens. Alter, Tod und Suizid in der Antike*, München 2010, 16 ff.

13 Καὶ τό γε ἀθλιώτατον ποιοῦν τὸν βίον τοῖς γέρουσιν αὐτὸ τοῦτό ἐστιν, ὁ τοῦ θανάτου φόβος; Musonius XVII, ed. Hense, 92. (Alle Übersetzungen aus den Quellen sind von mir.)

14 Vgl. *Epist.* 12, 5: *et illam quoque in extrema tegula stantem iudico habere suas voluptates: aut hoc ipsum succedit in locum voluptatium, nullis egere.*

nicht auch alle uns im Leben möglichen Freuden? Muss das so sein? Wie ist mit diesem bedrückenden Aspekt des Todes zurecht zu kommen?

Epikureismus und Stoa antworten mit einer philosophischen *meditatio mortis.* Sie soll der Klärung und Vergewisserung über das dienen, was ein gutes endliches Menschenleben sein kann und wie man demzufolge zu leben hat. Beide so gegensätzlichen philosophischen Schulen verbindet die Überzeugung, dass das rechte Bewusstsein des Todes als integraler Bestandteil des täglichen Lebens erst das endliche Leben gelingen lässt. Der Tod, so Seneca, muss dem alten Menschen genau so vor Augen sein wie dem jungen; denn wir werden nicht der Reihe nach wie beim Zensus abgerufen.[15] „Deshalb ist jeder Tag so zu ordnen, als sammle er den Zug und vollende und erfülle das Leben."[16] Und Marc Aurel ermahnt sich selbst:

> Jede Stunde denke fest daran, als ein Römer und ein Mann, das, was dich beschäftigt, mit strenger und natürlicher Würde, mit Menschenfreundlichkeit, mit Freiheit und Gerechtigkeit zu tun; und dir von allen anderen Eindrücken Abstand und Ruhe zu verschaffen. Und du wirst dir dies verschaffen, wenn du jede Handlung vollziehst, als wäre sie die letzte des Lebens, losgelöst von jeder Eitelkeit und jeder affektiven Abkehr von der rational wählenden Vernunft, losgelöst von jeder Heuchelei, von jeder Eigenliebe und jedem Hader mit dem dir zugeteilten Los [...][17].

Immanuel Kants ‚Kategorischer Imperativ' besitzt ein plastischeres und „handlicheres" Äquivalent in der Devise der stoischen Ethik: „Handle so, als wäre es das Letzte, was du tust." Marc Aurel hat diese Devise zur eindringlichen Formel geprägt und sich kontinuierlich in Erinnerung gerufen.[18] Wie das angeführte Zitat zeigt, verwies er auch darauf, was die Befolgung dieses Mottos für das Leben nach sich zieht: Wer sich immer wieder den eigenen Tod vergegenwärtigt, wird in humaner Einstellung affektfrei und situationsgerecht, kurz: vernünftig leben und handeln. Marc Aurel steht mit seinem Leitgedanken nicht allein. Alle hellenistische Ethik ist sich darüber im Klaren, dass nur der richtig zu leben weiß, der mit dem Tod vertraut und einverstanden ist.

Die stoischen Schriften der ersten und zweiten Generation sind sämtlich verloren. Die uns erhaltenen späten stoischen Texte belegen, wie sehr sich in dieser Zeit die Vorstellungen von Philosophie und wahrer Lebenskunst verbinden:[19] Die

---

15 *Epist.* 12, 6: [...] *ista tam seni ante oculos debet esse quam iuveni: non enim citamur ex censu.*

16 *Epist.* 12, 8: *Itaque sic ordinandus est dies omnis, tamquam cogat agmen et consummet atque expleat vitam; epist.* 101, 7: *Sic ita formemus animum, tamquam ad extrema ventum sit. Nihil differamus: cotidie cum vita paria faciamus.*

17 Marc Aurel, *Meditationes* II 5.

18 *Med.* II 5; vgl. II 11; VII 69; VIII 2; X 29.

19 Vgl. dazu G. Ernst (Hg.), *Philosophie als Lebenskunst. Antike Vorbilder, moderne Perspektiven*, Berlin 2016.

Philosophie zeigt uns, wie zu leben sei; und die Kunst zu leben ist ohne die Kunst zu sterben nicht zu haben. Die Schriften Senecas (ca. 1 vor Chr. bis 65 nach Chr.), und die *Selbstgespräche* Marc Aurels (121 bis 180 nach Chr.) sind von Todesreflexionen durchdrungen. Seneca erklärt in seinen *Briefen an Lucilius,*[20] Philosophie zu betreiben habe mit der richtigen Haltung zum Tod zu tun; und die richtige Haltung lernt man von dem, der sich im Handeln bewährt:

> Dies ist, mein Lucilius, Philosophie am Tun lernen und auf das Wahre hin eingeübt werden: zu sehen, welchen Mut ein kluger Mensch gegenüber dem Tod, gegenüber dem Schmerz besitzt, wenn jener naht, wenn dieser drückt. Was man zu tun hat, muss man vom Handelnden lernen[21].

2 Das Wissen um den Tod macht frei: Seneca und Epiktet

Senecas philosophisches Werk kann, trotz epikureischer und platonischer Anleihen, im Ganzen als stoisch gelten. Es ist von einer gewissen Schwermut, von scharfem Realitätssinn, und von eindringlicher Paränese für „männlich“ geprägte Weltsicht und Tugend gezeichnet. An Stellen, die eigenem und fremdem Trost gewidmet sind, dringt die gebrochene Hoffnung auf ein besseres Leben im Jenseits ans Licht. Da schimmert noch durch, was auf geschwächte Weise an Platonischem ins Stoische leuchtet. Da lässt der sittlich Sterbende das „schwere Fleisch (gravis caro)“, die „Fesseln der Seele (vincula animi)“,[22] „die Wohnungsgemeinschaft mit dem ekelhaften und stinkenden Bauch“[23] zurück, wird von einer heiligen Schar (*coetus sacer*) verdienter und seliger Ahnen empfangen[24] und blickt im klaren Licht der Sternensphäre[25] auf das Irdische und die Irdischen hinab. Aus dieser himmlischen Sicht erkenne man deutlich, dass dort unten „nichts wünschenswert, nichts erhaben, nichts glänzend, sondern alles niedrig und schwer und ängstlich ist“ und dass man auf Erden nur wenig vom göttlichen Licht (und dem

20 *Epist.* 98, 17 und 68, 1.
21 *Epist.* 98, 17: *Hoc est, mi Lucili, philosophiam in opere discere et ad verum exerceri: videre, quid homo prudens animi habeat contra mortem, contra dolorem, cum illa accedat, hic premat. Quid faciendum sit, a faciente discendum est.*
22 *Ad Marciam* 24, 6.
23 *Epist.* 102, 27: *ex contubernio foedi atque olidi ventris educat.*
24 *Ad Marciam* 25, 2.
25 Vgl. *Ad Marciam* 25, 3; 26, 3; 24, 5.

Leben der Seligen) zu erfassen vermag.[26] Doch diese Hoffnungsrede beruht, wie Seneca selbst nüchtern vermerkt, auf einer *fama* weiser Männer, die mit einem großen „Vielleicht" zu versehen ist.[27] Noch nüchterner: Sie ist wohl nichts weiter als ein schöner Traum (*bellum somnium*):

> Es gefiel [mir], über die Ewigkeit der Seelen nachzusinnen, gar, bei Gott, an sie zu glauben. Ich überließ mich nämlich [recht] leicht den Meinungen großer Männer, die die höchst willkommene Sache mehr versprechen als beweisen. Ich gab mich so großer Hoffnung hin; schon war ich mir selbst ein Ekel, schon verachtete ich die Überreste des gebrochenen Alters, im Begriff, in jene unermessliche Zeit und in den Besitz der ganzen Ewigkeit hinüberzugehen, als ich plötzlich durch den Empfang Deines Briefes aufgeweckt ward und den so schönen Traum verlor.[28]

Es ist für Seneca realistisch und tröstend zugleich, anzunehmen, „dass nach dem Tode nichts vom Menschen übrigbleibt: In gleicher Weise bin ich hohen Mutes, auch wenn ich nirgendwohin übergehend aus dem Leben scheide."[29] Der Tod, so Seneca in derselben Trostschrift *Ad Marciam*, versetzt uns in jene große, ewige Ruhe, in der wir vor unserer Geburt waren, und befreit uns aus jener Region, in der man Sklave ist. Wer die Toten bedauert, kann ebenso gut die Ungeborenen bedauern.[30] Der Tod ist die beste Erfindung der Natur: Er unterwirft alle demselben Los; er sorgt für ausgleichende Gerechtigkeit, er befreit uns alle aus den Zwängen von Torheit, Unglück und Elend; das Wissen um den Tod erleichtert die Gefangenschaft des Lebens: „Lieb habe ich Dich, Leben, durch die Wohltat des Todes."[31]

Nur ein ernsthaftes, tief verinnerlichtes Bewusstsein des Todes kann uns wirklich loslösen und „entspannen" und zur Freiheit und zum Glück gerade dieses endlichen Lebens verhelfen. Denn zur unseligen Knechtschaft wird unser Leben vor allem durch unbedingte und unersättliche Gier nach höchst Vergänglichem, durch die ängstliche Sorge um den Verlust und den bedrückenden Schmerz um die Beein-

---

26 *Ad Marciam* 26, 4: *Coimus omnes in unum videmusque, non alta nocte circumdati, nihil apud vos, ut putatis, optabile, nihil excelsum, nihil splendidum, sed humilia cuncta et gravia et anxia et quotam partem luminis nostri cernentia.*

27 Vgl. *Epist.* 63, 16: *Et fortasse, si modo vera sapientium fama est recipitque nos locus aliquis, quem putamus perisse, praemissus est.*

28 *Epist.* 102, 2: *iuvabat de aeternitate animarum quaerere, immo mehercules credere. Praebebam enim me facilem opinionibus magnorum virorum rem gratissimam promittentium magis quam probantium. Dabam me spei tantae; iam eram fastidio mihi, iam reliquias aetatis infractae contemnebam in immensum illud tempus et in possessionem omnis aevi transiturus: cum subito experrectus sum epistula tua accepta et tam bellum somnium perdidi.*

29 *Epist.* 93, 10: *Sed tolli me de medio puta et post mortem nihil ex homine restare: aeque magnum animum habeo, etiam si nusquam transiturus excedo.*

30 *Ad Marciam* 19, 5–6.

31 *Ad Marciam* 20, 3: *Caram te, vita, beneficio mortis habeo;* vgl. *epist.* 30, 10 f.

trächtigung von „Dingen“ (d. h. von allen äußeren und leiblichen Gütern), die wir spätestens mit dem Tod sämtlich verlieren, die uns allein zu gutem, doch befristetem Umgang, Genuss und Gebrauch verliehen sind. Und dazu gehört eben auch und gerade das Leben selbst. „Was immer vom Schicksal gegeben ist, besitze es, als sei es von jeder Bürgschaft ausgenommen.“[32] Der Mensch ist ein höchst fragiles Gefäß, durch alle mögliche Erschütterung und jeden möglichen Stoß zu zerbrechen.[33] Der Atem (d. h. die Lebenskraft) haftet schlecht und ist uns nur auf Widerruf verliehen.[34] Mit der Geburt sind wir unter das Gesetz des Todes gestellt.[35] Unser Leben verstrickt sich immer mehr ins Netz unseliger Knechtschaft, wenn es sich an Dinge hängt, die ihm nicht gehören, wenn ihm die *virtus moriendi* fehlt.[36]

Diese *virtus moriendi* erwächst einzig der *meditatio mortis* und der Kultur des Geistes. Der Leib ist nur eine kurze und recht unsichere Herberge;[37] niemand ist frei, der dem Leib dient.[38] Unerlässlich ist – das verbindet Seneca ganz bewusst mit Epikur – das Nachdenken über sein jederzeit mögliches und für jeden sicheres Ende,[39] die wertende Relativierung alles Unsicheren und Künftigen, die entschiedene Konzentration auf die Gegenwart,[40] auf die in ihr gegebene Freude,[41] und auf das, was wirklich „in unserer Hand“ ist: die sittliche Bildung des Geistes. „Nicht nämlich zu leben ist ein Gut, sondern (sittlich) gut zu leben“.[42] Es ist nicht wichtig, wie lange, sondern in welcher Verfassung und in welcher Einstellung des Geistes man lebt.[43] „Das Leben ist lang, wenn es erfüllt ist: Erfüllt ist es aber, wenn der Geist sich selbst sein Gut erstattet und die Macht über sich an sich übertragen hat.“[44]

Wer als Mensch lebt und leben will, hat damit auch sein Einverständnis bekundet, dass dieses Leben endlich ist.[45] Wir kommen zwar ungefragt ins Leben, doch niemand ist zu leben gezwungen. Immer wieder betont Seneca, dass für

---

32 *Ad Marciam* 10, 3: *quicquid a fortuna datum est tamquam exemptum auctore possideas.*

33 *Ad Marciam* 11, 3: *Quid est homo? Quolibet quassu vas et quolibet fragile ictu.*

34 Ebd.: *precarii spiritus et male haerentis.*

35 *Ad Marciam* 10, 5: *mors enim [...] denuntiata nascenti est.*

36 *Epist.* 77, 15: *Infelix servis hominibus, servis rebus, servis vitae: nam vita, si moriendi virtus abest, servitus est.*

37 *Epist.* 120, 14: *nec domum esse hoc corpus, sed hospitium, et quidem breve hospitium.*

38 *Epist.* 92, 33: *nemo liber est qui corpori servit.*

39 Vgl. *Epist.* 26, 8–10.

40 Vgl. *Epist.* 101, 8–10.

41 *Ad Marciam* 10, 4: *sine dilatione omne gaudium haurite.*

42 *Epist.* 70, 4: *non enim vivere bonum est, sed bene vivere.*

43 Vgl. *Epist.* 101, 15: *quam bene vivas referre, non quam diu.*

44 *Epist.* 93, 2: *Longa est vita, si plena est: impletur autem, cum animus sibi bonum suum reddidit et ad se potestatem sui transtulit.*

45 Vgl. *Epist.* 30, 10: *vivere noluit, qui mori non vult.*

den, der lieber nicht geboren wäre, dem das Leben zur unerträglichen Last gerät, das Tor zur „Freiheit" offensteht, ja, dass es zwar nur *einen* Weg ins Leben, dass es dagegen viele und kurze Wege „in die Freiheit" gibt.[46]

Soweit wir angesichts der Quellenlage sehen, hat sich kein Stoiker vor und nach ihm mit vergleichbarer Betonung menschlicher Freiheit über den Suizid geäußert wie Seneca. Die Möglichkeit, sich selbst zu töten, ist ihm ein Geschenk der Natur.[47] Sie gewährt dem, der sie (sc. auf sittliche Weise) zu nutzen vermag, ein freies Verhältnis zum Leben, und sie nimmt jedem das Recht zur Klage über seine Not:[48] Wer, wie manche „Weisheitslehrer", grundsätzlich im Suizid ein Vergehen gegen Gott sieht, wer darauf besteht, man müsse auf den Ausgang warten, den die Natur bestimmt hat, der sieht nicht, dass er den Weg der Freiheit verschließt.[49] Seneca wendet sich gegen die Stimmen einer philosophischen Tradition, die orphischen, pythagoreischen und sokratisch-platonischen Quellen verpflichtet ist,[50] die den Suizid als selbstherrlich-widerrechtliche Tat gegen göttliche Vorsehung und Herrschaft versteht[51] und entschieden verurteilt.[52] Platon, der in dieser Tradition steht, erkennt freilich Ausnahmen an, die eine Selbsttötung zwar nicht als etwas sittlich Schönes, wohl aber Verständliches, gar mitunter Unausweichliches erscheinen lassen: Er nennt in den *Nomoi* den (sokratischen) Fall, dass die Polis durch einen Rechtsspruch die Selbsttötung verfügt, dass einen ein „sehr schmerzhaftes, unentrinnbares Schicksal trifft" oder dass man einer großen Schande verfällt, die das Weiterleben unerträglich macht.[53] Seneca scheint in dieser Hinsicht nicht allzu weit von Platon entfernt, wenn er die Erwartung der „Grausamkeit einer Krankheit oder eines Menschen",[54] die Bedrängnis und Qualen durch die Willkür eines Tyrannen oder das Elend der Zerrüttung des Geistes[55] als gute Gründe betrachtet, den

46 Vgl. *Epist.* 12, 10; 70, 14; *De providentia* 6, 9; *De ira* III, 15, 3f.; *Epist.* 63, 16.

47 Vgl. *De providentia* 6, 7.

48 Vgl. *Epist.* 70, 15.

49 *Epist.* 70, 14: *Invenies etiam professos sapientiam, qui vim afferendam vitae suae negant et nefas iudicent ipsum interemptorem sui fieri: expectandum esse exitum, quem natura decrevit. Hoc qui dicit, non videt se libertatis viam cludere.*

50 Vgl. Garland, *The Greek Way of Death*, 97.

51 Vgl. Platons Formulierung: τὴν τῆς εἱμαρμένης βίᾳ ἀποστρεφῶν μοῖραν, *Nomoi* 873c. Am entschiedensten folgt dieser antiken Tradition das Christentum, insbesondere Augustinus in *De civitate dei* I, 17–27. Das Konzil von Arles (452) verurteilt den Suizid als Satanswerk, das Konzil von Braga (563) verfügt, dass Suizidanten kein christliches Begräbnis zuteil wird, und für sie keine hl. Messe gelesen werden darf; vgl. Garland, *The Greek Way of Death*, 95f.

52 Vgl. dazu Platon, *Phaidon* 61e-62c; *Nomoi* 873c.

53 *Nomoi* 873c; vgl. 854c.

54 *Epist.* 70, 15: *Ego expectem vel morbi crudelitatem vel hominis, cum possim per media exire tormenta et adversa discutere?*

55 Vgl. *De ira* III 15, 3: *Si aeger animus et suo vitio miser est, huic miserias finire secum licet.*

Schritt „in die Freiheit" selbst zu wählen. Mit Platon ist er sich einig in der Verurteilung eines Suizids, der aus feiger Furcht vor der Härte widriger Umstände oder aus weichlichem Überdruss bzw. krankhafter Todessehnsucht dem Leben entflieht.[56] Seneca legt Wert darauf, dass die Selbsttötung affektfrei, aus vernünftigen Gründen und sittlicher Einstellung geschieht. Wichtig ist ihm im Leben des Alters, dass „der Geist ohne Schaden ist und integre Sinne den Geist unterstützen und der Leib nicht defekt ist und moribund; vor allem kommt es darauf an, ob jemand das Leben verlängert oder den Tod".[57] Es scheint ihm absurd, aus Angst vor dem Tod den Prozess des Sterbens zu verlängern. Er betont sehr wohl die soziale Verpflichtung, die Angehörigen zu schonen, trotz vielfältiger Bedrängnis und eigenem Leid für seine Nächsten da zu sein und ihnen zu dienen, solange man kann.[58] Ein *vir bonus* lebe nicht, solange es ihm gefällt, sondern solange es nötig ist.[59] „Doch wenn der Leib für die Dienste unbrauchbar ist, warum sollte es nicht nötig sein, den Geist ins Freie zu führen? Und vielleicht muss man es ein wenig früher als nötig tun, damit Du nicht, wenn es geschehen muss, es dann nicht mehr tun kannst."[60] Für Seneca versteht sich, im Unterschied zu Platon und zu manchem Stoiker, der verantwortliche Suizid als genuin menschliche Handlungsmöglichkeit von selbst. Er möchte ihn in keiner Weise juridisch und sittlich ins Abseits gestellt sehen. Ja, er ist ganz unverkennbar vom heroischen Ende eines Cato Uticensis, aber auch von der wohlüberlegten und entschlossenen Selbsttötung ganz einfacher Menschen als Ausdruck höchster menschlicher Freiheit fasziniert.[61]

Epiktet (ca. 50 bis ca. 138 nach Chr.), ein ehemaliger Sklave, der berühmte und einflussreiche Schüler des bereits genannten kaiserzeitlichen Stoikers Gaius Musonius Rufus, setzt da etwas andere Akzente. Er verlangt wie Seneca gute Gründe von dem, der freiwillig aus dem Leben scheiden will. Sie sind gegeben, wenn die Lebensumstände unerträglich werden;[62] wenn ein „naturgemäßes Leben" nicht mehr möglich ist.[63] Er bietet für diesen Fall dem Suizidanten gar seine Mithilfe an.[64] Er weiß auch von keiner Fortdauer der individuellen Geistseele nach dem Tod des Menschen; dieser löst sich wieder, zum Wohl und Gebrauch des Ganzen, in die Elemente

56 Vgl. Platon, *Nomoi* 873c; Seneca, *Epist.* 24, 25: *Vir fortis ac sapiens non fugere debet e vita, sed exire; et ante omnia ille quoque vitetur affectus, qui multos occupavit, libido moriendi.*

57 *Epist.* 58, 33: *si modo mens sine iniuria est et integri sensus animum iuvant nec defectum et praemortuum corpus est: plurimum enim refert, vitam aliquis extendat an mortem.*

58 Vgl. *Epist.* 104, 3–4.

59 *Epist.* 104, 3: *cum bono viro vivendum sit non quamdiu iuva, sed quamdiu oportet.*

60 *Epist.* 58, 34: *At si inutile ministeriis corpus est, quidni oporteat educere animum laborantem? Et fortasse paulo ante quam debet, faciendum est, ne, cum fieri debebit, facere non possis.*

61 Vgl. *Epist.* 70, 19–28; A. A. Long, *Epictetus: A Stoic and Socratic Guide to Life*, Oxford 2002, 203 f.

62 Vgl. *Dissertationes* I 24, 20; I 25, 18.

63 Vgl. *Diss.* III 24. 101–102.

64 Vgl. *Diss.* II 15. 4–12.

auf, aus denen er gebildet ist.[65] Doch er betont mit Nachdruck, die Stellung zu halten und den Dienst zu leisten[66] bzw. das Schauspiel und die Feier des Lebens mitzufeiern[67] für die Phase und bis zu dem Ende, die der Gott für uns vorgesehen hat. Jedes Fest ist zeitlich begrenzt. Wenn der Gott uns abruft, sollte man nicht murren, sondern dankbar sein für das Gebotene.[68] Wir sind auf Erden geladene Gäste und verpflichtete Diener des Gottes in eins. Nur ein eindeutiges Zeichen göttlichen Willens kann uns von seinem Dienst entbinden:

> Menschen, schließt euch dem Gott an. Wenn er euch ein Zeichen gibt und von diesem Dienst löst, dann löst euch zu ihm hin. Für jetzt aber bleibt an der Stelle wohnen, an die er euch gestellt hat. Kurz ist fürwahr diese Zeit des Aufenthalts und leicht für die, die so eingestellt sind. Denn welcher Tyrann oder welcher Dieb oder welche Gerichtshöfe sind noch schrecklich für die, die den Leib und seine Besitztümer für nichts erachten. Bleibt, geht nicht unvernünftig fort![69]

3 Der Tod ist zum Wohl des Ganzen: Marc Aurel

Marc Aurel hat uns zahlreiche[70] und höchst eindrucksvolle Reflexionen über den Tod hinterlassen.[71] Sie sind eng mit naturphilosophischen Lehren verbunden. Er überdenkt sowohl stoische als auch epikureische Prinzipien und findet einen Vorteil der naturphilosophischen Prämissen auf stoischer Seite:

> Entweder Wirrwar und Aneinanderhaften und Zerstreuung oder Einheit und Ordnung und Vorsehung. Wenn nun das erstere gilt, warum sollte ich bestrebt sein, in einem derart planlosen Gefüge und Durcheinander zu verweilen? Was kümmert mich noch etwas anderes als dies, wie ich einmal zu Erde werde? Was soll ich mich beunruhigen? Die Zerstreuung wird auf mich zukommen, was auch immer ich tue. Wenn aber das andere gilt, dann lebe ich in Ehrfurcht, bin ruhigen Gemüts und vertraue auf den, der das All verwaltet[72].

65 Vgl. *Diss.* II 5, 13; III 13, 14; III 24, 94; IV 7, 15; vgl. Bonhöffer, *Epictet und die Stoa*, 65–67.
66 Vgl. *Diss.* I 9, 16–17.
67 Vgl. *Diss.* IV 1, 106; III, 5, 10.
68 Vgl. *Diss.* III 5, 10; IV, 1, 106.
69 *Diss.* I 9, 16–17.
70 Einen *Index locorum* hierzu liefert P. A. Brunt, *Studies in Stoicism*, ed. by M. Griffin/A. Samuels with assistance of M. Crawford, Oxford 2013, 392.
71 Vgl. zum Folgenden auch Verf., *Marc Aurel und Epikur. Über stoische und epikureische meditatio mortis*, in: G. Ernst (Hg.), *Philosophie als Lebenskunst. Antike Vorbilder, moderne Perspektiven*, Berlin 2016, 91–108.
72 *Meditationes* VI 10; vgl. II 11; IV 27; X 6.

Die Schlüsselwörter, die die stoische Position kennzeichnen, sind „Einheit (ἕνωσις)“, „Ordnung (τάξις)“, „Vorsehung (πρόνοια)“. Kausal verantwortlich für die geordnete Struktur des Kosmos und die Entwicklung des kosmischen Geschehens sind für Epikur die gesetzliche Bewegung der Atome und der Zufall, nach stoischer Ansicht das göttliche Prinzip, das alles auf äußerst vernünftige Weise gestaltet und lenkt.[73] Marc Aurel entscheidet sich in seinem Weltbild ganz bewusst für die Annahme eines göttlichen Prinzips. Dieses wirkt und gestaltet mit kontinuierlichem Wandel, indem es andauernd Dinge erzeugt und auflöst, die Elemente mischt, trennt und transformiert, indem es Neues durch die Verwandlung von Altem schafft.[74] Durch das Gesetz des permanenten regenerativen Wandels entfaltet, erhält und heilt (σῴζει) der göttliche Kosmos sich selbst. Der Tod und das Ende der einzelnen Dinge sind notwendig für die Regeneration und das Wohlsein des Ganzen.

> Die Werke der Götter sind voller Vorsehung, die Werke des Schicksals sind nicht ohne Natur oder Verkettung und Verflechtung mit dem, was durch Vorsehung verwaltet wird. Alles fließt von dorther. Es kommt hinzu das Notwendige und das dem ganzen Kosmos Zuträgliche, dem Kosmos, dessen Teil du bist. Für jeden Teil der Natur aber ist gut, was die Natur des Ganzen bringt und was für diese zum Erhalt und Heil (σωστικόν) ist. Es erhalten aber den Kosmos wie die Verwandlungen der Elemente so auch die der zusammengefügten Körper. Dies soll dir genügen, wenn es deine (festen) Überzeugungen (δόγματα) sind. Den Durst nach den Büchern aber lass sein, damit du nicht murrend stirbst, sondern heiter, offen und von Herzen den Göttern dankbar[75].

Die *propositio maxima* der stoischen Ethik, ‚der Natur gemäß leben (κατὰ φύσιν ζῆν)‘ meint zuallererst, sich selbst als einen integralen Teil eines wohl geordneten göttlichen Ganzen zu wissen und zu fühlen und entsprechend zu streben und zu handeln: Wenn du glücklich sein willst, hast du dich mit diesem Ganzen zu identifizieren, dein kleines Los anzunehmen und die dir zugeteilte kleine Rolle in diesem großen Prozess und festlichen Spiel des göttlichen, als *ein* lebendes Wesen gedachten Kosmos zu erfüllen. Denn alle Dinge und Ereignisse sind miteinander verbunden; und alle tragen zum Leben, zum Wohlsein und Gelingen des Ganzen bei.

> Beständig vor Augen haben, dass der Kosmos *ein* Lebewesen mit *einem* Leib und *einer* Seele ist und wie alles in die *eine* Wahrnehmung dieses Wesens eingeht; und wie es mit *einem* Impuls alles macht und wie alles an allem, was entsteht, mitwirkt und welcher Art die Verwebung und Verflechtung ist[76].

---

73 Vgl. *Med.* IV 27; dazu ausführlich Verf., *Die Philosophie der Stoa. Logik, Physik und Ethik*, Darmstadt 2018, Kap. III.

74 Vgl. *Med.* IV 36.

75 *Med.* II 3.

76 *Med.* IV 40.

Der Mensch ist ein sehr kleiner, aber nichtsdestoweniger ein privilegierter Teil des Ganzen. Er ist ein sprachfähiges Lebewesen (λογικὸν ζῷον). Dadurch ist er in der Lage, für eine begrenzte Zeit auf eine wesentliche, eine aktive Weise (in Theorie und Praxis) am göttlichen Leben des Ganzen teilzuhaben. Der menschliche Geist ist, wie die Doxographen einmütig bekunden, ein Teil und Abkömmling des göttlichen Geistes, der den gesamten Kosmos durchdringt und gestaltet. Der menschliche Geist erreicht seine Vollendung, wenn er die göttliche Struktur der Welt erkennt und repräsentiert, wenn er sich selbst in Übereinstimmung mit dieser Struktur weiß und diesen Einklang in seinem Fühlen, Wollen und Verhalten ausdrückt und nachahmt.[77]

Zwei Gedanken, die in der stoischen Physik gründen, sind es, die helfen sollen, mit dem ehernen Faktum zurechtzukommen, dass unser Leben ein Ende hat. Erstens: dass die Elemente, die uns konstituieren und im Tod sich aufzulösen beginnen, unverzichtbar zur Konstitution neuer Dinge gebraucht werden. Zweitens: dass unsere sprachfähige Seele in den zeugenden und gebärenden ‚Schoß' des göttlichen Geistes zurückkehrt, aus dem alle Dinge und Ereignisse der Welt entstehen und in ihrer Verbindung und Abfolge ein harmonisches Ganzes bilden. Beide Gedanken finden in Marc Aurels *Selbstgesprächen* ihren prägnanten Ausdruck:

> Betrachte dauernd die Entstehung von allem durch Verwandlung und übe den Gedanken ein, dass die Natur des Ganzen nichts so liebt wie das Verändern der Dinge und die Neuschöpfung von Gleichem. Samen nämlich ist in gewisser Weise alles, was ist, für das, was aus ihm sein wird. Du aber stellst dir unter Samen nur das vor, was in die Erde oder den Mutterschoß getan wird. Das aber ist ganz unphilosophisch[78].

> Du bist als Teil ins Dasein gekommen; du wirst in das hineinverschwinden, was dich erzeugt hat; oder besser: du wirst durch Verwandlung wieder aufgenommen in seine samenhafte Vernunft (λόγος σπερματικός).[79]

Philosophie ist für die hellenistischen Philosophen, wie bereits gesagt, keine bloß theoretische, schulische Disziplin, sondern eine das Gedachte auch praktisch vollziehende Lebensform und Lebenskunst. Sie prägen Leitsätze (δόγματα), die als Prinzipien des ihrem Weltbild und Selbstverständnis nach vernünftigen Strebens und Handelns dienen.[80] Der Leitsatz, der dem Stoiker alle wertende Einstellung zu Dingen und Sachverhalten tragen soll, lautet: Nur das sittlich Gute/Schöne (τὸ

77 Vgl. Cicero, *De natura deorum* II 37; Poseidonius nach Clemens von Alexandria, *Edelstein-Kidd frgm.* 186; Epiktet, *Diss.* I 6, 19–20.

78 *Med.* IV, 36.

79 *Med.* IV 14.

80 Vgl. dazu P. Hadot, *Die innere Burg. Anleitung zu einer Lektüre Marc Aurels*, Frankfurt a. M. 1997, v. a. Kap. III, 62–86.

καλόν) ist gut (ἀγαθόν), nur das sittlich Hässliche (αἰσχρόν) ist schlecht (κακόν).[81] Das sittlich Gute/Schöne, das einzig Bewundernswürdige und Beglückende besteht für den Stoiker in einer durch philosophische (Selbst-)Bildung erwerbbaren Disposition des Geistes, in allen Gedanken, Bestrebungen, Gefühlen und Handlungen den Einklang (ὁμολογία) mit der göttlichen Allnatur (und darin mit sich selbst) zu treffen. Der Festigung dieser Einstellung dienen nach Marc Aurel zwei Grundsätze, die es in meditativer Wiederholung zu vergegenwärtigen, zu verinnerlichen und über Beispiele zu erproben und wirksam zu machen gilt:

> Der eine: dass die Dinge nicht die Seele ergreifen, sondern ruhig draußen zu stehen kommen; während die Belastungen allein von der innen befindlichen Annahme (ὑπόληψις) stammen. Der zweite: dass all das, was du siehst, in einem Augenblick verwandelt und nicht mehr sein wird. Und denke immer daran, wie vieler Dinge Auflösung du schon selbst erlebt hast. „Die Welt – Veränderung (ἀλλοίωσις). Das Leben – Annahme (ὑπόληψις)“[82].

Wir teilen mit den Tieren dies, dass unser Streben und Handeln über Eindrücke bzw. Vorstellungen (φαντασίαι) vermittelt ist. Eindrücke bzw. Vorstellungen stellen sich großenteils unwillkürlich ein. Von Tieren unterscheiden wir uns darin, dass wir die Eindrücke durch unseren Verstand begrifflich fassen und in Sätzen interpretieren, dass wir mit unseren gedanklichen Interpretationen Geltungsansprüche erheben (dass etwas der Fall ist, dass etwas gut ist usw.), dass mit diesen Interpretationen und ihren Geltungsansprüchen Gefühle, Stimmungen und Impulse verbunden sind, und dass wir an diesen Gedanken und ihren Geltungsansprüchen unser Verhalten orientieren. Nicht unsere Eindrücke, wohl aber unsere Annahmen (ὑπολήψεις), d. h. unsere Zustimmung (συγκατάθεσις) zu Geltungsansprüchen, zu dem, was sich uns als wahr oder wertvoll, als glaubhaft oder unglaubwürdig, als schlimm oder erfreulich, als erstrebens- oder meidenswert darstellt, sind ‚in unserer Hand‘ (ἐφ᾽ ἡμῖν).[83] Und all unser Glück und Unglück, so ein stoischer Kerngedanke, hängt von dieser Zustimmung, von unseren Annahmen über unser Leben, über uns selbst, über die Welt und die Ereignisse in ihr ab.[84] Es gilt, nur dem zuzustimmen, was sich klar und deutlich zeigt, alles, was sich in unseren Annahmen dem ungeprüften Einfluss der (sozialen) Umgebung verdankt, einer radikalen Kritik zu unterziehen und

---

81 Vgl. Marc Aurel, *Med.* II, 1; Cicero, *De finibus* III, 3; dazu eingehender Verf., *Μόνον τὸ καλὸν ἀγαθόν – oder von der Gleichgültigkeit des Wertvollen in der stoischen Ethik*, in: *Perspektiven der Philosophie, Neues Jahrbuch* 21 (1995), 125–145.

82 *Med.* IV 3.

83 Vgl. Epiktet, *Diss.* IV 1; dazu ausführlich Verf., *Epiktets Theorie der Freiheit im Verhältnis zur klassischen stoischen Lehre* (*Diss.* IV 1), in: Epiktet, *Was ist wahre Freiheit? Diatribe* IV,1, eingeleitet, übersetzt und mit interpretierenden Essays versehen von S. Vollenweider/M. Baumbach/E. Ebel/M. Forschner/T. Schmeller, Tübingen 2013, 97–118.

84 Vgl. dazu Aulus Gellius, *Noctes Atticae* XIX 1, 15–20.

alles an Wertungen abzustreifen, was dem Hang irrationaler Gewohnheit, der Verblendung gängigen Vorurteils und dem Druck fehlgeleiteter Affektivität zuzurechnen ist. Ein derart gereinigter, auch ‚desillusionierter' Blick gibt uns etwas zu verstehen, was für unsere Lebensführung von elementarer Bedeutung ist: Die Dinge und Vorkommnisse ‚beeindrucken' uns, sie kommen von sich aus in unsere Vorstellungen, und sie können uns auf diesem unwillkürlichen Wege zwar überraschen, bedrängen, verführen und physisch schmerzen, aber sie kommen von sich aus nicht an uns selbst, an unseren Geist heran. Sie können in uns selbst nur einwirken und uns affizieren, wenn wir sie auf uns wirken lassen, wenn wir sie ‚aufnehmen' und zu einem Teil unserer selbst machen. Und sie affizieren uns auf diesem Weg in verwirrender, exaltierender, beängstigender, bedrückender und schmerzender Weise nur, wenn wir in Irrtum und falschem Begehren verfangen sind.[85] „Was uns Menschen beunruhigt, sind nicht die Dinge, sondern unsere Ansichten über die Dinge."[86]

Dies gilt auch und nicht zuletzt für den Tod. Der Tod alles Einzelnen, dessen Auflösung und Eingang in Neues, ist Bestandteil eines unverbrüchlichen und vernünftigen Lebensgesetzes, das den Kosmos erhält. Wenn der Tod uns bedrückt und ängstigt, dann muss dies auf falschen Annahmen beruhen. Den Grund aller verfehlten Gefühle und alles irrigen Strebens bildet eine falsche Wertung, die darin besteht, Dinge bzw. Sachverhalte für absolut gut oder absolut schlecht zu halten, die es nicht sind.[87] Wir neigen, durch den „Schein der Dinge" und verbreiteten Irrtum verleitet, dazu, ‚außermoralische' Lebensgüter für absolut gut und ihr Gegenteil für absolut schlecht zu halten: Ruhm und Ansehen, Macht und Wohlstand, Gesundheit und Schönheit, Stärke und Können, das Dasein von Angehörigen und Freunden, unser Leben selbst. Gewiss hat uns die Natur so gemacht, dass wir dazu neigen, diese Dinge, *ceteris paribus*, ihrem Gegenteil vorzuziehen. Doch sobald unsere Vernunft dazu in der Lage ist, ihrer selbst in zureichendem Maße inne und dadurch frei zu werden, sind wir auch in der Lage zu erkennen, dass diese Dinge nicht absolut wertvoll sind. Denn sie alle lassen sich gut oder schlecht gebrauchen, sind in ihrem Wert kontextgebunden, der Abwägung mit Anderem unterworfen, vergänglich und uns nicht wirklich „eigen".[88] Uns absolut eigen ist nur der Gebrauch unserer Vernunft. Absolut gut oder schlecht können demnach nur die (erworbene) gute Disposition und jeweilige richtige Aktivität von Vernunft, die vernünftige Einstellung zu diesen ‚außermoralischen' Dingen

85 Vgl. Marc Aurel, *Med.* V 19.
86 Epiktet, *Encheiridion* 5.
87 Vgl. dazu ausführlich Verf., *Das Selbst- und Weltverhältnis des Weisen. Über die stoische Begründung des Guten und Wertvollen*, in: F. W. Horn/R. Zimmermann (Hg.), *Jenseits von Indikativ und Imperativ. Kontexte und Normen neutestamentlicher Ethik*, Bd. 1, Tübingen 2009, 19–38.
88 Vgl. *Med.* XII 3.

und Sachverhalten und die vernünftige Art des Umgangs mit ihnen sein. Und vernünftig kann eine Einstellung zu diesen Dingen nicht sein, die sie auf unbedingte Weise liebt und erstrebt. Wir können diese Dinge annehmen, wir müssen sie richtig gebrauchen, doch wir müssen uns auch von ihrem Besitz oder Verlust unabhängig halten bzw. unabhängig machen. Wir müssen besitzen, als besäßen wir nicht, ja, wir müssen leben, als lebten wir nicht, d. h. in einer Einstellung der Distanz und Freiheit gegenüber dem eigenen Lebenstrieb und den der Befriedigung dieses Triebes dienlichen Gütern.

Die zweite Maxime bezieht sich dann auch auf all das, was nicht uneingeschränkt in unserer Hand ist. Wir sind, solange wir nicht vollkommen weise geworden sind, stets in Gefahr, von Eindrücken verführt zu werden, an Dingen Halt und Glück zu suchen, über die wir nicht verfügen, durch den Drang und das Vergnügen unseres Leibes, durch die Bande zu unseren Angehörigen und Freunden, durch Besitz und Geld, durch Ansehen, Macht und Ruhm. Der Grundsatz sollte uns permanent vergegenwärtigen, dass all diese Dinge sich wandeln und schnell vergehen. Sie verdienen nicht unser uneingeschränktes Verlangen. Wer sie absolut erstrebt und liebt, stürzt sich in Sorgen, Ängste und (seelische) Schmerzen, bereitet sich unweigerlich selbst sein Unglück.

Das Einzige, was im Leben zählt, ist die Verfassung unseres Geistes und die Art und Weise, wie er sich zu den Dingen verhält, die ihm begegnen und umgeben, doch nicht wirklich ‚zu ihm gehören'. Unser Geist ist Abkömmling des göttlichen Geistes und mit ähnlich souveräner Kraft begabt.

> Von den Dingen in der Welt gib dem Stärksten und Erhabensten (τὸ κράτιστον) die Ehre; es ist dies dasjenige, was alles gebraucht und alles verwaltet. In gleicher Weise ehre auch das, was in dir das Stärkste und Erhabenste ist; denn dieses ist von gleicher Art und Herkunft (ὁμογενής) wie jenes. Und dieses ist auch bei dir das, was das Übrige gebraucht, und von diesem wird dein Leben verwaltet.[89]

Wir müssen uns permanent der Souveränität unseres Geistes erinnern, wir müssen sie kultivieren, schützen und bewahren. Wenn nicht, werden wir – oder besser machen wir uns – zu bedauernswert unglücklichen Sklaven der Dinge und Ereignisse, die uns begegnen, ja zu Sklaven unseres endlichen Lebens.

> Die Dinge als solche berühren nicht im Geringsten die Seele. Sie haben keinen Zugang zu ihr noch können sie sie wandeln oder bewegen. Sie allein ändert und bewegt sich selbst, und welcher Urteile sie sich selbst für würdig hält, solche Beschaffenheit bereitet sie für sich dem, was ihr vorliegt.[90]

---

89 *Med.* V 21.
90 *Med.* V 19.

Marc Aurel schreibt nicht für alle Menschen. Nach allem, was wir wissen, waren seine Reflexionen nicht zur Veröffentlichung gedacht. Sie sind ganz privat an sich selbst gerichtet und gerade deshalb authentisch. Er schreibt sie für sich nieder, um sich zu prüfen, zu ermahnen, zu ermuntern. Er schreibt sie weitgehend im Feldlager, in vorgerücktem Alter. Sie sind zutiefst gefärbt von meditativen Gedanken über das Unstete aller Dinge, über die Vergänglichkeit des menschlichen Lebens, über die Gleichförmigkeit der Natur und der menschlichen Ereignisse und über die Aussicht auf den Tod. Sie sind ebenso diagnostisch wie therapeutisch. Diagnose und Therapie arbeiten mit strenger Desillusionierung[91] durch einen äußerst nüchternen, das Phänomenale durchdringenden, seinen Kern bloßstellenden Blick auf das menschliche Leben einerseits, und durch aufbauende Ermunterung andererseits, voller Vertrauen in die Kraft und Würde von Vernunft und Tugend und die göttliche Ordnung der Natur. Die Argumente zentrieren sich auf folgende Punkte:

- Unser Fleisch und ‚Lebenssaft' sind, ihrer ‚Einkleidung' entledigt, eher abstoßend und als solche von äußerst niedrigem Rang; was zählt, ist die Exzellenz unseres leitenden Vermögens (ἡγεμονικόν).[92]
- Das Leben, das wir besitzen, ist nur das des gegenwärtigen Augenblicks; Vergangenheit und Zukunft sind nicht in unserer Hand; was der Tod uns nimmt, ist für alle Menschen gleich, ob sie nun für längere oder für kürzere Zeit leben.[93]
- Innerhalb des gewaltigen Rahmens des Kosmos nehmen sich Raum und Zeit menschlichen Lebens winzig aus.[94]
- Wenn man mit wachem Sinn und Verstand über eine gewisse Zeit gelebt hat, spätestens im Alter von 40 Jahren, hat man alles gesehen, was das Leben zu bieten hat; alles, was kommt, ist wohlbekannt.[95]
- Ob nun dem Anschein nach oder wirklich bedeutend oder unbedeutend, alle Menschen und Familien starben und werden sterben; alle haben nur eine kurze Lebenszeit.[96]
- Erlebnisse, Ansehen, Ehre, Ruhm sind prekäre und flüchtige Dinge. Im Tod vergessen wir alle und alles. Und wir selbst sind bald von den Anderen vergessen, die ihrerseits bald ein Ende nehmen. Die meisten Menschen sind oberflächlich und dumm; sie kennen sich nicht selbst, geschweige denn andere Menschen; ihre Meinungen sind unbegründet, flüchtig und unstimmig;

---

91 Vgl. *Med.* VI 3; VIII 38; XII 10; 18; 21.
92 Vgl. *Med.* II 2; 17; V 27; 33; VI 8; 16; VIII 37a; 41; 51a; IX 36; X 11a; XI 1; 2; XII 2; 3.
93 Vgl. *Med.* II 14; II 17; III 9.
94 Vgl. *Med.* XII 32; III 9; 10; IV 3; V 24; VI 36; IX 32; X 17.
95 Vgl. *Med.* XI 1; VII 49; IV44; 45; VI 37; 46; VII 1; VIII 6; XII 24.
96 Vgl. *Med.* IV 48; VI 47; VII 19b; VIII 25; X 31; 34.

nach ihrer Anerkennung und Erinnerung im Leben und nach dem Tod zu streben ist hoffnungslos töricht.[97]

- Nichts kann mir geschehen, was nicht in Übereinstimmung mit der Natur und Vorsehung des Ganzen wäre.[98]

Kurz gesagt: ob der Tod einem widerfährt oder es die eigene Entscheidung ist, zu sterben:

> Wie bewundernswert ist die Seele, die bereit ist, wenn sie in diesem Augenblick vom Leib sich lösen muss, ob sie nun verlöscht, sich zerstreut oder weiter existiert. Diese Bereitschaft, damit sie aus eigenem Urteil kommt: nicht aus schierer Widersetzlichkeit (wie die Christen), sondern durchdacht und mit Würde, und, um auch einen Anderen zu überzeugen, ohne tragödenhafte Theatralik[99].

Es ist dies die einzige Stelle von Marc Aurels *Meditationen*, an der er die Christen erwähnt. Für ihre Ablehnung des Staatskults zeigte er offensichtlich kein Verständnis; ihre Opferrolle bis zur Inkaufnahme des Todes erschien ihm nicht rational überlegt und zu sehr auf Wirkung nach außen bedacht.

---

97 Vgl. *Med.* IV 19; vgl. VIII 21a; 25; 44; IX 30.
98 Vgl. *Med.* V 8; 10.
99 *Med.* XI 3.

Markus Held

Die Übungen von Körper und Seele bei Musonius Rufus als stoische *ars moriendi*

Der Stoiker Musonius Rufus war einer der bedeutendsten und einflussreichsten Philosophen im kaiserzeitlichen Rom. Er erwarb sich einen solchen Ruf, dass er von einigen als Beispiel für das beste Leben in einer Reihe mit Herakles, Odysseus und Sokrates genannt wurde, wie Origenes überliefert.[1] Dieses antike Urteil aufgreifend bezeichnete ihn Rudolf Hirzel folglich als den „römischen Sokrates“[2]. Angesichts der wenigen überlieferten Zeugnisse, die von Musonius' Lehre und Persönlichkeit auf uns gekommen sind, dürfte dieses Urteil der antiken Welt erstaunen. Musonius scheint eine weitaus beeindruckendere Persönlichkeit gewesen zu sein, als es seine erhaltenen Werke erahnen lassen.[3] Er stellte nicht nur ausgesprochen hohe ethische Maßstäbe auf, sondern führte auch ein Leben in Übereinstimmung mit seiner Lehre, was besonders eindrücklich auf seine Zeitgenossen wirkte. Daher sollen in einem ersten Schritt das Leben und die Persönlichkeit des Musonius beleuchtet werden. Im Weiteren sollen anhand ausgewählter Lehrstücke seine Gedanken über das Alter, die Angst vor dem Tod und das standhafte Ertragen der Mühsal betrachtet werden. Da keine Fragmente aus der Zeit der Alten und Mittleren Stoa zu diesen Themen erhalten sind, stellen die Aussagen des Musonius neben einigen Ausführungen Senecas die einzigen stoischen Zeugnisse über das Alter und die damit verbundenen Leiden dar.[4] Bei der Untersuchung der Lehrstücke des Musonius wird ein besonderer Fokus auf den Übungen liegen, die den Menschen tugendhaft machen und ihm bei der Bewältigung der Herausforderungen des menschlichen Lebens helfen sollen. Dabei wird auch auf Material außerhalb der Schriften des Musonius zurückgegriffen werden, die jedoch in zeitlicher und räumlicher Nähe zu Musonius entstanden und aus seiner Schule hervorgegangen sind und daher seine Überlegungen ergänzen können. Bei der Diskussion der Übungen wird auch das Verhältnis von Körper und Seele in der Lehre des Musonius analysiert werden. Was dies für eine stoische *ars moriendi* austrägt, wird in einem letzten Teil untersucht werden.

---

1 Vgl. Origenes, *Contra Celsum* 3.66.
2 R. Hirzel, *Der Dialog*, Bd. 2, Leipzig 1895, 239.
3 Einen guten Überblick zur Einschätzung des Musonius Rufus in der (v. a. älteren deutschsprachigen) Forschung bietet: A. C. van Geytenbeek, *Musonius Rufus and Greek Diatribe*, Assen 1963, 10–21.
4 Vgl. van Geytenbeek, *Musonius Rufus and Greek Diatribe*, 152.

https://doi.org/10.1515/9783111055602-006

1 Musonius Rufus

Gaius Musonius Rufus wurde um 30 n. Chr. in der Stadt Volsinii in eine etruskische Familie geboren[5] und gehörte dem Ritterstand[6] an.[7] Er war ein berühmter Lehrer der stoischen Philosophie in Rom, und zu seinen Anhängern gehörten auch einige hochrangige Persönlichkeiten aus der römischen Gesellschaft.[8] Auch einige bedeutende spätere Philosophen wie Euphrates von Tyros, Timokrates von Herakleia, Athenodot, Dion von Prusa und Epiktet zählten zu seinen Schülern.[9] Auf der Höhe seines Wirkens wurde er von Kaiser Nero im Jahre 65 n. Chr. nach Gyaros, eine kaum besiedelte Insel der Kykladen, ins Exil geschickt[10] – vermutlich aufgrund seiner Prominenz, seines öffentlichen Auftretens und seines Einflusses in Rom, den er als Lehrer der Philosophie auch in seinem Eintreten für das Gemeinwohl nutzte.[11] Nach Neros Tod im Jahre 68 n. Chr. kehrte er nach Rom zurück[12] und blieb zunächst von einer erneuten Verbannung aller Philosophen durch Kaiser Vespasian 71 n. Chr. verschont.[13] Diese ereilte ihn allerdings aus unbekannten Gründen einige Jahre später, und er verbrachte eine gewisse Zeit in Syrien, wo ihn der jüngere Pli-

---

5 Vgl. Tacitus, *Annales* 14.59.

6 Vgl. Tacitus, *Historiae* 3.81.

7 Zum Leben des Musonius siehe: C. Lutz, *Musonius Rufus. "The Roman Socrates"*, in: *Yale Classical Studies* 10 (1947), 14–18.

8 Musonius hatte Kontakte zu den stoischen Philosophen und Mitgliedern der römischen *nobilitas* Rubellius Plautus, Barea Soranus und Thrasea Paetus, die sich aktiv Kaiser Nero in den Weg stellten. Zur sogenannten ‚Philosophischen Opposition' und Neros Verfolgung der Stoiker siehe: M. Griffin, *Seneca. A Philosopher in Politics*, Oxford 1976, 101–103 sowie dies., *Nero. The End of a Dynasty*, London 1984, 171–177; vgl. dazu auch: J. Malitz, *Philosophie und Politik im frühen Prinzipat*, in: H. W. Schmidt/P. Wülfing (Hg.), *Antikes Denken – Moderne Schule. Beiträge zu den antiken Grundlagen unseres Denkens*, Heidelberg 1988, 164–176; zur Frage des Stoizismus des Musonius siehe: J. S. Houser, *The Philosophy of Musonius Rufus. A Study of Applied Ethics in the Late Stoa*, Diss. [Masch.], Providence/RI 1997, 12–48; B. Inwood, *The Legacy of Musonius Rufus*, in: T. Engberg-Pedersen (ed.), *From Stoicism to Platonism. The Development of Philosophy, 100 BCE-100 CE*, Cambridge 2017, 254–276; B. Harriman, *Musonius Rufus, Cleanthes, and the Stoic Community at Rome*, in: *Elenchos* 41,1 (2020), 71–104.

9 Vgl. Fronto, *Epistula ad Verum* 1.1.4.

10 Vgl. Tacitus, *Annales* 15.71; Cassius Dio, *Historia Romana* 62.27.4, Johannes Antiochenus, *Historia Chronica* 755.84; Themisitius, *Orationes* VI 72d; siehe dazu auch Epiktets Aussagen über eine Verbannung nach Gyaros als die härteste Strafe: Epiktet, *Dissertationes* 2.6.22 f. und 1.25.19–23.

11 Vgl. Tacitus, *Annales* 15.71; siehe dazu auch: Lutz, *Musonius Rufus*, 24.

12 Vgl. dazu Galbas Generalamnestie für alle Exilierten und Verbannten bei Cassius Dio, *Historia Romana* 64.3.

13 Vgl. Cassius Dio, *Historia Romana* 66.13; Johannes Zonaras, *Epitome Historiarum* 11.17.

nius aufsuchte.[14] Er konnte erst unter Kaiser Titus nach Rom zurückkehren und seine Lehrtätigkeit wieder aufnehmen. Sein genaues Todesdatum ist unbekannt, doch wird gemeinhin angenommen, dass er gegen Ende des 1. Jahrhunderts n. Chr. gestorben ist.[15]

Musonius selbst hinterließ wie Sokrates keine schriftlichen Zeugnisse seiner Lehre. Die Fragmente, die auf uns gekommen sind, finden sich in den Werken anderer Autoren.[16] Dabei kann man die Zeugnisse zunächst in zwei große Gruppen einteilen. Da sind zum einen die 21 Lehrgespräche bzw. Diatriben, die von Johannes Stobaios überliefert wurden. Diese Lehrgespräche wurden von einem Schüler des Musonius namens Lucius[17] aufgezeichnet und von Stobaios in seine Sammlung aufgenommen. Zum anderen besitzen wir 32 kurze Aussprüche, Lehrsätze und Anekdoten, die uns etwas über Musonius' Lehre und Persönlichkeit verraten und in den Werken von Stobaios, Epiktet, Aulus Gellius, Aelius Aristides und Plutarch erhalten sind. In den überlieferten Texten können wir einen klaren Fokus auf ethische Fragestellungen feststellen. Darüberhinaus wird in ihnen ein Grundanliegen der Philosophie des Musonius deutlich: die Notwendigkeit der praktischen Anwendung der gelernten theoretischen Prinzipien im echten Leben.[18] Philosophie ist demnach für Musonius „nichts anderes als durch die Vernunft zu suchen, was sich schickt und gehört, und es durch die Tat zu tun."[19] Eine der konkreten moralischen Fragen, mit denen sich Musonius in seinen Lehrgesprächen beschäftigt, ist die Frage nach der besten Wegzehrung für das Alter.[20]

---

14 Vgl. Plinius, *Epistulae* 3.11; siehe dazu auch: V. Laurand, *Stoïcisme et lien social. Enquête autour de Musonius Rufus*, Paris 2014, 28.

15 Vgl. Lutz, *Musonius Rufus*, 17 f.; diese Datierung stützt sich auf eine Erwähnung des Musonius in einem Brief des jüngeren Plinius (*Epistulae* 3.11), der auf das Jahr 101 n. Chr. datiert wird. Die Bemerkung legt nahe, dass Musonius zu diesem Zeitpunkt bereits tot war.

16 Zur Quellenlage und Überlieferung der Lehren des Musonius siehe: Lutz, *Musonius Rufus*, 5–13; im Folgenden wird das Werk des Musonius nach der Ausgabe von Otto Hense nach Diatribe, Seitenzahl und Zeilennummer zitiert: O. Hense, *C. Musonii Rufi Reliquiae*, Leipzig 1905.

17 Zu Lucius siehe: Hense, *C. Musonii Rufi Reliquiae*, IX-XIX; Lutz, *Musonius Rufus*, 7 f. und 24–26; van Geytenbeek, *Musonius Rufus and Greek Diatribe*, 9 f.

18 Vgl. Musonius, *Diatriben* 1.6.1–6; siehe dazu auch das sechste Lehrgespräch des Musonius mit dem Titel ‚Von der Übung' (Musonius, *Diatriben* 6).

19 Musonius, *Diatriben* 14.76.14–16.

20 Vgl. Musonius, *Diatriben* 17.

2 Die Herausforderungen des Alters

Der Anlass für Musonius, seine Gedanken darüber zu äußern, wie mit den Herausforderungen des Alters umzugehen sei, war – wie bei seinen sonstigen Lehrgesprächen auch – eine konkrete Frage aus seiner Zuhörerschaft. Der beste Weg, um mit den Herausforderungen des Alters zurecht zu kommen, besteht für Musonius in einem „Leben nach festen Grundsätzen und gemäß der Natur" (*to zēn hodō kai kata physin*)[21]. Um deutlich zu machen, was dies bedeutet, stellt Musonius – ähnlich dem *ergon*-Argument des Aristoteles – eine Reflexion über die Natur des Menschen an.[22] Sein Ziel ist es dabei aufzuweisen, dass der Mensch „nicht zur Lust geboren sei" (*tēn tou anthrōpou physin hōs ou pros hēdonēn gegonen*)[23]. Denn bereits die Tiere seien nicht zur Lust geboren, obwohl sie doch um vieles geringer seien als der Mensch.

> Man kann doch nicht glauben, dass ein Pferd seine Bestimmung erfüllt, wenn es ungehemmt frisst, trinkt und sich fortpflanzt und nichts von dem leistet, was sich für ein Pferd gehört.[24]

Genauso könne man auch von keinem anderen Tier sagen, dass es seiner Natur gemäß lebe, wenn es nur seinen Lüsten folge.[25] Vielmehr lebe nur dasjenige Lebewesen naturgemäß, das die seiner Natur gemäße Tugend durch seine Leistungen bzw. seine Handlungen zeige.[26] „Führt doch die Natur eines jeden Lebewesens ein jedes zu der ihm eigenen Tugend."[27] Folglich lebe auch der Mensch, wenn er ein Leben der Lust führe, nicht seiner Natur gemäß, sondern nur dann, wenn er ein Leben der ihm eigenen Tugend führe.[28] Dies erklärt auch, weshalb für die Stoiker das naturgemäße Leben gleichbedeutend mit dem tugendhaften Leben ist.[29] Ein tugendhaftes Leben ist ein Leben, das in Übereinstimmung mit der Natur geführt wird, welche von der göttlichen Vernunft durchwirkt ist und zum Besten hin gelenkt wird. Da die Vernunft des Menschen „ein Teilchen"[30] der göttlichen Vernunft ist, kann der Mensch die Gesetzmäßigkeiten der Natur erkennen, sein

---

21 Musonius, *Diatriben* 17.89.1.
22 Vgl. Musonius, *Diatriben* 17.89.1–90.1.
23 Musonius, *Diatriben* 17.89.2 f.
24 Musonius, *Diatriben* 17.89.5–8. (Übers. Nickel mit Modifikationen)
25 Vgl. Musonius, *Diatriben* 17.89.10–12.
26 Vgl. Musonius, *Diatriben* 17.89.12–15.
27 Musonius, *Diatriben* 17.89.15 f.
28 Musonius, *Diatriben* 17.89.16–90.1.
29 Vgl. Diogenes Laertios, *Vitae philosophorum* 7.87 = LS 63C = SVF 1.552.
30 Epiktet, *Dissertationes* 1.1.12.

Leben daran ausrichten und seine Vernunft dadurch selbst vervollkommnen und tugendhaft werden.[31]

Aufgrund seiner Teilhabe an der göttlichen Vernunft ist der Mensch für Musonius auch ein ‚Abbild Gottes' (*mimēma theou*) und hat ihm ähnliche Tugenden – Einsicht (*phronēsis*), Gerechtigkeit (*dikaiosynē*), Tapferkeit (*andreia*) und Besonnenheit (*sōphrosynē*):[32]

> Wie nun Gott infolge des Besitzes dieser Tugenden niemals der Lust erliegt und nie der Ichsucht und Herr der Begierde ist, [...] so muss man auch den Menschen für das Abbild der Gottheit halten, wenn er gemäß seiner Natur lebt und Gott ähnlich ist.[33]

Der Weg zu den genannten Tugenden und damit zu einem naturgemäßen Leben als Abbild Gottes besteht für Musonius in der ‚rechten Bildung' (*paideia orthe*)[34]. Darunter versteht er zum einen die Erkenntnis des sittlich Guten (*kalon*), zum anderen aber auch die Übung (*askesis*) der guten Eigenschaften.[35] Wer diesen Bildungsweg beschritten hat, werde Musonius zufolge auch im Alter ein naturgemäßes Leben führen.[36] Den Verlust der Lüste der Jugendzeit und die Entkräftung des Körpers werde man unbekümmert ertragen und auch die Verachtung und Vernachlässigung durch seine Mitmenschen werde man sorglos erdulden.[37] Denn aufgrund seiner Bildung wisse ein solcher Mensch,

> was für Menschen schädlich und was nützlich ist und auf welche Weise man das eine meidet, das andere sich zu eigen macht und wie man Dinge, die in Wahrheit keine Übel sind, aber doch so scheinen, wenn sie eintreffen, gelassen aufnimmt.[38]

Hinter diesen Worten des Musonius steht die Güterlehre der Stoa. Die Stoiker unterscheiden zwischen drei Klassen von Dingen: die guten, die schlechten und die indifferenten Dinge. Gut (*agathon*) und nützlich (*ōphelimon*)[39] ist für die Stoiker

---

31 Vgl. M. Schofield, *Stoic Ethics*, in: B. Inwood (ed.), *The Cambridge Companion to the Stoics*, Cambridge 2003, 246.

32 Vgl. Musonius, *Diatriben* 17.90.4–8.

33 Musonius, *Diatriben* 17.90.8–14. (Übers. Nickel mit Modifikationen)

34 Musonius, *Diatriben* 17.91.3.

35 Vgl. Musonius, *Diatriben* 17.91.3–5.

36 Vgl. Musonius, *Diatriben* 17.91.5 f.

37 Vgl. Musonius, *Diatriben* 17.91.7–11.

38 Musonius, *Diatriben* 17.91.17–21. (Übers. Nickel)

39 Zum Zusammenhang von ‚gut' und ‚nützlich' sein in der stoischen Ethik siehe: Sextus Empiricus, *Adversus Mathematicos* 11.22–25 = LS 60G = SVF 3.75; Clemens von Alexandrien, *Paedagogus* 1.8.63.1 f. = LS 60I = SVF 2.1116; *Protrepticus* 6.72.2 = LS 60Q = SVF 1.557; Seneca, *Epistulae morales* 117.2 = LS 60S; siehe dazu auch: K. Vogt, *The Good is Benefit: On the Stoic Definition of the Good*, in: *Proceedings of the Boston Area Colloquium in Ancient Philosophy* 23 (2008), 155–186.

allein die Tugend (*aretē*), verstanden als „ein vollkommen rationaler, von Wissen bestimmter Charakter."[40] Schlecht (*kakon*) und schädlich (*blaberon*) ist nur das Gegenteil davon, die Schlechtigkeit (*kakia*) – verstanden als „ein von Unwissen, unbegründeten Meinungen und irrationalen Emotionen bestimmter Charakter."[41] Alle anderen Dinge sind weder gut noch schlecht, sondern indifferent (*adiaphoron*). Sie können in moralischer Hinsicht sowohl gut als auch schlecht gebraucht werden und sind insofern nicht als Güter oder Übel zu bezeichnen. Allerdings unterscheiden die Stoiker innerhalb der Klasse der indifferenten Dinge zwischen den sogenannten ‚vorzuziehenden Dingen' (*prohēgmena*), den ‚zurückzuweisenden Dingen' (*apoprohēgmena*) sowie den ‚schlechthin indifferenten Dingen' (*adiaphora*). Die ‚vorzuziehenden Dinge' besitzen einen positiven Wert (*axia*) und sollen von den Menschen unter normalen Umständen bevorzugt und gewählt werden. Dazu zählen z. B. Leben, Gesundheit, Lust, Schönheit, Kraft, Reichtum, Ansehen und gute Abstammung.[42] Die Gegenteile davon – also Tod, Krankheit, Schmerz, Hässlichkeit, Schwäche, Armut, Ruhmlosigkeit und niedrige Abstammung[43] – gehören zu den ‚zurückzuweisenden Dingen', die einen negativen Wert (*apaxia*) besitzen und welche die Menschen unter normalen Umständen zu vermeiden suchen. ‚Schlechthin indifferent' sind dagegen diejenigen „Dinge, die weder einen Trieb noch eine Abwehr erregen, wie das etwa bei der Frage ist, ob man eine gerade oder eine ungerade Anzahl Haare auf dem Kopf hat oder ob man den Finger ausstreckt oder einzieht."[44] Entscheidend für das stoische Denken ist es, dass die ‚indifferenten Dinge' für das glückliche Leben vollkommen bedeutungslos sind. Zwar wird man im Normalfall versuchen, sein Leben und seine Gesundheit zu erhalten, ein Vermögen zu erwirtschaften und Ansehen zu erlangen, zum glücklichen Leben tragen diese Dinge jedoch nichts bei. Dieses ist allein von der Tugend des Menschen abhängig. Der Tugendhafte ist auch in Armut, Krankheit und Schmerz glücklich, da er auch mit diesen richtig umzugehen weiß. Noch nicht einmal der Tod kann etwas an seiner Glückseligkeit ändern.

Da der Tod für die Stoiker zu den indifferenten Dingen zählt und kein Übel darstellt, wird man Musonius zufolge, wenn man diese Erkenntnis verinnerlicht hat, auch die Furcht vor dem Tod verlieren.[45] Diese sei es doch, die den Menschen das Leben im Alter am allerunglücklichsten mache.[46] Dabei folge der Tod doch not-

40 A. Schriefl, *Stoische Philosophie. Eine Einführung*, Stuttgart 2019, 130.
41 Ebd.
42 Vgl. Diogenes Laertios, *Vitae philosophorum* 7.102 = LS 58A = SVF 3.117.
43 Vgl. ebd.
44 Diogenes Laertios, *Vitae philosophorum* 7.105 = LS 58B = SVF 3.119.
45 Vgl. Musonius, *Diatriben* 17.91.21–92.4.
46 Vgl. Musonius, *Diatriben* 17.92.4 f.

wendig auch dem besten Leben und begrenze dieses, weshalb er schon deswegen kein Übel sein könne.[47]

Wer die rechte Bildung und damit die „Erkenntnis der wahren Güter oder Übel“ (*gnōsis tōn alēthōs agathōn ē kakōn*)[48] erworben habe, der könne „den Tod ohne Furcht und mit Gelassenheit erwarten“ (*prosdechesthai ton thanaton aphobōs kai tharraleōs*)[49] sowie „ein Leben ohne Kummer und gemäß der Natur“ (*to zēn alypōs kai kata physin*)[50] führen. Auch werde ein solcher Mensch im Alter die damit verbundene Mühsal tapfer und geduldig ertragen, da er beim Erwerb der rechten Bildung nicht nur theoretische Einsichten in den wahren Wert der Dinge erworben hat, sondern diese auch in praktischen Übungen verinnerlicht hat. Doch wie sieht diese Bildung, die für Musonius zentrale Bedeutung hat, genau aus?

3 Die Bildungsvorstellung des Musonius

Musonius versteht die Philosophie zunächst als „die Wissenschaft vom Leben“ (*epistēmē peri bion*)[51]. An dieser Charakterisierung der Philosophie wird deutlich, dass diese als Wissenschaft eine theoretische Seite besitzt. Das richtige Erfassen und Verstehen der Dinge ist für Musonius die notwendige Voraussetzung für alles praktische Tun. Insofern dient die Logik für ihn zu einer vernünftigen Grundlegung einer praktischen Haltung.[52] Ein Fehler in der Theorie führt letztlich auch zu einem Fehler in der Praxis. Ein logischer Fehler wird damit immer zugleich auch zu einem moralischen Fehler. Daher gilt es, immer genau zu beachten, welche Urteile man im theoretischen Bereich fällt, da diese auch Konsequenzen für den praktischen Bereich haben können.[53] Daher sollte der Mensch versuchen, seine Einsicht zunächst dadurch zu vertiefen, dass er vom Offenkundigen zum weniger Offenkundigen vordringt.[54] Musonius verdeutlicht dies an einigen wenigen Beispielen:

---

47 Vgl. Musonius, *Diatriben* 17.92.13 f.
48 Musonius, *Diatriben* 17.92.10 f.
49 Musonius, *Diatriben* 17.92.15 f.
50 Musonius, *Diatriben* 17.92.16 f.
51 Musonius, *Diatriben* 3.10.6.
52 Vgl. Laurand, *Stoïcisme et lien social*, 72; zur Rolle und Funktion der Logik in der kaiserzeitlichen Stoa siehe insbesondere: J. Barnes, *Logic and the Imperial Stoa*, Leiden 1997.
53 Vgl. Laurand, *Stoïcisme et lien social*, 72.
54 Vgl. Musonius, *Diatriben* 1.2.7–9.

> Betrachte zum Beispiel die Aussage, dass die Lust kein Gut ist. Von selbst scheint die Aussage zunächst nicht bekannt zu sein, da uns die Lust in der Tat wie ein Gut anspricht. Gehen wir aber von der bekannten Aussage aus, dass jedes Gut erstrebenswert ist (*to pan agathon haireton einai*), und nehmen wir eine andere bekannte Aussage hinzu, dass manche Lüste nicht erstrebenswert sind (*tinas hēdonas ouch hairetas einai*), beweisen wir, dass die Lust kein Gut ist – wir beweisen das nicht Bekannte durch das Bekannte. Oder wiederum, dass die Mühsal kein Übel ist, scheint nicht von selbst wahrscheinlich. Denn das Gegenteil dessen scheint wahrscheinlicher, dass nämlich die Mühsal ein Übel ist. Gehen wir aber von der offenkundigen Aussage aus, dass jedes Übel zu meiden ist (*pan to kakon pheukton einai*), und nehmen eine offenkundigere (*phanerōterou*) als diese hinzu, dass nämlich viele Mühsale nicht zu meiden sind (*ponous pollous ouk einai pheuktous*), erschließt sich, dass die Mühsal kein Übel ist.[55]

Es geht folglich bei der Bildung zunächst darum, die täuschenden und ohne hinreichende Prüfung übernommenen Vorstellungen, die uns durch die Umwelt vermittelt werden, zurückzuweisen. Die Begriffe *haireton* und *pheukton* weisen zudem darauf hin, dass sich die gewonnenen theoretischen Einsichten auch auf die Handlungsantriebe, d. h. auf die Praxis auswirken, da die *hairesis*, welche die Stoiker als ein Streben nach einem Gut bestimmen,[56] eine Form des Handlungsantriebs (*hormē*) ist, welcher einen Akteur zu einer bestimmten Handlung motiviert.[57] Um solche theoretischen Irrtümer zu vermeiden, die zu praktischen Irrtümern führen, erfordert die Bildung nach Musonius Kenntnisse der Logik. Mittels logischer Schlüsse werden die irrigen Ansichten widerlegt und durch wahre ersetzt:

(P 1) Das Gute ist erstrebenswert.
(P 2) Einige Lüste sind nicht erstrebenswert.
(K) Die Lust ist kein Gut.

(P 1) Das Übel ist zu meiden.
(P 2) Nicht jede Mühsal ist zu meiden.
(K) Die Mühsal ist kein Übel.

Interessant am zweiten Syllogismus ist zum einen die Tatsache, dass die zweite Prämisse, welche auf Erfahrung zu basieren scheint, von Musonius als ‚offenkundiger' (*phanerōterou*) bezeichnet wird. Sie scheint offenbar zu den Wahrheiten zu gehören, von denen Seneca sagt, dass sie an Evidenz gewinnen, umso häufiger sie erneut bedacht werden.[58] Auf diesen Gedanken werden wir bei der Diskussion

---

55 Musonius, *Diatriben* 1.2.9–22. (Übers. Held)

56 Vgl. Diogenes Laertios, *Vitae philosophorum* 7.98 = SVF 3.87; 7.101 = LS 60O = SVF 3.92; 7.127 = LS 61I; Stobaios, *Eclogae* 2.64 = SVF 3 Diog. 48; 2.72 = SVF 3.88, 109; 2.78 = SVF 3.89; 2.97 = LS 33J = SVF 3.91; Sextus Empiricus, *Adversus Mathematikos* 11.99 = SVF 3.38.

57 Vgl. B. Inwood, *Ethics and Human Action in Early Stoicism*, Oxford 1985, Appendix 2, 224–242, bes. 238–240.

58 Vgl. Seneca, *Epistuale morales* 94.26.

der Übungen der Seele zurückkommen, bei denen das Wiederholen und Memorieren zentraler stoischer Leitsätze (*dogmata*) eine große Bedeutung einnehmen wird. Zum anderen zeigt das Argument nur, dass die Mühsal kein Übel ist, nicht jedoch, dass nicht einige Mühsale zu meiden sind – bestimmte Mühsale sind sehr wohl zu meiden. Dies verdeutlicht eine Unterscheidung, die Cicero in seiner Schrift *Tusculanae disputationes* vornimmt:

> Es besteht ein Unterscheid zwischen Anstrengung (*labor*) und Schmerz (*dolor*). Sie sind nahe verwandt, aber doch trennt sie etwas. Anstrengung ist eine Art Leistung des Geistes oder des Körpers bei einer besonders schweren Arbeit oder Aufgabe, der Schmerz aber ist eine raue Bewegung im Körper, die den Sinnen zuwider ist. Diese beiden Dinge benennen die Griechen, deren Sprache sonst wortreicher ist als unsere, mit einem Begriff. [...] O Griechenland, wie arm bist du bisweilen an Worten, an denen du immer glaubst Überfluss zu haben! Eines ist es, Schmerz zu empfinden, sage ich, etwas anderes, sich anzustrengen.[59]

Cicero weist in dieser Passage auf eine Ambiguität des Wortes ‚Mühsal' (*ponos*) hin, die im Sinne von ‚Anstrengung' (*labor*) oder im Sinne von ‚Schmerz' (*dolor*) verstanden werden kann.[60] Da die Mühsal weder ein Gut noch ein Übel darstellt, zählt sie zu den indifferenten Dingen, die sich in die ‚vorzuziehenden', die ‚zurückzuweisenden' und die ‚schlechthin indifferenten Dinge' unterscheiden lassen. Die Mühsal als Schmerz gehört für die Stoiker zu den ‚zurückzuweisenden Dingen' und ist daher zu meiden.[61] Die Anstrengung zählt zu den ‚vorzuziehenden Dingen' und ist durchaus zu wählen (*lēpton*),[62] da durch sie die Güter erworben werden:

> Daher möchte ich geradezu sagen: Wer sich nicht abmühen will, der richtet sich selber: dass er keines Gutes würdig ist, weil wir alle Güter nur durch Mühsal erwerben.[63]

Da für die Stoiker die Tugend das einzige Gut ist, ist für Musonius die Anstrengung ein notwendiges Mittel auf dem Weg zur Tugend:

> Um wie viel mehr müssen wir da aushalten und Ausdauer zeigen, wo wir doch wissen, dass wir um eines sittlich schönen Zieles willen Mühsal erdulden, entweder, um Freunden beizustehen oder dem Staat zu nützen oder für Frau und Kinder zu kämpfen, und was das

---

59 Cicero, *Tusculanae disputationes* 2.35. (Übers. Kirfel)

60 Zur Unterscheidung verschiedener Arten von *ponoi* in der Stoa und bei den Kynikern siehe: van Geytenbeek, *Musonius Rufus and Greek Diatribe*, 47 unter Verweis auf Diogenes Laertios, *Vitae philosophorum* 6.71 und Epiktet, *Dissertationes* 3.15.13.

61 Vgl. Cicero, *De finibus bonorum et malorum* 3.62 = LS 57 F = SVF 3.340.

62 Zur stoischen Unterscheidung zwischen ‚erstrebenswert' (*haireton*) und ‚wählenswert' (*lēpton*) siehe: Inwood, *Ethics and Human Action in Early Stoicism*, 208; ‚erstrebenswert' ist nur das Gute, wohingegen die ‚vorzuziehenden Dinge' ‚wählenswert' sind.

63 Vgl. Musonius, *Diatriben* 7.31.9–11. (Übers. Nickel)

> Höchste und Allerwichtigste ist, dass wir gut, gerecht und besonnen werden, Tugenden, die niemand ohne Mühsal erwirbt.[64]

Durch die Anstrengung vollzieht der Mensch naturgemäße Handlungen, die er im Prozess der *oikeiōsis*[65] erkennt (Freunden beizustehen; dem Staat zu nützen; die Familie zu verteidigen), und gelangt durch sie schließlich zu den Tugenden. Zur Selbsterhaltung als vernünftiges Wesen ist es für den Menschen wesentlich, nach den Tugenden zu streben und seine Vernunft zu vervollkommnen. Dies erfordert Musonius zufolge Anstrengung. Die Anstrengung um der Tugend willen sollte mit umso größerem Eifer aufgenommen werden, als die Menschen große Anstrengungen unternehmen, um nur scheinbare, aber keine wahren Güter zu erreichen. Um wie viel mehr sollte man sich dann anstrengen, um das wahre Gut – die Tugend – zu erreichen:

> Wie viele Anstrengungen nehmen manche Menschen zur Befriedigung böser Begierden auf sich, wie zum Beispiel die Leute, die sich hemmungslos der Liebesleidenschaft hingeben; wie viele Anstrengungen nehmen andere auf sich, um etwas zu gewinnen, und wie viele Widerwärtigkeiten erdulden manche, die dem Ruhm nachjagen. Und doch unterziehen sich alle diese Menschen jeder Art von Pein aus freiem Entschluss. Ist es da nicht schlimm, dass die Menschen für keines der wirklichen Güter solche Leiden auf sich nehmen und dass wir nicht bereit sind, zur Erreichung der sittlichen Vollkommenheit (*kalokagathia*) und zur Überwindung des Bösen, das unser Leben verdirbt, zur Erringung der Tugend, welche die Geberin aller wirklichen Güter ist, jegliche Anstrengung auf uns zu nehmen?[66]

Musonius fordert seine Zuhörer dazu auf, sich mindestens mit derselben Energie und Anstrengung um die Tugend zu bemühen, wie sich die Menschen für allerlei falsche Güter anstrengen. Das wahre Gut, die Tugend, sollte Musonius zufolge eine um vieles größere Anstrengung erfordern. Schließlich ist es die Tugend, die die Menschen Glückseligkeit (*eudaimonia*) – das Ziel, nach dem alle streben – erlangen lässt:

> Und doch wagen die Akrobaten so gefährliche Dinge und setzen dabei ihr Leben aufs Spiel; die einen springen kopfüber in starrende Schwerter, die anderen gehen auf Seilen hoch in die Luft, andere fliegen wie Vögel durch die Luft, deren Absturz der Tod ist. Und dies alles tun sie um kärglichen Lohn. Und da wollen wir im Kampf mit der Mühsal versagen, wo es sich um unsere ganze Glückseligkeit (*eudaimonia*) handelt? Ist doch nichts anderes das höchste Ziel

64 Musonius, *Diatriben* 7.31.3–9; siehe dazu auch: Musonius, *Diatriben* 7.28.4–6. (Übers. Nickel mit Modifikationen)

65 Zur stoischen *oikeiōsis*-Lehre sowie zum Folgenden siehe: J. Klein, *The Stoic Argument from oikeiōsis*, in: *Oxford Studies in Ancient Philosophy* 50 (2019), 143–200; siehe dazu auch: M. Forschner, *Die Philosophie der Stoa. Logik, Physik und Ethik*, Darmstadt 2018, 163–177; M. Held, *Moralische Motivation in der Stoa und bei Augustinus*, Tübingen 2020, 119–145; Schriefl, *Stoische Philosophie*, 123–125.

66 Musonius, *Diatriben* 7.28.7–29.3. (Übers. Nickel mit Modifikationen)

> des Bestrebens, wahrhaft gut (*agathon*) zu werden, als glücklich zu sein (*eudaimonein*) und selig (*makariōs*) bis an das Ende zu leben.[67]

Musonius greift an dieser Stelle auf die stoische Lehre vom Ziel (*telos*) des Menschen zurück, wonach das glückliche Leben (*eudaimonein*) gleichbedeutend damit ist, sittlich gut (*agathos*), d. h. tugendhaft zu leben.[68] Um dieses Ziel zu erreichen, sollte jede Mühsal und Anstrengung auf sich genommen werden, ist es doch das, wonach alle streben. Es geht Musonius um den Aufbau einer Haltung, welche die Notwendigkeit der Mühsal und Anstrengung im theoretischen wie im praktischen Leben akzeptiert und diese auf dem Weg zur Tugend zu nutzen weiß.[69]

Die Liebe zur Mühsal – die *philoponia* – ergänzt die Philosophie und ist ein notwendiger Bestandteil des Tugenderwerbs[70] – bisweilen wird sie sogar selbst als eine Tugend betrachtet[71]. Entsprechend fehlt es Musonius zufolge dem Freund der Mühsal (*philoponos*) an nichts, er kommt gut zurecht und ist frei:

> Die Verbannung bringt überhaupt keinen Mangel an den wirklich notwendigen Dingen. Denn diejenigen, die energielos sind, sich nicht zu helfen wissen und nicht die Kraft haben, sich wie ein Mann aufzuraffen, solche Menschen wissen auch, wenn sie in ihrem Vaterland sind, gewöhnlich nicht ein noch aus und sind rat- und hilflos. Aber die Tüchtigen, die die Mühsal lieben und intelligent sind, die haben, wohin sie auch in der Welt kommen mögen, keine Not und kennen keinen Mangel. Wir brauchen ja überhaupt so wenig, wenn wir gar kein Bedürfnis nach irgendwelchem Luxus haben.[72]

Wer ohne Anstrengung und Mühsal lebt, dem fehlt etwas, was zum Menschsein wesentlich dazugehört: die Autarkie, welche die Liebe zur Anstrengung ermöglicht.[73] Die Freunde der Mühsal leiden keinen Mangel, da sie kein Bedürfnis nach Luxus haben und daher überhaupt nur das Notwendige brauchen. Wer naturgemäß und in Übereinstimmung mit der Vernunft lebt, weiß, warum er die Mühsal auf sich nehmen muss und dass sie sich als nützlich auf dem Weg zur Tugend erweist. Deswegen ergänzt Musonius auch für seine Schülerinnen und Schüler[74] die Übungen der Seele (*ta idia tēs psychēs askēmata*), welche zur Erkenntnis und Verinnerlichung der stoischen Lehren führen, um die Übungen von Körper und

---

67 Musonius, *Diatriben* 7.30.1–10. (Übers. Nickel mit Modifikationen)

68 Vgl. Stobaios, *Eclogae* 2.77 = LS 63A = SVF 3.16; zur stoischen *telos*-Lehre siehe: Held, *Moralische Motivation in der Stoa und bei Augustinus*, 87–89.

69 Vgl. Laurand, *Stoïcisme et lien social*, 91 f.

70 Vgl. Laurand, *Stoïcisme et lien social*, 92.

71 Vgl. Stobaios, *Eclogae* 2.60 = SVF 3.264; siehe dazu auch: Andronikos, *Peri pathon* 28.1 = SVF 3.269.

72 Musonius, *Diatriben* 9.44.16–45.6. (Übers. Nickel mit Modifikationen)

73 Vgl. Laurand, *Stoïcisme et lien social*, 92.

74 Zur philosophischen Bildung von Frauen siehe: Musonius, *Diatriben* 3 und 4.

Seele (*ta koina tēs psychēs kai tou sōmatos askēmata*), welche an die Mühsal gewöhnen, vor den Gefahren der Verweichlichung bewahren und bei der Anwendung der theoretischen Erkenntnisse im praktischen Leben helfen sollen. Dem liegt die Erkenntnis zugrunde, dass der Mensch ein leibseelisches Wesen ist:

> Da der Mensch weder nur Seele noch nur Körper ist, sondern ein aus diesen beiden zusammengesetztes Wesen, muss sich der Übende um beides kümmern, jedoch mehr um das Bessere, wie sich das gehört, das heißt um die Seele; aber auch um das andere, wenn kein Teil des Menschen verkümmern soll.[75]

Die Verbindung von Übungen des Körpers und Übungen der Seele bei Musonius – anstatt ausschließlicher Übungen des Körpers, wie sie sich bei den Kynikern finden[76] – trägt auch der stoischen Lehre von der Mischung (*krasis*)[77] von Körper und Seele Rechnung, wobei die Seele mit dem ganzen Körper vermischt und überall gegenwärtig ist und beide dennoch ihre Eigenheiten bewahren:[78]

> In dieser Weise werde nämlich auch ein Schöpfmaß Wein mit viel Wasser gemischt und ihm vom Wasser zu einer derart großen Ausdehnung verholfen. Als evidentes Zeugnis dafür, dass es sich so verhält, bieten sie [sc. die Stoiker] die Tatsache auf, dass die Seele, die ebenso eine eigene Existenz hat wie der Körper, der sie aufnimmt, sich durch den ganzen Körper zieht und in der Mischung mit ihm doch die ihr eigene Substanz bewahrt. Denn nichts von der Seele bleibt ohne Anteil an dem Körper, der die Seele hat.[79]

Durch die Übung des Körpers wird zugleich auch die Seele geübt, da sie mit diesem vermischt ist. Übungen des Körpers sind damit immer zugleich auch Übungen der Seele. Die Übungen des Köpers haben auch eine positive Wirkung auf die Seele. Ein Dualismus von Körper und Seele liegt Musonius folglich fern.[80] Der Körper erfährt bei ihm eine positive Wertschätzung, die sich vermutlich kynischem Einfluss verdanken dürfte,[81] doch fordert er seine Schülerinnen und Schüler im Gegensatz zu den Kynikern nicht zu Übungen ausschließlich des Körpers,

---

75 Vgl. Musonius, *Diatriben* 6.24.9–14. (Übers. Nickel)

76 Zur Askese bei den Kynikern siehe: M.-O. Goulet-Cazé, *L'ascèse cynique. Un commentarie de Diogène Laërce VI 70–71*, Paris 1986.

77 Zur stoischen Lehre von der Mischung (*krasis*) siehe: E. Lewis, *Diogenes Laertius and the Stoic Theory of Mixture*, in: *Bulletin of the Institute of Classical Studies* 35 (1988), 84–90; V. de Harven, *The Resistance to Stoic Blending*, in: *Rhizomata* 6 (2018), 1–23; Schriefl, *Stoische Philosophie*, 90–97.

78 Zum Verhältnis von Körper und Seele in der stoischen Philosophie siehe: A. A. Long, *Soul and Body in Stoicism*, in: ders., *Stoic Studies*, Berkeley 1996, 224–249; T. Brennan, *Stoic Souls in Stoic Corpses*, in: D. Frede/B. Reis (ed.), *Body and Soul in Ancient Philosophy*, Berlin 2009, 389–408.

79 Alexander von Aphrodisias, *De mixtione* 217.31–36 = LS 48C = SVF 2.473. (Übers. Hülser)

80 Vgl. ebd.

81 Vgl. Stobaios, *Eclogae* 2.31.68; siehe dazu auch: Goulet-Cazé, *L'ascèse cynique*, bes. 148.

sondern zu Übungen des Körpers *und* der Seele auf. Bei den Übungen bereichern sich die theoretische Erkenntnis und die Praxis gegenseitig, wobei die Theorie die Mühsal auf das richtige Ziel – die Tugend – hin ausrichtet und die Mühsal wiederum eine bessere Erkenntnis des Ziels ermöglicht. Die Mühsal hilft dabei, besser zu verstehen, was die Tugend ist, und der Fortschritt auf dem Weg zur Tugend ermöglicht wiederum eine bessere Ausrichtung der Mühsal, um sie für den Tugenderwerb nützlich zu machen.[82]

4 Die Übungen der Seele und die Übungen von Körper und Seele

Die Bildungsvorstellung des Musonius umfasst, wie dargestellt wurde, eine theoretische Seite, welche das richtige Urteilen zum Ziel hat, und eine praktische Seite, welche die richtige Kontrolle der Handlungsantriebe verfolgt. Um die Urteile im theoretischen Bereich zu verbessern, empfiehlt Musonius seinen Schülerinnen und Schülern verschiedene Übungen der Seele, wohingegen er im praktischen Bereich mit Übungen von Körper und Seele arbeitet, um die Handlungskontrolle seiner Schülerinnen und Schüler zu verbessern.[83] Insofern die Handlungsantriebe allerdings aus evaluativen Urteilen über Güter und Übel bzw. ‚vorzuziehende' und ‚zurückzuweisende Dinge' resultieren und jene wiederum Rückwirkungen auf das Urteil des Akteurs haben, sind beide Bereiche wechselseitig miteinander verbun-

82 Vgl. Laurand, *Stoïcisme et lien social*, 94; zum Zusammenhang von Theorie und Praxis bei Musonius Rufus siehe auch: R. Laurenti, *Musonio, Maestro di Epitteto*, in: *ANRW* 2.36.3 (1989), 2118 f.; zu den Wechselwirkungen zwischen Körper und Seele in der stoischen Philosophie siehe: D. N. Sedley, *Chrysippus on Psychophysical Causality*, in: J. Brunschwig/M. C. Nussbaum (eds.), *Passions and Perceptions. Studies in Hellenistic Philosophy of Mind*, Cambridge 1993, 313–331; C. Veillard, *Soul, Pneuma, and Blood: The Stoic Conception of the Soul*, in: B. Inwood/J. Warren (ed.), *Body and Soul in Hellenistic Philosophy*, Cambridge 2020, 145–170; Harriman, *Musonius Rufus, Cleanthes, and the Stoic Community at Rome*, 81–93; Veillard und Harriman thematisieren in diesem Kontext auch die sog. *anathumiasis*-Lehre.

83 Zur Bedeutung der Übung (*askēsis*) in der späteren Stoa siehe: P. Hadot, *Philosophy as a Way of Life. Spiritual Exercises from Socrates to Foucault*, Malden/Oxford 1995; ders., *The Inner Citadel. The Meditations of Marcus Aurelius*, Cambridge/Mass. 2001; R. Valantasis, *Musonius Rufus and Roman Ascetical Theory*, in: *Greek, Roman, and Byzantine Studies* 40 (1999), 207–231; J. Sellars, *Stoic Practical Philosophy in the Imperial Period*, in: *Bulletin of the Institute of Classical Studies*, Supplement 94 (2007), 115–140; siehe dazu auch Harriman, *Musonius Rufus, Cleanthes, and the Stoic Community at Rome*, 88–93, der den Stoiker Poseidonios als einen möglichen Vorläufer der zwei Arten von Übungen ins Spiel bringt.

den, so dass eine strikte Unterscheidung der beiden Arten von Übungen eher theoretischer Natur ist:

> Hiermit ist die Hauptsache so ziemlich gesagt, welcher Art eine jede der beiden Gattungen der Übungen ist. Doch will ich versuchen, auch darzulegen, wie im einzelnen jede Übung auszuführen ist, indem ich keinen Unterschied mache und nicht mehr die Körper und Seele gemeinsamen und die der Seele eigenen Übungen voneinander trenne, sondern indem ich die Übungen beider Teile gemeinsam behandle.[84]

Die Unterscheidung der beiden Arten von Übungen resultiert bei Musonius aus einem pädagogischen Interesse und soll die einzelnen Übungen für seine Schülerinnen und Schüler erleichtern.[85] Der Zweck, der durch die beiden Arten von Übungen verfolgt wird, ist ein und derselbe: ein tugendhaftes und glückliches Leben. Da der Mensch für Musonius, wie oben festgestellt wurde, ein aus Körper und Seele zusammengesetztes Wesen ist, ist das glückliche Leben keine rein geistige Angelegenheit, und der Körper ist für ein glückliches Leben nicht zu vernachlässigen. Die Aufmerksamkeit, die der Körper bei Musonius erfährt, dürfte sich zum einen der Einsicht verdanken, dass es unmöglich ist, den Körper komplett zu verleugnen und zu besiegen, zum anderen aber auch der Erkenntnis, dass er ein ‚Werkzeug der Tugend' ist.[86] Er gibt freilich nicht die stoische Konzeption der Tugend als einen Zustand der Seele auf, doch ist die Seele für ihn immer nach außen, zur Handlung hin gerichtet.[87] Die Tugend bedient sich des Körpers, um die ihr gemäßen Handlungen auszuführen.[88] Der Körper kann ihr dabei bisweilen im Wege stehen, weshalb er durch Mühsal dahin gebracht werden muss, die Widrigkeiten und Hindernisse zu überwinden, die der Tugend im Weg stehen, und ihnen nicht zu weichen.[89] Um der Anstrengung die richtige Ausrichtung zu geben, sind für Musonius zunächst die Übungen der Seele notwendig, um den wahren Wert der Dinge zu erkennen.

---

84 Musonius, *Diatriben* 6.26.6–11 (Übers. Nickel); Die Interdependenz von theoretischem und praktischem Bereich bei Epiktet hat Pierre Hadot überzeugend herausgearbeitet; siehe dazu: Hadot, *Philosophy as a Way of Life*, 191–195.

85 Vgl. Laurand, *Stoïcisme et lien social*, 95.

86 Vgl. Musonius, *Diatriben* 6.25.2–4; siehe dazu auch: Laurand, *Stoïcisme et lien social*, 96.

87 Vgl. ebd.

88 Vgl. ebd.

89 Vgl. ebd.

4.1 Die Übungen der Seele

Die Übungen der Seele beschreibt Musonius in folgender Weise:

> Die der Seele eigentümliche Übung aber besteht erstens darin, dass sie die Beweise dafür zur Hand hat (*procheirous*), dass die scheinbaren Güter keine wirklichen Güter sind und ebenso die scheinbaren Übel in Wahrheit gar keine Übel sind, und dass sie sich so gewöhnt, die wirklichen Güter zu erkennen, und von den nicht wirklichen zu unterscheiden und sich dann zu üben, sich vor keinem der scheinbaren Übel zu fürchten und keines der scheinbaren Güter zu verfolgen und die wirklichen Übel mit jeder Faser zu verabscheuen, den wirklichen Gütern aber auf jede Weise nachzujagen.[90]

Die Übungen der Seele bestehen für Musonius darin, sich die grundlegenden Lehren der stoischen Philosophie – insbesondere die Güterlehre – so einzuprägen, dass sie einem immer zur Hand (*procheiron*) sind. Musonius bringt an dieser Stelle die stoische Tugend der ‚Aufmerksamkeit' (*prosochē*)[91] ins Spiel – eine beständige Aufmerksamkeit und Geistesgegenwart, die es dem Akteur, der immer genau weiß, was er gerade macht, erlaubt, unmittelbar auf die Geschehnisse um ihn herum zu reagieren. Damit dies möglich ist, muss der Akteur die grundlegenden Lehren immer zur Hand (*procheiron*) haben. Dies erreicht er zum einen dadurch, dass er die zentralen Lehrstücke bzw. Leitsätze (*dogmata*) in Form von kurzen philosophischen Kernaussagen, Sentenzen oder Sinnsprüchen immer wieder wiederholt und memoriert. Zum anderen muss er die grundlegenden Lehren der Stoa auch in verschiedenen Situationen und unter unterschiedlichen Umständen anwenden, wie man sich auch Grammatik- oder Rechenregeln aneignet, indem man sie auf unterschiedliche Fälle anwendet.[92] Dazu dient in der Stoa das Bedenken zentraler Lehren am Morgen (*meditatio*) sowie die Reflexion über die Geschehnisse des Tages und das eigene Verhalten am Abend (*reflectio*). Bei der *meditatio* am Morgen werden mögliche Tagesereignisse vorweggenommen, und man überlegt auf Grundlage der stoischen Lehren, wie mit ihnen umgegangen werden soll. Ein Bespiel für eine *meditatio* am Morgen findet sich zu Beginn des zweiten Buches der *Selbstbetrachtungen* Marc Aurels:

> Am Morgen sollte man sich sagen: Ich werde mit einem beschränkten, undankbaren, unverschämten, falschen, missgünstigen und unverträglichen Kerl zusammentreffen. Alle diese Eigenschaften besitzen die Leute, weil sie nicht wissen, was gut und böse ist. Da ich aber das Wesen des Guten erkannt habe, dass es schön ist, und des Bösen, dass es hässlich ist, und das Wesen dessen, der alles falsch macht, dass er mir verwandt ist – nicht weil er das-

90 Musonius, *Diatriben* 6.25.14–26.5. (Übers. Nickel mit Modifikationen)
91 Siehe dazu: Hadot, *Philosophy as a Way of Life*, 84 f.
92 Vgl. ebd.; siehe dazu auch Epiktet, *Dissertationes* 3.24.115.

> selbe Blut hat oder aus demselben Samen stammt, sondern weil er teilhat an demselben Geist und an denselben göttlichen Gaben –, kann ich weder von einem dieser Leute geschädigt werden – denn in Hässliches wird mich niemand verstricken – noch kann ich meinem Verwandten zürnen oder sein Feind sein. Denn wir sind da, um zusammenzuarbeiten, wie die Füße, Hände, Augenlider und die Reihen der oberen und unteren Zähne. Gegeneinander zu arbeiten, wäre gegen die Natur. Man arbeitet aber gegeneinander, wenn man ärgerlich ist und sich abwendet.[93]

Marc Aurel greift hier auf zentrale Grundsätze der stoischen Physik zurück, um sich bewusst zu machen, was ein naturgemäßes Leben von ihm verlangt und voreilige Wertungen zu vermeiden, die negative Emotionen hervorbringen. Dies ermöglicht es ihm, die Menschen, denen er begegnet, angemessen zu behandeln.[94] Indem man sich bei der morgendlichen *meditatio* darin übt, voreilige Urteile und daraus resultierende negative Emotionen zu vermeiden, die zu unangemessenem Verhalten führen können, bewahrt man die Integrität des eigenen Charakters und die Rationalität des eigenen Denkens und Handelns, die es einem erlaubt, in Übereinstimmung mit der Natur zu leben. Dazu trägt auch die *reflectio* am Abend bei. Hierbei werden die Ereignisse des zurückliegenden Tages in Lichte der stoischen Lehren reflektiert. Man schaut auf sein Verhalten und Handeln zurück und überlegt, wo man sich falsch verhalten hat, wo man gut gehandelt und welche Fortschritte man auf dem Weg zu einem tugendhaften Leben gemacht hat:

> Die Vorschrift des Pythagoras: „Eher werde kein Schlaf dem müden Auge vergönnt", bringt er hier an und prüft sich jeden Abend: „Habe ich versäumt, womit ich mich da oder dort hätte einschmeicheln können? Was habe ich getan? – Habe ich mir etwa da oder dort erlaubt, wie ein freier, wie ein edler Mann zu handeln?" Und wenn er sich auf so etwas entsinnt, so macht er sich Vorwürfe und tadelt sich.[95]

> [A]m Ende eines Tages, wenn er sich zur Nachtruhe zurückgezogen hatte, fragte er sich: „Welche deine Schwäche hast du heute geheilt? Welchem Fehler hast du Widerstand geleistet? In welchem Punkte bist du besser geworden?"[96]

Die Erkenntnisse der abendlichen *reflectio* über die eigenen Fortschritte und Verfehlungen werden auch in die *meditatio* am nächsten Morgen eingehen, um so nach und nach das eigene Leben und Handeln in Übereinstimmung mit der stoischen Lehre zu bringen und Fortschritte auf dem Weg zu einem tugendhaften, glücklichen Leben zu machen:

---

93 Marc Aurel, *Ad se ipsum* 2.1. (Übers. Nickel)

94 Vgl. J. Sellars, *Stoische geistige Übungen*, in: G. Ernst (Hg.), *Philosophie als Lebenskunst. Antike Vorbilder, moderne Perspektiven*, Berlin 2016, 121.

95 Epiktet, *Dissertationes* 4.6.32 f. (Übers. Mücke/Deckert)

96 Seneca, *De ira* 3.36.1. (Übers. Rosenbach)

> Du dagegen, wenn es wahr ist, dass du dich um nichts anderes sorgst als um den rechten Gebrauch der Vorstellungen, sollst dich am frühen Morgen, sobald du aufstehst, fragen: „Was fehlt mir noch zur völligen Herrschaft über die Leidenschaften, zur völligen Seelenruhe? Was bin ich? Bin ich elender Leib? Bin ich Besitz? Bin ich Ruhm? Nichts dergleichen. Sondern was bin ich? Ein vernünftiges Lebewesen." Was erfordert das? Bedenke, was du bisher getan hast. Habe ich etwas versäumt, was zum gelingenden Leben beiträgt? Was habe ich getan, was unfreundlich, unsozial oder rücksichtslos war? Was bin ich irgendworin meiner Pflicht noch schuldig geblieben?[97]

Das Einprägen der Lehren und Beweise durch wiederholte Anwendung erzeugt in der Seele des Übenden eine Haltung, welche auf das Ziel des richtigen Urteilens und des tugendhaften Lebens ausgerichtet ist.[98] Wie die Beweise praktische Konsequenzen haben, so haben auch die Übungen der Seele ein praktisches Ziel: Sie sollen zu gutem und richtigem Handeln führen. Dies wird auch darin deutlich, dass Musonius mit Blick auf die Übungen der Seele zwei Momente der Übungen unterscheidet: Zum einen betrifft die Übung das Urteilsvermögen, welches Musonius als *dianoia* bezeichnet und Renato Laurenti zufolge dem leitenden Seelenvermögen (*hēgemonikon*) in der alten Stoa bzw. dem Dezisionsvermögen (*prohairesis*) bei Epiktet entspricht.[99] Dieses Vermögen ist verantwortlich für die Kontrolle des Zustimmungsvermögens (*synkatathesis*), durch welches ein Akteur seine Urteile (*kriseis*) fällt.[100] In dieser Hinsicht soll die Übung zu einer besseren Kontrolle der *dianoia* führen, wodurch ein Akteur keine leichtfertigen und vorschnellen Urteile fällt. Das zweite Moment der Übungen der Seele betrifft das Antriebsvermögen (*hormē*) des Menschen. Unvernünftige Antriebe sind die Folge eines falschen Urteils und lassen einen Akteur in vernunftwidrige Affekte verfallen und falsche Handlungen ausführen. Die unvernünftigen Antriebe entziehen sich aufgrund ihrer Vehemenz der Kontrolle des Akteurs, so dass er diese nicht mehr steuern und aufhalten kann, sondern von diesen überkommen wird, nachdem er sie durch sein falsches Urteil verursacht hat.[101] Die Übungen der Seele sollen dabei helfen, vernunftwidrige Antriebe zu verhindern und dem Akteur die Kontrolle über sein Handeln zu sichern.[102]

---

97 Epiktet, *Dissertationes* 4.6.34 f. (Übers. Mücke/Deckert)

98 Vgl. Laurand, *Stoïcisme et lien social*, 97.

99 Vgl. Laurenti, *Musonio, Maestro di Epitteto*, 2119; zur Wahrung des stoischen psychologischen Monismus bei Musonius siehe: Laurand, *Stoïcisme et lien social*, 98–101.

100 Zur stoischen (Handlungs-)Psychologie siehe: Held, *Moralische Motivation in der Stoa und bei Augustinus*, 194–259.

101 Vgl. dazu J. Müller, *Willensschwäche in Antike und Mittelalter. Eine Problemgeschichte von Sokrates bis Johannes Duns Scotus*, Leuven 2009, 171–179; Held, *Moralische Motivation in der Stoa und bei Augustinus*, 223–251, bes. 247–251.

102 Vgl. Laurand, *Stoïcisme et lien social*, 97.

Die bessere Kontrolle des Zustimmungs- und Antriebsvermögens erreicht der Stoiker unter anderem dadurch, dass er zu Beginn des Tages die kommenden Aufgaben antizipiert und sich mit Hilfe der grundlegenden Lehrsätze darauf vorbereitet, diese gelassen und tugendhaft zu bewältigen.[103] Auf diese Weise wird der Stoiker nicht von unvorhergesehenen Ereignissen überrascht und nimmt ihnen ihre Vehemenz, mit der sie ihn treffen. Durch das regelmäßige Wiederholen und Memorieren der grundlegenden Lehren gelingt es ihm zudem, sein Denken und Wahrnehmen auf solche Weise zu formen und zu schulen, dass er die Aufgaben und Herausforderungen, welche ihm im Laufe des Tages begegnen, tugendhaft bewältigen kann. Eine spezifische und besonders wichtige Form der Vorbereitung auf künftige Widerfahrnisse stellt dabei das sogenannte ‚Vorbedenken künftiger Übel' (*praemeditatio futurorum malorum*) dar.[104] Hierbei stellt man sich immer wieder vor seinem geistigen Auge zukünftige negative Ereignisse vor und versucht, ihnen durch Abhärtung und Desensibilisierung gegenüber künftigem Leid die Spitze und emotionale Wucht zu nehmen:

> Dieses Vorbedenken kommender Übel also mildert ihr Auftreten, da man sie ja von weitem vorher hat kommen sehen. Daher lobt man die Worte des Theseus bei Euripides [...]: „Denn wie ich mich erinnerte, es von einem weisen Mann gehört zu haben, bedachte ich bei mir das kommende Elend: ich dachte an den bitteren Tod oder die traurige Flucht in die Verbannung oder an irgendein ungeheures Übel, damit, wenn zufällig etwas Widriges mir widerfahren würde, mich nicht plötzlich Sorge unvorbereitet zerfleische." [...] Es gibt also in der Tat keinen Zweifel, dass alles, was als Übel gilt, dann schlimmer ist, wenn es unvorhergesehen kommt. Obschon dies nicht allein den größten Kummer erzeugt, so soll der Mensch doch, weil das Vorausschauen und die Vorbereitung der Seele viel zur Verminderung des Kummers beitragen, alles Menschliche bedenken.[105]

> Wenn du deinen Sohn, deinen Bruder oder deinen Freund küsst, [...] so sollst du dich daran erinnern, dass du einen Sterblichen liebst; es ist nichts von den Dingen, die dein Eigentum sind, was du da liebst; es ist dir für die Gegenwart vergönnt; es kann dir leicht genommen werden.[106]

Indem man sich das Eintreten möglicher zukünftiger Schicksalsschläge (z. B. den Tod eines nahen Angehörigen) immer wieder vorstellt, kann man sich auf die Ereignisse vorbereiten, und sie treffen einen nicht vollkommen unvermittelt. Außerdem wissen wir, dass Dinge, die für uns mit großer Angst besetzt waren – z. B. das Sprechen vor großen Gruppen oder das Entfernen von Spinnen aus der Wohnung –, ihren Schrecken verlieren, wenn wir sie häufiger gemacht haben. Diesen Effekt

---

103 Vgl. Marc Aurel, *Ad se ipsum* 2.1; Epiktet, *Dissertationes* 4.6.34 f.
104 Vgl. dazu Sellars, *Stoische geistige Übungen*, 120.
105 Cicero, *Tusculanae disputationes* 3.29 f. (Übers. Kirfel)
106 Epiktet, *Dissertationes* 3.24.85 f. (Übers. Mücke/Deckert mit Modifikationen)

versuchen die Stoiker beim ‚Vorbedenken künftiger Übel' zu nutzen. Indem man die Ereignisse vor seinem geistigen Auge immer wieder erlebt, verlieren sie ihren Schrecken, und man gewöhnt sich nach und nach an die Vorstellung. Dabei kann man drei Schritte beim ‚Vorbedenken künftiger Übel' identifizieren:[107]

(1) Man stellt sich nicht die wahrscheinlichste, sondern die schlimmstmögliche Zukunft vor.
(2) Man stellt sich das Ereignis so vor, als würde es jetzt gerade passieren.
(3) Man spürt die emotionale Wirkung des Ereignisses und überzeugt sich davon, dass es sich nicht um ein wirkliches Übel, sondern um ein ‚indifferentes Ding' handelt.

Beim ‚Vorbedenken künftiger Übel' visualisiert man also vor seinem geistigen Auge das Eintreten der schlimmstmöglichen Zukunft, spürt der emotionalen Wirkung nach und überzeugt sich davon, dass einem kein Übel widerfahren ist, da von dem vorgestellten Ereignis lediglich ein ‚indifferentes Ding' betroffen ist. Wiederholt man diese Übung – so die Überzeugung der Stoiker – gewöhnt man sich nach und nach an das Ereignis, und es verliert seine emotionale Macht über uns.

Eine weitere Technik, mit der man die Kontrolle seines Zustimmungs- und Antriebsvermögens verbessern bzw. zurückgewinnen kann, besteht im sogenannten ‚Blick von oben'.[108] Bei dieser Übung versucht man, sich von allem Irdischen abzulösen und gleichsam wie von einer Anhöhe bzw. aus der Vogelperspektive auf das eigene Leben innerhalb der Ereignisse der Welt und der Geschichte zu schauen, so dass einem die eigenen Ängste und Sorgen recht unbedeutend vorkommen und dadurch abgemildert werden:

> Wenn man sich über die Menschen Gedanken macht, muss man auch die irdischen Dinge betrachten, als ob man von irgendeinem höheren Punkt aus nach unten schaute: Tierherden, Heere, Ackerbau, Hochzeiten, Scheidungen, Geburten, Todesfälle, den Lärm von Gerichtsverhandlungen, verlassene Landschaften, vielfältige Barbarenvölker, Feste, Totenklagen, Märkte, das Durcheinander und das aus Gegensätzen zu einer Ordnung Zusammengefügte.[109]

Durch die Distanzierung von allen Ereignissen, Dingen und Tätigkeiten, die einen im alltäglichen Leben stark einnehmen, verlieren diese ihre Bedeutung und werden als weniger wichtig bzw. schlimm erfahren. Die ‚vorzuziehenden Dinge' wie Ansehen, Reichtum oder Gesundheit werden für weniger wichtig erachtet, und man richtet sein Streben nicht mehr auf sie, sondern auf das tugendhafte Leben,

---

107 Vgl. dazu M. Foucault, *Technologies of the Self*, in: L. H. Martin/H. Gutman/P. H. Hutton (eds.), *Technologies of the Self. A Seminar with Michel Foucault*, Amherst 1988, 36 f.
108 Vgl. dazu Hadot, *The Inner Citadel*, 172 f.; Sellars, *Stoische geistige Übungen*, 121–123.
109 Marc Aurel, *Ad se ipsum* 7.48. (Übers. Nickel)

da man erkennt, dass diese Dinge keine wahren Güter sind und nichts zum glücklichen Leben beitragen. Gleichermaßen werden die ‚zurückzuweisenden Dinge' wie Verachtung, Armut, Krankheit oder Tod als weniger schlimm erfahren und es fällt auch leichter, sie zu akzeptieren, wenn sie eintreten.

4.2 Die Übungen von Körper und Seele

Die Kontrolle des Antriebsvermögens bildet auch das zentrale Ziel der gemeinsamen Übungen von Körper und Seele, wie eine Passage des Musonius-Schülers Epiktet verdeutlicht. Die Übungen des Körpers sind niemals nur Übungen des Körpers, sondern immer zugleich auch Übungen der Seele und wirken sich hierbei unmittelbar auf das Antriebsvermögen des Menschen aus:

> Schließlich dürften auch alle Methoden, mit denen die Trainer den Körper trainieren, der Übung dienen, wenn sie dadurch auf Begehren (*orexis*) und Ablehnung (*ekklisis*) zielen.[110]

Die Begriffe ‚Begehren' (*orexis*) und ‚Ablehnung' (*ekklisis*) machen deutlich, dass die hier angesprochenen Übungen des Körpers Auswirkungen auf die Seele und dabei auf das Antriebsvermögen (*hormē*) des Menschen haben, da das ‚Begehren' und die ‚Ablehnung' dem Antriebsvermögen zugrunde liegende Wertureile sind und die motivationale Basis einer konkreten Handlung bilden.[111] Wie sehen diese Übungen aus, die sowohl den Körper betreffen als auch Auswirkungen auf die Seele haben?

Musonius beschreibt die Übungen von Körper und Seele in folgender Weise:

> Die beiden [sc. Körper und Seele] gemeinsame Übung erfolgt, wenn wir uns zugleich an Kälte und Hitze, Hunger und Durst, einfache Kost und ein hartes Lager gewöhnen sowie an Enthaltung von Genüssen, Ertragen von schweren Anstrengungen. Denn durch Übungen dieser und ähnlicher Art wird der Körper gestärkt und an Beschwerden gewöhnt und abgehärtet, überhaupt tüchtig zu jeder Leistung. Es wird aber auch die Seele gestärkt, indem sie sich durch das Ertragen von Mühsal in Tapferkeit übt und durch die Enthaltung von Lüsten in Mäßigung.[112]

Der Körper soll durch die verschiedenen Übungen gestärkt sowie widerstands- und leistungsfähiger gemacht werden. Die Übungen des Körpers, welche ihn an

---

110 Epiktet, *Dissertationes* 3.12.16. (Übers. Nickel)

111 Vgl. J. Klein, *Desire and Impulse in Epictetus and the Older Stoics*, in: *Archiv für Geschichte der Philosophie* 103,2 (2021), 221–251; sowie A. Bonhöffer, *Epictet und die Stoa*, Stuttgart 1890, 233–257, bes. 255–257; ein davon abweichendes Verständnis der *orexis* als eine spezifische Form der *hormē* findet sich bei Inwood, *Ethics and Human Action in Early Stoicism*, Appendix 2, 224–242.

112 Musonius, *Diatriben* 6.25.6–14 (Übers. Nickel mit Modifikationen); Goulet-Cazé, *L'askèse cynique*, 187 f. weist in der Passage kynische Einflüsse nach, insofern die von Musonius vorgestellten Übungen dieselben sind, die auch Diogenes von Sinope empfiehlt.

allerlei Beschwernisse gewöhnen und abhärten sollen, sind jedoch keineswegs Selbstzweck. Sie dienen dazu, den Menschen zur Tugend zu führen. Das Ertragen von Mühsal ist ein notwendiges Mittel, um zur Tapferkeit zu gelangen.[113] Ebenso muss sich der Mensch üben, sich der Lüste zu enthalten, um die Tugend der Mäßigung auszubilden. Dass die Gewöhnung des Körpers an die Härten des Lebens für Musonius im Gegensatz zu den Kynikern[114] kein Selbstzweck ist, zeigt auch eine Passage zu Beginn der sechsten Abhandlung ‚Über die Übung':

> Die Tugend, so pflegte er [sc. Musonius] zu sagen, ist nicht nur ein theoretisches Wissen, sondern auch eine praktische Verwirklichung, gerade wie die Heilkunst und die Musik. Denn gerade wie der Arzt, wie der Musiker nicht nur die Grundsätze ihrer Kunst im Kopf haben, sondern auch geübt sein müssen, nach diesen Grundsätzen zu handeln, so muss auch der, der ein wahrhaft tugendhafter Mensch werden will, nicht nur die Sätze auswendig wissen, die den Menschen zur Tugend hinführen, sondern er muss sich auch diesen Sätzen gemäß mit heißem Bemühen und Liebe zur Mühsal üben.[115]

Die Übung dient für Musonius dem Erwerb der Tugend. Es genügt nicht, die grundlegenden Lehren nur zu lernen, man muss auch das Leben in Übereinstimmung mit ihnen einüben. Während die Übungen der Seele dazu dienen, die gelernten Lehren immer zur Hand zu haben, verleihen die Übungen von Körper und Seele zum einen dem Körper die notwendige Widerstandskraft, um Hindernisse für ein tugendhaftes Leben zu überwinden; zum anderen sorgen sie für eine gute Spannung (*tonos*) der Seele, welche es dieser erlaubt, die einzelnen Lehren in ein System von Wissen zu integrieren und in Übereinstimmung mit diesem zu handeln.[116] Musonius spricht allerdings auch eine Warnung davor aus, den Körper zu sehr zu strapazieren, da sich die übermäßige Anstrengung auch auf die Seele überträgt:

> Denn alle Arbeiten, die den Körper übermäßig anstrengen und zermürben, die zwingen auch die Seele, sich nur mit ihnen zu beschäftigen oder sich auf das stärkste zusammen mit dem Körper anzustrengen. Die Arbeiten aber, die zulassen, den Körper nicht übermäßig anzustrengen, hindern die Seele nicht, sich etwas von den höheren Dingen auszuwählen und aufgrund solcher Gedanken an die Weisheit über sich selbst hinauszuwachsen, wonach ja gerade jeder Philosoph am meisten trachtet.[117]

Das rechte Maß an Anstrengung lässt der Seele noch ausreichend Raum, zu philosophieren und sich den ihr eigenen Übungen hinzugeben. Die Übungen des Kör-

---

113 Vgl. Musonius, *Diatriben* 4.18.8–11.
114 Zur kynischen Askese siehe: Goulet-Cazé, *L'askèse cynique*, 151.
115 Musonius, *Diatriben* 6.22.7–23.3. (Übers. Nickel mit Modifikationen)
116 Vgl. Laurand, *Stoïcisme et lien social*, 105.
117 Musonius, *Diatriben* 11.58.18–59.1. (Übers. Nickel)

pers können sich sogar positiv auf eine gute Spannung der Seele auswirken,[118] die das Merkmal des tugendhaften Menschen ist.[119] Eine übermäßige Anstrengung des Körpers nimmt die Seele hingegen vollständig für sich ein, wodurch ihre ganze Konzentration auf die Tätigkeit selbst gerichtet ist und sich in Folge der Mischung von Körper und Seele die zu große Anspannung und Anstrengung des Körpers auf sie überträgt.[120] Um eine zu große Anstrengung zu vermeiden, empfiehlt Musonius daher seinen Schülerinnen und Schülern, ausreichende Pausen zu machen:

> Aber das Notwendigste und Nützlichste lernen kann man auch bei der Landarbeit, zumal wenn man sie nicht ohne jede Unterbrechung ausübt, sondern auch Ruhepausen hat.[121]

Da die übermäßige körperliche Anstrengung auch den Geist bzw. die Seele ermüdet, wodurch diese unfähig wird, sich zu konzentrieren und anspruchsvollen Studien nachzugehen, muss man bei den Übungen von Körper und Seele auch Pausen einlegen.[122] Auf diese Weise wird eine übermäßige Spannung des Körpers wie der Seele vermieden, welche letztlich in den Wahnsinn führt.[123] Es geht damit bei den Übungen von Körper und Seele auch darum, eine gute, gesunde Spannung von Körper und Seele hervorzubringen, die weder zu schwach, noch zu stark, sondern harmonisch ist.[124] Die Übungen von Körper und Seele wirken sich dabei – in rechter Weise betrieben – positiv auf den Charakter der Schülerin bzw. des Schülers aus, indem sie nicht nur den Körper widerstandsfähiger und zu einem geeigneteren Instrument der Tugend machen, sondern auch der Seele eine gute Spannung verleihen, welche diese in Übereinstimmung mit der Tugend urteilen und handeln lässt und ihr die notwendige Standhaftigkeit verleiht.

Die starke Betonung der Übung und der Praxis darf nicht darüber hinwegtäuschen, dass es sich bei Musonius immer um eine theoriegeleitete Praxis handelt. Ohne die Theorie wäre die Praxis orientierungslos und nicht auf das rechte Ziel hin ausgerichtet:

> Wie steht es nun aber bei der Mäßigung (*sōphrosynē*) oder der Selbstbeherrschung (*enkrateia*)? Ist es nicht wertvoller, sich selber in der Gewalt zu haben und in allen Lagen des wirklichen Lebens besonnen zu handeln, als nur darüber reden zu können, was man tun muss? Auch das gab der Jüngling zu, dass die Fähigkeit, gut über die Besonnenheit zu

118 Vgl. Laurand, *Stoïcisme et lien social*, 115.

119 Vgl. Stobaios, *Eclogae* 2.73.19–74.3 = LS 41H = SVF 3.112; siehe dazu auch R. Brouwer, *The Stoic Sage. The Early Stoics on Wisdom, Sagehood, and Socrates*, Cambridge 2014, 30 f.

120 Vgl. ebd.

121 Musonius, *Diatriben* 11.61.2–5. (Übers. Nickel)

122 Vgl. Seneca, *Epistulae* 15.3.

123 Vgl. Epiktet, *Dissertationes* 2.15.2 f.

124 Vgl. ebd.

> reden, weit weniger wert sei als in Wirklichkeit besonnen zu sein. [...] Wie könnte es da besser sein, nur die Theorie jeder einzelnen Sache zu kennen statt sich zu gewöhnen, nach den Regeln der Kunst die Tugenden in sich zu verwirklichen? Wird doch die Gewöhnung einen dazu befähigen, das Vorgeschriebene zu tun, während nur die Theorie einer Sache (einer Wissenschaft oder Kunst) zu kennen, einen nur befähigt, darüber reden zu können. Es arbeitet ja auch mit der Praxis die Theorie zusammen, indem diese lehrt, wie man handeln soll, und sie kommt daher in der Reihenfolge vor der Gewöhnung. Denn es ist nicht möglich, eine gute Gewohnheit anzunehmen, wenn man sich nicht im Sinne der rechten Theorie gewöhnt. Aber an Wirkungskraft ist die Gewöhnung der Theorie überlegen, weil sie entscheidender auf den Menschen einwirkt, die Tugenden zu verwirklichen, als die bloße Belehrung.[125]

Die Praxis hat eine zentrale Stellung im Denken des Musonius. Es genügt nicht, kundig über die Lehren der Stoa zu sprechen. Man muss auch ein Leben in Übereinstimmung mit diesen Lehren führen und entsprechend handeln. Auch wenn die Wirkungskraft der Gewöhnung stärker ist als die Theorie, um ein tugendhaftes Leben zu führen, kommt doch die Theorie in der logischen Reihenfolge zuerst, da sie es ist, die dem Akteur aufzeigt, wie er handeln soll, und damit sein Handeln lenkt.[126] Was tragen diese Überlegungen des Musonius über die Herausforderungen des Alters, die rechte Bildung, das Verachten der Mühsal und die Übungen von Körper und Seele für eine stoische *ars moriendi* aus?

5 Eine stoische *ars moriendi*

Das Thema der Vergänglichkeit war eines der zentralen Themen der stoischen Philosophie. Angesichts der politischen Unruhen zur Zeit, als die stoische Philosophie entstand und florierte, und der begrenzten medizinischen Möglichkeiten der Antike ist es nicht verwunderlich, dass die Stoiker die eigene Endlichkeit zum Gegenstand philosophischer Reflexion gemacht haben. Musonius fordert uns dazu auf, das Altern und das nahende Lebensende gelassen und mit Mut und Besonnenheit hinzunehmen.[127] Der Tod ist etwas Unausweichliches und stellt auch das Ende des besten Lebens dar:

> Bei Gott, er hatte ja keinen Schimmer von Bildung oder Erkenntnis der wahren Güter und Übel, da er das für ein Übel hielt, was notwendig auch dem besten Leben folgt; auch wenn das beste Leben das des wirklich guten Menschen ist, bleibt der Tod die Grenze auch dieses Lebens.[128]

---

125 Musonius, *Diatriben* 5.21.11–22.3. (Übers. Nickel mit Modifikationen)
126 Vgl. Laurand, *Stoïcisme et lien social*, 106.
127 Musonius, *Diatriben* 17.91.5–13.
128 Musonius, *Diatriben* 17.92.10–14. (Übers. Nickel)

Das Ziel besteht für Musonius in einer Haltung gegenüber dem eigenen Tod, wie sie sich bei seinem Schüler Epiktet findet:

> Ich muss sterben: Wenn es jetzt sein muss, so sterbe ich jetzt. Soll es aber noch Aufschub haben, so esse ich jetzt zu Mittag, weil es eben Mittagessenszeit ist, und will dann nach dem Essen sterben.[129]

Dies belegen auch die folgenden beiden Zeugnisse des Musonius, die er seinen Schülern als Leitsätze zur Verinnerlichung mitgegeben hat:

> Entscheide dich dafür, gut zu sterben, solange es dir noch möglich ist, denn kurz darauf könnte es dir nur noch möglich sein, zu sterben, aber nicht mehr, gut zu sterben.[130]

> Da die Schicksalsgöttinnen jedem Menschen gleichermaßen das Los des Todes zugedacht haben, ist derjenige gesegnet, der nicht spät, sondern gut stirbt.[131]

Da uns der unmittelbare Kontext dieser beiden Fragmente des Musonius nicht mehr erhalten ist, kann nicht mehr eindeutig entschieden werden, ob Musonius seine Schüler hier zum tapferen Erdulden der Mühsal von Krankheit und Alter vor dem Tod oder zum Suizid aufgefordert hat, welchen die Stoiker unter bestimmten Bedingungen als legitime Form der Lebensbeendigung für den stoischen Weisen kannten.[132] In jedem Falle kann jedoch festgehalten werden, dass der Suizid für Musonius nicht erlaubt war, um den Mühsalen des Alters und der Krankheit aus dem Weg zu gehen, da er dazu auffordert, diese tapfer zu ertragen, und der Nutzen für die Mitmenschen für Musonius das einzige Kriterium ist, anhand dessen beurteilt werden könne, ob jemand das Recht habe, sich das Leben zu nehmen:

> Jemand, der lebendig vielen Menschen nützlich ist, hat nicht das Recht, sich für den Tod zu entscheiden, es sei denn, er kann durch seinen Tod noch mehr Menschen von Nutzen sein.[133]

Unabhängig von der Frage, wie die Aufforderung des Musonius, gut zu sterben, genau zu verstehen ist, wird jedoch deutlich, dass Musonius seine Schüler zu Gelassenheit gegenüber dem eigenen Tod – dem natürlichen wie dem selbst herbeigeführten – aufgerufen hat. Diese Gelassenheit gegenüber der eigenen Endlichkeit erlangt der Stoiker durch das Wiederholen und Memorieren der grundlegenden

---

129 Epiktet, *Dissertationes* 1.1.31 f. (Übers. Mücke/Deckert mit Modifikationen)

130 Musonius, *Fragment* 28. (Übers. Brömer)

131 Musonius, *Fragment* 35. (Übers. Brömer mit Modifikationen)

132 Zur Bewertung des Suizids in der Stoa siehe: Cicero, *De finibus bonorum et malorum* 3.60 = LS 66G = SVF 3.767; Plutarch, *De Stoicorum repugnantiis* 1042D = SVF 3.759; siehe dazu auch: J. Cooper, *Greek Philosophers on Euthanasia and Suicide*, in: ders, *Reason and Emotion. Essays on Ancient Moral Psychology and Ethical Theory*, Princeton 1999, 515–541.

133 Musonius, *Fragment* 29. (Übers. Brömer)

Leitsätze der Stoa. In der stoischen Naturphilosophie hat er gelernt, dass die göttliche Vernunft die Welt bestmöglich eingerichtet hat und zum Besten hin lenkt.[134] Er weiß, dass alles der Veränderung und dem Wandel unterworfen ist. „Ohne Auflösung keine Veränderung, kein Vergehen von Altem und Entstehen von Neuem, Jungem und Frischem. Ohne Verwandlung und Auflösung von Dingen wäre man selbst nicht entstanden, und die eigene Auflösung gibt neuen Dingen Möglichkeit und Raum zu existieren."[135]

> Was gestorben ist, fällt nicht aus der Welt. Wenn es hier bleibt, verwandelt es sich auch hier und löst sich in seine Bestandteile auf, die die Elemente des Kosmos und deine eigenen sind. Auch sie verwandeln sich und klagen deshalb nicht.[136]

> Du kamst auf die Welt als ein Teil. Du wirst wieder in dem verschwinden, dem du dein Dasein verdankst, oder besser: du wirst verwandelt in seine zeugende Vernunft aufgenommen werden.[137]

Der eigene Tod ist deswegen kein Übel, da er Teil der vernünftigen Ordnung ist, die besser nicht sein kann. Es gilt, sich immer wieder bewusst zu machen, dass der Tod zu den ‚indifferenten Dingen' gehört, die für die Glückseligkeit keine Bedeutung haben:[138]

> Sie hat sich ja dauernd bemüht, einen hohen Sinn zu haben und den Tod für kein Übel zu halten und das Leben für kein Gut. Und ebenso ist sie gewöhnt, keiner Mühsal aus dem Weg zu gehen und den Müßiggang überhaupt nicht zu suchen.[139]

Indem sich der Stoiker diese Leitsätze immer wieder vor Augen führt, kann er sein Denken und Wahrnehmen beeinflussen und seine Furcht vor dem Tod langsam ablegen. Der Musonius-Schüler Epiktet empfiehlt in diesem Zusammenhang, die folgende Sentenz zu wiederholen und zu memorieren:

---

134 Vgl. D. Frede, *Theodicy and Providential Care in Stoicism*, in: dies./A. Laks (eds.), *Traditions of Theology. Studies in Hellenistic Theology*, Leiden 2002, 85–119.

135 M. Forschner, *Marc Aurel und Epikur. Über stoische und epikureische meditatio mortis*, in: G. Ernst (Hg.), *Philosophie als Lebenskunst. Antike Vorbilder, moderne Perspektiven*, Berlin 2016, 93; siehe dazu auch: M. Baltes, *Die Todesproblematik in der griechischen Philosophie*, in: ders., *Dianoemata. Kleine Schriften zu Platon und zum Platonismus*, hg. v. M.-L. Lakmann et al., Stuttgart/Leipzig 1999, 157–189, bes. 182–186.

136 Marc Aurel, *Ad se ipsum* 8.18. (Übers. Nickel)

137 Marc Aurel, *Ad se ipsum* 4.14. (Übers. Nickel)

138 Vgl. van Geytenbeek, *Musonius Rufus and Greek Diatribe*, 49 und 155 f.

139 Musonius, *Diatriben* 3.11.16–20. (Übers. Nickel mit Modifikationen)

> Ich bin ja nicht unsterblich, sondern ein Mensch, ein Teil des Ganzen, wie die Stunde ein Teil des Tages. Ich muss kommen wie die Stunde und gehen wie die Stunde.[140]

Zur Bewältigung der Furcht vor dem Tod trägt auch die ‚Kontemplation des eigenen Todes' (*meditatio mortis*) bei, welche eine spezielle Variante der ‚Vorstellung künftiger Übel' (*praemeditatio futurorum malorum*) darstellt. Hierbei stellt man sich immer wieder den eigenen Tod vor, um sich zum einen an den Gedanken zu gewöhnen, dass das eigene Leben endlich ist und man dem Ende nach und nach entgegengeht, und zum anderen der Angst vor dem eigenen Tod die Spitze zu nehmen, diese abzumildern und schließlich ganz zum Verschwinden zu bringen. Entsprechend empfiehlt wiederum Epiktet seinen Schülern:

> Halte dir Tod, Verbannung und alles andere, was furchtbar erscheint, täglich vor Augen, vor allem aber den Tod.[141]

Bei der ‚Kontemplation des eigenen Todes' wurde nicht nur die eigene Vergänglichkeit und das Ende des eigenen Lebens vorgestellt, sondern auch die Trennung der Seele vom Körper vor Augen geführt, die dabei stattfindet:

> Wenn gekommen ist jener Tag, der die Mischung aus Göttlichem und Menschlichem trennt, werde ich den Körper hier, wo ich ihn gefunden habe, zurücklassen, mich selbst den Göttern wiedergeben.[142]

Man stellte sich also auch vor, wie die eigene Vernunftseele sich vom Körper trennt, mit dem sie zu Lebzeiten vermischt war, und sich wieder mit der göttlichen Vernunftseele verbindet, um Neues hervorzubringen.[143] Wann sich diese Auflösung der menschlichen Seele in die göttliche Vernunftseele vollzieht – direkt nach dem Tod, einige Zeit nach dem Tod oder erst im Zuge der großen Weltverbrennung (*ekpyrōsis*) –, darüber gab es in der Stoa unterschiedliche Ansichten.[144] In jedem Falle machte man sich bei der ‚Kontemplation des eigenen Todes' auch bewusst, dass man Teil eines größeren Ganzen ist und ein Teil von einem selbst nicht ganz verschwindet, sondern in etwas anderem fortlebt.

Eine weitere Technik, welche die Stoiker angewendet haben, um ihre Furcht vor dem Tod abzulegen, haben wir bereits bei den Übungen der Seele kennengelernt: den Blick von oben. Hierbei lässt man wie aus einer Vogelperspektive her-

---

140 Epiktet, *Dissertationes* 2.5.13. (Übers. Mücke/Deckert)

141 Epiktet, *Encheiridion* 21. (Übers. Mücke/Deckert)

142 Seneca, *Epistulae morales* 102.2. (Übers. Rosenbach)

143 Zum Verhältnis von individueller und kosmischer Seele in der Stoa siehe: F. Ademollo, *Cosmic and Individual Soul in Early Stoicism*, in: B. Inwood/J. Warren (eds.), *Body and Soul in Hellenistic Philosophy*, Cambridge 2020, 113–144.

144 Vgl. M. Forschner, *Die stoische Deutung von Tod und Sterben*, in diesem Band, 63–79.

aus den zeitlichen Verlauf der Geschichte samt der eigenen Geburt und dem eigenen Tod vorüberziehen:

> Von oben hinabschauen auf unzählige Herden, auf zahllose religiöse Feste, auf allerlei Verkehr über See bei Sturm und heiterem Wetter und auf die Vielfalt des Entstehenden, des sich Vereinigenden und des Vergehenden. Dabei denk auch an das von anderen in früheren Zeiten gelebte Leben, an das Leben, das nach dir gelebt werden wird, und an das Leben, das jetzt bei fremden Völkern gelebt wird, und wie viele Menschen nicht einmal deinen Namen kennen, wie viele ihn in Kürze vergessen werden und wie viele dich, die dich jetzt vielleicht loben, sehr bald tadeln werden, [...].[145]

Durch den Blick von oben auf das eigene Leben wird dem Menschen bewusst, dass er nur ein kleiner, unbedeutender Teil des Ganzen ist, der durch die göttliche Vernunft zum Besten gelenkt wird. Bald wird auch das eigene Leben wie viele andere vor ihm und nach ihm vergessen sein, und man sollte ihm keine zu große Bedeutung beimessen. Diese Relativierung der Bedeutung des eigenen Lebens soll auch die Furcht vor dem Tod verringern, indem man sich der eigenen Unbedeutsamkeit für den Fortgang der Geschichte und den Kosmos insgesamt bewusst wird:

> Alles Menschliche ist kurz und hinfällig und von der endlosen Zeit keinen Teil einnehmend. Diese Erde mit Städten und Völkern und Flüssen und dem Umfang des Meeres sehen wir nur als Punkt, wenn wir sie mit dem All vergleichen: Einen kleineren Anteil hat unsere Lebenszeit als den eines Punktes, wenn es mit aller Zeit verglichen wird, deren Maß größer ist als das der Welt, [...].[146]

Neben diesen eher geistigen Übungen zur Befreiung von der Furcht vor dem Tod dürfte auch die von Musonius in sein Bildungsprogramm integrierte Abhärtung gegen allerlei Unannehmlichkeiten für die Stoiker zur Überwindung der Todesfurcht beigetragen haben. Wer ein Leben lang auf die Annehmlichkeiten und Genüsse des menschlichen Lebens verzichtet und sich zudem immer wieder auch schweren Anstrengungen und Mühsalen ausgesetzt hat, wird – so ihre Überzeugung – mit Leid und Schmerz anders umgehen als jemand, der in seinem bisherigen Leben kaum irgendwelche Beschwernisse und Entbehrungen erfahren hat.[147] Wer das Bildungsprogramm des Musonius durchlaufen hat, wird daran gewöhnt sein, Unannehmlichkeiten und Beschwernisse anzunehmen und diese zu bewältigen. Er wird auf das Fehlen bisheriger Freuden und Lüste mit Besonnenheit reagieren und der Furcht vor dem Tod mit Tapferkeit begegnen,[148] da er auch mit

---

145 Marc Aurel, *Ad se ipsum* 9.30. (Übers. Nickel)
146 Seneca, *Consolatio ad Marciam* 21.1 f. (Übers. Rosenbach)
147 Vgl. Musonius, *Diatriben* 6.25.6–14.
148 Vgl. ebd.

Hilfe der Übungen von Körper und Seele eine Spannung seiner Seele erworben hat, die ihn angesichts dieser Herausforderungen nicht wanken lassen wird:

> Dass dies zutrifft, kann man leicht erkennen, wenn man zufällig zwei Jungen oder junge Männer kennt, von denen der eine im Luxus aufgewachsen ist, nun einen verweichlichten Körper und einen durch ein komfortables Leben geschwächten Geist besitzt und außerdem zu Trägheit und Antriebslosigkeit neigt, während der andere auf spartanische Weise erzogen wurde, keinen Luxus gewöhnt, in Selbstbeherrschung geübt und bereit ist, auf vernünftige Überlegungen zu hören. Wenn wir uns nun vorstellen, wie diese beiden jungen Männer einen Philosophen hören, der über den Tod, die Mühsal, die Armut und dergleichen spricht, als ob sie keine Übel seien, oder der über das Leben, die Lust, den Reichtum spricht, als ob sie keine Güter seien, glaubt ihr, dass beide seinen Erörterungen in gleicher Weise Gehör schenken werden und dass der eine in gleichem Maße davon überzeugt sein wird wie der andere? Keineswegs. Der eine wird zögernd und langsam, durch tausend Argumente von seinen festen Ansichten losgeeist, am Ende vielleicht ein Zeichen der Zustimmung geben – ich meine natürlich den Trägen. Der andere wird das Argument schnell und bereitwillig als stichhaltig und relevant für sich selbst akzeptieren und wird weder viele Beweise noch eine ausführliche Darstellung benötigen.[149]

Mit diesen unterschiedlichen Techniken versuchten die Stoiker, sich von der Furcht vor dem Tod zu befreien. Die Bekämpfung der Todesfurcht hatte für die stoischen Philosophen allerdings auch noch eine weiterreichende Bedeutung. Denn mit der Furcht vor dem eigenen Tod verschwinden den Stoikern zufolge auch viele andere Ängste:

> Ich mache dir eine Vorschrift, die nicht nur bei dieser Krankheit, sondern im ganzen Leben ein Heilmittel ist: Verachte den Tod! Nichts ist betrübend, wenn wir uns der Furcht vor ihm entzogen haben.[150]

Für die Stoiker stellt also die Befreiung von der Furcht vor dem Tod eine wichtige Aufgabe für den Menschen auf dem Weg zu einem glücklichen, tugendhaften Leben dar, welches sie auch als ‚guten Fluss des Lebens' (*eurhoia biou*)[151] bezeichnen. Die Seelenruhe ist für sie ein konstitutiver Bestandteil des guten Lebens.[152] Diese muss allerdings durch strenge Übung von Körper und Seele erworben werden. Dann lässt sich auch das Alter und der Tod gelassen ertragen.

---

149 Musonius, *Diatriben* 1.3.11–4.5. (Übers. Brömer mit Modifikationen)
150 Seneca, *Epistulae* 78.5. (Übers. Rosenbach)
151 Vgl. Diogenes Laertios, *Vitae philosophorum* 7.89 = LS 63C = SVF 3.4.
152 Vgl. Seneca, *Epistulae* 92.3 = LS 63F.

Oliver Sensen

Kants tugendethische Reflexionen zum Umgang mit Tod und Sterben

Neun Tage vor seinem Tod bekam Kant Besuch von seinem Arzt. Kant konnte kaum noch kohärent sprechen, und obwohl er sehr schwach war, blieb er selbst dann auf seinen Stock gestützt stehen, als der Arzt ihn bat, sich zu setzen. Wasianski, ein früherer Student Kants und nun sein Bevollmächtigter, erklärt dem Arzt, dass sich Kant erst dann setzen würde, nachdem sich sein Gast hingesetzt habe. Als der Arzt diese Erklärung anzweifelte, nahm Kant all seine Kraft zusammen und sagte: „Das Gefühl für Humanität hat mich noch nicht verlassen.“[1]

Diese Episode aus Kants eigenem Leben ist sinnbildlich für seine philosophische Einstellung zum Leben und Sterben. Es ist nicht das Leben selbst, das ein moralisches Gut darstellt, und auch nicht seine Annehmlichkeit, sondern es geht Kant darum, wie man sich selbst in Ansehung von Schwierigkeiten und Leiden verhält. Da die persönliche Einstellung zentral ist, kann man bei Kant von einem tugendethischen Umgang mit dem Sterben sprechen.

Um diese These weiter zu erläutern, werde ich zunächst Kants Position zum Wert des Lebens darstellen (Abschnitt 1). Danach reflektiere ich, warum man nach Kant keinen Selbstmord begehen darf (Abschnitt 2), und analysiere, in welchem Sinne bei diesem Verbot die Tugend eine zentrale Rolle spielt (Abschnitt 3).

1 Der Wert des Lebens

Kant vertritt eine sehr differenzierte Position zum Wert des Lebens. Man soll sein Leben erhalten, aber der Grund davon liegt nicht darin, dass das Leben als biologische Existenz einen moralischen Wert hat. Dazu bezweifelt er, dass das Leben soviel Vergnügen bereitet, dass es einen Glückswert hat. Zwar hat im Normalfall jeder Mensch den subjektiven Wunsch, sein Leben zu erhalten, doch das begründet noch nicht eine Pflicht, keinen Suizid zu begehen. Kant braucht also ein zusätzliches Argument, um die richtige Einstellung zum Leben zu begründen. In diesem Abschnitt stelle ich zunächst Kants Sicht auf den Wert des Lebens dar, ehe ich im nächsten auf die Begründung der Pflicht eingehe, sein Leben zu erhalten.

1 E. A. C. Wasianski, *Immanuel Kant in seinen letzten Lebensjahren*, in: F. Gross (Hg.), *Immanuel Kant*, Darmstadt 1993 (1804), 263 f.

https://doi.org/10.1515/9783111055602-007

Die Kantischen Textstellen zu diesem Thema sind kurz und über die verschiedensten Schriften verstreut.[2] Deswegen bringe ich zunächst verteilte Aussagen, die sich u. a. in Notizen befinden, unter den schon angedeuteten vier Thesen zum Wert des Lebens zusammen: (1) Die biologische Existenz als solche hat keinen moralischen Wert. (2) Die Glücksbilanz im Leben fällt immer negativ aus, so dass das Leben auch keinen Vergnügungswert hat. (3) Jeder Mensch möchte (im Normalfall) sein Leben erhalten. (4) Das Leben erhält durch die moralische Haltung des Menschen einen objektiven Wert.

1.1 Der moralische Wert des Lebens

Kant ist noch heute unsere Inspiration für die Annahme der Grundrechte aller Menschen und die Forderung, dass jeder moralisch respektiert werden soll. Das drückt er zeitlos in der Menschheitsformel des Kategorischen Imperativs aus: „Handle so, daß du die Menschheit sowohl in deiner Person, als in der Person eines jeden andern jederzeit zugleich als Zweck, niemals bloß als Mittel brauchst." (*Grundlegung zur Metaphysik der Sitten* [GMS] 4:429[3]).

Es ist eine natürliche und weitverbreitete Lesart, dass dieses Gebot auf einem absoluten, inneren Wert des Menschen beruht.[4] Schließlich spricht Kant ja auch von der Würde der menschlichen Natur. Wenn der Mensch einen absoluten Wert hat, so ist es ein kleiner Schritt zur These, dass man sein Leben erhalten und schätzen soll.

Tatsächlich scheint Kants Begründung für die jedem geschuldete Achtung jedoch komplizierter. Seine Texte präsentieren das folgende Trilemma:

(i) Alle Menschen sollen geachtet werden (vgl. die obige Menschheitsformel GMS 4:429). Selbst der Lasterhafte verdient Respekt als Mensch (vgl. *Metaphysik der Sitten* [MS] 6:463).

(ii) Nur ein guter Wille hat einen absoluten, inneren Wert (GMS 4:393).

(iii) Nicht alle Menschen haben einen guten Willen (vgl. MS 6:463). In der *Religionsschrift* sagt Kant sogar, man müsse alle Menschen als von Natur aus böse betrachten (vgl. *Religion* 6:32–39).

2 Auf die Quellen aus Kants handschriftlichem Nachlass hatte mich zuerst Heiko Puls aufmerksam gemacht, vgl. H. Puls, *Better never to have been? Kant über menschliche Reproduktion, Glück und den Wert des Lebens*, in: *Kant-Studien* 106 (2015), 596–625.

3 Seitenangaben zu Kant-Zitaten beziehen sich auf Band:Seite der Akademieausgabe von *Kants Gesammelten Schriften*, Berlin 1910 ff.

4 Vgl. C. Korsgaard, *Creating the Kingdom of Ends*, Cambridge 1996, 119–124, D. Schönecker/A. Wood, *Kants „Grundlegung zur Metaphysik der Sitten"*, Paderborn 2002, 140–153.

Die Lösung des Trilemmas ist meines Erachtens, dass die Forderung, andere zu achten, nicht durch einen Wert begründet wird.[5] Das beinhaltet, dass die biologische Existenz an sich keinen absoluten moralischen Wert hat: „da die Existenz des Menschen ein factum ist, das keine Verbindlichkeit produzirt." (*Kants Vorlesungen Vigilantius* [Vigil] 27:545).

Stattdessen handelt es sich bei der Menschheitsformel um ein Gebot der eigenen Vernunft: „Denn vernünftige Wesen stehen alle unter dem *Gesetz*, daß jedes derselben sich selbst und alle andere *niemals bloß als Mittel* [...] behandeln solle." (GMS 4:433) Nach Kant muss das so sein, da es sich bei der Menschheitsformel um einen *kategorischen* Imperativ handelt. Das Gesetz ist immer und überall gültig, und diese Notwendigkeit kann nicht durch die Erfahrung von Werten entstehen, sondern nur durch ein Urteil der Vernunft: „Notwendigkeit und strenge Allgemeinheit sind also sichere Kennzeichen einer Erkenntnis a priori [...]." (KrV B4)

Ganz allgemein ist also die Forderung, sich und andere zu achten, auf ein direktes Diktat der eigenen Vernunft gegründet, so dass dieses „Princip der Menschheit [...] *als Zwecks an sich selbst* [...] wegen seiner Allgemeinheit [...] aus reiner Vernunft entspringen muß." (GMS 4:431 f.) Es ist bisher noch offen, wie genau sich daraus ein Selbstmordverbot ableitet (siehe Abschnitt 2). Aber die erste, negative These zum Wert des Lebens hat nicht nur Nachteile. Zwar könnte man alternativ zu Kant die Pflicht zur Achtung direkt auf einen Wert des Lebens gründen, allerdings hätte diese Begründungsart auch weitere Implikationen, die Kant-untypisch sind. So könnte ein Konsequentialist argumentieren, dass man in jeder Handlung den absoluten Wert des Lebens maximieren solle.[6] Das hätte zur Folge, dass man einen Unschuldigen töten sollte, um fünf anderen das Leben zu retten. Zudem sollte man mehr Leben produzieren, so dass man die Zahl der Weltbevölkerung maximiere.

Diese Punkte sprechen gegen die natürliche Lesart, Kants Achtungspflicht auf einen absoluten Wert zu gründen.

1.2 Der Glückswert des Lebens

Eine andere Art, den Wert des Lebens zu begründen, ist, dass das Leben sehr angenehm und glücklich ist. Auch das ist nicht Kants Position.[7] Er vertritt nicht, dass das Leben unter Glücksgesichtspunkten Wert hat: Das „Leben überhaupt, was den Genuß desselben betrifft, der von Glücksumständen abhängt, [hat] gar

5 Vgl. O. Sensen, *Kant on Human Dignity*, Berlin 2011.

6 Vgl. D. Cummiskey, *Kantian Consequentialism*, Oxford 1996.

7 Vgl. L. E. Borowski, *Darstellung des Lebens und Charakters Immanuel Kants*, in: F. Gross (Hg.), *Immanuel Kant*, Darmstadt 1993 (1804), 1–102, 47 f.

keinen eigenen Werth [...].“ (*Anthropologie* [Anth] 7:239). Der Grund ist, dass nach Kant das Leid immer den Genuss überwiegt:

> Was das Leben für uns für einen Wert habe, wenn dieser bloß nach dem geschätzt wird, was man genießt (dem natürlichen Zweck der Summe aller Neigungen, der Glückseligkeit), ist leicht zu entscheiden. Er sinkt unter Null; denn wer wollte wohl das Leben unter denselben Bedingungen oder auch nach einem neuen selbstentworfenen (doch dem Naturlaufe gemäßen) Plane, der aber auch bloß auf Genuß gestellt wäre, aufs neue antreten? (*Kritik der Urtheilskraft* [KU] 5:434 Anm.)

Nicht nur faktisch überwiegt nach Kant das Leid die Freude, sondern selbst wenn man sich das Leben selbst entwerfen könnte, würde das Leid überwiegen. In einer Reflexion führt er diesen Gedanken noch weiter aus: „Die Summe des Vergnügens kann die des Schmerzens nicht übersteigen. Sie ist gar kleiner, weil viele Schmerzen langsam verschwinden.“ (*Reflexion* [Refl] 1487, 15:722) Der Genuss verschwindet schnell, während das Leid nur langsam verschwindet. Selbst wenn man also von den Umständen begünstigt würde, würden doch die negativen Erfahrungen überwiegen, und ein Leben, das auf Genuss ausgerichtet ist, hat keinen positiven Wert (vgl. auch *Muthmaßlicher Anfang der Menschengeschichte* [MAM] 8:122; *Über das Mißlingen aller philosophischen Versuche in der Theodicee* [MpVT] 8:260; Refl 1379, 15:602).

Nach diesen Aussagen kann man schließen, dass Kant einen Pessimismus vertrete. Die Glücksbilanz des Lebens ist immer negativ, unter vernünftigen Gesichtspunkten könne man sich nicht eine Wiederholung des Lebens wünschen, noch könne man jemand anderem wünschen, geboren zu werden.[8] Unter diesen Gesichtspunkten kann man sogar am Sinn des Lebens zweifeln, wenn man sich fragt, „woher nämlich der Urheber unsers Daseins uns überhaupt ins Leben gerufen, wenn es nach unserm richtigen Überschlage für uns nicht wünschenswerth ist [...]“? (MpVT 8:260)

Ein anderer Schluss ist, dass es sich bei diesen Aussagen nur um einen Gesichtspunkt handelt, und Kant nur einem Leben, das ganz auf den Genuss ausgerichtet ist, einen negativen Wert beimisst. Die Ausgangslage gibt nämlich auch die Möglichkeit, Mut zu beweisen: „Es ist aber von der größten Wichtigkeit: *mit der Vorsehung zufrieden zu sein* (ob sie uns gleich auf unserer Erdenwelt eine so mühsame Bahn vorgezeichnet hat): theils um unter den Mühseligkeiten noch Mut zu fassen [...].“ (MAM 8:121; vgl. *Über eine Entdeckung* [ÜE] 8:213)

Dieses Mut fassen – so werde ich später argumentieren (in Abschnitt 3) – ist Kants tugendethische Gesinnung. Würde im Leben immer die Freude überwiegen, gäbe es eventuell sogar weniger Gedanken an die Tugend. Im jetzigen Leben,

8 Vgl. Puls, *Better*, 2015.

sagt Kant: Der „denkende Mensch fühlt einen Kummer, der wohl gar zur Sittenverderbniß werden kann [...].“ (MAM 8:120) So helfe man z. B. einem anderen erst dann mehr, wenn man selbst glücklich sei: „ein *Mensch liebt* den andern nicht eher thätig, *bis er sich selbst wohlbefindet*“ (*Kants Vorlesungen Herder* 27:64). Der denkende Mensch kann sich also anders besinnen, „wenn etwa die Vernunft ihn erinnert, dem Leben durch *Handlungen* einen Werth zu geben [...].“ (MAM 8:122)

1.3 Der subjektive Wert des Lebens

Ungeachtet dessen, wie man den Glückswert und den moralischen Wert der biologischen Existenz beurteilt, so will doch (im Normalfall) ein jeder Mensch weiterleben: „Die stärksten Antriebe der Natur [...] sind *Liebe zum Leben* und *Liebe zum Geschlecht*; die erstere um das Individuum, die zweite um die Species zu erhalten [...].“ (*Über den Gemeinspruch* 8:276) Selbst wenn der denkende Mensch auf Grund der Glücksbilanz einen pessimistischen Schluss ziehen würde, so würde er dennoch durch einen Naturinstinkt zum Weiterleben getrieben:

> Laßt den Hospitalkranken Jahre lang auf seinem Lager leiden und darben und ihn oft wünschen hören, daß ihn der Tod je eher je lieber von dieser Plage erlösen möge; glaubt ihm nicht, es ist nicht sein Ernst. Seine Vernunft sagt es ihm zwar vor, aber der Naturinstinct will es anders. Wenn er dem Tode als seinem Befreier (jovi liberatori) winkt, so verlangt er doch immer noch eine kleine Frist und hat immer irgend einen Vorwand zur Vertagung (procrastinatio) seines peremtorischen Decrets. (*Streit der Facultäten* [SF] 7:99)

Kant führt auch diesen Gedanken woanders weiter aus. Aufgrund eines Naturinstinkts hat der Mensch Angst vor dem Tod. Dabei gehe es nicht so sehr um eine Angst vor dem Sterben oder Schmerzen zu haben, sondern um die Angst, nicht mehr weiterzuleben: „Die allen Menschen, selbst den Unglücklichsten oder auch dem Weisesten, natürliche Furcht vor dem Tod ist also nicht ein Grauen vor dem *Sterben*, sondern [...] vor dem Gedanken *gestorben* (d. i. todt) *zu sein* [...].“ (Anth 7:167) Der Instinkt zu leben ist so stark, dass man einen Menschen nicht verurteilen kann, wenn er den Tod fürchtet, obwohl er sich der negativen Glücksbilanz bewusst ist: „man mag es einer kindlichen Urtheilskraft allenfalls nicht verdenken, daß sie den Tod fürchtet, ohne das Leben zu lieben [...].“ (MAM 8:122)

Durch den Naturinstinkt verdrängt der Mensch dann oft auch die negative Glücksbilanz. Die Selbsttäuschung erfolgt „durch die Decke, die er auf die traurigen Gegenstände des Lebens wirft, und [er] befleißigt sich einer leichtsinnigen Achtlosigkeit bei der Menge der Übel, die ihn umgeben, und die ihn gleichwohl unwidersetzlich zu einem weit schmerzhaftern Gefühl endlich zurück führen.“

(Briefe 2:39–40) Die Selbsttäuschung verhindert aber, dass das Leben tatsächlich einen positiven Wert bekommt:

> Um zu Urtheilen, ob das Leben einen positiven oder negativen Werth habe, muß man darauf nicht achten, daß niemand gerne sterben will, sondern ob ein vernünftiger auf dieselben Bedingungen noch einmal zu leben wünschen werde. Ist dieses nicht, so ist das Leben weniger als nichts werth. Und so ist es in der that [...]. (Refl 1379, 15:602)

In der vernünftigen Reflexion besitzt das biologische Leben für sich also weder einen moralischen noch einen Glückswert. In der subjektiven Wahrnehmung hingegen wird der Mensch von einem Naturinstinkt zum Leben angetrieben und sieht es positiv. Allein aus einem Drang zu leben folgt allerdings keine Pflicht, das Leben zu erhalten (vgl. MS 6:393). Aber man kann nach den bisherigen Überlegungen doch von einem subjektiven Wert des Lebens sprechen.

1.4 Der objektive Wert des Lebens

Für Kant hat das Leben aber nicht nur subjektiv durch einen Naturinstinkt einen Wert, sondern es kann auch objektiv einen Wert haben. Dieser Wert besteht in der Moralität, und es ist „der Wert, welchen er allein sich selbst geben kann, und welcher in dem besteht, was er tut, wie und nach welchen Prinzipien er [...] in der *Freiheit* seines Begehrungsvermögens handelt, d. h. ein guter Wille ist dasjenige, wodurch sein Dasein allein einen absoluten Wert [...] haben kann.“ (KU 5:443, vgl. 5:208–209) Das erklärt Kants Position in der *Grundlegung*, nach der nur ein guter Wille einen absoluten Wert hat (vgl. GMS 4:393). Und es bestätigt die tugendethische Einstellung Kants zum Leben. Es geht darum, wie man sich verhält, und da ist eine moralische Einstellung das oberste Gebot: „Geburth und Tod sind Anfang und Ende eines auftritts, in dem nur die moralität erheblich ist [...].“ (Refl 4239, 17:473)

Aber warum ist die Moralität absolut geboten und hat den höchsten Wert? Wir können es nicht mit Sicherheit sagen, und das erzeugt eine Spannung, da subjektiv gesehen die Glücksbilanz negativ ist. Selbst wenn man nach einem guten Willen strebt, was genau macht das wertvoll? Wir verstehen es nicht:

> Die Existenz eines blos sittlichen Wesens ohne Glükseeligkeit hat zwar für einen Zuschauer den größten Werth, aber für das Subiect selbst nicht. Der Werth der Existenz aber muß obiectiv so wohl als subiectiv bestimmt und gewiß seyn. [...] Aber ich weis nicht, warum ich blos zum handeln da seyn soll. Eben derselbe Wille (in der Idee), der mir dies gebietet, warum hat er mein Daseyn geboten. Ich kann dazu nicht einstimmen. Also ist moralität bedingter Weise nothwendig, aber die Bedingung (meine Existenz) ist alsdenn nicht blos zufällig, sondern für meinen Wunsch unmöglich. (Refl 6280, 18:547 f.)

Warum soll man moralisch sein? In der *Grundlegung* bezeichnet Kant dieses Problem als die „oberste Grenze aller moralischen Nachforschung" (GMS 4:462). Könnte man einen weiteren Grund nennen (z. B. Glück oder Gottes Wille), dann wäre die Moral bedingt; man solle ihr folgen, wenn man diesen Grund erfüllen wolle. In anderen Schriften verwandelt sich die Frage in eine andere: „wenn ich nun tue, was ich soll, was darf ich alsdann hoffen?" oder kurz: „*Was darf ich hoffen*?" (*Kritik der reinen Vernunft* [KrV] A805/B833) Kants Antwort zu dieser Frage ist die Lehre vom höchsten Gut und die Postulatenlehre zur Existenz Gottes. Demnach sind wir berechtigt, zum moralischen Handeln an eine Belohnung und die Existenz Gottes als deren Garant zu glauben. Diese Annahmen werden dadurch qualifiziert, dass es sich nur um einen Glauben handelt: „Ich mußte also das *Wissen* aufheben, um zum *Glauben* Platz zu bekommen" (KrV B XXX), und wir nur zum Handeln zu diesem Glauben berechtigt sind.[9] Aber in unserem Kontext ist nur wichtig, dass die Forderung, auch im Ansehen einer negativen Glücksbilanz in diesem Leben mit Mut moralisch zu sein und nicht seinen Posten zu verlassen, kategorisch geboten ist. Wie aber leitet Kant das Gebot, keinen Suizid zu begehen, von dem allgemeinen moralischen Gebot ab?

2 Das Selbstmordverbot

Für Kant hat also das moralische Handeln, einschließlich der richtigen Gesinnung, den höchsten Wert. Dieser Wert wird nicht durch das Glück oder den Wert des Lebens begründet, sondern das Gebot, moralisch zu sein, betrifft einen jeden Menschen als einen kategorischen Imperativ: „Der kategorische Imperativ, der überhaupt nur aussagt, was Verbindlichkeit sei, ist: handle nach einer Maxime, welche zugleich als ein allgemeines Gesetz gelten kann!" (MS 6:225) Was man tun soll, wird also durch ein Gesetz diktiert, das aus der eigenen Vernunft entspringt: „Reine Vernunft ist für sich allein praktisch und giebt (dem Menschen) ein allgemeines Gesetz, welches wir das *Sittengesetz* nennen." (*Kritik der praktischen Vernunft* [KpV] 5:31). (Warum man zudem noch eine gewisse Gesinnung als innere Motivation haben soll, werde ich im nächsten Abschnitt analysieren.)

Aber wie begründet Kant inhaltlich das Suizidverbot? Es ist eine Sache zu sagen, dass moralische Gebote kategorisch auf einem Imperativ der eigenen Vernunft beruhen, eine andere zu sagen, dass spezifisch ein Selbstmord unmoralisch ist. In diesem Abschnitt analysiere ich die Ableitung des Suizidverbots.

9 Dazu O. Sensen, *Dialectic of Pure Practical Reason*, in: S. Baiasu/M. Timmons (eds.), *The Kantian Mind*, London 2023, 178–188.

Die Ableitung konkreter Pflichten aus Kants kategorischem Imperativ wird in der Sekundärliteratur heiß diskutiert. Dabei überwiegt schon seit Kants frühesten Kommentatoren die Skepsis, dass diese Ableitung funktioniert.[10] Selbst Kommentatoren, die Kant sympathisch gegenüberstehen und versuchen, das Verfahren plausibel zu machen, lehnen dabei vor allem Kants Versuch ab, spezifisch ein Selbstmordverbot abzuleiten.[11] Die Literatur folgt dabei meist derselben Lesart. Diese werde ich im Folgenden als die Standardlesart bezeichnen, eher ich eine alternative Lesart vorstelle.

Nach der Standardlesart entfaltet sich Kants Ableitung von Pflichten in drei Schritten:[12] (1) Man nehme zuerst seine eigene Maxime, z. B. „ich mache es mir aus Selbstliebe zum Prinzip, wenn das Leben bei seiner längeren Frist mehr Übel droht, als es Annehmlichkeit verspricht, es mir abzukürzen." (GMS 4:422) (2) In einem zweiten Schritt überlegt man in einem Gedankenexperiment, dass diese Maxime universell gelte (vgl. GMS 4:424). Im Falle von Pflichten gegen andere bedeutet das, dass alle anderen auch dieser Maxime folgen. Bei Pflichten gegen sich reicht es anzunehmen, dass eine Person *immer* diese Maxime habe (vgl. GMS 4:424). (3) Schließlich ergäbe sich bei unmoralischen Maximen ein Widerspruch. Da es sich beim Selbstmordverbot um eine vollkommene Pflicht handelt, „die keine Ausnahme zum Vorteil der Neigung verstattet" (GMS 4:421 Anm), sollte sich ein Widerspruch schon dann ergeben, wenn man sich den Selbstmord allein als ein universales Gebot vorstelle (vgl. GMS 4:424).

Diese Ableitung eines Selbstmordverbots scheint so nicht zu funktionieren. Egal, ob man annimmt, dass alle diese Maxime haben, oder ob einer diese Maxime immer hat, es ist nicht ersichtlich, warum sich dadurch ein Widerspruch ergeben soll. Auf den ersten Blick sind auch Kants Begründungen für das Selbstmordverbot in der *Metaphysik der Sitten* nicht aussichtsreicher. Kant sagt: „es ist ein Widerspruch die Befugniß zu haben sich aller Verbindlichkeit zu entziehen, d. i. frei so zu handeln, als ob es zu dieser Handlung gar keiner Befugniß bedürfte." (MS 6:422) Damit sich hier ein Widerspruch ergibt, müsste zuerst schon feststehen, dass es keine Befugnis zum Selbstmord gibt und er also verboten ist. Das aber ist ja genau das, was erst gezeigt werden soll.

---

10 Vgl. G. A. Tittel, *Über Herrn Kant's Moralreform*, Bad Neustadt 1786, 33; G. W. F. Hegel, *Grundlinien zur Philosophie des Rechts*, Hamburg 2016 (1820), § 135; J. Timmermann, *Kant's Groundwork of the Metaphysics of Morals*, Cambridge 2007, 82.

11 Vgl. A. Wood, *Kantian Ethics*, Cambridge 1999, 82–86; H. Allison, *Kant's Groundwork for the Metaphysics of Morals*, Oxford 2011, 183–185.

12 vgl. J. Rawls, *Lectures on the History of Moral Philosophy*, ed. by B. Herman, Cambridge, MA 2000, 167–170.

Zu diesem Problem, einen Widerspruch zu finden, gesellen sich noch drei allgemeine Probleme, die auch die Ableitung anderer Pflichten betreffen: (1) Zum einen ist selbst dann, wenn sich bei der Verallgemeinerung ein Widerspruch ergibt, das Verfahren scheinbar unzuverlässig. Manchmal schließt es moralisch neutrale oder sogar lobenswerte Maximen aus, in anderen Fällen erlaubt es Maximen, die uns als unmoralisch erscheinen. Ein Beispiel für den ersten Fall ist z. B. die Maxime Arzt zu werden. Wenn jeder Arzt werden wollte, so gäbe es niemanden, der als Landwirt Nahrungsmittel anbaut oder als Polizist für Ordnung sorgt. Man könnte auch nicht darauf verzichten, Kinder zu haben, um sich der Zukunft der Menschheit zu widmen, da es ohne Kinder keine Zukunft der Menschheit gibt.[13]

Zum anderen lässt dieses Verfahren Maximen zu, die uns als unmoralisch erscheinen. So wäre es unmoralisch, Bestechungsgelder abzulehnen. Denn hätte jeder diese Maxime, so entstünde ein Widerspruch, da die Praxis der Bestechung unmöglich würde. Bestechungen wären so nach Kants Verfahren erlaubt, widersprechen aber unserem Moralverständnis.[14] Zudem scheinen ganz spezifische Maximen problemlos verallgemeinerbar. Wenn man spezifiziert, wer einen Mord an wem zu welchem Zeitpunkt und an welchem Ort begehen will, so stellt sich kein Widerspruch ein.

(2) Ein zweites Problem besteht darin, dass nicht klar ist, warum ein Widerspruch ein *moralisches* Problem darstellt. Widersprüche kann es auch in der Mathematik oder Logik geben, ohne dass dies ein moralisches Vergehen identifiziert. Dem könnte man entgegnen, dass der Widerspruch anzeige, wenn man eine Ausnahme für sich machen wolle (vgl. GMS 4:424). Das ist das moralische Phänomen, unfair zu sein. Allerdings ist nicht jede Ausnahme auch moralisch verwerflich. Wenn man sich z. B. auf eine Stelle bewirbt oder im Sport gewinnen will, versucht man eine Ausnahme zu machen. Keiner hat den Speer über 80 Meter geworfen. Wenn man es schafft, macht man eine Ausnahme für sich, ohne dass es unmoralisch erscheint.

(3) Drittens scheint das Verfahren, falls es erfolgreich wäre, zu strikt zu sein. Falls es z. B. verbietet zu lügen, so würde es alle Lügen als unmoralisch deklarieren, selbst wenn ein Mörder mich fragt, ob sein Opfer bei mir zu Hause ist.

Eine mögliche Strategie, alle diese Probleme abzuschwächen, ist es, wenn man versucht, den Begriff der Maxime eine bestimmtere Bedeutung zu geben.[15] So sagt Kant z. B., dass jede Maxime einen Zweck habe (vgl. GMS 4:436), und vielleicht ergibt sich ein Widerspruch nur dann, wenn man einen gewissen Zweck

---

13 Auch triviale Fälle, wie z. B. am Sonntag um 10 Uhr morgens Tennis zu spielen, scheinen einer Verallgemeinerung nicht widerspruchsfrei Stand zu halten, vgl. B. Herman, *The Practice of Moral Judgment*, Cambridge, MA 1993, 138.

14 Vgl. F. Brentano, *Vom Ursprung sittlicher Erkenntnis*, Hamburg 1969 (1889), 11, Anm. 14.

15 Vgl. O. Höffe, *Ethik und Politik*, Frankfurt 1979, 90 f.; O. O'Neill, *Constructions of Reason*, Cambridge 1989, 83–89.

verfolgt. Dementsprechend ist auch Kants Diskussion des Selbstmords sehr subtil. Er unterscheidet unterschiedliche Motive, aus denen heraus man Selbstmord begehen könne. Manchmal scheint ein Selbstmord z. B. aus Verzagtheit, ein anderes Mal aber auch mit Mut zu geschehen (vgl. Anth 8:258), und es ist nicht klar – gerade in der *Metaphysik der Sitten* – dass er alle gleichermaßen verurteilt (vgl. MS 6:423–424).

Dieses Verfahren, dass sich durch die verschiedenen Zwecke, die man mit einer Maxime verfolgt, die richtige Lösung ergäbe, muss allerdings erst noch entwickelt werden. Ich behaupte nicht, dass es nicht funktionieren könnte. Aber zum einen besteht die Gefahr, dass dann der Zweck die Mittel heiligen könnte, was sehr unkantisch scheint. Zum anderen finden wir in Kants Text eine alternative Methode, die – wie mir scheint – erfolgreicher ist und den Problemen der Standardlesart einfacher begegnen kann. Diese Methode werde ich nun kurz skizzieren.[16]

Um die Methode einzuführen, überlegen wir zuerst, wie wir in einer globalen Pandemie konkrete Pflichten entwickeln: (1) Zuerst identifizieren wir fundamentale Werte oder allgemeine Zwecke, die wir zu den menschlichen Grundbedürfnissen zählen (z. B. das Leben erhalten, Gesundheit, soziale Bindungen, Wirtschaftskraft usw.). Diese müssen eventuell gegeneinander abgewogen werden (was oft nach kulturellen Gesichtspunkten geschieht). (2) Danach suchen wir nach Regeln, die diese Zwecke schützen oder befördern (z. B. einen gewissen Abstand zu halten oder die Anzahl von Personen in Räumen zu beschränken usw.). (3) Schließlich fordern wir, dass man für sich bei diesen Regeln nicht (ohne triftigen Grund) eine Ausnahme macht. Diese Methode finden wir in Kants Schriften, an zentralen Stellen, in späteren Werken und früheren Schriften.

In der *Grundlegung* sagt uns Kant, dass „Moral [...] zu ihrer *Anwendung* auf Menschen der Anthropologie bedarf" (GMS 4:412). Anthropologie ist eine empirische Wissenschaft von den Grundbedürfnissen der Menschen (vgl. MS 6:406). Nach seinen Beispielen zur Anwendung des Imperativs erklärt er dann seine Methode so: Im Falle einer Pflichtübertretung „würden wir einen Widerspruch in unserem eigenen Willen antreffen, nämlich, daß ein gewisses Prinzip objektiv als allgemein notwendig und doch subjektiv [...] Ausnahmen verstatten sollte." (GMS 4:424) Wir sollen also (3) keine Ausnahmen machen, zu (2) Regeln, die wir als objektiv notwendig ansehen, (1) im Einklang mit den Grundbedürfnissen der Anthropologie.

Dementsprechend beschreibt Kant den Widerspruch in der Suizidmaxime so: „eine Natur, deren Gesetz es wäre, durch dieselbe Empfindung, deren Bestim-

16 Vgl. O. Sensen, *Universal Law and Poverty Relief*, in: *Ethical Theory and Moral Practice* 26 (2022), 177–190, online unter: https://link.springer.com/article/10.1007/s10677-022-10281-0 (Zugriff am 31.03.2023).

mung es ist, zur Beförderung des Lebens anzutreiben, das Leben selbst zu zerstören, [würde] ihr selbst widersprechen [...].“ (GMS 4:422) Wie wir schon gesehen haben, geht Kant davon aus, dass es einen Naturinstinkt gibt, der uns zum Leben antreibt (siehe Abschnitt 1.3). Auf dieses Grundbedürfnis basieren wir normalerweise Regeln, um das Leben zu erhalten: z. B. sich nicht zu töten, sondern mit Nahrung und Schlaf zu erhalten. Eine Maxime des Selbstmords würde versuchen, dagegen eine Ausnahme zu machen.

Diese alternative Methode, konkrete Pflichten aus dem Moralprinzip abzuleiten, ist zugegebenermaßen nicht so direkt und auffällig im Text wie die Standardlesart. Allerdings findet man diese Alternativmethode über verschiedenste Schriften Kants verteilt. Auch in späteren Schriften sagt Kant: „eine Metaphysik der Sitten kann nicht auf Anthropologie gegründet, aber doch auf sie angewandt werden.“ (MS 6:217) Auch in der Einleitung zu dem Selbstmordverbot skizziert Kant die Alternativmethode: „Da sind nun die Antriebe der Natur, was die **Thierheit** des Menschen betrifft, a) der, durch welchen die Natur die Erhaltung seiner selbst [...] beabsichtigt. – Die Laster, welche hier der Pflicht des Menschen gegen sich selbst widerstreiten, sind: der *Selbstmord* [...].“ (MS 6:420). Das Selbstmordverbot gründet sich zu einem Teil auf dem subjektiven Wert des Lebens.

Auch in seinen Vorlesungen erwähnt Kant immer wieder die verschiedenen Elemente der Alternativmethode. So sagt er z. B.: „Daher müssen Regeln sein, wornach meine Handlungen allgemein gelten, und diese werden von den allgemeinen Zwecken der Menschen hergeleitet, und nach denen müssen unsere Handlungen übereinstimmen, und das sind moralische Regeln.“ (*Kants Vorlesungen Collins* 27:258) Das ist eine Kurzbeschreibung von Kants Methode, die alle drei Schritte in sich enthält. Umgekehrt gesteht Kant auch, dass der kategorische Imperativ *für sich genommen* leer ist: Durch die „Moral als Sittenlehre in genere [...] kann dann keine Regel der Pflichthandlung selbst bestimmt werden, weil dies zur Materie gehört, sondern man nimmt blos auf die Gesetzgebung als Form Rücksicht [...].“ (Vigil 27:578).

Es müssen also zwei verschiedene Dinge zusammenkommen, um eine Pflicht zu ergeben, Form und Materie. Auch in der theoretischen Philosophie argumentiert Kant berühmtermaßen, dass es Form und Materie braucht, um eine einzelne Erkenntnis zu gewinnen: „Ohne Sinnlichkeit würde uns kein Gegenstand gegeben, und ohne Verstand keiner gedacht werden. Gedanken ohne Inhalt sind leer, Anschauungen ohne Begriffe sind blind.“ (KrV B75). In der praktischen Philosophie geben die Naturzwecke den Inhalt, aber der kategorische Imperativ die moralische Form: „Daß diese Wohlthätigkeit Pflicht sei, ergiebt sich daraus, daß, weil unsere Selbstliebe [...] wir also uns zum Zweck für Anderere machen und diese Maxime niemals anders als blos durch ihre Qualification zu einem allgemeinen Gesetz [...] zugleich Pflicht ist.“ (MS 6:393)

Die Alternativmethode hat aber nicht nur eine Verankerung im Text, sondern sie hat auch Vorteile als ethisches Kriterium: (1) Sie verbietet nicht, Arzt zu werden und erlaubt nicht Bestechung. Im ersten Fall braucht es Ärzte, um die Naturzwecke der Menschen (Leben, Gesundheit) zu erhalten. Im zweiten Fall fördert die Bestechung nicht gewisse Grundgüter, sondern sie widerspricht auch der Gleichheit und Fairness, die im Imperativ gefordert wird. (2) Die Alternativmethode kann leichter erklären, warum es sich um ein *moralisches* Kriterium handelt. Es geht darum, sich nicht als etwas Besseres anzusehen, indem man Ausnahmen zu notwendigen Regeln macht. Das ist der Kerngedanke von Gleichheit und Fairness. (3) Schließlich ist die Methode nicht unbedingt strikt. Die Regeln, mit denen wir die universellen Zwecke zu schützen und befördern suchen, können sehr subtil sein. Zum Beispiel kann es eine Regel geben, dass ein bestimmter Prozentsatz der Bevölkerung Arzt, Landwirt oder Polizist sein muss.

Nicht zuletzt hat die Alternativmethode den Vorteil, dass sie mit dem übereinstimmt, wie wir tatsächlich moralische Urteile entwickeln, z. B. während einer globalen Pandemie.

3 Moralische Haltung als Tugend

Bisher habe ich analysiert, warum man nach Kant auch unter widrigen Umständen keinen Selbstmord begehen sollte und wie sich dieses Gebot zum Wert des Lebens verhält. Aber in welchem Sinne kann man bei dieser Konzeption von tugendethischen Überlegungen sprechen? Der Kerngedanke ist, dass der Mensch Naturinstinkte hat, die moralischen Forderungen ganz allgemein und in gewissen Situationen auch dem Selbstmordverbot entgegenlaufen. Um dem Imperativ und dem Suizidverbot gemäß zu handeln, bedarf es der Tugend: „Die Antriebe der Natur enthalten also *Hindernisse* der Pflichtvollziehung im Gemüth des Menschen [...], die also zu bekämpfen [...] er sich vermögend urtheilen muss: nämlich das zu *können*, was das Gesetz unbedingt befiehlt, daß er thun soll." (MS 6:380)

Dabei versteht Kant die Tugend vom lateinischen *virtus* her als Tapferkeit oder Stärke: „Nun ist das Vermögen und der überlegte Vorsatz einem starken, aber ungerechten Gegner Widerstand zu thun die *Tapferkeit* (*fortitudo*) und in Ansehung des Gegners der sittlichen Gesinnung *in uns* **Tugend** (*virtus, fortitudo moralis*)." (MS 6:380) Kant kennt dabei die Definition der Tugend, die wir mit Aristoteles und den antiken Griechen verbinden, wonach es sich bei der Charaktertugend um die „Beobachtung der Mittelstraße zwischen entgegengesetzen Meinungen" handle, und man diese goldene Mitte durch „Erfahrung" (MS 6:405) und „Gewohnheit" gewinnen könne, so dass man durch einen Habitus die moralische Handlung gerne tue. Kant lehnt diese Tugendvorstellung ab und hebt seine eigene Konzeption im Kontrast hervor.

Dadurch, dass die Neigungen des Menschen nicht auf der Vernunft beruhen, sondern einen physischen Ursprung haben, können sie immer dem Gebot der Vernunft widersprechen. Selbst durch einen Habitus ist also nicht garantiert, dass man gerne moralisch handelt, und es stellt sich keine Heiligkeit in der Gesinnung ein, sondern es ist oft ein Kampf, das Richtige zu tun: „*Tugend*, d. i. moralische Gesinnung *im Kampfe*, und nicht *Heiligkeit*." (KpV 5:84). Tugend ist somit eine „*Autokratie*" als ein „*Vermögen*[...], über seine dem Gesetz widerspenstige Neigungen Meister zu werden" (MS 6:383). Durch die widerspenstigen Neigungen ist die „Tugend immer im *Fortschreiten* und hebt doch auch immer *von vorne an*." (MS 6:409) Sie ist ein unerreichbares Ideal, dem man sich immer annähern soll, aber immer erneut die widerspenstigen Naturinstinkte bekämpfen muss.

Zwar soll man auch moralische Gefühle wie z. B. Mitleid und Teilnahme ausbilden, indem man Menschen in Not aufsucht (vgl. MS 6:457), aber es wird „selbst wenn ihre Ausübung zur Gewohnheit würde" sich nie „Ruhe und Stillstand" in der Gemütslage einstellen (MS 6:409). Die widerspenstigen Neigungen lassen sich nicht durch Gewohnheit zähmen, sondern es braucht Tugend als Willensstärke: „*Tugend* ist die Stärke der Maxime des Menschen in Befolgung seiner Pflicht." (MS 6:394)[17]

Zusammenfassend können wir nun Kants Überlegungen zur Tugend auf seine Ansicht zum richtigen Verhalten dem Tod und Leben gegenüber anwenden. Es gibt ein moralisches Gebot, sein Leben zu erhalten und im Normalfall „hat jedermann dazu noch eine unmittelbare Neigung" (GMS 4:397). Wenn man sein Leben aus Neigung erhält, so verdient dieses Verhalten „Lob und Anerkennung" (GMS 4:398). Aber nach Kant hat das richtige Verhalten nur dann einen vollen moralischen Wert, wenn man es nur darum tut, weil es richtig ist:

> Denn bei dem, was moralisch gut sein soll, ist es nicht genug, dass es dem sittlichen Gesetze *gemäß* sei, sondern es muß auch *um desselben willen* geschehen; widrigenfalls ist jene Gemäßheit nur sehr zufällig und mißlich, weil der unsittliche Grund zwar dann und wann gesetzmäßige, mehrmalen aber gesetzwidrige Handlungen hervorbringen wird. (GMS 4:390)

Die Tugend als Willensstärke und Tapferkeit ist also deswegen notwendig, um sicherzustellen, dass man auch gegen widerspenstige Neigungen moralisch handeln wird:

---

17 Zu Kants Tugendbegriff vgl. auch S. Engstrom, *The Inner Freedom of Virtue*, in: M. Timmons (ed.), *Kant's Metaphysics of Morals*, Oxford 2002, 289–315; A. M. Baxley, *Kant's Theory of Virtue*, Cambridge 2010; A. Trampota, *Kants Konzeption der Tugend*, Baden-Baden 2021.

> wenn Widerwärtigkeiten und hoffnungsloser Gram den Geschmack am Leben gänzlich weggenommen haben, wenn der Unglückliche, stark an Seele, über sein Schicksal mehr entrüstet als kleinmütig oder niedergeschlagen, den Tod wünscht und sein Leben doch erhält, ohne es zu lieben, nicht aus Neigung oder Furcht, sondern aus Pflicht: alsdann hat seine Maxime einen moralischen Gehalt. (GMS 4:398)

4 Schluss

Kants Überlegungen zum Selbstmordverbot erklären, warum man bei Kants Einstellung dem Tod und Sterben gegenüber von einer tugendethischen Einstellung sprechen kann. Selbst, wenn das Leben beschwerlich wird, soll man Tapferkeit und Willensstärke beweisen, damit das Gefühl für Humanität einen nicht verlässt.

Godehard Brüntrup SJ

Der Tod in Panpsychismus und Prozessphilosophie

1 Panpsychismus

1.1 Die Renaissance des Panpsychismus

Der Panpsychismus ist eine philosophische Sicht der Welt, die sich durch die ganze Geistesgeschichte hindurch sowohl in der westlichen wie in der östlichen Philosophie wiederfindet. Wegen der Unlösbarkeit des so genannten „harten Problems des Bewusstseins" hat der Panpsychismus in der Gegenwartsphilosophie eine Renaissance erlebt. Bevor wir der Frage nachgehen können, welche Konsequenzen das panpsychistische Weltbild auf die Sicht und Bewertung von Tod, Sterblichkeit und Unsterblichkeit hat, soll in aller Kürze die Position des Panpsychismus erläutert und begründet werden, jedenfalls eine moderne Variante davon.

Das Entstehen des Bewusstseins kann bis heute wissenschaftlich nicht erklärt werden. Man kann beschreiben, wie das Gehirn neuronal Informationen verarbeitet und das auch auf Computern modellieren. Aber warum dieser Prozess mit Bewusstsein einhergeht, bleibt unverstanden. Es gibt eine Erklärungslücke. Wir können die neuronalen Korrelate finden, mit denen Bewusstsein einhergeht. Aber die Kenntnis der neuronalen Korrelate des Bewusstseins erklärt nicht, wie das Gehirn Bewusstsein erzeugen kann. Wir haben nur ein formales Modell, die abstrakte Struktur eines neuronalen Netzwerks, also den Schaltplan eines komplexen informationsverarbeitenden Systems. Warum dieses System aber etwas erlebt, wissen wir nicht. Man kann sich immer ein anderes System vorstellen, das denselben Schaltplan realisiert und damit die Information ebenso verarbeitet wie unser Gehirn, dabei aber überhaupt nichts erlebt. Ein notwendiger Zusammenhang zwischen einer bestimmten materiellen Konfiguration und dem Auftreten des Bewusstseins erschließt sich uns nicht.

Das Bewusstsein steht damit vermutlich isoliert in der Natur. Einzig das Phänomen des Lebens könnte ähnliche Probleme aufwerfen. Damit wäre bereits eine erste Berührung mit dem Kontrast „Leben" und „Tod" gegeben. Was nämlich am Leben rätselhaft bleibt, ist nicht seine funktionale Struktur (Stoffwechsel, Fortpflanzung etc.), sondern sein geistiger Aspekt. Ist Leben notwendig mit mentalen Gehalten, also Intentionalität oder Empfindungen verbunden? Ist es mehr als ein reiner Mechanismus? Muss man sogar konstatieren, dass lebende Wesen notwendigerweise auf die eine oder andere Weise etwas empfinden oder spüren? Wenn

https://doi.org/10.1515/9783111055602-008

zum Leben Intentionalität und Vorformen des Bewusstseins notwendig dazugehören, dann ist auch das Phänomen des Lebens rein physikalisch nicht voll zu erfassen. Der Tod wäre dann der Wegfall dieses Aspektes des Lebendigen, der sich der physikalischen Reduktion entzieht.

Rein physikalische Phänomene lassen sich dagegen aus dem Zusammenspiel ihrer kleinteiligen Elemente vollständig verstehen. So kann man etwa die Tatsache, dass Wasser flüssig ist, aus den physikalischen Eigenschaften der Wassermoleküle ableiten. Genau dies ist bei Empfindungsgehalten nicht möglich. Warum eine bestimmte neurophysiologische Struktur gerade mit der Empfindung von Glück verbunden ist, können wir aus der Betrachtung der neurophysiologischen Ebene allein nicht ableiten. Man muss eine Versuchsperson fragen, welche neurophysiologische Aktivität bei ihr mit welchem geistigen Gehalt verbunden ist. Auch eine als Gedankenexperiment angenommene zukünftige Neurowissenschaftlerin, die alle physiologischen Tatsachen über das Gehirn kennt, könnte aus diesem Wissen nicht folgern, wie es sich genau anfühlt, Migräne zu haben, wenn sie mit diesem Gefühl nicht schon aus eigener Erfahrung vertraut wäre. Wir müssen also konstatieren, dass das „harte Problem des Bewusstseins" eine Lücke in unserem Verständnis der Welt markiert. Wir wissen nicht, wie und wo das Bewusstsein in der physischen Welt verortet ist. Das Bewusstsein ist aber das Wichtigste in unserem Leben. Ein völlig bewusstseinsloses Leben wäre sinnlos. Der Tod ist gerade deshalb eine Bedrohung, weil er das Ende des Bewusstseins zu markieren scheint, und damit das Ende von allem, was uns wichtig ist.

Nun ist es aber keineswegs so, dass allein der Ort des Bewusstseins in der materiellen Welt ein Problem für unser Verständnis darstellt. Bei genauerem Hinsehen ist der Begriff der Materie selbst rätselhaft. Es ist also nicht so, dass das Bewusstsein rätselhaft sei, die Materie hingegen dem forschenden Geist wenig Widerstände entgegensetzte. Es gibt auch ein „hartes Problem der Materie". Die moderne Naturwissenschaft nimmt vom kartesischen Materiebegriff ihren Ausgang. Materie wurde von Descartes als „res extensa", als reine Ausdehnung bestimmt. Die Naturwissenschaft ist der methodisch strenge Versuch, die Wechselwirkungen der Objekte im Raum mathematisch exakt zu beschreiben oder zu modellieren. Bereits Leibniz stellte die entscheidende Frage an Descartes: Wenn Materie reine Ausdehnung ist, was ist es, das da ausgedehnt ist?[1] Jede Ausdehnung ist Ausdehnung von etwas. Die weiße Ausdehnung auf dem Tisch ist beispielsweise die Ausdehnung von Milch. Ausdehnung an sich ist nichts als Wiederholung von etwas. Für Leibniz blieb der kartesische Materiebegriff daher unterbestimmt, obwohl sich die Beziehungen und Wechselwirkungen innerhalb des kartesischen Raumes sehr erfolgreich durch ma-

1 G. W. Leibniz, GW II, 169 f.

thematische Methoden darstellen und anwenden ließen. Die naturwissenschaftliche Beschreibung modelliert nur Relationen, sagt aber nicht, was die innere Natur dessen ist, was da in Beziehung steht. Die Naturwissenschaft definiert ihre Forschungsgegenstände allein durch ihre Einbettung in das Netzwerk kausaler Beziehungen. Wenn man wissen will, was elektrische Ladung ist, so erhält man als Antwort eine Beschreibung dessen, was elektrische Ladung tut, wie sie mit anderen Dingen oder Eigenschaften in Wechselwirkung steht. Wenn man wissen will, was Physiker mit dem Begriff „Masse“ meinen, so erhält man als Antwort, dass Masse in einem bestimmten Verhältnis zu Kraft und Geschwindigkeit steht, oder zu Energie und Lichtgeschwindigkeit. Man erfährt auch, dass Masse in einem Verhältnis steht zur Krümmung der Raumzeit oder durch eine Wechselwirkung mit dem Higgs-Feld entsteht. Die Physik beschreibt also eine Entität, indem sie angibt, was sie tut, wie sie mit ihrer Umwelt in Wechselwirkung steht. Sie beschreibt mit höchster Präzision ein Netzwerk von Beziehungen und Wechselwirkungen, beantwortet aber nicht die Frage, was da miteinander in Beziehung steht. Könnte das ganze Universum ausschließlich aus Beziehungen und Wechselwirkungen bestehen? Es gäbe dann nur Relationen und keine Relata. Wie kann es aber Beziehungen geben, wenn es nichts gibt, das in Beziehung steht?

Der Panpsychismus bietet für dieses Problem eine Lösung an: Die Physik beschreibt nur die Außenseite der Materie, nicht aber ihre innere Natur. Die physikalische Beschreibung beschreibt die Relationen und Wechselwirkungen zwischen ansonsten unbestimmten Relata, schweigt also aus einer methodologischen Selbstbeschränkung heraus über die innere Natur der Relata. Das bedeutet, dass auch Fortschritte in der Beobachtung und Modellierung der Wechselwirkungen und Relationen niemals zu der inneren Natur derjenigen Dinge vorstoßen, die sich in ebendiesen Wechselwirkungen und Relationen befinden. Die Naturwissenschaft stellt die Frage nach den intrinsischen Naturen prinzipiell nicht. Genauso wie ein Mehr an funktionalem Wissen über das Gehirn nicht vollständig klärt, wie das Bewusstsein entsteht, so erklärt ein Mehr an funktionalem Wissen über die Wechselwirkungen der Dinge nicht, was deren innere Natur ist. So kann man aus dem Scheitern materialistischer Theorien des Bewusstseins und dem Scheitern physikalistischer Theorien der inneren Natur des Physischen den konzeptuellen Raum eröffnen, um den Panpsychismus als Theorie plausibel zu machen. Wäre das Bewusstsein die innere Natur des Physischen, würden beide beschriebenen Probleme beseitigt. Man kann diese erste intuitive Annäherung durch zwei Argumente weiter begründen und entfalten. Das harte Problem des Bewusstseins und das harte Problem der Materie sind jeweils der Ausgangspunkt eines Arguments für den Panpsychismus. Das harte Problem des Bewusstseins führt zum „genetischen Argument“ für den Panpsychismus. Das harte Problem der Materie führt zum „Argument aus den intrinsischen Naturen“.

1.2 Das genetische Argument

Das genetische Argument besagt: Nichts kann etwas geben, das es nicht besitzt. Genauer soll damit die Unmöglichkeit oder Unverständlichkeit radikaler Emergenz behauptet werden. Emergenz ist allgemein gesprochen das Entstehen von neuartigen komplexen Eigenschaften durch die bloße Anordnung und Konfiguration einfacher Bausteine. Emergenz ist aber nur dann ein erklärender Begriff, wenn man dieses plötzliche neue Auftreten von Phänomenen auch verstehen kann. Wir hatten schon den Fall der Flüssigkeiten erwähnt. Einzelne Wassermoleküle sind nicht flüssig. Wenn sie aber miteinander verbunden werden, so entsteht eine Flüssigkeit. Die Emergenz der Eigenschaft „flüssig“ ist aber nicht rätselhaft, weil man physikalisch erläutern kann, wie diese Moleküle Brücken bilden und sich miteinander verbinden, so dass eine Flüssigkeit entsteht. Man spricht hier auch von „schwacher Emergenz“ oder von „starker Supervenienz“, weil die zugrundeliegenden Eigenschaften die neu auftretenden notwendig (modal stark) erzwingen. Es handelt sich um Veränderungen innerhalb des Bereichs physischer Formen, Strukturen und Wechselwirkungen. Wir können verstehen, wie größere physische Objekte aus kleineren zusammengesetzt werden. Dabei entstehen neue Eigenschaften, aber ihr Auftreten resultiert direkt und vorhersehbar aus den physischen Eigenschaften der kleinen Bausteine. Wir verstehen das Verhältnis von Teil zu Ganzem innerhalb der physikalischen Dimension gut, da die Teile und das Ganze Entitäten sind, die sich in der Sprache der Physik beschreiben lassen. An keinem Punkt der Konstruktion bricht eine völlig andere Dimension wie eben das Bewusstsein hervor. Daher tritt hier auch kein Problem der Verständlichkeit der Genese auf. Diese Schwierigkeit tritt immer dann auf, wenn völlig verschiedene Seinsdimensionen miteinander in ein Emergenzverhältnis gesetzt werden sollen.

Angenommen, es gäbe eine platonische Ideenwelt, in der es weder physischen Raum noch physische Zeit gäbe. In ihr kämen beispielsweise die Zahlen vor, die Begriffe, die Relationen und Propositionen. Die Proposition „3 + 3 = 6“ beispielsweise existiert in der platonischen Welt, da sie weder zeitlich datierbar noch räumlich zu verorten ist. Könnte nun aus der Kombination vieler abstrakter platonischer Entitäten ein konkretes raumzeitliches Objekt emergieren, eine konkrete raumzeitliche Entität, die nur aus abstrakten Entitäten zusammengesetzt ist? Das erscheint unmöglich, zumindest aber unintelligibel. Es gibt keine Brücke vom rein Abstrakten zum raumzeitlich Konkreten. Ebenso erscheint es umgekehrt absurd, dass durch eine raffinierte Konfiguration raumzeitlicher Dinge etwas entsteht, das nicht in Raum und Zeit existiert. Das genetische Argument für den Panpsychismus sagt nun, dass das Entstehen von Bewusstsein aus vollkommen bewusstseinsloser Materie ebenso unerklärlich ist. Geist kann nicht aus geistloser Materie emergieren.

1.3 Das Argument aus den intrinsischen Naturen

Das Problem, auf das wir bei der Analyse des Materiebegriffes stießen, führt ebenfalls zu einem Argument für den Panpsychismus. Man nennt diesen Gedankengang das „Argument aus den intrinsischen Naturen." Wir hatten gesehen, dass die Physik Gegenstände relational beschreibt. Was eine physische Entität ist, wird bestimmt dadurch, wie sie mit anderen physischen Entitäten in Wechselwirkung tritt – so, wie man eine Schachfigur dadurch bestimmt, wie sie mit anderen Schachfiguren und dem Schachbrett in Wechselwirkung treten kann. Elektrische Ladung wird beispielsweise durch die elektromagnetische Wechselwirkung bestimmt, also wie Materie auf elektrische oder magnetische Felder reagiert. Man sagt daher, dass die Physik und die auf ihr aufbauenden Naturwissenschaften die Welt dispositional beschreiben, d. h. als ein Geflecht möglicher Wechselwirkungen. Ein solches Netzwerk von Relationen lässt sich mathematisch präzise formulieren. Alfred North Whitehead sprach von einer „fallacy of misplaced concreteness", wenn man eine solche formale Struktur schon für die konkrete Sache selbst hielte.[2] Die Struktur ist zu abstrakt, um konkret existieren zu können. Die formale Struktur ist also nicht schon die Sache selbst, denn eine Struktur ist immer die Struktur von etwas, das strukturiert wird. Eine Beziehung ist immer etwas, das zwei oder mehr Dinge in Beziehung setzt. Die Struktur ruht ontologisch nicht in sich selbst, sie braucht einen Träger. Die erwähnte mathematische Struktur eines Schachspiels, in der jede Figur dadurch definiert ist, was sie im Verhältnis zu anderen Figuren tun kann, macht noch nicht das konkrete Schachspiel aus. Die formale Struktur braucht einen Träger, sei es beispielsweise ein Schachbrett und Figuren aus Holz, oder seien es Zustände im Speicher eines Computers. Damit wird nun aber eine entscheidende Frage aufgeworfen: Die Physik als Grundlagenwissenschaft der Natur liefert uns letztlich auch nur eine mathematische Beschreibung der Welt. Was ist nun der Träger der mathematischen Beschreibungen der Physik? Man könnte auch anders fragen: Was ist die intrinsische Natur, welche die Grundlage aller physikalischen Wechselwirkungen ist? Es muss etwas sein, das selbst nicht wieder als Wechselwirkung beschrieben wird, sonst geraten wir in einen endlosen Regress. Das einzige rein intrinsische Phänomen, das wir kennen, ist das Bewusstsein. Es enthüllt sein Wesen dadurch, wie es sich selbst anfühlt, nicht dadurch, wie es in Beziehung zu etwas anderem steht. Phänomenales Bewusstsein, etwa ein Schmerzerlebnis, lässt sich in seinem Erlebnischarakter nicht verständlich machen als Wechselwirkung zwischen physischen Objekten, seien es die Neuronen oder noch kleinere Bausteine. In der Tat ruht das Bewusstsein so in sich selbst, dass Descartes mit Recht

2 A. N. Whitehead, *Science and the Modern World*, New York 1948, 47–59.

behauptete, dass es möglich sei, dass ich mir die ganze Welt, mit der ich scheinbar in Wechselwirkung zu stehen scheine, nur erträume.

Weil das Bewusstsein also in diesem Sinne in sich ruht, „intrinsisch" ist, könnte es die gesuchte innere Natur der Materie sein und damit der Träger aller physischen Wechselwirkungen. Dieser Gedanke lässt sich von Leibniz über Whitehead und Teilhard de Chardin bis in die Gegenwart verfolgen. Der Physiker Sir Arthur Eddington vertrat die These, dass die Physik uns nur ein großes und komplexes Netzwerk von Relationen beschreibe, dass sich hinter diesem Äußeren der Materie aber etwas Unbekanntes verberge, das die Grundlage unseres Bewusstseins sei. Die physische Welt sei eine bloße Abstraktion, die ihre Aktualität allein dem Bewusstsein verdanke.[3] Bertrand Russell hat diesen Gedanken systematisch entfaltet.[4] Nach seiner Auffassung greift die physikalische Beschreibung nur bestimmte abstrakte Strukturen der Raumzeit heraus. Was die innere Natur der raumzeitlichen Dinge ist, wird durch die physikalische Beschreibung nicht erfasst. Russell stellt nun ebenfalls die Frage, ob diese innere Natur nicht analog zu unserem Bewusstsein aufgefasst werden sollte. Unser eigenes Bewusstsein wäre dann der einzige Fall, in dem wir die Natur der Materie von innen heraus kennen. Mit allen anderen materiellen Dingen sind wir nur über Wechselwirkungen verknüpft und kennen daher nur ihre Außenseite. Wenn aber das Bewusstsein die „Innenseite" der Materie ist, dann gibt es nichts Materielles, das nicht auch einen geistigen Aspekt aufweist. Das ist die These des „Panpsychismus": Alles, was es gibt im Kosmos, hat einen geistigen Aspekt.

1.4 Der Tod im Panpsychismus

Es ist an dieser Stelle nicht möglich, die panpsychistische These weiter zu begründen oder gegen Einwände zu verteidigen. Sie soll im Folgenden einfach auf der Grundlage der grob skizzierten Argumente als Ausgangspunkt genommen werden für einige philosophische Fragen nach dem Tod und dem Überleben des natürlichen Todes. Kann der Panpsychismus hier möglicherweise einen originellen und eigenständige Beitrag zum tieferen Verständnis leisten? Zunächst einmal erlaubt der Panpsychismus die Unterscheidung einer mentalen Innenperspektive von der physikalischen Außenperspektive. Es ist also möglich, dass, auch wenn aus der Sicht der Außenperspektive das Leben zu einem Ende gekommen ist, aus

3 A. Eddington, *Space, Time and Gravitation*, Cambridge 1920, 200; Ders., *The Nature of the Physical World* (Gifford Lectures), London 1928, 332.

4 B. Russell, *The Analysis of Matter*, London 1927, 402.

der Sicht der Innenperspektive der Strom des Bewusstseins weitergeht. Die intrinsische Natur der Materie ist die kategoriale Grundlage aller physischen Wechselwirkungen. In gewisser Weise hat das Mentale damit sogar eine ontologische Vorrangstellung, es ist also nicht vom Physischen solchermaßen abhängig, dass es seine Existenz einbüßen müsste, wenn das physische Leben, so wie wir es kennen, zu existieren aufhört. In einem holistischen Kosmo-Panpsychismus könnte das einzelne Bewusstsein nur eine vorübergehende Emanation aus der Weltseele sein, in die es nach dem Tod wieder zurückkehrt. Der Panpsychismus ist vor allem auch in der östlichen Geisteswelt des Buddhismus und Hinduismus verbreitet. Vorstellungen über Tod und Unsterblichkeit, die diesen Traditionssträngen verbunden sind, können leicht mit einer Konzeption verbunden werden, die panpsychische Elemente enthält.

Auch das Sterben hat den beschriebenen doppelten Charakter. Da ist einmal die äußere physische Dimension. Sie ist dadurch bestimmt, dass sich der sterbende Organismus in anderen kausalen Wechselwirkungen mit der Umwelt befindet als der gesunde Organismus, der er einst war. Der Körper zerfällt. Daneben gibt es die innere Dimension des Erlebens, die auch weitergehen könnte, wenn die äußeren Beziehungen sich dramatisch ändern oder auflösen. Nun könnte man sagen, dass man den Tod nicht erleben kann. Mit Wittgenstein könnte man sagen, dass der Tod kein Ereignis des Lebens ist und man den Tod nicht erlebt.[5] Das ist aber im Prozess des Sterbens überraschenderweise nicht der Fall. Menschen, die eine Nahtoderfahrung gemacht haben, berichten von eindringlichen Erlebnissen in der Übergangsphase vom Leben zum Tod. Selbst dann noch, wenn die Gehirnströme von außen schon nicht mehr messbar sind, scheinen sie einen reichen inneren Schatz der Erfahrung für sich eröffnen zu können. Nahtoderfahrungen legen nahe, dass sich das Bewusstsein nicht primär als ein Produkt höherer neuronaler Tätigkeiten verstehen lässt, die nahe dem Tod gar nicht mehr aufrechterhalten werden, sondern dass Bewusstsein viel tiefer in der natürlichen Ordnung angesiedelt ist, so dass es den Zusammenbruch jener höherstufigen neuronalen Prozesse überdauern kann. Die These, dass das Bewusstsein die Innenperspektive der Materie sei, ist mit diesem Befund gut verträglich. Selbst wenn die höheren neuronalen Netzwerke nicht mehr aktiv sind, ist das Bewusstsein als Inneres der Materie dennoch gegeben.[6]

Der Panpsychismus ist also eine anti-reduktionistische Position, die die materialistische Reduktion von mentalen Gehalten auf neuronale Zustände negiert, ohne dabei in einen Substanzdualismus zu verfallen. Wenn das Bewusstsein die In-

---

5 L. Wittgenstein, *Tractus logico-philosophicus (TLP)*, 6.4311.

6 G. Brüntrup, *Erinnerungen an die Erfahrung des eigenen Todes: Eine philosophische Interpretation der "Nahtoderfahrung"* in: S. Gäb/G. Gasser (Hg.), *Philosophie der Unsterblichkeit*, Stuttgart 2023, 119–139.

nenseite, die intrinsische Natur der Materie ist, dann gibt es einen engeren Zusammenhang zwischen dem materiellen Aspekt und dem mentalen Aspekt, als dies im Dualismus gegeben ist. Im Substanzdualismus kann die physische Substanz unabhängig von der mentalen Substanz existieren und umgekehrt. Im Panpsychismus ist das Mentale die kategoriale Basis derjenigen Dispositionen, die wir als physische Wechselwirkungen beschreiben. Die physische Welt benötigt das Mentale als Träger und das Mentale erzwingt seiner Natur nach das Auftreten bestimmter physischer Dispositionen. Ein komplettes Individuum hat in der panpsychistischen Konzeption sowohl eine physisch relationale Außenseite wie eine mental intrinsische Innenseite. Erst beide zusammen machen ein volles Individuum aus. Der eine Aspekt kann nicht ohne den anderen Aspekt existieren. In dieser Hinsicht kann man den Panpsychismus auch als eine Zwei-Aspekte-Theorie betrachten, gemäß der jede Entität in der natürlichen Welt zwei Aspekte aufweist – einen physischen und einen mentalen.

Die Bezogenheit einer Entität auf den Rest des Universums ist ontologisch letztlich dadurch grundgelegt, dass diese Entität den Rest des Universums repräsentiert. Alle relationalen Eigenschaften fußen daher auf intrinsischen Naturen. Kein Einzelding befindet sich daher nur an einem einzigen Ort. Jede Entität ist wegen ihrer geistigen Innenperspektive in gewisser Weise überall. Schon Aristoteles hatte argumentiert, dass der Geist alles einschließt und umfasst. Die Seele ist in gewisser Weise überall und alles (*De Anima* 431b).[7] Weil jede geistige Entität den Kosmos als Ganzen repräsentiert, ist der ganze Kosmos in ihr präsent. Und wenn jede Entität auf diese Weise in allen anderen präsent ist, dann ergibt es keinen Sinn mehr anzunehmen, eine Entität befände sich an einem einzigen Ort in der Raumzeit. Die Einheit der Erfahrung im Moment des Zusammenwachsens einer Entität ist zwar ein Hier und ein Jetzt, aber sie ist der Vorgang des Versammelns *anderer* Dinge, ja des ganzen Kosmos in diesen Moment der Selbstrealisation. Das panpsychistisch verstandene Einzelding ist also nicht an einem einzigen Ort, sondern ganz im Sinne der Bestimmung des Geistigen durch Aristoteles „gewissermaßen überall". Im Akt der Repräsentation sind die erfahrenen Entitäten anwesend, ohne dadurch aufzuhören anderswo zu sein. Jeder Standpunkt der Erfahrung spiegelt die ganze Welt.

Dies erinnert unmittelbar an den Gedanken in Leibniz' Monadologie, dass jede Monade die ganze Welt repräsentiert.[8] Es erinnert auch an den Gedanken Whiteheads in „Prozess und Realität", dass alles in allem wesentlich und wirklich anwe-

7 Aristoteles, *De Anima*, 431b.

8 G. W. Leibniz, *Vernunftprinzipien der Natur und der Gnade. Monadologie*, Hamburg ^{2}1982, §§ 56, 63, 77, 83.

send ist.[9] Daher ist nichts nur an einem einzigen Ort. Man kann auch von einer „wechselseitigen Immanenz" sprechen. Jede Entität durchdringt das ganze Raum-Zeit -Kontinuum.[10] Damit ist wiederum nicht allein gemeint, dass alles mit allem über kausale Wechselwirkungen wie Energieübertragung verbunden ist. Es geht vielmehr in der tiefsten metaphysischen Analyse um eine geistige Immanenz in der Erfahrung und Repräsentation. Die Entitäten sind füreinander Daten der Erfahrung und gehen daher ineinander ein. Jeder integrative Akt der Erfahrung ist ein „Hier-und-Jetzt", aber es gehen in dieses momentane Ereignis die anderen integrativen Akte der Erfahrung als objektive Daten ein. Von daher ist dieses „Hier-und-Jetzt" nicht einfach isoliert an einer Raumzeitstelle gegeben. Damit ist also nicht die bekannte These des Anaxagoras gemeint, dass alles miteinander vermischt ist.[11] Es ist vielmehr die geistige Fähigkeit der Repräsentation, die alles mit allem in Verbindung setzt. Daraus ergibt sich unmittelbar eine metaphysische Basis für die existentielle Erfahrung, dass der Tod eines Individuums immer auch der Tod einer ganzen Welt ist. In jedem Individuum wird eine ganze Welt repräsentiert, erfahren und ist wirklich anwesend. Die Katastrophe des Todes liegt wesentlich auch darin begründet, dass eben nicht nur ein im Kontext des Ganzen nahezu irrelevantes Einzelding zu existieren aufhört, sondern dass in ihm eine ganze Welt untergeht.

2 Panpsychismus, Prozessphilosophie und Tod

2.1 Radikales Werden

Wir haben hier den Ereignischarakter der Erfahrung der Welt hervorgehoben, um einerseits zu verdeutlichen, dass es sich um eine Aktivität und nichts Statisches handelt, andererseits, um die panpsychistische Metaphysik von ihrer Basis in der repräsentierenden Erfahrung her zu entwickeln. Im Folgenden soll gezeigt werden, dass Panpsychismus und Prozessphilosophie aus systematischen Gründen kohärent miteinander verfugt werden können. Dies ist schon aus der Erfahrung des Stroms des eigenen Bewusstseins abzuleiten. Sie markiert den Punkt, an dem die Realität des Bewusstseins überhaupt epistemisch zugänglich ist. Wir erfahren das Bewusstsein nicht als etwas Statisches, sondern als einen Prozess und als eine Aktivität. William James hat vielleicht mehr als jeder andere dieses Bild des „Stromes" des Bewusst-

9 A. N. Whitehead, *Prozeß und Realität: Entwurf einer Kosmologie*, Frankfurt 1987, 79.

10 Whitehead, *Prozeß und Realität*, 104.

11 DK 59 B11.

seins bekannt gemacht.[12] Er betont, dass das Bewusstsein uns nicht als in Stücke zerhackt erscheint. Es ist nichts Gegliedertes; es fließt. Das widerspricht aber keineswegs der oben entwickelten panpsychistischen Ereignisontologie, weil die auf die richtige Weise verbundenen Ereignisse einen Prozess erzeugen können, der als Strom erlebt wird. Prozesse können auch dann als kontinuierlicher Fluss wahrgenommen werden, wenn sie aus kleineren Bausteinen zusammengesetzt sind. Das bedeutet, dass auch das Bewusstsein in letzter metaphysischer Analyse nicht kontinuierlich sein muss. Ähnlich wie bei einem Film, der aus vielen Einzelbildern besteht, aber als kontinuierlich erlebt wird, kann auch der Strom des Bewusstseins aus einzelnen Momenten des Erlebens bestehen, die in einem seriellen Rhythmus, einer Schwingung, aufeinander folgen.

Das naturwissenschaftliche Bild der physischen Welt, das seit der Entdeckung der Quantenmechanik entwickelt wurde, entspricht dieser Vorstellung. Die so verstandene Welt besteht aus einer großen Menge von Ereignissen, die in mannigfaltigen und sehr komplexen Beziehungen zueinander stehen. Wie ein bestimmtes Ereignis beschaffen ist, hängt vollständig von seinen Beziehungen zu anderen Dingen ab, nicht nur denen, mit denen es im gemeinsamen Lichtkegel interagiert, sondern auch den abstrakten Formen, die es realisiert. Diese Ereignisse entstehen nicht allmählich. Sie entstehen und vergehen momentan in einem radikalen Prozess des Werdens. Ihre raum-zeitlichen Orte sind aber dennoch keine mathematischen Punkte, sondern sind in sich strukturiert. Und obwohl ein Ereignis von seinen Vorgängern in seinem Wesen bestimmt wird, ist das Auftreten eines Ereignisses nicht deterministisch festgelegt. Jedes Ereignis ist etwas Neues und stellt eine Auswahl aus einem Feld von Möglichkeiten dar. Die dauerhaften Objekte der Wissenschaft und des Alltags, von Teilchen über Menschen bis hin zu Galaxien, sind mehr oder weniger ausgedehnte Ketten oder komplexe Konfigurationen von Ketten solcher basalen Ereignisse.

Die Nähe dieser naturwissenschaftlichen Auffassung zu unserer Thematik liegt unter anderem darin begründet, dass im Rahmen des Panpsychismus erklärt werden kann, warum die Beziehungen, in die diese Ereignisse eintreten, ihr Wesen bestimmen. Anders gefragt: Warum sind alle Beziehungen der Ereignisse interne Beziehungen? Dies kann am besten dadurch verständlich gemacht werden, dass es ein mentaler Akt der Erfahrung und Repräsentation ist, durch den die anderen Ereignisse in ein neu sich konstituierendes eingehen. Eine solche holistisch vernetzte und pulsierende Welt von Ereignissen folgt daher aus den Grundannahmen des Panpsychismus, wie er hier entwickelt wurde. Obwohl jedes Ereignis individuell und einzigartig ist, so kann es dennoch nie nach der Art einer

12 W. James, *The Principles of Psychology*, New York 1890, 239.

Substanz in Isolation verstanden werden. Es ist, was es ist, dadurch wie es den Rest des Universums repräsentiert.

2.2 Personen als Prozesse

Eine solche Sicht der Natur hat Alfred N. Whitehead in seiner prozessphilosophischen Kosmologie entfaltet, die er in seinem Hauptwerk „Prozess und Realität“ darlegt. Whitehead legt für den biblischen Vers „Bleibe bei uns; denn es will Abend werden“ (Lk 24,29), der in einem in England sehr bekannten Hymnus (*Abide with me, fast falls the eventide*) poetischen und musikalischen Ausdruck gefunden hat, eine überraschende philosophische Interpretation vor. Henry Lyte schrieb den Text des Hymnus 1820 nach einem Besuch bei einem sterbenden Freund, der auf dem Totenbett immer wieder die Worte „Bleibe bei uns Herr, denn es will Abend werden“ murmelte. Die Erfahrung der Vergänglichkeit und der Vernichtung im Fluss der Zeit weckt eine Sehnsucht nach dem, was bleibt und festen Halt gibt. Whitehead schreibt über das „Bleibe bei uns, denn es will Abend werden“:

> Die erste Zeile bringt hier das Beständige zum Ausdruck, indem sie das ‚Bleiben‘, ‚uns‘ und das ‚Sein‘ anspricht; und die zweite Zeile stellt dieses Beständige in den unausweichlichen Fluss. Darin ist das ganze Problem der Metaphysik zusammengedrängt. Diejenigen Philosophen, welche von der ersten Zeile ausgingen, haben uns die Metaphysik der ‚Substanz‘ beschert; und jene, die mit der zweiten Zeile begannen, entwickelten die Metaphysik des ‚Flusses‘. Aber in Wahrheit können die beiden Zeilen nicht derart auseinander gerissen werden.[13]

Wie kann die Abfolge der Ereignisse aber so begriffen werden, dass sie eine innere Einheit hat? Diese Einheit scheint gleichbedeutend zu sein mit der Idee der Substanz, die unversehrt in innerer Einheit durch die Zeit wandert. Die Substanz hat keine zeitlichen Teile, sie gleitet mit sich selbst identisch durch die Zeit wie eine Perle auf einer Schnur. Wie sollte man den Tod noch fürchten, wenn man sich selbst als eine solche Substanz betrachtete, die einfach und unzerstörbar dem räuberischen Zugriff der Zeit entzogen wäre?

Aber wie soll in unserem Kosmos etwas existieren können, das auf diese Weise dem Fluss von Werden und Vergehen enthoben ist? Alles unterliegt dem Werden und Vergehen, auch der Mensch. Dass der physische Körper eines Menschen eine Abfolge miteinander nicht identischer physischer Stadien ist, ist empirisch gegeben. Auch das Bewusstsein manifestiert sich als ein solcher Strom von mentalen Ereignissen. Wie persistiert das Individuum, wenn der Mahlstrom der zeitlichen Veränderung doch alle Dauer von Moment zu Moment zunichtemacht? Helfen könnte

13 Whitehead, *Prozeß und Realität*, 386.

hier die Annahme, dass zwischen den einzelnen Ereignissen des personalen Lebens die richtige Art von Bezogenheit besteht, welche als Faden der Persistenz die Fortdauer eines Individuums garantiert, auch ohne dass man durch die Zeit mit sich identisch bleibende Substanzen annimmt. Der von dem Panpsychisten Hermann Lotze beeinflusste christliche Metaphysiker und Prozessontologe Borden Bowne entwickelte genau zu diesem Zweck die Idee der „immanenten Verursachung".[14] Die generelle Idee ist, dass ein Stadium S_1 einer konkreten Entität E ein späteres Stadium S_2 von E selbst hervorbringt. Die Frage, die sich unmittelbar aufdrängt, ist, wie man hier von einer sich durchhaltenden konkreten Entität sprechen kann, denn die kausal verbundenen Stadien sind nicht identisch. In einer solchen prozessontologischen Sicht von Personen kann man diesen keine numerische Identität durch die Zeit mehr zusprechen. Man kann denselben Menschen anscheinend nicht zweimal treffen. Ich bin nicht numerisch identisch mit dem Godehard Brüntrup, der vor 10 Minuten existierte.

Der Tod scheint im Prozessdenken auf eine radikale Weise allgegenwärtig zu werden. Nicht nur sterben wir am Ende unserer natürlichen Existenz, sondern strikt genommen in jedem Augenblick. Lässt sich eine Relation finden, die das Fortleben garantiert, die aber schwächer ist als numerische Identität? Eine Wiederholung zentraler Eigenschaften (ein stabiles Muster) zusammen mit der richtigen kausalen Verbindung garantiert tatsächlich eine schwächere Form der Identität, die heute oft als „Genidentität" bezeichnet wird.[15] Immanente Verursachung setzt nur diesen schwächeren Identitätsbegriff voraus. Das, was wir gewöhnlich für eine einzige Entität halten, ist strikt genommen eine zeitliche Abfolge verschiedener Entitäten, die aber, weil sie unter Erhalt bestimmter formgebender Eigenschaften kausal auseinander hervorgehen, in einem schwächeren Sinne als identisch betrachtet werden können, nämlich genidentisch. Ich bin genidentisch mit dem Godehard Brüntrup, der vor 10 Minuten existierte, aber nicht numerisch identisch mit ihm.

Dies entspricht ziemlich genau der prozessphilosophischen Sicht Whiteheads. Für ihn besteht eine konkrete Entität und damit auch eine Person aus einer Abfolge von psycho-physischen Ereignissen, die unter Erhaltung dieser formgebenden Eigenschaften, wie z. B. „ist ein Mensch", kausal auseinander hervorgehen. Das, was wir gewöhnlich als eine sich durch die Zeit durchhaltende Substanz ansehen, ist also in letzter metaphysischer Analyse eine Gesellschaft (*society*) von seriell in der Zeit angeordneten individuellen Ereignissen und damit eben ein Prozess. Whitehead sieht für das Entstehen einer solchen sich durch die Zeit

14 B. Bowne, *Metaphysics: A Study in First Principles*, London 1882, 83.

15 Der Begriff „Genidentität" wurde ursprünglich entwickelt in: K. Levin, *Der Begriff der Genese in Physik, Biologie und Entwicklungsgeschichte: eine Untersuchung zur vergleichenden Wissenschaftslehre*, Berlin 1922.

durchhaltenden Entität zwei Elemente als zentral an: eine sich *durchhaltende Form* und eine *genetische Bezogenheit* der Elemente, so dass sie sich seriell anordnen.[16] Es gibt also eine kausale Weitergabe oder „Vererbung" der zentralen Charakteristika in der zeitlichen Serie.

Diese sich durchhaltenden Muster, die Formen, können allein aber nicht individuieren. Während es im Hylemorphismus die Materie ist, die individuiert, ist es im Panpsychismus die einzigartige subjektive Perspektive auf die Welt, die das Einzelding individuiert. Die fundamentalen Entitäten der Prozessontologie beziehen ihre Identität durch ihre einzigartige Perspektive auf das Ganze der Welt, durch ihren Ort im Ganzen der Welt, nicht durch die Realisierung einer bestimmten Form. Hier wird wiederum ein begrifflich-systematischer Zusammenhang zwischen Panpsychismus und Prozessontologie sichtbar. Ein Individuum wird zu dem, was es ist, durch die Weise wie es die Welt aus einer Perspektive heraus erfährt oder repräsentiert. Individuen im grundlegendsten metaphysischen Sinne sind daher nur die momentanen Ereignisse. Wenn diese aber auseinander hervorgehen und eine gemeinsame Form haben, sind sie so eng miteinander verbunden, dass in gewisser Weise von einem sich zeitlich durchhaltendem Objekt gesprochen werden kann, allerdings nur im Sinne der Genidentität, nicht im Sinne der strikten numerischen Identität. Whitehead benutzt in diesem Zusammenhang oft „Vibration" oder „Schwingung" als Metapher. Ein zeitlich dauerhafter Gegenstand ist in Wahrheit das rhythmische Durchlaufen von Ereignissen, die auftauchen und wieder vergehen. Der stabile rhythmische Charakter seiner Geschichte konstituiert den zeitlich dauernden Gegenstand.[17] Wie oben bereits angedeutet steht diese Sicht der Welt im Einklang mit der gegenwärtigen Physik. Eine entsprechend stabile Resonanz oder Schwingung in einem Quantenfeld kann das konstituieren, was wir ein Elementarteilchen nennen.

2.3 Substanzen als „*entia rationis*"

Das Elementarteilchen existiert also als Prozess, nicht als Substanz ohne zeitliche Teile. Wenn wir dennoch von einem sich durch die Zeit bewegenden Teilchen sprechen, so ist das strikt genommen nicht richtig. Die Annahme einer sich durch die Zeit mit numerischer Identität durchhaltenden Entität ist vielmehr das Produkt eines Abstraktionsprozesses. Die Ähnlichkeit der Einzelereignisse, die den Prozess ausmachen, erlaubt es, sie in Abstraktion von ihren Unterschieden als persistierendes, sich durch die Zeit durchhaltendes Einzelding zu betrachten.

16 Whitehead, *Prozeß und Realität*, 84 f.
17 Whitehead, *Prozeß und Realität*, 508.

Diese Abstraktion ist nicht willkürlich, sondern in den realen prozesshaften Mustern in der Welt begründet.

Die Idee der Substanz ist also nicht einfach falsch. Aber die Substanz existiert nicht geistunabhängig. Sie muss von einem denkenden Wesen durch einen Abstraktionsprozess mittels der entsprechenden Ähnlichkeits- oder Äquivalenzrelationen konstituiert werden. Sie ist ein *ens rationis*. Prozessphilosophen sind also Realisten bezüglich der Ereignisse und Prozesse, aber Idealisten in Bezug auf Substanzen. Ein denkendes Wesen kann die auf Kausalität und gemeinsamer Form beruhende Verbundenheit als Grundlage eines Abstraktionsprozesses benutzen, dessen Resultat die Einführung von Substanzen ist. Substanzen sind also gedachte abstrakte Objekte, die an mehreren Zeitpunkten und an mehreren Orten zu verschiedenen Zeiten realisiert sein können. Als solche sind sie ontologisch nicht grundlegend, sondern existieren nur im Denken. Sie sind aber wohlfundiert in der Realität der auf die richtige Weise verbundenen Ereignisse. Auf diese Weise garantieren wir durch unser Denken, dass nicht alles dem heraklitischen Fluss anheimfällt. Die von Whitehead angezielte mittlere Position zwischen Substanzontologie und einer Ontologie des reinen Flusses ist so erreicht. Dies gelingt aber nur, weil diese Position eine Art Berkeley'schen Idealismus in Bezug auf klassische Substanzen impliziert. Ihr Sein ist zumindest teilweise ihr Gedachtwerden.

Auf die naheliegende Frage, was denn mit den idealistisch konzipierten Substanzen passiert, wenn keiner mehr an sie denkt, könnte ein Theist (wie Berkeley) ihre dauerhafte Existenz durch den Geist Gottes absichern. Wenn es einen Gott gibt, so nimmt er alle kosmischen Ereignisse in sich auf und kann so die persistierenden Muster identifizieren. Der Vorteil dieser Konzeption ist, dass wir mit guten Gründen an der unseren Alltag bestimmenden Sicht der Welt festhalten können, in der es durch die Zeit mit sich identisch bleibende Personen gibt. Eine revisionistische Metaphysik, die von uns verlangt, nicht mehr ganze Personen, sondern nur noch Personenabschnitte treffen zu können, ist im Lebensvollzug kaum durchhaltbar. Die Personen in dieser hier vorgeschlagenen abstraktionistischen Konzeption zerfallen nicht in Ereignisse oder Stadien, sondern sind zu jedem Zeitpunkt voll und ganz präsent. Sie sind eine spezielle Art von Abstrakta, die an mehreren Zeitpunkten und (wenn auch nicht gleichzeitig) an mehreren Orten im Raum existieren können.

Im Zusammenhang des Panpsychismus sollten wir aber besser nicht von einer sich durchhaltenden Substanz im Sinne einer „*forma substantialis*" reden, sondern von einer sich durchhaltenden mentalen Perspektive, von einem sich durchhaltenden Subjekt.

2.4 Überleben ohne Substanz

Was bedeutet das nun für das philosophische Verständnis des Todes, wenn das persistierende Subjekt nur eine Abstraktion ist? Es wurde schon bemerkt, dass in einer Ontologie des radikalen Werdens der Tod seine Einmaligkeit in gewisser Weise einbüßt. Man stirbt strikt genommen in jedem Moment. Wir können diese kleinen Tode des Alltags ertragen, weil auf jeden erfahrenen Moment personalen Lebens unmittelbar ein nächster folgt, der mit dem vorherigen auf eine solche Weise kausal verbunden ist, um Genidentität zu garantieren. Der Strom des Bewusstseins, der unsere Erste-Person-Perspektiven erlebbar macht, ist eine solche Kette von Ereignissen. Es handelt sich um einen Prozess, der sich unter normalen Umständen selbst perpetuiert.

Im Moment des Todes bricht diese Kette anscheinend vollständig ab. Ein nächster Moment des bewussten Erlebens in der Ersten-Person-Perspektive kann von den früheren Ereignissen nicht mehr hervorgebracht werden. Das natürliche Leben kommt ans Ende. Unter diesen Umständen scheint es zunächst unmöglich, seinen Tod überleben zu können. Denn der sterbende Organismus hat nicht die kausalen Kräfte, einen Folgezustand hervorzubringen, der die Erste-Person-Perspektive weitergibt.

Aus christlicher Perspektive ist dieser metaphysische Befund nicht überraschend, da doch der Mensch nicht von sich aus metaphysisch zum Überleben des Todes befähigt ist. Es gibt keine Seelensubstanz, die aus sich heraus völlig einfach und damit unzerstörbar wäre. Das Überleben des eigenen Todes ist kein natürlicher Prozess. Es bedarf einer göttlichen Handlung, es ist immer eine Auferweckung. Die irdische menschliche Existenz ist in unserem metaphysischen Modell eine Serie von momentanen psycho-physischen Ereignissen, die komplex genug sind, um eine Erste-Person-Perspektive aufzubauen. Wollte Gott nun mein Überleben sichern, so genügte es, dass er ein Nachfolgeereignis erschüfe, das mit dem letzten Ereignis meines irdischen Lebens auf die relevante Weise verbunden ist. Aber man kann nur dann davon sprechen, dass meine Erste-Person-Perspektive erhalten bleibt, wenn es eine immanente Verursachung von einem letzten irdischen Moment hinüber zu einem ersten jenseitigen Moment gibt. Nur dann ist Genidentität gegeben. Man kann dann sogar über einen Akt der geistigen Abstraktion strikte numerische Identität einführen.

Aber genau das kann im Moment des natürlichen Todes anscheinend nicht gelingen. Die Kette der richtig verbundenen Ereignisse nimmt ein jähes Ende. Mein letztes irdisches Ereignis hat nicht die kausale Kraft, um das erste jenseitige Ereignis hervorzubringen. Hier bedarf es einer göttlichen Mitwirkung. Aber ist dieser Gedanke wirklich konsistent? Denn wenn die kausale Kette über Gott läuft, dann liegt eben gerade keine immanente Verursachung vor, sondern ein externer Eingriff. Die Genidentität ist dann nicht gewahrt, der Faden der Persistenz gerissen.

Es bietet sich allerdings ein Ausweg an: Wenn Gottes Einwirken zwar kausal notwendig, aber nicht kausal hinreichend für das Entstehen der jenseitigen Person wäre, dann könnte eine immanente Verursachung gewahrt bleiben. Nehmen wir an, Gott würde in seiner Schöpferkraft dekretierten: Es soll eine Erste-Person-Perspektive jenseits der irdischen Realität entstehen, die *aus der Ersten-Person-Perspektive des gerade Verstorbenen hervorgeht*. In diesem Fall wäre Gott zwar kausal notwendig für das Entstehen des Nachfolgers, nicht aber kausal hinreichend. Denn wie die Erste-Person-Perspektive auf die Welt des Verstorbenen aussah, ist eine Tatsache, die nicht direkt von Gott festgelegt wurde, sondern von der freien Selbstrealisation der Person, die verstarb. In gewissem Sinne wird der Faden der Persistenz jetzt also tatsächlich „durch" Gott hindurchgezogen, aber inhaltlich nicht von ihm allein bestimmt. Gott erschafft dieses Individuum also nicht aus dem Nichts, wie vielleicht die Ganztodtheologie behauptete, sondern erhält die einmalige Perspektive dieser Person, lässt sie nicht untergehen.

Da aber alle Beziehungen, die eine Entität eingeht, intern und damit wesensbestimmend sind, kann Gott eine Ich-Perspektive nur dem Tod entreißen, wenn er die Beziehungen, in der sie steht, ebenfalls in hinreichender Weise im Sein hält. Auch das Überleben ist nur holistisch verständlich, der ganze Kosmos ist involviert. Wie oben in der Darstellung des Panpsychismus gezeigt wurde, sind die Beziehungen die Grundlage dessen, was wir die physische oder körperliche Dimension nennen. Von daher ist das Überleben einer Ich-Perspektive und damit einer Person immer nur als leibliche Auferweckung durch Gott denkbar. Auch dies folgt zwingend aus der dargelegten panpsychistischen Position und markiert einen wichtigen Unterschied zum Dualismus.

All diese Gedanken würden einzelne Begründungsgänge erfordern, die in einer kurzen Überblicksdarstellung nicht zu leisten sind. Die hier vorgelegte Skizze sollte aber genügen, um zu zeigen, dass die panpsychistische und prozessontologische Sicht der Welt den Tod und auch die Möglichkeit des Überlebens des natürlichen Todes auf eine originäre Weise versteht. Das Sterben, das Untergehen im radikalen Werden ist in der Welt allgegenwärtig. Sich durchhaltende Substanzen sind „nur" Abstraktionen. Sollten wir unseren natürlichen Tod überleben können, dann nur durch einen Akt göttlicher Gnade, der unseren endlichen natürlichen Lebensprozess in eine jenseitige Dimension verlagert. Der Tod hat in einer Welt des radikalen Werdens nur dann nicht das letzte Wort, wenn es einen Gott gibt, der in der Ewigkeit wohnend in eine Beziehung tritt mit den immer schon Sterbenden.

Holger Zaborowski

„Sein zum Tode“: Martin Heideggers existenziale Deutung des Todes

> Darum ist ein Denken nötig,
> das entschlossen dabei ausharrt,
> fragender die alten Grundfragen zu erörtern,
> die den Weltaufenthalt der Sterblichen
> immer neu in seiner Unruhe durchwalten.[1]

1 Sterben und Tod in der Philosophie des frühen 20. Jahrhunderts

In der ersten Hälfte des 20. Jahrhunderts findet eine intensive philosophische Auseinandersetzung mit der Sterblichkeit des Menschen statt: Was bedeutet es überhaupt, dass menschliches Leben sterblich und somit endlich ist? Welche Bedeutung hat mein eigener Tod für mich? Welche Herausforderungen sind mit dem Tod des anderen Menschen verbunden? Wie kann man gut sterben? Für diese Beschäftigung mit Tod und Sterben gibt es eine Reihe von Gründen. So hat die Philosophie seit ihren Anfängen immer wieder – wenn auch in unterschiedlichen Akzentuierungen – das Sterben als einen elementaren Teil des menschlichen Lebens thematisiert. Nicht nur Sokrates verstand die Philosophie als „Sterben-Lernen“, d. h. als bewusste Auseinandersetzung mit der eigenen Endlichkeit.

Trotzdem musste das Denken des 20. Jahrhunderts die Sterblichkeit des Menschen auch wiederentdecken. Wichtige Vertreter der neuzeitlichen Philosophie hatten Sterben und Tod denkerisch marginalisiert, indem sie ein erkennendes und handelndes Subjekt ins Zentrum ihres Denkens stellten, das der Zeit enthoben und dem Tod nicht unterworfen war. Bereits mit Nietzsche und Kierkegaard – und auch schon mit dem späten Schelling – und dann mit der Lebensphilosophie Bergsons, Diltheys oder Simmels rückte in der kritischen Auseinandersetzung mit der Subjekt- oder Transzendentalphilosophie und mit dem spekulativen Idealismus die Endlichkeit des menschlichen Lebens erneut in den Blick. Wenn zahlrei-

1 M. Heidegger, *Ein Grußwort für das Symposion in Beirut November 1974*, in: ders., *Reden und andere Zeugnisse eines Lebensweges 1910–1976*, hg. von H. Heidegger (GA 16), Frankfurt am Main 2000, 742–743, 743.

https://doi.org/10.1515/9783111055602-009

che der neuen Zugänge zu Sterben und Tod in den 1920er Jahren – so von Karl Jaspers, Martin Heidegger oder von Franz Rosenzweig – oder in den 1930er Jahren von Philosophen wie den französischen Existentialisten entwickelt wurden, so erklärt sich dies aber auch mit der für diese Denker bestimmenden lebensweltlichen Erfahrung des zu frühen Todes in den Schützengräben des Ersten Weltkrieges, durch die Spanische Grippe oder aufgrund von Armut, Mangel und Not. Die Frage nach der tieferen Bedeutung der Sterblichkeit des Menschen war für sie – wie auch für viele Dichter, Schriftsteller oder bildende Künstler des frühen 20. Jahrhunderts – keine abstrakte Frage, sondern hatte eine konkrete Relevanz. Verschärft wurde zu dieser Zeit die Frage nach dem Tod des Menschen auch durch die abnehmende Bedeutung der christlichen Hoffnung auf ein Leben über den physischen Tod hinaus. Unter dem Vorzeichen des „Todes Gottes" erschien der Tod nicht mehr als Übergang zu einem jenseitigen Leben, sondern als radikales Ende der Existenz, in dem sich für manche Interpreten die prinzipielle Absurdität des menschlichen Lebens spiegelte.

2 Martin Heideggers existenziales Verständnis des Todes in *Sein und Zeit*

2.1 Fragestellung, Anspruch und Aufbau von *Sein und Zeit*

Insbesondere Martin Heidegger hat in der Philosophie des 20. Jahrhunderts Überlegungen zum Sterben und zum Tod entwickelt, die von bleibender Bedeutung sind. In seinem Hauptwerk *Sein und Zeit* verwebt Heidegger verschiedene Einflüsse, Perspektiven und Fragestellungen zu einer in Inhalt und Sprache innovativen philosophischen Argumentation.[2] Das gilt insbesondere auch für seine Interpretation

2 Aufgrund zahlreicher Veröffentlichungen aus dem Nachlass Heideggers – zu nennen sind hier insbesondere Heideggers frühe Freiburger Vorlesungen (1919–1923; vgl. Bände 56–63 der Gesamtausgabe der Werke Heideggers) und die daran sich anschließenden Marburger Vorlesungen (vgl. Bände 17–26 der Gesamtausgabe), der sog. „Natorp-Bericht" (jetzt in: M. Heidegger, *Phänomenologische Interpretationen ausgewählter Abhandlungen des Aristoteles zur Ontologie und Logik*, hg. von G. Neumann [GA 62], Frankfurt am Main 2004, 341–419), aber auch die zunächst für die Publikation bestimmte, dann jedoch zurückgehaltene Abhandlung *Der Begriff der Zeit* (M. Heidegger, *Der Begriff der Zeit*, hg. von F.-W. von Herrmann [GA 64], Frankfurt am Main 2004), die eine „Urfassung" von *Sein und Zeit* darstellt (und teils in das spätere Werk eingegangen ist), ist es nun möglich, die Vorgeschichte dieses Werkes zu rekonstruieren. Vgl. neben zahlreichen Einzelstudien das immer noch wichtige Werk von T. Kisiel, *The Genesis of Heidegger's Being and Time*, Berkeley/Los Angeles/London 1993.

des Todes, die, wie sich zeigen wird, den Tod nicht darauf reduziert, Endpunkt des Lebens zu sein, sondern das Leben vom Tod her und den Tod vom Leben her versteht.

In einer wichtigen Fußnote in *Sein und Zeit* verweist Heidegger selbst auf wichtige Hintergründe – nicht im engeren Sinne „Quellen" – seiner Überlegungen zum Tod.[3] Er geht hier nicht nur darauf ein, dass die christliche Theologie „immer schon" im Leben „den Tod mitgesehen" habe.[4] Er nennt ausdrücklich auch Wilhelm Diltheys Buch *Das Erlebnis und die Dichtung*, in dem sich – Heidegger führt das gesamte Zitat an – die seine Wendung „Sein zum Tode" antizipierende Formulierung „Leben[s] zum Tode" findet,[5] verweist auf Georg Simmel und „*besonders*" auf Karl Jaspers' Bestimmung des Todes als Grenzsituation in der *Psychologie der Weltanschauungen*.[6] Diese Fußnote von *Sein und Zeit* findet sich in kürzerer Fassung bereits in der Abhandlung *Der Begriff der Zeit*, die in großer inhaltlicher (und auch struktureller) Nähe zum späteren *Opus magnum* steht.[7] Interessanterweise schreibt Heidegger in *Der Begriff der Zeit* noch, dass er sich mit der „philosophischen Grundhaltung" von Jaspers „solidarisch weiß". In *Sein und Zeit* ist von dieser Solidarität mit der Grundhaltung seines Heidelberger Kollegen keine Rede mehr. Er hat sich im Laufe der 1920er Jahre denkerisch von Jaspers und seinem existenzphilosophischen Anliegen entfernt.[8] Aus diesem Grund kann man Heidegger – und seine Auseinandersetzung mit dem Tod – auch nicht der Existenzphilosophie zuordnen.

Die zunehmende Distanz zu Jaspers bedeutet nicht, dass es nicht noch weiterhin existenzphilosophische Motive und Dimensionen in *Sein und Zeit* gibt. Allerdings

---

3 Vgl. M. Heidegger, *Sein und Zeit*, Tübingen [17]1993, 249.

4 Vgl. hierzu u. a. T. Milchert, *Christliche Wurzeln der Todesphilosophie Heideggers. Untersuchungen zu Sein und Zeit*, Marburg 2012.

5 Heidegger, *Sein und Zeit*, 249.

6 In der Forschung wird zu Recht auch darauf aufmerksam gemacht, dass Heideggers – zeitweise sehr intensive – Auseinandersetzung mit Martin Luther ebenfalls einen Einfluss auf seine Interpretation des Todes gehabt hat (vgl. J. Bauer, *Luther und die Philosophie*, in: *Neue Zeitschrift für Systematische Theologie* 26 [1984], 13–28, 13, mit Bezug auf Luthers Aussage in der 1. Invokativpredigt des Jahres 1522 „Wir sind alle zum Tode gefordert"). Als Vorgänger bzw. Einflüsse auf Heideggers Todes-Deutung zu nennen sind auch Friedrich Nietzsche (vgl. S. Ireton, *Heidegger's Ontological Analysis of Death and its Prefiguration in Nietzsche*, in: *Nietzsche-Studien* 26 [1997], 405–420) und Søren Kierkegaard, von dem sich Heidegger allerdings in *Sein und Zeit* aufgrund der unzureichenden existenzial-ontologischen Dimension seines Denkens ausdrücklich distanziert (vgl. Heidegger, *Sein und Zeit*, 235 [Fn.]).

7 Vgl. Heidegger, *Der Begriff der Zeit*, 48.

8 Dagegen spricht auch nicht Heidegger, *Sein und Zeit*, 301 (Fn.). Heidegger schreibt an dieser Stelle letztlich Jaspers die Position eines Vorläufers zu, dessen *Psychologie der Weltanschauungen* es in seinem – Heideggers – Sinne zu verstehen und weiterzuentwickeln gilt.

sind diese in das komplexe Netz der Heidegger eigenen Methode und inhaltlichen Fragestellung eingebunden. Methodisch steht Heidegger in *Sein und Zeit* in der kritischen Auseinandersetzung mit Husserls Phänomenologie. Diese hatte er bereits in den frühen 1920er Jahren vor dem Hintergrund seiner Beschäftigung mit der Lebensphilosophie, mit einem neu entdeckten Aristoteles und mit der ursprünglichen christlichen Existenzerfahrung, wie sie sich ihm vor allem in ausgewählten Briefen des Apostels Paulus gezeigt hat, zu einer hermeneutischen Phänomenologie des faktischen Lebens oder des Daseins umgewandelt. Inhaltlich – und eng verbunden mit seiner Denkmethode – gilt sein Hauptinteresse nun der fundamentalontologischen, d. h. allen Ontologien zugrunde liegende Frage nach dem Sinn von Sein. Das führt u. a. dazu, dass er nun Phänomenologie ausdrücklich als Ontologie versteht. Heideggers Hauptwerk kann ohne seinen doppelten Bezug auf die phänomenologische Methode und die Seinsfrage nicht verstanden werden – und das gilt auch für einzelne Teile dieses Buches, die sich nicht von ihrem Kontext isolieren lassen, wie es gerade mit Heideggers Interpretation des Todes oft geschehen ist, als sei es ihm vorrangig darum gegangen, einen Beitrag zur Philosophie des Todes zu leisten, oder als sei es möglich, *Sein und Zeit* ausschließlich im Hinblick auf eine solche Philosophie zu lesen. Aus diesem Grund ist es notwendig, kurz noch näher auf Anspruch, Anliegen und Aufbau von *Sein und Zeit* einzugehen.

Heidegger geht in seinem Bemühen um eine Antwort auf die Seinsfrage nicht von einem abstrakten Seinsbegriff, von dinghaftem Seienden oder dem Seienden der Natur aus, sondern von jenem Seienden, das der Mensch ist, das er terminologisch „Dasein“ nennt und das seiner Ansicht nach einen dreifachen Vorrang hat: *Erstens* handelt es sich um einen ontischen (d. h. Seiendes betreffenden) Vorrang, insofern es dem Dasein in seinem Sein um sein eigenes Sein – und zwar als seiner je eigenen Möglichkeit – geht. *Zweitens* ist das Dasein durch einen ontologischen (d. h. Sein betreffenden) Vorrang charakterisiert. Denn es ist immer schon „ontologisch“. Sein ist ihm immer schon erschlossen. Es verfügt über ein Seinsverständnis, ohne dass dies bedeutet, dass es immer auch eine explizite Ontologie entwickelt. Da das Dasein aber nicht nur sein eigenes Sein versteht, sondern es auch das Seiende, das nicht den Charakter des Daseins hat, verstehen kann, ist das Dasein für Heidegger *drittens* durch den Vorrang gekennzeichnet, dass es die „ontisch-ontologische Bedingung der Möglichkeit aller Ontologie“ ist.[9]

Dieser dreifache Vorrang des Daseins erklärt Heideggers Vorgehen in *Sein und Zeit* (dessen veröffentlichte Fassung nur die ersten beiden Abschnitte des ersten Teils umfasst; das Buch ist Fragment geblieben): In seiner phänomenologischen Interpretation unterzieht er das Dasein zunächst – im ersten Abschnitt von

9 Vgl. zum hier dargestellten Vorrang des Daseins Heidegger, *Sein und Zeit*, 11 ff.

Sein und Zeit – einer vorbereitenden Fundamentalanalyse, deren Anliegen darin besteht, eine „Fundamentalstruktur" bzw. „Grundverfassung" des Daseins offen zu legen. Heidegger nennt diese „In-der-Welt-sein". Dieses zeichnet sich durch „Erschlossenheit" aus.[10] Für Heidegger ist das Dasein somit kein weltloses Subjekt, dessen Bezug auf mögliche Objekte allererst erkenntnistheoretisch zu klären ist. Insofern es „da" ist (was etwas ganz anderes ist, als im überlieferten philosophischen Sinne zu existieren), ist es erstens immer schon sich selbst und ist ihm zweitens immer schon Welt erschlossen. Auf der Grundlage dieser Erschlossenheit kann sich ihm innerweltliches Seiendes zeigen. Dabei stellt für Heidegger die „Grundbefindlichkeit der Angst" eine besondere Weise der Erschlossenheit dar. Die Angst, die sich nicht wie die Furcht auf bestimmtes Seiendes – wie z. B. ein gefährliches Tier, das man sieht – bezieht, bringt das Dasein vor sich selbst – nicht verstanden als ein statisches „Etwas", sondern als vollzugshaftes, bewegtes Sein*können*: „Allein in der Angst liegt die Möglichkeit eines ausgezeichneten Erschließens, weil sie vereinzelt. Diese Vereinzelung holt das Dasein aus seinem Verfallen zurück und macht ihm Eigentlichkeit und Uneigentlichkeit als Möglichkeiten seines Seins offenbar."[11] Dasein ist, so erschließt sich in der Angst, auch wenn sein Selbst zunächst und zumeist – in der Alltäglichkeit – das Man ist, wenn es also lebt, wie „man" lebt und vor der Möglichkeit eigentlicher Existenz zu fliehen tendiert, je meines und steht als solches vor der Möglichkeit eigentlicher oder uneigentlicher Existenz.

In seiner weiteren Untersuchung des In-der-Welt-seins gelangt Heidegger zu einer Bestimmung des Seins des Daseins, die noch vorläufig ist, allerdings, wie sich noch zeigen wird, für den zweiten Abschnitt des ersten Teils von *Sein und Zeit* von entscheidender Bedeutung ist: Es ist die Bestimmung der Ganzheit des Seins des Daseins als „Sorge".[12] Vor diesem Hintergrund versucht Heidegger im zweiten Abschnitt von *Sein und Zeit*, den Zusammenhang von Dasein und Zeitlichkeit im Rahmen einer existenzialen (d. h. auf die ontologischen, nicht auf die ontisch-existenziellen Dimensionen des Daseins bezogenen) Interpretation zu klären, die aufzeigen soll, dass die Zeitlichkeit der ontologische Sinn der Sorge ist. Die Frage nach dem Sinn von Sein, so Heideggers Einsicht, müsse aus diesem Grund im Horizont der Zeit gestellt und beantwortet werden.

In diesem Zusammenhang spielt der Tod für Heidegger eine zentrale Rolle, und zwar aus zwei Gründen, die mit den Grenzen der vorbereitenden Analyse des Daseins zu tun haben. Diese sei, so sein Fazit, noch nicht zu einem ursprünglichen

---

10 Vgl. zur „Erschlossenheit" Heidegger, *Sein und Zeit*, 75; 132; 210 ff.
11 Vgl. Heidegger, *Sein und Zeit*, 191.
12 Vgl. Heidegger, *Sein und Zeit*, 180–230.

Verständnis des Daseins gekommen und daher lediglich ein erster Schritt. Sie habe nämlich bislang das Dasein nur, erstens, als in seiner Alltäglichkeit uneigentlich und, zweitens, als noch nicht ganz in den Blick genommen. Für Heidegger stellt sich nun die tiefer reichende bzw. auf den ontologischen „Ursprung“ zielende Frage nach dem Dasein in seiner Eigentlichkeit und Ganzheit. Um diese Frage zu beantworten, ist nach Heidegger zunächst – nämlich im ersten Kapitel des zweiten Abschnitts von *Sein und Zeit* – eine vertiefte existenzial-ontologische Auseinandersetzung mit dem Tod, d. h. mit dem Sein zum Tode im Hinblick auf das mögliche eigentliche Ganz*sein*können des Daseins vonnöten. Der Gedankengang des in acht Paragrafen eingeteilten Kapitels wird im Folgenden näher erläutert, um dadurch in Heideggers Interpretation des Todes in *Sein und Zeit* einzuführen.

2.2 Die existenziale Interpretation des Todes

Zu Beginn seiner hermeneutischen Phänomenologie des Todes – besser: des „Seins zum Tode“ – setzt sich Heidegger zunächst mit der Frage nach der prinzipiellen Möglichkeit eines existenzial-ontologischen Zugangs zum Ganzsein des Daseins auseinander. Heidegger stößt angesichts dieser Aufgabe auf das Problem einer „Dialektik“ von Gewinn und Verlust. Ihm geht es darum, die „Daseinsganzheit“ zu erfassen, d. h. es „als seiendes Ganzes ontisch zu erfahren und demzufolge in seinem Ganzsein ontologisch zu bestimmen“.[13] Doch gerade wenn das Dasein, das er als Sich-vorweg-sein bzw. Seinkönnen versteht, ganz wird, d. h. wenn ihm nichts mehr bevorsteht und es daher sich nicht mehr vorweg ist und nichts mehr sein kann, das

13 Heidegger, *Sein und Zeit*, 236. Die fundamentalontologisch bedingte Fragestellung nach der Daseinsganzheit lässt auch verstehen, warum Heidegger sich in *Sein und Zeit* so ausführlich mit dem Tod beschäftigt, nicht aber in ähnlicher Intensivität mit der Geburt, der dann u. a. seine Schülerin Hannah Arendt wichtige Überlegungen widmen sollte. Für seine Fragestellung stellt das für das Dasein als Seinkönnen immer ausstehende Phänomen des Todes eine wesentlich größere denkerische Herausforderung dar als die immer vergangene Geburt. Heidegger ist sich dieser Grenzen oder Perspektivität von *Sein und Zeit* bewusst: „Allein der Tod ist doch nur das ‚Ende‘ des Daseins, formal genommen nur das *eine* Ende, das die Daseinsganzheit umschließt. Das andere ‚Ende‘ aber ist der ‚Anfang‘, die ‚Geburt‘. Erst das Seiende ‚zwischen‘ Geburt und Tod stellt das gesuchte Ganze dar. Sonach blieb die bisherige Orientierung der Analytik bei aller Tendenz auf das *existierende* Ganzsein und trotz der genuinen Explikation des eigentlichen und uneigentlichen Seins zum Tode ‚einseitig‘. Das Dasein stand nur so im Thema, wie es gleichsam ‚nach vorne‘ existiert und alles Gewesene ‚hinter sich‘ läßt. Nicht nur das Sein zum Anfang blieb unbeachtet, sondern vor allem die *Erstreckung* des Da-seins *zwischen* Geburt und Tod. Gerade der ‚Zusammenhang des Lebens‘, in dem sich doch das Dasein ständig irgendwie hält, wurde bei der Analyse des Ganzseins übersehen.“ (Heidegger, *Sein und Zeit*, 373.)

es noch nicht ist, ist es nicht mehr da. Es gewinnt also sein Ganzsein – und verliert sich gerade durch diesen Gewinn. Somit liegt für Heidegger die Schwierigkeit, das Dasein als Ganzes zu erfassen, nicht auf der epistemologischen Seite der Daseinserkenntnis, sondern auf der ontologischen Seite des Daseins als Sein*können*: „Was *so* gar nicht erst *sein* kann, *wie* ein Erfahren das Dasein zu erfassen prätendiert", so Heidegger nahezu lakonisch, „entzieht sich grundsätzlich einer Erfahrbarkeit."[14]

Heidegger trotzt diesem Befund und muss sich daher zu Beginn seiner Überlegungen zum Tod mit der Schwierigkeit einer Phänomenologie der Ganzheit des Daseins auseinandersetzen und eine „Möglichkeit [...], das Dasein in seiner Gänze zugänglich zu machen",[15] suchen. Er geht dabei in verschiedenen Schritten vor, um sein Ziel zu erreichen. Zunächst geht er auf die Erfahrung des Todes anderer Menschen ein. Denn in einer solchen Erfahrung werde, so führt er aus, eine „Beendigung des Daseins [...] ‚objektiv' zugänglich".[16] Den Tod deutet Heidegger zunächst als Umschlag zu einem Seienden, das bloß noch – wie ein Ding – vorhanden ist: „Das *Ende* des Seienden qua Dasein ist der *Anfang* dieses Seienden qua bloßen Vorhandenen."[17] Allerdings vertieft Heidegger diese Interpretation sogleich, da sie seiner Ansicht nach den „phänomenalen Bestand" verfehle, durch eine kurze Hermeneutik des Leichnams. Ein toter Mensch – eine Leiche – werde, wie er ausführt, nicht als Ding verstanden und entsprechend behandelt.[18] So kann, wie er erläutert, nicht nur die Anatomie die Leiche als etwas Unlebendiges nur deshalb untersuchen, weil sie einmal lebendig gewesen ist (insofern ist sie nicht einfach ein „Ding", sondern zumindest für eine bestimmte Zeit ein nicht mehr lebendiges Seiendes). Auch die Totenrituale – Heidegger nennt ausdrücklich die „Weise der Totenfeier, des Begräbnisses, des Gräberkultes"[19] – zeigen, dass die Leiche kein dinghaftes Objekt ist bzw. nicht als solches betrachtet und behandelt wird. Denn der Leiche wird

14 Heidegger, *Sein und Zeit*, 236.
15 Heidegger, *Sein und Zeit*, 237.
16 Ebd.
17 Heidegger, *Sein und Zeit*, 238.
18 H. Wittwer, *Der Leichnam aus der Sicht der Philosophie*, in: *Deutsche Zeitschrift für Philosophie* 56 (2008), 97–117, stellt die These auf, Heidegger habe „auf unfreiwillige Weise einen Beitrag zur Hinwendung zum Leichnam" geleistet. Denn „[s]eine These von der sozialen ‚Unbezüglichkeit' des Todes rief Kritiker auf den Plan, die zu Recht darauf hinwiesen, dass gerade die Erfahrung des Todes eines geliebten Menschen von existenzieller Bedeutung sein kann. Dabei rückt nun auch die Frage nach dem Status des Leichnams in den Blick, weil der Anblick eines nahestehenden, verstorbenen Menschen eine wichtige Rolle innerhalb der Erfahrung des Todes spielt." (98 f.) Angesichts von Heideggers hier kurz skizzierter Phänomenologie des Leichnams muss diese Deutung überraschen. Es ist bereits Heidegger selbst, der sich denkerisch ausdrücklich dem Leichnam zugewendet hat.
19 Heidegger, *Sein und Zeit*, 238.

„in einem Modus der ehrenden Fürsorge“ begegnet.[20] Fürsorge ist nach Heidegger nur anderem daseinsmäßigem Seienden – Heidegger nennt dieses „Mitdasein“ – gegenüber möglich.[21] Wenn der verstorbene Andere nicht mehr da ist, verbindet die Hinterbliebenen daher immer noch etwas mit ihm. Das Verbindende ist die Welt, die der tote Andere und die Hinterbliebenen miteinander geteilt haben: *„Aus ihr her* können die Bleibenden noch *mit ihm sein.*“[22]

Heidegger untersucht nun mit einer gewissen Ausführlichkeit, wie der Tod des anderen Menschen erfahren wird – und weshalb er für sein Anliegen nicht von einer Phänomenologie des Todes eines anderen Menschen ausgehen kann. Wie er darlegt, erfahren die Hinterbliebenen nämlich niemals das „Sterben“ des Anderen. Beim Sterben sind sie „höchstens immer nur ‚dabei'“,[23] d. h. das Sterben bleibt für sie bei aller möglichen persönlichen Betroffenheit oder Nähe zum Sterbenden ein ihnen äußerliches Geschehen. Sie erfahren zwar einen Verlust, nämlich des verstorbenen Menschen, aber nicht den Verlust des Seins, den der Verstorbene „‚erleidet'“.[24] In dieser Situation hilft auch keine Einfühlung oder kein Wissen um die medizinisch oder psychologisch bestimmbaren Phasen des Sterbens. Das Sterben des anderen Menschen kann nur aus einer das Sterben mehr oder weniger objektivierenden Außenperspektive heraus erfahren werden.

Wenn Heidegger, wie ihm gelegentlich vorgeworden wurde, dem Tod des anderen Menschen – und vor allem auch den „Skandal“ des Todes eines geliebten Menschen – nur wenige Seiten widmet, so geht dies somit nicht auf ein Desinteresse am Tod des Anderen oder am Phänomen der Liebe eines anderen Menschen zurück. Es geht zurück auf das besondere Frageinteresse, mit dem er sich mit dem Tod bzw. mit dem Sein zum Tode auseinandersetzt. Seine kurzen Überlegungen zum Tod des Anderen zeigen, dass sie ihn mit Blick auf die ihn leitende Frage – nämlich nach dem Ganzsein des Daseins im Kontext der Frage nach dem Sinn von Sein – nicht weiterführen. Denn auch wenn man sich in vielem vertreten lassen kann, so doch nicht im Sterben, in dem das je eigene Dasein zu einem Ende kommt und das Seiende, das Dasein ist, zu einem Nicht-mehr-Dasein wird. Der Tod ist, wie Heidegger ausführt, „wesensmäßig je der meine. Und zwar bedeutet er eine eigentümliche Seinsmöglichkeit, darin es um das Sein des je eige-

20 Heidegger, *Sein und Zeit*, 238.
21 Vgl. Heidegger, *Sein und Zeit*, 193.
22 Heidegger, *Sein und Zeit*, 238.
23 Heidegger, *Sein und Zeit*, 239.
24 Ebd.

nen Daseins schlechthin geht".[25] Wenn das Dasein je meines ist, so gilt dies auch für den Tod als Möglichkeit der Unmöglichkeit des Daseins. Somit lässt sich vermittelt über die Interpretation des Todes eines anderen Menschen das, was das Ganzsein des Daseins in ontologischer Hinsicht ist, nicht interpretieren (was nicht heißt, dass sich nicht anderes – wie z. B. Dimensionen der Liebe oder der Verantwortung für den Anderen – durch die Interpretation oder die Erfahrung des Todes eines anderen Menschen zeigen kann).

Heidegger bemüht sich nun darum, aufzuzeigen, was für das Dasein der je eigene Tod bedeutet. Er entwickelt dabei eine phänomenologische Interpretation der „Unganzheit" des Daseins, die der ontologischen Besonderheit des Daseins auf der Spur ist: Dasein ist, so hatte sich schon gezeigt, als Sein*können* nie ganz. Zu ihm gehört wesensmäßig das Noch-nicht. Es ist sich immer vorweg, selbst wenn es die Absicht verfolgen sollte, sich nicht vorweg zu sein. Was aber ist damit gemeint? Heidegger nähert sich – in einem für ihn typischen Vorgehen – einer Antwort auf diese Frage, indem er alternative Deutungen ausschließt. Er fragt dabei zunächst, ob es sich beim dem „Noch-nicht" um einen „Ausstand" handeln könnte. Mit „Ausstand" wird, wie er ausführt, im Bereich des Zuhandenen auf etwas Bezug genommen, das zu etwas gehört, aber noch fehlt. Wenn es nicht mehr aussteht, wird dieses dann zu einem Ganzen. Heidegger nennt das Beispiel einer Schuld, die noch aussteht. Sobald sie getilgt ist, steht auch nichts mehr aus.[26] Das Ganzsein des Daseins könne, wie er erläutert, allerdings so nicht verstanden werden. Denn zum Dasein gehört immer – wesensmäßig, von seinem Vollzug oder seiner Seinsweise her – etwas, das noch nicht ist. Es ist nicht eine Teilsumme, die durch die Ergänzung einer anderen Summe ganz wird.

Auch das von ihm kurz herangezogene Beispiel des Mondes hilft Heidegger nicht weiter. Denn dieser ist ja immer als ganzer da und wird nur zu bestimmten Zeiten – aufgrund von äußeren Begrenzungen der Wahrnehmung – nicht ganz gesehen.[27] Wenn Heidegger sich im Folgenden der Frucht, die reift, zuwendet, so hilft ihm dies auf der einen Seite weiter. Denn die Frucht bewegt sich als etwas Lebendiges von sich selbst her zur Reife. Sie ist „reifend [...] die Unreife".[28] In der Pflanze liegt eine Möglichkeit, die sie in ihrem Wachstum verwirklicht. Insofern kommt sie dem Dasein als Seinkönnen – also dem Dasein in seiner inneren Lebensbewegtheit – nahe. Auf der anderen Seite kann für Heidegger Dasein aufgrund seiner einzigartigen Seinsweise auch nur in sehr begrenzter Weise in Analogie zu anderen lebenden Seienden verstanden werden. Denn während sich

25 Heidegger, *Sein und Zeit*, 240.
26 Vgl. Heidegger, *Sein und Zeit*, 242.
27 Vgl. Heidegger, *Sein und Zeit*, 243.
28 Heidegger, *Sein und Zeit*, 244.

eine Frucht in der Reife vollende, führt der Tod des Daseins eben nicht zu einer Vollendung – wenn damit gemeint ist, dass es das, was ihm möglich ist, abschließend verwirklicht hätte. Denn durch den Tod werden dem Dasein gerade seine Möglichkeiten genommen. Es kann nichts mehr sein und ist nicht mehr da. Außerdem, so Heidegger treffend, stirbt manches Dasein auch „unvollendet". Für das Dasein scheint das „Ende" eine gänzlich andere Bedeutung zu haben als der Zustand der Reife für die Frucht. Wegen der besonderen „Natur" des Daseins als Seinkönnen hilft also auch ein naturphilosophischer Zugang bei der Bestimmung des Endes des Daseins nicht weiter. Auch Aristoteles, dem Heidegger in *Sein und Zeit* viel verdankt, kann ihm an dieser Stelle nicht weiterhelfen. Denn Heidegger findet die Besonderheit des Daseins nicht in einer Geist- oder Vernunftseele, die er naturphilosophisch deuten könnte, sondern im Seinkönnen, d. h. in der Freiheit, die nicht organisch wächst, sich entfaltet und dann „vollendet" vorliegt. Das Dasein als Freiheit, so lässt sich sagen, ist nicht die Verwirklichung einer Möglichkeit, als gehe es darum, das Seinkönnen abschließend ins Sein zu überführen, sondern die Wirklichkeit der Möglichkeit des Seinkönnens. Was aber ist dann das „Ende" des Daseins?

Um diese Frage zu beantworten, erläutert Heidegger nun, was „Ende" des Daseins nicht bedeutet. Dabei nennt er u. a. die Beispiele des Endes bzw. des Aufhörens des Regens und des Aufhörens eines Weges. Der Regen ist nicht mehr da, wenn er aufhört. Er ist „verschwunden". Der Weg ist durch sein Aufhören „bestimmt" – entweder, wie Heidegger erläutert, als unfertig oder als fertig.[29] Diese verschiedenen Weisen, zu einem Ende zu kommen oder – besser – zu Ende zu sein, helfen ihm aber auch nicht dabei, den Tod als Ende des Daseins zu bestimmen. Denn das Dasein ist nichts Zu- oder Vorhandenes, das enden kann und dann wie der Regen verschwunden, wie ein Laib Brot – ein weiteres Beispiel, auf das Heidegger sich bezieht – aufgebraucht oder wie ein Weg fertig bzw. nicht fertig ist. Nach Heidegger bezieht sich der „Tod" für das Dasein ontologisch nicht darauf, dass es endet oder zu Ende ist, sondern auf das *„Sein zum Ende"* des Daseins.[30] Somit ist der Tod für das Dasein „eine Weise zu sein, die das Dasein übernimmt, sobald es ist".[31] Deshalb lässt sich der Tod – verstanden als Seinsweise, nicht als isolierbares oder datierbares (ontisch-existenzielles) Ereignis, als äußerlich bestimmbarer Endpunkt einer Biographie – nur auf der Grundlage einer ontologischen Bestimmung des Daseins verstehen: „Enden als Sein zum Ende verlangt seine ontologische Aufklärung aus der Seinsart des Daseins."[32]

---

29 Vgl. Heidegger, *Sein und Zeit*, 245.
30 Vgl. ebd.
31 Ebd.
32 Ebd.

Um den Anspruch, die Besonderheit und die Originalität seiner eigenen ontologischen Zugangsweise zum Tod noch klarer hervortreten zu lassen und um mögliche Missverständnisse auszuschließen, distanziert Heidegger sich im Folgenden von weiteren alternativen Zugängen zum Tod. Diese sind seiner Ansicht nach nicht falsch; sie gehen nur dem Phänomen des Todes – nämlich des Todes des *Daseins* – nicht auf der für ihn in diesem Kontext entscheidenden ontologischen Ebene nach. Das gilt für die „biologisch-ontische Erforschung des Todes", die aus ihrer naturwissenschaftlichen Perspektive die philosophische Frage nach einer Ontologie des Lebens nicht stellt. Heidegger bemängelt hier kritisch – durchaus nachvollziehbar und in einer für ihn charakteristischen Denkbewegung –, dass der biologische Zugang zum Tod immer schon im Lichte bestimmter Vorentscheidungen darüber stehe, was mit „Leben" und insofern auch was mit „Tod" eigentlich gemeint sei: „Mehr oder minder geklärte Vorbegriffe von Leben und Tod sind in ihr [scil. der ontischen Untersuchung des Todes] wirksam."[33] Doch kann die Biologie als Biologie diese Voraussetzungen nicht einholen oder kritisch befragen. Sie entziehen sich ihr. Deutlich zeigt sich in diesem Zugang zu den Einzelwissenschaften und ihren Möglichkeiten Heideggers u. a. an der klassischen metaphysischen Tradition wie auch an Husserls phänomenologischem Selbstverständnis geschulter Anspruch, dass die Philosophie *qua* (Fundamental-)Ontologie den ontischen Wissenschaften vor- oder übergeordnet sei. Ontisch lasse sich aus verschiedenen Perspektiven – zu denken wäre auch an einen mentalitätsgeschichtlichen Zugang zum Tod, wie ihn später u. a. Philippe Ariès[34] entwickelt hat – zwar vieles Richtige über Sterben und Tod sagen, doch immer unter bestimmten, nicht eigens reflektierten Voraussetzungen und nicht in der für Heidegger notwendigen grundlegenden ontologischen Weise. Dies schließt für Heidegger übrigens nicht aus, dass auch Medizin und Biologie Einsichten gewinnen können, die für die Ontologie von Bedeutung sind – jedoch auf einer in *Sein und Zeit* nicht näher dargestellten Ebene oder Weise, die der in diesem Zusammenhang grundlegenden nachgeordnet ist.[35] Nach Heideggers Deutung reicht allerdings auch eine Ontologie des Lebens, wie er sie in der Lebensphilosophie vorgefunden hat, nicht aus, um das Phänomen des Todes angemessen zu bestimmen. Denn einer solchen Ontologie ist, so Heideggers Voraussetzung, die Ontologie des Daseins aufgrund des ontischen, ontologischen und ontisch-ontologischen Vorrangs des Daseins, wie sich bereits gezeigt hat, vorgeordnet. Auch wenn das Dasein lebendig ist, so ist es doch anders lebendig als andere Lebewesen: Als Seinkönnen muss es etwas mit sich anfangen.

---

33 Heidegger, *Sein und Zeit*, 247.

34 Vgl. P. Ariès, *Geschichte des Todes*, aus dem Französischen von H.-H. Henschen/U. Pfau, Darmstadt 1996.

35 Vgl. hierzu Heidegger, *Sein und Zeit*, 247.

Heidegger setzt seine Interpretation des Todes ausdrücklich auch von theologischen und religiösen Deutungen des Todes ab – wiederum ohne diese prinzipiell in Frage zu stellen. Denn die konkrete Stellungnahme zum eigenen Tod erfolgt für ihn auf der ontisch-existenziellen Ebene, d. h. die Frage, ob es ein Leben nach dem Tode gebe, ist keine Frage, mit er sich als Phänomenologe – und das bedeutet für ihn in dieser Phase seines Denkens: als Fundamentalontologe – auseinandersetzen kann. Er muss diese Frage offenhalten. Zugleich erhebt er den Anspruch, dass nur auf der Grundlage einer Ontologie des Daseins in einer angemessenen Weise auf einer ontischen (z. B. christlich-theologischen) Ebene über das Jenseits spekuliert werden könne: „Mit Sinn und Recht kann überhaupt erst dann methodisch sicher auch nur *gefragt* werden, was *nach dem Tode sei*, wenn dieser in seinem vollen ontologischen Wesen begriffen ist.“[36] Heidegger hat in seinem Vortrag „Phänomenologie und Theologie“ das hier vorliegende Verständnis des Verhältnisses von fundamentalontologischer Philosophie, d. h. Phänomenologie und ontischer christlicher Theologie, weiter entfaltet.[37]

In ähnlicher Weise distanziert sich Heidegger von einem metaphysischen Zugang zum Tod, der etwa mit Blick auf eine Theodizee nach dem Sinn des Todes als eines Übels fragt. Auch von derlei, im Zusammenhang mit einem neuen Interesse an der Metaphysik in den 1920er Jahren entwickelten Überlegungen hält Heidegger sich fern, weil es ihm um die seiner Ansicht nach methodisch vorrangige ontologische Klärung des Phänomens des Todes geht. Auf der existenziellen Ebene will und muss er möglichst unverbindlich bleiben. Allein dies kann ihm auf der existenzialen Ebene die höchste Verbindlichkeit gewähren: Es müsse, so Heidegger,

> mit der existenzialen Begriffsbestimmung die existenzielle Unverbindlichkeit zusammengehen und das besonders bezüglich des Todes, an dem sich der Möglichkeitscharakter des Daseins am schärfsten enthüllen lässt. Die existenziale Problematik zielt einzig auf die Herausstellung der ontologischen Struktur des Seins *zum* Ende des Daseins.[38]

Mit diesen insgesamt vier Distanzierungen – von den ontischen Wissenschaften, der Ontologie des Lebens, der Theologie und einer Metaphysik der Existenz – situiert Heidegger seinen eigenen fundamentalontologischen Anspruch, der auch den formalen – bzw. formal-anzeigenden – Charakter seiner Ausführungen erklärt.[39]

---

36 Heidegger, *Sein und Zeit*, 248.

37 Vgl. hierzu mein *Phänomenologie und Theologie*, in: M. Kühnlein (Hg.), *Religionsphilosophie und Religionskritik. Ein Handbuch*, Frankfurt am Main 2018, 542–553.

38 Heidegger, *Sein und Zeit*, 249.

39 Zur formalen Anzeige vgl. K. Kraatz, *Das Sein zur Sprache bringen. Die formale Anzeige als Kern der Begriffs- und Bedeutungstheorie Martin Heideggers*, Würzburg 2022.

Vor diesem Hintergrund kann er nun seine eigenen Überlegungen zum Tod als Sein zum Ende entfalten, so dass es möglich ist, das „durch das Sein zum Ende konstituierte[s] Ganzsein“[40] des Daseins in den Blick zu nehmen. Ausgangspunkt ist dabei die bereits erwähnte Sorgestruktur des Daseins. „Sorge“ bezeichnet als ontologischer Terminus nicht eine bestimmte Handlung oder Handlungsweise des Menschen (wenn sich jemand beispielsweise um einen Freund sorgt oder bestimmte Besorgungen macht), sondern die Art und Weise, in der das Dasein immer schon *ist*, d. h. die Sorge liegt als Seinsweise des Daseins der für die traditionelle Philosophie konstitutiven Differenz von Theorie und Praxis (und somit auch konkreten „Sorgehandlungen“) voraus und schließt sowohl Theorie als auch Praxis ein.[41] „Sorge“ zeigt an, dass es dem Dasein „in seinem Sein um dieses selbst“ geht.[42] Ihm ist als Seinkönnen das eigene Sein in anderen Worten ein „Anliegen“.

Heidegger bestimmt die Sorge als Struktur des Daseins in einer berühmt gewordenen Formel als „Sich-vorweg-sein – im-schon-sein-in ... – als Sein-bei ... “.[43] Heidegger fasst damit die drei fundamentalen Charaktere des Daseins zusammen: die Existenz, die Faktizität und das Verfallen. Dasein existiert, wie sich bereits gezeigt hat, indem es sich vorweg ist. Für Dasein bedeutet zu sein: sein zu können; es ist frei für sein „eigenstes Seinkönnen“.[44] Als solches ist das Dasein immer über sich selbst hinaus; Es liegt nicht statisch vor, sondern zeigt eine Bewegung – oder besser: Es ist immer schon bewegt. Existenz ist nun, wie bereits angedeutet wurde, da sich Dasein unterschiedlich zu seinem eigenen Seinkönnen verhalten kann, durch zwei verschiedene Seinsmodi charakterisiert: durch die Eigentlichkeit und die Uneigentlichkeit, d. h., das Dasein kann sich – als „je seine Möglichkeit“ – gewinnen (eigentliche Existenz) oder verlieren (uneigentliche Existenz).[45] Das Dasein setzt sich allerdings nicht selbst in die Welt; es erfindet sich oder eine Welt nicht radikal neu, sondern ist immer schon *faktisch* in sein „Da“ „geworfen“.[46] Heidegger spricht in diesem Zusammenhang von „Geworfenheit“. Damit meint er ausdrücklich nicht, dass das Dasein nun einmal „faktisch“ vorhanden ist (so wie ein Sturm sich „faktisch“ ereignet oder ein Baum „faktisch“ existiert). Er spricht keinem Positivismus das Wort. Dasein ist nichts empirisch Vorliegendes. Seine Faktizität besteht nicht in einer bestimmten Vorhandenheit, sondern darin, dass ihm sein Sein überantwortet ist. Es ist, wie sich ihm in der Erschlossenheit zeigt, da und hat zu

40 Heidegger, *Sein und Zeit*, 249.
41 Vgl. hierzu Heidegger, *Sein und Zeit*, 193.
42 Heidegger, *Sein und Zeit*, 191.
43 Heidegger, *Sein und Zeit*, 196.
44 Vgl. Heidegger, *Sein und Zeit*, 191.
45 Vgl. Heidegger, *Sein und Zeit*, 42 f.
46 Vgl. Heidegger, *Sein und Zeit*, 135.

sein oder *kann* sein, d. h. es steht vor verschiedenen Möglichkeiten, die es ergreifen oder nicht ergreifen kann. Als solches faktisches Existieren ist das Dasein, drittens, immer schon bei der „besorgten Welt". Es geht im „Miteinandersein" auf, d. h. verliert sein eigentliches Sein, und ist verfallen.[47] Mit dem Terminus „Verfallen" bezieht sich Heidegger nicht auf eine Art „Erbsünde", sondern darauf, dass das Dasein als In-der-Welt-sein sich immer schon von sich entfernt und insofern „abstürzt": „Das Dasein stürzt aus ihm selbst in es selbst, in die Bodenlosigkeit und Nichtigkeit der uneigentlichen Alltäglichkeiten."[48] Er findet somit im Dasein selbst – und zwar in seiner alltäglichen Seinsweise, die Heidegger, auch wenn dies gelegentlich so klingen mag, nicht in moralisch zu verstehenden Kategorien zu erfassen versucht, sondern in fundamentalontologischen, d. h. jeder konkreten Moral oder Ethik zuvor liegenden „formalen Anzeigen" – eine Tendenz zu dem, was er „Uneigentlichkeit" nennt. Nun erhebt Heidegger den Anspruch, dass die drei fundamentalen Charaktere des Daseins, die sich nicht voneinander lösen lassen, sondern in ihrer unaufhebbaren Einheit die Struktur der Sorge ausmachen, es ermöglichen, einen „existenziale[n] Begriff des Sterbens als geworfenes Sein zum eigensten, unbezüglichen und unüberholbaren Seinkönnen"[49] zu entwickeln. Dies soll im Folgenden nachgezeichnet werden.

Nach Heidegger ist der Tod, wie sich gezeigt hat, nicht „etwas", das noch aussteht. Er ist kein „Ausstand". Diese Deutung würde das Dasein auf etwas Vorhandenes reduzieren, an dem noch etwas fehlt. Vielmehr ist der Tod als ein Ereignis, zu dem sich das Dasein verhält, ein „Bevorstand": Er steht dem Dasein als etwas Zukünftiges bevor. Heidegger legt dar, dass der Tod sogar ein „ausgezeichneter Bevorstand" ist. Denn mit ihm steht dem Dasein nicht ein beliebiges zukünftiges Ereignis – wie etwa eine Geburtstagsfeier, der nächste Urlaub oder eine Verabredung zum Essen – bevor, sondern das mögliche Ende des eigenen Daseins und damit die „Möglichkeit der schlechthinnigen Daseinsunmöglichkeit".[50] Dem Dasein erschließt sich nun, so Heideggers Interpretation, die (Seins-)Möglichkeit des Todes insbesondere in der Angst, die Heidegger als „Befindlichkeit" des Daseins schon im ersten Abschnitt untersucht hatte.[51] Die Angst, von der Heidegger in diesem Zusammenhang spricht, ist keine „Angst" vor dem konkreten Sterben. Mit Bezug darauf würde Heidegger von „Furcht" sprechen. Sie ist – seinem ontologischen Verständnis des Todes gemäß – die Angst „‚vor' dem eigensten, unbezügli-

47 Vgl. Heidegger, *Sein und Zeit*, 175 ff.
48 Heidegger, *Sein und Zeit*, 178.
49 Heidegger, *Sein und Zeit*, 251.
50 Heidegger, *Sein und Zeit*, 250.
51 Vgl. Heidegger, *Sein und Zeit*, 184 ff.

chen und unüberholbaren Seinkönnen".[52] Das Dasein ist Seinkönnen und soll Seinkönnen sein – und doch hat es genau vor dem, in das es „geworfen" ist, und somit vor dem, was es ist und sein soll, Angst. Und genau aus diesem Grund ist das Dasein im alltäglichen Lebensvollzug von Uneigentlichkeit gekennzeichnet und ein eigentliches Sein zum Tode die Ausnahme.

Das Dasein sei nämlich, erstens, von der Versuchung durch das Man als „Selbst der Alltäglichkeit" bestimmt, „das eigenste Sein zum Tode sich zu verdecken",[53] zum Beispiel, indem es den Tod auf den „Todesfall" reduziert. Der Tod zeigt sich dann als ein Ereignis, das anderen Menschen zustößt und das – im Sinne der Aussage „man stirbt am Ende auch einmal"[54] auch einem selbst einmal zustoßen wird. Das Man gibt also eine Deutung des Todes vor – als Wirklichkeit, die einmal eintreten wird. Diese verhindert, dass das eigentliche Wesen des Todes als Seins*möglichkeit*, d. h. als Möglichkeit des je eigenen Daseins, erkannt wird. Nach Heidegger kann sich das Dasein in dieser alltäglichen Auslegung „verlieren", d. h. es erfährt dann nicht, was es bedeutet, dass es selbst Sein zum Tode ist. In der Auslegung des Todes durch das Man erblickt Heidegger nicht nur eine Versuchung für das Dasein, sondern auch eine *„Beruhigung über den Tod"*, die verschiedene Formen annehmen kann. Er verweist beispielhaft auf den Versuch, einen Sterbenden dadurch zu trösten, dass man ihm falsche Hoffnungen macht, auf die öffentliche Tabuisierung des Todes oder auch auf die Ablehnung, über den Tod nachzudenken. „Das Man", so Heidegger, „lässt den Mut zur Angst vor dem Tode nicht aufkommen."[55] Insofern es gerade die Angst ist, die dem Dasein sein eigenstes Sein enthüllt, zeigt sich die Auslegung des Todes durch das Man nicht nur als Versuchung oder Beruhigung, sondern führt auch zu einer Entfremdung des Daseins von sich selbst. In der verfallenden Alltäglichkeit flieht das Dasein also vor dem Tod. Es weicht ihm aus und verdeckt ihn zugleich, indem es ihm existenziell eine bestimmte, existenzial aber nicht angemessene Auslegung zuschreibt, ohne dass es diese Seinsmöglichkeit wirklich abstreifen könnte. Denn wie auch immer das Dasein sich konkret-existenziell zum Tod verhält, bleibt es existenzial durch das Sein zum Tode bestimmt.

Heidegger vertieft diese Auslegung noch, indem er die Interpretation der Alltäglichkeit des Dasein ergänzt, um den „volle[n] existenziale[n] Begriff des Todes" zu gewinnen.[56] Er zeigt, dass schon das alltägliche, vom Man bestimmte Verhalten zum Tod seine Gewissheit zeige. Ihm ist zunächst der Tod als *empirisches* Faktum gewiss. Insofern weicht das alltägliche Dasein einer anderen Gewissheit aus – näm-

52 Heidegger, *Sein und Zeit*, 251.
53 Heidegger, *Sein und Zeit*, 253.
54 Ebd.
55 Heidegger, *Sein und Zeit*, 254.
56 Heidegger, *Sein und Zeit*, 255.

lich der Gewissheit des Todes als der besonderen ontologischen Möglichkeit des Daseins. Doch gerade durch das Ausweichen vor dem ontologisch angemessen verstandenen Tod und auch dadurch, dass es der terminlich unbestimmbaren Gewissheit des Todes eine Bestimmung verleiht, indem es nämlich den Tod in die Zukunft verlegt, während dieser doch, so betont Heidegger, „jeden Augenblick möglich ist",[57] zeigt es die Gewissheit des Todes.

Während das uneigentliche Sein zum Tode den Tod nicht als Seinsmöglichkeit des Daseins versteht, sei es, so Heidegger, für das eigentliche „Sein zum Tode" zentral, dass der Tod seinen Möglichkeitscharakter behält: In ihm „muß die Möglichkeit ungeschwächt *als Möglichkeit* verstanden, *als Möglichkeit* ausgebildet und im Verhalten zu ihr *als Möglichkeit ausgehalten* werden".[58] Heidegger spricht in diesem Zusammenhang von der Notwendigkeit eines „nichtflüchtigen und nichtverdeckenden Seins zu der gekennzeichneten Möglichkeit" des Todes.[59] Dabei geht es nicht darum, den Tod verwirklichen zu wollen. Im Bereich dessen, was vorhanden und zuhanden ist, lässt sich durch eine besorgende Haltung vieles verwirklichen (man kann sich zum Beispiel aus bestimmten Zutaten, die in der Küche stehen und einem insofern zuhanden sind, ein Mittagessen kochen). Beim Tod verhält es sich anders. Denn da der Tod eine Seinsmöglichkeit des Daseins ist, kann das eigentliche Sein zum Tode nicht darin bestehen, dass jemand seine Verwirklichung „besorgt". Das ist nur möglich, wenn ich den Tod bzw. das Sterben verobjektiviere, also auf etwas reduziere, das sich hervorbringen oder über das sich verfügen lässt (wie z. B. im Suizid, an dem sich vor dem Hintergrund von Heideggers Überlegungen eine wichtige Kritik entwickeln lässt: Im Suizid als einer „Verwirklichung" des eigenen Todes verhält sich, wenn man Heideggers Interpretation folgt, der Mensch – das Dasein als Seinkönnen – in einer uneigentlichen, sich selbst als Seinkönnen fliehenden oder negierenden Weise zum Tod).

„Sein zum Tode" bedeutet noch nicht einmal, wie Heidegger ausdrücklich festhält, an den Tod als Verwirklichung einer Möglichkeit zu denken. Dieses Verhalten zum eigenen Tod, das die philosophische und christliche Tradition im Rahmen einer *ars moriendi* maßgeblich bestimmt hat, sieht Heidegger sogar kritisch. Er erblickt darin, auch wenn der Charakter des Todes als Möglichkeit nicht völlig verdeckt werde, doch eine Abschwächung dieser Möglichkeit „durch ein berechnendes Verfügenwollen über den Tod".[60] Diese führe, so Heidegger, dazu, dass er „als Mögliches möglichst wenig von seiner Möglichkeit zeigen" soll.[61] Nach Hei-

57 Heidegger, *Sein und Zeit*, 258.
58 Heidegger, *Sein und Zeit*, 261.
59 Heidegger, *Sein und Zeit*, 260.
60 Heidegger, *Sein und Zeit*, 261.
61 Ebd.

degger ist die angemessene Haltung zum Tod daher auch nicht die Erwartung des Todes, auch wenn dies normalerweise jene Haltung ist, in der sich das Dasein zu einem Möglichen verhält (beispielsweise erwartet es den möglichen Besuch eines Freundes). Für Heidegger ist die Haltung der Erwartung, in der der Möglichkeitscharakter des Todes wesentlich stärker als beim Denken an den eigenen Tod bzw. an das eigene Sterben berücksichtigt wird, immer noch zu sehr auf die Verwirklichung der Möglichkeit bezogen. Denn was erwartet werde, sei ja die Wirklichkeit des Todes.

Wie also lässt sich das Sein zum Tode, wenn es kein verfügendes „Besorgen“ des Todes, kein „Bedenken“ oder kein „Erwarten“ des Todes ist und den Möglichkeitscharakter des Todes radikal bewahrt, denken? Heidegger entwickelt eine eigene Terminologie, um das nicht-besorgende, nicht-bedenkende und nicht-erwartende Verhältnis zum Tod als Möglichkeit zu kennzeichnen und spricht vom „Vorlaufen in die Möglichkeit“.[62] Dies ist, wie er ausführt, eine „Näherung“ an den Tod, aber an ihn gerade als Möglichkeit und nicht als Wirklichkeit. Im „verstehenden Näherkommen“ zum Tod werde, so Heidegger, sogar „die Möglichkeit des Möglichen nur ‚größer‘“.[63] Sie kenne, so betont er, sogar gar kein Maß mehr. Denn die Möglichkeit des Möglichen bedeutet die „maßlose Unmöglichkeit der Existenz“.[64] Heidegger nimmt in diesen Überlegungen radikal ernst, dass der Tod kein biographisches Ereignis neben anderen ist, das bestenfalls die Auszeichnung hat, dass es das letzte Ereignis der Biographie ist. Der Tod – bzw. das Vorlaufen in die Möglichkeit des Todes – bringt das Dasein nämlich vor die „Möglichkeit des *eigensten* äußersten Seinkönnens, das heißt“ vor die „Möglichkeit *eigentlicher Existenz*“.[65] So wird das Dasein im Modus eigentlicher Existenz frei für seine je eigenen Möglichkeiten bis hin zur äußersten „eigenste[n], unbezügliche[n] und unüberholbare[n] Möglichkeit“.[66]

Diese Möglichkeit der Unmöglichkeit des Daseins ist eine „eigenste“, weil sie das je eigene Dasein betrifft und die Möglichkeit eigentlicher Existenz – jenseits von einer vom „Man“ bestimmten uneigentlichen Existenz – zeigt. Sie ist „unbezüglich“, weil das Dasein das Seinkönnen „einzig von ihm selbst her zu übernehmen hat“; d. h. das Dasein ist nicht aufgrund von Beziehungen zu anderem das, was es ist (bzw. besser: so, wie es sich vollzieht oder „zeitigt“). Im – eigentlichen – Sein zum Tode wird daher das Dasein radikal auf sich selbst zurückgeworfen; es verliert sich nicht als verfallenes besorgend oder fürsorgend an die Welt, sondern ist zunächst bei sich selbst – um so in der Welt zu sein. Heidegger spricht von einer „Ver-

62 Heidegger, *Sein und Zeit*, 262.
63 Ebd.
64 Ebd.
65 Heidegger, *Sein und Zeit*, 263.
66 Heidegger, *Sein und Zeit*, 264.

einzelung“ (die man freilich nicht „individualistisch“ oder „solipsistisch“ deuten darf; Heidegger geht es um eine Freiheitserfahrung, die das Mitsein mit anderen nicht abgrenzend aus-, sondern begründend einschließt). Und diese Möglichkeit ist „unüberholbar“, weil es nicht möglich ist, über den Tod als Möglichkeit „hinauszugehen“, ihn gewissermaßen zu überholen und als Möglichkeit hinter sich liegen zu lassen.[67] Gerade in der Anerkennung dieser eigensten, unbezüglichen und unüberholbaren Möglichkeit des Todes im Vorlaufen zum Tod gewinnt das Dasein, so Heidegger, die ihm eigene Freiheit.

Das vorlaufende Sein zum Tode wurzelt, so lässt sich jetzt zusammenfassen, in der *Existenz* (darin nämlich, dass das Dasein sich selbst in seinem Sich-vorweg-sein erschlossen ist), in die das Dasein immer schon – im Rahmen seiner *Faktizität* – *„geworfen“* ist.[68] Dabei zeigt sich das alltägliche Sein zum Tode als eine „ständige *Flucht vor ihm*“[69] und somit als „verfallen“. Damit zeigen sich, wenn man Heideggers Gedankengang folgt, tatsächlich die drei fundamentalen Charaktere des Daseins in einem existenzialen Verständnis des Seins zum Tode. In dieser Interpretation des Todes rückt auch das Ganze des Daseins in den Blick. Denn das Sein zum Tode als Vorlaufen in die Möglichkeit der Unmöglichkeit des Daseins, so Heidegger, „erschließt“ „alle ihr vorgelagerten Möglichkeiten mit“.[70] Das bedeutet, dass im vorlaufenden Sein zum Tode die Ganzheit des Daseins erfasst wird, und zwar, insofern das Vorlaufen selbst in eigentlicher Weise sich vollzieht, auch im Modus der Eigentlichkeit. Heidegger hat daher durch seine Interpretation des Seins zum Tode sein Ziel erreicht: nämlich das eigentliche Ganzsein des Daseins erfassen. Auf dieser wichtigen Grundlage kann er das Anliegen von *Sein und Zeit* weiterverfolgen und schließlich aufzeigen, inwiefern die ursprünglich, d. h. fundamentalontologisch vom Dasein her und nicht physikalisch von den Bewegungen von Körpern her, verstandene Zeitlichkeit der Seinssinn der Sorge und somit der Sinn des Daseins ist.[71] Die fundamentalontologische Frage nach dem Sinn von Sein beantwortet sich – formelhaft zusammengefasst – somit im Verständnis der Zeitlichkeit des Daseins als Einheit von Existenz (Zukunft), Faktizität (Vergangenheit) und Verfallen (Gegenwart) oder – noch prägnanter – in der Deutung von Sein *als* Zeit.

67 Vgl. auch Heidegger, *Sein und Zeit*, 263 f.

68 Heidegger, *Sein und Zeit*, 250.

69 Heidegger, *Sein und Zeit*, 254.

70 Heidegger, *Sein und Zeit*, 264.

71 Vgl. hierzu insbesondere Heidegger, *Sein und Zeit*, Zweiter Abschnitt, Kapitel 2 und 3, insbesondere § 65.

3 Sterblichkeit und Tod beim späten Heidegger

Heideggers Philosophie entfaltet sich, wie er selbst immer wieder betont hat, auf einem Denk*weg*. Es gebe zwar „Holzwege“, die er beschritten habe, aber keine radikalen Brüche auf dem Weg des Denkens. Dieser Wegcharakter seines Denkens zeigt sich auch, wenn man Heideggers spätere Deutungen des Todes in den Blick nimmt. Sie stehen in einem anderen Kontext als dem phänomenologisch-fundamentalontologischen von *Sein und Zeit*, da sich Heideggers Fragestellung und Vorgehensweise im Laufe der Zeit gewandelt hat. Nun geht es ihm nicht mehr darum, das Dasein phänomenologisch zu interpretieren, um zu zeigen, dass die Zeit der transzendentale Horizont der Seinsfrage ist. Stark vereinfacht gesprochen bemüht er sich nun um ein Denken der Geschichte des Seins, das die Geschichte der Metaphysik als Geschichte der Seinsvergessenheit, die sich im Nihilismus Nietzsches vollende, deutet. Dieser neue Ansatz des Denkens wird von Heidegger vor dem Hintergrund einer expliziten und häufig auch nur impliziten Auseinandersetzung mit *Sein und Zeit* entwickelt. Dabei nimmt auch seine Interpretation des Todes bzw. die Phänomenologie des vorlaufenden Seins zum Tode eine wichtige Position ein.

3.1 „Sein zum Tode“ in *Beiträge zur Philosophie. Vom Ereignis*

In dem wichtigen Nachlassmanuskript *Beiträge zur Philosophie. Vom Ereignis* (1936–38) nimmt Heidegger ausdrücklich in mehreren Abschnitten auf seine früheren Überlegungen zum „Sein zum Tode“ Bezug. Die „vor-denkende“ Bedeutung von *Sein und Zeit* steht für ihn außer Frage: Was darin, so Heidegger, „‚fundamentalontologisch‘, niemals anthropologisch und ‚weltanschaulich‘ gedacht, *vor*-gedacht ist, hat noch Keiner geahnt und *nach*zudenken gewagt“.[72] Heidegger geht in *Beiträge zur Philosophie* auch auf mögliche (und tatsächliche) Missverständnisse von *Sein und Zeit* und der darin unternommenen Interpretation des Todes ein. Er betont ausdrücklich, dass „die schlimmsten und ungereimtesten Mißdeutungen sich einschleichen und breitmachen und natürlich eine ‚Philosophie des Todes‘ zurechtgemacht wird“, wenn der Rahmen seiner Interpretation des Todes nicht beachtet werde.[73] Heidegger lehnt somit jeden Versuch, das „Sein zum Tode“ in der Interpretation von *Sein und Zeit* von seinem Kontext zu isolieren und daraus eine eigene

72 M. Heidegger, *Beiträge zur Philosophie (Vom Ereignis)*, hg. von F.-W. von Herrmann (GA 65), Frankfurt am Main 1989, 283; vgl. ausführlich zum Tod in *Beiträge zur Philosophie* C. Müller, *Der Tod als Wandlungsmitte. Zur Frage nach Entscheidung, Tod und letztem Gott in Heideggers „Beiträgen zur Philosophie“*, Berlin 1999.

73 Heidegger, *Beiträge zur Philosophie (Vom Ereignis)*, 283.

Philosophie zu entwickeln bzw. diese in *Sein und Zeit* hineinzulesen, ab. Diese Versuche charakterisiert er als „armselig und billig“.[74]

Dagegen entwickelt er eine eigene Deutung von *Sein und Zeit* vor dem Hintergrund der Wandlung der fundamentalontologischen Fragestellung nach dem Sinn von Sein in das Fragen des seinsgeschichtlichen Denkens nach der Wahrheit des „Seyns“ bzw. nach dem „Seyn“ als Ereignis – Seyn nun nicht mit „i“, sondern mit „y“ geschrieben, um anzuzeigen, dass es sich nicht um Sein als abstrakte „Seiendheit“ handelt, sondern um das sich immer entziehende geschichtliche Ereignis der Eröffnung von Wahrheit (oder „Sinn“). Damit richtet sich sein Blick nicht mehr primär auf das Dasein, das vorlaufend zum Tode die Möglichkeit eigentlicher Existenz ergreifen kann, sondern auf das Wesen der Wahrheit, die sich dem Dasein, das Heidegger weiterhin als Sein zum Tode bestimmt, er-eignet. In seinen früheren Überlegungen zum Tod deute sich allerdings, so Heidegger, sein späteres Denken schon an. Der Tod stehe in *Sein und Zeit* nämlich „im Zusammenhang mit der ‚Zeit‘, die als Entwurfsbereich der Wahrheit des Seyns selbst angesetzt ist“.[75] Die „Einzigkeit des Todes“ entspreche ferner der „Ungewöhnlichkeit des Seyns [...] im Gründungsbereich seiner Wahrheit, d. h. im Dasein“.[76] Für Heidegger eröffnet sich in der „Ungewöhnlichkeit und Einzigkeit des Todes [...] das Ungewöhnlichste in allem Seienden, das Seyn selbst, das als Befremdung west“.[77]

Auch in den 1930er Jahren hat der Tod also eine seins- (bzw. nun: seyns-)eröffnende Dimension. Auch Heideggers spätes Denken ist ein Denken vom Tod her und auf den Tod hin. Dabei ist für Heidegger von entscheidender Bedeutung, was sich seiner Ansicht nach im „Sein zum Tode“ *verberge*, nämlich „zwei Grundbestimmungen der Zerklüftung“[78] des Seins: zum einen, dass das Nichts zum Sein gehöre. Das Nichts deutet Heidegger dabei nicht als etwas „nur Nichtiges“; er versteht es vom Seyn als einem „sichentziehenden“ her; Seyn und Nichts gehören für ihn untrennbar zusammen.[79] Dieser Zusammenhang zeigt sich auch im Sein zum Tode. Der Tod ist nämlich nicht die Negation des Seyns, sondern „im genauen Gegenteil: der Tod das höchste und äußerste Zeugnis des Seins“.[80] Zum anderen verberge sich im „Sein zum Tode“ die „unergründliche Wesensfülle der ‚*Notwendigkeit*‘“ und somit der „Zusammenstoß von Notwendigkeit und Möglichkeit“.[81] Dieser „Zusammen-

74 Heidegger, *Beiträge zur Philosophie (Vom Ereignis)*, 284.
75 Ebd.
76 Heidegger, *Beiträge zur Philosophie (Vom Ereignis)*, 230.
77 Heidegger, *Beiträge zur Philosophie (Vom Ereignis)*, 283.
78 Heidegger, *Beiträge zur Philosophie (Vom Ereignis)*, 282.
79 Vgl. Heidegger, *Beiträge zur Philosophie (Vom Ereignis)*, 267.
80 Heidegger, *Beiträge zur Philosophie (Vom Ereignis)*, 284.
81 Heidegger, *Beiträge zur Philosophie (Vom Ereignis)*, 282.

stoß“ wird von Heidegger nicht im Rahmen einer vorgegebenen Ontologie abgehandelt, weil er seinem Anspruch nach auf einer ganz anderen, nämlich auf die Wahrheit des Seins bezogenen Ebene zu verstehen ist.[82] Es ist also gerade seine Auseinandersetzung mit dem „Sein zum Tode“, die es Heidegger erlaubt, sich zwei zentralen Dimensionen des Seins – der der Metaphysik vorausliegenden Zusammengehörigkeit von Sein und Nichts und dem „Zusammenstoß“ von Notwendigkeit und Möglichkeit – zu nähern. Für Heidegger gibt es somit keinen radikalen Bruch zwischen *Sein und Zeit* und seinem späteren Denken. Die retrospektive Auseinandersetzung mit seinem eigenen Denken erschließt Aspekte seiner Interpretation des Seins zum Tode, die ihm zur Zeit der Abfassung von *Sein und Zeit* nicht bewusst gewesen sind und die er nun, so scheint ihm, zur Sprache bringen kann.

3.2 Die Sterblichen und das Geviert

Nach dem Zweiten Weltkrieg hat Heidegger in Vorträgen und Veröffentlichungen Einblicke in seinen Denkweg nach *Sein und Zeit* gegeben, ohne dass er seine Erkenntnisse in ihrer Tiefe öffentlich darstellen konnte. Auch die Thematik des Todes taucht dabei immer wieder auf. Immer noch liegt ihm ein anthropologischer oder existenzphilosophischer Zugang zum Tod oder zum Sterben fern. In seinem berühmten Vortrag „Bauen Wohnen Denken“ (1951) nähert sich Heidegger – einerseits ähnlich wie in *Sein und Zeit*, andererseits aber in anderer, seinsgeschichtlich be- oder besser: gestimmter denkerischer Ausrichtung – der Art und Weise, wie Menschen *sind*. „Bauen“, so Heidegger, habe eigentlich die Bedeutung von „Wohnen“, und das „Wohnen“ ist nicht eine besondere Tätigkeit des Menschen neben anderen, sondern die „Weise, wie die Sterblichen auf der Erde sind“.[83] Für Heidegger bedeutet nun, auf der Erde zu sein, zugleich „‚unter dem Himmel‘“ zu sein. Beides – das Auf-der-Erde- und das Unter-dem-Himmel-Sein – „meint *mit* ‚Bleiben vor den Göttlichen‘ und schließt ein ‚gehörend in das Miteinander der Menschen‘“.[84] Heidegger stößt somit im Phänomen des Wohnens auf das, was er „Geviert“ nennt: die Einheit der Vier von Erde, Himmel, den Sterblichen und den Göttlichen. Wenn immer eines dieser Vier genannt wird, so Heidegger, werden alle anderen auch genannt, und das heißt, dass man vom Menschen

82 Heidegger, *Beiträge zur Philosophie (Vom Ereignis)*, 282 f.

83 M. Heidegger, *Bauen Wohnen Denken*, in: ders., *Vorträge und Aufsätze*, hg. von F.-W. von Herrmann (GA 7), Frankfurt am Main 2000, 145–164, 150.

84 Heidegger, *Bauen Wohnen Denken*, 151.

als Sterblichem nicht sprechen kann, ohne immer von seinem Bezogensein auf Erde, Himmel und die Göttlichen zu sprechen.

Wie die Bezeichnung des Menschen als die „Sterblichen“ zeigt, spielt für das Verständnis des Lebens oder des Seins des Menschen weiterhin der Tod eine zentrale Rolle, und zwar nicht als äußerlich bestimmbarer oder innerlich erwarteter biographischer Endpunkt der menschlichen Existenz. Es geht ihm weder darum, „den Tod als das leere Nichts zum Ziel [zu] setzen“, noch darum, „das Wohnen durch ein blindes Starren auf das Ende zu verdüstern“.[85] Auch in diesem späten Text geht es Heidegger nicht um die anthropologische Erkenntnis, dass alle Menschen sterben müssen und aus diesem Grund „sterblich“ sind. Sie sind die Sterblichen wegen ihrer immer schon gegebenen Bezogenheit auf das Sterben. Denn wie schon in *Sein und Zeit* eröffnet sich auch für den späten Heidegger im Tod nicht einfach ein nichtiges Nichts, sondern eine äußerste Möglichkeit, ein „Können“ oder „Vermögen“ von äußerster, das Leben bestimmender Relevanz: Die Menschen heißen „die Sterblichen, weil sie sterben können“. Dieses „Können“, liegt darin, „den Tod als Tod vermögen [...], damit ein guter Tod sei“.[86] Angesichts des Todes steht der Mensch auch in diesen Überlegungen vor einer grundlegenden Alternative. Denn der Mensch kann auch so leben, dass er zwar sterben muss, aber doch den Tod nicht vermag, so dass dann kein „guter Tod“ ist. Er kann sich der Möglichkeit oder dem „Vermögen“ des Sterbens entziehen. In diesem Zusammenhang bezeichnet Heidegger den Tod „als de[n] Schrein des Nichts“, als das „Gebirg des Seins“.[87] Der Tod ist also auch in den 1950er Jahren für Heidegger nicht die Negation des Seins, sondern (ver-)birgt das Sein als Nichts.

4 Zur bleibenden Bedeutung von Heideggers Interpretation des Todes

Als ein Denken der Endlichkeit des Menschen hat Heidegger Impulse für zahlreiche wissenschaftliche Disziplinen von der Philosophie und Theologie über die Architektur bis hin zur Medizin, Psychiatrie oder Psychoanalyse gegeben. Immer wieder wurden auch Heideggers in seinem Werk, wie sich gezeigt hat, eine zentrale Schlüsselstellung einnehmenden Ausführungen zum Sterben und zum Tod

85 Heidegger, *Bauen Wohnen Denken*, 153.

86 Heidegger, *Bauen Wohnen Denken*, 152.

87 M. Heidegger, *Das Ding*, in: ders., *Vorträge und Aufsätze*, 165–187, 180. Vgl. zum „Gebirg des Seyns“ auch M. Heidegger, *Vom Geheimnis des Glockenturms*, in: ders., *Aus der Erfahrung des Denkens 1910–1976*, hg. von H. Heidegger (GA 13), Frankfurt am Main 1983, 113–116, 115 f.

aufgegriffen. „Sein zum Tode“ ist zu einer bekannten Formel geworden. Nicht selten geschah diese Rezeption jedoch in selektiver Weise. Der weite Kontext, in den Heidegger selbst seine Beschäftigung mit dem Tod in *Sein und Zeit* eingeordnet hat, spielt(e) in der Rezeption oft keine Rolle. Dies bedeutet nicht, dass eine solche Rezeption nicht denkerisch höchst produktiv sein konnte und kann. So wurde seine fundamentalontologische Phänomenologie des Todes gelegentlich „deontologisiert“ oder anthropologisiert oder – wie etwa bei Emmanuel Lévinas, der immer mit und zugleich gegen Heidegger denkt – in einen radikal ethischen Kontext gestellt.

Doch haben Heideggers in seinem Hauptwerk wie auch in späteren Texten entfaltete Überlegungen zum Tod auch in ihrem ursprünglichen Kontext eine bleibende Bedeutung und können aus verschiedenen Gründen zum Weiterdenken anregen. Auf einige dieser Gründe sei abschließend kurz eingegangen: *Erstens* verdeutlicht Heidegger, dass verschiedene, von ihm sorgfältig voneinander differenzierte Zugänge zum Tod – seien sie wissenschaftlich, metaphysisch oder auch religiös bestimmt – von oft unausgewiesenen (ontologischen oder metaphysischen) Voraussetzungen abhängig sind. Die Radikalität seines Denkens besteht darin, auf diese Voraussetzungen nicht nur aufmerksam zu machen, sondern mit der fundamentalontologischen Frage nach dem Sinn von Sein oder der seinsgeschichtlichen Frage nach dem Sein als Ereignis „Ebenen“ in den Blick zu nehmen, die diesen verschiedenen Zugängen vorgeordnet sind. Damit ist, wie sich gezeigt hat, in *Sein und Zeit* der Anspruch der Möglichkeit einer universalen Ontologie verbunden. Dieser Anspruch ist nicht erst heute kontrovers. Er war auch schon in den 1920er Jahren kontrovers und ist Heidegger selbst auf seinem weiteren Denkweg im Rahmen seiner kritischen Auseinandersetzung mit seinem frühen, stark noch transzendentalphilosophisch ausgerichteten, d. h. nach den Bedingungen der Möglichkeit konkret-ontischen Phänomene fragenden Hauptwerk und seiner Stellung in der Geschichte der Metaphysik fragwürdig geworden. Seine späteren Überlegungen zum „Sein zum Tode“ werden, wie sich gezeigt hat, vor dem Hintergrund dieser Fraglichkeit und der Einsicht in die Geschichtlichkeit der Wahrheit des Seins formuliert und können auch in dieser Hinsicht Anregungen für eine vertiefte Auseinandersetzung mit dem Geltungsanspruch universaler Ontologien geben.

Die Bedeutung von Heideggers Interpretation des Todes für die Gegenwart liegt *zweitens* auch darin, dass er mit Nachdruck auf die – menschlich, allzu menschliche – Tendenz aufmerksam gemacht hat, den Tod in seiner eigentlichen Bedeutung als „eigenste“, „unbezügliche“ und „unüberholbare“ und insofern auch als „unverfügbare“ Möglichkeit nicht anzuerkennen. Deutlich wird durch seine Überlegungen auch, dass es die entfremdende Möglichkeit gibt, den Tod zu verdrängen, indem der Mensch in einer bestimmten Weise über den Tod spricht oder sich entlang von außen vorgegebener Bahnen zu ihm verhält. Gerade auch die Rede über den Tod oder über das Sterben kann auch ein Versuch sein, sich seiner als einer ausgezeichneten Möglichkeit nicht zu stellen.

Drittens liegt die bleibende Bedeutung der Heidegger'schen Todesinterpretation darin, dass er auf die oft übersehene Differenz zwischen dem Tod als einem allgemeinen Phänomen – im Sinne der anthropologischen Erkenntnis „Alle Menschen sind sterblich" – und dem je eigenen Tod aufmerksam macht. Genauso wenig wie ein Mensch sein Leben im Allgemeinen lebt (bzw. leben *sollte*), sollte er einen allgemeinen Tod sterben. Vorlaufend zum je eigenen Tode kann ein Mensch die Möglichkeit eigentlicher Existenz ergreifen. *Viertens* und eng damit verbunden erinnern Heideggers Überlegungen mit großem Nachdruck daran, dass der Tod nicht einfach ein zukünftiges Ereignis ist, das irgendwann einmal eintreten oder dem Dasein zustoßen wird. Insofern das Dasein „Sein zum Tode" ist, ist auch der Tod dem Dasein immer präsent.

In ihrer bleibenden Bedeutung regen Heideggers Auslegungen zum Tod dazu an, erneut über eine *ars moriendi* nachzudenken. Ausdrücklich hat Heidegger dies nie getan. Das hätte seinem philosophischen Anspruch nicht genügt. Denn eine solche Kunst würde sich auf der existenziellen Ebene bewegen. Und doch lässt sich sein gesamter Denkweg als eine implizite *ars moriendi sui generis*, als eine Kunst des vorlaufenden Seins zum Tod im Vollzug verstehen. So verstanden lässt sich Heideggers Philosophie bei aller Eigenständigkeit und Originalität nicht nur an die Seite der traditionellen philosophischen, theologischen und religiösen Überlegungen zum Tod stellen (was freilich Heidegger selbst nicht lieb gewesen wäre, da er die Gefahr der Verwechslung gesehen hätte; daher käme es vielleicht darauf an, in diesem Zur-Seite-Stellen immer auch einen gebührenden Abstand zu wahren), sondern weist auch in die Zukunft: als Denken, das dazu anregt, die je eigene Sterblichkeit zu bedenken und angesichts des eigenen Todes – nicht bloß in Erwartung des Todes oder im Wissen um ihn, sondern im Sein zum Tode oder im sterblichen Vermögen des Todes – zu handeln und vor allem auch zu denken.

In diesem Kontext steht auch Heideggers späte Philosophie der Gelassenheit, die den Versuch einer Antwort auf eine zunehmend technisch dominierte Welt darstellt. Insofern Sterben und Tod heute immer mehr zu Objekten der Technik werden – zu etwas, das man technisch bewältigen oder sogar beseitigen möchte –, kann gerade Heideggers radikales Nachdenken über die Sterblichkeit des Menschen auch als Anregung zu einer zutiefst menschlichen Gelassenheit zum und im Sterben verstanden werden. Heidegger hätte vermutlich mit Schrecken die Fantasien des Trans- oder Posthumanismus, die den Tod immer weiter herauszögern oder zu überwinden trachten, wahrgenommen. Für ihn stellte sich nicht die Aufgabe, über den Menschen hinauszugehen oder den Menschen als etwas Vergangenes hinter sich zurückzulassen, sondern allererst zu verstehen, was dies genau bedeutet: dass Menschen zur Möglichkeit des Todes vorlaufen oder als Sterbliche den Tod vermögen. Heidegger stieß auf seinem Denkweg immer wieder auf das Geheimnis des Todes – und hat versucht, sich ihm und seiner unbegreifbaren Unverfügbarkeit in aller denkerischen Vorsicht und Demut zu nähern.

Stephan Herzberg

Was macht den Tod zu einem Übel? Ein Blick in die gegenwärtige Philosophie des Todes

Der vorliegende Beitrag möchte einen Einblick in die gegenwärtige Debatte über die Natur und die praktische Bedeutung des Todes geben, wie sie in der analytisch geprägten anglophonen Philosophie der letzten Jahrzehnte geführt wird.[1] Dabei werde ich mich auf die seit der Antike diskutierte Frage konzentrieren, ob der Tod für den, der von ihm betroffen ist ein Übel ist, und wenn ja, warum er das ist. In dieser Diskussion spielt ein Set von epikureischen Argumenten eine zentrale Rolle, die auf die These hinauslaufen, dass der Tod für uns keine Bedeutung hat und daher unsere Furcht vor ihm unbegründet ist.[2] Schon in der Antike waren diese Argumente umstritten und wurden zum Teil als „sophistisch" qualifiziert.[3] Bis heute werden sie für die These angeführt, dass der Tod, entgegen einer tiefsitzenden Intuition, kein Übel (genauer: weder ein Übel noch etwas Gutes) ist.[4] Im vorliegenden Beitrag werde ich mich vor allem mit einem prominenten anti-epikureischen Argument, der Deprivationsthese, beschäftigen, die man erst einmal so formulieren kann: Der Tod ist ein Übel für denjenigen, den er betrifft, weil er ihn all der Güter des Lebens beraubt, die er erlangt hätte, wäre er nicht gestor-

---

1 Vgl. etwa J. F. Rosenberg, *Thinking Clearly About Death*, Englewood Cliffs 1983; F. Feldman, *Confrontations with the Reaper. A Philosophical Study of the Nature and Value of Death*, Oxford 1992; J. M. Fischer (ed.), *The Metaphysics of Death*, Stanford 1993; C. Belshaw, *Annihilation: The Sense and Significance of Death*, Stocksfield 2009; S. Luper, *The Philosophy of Death*, Cambridge 2009; B. Bradley/F. Feldman/J. Johansson (eds.), *The Oxford Handbook of Philosophy of Death*, Oxford 2013; J. S. Taylor (ed.), *The Metaphysics and Ethics of Death*, Oxford 2013; S. Luper (ed.), *The Cambridge Companion to Life and Death*, Cambridge 2014; J. M. Fischer, *Death, Immortality, and Meaning in Life*, Oxford 2019. Aus dem deutschen Sprachraum sind zu erwähnen: B. N. Schumacher, *Der Tod in der Philosophie der Gegenwart*, Darmstadt 2004; D. Birnbacher, *Tod*, Berlin/Boston 2017; H. Wittwer, *Philosophie des Todes*, Stuttgart [2]2020.

2 Vgl. den Beitrag von Christof Rapp in diesem Band.

3 Vgl. Seneca, *Epistulae morales* 82,8. Vgl. auch E. Tugendhat, *Über den Tod*, Frankfurt a.M. 2006, 8. Ein Argument ist sophistisch, wenn es entweder nur scheinbar formal gültig ist oder aber trotz formaler Gültigkeit der Sache irgendwie nicht angemessen ist (vgl. Aristoteles, *Sophistische Widerlegungen* 8, 169b20–25).

4 Vgl. S. E. Rosenbaum, *How to be Dead and not Care: A Defense of Epicurus*, in: Fischer (ed.), *Metaphysics of Death*, 119–134.

https://doi.org/10.1515/9783111055602-010

ben.[5] Anhand eines Blicks auf die gegenwärtige Debatte soll die These untermauert werden, dass eine solche Argumentation nur dann überzeugend ist, wenn der Mensch in der „Perspektive der handelnden Person" betrachtet wird.

1 Eine kleine Landkarte: Unterscheidungen und Positionen

Alle Menschen sind aufgrund ihres Seins als Lebewesen sterblich. Es ist hilfreich, zwischen der Sterblichkeit als *Disposition*, „die Lebewesen notwendigerweise zukommt", und dem Tod als *Ereignis*, „durch welches das Leben eines Organismus zu einem bestimmten Zeitpunkt beendet wird", zu unterscheiden,[6] ferner zwischen dem Sterben als *Prozess*, der zum Tod führt, und dem Totsein als *negativem Sachverhalt*.[7] In der Diskussion, ob der Tod ein Übel ist, kann „Tod" sowohl das Ereignis als Endpunkt des (organismischen) Lebens eines Menschen meinen als auch den negativen Sachverhalt, dass ein Mensch aufgehört hat zu sein, also nicht mehr ist.

Der Mensch zeichnet sich gegenüber allen anderen Lebewesen dadurch aus, dass er um seine Sterblichkeit weiß.[8] Dies beinhaltet zweierlei: zum einen das Wissen, dass er *jederzeit* sterben *kann*, d. h. „der permanenten Möglichkeit des Todes ausgesetzt" ist (Tod durch Krankheit, Unfall, Mangel an Nahrung oder durch Gewalt; „Tötbarkeit"), zum anderen das Wissen, dass er *irgendwann einmal* sterben *muss*, d. h. „der letztendlichen Notwendigkeit des Todes nicht entrinnen" kann (Tod als Endpunkt des Alterns; „Alterssterblichkeit").[9] In der Komplexion von Gewissheit der eigenen Sterblichkeit und Ungewissheit des Zeitpunkts des eigenen Todes liegt der Ursprung eines genuin praktischen, auf Sokrates zurückgehenden Verständnis-

5 Vgl. T. Nagel, *Der Tod*, in: *Thomas Nagel: Letzte Fragen. Mortal Questions*, hg. v. Michael Gebauer, Hamburg 2008, 17–28, hier: 17 f.: „Ist der Tod ein Übel, dann nicht etwa aufgrund positiver Qualitäten, die wir ihm zuschreiben könnten, sondern allein aufgrund dessen, was er uns raubt."

6 H. Wittwer, *Risiken und Nebenwirkungen der Lebensverlängerung*, in: H.-J. Höhn (Hg.), *Welt ohne Tod – Hoffnung oder Schreckensvision?*, Göttingen 2004, 19–58, hier: 35.

7 In der Literatur ist oft auch vom *Zustand* des Totseins die Rede. Dies ist aber für viele missverständlich, insofern „Zustand" einen Träger voraussetzt, den es aber gemäß der weithin akzeptierten materialistischen Annahme nicht mehr gibt.

8 Ich gehe nicht auf die Debatte ein, ob es sich hier um ein erfahrungsbasiertes oder apriorisches Wissen handelt.

9 H. Jonas, *Last und Segen der Sterblichkeit*, in: ders., *Philosophische Untersuchungen und metaphysische Vermutungen*, Frankfurt a.M. 1994, 81–100, hier 81 f. Wittwer, *Risiken und Nebenwirkungen*, 22 f., unterscheidet zwischen der Sterblichkeit im Sinne von *Tötbarkeit* und der Sterblichkeit im Sinne von *Alterssterblichkeit*: „Tötbarkeit" bezeichnet die Eigenschaft, dass das Leben eines Orga-

ses von Philosophie als „Überdenken des Todes" (*commentatio mortis*) und „Sterben Lernens" (*mori discere*).[10] Zu einem „geprüften Leben"[11] (das mindestens die Voraussetzung für ein gutes Leben ist) gehört wesentlich das *richtige* Denken über den Tod und das Einüben ins Sterben.[12]

Richtig über den Tod zu denken bedeutet vor allem, wahre Überzeugungen zu haben über seine Bedeutung oder seinen Wert für unser Leben. Insofern unser Wissen um die eigene Sterblichkeit immer schon mit bestimmten Überzeugung über die Bedeutung oder den Wert des Todes verbunden ist, hat es immer auch eine *praktische Dimension*: Was wir über den Tod denken macht einen großen Unterschied für die Beantwortung der Frage, wie wir unser (hiesiges) Leben überhaupt verstehen und auf welche Weise wir dieses Leben führen sollen.

Die weitverbreitete, vor-philosophische Auffassung lautet, dass der Tod trotz seines notwendigen Zusammenhangs mit dem Leben (der uns als solcher bewusst ist oder jederzeit bewusst gemacht werden kann)[13] ein Übel ist. Diese vor-philosophische Auffassung zeigt sich in der spezifisch menschlichen Angst vor dem Tod (die von der „vegetativen Todesangst" zu unterscheiden ist, die wir mit anderen Lebewesen teilen[14]) sowie in Handlungen und Verhaltensweisen, die darauf abzielen, ihn solange wie möglich zu vermeiden. Es handelt sich hier um eine besonders tiefsitzende Intuition im strengen Sinn des Wortes.[15] Dass der Tod „schlechthin" (*simpliciter*) betrachtet, d. h. unter Absehen von den konkreten Umständen, ein Übel ist,

nismus jederzeit „durch innere oder äußere schädliche Faktoren beendet werden kann", während „Alterssterblichkeit" die Eigenschaft bezeichnet, dass ein Organismus „bei völliger Abwesenheit pathogener lebensfeindlicher Faktoren allein aufgrund seines Alterungsprozesses irgendwann sterben muss." Unsterblich wäre eine Person genau dann, wenn sie (a) altersunsterblich und (b) untötbar wäre.

10 Vgl. J. Pieper, *Tod und Unsterblichkeit*, Kevelaer 2012, 20. Zum Ganzen vgl. F. Ricken, *Ars moriendi – zu Ursprung und Wirkungsgeschichte der Rede von der Sterbekunst*, in: F.-J. Bormann/ G. D. Borasio (Hg.), *Sterben. Dimensionen eines anthropologischen Grundphänomens*, Berlin/Boston 2012, 309–324.

11 Platon, *Apologie* 38a5f.

12 Vgl. Ricken, *Ars moriendi*, 316: „Die *ars moriendi* ist zugleich die *ars vivendi*; gut leben kann nur, wer gelernt hat zu sterben."

13 Vgl. Jonas, *Last und Segen der Sterblichkeit*, 81. Vgl. Seneca, *Epistulae morales* IV 30,10: „Das Leben nämlich ist unter der Bedingung des Todes gegeben, auf diesen hin geht man: ihn zu fürchten, ist daher Art eines Unverständigen, weil man auf Gewisses wartet, Ungewisses fürchtet."

14 Vgl. Tugendhat, *Über den Tod*, 13 f.

15 Vgl. B. Williams, *Ethics and the Limits of Philosophy*, London 2011, Kap. 6; R. Audi, *The Good in the Right. A Theory of Intuition and Intrinsic Value*, Princeton 2004, 45. Analog zum sinnlichen Erscheinen, das als solches überzeugungsunabhängig ist, stehen Intuitionen für eine Art intellek-

d. h. etwas, das *prima facie* zu fürchten bzw. zu meiden ist[16], drängt sich uns unmittelbar auf. Doch was genau macht den Tod zu einem Übel bzw. was an ihm ist es, wovor wir uns fürchten?

Ernst Tugendhat hat zu Recht darauf hingewiesen, dass es nicht die Tatsache ist, dass wir irgendwann einmal sterben müssen oder jederzeit sterben können, wovor wir uns fürchten, sondern, „dass man glaubt, dass man *bald* sterben wird“[17], d. h. „der Gedanke, gleich oder bald nicht mehr zu leben.“[18] Wir verhalten uns zum Tod, so Tugendhat, immer von einem bestimmten Standpunkt innerhalb unseres Lebens; entscheidend für unser Verhalten zum Tod ist die angenommene Wahrscheinlichkeit seiner Nähe.[19] Dieses Phänomen hat mit der besonderen Struktur zu tun, wie sich Menschen als handlungsfähige Vernunftwesen auf ihr eigenes Leben beziehen. Meine These ist, dass die Frage, ob und warum der Tod ein Übel ist, nur dann adäquat beantwortet werden kann, wenn der Mensch mit dieser seiner besonderen Struktur betrachtet wird.

Wie setzt sich die gegenwärtige (analytisch geprägte) Philosophie des Todes mit der tiefsitzenden Intuition, dass der Tod ein Übel ist, auseinander? Was trägt sie zur Klärung der praktisch höchst relevanten Frage bei, wie über den Tod richtig zu denken ist? Wirft man einen kurzen Blick auf die Debatte, so lassen sich grob vier Positionen unterscheiden:

(1) Der Tod ist immer ein Übel, d. h. jederzeit etwas Schlechtes, etwas, das gefürchtet oder vermieden werden muss. (Thomas Nagel)

(2) Der Tod ist immer etwas Gutes, d. h. niemals etwas Schlechtes, etwas, was man suchen sollte. (Platon)

(3) Der Tod ist nicht immer ein Übel, d. h. er kann ein Übel sein, muss es aber nicht sein. (Bernard Williams)

(4) Dem Tod kann weder ein positiver noch ein negativer Wert zugeschrieben werden. Er hat für den Menschen keinerlei Bedeutung. (Epikur)

---

tuell „Gegebenes“ („it strikes me“), d. h. für etwas, was sich einem unabhängig von theoretischen, prinzipienbasierten Überzeugungen aufdrängt. Intuitionen werden von vielen als psychologisch basal, nicht aber auch als epistemologisch basal angesehen, d. h. sie gelten als fallibel (ausgenommen sind hier Intuitionisten).

16 Diese Qualifizierung „schlechthin“ bzw. „*prima facie*“ ist m. E. in der vor-theoretischen Auffassung, dass der Tod ein Übel ist, impliziert, da die meisten unter ganz bestimmten Umständen (z. B. unerträgliche, nicht endende Qualen) den Tod als etwas Gutes ansehen würden.

17 Tugendhat, *Über den Tod*, 13, 15 f.

18 E. Tugendhat, *Egozentrizität und Mystik. Eine anthropologische Studie*, München 2003, 100.

19 Vgl. Tugendhat, *Über den Tod*, 13. Eine solche Furcht vor dem Tod setzt das Verfügen über Sprache und Zeitbewusstsein voraus; „man muss das Wort ‚bald‘ verstehen“ (15).

2 Die epikureische These und die platonische These

Ausgangspunkt der heutigen Debatte ist zumeist Epikur, der gegenüber der vorphilosophischen Auffassung, dass der Tod das „furchterregendste Übel“ ist, d. h. das größte Hindernis für die Seelenruhe (und damit für das Glück im Sinne eines Freiseins von mentalen und körperlichen Leiden), die *revisionäre These* vertritt, dass der Tod niemals ein Übel ist (genauer: keinerlei Bedeutung für den Menschen hat, d. h. dem Tod kann weder ein negativer noch ein positiver Wert zugeschrieben werden).[20] Unsere Furcht vor dem Tod beruht nach Epikur auf falschen Annahmen, die durch Argumente, also durch eine Art kognitive Therapie, zu beseitigen sind:

> Der Tod hat keine Bedeutung für uns. Denn was sich aufgelöst hat, hat keine Empfindung, was aber keine Empfindung hat, hat keinerlei Bedeutung für uns.[21]

Weil der Tod gemäß Epikurs atomistischer Voraussetzung die Auflösung der Seele als Zentrum der Wahrnehmung ist (materialistische Annahme)[22], fehlt die notwendige Voraussetzung, um den Tod als etwas Schmerzhaftes (oder genauer: als etwas, das schmerzhafte Empfindungen in uns hervorruft) anzusehen. Da alles, was für uns von Bedeutung oder von Wert ist, in der Wahrnehmung liegt (sensualistische Theorie des Guten), d. h. alles, was gut ist, muss selbst als lustvoll empfunden werden (intrinsisch gut) oder mit einer lustvollen Empfindung verbunden sein (extrinsisch gut)[23], hat der Tod (sowohl als Ereignis als auch als Zustand des Totseins) keine Bedeutung für uns. Wir können mit Epikur noch einen Schritt weitergehen: Nicht nur der schmerzhafte Empfindungszustand fehlt, sondern überhaupt das leidende Subjekt, für das der Tod ein Übel wäre:

> Das furchterregendste Übel, der Tod, hat also keine Bedeutung für uns, denn wenn wir existieren, ist der Tod nicht anwesend, wenn aber der Tod anwesend ist, dann existieren wir

---

20 Zur Deutung des Todes und unserer Todesfurcht bei Epikur und den Epikureern vgl. die exzellente Studie von J. Warren, *Facing Death. Epicurus and his Critics*, Oxford 2004.

21 Epikur, *Kyriai Doxai* (= KD) II (Übers. Rapp). Vgl. auch Epikur, *Brief an Menoikeus* (= Ep. Men.) 124.

22 Vgl. Lukrez, *De rerum natura* (= DRN) III 216 f.: „Also muss aus sehr kleinen Atomen sicher bestehen ganz die Seele, verknüpft mit den Adern, dem Körper, den Sehnen“ (Übers. Büchner); auch DRN III, 437 ff., 554 ff., 798 f.

23 Epikur kennt auch Güter und Übel, die nicht „an sich“ lustvoll bzw. schmerzvoll sind, sondern zu lustvollen bzw. schmerzhaften Zuständen beitragen oder diese verursachen, wie etwa die Tugenden: „Wegen der Lust werden auch die Tugenden gewählt und nicht um ihrer selbst willen, so wie auch die Heilkunst wegen der Gesundheit gewählt wird“ (DL X, 138; Übers. Rapp).

> nicht. Daher ist er weder für die Lebenden noch für die Toten von Bedeutung. Denn für die einen hat er keine Bedeutung, und die anderen existieren nicht mehr.[24]

> Nichts geht also der Tod uns an und reicht an uns nirgends, da der Seele Natur sich hat als sterblich nunmehr erwiesen.[25]

Die epikureische These muss im gesamten Überzeugungshaushalt des Menschen verankert und ein Leben lang eingeübt werden. Auch wenn diese epikureischen Argumente konzise und klar formuliert sind, sind sie intuitiv alles andere als plausibel: Sind die vielen Menschen, die den Tod fürchten und von denen die meisten wahrscheinlich eine mehr oder weniger materialistische Wirklichkeitssicht haben, nur inkonsistent oder verwirrt? Die Todesfurcht beruht doch in den meisten Fällen sicher nicht auf der (mythologischen) Überzeugung, dass man *post mortem* wie ein Gespenst unter dem Verlust des eigenen Lebens leidet. Geschieht den Menschen, die einfach zu früh sterben, etwa kein großes Unglück?

Neben der epikureischen Position wird oft als weitere Spielart der revisionären These, dass der Tod niemals ein Übel ist, die platonische Position erwähnt. Platoniker bestreiten, dass es sich bei der Sterblichkeit um eine wahre Eigenschaft des Menschen handelt: So sieht Boethius den Satz „der Mensch ist ein vernünftiges und sterbliches Lebewesen“ (*rationale animal atque mortale*) als falsch, verworren und therapiebedürftig an, weil hier vergessen wird, dass die menschliche Seele göttlichen Ursprungs und daher unsterblich ist.[26] Nach Boethius verbieten es unsere Vernunftgründe zu glauben, dass die Menschen ganz sterben (*toti moriuntur homines*).[27] Solche Philosophen behaupten nicht, der Mensch als leibliches Wesen sei altersunsterblich und untötbar. Vielmehr identifizieren sie das wahre Menschsein mit seiner Seele[28], die *qua* Unkörperlichkeit weder altert noch zerstörbar ist. Der Mensch überlebt seine körperliche Zerstörung. Der (physische) Tod ist daher niemals ein Übel (vielmehr etwas Gutes).[29] Abgesehen von den ungleich anspruchsvolleren metaphysischen Voraussetzungen dieser Position stellt sich auch hier die Frage, ob die tiefsitzende Furcht vor dem Verlust des (diesseitigen) Lebens mit all seinen Gütern so einfach wegerklärt werden kann.[30] Man be-

---

24 Epikur, Ep. Men. 125 (Übers. Rapp). Vgl. auch Lukrez, DRN III 830 f., 870–883. Zum sog. Symmetrieargument vgl. DRN III, 832–842, 972–975. Hierzu auch Wittwer, *Philosophie des Todes*, 52 f.

25 Lukrez, DRN III 830 f. (Übers. Büchner)

26 A. M. S. Boethius, *De consolatione philosophiae* (= Cons.) I 6.p.

27 Boethius, Cons. II 7.p.

28 Vgl. Platon, *Nomoi* 959a: „Schon in diesem Leben ist das, was das Selbst eines jeden von uns ausmacht, nichts anderes als die Seele.“

29 Vgl. etwa Platon, *Apologie* 40bc.

30 Der christliche Hylemorphist Thomas von Aquin, für den die individuelle menschliche Vernunftseele etwas Unzerstörbares besitzt, spricht diesem Leben eine eingeschränkte „Glücksfähig-

nötigt hierfür nicht nur eine spezielle nicht-materialistische Metaphysik der menschlichen Person, sondern ebenfalls eine bestimmte (wertende) Deutung dieser Welt und dieses Lebens. Auch für den Platoniker ist die Frage, ob der Tod ein Übel ist, keine triviale.

3 Thomas Nagels Kritik an der epikureischen These

Jeder, der gegen Epikur die vor-philosophische Auffassung verteidigen will, dass der Tod ein Übel ist (und dabei, etwa um Epikur auf eigenem Boden zu schlagen, die materialistische Annahme akzeptiert), muss zeigen, dass es entgegen der hedonistischen Theorie des Guten bzw. des Übel auch solche Übel gibt, die nicht in einem schmerzhaften Empfindungszustand bestehen oder mit einem solchen verbunden sind, d. h. vom Betroffenen nicht erlebt werden, und die sogar damit vereinbar sind, dass es das betroffene Subjekt, dem das Übel zugeschrieben wird, gar nicht mehr gibt. Neben den unbestreitbaren sensuellen Übeln (dem Gegenstück zum hedonisch Guten), die sich unmittelbar an bestimmten Bewusstseinszuständen festmachen lassen, müsste es Übel geben, die rein darin bestehen, dass etwas Gutes fehlt, verloren geht oder geraubt wird. Das ist die Deprivationsthese, die von Thomas Nagel in seinem berühmten Aufsatz „Death“[31] ins Spiel gebracht wurde. Nagel vertritt gegenüber der vor-philosophischen Ansicht insofern eine schärfere These, als für ihn der Tod *immer* ein Übel ist. Auch Nagel ist der Meinung, dass der Tod das definitive Ende unserer Existenz ist.[32] Wenn der Tod ein Übel ist, dann nicht, weil er im postmortalen Sein einer Person Qualen hervorrufen würde, also aufgrund bestimmter „positiver“ Eigenschaften, sondern allein deshalb, weil er der betroffenen Person all das Gute, nämlich das bewusste Leben, raubt, also ein negativer Sachverhalt ist.[33]

Nagels berühmter Aufsatz enthält im Kern zwei Thesen. Die erste ist die gegen die epikureische Erlebbarkeitsbedingung gerichtete Deprivationsthese, die durch ein Analogie-Argument plausibel gemacht werden soll: Nicht jedes Übel muss *als solches* erlebbar sein. Die zweite These besteht darin, dass das Leben

---

keit“ zu, wenn er zwischen „*beatitudo perfecta*“ und „*beatitudo imperfecta*“ unterscheidet (vgl. etwa *Sententia libri Ethicorum* lib. 1, l.9. n.113; *Summa Theologiae* I-II q.3).

31 T. Nagel, *Death*, in: *Nous* 4 (1970), 73–80. (Im Folgenden zitiere ich nach der deutschen Übersetzung.)

32 Der Tod als definitives Ende des bewussten Lebens und die materialistische Annahme scheinen logisch voneinander unabhängige Positionen zu sein. Es gibt Materialisten wie Peter van Inwagen, welche die Auferstehung und das ewige Leben verteidigen.

33 Vgl. Nagel, *Der Tod*, 17 f.

selbst, genauer: das bewusste Leben, unabhängig von seinen Inhalten „entschieden positiv" ist.[34] Die Diskussion der ersten These ist für unsere *quaestio disputata* interessanter; auf sie werde ich etwas ausführlicher eingehen.

Es gibt zwei Typen von Beispielen, die es erst einmal für sich gesehen plausibel erscheinen lassen, dass etwas für einen Menschen ein Übel sein kann, ohne dass es selbst vom Betroffenen aktuell als unangenehm erfahren wird. Diese Typen von Beispielen werden von Nagel jeweils als hinreichend ähnlich zum negativen Sachverhalt des Todes betrachtet, so dass man, via Analogieschluss, auch den Tod als Übel betrachtet kann. Typ (a): *der Schaden hinter meinem Rücken.* Beispiel: Der betrogene Ehemann, der es nie herausfindet und fröhlich goldene Hochzeit feiert. Typ (b): *der Verlust des früheren Lebens.* Beispiel: Der früher hochproduktive und international anerkannte Professor, der aufgrund einer Gehirnverletzung in den Zustand eines zufriedenen Säuglings zurückfällt, dessen körperliche und emotionale Bedürfnisse bestens erfüllt werden.

Diese Personen leiden nicht, d. h. sie haben, gemäß Epikurs Voraussetzungen, keine schmerzhaften Empfindungen: Der betrogene Ehemann ärgert sich nicht, sondern freut sich an seiner Frau. Der Professor leidet nicht unter dem Verlust seiner geistigen Schaffenskraft, sondern freut sich wie ein Kind. Dennoch würden wir in solchen Fällen spontan sagen, dass beide geschädigt oder Subjekt eines Unglücks geworden sind, d. h. es ist ein Unglück nicht nur für die Verwandten und Freunde, sondern für die Betroffenen selbst. In (a) wird ein Versprechen gebrochen oder Vertrauen missbraucht. In (b) geht eine große geistige Schaffenskraft irreversibel verloren. Beide Typen von Beispielen, (a) und (b), stehen jeweils für negative Sachverhalte. Weil beide jeweils in einer bestimmten Ähnlichkeit zum negativen Sachverhalt des Todes stehen, können wir auch den Tod als Übel für den jeweils Betroffenen ansehen. Gegen die Strategie, die Frage, ob der negative Sachverhalt des Todes ein Übel ist, im Sinne von (a) zu beantworten, könnte nun Epikur Folgendes vorbringen: Der Schaden hinter seinem Rücken ist deshalb für den Betroffenen ein Übel, weil es prinzipiell von ihm entdeckt werden kann und dann ein Leiden hervorruft. Dagegen wendet Nagel ein, dass unabhängig davon, wie wahrscheinlich die Entdeckung des Schadens ist, es nicht die Aufdeckung selbst ist, die uns unglücklich macht, sondern die Sache, die aufgedeckt wird.[35]

Im Unterschied zu (a) weist (b) insofern eine höhere Ähnlichkeit zum negativen Sachverhalt des Todes auf, als hier höhere geistige Fähigkeiten zusammen mit der Erinnerung irreversibel zerstört sind, d. h. es ist nicht mehr möglich, dass der Betroffene einen mentalen Zugang zu seinem früheren Zustand und damit zur Wahr-

34 Nagel, *Der Tod*, 18.
35 Vgl. Nagel, *Der Tod*, 22.

nehmung seiner Deprivation gewinnt. Damit entfällt auch der epikureische Einwand gegen (a). Die Intuitionen, dass es sich in (b) um ein Unglück für den Betroffenen selbst handelt, sind sehr stark. Zugleich gilt, dass ein mentales Leiden unter der Situation prinzipiell ausgeschlossen ist. Wie sich der Raub der geistigen Fähigkeiten zum Professor verhält, der dazu prinzipiell keinen mentalen Zugang mehr hat, so der Raub der Lebenszeit etwa zum frühverstorbenen Familienvater, der dazu auch keinen mentalen Zugang mehr hat.

Nagel benutzt diese Analogie-Argumentation, um seine Position zu stützen, dass der Tod immer oder unter allen Umständen ein Übel ist. Mit seinem Eintreten, so Nagel, hat all das Gute ein Ende, das uns das bewusste Leben, und zwar unabhängig von seinen gut- bzw. schlechtmachenden Komponenten, bietet:

> Was aber übrig bleibt, wenn man von diesen Komponenten absieht, ist eben nicht bloß *neutral*, es ist entschieden positiv [*emphatically positive*]. Deshalb ist das Leben lebenswert, selbst wenn sich die üblen Erlebnisse häufen und die guten so dürftig sind, dass sie allein keinen Ausgleich schaffen können. Den Ausschlag zum Positiven gibt dann die Erfahrung selbst, und nicht einer ihrer Inhalte.[36]

Das bewusste Lebendigsein selbst, unabhängig von bestimmten Inhalten (Gütern), ist schon an sich ein Gut; weil der Tod uns das bewusste Lebendigsein raubt, ist er an sich oder jederzeit ein Übel. Dies ist aber, worauf immer wieder hingewiesen wird, nicht sehr überzeugend: (i) Wenn das Übel des Todes darin besteht, dem Betroffenen das bewusste Leben als solches zu rauben, dann ist jeder Tod ein Übel, unabhängig davon, wann er eintritt, wen er trifft etc. Der Tod eines gesunden, zufriedenen 90-jährigen Menschen wäre dann genauso schrecklich wie der eines Kindes. Jedes Leben würde mit einem Unglück, mit etwas Schrecklichem enden. (ii) „Die Erfahrung selbst" ist, so Héctor Wittwer, „eine begriffliche Abstraktion"; es gibt *de facto* keine Erfahrung ohne Inhalt.[37] (iii) Das Phänomen des Überdrusses am Leben ist mit Nagel nicht erklärbar.[38] Daher sollte man m. E. Nagels zweite These fallen lassen. Überzeugender scheint eine schwächere These zu sein: Der Tod *kann* für den, der von ihm betroffen ist, ein Übel sein, muss es aber nicht.

Doch schauen wir uns die Argumentation gegen die Erlebbarkeitsbedingung, wie wir sie bisher entfaltet haben, genauer an. Worin genau besteht das Übel des debilen Professors, das hinreichend ähnlich zum Übel des Todes sein soll? Nagel bringt hier die Geschichte eines bestimmten Lebens eines Subjekts mit all seinen Möglichkeiten ins Spiel; daraus ergibt sich, dass nicht alles, was für dieses Subjekt gut oder schlecht ist, raum-zeitlich lokalisierbar sein muss:

---

36 Nagel, *Der Tod*, 18.
37 Vgl. Wittwer, *Philosophie des Todes*, 58.
38 Vgl. Tugendhat, *Über den Tod*, 32.

> Deshalb scheint es mir einen Versuch wert zu sein, die Ansicht zu untersuchen, dass das Subjekt fast jeden Glücks oder Unglücks eine Person ist, die nicht durch den kategorischen Zustand, in dem sie sich im betreffenden Augenblick befindet, sondern durch die Geschichte ihres Lebens und all das, was ihr in diesem Leben *möglich* ist, identifiziert wird – so dass sich zwar das Subjekt räumlich und zeitlich exakt lokalisieren ließe, nicht aber unbedingt auch alles Gute und Schlechte, das ihm widerfahren kann.[39]

> Hören wir also auf, uns ausschließlich auf das überdimensionale Baby vor uns zu konzentrieren, und denken wir an den, der er einmal war, und daran, wer er in diesen Tagen hätte sein *können*, dann ist sein Rückfall in diesen Zustand und der abrupte Abbruch seines natürlichen Erwachsenenlebens der klare Fall einer Katastrophe.[40]

Das Übel besteht im Kontrast zwischen den Fähigkeiten dieser Person und ihren entsprechenden Möglichkeiten einerseits und der Wirklichkeit, dem faktischen Leben, andererseits. Wir sehen eine solche Person im Licht ihrer Geschichte, ihren Anlagen und Fähigkeiten als bemitleidenswert und daher als geschädigt an, weil ihr fast alle Möglichkeiten des früheren Lebens mit all seinem Guten geraubt sind, auch wenn diese Person aktuell nicht darunter leidet. Nach Nagel zeigt dieses Beispiel (und ähnliche):

> Es gibt Güter oder Übel, die irreduzibel relational sind – Merkmale der Beziehung zwischen äußeren Umständen und einer in der gewohnten Weise raumzeitlich bestimmten Person –, die weder zu ihren eigenen Lebzeiten eintreten müssen noch an demselben Ort, an dem sie sich befindet. Zum Leben eines Menschen gehört vieles, das sich außerhalb der Grenzen seines Körpers und Geistes abspielt, und zu dem, was ihm widerfährt, kann auch mancherlei gehören, das sich außerhalb der Grenzen seiner Lebensdauer abspielt.[41]

Der Tod ist ein solches relationales Übel. Unsere unterschiedlichen Einstellungen zur Zeit vor unserer Geburt und zur Zeit nach unserem Tod ist also, gegen das sog. Symmetrie-Argument von Lukrez, gut begründet: Die „Zeit nach unserem Tod“, so Nagel, „ist die Zeit, die uns der Tod *raubt*.“[42]

So plausibel das Beispiel (b) auch ist, so wirft es doch gerade im Hinblick auf die vermutete Analogie zum Tod Nachfragen auf. Was macht ein relationales Übel eigentlich zu einem Übel? Um Epikurs Erlebbarkeitsbedingung zu widerlegen, muss Nagel der Auffassung sein, dass es sich beim relationalen Übel um ein Übel *sui generis* handelt, d. h. es darf nicht auf ein „intrinsisches Übel“ reduzierbar sein. (Wie schon erwähnt, gibt es auch für Epikur Güter und Übel, die nicht „an sich“ lustvoll bzw. schmerzhaft sind, sondern zu solchen Zuständen beitragen oder diese verursa-

39 Nagel, *Der Tod*, 22.
40 Nagel, *Der Tod*, 23.
41 Nagel, *Der Tod*, 23.
42 Nagel, *Der Tod*, 25.

chen.) Wir haben es bei den relationalen Übeln mit einem rein *objektiven* Verständnis von menschlichem Übel zu tun: Jemandem kann etwas Schlechtes geschehen, ohne dass es die Qualität des Lebens für den Betroffenen schmälern muss. Doch genau diese Verschärfung könnte Epikur zur Frage veranlassen, ob ein relationales Übel überhaupt ein Übel ist. Ein Übel hat doch, so würde er sagen, immer eine praktische Komponente: Es ist der Grund für eine berechtigte Furcht und ein Vermeidungsverhalten. Entweder das sog. relationale Übel bleibt dann ganz in der Objektivität und ist für den Betreffenden vollkommen wirkungslos, dann wäre auch das Übel des Todes letztlich nur ein Übel für einen bestimmten „Außenstehenden".[43] Oder das objektive Übel wird subjektiv vergegenwärtigt, es beginnt am Einzelnen zu nagen, dann müsste auch der Tod zu einem intrinsischen Leiden an der gegenwärtigen Situation führen, was dann mit Epikurs therapeutischem Ansatz behoben werden könnte.

Nach Nagel löscht der Tod all das mögliche Gute aus, das hätte eintreten können; er ist immer ein Übel. Eine solche Konsequenz ist aber höchst kontraintuitiv: Es schließt nicht nur die Möglichkeit eines guten Todes aus, sondern auch die Möglichkeit, dass das menschliche Leben etwas Sinnvolles ist: Aus der Tatsache, dass unser Leben endlich ist, scheint dann, aus dem objektiven Blickwinkel, zu folgen, dass es eigentlich *absurd* ist. Was wäre dann aber der Grund, das eigene Leben noch ernst zu nehmen?

Eine Lösung der Schwierigkeiten, die sich aus Nagels anti-epikureischem Argument ergibt, besteht darin, nicht nur Nagels zweite These, dass das bewusste Leben als solches schon ein Gut ist, zurückzuweisen, sondern auch die Zahl der alternativen Leben, die der Deprivationsthese zugrunde liegen, irgendwie zu reduzieren bzw. einzuschränken. (Nur so kann die Rede vom „Beraubtwerden" als analoge Rede eingelöst werden.) Wesentlich für das relationale Übel des Todes ist dann nicht die Differenz zu allen möglichen längeren und besseren Leben, sondern zu einem ganz bestimmten möglichen Leben, nämlich zu demjenigen, das dem konkreten *Willen* des Einzelnen (nicht der Vielzahl seiner Wünsche, Anlagen, Fähigkeiten etc.) entspricht. Im lockeren Anschluss an Harry G. Frankfurt verstehe ich unter dem Willen die Fähigkeit einer Person, sich unter den vielen möglichen Wünschen auf einen bestimmten Wunsch festzulegen und darauf sein Leben auszurichten, ihm eine bestimmte Form zu geben. Der Tod raubt dem Betroffenen dann *nicht*

43 Dies könnte der Standpunkt eines allwissenden Beobachters sein, der die verschiedenen Möglichkeiten des Weiterlebens des Betroffenen vor Augen hat und im Blick darauf, d. h. im Vergleich zwischen faktischem und möglichem Leben, den Tod des Betroffenen als Übel ansieht. Nagel scheint dagegen vom Standpunkt objektiver Werte zu sprechen: Der Tod löscht all das mögliche Gute eines bewussten Lebens aus, unabhängig davon, in welcher Qualität auch immer sich dieses bewusste Leben für den Einzelnen zeigen würde.

immer irgendeine bessere Möglichkeit, sein Leben fortzusetzen, von denen es, von einem objektiven Standpunkt aus betrachtet, unzählige gibt. Vielmehr ist der Tod nur dann ein Übel, wenn er dem Betroffenen die Möglichkeit raubt, seinen Willen, d. h. das was ihm aus guten Gründen wichtig ist, umzusetzen. Er *kann* ein Übel sein, muss es aber nicht. Der Tod ist dann eine Deprivation im Sinne einer wirklichen *Privation* (analog zur Verletzung eines bestimmten Besitzanspruchs); er „raubt" dem Subjekt etwas, was nach dessen Vorstellungen zu einem gelungenen Leben dazugehört.

4 Bernard Williams und die Perspektive der handelnden Person

Eine solche Position hat Bernard Williams mit seinem berühmten Aufsatz „The Makropulos Case: Reflections on the Tedium of Immortality"[44] in die gegenwärtige Philosophie des Todes eingebracht. Williams unterscheidet zwischen bedingten Wünschen (*conditional desires*) und kategorischen Wünschen (*categorical desires*). Mit Hilfe dieser Unterscheidung kommt er zu zwei Thesen: (1) Es ist gut, dass Menschen sterblich sind, d. h. irgendwann sterben müssen. Die Unsterblichkeit im Sinne eines end-losen Lebens wäre für uns Menschen unerträglich. (2) Gleichzeitig *kann* der Tod bei gleichen Rahmenbedingungen ein Übel sein, und zwar entweder dann, wenn er zu früh kommt und mich daran hindert, meine kategorischen Wünsche zu realisieren, oder dann, wenn er zu spät kommt und mir die kategorischen Wünsche ausgegangen sind, wodurch ich mein Leben als leer und erstarrt erlebe.

Ad (1): Dass Sterblichkeit ein Gut ist, darauf weist die fiktive literarische Gestalt der Elina Makropulos hin. Der Vater dieser Frau, ein Hofarzt, hatte an ihr ein Lebenselixier ausprobiert. Sie ist zur Zeit der Handlung 342 Jahre alt, genauer: Sie führt seit 300 Jahren das Leben einer 42-Jährigen. Ihr endloses Leben im Alter von 42 Jahren ist von Langeweile, Gleichgültigkeit und Kälte gekennzeichnet. Schließlich weigert sie sich, das Elixier wieder einzunehmen und stirbt. Diese fiktive Erzählung deutet nach Williams darauf hin, dass der Tod nicht notwendig ein Übel ist, dass es gut sein kann, nicht zu lange zu leben. Die Langeweile und Sinnlosigkeit, unter der Elina Makropulos leidet, ist nämlich nicht in kontingen-

---

44 B. Williams, *The Makropulos Case: Reflections on the Tedium of Immortality*, in: ders., *The Problems of the Self*, Cambridge 1973, 82–100 (zitiert nach der Übersetzung in: B. Williams, *Probleme des Selbst*, übers. von J. Schulte, Stuttgart 1978, 133–162).

ten Umständen begründet, sondern (hauptsächlich) im menschlichen Charakter als solchem.[45] Ein solch endloses Leben *muss* früher oder später erstarren: Entweder ihre Erlebnisse nehmen mit der Zeit eine Gleichförmigkeit an, so dass ihr nichts anderes übrigbleibt, als eine solche Wiederkehr des für sie immer Gleichen zu akzeptieren. Oder aber die Erlebnisse bleiben verschiedenartig und abwechslungsreich, dann kann die Unveränderlichkeit des Charakters, wie dieser einer auf ewig 42-Jährigen zukommen müsste, nur so erklärt werden, dass die vielfältigen Erlebnisse sie nicht mehr berühren, dass sie, „entrückt und zurückgezogen", ein unbeteiligter Beobachter des Weltgeschehens wird.[46] Es gibt, so Williams, keine Gründe, die dafür sprechen, „auf ewig ein menschliches Leben führen zu wollen."[47]

Das Ergebnis dieses Gedankenexperiments lässt sich durch andere literarische Beispiele noch weiter untermauern.[48] Für den, der niemals sterben wird, der eine endlose Zukunft vor sich hat, wäre die Zeit nicht kostbar, Entscheidungen würden ihre Bedeutsamkeit und ihren Ernst verlieren (es ist nicht mehr sinnvoll, von „Lebensentscheidungen" zu sprechen), weil alles wiederholbar und revidierbar wäre, schließlich ginge all die Vielfalt des Lebens in einer grauen Gleichförmigkeit und Eintönigkeit unter.[49] Daraus lässt sich folgern, so Héctor Wittwer, „dass wir der Begrenztheit unserer Lebenszeit die Fähigkeit verdanken, Menschen, Erlebnisse, Dinge und Augenblicke zu schätzen und sie für bedeutsam zu halten."[50] Da für den Unsterblichen nichts wirklich von Bedeutung wäre, ihm nichts wirklich am Herzen liegen würde (im Unterschied zu den Sterblichen), würde es sich für ihn nicht lohnen, überhaupt tätig zu sein. Alles wäre revidierbar, nichts würde endgültig über sein Schicksal entscheiden.[51] Würden wir endlos leben, würden wir unser Vermögen zum Entscheiden und Handeln niemals entfalten (müssen), sondern könnten interesselos dahindämmern.

Ad (2): Gegen Epikur und Lukrez, die zu beweisen versuchen, dass der Tod niemals ein Übel ist, zeigt Williams auf, dass der Tod unter bestimmten Bedingungen durchaus als ein Übel betrachtet werden kann und oftmals ein längeres Leben besser ist als ein kürzeres. Williams begründet seine Position aus der Perspektive des Handelnden mit seinen Wünschen (*perspective of the wanting agent*), indem er zwei Arten von Wünschen unterscheidet: (a) Bedingte Wünsche (*condi-*

---

45 Williams, *Die Sache Makropulos*, 146.
46 Ebd.
47 Williams, *Die Sache Makropulos*, 145.
48 Vgl. Wittwer, *Risiken und Nebenwirkungen der Lebensverlängerung*, 29–34.
49 Wittwer, *Risiken und Nebenwirkungen der Lebensverlängerung*, 30 f.
50 Wittwer, *Risiken und Nebenwirkungen der Lebensverlängerung*, 31 f.
51 Wittwer, *Risiken und Nebenwirkungen der Lebensverlängerung*, 33.

tional desires) stehen unter der Bedingung, dass man weiterhin lebt, d. h., es wird etwas gewünscht nur unter der Voraussetzung, dass man am Leben sein wird. (b) Kategorische Wünsche (*categorical desires*) stellen einen Grund dar, den Tod zu vermeiden und gegen ihn zu kämpfen. „Etwas wollen heißt in ebendem Maße auch Grund haben, sich dem zu widersetzen, was den Besitz dieses Dings ausschließt; und der Tod ist gewiss etwas, das sehr viele Dinge ausschließt, die man sich wünscht."[52] Die kategorischen Wünsche haben die Kraft, den Wunsch, weiter am Leben zu bleiben, aufrechtzuerhalten.[53] Aus der Perspektive des Handelnden, der kategorische Wünsche hat, ist es daher nach Williams vernünftig, den Tod als Übel anzusehen, wenn er mir die Möglichkeit der Erfüllung solcher kategorischen Wünsche raubt.[54] Die Zahl der möglichen kategorischen Wünsche ist begrenzt; sie ergibt sich aus dem Charakter der Person. Der Tod als relationales Übel besteht exakt in der Nicht-Erfüllung dieser kategorischen Wünsche. Ist der Tod zu früh, dann heißt das, der Mensch hätte noch Zeit benötigt, seine kategorischen Wünsche zu erfüllen. Ist der Tod zu spät, dann gibt es keine kategorischen Wünsche mehr und das Leben wird belanglos. Beides ist ein Grund, den Tod zu fürchten. Ein Segen ist es deshalb, „alt und lebenssatt" zu sterben (Gen 25,8): „Dem Tod eines lebenssatten Menschen entspricht die Vorstellung, dass es eine im Vorhinein festgelegte ideale Fülle an Lebenstagen als Gabe Gottes für einen Menschen gibt. Gott verheißt seinem Volk für den Fall des Gehorsams: ‚Ich werde die Zahl deiner Tage voll *machen*' (Ex 23,26)."[55]

Williams denkt den Menschen nicht (nur) als ein von Natur aus auf Lust hin orientiertes Wesen[56], sondern als handelnde Person mit höherstufigen Zielen, Projekten etc. Als solcher kann der Mensch die zukünftige Erfüllung seiner Pläne im Modus der Hoffnung antizipieren und versuchen, den Tod zu vermeiden, auch wenn er als endliches Subjekt dann, wenn er eintritt, nicht darunter leiden wird. Der Tod als solcher ist aus der *Perspektive des Handelnden* etwas Ambivalentes: Indem der Tod meiner Lebenszeit eine Grenze zieht, schafft er einen Raum, in

52 Williams, *Die Sache Makropulos*, 138.
53 Williams, *Die Sache Makropulos*, 139.
54 Williams, *Die Sache Makropulos*, 138.
55 W. Groß, *Zum alttestamentlich-jüdischen Verständnis von Sterben und Tod*, in: F.-J. Bormann/ G. D. Borasio (Hg.), *Sterben. Dimensionen eines anthropologischen Grundphänomens*, Berlin/Boston 2012, 465–480, hier: 477.
56 Vgl. Epikur, *Test.* 13 (Cicero, *De finibus* I 29 f.): „Jedes Lebewesen strebe, sogleich wenn es geboren wird, nach der Lust und freue sich an ihr wie an dem höchsten Gut, den Schmerz aber verschmähe es wie das größte Übel und versuche, soweit es möglich ist, diesen von sich fern zu halten" (Übers. Rapp).

dem überhaupt etwas für mich bedeutsam und sinnerfüllend werden kann; erst vor dem Hintergrund einer begrenzten Lebenszeit kann sich die menschliche Entscheidungs- und Handlungsfähigkeit in ihren unterschiedlichen Dimensionen entfalten. Gleichzeitig kann der Tod der größte Zerstörer von Lebenssinn sein, etwas Nutzloses[57], wenn er unsere Pläne und Absichten zunichtemacht und uns an der Verwirklichung unserer kategorischen Wünsche hindert.

57 Williams, *Die Sache Makropoulos*, 143.

Regine Kather

Menschen als offene Systeme und leidensfähige Kreaturen: Naturphilosophische Überlegungen über den Tod

1 Einleitung

Die Frage nach dem Tod und seiner Bedeutung stellt Menschen nicht nur in einen anthropologisch-ethischen und medizinisch-technischen Kontext, sondern auch in einen naturphilosophischen. Schließlich sind sie aufgrund ihrer psycho-physischen Konstitution unter naturhistorischer Perspektive wie aufgrund ihrer Lebensbedingungen ein Teil der Natur, ohne die sie nicht existieren könnten. Angesichts einer noch nie dagewesenen Wertschätzung des Lebens jedes Individuums erscheint der Tod vor allem in säkularen Gesellschaften als etwas um jeden Preis zu Vermeidendes. Lebensverlängernde Maßnahmen gelten für viele auch dann als erstrebenswert, wenn nur noch biologisch-vitale Grundfunktionen vorhanden sind und keine bewusste Teilnahme am Leben mehr möglich ist. Galt von der stoischen Philosophie bis zur frühen Neuzeit das *memento mori*, das Nachdenken über die Endlichkeit des Lebens als meditative Schulung für ein bewussteres Leben, so lautet die Maxime heute, dass man das Leben möglichst ohne Gedanken an den Tod genießen solle. Die weltweit aufgrund verbesserter Gesundheitsversorgung steigende Lebenserwartung nährt die Hoffnung, dass dieser Trend sich fortsetzt. Das Streben nach einer Überwindung des Todes, von dem schon das Gilgamesch-Epos berichtet, wird heute vor allem von Post- und Transhumanisten propagiert. „Solange es den Tod gibt," so formuliert Fereidoun Esfandiary, „ist niemand frei. Solange es den Tod gibt, können wir die grundlegende Lebensqualität nicht verbessern. [...] Die Eliminierung des Todes wird nicht alle Probleme beseitigen. Sie wird die Tragik des menschlichen Lebens beseitigen."[1] Ein Blick auf die naturphilosophischen Voraussetzungen von Leben und Tod versteht sich daher als Ergänzung und Korrektiv dieser Bestrebungen.

1 F. Esfandiary, zit. in. O. Krüger, *Virtualität und Unsterblichkeit. Gott, Evolution und die Singularität im Post- und Transhumanismus*, Freiburg i.Br./Berlin/Wien 2019, 89 (Übers. d. V.).

https://doi.org/10.1515/9783111055602-011

2 Das Ineinander von Werden und Vergehen in der Natur

Vor dem Hintergrund der Naturwissenschaften, vor allem von Astrophysik, Evolutionstheorie und Ökologie, muss die Natur als Prozess verstanden werden. In einem Zeitraum von etwa 14 Milliarden Jahren hat sich aus einem undefinierbaren Urzustand eine ungeheure Vielfalt von Formen entwickelt: von Elementarteilchen über Sterne und Planeten bis zu den sie bevölkernden Lebewesen. Dabei vollzieht sich mit dem Aufbau von Formen gleichzeitig auch deren Umwandlung und Abbau. Durch den Verbrennungsprozess der Sterne etwa werden schwerere Elemente gebildet, die die Voraussetzung dafür sind, dass Planeten entstehen, auf denen dann Leben möglich ist. Unsere Sonne gehört bereits zur zweiten Generation von Sternen. Sie hat sich vor etwa 4,6 Milliarden Jahren gebildet, und nach weiteren 4,5 Milliarden Jahren wird ihr Brennstoffvorrat erschöpft sein. Dann wird sie sich zu einem roten Riesen aufblähen, bevor sie als weißer Zwerg keine Wärme mehr erzeugen kann. Für die Erde bedeutet das, dass zunächst alles Leben durch Hitze vernichtet wird, bevor alles in der Kälte des Weltraums erstarrt. Die Menschheit, sollte es sie in einer derart fernen Zukunft noch geben, müsste also, um weiter zu existieren und ihre bis dahin erworbenen Kulturschätze zu tradieren, zu jüngeren Planetensystemen ausgewandert sein.[2]

Dass Systeme sich nicht auf Dauer in ein und demselben Zustand erhalten können, beruht auf zwei physikalischen Grundgesetzen: dem ersten und zweiten Hauptsatz der Thermodynamik. Nach dem ersten Hauptsatz sind Energien zwar ineinander umwandelbar, können aber nicht erzeugt oder vernichtet werden. Nach dem zweiten und für unsere Überlegungen entscheidenden Hauptsatz gibt es keine Zustandsänderung, ‚deren einziges Ergebnis die Übertragung von Wärme von einem Körper niederer auf einen Körper höherer Temperatur ist.‘ Es gibt deshalb kein *perpetuum mobile*, kein System, das aus eigener Kraft genauso viel Energie erzeugen kann, wie es verbraucht. In diesem Sinne gibt es innerhalb eines geschlossenen Systems keine ‚erneuerbaren Energien‘. Nur wenn dem System von außen Energie zugeführt wird, kann verhindert werden, dass die Entropie, die ‚Unordnung‘ innerhalb des Systems zunimmt und ein Abbau von Strukturen stattfindet.

Kein Geringerer als der Physiker Erwin Schrödinger befasste sich daher in den 1940ern mit der Frage, wie sich Lebensformen mit zunehmenden Graden an Komplexität bilden konnten, läuft dieser Prozess doch dem zweiten Hauptsatz der Thermodynamik scheinbar zuwider.[3] Nicht alle physikalischen Systeme, aber

2 K. Mack, *Das Ende von allem – astrophysikalisch betrachtet*, München 2021.
3 E. Schrödinger, *Was ist Leben?*, München 1987.

alle Lebewesen, so die bis heute gültige Antwort, sind *offene Systeme*. Ihr Sein verdankt sich einer spezifischen Form der Aktivität: Durch den Stoffwechsel nehmen sie Energie aus der Umgebung auf, wandeln sie um, integrieren sie teilweise in den eigenen Organismus und geben Abfallprodukte wieder an die Umgebung ab. Nur durch den ständigen Austausch von Energie mit ihrer Umgebung können sie sich für eine gewisse Zeit vom Übergang ins thermische Gleichgewicht fernhalten. Der biologische Tod tritt ein, wenn die Eigenaktivitäten eines Organismus zum Erliegen kommen. Der Tod, so der Biologe Hans Mohr, ist

> charakterisiert durch einen mehr oder minder schnellen Zerfall in das thermodynamische Gleichgewicht. Man kann den Allsatz $\Delta G \neq 0$ auch so erläutern, daß jedes lebendige System der beständigen Zufuhr freier Enthalpie bedarf, um dem Tod, d. h. dem thermodynamischen Gleichgewicht zu entgehen.[4]

Im Unterschied zu anorganischen Körpern, die, von physikalischen Parametern wie Druck und Temperatur abgesehen, umgebungsunabhängig sind, können sich Lebewesen nur durch die Aufnahme von Energie in Form von Nahrung, Wasser, Licht oder Wärme erhalten. Aufgrund ihres Metabolismus sind sie auf eine bestimmte Umwelt angewiesen. Sie können „nicht unabhängig von jenem Teil der Umgebung verstanden werden, mit dem sie interagieren: der Nische; noch auch kann diese Nische unabhängig von dem lebenden System, das sie bestimmt, definiert werden."[5] Schon allein aufgrund seiner biologischen Eigenaktivität lebt jedes Lebewesen zu Lasten seiner Umwelt; es braucht die in ihr vorhandenen Ressourcen für die Selbsterhaltung und, ab einer gewissen Komplexität, auch für sein Wohlbefinden und die Entfaltung seiner Fähigkeiten.

Durch die Eigenaktivität der Lebewesen wird daher immer auch die jeweilige Umwelt verändert, so dass kein Ökosystem auf Dauer stabil bleiben kann. Durch diesen mehr oder weniger schnellen Transformationsprozess können Organismen ihre Lebensgrundlage verlieren, andere wiederum können sich überhaupt erst entwickeln. Dass Lebensformen zueinander passen müssen, erkannte bereits Leibniz; deshalb, so sein Schluss, kann nie alles, was möglich ist, gleichzeitig existieren. Erst im Durchgang durch die Zeit wird die größtmögliche Vielfalt von Lebensformen verwirklicht.

Dabei unterstehen nicht nur an physiologische Funktionen gebundene Kreaturen dem zweiten Hauptsatz der Thermodynamik. Auch künstliche Intelligenzen sind nicht unabhängig von der Zufuhr von Energie, vor allem von Elektrizität und den Materialien, aus denen sie und ihre Datenspeicher konstruiert werden.

---

4 H. Mohr, *Wissen. Prinzip und Ressource*, Berlin/Heidelberg/New York 1999, 45 f.

5 H. Maturana, *Biologie der Realität*, Frankfurt/M. 1998, 26; auch: 29; 52 f.

Die Gesetze der Physik gelten daher auch dann, wenn es gelingen würde, die im Gehirn oder auf elektronischen Datenträgern gespeicherten Informationen auf neue Datenträger zu überspielen, so dass eine biographische Kontinuität möglich wäre. Obwohl Kreaturen ohne biologischen Stoffwechsel umgebungsunabhängiger wären, sind auch sie kein *perpetuum mobile*. Ungeklärt ist außerdem die Frage, ob nur Daten oder auch das die Daten begleitende Bewusstsein übertragen würde. Wäre das nicht der Fall, dann wäre derjenige, der sie erworben hat und der um sie und sich selbst weiß, tot.

Aufgrund der Eigendynamik von Organismen und ihrem Zusammenspiel gleicht die Ordnung der Natur nicht, wie man seit der Neuzeit glaubte, einem Uhrwerk, dessen Zusammensetzung durch die Bewegung der Teile nicht verändert wird. Die Natur ist, wie vor allem Alfred N. Whitehead betont, ein Prozess, in dem sich durch Ko-Evolution[6] spontan immer wieder neue Formen bilden. So wurde etwa die Biosphäre im Laufe der Geschichte unseres Planeten durch die Entstehung von Pflanzen mit Sauerstoff angereichert; erst dadurch konnten Lebewesen entstehen, die Sauerstoff atmen, Menschen eingeschlossen. Jeder Organismus ist ein Teil in einem größeren Lebenszusammenhang, von Populationen, Ökosystemen, der Biosphäre und letztlich sogar des Weltalls.

Nicht nur anorganische Strukturen unterliegen daher einem steten Werden und Vergehen aufgrund physikalischer Kräfte, von nicht-anthropogenen Klimaveränderungen, geologischen Prozessen und der Einwirkung von Lebewesen. Aufgrund ihrer Eigendynamik verändern Lebewesen ihre Umgebung und müssen sich ihrerseits immer wieder an neue Bedingungen anpassen. Je komplexer Lebewesen sind, desto mehr greifen sie in dem Bestreben, ihre Bedürfnisse optimal zu befriedigen, in die Umwelt ein. „Die höheren Lebensformen," so Whitehead, „sind darauf eingestellt, ihre Umwelt durch aktives Eingreifen zu verändern; und im Falle des Menschen ist dieser aktive Angriff auf die Umwelt der bemerkenswerteste Zug seiner Existenz."[7] Nur Menschen können durch die Technik, zu der auch die Medizintechnik und die durch sie beeinflusste Geburten- wie Sterberate gehört, durch Nahrungsproduktion, die Konstruktion von Siedlungsräumen und die Herstellung künstlicher Substanzen Ökosysteme in sehr kurzer Zeit und großen räumlichen Maßstäben verändern und damit anderen Lebewesen ihren Lebensraum nehmen. Menschen sollten daher, so fordert der Evolutionsbiologe Edward Wilson, die ‚Hälfte der Erde'[8], mithin das ganze Spektrum an Ökosyste-

6 E. Florey, *Was kann das Leben?*, in: E. P. Fischer/K. Mainzer (Hg.), *Die Frage nach dem Leben*, München 1990, 219 f.

7 A. N. Whitehead, *Die Funktion der Vernunft*, Stuttgart 1974, 9.

8 E. O. Wilson, *Half the Earth. Our Planet's Fight for Life*, New York/London 2016.

men weltweit, unter Schutz stellen. Auch die Biodiversitätskonferenz 2022 in Kanada hat sich diesem Apell in etwas moderaterer Form angeschlossen.

Aufgrund der Umweltgebundenheit von Lebewesen ist keine Art für sich alleine überlebensfähig. Einige Prozesse greifen in Ökosystemen zudem derart ineinander, dass der Tod eines Lebewesens zur Lebensgrundlage für ein anderes wird. Absterbende Bäume etwa werden zur Lebensgrundlage für Pilze, Insekten und Vögel. ‚Totholz ist Leben' heißt es deshalb inzwischen in vielen Waldschutzgebieten. Dennoch handelt es sich auch in diesem Fall nicht um völlig geschlossene Kreisläufe, die sich endlos erhalten können. Auch sie sind abhängig von vielen äußeren Faktoren, nicht zuletzt vom Licht der Sonne und dessen zyklisch schwankender Intensität, sowie von Erdbahnparametern und der mit ihnen verbundenen Klimavariabilität.[9]

Da Bedürfnisse und Fähigkeiten von Lebewesen an Umweltbedingungen angepasst sind, diese jedoch nicht auf Dauer konstant bleiben, erzwingen die sich verändernde Bedingungen die Entwicklung neuer Lebensstrategien. Die Strategien, die einmal ein Fortschritt waren und optimal an die Herausforderungen einer bestimmten Umgebung angepasst waren, verlieren ihre Funktion in dem Maß, in dem sich die Bedingungen ändern. Dann, so Whitehead, gibt es für eine Spezies nur zwei Möglichkeit:

> Sie kann sich entweder in den Grenzen dieser Methode stabil einrichten und ins bloße Weiterleben verfallen, oder sie kann sie abschütteln und sich auf das Abenteuer des Strebens nach dem besseren Leben einlassen. Im letzteren Falle wird sie sich eine der neuen Methoden zu eigen machen, die in Ansätzen in dem Wirbel von Erfahrungen erkennbar sind, die jenseits der Grenzen der herrschenden alten Lebensmethode liegen.[10]

Dabei könnte dieser Sprung auch scheitern, was den Untergang einer Spezies zur Folge hätte. Zur Evolution gehört daher nicht nur das Entstehen neuer Arten, sondern auch deren Aussterben, wenn sich deren Lebensumfeld zu stark ändert. Die Bedingungen der Umwelt sind somit einerseits Beschränkungen für das, was möglich ist, andererseits bilden sie den Rahmen für die Entwicklung von Neuem. Nichts jedoch kann zeitlos unveränderlich beharren. In diesem Sinne gehört der Tod zum Leben, so dass man sagen kann: Wer das Vergehen verhindern will, indem er alles in einem bestimmten Zustand erhalten möchte, tötet damit das Leben selbst in seiner Eigendynamik. Das Werden begründet das Sein, das wieder in den Fluss des Werdens zurückkehren muss.

---

9 H. Wanner, *Klima und Mensch – eine 12'000-jährige Geschichte*, Bern ^{2}2020.
10 A. N. Whitehead, *Die Funktion*, 19.

3 Der Prozess der Evolution und die Reflexionsfähigkeit über den Tod

Der Prozess des Werdens und Vergehens vollzieht sich nicht nur auf horizontaler Ebene; im Lauf der Zeit sind immer komplexere Formen entstanden. Dabei werden nicht einfach Schichten aufeinander gesetzt; die einfacheren Formen werden in die komplexeren integriert: Einzeller in mehrzellige Lebewesen, diese wiederum in Organismen mit ersten Organen. Außerdem verbindet sich die wachsende Komplexität mit der Evolution der Innenwelt, von Subjektivität im weiten Sinne des Wortes, die bis zur genuin menschlichen Form des Bewusstseins reicht. „The mind of man", so Darwin, „has been developed from a mind as low as that possessed by the lowest animal."[11] Der in der Natur immanente Geist habe sich, so Wilson, immer mehr auf sich zurückgewendet, um sich schließlich im Menschen selbst zu erfassen, sich seiner selbst bewusst zu werden. „Das Leben", so Wilson, „[ist] durch den Geist des Menschen zur Selbsterkenntnis gelangt."[12]

Dabei wird die Evolution nicht mehr, wie bis ins 19. Jahrhundert, im Bild einer Kette gedeutet, sondern im Bild eines sich verzweigenden Baumes. Gerade dadurch, so zeigen neuere Studien, entsteht ein interessantes Phänomen, das eine kausale Ableitung geistiger Prozesse aus materiellen Strukturen, mithin deren Reduktion, als problematisch erscheinen lässt: Ähnliche Formen der Bewusstheit und die mit ihr verbundenen Fähigkeiten haben sich bei einander fernstehenden Lebensformen entwickelt. So verfügen Rabenvögel und Menschenaffen trotz eines anderen genetischen Stammbaums und dem sich unterscheidenden Aufbau des Gehirns über annähernd dieselben Fähigkeiten wie Selbsterkenntnis und Werkzeugherstellung.

Die Fähigkeit, sich innerlich von sich zu distanzieren und die eigenen Gedanken, Motive und Handlungen zu erkennen, führt im Rahmen unseres Themas zu einem wesentlichen Unterschied zu Menschen. Diese sind, so betonte bereits Darwin, nicht nur zur ethischen Reflexion fähig, sondern auch zum Nachdenken über den Tod. „Infolge der Aktivität seiner geistigen Fähigkeiten kann der Mensch nicht vermeiden zu reflektieren; frühere Eindrücke und Vorstellungen gehen deutlich in unablässiger Folge durch seine Seele."[13] Damit verändert sich auch das Zeitbewusstsein: Menschen können sich Anfang und Ende des Lebens unabhängig vom

11 C. Darwin/T. H. Huxley, *Autobiographies*, Oxford/New York 1983, 54.

12 E. O. Wilson, *Der Wert der Vielfalt. Die Bedrohung des Artenreichtums und das Überleben des Menschen*, München 1995, 420.

13 C. Darwin, *Ursprung und Entwicklung der moralischen Gefühle*, in: K. Bayertz (Hg.), *Evolution und Ethik*, Stuttgart 1993, 38.

eigenen Erleben vergegenwärtigen. Todesangst, gepaart mit dem Willen zu überleben, findet sich schon bei einfachen Organismen; in ihr drückt sich, so betont Hans Jonas, eine implizite Lebensbejahung aus, verbunden mit der Fähigkeit, intrinsischen Zielen zu folgen, allem voran dem Streben nach Selbsterhaltung.[14] Hoch entwickelte Tiere wie Elefanten und höhere Primaten trauern bereits über den Tod nahestehender Lebewesen und artikulieren ihre Gefühle über längere Zeit durch bestimmte Verhaltensweisen. Erst Menschen jedoch können sich den Tod auch über eine zeitliche Distanz hinweg vorstellen; diese Fähigkeit verbindet sich mit einem neuen Spektrum von Emotionen, zu dem Mitgefühl ebenso gehört wie Rachsucht. Die Angst vor dem Tod führt zur Ritualisierung von Trauer im Rahmen kultureller Interpretationen.[15] Da Sterblichkeit, so Martha Nussbaum, zur *conditio humana* gehört, zählt die Auseinandersetzung mit ihr zu den Fähigkeiten, die es bewusst zu kultivieren gilt.

> Alle Menschen haben den Tod vor sich und wissen ab einem bestimmten Alter, daß sie ihn vor sich haben. Diese Tatsache prägt mehr oder weniger jeden anderen Aspekt des menschlichen Lebens. Außerdem haben alle Menschen eine Abneigung gegen den Tod. Obwohl es viele Situationen gibt, in denen der Tod den möglichen Alternativen vorgezogen wird, löst der Tod eines geliebten Menschen oder die Aussicht auf den eigenen Tod Kummer und/oder Angst aus.[16]

Durch das Wissen um den Tod gewinnt dieser über die vital erlebte Todesangst hinaus eine existentielle Dimension:[17] Unweigerlich stellt sich die Frage nach dem Sinn des Lebens, nach grundlegenden Werten und Zielen, die es leiten sollten; und er wird nicht mehr als unabänderliches Schicksal erlebt und mehr oder weniger passiv erlitten. Die bewusst erlebte Todesangst wird zum Movens, nach medizinischen und technischen Möglichkeiten der Lebensverlängerung zu suchen; außerdem stellt sich die Frage, wie man sein Ende gestalten will, welche Belastungen man Angehörigen zumuten kann und wann es gilt, endgültig Abschied zu nehmen. Gespräche mit vertrauten Menschen ebenso wie Patientenverfügungen sind in einer Zeit unverzichtbar, in der biologisch-vitale Lebensfunktionen über Jahre erhalten werden können. Nur so kann man den eigenen Willen zu einem Zeitpunkt

14 H. Jonas, *Evolution und Freiheit*, in: Ders., *Philosophische Untersuchungen und metaphysische Vermutungen*, Frankfurt/M./Leipzig 1992, 11–33.

15 H. Jonas, *Werkzeug, Bild und Grab*, in: Ders., *Philosophische Untersuchungen*, 45–48; W. Schiefenhövel, *Krankheit, Altern, Tod*, in: W. Schiefenhövel et al. (Hg.), *Zwischen Natur und Kultur. Der Mensch in seinen Beziehungen*, Stuttgart 1994, 238–244.

16 M. Nussbaum, *Gerechtigkeit oder das gute Leben*, Frankfurt/M. 1999, 190 f.

17 K. Jaspers, *Philosophie*, Bd. II: *Existenzerhellung*, Berlin/Heidelberg/New York [4]1973, 220–229.

bekunden, in dem man dazu noch in der Lage ist und für die Zukunft Vorsorge treffen, in der man das nicht mehr kann.

Durch kulturelle Errungenschaften, durch Wissen gepaart mit Technik und sozialen Institutionen, ist der Freiraum gegenüber den Bedingungen der Umwelt und der biologischen Konstitution ständig gewachsen: Schon seit Jahrtausenden wurden Heilmittel entwickelt, die aus mineralischen, pflanzlichen oder tierischen Ingredienzien gemischt wurden; im körperlichen Training manifestierten sich schon für die Griechen ästhetische Vorlieben; rhetorische und mentale Übungen sollten Sprache und Gedächtnis verbessern; soziale Institutionen haben die Aufgabe, vor Gewalt und Verbrechen ebenso zu schützen wie vor der Verelendung durch Schicksalsschläge. Mit der Entwicklung der modernen Medizin kamen chemische Substanzen, Impfungen und chirurgische Eingriffe dazu. Diese werden inzwischen ergänzt durch elektronisch gesteuerte Implantate und Eingriffe in den genetischen Code.

Um nicht nur die biologische Lebensspanne, sondern gleichzeitig die Lebensqualität zu erhöhen, muss man die Beschädigung von Zellen und Organen verhindern und sie bei Bedarf reparieren. In der Forschung orientiert man sich an Vorbildern im Reich des Lebendigen: Die meisten Einzeller oder Bakterienkolonien können sich durch Zellteilung immer weiter vermehren; allerdings mehren sich auch hier die Hinweise, dass die Nachfolgegenerationen etwas schwächer und damit anfälliger für den Tod sind. Bei der Qualle *Turritopsis dohrnii* kann sich der Organismus nach dem Erreichen der sexuellen Reife durch einen Zellwandlungsprozess, Transdifferenzierung genannt, wieder in das Stadium der Kindheit zurückversetzen. Dieser Zyklus scheint endlos wiederholbar zu sein. Einige Seegurkenarten können ebenso wie Süßwasserpolypen und Pilze unbegrenzt leben. Galapagos-Riesenschildkröten werden über 100 Jahre alt, der Grönland-Hai erreicht ein Alter von etwa 400 Jahren. Wodurch die Unterschiede in der Lebenszeit zustande kommen, ist bisher ungeklärt. Vermutlich ist der Prozess des Alterns durch programmierten Zelltod und sich verringernde Telomere, den Enden bestimmter Chromosomen, eine Folge des Evolutionsprozesses. Möglicherweise handelt es sich um eine Art Kompromiss zwischen der Entartung von Zellen durch Krebs und dem Prozess des Alterns.[18]

Galten für Menschen bisher 120 Jahre als genetisch vorgegebene Grenze, so deuten Tierversuche darauf hin, dass eine Kombination von Ernährung, Medikamenten, Zell- und Gentherapie die Lebensspanne um weitere 30 Prozent erhöhen könnte – bei gleichzeitiger Verringerung altersbedingter Erkrankungen. Die Entwicklung der Nanotechnologie könnte zu einem weiteren Anstieg von Lebens- und Gesundheitsspanne führen. Nanoroboter könnten im Körper krankhafte Ent-

---

18 W. Schiefenhövel, *Krankheit*, in: W. Schiefenhövel et al. (Hg.), *Zwischen Natur und Kultur*, 232–238.

wicklungen wie Krebs verhindern und Zellreparaturen durchführen. Damit, so die Vision, könnte der Alterungsprozess zum Stillstand gebracht werden. Ray Kurzweil, einer der Protagonisten von künstlicher Intelligenz, hofft, dass es in absehbarer Zeit möglich sein wird, „unsere Biochemie zu reprogrammieren und unser biologisches Programm durch Biotechnologie zu modifizieren. [...] Und dann werden uns die Nanotechnologie und Nanoroboter in unserem Körper dazu befähigen, ewig zu leben."[19]

Mit einer stark ansteigenden Lebenserwartung wären allerdings gravierende Auswirkungen auf die Weltgesellschaft verbunden: Schließlich tragen nicht nur Länder mit einer nach wie vor viel zu hohen Geburtenrate zur Überbevölkerung bei, sondern auch die immer älter werdende Weltbevölkerung. Soziale Institutionen, vor allem Gesundheitsversorgung und Rentensystem, müssten auf ein neues Fundament gestellt werden. Der Naturschutz müsste im oben erwähnten Sinne ausgeweitet und die Anthropozentrik überwunden werden, damit die Flächen der Erde nicht nur für menschliche Interessen genutzt werden. Unklar ist außerdem, ob Menschen psychisch und mental neugierig und lernbereit bleiben, oder ob sie, wie Simone de Beauvoir in ihrem Roman ‚Alle Menschen sind sterblich' fürchtet, der Wiederkehr des Immergleichen erliegen und in Langeweile versinken würden. Ähnlich pessimistisch ist der Hinduismus auf metaphysischer Basis: Für ihn entsteht allerdings aus der endlosen Wiederholung aller Grundkonstellationen – von Reichtum, Armut, Ungerechtigkeit, Revolution und Krieg – der Antrieb zum Verlassen des Kreislaufs der Wiedergeburten. Ein weiterer Versuch, das Leben zu verlängern, wird, obwohl er noch nach Science Fiction klingt, inzwischen praktiziert: Unmittelbar vor dem Eintreten des Todes wird der gesamte Organismus in Kryostase versetzt: Da bei Temperaturen von –196°C keine Bioaktivität mehr stattfindet, wird der weitere Verfall des Gewebes gestoppt. Wenn in der näheren oder ferneren Zukunft die Medizin soweit fortgeschritten sein wird, dass man geheilt werden kann, wird man wiederbelebt. In den USA wird Kryonik von gemeinnützigen Gesellschaften wie Alcor Life Extension oder Cryonics Institute bereits angeboten. Ob allerdings nicht doch das Gehirn und mit ihm die Grundlage für das Bewusstsein zerstört wird, ist heftig umstritten.

Vor allem Transhumanisten sind überzeugt, dass Menschen ihre biologische Konstitution irgendwann überwinden und die Biographie auf der elektronischen Speicherung von Daten beruhen wird. Wenn, so viel ist diesen Theorien zuzugestehen, auch die menschliche Spezies im Evolutionsprozess entstanden ist und

---

19 R. Kurzweil, ‚*Werden wir ewig leben, Mr. Kurzweil?*', in: T. Hülswitt/R. Brinzanik, *Werden wir ewig leben? Gespräche über die Zukunft von Mensch und Technologie*, Berlin 2010, 18.

zur Verdrängung des Neandertalers mit beitrug, dann könnte auch *Homo sapiens* irgendwann durch eine weiter entwickelte humanoide Spezies abgelöst werden.[20]

4 Der Tod als Bedingung der Lebenserhaltung

Da auch Menschen unter biologischer Perspektive offene Systeme sind, ist auch ihre Lebenserhaltung nur zu Lasten anderer Lebewesen, von Pflanzen und Tieren möglich. Auch sie können nicht engelsgleich über die Erde wandeln und alle Eingriffe und Verletzungen anderer Kreaturen vermeiden. Nicht nur Darwin hatte den Kampf ums Dasein und damit Verdrängung und Konkurrenz als unausweichlich angesehen; auch Albert Schweitzer, für den alle Lebewesen gleichermaßen vom Willen zum Leben angetrieben werden, so dass man ihnen mit ‚Ehrfurcht' begegnen soll, vertritt kein harmonistisches Verständnis der Natur. Jedes Lebewesen muss andere Lebewesen vernichten, um selbst zu leben. Auch Menschen können dieser „Selbstentzweiung des Willens zum Leben"[21] nicht entrinnen; auch sie müssen das Leben von Pflanzen und Tieren vernichten, um menschenartig leben zu können. Wird ein Haus gebaut oder ein Garten angelegt, Landwirtschaft betrieben, ein Spaziergang oder eine Radtour unternommen: Immer werden unzählige Lebewesen getötet. Doch dank der Fähigkeit, denken und sich empathisch in die Situation anderer versetzen zu können, ist für Menschen ein Konflikt unvermeidlich zwischen der Notwendigkeit, Leben zu vernichten und dem ethisch motivierten Wunsch, nicht zu töten. Dieser Konflikt entstand für Schweitzer auch bei der Entwicklung medizinischer Verfahren zur Heilung schwerer Krankheiten, wenn diese an nicht-menschlichen Kreaturen ausprobiert werden mussten.[22] Immer wieder neu müssen daher zwei Fragen beantwortet werden: Wann darf ein Mensch ein Tier zu seinem eigenen Zweck töten? Und wann darf man, um einem Tier zu helfen, ein anderes töten?[23] Doch gerade weil Menschen, so Schweitzer, um diesen unlösbaren Konflikt wissen, können sie die Schädigung anderer Lebewesen so weit wie möglich verringern. Dabei erstreckt sich die Verantwortung nicht nur auf die eigenen Haustiere, sondern auch auf Tiere wie Ratten oder Schlangen, die dem Empfinden fernstehen.

---

20 O. Krüger, *Virtualität*, 211–296; R. Kather, *Die Verheißung gesteigerter Lebensqualität. Philosophische Hintergründe von Künstlicher Intelligenz und Transhumanismus*, Ostfildern 2022, 183–228.

21 A. Schweitzer, *Aus meinem Leben und Denken*, Frankfurt/M. 1995, 140.

22 A. Schweitzer, *Die Ehrfurcht vor dem Leben. Grundtexte aus fünf Jahrzehnten*, München 1991, 33.

23 A. Schweitzer, *Ehrfurcht*, 158.

5 Lebensverlängerung – oder: vom Wert des Bewusstseins

Für die Frage nach dem Zeitpunkt des menschlichen Todes sind zwei naturphilosophisch-anthropologische Grundpositionen entscheidend:

Entweder man erklärt alle körperlichen Prozesse durch die Naturwissenschaften, durch physikalische und chemische Gesetze also. Wenn der erlebte Leib identisch mit dem physiologisch funktionsfähigen Körper ist, dann sind mentale Prozesse und damit die biographische Identität unabhängig von ihm. Während der Körper unter der Perspektive der dritten Person gesehen wird, erscheint der Geist unter der der ersten. Der Körper ist zwar Gegenstand medizinischer Operationen, aber nicht Teil der individuellen Biographie. Ungeklärt bleibt allerdings die cartesische Frage: Wie können sich geistige Akte physisch in Sprechakten und Handlungen ausdrücken, die schon für das Überleben notwendig sind? Nur aufgrund der Trennung mentaler und physiologischer Prozesse ist es zudem denkbar, dass, wie Transhumanisten hoffen, der Prozess der biographischen Informationsverarbeitung nach dem Tod des Körpers auf einer neuen Trägersubstanz weiterläuft. Der Tod einer Person tritt ein, so definiert exemplarisch Peter Singer, wenn kein biographisches, an der Zukunft orientiertes und um die Vergangenheit wissendes und damit selbstbestimmtes Leben mehr möglich ist. Nicht allein, dass damit die Praxis hinfällig wird, das Leben von Angehörigen unserer Gattung automatisch über das der Angehörigen anderer Gattungen zu erheben. Da die biologisch-vitalen Lebensfunktionen keinen Wert an sich haben, ist die „Lebensreise an ein Ende gelangt. [...] [E]s ist schwer einzusehen, warum man solche menschlichen Wesen am Leben erhalten sollte, wenn ihr Leben insgesamt elend ist."[24] Durch den unumkehrbaren Ausfall der gesamten Hirnfunktionen, durch den des Groß- und Kleinhirns sowie des Hirnstamms lässt sich der Tod dann auch mit empirischen Messungen eindeutig definieren.

Oder man unterscheidet im Anschluss an Maurice Merleau-Ponty, Helmuth Plessner, Max Scheler, Ernst Cassirer, Alfred N. Whitehead und Hans Jonas den physiologisch funktionsfähigen Körper vom erlebten Leib. Wie der Geist erscheint dann auch der Leib unter der Perspektive der ersten Person und damit als Manifestation von Intentionen und Bedeutungen. Sinn ist im Sinnlichen, in Mimik, Gestik und Handlungen, gegenwärtig und kann daher auch von anderen wahrgenommen werden. Unter diesen Prämissen kann man etwa bei Demenz auch nach dem Wegbrechen der Fähigkeit zu denken und zu sprechen im leiblichen Ausdruck noch ein

24 P. Singer, *Praktische Ethik*, Stuttgart ^{2}1994, 245.

Moment der Biographie und von Willensbekundungen erkennen.[25] Die Art des Ausdrucks verrät etwas über die irgendwie gespürte Bedeutung einer Situation und den noch vorhandenen Lebenswillen. Im Leib manifestieren sich erworbene Erfahrungen, die auf einem impliziten Gedächtnis beruhen. Der Arzt Wim Dekkers resümiert: „From a nondualistic, phenomenological perspective, bodily defensive movements can be considered a meaningful answer to extreme circumstances from ‚somebody' who once was a ‚real' person."[26] Da das implizite Wissen des Leibes ohne bewusste Kontrolle abrufbar ist, spricht Dekkers von einer körperlichen Form der Autonomie.[27] Sie lässt Raum für eine Sensitivität für das eigene Befinden, die auch noch unter der Schwelle des bewussten Erlebens vorhanden sein kann.

Trotz dieses Unterschieds teilen beide Positionen ein gemeinsames Problem: Wie weit ist ein Leben ohne die Möglichkeit bewusster Teilnahme und Artikulationsfähigkeit noch wünschenswert – vor allem unter der Perspektive der Betroffenen selbst? Zählt nur die biologische Lebensverlängerung, wobei auch Vitalfunktionen nicht mehr kontrollierbar sind, – oder ist das Bewusstsein mit der ganzen Breite an Wahrnehmungs- und Ausdrucksformen der eigentliche Wert, um dessentwillen es sich zu leben lohnt?[28] Sogar wenn man Leib und Körper unterscheidet und die Fähigkeit zu rudimentären Empfindungen anerkennt, haben Menschen nicht mehr die Fähigkeit, mit anderen zu kommunizieren, sie zu verstehen und ihre eigenen Bedürfnisse und Absichten auszudrücken. Ihnen ist die Möglichkeit zu sinnlich-qualifizierten Perzeptionen und der Freude an Bewegung verwehrt, die Fähigkeit, Glück und Sinn zu empfinden, sich sprachlich zu artikulieren, komplexe Gefühle wie Sympathie, Freundschaft und Liebe mit anderen zu teilen und schließlich auch die Möglichkeit zu ästhetischen Betrachtungen und theoretischen Erkenntnissen. Ohne die Fähigkeit, am Leben in seiner Vielschichtigkeit teilzunehmen, hat dieses keine Lebensqualität. Es handelt sich um ein meist nur mit technischen Mitteln aufrechterhaltenes biologisch-vitales Dahinvegetieren.

In eindrucksvoller Weise schildert Isabel Allende in ihrer autobiographischen Erzählung ‚Paula' das Leben ihrer Tochter, die aufgrund einer Stoffwechselerkrankung in ein irreversibles Koma gefallen ist. Während die Ärzte nur aufgrund physiologischer Daten urteilen, erkennt die Mutter in kleinsten Gesten immer noch

25 R. Kather, *Der menschliche Leib als Vermittlung zwischen bewussten und nicht-bewussten Ausdrucksformen*, in: C. Tewes et al. (Hg.), *Verletzlichkeit und Personalität in der Demenz. Anthropologisch-phänomenologische Zugänge*, Freiburg/München 2023, 27–56.

26 W. J. M. Dekkers, *Autonomy and the lived body in cases of severe Dementia*, in: R. B. Purtilo/H. Ten Have (ed.), *Ethical foundations of Palliative Care for Alzheimer Disease*, Baltimore/London 2004, 122.

27 Dekkers, *Autonomy*, 125.

28 H. Jonas, *Last und Segen der Sterblichkeit*, in: Ders., *Philosophische Untersuchungen*, 90–92.

rudimentäre Ausdrucksformen ihrer Tochter. Diese wird so lange von ihrer Familie liebevoll gepflegt, bis alle Anzeichen darauf hindeuten, dass sie bereit ist zu sterben und man sie gehen lässt. Eine ähnliche Entscheidung trifft der Regisseur David Sieveking: In seinem 2012 veröffentlichten autobiographischen Film ‚Vergissmeinnicht' schildert er, wie er seine Mutter während ihrer Demenzerkrankung ohne künstliche Lebensverlängerung bis zu ihrem Tod begleitet.

Für einen anderen Weg plädiert der fiktive, aber an Tatsachen orientierte Film ‚Die Auslöschung' (2013): Der ebenfalls an Demenz erkrankte Protagonist entscheidet sich, gestützt auf die Gedanken der stoischen Philosophie über die Legitimität des Selbstmords in Situationen, in denen ein würdevolles Leben unmöglich ist, zum assistierten Suizid: In dem Moment, in dem ihm sein Leben endgültig entgleitet, nimmt er eine Überdosis an Betäubungsmitteln und entschläft friedlich in den Armen seiner Lebensgefährtin.

Um ein Kriterium zu finden, mit dessen Hilfe man entscheiden kann, ob man sich noch um Lebensverlängerung bemühen oder den Tod akzeptieren sollte, muss man die biologisch-vitalen Funktionen von der Fähigkeit zum bewussten Leben entkoppeln. Erst das Bewusstsein mit seiner Bandbreite an Ausdrucksformen, leiblichen, emotionalen, kognitiven, ethischen und willensmäßigen, ermöglicht ein selbstbestimmtes Leben in Würde. Im Unterschied zur evolutionären Perspektive, die im Bewusstsein nur einen funktionalen Nutzen im Dienst des Überlebens sieht, ist es für das eigene Leben der Wert schlechthin, um dessentwillen man selbst leben will. Im Sinne dieser Problematik unterscheidet Nussbaum zwei Schwellen: Wenn Menschen keine Möglichkeit haben, sich zu artikulieren und individuelle wie soziale Fähigkeiten zu entwickeln, dann handelt es sich zwar in genetisch-biologischer Hinsicht um menschliches Leben, nicht jedoch im seelisch-geistigen Sinn.

> Welches Leben ist so verarmt, dass es nicht zu Recht ein menschliches Leben genannt werden kann? Hierzu sollten wir meiner Ansicht nach viele Lebensformen zählen, die am Ende eines Menschenlebens eintreten – all jene, in denen das überlebende Wesen sein Empfindungsvermögen und sein Bewusstsein unwiederbringlich verloren hat, sozusagen in einem ‚permanenten Dämmerzustand' lebt; ich würde auch einige Formen dazu zählen, bei denen dieser Zustand zwar noch nicht ganz erreicht ist, wo aber die Fähigkeit, geliebte Menschen zu erkennen, zu denken und zu urteilen, unwiderruflich über einen bestimmten Punkt hinaus verfallen ist.[29]

Die meisten beantworten die Frage, ob *sie selbst* über Monate oder gar Jahre in einem derart ausweglosen Zustand zwischen Leben und Tod gefangen sein möchten, mit Nein. Offensichtlich sind es die Angehörigen und die Gesellschaft, die den Tod so lange wie möglich hinauszögern wollen, weil sie in den körperlichen Funk-

29 Nussbaum, *Gerechtigkeit*, 198 f.

tionen immer noch den Leib der Person erkennen, die sie geliebt haben und sich so an deren im Leib irgendwie noch vermutete Gegenwart klammern. Gerade in säkularen Gesellschaften erscheint vielen bereits das biologisch-vitale Leben als höchstes, weil unersetzliches Gut.

Aus der Schwierigkeit, sich vorzustellen, dass eine Person, mit der man Freude und Leid geteilt hat, nicht mehr da ist, resultiert eine weitere Frage, die in allen Kulturen und Epochen gestellt wurde: Gibt es eine die Bindung an den Körper und den Strom der Zeit überschreitende Dimension, an der der endliche Geist partizipiert? Gibt es Geist, wie mystische Traditionen weltweit ebenso wie Vertreter der Nahtodforschung argumentieren, auch unabhängig von körperlich-leiblichen Bindungen? Oder ist er so mit leiblich-körperlichen Prozessen verflochten, dass deren Tod auch den des Geistes beinhaltet? Dann blieben nur zeitlich begrenzte Erinnerungen anderer Menschen und einige Spuren im Strom der Geschichte.

6 Abschluss

Werden und Vergehen finden sich überall in der Natur. Sie sind die Grundlage für das Entstehen neuer und komplexerer Formen. Sterblichkeit dagegen ist ein Merkmal von Wesen, die einen Stoffwechsel und ein wie auch immer rudimentäres Gespür für ihr Befinden haben. Erst eine anthropozentrische Verengung der Perspektive verstellt den Blick darauf, „daß wir das Los der Sterblichkeit mit unseren Mitgeschöpfen teilen, daß alles Leben sterblich ist, daß in der Tat Tod und Leben gebietsgleich sind.“[30] Auch ungeachtet aller Erfolge bei den Versuchen, die biologische Konstitution des Menschen so zu modifizieren, dass der Tod möglichst lange hinausgeschoben wird, bleibt das Leben verletzlich: Unfälle, Naturkatastrophen, Verbrechen und andere Unwägbarkeiten lassen sich nicht vollständig verhindern. Insofern bleibt der Tod ein Signum der Endlichkeit. Doch indem er als Grenzerfahrung für Wesen, die sich ihrer selbst bewusst sind, eine existentielle Dimension gewinnt, bietet er im Sinne des *memento mori* trotz allen Leids die Chance zu einem vertieften, bewussteren Leben.

30 Jonas, *Last und Segen der Sterblichkeit*, 81.

Oliver Krüger

„Tod, wo ist Dein Stachel?“ Unsterblichkeitsutopien des Post- und Transhumanismus

Observed progress is mainly technical, whereas believed progress is mainly spiritual.[1]
John Baillie

1 Medien, Unsterblichkeit und die Geschichte der Zukunft

Als die Menschheit aus dem Dunkel der Vorgeschichte trat, legt schon die erste große Erzählung Zeugnis von der Suche nach dem ewigen Leben ab. Das sumerische Gilgamesch-Epos berichtet ca. 2000 vor unserer Zeitrechnung von einem heldenhaften König, der sich trotz aller Ruhmestaten am Ende seines Lebens mit der Unausweichlichkeit des nahenden Todes konfrontiert sieht. Er findet auf einer paradiesischen Insel schließlich den Utnapischtim und seine Frau, die von den Göttern mit Unsterblichkeit gesegnet wurden, da sie ihnen stets gehorsam waren und die Schöpfung vor der großen Flut retteten.[2]

Das Motiv eines mythischen Ortes des ewigen Lebens bzw. der Verjüngung erstreckt sich von den Kulturen des Alten Orients bis zur europäischen frühen Neuzeit. Es reicht vom bei Homer beschriebenen Garten der Hesperiden, in dem die Jugend verleihenden Äpfel gedeihen, bis zu den Legenden eines Jungbrunnens, von dem der antike Alexanderroman und auch noch die spanischen Konquistadoren im 16. Jahrhundert berichten.[3] Häufig wird das übermäßig lange Leben in vergangene Zeiten projiziert: Im jüdischen Tanach erreichen die Erzväter der Juden Lebensalter von mehreren Hundert Jahren, bei Hesiod lebt das goldene Menschengeschlecht ohne Krankheit und Alter. Die Hoffnung auf ein ewiges (postmortales) Leben gilt im christlichen Kontext dann jedoch nur den Frommen – alles andere erscheint als Hybris.[4]

1 J. Baillie, *The Belief in Progress*, London 1950, 156.
2 Vgl. S. Maul, *Das Gilgamesch-Epos*, München 2005, 39 f., 147–151.
3 Vgl. G. J. Gruman, *A History of Ideas about the Prolongation of Life. The Evolution of the Prolongevity Hypothesis to 1800*, in: *Transactions of the American Philosophical Society* 56/9 (1966), 24–27.
4 Vgl. Gruman, *History of Ideas*, 9–24.

https://doi.org/10.1515/9783111055602-012

In der Gegenwart treibt der menschliche Traum von der Unsterblichkeit neue Blüten, die jedoch nicht länger ein Geschenk der Götter ist, sondern als Frucht des (erhofften) technologischen Fortschrittes, insbesondere der Computertechnologie, in Erscheinung tritt. Im Falle des so genannten Post- und Transhumanismus werden diese selbst zum Gegenstand einer universalen teleologischen Heilsgeschichte, die nicht weniger als die Unsterblichkeit, Allwissenheit und die Kolonisierung des gesamten Universums in Aussicht stellt. Daher versteht sich die Analyse des Post- und Transhumanismus als Ideengeschichte, genauer gesagt: als *Geschichte der Zukunft*. Die entsprechenden Entwürfe, die im Falle des Transhumanismus bis in die 1960er Jahre reichen, spiegeln die ideellen Werte, Normen und Interessen ihrer Epoche wider, in der sie erdacht und niedergeschrieben wurden.[5]

Diese von Medienutopien geprägte Geschichte der posthumanen Zukunft reiht sich in die hoffnungsvollen Mediendeutungen seit der Aufklärung ein, die mit den Erfindungen des Telegraphen, des Radios oder sogar mit den Kanälen für Schiffe den Anbruch eines neuen Zeitalters der Freiheit einer verbrüderten Menschheit jenseits aller Stände, Klassen und Nationen verbanden.[6] Sie reichen bis zu den jüngsten Narrativen um die künstliche Intelligenz, die inzwischen weit über den engeren Post- und Transhumanismus den populären und den politischen Diskurs erfasst haben.[7]

Posthumanisten und Transhumanisten positionieren sich eindeutig als materialistische Denker, die der Religion oft kritisch gegenüberstehen (die sie durch technologische Lösungen zu überwinden suchen). In den letzten zehn Jahren hat dies zu einem wachsenden Interesse der christlichen Theologie und Ethik an der Untersuchung der Ziele und Versprechen des Transhumanismus und Posthumanismus geführt, insbesondere im Hinblick auf den technologisch erweiterten Menschen oder die sogar vollständig digitalisierte Menschheit der Zukunft.[8] Obwohl es unangemessen wäre, den Posthumanismus als eine Art von Religion zu kategorisieren, wollen wir unter einer relationalen Perspektive untersuchen, was Posthumanisten „mit Religion machen“, d. h. mit bestimmten Ideen, Motiven und Konzepten der

5 Vgl. L. Hölscher, *Die Entdeckung der Zukunft*, Göttingen 2016. Die Medienhermeneutik untersucht dabei diese medienbezogenen Deutungsprozesse, vgl. O. Krüger, *Film und Fernsehen in der Religionsforschung. Ein Beitrag zur Medienhermeneutik*, in: L. Simonis (Hg.), *Religion und Medien. Ansätze zu einem interdisziplinären Forschungsprogramm*, Bielefeld 2019, 83–88.

6 R. Connolly, *The Rise and Persistence of the Technological Community Ideal*, in: C. Werry/M. Mowbray (eds.), *Online Communities. Commerce, Community Action and the Virtual University*, Upper Saddle 2001, 317–364.

7 Vgl. S. Cave/K. Dihal/S. Dillon (eds.), *AI Narratives. A History of Imaginative Thinking about Intelligent Machines*, Oxford 2020.

8 C. Mercer/T. J. Trothen (eds.), *Religion and the Technological Future: An Introduction to Biohacking, Artificial Intelligence, and Transhumanism*, New York 2021; O. Dürr, *Transhumanismus. Traum oder Alptraum?*, Freiburg 2023.

Geschichte, die für das religiöse Denken relevant sind. Aus diesem Grund konzentrieren wir uns – nach einer kurzen Einführung in den Post- und Transhumanismus – in der folgenden Analyse auf die Ideen der technologischen Unsterblichkeit und der so genannten Singularität, denn die Unsterblichkeitsvision und der heilsgeschichtliche Entwurf bedingen sich gegenseitig. Die Abhandlung schließt mit einer an Günther Anders anknüpfenden, philosophischen Einordnung des Posthumanismus.

2 Posthumanismus und Transhumanismus

Angesichts des inzwischen inflationär gebrauchten Sammelbegriffes des Transhumanismus ist es notwendig, zwischen dem technologischen Posthumanismus und dem Transhumanismus zu unterscheiden.[9] Der Transhumanismus entstand bereits in den 1960er Jahren in Kalifornien und wurde maßgeblich von dem Futuristen Fereidoun M. Esfandiary (FM-2030), dem Pionier der psychedelischen Bewegung, Timothy Leary, und dem Kryonik-Begründer Robert Ettinger geprägt. In den späten 1980er Jahren gingen aus dieser Bewegung die Extropianer um Max More und die 1998 von Nick Bostrom, David Pearce und Anders Sandberg gegründete *World Transhumanist Association* (heute: *Humanity* +) hervor.

Der englische Begriff *transhuman* hat seinen Ursprung in der Übersetzung von Dantes *Divina Commedia* durch Henry Francis Cary im Jahr 1814. In der entsprechenden Passage im ersten Gesang des Paradiso ist das Verb *trasumanar* bereits bedeutungsvoll mit zwei Konnotationen aufgeladen: der (griechisch-mythologischen) Vergöttlichung und der (christlichen) Gottesschau. Als der Begriff Mitte des 20. Jahrhunderts im Englischen schon größere Verbreitung fand, formte der kanadische Philosoph William Douw Lighthall 1940 hieraus den *transhumanism*, um den evolutiven Aufstieg des Menschen zu charakterisieren. Allerdings berufen sich Transhumanisten in ihrer emischen Historiographie – im Sinne einer nach Hobsbawm *invented tradition* – vor allem auf den Biologen Julian Huxley, der den Begriff *transhumanism* in den 1950ern prägte.[10]

Im Gegensatz zum Transhumanismus vereinigt der technologische Posthumanismus eine Reihe von Autoren, die seit Mitte der 1980er Jahre den vollständigen Ersatz

9 Von diesen beiden Richtungen ist der philosophische oder kritische Posthumanismus zu scheiden. Philosophinnen wie Donna Haraway, Karen Barad u. a. formulieren hier eine Kritik des euro- und androzentrischen Humanismus. Vgl. J. Loh, *Trans- und Posthumanismus zur Einführung*, Hamburg 2019, 80–109.

10 Vgl. O. Krüger, *Virtualität und Unsterblichkeit, Gott, Evolution und die Singularität im Post- und Transhumanismus*, Freiburg 2019, 79–83.

des Menschen durch künstliche Intelligenzen propagieren. Seine vier wichtigsten Vertreter, Hans Moravec, Frank Tipler, Marvin Minsky und Ray Kurzweil, argumentieren auf der Grundlage der kybernetischen Theorie. Vor den 2000er Jahren nahmen diese Autoren in keiner Weise Bezug auf die transhumanistische Bewegung und ihre Themen.

Das zweite Argument für eine Unterscheidung zwischen dem Posthumanismus und dem Transhumanismus beruht auf den unterschiedlichen inhaltlichen Schwerpunkten. Der Begriff des Transhumanismus umfasst äußerst heterogene Ideen und Praktiken zur Lebensverlängerung und der Steigerung der geistigen und körperlichen Leistungsfähigkeit, etwa durch *Smart Drugs*, Diäten, Bodybuilding, Prothesentechnik, (erhoffte) Gentechnik, während diese Anwendungen in posthumanistischen Schriften nur selten erwähnt werden. Im Transhumanismus geht es um die Entwicklung des Menschen und darum, was aus dem Menschen mit Hilfe technologischer Verbesserungen und Erweiterungen wird, während im Posthumanismus Roboter, Computer und künstliche Intelligenzen die zukünftigen Subjekte von Evolution und Fortschritt sind.

Der Robotiker Hans Moravec (*1948) war der erste Autor, der diese Vision einer postbiologischen Zukunft der Menschheit in seinem Werk *Mind Children: The Future of Robot and Human Intelligence* (1988) ausformulierte:

> Engaged for billions of years in a relentless, spiraling arms race with one another, our genes have finally outsmarted themselves. [...] What awaits us is not oblivion but rather a future which, from our present vantage point, is best described by the words 'postbiological' or even 'supernatural'.[11]

Moravecs herausragende Bedeutung für die posthumanistische Philosophie ergibt sich vor allem aus der Tatsache, dass er nicht als *Science-Fiction* Autor, sondern als wissenschaftlicher Visionär den technischen Ablauf der technologischen Immortalisierung in präziser Weise als Scanvorgang des Gehirns beschreibt. So entwickelt er seine Vision des Menschen als virtuelle Simulation im Speicher eines Computers, der ihm eine unendliche Existenz sichert, während die biologische Menschheit langsam aussterben werde.[12]

Der IT-Unternehmer Ray Kurzweil (*1948), der heute sicherlich als prominentester Posthumanist gilt, führt noch konkretere und radikalere Perspektiven ein. Er geht davon aus, dass Menschen und Maschinen in den kommenden Dekaden immer stärker miteinander verschmolzen sein werden und die Menschheit damit ihre biologische Natur überwinden könne. In seinem Werk *The Singularity Is*

11 H. Moravec, *Mind Children. The Future of Robot and Human Intelligence*, Cambridge 1988, 1.
12 Vgl. Moravec, *Mind Children*, 108 f.

Near: When Humans Transcend Biology von 2005 wird der heilsgeschichtliche Gipfelpunkt mit dem Erscheinen einer überragenden künstlichen Intelligenz verknüpft, die in wenigen Jahrzehnten alle Probleme der Menschheit (incl. der Sterblichkeit) lösen werde.

Die Position des Physikers Frank J. Tipler (*1947) unterscheidet sich in vielerlei Hinsicht von der anderer Posthumanisten – sei es durch seine Betonung der Kosmologie, durch seine euphorischen Bilder vom virtuellen Paradies oder durch seinen wissenschaftlichen Inklusivismus, der die Religion nicht überwinden, sondern in die Physik (re-)integrieren will. In seinem 1994 erschienenen Buch *The Physics of Immortality. Modern Cosmology, God and the Resurection of the Dead* verkündet er, dass die einzige Überlebenschance für den Menschen, wenn die Sonne in vielen Milliarden Jahren ihren gesamten Brennstoff verbrannt haben wird, eine virtuelle Existenz in gigantischen Computern sei. Das Ziel aller kosmologischen Entwicklungen bestimmt Tipler dabei als den Punkt Omega, den er mit Gott identifiziert. Was alle posthumanistischen Autoren eint, ist die Aussicht auf einen zukünftigen virtuellen Lebensraum für unsterbliche Menschen, der ein Nebeneffekt des autonomen Fortschritts von künstlich intelligenten, posthumanen Wesen ist.

3 Die Idee der technologischen Unsterblichkeit

Kulturell und historisch gesehen ist das wissenschaftliche Ziel der Überwindung des Todes ein Kind der Aufklärung und knüpft nahtlos an die Bemühungen um Lebensverlängerung an. Die schon in der Antike vorgeschlagenen Mittel wurden später von den mittelalterlichen Alchemisten, den Denkern des Humanismus (z. B. Luigi Cornaro, Francis Bacon) und der Aufklärung (z. B. Condorcet, William Godwin, Christoph Wilhelm Hufeland) systematisiert und experimentell erprobt. Für christliche Philosophen wie Cornaro, Bacon und Hufeland bedeutete dies sogar, dass sich das Streben nach einem langen und erfüllten Leben an den alttestamentlichen Patriarchen orientieren solle und damit im Einklang mit den göttlichen Geboten stehe.[13] Im ausgehenden 19. Jahrhundert fügt sich dieses Streben nach der Lebensverlängerung nun in den von Vertretern aller Gesellschaftsschichten geteilten Fortschrittsoptimismus, der sich z. B. in sozialistischen Utopien wie dem russischen Kosmismus oder der rassistischen Eugenik widerspiegelt.[14]

13 Vgl. Krüger, *Virtualität*, 297–306.
14 Vgl. A. Bernstein, *The Future of Immortality. Remaking Life and Death in Contemporary Russia*, Princeton 2019, 20–60.

Eine entscheidende Rolle spielte in diesem Zusammenhang die Literaturgattung der *Science-Fiction*, in der grundlegende Ideen eines künftigen Menschen von herausragenden Autoren wie Herbert George (H. G.) Wells und Jules Verne entworfen und kritisch reflektiert wurden. Sehr deutlich knüpft nämlich der posthumane Traum von der Unsterblichkeit an diese lange literarische Tradition an, die sich seit mehr als zwei Jahrhunderten meist kritisch mit der „wissenschaftlichen" Verwirklichung der menschlichen Unsterblichkeit auseinandersetzt.[15] So endet noch die erste medientechnische Fiktion einer Wiedererweckung in Jules Vernes Roman *Das Karpatenschloß* von 1892 in einer Tragödie. Ein halbes Jahrhundert später folgen literarische Fantasien, in denen die Unsterblichkeit direkt mit Computern in Verbindung gebracht wird – vier Autoren entwarfen zeitgleich die Idee, eine simulierte Person im Speicher eines Computers unsterblich werden zu lassen: Arthur C. Clarke in *The City and the Stars* (1956), Stanisław Lem in *Dialoge* (1957) sowie Arkady und Boris Strugatsky in ihrer Kurzgeschichte *Kerzen vor dem Schaltpult* (1961). In der Folge wurde die Idee einer kybernetischen Unsterblichkeit in zahlreichen Filmen und Fernsehserien aufgegriffen: zuerst in der *Star Trek* Episode „What Are Little Girls Made Of?" von 1966 und jüngst in der Netflix-Serie *Altered Carbon* (seit 2018).

Es ist kein Zufall, dass die technikzentrierten Fiktionen von Lem, Clarke und den Strugatsky in eine Epoche fallen, in der alle eugenischen Ansätze zur Erneuerung der Menschheit durch die unheilvollen Erfahrungen mit dem Nationalsozialismus diskreditiert waren. Sie basierten nun auf einem körperlosen – und damit moralisch unverdächtigen – Verständnis des Menschen als reinem Informationsmuster, das die junge Wissenschaft der Kybernetik vor allem unter Einfluß von Norbert Wiener hervorgebracht hatte.[16] 1971 formulierte der amerikanische Pathologe George M. Martin dann zum ersten Mal in einem nicht-fiktionalen Rahmen die konkrete Idee, die Persönlichkeit eines lebenden Menschen in einen Computer zu übertragen.[17] Im selben Jahr behandelte der *IBM*-Angestellte Dick Fredericksen in seinem Newsletter *A Word in Edgewise* die gleiche Frage, die schließlich den jungen Robotikstudenten Hans Moravec inspirierte, nun seinerseits Essays zu veröffentlichen, die die Zukunft der Evolution und künstlichen Intelligenz behandelten.[18] Erstmals in seinem Artikel *Today's Computers, Intelligent Machines and Our Future*, der

15 Vgl. C. B. Yoke, *List of Works on Immortality in Science Fiction*, in: C. B. Yoke/D. Hassler (eds.), *Death and the Serpent. Immortality in Science Fiction and Fantasy*, Westport 1985, 209–222.

16 Vgl. Krüger, *Virtualität*, 183–201.

17 Vgl. G. M. Martin, *Brief proposal on immortality: an interim solution*, in: *Perspectives in Biology and Medicine* 14/2 (1971), 339.

18 Vgl. Moravec, *Mind Children*, 203.

im Februar 1979 in dem *Science-Fiction* Magazin *analog* erschien, schildert Moravec die chirurgische Prozedur der Geisttransplantation:

> Though you have not lost consciousness, or even your train of thought, your mind has been removed from the brain and transferred to the machine. A final step is the disconnection of your old sensory and motor system, to be replaced by higher quality ones in your new home. This last part is no different than the installation of functioning artificial arms, legs, pacemakers, kidneys, ears and hearts and eyes being done or contemplated now.[19]

Diese Art technologischer Seelenwanderung basiert auf der kybernetischen Annahme, dass die menschliche Persönlichkeit nichts anderes als ein spezifisches Muster von Information sei und daher die *hardware* des Körpers beliebig ersetzt werden könne.[20] Tipler bringt dieses Verständnis auf den Punkt:

> I therefore regard a human being as nothing but a particular type of machine, the human brain as nothing but an information processing device, the human soul as nothing but a program being run on a computer called the brain.[21]

Soziale, ökonomische und politische Probleme einer virtuellen Existenz, die ja ausführlich in SF-Romanen und -Filmen thematisiert werden, werden dabei im posthumanistischen Diskurs völlig ausgeblendet.[22]

Als „Brückentechnologie“ bis zur Verfügbarkeit dieser technologischen Immortalisierung dient vielen Transhumanisten die von Robert Ettinger in den 1960ern begründete Kryonik, die das Einfrieren der Verstorbenen in flüssigem Stickstoff mit der Aussicht auf eine spätere Wiederbelebung verspricht. Bis heute gibt es weltweit noch drei Kryonik-Anbieter, die insgesamt etwa 450 vollständige Leichname, Köpfe bzw. Gehirne in den Vereinigten Staaten und Russland tiefgekühlt haben.[23]

---

19 H. Moravec, *Today's Computers, Intelligent Machines and Our Future*, in: *analog. Science Fiction/Science Fact* 99 (February 1979), 80.

20 Vgl. Krüger, *Virtualität*, 183–201; N. K. Hayles, *How We Became Posthuman. Virtual Bodies in Cybernetics, Literature and Informatics*, Chicago 1999, 58–96.

21 Tipler, *Physics of Immortality*, XI.

22 Vgl. Krüger, *Virtualität*, 351–355.

23 Vgl. A. Bernstein, *The Future of Immortality. Remaking Life and Death in Contemporary Russia*, Princeton 2019, 41–48; O. Krüger, *The Suspension of Death. The Cryonic Utopia in the Context of the U.S. Funeral Culture*, in: *Marburg Journal of Religion* 15 (2010), 1–19.

4 Die posthumanistische Heilsgeschichte: Gott, Omega und die Singularität

Die Vorstellung, dass mit der Verwirklichung einer künstlichen Intelligenz ein neues posthumanes Zeitalter anbricht, wurde vor allem durch Kurzweils bereits erwähntes Buch *The Singularity Is Near* (2005) popularisiert und durch die Gründung der *Singularity University* im Jahr 2008 sowie eine breite Rezeption dieser Ideen z. B. in Yuval Hararis Buch *Homo Deus* weiter befördert.[24] Der zentrale Begriff der Singularität ist eigentlich in so unterschiedlichen Disziplinen wie der Systemtheorie, der Geometrie, der Festkörperphysik und vor allem der Kosmologie präsent: Stephen Hawking und Roger Penrose verstanden darunter die besonderen Bedingungen von Raum und Zeit, wie sie beispielsweise im Zentrum schwarzer Löcher oder beim Urknall vorherrschen.[25]

Post- und Transhumanisten identifizieren nun den Mathematiker und Kybernetiker John von Neumann im Jahr 1958 als Urheber des Konzepts einer „technologischen Singularität", die eine grundlegende Umwälzung der menschlichen Zivilisation bedeuten würde.[26] Ein Vierteljahrhundert nach von Neumann schlug der amerikanische Mathematiker und *Science-Fiction* Autor Vernor Vinge dann explizit die Brücke zwischen dem kosmologischen und ebendiesem technologischen Singularitätsbegriff:

> We will soon create intelligences greater than our own. When this happens, human history will have reached a kind of singularity, an intellectual transition as impenetrable as the knotted space-time at the center of a black hole, and the world will pass far beyond our understanding.[27]

Kurzweil greift diese Ideen später auf und verbindet die technische Prophetie mit einer spirituellen Philosophie, die Elemente des Christentums und des *New-Age* rezipiert. Er identifiziert fünf Stufen in der Evolutionsgeschichte, die zur Verwirklichung der Singularität führen: (1) Materie, (2) Leben, (3) Geist, (4) Technologie und (5) die Verschmelzung von menschlicher und maschineller Intelligenz. In einer künftigen, sechsten Phase werde die übermenschliche Intelligenz beginnen, das gesamte Universum zu kolonisieren.[28] Wenn auch Kurzweil selbst den Ur-

---

24 Vgl. Kurzweil, *Singularity*; Y. N. Harari, *Homo Deus. Eine Geschichte von Morgen*, München [2]2017, 475–495, 536.

25 S. Hawking/R. Penrose, *The Singularities of Gravitational Collapse and Cosmology*, in: *Proceedings of the Royal Society* 314 (1970), 529–548.

26 Vgl. Krüger, *Virtualität*, 273–275.

27 V. Vinge, *First Word*, in: *Omni* (January 1983), 10.

28 Kurzweil, *Singularity*, 14–111.

sprung seines Entwicklungsmodells nicht offen legt, entsprechen die ersten drei Stufen und die letzte der teleologischen Evolutionslehre des jesuitischen Philosophen und Paläontologen Teilhard de Chardin, die von der Kosmogenese (Materie) über die Biogenese (Leben) und die Noogenese (Geist) zur endgültigen Konvergenz allen Lebens im göttlichen Punkt Omega führen.[29]

Die Singularität, die für Kurzweil gleich dem Urknall eine Neuschöpfung des gesamten Kosmos darstellt, markiert den absoluten Höhepunkt dieser technologischen Prophetie. Kurzweil selbst definiert dieses Konzept nur kurz: „It's a future period during which the pace of technological change will be so rapid, its impact so deep, that human life will be irreversibly transformed."[30] Eine genauere Beschreibung sei für den Menschen nicht möglich: „So how do we contemplate the Singularity? As with the sun, it's hard to look at directly; it's better to squint at it out of the corner of our eyes."[31] Dieses Sonnengleichnis stammt ursprünglich vom mittelalterlichen Mystiker Anselm von Canterbury und veranschaulicht die Unbeschreiblichkeit Gottes.[32]

Die prophetische Bedeutung seiner Aussagen unterstreicht Kurzweil mit der genauen Datierung der Singularität auf das Jahr 2045. Während die Kriterien für die Realisierung der Singularität eher vage bleiben, sind die versprochenen Aussichten grenzenlos. Der Futurist kündigt an, dass Allwissenheit, Omnipräsenz (mittels Avataren), unbegrenzte spirituelle wie sexuelle Erfahrungen (mit virtuellen Körpern) und die menschliche Unsterblichkeit sowie „alle in den Harry-Potter-Romanen beschriebenen Zaubereien" bald verfügbar sein werden.[33]

Im Gegensatz zu anderen Posthumanisten interpretiert Frank Tipler die technologische Singularität nur als ein kleines Ereignis innerhalb der menschlichen Geschichte, das durch die unvermeidliche Bewegung in Richtung der kosmischen Singularität verursacht werde.[34] Gemeinsam mit dem Astrophysiker John D. Barrow überführte er das Konzept der kosmologischen Singularitäten in ihrem Werk *The Anthropic Cosmological Principle* (1986) in philosophische Überlegungen, die die Fragen des Lebens und des Stellung des Menschen im Universum umfassen. Ihre Reflektionen über die anfängliche und die finale Singularität des Universums werden

29 P. Teilhard de Chardin, *Der Mensch im Kosmos*, München [3]1959.

30 Kurzweil, *Singularity*, 7.

31 Kurzweil, *Singularity*, 371.

32 Vgl. D. Proudfoot, *Software Immortals: Science or Faith?* in: A. H. Eden et al. (eds.), *Singularity Hypothesis. A Scientific and Philosophical Assessment*, Berlin 2012, 368.

33 Kurzweil, *Singularity*, 4–9, 136.

34 Vgl. F. J. Tipler, *The Laws of Physics Say The Singularity is Inevitable!* in: *SingularityWeblog*, 29.10.2013, online unter: https://www.singularityweblog.com/frank-j-tipler-the-singularity-is-inevitable/ (Zugriff am 09.06.2023).

durch das so genannte anthropische Prinzip geleitet, das der Menschheit eine besondere Rolle in der kosmischen Geschichte zuschreibt. Hier erkennen Barrow und Tipler Analogien zu den Arbeiten von Teilhard de Chardin und setzen die finale Singularität mit dem göttlichen Omega-Punkt gleich.[35] In seiner *Physics of Immortality* (1995) baut Tipler auf diesen Überlegungen auf und bettet die kosmologischen Singularitäten in eine teleologische Heilsgeschichte ein, in der Gott den Ursprung und das Ziel des Universums markiert. Um diesen eschatologischen Gott zu verwirklichen, müsse das gesamte Universum in denkende Materie verwandelt werden – in eine Art kosmischen Computer. Da laut Tipler die Menschheit die einzige intelligente Lebensform im Universum ist (was er mathematisch zu beweisen vorgibt), kommt ihr allein diese heilsgeschichtliche Rolle zu und so müsse von der Erde aus der gesamte Kosmos kolonisiert werden. In dem Moment, in dem dieser finale Gott-Omega verwirklicht ist, werden alle Toten auferweckt und als Computersimulationen ewig leben:[36] „The Omega Point is truly the God of Hope: ‚O death, where is thy sting? O grave, where is thy victory?' (I Corinthians 15:55)."[37]

5 Das Entanglement von Religion, Wissenschaft und Technologie

Es steht außer Frage, dass das zeitliche Moment der Singularität durch die christliche Eschatologie beeinflusst ist und auch die Überwindung von Alter, Krankheit und Tod der christlichen Heilserwartung entsprechen. In der christlichen und jüdischen Tradition hängt das Heil jedoch von Gottes Urteil über das moralische Verhalten des Einzelnen ab und ist nur für diejenigen verfügbar, die sich dafür qualifizieren. Nach Ansicht aller posthumanistischen Autoren macht die Singularität die Unsterblichkeit aber für jeden lebenden Menschen verfügbar und Tipler zufolge sogar für alle Verstorbenen. Diese Vorstellung einer universellen Erlösung für alle Menschen ungeachtet ihrer Taten findet sich in der religiösen Gegenwart nur bei den Unitariern (*Unitarian Universalists*), just jene Gemeinschaft, die Ray Kurzweil in seiner Jugend prägte.

Alle posthumanistischen Autoren betrachten die Übertragung des menschlichen Geistes in einen Computer lediglich als einen Zwischenschritt auf dem Weg zu einem planetarischen oder sogar kosmischen Bewusstsein.[38] Während die Men-

35 Vgl. J. D. Barrow/F. J. Tipler, *The Anthropic Cosmological Principle*, Oxford 1986, 201–204, 470–471.
36 Tipler, *Physics*, 56–66, 127–140.
37 Tipler, *Physics*, 268.
38 Vgl. Krüger, *Virtualität*, 377–384.

schen als perfekte Simulationen in Computern die Zeitalter überleben werden, sollen Roboter und künstliche Intelligenzen die Herausforderungen der realen Welt meistern. Robotersonden würden dann das Sonnensystem, die Galaxie und schließlich das gesamte Universum kolonisieren und es in eine einzige denkende Einheit verwandeln.[39] Wenn das Ziel der Evolution die Erhaltung des Lebens im Universum ist, wie Tipler argumentiert, dann ist die Vervollkommnung des Menschen und seiner Nachkommen durch die Maximierung des Wissens notwendigerweise ein Teil dieses Plans. Wie Tipler leitet auch Kurzweil daraus die besondere Bedeutung der Erde und die zukünftige Erschaffung des *ultimate computers* ab, den auch er mit der Verwirklichung Gottes gleichsetzt.[40]

Abgesehen von der evidenten, christlich eschatologischen Hoffnung ist die posthumanistische Utopie vor allem von der Annahme deterministischer Fortschrittsgesetze mit dem Anspruch auf Allgemeingültigkeit für die gesamte Menschheitsgeschichte geprägt, die sich auf das aufklärerische Vervollkommnungsstreben zurückführen lässt. Bemerkenswert ist in diesem Zusammenhang, dass sich mit dem Konzept der Singularität eine religiös gefärbte Teleologie in den Post- und Transhumanismus einschleicht, die vor 20 Jahren noch von den meisten Vertretern dieser Bewegung zurückgewiesen wurde. Der Posthumanismus korrespondiert in diesem Punkt mit kulturgeschichtlichen Tendenzen, die sich bereits im 18. Jahrhundert ausformten. Anders als in der französischen Aufklärung stellten Religion und Wissenschaft für die maßgeblichen englischen, schottischen und amerikanischen Denker wie z. B. Joseph Priestley, Edmund Law oder Richard Price keinen Gegensatz dar, sondern man betrachtete sie im Einklang mit der christlichen Heilsgeschichte als komplementäre Kräfte. Äußerst einflussreich war in diesem Rahmen die von William Paley formulierte *Natural Theology* von 1802 oder die so genannte Physikologie, die in den Erscheinungen der Natur die Handschrift eines vernünftigen Gottes zu erkennen suchten.[41] Die Erschließung dieser relationalen Entwicklungsgeschichte zwischen Religion und Wissenschaft über die Spanne der vergangenen zwei Jahrhunderte ermöglicht uns auch ein besseres Verständnis von rezenten Phänomenen wie dem Post- und Transhumanismus – die Reziprozität beider Wissenssphären steht dabei im Zentrum:

---

39 Vgl. H. Moravec, *Robot. Mere Machine to Transcendent Mind*, New York 1999, 87, 164–168; Tipler, *Physics*, 55–65; Kurzweil, *Singularity*, 342–365.

40 Vgl. Tipler, *Physics*, 153 f.; Kurzweil, *Singularity*, 375.

41 Vgl. D. Spadafora, *The Idea of Progress in Eighteenth-Century Britain*, New Haven 1990; Krüger, *Virtualität*, 408–421.

> In a closely related dynamic [...] natural scientists adopted religious and metaphysical claims and integrated these in their work, resulting in a new discursive knot of RELIGION and SCIENCE—often combined with a reverence for nature—that gained much influence in the twentieth century.[42]

6 Die prometheische Scham und die Überwindung der Kränkungen

Wie können wir die beschriebenen Phänomene nun philosophisch einordnen? Den bekannten drei Kränkungen des Menschen durch die Wissenschaft, die seinerzeit Sigmund Freud beschrieben hatte, fügte der Philosoph Johannes Rohbeck eine vierte hinzu. Freud sprach von der kosmologischen Kränkung durch Kopernikus, der biologischen Kränkung durch Darwin und von der psychologischen Kränkung durch die Psychoanalyse, die jeweils das zivilisatorische Selbstbewusstsein des modernen Menschen erschüttern sollten.

> Ich meine, man könnte diesen Kränkungen noch eine vierte hinzufügen: die technologische Kränkung der Menschheit. In ihr erfahren die Menschen, daß sie nicht mehr Herr ihrer eigenen Schöpfungen sind, sondern von den selbst geschaffenen Machwerken beherrscht werden. Wie der Zauberlehrling haben sie etwas hergestellt, das nun eine eigene Dynamik entwickelt.[43]

Rohbeck rekurriert in diesem Zusammenhang auf das von Günther Anders entwickelte Konzept der prometheischen Scham, das dieser in seinem philosophischen Hauptwerk *Die Antiquiertheit des Menschen* von 1956 entfaltet. Anders schildert zunächst, wie der *homo faber* im Prozess zunehmender Industrialisierung und Entfremdung von den Produkten der Arbeit seinen Stolz auf die von ihm nicht mehr persönlich produzierten Geräte verliert. Er illustriert dies am Beispiel der komplexesten Maschine seiner Zeit, der kybernetischen *computing machine*, denn hier zeige sich, wie sich der Mensch gegenüber den Geräten, die ihre Qualität als Geschaffenes eingebüßt haben – also einfach „da“ sind – aufgrund seiner eigenen „Fehlkonstruktion“ unterlegen fühle und Scham über die eigene Minderwertigkeit empfinde.[44]

---

42 K. von Stuckrad, *The Scientification of Religion. An Historical Study of Discursive Change, 1800–2000*, Berlin 2014, 180.

43 J. Rohbeck, *Technologische Urteilskraft. Zu einer Ethik technischen Handelns*, Frankfurt a.M. 1993, 10.

44 Vgl. Anders, *Antiquiertheit*, 32.

> Und wir? Und unser Leib? Nichts von täglichem Wechsel [...] Er ist morphologisch konstant; moralisch gesprochen: unfrei, widerspenstig und stur; aus der Perspektive der Geräte gesehen: konservativ, unprogressiv, antiquiert, unrevidierbar, ein Totgewicht im Aufstieg der Geräte. Kurz: die Subjekte von Freiheit und Unfreiheit sind ausgetauscht. Frei sind die Dinge: unfrei ist der Mensch.[45]

Um sich nicht mit all seiner Inferiorität und Zurückgebliebenheit abfinden und die „Sturheit des Leibes" akzeptieren zu müssen, begebe sich der Mensch auf den Pfad des *Human Engineering* und wechsele damit in das Reich des Hybriden und Artifiziellen hinüber:

> Absicht der Experimente ist es, die Physis, die (außer für Magie und Medizin) stets als „fatum" gegolten hatte, einer Metamorphose zu unterwerfen; sie ihrer Fatalität zu „entkleiden" – und das bedeutet zugleich [...], ihr alles Fatale, alles Beschämende zu nehmen.[46]

Der einzelne Mensch sieht sich mit der quasi unsterblichen Serienexistenz der industriell gefertigten Produkte und ihren Modellen konfrontiert: „Ist es nicht ‚ewig' geworden durch seine Ersetzbarkeit, also durch die Reproduktionstechnik? Tod, wo ist dein Stachel?"[47] Dieser zweiten Inferiorität versucht der Mensch nun durch die von Anders bezeichnete „Ikonomanie" zu entgehen, indem er sich in Fotos, Filmen, „Fernsehphantomen" und Plakaten vervielfacht und damit medial unsterblich macht.[48] Jan Assmann mit Blick auf die Erfindung der Schrift im Alten Ägypten und Roland Barthes mit seinem Fokus auf die Entstehung der Photographie entwickelten ähnliche Ansätze, die schon früheste „Medientechniken" als Kulturpraktiken zur Überwindung des Todes begreifen.[49]

Führen wir Anders' Technikdeutung mit den vorhergehenden Analysen des Posthumanismus zusammen, so zeigt sich, wie diese universale Zukunftsutopie verspricht, alle vier Kränkungen des modernen Menschen „heilen" zu können:

1. Gestützt auf das anthropische Prinzip steht das irdische Leben nicht nur im bedeutungsvollen Zentrum des Weltalls (wie einst in der christlichen Kosmologie), sondern es hat eine Mission zu erfüllen, die nichts Geringeres als die Rettung des gesamten Universums vor dem finalen Wärmetod umfasst.

---

45 Anders, *Antiquiertheit*, 33.

46 Anders, *Antiquiertheit*, 38.

47 Anders, *Antiquiertheit*, 51.

48 Vgl. Anders, *Antiquiertheit*, 57 sowie 50–64.

49 Vgl. J. Assmann, *Schrift, Tod und Identität. Das Grab als Vorschule der Literatur im alten Ägypten*, in: A. Assmann/J. Assmann/C. Hardmeier (Hg.), *Schrift und Gedächtnis. Beiträge zur Archäologie der literarischen Kommunikation*, München 1993, 64–66; R. Barthes, *Die helle Kammer. Bemerkungen zur Photographie*, Frankfurt a.M. 1985, 95–99, 126–130.

2. Die biologische Kränkung ist durch die Rolle der Menschheit als Hervorbringer der künstlichen Intelligenz und der Singularität behoben, zumal die Essenz des Menschen – sein denkender Geist – mit diesen posthumanen Wesenheiten verschmelzen wird. Das unheilvolle biologische Dasein wird damit überwunden.
3. Die psychische und die technologische Kränkung werden mit der Vision einer totalen Beherrschung menschlicher Geisteskräfte (durch ihre Computerisierung) und der unendlichen Steigerung ihrer Leistungen in der Verschmelzung mit der Superintelligenz entkräftet.

Die Technik degradiert den Menschen in diesen posthumanistischen Visionen nicht länger, sie verhilft ihm zur Verwirklichung eines transzendenten Übermenschentums in totaler Kontrolle. Damit entpuppt sich der technologische Posthumanismus als ein Paradoxon – die Utopie von der Überwindung des Menschen bleibt dem letztlich anthropozentrischen Vervollkommnungsstreben verhaftet. Freilich hat diese Teilhabe an der Perfektion ihren Preis und die Soziologin Barbara Ossege weiß genau, wo der Stachel bei den Posthumanisten sitzt: „Letztendlich ist der Stachel des Todes der Körper selbst[...] Das Leben ist eine sexuell übertragbare Krankheit, die sich bisher in 100 Prozent der Fälle als tödlich erweist.“[50]

Von den vielen gnostisch oder platonisch inspirierten Versuchen einer Überwindung des Körpers in der europäischen Geistes- und Religionsgeschichte unterscheidet sich der Posthumanismus jedoch durch eine anders gelagerte Bewertung des Körpers. Körperlichkeit wird nicht per se verurteilt, sondern der konkrete biologische Körper ist durch seine Endlichkeit und seine begrenzten Fähigkeiten im Vergleich zu – meist bloß imaginierten – Robotern und künstlichen Intelligenzen nicht effizient genug, um vor allem die geschilderten, kosmischen Rettungsphantasien umzusetzen. Unter dieser rein technozentrischen Perspektive ist der Mensch tatsächlich obsolet – das erkannte schon Günther Anders vor mehr als einem halben Jahrhundert, für den das *Human Engineering* nichts anderes darstellte als die „Initiationsriten des Robotzeitalters“, mit denen die Menschheit „ihre Kindheit hinter sich lassen“ werde.[51]

---

50 B. Ossege, *Tod, wo ist dein Stachel? Zur Herstellbarkeit von Leben und Tod*, in: J. Riegler/C. Lammer/M. Stecher (Hg.), *Puppe. Monster. Tod. Kulturelle Transformationsprozesse der Bio- und Informationstechnologien*, Wien 1999, 179.
51 Anders, *Antiquiertheit*, 41.

Teil II: **Religiös-kulturelle Deutungen**

Günter Stemberger

Tod und Sterben im rabbinischen Judentum

Das Judentum hat sich, wie jede religiöse Tradition, vielfältig, sowohl mit rechtlich-praktischen Normen wie auch in theoretischer Beschäftigung, mit Sterben und Tod befasst. Das gilt auch für das rabbinische Judentum, dessen Normen und Traditionen weithin für die weitere Entwicklung bis in die Gegenwart die Richtung weisen. Bevor wir jedoch darauf näher eingehen, seien kurz eine allgemeine Frage – woher kommt der Tod? – wie auch die Vorgeschichte in der Literatur des Zweiten Tempels skizziert.

Woher kommt der Tod? Meist sieht man diese Frage biblisch im Sündenfall der Urmenschen beantwortet, als dessen Folge alle sterben müssen. Doch ist schon Gen 3,19 nicht so eindeutig, auch wenn Weish 2,23 f. dies so versteht: „Denn Gott hat den Menschen zur Unvergänglichkeit erschaffen [...] Doch durch den Neid des Teufels kam der Tod in die Welt, und ihn erfahren alle, die ihm angehören". Ähnlich heißt es in äthHen 69,11, dass der Tod die Menschen nicht berührt hätte, wäre nicht von Adam ein unheilvolles Wissen ausgegangen. Oder, wie IV Esr 7,118 Adam vorwirft: „Adam, was hast du getan? Du hast gesündigt, doch war dein Fall nicht deiner allein, sondern auch unserer, die wir deine Nachkommen sind". Als die Stammeltern sündigten, wurde der Tod über alle Menschen verhängt (LibAnt 13,8). Dagegen gibt es schon in der Bibel auch die Auffassung, dass der Tod zur Natur des Menschen gehört, der aus dem Staub der Erde erschaffen wurde (Gen 2,7). Mensch wie Tier „sind aus Staub entstanden, beide kehren zum Staub zurück" (Koh 3,20; vgl. Sir 17,1–2).[1] Rabbinisch sei hier nur die Auslegung von Gen 1,31 genannt, wonach Gott alles sah, was er gemacht hatte, „und siehe, es war sehr gut" (*we-hinne tov me'od*). R. Meir liest dies „und siehe, der Tod war gut" (Wortspiel von *mot* und *me'od*: BerR 9,5).

Wesentliche Neuerungen in der Zeit des Zweiten Tempels gegenüber der biblischen Tradition sind eine immer häufigere dualistische Anthropologie, wonach der Mensch aus Leib und Seele besteht und die Seele sich im Tod vom Körper löst, sowie die Erwartung eines Fortlebens im Jenseits als unsterbliche Seele oder auch der Wiederkehr in den Körper in der Auferstehung. Besonders explizit sind dazu Texte vom Ende dieser Epoche. IV Esr 7,75 sieht den Tod als Rückgabe der Seele (*redditio animae*), als Trennung der Seele vom „verderblichen Gefäß" (7,88:

---

1 Für Details und weitere Belege siehe W. Horst, *Formed from the Earth: Adam and Created Mortality in Second Temple Literature*, in: *JQR* 112 (2022), 645–669.

https://doi.org/10.1515/9783111055602-013

a vaso corruptibili); sie wird in himmlischen Kammern aufbewahrt, während die Seelen der Frevler umherirren müssen (7,80.85); Pseudo-Philo spricht von „dunklen Schatzkammern" (*thesauri tenebrosi*) für die Seelen der Sünder (LibAnt 15,5). Die Auferstehung ist dann die erneute Vereinigung von Leib und Seele (deutlich IV Esr 7,32). Ähnlich schreibt Josephus Flavius: „Alle haben sterbliche Körper und sind aus vergänglicher Materie gebildet; die Seele aber ist unsterblich und wohnt als Teil Gottes in den Körpern". Nach dem Tod erhält sie einen Platz im Himmel, bis sie erneut in einen Körper einzieht. Selbstmörder dagegen werden in den dunkelsten Hades verbannt (Bell 3,372–375).

1 Sterben in der rabbinischen Tradition

Der Tod ist für die Rabbinen nicht einfach der Abschluss des Lebens, sondern schon während des Lebens ständig präsent. Der Schlaf gilt als Sechzigstel des Todes (bBer 57b); in ihm verlässt die Seele den Leib und kehrt beim Erwachen zurück (BerR 14,9). Vor dem Einschlafen betet man, Gott möge die Augen erleuchten, „damit ich nicht den Schlaf des Todes schlafe". Und beim Erwachen betet man:

> Mein Gott, die Seele, die du mir gabst, ist rein. Du hast sie geformt, du hast sie mir eingeblasen, du bewahrst sie in mir, du wirst sie eines Tages von mir nehmen und mir eines Tages wiedergeben. Solange die Seele in mir ist, preise ich dich, Herr, der den toten Körpern die Seelen wiederbringt (bBer 60b).[2]

Zwar betrachten viele rabbinische Texte den Tod entsprechend biblischer Anthropologie als ein den Menschen ganzheitlich betreffendes Geschehen, doch herrscht die Vorstellung vor, dass im Sterben die Seele den Menschen verlässt; das Sterben ist das „Ausgehen der Seele" (mShab 23,5). Dieses kann äußerst unterschiedlich sein:

> Die härteste Form ist Keuchhusten, die leichteste Form der Kuss. Keuchhusten ist wie ein Dorn in einem Wollknäuel, den man rückwärts herauszieht. Manche sagen: Es ist wie ein Seil, das man durch Ösen zieht. Tod durch einen Kuss ist wie ein Haar, das man aus Milch herauszieht (bBer 8a).

Während man allgemein glaubt, dass der Todesengel die Seele des Sterbenden holt, hat er über einzelne keine Gewalt, was am breitesten am Beispiel des Todes Moses ausgemalt wird (SifBam 305). Von Mose und Aaron heißt es, dass sie „am

---

2 Wie oft bei Gebetstexten variieren auch hier die Textzeugen, besonders in der Anrede Gottes, deutlich, haben jedoch den hier zitierten Schluss gemeinsam.

Mund" Gottes starben (Num 33,38; Dtn 34,5).[3] Nur von Miriam ist das nicht gesagt, da dies bei einer Frau nicht ziemlich wäre. Dennoch starben alle drei durch einen Kuss Gottes (bBB 17a).[4]

Stirbt jemand unvorhergesehen, gilt dies als negativ, da man so seine Angelegenheiten nicht regeln kann; stirbt jemand vorzeitig (oft als vor dem 50. oder 60. Lebensjahr verstanden) und ohne Nachkommen, wird dies oft als „Tod durch die Hand Gottes" verstanden (mSan 9,6; 11,5; bMQ 28a). Tod nach einigen Tagen Krankheit ist positiv, besonders wenn es Tod durch Darmkrankheit ist, den man willig annimmt, da er die Sünden des Sterbenden sühnt; nach anderen sterben solche Leute auch, während sie sich unterhalten, d. h. ohne zusätzliche Schmerzen oder Krankheiten, auch wenn man dann keine Vorkehrungen für das Begräbnis treffen kann (bEr 41b). R. Jose wünscht sich sogar, an einer Darmkrankheit zu sterben, da die Mehrheit der Gerechten daran sterben (bShab 118b). R. Jochanan ben Zakkai wird eine ganze Liste von Zeichen zugeschrieben, die für den Sterbenden ein gutes oder böses Zeichen sind: Gut ist es, wenn jemand bei klarem Verstand stirbt oder während er redet, sich freut oder lacht, wenn einer am Sabbateingang oder am Ausgang des Versöhnungstages stirbt, negativ dagegen jeweils das Gegenteil (ARN A25, Schechter 40b).

Wie schon bei Josephus ist auch für die Rabbinen Selbstmord absolut tabu. Schon jedes Tun, das den eigenen Tod beschleunigt, ist abzulehnen, wie man von Chanina ben Teradion ableitet: Noch auf dem Scheiterhaufen weigert er sich, selbst dazu beizutragen, dass er schneller stirbt. Seine Schüler raten ihm, seinen Mund zu öffnen und das Feuer einzulassen, um schnell zu sterben; doch er antwortet: „Besser ist, dass (das Leben) nimmt, der es gegeben hat, nicht aber beschädige man sich selbst" (bAZ 18a). Sobald ihm aber der Henker anbietet, die nasse Wolle um seine Brust, die den Tod hinausziehen soll, wegzunehmen und das Feuer anzufachen, nimmt er es an. Es ist niemandem erlaubt, sich selbst zu verletzen, umso weniger sich selbst zu töten: „Gewiss werde ich Rechenschaft für euer Blut, für euer Leben, fordern" (Gen 9,5). R. Eleazar sagt: Auch von eurer eigenen Hand will ich Rechenschaft für euer Blut fordern" (bBQ91b). Das gilt auch von aktiver Sterbehilfe. Wie es im nicht näher datierbaren Traktat Semachot („Freuden" als Euphemismus für

---

3 Jeweils *ʿal pi yh*, gewöhnlich übersetzt „auf Geheiß des Herrn" bzw. „wie es der Herr gesagt hatte".

4 „Der Heilige, gepriesen sei er, nahm die Seele Moses und verbarg sie unter dem Thron der Herrlichkeit; denn es heißt: ‚Doch die Seele meines Herrn wird eingebunden sein im Bündel des Lebens (beim Herrn, deinem Gott)' (I Sam 25,29). Und als (die Seele) von ihm genommen wurde, wurde sie nur mit einem Kuss von ihm genommen. Denn es heißt: ‚Und dort starb Mose, der Knecht des Herrn, im Lande Moab am Mund des Herrn' (Dtn 34,5)" (ARN A12,20, Schechter 25b). Das Zitat aus I Sam steht auch heute noch (abgekürzt) auf jüdischen Grabsteinen.

Trauer) heißt, werden dem Selbstmörder Trauerriten und religiöses Begräbnis verweigert. Doch denkt man in den meisten Fällen, v. a. bei Kindern und Frauen, an Akte der Verzweiflung und geistiger Verwirrung, die nicht als Suizid gelten (Sem 2,1–5).

Der zum Tod Verurteilte wird vor der Hinrichtung aufgefordert, (seine Sünden) zu bekennen; doch, so fügt der Text hinzu, gilt das auch allgemein; „denn jeder", der „(seine Sünden) bekennt, hat Anteil an der kommenden Welt". Weiß einer nicht, wie zu bekennen, sage man: „Mein Tod sei Sühne für all meine Sünden" (mSan 6,2; vgl. mAv 2,10: „Kehre um einen Tag vor deinem Tod"). Laut mYom 8,8 sühnen „Tod und Versöhnungstag zusammen mit Umkehr"; yShevu 1,9,33b zitiert das, erwähnt aber auch die Meinung, dass der Tod auch ohne Umkehr sühnt; denn „der Tag des Todes ist gleich wie Umkehr".[5]

Wichtig ist auch (entsprechend biblischen Vorbildern wie Gen 48–49; siehe auch Tob 4), dass man nochmals seine Familie sieht und ihr letzte Verfügungen oder Gedanken mitgeben kann. Wenn Rabbinen sterben, sammeln sich ihre Jünger um sie, um ihnen Gesellschaft zu leisten und letzte Lehren zu erhalten. Aqavia ben Mahalalel, der von den Rabbinen wegen abweichender Lehren gebannt wurde, gibt auch am Sterbebett seine Positionen nicht auf, empfiehlt aber seinem Sohn, sich der Meinung der anderen Rabbinen anzuschließen, da sie die Mehrheit sind (mEd 5,7). Dass auch ein vorbildlicher Rabbi im Sterben Angst vor dem göttlichen Gericht hat, erklärt Jochanan ben Zakkai seinen um ihn versammelten Jüngern (ARN A25, Schechter 40a). Am ausführlichsten werden die letzten Anweisungen von Rabbi, d. h. Jehuda ha-Nasi, geschildert. Seine Söhne ermahnt er, ihrer Mutter die gebührende Ehre zu erweisen und in seinem Haus nichts nach seinem Tod zu ändern. Vor den Rabbinen, die er dann zu sich kommen lässt, regelt er seine Nachfolge und weist sie an, in kleinen Ortschaften keine Trauerfeiern für ihn zu veranstalten und nach dreißig Tagen der Trauer wieder das Lehrhaus einzuberufen (man studiert nicht Tora in Zeiten der Trauer). In seinen letzten Worten beschwört er den Himmel, dass er seine volle Kraft dem Studium der Tora gewidmet, doch nicht den geringsten Vorteil aus seiner Position in Anspruch genommen habe. So möge Gott ihm Ruhe in Frieden schenken (bKet 103a-b).[6]

---

5 Zur Sühne durch Krankheit vor dem Tod bzw. durch den Tod selbst, mit oder ohne Umkehr, siehe J. Costa, *L'au-delà et la résurrection dans la littérature rabbinique*, Leuven 2004, 110–121.

6 Ähnlich schon yKet 12,3,34d. Siehe dazu A. J. Saldarini, *Last words and deathbed scenes in rabbinic literature*, in: *JQR* 68 (1977) 28–45.

2 Versorgen eines Toten

Was man für einen Verstorbenen macht, fasst bestens die Mischna zusammen, wenn sie erklärt, was man alles am Sabbat machen darf – die Bestattung bedarf ja keinen Aufschub, um das Land nicht unrein werden zu lassen (verallgemeinert aus Dtn 21,22 f. über die Bestattung eines Hingerichteten): Man darf sich noch zu Beginn des Sabbats an der Sabbatgrenze aufhalten, um Sarg und Leichengewänder zu besorgen. Flöten, die ein Nichtjude am Sabbat gebracht hat, darf man für die Trauerklage nur verwenden, wenn sie aus einem nahen Ort kommen, den Sarg, den er gebracht hat, nur dann verwenden, wenn er nicht für einen Juden gemacht wurde (sonst würde man ja mit dem Nichtjuden die Sabbatruhe umgehen). Man darf auch am Sabbat den Toten salben und waschen, die Matratze unter ihm wegziehen und ihn auf Sand gleiten lassen, damit er (im heißen Klima) länger erhalten bleibt. Man darf ihm das Kinn binden, damit es nicht weiter aufgeht, jedoch nicht die Augen zudrücken. An einem Wochentag darf man ihm auch nicht schon beim Ausgehen der Seele (d. h. wenn er noch nicht sicher völlig tot ist) die Augen zudrücken, da man damit den Tod beschleunigt (mShab 23,4–5).

Was ist jedoch ein sicheres Zeichen des Todes? Damit befassen sich die Rabbinen im Kontext der Sabbatruhe: Wird jemand am Sabbat verschüttet, verletzt man die Sabbatruhe nicht, wenn man damit das Leben des Verschütteten retten will. „Findet man ihn am Leben, befreit man ihn; ist er aber tot, lässt man ihn liegen“ (mYom 8,7). Der Talmud ergänzt: Man darf ihn bis zur Nase oder bis zum Herzen freilegen, um festzustellen, ob er noch atmet (Gen 7,22: „alles, was durch die Nase Lebensgeist atmet“) oder sein Herz noch schlägt (bYom 85a). Gibt es kein Lebenszeichen mehr, darf man die Leiche erst nach dem Sabbat freilegen.

Sobald jemand gestorben ist, kippt man die Betten um und sitzt an ihnen bzw. am Boden sieben Tage lang (tMQ 2,9; vgl. mMQ 3,5). Die nächsten Angehörigen reißen das Oberkleid ein (mMQ 3,7; so schon Gen 37,34), baden nicht (mBer 3,6), lassen sich nicht die Haare schneiden, rasieren sich erst nach dreißig Tagen wieder (yMQ 3,5,82a; so auch heute noch) und schneiden sich auch nicht die Fingernägel (tMQ 2,2); man begrüßt sie auch nicht auf der Straße (tPes 3,16); das alles wohl als Zeichen der Selbsterniedrigung und Solidarität mit dem Toten. Auch sind sie, „solange der Tote noch vor ihnen liegt“, frei von der Pflicht, das „Höre, Israel“ und das Achtzehngebet zu rezitieren und Gebetsriemen anzulegen (mBer 3,1), da sie nicht die dafür nötige Konzentration aufbringen. Man rezitiert auch einen eigenen Segen für die Trauernden, dessen genaue Ausgestaltung jedoch von Ort zu Ort unterschiedlich ist (tBer 3,23 f.). Als Trauernder ist man anfangs fast völlig von der Gemeinschaft der Lebenden abgesondert, nähert sich dann aber stufenweise wieder dem normalen Leben an: „Am ersten Sabbat geht (der Trauernde nicht) in die Synagoge. Am zweiten geht er in die Synagoge, sitzt aber nicht an seinem Platz. Am dritten sitzt er an seinem Platz, redet aber nicht. Am vierten ist er allen gleich" (yMQ 3,5,82b).

Dass man die Leiche wäscht, dient nicht der rituellen Reinigung, sondern ist wohl eher ein mit der nichtjüdischen Umwelt gemeinsamer Brauch, da ja der Tote Quelle höchster Unreinheit ist und man durch seine Berührung sieben Tage unrein wird. Biblisch kann man nur durch Besprengen mit dem Reinigungswasser, dem die Asche der Roten Kuh beigemengt ist, wieder rein werden (Num 19,10–22), in rabbinischer Zeit, da es dieses Reinigungswasser nicht mehr gibt, durch das Tauchbad (Miqwe). Auch der Raum, in dem sich der Tote befindet, macht durch „Bezeltung" (Mischna Ohalot) alle Personen und Gegenstände in diesem Raum unrein.[7]

All das gilt für den „Normalfall", dass jemand in seiner Familie oder zumindest in seiner Gemeinde stirbt. Was aber, wenn jemand aus der Ferne nicht mehr heimkehrt oder auch seine Leiche nie gefunden wird? Diese Frage stellt sich nicht nur im Erbrecht, sondern v. a. im Eherecht. Eine Frau darf erst dann wieder heiraten, wenn der Tod ihres Mannes rechtmäßig bezeugt ist.

> Man bezeugt (den Tod) nur auf Grund des Gesichts mit Nase, auch wenn Kennzeichen an seinem Körper oder seinen Kleidern vorhanden sind. Man bezeugt (den Tod) nur innerhalb von drei(ßig) Tagen [d. h. bevor die Verwesung den Toten nicht mehr sicher identifizierbar macht]. Auch wenn man einen Menschen voller Schnittwunden, am Kreuz hängend sah, oder wie ein Tier an ihm frisst, bezeugt man (den Tod) erst, wenn seine Seele ausgegangen ist (mYev 16,3).

Der Text fährt mit weiteren Bedingungen fort, wenn etwa jemand ins Wasser gefallen ist oder wenn einer im Ausland gestorben ist – genügt hier auch das Zeugnis eines einzelnen oder von Frauen usw.? Man will so sicher wie möglich sein, ehe man der Frau die Wiederverheiratung erlaubt; sonst bleibt sie weiterhin halakhisch „gebunden" (*'aguna*) und darf keine neue Ehe eingehen (ein Problem, das im Holocaust wieder besonders akut wurde, als den Tod vieler in den Vernichtungslagern Umgekommener niemand beweisen konnte).

Hört man schlechte Nachrichten, reagiert man mit dem Bekenntnis: „Gepriesen sei der gerechte Richter" (mBer 9,2). Explizit wird das im Talmud auf den Fall bezogen, dass man vom Tod seines Vaters hört. In nachtalmudischer Zeit wird dieses Bekenntnis als „Rechtfertigung des göttlichen Gerichts" (*tsidduq ha-din*) ein bis heute geübter Teil des Begräbnisrituals.[8]

---

7 Zur Totenunreinheit im rabbinischen Denken siehe H. K. Harrington, *The Impurity Systems of Qumran and the Rabbis. Biblical Foundations*, Atlanta, Ga., 1993, 141–179; V. Noam, *From Qumran to the Rabbinic Revolution. Conceptions of Impurity*, Jerusalem 2010 (hebräisch), 220–318.

8 Dazu D. Kraemer, *The Meanings of Death in Rabbinic Judaism*, London 2000, 135–137.

3 Tod als langer Prozess

Der Tod ist kein punktuelles Ereignis.

> Volle drei Tage schwebt die Seele über dem Körper, überzeugt, sie könne in ihn zurückkehren. Sobald sie sieht, dass sich das Aussehen seines Gesichts ändert, verlässt sie ihn und entfernt sich. Nach drei Tagen platzt der Bauch über das Gesicht und sagt zu ihm: Da hast du, was du geraubt, mit Gewalt genommen und in mich gegeben hast. [...] ‚Sein Leib fühlt seinen Schmerz und seine Seele trauert über ihn' (Hi 14,22, kontextgemäß übersetzt) (yMQ 3,5,82b).[9]

Erst beim Eintreten der deutlichsten Zeichen der Verwesung begreift die Seele, dass sie nicht mehr zurück kann. Denselben Vers deutet R. Chisda auf sieben Tage, die die Seele nach dem Tod um den Leib trauert: „‚und seine Seele trauert über ihn', und es heißt: ‚sieben Tage hielt er um seinen Vater Trauer' (Gen 50,10)" (bShab152a). Direkt zuvor wird in diesem Text aus Hi 14,22 abgeleitet, dass auch die Leiche noch Schmerzen spürt: „Würmer sind für den Tod so schmerzhaft wie eine Nadel im Fleisch der Lebenden, denn es heißt: ‚Sein Leib fühlt seinen Schmerz'".

Der bzw. die Tote bzw. seine Seele bemerkt zumindest die ersten Tage noch alles, was um ihn/sie vorgeht:

> Als R. Nachum bar Simai starb, bedeckte man die Bilder mit Matten. Sie sagten: So wie er sie nicht zu Lebzeiten ansah, soll er sie auch nicht in seinem Tode sehen. Aber wissen sie denn etwas? Es sagte R. Schim'on bar Laqish: Der einzige Unterschied zwischen den Gerechten und uns ist die Rede. R. Zera sagte: Der Tote hört seinen Lobpreis wie in einem Traum (yAZ 3,1,42c).

Nach den einen Rabbinen hört der Tote alles, was in seiner Gegenwart gesagt wird, bis der Rollstein das Grab schließt, begründet mit Koh 12,7: „Zurück kehrt der Staub zur Erde, wie er war, und der Geist kehrt zu Gott zurück"; d. h., sobald der Körper in der Erde ist, entfernt sich auch sein Geist und er nimmt nichts Irdisches mehr wahr. Nach den anderen merkt der Tote noch alles, bis sein Körper völlig verwest ist, implizit ein Jahr lang, begründet mit Hi 14,22, dass seine Seele über den Körper trauert, solange dieser noch den Schmerz der Verwesung fühlt (bShab 152b).[10] Ein wenig später zitiert der selbe Text die Herausforderung eines Häretikers (*min*), dass die Rabbinen sagen, die Seelen der Gerechten seien unter dem Thron Gottes verborgen; wie konnte da die Frau von En-Dor den Totengeist Samuels heraufkommen lassen (I Sam 28)? Der Rabbi antwortete: „Das war innerhalb von zwölf Monaten; denn wir haben gelernt: Volle zwölf Monate besteht

---

9 Siehe Kraemer, *The Meanings*, 82 f. Der ganze Text beruht auf Hi 14,20–22.

10 Zur Kenntnis des Toten von allem, was auf Erden noch vorgeht oder gesagt wird, siehe Costa, *L'au-delà*, 409–434.

sein Körper und die Seele steigt auf und kommt herab. Nach zwölf Monaten hört der Körper auf und die Seele steigt auf und kommt nicht mehr herab".

Da somit der Tote alles mitbekommt, was um ihn vorgeht, muss man alles vermeiden, was ihn kränken könnte. Solange der Tote im Haus ist, soll man nicht in seiner Gegenwart essen:

> Man isst bei seinem Nächsten. Hat man keinen Nächsten, isst man in einem anderen Raum. Hat man keinen anderen Raum, macht man eine Abtrennung und isst. Kann man auch keine Abtrennung machen, wendet man sein Gesicht zur Wand und isst. Man isst nicht angelehnt und auch nicht alles, was man begehrt. Man isst kein Fleisch und trinkt keinen Wein ... (yMQ 3,1,82b).

Der Tote soll einem beim Essen, und sei es auch sehr zurückhaltend, nicht zusehen können. Auch darf man nicht in Gegenwart des Toten Tora studieren, da dies auch der Tote nicht mehr kann: „Solange ein Mensch lebt, befasst er sich mit den Geboten. Daher entweiht man seinetwegen den Sabbat. Ein Toter ist frei von den Geboten. Daher entweiht man seinetwegen den Sabbat nicht" (tShab 17,19). Ebenso deutet man „Unter den Toten frei" (Ps 88,6): „Sobald ein Mensch stirbt, ist er befreit von der Tora und guten Werken" (bShab 30a). Dasselbe gilt auch vom Friedhof, auf den man nicht mit einer Torarolle oder Gebetsriemen gehen darf, da man damit den Toten kränkt, der ohne die Möglichkeit, Tora zu lernen und die Gebote zu erfüllen, „arm" ist: „Wer den Armen verspottet, schmäht dessen Schöpfer (Prov 17,5)" (bBer 18a).[11]

Dass der Tote nach Auffassung der Rabbinen nicht nur in den ersten Tagen nach dem Begräbnis noch weiß, was in der Welt der Lebenden vor sich geht, sondern auch noch viel länger mit dieser in Kontakt bleibt, zeigen einige Erzählungen im babylonischen Talmud. Im Friedhof ermahnt R. Chijja R. Jonatan, dessen blaue Schaufäden am Boden schleifen, sie hochzuheben, damit die Toten nicht sagen: „Morgen kommen sie zu uns und jetzt verspotten sie uns". Auf den Einwand Jonatans: „Wissen sie denn so viel? Steht denn nicht geschrieben: ‚(Die Lebenden wissen, dass sie sterben werden), die Toten aber wissen nichts mehr' (Koh 9,5)?", argumentiert R. Chijja, dass die „Lebenden" in diesem Vers die gerechten Verstorbenen sind, die „Toten" dagegen die toten Sünder. Die Söhne des R. Chijja führen die Diskussion fort. Sie konnten sich nicht mehr an ihre Lehre erinnern. Einer fragte den anderen:

> Weiß unser (verstorbener) Vater von unseren Nöten? Der andere antwortete: Woher sollte er es wissen? Es steht doch geschrieben: ‚Sind seine Kinder in Ehren, er weiß es nicht' (Hi

---

11 Dazu siehe A. J. Avery-Peck, *Death and After-Life in the Early Rabbinic Sources: The Mishnah, Tosefta, and Early Midrash Compilations*, in: ders./J. Neusner (ed.), *Judaism in Late Antiquity. Part Four: Death, Life-After-Death, Resurrection and the World-To-Come in the Judaisms of Antiquity*, Leiden 2000, 243–266, 245 f.

14,21). Der andere sagte: Er weiß es nicht? Es steht doch geschrieben: ‚Sein Leib fühlt seinen Schmerz und seine Seele trauert über ihn' (14,22) (bBer 18a-b).

Die Toten wissen also doch, wie einige folgende Erzählungen belegen sollen. Ein frommer Mann verbringt die Nacht im Friedhof, hört ein Gespräch der Totengeister mit und nutzt diese Information zu seinem Vorteil. Doch dann erfahren die Toten, dass er dies weiter erzählt hat. Das gilt als Beleg, dass die Toten wissen, was auf Erden vorgeht. Da dieses Argument nicht alle annehmen, folgt eine weitere Erzählung von einem Mann, der bei seiner Hausfrau Geld deponierte. Als er zurückkam, war sie schon gestorben. So geht er auf den Friedhof, um von der Toten zu erfahren, wo sein Geld ist. Bei der Gelegenheit bittet die Tote, ihre Mutter möge ihr ihren Kamm und die Augenschminke mit einer gewissen Frau mitgeben, die am nächsten Tag sterben wird. Auch das soll belegen, dass Tote wissen, was auf Erden vorgeht. Zugleich zeigt die Erzählung, welche Grabbeigaben eine junge Frau erwartet, die sie auch im Totenreich noch verwenden könnte (dazu weiter unten). Sicher sind das alles Volkserzählungen, doch zeigen sie, wie eng sich manche die Verbindung der Toten mit den Lebenden vorstellen.

4 Begräbnis

Das Grab sollte mindestens fünfzig Ellen außerhalb eines Ortes liegen (mBB 2,9); auch muss man die Gräber kenntlich machen (mMQ 1,2; mSheq 1,1; vgl. Mt 23,27 „getünchte Gräber"), damit sich niemand daran unbemerkt verunreinigt. Da Herodes Antipas Tiberias um 20 n. Chr. zum Teil über einem Gräberfeld erbauen ließ, war es lange für praktizierende Juden ungeeignet (Josephus, Ant 18,38), bis nach rabbinischer Tradition (BerR 79, Theodor/Albeck 941–5) R. Schimʿon ben Jochai Mitte des 3. Jahrhunderts die Stadt reinigte. Tote zu bestatten, galt schon früh als Akt der Barmherzigkeit (Tob 1,17 f.); für die Rabbinen ist die Bestattung eines Toten, um den sich niemand kümmert, absolute Pflicht jedes Einzelnen, auch eines Nasiräers, der sich sonst nicht verunreinigen darf (mNaz 6,5).

Wie schon erwähnt, sollte der Tote noch am selben Tag bestattet werden, jedenfalls aber sobald als möglich: „Jeder, der seinen Toten über Nacht liegen lässt, übertritt seinetwegen ein Verbot. Hat er ihn um seiner Ehre willen über Nacht liegen gelassen – um für ihn Sarg und Leichentücher zu bringen – übertritt er nicht" (mSan 6,5). Wo der Tote nicht direkt in das Grab gelegt, sondern in einem Sarg bestattet wird, macht man gelegentlich Löcher in die Unterseite des Sargs, damit der Tote auch wirklich zur Erde zurückkehrt (yKet 12,3,35a als Anweisung Rabbis). Auch wenn in rabbinischen Texten (außer Sem 8,7) nicht direkt belegt, werden dem Toten

Beigaben in den Sarg mitgegeben, wie in Ausgrabungen reichlich belegt.[12] Träger, die einander abwechseln, bringen die Leiche auf einer Bahre zum Grab; unterwegs setzen sie immer wieder ab, um Bekundung der Trauer zu ermöglichen, Frauen singen Klagelieder und schlagen sich an die Brust (mMQ 3,8); dabei sollten mindestens zehn Männer anwesend sein (mMeg 4,3). An wem der Leichenzug vorbeigeht, sollte sich diesem anschließen (bBer 18a). Nach dem Begräbnis, bei dem auch eine Trauerrede gehalten wird,[13] stellen sich die Anwesenden in zwei Reihen auf, um den dazwischen durchgehenden Angehörigen ihr Beileid zu bekunden (mBer 3,2).

Vom Begräbnis nach Hause zurückgekehrt, bringen Nachbarn der Trauerfamilie in Körben zu essen (mMQ 3,7) – im Trauerhaus darf ja die ersten Tage nicht gekocht werden. Die Tosefta spricht von Glasgefäßen: „Anfangs brachten die Armen (Speisen) in das Trauerhaus in farbigen Glasgefäßen und die Reichen in (wertvolleren) weißen Glasgefäßen; dann aber pflegte man wegen der Ehre der Armen es (ohne Unterschied) in farbigen oder weißen zu bringen".[14] Die eigentliche Trauerzeit dauert sieben Tage (so schon Sir 22,12: „Die Trauer um einen Toten dauert sieben Tage"; Hi 2,13: „Sie saßen bei ihm auf der Erde sieben Tage und sieben Nächte"), während der Trauernde auch nicht arbeiten soll; die erweiterte Trauer gilt dreißig Tage (mMQ 3,5).

Die Kosten eines Begräbnisses sind schon früh ein Thema. Die Bestattung in den Katakomben von Bet Schearim mit ihren oft wertvollen Sarkophagen war natürlich stets nur der wohlhabenden Oberschicht möglich.[15] Aber auch ein gewöhnliches Begräbnis konnte sehr kostspielig sein, wogegen Rabbinen mit ihrem Beispiel vorgingen:

> Anfangs waren für jeden, der einen Toten vor sich hatte, (die Ausgaben für) das Hinausbringen (der Toten zum Grab) schwerer als der Todesfall. Da begannen alle ihre Toten liegen zu

12 Sem 8,7 erwähnt Tintenfass (?) und Rohrfeder für einen unverheirateten jungen Mann. Schmuck, Parfumfläschchen, Tonlampen und kleine Gefäße, die Tintenfässer sein könnten, wurden sowohl in Gräbern des 1. Jahrhunderts (dazu R. Hachlili, *Jewish Funerary Customs, Practices and Rites in the Second Temple Period*, Leiden 2005, 375–446) wie auch in den jüdischen Katakomben von Bet Schearim (3.–5. Jahrhundert) gefunden.

13 Viele Beispiele solcher Trauerreden, gewöhnlich beim Tod von Rabbinen, bietet bMQ 25b-28b. Zum Tod eines Mannes, der am Tag der Geburt seines lang ersehnten Kindes starb, wird der Trauerredner zitiert: „Freude wurde in Trauer verwandelt, Jubel und Kummer hafteten aneinander. Zur Zeit seiner Freude seufzte er, zur Zeit seiner Begnadung ward verloren, der durch ihn begnadet wurde (*ḥanino*)" (25b). Deshalb habe man das Kind Chanan genannt.

14 Sinnvoller wirkt die Fassung von bMQ 27a, wonach später alle farbige Gefäße verwendeten.

15 Siehe Kraemer, *The Meanings*, 48–71; L. I. Levine, *Visual Judaism in Late Antiquity. Historical Contexts of Jewish Art*, New Haven/London 2012, 119–140.

lassen und zu fliehen. Rabban Gamaliel hielt es für sich einfach und alle hielten es wie Rabban Gamaliel (tNid 9,17).[16]

Nach Möglichkeit sollte man im Land Israel begraben werden; denn „wer im Land Israel begraben ist, ist gleichsam unter dem Altar begraben" (tAZ 4,3); auch beginnt die Auferstehung in Israel (bKet 111a: „die Toten außerhalb des Landes werden nicht wiederaufleben"). Das führt dazu, (bis heute) Tote aus dem Ausland nach Israel zu überführen, wie schon in den Katakomben von Bet Schearim belegt ist, was sich aber auch nur die Wenigsten leisten konnten.

Zur Überführung des Toten in das Heilige Land verwendete man wohl gewöhnlich Ossuare mit den Gebeinen des Toten. Aber auch in Israel selbst war es, wenn der Tote nicht eine einfache Erdbestattung erhielt, sondern in einer Grabkammer beigesetzt wurde, zumindest bis in das 4. Jahrhundert eine verbreitete Sitte, die Gebeine des Toten nach einem Jahr in einem Ossuar erneut zu bestatten, womit der Platz in der Grabkammer für den Nächsten frei wurde. Sogar an den Zwischenfeiertagen der Wallfahrtsfeste, an denen Arbeit nur sehr beschränkt erlaubt ist, darf man nach R. Meir „die Gebeine seines Vaters und seiner Mutter einsammeln, weil es ihm eine Freude ist.[17] R. Jose aber meint, es bedeute ihm Trauer" und so müsse er das verschieben (mMQ 1,5). Zahlreiche bei Ausgrabungen gefundene Ossuare zeigen, wie verbreitet diese Sitte der Zweitbestattung war.[18] Prinzipiell besteht das Grab auf Dauer, ist „Haus der Ewigkeit". Doch von Anfang an geplante Zweitbegräbnisse erlauben die Umbettung des Toten. Ein zum Tode Verurteilter wird zuerst nur provisorisch bestattet; doch „ist der Körper verwest [d. h. nach einem Jahr], sammelt man die Gebeine ein und begräbt sie im Familiengrab" (mSan 6,6); denn das Bekenntnis vor der Hinrichtung, die Hinrichtung selbst und auch die Verwesung haben seine Schuld gesühnt und der Tote ist wieder Teil seiner ursprünglichen Ge-

---

16 „Einfach" (*be-qalut rosh*) steht nur im Erstdruck. Die Parallele in bMQ 27b liest „in einem Leinenkleid", was dann alle übernahmen. Davor kleidete, wer es sich leisten konnte, die Leiche in kostbare Gewänder in der Vorstellung, dass der Tote so, wie er begraben wurde, am Ende auch wieder auferstehen werde (yKet 12,3,35a; dagegen polemisch Rabbi in yKil 9,4,32b: „Nicht wie der Mensch weggeht, so kommt er wieder [...] Er, der das Geschlecht wiederbringt, wird es auch bekleiden". Konsequent ordnete Rabbi auch an, in einem einfachen Tuch begraben zu werden).

17 Siehe auch yPes 8,8,36b: „Über Leute, die Knochen einsammeln, rezitiert man nicht Klagen oder Trauerlieder. Auch spricht man über sie nicht die Segen der Trauernden oder die Tröstungen der Trauernden". Mit dem Sammeln der Knochen in ein Ossuar (oder, wie auch vielfach archäologisch belegt, in eine gewöhnlich verdeckte Grube in der Mitte der Grabhöhle) ist die Trauerzeit vorbei.

18 Siehe Hachlili, *Jewish Funerary Customs*, 94–126.170–192 und passim. Dort auch zahlreiche Abbildungen. Auch wenn Hachlilis Hauptinteresse die Zeit des Zweiten Tempels ist, gelten doch die dort geschilderten Praktiken weithin auch für die folgenden Jahrhunderte.

sellschaft. Auch die Überführung ins Familiengrab rechtfertigt eine Umbettung des Toten, und das sogar innerhalb der Festwoche von Pesach und Sukkot:

> Man überführt nicht einen Toten oder seine Gebeine, weder von einem ehrenhaften Grab zu einem ehrenhaften noch von einem verächtlichen zu einem (anderen) verächtlichen und auch nicht von einem verächtlichen zu einem ehrenhaften Grab; nicht von einem ehrenhaften in ein verächtliches – das muss man nicht eigens sagen. In seine eigene (Grabstätte) aber darf man es, sogar von einem ehrenhaften in ein verächtliches; denn es ist einem Menschen angenehm, bei seinen Vätern zu liegen (yMQ 2,4,81b).

5 Erwartung der Auferstehung

Schon mehrfach wurde die Erwartung der Auferstehung der Toten erwähnt. Das Bekenntnis dazu ist Inhalt des täglich rezitierten Achtzehngebets. Wer diesen Glauben nicht akzeptiert, hat laut mSan 10,1 keinen Anteil an der kommenden Welt. „Geht jemand des Weges zwischen Gräbern, sagt man: Gepriesen sei er, der eure Zahl kennt. Er wird euch richten und er wird euch zum Gericht auferstehen lassen. Gepriesen sei er, der getreu ist in seinem Wort und die Toten wiederbelebt" (tBer 6,6). Ebenso ist es kurz in mAv 4,22 zusammengefasst: „Die Geborenen werden sterben, die Gestorbenen werden wieder leben, die Wiederbelebten werden gerichtet".

Ein Fresko in der Synagoge von Dura Europos (Mitte 3. Jahrhundert) illustriert die in Ez 37 geschilderte Belebung der Toten (dort als Bild für die Wiederbelebung des Volkes Israels, später aber immer von der endzeitlichen Auferstehung verstanden): Eine Psyche belebt die zu Körpern zusammengefügten Gliedmaßen (wohl Verleihung des Geistes); darüber schweben kleine Psychen herab, wohl die persönlichen Seelen. Auch zahlreiche rabbinische Texte bezeugen und schildern diese Erwartung. Als Beispiel sei hier nur das mehrfach überlieferte Gleichnis vom Lahmen und vom Blinden genannt, das Rabbi als Antwort auf die These des Antoninus bringt, dass Leib und Seele gleichermaßen jede Schuld zurückweisen können. Ein Lahmer und ein Blinder sollen zusammen den Obstgarten des Königs bewachen. Der Lahme sagte dem Blinden, dass er schöne Früchte sehe; wenn er ihn auf die Schultern nehme, könnte er sie holen und sie würden sie gemeinsam essen. Als dann der König die Früchte vermisste, erklärte der Lahme, dass er nicht gehen könne, der Blinde, dass er nicht sehe. Damit seien beide unschuldig. Da setzte der König den Lahmen auf den Blinden und richtete beide gemeinsam.

> So bringt der Heilige, gepriesen sei er, die Seele und wirft sie in den Leib und richtet beide gemeinsam. Denn es heißt: ‚Er wird zum Himmel oben und der Erde rufen, um sein Volk zu

richten' (Ps 50,4). ,Er ruft zum Himmel oben', das ist die Seele, ,und der Erde, um sein Volk zu richten', das ist der Leib (bSan 91b).[19]

6 Ausblick

Viele der hier geschilderten rabbinischen Bräuche und Vorstellungen im Zusammenhang mit Sterben und Tod prägen das traditionelle Judentum bis heute. So manches wird aber auch nicht mehr geübt, wie z. B. dass man in den ersten Tagen der Trauer die Betten umdreht und auf dem bzw. nahe zum Boden sitzt. Dagegen ist es nach wie vor üblich, dass das Begräbnis möglichst schon am Tag nach dem Tod stattfindet, eine Erdbestattung ist und die Einäscherung weithin abgelehnt wird. Der Leichnam muss unversehrt bleiben; Organentnahme und Autopsie sind nur gestattet, wenn damit dem Leben anderer und dem Fortschritt der Medizin gedient ist. Der Friedhof bleibt „Haus der Ewigkeit", die Gräber sollen auf Dauer erhalten bleiben. Andererseits ist der Gedanke an die leibliche Auferstehung vielfach der Vorstellung der Unsterblichkeit der Seele gewichen – so ansatzweise schon bei Maimonides, deutlich dann in der jüdischen Reformbewegung des 19. und 20. Jahrhunderts, als man die entsprechenden Stellen aus dem Gebetbuch tilgte oder umformulierte. Erst in den letzten Jahrzehnten ist es teilweise zu einer Rückbesinnung auf die Tradition gekommen, womit auch die traditionellen Formeln wieder zu ihrem Recht kamen. Was der einzelne Beter denkt, der im Achtzehngebet Gott als den bekennt, der die Toten wiederbelebt, lässt sich dagegen nicht beantworten. Tradition und Neuerung halten sich die Waage.[20]

19 Ausführlich zu den rabbinischen Vorstellungen von der Auferstehung Costa, *L'au-delà*, 133–233.

20 Dazu siehe Kraemer, *The Meanings*, 133–141.

Ulrich Volp

Lebens(un)mut, Sterben und Auferstehung: Christlich-altkirchliche Perspektiven auf Tod und Sterben

1 Einleitung

> Die Sonne neigte sich zum Untergang hin. Aber ihr [Makrinas] Lebensmut[1] ließ nicht nach, sondern je näher sie sich dem Ausgang näherte, desto mehr schaute sie die Schönheit des Bräutigams und desto dringender wurde ihr Wunsch nach dem Ersehnten. [...] Ihr Krankenlager war nach Osten gewendet und, nachdem sie aufgehört hatte nach unserer Weise zu reden, tauschte sie sich jetzt durch das Gebet für alles weitere mit Gott aus – mit flehenden Händen und mit leiser Stimme flüsternd, so dass wir das Gesagte nur mäßig verstanden. [...] Und indem sie dieses sagte, legte sie zugleich das Siegel[2] auf die Augen, den Mund und das Herz. Und immer weniger konnte ihre im Fieber ausgetrocknete Zunge die Rede hervorbringen, die Stimme gab nach und wir erkannten alleine am Öffnen der Lippen und an der Bewegung der Hände, dass sie im Gebet war. Und da zwischenzeitlich der Abend gekommen war und ein Licht benötigt wurde, schlug sie ihre Augen auf, schaute zum Lichtstrahl hin und machte deutlich, dass es sie nach der „Eucharistie des Abendlichtes“[3] verlangte; weil aber ihre Stimme versagte, führte sie durch ihr Herz und durch die Bewegung ihrer Hände den Vorsatz aus und ihre Lippen wurden durch den inneren Anstoß bewegt. Wie sie aber die Eucharistie vollendet hatte und das Ende des Gebets anzeigte, indem sie die Hand zum Siegel ans Gesicht brachte, beendete sie – schwer und tief atmend – noch im Gebet ihr Leben. [...] Keinerlei Zurechtrichtung bedurften ihre Augen, weil sie, als sei sie in einen Naturschlaf gefallen, von ihren Liedern schöngeschmückt zugedeckt waren. Sowohl ihre Lippen waren natürlich geschlossen, ihre Hände lagen wohlgerichtet auf ihrer Brust und die Haltung ihres Körpers war von selbst gutgeformt gefügt und so bestand kein Bedarf für eine Hand, die für Ordnung sorgte.[4]

Dies ist die berühmte Sterbeszene der heiligen Makrina. Sie ist eine der ältesten literarischen Darstellungen eines (idealisierten) „christlichen“ Todes. Der Text findet sich in Makrinas Lebensbeschreibung, mit der ihr Bruder Gregor, der gelehrte Bischof von Nyssa in Kleinasien, ihr ein Denkmal gesetzt hat. Natürlich will dieses

---

1 Gemeint ist die „Prothymie“ (προθυμία), s. u. die Ausführungen dazu im Abschnitt 4.

2 Gemeint ist das Siegel des Kreuzzeichens.

3 Gregor meint vielleicht ursprünglich eher ein abendliches Dankgebet (vgl. Gregor von Nyssa, Vita Macrinae 20,1 [GNO 8/1, 395,4]) als eine Sterbeeucharistie (das sog. Viaticum), was aber nicht für alle Rezipienten des Textes eindeutig gewesen sein dürfte. Vgl. zur Entwicklung des Viaticum: U. Volp, *Tod und Ritual in den christlichen Gemeinden der Antike* (SVigChr 65), Leiden/Boston/Köln 2002, 166–172.

4 Gregor von Nyssa, Vita Macrinae 23–25 (GNO 8/1, 396,15–399,22).

https://doi.org/10.1515/9783111055602-014

Werk aus dem späten vierten Jahrhundert noch viel mehr, nämlich das Leben und Sterben Makrinas zu einem Standardbeispiel für ein christliches Leben und Sterben erheben. Selbst der Wortlaut des letzten Gebetes Makrinas wird wörtlich zitiert und ihre Bestattung wird ausführlich geschildert. Zeitgenossen und Nachgeborene konnten sich an diesem Text orientieren, wenn sie ein Vorbild für ein angemessenes Leben, Sterben und Zugrabetragen benötigten. Dass sie das taten, dafür legt nicht nur die Textüberlieferung Zeugnis ab,[5] sondern auch die verbreitete Makrinaverehrung.[6] Die *Vita Macrinae* steht in einem engen Zusammenhang mit dem philosophischen Dialog desselben Autors, der unter dem Titel *De anima et resurrectione* überliefert wurde. In einem literarisch ausgestalteten und an sokratische Dialoge erinnernden Lehrerin-Schüler-Gespräch wird hier eine angemessene anthropologische Position in dezidiertem Gegensatz zum Leib-Seele-Dualismus der überkommenen Philosophie herausgearbeitet. Das (fiktive) Setting ist das Sterbebett der Makrina, die ihren Bruder angesichts ihres bevorstehenden eigenen Todes über das belehrt, was sie nun erwartet: eine personale Fortexistenz in der Auferstehung. Die beiden Texte gehören zu einer reichhaltigen literarischen Produktion zu diesen Themen im zeitlichen Umfeld des Konzils von Konstantinopel 381. Aus den Jahren 369–395 sind zum Beispiel Briefe und mehr als ein Dutzend „Leichenpredigten“[7] prominenter Kirchenväter erhalten. Dazu zählt auch die Rede, die Gregor von Nyssa zum Gedenken an den verstorbenen Bruder Basilius gehalten hat – der Bericht von dessen Tod steht am Anfang des Dialogs *De anima*. Ich will im Folgenden einige Beispiele aus dieser umfangreichen[8] Literatur herausgreifen und sie in Beziehung zum Thema dieses Bandes setzen.

Das zu begehende Terrain fordert angesichts der Komplexität einen methodisch besonders reflektierten Zugang. Gregors Doppelwerk aus *Vita* und philosophischem Dialog zeigt bereits, dass man einerseits die Ebene des intellektuellen Austauschs

5 Zur Überlieferungssituation vgl. die Einleitungen zu den beiden maßgeblichen Ausgaben von V. Woods Callahan (GNO 8/1), Leiden ²1962, und P. Maraval (SC 178), Paris 1971.

6 Prominentes Beispiel dafür ist etwa das mittelalterliche Makrina-Fresko in der ukrainischen Hagia Sophia, der Sophienkathedrale von Kiew. Wie attraktiv das sogar in aktuellen westlichen Kontexten sein kann, zeigt M. Klöckener, *Makrina – Ideal einer christlichen Asketin, Lehrerin und Heiligen im 4. Jahrhundert*, in: *Information und Material. Zeitschrift für den katholischen Religionsunterricht* (2/2020), 6–9.

7 Sie stehen in der Tradition der antiken *Oratio funebris*, einer wohleingeführten Gattung der Leichenrede, für die ein etabliertes rhetorisches Regelwerk zur Verfügung stand. Vgl. dazu U. Volp, *„Wer könnte tränenlos reden?“ Die antike christliche Leichenrede zwischen Diskurs und Affekt*, in: T. Wabel/T. Stamer (Hg.), *Zwischen Diskurs und Affekt. Vergemeinschaftung und Urteilsbildung in der Perspektive Öffentlicher Theologie* (ÖTh 35), Leipzig 2018, 167–187 (mit weiterer Lit.).

8 Allein die genannten publizierten *Orationes* haben einen Umfang von rund 90.000 Wörtern, das entspricht knapp zwei Dritteln der Textmenge des Neuen Testaments.

über Anthropologie und Eschatologie (und meines Erachtens auch der Schöpfungslehre) zu berücksichtigen hat, andererseits aber die Reflexion über Tod und Sterben ihren Ort wesentlich in der seelsorgerlichen Praxis hat. Die literarische Situierung des Dialogs am Sterbebett der Makrina reflektiert das neue Bewusstsein um diesen Sitz im Leben. Gestützt wird diese These durch die Beobachtung der in dieser Zeit erstmals in den erhaltenen Texten sich deutlich abzeichnenden Sensibilität für die pastorale Situation, in der Texte zu Sterben, Tod und Totengedenken verfasst und vorgetragen wurden.[9] Dabei darf man hier keinesfalls von einer Einbahnstraße ausgehen: Weder wurde in der Debatte einfach theologisch über die Praxis reflektiert, noch wurden in Seelsorge und Frömmigkeit schlicht dogmatische Lehren weitergegeben. Eine ähnlich komplexe Wechselbeziehung ist für die christliche Ethik der Zeit gut erforscht.[10] Hier entstand eine – gegenüber den Werten der überkommenen paganen Mehrheitsgesellschaften neue – Textur von Normen, für die Gottesdienst- und Taufpraxis, christliche Vorbilder sowie biblische wie außerbiblische Geschichten wesentliche Begründungszusammenhänge darstellten. Es finden sich komplexe ethisch-philosophische Reflexionen, aber noch viel öfter mit biblischen wie außerbiblischen Bildern operierende Ermahnungen und Erbauungen. Diese stehen nicht selten in einem engen Zusammenhang mit eschatologischen Fragen: So geht es im Dialog *De anima* ausdrücklich um die Bedeutung des Grades an gelebter Tugendhaftigkeit für das, was den Menschen in seiner postmortalen Existenz erwartet:

> Es ist wie bei denjenigen, die Gold durch Feuer von dem reinigen, mit dem es vermischt ist: Sie schmelzen nicht nur die Verunreinigungen im Feuer, sondern das Reinmetall wird ganz notwendigerweise mit der Gesamtlegierung eingeschmolzen. Wenn jenes abgebrannt ist, bleibt dieses zurück. [...] So bringt wohl, wie es scheint, das göttliche Gericht gemäß dem Ausgeführten für die Sünder keine Strafe. Stattdessen, wie die Darlegung zeigte, operiert es nur das Gute durch Abschneiden frei und man wird zur Gemeinschaft der Glückseligkeit bereitet. Derjenige, dem das mit ihm Zusammengewachsene herausoperiert wird, erfährt während des Prozesses freilich Schmerz. [...] Deshalb ist überhaupt zu beachten, dass die Seele vor allen Verunreinigungen des Übels beschützt wird – unvermischt und ohne Anteil daran. Wenn wegen der Emotionalität unserer Natur dies nicht möglich ist, ist es am besten, wenn die Fehler der Tugend moderat und leicht zu heilen sind.[11]

---

9 Vgl. dazu unten den Abschnitt 4 zu Ad Stagirium, sowie meine Analyse der genannten *Orationes funebris* in: Volp, *„Wer könnte tränenlos reden?"*.

10 Vgl. nur etwa F. W. Horn/U. Volp/R. Zimmermann (Hg.), *Ethische Normen des frühen Christentums. Gut – Leben – Leib – Tugend* (WUNT 313), Tübingen 2013; U. Volp/F. W. Horn/R. Zimmermann (Hg.), *Metapher – Narratio – Mimesis – Doxologie. Begründungsformen frühchristlicher und antiker Ethik* (WUNT 356), Tübingen 2016; U. Volp, *Patristische Perspektiven: Zu den Ursprüngen christlicher Ethik*, in: M. Roth/M. Held (Hg.), *Was ist theologische Ethik? Grundbestimmungen und Grundvorstellungen* (De Gruyter Studium), Berlin/New York 2018, 255–268.

11 Gregor von Nyssa, De anima 13 (GNO 3/3, 72,18–75,11).

Sowohl die Bildhaftigkeit dieser Passage wie die enge Verzahnung von konkreter moralischer Ermahnung mit dem Entwurf einer Vorstellung postmortaler personaler Existenz ist typisch für diese Literatur. Ähnliche Beispiele[12] ließen sich außer in der kappadokischen Theologie auch bei den prominenten Zeitgenossen Johannes Chrysostomos (Antiochia)[13] oder bei Ambrosius (Mailand)[14] finden, der östliche Schöpfungslehre und Eschatologie rezipierte. Sie entstanden alle nicht ohne einen bestimmten historischen Kontext, in dem Tod und Sterben „christianisiert" wurden – ein Prozess, der in seiner Komplexität erst in letzter Zeit deutlich besser verstanden worden ist.[15] Ich will im Folgenden (Abschnitt 2) zunächst diesen Kontext vorstellen und dabei ein besonderes Augenmerk auf die seelsorgerliche und rituelle Sensibilität richten, die viele der genannten Quellentexte auszeichnet. In einem zweiten Schritt will ich (angesichts des zur Verfügung stehenden Raums in extremer Kürze) einige Stichworte zu den in diesen Texten zum Ausdruck kommenden Jenseitsvorstellungen nennen (Abschnitt 3), was für die Einordnung gegenüber den im Teil I dieses Bandes dargestellten philosophischen Grundmodelle notwendig ist. In einem dritten Schritt (Abschnitt 4) will ich aus den zahlreichen ethischen Gedanken dieser Texte ein Beispiel herausgreifen, das für die Debatten im letzten Teil (IV.) von Relevanz ist, wenn es um das sogenannte „selbstbestimmte Sterben" geht.

2 Wie der Tod christianisiert wurde

Wie kam es zu so etwas wie einem „christlichen" Sterben oder auch zu einer „Christianisierung" von Tod, Bestattung und Totengedenken in der Spätantike?[16] Es ist bestritten worden, dass es in der Spätantike relevante Unterschiede zwischen paganen und christlichen Bestattungen, zwischen einer christlichen und einer paganen Sterbevorbereitung oder zwischen paganem und christlichem Totengedenken gegeben hatte. Schließlich ist die christliche Vorstellung einer personalen

12 Vgl. z. B. auch bereits Origenes, Comm. in Ioann. 32,3; Hom. in Jer. 18,1,

13 Vgl. z. B. die zahlreichen ethischen Ermahnungen in den Taufkatechesen oder den Matthäushomilien des Johannes Chrysostomos.

14 Vgl. z. B. Ambrosius, De bono mortis.

15 Vgl. dazu u. a. Volp, *Tod und Ritual*; ders., *Sacra Privata, Family Duties, and the Dead: Insights from the Fathers and Cultural Anthropology*, in: *ARG* 18 (2017), 171–185; ders., *Die Christianisierung des Todes. Zum Nutzen religionswissenschaftlicher Modelle für die Erforschung der Christentumsgeschichte*, in: K. Fitschen/W. Kinzig/A. Kohnle/V. Leppin (Hg.), *Kirchengeschichte und Religionswissenschaft* (AKThG 51), Leipzig 2018, 117–134.

16 Vgl. zu diesem Abschnitt insbesondere meine Ausführungen in Volp, *Christianisierung des Todes*, 117–134.

Fortexistenz nach dem Tod ja nichts Neues gewesen. Die Beiträge im ersten Teil dieses Bandes zeigen eindrücklich, dass abgesehen von einigen wenigen elitären Philosophenzirkeln eine Ganztodtheorie in der Antike wohl nie sehr verbreitet gewesen ist. Nimmt man die erhaltenen Zeugnisse zur Volksfrömmigkeit, zum Totengedenken usw. zum Maßstab,[17] galt das für die allgemeine Bevölkerung schon gar nicht, soweit wir das sagen können. Überhaupt sind solche Theorien menschheitsgeschichtlich und global wohl eher ephemere Phänomene,[18] auch wenn unser mitteleuropäischer Standpunkt hier die Wahrnehmung zuweilen verzerren mag. Die Feststellung von Unterschieden zwischen den Jenseitsvorstellungen verschiedener antiker philosophischer und theologischer Schulen sind davon unbenommen. Sie haben viel mit Differenzen in der Anthropologie zu tun, also wie ganzheitlich, dichotom, trichotom oder gar dualistisch der Mensch und auch Gott gedacht wurden. An dieser Stelle soll die Beobachtung genügen, dass der Glaube an irgendeine Form personaler Fortexistenz nach dem Tod in der Antike als Mehrheitsposition vorausgesetzt werden kann. Wenn sich in dieser Hinsicht die Jenseitsvorstellungen zwischen Nichtchristen und Christen nicht sonderlich unterschieden, wo lagen die Unterschiede dann? Der französische Althistoriker Éric Rebillard ist der Ansicht, dass es eine Trennung zwischen christlichen und nichtchristlichen Bestattungen in der Antike nie gegeben, dass es sich überhaupt bei Sterben und Tod in der Antike um eine „säkulare" Angelegenheit gehandelt hatte und das Christentum daran nichts änderte.[19] Tatsächlich spricht für Rebillards These auf den ersten Blick der rituelle Umgang mit Leichen und der Trauer der Hinterbliebenen: Der grundsätzliche Ablauf (Sterben, Eintreten des Todes, Vorbereitung des Leichnams, Aufbahrung des Leichnams, Bestattung/Kremation, Leichenschmaus, Abschluss der Feierlichkeiten, Fertigstellung der Grabstätte, Totengedenkfeiern usw.) änderte sich nicht durch die Ausbreitung des Christentums. Manche althergebrachten Bräuche wurden beibehalten, zum Teil bis heute, wie etwa das Tragen schwarzer Trauerkleidung. Auch an der Leichenwaschung oder dem Leichenschmaus hat das Christentum wenig verändert. Dies hängt auch mit den verschiedenen Funktionen von Ritualen zusammen, die recht unabhängig von weltanschaulichen oder religiösen Fragen sein können.[20]

---

17 Vgl. dazu etwa Volp, *Tod und Ritual*, 47–95 (mit Lit.).

18 Vgl. nur etwa den Überblick bei A. Hügli, *Tod*, in: J. Ritter/K. Gründer (Hg.), *Historisches Wörterbuch der Philosophie*, Bd. 10, Basel 1998, 1227–1242, der zeigt, dass in den meisten dort vorgestellten Modellen „der Tod nicht als Ende der Existenz, sondern als Übergang in eine andere Seinsform verstanden" wird (ebd., 1227).

19 É. Rebillard, *Religion et sépulture. L'Église, les vivants et les morts dans l'Antiquité tardive* (iiie–ve siècles) (CeS 115), Paris 2003, 200.

20 S. o. die Analyse mithilfe des Modells der *rites de passage* von A. van Gennep, *Übergangsriten*, Frankfurt/New York ^{3}2005 (= *Les rites de passage. Étude systématique des rites*, Paris 1909).

Die grundsätzliche Multidimensionalität von Ritualen bringt es mit sich, dass einzelnen Ritualen in der Analyse mehrere unterschiedliche Funktionen zugewiesen werden können, also neben einer gesellschaftlichen Thematisierung bzw. Dramatisierung des Statuswechsels (z. B. von der Ehefrau zur Witwe) psychologische (den Durchgang durch die Trauerphasen ermöglichende), limitische (Grenzen bestimmende), religiös-transzendente (auf eine ansonsten unsichtbare Welt der Götter/Dämonen verweisende), pädagogische oder rechtliche Funktionen.[21] Alle diese möglichen Funktionen konnten Leben und Sterben der Betroffenen „ordnen". Dass sich auch das antike Christentum damit auseinandersetzte, wird heute kaum noch bestritten. Im Ergebnis fand sich ein Beibehalten, aber auch ein Abschaffen, ein Neuschaffen und eine Umgestaltung von Ritualen.

Die Gründe dafür lassen sich meines Erachtens recht präzise benennen: Wenn es zu einer bestimmten Phase des Prozesses von Sterben, Tod, Bestattung und Totengedenken keine vorhandene rituelle Tradition gab, konnte das Christentum relativ schnell eine neue schaffen. Das betrifft vor allem die Sterbevorbereitung und das Sterben selbst. Es gibt zwar eine Reihe von Sterbeszenen in der römischen und griechischen Historiographie und sonstigen Literatur. Eine kultische, religiöse Begleitung des Sterbenden kennen die meisten antiken Religionen aber nicht. Die antiken Kirchenväter beschrieben dagegen immer wieder eine rituell durch Gebete, Psalmengesang, Eucharistie und das Sich-Bekreuzigen begleitete und geordnete persönliche Sterbevorbereitung prominenter Vorbilder.[22] Sie finden sich in den Todesbeschreibungen der Märtyrer der Christenverfolgung,[23] in Briefen, die vom Ableben eines Bekannten berichten,[24] im Sterbebericht des großen Kirchenvaters Augustinus[25] oder in der Lebensbeschreibung der Makrina, aus der eingangs zitiert wurde. Diese Texte blieben nicht ohne Folgen: Man lernte die darin referierten Gebete und die darin genannten Psalmen zur Sterbevorbereitung auswendig und verlangte nach dem Abendmahl auf dem Sterbebett – genau so, wie man es aus diesen Geschichten und Berichten kannte. Wir beobachten hier das historische Phänomen einer offenbar ziemlich konfliktlosen Neuschaffung von Ritualen, die gewissermaßen eine Leerstelle im rituellen Prozess zu füllen verstanden.

Dagegen wurden Rituale, die ausdrücklich auf eine transzendente Alternative zum Christentum verwiesen, abgelehnt, bekämpft und (oft nicht ohne Konflikte) abgeschafft. Der Charonslohn, d. h. die Münze, die der Leiche als Fährgeld für

21 Vgl. dazu Volp, *Christianisierung*, 126–134; ders., *Sacra Privata*, 171–185.

22 Beispiele bei Volp, *Tod und Ritual*, 156–173.

23 Vgl. z. B. MartPol 14 f.18.

24 Z. B. Augustinus, Ep. 158,2 (CSEL 44, 489,1627).

25 Possidius, Vita Augustini 31.

Styx oder Charon in den Mund gedrückt wurde und die auf den Styx- bzw. Charonsmythos verwies, ist dafür ein klassisches Beispiel, für das ein entsprechender archäologischer Befund vorliegt.[26] Auch für bestimmte Reinigungsriten und für die Instrumentalmusik trifft Ähnliches zu. Problematisch waren hier vor allem die Anklänge an heidnische Spiele und das Theater mit seinen Stoffen aus der paganen Mythen.[27] Rituale wie das Anlegen dunkler Trauerkleidung schließlich, die einerseits nicht eindeutig auf ein transzendentes Bezugssystem hinwiesen und andererseits wichtige individualpsychologische Funktionen erfüllten, überlebten, und zwar auch dann, wenn die Kirchenväter sich negativ dazu äußerten. In einer Trauerpredigt beschreibt der Bischof Gregor von Nazianz das vorbildliche Verhalten der Mutter eines jung Verstorbenen, die zur Beisetzung weder schwarze Trauerkleidung trägt noch sich an der traditionellen Totenklage beteiligt:

> Unter wiederholten Hymnen wird [dem Verstorbenen] das Geleit gegeben, an der Stätte der Märtyrer wird er beigesetzt, mit reinen Händen ehren ihn seine Eltern, seine Mutter trägt hell leuchtende Kleider und beweist damit Frömmigkeit anstelle von Trauer, sie hält mit Weisheitsliebe (φιλοσοφία) ihre Tränen zurück und unterdrückt die Totenklagen mit Psalmen.[28]

Die ritualisierte Totenklage, die dunkle Trauerkleidung und auch der Leichenschmaus halfen den Trauernden im Trauerprozess oder markierten den Statuswechsel der Angehörigen; sie repräsentierten aber auch keine wirkliche transzendente Konkurrenz zum Christentum. Ein Bischof wie Gregor konnte deshalb ein Lob aussprechen, wenn jemand wie hier demonstrierte, seine Affekte und Emotionen im Griff zu haben; das hätte ein stoischer Philosoph freilich genauso einfordern können. In der Tat ist „Weisheitsliebe“, also φιλοσοφία, sogar ausdrücklich als das Motiv der Mutter genannt, und nicht etwa der christliche Glaube.

Individualpsychologische Ritualfunktionen sind seit den späten 1960er Jahren umfangreich erforscht worden, was zur Theoriebildung der „Trauerphasen“ führte. Es wurde festgestellt, wie hilfreich etwa die Beschäftigung der Trauernden mit den Pflichten der Bestattung ist, um die mit der Todesnachricht beginnende Schockphase abzuschließen und den Übergang in eine kontrollierte Phase des Trauerns zu erreichen. So fördert eine Totengedenkfeier in einem gewissen Abstand zum Tod den Abschluss der darauf folgenden regressiven oder depressiven Phase usw.[29] Wie sehr

---

26 Vgl. Volp, *Tod und Ritual*, 50, 170, 200; ders., *Sacra Privata*, 179–183; ders., *Christianisierung des Todes*, 113, 128–130.

27 Vgl. Volp, *Tod und Ritual*, 136–148.247–263.

28 Gregor von Nazianz, Or. 7,15 (SC 405, 218,31–36).

29 Vgl. u. a. Y. Spiegel, *Der Prozeß des Trauerns* (KT 60), Gütersloh 1973/[8]1995; E. Kübler-Ross, *On Death and Dying*, New York/London 1969 (div. Nachdr./Übers.); J. Bowlby/C. Murray Parkes, *Separation and Loss within the Family*, in: E. J. Anthony/C. Koupernik (Hg.), *The Child in his Family*,

die Kirchenväter diese Dynamiken im Blick hatten, zeigt die Erfolgsgeschichte der christlichen Trauerrede.[30] Erfolgreich konnte es nämlich zu einer Christianisierung von Elementen des Umgangs mit dem Tod kommen, wenn diese *eindeutig* verchristlicht werden konnten. Dies war bei der Leichenrede der Fall, die (anders als nonverbale Rituale) „vereindeutigbar" war. Die *oratio* oder *laudatio* wurde zur christlichen Predigt anlässlich des Trauerfalls. Das ist eine so zentrale Gattung geworden, dass wir zahlreiche noch in der Antike publizierte christliche Trauerpredigten kennen, die zweifellos zu Vorbildern vieler weiterer solcher Predigten geworden waren. Bei den Leichenreden kennen wir zum Teil den exakten Zeitpunkt, zu dem sie gehalten wurden. Deswegen kann man hier in der Textanalyse sehr klar zeigen, dass diese Redner die jeweilige Trauerphase der Angehörigen im Blick hatten. Auch bei vielen übrigen Riten lässt sich eine solche Verbindung interessanterweise sehr gut herstellen – das erklärt m. E. auch den Erfolg dieser „Christianisierung" des Todes, wie er ganz wesentlich im vierten Jahrhundert in den christlichen Zentren der antiken Welt stattgefunden hat.

Am problematischsten war ganz offensichtlich die Umgestaltung von Ritualen mit wichtigen individualpsychologischen Funktionen, die außerdem noch eine transzendente Konkurrenz darstellten, wie etwa die der römischen *Parentalia*-Feiern.[31] Diese Totengedenkfeiern an bestimmten Festtagen spielten zweifellos auch eine Rolle für den Fortschritt innerhalb des Trauerprozesses. Dadurch war eine völlige Abschaffung letztlich aussichtslos und widersprach auch den seelsorgerlichen Anliegen vieler Kirchenväter. Die damit verbundenen Trankopfer verwiesen aber auf Dämonen und Totengeister, erfüllten also eine transzendente Funktion, die in Konkurrenz zum Christentum stand, das die Macht dieser Wesen bestritt. Infolgedessen kam es zu einem langwierigen Prozess der Ersetzung der paganen Totengedenkfeiern durch eine große Bandbreite an christlichen Totengedenkritualen.[32] Der komplexe Prozess der historisch fast einzigartigen Neuentwicklung eines bestimmten rituellen Umgangs mit dem Tod und den Toten lässt sich also weitgehend durch die in der rituellen Welt der Antike gegebene Situation erklären. Sie ließ die Neuschaffung und Abschaffung bestimmter ritueller Formen zu oder machte sie sogar erforderlich, führte aber auch zur Kontinuität

---

New York 1970, 197–216; V. Kast, *Trauern. Phasen und Chancen des psychischen Prozesses*, Stuttgart 1982 (= dies., *Zeit der Trauer*, Stuttgart 2006).

30 Vgl. dazu die Analyse bei Volp, *„Wer könnte tränenlos reden"*, 180–186.

31 S. dazu Volp, *Tod und Ritual*, 77–86.

32 So sind bereits sehr früh einfache eucharistische Feiern am Grab belegt. Johannes Chrysostomos hat wohl schon Karfreitagsgottesdienste auf Friedhöfen gefeiert, vgl. den Kontext der Predigt, die dem Text zugrunde liegt: Ioannes Chrysostomos, De coemeterio et de cruce (CPG 3337, PG 49, 393–398). Vgl. dazu Volp, *Tod und Ritual*, 214–239; ders., *Christianisierung des Todes*, 132.

einzelner antiker Traditionen wie etwa der Totenklage, der schwarzen Trauerkleidung oder des Leichenschmauses. Dies ist der – meines Erachtens in der Debatte oft zu wenig berücksichtigte – Kontext, in dem die eschatologischen Vorstellungen entwickelt und diskutiert wurden, um die es nun gehen soll.

3 Sterben, Anthropologie und Jenseitsvorstellungen

Die Erfahrung der Sterblichkeit und die Frage nach dem, was den Menschen nach dem Tod erwartet, hat in der antiken Literatur zu einer großen Bandbreite an Antworten geführt. Sie reichen etwa in der verbreiteten Trostliteratur von der Ermahnung eines guten Lebens angesichts des unausweichlichen Todes über Sorge und Furcht bis hin zu demonstrativer Gleichgültigkeit.[33] Bei allem (formalen) Anschluss an diese Überlieferungen[34] und guter Kenntnis vor allem der stoischen und epikureischen Gedanken,[35] führten der Glaube an die biblische Auferstehungshoffnung[36] und die in enggestrickten christlichen Gemeinschaften wie die Makrinas entwickelten rituellen Formen doch zu maßgeblichen Differenzen zu diesen Traditionen. Die hier zu diskutierenden christlichen Texte nehmen die Angst vor dem Tod ernst, wie etwa die ausführliche Beschreibung der eigenen Gefühle aus der Ich-Perspektive des Autors in *De anima et resurrectione* zeigt. Die Rahmenhandlung des Dialogs lässt aber nun auch erstmals eine rituell ausdifferenzierte Sterbevorbereitung erahnen, die in der dazugehörigen *Vita Macrinae* ausführlich und modellhaft geschildert wird. Die Beschreibung von Makrinas Sterben, Tod, Bestattung und Totengedenken nimmt mehr als ein Drittel der gesamten Lebensbeschreibung ein. Zur Sterbevorbereitung im engeren Sinn gehört die Rede, mittels derer die Sterbende eine Lebensbilanz hinterlässt, die Ausrichtung des Sterbebetts nach Osten,

---

33 Ein Überblick über die erhaltenen Quellen findet sich zuletzt bei N. Baumann, *Sterblichkeit*, in: *RAC* 31 (2022), 59–98.

34 Vgl. nur etwa die sich in zahlreichen Aspekten an antike Vorbilder anlehnende Trostschrift *De bono mortis* des Ambrosius von Mailand.

35 Vgl. dazu etwa M. Vogel, *Commentatio mortis. 2Kor 5,1–10 auf dem Hintergrund antiker ars moriendi* (FRLANT 214), Göttingen 2006; M. Forschner, *„Der Tod ist nichts Gewaltiges“. Stoische und epikureische meditatio mortis*, in: *JBTh* 19 (2004), 297–310.

36 Zur von der patristischen Theologie vielrezipierten biblischen Interpretation von Sterblichkeit gehört neben den Auferstehungstopoi (Joh 11; 1 Kor 15) auch die Protologie und das Verhältnis von Sünde und Tod bei Paulus (Röm 5–7). Vgl. dazu G. Röhser, *Sterblich wegen der Sünde? Zum Verständnis des Todes bei Paulus*, in: P. Becker/C. Heinrich (Hg.), *Theonome Anthropologie? Christliche Bilder von Menschen und Menschlichkeit*, Freiburg et al. 2016, 79–96; M. Vogel, *Der Tod im Neuen Testament vor dem Hintergrund antiker ars moriendi*, in: U. Volp (Hg.), *Tod* (ThTh 12/utb 4887), Tübingen 2018, 57–115.

die Teilnahme am Abendgebet, das Bekreuzigen, die Formulierung eines letzten (im Wesentlichen doxologisch bestimmten) Gebets, das im Wortlaut überliefert wird, die Einnahme einer „angemessenen Haltung“ im Zeitpunkt des Todes usw.[37] Diese Beschreibung ist geprägt von einem klar definierten Schöpfungs- und Menschenbild, das Gregor an anderer Stelle aus seiner Schöpfungslehre argumentativ entwickelt hat.[38] Immer wieder kommt er auf seine anthropologischen, protologischen und eschatologischen Grundannahmen zu sprechen:

> Denn genauso wie sich irgendein Wettläufer freut, schon den Anwesenden zujubelt und seinen Anhängern unter den Zuschauern den Sieg ankündigt, wenn er seinen Gegner überholt hat und bereits ans Ende des Stadions gelangt ist und sich dem Kampfpreis nähert und den Siegeskranz erblickt – so, als ob er sein Ziel schon erreicht hätte – in einer solchen Verfasstheit ermahnte sie uns, das Beste für sie zu erhoffen. Denn sie hatte schon ihren von oben stammenden Kampfpreis erblickt. [...] Meine Seele wurde geradezu enthusiastisch angesichts des Dargebotenen und ihres Heraustretens aus der gewöhnlichen Natur eines Wahrnehmenden. Dass sie nämlich weder in ihren letzten Atemzügen angesichts der Hoffnung auf die Abreise etwas Fremdartiges erlitt noch sich angesichts des Lebensendes fürchtete, [...] das schien mir nicht menschlich zu sein, sondern nach der Art eines Engels, der im Sinne der Heilsordnung Menschengestalt angenommen hatte, bei dem keine Verwandtschaft und keine Hausgemeinschaft mit dem Leben im Fleisch mehr existierte, so dass es nicht unverständlich war, wie ihr Sinn in Leidenschaftslosigkeit verharrte, ohne dass ihn das Fleisch zu den eigenen Leidenschaften herabzog.[39]

Hintergrund für diese Ausführungen ist Gregors Überzeugung, der Mensch sei von Gott als eine Mischung aus himmlischer und irdischer Schöpfung, aus göttlicher und tierischer φύσις, als ein *mixtum compositum* aus Materie und Leidenschaften einerseits, und aus Vernunft und göttlicher Einsicht andererseits erschaffen worden. Es handelt sich um ein Menschenbild, das von anderen christlichen Denkern dieser Zeit geteilt wird.[40] Überhaupt ist es ein Thema, das nach Auskunft der Quellen bei den Zeitgenossen auf großes Interesse stieß.[41] Zur tierischen Natur gehört für Gregor unter anderem die Geschlechtlichkeit, die in der postmortalen Existenz aufgehoben sein wird.[42] Eine angemessene Sterbevorbereitung bedeutet dementsprechend auch immer eine Vorbereitung auf diese zukünftige Existenz jenseits

---

37 Gregor von Nyssa, Vita Macrinae 18–22.

38 S. v. a. Gregor von Nyssa, De opificio hominis. Vgl. dazu zuletzt N. Kiel, *Das Erbe des Origenes bei Gregor von Nyssa. Protologie und Eschatologie im Kontext des Origenismus* (Adamantiana 24), Münster 2022, 113–154.

39 Gregor von Nyssa, Vita Macrinae 18 (GNO 8/1, 392,4–11.395,20–24.396,1–6).

40 Zu denken ist etwa an Gregor von Nazianz (Or. 38,10 f.; vgl. dazu U. Volp, *Die Würde des Menschen. Ein Beitrag zur Anthropologie in der Alten Kirche* [SVigChr 81], Leiden/Boston 2006, 166–172).

41 Vgl. Basilius von Caesarea, Hom. in Hexaemeron 9,6.

42 V. a. ausformuliert bei Gregor von Nyssa, De hominis opificio 16. Vgl. dazu Volp, *Würde des Menschen*, 172–182; Kiel, *Erbe des Origenes*, 143 u.ö.

der Geschlechterdifferenzierung – idealerweise durch eine monastische Lebensweise in Keuschheit und unter Ablegung körperlicher Leidenschaften.

Die Lehre von Gericht und Auferstehung verbindet sich nun mit solchen anthropologischen Überlegungen. Am deutlichsten ist dies bei Johannes Chrysostomos zu sehen, bei dem sich daraus eine stark ethisch ausgerichtete metaphernlastige Predigttätigkeit entwickelt, die das diesseitige Leben als einen geradezu „olympischen" Wettlauf beschreiben kann, für den ein Kampfpreis in der postmortalen Existenz bereitsteht.[43] Zu diesem Bild gehören auch die Mühen und Schmerzen, die jeden athletischen Wettkampf ausmachen und die auch die menschliche Existenz prägen. Dies ist der Hintergrund, vor dem Chrysostomos eine klare Position zu dem entwickelte, was heute oft als „selbstbestimmtes Sterben" bezeichnet wird.[44]

4 Selbstbestimmtes Sterben?

Im antiken Christentum wurde, wie die eingangs zitierte Sterbeszene der Makrina gezeigt hat, ein Ideal des christlichen Sterbens entwickelt, das bis heute kulturell prägend ist. Sterbeszenen finden sich auch in der nichtchristlichen Literatur. Berühmt ist etwa der Tod des stoisch geprägten Philosophen Seneca, der selbst darüber schrieb: „Es war vor dem Beginn des Greisenalters mein Bestreben, in Ehren zu leben; jetzt, da es da ist, geht es darum, in Ehren zu sterben."[45] Tacitus schildert in seinen Annalen das Sterben Senecas als Tod eines Weisen nach dem Vorbild des Sokrates, dessen Tod in Platons Phaidon ausgemalt wurde.[46] Die Kirchenväter kannten diese Texte,[47] wie der Dialog *De anima et resurrectione* des Gregor von

43 Ausführlich ausgestaltet und erhalten etwa in seinen umfangreichen Homilien zum Matthäusevangelium.

44 Zum Folgenden vgl. meine Ausführungen in U. Volp, *Die Macht der Athymie und der Sinn des Leidens. Kirchenväter und Suizidwunsch*, in: M. Pulte/J. Ruthig (Hg.), *Assistierter Suizid. Ethische Fragen und rechtliche Entwicklungen angesichts fortschreitend pluralisierender Lebenswelten*, Würzburg 2022, 65–72; ders., *That unclean spirit has assaulted you from the very beginning. John Chrysostom and Suicide*, in: *StPatr* 47 (2010), 273–286.

45 Seneca, Ep. ad Lucilium 61,2. Vgl. zu Senecas Blick auf das Alter angesichts des bevorstehenden Lebensendes C. Walde, *Selbstbildnis des Philosophen als eines alten Mannes: Senecas Briefe an Lucilius*, in: J. Küchenhoff/C. Pietzcker (Hg.), *Altern. Jahrbuch für Literatur und Psychoanalyse* (Freiburger literaturpsychologische Gespräche 36), Würzburg 2017, 133–167.

46 Tacitus, Annales, 15,60–67.

47 Auch in Gregor von Nyssa, De virginitate, lassen sich Anleihen am Phaidon identifizieren – so jedenfalls etwa M. Hoch, *„Reinheit" und „Ordnung". Leibliches und seelisches Dasein in den Schriften de virginitate, vita Sanctae Macrinae, de anima et resurrectione, de hominis opificio und der oratio catechetica magna des Gregor von Nyssa* (Theos 107), Hamburg 2013, 138.

Nyssa zeigt. Er greift den Phaidon in vielerlei Weise auf, sowohl inhaltlich als auch stilistisch.[48] Statt Sokrates nimmt Makrina die Rolle des Philosophen bzw. der Philosophin ein, die mit ihrem „Schüler“, dem Bruder Gregor, die Frage nach der personalen Fortexistenz nach dem Tod in allen Einzelheiten durchgeht. Zu den Differenzen gehört nicht nur die Tatsache, dass Makrina eine Frau ist (dazu wäre viel zu sagen),[49] sondern auch die eingangs erwähnte biblisch begründete Lehre von der ganzheitlichen Auferstehung. Vor diesem Hintergrund ist nun auf die Frage des „selbstbestimmten Sterbens“ einzugehen, denn auch hier haben die Entscheidungen der Alten Kirche das europäische Denken geprägt, mit Folgen bis heute. Eine bis heute weitverbreitete Ansicht von der Rolle der Kirchenväter für die ethische und moralische „Verurteilung“ des Suizids durch das Christentum lautet ungefähr folgendermaßen: Die griechisch-römische Antike habe genauso wie das vorkonstantinische Christentum ein entspanntes Verhältnis zum Freitod gehabt und Menschen, die in kritischen Situationen einen heldenhaften Tod dem Überleben vorzogen, wurden sogar in besonderen Ehren gehalten, seien es christliche Märtyrer oder um ihre Tugend besorgte Römerinnen.[50] Erst Augustinus habe ein Suizidverbot eingeführt, was bis zur Aufklärung unangetastet geblieben sei. Sogar von einem *Augustinian Reversal* in der Haltung des Christentums wird gesprochen.[51] In der Zeit vor Augustinus konnte gerade einem selbstbestimmt herbeigeführten Abschied aus dieser Welt so einiges abgewonnen werden. Die Sterbeszene der Makrina, die das Ideal einer „Beherrschung“ von Leib und Seele so eindrücklich schildert, scheint diese These zu untermauern. Tatsächlich verraten jedoch sowohl die Suizidbewertungen in der nichtchristlichen als auch in der christlichen Literatur ein breites und komplexes Spektrum von Meinungen.[52] Die überlebende antike Literatur enthält über tausend tatsächlich erfolgte oder literarische Suizide, deren Beurteilung sehr unterschiedlich ausfiel.[53] Die *Augustinian Reversal*-These ist auch vor dem Hintergrund der einhelligen Ablehnung des Suizids durch die östlichen Kir-

48 Vgl. dazu u. a. H. M. Meissner, *Rhetorik und Theologie. Der Dialog Gregors von Nyssa „De anima et resurrectione“* (Pat. 1), Frankfurt 1991.

49 Vgl. dazu bereits die Studie von R. Albrecht, *Das Leben der heiligen Makrina auf dem Hintergrund der Thekla-Traditionen. Studien zu den Ursprüngen des weiblichen Mönchtums im 4. Jahrhundert in Kleinasien* (FKDG 38), Göttingen 1986.

50 Zu denken ist hier etwa an Lucretia, vgl. die Schilderungen bei Livius 1,57–60 und Ovid, Fasti 2,685–855.

51 Vgl. A. Droge/J. Tabor, *A Noble Death. Suicide and Martyrdom Among Christians and Jews in Antiquity*, San Francisco 1992.

52 Vgl. D. Hofmann, *Suizid in der Spätantike. Seine Bewertung in der lateinischen Literatur* (Altertumswissenschaftliches Kolloquium 18), Stuttgart 2007.

53 Vgl. die Zusammenstellung bei A. J. van Hooff, *From Autothanasia to Suicide. Self-killing in Classical Antiquity*, London/New York 1990.

chen problematisch, in denen Augustinus ja nicht rezipiert wurde.[54] Aber vor allem unterschlägt diese Anschauung die differenzierten theologischen, ethischen und auch seelsorgerlichen Positionen, welche die griechischsprachigen Väter entwickelten. Außerordentlich instruktiv ist dafür der Brief des Johannes Chrysostomos[55], der mit einer Diagnose der Suizidmotive des Mönches Stageirios beginnt:[56]

> Du berichtest, dass du sehr leidest, so dass die Macht des Lebensunmuts[57] deine Seele so überwältigte, dass du schon oft kurz davor gewesen bist, dein Leben mit einer Schlinge zu beenden oder dich in einen Fluss oder von einer Klippe zu stürzen [...] Kein Vertrauen in die Zukunft zu haben, ist [für Dich] der höchste Gipfel des Unglücks.[58]

Es folgt eine ausführliche, mit vielen biblischen Beispielen angereicherte Ermahnung zum Durchhalten im psychischen und körperlichen Leiden. Zu lesen sind diese Appelle auch im Kontext der an anderer Stelle grundsätzlicher formulierten Ablehnung des Freitods (selbst in kritischen Situationen) durch Chrysostomos. Auch Jesus wünschte sich in seiner Abschiedsrede, dass seine Jünger in dieser Welt blieben.[59] Daraus ergebe sich, dass es nicht dem Willen Gottes entspreche, wenn Menschen vorzeitig diese Welt verlassen. Deshalb ist ein Mord genauso verboten[60] wie ein Selbstmord, denn sonst würden Mörder ja ein gutes Werk tun, weil sie ihre

54 Vgl. J. Lössl, *Augustine in Byzantium*, in: *JEH* 51 (2000), 267–295.

55 Es kann hier nicht untersucht werden, inwieweit Augustinus von Chrysostomos abhängig ist, auch wenn Augustinus die Schriften des Antiocheners sicherlich kannte. Vgl. z. B. das ausführliche Chrysostomoszitat bei Augustin, Contra Iulianum 1,26 (PL 44, 658; dazu Lössl, *Augustine*, 269, Anm. 9).

56 Vgl. dazu ausführlicher Volp, *That unclean spirit*, 273–286; J. Wright, *Between Despondency and the Demon. Diagnosing and Treating Spiritual Disorders in John Chrysostom's Letter to Stageirios*, in: *Journal of Late Antiquity* 8 (2015), 352–367; U. Volp, *Demonology, Medicine, Ethics or Pastoral Care? John Chrysostom's Letter to Stageirios*: J. Winnebeck/M. Munkholt (Hg.), *In the Grip of the Supernatural: Dependencies above, within, and before us* (Dependency and Slavery Studies 11), Berlin/Boston (erscheint 2023).

57 Wörtlich der „Un-Mut" – gemeint ist die sog. „Athymie", also das Fehlen eines inneren Antriebs im Gegensatz zur – u. a. von Gregor von Nyssa im Zusammenhang mit seiner sterbenden Schwester erwähnten – „Prothymie" (s. o.; Greg. Nyss., Vita Macrinae 23). In der Forschung wurden unterschiedliche Diagnosen mit diesem Begriff in Verbindung gebracht, von der Melancholie (vgl. Hieronymus, Ep. 115,16 [PL 22, 1082A] im Anschluss an die antike Melancholielehre) oder der Akedie (vgl. R. Klibansky/E. Panofsky/F. Saxl, *Saturn und Melancholie. Studien zur Geschichte der Naturphilosophie und Medizin, der Religion und der Kunst*, Frankfurt 1990, 136) bis hin zu einer schweren Depression (vgl. M.-A. Bardolle, *Tristesse [athumia] et Thérapeutique Spirituelle Dans l'Exhortation Á Stagire de Chrysostome*, in: *Lettre de Ligugé* 241 [1987], 6–19).

58 Ioannes Chrysostomus, Ad Stagirium 1,1 (PG 47, 425,54–426,3.20–22).

59 Ioannes Chrysostomus, In ep. ad Gal. comm. 1,4 (PG 61,618).

60 Vgl. dazu ähnlich Augustinus, De civitate Dei 1,20.

Opfer vom Übel der Welt befreiten.[61] Schließlich ist auch angesichts der fehlenden Bußmöglichkeit für einen begangenen Suizid ein solches Handeln von vornherein hochproblematisch.[62]

Aber zurück zu den Suizidmotiven. Die evangelische Theologin Isolde Karle und die Theologen Reiner Anselm und Ulrich Lilie forderten vor einiger Zeit in einem auf breite Resonanz stoßenden Appell zur Beratung zum Schutz der Selbstbestimmung,[63] ein stärkeres Augenmerk auf den Wunsch und die Motivation für den angestrebten Suizid zu richten, bevor Urteile über die „Erlaubtheit" der Selbsttötung gefällt würden. Tatsächlich hätte sich dieser Forderung wohl auch Chrysostomos anschließen können, geht der Brief an Stageirios nicht nur, wie ich gezeigt habe, differenziert auf die Suizidmotivation ein, sondern ist auch von wertschätzender Zuwendung geprägt. Beides ist Voraussetzung für seinen seelsorgerlichen Rat:[64]

> Wir sollten aber jetzt, mein über alles lieber Stageirios, bei dir sein und Anteil an deiner Situation nehmen. Wir sollten Dich mit Zuspruch aufmuntern und mit Taten unterstützen und alles andere versuchen, was Deinen Lebensunmut[65] weniger schwer machen könnte – soweit es uns möglich ist [...] Wenn ich mich zu denjenigen zählen könnte, die bei Gott in hohem Ansehen stehen und bei ihm viel vermögen, so würde ich keine Pause machen, für eine von mir geschätzte Person zu bitten und ihn anzuflehen. [...] Wenn wir aber auch nicht solches gut auszudrücken finden, so wird doch jener unseren Lebensmut[66] gänzlich gutheißen, der uns durch den seligen Paulus befahl, mit den Weinenden zu weinen[67] und sich zu den Niedergeschlagenen[68] zu halten.[69]

In der Analyse der Suizidmotivation konstatiert der antiochenische Prediger eine Differenz zwischen der Selbstwahrnehmung des verzweifelten Ansprechpartners und der eigenen Auffassung. Stageirios selbst hatte offenbar seinen Todeswunsch mit einer unheilbaren Krankheit begründet, die von einem Dämon ausgelöst wird.[70]

---

61 Ioannes Chrysostomus, In ep. ad Gal. comm. 1,4 (PG 61,618).

62 Ioannes Chrysostomus, Hom. 85 in Mt 27 (PG 58,759).

63 I. Karle/R. Anselm/U. Lilie, *Den assistierten professionellen Suizid ermöglichen*, in: *FAZ* 8 (11.1.2021), 6.

64 A. Samellas, *Alienation. The Experience of the Eastern Mediterranean (50–600 A.D.)*, New York, NY 2010, 160–180, kann hier sogar einen tiefenpsychologischen Ansatz erkennen, zumal die biographische Entwicklung des Stageirios, sein Verhältnis zu seinem Vater usw. thematisiert wird.

65 Vgl. obige Anm. 56.

66 „Prothymie", s. obige Anm. 1 und 56.

67 Röm 12,15.

68 Röm 12,16.

69 Ioannes Chrysostomus, Ad Stagirium 1,1 (PG 47, 423,1–425,1.15–17.28–31).

70 Zur Dämonologie in *Ad Stagirium*, zur forschungsgeschichtlichen Einordnung und einer Analyse der Rolle des Dämons für die Argumentation und das ethische Konzept des Chrysostomos vgl. Volp, *Demonology*.

Für Chrysostomos vernachlässigt er dabei aber die eschatologische Perspektive, angesichts derer eine Sinnesänderung dringend angebracht ist. Ist Stageirios nicht vielmehr um Ehre und Ansehen in *dieser* Welt besorgt, die von einer (in der Antike schambehafteten) „Besessenheit" gefährdet wird? Dann wäre die Situation überaus kritisch. Alle theologischen Begründungen des Suizidverbotes sind erst vor diesem Hintergrund notwendig, weil eine falsche Entscheidung, mit der der eigene diesseitige Wettkampf frühzeitig abgebrochen werden würde, individuelle Folgen im Jenseits mit sich ziehen wird.[71] Es folgen seelsorgerliche Ratschläge, wie Stageirios besser das Unwichtige vom Wichtigen zu unterscheiden lernen könnte[72] und unzählige Beispiele aus der jüdisch-christlichen Glaubenstradition von Adam über Kain, den armen Lazarus[73], Paulus, Joseph, Hiob und Jeremia. Im Leiden und in seiner Überwindung ist Stageirios nicht allein, sondern steht in einer jahrhundertealten Solidargemeinschaft des Glaubens.

Dieses Beispiel soll an dieser Stelle genügen um deutlich zu machen, dass zur Perspektive auf den Tod unter den Theologen der Alten Kirche nicht nur theoretische Äußerungen zu Jenseitsvorstellungen oder ethische Urteilsbildungen zur Erlaubtheit des Suizids gehörten. Sie sollten nicht ohne den auch bei anderen zeitgenössischen Theologen gut erkennbaren[74] Kontext der seelsorgerlichen Zuwendung gelesen werden, die sich nicht selten durch eine große Differenziertheit auszeichnet angesichts der spezifischen Situation, in der sich von „Athymie" (Lebensunmut) geplagte Menschen befanden.

5 Fazit: Anfragen des menschlichen Todes

Zum Abschluss sollen einige bilanzierende Thesen folgen. Wie ging das antike Christentum mit Sterben und Tod um? Der historische Befund ist spektakulärer, als es auf den ersten Blick vielleicht scheint. Man kann meines Erachtens heute nicht mehr bezweifeln, dass die Alte Kirche und insbesondere das späte vierte Jahrhundert für grundlegende Neuentwicklungen in diesem Bereich stehen:

1. In der individuellen Zuwendung zu Sterbenden und Trauernden wurde der rituelle Kontext des Todes Stück für Stück erschlossen. Die Sphäre des religiösen Rituals und die des Sterbens und des Todes wuchsen zusammen.

71 Gegen Wright, *Despondency and Demons*.

72 Ioannes Chrysostomus, Ad Stagirium 1 (PG 47, 427.24–28).

73 Lk 16,19–31.

74 Vgl. nur die umfangreiche erhaltene Korrespondenz von spätantiken Geistlichen wie Augustinus.

2. Das Vorgehen der Kirchenväter demonstriert eine hohe Sensibilität für rituelle Funktionen und Trauerphasen – Zusammenhänge, die wir durch die ritualtheoretische Forschung der letzten 200 Jahre und die Sterbeforschung des 20. Jahrhunderts heute besser verstehen. Trotz aller Kritik[75] an mancher dieser Theorien: Der historische Befund ist auch deshalb lehrreich, weil er zeigt, wo Neuentwicklungen erfolgreich sein konnten, wo aussichtslos, und wo und warum bestimmte Konflikte unvermeidlich waren, aber mit guten Gründen frontal angegangen wurden.
3. Dieser Befund der Neuheit ist aus zwei Gründen sehr bemerkenswert: Erstens haben Rituale, und erst recht solche, die mit Sterben und Tod in Verbindung stehen, ein hohes Beharrungsvermögen. Ein guter Teil ihrer Funktionsweise basiert auf ihrer (bisweilen nur theoretischen) Antiquität, auf ihrem Althergebrachtsein. Die Schaffung einer neuen rituellen Welt ist deshalb ein ambitioniertes Unterfangen. Zweitens hatte das Christentum in der Antike mit keinem Vorwurf mehr zu kämpfen als mit dem Neuheitsvorwurf. Der Altersbeweis – „die christliche Lehre ist älter als die Platons" – war deshalb immer schon eines der wichtigsten Werkzeuge der altkirchlichen Apologetik. Aus der besonderen rituellen Situation des Todes in der Antike erwuchs eine Leerstelle, die das Christentum erfolgreich besetzte: Die Kirchenväter fühlten sich nicht nur für den Trauerprozess der Hinterbliebenen zuständig. Hier erlaubte die in der Antike gut eingeführte Trauerrede ein zielgerichtetes Agieren, das in den Quellen gut belegt ist. Vielleicht noch wichtiger wurde nun die Sterbevorbereitung und die rituelle wie seelsorgerliche Begleitung von Sterbenden. Die Bußpraxis der Alten Kirche bot hier bereits seit dem zweiten Jahrhundert ein breites Arsenal an Riten, Gebeten und an biblischen Texten. Dieses Arsenal wurde vorbildhaft von prominenten und weniger prominenten Christen genutzt, so dass sich eine regelrechte Kultur der Sterbevorbereitung entwickelte.

75 Berechtigte Kritik findet sich aus zwei Gründen, einem methodischen und einem seelsorgerlichen: Einerseits konnten Phasenmodelle empirisch bisher kaum zuverlässig verifiziert werden. Andererseits führte die Popularisierung dieser Modelle bei Trauernden immer wieder zu falschen Erwartungen hinsichtlich des Verlaufs ihrer eigenen Trauer, die individuell sehr unterschiedlich verlaufen kann (vgl. dazu etwa K. Wilkening, *Wir leben endlich. Zum Umgang mit Sterben, Tod und Trauer* [Transparent 43], Göttingen 1997, 28–107). Für die historische Analyse bleiben aber diese Modelle als Hilfsmittel zur Beschreibung und zum theoretischen Verständnis der in den erhaltenen Quellen beschriebenen Trauerprozesse unbeschadet dieser Einwände sehr hilfreich.

4. Die vielleicht größte Stärke dieses Textbestandes, das hat das Beispiel der Suizidberatung durch Johannes Chrysostomos gezeigt, war der ungeheuer große virtuelle Raum der Erfahrungen einer Gemeinschaft von Menschen im Glauben – Vorbilder des *Coping*, der Lebensbewältigung auch im Leiden und Sterben.

Als wichtiger Kontext für grundsätzliche patristische Positionen in der Ethik, der Anthropologie und der Eschatologie sind diese Zusammenhänge und Kontexte stets im Blick zu behalten.

Monnica Klöckener

Tod und Auferstehung im Denken des Origenes

1 Hinführung und Eingrenzung des Themas

> [E]s ist unmöglich zu beschreiben, wie die letzten Dinge sind. [...] Was wir sehen [...], sind die mittleren Dinge. Was vor der Welt gewesen ist, wissen wir nicht; allerdings ist vor der Welt etwas gewesen. Was nach der Welt kommen wird, können wir nicht mit Gewissheit erfassen; doch wird es etwas anderes nach der Welt geben. [...] Wer könnte darlegen, was nach der letzten Welt von Ewigkeit zu Ewigkeit geschehen wird? Schwätzer sind die Leute, die Kenntnis darüber versprechen, wissen sie doch, dass der Mensch nur die mittleren Dinge erfassen kann. Und das, was nach der Welt bis zur Vollendung im Gericht geschehen wird – die Strafen, die Belohnung – und viele andere dieser Dinge bleiben uns verborgen.[1]

Über die Deutung des Todes bei dem großen alexandrinischen Theologen Origenes zu schreiben, muss unter dem Vorbehalt stehen, den Origenes in seinen Jesajahomilien formuliert: Die menschliche Erkenntnis reicht nicht über diese Welt hinaus; Aussagen zu Tod und Auferstehung können nicht mit Sicherheit getroffen werden, weil Tod und Auferstehung das irdische Leben überschreiten. Diese Einschränkung hält Origenes allerdings nicht davon ab, trotzdem über das nachzudenken, was nicht mit Gewissheit erkannt werden kann, auch wenn er in *Contra Celsum* schreibt, die „Lehre über die Auferstehung" sei „schwer verständlich".[2] Das Sterben als im Irdischen verorteter Prozess interessiert ihn nicht.

Für Origenes gibt es drei Arten des Todes: einen guten, einen indifferenten und einen schlechten Tod;[3] diese Unterscheidung zieht sich durch alle seine Werke.[4] Mit dieser Dreiteilung steht Origenes in stoischer Tradition, die menschli-

---

1 Origenes, *in Is. hom.* 4,1 (OWD 10, 229, 231). Vgl. M. Harl, *La préexistence des âmes dans l'œuvre d'Origène*, in: L. Lies (Hg.), *Origeniana Quarta: Die Referate des 4. Internationalen Origeneskongresses, Innsbruck, 2.–6. September 1985* (IThS 19), Innsbruck/Wien 1987, 240 f.

2 Origenes, *Cels.* VII 32 (FC 50/5, 1243).

3 Vgl. z. B. Origenes, *dial.* 25 (BGrL 5, 42 f.); H. Crouzel, *Mort et immortalité selon Origène*, in: *BLE* 79,1 (1978), 20–33.

4 Vgl. L. R. Hennessey, *Expressions of Death and Immortality in Homer, Plato and Origen of Alexandria: A Literary and Theological Comparative Study*, Diss. masch., Washington D.C. 1982, 36; ders., *Origen of Alexandria: The Fate of the Soul and the Body after Death*, in: *The second century* 8,3 (1991), 163–178; G. Gruber, *ΖΩΗ: Wesen, Stufen und Mitteilung des wahren Lebens bei Origenes* (MThS.S 23), München 1962, 20–23.

https://doi.org/10.1515/9783111055602-015

che Handlungen ebenso unterteilt,[5] die Unterscheidung aber nicht auf den Tod angewandt hat.[6] Jeder Art des Todes bei Origenes entspricht eine Art der Unsterblichkeit.[7] Der erste, selige[8] Tod ist es, für Gott zu leben und für die Sünde zu sterben.[9] In diesem Sinn ist die Seele sterblich; dieses Sterben ist erstrebenswert.[10] Als zweiten Tod beschreibt Origenes, in einem negativen Sinn für Gott zu sterben:[11] Die Seele eines Menschen, der für Gott tot ist, ist unsterblich in der Strafe.[12] Die ersten beiden Arten des Todes sind ethisch zu verstehen und betreffen die Seele, aber nicht den Leib – anders als der dritte Tod, der den Leib, aber nicht die Seele betrifft.[13] Der physische oder allgemeine Tod[14] ist indifferent; er ist das Absterben des Körpers, wobei die Seele nicht stirbt;[15] nur so kann sie für ihre Taten zur Rechenschaft gezogen werden.[16] Dieser Tod ist für die Guten ein „Tor des Lebens, [...] für den Sünder ein Tor des Todes“[17]. Nur dieser letzte Tod ist für die vorliegende Untersuchung von Interesse.

Die Frage nach der Unsterblichkeit der Seele ist für den Alexandriner eng mit dem Gericht Gottes verbunden.[18] Für Origenes ist klar, dass beim Gericht das Individuum in seinen Handlungen und seinem Glauben[19] beurteilt wird, weshalb

---

5 Vgl. Crouzel, *Mort*, 20 f.; Hennessey, *Origen*, 163; ders., *Expressions*, 1–5; J. Duda, *„Mors est a vita discedere“: Teologiczna koncepcja śmierci w nauczaniu Orygenesa*, in: *Verbum Vitae* 24 (2014), 197–217.

6 Vgl. Hennessey, *Expressions*, 101.

7 Vgl. Hennessey, *Expressions*, 104, 116–118.

8 Vgl. Origenes, *dial.* 25 (BGrL 5, 42).

9 Vgl. Röm 6,2.10; hierzu Hennessey, *Expressions*, 31–36.

10 Vgl. Origenes, *dial.* 26 (BGrL 5, 43); Crouzel, *Mort* 23 f.; B. P. Blosser, *Become like the Angels: Origen's Doctrine of the Soul*, Washington D.C. 2012, 242.

11 Vgl. Origenes, *dial.* 25 (BGrL 5, 42); Ez 18,4.

12 Vgl. Origenes, *dial.* 26 (BGrL 5, 43); Crouzel, *Mort* 22 f.; ders., *Différences entre les ressuscités selon Origène*, in: *Jenseitsvorstellungen in Antike und Christentum: Gedenkschrift für Alfred Stuiber* (JbAC.E 9), Münster 1982, 111 f.

13 Vgl. Hennessey, *Expressions*, 21.

14 Vgl. Hennessey, *Expressions*, 4.

15 Vgl. Origenes, *dial.* 24 f. (BGrL 5, 42); Crouzel, *Mort*, 25 f.

16 Vgl. Origenes, *dial.* 25 f. (BGrL 5, 42); Blosser, *Become*, 240.

17 L. Brühl, *Die Erlösung des Menschen durch Jesus Christus: Anthropologische und soteriologische Grundzüge in der Theologie des Origenes*, Bd. 1, Diss. masch., Münster 1970, 227.

18 Vgl. bes. Origenes, *princ.* II 10,1 (TzF 24, 419, 421); D. Rankin, *The Early Church and the Afterlife: Post-Death Existence in Athenagoras, Tertullian, Origen and the Letter to Rheginos*, London/New York 2018, 112.

19 Vgl. Origenes, *dial.* 8 (BGrL 5, 32): „Man muß jedoch wissen, daß wir vor dem göttlichen Gericht nicht ‚*allein wegen des Glaubens*‘ [vgl. Jak 2,24] gerichtet werden, als ob die Lebensführung nicht geprüft würde, und auch nicht allein wegen der Lebensführung, als ob der Glaube nicht untersucht würde.“

die Kontinuität zum irdischen Leben garantiert sein muss.[20] Gleichzeitig muss sich das himmlische Leben vom irdischen unterscheiden, da es etwa sinnlos wäre, wenn man im himmlischen Leben erneut sterben könnte.[21] Daher bewegt sich das Denken des Origenes über Tod und Auferstehung im Spannungsfeld von Kontinuität und Differenz zu den Annahmen über das irdische Leben.[22] Neben dem Eschaton[23] ist es eng mit der Protologie verknüpft,[24] weil Origenes davon ausgeht, dass am Ende ein verlorener Urzustand (oder etwas, was diesem ähnlich ist, da ein Fortschritt möglich ist) wieder hergestellt wird.[25]

Für Origenes ist der Mensch aus Geist, Seele und Leib (*πνεῦμα* oder *νοῦς*, *ψυχή*, *σῶμα*) zusammengesetzt;[26] der Leib ist irdisch und vergänglich, das Pneuma ist geistig und unvergänglich. Die Seele vermittelt zwischen beiden und kann je nach ethischem Handeln zum Geistigen oder zum Irdischen streben. Aufgrund dieser Anthropologie sind die Fragen nach Tod und Auferstehung auch Fragen nach Geist und Materie. In der Forschung werden zwei Positionen vertreten:[27] Eine nimmt an,

---

20 Vgl. Rankin, *Afterlife*, 133; Crouzel, *Différences*, 108: Die Menschen werden in ihrem eigenen Rang auferstehen, abhängig vom irdischen Leben.

21 Vgl. Blosser, *Become*, 251.

22 Vgl. Crouzel, *Mort*, 19: Origenes hat mehr als jeder andere Theologe der ersten Jahrhunderte die Identität und Differenz zwischen irdischem und auferstandenem Leib gemäß 1 Kor 15,35–38 ernst genommen; vgl. ders., *L'anthropologie d'Origène: de l'archē au telos*, in: U. Bianchi/H. Crouzel (eds.), *Arché e Telos: L'antropologia di Origene e di Gregorio di Nissa. Analisi storico-religiosa. Atti del colloquio. Milano, 17–19 Maggio 1979*, Mailand 1981, 45.

23 Mehr zu Origenes' Eschatologie bei J. A. McGuckin, *Origen's Eschatology*, in: R. E. Heine/K. J. Torjesen (eds.), *The Oxford Handbook to Origen*, Oxford 2022, 410–426.

24 Vgl. P. Heimann, *Erwähltes Schicksal: Präexistenz der Seele und christlicher Glaube bei Origenes* (TBF 5), Tübingen 1988, 7.

25 Vgl. Origenes, *princ.* I 6,2 (TzF 24, 218 f.): „(Alle aber) werden wieder durch die Güte Gottes, die Unterwerfung unter Christus und die Einheit im heiligen Geist zu dem einen Ende gebracht, das dem Anfang gleicht [*initio similis*]." G. Bürke, *Des Origenes Lehre vom Urstand des Menschen*, in: *ZKTh* 72,1 (1950), 21–23; H. Crouzel, *L'apocatastase chez Origène*, in: L. Lies (Hg.), *Origeniana Quarta: Die Referate des 4. Internationalen Origeneskongresses. Innsbruck, 2.–6. September 1985* (IThS 19), Innsbruck/Wien 1987, 286; J. Rius-Camps, *La hipótesis origeniana sobre el fin último (peri telous)*, in: U. Bianchi/H. Crouzel (eds.), *Arché e Telos: L'antropologia di Origene e di Gregorio di Nissa. Analisi storico-religiosa. Atti del colloquio. Milano, 17–19 Maggio 1979*, Mailand 1981, 95–97; H. Crouzel, *Théologie de l'image de Dieu chez Origène* (Theol(P) 34), Aubier 1956, 221; Heimann, *Schicksal*, 43 f. Zum Fall in *princ.* N. P. Williams, *The Ideas of the Fall and of Original Sin: A historical and critical Study*, London 1927, 210–219; N. Kiel, *Das Erbe des Origenes bei Gregor von Nyssa: Protologie und Eschatologie im Kontext des Origenismus* (Adamantiana 24), Münster 2022, 50–65.

26 Vgl. Origenes, *dial.* 6 (BGrL 5, 31 / SC 67, 69–71); Heimann, *Schicksal*, 130.

27 Vgl. J. Rius-Camps, *La suerte final de la naturaleza corpórea según el* Peri Archon *de Orígenes*, in: *VetChr* 10 (1973), 291; A. Fürst, *Matter and Body in Origen's Christian Platonism*, in: B. Bitton-Ashkelony et al. (eds.), *Origen's legacy in the Holy Land – a Tale of three Cities: Jerusalem, Caes-*

dass für Origenes der Mensch zu Beginn und am Ende der Welt gänzlich frei von Materie ist;[28] die andere argumentiert, dass rationale Wesen niemals komplett körperlos sein können, sondern nach der Auferstehung einen ätherischen Körper behalten.[29] Ätherisch, beinahe immateriell, ist die Natur der feinsten und reinsten Körper; Äther ist auch der Ort im Himmel, an dem diese Körper leben, weil sie ihrem Umfeld angepasst sein müssen.[30] Es lassen sich Argumente für beide Positionen der Forschung finden:[31] Origenes denkt über die Auferstehung des Leibes, die Natur der verwandelten Leiber und über Körperlosigkeit am Ende der Welt nach.[32] Die Unkörperlichkeit steht in platonischer Tradition, die Auferstehung der Leiber ist biblisch.[33] Es erschwert die Interpretation der Textstellen, dass „unkörperlich" für Origenes ebenso „völlig ohne Körper" wie „ohne irdischen Körper, aber mit einem ätherischen Körper" sowie moralisch ein „nicht vom Körper und seinen Bedürfnissen geleitetes Leben" bedeuten kann.[34] Außerdem bleiben wir mit einigen Unsicherheiten zurück, da die Auslegung zu Gen 1–3 nur in wenigen Abschnitten,

area and Bethlehem. Proceedings of the 12th International Origen Congress, Jerusalem, 25–29 June, 2017 (BETL 302), Leuven et al. 2019, 576.

28 Vgl. z. B. E. de Faye, *Origène: Sa vie, son œuvre, sa pensée*, Bd. 3: *La doctrine* (BEHE.R 44), Paris 1928, 72–78; M. S. M. Scott, *Journey Back to God: Origen and the Problem of Evil*, New York 2012, 126; A.-C. Jacobsen, *The Constitution of Man according to Irenaeus and Origen*, in: B. Feichtinger/S. Lake/H. Seng (Hg.), *Körper und Seele: Aspekte spätantiker Anthropologie*, München 2006, 82–84. H. Crouzel, *La doctrine origénienne du corps ressuscité (1)*, in: *BLE* 81 (1980), 187, kritisiert, dass anderslautende Passagen einer Fehlübersetzung Rufins zugeschrieben werden; dies macht auch H. Strutwolf, *Gnosis als System: Zur Rezeption der valentinianischen Gnosis bei Origenes* (FKDG 56), Göttingen 1993, 336–340.

29 Vgl. Bürke, *Origenes*, 15–17; Heimann, *Schicksal*, 136: *σῶμα* ist nach dem Tod ein „mit ätherischem Leben erfüllter, geschlechtlich nicht differenzierter Leib [...], der vom sterblichen Fleisch [...] getrennt ist." Vgl. Crouzel, *Théologie*, 247–249; B. Edgar, *Biblical Anthropology and the Intermediate State: Part I*, in: *EvQ* 74,1 (2002), 41 f.; M. Simonetti, *Alcune osservazioni sull'interpretazione Origeniana di* Genesi *2,7 e 3,21*, in: *Aev.* 36 (1962), 379 f.

30 Vgl. Crouzel, *La doctrine (1)*, 191–195; Hennessey, *Expressions*, 258 f.

31 Vgl. U. Berner, *Selbstinterpretation und Unsterblichkeitsglaube in Religion und Religionswissenschaft: Untersuchungen über alttestamentliche und frühchristlich-alexandrinische Texte und zur historischen Religionsphänomenologie*, Diss. masch., Göttingen 1974, 180.

32 Vgl. H. Crouzel, *Le thème platonicien du ‚véhicule de l'âme' chez Origène*, in: *Did(L)* 7 (1977), 236.

33 Vgl. edb.; ders., *L'apocatastase*, 284 f.

34 Vgl. Origenes, *princ.* I praef. 8 f. (TzF 24, 94–99); Hennessey, *Expressions*, 245, 250; ders., *A Philosophical Issue in Origen's Eschatology: The Three Senses of Incorporeality*, in: R. J. Daly (ed.), *Origeniana Quinta: Historica, Text and Method, Biblica, Philosophica, Theologica, Origenism and Later Developments. Papers of the 5th International Origen Congress. Boston College, 14–18 August 1989* (BETL 105), Leuven 1992, 373–380. Crouzel, *La doctrine (1)*, 188 f.; ders., *L'anthropologie*, 41 f.

Fragmenten und Katenen überliefert[35] und der Traktat *De resurrectione*, den Origenes in *De principiis* erwähnt,[36] verloren ist.[37]

In unserem Beitrag gehen wir den Überlegungen des Origenes zu Tod und Auferstehung nach. Dabei zeigen wir, wie Origenes über die Frage nachdenkt, ob der Mensch frei von Materie sein kann (2.). Hierbei geht es eher um einen Zustand nach dem Tod, auch wenn dieser nicht statisch, sondern dynamisch ist. Dann betrachten wir die Unsterblichkeit der Seele sowie die Verwandlung des sterblichen Leibes (3.). Damit gerät der Prozess der Verwandlung in den Blick. Es wird sich zeigen, dass die Aussagen des Origenes in verschiedenen Schriften nicht eindeutig sind (4.).

2 Kann der Mensch frei von Materie sein?

Origenes denkt immer wieder darüber nach, ob Vernunftwesen jemals ohne Körper sein können oder nicht. Es gibt Passagen in seinen Werken, die nur die Trinität als körperlos und die Körperlichkeit der Menschen als notwendiges Charakteristikum ihrer Geschöpflichkeit beschreiben,[38] während andere die Körperlosigkeit der Vernunftwesen als Option präsentieren. Diese Ambivalenz liegt darin begründet, dass Origenes seine Überlegungen nicht als sichere Behauptungen darstellt, sondern behutsam Denkoptionen durchgeht.[39] In diesem Kapitel liegt der Fokus auf der (im-)materiellen Existenzform der Menschen nach dem Tod.

2.1 Option A: Der Mensch ist immer mit Materie verbunden

An einigen Stellen sieht Origenes den Menschen notwendigerweise stets mit einem Körper verbunden. So schreibt er:[40]

> Dieses (körperliche Sein) muß so lange bestehen bleiben, wie das besteht, was seiner zur Bekleidung bedarf. Nun werden aber immer vernünftige Wesen da sein, die einer körperlichen Bekleidung bedürfen. Folglich wird auch immer ein körperliches Sein bestehen, das die vernünftigen Geschöpfe zu ihrer Bekleidung benutzen müssen.[41]

35 Vgl. Fürst, *Matter*, 576 f.

36 Vgl. Origenes, *princ.* II 10,1 (TzF 24, 421).

37 Vgl. A. Fürst, *Origenes: Grieche und Christ in römischer Zeit* (Standorte in Antike und Christentum 9), Stuttgart 2017, 23.

38 Vgl. M. J. Edwards, *Origen's two Resurrections*, in: *JThS* 46,2 (1995), 504; Bürke, *Origenes*, 16.

39 Vgl. F. Refoulé, *Immortalité de l'âme et résurrection de la chair*, in: *RHR* 16,1 (1963), 16.

40 Vgl. Crouzel, *La doctrine (1)*, 188.

41 Origenes, *princ.* IV 4,8 (TzF 24, 813).

Einmal sagt Origenes, dass er es für beinahe unmöglich und sehr schwierig hält, dass Vernunftwesen völlig körperlos sind,[42] während er nur die Trinität als immateriell beschreibt:

> Wenn jemand glaubt, bei diesem Ende [dem seligen Ende mit der Erneuerung von Himmel und Erde] würde die materielle Natur völlig vergehen, so kann er auf keine Weise meinem Argument entgegentreten, wie denn all diese Wesenheiten ohne Körper leben und existieren können, wo es doch nur Gott, d. h. dem Vater, dem Sohn und dem heiligen Geist, eigentümlich ist, daß seine Existenz ohne materielle Substanz und ohne körperliche Beimischung denkbar ist.[43]

Ein Argument dafür, dass der Mensch immer mit Körper gedacht werden muss, sieht Origenes in der Erschaffung des Menschen, wie sie in den ersten Kapiteln der Genesis erzählt wird. Der Mensch besteht für Origenes aus einem inneren und äußeren Menschen.[44] Bei der Schöpfung wurde laut Origenes zunächst der innere Mensch nach dem Bild Gottes (Gen 1,26 f.)[45] erschaffen.[46] An diesem inneren Menschen findet sich keine Materie, weil er nicht aus Erde geschaffen wird.[47] Die zweite Schöpfung in Gen 2,7[48] ist die Erschaffung des Körpers,[49] allerdings eines ätheri-

42 Vgl. Origenes, *princ.* II 2,1 (TzF 24, 296 f.). Bemerkenswerterweise halten einige Wissenschaftler diese Bemerkung für einen Einschub Rufins in die Übersetzung, vgl. Görgemanns/Karpp, in: TzF 24, 297 Anm. 4; anders etwa H. Cornélis, *Les fondements cosmologiques de l'eschatologie d'Origène*, in: *RSPhTh* 43,1 (1959), 67 f. Immaterialität aber ist für Origenes kein Charakteristikum geschaffener Wesen, vgl. Hennessey, *Expressions*, 65–67.

43 Origenes, *princ.* I 6,4 (TzF 24, 231). Vgl. Rius-Camps, *La hipótesis*, 65 f.; Hennessey, *Issue*, 374 f.; Scott, *Journey*, 121 f.; Crouzel, *La doctrine (1)*, 187 f.; ders., *L'anthropologie*, 43; ders., *Le thème*, 228; Heimann, *Schicksal*, 136; Kiel, *Erbe*, 325 f.

44 Vgl. Jacobsen, *Constitution*, 80.

45 Vgl. H. J. Vogt, *Die Exegese des Origenes in* Contra Celsum – *Das neue Interesse an der Eschatologie*, in: ders., *Origenes als Exeget*, Paderborn et al. 1999, 152–155; A. J. Hobbel, *The* Imago Dei *in the Writings of Origen*, in: *StPatr* 21 (1989), 301–307.

46 Vgl. Origenes, *in Gen. hom.* 1,13 (OWD 1/2, 50–57); Heimann, *Schicksal*, 91 f.; Crouzel, *Théologie*, 150; Jacobsen, *Constitution*, 78–80.

47 Vgl. Origenes, *dial.* 15 f. (BGrL 5, 37); C. Blanc, *L'attitude d'Origène a [sic] l'égard du corps et de la chair*, in: *StPatr* 17 (1982), 848; Heimann, *Schicksal*, 107 f.; Williams, *Ideas*, 212: Die ganz zu Beginn geschaffenen rationalen Wesen sind „immaterial and bodiless", als Geschöpfe aber veränderungsfähig und mit Freiheit begabt.

48 Weitere Texte zur doppelten Schöpfung bei Crouzel, *Théologie*, 148 Anm. 8.

49 Vgl. Crouzel, *Théologie*, 148; Berner, *Selbstinterpretation*, 30; H. Rahner, *Das Menschenbild des Origenes*, in: *ErJb* 15 (1947), 212 f.; J. A. McGuckin, *Image of God*, in: ders. (ed.), *The Westminster Handbook to Origen*, Louisville 2004, 131–134.

schen Körpers, da auch dieser Schöpfungsakt vor dem Sündenfall geschieht.[50] Die Erschaffung der irdischen Welt sieht Henri Crouzel erst am Ende von Gen 3.[51] Die Ausstattung von Adam und Eva mit Fellhäuten (Gen 3,21) steht für ihn nicht für eine substanziell neue Schöpfung, sondern für eine Veränderung der Eigenschaften des ätherischen Körpers zu einem schweren, sterblichen Körper.[52] Somit wäre der Mensch am Anfang nicht völlig ohne Materie, sondern hätte einen ätherischen Leib.

Mehrere Stellen,[53] die zunächst den Eindruck erwecken könnten, der Mensch könnte ohne Materie sein, sind wohl ethisch zu verstehen.[54] So schreibt Origenes beispielsweise in seiner *Exhortatio ad martyrium*[55] an seinen Mäzen Ambrosius und einen Presbyter von Cäsarea (beide sind in der Verfolgung unter Maximinus Thrax gefährdet):[56] Gott mit ganzer Seele zu lieben, bedeutet, dass sich die Seele „nicht nur vom irdischen Körper, sondern von jeglichem Körper“[57] trennt. Nur wer sich von allem Körper losreißt, kann ohne Zaudern das Martyrium auf sich nehmen.[58] Es geht hier um die Abkehr vom Irdischen und nicht darum, was sich im Tod für den Leib und die Materie ergibt.

Dass die Menschen nach der Auferstehung einen materiellen Leib haben, könnte man auch aus der Auferstehung Christi folgern: Christus hat nach der Auferstehung einen für die Menschen sichtbaren Leib;[59] somit muss er materiell sein.[60] Dies würde bedeuten, dass auch der Auferstehungsleib der Menschen nicht frei von Materie ist. Allerdings befindet sich Christus bei der Begegnung mit Maria Magdalena in einer Art Zwischenzustand, weil er seinen Geist, den er dem

---

50 Vgl. Crouzel, *Le thème*, 232; ders., *Mort*, 26 f.; Hennessey, *Expressions*, 68; Harl, *La préexistence*, 245. Zu Präexistenz und Genesisauslegung vgl. P. W. Martens, *Origen's Doctrine of Pre-Existence and the Opening Chapters of Genesis*, in: *ZAC* 16 (2013), 516–549.

51 Vgl. Crouzel, *L'anthropologie*, 43–45; ders., *Théologie*, 218 f.

52 Vgl. Crouzel, *Le thème*, 232 f.; Hennessey, *Expressions*, 53–59; Blosser, *Become*, 200 f.; Simonetti, *Osservazioni*, 380 f.

53 So auch Origenes, *in Ioh. comm.* I 17,97 (SC 120, 110 f.); vgl. Fürst, *Matter*, 582.

54 Vgl. Crouzel, *L'anthropologie*, 41 f.

55 Vgl. C. J. Berglund, *A Desirable Death: The Philosophical Context of Origen's* Exhortation to Martyrdom, in: A. Fürst (ed.), *Origeniana Tertia Decima: Origen and Philosophy. A Complex Relation. Proceedings of the 13th International Origen Congress, Münster, 15–19 August, 2022* (BETL), Leuven *[im Druck]*. Er zeigt, wie Origenes den griechisch-römischen Gedanken des erstrebenswerten Todes christianisiert, indem er ihn mithilfe der biblischen Schriften stützt.

56 Zu dieser Schrift und dem Tod des Märtyrers Crouzel, *Mort*, 33–36.

57 Origenes, *mart.* 3 (OWD 22, 33). Vgl. Hennessey, *Expressions*, 88.

58 Vgl. Origenes, *mart.* 3 (OWD 22, 33).

59 Vgl. Joh 20,14–17.

60 Vgl. Origenes, *dial.* 8 (BGrL 5, 32); H. Chadwick, *Origen, Celsus, and the Resurrection of the Body*, in: *HTR* 41 (1948), 100; M. Simonetti, *La morte di Gesù in Origene*, in: *RSLR* 8 (1972), 30 f.; H. Crouzel, *La doctrine origénienne du corps ressuscité (suite)*, in: *BLE* 81 (1980), 259–261.

Vater anvertraut hatte (der Leib ist im Grab, die Seele im Hades), noch nicht zurückerhalten hat.[61]

2.2 Option B: Der Mensch kann frei von Materie sein

Andere Aussagen des Origenes lassen es möglich oder gar notwendig erscheinen, dass der Mensch ohne Materie existiert. So schreibt Origenes von einem körperlosen Anfangs- und Endzustand, wenn er zwischen der Grundlegung des Kosmos und der Erschaffung der Kreaturen unterscheidet und annimmt, als allererstes wären die reinen Vernunftwesen völlig ohne Körper:[62]

> Wenn alle Wesen, wie die logische Überlegung zwingend ergibt, (einst) ohne Körper lebten, dann wird alle körperliche Wesenheit wieder vergehen, und sie, die einmal aus dem Nichts geschaffen wurde, wird zum Nichts zurückkehren.[63]

Er begründet den möglichen körperlosen Endzustand damit, dass Gott ohne Körper leben kann. Dann aber müsste dies allen anderen Wesen ebenso möglich sein, weil alles zum selben Ziel strebt, und dann würde die körperliche Substanz verschwinden. Allerdings könnte es eine Zeit geben, in der sie wieder notwendig wird,[64] wohl als Erziehungsprozess, wenn sich die Vernunftwesen wieder von Gott abwenden.[65] Origenes skizziert also ein potenziell primär zyklisches Weltbild (dem dennoch eine gewisse Linearität innewohnt[66]), wofür er bereits in der Spätantike kritisiert wurde,[67] doch dieses Weltbild bleibt ein Gedankenspiel.[68]

---

61 Vgl. Origenes, *dial.* 7 f. (BGrL 5, 32); Crouzel, *Mort (suite)*, 191 f.; ausführlicher ders., *L'Hadès et la Géhenne selon Origène*, in: *Gr.* 59 (1978), 297–301; Hennessey, *Expressions*, 80–83.

62 Vgl. E. A. Dively Lauro, *Fall*, in: J. A. McGuckin (ed.), *The Westminster Handbook to Origen*, Louisville 2004, 100 f.; Kiel, *Erbe*, 39–49.

63 Origenes, *princ.* II 3,2 (TzF 24, 300 f.). Zur Frage, ob Origenes sich an dieser Stelle festlegt, vgl. Berner, *Selbstinterpretation*, 175.

64 Vgl. Origenes, *princ.* II 3,2 (TzF 24, 300 f.); ders., *princ.* II 3,3 (TzF 24, 310 f.). In ders., *princ.* III 6,6 (TzF 24, 660 f.) formuliert er, dass die verwandelten Leiber nicht mehr von Gott abfallen, weil Gott dies so will. Vgl. R. Roukema, *„Die Liebe kommt nie zu Fall" (1 Kor 13,8A) als Argument des Origenes gegen einen neuen Abfall der Seelen von Gott*, in: W. A. Bienert/U. Kühneweg (Hg.), *Origeniana septima: Origenes in den Auseinandersetzungen des 4. Jahrhunderts* (BETL 137), Leuven 1999, bes. 20–23.

65 Vgl. Rius-Camps, *La hipótesis*, 93–95; Rahner, *Menschenbild*, 204 f.; Crouzel, *La doctrine (suite)*, 264 f., betont, dass Origenes in allen anderen Werken außer in *princ.* den Auferstehungszustand als definitiv betrachtet.

66 Vgl. H. U. von Balthasar, *Apokatastasis*, in: *TThZ* 97 (1988), bes. 172 f., 175 f.

67 Vgl. Görgemanns/Karpp, in: TzF 24, 299 Anm. 2.

68 Vgl. Berner, *Selbstinterpretation*, 176.

Origenes präsentiert noch eine andere Option, die ein unkörperliches Dasein für die Vernunftwesen denkbar macht. Es besteht nämlich die Notwendigkeit, dass sich die Körper der Vernunftwesen wieder ins Nichts auflösen, wenn vernünftige Wesen ohne Körper in einem besseren Zustand sind als mit Körper:

> Falls aber jemand nachweisen kann, daß das unkörperliche, vernünftige Wesen, wenn es sich des Körpers entledigt hat, für sich allein lebt und sich schlechter befand, als es mit den Körpern bekleidet war, sich dagegen besser befindet, wenn es sie ablegt, dann folgt daraus zwingend, daß das körperliche Sein nicht ursprünglich ist, sondern in zeitlichen Abständen ins Dasein tritt wegen gewisser Zwischenfälle bei den Vernunftwesen [*ob varios motus rationabilium creaturarum*], die (dann) der Körper bedürfen, und daß diese Körper sich wieder ins Nichtsein auflösen, wenn die Besserung (der Vernunftwesen) vollendet ist; und dies geschieht immerfort.[69]

Die Formulierung „falls jemand nachweisen kann“ bedeutet, dass Origenes nicht sicher ist, ob vielleicht jemand diesen Nachweis erbringen kann. Wenn es aber stimmt, dass es für Vernunftwesen schlechter ist, mit Körpern bekleidet zu sein, müssen sie am Anfang körperlos gewesen sein und müssen die Körper wieder verschwinden.

Neben philosophischen Argumenten zieht Origenes Bibelstellen hinzu, um zu beantworten, ob Vernunftwesen ohne Körper sein können. Wenn das Vergängliche die Unvergänglichkeit und das Sterbliche die Unsterblichkeit angezogen hat (1 Kor 15,53–56),[70] wird vielleicht (*forsitan*) jede körperliche Natur verschwinden, da nur in ihr der Tod wirken kann.[71] Das Vergängliche und Sterbliche deutet Origenes als körperliche Materie, die mit der unvergänglichen Seele bekleidet wird,[72] wobei die Seele der sterblichen Substanz Unsterblichkeit verleiht.

Zwischen Tod und Auferstehung sind die Seelen der Verstorbenen aktiv.[73] Sie verweilen bei einem längeren Erziehungsprozess[74] zunächst in feineren Körpern, die der Tod nicht mehr besiegen kann, während die materielle Natur nach und nach verschwindet.[75] In den meisten Texten des Origenes haben sie in diesem Zu-

69 Origenes, *princ.* IV 4,8 (TzF 24, 812 f.).

70 Zu 1 Kor 15 im Kontext bei Paulus vgl. D. B. Martin, *The Corinthian Body*, London/New Haven 1995, bes. 104–136; F. Bovon, *The Soul's Comeback: Immortality and Resurrection in Early Christianity*, in: *HTR* 103,4 (2010), 401.

71 Vgl. Berner, *Selbstinterpretation*, 177: „Wenn Origenes sich hier so vorsichtig ausgedrückt hat, muß auch der Interpret vorsichtig sein, ihn auf eine Meinung festzulegen.“

72 Vgl. Origenes, *princ.* II 3,2 (TzF 24, 302–305).

73 Vgl. Rankin, *Afterlife*, 66.

74 Vgl. Origenes, *princ.* II 3,2 (TzF 24, 306 f.); Heimann, *Schicksal*, 110: „Origenes [...] wertet die Welt grundsätzlich positiv: Sie ist als Mittel zur Erziehung und zur Besserung der von Gott gefallenen Seelen geschaffen worden.“ Vgl. Kiel, *Erbe*, 55–65.

75 Vgl. Origenes, *princ.* II 3,3 (TzF 24, 306 f.).

stand einen glänzenden, lichtähnlichen[76] Leib: Es gibt etwas, das die Seelen umhüllt (wie der platonische Seelenwagen).[77] Einerseits befinden sie sich in diesem Lernprozess „an einem Ort auf der Erde [...], den die heilige Schrift ‚Paradies' nennt,[78] gleichsam an einer Stätte der Erziehung und sozusagen in einem Hörsaal, einer Schule der Seelen".[79] Andererseits bevölkern sie, wohl als zweite Stufe nach der Seelenschule,[80] die Luft zwischen Himmel und Erde.[81] An diesen Orten gelangen sie zu mehr Erkenntnis über das vergangene und kommende Leben.[82] Dabei ist ethisch bedingt, wie schnell jemand voranschreitet – eine für Origenes typische Annahme.[83] Irgendwann sind sie so weit fortgeschritten,

> daß wir nicht mehr Fleisch und Leib, ja vielleicht auch nicht mehr Seelen sind, sondern Vernunft und Denken, die sich der Vollkommenheit nähern, [...] so wird (diese Vernunft) die vernünftigen, intelligiblen Wesenheiten ‚von Angesicht zu Angesicht' schauen (vgl. 1 Kor. 13,12).[84]

Die Seelen legen also die irdischen Körper ab und bekommen immer feinere, leichtere Körper;[85] möglicherweise werden sie sogar reine Vernunft.[86] Als ob die Seelen am Schluss ganz ohne Materie wären klingt eine Aussage in der *Exhortatio ad martyrium*: „[K]ein Wesen, das sich in einem Körper befindet", kann die Geheimnisse Gottes „begreifen [...], ohne nicht vorher alles Körperliche abgelegt zu haben".[87] Hier könnte Origenes andeuten, dass der Mensch am Ende der Zeiten frei von Materie ist, weil er sonst die Geheimnisse Gottes nicht erkennen könnte, doch könnte diese Stelle auch ethisch verstanden werden.

---

76 Vgl. Origenes, *Cels.* II 60 (FC 50/2, 472f.); Hennessey, *Issue*, 377f. So beschreibt Origenes andernorts auch die ätherischen Körper der Engel und derer, die ihnen ähnlich sind; vgl. Crouzel, *Mort (suite)*, 185f.; ders., *La doctrine (1)*, 185f.

77 Vgl. Crouzel, *Mort (suite)*, 182.

78 Für McGuckin, *Eschatology*, 424, ist klar, dass dieser Ort „cannot be located within this present order of creation", sondern „lies in another order and state of creation".

79 Origenes, *princ.* II 11,6 (TzF 24, 453). Vgl. Hennessey, *Expressions*, 266f.; C. J. Gousmett, *Shall the Body strive and not be crowned? Unitary and instrumentalist anthropological models as keys to interpreting the structure of Patristic eschatology*, Diss., Dunedin 1993; mit neuer Paginierung online unter earlychurch.org.uk/book_gousmett.php, 190 (Zugriff am 20.02.2023): Clemens von Alexandrien und Origenes sind die ersten, die annehmen, dass nicht nur Märtyrer, sondern alle Heiligen nach dem Tod direkt ins Paradies gelangen. Vgl. Blosser, *Become*, 244f.; Rankin, *Afterlife*, 63.

80 Vgl. Kiel, *Erbe*, 318–326.

81 Vgl. Origenes, *princ.* II 11,6 (TzF 24, 453); Berner, *Selbstinterpretation*, 173.

82 Vgl. Hennessey, *Expressions*, 271.

83 Vgl. Origenes, *princ.* II 11,6 (TzF 24, 452–455).

84 Origenes, *princ.* II 11,7 (TzF 24, 456f.).

85 Vgl. Hennessey, *Expressions*, 284.

86 Kiel, *Erbe*, 320–325, versteht sie als reine Vernunftwesen.

87 Origenes, *mart.* 13 (OWD 22, 49, 51); vgl. ders., *Cels.* V 3 (FC 50/5, 1244–1247).

Über das Weltende schreibt Origenes, dass schließlich „auch die körperliche Natur jenen höchsten Zustand" annimmt, „zu dem nichts mehr hinzugefügt werden kann".[88] Hieronymus überliefert diese Aussage ebenfalls; er schreibt, die gesamte körperliche Natur werde in die Substanz überführt, der nichts mehr hinzugefügt werden könne, nämlich die göttliche.[89] Görgemanns und Karpp merken an, dass dieser Zusatz auf eine Existenz ohne Körper hinweisen müsste, erwägen aber auch, dass es sich um eine fehlgeleitete Interpretation des Hieronymus handeln könnte. Es könnte sein, dass in der letzten Etappe des Erziehungs- und Erlösungsprozesses die Menschen völlig ohne Materie dargestellt werden, auch ohne ätherischen Leib.[90]

2.3 Origenes legt sich nicht fest

Bemerkenswerterweise schließt Origenes das dritte Buch von *De principiis* damit, dass der Leser entscheiden soll, „welche von den beiden Möglichkeiten er als die bessere auswählen will"[91] – Origenes legt sich nicht fest, ob die Vernunftwesen am Ende der Welt Körper haben oder nicht, sondern hält dies offen[92] und ruft seinen Adressaten immer wieder die Begrenztheit der menschlichen Erkenntnis ins Gedächtnis.[93] Josep Rius-Camps deutet das Schwanken des Origenes als Konflikt zwischen biblischer und platonischer Tradition: Die paulinische Konzeption geht nach der Auferstehung von einem pneumatischen Körper aus, während platonisch die Materie inkompatibel mit der absoluten Unkörperlichkeit Gottes und der Unsterblichkeit der Seele ist.[94] Origenes versucht, diese beiden Ansätze zu verbinden.

Argumente für die Notwendigkeit eines Körpers sind die Annahme der Auferstehung der Toten (was tot war, ist der Leib, also muss auch der Leib auferstehen), die Geschöpflichkeit der Menschen, die Erschaffung mit einem ätherischen Körper und die permanente Bekleidung mit einem Körper (theoretisch könnten Vernunft-

88 Origenes, *princ.* III 6,9 (TzF 24, 664–667).
89 Vgl. Hieronymus, *ep.* 124,10 (TzF 24, 666).
90 Vgl. Görgemanns/Karpp, in: TzF 24, 667 Anm. 24; Crouzel, *La doctrine (suite)*, 261 f.
91 Origenes, *princ.* III 6,9 (TzF 24, 667). Vgl. Heimann, *Schicksal*, 140 f.; Hennessey, *Expressions*, 65: „[I]t should really not cause much surprise to read in his works assertions, which are apparently contradictory themselves. [...] Here is Origen, the teacher, setting out the carious positions for and against these contemporary problems."
92 Vgl. Rius-Camps, *La hipótesis*, 66: „Orígenes no se pronuncia abiertamente por ninguna de las dos posibilidades".
93 Vgl. Williams, *Ideas*, 219: „It is fair to add [...] that he is at pains to emphasise the tentative and provisional nature of his speculations".
94 Vgl. Rius-Camps, *La hipótesis*, 91 f.

wesen ohne Körper sein, sind es aber faktisch nie).[95] Auch der Leib Jesu ist nach der Auferstehung materiell. Doch es finden sich ebenso Gegenargumente: Dass die Trinität immateriell ist, zeigt, dass ein Leben ohne Körper möglich ist. Wenn nun die Vernunftwesen zu Gott streben und dieses Ziel nach einem langen Erziehungsprozess schließlich erreichen können, könnten auch sie ohne Körper leben – insbesondere falls sie ganz am Anfang schon so lebten. Im Erziehungsprozess nach dem Tod verschwindet die Materie nach und nach; der Tod kann dann nicht mehr wirken. Da Gott absolut immateriell ist, müssen – aufgrund der Setzung, dass Ähnliches nur durch Ähnliches erkannt werden kann[96] – auch die Vernunftwesen zur vollen Erkenntnis Gottes völlig immateriell sein.[97]

3 Unsterblichkeit der Seele und Verwandlung des sterblichen Leibes

Dieser Abschnitt widmet sich der Frage, wie die Verwandlung vom irdischen zum himmlischen Leben vonstattengeht. Dabei steht nicht ein Zustand vor oder nach der Auferstehung, sondern der Prozess der Verwandlung im Fokus. Für Origenes ist die menschliche Seele in metaphysischer Hinsicht unsterblich. Diese Annahme – die der platonischen Philosophie entspricht[98] – findet sich immer wieder explizit oder implizit in seinen Werken.[99] Als Begründung für die Unsterblichkeit der Seele führt Origenes die Teilhabe an der Göttlichkeit an: Ein Wesen ist „zweifellos mit dem, der an derselben Sache teilhat, von Einer Substanz und Einer Natur".[100] Wenn also die Menschen an der göttlichen Natur teilhaben, muss „die Substanz der menschlichen Seele unvergänglich und unsterblich sein",[101] weil die himmlischen Mächte unvergänglich und unsterblich sind.[102]

95 Vgl. Rius-Camps, *La suerte*, 302.
96 Vgl. McGuckin, *Image*, 132.
97 Vgl. Rius-Camps, *La suerte*, 303.
98 Vgl. Edwards, *Resurrections*, 517.
99 Vgl. z. B. Origenes, *princ.* III 1,13 (TzF 24, 508 f.); ders., *princ.* I praef. 5 (TzF 24, 90 f.); ders., *Cels.* III 22 (FC 50/2, 546 f.); ders., *Cels.* III 80 (FC 50/2, 656 f.); Berner, *Selbstinterpretation*, 135; Blosser, *Become*, 238.
100 Origenes, *princ.* IV 4,9 (TzF 24, 812 f.). Vgl. Hennessey, *Expressions*, 129 f.
101 Origenes, *princ.* IV 4,9 (TzF 24, 815). Vgl. Bürke, *Origenes*, 9 f.
102 Origenes geht noch weiter: Die gesamte Schöpfung hat Anteil am unvergänglichen Licht der Natur der Trinität. Darum ist „jede Substanz, die an jenem ewigen Wesen Anteil hat, gleichfalls immer unvergänglich". Vgl. Origenes, *princ.* IV 4,9 (TzF 24, 817); Crouzel, *Théologie*, 176 f.

Dass eine sterbliche Seele für Origenes problematisch ist, wird im *Dialog mit Herakleides* deutlich. Origenes wird gefragt, ob das Blut die Seele sei.[103] An der Frage ist problematisch, dass das vergängliche Blut die unsterbliche Seele sein könnte. Mit der Annahme, die Seele sterbe mit dem Körper und werde erst bei der Auferstehung wieder erweckt, bewegt sich der Fragende innerhalb der semitischen Anthropologie seiner Zeit,[104] die physiologische und psychologische Aktivität als untrennbar verbunden versteht. Origenes windet sich zunächst um eine Antwort herum, unter anderem weil er zu dieser Thematik einmal eine heftige Auseinandersetzung (evtl. auf einem Konzil in Arabien zwischen 244 und 249[105]) geführt hat[106] und weil es Bibelstellen gibt, die den Eindruck erwecken, das Blut sei die Seele.[107] Wenn aber die Seele mit dem Leib stirbt (oder in der Nähe des Grabes bleibt[108]), kann sie nach dem Tod nicht bei Christus sein.[109] Darum argumentiert Origenes gegen die Ansicht, dass die Seele das Blut sei, und bekräftigt stattdessen die Unsterblichkeit der Seele.[110]

Nicht nur die Seele, sondern auch den Geist betrachtet Origenes als unsterblich: Er denkt darüber nach, „ob es nicht sogar gottlos sein könnte zu meinen, der Geist [*mens*], der Gott fassen kann, sei einer substantiellen Vernichtung fähig".[111] Origenes betont, dass der Mensch nach dem Bild Gottes geschaffen ist und darum nicht wesenhaft vernichtet werden kann, weil man dies sonst auch über den Sohn aussagen müsste, der ebenfalls Bild Gottes genannt wird.[112]

Seele und Geist also sind für Origenes unsterblich, da der Mensch in ihnen Anteil an Gott hat. Was aber ist mit dem Leib? Origenes lehnt an keiner Stelle die Auferstehung des Leibes ab,[113] sondern bemüht sich nach Kräften, sie zu verteidigen.[114] So spricht er in paulinischer Tradition von einer Verwandlung des Leibes:[115] Der

---

103 Vgl. Origenes, *dial.* 10 (BGrL 5, 33); ders., *princ.* II 8,1 (TzF 24, 380–385); ders., *princ.* III 4,2 (TzF 24, 604–613).
104 Vgl. Refoulé, *Immortalité*, bes. 27–30, 43 f.
105 Vgl. Fürst, *Origenes*, 26.
106 Vgl. Origenes, *dial.* 10 (BGrL 5, 34); Eusebius von Cäsarea, *hist. eccl.* VI 37,4 (SC 41, 139): In Arabien nahmen einige an, dass die Seele mit dem Körper stirbt und zum Zeitpunkt der Auferstehung mit ihm wieder ersteht. Darum wurde ein Konzil einberufen, auf dem Origenes die Anwesenden davon überzeugte, dass dem nicht so sei, wie der *Dialog mit Herakleides* dokumentiert. Vgl. Refoulé, *Immortalité*, 27–30.
107 Vgl. Lev 17,11; Dtn 13,23.
108 Vgl. Crouzel, *Mort*, 190 f.
109 Vgl. Phil 1,23.
110 Vgl. Origenes, *dial.* 23 (BGrL 5, 41).
111 Origenes, *princ.* IV 4,9 (TzF 24, 816 f.).
112 Vgl. ebd. (TzF 24, 819).
113 Vgl. Fürst, *Matter*, 582.
114 Vgl. Hennessey, *Expressions*, 284 f.
115 Vgl. Heimann, *Schicksal*, 82.

sterbliche wird in einen pneumatischen Leib verwandelt; die Seele wird vom Körper losgelöst.[116] In den 2012 neu gefundenen Psalmenhomilien spricht Origenes sogar von einer Vergöttlichung des Leibes.[117]

Ausführlich widmet sich Origenes in *De principiis* der Auferstehung des Leibes. Einige halten den kirchlichen Glauben über die Auferstehung für töricht;[118] für Origenes aber ist klar: Wenn der Leib tot ist, muss auch der Leib auferstehen.[119] Er präsentiert seine Vorstellung von der Auferstehung der Leiber folgendermaßen:

> Ich glaube, aufgrund des Pauluswortes ‚Es wird gesät ein natürlicher Leib, und wird auferstehen ein geistlicher Leib' (1 Kor. 15,44) werden sie nicht leugnen können, daß der Leib aufersteht, daß wir also als Auferstandene Leiber haben werden. [...] Wenn die Leiber auferstehen, tun sie es zweifellos, um uns zu bekleiden; und wenn wir Leiber haben müssen – und das ist sicherlich notwendig –, so werden wir in keinem anderen als in unserem eigenen Leib sein. Wenn es nun zutrifft, daß sie auferstehen, und zwar als ‚geistliche Leiber', so ist es klar, daß gemeint ist, sie stünden befreit von Verweslichkeit und Sterblichkeit (vgl. 1 Kor. 15,53) von den Toten auf [...]. Denn aus dem ‚natürlichen Leib' bringt eben die Kraft und Gnade der Auferstehung den ‚geistlichen Leib' hervor, indem sie ihn von der ‚Unehre' in die ‚Herrlichkeit' verwandelt (vgl. 1 Kor. 15,43).[120]

Dieser Absatz macht mehrere Aspekte deutlich. Zunächst ist das Denken des Origenes über die Auferstehung paulinisch geprägt. Auf dieser Grundlage zeigt Origenes, dass die Leiber auferstehen, dass die Menschen einen (irdischen oder ätherischen[121]) Leib haben müssen[122] und dass jeder Mensch seinen individuellen Leib als geistlichen Leib mit neuen Eigenschaften und insbesondere ohne Sterblichkeit zurückbekommt.

---

116 Vgl. Origenes, *dial.* 24 (BGrL 5, 42).

117 Vgl. Origenes, *in Ps. 81 hom. 1* (GCS Orig. 13, 512 f.): Der Mensch als Ganzer wird Gott. Origenes betont explizit, dass es überaus verwunderlich ist, dass auch der Leib zu Gott wird, der Herrlichkeit Christi gleichgestaltet und in den Himmel aufgenommen. Vgl. L. Perrone, *„Et l'homme tout entier devient dieu": La déification selon Origène à la lumière des nouvelles* Homélies sur les Psaumes, in: L. Perrone, *„Meine Zunge ist mein Ruhm": Studien zu den neuen Psalmenhomilien des Origenes.* Hg. v. A. Fürst (Adamantiana 20), Münster 2021, 335–342.

118 Vgl. Origenes, *princ.* II 10,1 (TzF 24, 418–421).

119 Vgl. Origenes, *princ.* II 10,2 (TzF 24, 424 f.): „Soweit haben wir gegen die gesprochen, die die Auferstehung der Toten, d. h. der Leiber, leugnen [*qui resurrectionem mortuorum, id est resurrectionem corporum negant*]". Zur Auferstehung der Leiber vgl. auch ders., *Cels.* V 17–19 (FC 50/4, 902–909); ders., *Cels.* VII 32 (FC 50/5, 1242–1245); ders., *Cels.* VIII 49 f. (FC 50/5, 1414–1417); Kiel, *Erbe*, 298–307.

120 Origenes, *princ.* II 10,1 (TzF 24, 421, 423).

121 Vgl. Hennessey, *Expressions*, 126 f.

122 Vgl. Origenes, *princ.* IV 2,7 (TzF 24, 720–723).

Nach der Kritik an denjenigen, die nicht an die Auferstehung des Leibes glauben, richtet sich Origenes gegen die zu simple Vorstellung,[123] der Leib verfalle nach der Auferstehung wieder den Leidenschaften von Fleisch und Blut,[124] wobei unberücksichtigt bleibe, dass er verwandelt werde.[125] Der Alexandriner nimmt also eine mittlere Position zwischen der Leugnung der leiblichen Auferstehung und einer materialistischen Vorstellung der einfachen Christen ein.[126] Er vergleicht die Verwandlung des Leibes mit dem Sterben des Weizenkorns und dem anschließenden Wachstum der Pflanze[127] und drückt so gleichzeitig Veränderung und Identität aus:[128] Wie das Weizenkorn sinken die Leiber in die Erde,

> aber es gibt in ihnen eine gestaltende Kraft [*ratio*], die die körperliche Substanz zusammenhält [*substantiam continet corporalem*], und wenn auch der Leib gestorben, verwest und zerstreut ist, so kann doch auf das Wort Gottes hin eben diese Kraft, die immer in der körperlichen Substanz beschlossen ist, ihn aufrichten von der Erde und wiederherstellen [...]. Ebenso stellt bei denen, die es verdienen, das Himmelreich zu erben, jene Wiederherstellungskraft [...] auf Gottes Geheiß aus dem irdischen und ‚natürlichen Leib' [*animali corpore*] einen ‚geistigen' [*spiritale*] wieder her.[129]

Beim Weizenkorn und der Pflanze handelt es sich um dieselbe Pflanze (Identität) in unterschiedlichen Entwicklungsstadien oder Erscheinungsformen (Differenz).[130]

---

123 Vgl. Rankin, *Afterlife*, 113 f.; Crouzel, *La doctrine (1)*, 177–179.

124 Vgl. Origenes, *princ.* II 10,3 (TzF 24, 425); ders., *princ.* II 11,2 (TzF 24, 441, 443): „Diese Schüler des bloßen Buchstabens glauben, die *künftigen* Verheißungen seien in Lust und Ausschweifung des Körpers zu erwarten; und das ist der Hauptgrund dafür, daß sie nach der Auferstehung wieder ein Fleisch zu haben wünschen, das so beschaffen ist, daß ihm nirgends die Fähigkeit abgeht, zu essen und zu trinken und alles zu tun, was zu Fleisch und Blut (vgl. 1 Kor. 15,50) gehört; den Satz [...] über die Auferstehung eines ‚geistigen Leibes' (vgl. 1 Kor. 15,44) beachten sie nicht. [...] Sie wollen alles [...] in allen Dingen dem ähnlich haben, was in diesem Leben üblich ist, so daß noch einmal das sein soll, was ist." Vgl. ders., *Cels.* V 14 (FC 50/4, 896–899), es sei die Hoffnung von Würmern, dasselbe Fleisch zurückzubekommen, nicht aber von Menschen; Chadwick, *Origen*, 83 f.; G. Dorival, *Origène et la résurrection de la chair*, in: L. Lies (Hg.), *Origeniana Quarta: Die Referate des 4. Internationalen Origeneskongresses. Innsbruck, 2.–6. September 1985* (IThS 19), Innsbruck/Wien 1987, bes. 298 f.

125 Vgl. 1 Kor 15,50; Berner, *Selbstinterpretation*, 163; Bovon, *Comeback*, 392.

126 Vgl. Rahner, *Menschenbild*, 241; McGuckin, *Eschatology*, 421.

127 Vgl. 1 Kor 15,36–38.

128 Vgl. Crouzel, *La doctrine (1)*, 184.

129 Origenes, *princ.* II 10,3 (TzF 24, 424–427). Vgl. ders., *princ.* III 6,5 (TzF 24, 659); ders., *Cels.* V 23 (FC 50/4, 914–917); Rahner, *Menschenbild*, 241 f.; Origenes, *princ.* III 6,6 (TzF 24, 660 f.): Wie die Sünder mit Gott versöhnt werden, wird derselbe Körper, der niedrig, schwach und vergänglich war, „die Schwächen ablegen [...], die er jetzt hat, zur Herrlichkeit umgewandelt [...] und so zum ‚geistigen Körper'". Vgl. Blosser, *Become*, 251; Crouzel, *L'anthropologie*, 42.

130 Vgl. Crouzel, *La doctrine (suite)*, 246.

Ebenso bleibt bei den Leibern, die von einem irdischen zu einem geistigen Leib verwandelt werden, etwas, das neue Eigenschaften annimmt.[131] Wirksam für diese Verwandlung ist die *ratio*, griechisch wohl *λόγος*, die sich schon im irdischen Leib findet und den verstorbenen Leib zusammenhält; sie ist die Anwesenheit des zukünftigen Körpers im irdischen.[132] Crouzel versteht sie als Substanz, die anstelle der Sterblichkeit die Unsterblichkeit annimmt.[133] Auf das Wort Gottes (*verbum Dei*, auch *λόγος*) hin[134] kann der in den Körpern verstreute *logos spermatikos*[135] den irdischen Leib als geistigen wiederherstellen.[136] Origenes entwirft das Konzept des körperlichen *εἶδος* als das, was dem irdischen oder pneumatischen Körper die Persönlichkeit eines Menschen einprägt, obwohl der Körper ständigem Wandel unterworfen ist. Das *εἶδος* wird auch bei der Auferstehung die Kontinuität und Identität zwischen irdischem und ätherischem Körper garantieren.[137]

4 Fazit

Origenes setzt sich in seinen Überlegungen zu Tod und Auferstehung mit zwei Positionen auseinander: mit einer (zu) materialistischen Vorstellung und der völligen Unkörperlichkeit nach dem Tod. Gleichzeitig will er biblische, insbesondere paulinische Aussagen mit der antiken Philosophie verbinden. Dies führt dazu, dass seine Ausführungen hin und wieder ambivalent wirken.[138] Diese Uneindeutigkeit entspricht seinem Stil, Optionen durchzuspielen, ohne sich festzulegen, wenn Fragen nicht klar zu beantworten sind[139] – besonders im Hinblick auf das, was vor und nach dieser Welt geschieht.[140]

Origenes nimmt aufgrund des kommenden Gerichts Gottes eine Kontinuität, gleichzeitig aber auch eine Alterität des individuellen Lebens über den Tod hinaus an;[141] in paulinischer Tradition geht er davon aus, dass der menschliche Leib

---

131 Vgl. Brühl, *Erlösung*, 229 f.
132 Vgl. Hennessey, *Expressions*, 261.
133 Vgl. Crouzel, *La doctrine (suite)*, 247.
134 Vgl. Berner, *Selbstinterpretation*, 164.
135 Vgl. Görgemanns/Karpp, in: TzF 24, 425 Anm. 8. Dieser *logos spermatikos* ist für Origenes, anders als in der Stoa, nicht materiell, vgl. Heimann, *Schicksal*, 54.
136 Vgl. Berner, *Selbstinterpretation*, 167.
137 Vgl. Hennessey, *Issue*, 378 f.
138 Vgl. Rankin, *Afterlife*, 119 f.
139 Vgl. Berner, *Selbstinterpretation*, 181; Scott, *Journey*, 122.
140 Vgl. Origenes, *in Is. hom.* 4,1 (OWD 10, 229, 231).
141 Vgl. Crouzel, *La doctrine (suite)*, 265.

verwandelt wird (er legt die Sterblichkeit ab und wird unsterblich), während die Substanz bestehen bleibt. Entsprechend dem neuen Umfeld[142] bekommen die Auferstandenen von Gott einen feineren, ätherischen Leib.[143] So ist nicht nur die Seele unsterblich, sondern der gewandelte Leib hat ebenfalls Anteil am Lernprozess vor der Auferstehung und möglicherweise sogar an der Schau Gottes. Es könnte sein, dass in einem längeren Prozess alle körperliche Natur verschwindet, damit der Mensch alle Geheimnisse Gottes erkennen kann und den höchsten Zustand der göttlichen Natur erreicht.

142 Vgl. Rankin, *Afterlife*, 120.
143 Vgl. McGuckin, *Eschatology*, 421.

Johannes Brachtendorf

Tod und Sterben bei Augustinus

1 Einleitung

Innerhalb der Geschichte der antiken Philosophie und der christlichen Theologie ist Augustins Denken über Tod und Sterben in mehrfacher Hinsicht innovativ. Während vor ihm die Auffassung herrschte, der Tod sei in Wahrheit kein Übel, sondern erscheine höchstens den törichten Menschen als ein solches, ja er sei im Grunde genommen sogar ein Gut (so Platon, Epikur, Cicero, Ambrosius)[1], vertritt Augustinus eine eindeutig negative Sicht auf den Tod. Der Tod ist ihm zufolge ein großes Übel, weil er das für die Natur des Menschen konstitutive Band zwischen Seele und Leib zerreißt. Nach Augustinus ist es

> die erste und lauteste Stimme der Natur, die den Menschen treib[t], sich selber zugetan zu sein, darum vor dem Tode ein natürliches Grauen zu empfinden und sich selbst dermaßen zu lieben, daß man mit aller Gewalt will und begehrt, ein lebendiges Wesen zu sein und die Verbindung des Leibes und der Seele aufrechtzuerhalten[2].

Weiterhin hat Augustinus auch den Begriff des Sterbens neu gefasst, indem er ihn nicht mehr auf den Moment des Ablebens des Körpers einschränkt, sondern den Prozess des Zulaufens auf diesen Moment in den Blick nimmt. Das Sterben beginnt für den Menschen mit der Geburt und erstreckt sich über seine gesamte Lebenszeit. Die Sterblichkeit bestimmt das irdische Leben durchgängig, indem sie im einzelnen Menschen ein Streben nach Selbsterhaltung hervorruft und ihn dadurch zu einer ethisch problematischen Selbstzentrierung veranlasst, die im Gegensatz zur Gottes- und Nächstenliebe steht. So wird die Bewältigung des Widerstreites zwischen der Ausrichtung auf Gott und der Fixierung auf sich selbst zu einer das ganze Leben des Menschen bestimmenden Aufgabe. Augustinus nimmt hier existenzphilosophische Thesen vorweg, die im 20. Jahrhundert große Bedeutung erlangten. Schließlich

1 Vgl. Platon, *Phaidon* 64a, in: Platon, *Sämtliche Werke in 10 Bänden*, Griechisch und Deutsch, hg. v. K. Hülser, Frankfurt 1991; Epikur, *Brief an Menoikeus* 125, in: Ders., *Von der Überwindung der Furcht*, eingel u. übertr. v. O. Gigon, Zürich [3]1989; Cicero, *Gespräche in Tusculum* I 118, übersetzt und mit einer Einführung und Erläuterungen versehen von O. Gigon, Zürich 1991; Ambrosius, *De bono mortis*, in: *Ausgewählte Schriften des Heiligen Ambrosius, Bischofs von Mailand*, 2. Band, übers. v. F. X. Schulte (Bibliothek der Kirchenväter, 1. Serie, Band 49), Kempten 1871.

2 *[...] hanc esse naturae primam quodam modo et maximam vocem, ut homo concilietur sibi et propterea mortem naturaliter fugiat, ita sibi amicus, ut esse se animal et in hac coniunctione corporis atque animae vivere velit vehementer atque appetat.* (Augustinus, *De civitate dei (= civ.)* 19,4.)

https://doi.org/10.1515/9783111055602-016

verleiht Augustinus dem Begriff des Todes (in Anlehnung an den biblischen Sprachgebrauch) mehrere Bedeutungen, indem er nicht nur von einem Tod des Leibes, sondern in übertragener Weise auch vom Tod der Seele spricht, und indem er unterscheidet zwischen dem ersten Tod des Menschen im irdischen Leben, und dem zweiten Tod, den der Mensch im Jenseits als endgültige Gottesferne erlebt.[3] Augustinus prägte die christliche Sicht auf Tod und Sterben nachhaltig, indem er die platonische Lehre von der Unsterblichkeit der Seele mit dem christlichen Dogma von der Auferstehung des Leibes am jüngsten Tag verband.

In seiner Hauptbedeutung meint der Tod die Trennung von Leib und Seele. Um die Relevanz dieser Trennung verständlich zu machen, soll zunächst Augustins Lehre von der Seele, vom Leib und von deren Verbindung im Menschen dargelegt werden. Kurz gesagt vertritt Augustinus in der Diskussion um Leib und Seele einen Substanzdualismus: Leib und Seele sind Substanzen verschiedener Art, da der Leib materiell und vergänglich ist, die Seele hingegen immateriell und unvergänglich. Diese beiden Substanzen verbinden sich im Menschen aber zu einer funktionalen Einheit, und zwar derart, dass nicht nur der Leib ohne die Seele nicht dauerhaft zu existieren vermag, sondern auch die Seele ohne den Leib kein uneingeschränktes Leben führen kann. Den letztgenannten Aspekt, nämlich die Angewiesenheit der Seele auf den Leib, arbeitet Augustinus im Laufe seines schriftstellerischen Wirkens immer deutlicher heraus. Dabei bewegt er sich von einer anfangs noch gemäßigten zu einer schließlich radikalen Kritik an der platonischen und neuplatonischen Anthropologie.[4]

2 Differenz und Zusammengehörigkeit von Leib und Seele

2.1 Die Unsterblichkeit und Unkörperlichkeit der Seele

Bereits in seinem frühen Werk *De immortalitate animae* argumentiert Augustinus ausführlich für die Unsterblichkeit der menschlichen Seele. Die dort diskutierten

3 Für eine Übersicht zu Augustins Thesen den Tod betreffend vgl. H. Kotila, Art. *Mors, mortalitas*, in: *Augustinus-Lexikon* IV, hg. v. C. Mayer et al., Basel 2018, 89–97.

4 Margaret Miles schreibt: „Augustine was the first Christian thinker to recognize that the fundamental affirmation of the body implied or stated by these doctrines [sc. the doctrine of creation and incarnation] necessitated the construction of a new model of human being, a model that acknowledged the body to be an integral and permanent part of human being." (Art. *Corpus*, in: *Augustinus-Lexikon*, 6) Vgl. auch M. Miles, *Augustine and the Body*, Missoula 1979.

Thesen laufen hinaus auf die Behauptung einer besonderen Verbindung der menschlichen *ratio* mit der göttlichen *ratio*. Die göttliche *ratio* ist verantwortlich für den Aufbau des Kosmos und für die Bestimmtheit der Einzeldinge im Kosmos. Sie ist selbst ewig, wie auch die Gesetze, nach denen sie den Kosmos regiert, ewig sind. Die menschliche *ratio* ist in der Lage, diese Gesetze zu erkennen. In ihrer Erkenntnisfähigkeit zeigt sich Augustinus zufolge ihre besondere Nähe zur ewigen Vernunft Gottes. Die Verbindung mit der ewigen *ratio* Gottes garantiert die Unsterblichkeit der menschlichen *ratio*.[5]

Augustinus konzentriert sich in seinen späteren Werken auf die Frage der Immaterialität der Seele. Die Unkörperlichkeit schließt die Unsterblichkeit ein, denn nur materielle Wesen sind dem Prozess der Auflösung unterworfen und zerfallen mit der Zeit in ihre Teile. Immaterielle Wesen hingegen vergehen nicht mehr, wenn sie einmal ins Dasein getreten, das heißt von Gott geschaffen worden sind. Augustinus zufolge ist die Substanz der Seele von eigener Art. Sie ist nicht Feuer, Luft, Wasser oder Erde, aus denen sich alle Körper zusammensetzen, sondern sie ist immateriell. Deshalb besitzt sie auch keine räumliche Ausdehnung. Ein erstes Argument für die Unräumlichkeit der Seele gewinnt Augustinus durch den Verweis auf das Gedächtnis (*memoria*). Das Gedächtnis enthält Bilder auch von sehr großen Gegenständen wie etwa ganzen Städten. Wenn die Seele den gleichen Raum einnehmen würde wie der Körper, könnte sie keine Dinge erinnern oder vorstellen, die größer wären als sie selbst (vgl. *an. quant.* 8). Weiterhin stellt Augustinus geometrische Überlegungen an. Eine Linie etwa ist ein ideales, eindimensionales Gebilde, das nur der Länge nach teilbar ist, aber nicht der Breite nach, weil sie keine Breite besitzt. Der geometrische Punkt, etwa als Mittelpunkt eines Kreises, ist sogar in jeder Richtung ohne Ausdehnung und daher gänzlich unteilbar. Solche idealen Gegenstände, denen die Ausdehnung teilweise oder ganz fehlt, können nicht mit den Augen wahrgenommen, sondern nur denkend erfasst, das heißt durch die Seele gesehen werden. Daher muss die Seele, die Unkörperliches sieht, auch selbst unkörperlich sein.[6]

Ein weiteres Argument für die Immaterialität der Seele leitet Augustinus aus der Selbstbezüglichkeit des Geistes ab. Lange vor Descartes weist er auf das Phänomen der Selbstgewissheit hin. Wahrnehmungen äußerer Gegenstände sind stets anfällig für Irrtümer und Täuschungen, doch dass der menschliche Geist lebt, denkt und will, ist unbezweifelbar gewiss, wie Augustinus unter Verwendung von Retor-

5 Vgl. *De immortalitate animae (= imm. an.)* 10–15. In seinen späteren Werken beruft Augustinus sich immer wieder auf die Unsterblichkeit der Seele als feststehende Wahrheit (vgl. etwa *De animae quantitate [= an. quant.]* 2,3; *In Iohannis evangelium tractatus [= Io. ev. tr.]*, 29,3; *De Genesi ad litteram [= Gn. litt.]*, 7,28,43).

6 *Oportet animum quo videmus illa incorporalia, corporeum corpusve non esse* (*an. quant.* 22).

sionsargumenten darlegt.[7] In allem Zweifel sei sich die *mens* ihres (mentalen) Lebens, Denkens und Wollens sicher; hingegen sei sie sich nicht sicher, Luft, Feuer oder sonst etwas Körperliches zu sein.[8] Daraus folge ihre Unkörperlichkeit. Denn das, was die *mens* selbst *ist*, denke sie eben auf andere Weise als das, was sie nicht ist. Da sie sich selbst präsent sei, denke sie das, was sie selbst ist, durch sich selbst, wobei sich die hierin liegende Selbstgegenwart als Unbezweifelbarkeit äußere. Was sie *nicht* ist, was also außerhalb ihrer liegt, könne sie hingegen nicht durch sich selbst, sondern nur durch die Einbildungskraft sowie durch vermittelnde Vorstellungsbilder denken, wobei sich die hier vorliegende Innen-Außen-Distanz epistemologisch als Anzweifelbarkeit niederschlage.[9]

Schließlich zeigt sich die Immaterialität der menschlichen Seele in ihrer Fähigkeit zur Gotteserkenntnis. Der Mensch kann sich Gott auf dem Weg des Aufstiegs nähern, der zugleich ein Erkenntnisweg und ein Weg der moralischen Reinigung ist. In *De quantitate animae* beschreibt Augustinus diesen Weg als dreiteilig. Auf der ersten Stufe befasst die Seele sich mit der Erkenntnis der körperlichen Gegenstände, auf der zweiten Stufe mit der Erkenntnis ihrer selbst, und auf der dritten Stufe vollzieht sie die Betrachtung Gottes.[10] Am Ende dieses Weges gelangt der Mensch zumindest augenblickshaft zur Schau des göttlichen Lichtes. Er sieht dieses Licht mit den Augen des Geistes.[11] Weil dieses Licht unkörperlich ist, kann es nur von einem Wesen gesehen werden, das selbst auch unkörperlich ist. Daher ist die Fähigkeit des Menschen zur Gottesschau ein weiterer Hinweis auf die Immaterialität der Seele. Alle Argumente Augustins für die Unkörperlichkeit der Seele sind zugleich auch Argumente für ihre Unsterblichkeit. Durch ihre Unsterblichkeit unterscheidet die Seele sich grundsätzlich vom Leib, der vergänglich ist.

2.2 Der Mensch als funktionale Einheit von Leib und Seele

Zwar sind Leib und Seele Wirklichkeiten verschiedener Art, doch Augustinus zufolge sind sie funktional aufeinander hingeordnet. So bedarf der Leib der Seele,

---

7 Vgl. *civ.* 11,26; *De trinitate* (= *trin.*) 10,15 f.; *Gn. litt.* 7,21,28.

8 Vgl. *trin.* 10,15.

9 *Neque ullo modo fieri potest ut ita cogitaret id quod ipsa est, quemadmodum cogitat id quod ipsa non est. Per phantasiam quippe imaginariam cogitat haec omnia, sive ignem, sive aerem, sive illud vel illud corpus, partemve illam,* [...] (*trin.* 10,16) Ganz analog argumentiert später Descartes in seiner 2. Meditation für die Immaterialität der Seele (vgl. Descartes, *Meditationes*, in: *Oeuvres de Descartes*, hg. v. C. Adam/P. Tannery, Band VII, Paris 1973, 26–28).

10 *An. quant.* 70–81.

11 Vgl. auch *Confessiones* (= *conf.*) 7,16; 9,4 f.; *trin.* 8,3.

um zu leben und zu wachsen. Zwar ist auch ein toter Leib, aus dem die Seele gewichen ist, noch Leib, aber er zerfällt sehr bald, verwest und löst sich auf.[12] Der Leib ist also offensichtlich auf die Seele angewiesen, um als Leib existieren zu können. Zudem weist schon die Gestalt des Leibes, nämlich sein aufrechter Gang, auf die Beziehung zur Vernunft hin. Denn der aufrechte Gang symbolisiert die Erhobenheit des Menschen zum Himmel, die in der Vernunftbegabung liegt.[13] Umgekehrt kann die Seele aber durchaus ohne Leib existieren, da sie immateriell und unsterblich ist. Im Lauf der Entwicklung seines Denkens macht Augustinus jedoch immer deutlicher, dass die Seele ohne den Leib ihr Leben nicht vollständig und uneingeschränkt leben kann, weil sie von sich selbst her daraufhin angelegt ist, mit einem Leib verbunden zu sein.

Schon in seiner frühen Schrift *De moribus ecclesiae* erörtert Augustinus die Frage, was der Mensch sei. Er charakterisiert den Menschen als zusammengesetzt aus Leib und Seele:[14]

> Was ist der Mensch selbst? Beides von dem, was ich genannt habe, oder nur Körper oder nur Seele? Obwohl es nämlich zwei sind, der Körper und die Seele, und keines von beiden Mensch genannt würde, gäbe es nicht das andere – denn weder wäre der Leib der Mensch, wenn es die Seele nicht gäbe, noch wäre die Seele der Mensch, wenn der Leib durch sie nicht beseelt würde – kann es dennoch geschehen, daß eines der beiden als Mensch verstanden und so genannt wird.[15]

Augustinus sieht drei Möglichkeiten für die Verwendung des Wortes „Mensch". Es könnte das Komposit aus Leib und Seele vergleichbar mit einem Kentauren benennen, oder nur den Körper, der sich im Gebrauch der Seele befindet, die ihn beherrscht, oder nur die Seele, aber in Bezug auf den Körper, den sie beseelt. Jede dieser drei Möglichkeiten nimmt den Menschen als Zusammenhang von Leib und Seele in den Blick, nämlich entweder beide gleichwertig, oder primär den Leib und von dorther auch die Seele, oder primär die Seele und von dorther auch den Leib.[16] Augustinus entscheidet sich für die dritte Deutung, die eine hierarchische Überordnung der Seele über den Leib beinhaltet: „Der Mensch ist also

---

12 Dass es angemessen ist, auch den Leibern der Verstorbenen noch Fürsorge zukommen zu lassen, erklärt Augustinus in seiner kurzen Schrift *De cura pro mortuis gerenda*.

13 Vgl. *Gn. litt.* 6,12,22.

14 *Ex anima et corpore nos esse compositos* (*De moribus ecclesiae [= mor.]* 1,6); ebenso in *an. quant.* 2.

15 *Quid est ipse homo utrumque horum quae nominavi, an corpus tantummodo an tantummodo anima. Quamquam enim duo sint anima et corpus et neutrum homo vocaretur, si non esset alterum – nam neque corpus homo esset, si anima non esset nec rursus anima homo, si ea corpus non animaretur – fieri tamen potest ut unum horum et habeatur homo et vocetur* (*mor.* 1,6).

16 *Animam dicimus, sed propter corpus quod regit* (*mor.* 1,6).

eine vernünftige Seele, die sich eines sterblichen und irdischen Körpers bedient."[17] Von den beiden aufeinander hingeordneten Komponenten des Menschen ist die Seele die Höherstehende, und daher ist es für Augustinus naheliegend, den Menschen von der Seele und ihrer Funktion für den Leib her zu verstehen. Dennoch bilden nur Seele und Leib zusammen den Menschen.

Noch in seinem späten Werk *De civitate dei* schreibt Augustinus dementsprechend:

> Die Seele ist nicht der ganze Mensch, sondern sein besserer Teil, und auch der Leib ist nicht der ganze Mensch, sondern sein minderwertiger Teil, und erst wenn beides miteinander verbunden ist, spricht man von einem Menschen. Gleichwohl verlieren auch die einzelnen Teile, wenn von ihnen besonders die Rede ist, diesen Namen nicht.[18]

So sage man etwa von einem Verstorbenen, dass sich jener Mensch nun in Ruhe befinde, obwohl dies streng genommen nur von der Seele gelte. Und ebenso sage man, ein Mensch sei in jenem Grab beerdigt, obwohl dies nur auf den Leib zutreffe. Der Zusammenhang von Leib und Seele sei also so eng, dass man den Namen für das Ganze, nämlich „Mensch", auch von den Teilen je einzeln aussagen könne. Die funktionale Hinordnung der Seele auf den Leib kommt weiterhin in der Bestimmung der Seele zum Ausdruck, die Augustinus in seiner Frühschrift *De quantitate animae* liefert, wo es heißt: „Die Seele ist eine der Vernunft teilhaftige Substanz, die zur Beherrschung des Leibes bestimmt ist."[19] Hier tritt der Leib nicht nur in der Definition des Menschen auf, sondern sogar in der Definition der Seele.

Betrachtet man die Seele genauer, dann zeigt sich allerdings eine Einschränkung ihrer funktionalen Zusammengehörigkeit mit dem Leib. In der Seele ist nämlich ein rationaler Teil (*anima rationalis; mens*) von einem irrationalen Teil (*anima irrationalis*) zu unterscheiden, und nur der irrationale Teil ist wesentlich auf den Leib bezogen, da seine Aufgabe darin besteht, diesen zu beleben, Wachstum, Ernährung und Fortpflanzung zu regulieren, sowie die Bewegung zu steuern. Hier steht die Seele im Dienst des Leibes. Diesem Seelenteil sind auch die Sinneswahrnehmungen und Empfindungen zuzuordnen, die die Seele durch den Leib macht, sowie die Abspeicherung solcher Wahrnehmungen im Gedächtnis. Auf der Stufe der Belebung ist die Seele *für* den Leib tätig, auf der Stufe der Wahrneh-

---

17 *Homo igitur, ut homini apparet, anima rationalis est mortali atque terreno utens corpore* (*mor.* 1,52).

18 *[...] homo non est corpus solum vel anima sola, sed qui et anima constat et corpore. Hoc quidem verum est, quod non totus homo, sed pars melior hominis anima est; nec totus homo corpus, sed inferior hominis pars est; sed cum est utrumque coniunctum simul, habet hominis nomen; quod tamen et singular non amittunt, etiam cum de singulis loquimur* (civ. 13,24).

19 *Animus est substantia quaedam rationis particeps, regendo corpori accommodata* (an. quant. 22).

mung hingegen ist sie *durch* den Leib tätig. Der rationale Seelenteil ist in seiner Tätigkeit aber nicht mehr an den Leib gebunden, sondern agiert unabhängig von ihm. Denken als Erkenntnis apriorischer Begriffe und intelligibler Wirklichkeiten, also die Ideenerkenntnis, erfolgt durch die Vernunft allein, ohne Zutun des Körpers. Und das Erstreben der wahren Güter wie etwa der Tugenden oder auch der Schau Gottes erfolgt durch den rationalen Willen, nicht durch das sinnliche Begehren. Immaterielle Entitäten sind nur der geistigen Seele zugänglich, nicht aber den körperlichen Organen und den damit verbundenen Seelenaktivitäten. Die funktionale Zuordnung von Leib und Seele scheint also zunächst nur für den irrationalen Seelenteil zu gelten, nicht aber für die Vernunftseele. Wie am Ende des vorliegenden Beitrags gezeigt werden soll, nähert Augustinus aber im Laufe seiner Denkentwicklung, besonders im Rahmen der Eschatologie, Vernunft und Sinnlichkeit einander an und verbindet somit auch die Vernunft mit dem Leib.

3 Der Tod – ein Gut oder ein Übel?

Schon bei Platon finden sich zwei verschiedene Intuitionen in der Beurteilung der Leiblichkeit des Menschen. Einerseits wird der Leib als eine Fessel der Seele dargestellt und als ein Gefängnis, aus dem die Seele sich befreien müsse. Die Gebundenheit der Seele an den Leib wird hier negativ bewertet.[20] Andererseits stellt Platon in seiner Schöpfungserzählung den Leib als lobenswertes und final wohlgeordnetes Geschöpf der Götter dar. Der Leib ist in seiner ganzen Konstitution auf die Seele und auch auf die Vernunftseele ausgerichtet. Hier wird die Bindung der Seele an den Leib also eher positiv gedeutet.[21]

Die neuplatonische Tradition hat im Folgenden den negativen Aspekt hervorgehoben, etwa durch die Vorstellung, dass die Seele dem ganzen Menschen gegenüber präexistent sei und ursprünglich ein glückliches Leben ohne Leib bei Gott geführt habe. Dort sei auch ihre wahre Heimat. Wegen einer Sünde, die die Seele in der Präexistenz begangen habe, sei sie aber von Gott bestraft worden, indem sie in einen Leib verbannt wurde.[22] Seitdem müsse sie ein unglückliches Leben auf der Erde führen. Allerdings könne sie sich durch die Betätigung des rationalen Seelenteils, also durch Erwerb von Wissen und von Tugenden, aus dieser Fessel befreien und zu Gott zurückkehren. Der Neuplatoniker Porphyrios behauptet

20 Vgl. *Phaidon* 82e; *Gorgias* 493a; *Cratylos* 400c.
21 Vgl. *Timaios* 69a-72d.
22 Plotin sieht die Ursünde im Aufkommen des Hochmutes (*tolma*) und im Willen der Seele, sich selbst zu gehören (Plotin, *Enneade* V 1, 1, 4–5, in: *Plotins Schriften*, übers. v. R. Harder, Hamburg 1956).

in diesem Sinne, dass die Seele den Leib fliehen müsse, um glücklich werden zu können.[23] Man sieht leicht, wie sich aus der negativen Auffassung der Leiblichkeit eine positive Sicht auf den Tod ergibt. Der Tod befreit die unsterbliche Seele vom Leib und ermöglicht ihr damit die Rückkehr in die himmlische Heimat.

Augustinus lehnt diese Auffassung ab.[24] Zunächst ist festzuhalten, dass er sich niemals zur Lehre von der Präexistenz der Seele bekennt, sondern diese nur als eine von mehreren möglichen Theorien der Seelenentstehung behandelt.[25] Er sieht sich Zeit seines Lebens nicht in der Lage, eine begründete Entscheidung für eine bestimmte Theorie zu treffen. Selbst dort, wo Augustinus die Präexistenzlehre hypothetisch erörtert, verbindet er sie niemals mit der Vorstellung, die Seele habe in der Präexistenz gesündigt. Weiterhin beruft er sich gegen die Neuplatoniker gern auf Platon selbst, indem er dessen positive Äußerungen über den Leib zitiert. So schreibt er: „Denn soll das Leben im Leibe nur zur Abbüßung der Sündenstrafen dienen, wie kann denn derselbe Platon sagen, die Welt werde nur dadurch so schön und herrlich, daß sie mit allen möglichen Arten von Lebewesen, also unsterblichen und sterblichen, angefüllt sei?“[26] Eine besonders scharfe Kritik richtet Augustinus aber gegen Origenes, der die Einkörperung der Seele ebenfalls als Sündenstrafe interpretierte. Origenes habe in *Peri Archon* behauptet, die materielle Welt überhaupt und der materielle Körper des Menschen seien geschaffen worden, „damit die Seelen zur Strafe für ihre Sünden Leiber empfingen, in die sie wie in Käfige peinlich eingeschlossen wären“.[27] Diese Lehre weist Augustinus zurück mit dem Argument,

---

23 Augustinus verweist in *civ.* 10,9; 10,29; 10,30 auf diese Lehre, die Porphyrios in seinem verlorenen Werk *De regressu animae* vertritt.

24 Anzumerken ist allerdings, dass Augustins eigene frühe Werke nicht frei von solchen Vorstellungen sind. In *De quantitate animae* äußert er selbst die Idee einer Verbannung der Seele in den Leib als Sündenstrafe. Folgerichtig nennt er dort den Tod das „höchste Geschenk“ für den Menschen, denn er sei der Weg für die Seele, um „den Leib zu fliehen und zu verlassen“ (vgl. *an. quant.* 62; 76; 80). Allerdings gilt ihm auch hier schon die leibliche Auferstehung als eine Gewissheit. Beide Auffassungen stehen noch unverbunden nebeneinander.

25 In *De libero arbitrio* unterscheidet er den Traduzianismus (in der Seele Adams sind die Seelen aller seiner Nachkommen bereits enthalten und werden von dort an sie weitergegeben), den Kreatianismus (alle Seelen werden als einzelne von Gott geschaffen) sowie die Präexistenzlehre (alle Einzelseelen wurden von Gott geschaffen und befinden sich bei ihm, bis sie entweder auf Gottes Geheiß oder aus eigenem Antrieb in einen durch Zeugung neu entstehenden menschlichen Leib eingehen): vgl. *De libero arbitrio* 3,56,188 – 62,215. In seiner späten Diskussion des gleichen Themas, die das gesamte zehnte Buch von *De genesi ad litteram* einnimmt, führt Augustinus die Präexistenzlehre nicht mehr auf, sondern nur noch den Traduzianismus und den Kreatianismus.

26 *Nam si nulla causa est vivendi in hoc corpore nisi propter pendenda supplicia: quo modo dicit idem Plato aliter mundum fieri non potuisse pulcherrimum atque optimum, nisi omnium animalium, id est et inmortalium et mortalium, generibus impleretur?* (*civ.* 12,27).

27 *civ.* 11,23.

alle von Gott geschaffenen Wesen seien sehr gut, und dazu gehöre auch der aus Leib und Seele zusammengesetzte Mensch. Er hebt außerdem hervor, dass die biblische Sündenfallerzählung die Ursünde keineswegs in einer leiblosen Präexistenz der Seele lokalisiere, sondern in der Phase des bereits leiblichen Lebens im Paradies. Adam und Eva erhielten zuerst ihre Leiber aus Lehm bzw. aus Fleisch. Erst danach begingen sie die Ursünde. Daher könne die Einkörperung nicht als Strafe für eine Sünde verstanden werden. Die Existenz von Menschen als Leib-Seele-Wesen ist vielmehr Ausdruck eines guten Schöpferwillens.

Dementsprechend besteht die Strafe für die Ursünde Augustinus zufolge nicht darin, dass die Seele mit einem Körper verbunden wird, sondern umgekehrt darin, dass sie im Tod des Menschen ihren Körper verliert. Der Tod ist also nicht ein Gut, das die Sündenstrafe der Einkörperung rückgängig macht, sondern er ist ein Übel, weil er das vom Schöpfer angelegte und somit naturgemäße Band zwischen Seele und Leib zerreißt. Man sieht leicht, dass der neuplatonische und der augustinische Ansatz zu verschiedenen Bewertungen des Todes führen. Wer meint, die Bindung der Seele an den Leib sei aus Sicht der Seele etwas Negatives, der wird den Tod für ein Gut halten, weil er zur Befreiung der Seele führt. Wer dagegen wie Augustinus die Zusammengehörigkeit von Leib und Seele des Menschen betont, der hält den Tod für ein Übel, weil dieser trennt, was von Natur aus verbunden sein soll.

4 Der „Leib des Todes“ und die Begierden

Augustinus sieht den Leib allerdings nicht nur positiv als natürliches Komplement der Seele und als kunstvolles Produkt des guten Schöpfergottes. Vielmehr bewertet er den Leib durchaus auch negativ, wenn er ihn mit dem biblischen Weisheitsbuch als „Beschwernis der Seele“ (Weish 9,15) und mit Paulus als „Leib des Todes“ (Röm 7,24) bezeichnet. Um diese Äußerungen zu verstehen, muss man beachten, dass Augustinus in der menschlichen Leib-Seele-Existenz drei Phasen unterscheidet.

Die erste Phase ist das Leben des Menschen im irdischen Paradies, wie es allerdings nur Adam und Eva vor dem Sündenfall zuteilwurde. Hier hatten die Menschen einen animalischen Leib[28], der durch die Seele lebendig wurde. Dieser Leib bedurfte der Nahrung und des Trankes, um erhalten zu werden.[29] Auch war er zeugungs- und gebärfähig.[30] Allerdings war dieser Leib nicht krankheitsanfällig, er

28 *Gn. litt.* 11,31,40: *corpus animale.*
29 Vgl. *civ.* 13,23.
30 Vgl. *civ.* 14,23 f.

wäre nicht durch das Alter hinfällig geworden und insbesondere wäre er nicht gestorben, letzteres aber nicht deshalb, weil er von Natur aus unsterblich war, sondern weil Gott ihn zu gegebener Zeit in einen „geistlichen" (*spiritale*) Leib verwandelt hätte, der nicht mehr dem Tod unterworfen gewesen wäre. Gott hatte die Menschen also nicht mit unsterblichen Leibern erschaffen, „sondern so, daß auf die Erfüllung der Gehorsamspflicht ohne Dazwischentreten des Todes die Unsterblichkeit und ewige Seligkeit der Engel folgen sollte. Zeigten sie sich aber ungehorsam, sollte sie zur gerechten Strafe der Tod heimsuchen."[31] In dieser ersten Phase bestand ein harmonisches Zusammenleben von Seele und Leib. Der Leib war zwar von seiner Natur her sterblich (*corruptibilis*), hätte aber nicht sterben müssen (*posse non mori*)[32] und wäre auch nicht gestorben, wenn die Menschen das Gebot Gottes respektiert hätten. Diese Phase positiver Leiblichkeit endete mit dem Sündenfall.

Die zweite Phase der menschlichen Leib-Seele-Existenz ist durch die Folgen des Sündenfalls bestimmt. Da das Menschenpaar dem göttlichen Gebot nicht gehorchte, wurde es mit dem Tod bestraft. Dies bedeutete aber nicht, dass die Seelen der Menschen gestorben wären, denn sie sind unsterblich.[33] Auch sind keineswegs die Leiber der Menschen sofort gestorben. Vielmehr weist der Tod als Sündenstrafe folgende zwei Dimensionen auf: Erstens entzog Gott den Menschen die Aussicht auf eine im irdischen Leben erfolgende Transformation des animalischen, sterblichen in einen spirituellen, unsterblichen Leib. Der Leib blieb also animalisch, das heißt, er muss altern, und da der Mensch aus dem Paradies verbannt wurde und somit keinen Zugang zum Baum des Lebens mehr hat, wird der Leib mit Gewissheit zu gegebener Zeit sterben (*non posse non mori*). „Denn an eben diesem Tage ward ihre Natur verschlechtert und verdorben und ergab sich für sie durch die gerechte Vertreibung vom Baum des Lebens die Notwendigkeit auch des leiblichen Todes, der wir seit unserer Geburt unterliegen"[34]. Der vergängliche Leib wird also nun zum „Leib des Todes" (Röm 7,24) bzw. zum „Leib, der tot ist aufgrund der Sünde" (Röm 8,10), und zwar in dem Sinne, dass er dem Verhängnis des Todes ausgeliefert ist. Außerdem gehört zur Strafe für die Sünde nach Augustinus auch der Tod der Seele. Natürlich stirbt die Seele nicht im wörtlichen Sinne, da ihr das Leben wesentlich und somit unverlierbar ist. Ihr Tod besteht vielmehr darin, dass sie sich von Gott abwendet, weshalb sich auch Gott von ihr abwendet. Das Totsein der Seele meint also ihre Gottverlassenheit. Dies impliziert zunächst, dass die Seele die rich-

---

31 *Sed ita ut immoralitas et beata aeternitas sequeretur; inoboedientes autem mors plecteret damnatione iustissima* (*civ.* 13,1).

32 Vgl. *Gn. litt.* 6,24,36.

33 *Propria vita ex qua et immortales sunt* (*civ.* 13,2).

34 *Eo quippe die mutata in deterius vitiataque natura atque a ligno vitae separatione iustissima mortis in eis etiam corporalis necessitas facta est, cum qua nos necessitate nati sumus* (*civ.* 13,23).

tige Orientierung im Leben verliert und bei der Suche nach Glück falsche Güter (wie etwa Geld oder Macht) für erstrebenswert hält und wahre Güter (Tugend und Gott) geringschätzt. Weiterhin büßt sie durch die Abwendung von Gott aber auch ihre uneingeschränkte Macht über den Körper und sogar über sich selbst ein. Dies zeigt sich im Aufkommen der Begierden.

Augustinus bringt drei biblische Äußerungen über den Leib und den Tod in einen systematischen Zusammenhang. Die erste findet sich im alttestamentlichen Buch der Weisheit, wo es heißt: „Denn der vergängliche Leib beschwert die Seele, und das irdische Zelt belastet den um vieles besorgten Geist" (Weish 9,15). Hier wird der Leib wegen seiner Sterblichkeit als Belastung für die Seele dargestellt. Augustinus verbindet dies mit einer Äußerung des Paulus im siebten Kapitel des Römerbriefs, wo der Apostel klagt über den Widerstreit zwischen dem „Gesetz der Sünde", das in seinem Leib wohne, und dem Gesetz Gottes in seiner Vernunft. Diese Klage mündet in den Ausruf des Apostels: „Ich elender Mensch! Wer wird mich erlösen von diesem Leib des Todes?" (Röm 7,24) Augustinus parallelisiert den sterblichen Leib des Weisheitsbuches, der die Seele beschwert, mit dem „Leib des Todes" aus dem Römerbrief, der den Menschen zur Sünde und zur Abwendung von Gottes Gesetz anreizt. Die dritte biblische Äußerung findet Augustinus im Sündenfallbericht des Buches Genesis, wo der Tod als Strafe für die Ursünde verhängt wird (vgl. Gen 3,3; 19; 22).

Diese drei Aussagen kombiniert er folgendermaßen: Der Sündenfall gilt als Grund für die Sterblichkeit des Leibes, denn ohne die Ursünde hätte der Leib des Menschen nicht vergehen müssen. Die Tatsache, dass der Leib die Seele beschwert, erklärt Augustinus durch die Tendenz zur Sünde, die Paulus zufolge vom Leib ausgeht. Die Beschwernis liegt demnach nicht nur darin, dass die leiblichen Bedürfnisse den Menschen von der Beschäftigung mit den Wissenschaften oder von der Kontemplation des Göttlichen abhalten. Viel schwerer wiegt, dass die in den Bedürfnissen des Leibes wurzelnden Strebungen, nämlich die Begierden (*concupiscentia, libido*), dem vernünftigen Wollen oftmals entgegengesetzt sind, so dass die Vernunft das Begehren unterdrücken muss. Das Begehren ist offensichtlich ein Akt der Seele, nicht des Leibes. Es wurzelt aber darin, dass der Leib dem Tod verfallen ist. Denn dadurch gewinnen die Selbsterhaltung und die Selbstbestätigung des Menschen eine Bedeutung, die sie zuvor nicht besaßen. Gerade durch die Gewissheit des leiblichen Todes, die dem Menschen Zeit seines Lebens vor Augen steht, steigert sich das Bedürfnis nach Erhaltung seiner selbst. Infolgedessen konzentriert sich das Individuum in übermäßiger Weise auf die eigene physische Existenz und die Mittel, die zu deren Erhaltung notwendig sind. Daraus entsteht die Gier nach Essen und Trinken, aber auch die Habgier und die Gier nach Macht. Das vom Tod bedrohte Individuum lebt auf sich selbst hin. So missachtet es die moralischen Ansprüche der Mitmenschen und stellt die Selbstliebe über die Nächstenliebe. In Wahrheit sollte der Mensch sowohl den anderen als auch sich selbst „in Gott lieben“[35]. Doch an die Stelle dieser das Selbst dezentrierenden Liebe in Gott tritt beim Sünder die Zentrierung auf das je eigene Ich. So führt die Sterblichkeit des Leibes zum Aufkommen der Begierde in der Seele, die den Menschen zur Sünde tendieren lässt.[36] Diese Tendenz tritt als Versuchung auf und beschwert die Seele, weil die Vernunft mit der Versuchung ringen und ihr widerstehen muss, was ihr manchmal gelingen mag, und manchmal nicht.[37]

Augustinus weist wie kein Denker zuvor darauf hin, dass das Sterben nicht erst in jenem Augenblick geschehe, in dem der Tod eintritt, sondern das gesamte Leben des Menschen bestimme. Dabei kommt er auf die These Epikurs zu sprechen, der Tod gehe die Lebenden nichts an, denn: Wo ich bin, da ist der Tod nicht, und wo der Tod ist, da bin ich nicht.[38] Augustinus vertritt genau die umgekehrte These, indem er auf den Begriff des Sterbenden reflektiert.[39] Epikurs Unterscheidung mache den Begriff des Sterbenden unverständlich, denn entweder lebt man ja, oder man ist tot. Nach Augustinus ist der Mensch jedoch als Lebender ein Sterbender, also ein solcher, den der Tod durchaus und jederzeit etwas angehe. Der Sterbende sei ein Lebender, der sich dem Tode nähert. Dieser Prozess des Sich-dem-Tode-Näherns beginne aber bereits mit der Geburt. Die ganze Lebenszeit ist nach Augustinus „nichts anderes als ein Lauf zum Tode, bei dem niemand auch nur ein klein wenig stehenbleiben oder etwas langsamer gehen darf“[40]. Wenn Sterben bedeutet „im Tod“ (*in morte*) zu sein, dann ist der Mensch schon „mit dem ersten Beginn des leiblichen Lebens im Tod“[41]. Demnach ist in Wahrheit nicht zu unterscheiden zwischen der Zeit vor dem Tod und der Zeit nach dem Tod, wie Epikur es tut, sondern zwischen der Zeit im Tod, verstanden als die Zeit des irdischen Lebens, und der Zeit nach dem Tod. Die Zeit im Tod kommt zum Abschluss, wenn die Zeit nach dem Tod beginnt. Das Sterben ist nach Augustinus also nicht als punktuelles Ereignis zu sehen, sondern als Zeitraum, der mit der Geburt beginnt.[42] Zu dieser neuartigen Deutung des Sterbens als Prozess gelangt Augustinus, indem er das irdische Leben

35 *De doctrina christiana* 1,20–21; 28; 37.

36 *Corpus enim quod corrumpitur adgravat animam* (Sap. 9,15). *Per quod fit etiam saepe, ut invicte delectet quod non licet* (Simpl. 1,1,3).

37 *Nunc vero quamdiu corpus quod corrumpitur aggravate animam* (Sap. 9,15) *et vita humana super terram tota temptatio est* [...] (*trin.* 4,5). Zur Schilderung der Versuchungen vgl. *conf.* 10,41–70.

38 Epikur, *Brief an Menoikeus* 125, in: Ders., *Von der Überwindung der Furcht*, eingel u. übertr. v. O. Gigon, Zürich ³1989.

39 Vgl. *civ.* 13,9.

40 *Civ.* 13,10.

41 Ebd.

42 Vgl. dazu N. Fischer, *Confessiones 4. Der Tod als Phänomen des Lebens und als Aufgabe des Denkens*, in: N. Fischer/D. Hattrup (Hg.), *Augustinus Confessiones*, Paderborn 2004, 105–126. Ebenso R. Dodaro, *Fear of Death in the Thought of Augustine of Hippo: The Influence of Augustine*

als eine andauernde Gemeinschaft der Vernunft mit dem „Leib des Todes" deutet. Die Beschwernis des Geistes durch den vergänglichen Leib ist eine ethische Herausforderung, die für den Menschen darin liegt, den vom sterblichen Leib her kommenden Begierden der Seele zu widerstehen und diese nicht handlungswirksam werden zu lassen. Weil diese Herausforderung das gesamte irdische Leben prägt, kann Augustinus dieses Leben als ein kontinuierliches Sterben bezeichnen.

Gegen die Neuplatoniker hält Augustinus weiterhin fest, dass die Beschwernis durch den „Leib des Todes" nicht in der Natur des Leibes liegt, sondern nur in seiner Todesverfallenheit:

> Da wir jedoch wissen, daß als Ursache dieser Beschwernis nicht die Natur und das Wesen des Leibes, sondern seine Vergänglichkeit in Frage kommt, wollen wir nicht des Leibes beraubt, sondern mit Unsterblichkeit bekleidet werden. Wenn das geschieht, wird der Leib noch dasein, aber uns nicht mehr beschweren, weil er dann nicht mehr vergänglich ist.[43]

Mit der Unsterblichkeit, die der Leib nach der Auferstehung erhalten wird, verschwindet daher auch das unerlaubte Begehren.[44] Außerdem betont Augustinus, dass die Todesverfallenheit des Leibes nicht etwa die Ursache des Bösen im Menschen ist, sondern nur dessen Straffolge. Denn gemäß der biblischen Erzählung hat nicht der sterbliche Leib das erste Menschenpaar zur Sünde geführt, sondern eine durch den Geist getroffene Entscheidung der Menschen gegen Gott hat die Sterblichkeit des Leibes verursacht. Und wenn auch vom sterblichen Leib her Anreize zum Bösen und falsches Begehren hervorgehen, so ist trotzdem nicht alles Böse darauf zurückzuführen, denn sonst müsste der Teufel, da er keinen Leib besitzt, moralisch fehlerlos sein.[45]

Man sieht also zwei gegenläufige Tendenzen in Augustins Auffassung vom Verhältnis der Seele zum Leib. Einerseits ist die Seele von Anfang an natürlicherweise auf die Verbindung mit dem Leib hin angelegt. Andererseits wird der Leib ihr wegen der Sünde zur Beschwernis. Diese Gegenläufigkeit ist der Situation bei Platon nicht unähnlich, der ja wie eingangs erklärt ebenfalls eine positive und eine negative Bewertung der Leiblichkeit kennt. Von daher stellt sich die Frage,

---

on Heidegger, in: C. J. N. de Paulo (ed.), *The Emergence of an Augustinian Phenomenology*, Lewiston 2006, 29–51.

43 *Et adgravamur ergo corruptibili corpore, et ipsius adgravationis causam non naturam substantiamque corporis, sed eius corruptionem scientes nolumus corpore spoliari, sed eius immortalitate vestiri. Et tunc enim erit, sed quia corruptibile non erit, non gravabit* (*civ.* 14,3).

44 *Quia ipsa vitiosa concupiscentia nulla omnino remanebit, caro autem nostra ab ea peste morboque sanata et tota inmortalitate verstita in aeterna beatitudine permanebit* (*De nuptiis et concupiscentia [= nupt. et conc.]* 1,35).

45 Vgl. *civ.* 14,3.

ob Augustinus nicht doch den Tod als Geschenk für die Seele deuten könnte, nicht insofern der Tod die Seele von jenem guten Ursprungsleib trennt, den die Menschen im Paradies besaßen, sondern weil er sie von jenem durch die Ursünde degenerierten Leib befreit, der für die Seele eine Beschwernis ist. Bei Augustinus behält aber das Motiv der naturgemäßen Zugehörigkeit des Leibes zur Seele die Oberhand, denn diese Zugehörigkeit gilt nicht nur für den ursprünglichen Leib, der nicht sterben musste, sondern auch noch für den „Leib des Todes".

Augustinus überlegt durchaus, ob man eine Differenzierung anbringen müsse, derzufolge der leibliche Tod für die Guten gut und nur für die Bösen übel sei.[46] Die Guten bemühen sich ja um ein tugendhaftes Leben und leiden daher unter den Begierden und Versuchungen, die vom sterblichen Leib her kommen, während die Bösen ein Leben führen wollen, das der Befriedigung dieser Begierden dient. Insofern wäre der Verlust des sterblichen Leibes wohl für die Bösen schlecht, aber für die Guten könnte er begrüßenswert sein.[47] Zumindest für manche Menschen wäre er dann ein Geschenk. Tatsächlich hat der Tod Augustinus zufolge für die Guten nicht dieselbe Bedeutung wie für die Bösen. Aber er ist auch für sie nicht ein Gut, sondern ein Übel. Der Unterschied liegt darin, dass die Guten vom Übel des Todes einen guten Gebrauch machen, während die Bösen das Übel des Todes schlecht gebrauchen. Deshalb sterben die Guten gut, obschon der Tod ein Übel ist,[48] doch die Bösen sterben schlecht. Den guten Gebrauch des Todes erklärt Augustinus am Beispiel der Märtyrer. Wenn der Tod eine Sündenstrafe ist, könnte man erwarten, dass mit der Vergebung der Sündenschuld durch die Taufe auch die Strafe erlassen würde, so dass die Getauften gleich zur Unsterblichkeit übergingen. Der Grund dafür, dass es sich nicht so verhält, liegt in der Aufgabe der Glaubensbewährung. Der Glaube und die Hoffnung auf das ewige Leben bei Gott sollen so stark werden, dass sie die natürliche Todesfurcht überwinden. Bei den Märtyrern wird dies Augustinus zufolge exemplarisch sichtbar, denn sie halten den Glauben fest und nehmen dafür den Tod in Kauf. „Einst ward durch Sündigen der Tod herbeigeführt, jetzt wird durch Sterben die Gerechtigkeit vollendet."[49] Die Strafe der Sünde wird zum Prüfstein der Tugend. Es gilt, das zur Natur gewordene Übel des Todes zu überwinden, indem man die Furcht vor ihm ablegt. Dies geschieht aber nicht (wie bei Epikur) durch die Einsicht darein, dass der Tod in Wahrheit kein Übel, sondern ein Gut sei. Vielmehr bewähren sich die Guten dadurch, dass sie dieses Übel in der Hoffnung auf Gott ertragen, um so das ewige Leben zu gewinnen.

46 *Quod bonis bona sit, malis mala* (*civ.* 13,2).
47 Diese Position vertritt Ambrosius in: *De bono mortis* 7,26–28.
48 *Boni bene moriantur, quamvis sit mors malum* (*civ.* 13,5).
49 *Tunc enim mors est adquisita peccando, nunc inpletur iustitia moriendo* (*civ.* 13,4).

In Anlehnung an biblische Redeweisen[50] unterscheidet Augustinus einen ersten Tod von einem zweiten Tod. Der erste Tod besteht, wie schon erklärt, aus zwei Teilen, nämlich dem Tod des animalischen Leibes, insofern dieser nicht mehr von Gott erhalten, sondern dem Verfall überlassen wird, und dem Tod der Seele, die durch die Abwendung von Gott ihre den Leib beherrschende Kraft verliert und nun den Begierden ausgesetzt ist.[51] Der zweite Tod dagegen ist die Verdammnis der Bösen im Jüngsten Gericht. Dieses Gericht folgt nach Augustins christlicher Vorstellung auf die Auferstehung der Leiber und ihre Wiedervereinigung mit den Seelen. Durch die Verdammnis wird der Mensch zu ewiger Gottesferne verurteilt. Diese Gottesferne nennt Augustinus den zweiten Tod. Im zweiten Tod verliert weder der Leib noch die Seele im buchstäblichen Sinn das Leben. Die Seele ist ja unsterblich und sie wird immer im Leib empfinden, der durch die Seele belebt ist und nicht mehr sterben wird. Der zweite Tod bedeutet nur die endgültige Trennung des Menschen von Gott, derentwegen der Mensch nun in keiner Weise mehr auf Glückseligkeit hoffen kann.[52]

5 Die Einheit des Menschen in der jenseitigen Vollendung

Seine These von der Widernatürlichkeit und vom Strafcharakter des Todes verteidigt Augustinus gegen die Neuplatoniker, die die christliche Lehre kritisieren. Augustinus schreibt:

> Doch die Philosophen dünken sich weise, wenn sie darüber spotten, daß wir die Trennung der Seele vom Leib zu den Seelenstrafen rechnen. Sie meinen ja, ihr werde erst dann vollkommene Seligkeit zuteil, wenn sie ihres Körpers ganz entkleidet, einfach und allein und gewissermaßen nackt zu Gott zurückkehrt.[53]

50 Vgl. Apk 20,6; 14.
51 In Entsprechung zu den beiden Teilen des ersten Todes unterscheidet Augustinus auch zwei Auferstehungen, nämlich erstens die Auferstehung der Seele, in der diese den Glauben annimmt und sich Gott wieder zukehrt, und zweitens die Auferstehung des Leibes am jüngsten Tag (vgl. *civ.* 20,6).
52 Vgl. *civ.* 13,2.
53 *Sed philosophi, [...] sapienter sibi videntur inridere, quod dicimus animae a corpore separationem inter poenas eius esse deputandam, quia videlicet eius perfectam beatitudinem tunc illi fieri existimant, cum omni prorsus corpore exuta ad deum simplex et sola et quodam modo nuda redierit* (*civ.* 13,16). Vgl. Plotin, *Enn.* 1,6,7.5–8.

Gegen diese Neuplatoniker führt Augustinus abermals Platon selbst ins Feld, indem er aus der Schöpfungslehre des Timaios zitiert. Platon zufolge sind die seligen, geschaffenen Götter aus Leib und Seele zusammengefügt und als entstandene sind sie auch vergänglich. Der Schöpfergott Platons verkündet aber, dass sie dennoch unsterblich seien, und zwar deshalb, weil er selbst es so wolle.[54] Wenn also nach Platon selbst die geschaffenen Götter nie von ihren Leibern getrennt werden und immer selig sind, dann könne auch kein Widerspruch darin liegen, wenn die Christen nach Seligkeit streben und zugleich wünschen, dass die Seele immer mit dem Leib verbunden bleibe. Falls die Neuplatoniker dagegenhalten, dass nur ätherische, aber keine irdischen Leiber ewig sein können, antwortet Augustinus, dass der Kosmos, der den Platonikern zufolge mit der Weltseele beseelt sei, die ganze materielle Welt einschließlich der in seiner Mitte befindlichen Erde zum Leib habe. Da dieser Kosmos das größte lebendige, glückselige und ewige Wesen sei, stehe also auch Platon zufolge ein aus irdischen Elementen bestehender Leib der Glückseligkeit nicht im Weg.[55] Leiblichkeit, so meint Augustinus, schließt also ein ewiges, glückseliges Leben nicht aus. Allerdings darf dies nicht der dem Tod verfallene Leib sein, der zufolge der Sünde die Seele belastet, sondern eher ein Leib in der Art, wie er von Gott geschaffen wurde und bis zum Sündenfall bestand: „Also muß man nicht, um Seligkeit zu erlangen, alle Körper fliehen, sondern nur die vergänglichen, lästigen, schweren, todverfallenen, nicht solche wie Gottes Güte sie den ersten Menschen verlieh, sondern wie Sündenstrafe sie umgebildet."[56]

Die dritte Phase der menschlichen Leib-Seele-Existenz findet Augustinus zufolge im jenseitigen Leben nach der Auferstehung statt. Das Leben in der eschatologischen Vollendung sei nämlich keineswegs ein Leben der Seele allein, sondern eines, in dem die unsterbliche Seele mit ihrem auferstandenen Leib vereinigt ist. Dieser Auferstehungsleib unterscheidet sich von dem schweren Leib, der gestorben ist, und auch vom Leib der Menschen im Paradies. Anders als der gestorbene Leib ist er nicht mehr vergänglich (*non posse mori*). Biblisch gesprochen ist er nicht fleischlich (*carnalis*), sondern geistig (*spiritalis*). Er ist aber keineswegs ein Geist, sondern er ist weiterhin von der Substanz des Fleisches.[57] Aber da er von

---

54 Vgl. *civ.* 13,16 sowie Platon, *Tim.* 41a/b.

55 Vgl. *civ.* 13,17. Anders als die Neuplatoniker meinen, sei auch die Schwere der irdischen Leiber kein Argument gegen deren Aufstieg in den Himmel. Denn wenn Gott die Verweslichkeit des Körpers wegnehmen könne, ohne dessen Natur zu verändern, dann auch seine Schwere (*civ.* 13,18).

56 *Non ergo ad beatitudinem consequendam omnia fugienda sunt corpora; sed corruptibilia molesta, gravia moribunda; non qualia fecit primis hominibus bonitas dei, sed qualia esse compulit poena peccati* (*civ.* 13,17).

57 *Corpora carnis habitura substantiam* (*civ.* 13,23). Augustinus zufolge benutzt Gott den Stoff des gestorbenen Leibes, der einem Menschen einmal gehörte, um daraus den Auferstehungsleib zu formen (vgl. *Enchiridion* 88 f.).

der Notwendigkeit des Sterbens befreit ist, belastet er die Seele nicht länger. Der Paradiesesleib alterte zwar nicht, musste aber Nahrung zu sich nehmen, um sich zu erhalten. Der geistliche Leib dagegen kann zwar essen und trinken, muss es aber nicht, da er nun mit der unverlierbaren Gabe der Unsterblichkeit ausgestattet ist.

> Denn nicht das Vermögen, sondern nur das Bedürfnis des Essens und Trinkens ist bei solchen Leibern aufgehoben. Darum heißen sie auch nicht deshalb geistlich, weil sie etwa aufhörten, Leiber zu sein, sondern weil es der lebenspendende Geist ist, durch den sie Bestand haben.[58]

Der Paradiesesleib war ein animalischer (*animale*), beseelter Leib. Der Auferstehungsleib wird dagegen ein spiritueller (*spiritale*), das heißt „begeisteter" Leib sein. Dieser vollendete Leib ist weiterhin sichtbar und betastbar, ebenso wie der Auferstehungsleib Christi. Die Seligen im jenseitigen Leben sehen einander und können einander berühren. Auch verfügt der Auferstehungsleib über vollendete Sinnesorgane.[59] Mit Paulus hält Augustinus fest: „Wenn es einen beseelten Leib gibt, dann auch einen begeisteten."[60]

Ohne Leib, so meint Augustinus, bliebe die Seele auch im jenseitigen Leben unvollständig und somit unbefriedigt, da sie von vornherein darauf angelegt ist, einen Leib zu lenken und zu führen. In *De genesi ad litteram* erklärt er, dass die Vernunft des Menschen auch im jenseitigen Leben nicht vollkommen glücklich sein könne, bevor sie nicht auf dem Wege der allgemeinen Auferstehung von den Toten ihren Leib zurückerhalte.[61] Augustinus spricht hier wohlgemerkt von der *mens*, das heißt vom rationalen Teil der Seele, nicht etwa vom vegetativen oder sinnlichen Teil. Nach platonischen Maßstäben müsste die *mens* im jenseitigen Leben vollkommen glücklich sein, denn ihr natürliches Streben nach der intellektuellen Schau Gottes

---

58 *Non enim potestas, sed egestas edendi ac bibendi talibus corporibus auferetur. Unde et spiritalia erunt, non quia corpora esse desistent, sed quia spiritu vivificante subsistent* (*civ.* 13,22).

59 Augustinus kritisiert in den *Retractationes* die *Soliloquia* und *De musica*, weil er dort Sinnlichkeit mit den Wahrnehmungsorganen des irdischen Leibes gleichgesetzt hatte, statt zu beachten, dass es im Eschaton eine andere, vollkommene Sinnlichkeit geben könne (vgl. *retr.* 1,4,1; 1,11,2).

60 *Si est, inquit, corpus animale, est et spiritale* (1Kor 15,44; *civ.* 13,23). Im letzten Kapitel von *De civitate* 13 liefert Augustinus eine exegetische Erörterung seiner Lehre vom „beseelten" Schöpfungsleib und vom „begeisteten" Auferstehungsleib. Dabei setzt er sich vor allem mit der These auseinander, dass die Anhauchung Adams durch Gott (vgl. Gen 2,7) nicht als Beseelung, sondern schon als Begeistung des Leibes zu verstehen sei, sodass der Schöpfungsleib kein animalischer, sondern ebenso wie später der Auferstehungsleib bereits ein begeisteter (*spiritale*) Leib gewesen sei. In den *Retractationes* kritisiert Augustinus viele seiner früheren Werke, weil sie die Bedeutung der Leiblichkeit für das jenseitige Leben unterschätzten. Vgl. dazu J. Brachtendorf, *Body and Soul as a Leading Theme in the Retractationes*, in: S. Elm/C. Blunda (eds.), *The Late (Wild) Augustine*, Paderborn 2021, 48–63.

61 *Gn. litt.* 12,35,68.

wird dort vollständig erfüllt. Den *Confessiones* zufolge besteht das Glück in der „Freude an der Wahrheit“[62]. Die Wahrheit, die die *mens* durch den *intellectus* schaut, ist Gott selbst, und die Freude daran liegt in der *voluntas rationalis*, die ebenfalls zur *mens* gehört. In der Gottesschau erreicht die *mens* somit ihr Ziel, sie genießt ihr höchstes Gut. Trotzdem ist sie nach *De genesi ad litteram* nicht vollkommen glücklich, solange ihr der Leib fehlt. Während Porphyrios meinte, dass die Verbindung der Seele mit dem Leib für sie ein Glückshindernis darstelle, erklärt Augustinus gerade umgekehrt, dass das Fehlen der Verbindung mit dem Leib das Glück der Seele beeinträchtige. Den Grund dafür vermutet er darin, dass

> dem Verstand ein gewisser natürlicher Drang innewohnt, seinen Leib zu besorgen. Durch diesen Drang wird er irgendwie zurückgehalten, sich mit ganzer Anstrengung zu jenem höchsten Himmel aufzuschwingen, solange ihm der Leib nicht zu Gebote steht, dessen Besorgung jener Drang zu seiner Stillung braucht[63].

Dem späten Augustinus zufolge sind Leib und Seele so sehr aufeinander verwiesen, dass sogar die *mens* als *anima rationalis* unvollständig ist, solange sie über keinen Leib verfügt.

Doch im letzten Buch von *De civitate dei* geht Augustinus noch einen Schritt weiter. Hier stellt er nicht mehr, wie noch in *De genesi ad litteram*, die Frage, ob wir Gott *im* Leib sehen können, sondern ob wir Gott vielleicht sogar *durch* den Leib schauen werden. Werden wir Gott nur mit dem Geist sehen, das heißt nur durch die *mens*, die ihren Leib zurückerhalten hat, oder werden wir ihn mit den Augen unseres Auferstehungsleibes wahrnehmen?[64] Für den irdischen Leib wäre das völlig ausgeschlossen – Augustinus weist häufig genug darauf hin, dass Gott unsichtbar ist. Vom Standpunkt der platonischen Metaphysik aus gesehen, mit ihrer Grundunterscheidung von immaterieller und materieller Wirklichkeit sowie der korrespondierenden anthropologischen Unterscheidung von Vernunft und Sinnlichkeit, ist der Gedanke einer Schau Gottes mit den leiblichen Augen tatsächlich absurd. Doch genau diese Grundunterscheidung des Platonismus stellt Augustinus im Kontext seiner Eschatologie in Frage.

> Freilich, wenn wir gewiß sein könnten, daß die Philosophen recht haben, wenn sie vernünfteln, durch Geistesschau werde das Übersinnliche wahrgenommen und durch den leiblichen Sinn das Sinnenfällige, Körperhafte, so dass infolgedessen der Geist weder das Übersinnliche durch den Leib noch das Körperliche durch sich selbst erfassen könnte,

62 *Conf.* 10,33.

63 *[...] quia inest ei [sc. mens] naturalis quidam adpetitus corpus administrandi: quo adpetitu retardatur quodammodo, ne tota intentione pergat in illud summum caelum, quamdiu non subest corpus, cuius administratione adpetitus ille conquiescat.* (*Gn. litt.* 12,35,68).

64 Vgl. *civ.* 22,29.

> stünde es allerdings fest, dass Gott auch mit den Augen eines geistlichen Leibes unmöglich erblickt werden kann. Doch über diese Vernünftelei spottet die wahre Vernunft [...][65].

Die „wahre Vernunft“ erhebt sich über die Unterscheidung von Vernunft und Sinnlichkeit! In der Tat werden wir Augustinus zufolge im Eschaton Gott nicht nur mit den Augen des Geistes sehen, sondern auch mit den Augen des Leibes, also nicht nur *im* Leib, sondern auch *durch* den Leib. Zumindest in dieser eschatologischen Dimension gilt, dass nicht nur der vernunftlose Seelenteil auf den Körper hingeordnet ist und nach ihm verlangt. Auch wird nicht nur die Vernunftseele durch das Fehlen des Leibes von der Gottesschau abgelenkt. Vielmehr verschmilzt die Vernunft mit den Sinnen und daher mit dem Leib zu einer Einheit, die den platonischen Dualismus von Leib und Seele radikal verneint.

65 *Ratiocinatio quippe illa philosophorum, qua disputant ita mentis aspectu intellegibilia videri et sensu corporis sensibilia, id est corporalia, ut nec intellegibilia per corpus nec corporalia per se ipsam mens valeat intueri, si posset nobis esse certissima, profecto certum esset per oculos corporis etiam spiritalis nullo modo posse videri deum. Sed istam ratiocinationem et vera ratio et prophetica inridet auctoritas.* (*civ.* 22,29)

Hannes Möhle

Die Seelenlehre Alberts des Großen und Thomas von Aquins

Anders als im Deutschen fehlt im Lateinischen ein Ausdruck wie ‚Leib', der im Gegensatz zu dem weiter gefassten Begriff ‚Körper' den direkten Bezug zu einem Lebensprinzip enthält, durch den der bloße Körper zu einem belebten Leib wird. Während der Leib der belebte Körper ist, wird der bloße Körper erst durch ein Lebensprinzip, nämlich die Seele, zu einem belebten Körper. Damit stellt sich die Frage nach dem Verhältnis von Körper, *corpus*, und Seele, *anima*, für das lateinischsprachige Mittelalter in einer besonderen Zuspitzung, da dem Begriff ‚*corpus*' nicht bereits ein Bezug zu einem Lebensprinzip inhärent ist.

Die Seele steht für etwas Geistiges, das aber nicht nur Geist ist, sondern in einer gewissen Weise auch auf einen Körper bezogen ist. Allerdings ist die Seele nicht auf ihre Verbindung mit dem Körper reduzierbar, da sie zwar verschiedene Tätigkeiten und Funktionen ausübt, die nur hinsichtlich eines Körpers denkbar sind – etwa wenn sie diesen belebt, bewegt und im Verbund mit entsprechenden Sinnesorganen zu Wahrnehmungen befähigt. Der Seele wird aber auch ein Wirken zugeschrieben, das nur losgelöst von allem Körperlichen vorstellbar ist – etwa wenn sie rein geistige Gehalte erkennt, die keinerlei Anknüpfungspunkte in der körperlichen Welt haben. Dieses scheinbar gegensätzliche Verhältnis der Seele zum Körper lässt schließlich die Frage aufkommen, ob wir überhaupt noch in einem einheitlichen Sinne von Seele sprechen können, oder ob wir die Einheit, die der Begriff suggeriert, doch eher aufgeben sollten, um den unterschiedlichen Phänomenen gerecht werden zu können. Im Weiteren sollen in den Grundzügen die Deutungsversuche des Leib-Seele-Verhältnisses, wie sie Albertus Magnus und Thomas von Aquin entworfen haben, skizziert und in ihren je eigenen Akzentsetzungen vergegenwärtigt werden.[1]

1 Die unterschiedlichen Konzeptionen der Seelenlehre bei Albert und Thomas sind Gegenstand der breit angelegten Studie von P. D. Hellmeier, *Anima et intellectus. Albertus Magnus und Thomas von Aquin über Seele und Intellekt des Menschen*, Münster 2011. Vgl. hierzu kritisch H. Anzulewicz, *Rezension Hellmeier, P.D.: Anima et intellectus. Albertus Magnus und Thomas von Aquin über Seele und Intellekt des Menschen*, in: *Theologische Revue* 5 (2012), 397–398.

https://doi.org/10.1515/9783111055602-017

1 Die Lehre Alberts des Großen

Das Verständnis des Verhältnisses von Leib und Seele bei Albert dem Großen ist von der besonderen historischen Situation geprägt, dass zur Zeit von Alberts Schaffen sowohl das gesamte Corpus der aristotelischen Schriften als auch eine breite Textbasis von Aristoteles-Kommentaren arabischer Autoren jeweils in lateinischer Übersetzung vorliegen. Albert hatte sich deshalb nicht nur unmittelbar mit dem Werk des Aristoteles auseinanderzusetzen, sondern musste die über die arabischen Denker vermittelten Einflüsse neuplatonischer Lehrstücke mitbedenken und verarbeiten.

1.1 Die Problemkonstellation

Der Hintergrund, der die Seelenlehre Alberts prägt, ist zunächst die an Aristoteles orientierte Theorie der Seele, wonach diese als Lebensprinzip im Körper rein vegetative Abläufe ermöglicht, zur sinnlichen Wahrnehmung befähigt und schließlich das nicht-sinnliche, also geistige, Erkennen hervorbringt. Insgesamt vertritt Aristoteles weder eine Reduktion der Seele auf das Körperliche noch versteht er das Verhältnis von Körper und Seele als irreduzibel dualistisch. Seine Lösung besteht in der Anwendung des allgemeinen, Form und Stoff verbindenden, Hylemorphismus auf das Verhältnis von Seele und Körper, wonach Erstere die Form Letzteren ist.[2] Neben den aristotelischen Vorgaben ist die von Albert zu behandelnde Problemkonstellation um zwei andere Theoriestücke erweitert. Zunächst betrifft dies eine Zuspitzung der Lehre des geistigen Erkennens allgemeiner Inhalte. Neuplatonische Einflüsse, die sich vor allem in der Lehre des arabischen Gelehrten Averroes niederschlagen, tendieren zu einer Abtrennung dieses besonderen Vermögens geistiger Erkenntnis von den anderen Teilen der Seele. Der sachliche Grund für die Annahme eines separaten geistigen Vermögens besteht darin, dass die Erkenntnis nicht sinnlich wahrnehmbarer Gegenstände nicht allein durch Abstraktion ursprünglich sinnlich vermittelter Erkenntnisakte erklärt werden kann. Vielmehr muss man ein losgelöst vom Körper des individuellen Menschen wirkendes, rein intellektuelles Vermögen annehmen, das die geistigen Formen in die Seele einströmen lässt. Averroes spitzt diese Lehre dahingehend zu, dass er die Erkenntnis allgemeiner Gehalte dadurch erklärt, dass das geistige Vermögen ein einziger separat zu denkender Intellekt sei, an dem die Menschen jeweils teilhätten, ohne dass sie mit diesem als Individuen eine substanzielle Einheit darstellten. Die zu erkennenden Inhalte werden von dem

2 Vgl. Aristoteles, *De anima* II,1 [412a1–413a10].

außerhalb der individuellen Seelen anzunehmenden Intellekt in diese wie die Strahlen des Sonnenlichts eingegossen.[3]

Die Substanz der geistigen Seele ist eine andere als die der vegetativen bzw. sensitiven und wird weder mit der Zeugung der anderen Seelenteile hervorgebracht noch geht sie im Tod mit diesen zugrunde, weshalb die von Aristoteles geprägte Vorstellung einer als Einheit gedachten Seele aufgegeben werden müsste. Die Möglichkeit eines separat von den mit dem Körper verbundenen Seelenteilen zu denkenden geistigen Vermögens verbindet sich allerdings mit der für das Christentum zentralen Lehre eines nicht dem Tod und dem Verfall anheimfallenden Teils des Menschen zur Sicherung einer zukünftigen Wiederauferstehung, da die Vernunftseele – wie Albert ausführlich begründet[4] – unsterblich ist.

Für Albert ergeben sich aus der Lehre des Averroes eine ganze Reihe von Schwierigkeiten. Zum einen ist dies in epistemologischer Hinsicht der Fall, weil diese Lehre nicht wirklich erklären kann, wie sich der erkennende Mensch als Individuum die geistigen Gehalte aneignen kann, wenn sie auf diese Weise außerhalb seiner Seele bleiben. Sie werden unter diesen Bedingungen nur durch den extern zu denkenden Intellekt, nicht aber durch das im einzelnen Menschen vorliegende Vermögen erfasst. Zum anderen führt die Annahme eines nur transindividuell gegebenen Verstandesvermögens zu einem aus Alberts Sicht nicht haltbaren Menschenbild, denn das, was den Menschen zum Menschen macht und ihn von anderen Lebewesen unterscheidet, ist die Vernunftseele.[5] „Der Mensch ist nur durch den Intellekt Mensch. Der Intellekt gehört also zur Wesenheit des Menschen“[6], oder wie es an anderer Stelle noch deutlicher heißt: „Der Mensch als Mensch ist nur Intellekt“[7]. Wie soll aber ein extern verbleibender und nicht zur menschlichen Natur gehörender Intellekt zur Wesensbestimmung des Menschen beitragen? Die sinnhafte und die vegetative Seele teilt der Mensch mit anderen Lebewesen. In welchem Sinne kann man noch von einer Einheit der Seele sprechen, wenn es diese signifikante Sonderstellung des vernunfthaften Teils der Seele gibt?

---

3 Vgl. Albertus Magnus, *De natura et origine animae* tr. II c. 4 (Ed. Colon. XII), 23. Zur Problemexposition im Ganzen vgl. J. Müller, *Die Seele als Seins- und Tätigkeitsprinzip des menschlichen Lebens nach Averroes, Albertus Magnus und Thomas von Aquin*, in: B. Petra et al. (Hg.), *Das Leben: historisch-systematische Studien zur Geschichte eines Begriffs*, Bd. 1, Tübingen 2009, insbesondere 183–193.

4 Vgl. Albertus Magnus, *De natura et origine animae* tr. II c. 6 (Ed. Colon. XII), 25–29.

5 *Si enim quaeratur: ‚quid est quod homini, inquantum homo est, dat esse et rationem et ponit eum in numerum specierum animalium', non potest dici, nisi quod anima rationalis hoc facit.* Albertus Magnus, *De natura et origine animae* tr. II c. 3 (Ed. Colon. XII), 22.

6 *[H]omo non est homo nisi per intellectum. Intellectus igitur est aliquid quiditatis hominis.* Albertus Magnus, *De natura et origine animae* tr. II c. 4 (Ed. Colon. XII), 24.

7 *[H]omo in quantum homo solus est intellectus.* Albertus Magnus, *De intellectu et intelligibili* II tr. 1 c. 8. (Ed. Paris. IX), 515.

1.2 Externe und natürliche Verursachung der Vernunftseele

Albert löst das Problem über die Deutung des Verursachungsprozesses, aus dem die Vernunftseele hervorgegangen ist. Sie ist einerseits in der körperlichen Natur verhaftet, insofern sie auf natürliche Weise, gleichwohl aber kausal durch das Verursachungsvermögen des nicht-körperlichen Intellekts, das neuplatonisch als Licht aufgefasst wird, hervorgebracht wird.[8] Denn die Anlage bzw. der Anfangsgrund (*incohatio*) zu diesem die Seelenteile hervorbringenden Prozess stammt von der ersten Ursache bzw. der reinen Intelligenz, so dass die sensitive Seele in der vegetativen und die intellektuelle in der sensitiven anfangshaft begründet ist.[9] Diese Verschachtelung der Stufen des Seelischen aufgrund der Verortung der jeweiligen Anfangsgründe in den untergeordneten Seelenteilen konstituiert die Einheit des Menschen, der eben weder auf seinen Körper noch auf die Vernunftseele reduzierbar ist. Die Wirkkraft, die diesem Hervorbringungsprozess zugrunde liegt, geht allerdings jeweils vom Geistigen zum mehr Körperbehaften, wenn auch aufgrund der Annahme der in der Natur verorteten Anfangsgründe das untergeordnete körperliche Vermögen dem geistigen vorausgeht.[10] Damit ist ein Überschreiten der körperlich-natürlichen Herkunft und damit ein Fortbestand ohne Körper nach dem Tod desselben möglich, da dies als Annährung der Seele an die geistige Sphäre und damit als Rückkehr zu ihrem göttlichen Ursprung verstanden werden kann.[11]

Der Hintergrund für diese Deutung des Hervorgangs der Vernunftseele ist die Lehre, dass „jedes Werk der Natur auf eine Form der Intelligenz [zurückweist], die

8 *Propter quod impossibile est, quod [anima rationalis] per aliquas qualitates aut formas, quae in semine sunt, educatur de semine, sed cum intellectus separatus sit primus motor in natura, sicut a principio istius libri diximus, anima rationalis est similitudo lucis intellectus agentis in generatione.* Albertus Magnus, *De natura et origine animae* tr. I c. 5 (Ed. Colon. XII), 12.

9 Runggaldier sieht hier eine antiplatonische Lehre, insofern hier der Materie eine ursprüngliche Mitwirkung bei der Formgebung zukommt. Vgl. E. Runggaldier, *Die menschliche Seele bei Albertus Magnus. Ein nicht-reduktionistischer Beitrag zum Leib-Seele-Problem*, Münster 2010, 42.

10 *Oportet autem scire, quod sicut in aliis ita etiam in homine incohatio vegetativi est in materia et in esse primo substantiae animandae et incohatio sensibilis est in vegetativo et incohatio rationalis est in sensitivo, quia aliter homo constitutus, sicut ante probatum est, esset multa et non unum. Sed quia nihil horum fit nisi per virtutem intellectus et non ex materia aliqua efficitur, ideo terminus esse hominis ad similitudinem intellectus primi, qui divinus est, ex nulla materia fieri perhibetur.* Albertus Magnus, *De natura et origine animae* tr. I c. 5 (Ed. Colon. XII), 13.

11 *His igitur sic determinatis dicimus, quod anima rationalis differt ab intelligentia caelesti, eo quod per intelligibilia, quae sunt cum tempore et continuo, venire habet ad intelligibile, quod secundum esse et essentiam per se est intelligibile, et si est ordo in illis per se intelligibilibus, habet devenire ad primum intelligibile, quod est causa omnium aliorum, et in illo stat sicut in vertice suae sapientiae et contemplationis finalis.* Albertus Magnus, *De natura et origine animae* tr. II c. 13 (Ed. Colon. XII), 38.

der erste und universelle Beweger in der ganzen Natur ist."[12] Albert übernimmt also die durch den Neuplatonismus nahegelegte Sonderstellung des geistigen Seelenteils und auch die diesem zugrundeliegende Verursachung durch den als Ursache angenommenen ersten Intellekt. Allerdings gliedert er diese Verursachung in den natürlichen Vorgang der Zeugung der mit dem Körper verbundenen Seele ein, indem die Zeugung ihrerseits als Wirkung der ursprünglich vom ersten Intellekt ausgehenden Verursachung verstanden wird, insofern der natürliche Vorgang der auf den beseelten Körper zielenden Zeugung Ausdruck eines rein geistigen und extern zum Körperlichen zu denkenden Wirkens ist. Der Intellekt ist Urheber der Natur und nicht umgekehrt:

> Und deshalb flößt der reine und unvermittelte Intellekt der ersten Ursache die letzte Vervollständigung ein, welche die der intellektuellen Form ist, [und zwar] weder durch ein Werkzeug noch aus der Materie, sondern durch sein Licht. Deshalb wird auch gesagt, dass Gott die Vernunftseele aus etwas nicht Vorhandenem erschafft; und auf diese Weise kommt der Intellekt in den Embryo von außerhalb der Materie hinein, nicht jedoch von einem äußeren Wirkenden, da der Intellekt, welcher der Urheber der Natur ist, außerhalb der Natur nur in der Weise ist, in der man als das ‚den Dingen Äußerliche' das bezeichnet, was von ihnen durch das Sein getrennt und mit ihnen unvermischt ist.[13]

Der reine Intellekt ist die Ursache der Naturprinzipien, die ihr eigenes Wirken nur Kraft dieser ersten Ursache verwirklichen können. Auf diese Weise ist der rein geistige Intellekt in den gezeugten und damit körperlichen Dingen anwesend und wirksam, sofern auf ihn die Prinzipien der natürlichen Vorgänge zurückgehen:

> [I]n dieser Weise ist aber der von den gezeugten Dingen getrennte, allgemein tätige Intellekt von ihnen der Lage und dem Ort nach nicht entfernt, da er vielmehr den Naturdingen innerlicher als irgendwelche Naturprinzipien ist, und die Naturprinzipien nur als von ihm bewegte und geformte etwas wirken oder wirken können.[14]

---

12 *Igitur omne opus naturae est ad aliquam formam intelligentiae, quae primus et universalis motor est in tota natura.* Albertus Magnus, *De natura et origine animae* tr. I c. 1 (Ed. Colon. XII), 3. Übersetzung: H. Anzulewicz, *Über die Natur und den Ursprung der Seele*, Freiburg/Basel/Wien 2006, 41.

13 *Et ideo complementum ultimum, quod est intellectualis formae, non per instrumentum neque ex materia, sed per suam lucem influit intellectus primae causae purus et immixtus. Propter quod etiam ex non praeiacenti aliquo creare rationalem deus dicitur animam; et hoc modo intellectus ingreditur in embryonem ab extrinseco materiae, non tamen ab extrinseco agente, quia intellectus, qui est auctor naturae, non est extrinsecus naturae, nisi hoc modo quo extrinsecum rebus dicitur, quod est separatum ab eis per esse et non commixtum cum eis.* Albertus Magnus, *De natura et origine animae* tr. I c. 5 (Ed. Colon. XII), 14. Übersetzung: H. Anzulewicz, *Über die Natur und den Ursprung der Seele*, Freiburg/Basel/Wien 2006, 91.

14 *[S]ed hoc modo a rebus generatis separatus intellectus universaliter agens non distat ab eis per situm et locum, cum potius sit intimior rebus naturalibus quam aliqua naturae principia nec princi-*

Mit dieser Lösung kann Albert einerseits der Sonderstellung der Vernunftseele gerecht werden, ist andererseits aber nicht gezwungen, das, was den Menschen zum Menschen macht, außerhalb seiner Natur also als etwas Externes anzunehmen. Als in der Natur des Menschen gegeben versteht Albert die Vernunftseele als selbsttätige Kraft zur Verwirklichung der anderen von Aristoteles identifizierten Seelenteile, nämlich als Verwirklichung der sinnhaften und vegetativen Seelenkräfte.[15] Als Verwirklichungsprinzip liegt es in der Vernunftseele selbst, vernünftig zu sein, und bedarf nicht einer vorausgehenden Tätigkeit einer externen Vernunft, der gegenüber der menschliche Verstand nur ein aufnehmendes Prinzip wäre. Was ihre Substanz und Natur betrifft, ist die Vernunftseele zwar durch die erste Intelligenz verursacht, aber als solche besitzt sie eine ihr weiteres Handeln bestimmende Autonomie, so dass die Seele unabhängig von einer erneuten Tätigkeit der ersten Ursache, also ohne eine weitere Einstrahlung der ersten Intelligenz (*irradiatio intelligentiae*), wirken kann.[16] Albert verbindet in seiner Theorie also einerseits neuplatonische Elemente eines vom Geistigen ausgehenden Emanationsprozesses mit dem aristotelischen Ansatz, Körper und Seele als ein Kräfteganzes und damit als eine Einheit zu deuten. Jörn Müller spricht deshalb von Albertus Magnus als einem „Neuplatoniker im aristotelischen Gewand“[17].

1.3 Seele als *perfectio coporis*

In welchem Verhältnis steht aber nun die Seele zum Körper genau und wie verhalten sich die Seelenteile zueinander?

Die bevorzugte Formel, mit der Albert der Große die intellektuelle Seele erfasst, lautet nicht *forma* oder *virtus*, sondern *perfectio corporis*,[18] wobei – wie sich

---

pia naturae aliquid agunt vel agere possunt, nisi mota ab ipso et informata per ipsum. Albertus Magnus, *De natura et origine animae* tr. I c. 5 (Ed. Colon. XII), 14. Übersetzung: H. Anzulewicz, *Über die Natur und den Ursprung der Seele*, Freiburg/Basel/Wien 2006, 91.

15 Vgl. Albertus Magnus, *De natura et origine animae* tr. II c. 9 (Ed. Colon. XII), 33.

16 Vgl. ebd.

17 Müller, *Die Seele als Seins- und Tätigkeitsprinzip des menschlichen Lebens nach Averroes, Albertus Magnus und Thomas von Aquin*, 193.

18 *Et ideo patet quod anima vegetabilis in plantis perfectio est coporis plantarum, a qua est esse et ratio plantae et operationes eius. Et per hanc eandem rationem communem anima sensibilis est in brutis, et anima rationalis in homine. [...] Sed si hoc esset, tunc oporteret quod id a quo diffinitur homo et quod dat ei esse et speciem et rationem, non esset immediatus actus, quod est contra omnem philosophiam et rationem, quia nihil est ita immediatum rei sicut id a quo est esse et perfectio ipsius. Hoc autem in homine non est vegetabile neque sensibile, sed rationale.* Albertus Magnus, *De homine* (Ed. Colon. XXVII,2), 33.

zeigen wird – ‚*perfectio*' nicht allein im aristotelischen Sinne als Vervollkommnung einer immanenten Natur, sondern auch im neuplatonischen Sinne als Annäherung an einen transzendenten Ursprung verstanden wird. Als Form oder Kraft ist die Seele entweder in ihrer Entstehung oder in ihrer Wirkweise an die Materie bzw. den Körper gebunden, insofern sie als Form aus der Materie herausgeführt wurde (*educta de materia)* und als Kraft in ihrem Wirken auf das Körperliche beschränkt ist. Dies kann auf die vegetative und die sensitive Seele, nicht aber auf die Vernunftseele zutreffen,[19] die deshalb nicht Form des Körpers sein kann. Als Vollkommenheit hingegen ist die Vernunftseele sowohl von einer äußeren, also nicht-körperlichen, Ursache hervorgebracht (*ab extrinseca causa*) als auch in ihrem eigentlichen Wirken, dem intellektuellen Erkennen, nicht auf den Körper angewiesen, dem sie nur zeitweise in ihrer animalischen Tätigkeit, d. h. als vegetatives und sinnhaftes Vermögen, verbunden ist. In diesem Sinne ist sie wie der Seemann, der ein Schiff lenkt, aber sein eigentliches Sein nicht verliert, wenn er von Bord geht.[20] Die intellektuelle Seele ist Vollendung und nicht Form des Körpers, denn sie lenkt den Körper nicht durch eine körperliche Form, sondern aufgrund einer Form, die ihrer eigenen Wirkweise, also im Fall der Vernunftseele der geistigen Form entspricht, sowie der Seemann das Schiff durch die Form seiner Seemannskunst und nicht durch die materielle Form des Schiffes navigiert.[21]

Wie der Seemann zwar des Schiffes bedarf, um seine nautischen Fähigkeiten auszuüben, ohne dass dieses Vermögen selbst aus der Natur des Schiffes stammt,

---

19 *[I]ntellectualis anima non ex materia dicitur educi, sed potius ab extrinseco ingredi [...] Anima autem vegetabilis et sensibilis producuntur ex materia et radicem habent in materia.* Albertus Magnus, *De anima* I tr. II c. 13 (Ed. Colon. VII,1), 54. Vgl. I. Craemer-Ruegenberg, *Die Seele als Form in einer Hierarchie von Formen. Beobachtungen zu einem Lehrstück aus der de anima-Paraphrase Alberts des Großen*, in: G. Meyer et al. (Hg.), *Albertus Magnus. Doctor universalis 1280/1980*, Mainz 1980, 59–88, insbesondere 67–78.

20 *Non enim sequitur, ut inquiunt, si perfectio corporis est, quod non separetur a corpore, cuius est perfectio, eo quod non perficit ipsum sicut forma per esse educta de materia, sed potius sicut ab extrinseca causa esse accipiens, quae est causa prima et perficit corpus sicut nauta navim, qui est motor in navi existens et per esse substantiale non dependens a navi, licet per operationem nauticam a navi dependeat, et ideo separatus nauta a navi, licet non nautice agat, est tamen et alias operatur operationes. Et similiter anima separata a corpore est quidem, sed non vegetat et sensificat corpus, sed alias sibi convenientes secundum intellectum operatur operationes.* Albertus Magnus, *De natura et origine animae* tr. II c. 2 (Ed. Colon. XII), 21.

21 *[I]ntellectus enim nullius corporis est actus, quia non utitur organo corporis nec in se, nec in suis operationibus, alioquin non haberet aliquam operationem extra corpus, et oporteret ipsum destrui destructo corpore, sicut destruitur vegetabilis et sensibilis in brutis. [Comparatur] autem ad corpus ut [nauta] ad navem, hoc est secundum rationem movendi ipsum et regendi.* Albertus Magnus, *De quattuor coaequaevis* tr. III q. 16 (Ed. Paris. XXXIV), 443, korrigiert nach der bevorstehenden Edition von H. Anzulewicz. Vgl. auch *De natura et origine animae* tr. II c. 6 (Ed. Colon. XII), 27.

so wirkt die Verstandesseele zwar im Körper, ohne dass das Vermögen des Verstandes aus dem Körper selbst stammte oder diesem innerlich verbunden sein müsste. Aus diesem Grund kann Albert gleichzeitig an einem Wirken des Verstandes im Körper festhalten, ohne allerdings die Annahme preisgeben zu müssen, dass die Verstandesseele selbst vom Körper abtrennbar ist.[22]

Diese zentrale Rolle der Verstandesseele überträgt sich aber auch auf die gesamte Seele, die deshalb dem Körper vorgeordnet ist, insofern die Belebung des Körpers primär der Seele und nicht dem Kompositum von Körper und Seele zugesprochen wird. Aus diesem Grund versteht Albert auch den Begriff des Lebens nicht als etwas, das Körper und Seele gleichermaßen zukommt, sondern als einen Akt der Seele nicht im Körper (= *in corpore*), sondern in Bezug auf den Körper (*actus animae in corpus*), denn „das Leben ist der erste, wesenhafte und kontinuierliche Akt der Seele in Bezug auf den Körper."[23] Die aristotelische Formulierung, die für Albert hier im Hintergrund gestanden haben dürfte, deutet die Seele als einen Akt des Körpers (*anima actus est primus corporis*), aber nicht als einen Akt der Seele in Bezug auf den Körper.[24] Aus diesem Grund versteht er auch den Tod nicht als einen Verlust hinsichtlich der lebensspendenden Seele selbst, sondern als Privation, nämlich als Zerstörung des Verhältnisses (*ex corruptione proportionis*), das zwischen dem belebenden Prinzip – der Seele – und dem Belebten – dem Körper – besteht.[25]

Die Grundlage dieser Deutung der Seele als desjenigen Prinzips, das das Leben in den Körper hineinträgt, ist die Annahme einer Kausalität, die von einem übergeordneten Vermögen ausgeht, das seine Wirkkraft in die untergeordneten Potenzen einfließen lässt, so dass es letztlich der Impuls einer ersten Ursache bzw. eines ersten Bewegers ist, der die niederen Kräfte auf der Ebene des Körperlichen

---

22 *Amplius autem manifestum est non solum de ipsa parte intellectiva, quod separatur, sed etiam de ipsa tota anima intellectiva, quod separatur. Cuius causa necessaria est, quia cum partes animae sint naturales potestates eius ab ipsa fluentes, impossibile est, quod ab essentia coniuncta cum corpore fluat potestas separata. Sed e converso possibile est, quod ab eo quod essentialiter est separatum, fluant potentiae operantes in corpore.* Albertus Magnus, *De anima* II tr. I c. 4 (Ed. Colon. VII,1), 70.

23 *[A]ccipiamus [...] quod vita est actus primus et essentialis et continuus animae in corpus.* Albertus Magnus, *De morte et vita*, tr. I c. 2 (Ed. Paris. IX), 346. Der Wortlaut entspricht den Handschriften Vatikan, *Vat. lat.* 718 f. 136ra und Zwettel, *Stiftsbibliothek* 56, 182ra.

24 Aristoteles, *De anima* II c. 1 [412a 27] *Unde et anima actus est primus corporis physici potentia vitam habens.* Vgl. Albertus Magnus, *De anima* II tr. 1 c. 2 (Ed. Colon. VII,1), 67.

25 *Mors igitur [...] est privatio vitae in corpore ex corruptione proportionis corporis prout est ab anima mobile, procedens et causata.* Albertus Magnus, *De morte et vita*, tr. I c. 3 (Ed. Paris. IX), 349. Der Wortlaut entspricht den Handschriften Vatikan, *Vat. lat.* 718 f. 136va und Zwettel, *Stiftsbibliothek* 56, 182va.

durch die übergeordnete Verstandesseele zur Wirkung treibt.[26] Nach moderner Diktion handelt es sich also um die Annahme einer *top-down causality*, die für Albert aufgrund seiner neuplatonischen Prägung – wie Edmund Runggaldier betont – prägend ist.[27]

Durch die mögliche Abtrennung des vernunfthaften Teils der Seele unterscheidet sich dieser von den rein vegetativen und sensitiven Seelen, wie sie auf der untersten Ebene bei den Pflanzen und in der Tierwelt vorkommen. Denn diese sind in ihrem Wirken so auf die körperlichen Organe angewiesen, dass sie nicht als abgetrennt zu denken sind, ohne ihre eigentümliche Wirkweise zu verlieren, d. h. nicht mehr die elementarsten Lebensfunktionen, wie die Ernährung, oder die höheren Tätigkeiten, wie die sinnliche Wahrnehmung, ausüben zu können.[28]

1.4 Das Erkennen der separaten Seele

Für Albert steht einerseits fest, dass das Wesen des Menschen im Intellekt des einzelnen Menschen besteht. Andererseits kann es sich beim Intellekt nicht um ein einziges transindividuelles Vermögen handeln, das zwar die Möglichkeit einer umfassenden und ungetrübten Wahrheitserkenntnis zu begründen vermag, sich aber nicht als Zentrum der individuellen Identität des Einzelnen und damit als dessen unsterblicher Kern in der menschlichen Seele verstehen lässt. Wie lassen sich also diese beiden Aspekte, die ungetrübte Schau der geistigen Erkenntnisinhalte und die individuelle Identität des Einzelnen, so miteinander verbinden, dass weder Abstriche bei der nur noch durch den reinen Intellekt zu leistenden Wahrheitserkenntnis zu Tage treten noch die individuelle Kontinuität eines ursprünglich in einem beseelten Körper lebenden Menschen verloren geht?

Die Lösung, die Albert verfolgt, löst diese Spannung, indem sie den individuellen Ausgangspunkt des Menschlichen durch einen Prozess der Vervollkommnung mit dem Zielpunkt eines rein geistigen Vermögens, das an dessen Ende erworben

26 *[Q]uia omnis potestas superior potest, quidquid potest virtus inferior, et non convertitur; cuius probatio est, quia nos videmus, quod a primo motore simplici, qui maxime separata essentia est inter omnes essentias, fluit virtus motiva primi mobilis, quae nullo modo explet operationem suam sine corpore, eo quod nihil est localiter mobile nisi corpus.* Albertus Magnus, *De anima* II tr. I c. 4 (Ed. Colon. VII,1), 70.

27 Vgl. E. Runggaldier, *Die menschliche Seele bei Albertus Magnus*, 16, 50–52.

28 *Quaecumque enim forma essentialiter est actus corporis nullam vitae actionem agens nisi in parte corporis aliqua, non potest separari secundum esse a corpore, quia si separaretur, sequeretur, quod separata nullam haberet vitae actionem et hoc non potest esse; tales autem sunt anima vegetabilis in plantis et anima sensibilis in brutis.* Albertus Magnus, *De anima* II tr. I c. 4 (Ed. Colon. VII,1), 69.

wird, verbindet.[29] In einem Aufstieg, der die Form eines fortschreitenden Lernprozesses hat,[30] erwirbt der Mensch den *intellectus adeptus*, der ihm die Betrachtung der rein geistigen Inhalte, nämlich der göttlichen Dinge, ermöglicht und damit die höchste Glückseligkeit des Menschen und die Erfüllung dessen, was seiner Natur am meisten entspricht, befördert.

> Die Betrachtung der wahren und am meisten zu bewundernden Dinge macht die höchste Freude aus und ist das aller Natürlichste. In dieser [Betrachtung] erblüht die Natur des Menschen, sofern er Mensch ist, und dies besonders in der Betrachtung der göttlichen Dinge, weil nach dem bisher Gesagten in diesen der Intellekt sich in einem Höchstmaß findet entsprechend der ihm eigentümlichen Natur. Das ist der Fall, weil der Mensch, sofern er Mensch ist, allein Intellekt ist.[31]

Dieses Modell leistet aus Sicht Alberts zweierlei: Zum einen lässt sich die Seele als Einheit mit dem Körper denken, dem sie als vegetatives und sensitives Vermögen aufs engste verbunden ist, da sie zur Ausübung ihrer eigentümlichen Tätigkeiten des Körpers bzw. der körperlichen Organe bedarf. Zum anderen erlaubt es das Aufstiegsszenario, die Vervollkommnung der Seele als Vorgang eines rein geistigen Vermögens zu deuten und zudem die Transzendenz ihrer Unsterblichkeit und ihrer geistigen Tätigkeit hinsichtlich des Göttlichen zu behaupten. Auf diese Weise wird die der Seele angemessene Glückseligkeit mit der Loslösung vom Körper verbunden. Aus diesem zweifachen Anspruch ergibt sich für Albert eine gewisse Adäquatheit des platonischen Deutungsschemas, das die Seele als Seemann auf dem mit dem Köper assoziierten Schiff versteht.

2 Die Lehre des Thomas von Aquin

Während sich Albert immer wieder die Analogie zu eigen macht, wonach die Seele dem Körper innewohnt bzw. ihn lenkt, wie sich der Seemann auf seinem Schiff befindet und dies steuert, verhält sich Thomas von Aquin gegenüber dieser

---

29 Vgl. hierzu in einer entwicklungsgeschichtlichen Perspektive, H. Anzulewicz, *Zur Entwicklung und Stellung der Intellekttheorie im System des Albertus Magnus*, in: M. C. Pacheco et al. (Hg.), *Intellect et imagination dans la Philosophie Médiévale*, Turnhout 2006, 1317–1334.

30 Vgl. L. Sturlese, *Vernunft und Glück. Die Lehre vom „intellectus adeptus" und die mentale Glückseligkeit bei Albert dem Großen*, Münster 2005, 8 ff.

31 *Scitur etiam ex hoc quod contemplatio verorum admirabilium est summae delectationis et naturalissimum, et quod in ea tota refloret natura hominis in quantum est homo, et praecipue in contemplatione divinorum, eo quod secundum praedicta in illis maxime intellectus invenit se secundum naturam suam propriam, eo quod homo in quantum homo solus est intellectus.* Albertus Magnus, *De intellectu et intelligibili* II tr. 1 c. 8 (Ed. Paris. IX), 515.

Deutung sehr viel distanzierter.[32] Thomas verbindet mit der Auslegung der Seele als Seemann auf dem Schiff des Körpers einen platonischen Hintergrund, der die Seele als geistige Kraft gegenüber ihrer Verbindung mit dem Körper in besonderer Weise akzentuiert. Mit dieser Interpretation kann nach Thomas die wirkliche Einheit von Körper und Geist aber nicht angemessen erfasst werden, vielmehr wird durch diese Analogie lediglich eine Berührung (*contactus*) der wirkenden Kräfte von Seele und Körper konstatiert.[33] Diese Lehre kann deshalb nicht überzeugen, weil sie die Einheit des Menschen als Leib-Seele-Wesen nicht zu erklären vermag, da die Vereinigung von Körper und Seele demnach nur akzidentell, aber nicht wesensbegründend wäre.[34] Zudem könnten auch die Tätigkeiten, die sowohl des Körpers wie der Seele bedürfen, nicht als Einheit verstanden werden.[35]

32 Zum Folgenden vgl. Müller, *Die Seele als Seins- und Tätigkeitsprinzip des menschlichen Lebens nach Averroes, Albertus Magnus und Thomas von Aquin*, 203–214; C. Rapp, *Thomas von Aquin zum Verhältnis von Leib, Seele und Intellekt*, in: U. Meixner et al. (Hg.), *Seele, Denken, Bewusstsein. Zur Geschichte der Philosophie des Geistes*, Berlin/New York 2003, 124–152.

33 *Plato igitur posuit, et eius sequaces, quod anima intellectualis non unitur corpori sicut forma materiae, sed solum sicut motor mobili, dicens animam esse in corpore sicut nautam in navi. Et sic unio animae et corporis non esset nisi per contactum virtutis.* Thomas von Aquin, *ScG* II, 57 n. 2 (Ed. Leon. XIII), 406.

Vgl. Rapp, *Thomas von Aquin zum Verhältnis von Leib, Seele und Intellekt*, 124–152, insbesondere 130–132.

34 *Hoc autem esse impossibile ostenditur. Animal enim et homo sunt quaedam sensibilia et naturalia. Hoc autem non esset si corpus et eius partes non essent de essentia hominis et animalis, sed tota essentia utriusque esset anima, secundum positionem praedictam: anima enim non est aliquid sensibile neque materiale. Impossibile est igitur hominem et animal esse animam utentem corpore, non autem aliquid ex corpore et anima compositum.* Thomas von Aquin, *ScG* II, 57 n. 5 (Ed. Leon. XIII), 406.

35 *Impossibile est quod eorum quae sunt diversa secundum esse, sit operatio una. Dico autem operationem unam, non ex parte eius in quod terminatur actio, sed secundum quod egreditur ab agente: multi enim trahentes navim unam actionem faciunt ex parte operati, quod est unum, sed tamen ex parte trahentium sunt multae actiones, quia sunt diversi impulsus ad trahendum, cum enim actio consequatur formam et virtutem, oportet quorum sunt diversae formae et virtutes, esse et actiones diversas. Quamvis autem animae sit aliqua operatio propria, in qua non communicat corpus, sicut intelligere; sunt tamen aliquae operationes communes sibi et corpori, ut timere et irasci et sentire et huiusmodi: haec enim accidunt secundum aliquam transmutationem alicuius determinatae partis corporis, ex quo patet quod simul sunt animae et corporis operationes. Oportet igitur ex anima et corpore unum fieri, et quod non sint secundum esse diversa.* Thomas von Aquin, *ScG* II, 57 n. 6 (Ed. Leon. XIII), 406.

2.1 Die Seele als *forma corporis*

Für Thomas kommt die Formel, dass die Seele der Beweger des Körpers ist, deshalb nicht in Frage, weil sie nicht geeignet ist, die ursprüngliche Einheit eines beseelten Körpers und seiner spezifischen Tätigkeit auszudrücken. Stattdessen befürwortet Thomas die These, dass die Seele *forma corporis* ist, denn „es gehört zur Begriffsbestimmung der Seele, dass sie die Form eines Körpers ist."[36] Die Form ist das Moment, das etwas Mögliches zu einem Wirklichen werden lässt. Genau das ist der Fall, wenn die Seele den der Möglichkeit nach belebten Körper zu einem tatsächlich belebten macht und ihm damit Wirklichkeit verleiht, denn – wie Thomas unter Bezug auf Aristoteles[37] feststellt – tatsächlich zu leben entspricht dem Sein, d. h. der Wirklichkeit, des Lebenden.[38]

Anders als Albert[39] übernimmt Thomas deshalb auch die aristotelische Formel, wonach die Seele der erste Akt des physischen Körpers ist, und betont durch den Verweis auf dessen organische Natur die Überflüssigkeit der lebensspendenden Kraft der Seele, weil dies durch die Annahme der organischen Verfasstheit des Körpers bereits hinreichend zum Ausdruck gebracht sei.[40]

Die Seele ist nicht nur eine Form, die den Körper neben anderen Formen kennzeichnet, sondern sie ist die wesentliche Form, die den Körper zu dem macht, was er nur in Zusammensetzung mit der Seele ist: ein belebter und – im Fall des Menschen – ein zusätzlich mit Sinnes- und Verstandeserkenntnis begabter Körper. Damit dies so sein kann, ist nach Thomas zweierlei erforderlich: zum einen, dass die Seele als Form den Körper in substantieller Hinsicht bestimmt, also nicht nur irgendwie hervorbringt, sondern sein Wesen prägend charakterisiert; zum anderen – und das ergibt sich aus der ersten Bedingung – müssen Form und Materie ein Zusammengesetztes (*compositum*) bilden, das nicht nur äußerlich verursacht

---

36 *Est enim de ratione animae, quod sit forma alicuius corporis.* Thomas von Aquin, *Sth* I q. 75 a. 5 c. (Ed. Leon. V), 202.

37 Vgl. Aristoteles, *De anima* II,4 [415b 13].

38 *Quod autem ut forma propria anima corpori uniatur, sic probatur. Illud quo aliquid fit de potentia ente actu ens, est forma et actus ipsius. Corpus autem per animam fit actu ens de potentia existente: vivere enim est esse viventis; semen autem ante animationem est vivens solum in potentia, per animam autem fit vivens actu. Est igitur anima forma corporis animati.* Thomas von Aquin, *ScG* II, 57 n. 14 (Ed. Leon. XIII), 407.

39 Vgl. oben Kap. 1.3.

40 *[E]t dicit [sc. Aristoteles], quod si aliqua definitio communis debeat assignari, quae conveniat omni animae, erit haec,* anima est actus primus corporis physici organici. *Non autem oportet addere, potentia vitam habentis. Loco enim huius ponitur organicum, ut ex dictis patet.* Thomas von Aquin, *De anima* II, 1 n. 23 (Ed. Marietti), 61 f.

wurde, sondern innerlich so durchdrungen ist, dass darin die Substanz des Kompositums als dauerhafte Einheit von Form und Materie bestehen kann.[41]

2.2 Der Mensch als Leib-Seele-Kompositum

Für Thomas nimmt der Körper des Menschen unter den materiellen Dingen eine besondere Stellung ein, da er von allen Körpern der nicht körperlichen Form, nämlich der Seele, dadurch am nächsten kommt, dass er über eine Komplexität verfügt, die der Komplexität der Seele am ehesten entspricht (*corpus humanum aequaliter complexionatum*). Aus diesem Grund bezeichnet Thomas die Seele als Horizont des Körperlichen und spricht von einem *confinium* des Körperlichen und des Unkörperlichen, also von einem Grenzgebiet, in dem sich beides an einer gemeinsamen Trennlinie nicht nur berührt, sondern durchdringt.[42]

Die Seele des Menschen zeichnet sich dadurch aus, dass sie sich als geistige Kraft bis zu einem gewissen Grad von den Bedingungen des Körperlichen lösen kann, denn sie stellt dasjenige Vermögen dar, aus dem das geistige Erkennen hervorgeht und das als solches keines körperlichen Organs bedarf.[43] Zwar ist die geistige Erkenntnis als solche ohne jedes Zutun körperlicher Organe möglich (*non fit per aliquod organum corporale*), dennoch bedarf diese Erkenntnis, sofern sie in der menschlichen Seele ihren Ursprung hat, gewisser Vermögen, die nur zusammen mit den körperlichen Organen tätig sein können (*indiget potentiis quae*

---

41 *Ad hoc enim quod aliquid sit forma substantialis alterius, duo requiruntur. Quorum unum est, ut forma sit principium essendi substantialiter ei cuius est forma: principium autem dico, non factivum, sed formale, quo aliquid est et denominatur ens. Unde sequitur aliud, scilicet quod forma et materia conveniant in uno esse: quod non contingit de principio effectivo cum eo cui dat esse. Et hoc esse est in quo subsistit substantia composita, quae est una secundum esse, ex materia et forma constans.* Thomas von Aquin, *ScG* II, 68 n. 3 (Ed. Leon. XIII), 440.

42 *Est igitur accipere aliquid supremum in genere corporum, scilicet corpus humanum aequaliter complexionatum, quod attingit ad infimum superioris generis, scilicet ad animam humanam, quae tenet ultimum gradum in genere intellectualium substantiarum, ut ex modo intelligendi percipi potest. Et inde est quod anima intellectualis dicitur esse quasi quidam horizon et confinium corporeorum et incorporeorum, inquantum est substantia incorporea, corporis tamen forma.* Thomas von Aquin, *ScG* II, 68 n. 6 (Ed. Leon. XIII), 440 f.

43 *Super omnes autem has formas invenitur forma similis superioribus substantiis etiam quantum ad genus cognitionis, quod est intelligere: et sic est potens in operationem quae completur absque organo corporali omnino. Et haec est anima intellectiva: nam intelligere non fit per aliquod organum corporale. Unde oportet quod illud principium quo homo intelligit, quod est anima intellectiva, et excedit conditionem materiae corporalis, non sit totaliter comprehensa a materia aut ei immersa, sicut aliae formae materiales. Quod eius operatio intellectualis ostendit, in qua non communicat materia corporalis.* Thomas von Aquin, *ScG* II, 68 n. 12 (Ed. Leon. XIII), 441.

per quaedam organa corporalia operantur). Denn ohne eine vorausgehende Sinneswahrnehmung und ohne die Vorstellungskraft, die hieraus hervorgeht, ist für die menschliche Seele ihrer natürlichen Verfasstheit nach ein rein geistiges Erkennen außer Reichweite. Es entspricht der Natur des Menschen, ein geistiges Erkennen nur auf diesem Weg und damit unter Einsatz körperlicher Organe durch die Sinne und durch das Vorstellungsvermögen verwirklichen zu können.[44] Aus diesem Grund gilt für die Seele des Menschen eine natürliche Verbundenheit mit dem Körper, die nur funktional im geistigen Erkennen, das als solches ohne Beimischung sinnlicher Aspekte besteht, überschritten werden kann (*excedit*), ohne dass deshalb die genuine Einheit von Körper und Seele in Frage gestellt würde.[45]

2.3 Die Einheit der menschlichen Seele

Für Thomas ist sowohl die Einheit von Körper und Seele in der Formulierung ‚*anima est forma et actus corporis*' als auch die darin vorausgesetzte Einheit der verschiedenen Seelenteile zentral, die er insbesondere durch die Lehre Platons gefährdet sieht, weil diese die *forma-corporis*-Formel zwar für die sensitive, nicht aber die *anima intellectiva* zulässt und damit die Sonderstellung der geistigen Substanz gegenüber der sinnlichen Seele ungebührend betont.[46] Für Thomas läuft die Lehre Platons darauf hinaus, die Einheit der Seele aufgrund der Unterschiedenheit der Seelenteile aufzuheben, was für ihn unmöglich der Fall sein kann. Der zentrale Grund hierfür besteht für Thomas darin, dass die Bestimmungen des Menschen, des Sinnenwesens und des Lebewesens so miteinander verknüpft sind, dass der Mensch nur dann in seiner Essenz begriffen werden kann, wenn ihm die Charakterisierungen des Sinnenhaften und des Lebendigen wesenhaft zukommen. Die platonische Lehre hingegen läuft auf eine bloß akzidentelle Kennzeichnung des Menschen durch die Fähigkeit der sinnlichen Wahrnehmung und seine vegetativen Vermögen hinaus, womit die ursprüngliche Einheit der Seele aufgehoben wäre.

44 *Quia tamen ipsum intelligere animae humanae indiget potentiis quae per quaedam organa corporalia operantur, scilicet imaginatione et sensu, ex hoc ipso declaratur quod naturaliter unitur corpori ad complendam speciem humanam.* Thomas von Aquin, *ScG* II, 68 n. 12 (Ed. Leon. XIII), 441.

45 *Unde oportet quod illud principium quo homo intelligit, quod est anima intellectiva, et excedit conditionem materiae corporalis, non sit totaliter comprehensa a materia aut ei immersa, sicut aliae formae materiales.* Thomas von Aquin, *ScG* II, 68 n. 12 (Ed. Leon. XIII), 441.

46 *Ponit enim Plato non esse eandem animam in nobis intellectivam, nutritivam et sensitivam. Unde, etsi anima sensitiva sit forma corporis, non oportebit propter hoc dicere quod aliqua intellectualis substantia forma corporis esse possit.* Thomas von Aquin, *ScG* II, 58 n. 1 (Ed. Leon. XIII), 409.

Für Thomas handelt es sich im Gegensatz zu der von ihm so gedeuteten Lehre Platons – und im Gegensatz zur Aussage Alberts, wonach der Mensch wesenhaft Verstand ist[47] – um eine Wesensaussage, wenn man den Menschen als Sinnenwesen und das Sinnenwesen als Lebewesen bezeichnet, „denn der Mensch ist, sofern er Mensch ist, Sinnenwesen, und das Sinnenwesen ist, insofern es Sinnenwesen ist, Lebewesen."[48] Thomas geht als von einer Ordnung dieser Bestimmungsmomente der Seele aus, die aufgrund des Akt-Potenz-Schemas zustande kommt: Das Sinnliche hat das Potenzial zum Verstandesmäßigen und das Vegetative das Potenzial zum Sinnlichen hin aktuiert zu werden. Zwar ist das Verstandesmäßige entsprechend der Hervorbringung später als das Sinnliche und das Sinnliche später als das Vegetative, gleichwohl ist das je Spätere in diesem Sinne die Verwirklichung von etwas, was zuvor nur der Möglichkeit nach Bestand hatte. In diesem Sinne entsteht der Mensch erst nachdem das Sinnenwesen gegeben ist.[49] Thomas nutzt den aristotelischen Hylemorphismus auch insofern konsequent, als er das diesem zugrundeliegende Akt-Potenz-Schema nicht nur auf das Verhältnis von Körper und Seele, sondern auch auf die Seele als Einheit verschiedener Seelenvermögen anwendet.

Dieses Akt-Potenz-Schema garantiert für Thomas die Einheit der Seele, ohne dass durch eine fortschreitende Verwirklichung bzw. Vervollkommnung das jeweils Zugrundeliegende seine ursprüngliche Wirklichkeit verlieren würde. In diesem Sinne vollzieht sich in diesem dynamisch zu deutenden Prozess eine fortschreitende Aktuierung eines noch nicht in allen Aspekten verwirklichten Ursprungs. Der prozesshafte Aufstieg lässt sich deshalb als *bottom-up*-Bewegung deuten.

2.4 Die Unzerstörbarkeit der Seele

Ein Folgeproblem der Ablehnung der platonischen Lehre und der von Thomas angeführten Argumente für die Einheit der Seelenteile sowie die Einheit von Leib und Seele besteht darin, eine Antwort auf die Frage nach der Unzerstörbarkeit der Seele zu finden. Denn daran, dass diese grundsätzlich nicht mit dem Körper aufhört zu existieren, hält Thomas fest, da er nach eigenem Bekunden deutlich gemacht hat, „dass die menschliche Seele nicht zerstört wird, wenn der Körper zugrunde gegan-

47 Vgl. oben Kap. 1.4.

48 *[N]am homo secundum quod est homo, animal est; et animal secundum quod est animal, vivum est. Est igitur aliquis ab eodem principio homo, animal et vivum.* Thomas von Aquin, *ScG* II, 58 n. 3 (Ed. Leon. XIII), 409.

49 *Nam ordo sensitivi ad intellectivum, et nutritivi ad sensitivum, est sicut ordo potentiae ad actum: nam intellectivum sensitivo, et sensitivum nutritivo posterius secundum generationem est; prius enim in generatione fit animal quam homo.* Thomas von Aquin, *ScG* II, 58 n. 4 (Ed. Leon. XIII), 409.

gen ist."[50] Neben den üblichen Argumenten, die die Unzerstörbarkeit der geistigen Substanz und damit der Seele fordern,[51] ist vor allem die spezifische Annahme, die Thomas mit Albert teilt, von Bedeutung, wonach die Unzerstörbarkeit der Seele sich aus der Natur des Menschen selbst ergibt.

Denn ebenso wie Albert sieht Thomas das Wesen des Menschen in der ihm eigentümlichen und ihn letztlich vollendenden Tätigkeit und damit im geistigen Erkennen (*intelligere*) verankert:

> Das den Menschen eigentlich Vollendende, insofern er eine Seele hat, ist etwas Unzerstörbares. Die dem Menschen eigentümliche Tätigkeit, insofern er dieser Art [ein beseeltes Wesen] ist, besteht nämlich im geistigen Erkennen, denn hierdurch unterscheidet er sich von den Tieren, Pflanzen und den unbelebten Dingen.[52]

Weil der Mensch aufgrund seiner Fähigkeit geistiger Erkenntnis auf einen Gegenstandsbereich ausgerichtet ist, der universell und unzerstörbar ist, kann er als Mensch nur dadurch vollendet werden, dass er als Seelenwesen in einem adäquaten Verhältnis zu diesen Gegenständen und damit zu den unzerstörbaren geistigen Gehalten steht. Als das den Menschen vollendende Erkennen ist die Tätigkeit der geistigen Seele das eigentümliche Moment, wodurch sich der Mensch von anderen Lebewesen unterscheidet, was allerdings nicht bedeutet, dass er als Mensch – wie oben gesehen[53] – in seinem Wesen ausschließlich durch dieses intellektuelle Wirken gekennzeichnet wäre, da man sonst die notwendig über die Sinneserkenntnis vermittelte Genese des natürlichen Erkenntnisprozesses außer Acht ließe. Diese Proportioniertheit der menschlichen Kernkompetenz geistiger Erkenntnis und deren unzerstörbaren Objekte ist für Thomas nur dann zu rechtfertigen, wenn die Seele selbst unzerstörbar ist.[54]

Trotz der aus diesem Argument folgenden Sonderstellung der *anima intellectiva* hält Thomas an der Einheit mit den anderen Seelenteilen fest, da er das Zusammenwirken der vegetativen, der sensitiven und der intellektuellen Seelenteile auch im Fall des geistigen Erkennens grundsätzlich für unabdingbar hält, da der menschliche Erkenntnisprozess seiner Natur nach auf die Hinwendung zu den

---

50 *Ex praemissis igitur manifeste ostendi potest animam humanam non corrumpi, corrupto corpore.* Thomas von Aquin, *ScG* II, 79 n. 1 (Ed. Leon. XIII), 498.

51 Vgl. Thomas von Aquin, *ScG* II, 79 (Ed. Leon. XIII), 498.

52 *Proprium perfectivum hominis secundum animam est aliquid incorruptibile. Propria enim operatio hominis, inquantum huiusmodi, est intelligere: per hanc enim differt a brutis et plantis et inanimatis.* Thomas von Aquin, *ScG* II, 79 n. 5 (Ed. Leon. XIII), 498.

53 Vgl. oben Kap. 2.2.

54 *Intelligere autem universalium est et incorruptibilium inquantum huiusmodi. Perfectiones autem oportet esse perfectibilibus proportionatas. Ergo anima humana est incorruptibilis.* Thomas von Aquin, *ScG* II, 79 n. 5 (Ed. Leon. XIII), 498.

ursprünglich sinnlich generierten Vorstellungsbildern angewiesen ist.[55] Diese Position ist für Thomas allerdings mit neuen Schwierigkeiten verbunden, denn nicht nur die Unzerstörbarkeit der geistigen Seele, sondern auch die den anderen Erkenntnisweisen überlegene rein geistige Erkenntnis, die sich unmittelbar den intelligiblen Gehalten ohne Vermittlung über die Vorstellungsbilder zuwendet, scheint – so ein möglicher Einwand gegen die Einheit der Seele – eine Rückbindung des geistigen Seelenteils an die anderen überflüssig zu machen.[56] Aus diesem Grund ist es naheliegend, dass Gott die Seele von Natur aus mit einem solchen höheren Erkenntnismodus ausgestattet hat, so dass an deren Vereinigung mit dem Körper kein Bedarf ist.[57]

Thomas entgegnet diesem Argument mit einem Hinweis auf die Vollkommenheit des gesamten Universums, das im Ganzen von der darin angelegten Vielfalt und damit auch von den unterschiedlichen Stufen geistiger Erkenntnis profitiert. Zu dieser Vielfalt gehört eben auch die menschliche Seele, die, mit dem Körper verbunden, im Vergleich zu den rein geistigen Substanzen, wie den Engeln, nur über ein untergeordnetes geistiges Vermögen verfügt. Das geistige Vermögen der menschlichen Seele bleibt also verworren und unvollkommen, da es nur allgemeine Züge erfasst, aber keine distinkte Erkenntnis einzelner Inhalte erlangt.[58] Vor dem Hintergrund dieser mannigfaltigen Einrichtung der geschaffenen Welt entspricht es nach Thomas durchaus der ursprünglichen Natur der menschlichen Seele, mit dem Körper verbunden und im Ausgang von der Sinneserkenntnis partikularer Dinge, eine für sie vollkommene und eigentümliche Erkenntnis zu erlangen.[59] Auch die sinnlich vermittelte Erkenntnis ist eine Handlungsweise des Menschen, weshalb der Mensch nicht nur Seele (*homo non est anima tantum*),

55 *Si autem ponamus quod anima ex sua natura habeat ut intelligat convertendo se ad phantasmata, cum natura animae per mortem corporis non mutetur, videtur quod anima naturaliter nihil possit intelligere, cum non sint ei praesto phantasmata ad quae convertatur.* Thomas von Aquin, *Sth* I q. 89 a. 1 concl. (Ed. Leon. V), 370.

56 *Sed hoc rursus habet dubitationem. Cum enim natura semper ordinetur ad id quod melius est; est autem melior modus intelligendi per conversionem ad intelligibilia simpliciter, quam per conversionem ad phantasmata.* Thomas von Aquin, *Sth* I q. 89 a. 1 concl. (Ed. Leon. V), 371.

57 *[D]ebuit sic a Deo institui animae natura, ut modus intelligendi nobilior ei esset naturalis, et non indigeret corpori propter hoc uniri.* Thomas von Aquin, *Sth* I q. 89 a. 1 concl. (Ed. Leon. V), 371.

58 *Manifestum est autem inter substantias intellectuales, secundum naturae ordinem, infimas esse animas humanas. Hoc autem perfectio universi exigebat, ut diversi gradus in rebus essent. Si igitur animae humanae sic essent institutae a Deo ut intelligerent per modum qui competit substantiis separatis, non haberent cognitionem perfectam, sed confusam in communi.* Thomas von Aquin, *Sth* I q. 89 a. 1 concl. (Ed. Leon. V), 371.

59 *Ad hoc ergo quod perfectam et propriam cognitionem de rebus habere possent, sic naturaliter sunt institutae ut corporibus uniantur, et sic ab ipsis rebus sensibilibus propriam de eis cognitionem accipiant.* Thomas von Aquin, *Sth* I q. 89 a. 1 concl. (Ed. Leon. V), 371.

sondern ein aus Leib und Seele Zusammengesetzes (*compositum ex anima et corpore*) ist.[60]

Hieraus ergibt sich ein zweifaches Bild: Zum einen hält Thomas an der ursprünglichen Leib-Seele Einheit fest, da nur so die für den Menschen natürliche Erkenntnis aufgrund einer Hinwendung zu den Vorstellungsbildern möglich ist. Zum andern kann Thomas auch die aufgrund ihrer Unzerstörbarkeit notwendig anzunehmende Abtrennbarkeit der geistigen Seele konzedieren und ihr den von der Sinnlichkeit unabhängigen Erkenntnismodus zugestehen, ohne diesen als der menschlichen Natur ursprünglich entsprechend ansehen zu müssen: „So ist also offensichtlich, dass die Seele um ihrer besseren Verfassung willen mit dem Körper vereint ist und durch die Hinwendung zu den Vorstellungsbildern erkennt. Dennoch kann sie abgetrennt werden und einen anderen Erkenntnismodus besitzen."[61]

2.5 Die körperliche Wiederauferstehung

Diese natürliche Ausrichtung der menschlichen Seele führt schließlich dazu, dass die Trennung der Seele vom Körper nach dessen Tod nicht endgültig sein kann. Da die menschliche Seele selbst ihren natürlichen Ort in der Vereinigung mit dem Körper besitzt, weil sie dessen Form ist, und sie ihrerseits unzerstörbar ist, muss sie auf die körperliche Wiederauferstehung ausgerichtet sein.[62] Weder die Vernunftseele noch die individuierende Materie des Körpers vergehen in der Trennung vollständig, so dass in der Wiedervereinigung des auferstandenen Leib-Seele Kompositums der numerisch identische Mensch, also das ursprüngliche Individuum wiederhergestellt wird.[63]

---

60 *Cum igitur sentire sit quaedam operatio hominis, licet non propria, manifestum est quod homo non est anima tantum, sed est aliquid compositum ex anima et corpore*. Thomas von Aquin, *Sth* I q. 75 a. 4 concl. (Ed. Leon. V), 201.

61 *Sic ergo patet quod propter melius animae est ut corpori uniatur, et intelligat per conversionem ad phantasmata; et tamen esse potest separata, et alium modum intelligendi habere*. Thomas von Aquin, *Sth* I q. 89 a. 1 concl. (Ed. Leon. V), 371.

62 *Manifestum est etiam ex his quae in secundo dicta sunt, quod anima corpori naturaliter unitur: est enim secundum suam essentiam corporis forma. Est igitur contra naturam animae absque corpore esse. Nihil autem quod est contra naturam, potest esse perpetuum. Non igitur perpetuo erit anima absque corpore. Cum igitur perpetuo maneat, oportet eam corpori iterato coniungi: quod est resurgere. Immortalitas igitur animarum exigere videtur resurrectionem corporum futuram*. Thomas von Aquin, *ScG* IV, 79, n. 10 (Ed. Leon. XV), 249.

63 *Nullum enim principiorum essentialium hominis per mortem omnino cedit in nihilum: nam anima rationalis, quae est hominis forma, manet post mortem, ut superius est ostensum; materia etiam manet, quae tali formae fuit subiecta, sub dimensionibus eisdem ex quibus habebat ut esset*

3 Ergebnis

Im Ergebnis zeigt sich, dass für Thomas das Modell von Form und Materie und von Akt und Potenz zur Beschreibung des Verhältnisses von Körper und Seele im Vordergrund steht. Die hierin zum Ausdruck gebrachte Einheit beider Prinzipien geht über den funktionalen Zusammenhang einer den Körper lenkenden und sich seiner bedienenden Geistseele hinaus. Die vorübergehende Loslösung von Körper und Seele im Tod ist zwar aufgrund der unzerstörbaren geistigen Substanz der intellektiven Seele möglich, kann aber nicht der eigentlichen Natur des Menschen als Leib-Seele Kompositum entsprechen. Von seiner Natur aus ist der Mensch zunächst Lebe-, dann Sinnen-, und dann Geistwesen.

Albert hingegen deutet das menschliche Wesen nicht primär von seiner naturhaften Genese her, sondern einerseits von einer zu verwirklichenden Vervollkommnung und – damit zusammenhängend – andererseits von seiner transzendent zu denkenden ersten Ursache her. Ausschlaggebend ist für ihn das neuplatonische Modell, wonach die eigentliche Wesensbestimmung eines Seienden von seiner Vervollkommnung abhängt, was wiederum auf der Annahme einer *top-down*-Kausalität beruht. Die körperliche Wiederauferstehung ist für Albert die Wiederherstellung einer ursprünglichen Proportioniertheit von Körper und Seele, für Thomas ist es die Wiederherstellung des menschlichen Wesens selbst.

individualis materia. Ex coniunctione igitur eiusdem animae numero ad eandem materiam numero, homo reparabitur. Thomas von Aquin, *ScG* IV, 81 n. 6 (Ed. Leon. XV), 252.

Volker Leppin

Aufgehoben in Christus: Martin Luthers Sicht auf Tod und Sterben

Für die Frage des Lebens und Sterbens bei Martin Luther gilt ebenso wie für viele andere Bereiche: Angemessen sind seine Äußerungen nur zu verstehen, wenn man seine spätmittelalterliche Prägung bedenkt. Zu dieser gehört die stets wiederholte Einsicht, dass der Tod unausweichlich ist. Der gregorianische Vers „media vita in morte sumus" blieb dem früheren Augustinermönch zeitlebens vertraut.[1] Luther wusste um die Sorge, unbereitet vor Gott zu treten, und nahm daher an der reichen Produktion seelsorglicher Literatur zum Sterben, der *artes moriendi*, teil, die im 15. Jahrhundert einen großen Aufschwung erfahren hatte. Dieses mittelalterliche Erbe zu betonen heißt nicht zu bestreiten, dass Luther die Vorstellungen von Tod und Sterben auch einer reformatorischen Neudeutung unterzogen hätte. Wie alles in seinem Denken bezog er sie auf die Lehre von der Rechtfertigung, der zufolge unser Geschick im Angesicht Gottes nicht durch unser Tun bestimmt ist, sondern allein von der Gnade Gottes, die wir durch den vertrauenden Glauben annehmen.

1 Die Nähe des Todes in Luthers Biographie

Im Luthergedächtnis steht Todesfurcht am Beginn der Erzählung von Luthers Wandlung: Am 2. Juli 1505 überraschte den jungen Studenten der Rechtswissenschaften auf der Heimreise von seinen Eltern nahe Stotternheim ein Unwetter. Von Angst getrieben leistete er, so viel wird man wohl sagen können, das Gelübde, ins Kloster ein zu treten. Ob er wirklich Mariens Mutter Anna anrief, wie er später berichtete,[2] kann ebenso dahingestellt bleiben[3] wie die Frage, ob die Entscheidung zum Weg ins Kloster tatsächlich spontan aus der Bedrohungssituation geboren war oder nicht doch eher das Gewitter die günstige Gelegenheit bot, sich unter Verweis auf den himmlischen Vater den planenden Zugriffen des irdischen Vaters zu entziehen.[4] Gewiss ist, dass Luther letzterem gegenüber seinen

1 Luther, *Tischrede* (WA.TR 2,597,20 [Nr. 2669b]): „in media vita morti sumus subiecti".

2 Luther, *Tischrede* (WA.TR 4,440,9 [Nr. 4707]).

3 S. die kritische Dekonstruktion dieser Legende bei A. Dörfler-Dierken, *Luther und die heilige Anna. Zum Gelübde von Stotternheim*, in: *Lutherjahrbuch* 64 (1997), 19–46.

4 V. Leppin, *Martin Luther*, Darmstadt ³2017, 33 f.

https://doi.org/10.1515/9783111055602-018

Entschluss, in das Kloster zu gehen, mit der Angst vor einer *mors subita*,[5] dem plötzlichen Tod, plausibel begründen konnte. Damit klingt an, dass es eben jene einleitend genannte Furcht vor einem unbereiteten Tod war, die ihn hier bestimmte. Noch Jahrzehnte später beschrieb er solche Ängste als weit verbreitete Haltung des späten Mittelalters. In seiner 1532 gehaltenen und 1546 gedruckten Auslegung des 2. Psalms erinnerte er an zwei Juristen, welche er in Erfurt gesehen habe und die, als sie den Tod nahen spürten, bedauerten, nicht Mönche gewesen zu sein.[6] Nach der Druckfassung lag ihr Fehler darin, nicht erkannt zu haben, dass man in jeglichem von Gott gegebenem Amt Gott dienen könne. Das ändert an der Grundüberzeugung, dass die Sinnhaftigkeit des Lebens aus der Perspektive des Todes zu betrachten ist, nichts. Dies muss nicht mit direkter Gerichtsfurcht begründet sein, sondern drückt aus, dass Leben sich *sub specie aeternitatis* vollzieht. Wenn der Tod plötzlich hereinbricht, so die früh geformte Überzeugung, besteht die Gefahr, dass das Leben seine Abrundung nicht erfahren hat, was umgekehrt bedeutet: Das Leben ist jederzeit so zu führen, dass es sinnvoll abgeschlossen sein könnte. Auch dann allerdings ist dem plötzlichen Tod das bereitete Sterben vorzuziehen.

Das Ereignis von Stotternheim war nicht die einzige Episode, in welcher der Tod sich in Luthers Leben spürbar machte. Es war nicht einmal die erste. Gleichfalls in einer Tischrede berichtet Luther vom *periculum mortis*, welches er verspürt habe, als er sich einmal auf dem Weg zu seinen Eltern mit einem Dolch verletzt habe.[7] Die Todesfurcht steigerte und konkretisierte sich, nachdem Acht und Bann Luther rechtlos gemacht und damit tatsächlich sein Leben größter Bedrohung ausgesetzt hatten. Hierauf konnte er mit großer Souveränität reagieren: Als Kurfürst Friedrich der Weise ihn davor beschützen wollte, gefangen gesetzt und getötet zu werden, und ihn daher bedrängte, nach dem Wormser Reichstag von 1521 auf der Wartburg zu bleiben, erwiderte Luther:

> Solchs sei E.K.F.G. [Eurer kurfürstlichen Gnaden] geschrieben der Meinung, daß E.K.F.G. wisse, ich komme gen Wittenberg in gar viel einem höhern Schutz denn des Kurfürsten. Ich hab's auch nicht im Sinn, von E.K.F.G. Schutz begehren. Ja ich halt, ich wolle E.K.F.G. mehr schützen, denn sie mich schützen könnte. Dazu, wenn ich wüßte, daß mich E.K.F.G. könnte und wollt schützen, so wollt ich nicht kommen. Dieser Sachen soll noch kann kein Schwert raten oder helfen, Gott muß hie allein schaffen, ohn alles menschlich Sorgen und Zutun.[8]

Das mag tollkühn klingen, es drückt zugleich etwas aus, was weiter unten noch auszuführen sein wird: Der Mensch soll sich nicht, in keiner Hinsicht, anmaßen,

5 Luther, *De votis monasticis* (WA 8,574,1).
6 Luther, *Enarratio Psalmi II* (WA 40/2,21–27).
7 Luther, *Tischrede* (WA.TR 1,46,18–26 [Nr. 119]).
8 Luther an Friedrich den Weisen, 5. März 1522 (WA.B 2,455 f. [Nr. 455,75–82]).

über den Tod zu verfügen. Er steht in Gottes Macht. Was dem Menschen obliegt, ist, mit dem Tod und seinen Folgen umzugehen. Luther scheute angeblich aufgrund der ständigen Bedrohung durch den Tod sogar davor zurück, eine Ehe einzugehen,[9] ehe ihn Katharina von Bora doch davon überzeugen konnte, sie zu ehelichen.

Mit der Ehe allerdings begannen, wiederum angesichts der medizinischen Lage der Zeit wenig erstaunlich, neue Erfahrungen des Todes, die oft für Luther eine bitterdüstere Gestalt annahmen. Als Katharina 1527 während der Pest mit dem zweiten Kind schwanger war, fürchtete Luther um sie und das Kind.[10] Und auch als Elisabeth am 10. Dezember zur Welt kam, begann der Kummer bald. Schon am 3. August des folgenden Jahres verstarb das Kleinkind.[11] Der Rückblick aus den medizinisch wohlversorgten Ländern der nördlichen Hemisphäre im 21. Jahrhundert droht angesichts der Häufigkeit von Kindersterblichkeit die Dramatik jeden einzelnen Geschehnisses zu verflachen. Luthers Verzweiflung angesichts des Todes seiner Tochter aber gibt hiervon eine Ahnung: Georg Rörer, sein vertrauter Sekretär, berichtet, dass Luther zutiefst verzweifelt war,[12] und dieser selbst schrieb einem Vertrauten:

> Mein Töchterlein Elisabeth ist mir gestorben. Wundersam, wie gramvoll sie mir meinen Sinn gelassen hat, fast wie eine Frau, so bewegt mich das Mitleiden mit ihr. Vorher hätte ich niemals geglaubt, dass väterliche Sinne um eines Kindes willen so weich werden.[13]

Der Brief lässt erkennen, dass Trauer nicht in die männliche Selbstwahrnehmung des 16. Jahrhunderts passte, und doch lässt Luther sie für sich bemerkenswerterweise zu und gibt ihr durch sein Verhalten im Zusammenhang der Beerdigung und auch in seinem Schreiben eine begrenzte explizite Öffentlichkeit. Als sein Vater starb, hat er sich hingegen zu Gebet und Weinen in eine eigene Kammer zurückgezogen – auch wenn dies natürlich nicht unbemerkt blieb und so ein Zusammenspiel aus Verbergen und Öffentlichmachen begann.[14] Mit dem Tod umzugehen, ihm theologisch und spirituell angemessen zu begegnen, das war immer auch ein Ringen Luthers – wie sich in besonderer Weise bei dem Tod seiner Tochter Magdalena zeigte, auf den weiter unten einzugehen sein wird.

---

9 Luther an Spalatin, 30. November 1524 (WA.B 3,394 [Nr. 801,23–25]).

10 Luther an Nikolaus von Amsdorff, 1. November 1527 (WA.B 4,275 [Nr. 1164,15 f.]).

11 Luther an Nikolaus Hermann, 5. August 1528 (WA.B 4,511 [Nr. 1303,3 f]).

12 Luther an Nikolaus Hermann, 5. August 1528 (WA.B 4,511 Anm. 2).

13 Luther an Nikolaus Hermann, 5. August 1528 (WA.B 4,511 [Nr. 1303,3–6]): „Defuncta est mihi filiola mea Elisabethula; mirum quam aegrum mihi reliquerit animum paene muliebrem, ita misericordia eius moveor; quod nunquam credidissem antea, sic paternos animos mollescere in prolem."

14 Veit Dietrich an Käte Luther, 19. Juni 1530 (WA.B 5,379 [Nr. 1595. Beilage, 17–19]).

Der eigene Tod, den er so fürchtete, wurde zunehmend auch zum Teil seiner theologischen Auseinandersetzung: Wenn es denn die Gegner waren, Papst und Kaiser, die seinen Tod forderten, so sollte dieser geradezu die Gestalt eines Martyriums im eigentlichen Sinne gewinnen. Schon Luthers Auftreten in Worms, dem der Wartburg-Aufenthalt folgte, war von Zeitgenossen in die Tradition des Leidens Christi gestellt worden,[15] er selbst stilisierte seine Todesahnungen rund um den Bundestag von Schmalkalden 1537 im Sinne eines Zeugnisses gegen das Papsttum, das er gerade in den auf dem Bundestag vorliegenden Schmalkaldischen Artikeln wieder einmal als Antichristen diffamiert hatte.[16] Er selbst lag während der Debatten des Bundestages krank in Gotha und fürchtete an den Blasensteinen, die ihn mit unglaublichen Schmerzen quälten, zu sterben. In dieser Situation verfasste er ein Testament, das er betitelte mit: „Ich weiß, Gott sei gelobt, daß ich recht getan, daß ich das Papstum gestormet habe mit Gottes Wort. Denn es ist Gotts, Christi und des Euangelii Lästerung etc."[17]

Dieser Formulierung entspricht der Vers, den Luther seinerzeit für sein Epitaph gewählt haben soll: „Pest war ich [für dich] im Leben, dein Tod werde ich im Sterben sein, Papst!"[18] Der eigene Tod gewinnt hier heilsgeschichtliche Bedeutung, das Sterben wird zum triumphalen Sieg über den vermeintlichen Antichristen.

2 Der Tod als der Sünde Sold

So breit der Bogen von Begegnungen mit dem Tod in Luthers Biographie gespannt ist, die zugrunde liegende theologische Deutung weist doch eine große Kontinuität auf. Ohne dass er dies umfänglich ausführen müsste, gilt für Luther nach dem biblischen Bericht als gesetzt, dass die Ursünde dem Menschen den irdischen Tod gebracht hat.[19] Die Strafe ist für Luther allerdings von Anfang an in einen Zusammenhang des Lebens und des Evangeliums eingebettet, da der Ankündigung an

15 J. Schilling, *Passio Doctoris Martini Lutheri. Bibliographie, Texte und Untersuchungen*, Gütersloh 1989.

16 Luther, *Schmalkaldische Artikel* (WA 50, 217,23–26).

17 Melanchthon an Luther, 27. Februar 1537 (WA.B 8,55 [Nr. 3141 Beilage,1–3]).

18 Luther, *Tischrede* (WA.TR 3,392,3543B): „Pestis eram vivens, moriens ero mors tua, papa". I. Klitzsch, *Redaktion und Memoria. Die Lutherbilder der „Tischreden"*, Tübingen 2020, 154 hat gezeigt, wie dieses Zitat für eine „starke antipapalistische, antiinterimistische und memoriale Ausrichtung" der Tischredenüberlieferung genutzt wurde, führt es aber im Kern auf Luther selbst zurück (ebd., 93, Anm. 43).

19 Luther, *Vorlesungen über 1. Mose* (WA 42,161,30): „Sic lapsus Adae fuit a vita in mortem, a sanitate in morbos."

Adam, dass er zu Staub werde (Gen 3,19) die Verheißung in Gal 3,15 vorausgeht, dass der Samen Evas die Schlange niedertreten werde. Der Tod hat daher jedenfalls für die Glaubenden nur eine vorübergehende Bedeutung:

> wenn der tod nicht were, wuerde die sunde nymmer untergehen, daruemb wird eben damit der sunde endlich geweret und ist sonst kein rat yhr los zu werden. Solche gnedige und heilsame straffe gibt er uns, das die sunde durch den tod erwuerget werde.[20]

Diese Aussage gilt nicht für den individuellen Lebensweg und den individuellen Tod, sondern sie gilt für den Tod des menschgewordenen Sohn Gottes, in dessen Tod „tod, sünde, Teuffel und helle" „uberwunden" und „verschlunden" sind.[21] „Der Tod Gottes und des Todes Tod" fallen hier zusammen, wie Gerhard Ebeling herausgestrichen hat.[22] Der Tod steht auf Seiten der Unheilsmächte, verursacht durch den Teufel selbst als den Verführer und Gegenspieler Gottes. Er ist gemäß Röm 6,23 „der sünde sold".[23]

Eben hier setzt die angesprochene rechtfertigungstheologische Deutung des Todes bei Luther an. Christus als der durch das Evangelium verkündete und wirksame Erlöser steht dem Wirken des Gesetzes gegenüber, das nach Luthers Verständnis von Röm 7 die Sünde im Menschen noch wachsen lässt,[24] weil es den Menschen dazu bringt, auf sich zu vertrauen statt auf Christus selbst. Luther zeichnet ein Geflecht, in welchem sich auf der einen Ebene Gott und der Teufel gegenüberstehen und auf der anderen, anthropologisch zentrierten, spiritueller und physischer Tod ineinander verschränkt sind. Der physische Tod ist Folge der Abwendung von Gott und damit von der spirituellen Lebenskraft, und indem der Glaube an die Erlösung durch Christus den Menschen erfüllt und bewegt, wird auch der physische Tod überwunden – nicht dadurch, dass es hier auf Erden keinen Tod mehr gäbe, aber dadurch, dass ihm nicht mehr das letzte Wort gegönnt wird. Darin zeigt sich dann auch, dass das Gegenüber von Gott und Teufel im Letzten keine dualistische Wirklichkeitsbeschreibung darstellt. So kann Luther den Tod, wenn er die Menschen konkret betrifft, statt auf den Teufel auch direkt auf Gott zurückführen, der ihn den Menschen als Strafe wie auch als Versuchung schickt.[25] Eine strenge Aufschlüsselung der Handlungszusammenhänge ist an dieser Stelle nicht ganz einfach – denn nur wenige Zeilen hernach ermahnt Luther die Lesenden mit ebensolcher Gewissheit, sie möchten nicht zweifeln, dass der Schrecken

---

20 Luther, *Predigten über das 1. Buch Mose* (WA 14,112,25–28).
21 Luther, *Festpostille* (WA 17/2,376,22–28).
22 G. Ebeling, *Des Todes Tod. Luthers Theologie der Konfrontation mit dem Tode*, in: *ZThK* 84 (1987), 176.
23 Luther, *Fastenpostille* (WA 17/2,291,14).
24 Luther, *Fastenpostille* (WA 17/2,291,12 f.).
25 Luther, *Ob man vor dem Sterben fliehen mag* (WA 23,355,11–14).

über den Tod vom Teufel gewirkt ist[26] – ein Schrecken, der doch auch seine Funktion darin hat, dass Strafe und Versuchung wirksam werden und der ja letztlich darin wurzelt, dass der Tod durch den Teufel in die Welt gebracht wurde. Zwar kann man den Teufel eindeutig als am Ende Gottes Macht unterlegen verstehen, aber die Bilder, in welchen Luther ein scharfes Gegenüber zwischen beiden zeichnet, sind doch zu häufig und auch zu plastisch in seinem Werk,[27] als dass man hier mit einer einfachen Hierarchie operieren könnte. Der Teufel ist auch Gegenüber Gottes. Und doch ist es auf einer gewissen Ebene richtig, die Schickung des Todes im konkreten Fall als durch Gott bewirkt anzusehen, der damit auf seinem Weg mit den Menschen den Tod im oben genannten Sinne nutzt, den Menschen zum Leben zurück zu führen. Dem Teufel käme damit immer noch zu, den Tod in das Leben des Menschen gebracht zu haben, doch bleibt auch diese Wirkung angesichts des vorangestellten Evangeliums ja in sich vorläufig und bedingt, so dass man dem Teufel am Ende auch im Tod keine wirkliche Eigenmacht zusprechen kann. Der Tod des Einzelnen wie der Tod als allgemeines Faktum liegen in Gottes Macht, der ihn durch den Tod seines eigenen Sohnes überwindet und genau dies durch Gen 3,15 schon angekündigt hat, als der Tod gerade erst in die Welt kam. Wenn dann doch einzelne Aussagereihen eher dem Teufel zugeordnet werden, andere Gott, zeigt dies zum einen die Intensität, mit welcher Luther in der metaphorischen Welt der Bibel lebt, welche sich einer klaren logischen Erschließung entzieht. Zum anderen lässt es sich als eine aspektive Deutung des Todes verstehen. Luther spricht dem Tod als notwendigen Durchgang zum Heil ja eine ambigue Funktion zu, da dieser positive Aspekt Schmerz und Trauer nicht aufzuheben vermag. Diese Ambiguität überführt er in das polare Gegenüber göttlicher und teuflischer Urheberschaft letztlich ein und desselben Sterbevorgangs.

3 Der Tod in Gottes Hand

Dass der Tod in Gottes Hand liegt, hat unmittelbare ethische Auswirkungen für den Menschen, die sich besonders deutlich in jener Schrift Luthers zeigen, die in Pandemiezeiten plötzlich große Aufmerksamkeit gefunden hat: seinem 1527 verfassten Traktat „Ob man vor dem Sterben fliehen möge." Luther reagierte damit auf eine Anfrage, die ihn aus Breslau erreicht hatte, aber natürlich spiegelt die Schrift auch Reflexionen wider, die sich auf Ereignisse in Wittenberg bezogen. Seine Antwort ist

---

26 Luther, *Ob man vor dem Sterben fliehen mag* (WA 23,355,26 f.).

27 U. Rieske-Braun, *Duellum mirabile. Studien zum Kampfmotiv in Martin Luthers Theologie*, Göttingen 1999.

am Ende so pragmatisch wie tiefgründig: Man darf vor der Pest fliehen – es sei denn, man hat ein Amt beziehungsweise eine Verantwortung, die einen zum Bleiben nötigt.[28] Auch wenn er, durchaus im Sinne seines oben angeführten Schreibens an den Kurfürsten, zugestand, dass ein starker Glaube im Vertrauen auf Gott auch in der Pestsituation bleiben mochte,[29] erklärte er dies ausdrücklich nicht zu einer besseren Haltung: Es sei ganz natürlich, sein Leben retten zu wollen, ja, dieser Trieb gehe sogar auf Gott zurück, daher sei es legitim, solange man sich dadurch nicht gegen Gott oder den Nächsten vergehe, sich selbst vor dem Tod zu schützen.[30] Die Bindung an den Nächsten bedeutet dann, dass man ihn nicht seinem Schicksal überlassen darf, sondern ihm nach Kräften helfen muss, so wie man auch verpflichtet ist, in anderen Notlagen zu helfen.[31] Wer dann unter Berücksichtigung dieser Bedenken guten Gewissens flieht, soll sich allerdings auch nicht einbilden, hierdurch sein Todesgeschick grundlegend beeinflussen zu können: Auch er bleibt in Gottes Hand.[32] Diese Überlegungen zeigen in ähnlicher Weise wie die obigen Ausführungen zum Zusammen- und Gegeneinanderwirken von Gott und Teufel die Grenzen, an die Luther mit seinen Vorstellungen vom Wirken Gottes im Zusammenwirken mit dem Menschen stößt.[33] Der Gedanke, dass Gott alles wirkt, bedeutet nicht, dass er den Menschen aus seinem Wirken ausschlösse. Dieser wird vielmehr in den göttlichen Dienst genommen und mag für sich auch partiell Entscheidungen treffen, die ihn in dieses Wirken einstimmen lassen. Er ist aber nie als aktiv wirkende Ursache in diesem Geschehen zu betrachten, sondern das Gesamtgeschick bleibt in Gottes Hand. So ist der Tod im letzten Sinne unverfügbar und wird doch Anlass zur tätigen Nächstenliebe des Menschen, wenn dieser sich um den Kranken und Sterbenden bemüht.

Den Grenzen der Verfügbarkeit unterliegt für Luthers Verständnis auch der eigene Leib. Aus ihr folgt für ihn, dass „wir Christen das datum unsers lebens nicht setzen“ sollen.[34] Das Verbot des Suizids war bei ihm aber auffällig schwach entfaltet. Ihm war bewusst, dass es im biblischen Text jedenfalls nicht unmittelbar zu finden war. Entsprechend fehlte es auch, entgegen reichen Belegen in der Tradition, in seiner Auslegung des 5. Gebotes. Seine prononcierte Deutung dieses Gebotes auf das

28 Luther, *Ob man vor dem Sterben fliehen mag* (WA 23,341,22–347,2).
29 Luther, *Ob man vor dem Sterben fliehen mag* (WA 23,347,1–3).
30 Luther, *Ob man vor dem Sterben fliehen mag* (WA 23,347,6–9).
31 Luther, *Ob man vor dem Sterben fliehen mag* (WA 23,351.13–20; 28–352,13).
32 Luther, *Ob man vor dem Sterben fliehen mag* (WA 23,351,21–27).
33 S. hierzu M. Seils, *Der Gedanke vom Zusammenwirken Gottes und des Menschen in Luthers Theologie*, Gütersloh 1962.
34 Luther, *Predigt am 2. Advent, 8. Dezember 1532* (WA 36,25 f.).

Handeln an „unserm nechsten“[35] lässt sich sogar geradezu als Ausschluss des Suizids aus dem Umfang dieser Vorschrift lesen.[36] Damit öffnete Luther, ohne die Ablehnung des Suizides als solche in Frage zu stellen, theologisch einen Raum, die Situation von Menschen, die sich das Leben nehmen, seelsorgerlich zu würdigen. Hierfür mag es eine gewisse Bedeutung gehabt haben, dass ihm selbst offenbar der Gedanke der Selbsttötung nicht ganz fremd war. Jedenfalls wird ihm in einer Tischrede aus eben jener psychischen und körperlichen Krise in Schmalkalden die Aussage zugeschrieben, dass allein der Glaube an Christus ihn daran hindere, das Schwert gegen sich selbst zu richten.[37] Das führte ihn zu einer beachtlichen Zurückhaltung auch gegenüber den anderen. Die durch den Lucretia-Stoff in der europäischen Kultur virulente Frage nach Jungfrauen, die sich zum Schutz ihrer Keuschheit töteten, beurteilte er mit der Aussage, es gebe einzigartige Werke Gottes, „die wir nicht richten kunnen“.[38] Wo nicht die Tugend zu einer solchen Entscheidung führte, sondern Trauer, sah Luther letztlich wieder einen Ausdruck jener Spannung zwischen Gott und dem Teufel, denn es war der Teufel, der die düsteren Gedanken hervorrief[39] – und gegen ihn half nach Luther vornehmlich Gottes Wort und das Gebet, das die Hoffnung wiederum auf Christus lenkt.[40]

4 Auferstehung als Perspektive des christlichen Lebens

Die Ausrichtung auf Christus bringt es auch mit sich, dass das individuelle Sterben unter das Zeichen eben jener Ambiguität gestellt wird, die Tod und Sterben im Zeichen des Kreuzes insgesamt kennzeichnet. Luther hat wenige Gedanken auf den Zustand des Todes bis zum Jüngsten Gericht verwandt – mit seiner Kritik am Fegefeuer war ja die Jenseitstopographie grundlegend verändert und der Phantasie, die das Denken hierüber beflügelt hatte, waren Grenzen gesetzt. Immerhin konnte sie sich auf die Ausmalung des Paradieses richten. Luther beschrieb es seinem damals

35 Luther, *Kleiner Katechismus* (WA 30/1,287,15).
36 M. Köckert, *Das Verbot „Du sollst nicht töten“ im Dekalog*, in: J. C. de Vos/H. Löhr (ed.), *„You shall not Kill“. The Prohibition of Killing in Ancient Religions and Cultures*, Göttingen 2018, 16 f.
37 Luther, *Tischrede* (WA.TR 3,390,6 f. [Nr. 3543A]).
38 Luther, *Tischrede* (WA.TR 5,229,11 [Nr. 5546]).
39 G. Krause, *Luthers Stellung zum Selbstmord. Ein Kapitel seiner Lehre und Praxis der Seelsorge*, in: *Luther* 36 (1965), 64.
40 Krause, *Luthers Stellung*, 67 f.

vierjährigen Sohn wie einen fröhlichen Jahrmarkt mit Essen und Spielen,[41] und entsprechend freuten sich seine Kinder auf Zuckerwerk im Himmel.[42]

Jenseits der Bilder für Kinder aber verglich Luther den Tod eher mit dem Schlaf:

> Denn gleich wie der nicht weys, wie yhm geschicht, wer eynschlefft und kompt zu morgen unversehens, wenn er auffwacht. Also werden wyr ploetzlich aufferstehen am Jůngsten tage, das wyr nicht wissen, wie wyr ynn den tod und durch den tod komen sind.[43]

Das Entscheidende an dieser Bemerkung ist der Hinweis auf die Auferstehung der Menschen am Jüngsten Tage. In ihr verdichtet sich alles, was Luther über Leben und Tod zu sagen hatte, denn sie gründet in der Auferstehung Jesu Christi selbst. In dieser zeigt sich nach Luther, dass allen Glaubenden unverdient durch den Glauben die Gnade geschenkt ist.[44] Allerdings begründet sie einen Zwischenstatus, in welchem der Mensch noch dem Tod unterliegt, aber aufgerufen ist, zu glauben, „das der tod tod sey und das im alle seine krafft genommen ist."[45] Dieser Glaube gegen den Tod soll gegen allen Anschein im Leben tragen, so sehr, dass Luther in einer von seinem mystischen Erbe gefärbten Sprache davon spricht, dass für den, der in seinem Glauben „gantz ins Evangelion" „kreücht" „ein ander liecht, ein ander entpfingen, ein ander sehen, ein ander hŏren, wircken und reden, datzů auch ein ander außflyessen" beginnt.[46] Luther spricht von dieser Wandlung des inneren Menschen durch den Glauben in einer Intensität und einem Enthusiasmus, die am Ende eine Spannung zu der theologischen Überzeugung aufkommen lassen, nach welcher auch der Gerechte zugleich stets ganz und gar Sünder ist. Die Auferstehungshoffnung lässt ihn wenigstens momenthaft diese Grenzen transzendieren, als eine Art Antizipation dessen, was den Menschen in der Auferstehung selbst erwartet. Christliches Leben ist nach diesem Verständnis also primär eines, das von der Auferstehung her zu denken ist. Im Glauben wird der Tod als entmachtet wahrgenommen und die Macht Christi erfahren. Weil der Tod dennoch das irdische Leben weiter bestimmt, bedarf es aber eines solchen Umgangs mit dem Sterben, der genau dieser Begrenztheit des Todes Rechnung trägt. Damit tritt wieder, wie zu Beginn dieser Ausführungen, die biographische Dimension in den Vordergrund.

---

41 Luther an sein Sohn Hänschen, 19. Juni 1530 (WA.B 5, 377f. [Nr. 1595]).

42 Luther, *Tischrede* (WA.TR 2,583 [Nr. 2584]).

43 Luther, *Evangelium auf den Sonntag Judica 1525* (WA 17/2,235,16–20).

44 Luther, *Sommerpostille* (WA 10/1/2,214,21–36).

45 Luther, *Sommerpostille* (WA 10/1/2,223,32).

46 Luther, *Sommerpostille* (WA 10/1/2,224,18–21).

5 Sterben in Christus

Weil Christus den Tod verschlingt und den Sterbenden so durch seinen eigenen Tod zum ewigen Leben holt, ist für Luther auch das Sterben ein gutes Sterben nur, wenn es in Christus geschieht.[47] Dieses Thema zieht sich durch sein Leben – beginnend schon mit der *ars moriendi*, die er in einer frühen Phase seiner Entwicklung verfasst hat, seinem 1519 erschienenen „Sermon von der Bereitung zum Sterben“[48], mit dem Luther in vielem an das „buchlein von der nachfolgung des willigen sterbens Christi“ seines Beichtvaters Johann von Staupitz aus dem Jahr 1515 anknüpfte.[49] Luther selbst hatte, als er um die Abfassung eines Sterbebüchleins gebeten wurde, noch auf diesen Traktat verwiesen,[50] dann aber doch einen eigenen Text verfasst. Mit Staupitz teilte er die Konzentration auf das Vertrauen in Christus im Sterben:

> Alßo fleugt tod, sund und hell mit allen yhren crefften, ßo wir nur Christi und seyner heyligen leuchtende bild yn unß uben yn der nacht, das ist ym glauben, der die bȯßen bild nit sihet noch sehen mag, darzu unß mit gottis wort als mit drometen reytzen und stercken.[51]

Frömmigkeitsgeschichtlich kommt es hier zu einem Wechselspiel zwischen dem äußeren Bild der Passion und der mystischen Verinnerlichung, zu der Luther anleitet, wenn er dazu mahnt, man möge das äußerliche sichtbare Bild des Gekreuzigten „ynn sich bilden“[52], um so des Sieges Christi über die Sünde teilhaftig zu werden.[53] Die oben dargelegte heilsgeschichtliche Überwindung des Todes der Menschen im Tod Christi wird so individuell greifbar und wirksam und mit ihr zugleich jene Ambiguität des Todes, denn das Kreuz ist zugleich Ort der Gottesferne[54] und des Sieges über Sünde, Tod und Hölle.[55] Der Blick auf Christus wird so zum Grund des Vertrauens noch in der Stunde des Todes.

Das musste sich für Luther wie eingangs angesprochen immer wieder auch im eigenen Leben bewähren. Stand er beim Tod Elisabeths noch theologisch weit-

---

47 Luther, *Sermon von der Bereitung zum Sterben* (WA 2,689,15).

48 Luther, *Sermon von der Bereitung zum Sterben* (WA 2, 685–697). Die Überlegungen dieses Abschnitts beruhen zum großen Teil, zum Teil wörtlich, auf meinen ausführlicheren Abhandlungen in: V. Leppin, *Schmerz und Trost. Beobachtungen zu Luthers Umgang mit dem Tod*, in: A. Kohnle (Hg.), *Luthers Tod. Ereignis und Wirkung*, Leipzig 2019, 49–68.

49 Staupitz, *Werke*, 50–88.

50 Luther an Spalatin, 8. Mai 1519 (WA.B 1, 381 [Nr. 171,17 f]).

51 Luther, *Sermon von der Bereitung zum Sterben* (WA 2, 690,36–691,2).

52 Luther, *Sermon von der Bereitung zum Sterben* (WA 2, 689,33).

53 Luther, *Sermon von der Bereitung zum Sterben* (WA 2, 689,30–32).

54 Luther, *Sermon von der Bereitung zum Sterben* (WA 2, 690,17–21).

55 Luther, *Sermon von der Bereitung zum Sterben* (WA 2, 691,12–21).

gehend hilflos da, so lässt sich daran, wie er 1542 das Sterben seiner gerade dreizehnjährigen Tochter Magdalena begleitete, nachvollziehen, wie er zunehmend zu einer theologischen Einordnung selbst solcher Schicksalsschläge gelangte und auch der Sterbenden Gewissheit in dieser Deutung zu geben suchte. Kaspar Heydenreich berichtet von einem anrührenden Dialog im Hause Luther:

> *Als seine Tochter schwer erkrankte, sprach er*: Lieb hab ich sie sehre. Aber so es dein wille ist, du lieber Gott, das du sie nemen wilt, ich wil sie gerne bei dir wissen. —*Darauf sprach er zur darniederliegenden Tochter*: Magdalenichen, mein döchterlein, du bliebest gerne hie bei mir, bei deinem vater, vnd du gehest auch gerne tzu jenem vater? —*Die Erkrankte antwortet*: Ja, hertzer vater, wie Gott wil —*Der Vater sprach*: Du liebes döchterlein! *Der Geist ist stark, aber das Fleisch schwach*. Jch habe sie jo ser lieb. *Wenn dieses Fleisch so stark ist*, was wirt spiritus sein?[56]

Die Reflexionen am Ende zeigen, dass Luther sich der Ambivalenzen seiner Gefühle angesichts des Todes sehr bewusst war, doch bietet er sich, der Tochter und den Umstehenden zugleich eine Verarbeitungsstrategie, die nun angesichts der gegebenen Konstellation weniger christologisch angelegt ist als über die Vorstellung von der Vaterschaft operiert: Gott als der wahre Vater allen Lebens wird dem irdischen Vater gegenüber, ja, deutlich über ihn gestellt. Die gemeinsame Bezeichnung als Vater bringt jene Ambiguität des Todes als mögliche Konkurrenz zum Ausdruck und löst sie doch zugleich klar zugunsten des göttliche Vaters auf. Und eben diese Ambiguität zeigt sich dann auch, als Magdalena tatsächlich verstorben war: „Liebes Lennichen, wie wol ist dir gescheen!", sagte Luther da, „Dann brach er in Weinen aus, und das Schluchzen durchschüttelte ihm seine Eingeweide, als er rasch von der Tochter fortging."[57]

Diese Ambivalenzen bleiben auch ein leitendes Thema, wenn Luther anderen Trost spendete, wovon vor allem seine Briefe Zeugnis ablegen.[58] Insbesondere die Psalmensprache nahm er hier als ein Modell, das es ermöglichte, auch im Vertrauen auf Gott Trauer und Schmerz Ausdruck zu geben.[59] Vor allem aber ist es,

---

56 Luther, *Tischrede* (WA.TR 5, 189,23–30 [Nr. 5494]): „Filia gravius aegrotante dixit: Lieb hab ich sie sehre. Aber so es dein wille ist, du lieber Gott, das du sie nemen wilt, ich wil sie gerne bei dir wissen. — Deinde ad filiam decumbentem dixit: Magdalenichen, mein döchterlein, du bliebest gerne hie bei mir, bei deinem vater, vnd du gehest auch gerne tzu jenem vater? — Respondit aegrota: Ja, hertzer vater, wie Gott wil — Pater dixit: Du liebes döchterlein! Spiritus est firmus, sed caro infirma. Jch habe sie jo ser lieb. Si haec caro tam firma est, was wirt spiritus sein?"

57 Luther, *Tischrede* (WA.TR 5, 194,23–25 [Nr. 5501]): „Tunc in fletus erupit, et singultus viscera quassabant abeunti celeriter a filia".

58 Vgl. U. Mennecke-Haustein, *Luthers Trostbriefe*, Gütersloh 1909, 116 f., zur Ambivalenz der Trauer.

59 Luther an Kurfürst Johann, 15. Mai 1525 (WA.B 3,496 [Nr. 867,11–14]; Luther an Margarethe N., 15. Dezember 1528 (WA.B 4, 625 [Nr. 1366,19–24]).

jener christologischen Grundorientierung seines Todesverständnisses entsprechend, das Kreuz, das diesen Ambiguitäten Grund und Halt geben soll. So schreibt Luther 1535 einer trauernden Mutter:

> So hast Du ja nun oft gelesen und gehöret, daß Gottes Werk verborgen sind, und unter dem Kreuz alle Gnade verdeckt liegt, bis auf die Zeit der Offenbarung, da wir es sehen werden, und mit Freuden ernten, das wir itzt mit Weinen säen[60].

Der verborgene Gott, von dem Luther in sehr unterschiedlichen Zusammenhängen zu sprechen wusste, sollte das Leid in dieser Welt aufzufangen helfen.

Es ist kaum überraschend, dass für eine Gestalt wie Luther auch das eigene Sterben eine zugleich öffentliche und hochtheologische Angelegenheit wurde. Seinen Anhängern lag daran, so rasch wie möglich deutlich zu machen, dass sein Tod ein christlicher war. Noch im selben Jahr wurde der Bericht über Luthers Tod in Eisenach am 18. Februar 1546, den Justus Jonas dem Kurfürsten gesandt hatte, mehrfach gedruckt. Hier verdichtete sich, was Luther zeitlebens – das heißt, ausgehend von seinem mittelalterlichen Erbe in reformatorischer Transformation – gelehrt hatte, nämlich dass der Tod des Glaubenden in Jesu Tod am Kreuz aufgehoben ist: Als Luther in der Nacht nach einem als fröhliche Runde beschriebenen Abendessen den Tod nahen spürte, sprach er gemäß Lk 23,46 (in der zugrunde liegenden ausführlicheren Fassung Ps 23,46) eines der sieben Kreuzesworte in Verbindung mit Joh 3,16: „Vater, ich befehle meinen Geist in deine Hände! Du hast mich erlöst, Gott der Wahrheit. Ja, also hat Gott die Welt geliebt."[61] Auf die Frage nach seinem Bekenntnis zu Christus konnte er dann noch ein Ja sprechen, ehe er starb, „ist also in Christo entschlaffen",[62] wie Jonas schloss. Im Blick darauf, ob sich alles tatsächlich so zugetragen hat wie in diesem Bericht zu lesen, sind Zweifel angebracht. Das ändert aber nichts daran, dass mit dieser stilisierten Beschreibung von Luthers Sterben ein Modell in der Welt war, an welchem sich künftig Lutheraner orientieren konnten, wenn es um die Weise des rechten Sterbens in Christus ging.

---

60 Luther an Agnes Lauterbach, 25. Oktober 1525 (WA.B 7, 305 [Nr. 2265,9–12]).
61 Schubart, *Berichte* 5,3 f.: „In manus tuas commendo spiritum meum, redemisti me deus veritatis. Ja also hat Gott die Welt geliebt."
62 Schubart, *Berichte* 5,15 f.

6 Fazit

Es kann kaum überraschen, dass der Horizont für Luthers Rede vom Tod der seiner Rechtfertigungslehre ist. Wie sich in dieser die Erlösung des in die Sünde verstrickten Menschen bündelt, so wird auch der Tod zunächst von der Sünde her gedacht, die ihn aufgrund der Verlockungen der Schlange beziehungsweise des Teufels in die Welt gebracht hat, dann aber aufgehoben im Gnadenwirken Jesu Christi. In den meisten seiner Äußerungen zur Todesthematik ist mehr der Seelsorger zu hören als der strikte Dogmatiker oder gar Ethiker. An abstrakten Bestimmungen des Todes hatte Luther wenig Interesse, an einer Aufnahme philosophischer Überlegungen zum Tod ebenso wenig. Letztlich waren auch medizinische Befassungen mit dem Tod im Horizont seines Denkens nur Mittel zu einem theologisch angemessenen Umgang mit dem Faktum des Todes, das die menschliche Existenz seit dem Sündenfall bestimmt.

Wie insbesondere seine Schrift zur Frage des Fliehens vor dem Sterben zeigt, werden sie dadurch nicht entwertet: Sich um den anderen zu kümmern, Leiden zu lindern, ist eine Aufgabe der Nächstenliebe, die als Teil des Doppelgebotes der Liebe leitender Maßstab für jegliches Verhalten der Glaubenden hier auf Erden ist. Dass das Leben dabei für den Menschen grundsätzlich unantastbar ist, stellte Luther als Regel nicht in Frage, doch zeigen seine Überlegungen zum Suizid, dass auch hier seelsorgliche Überlegungen leicht die Oberhand gewinnen und sein Denken bestimmen konnten. Man würde diesem großen Denker des 16. Jahrhunderts Unrecht tun, wollte man ihn für Debatten der Gegenwart vereinnahmen. Zu den Fragen, die in der heutigen ethischen Debatte drängend sind, wusste er keine Antwort, weil er sie in dieser Form nicht kannte und nicht erahnen konnte. Für diejenigen, die sich seinem theologischen Erbe verbunden fühlen, sind Maßstäbe des Handelns dadurch bestimmt, dass für ihn auf der einen Seite der Glaube an Gott als alleinigen Herrn über das Leben bestimmend war, auf der anderen Seite die Ambiguität des Todes und die seelsorgerliche Not der Menschen für ihn auch theologische Dignität gewonnen haben. Daraus lassen sich keine einfachen und eindeutigen Antworten ableiten. Lutherische Theologie wird auf die aufkommenden ethischen Fragen immer neue Antworten zu entwickeln haben, die vom Doppelgebot der Liebe geprägt sind.

Thomas Schärtl

Christlicher Hylemorphismus und Auferstehung

In der christlichen Religionsphilosophie haben sich neben dualistischen auch bemerkenswerte materialistische Auferstehungskonzepte herausgebildet, die ein ‚Überleben des Todes' vor allem über den Gedanken einer Restitution von materiellen Teilen oder einer Form von kausaler Fernwirkung durchzubuchstabieren versuchen.[1] Beide Ansatzwege haben mit spezifischen Problemen zu kämpfen: Wo Dualisten das Verkörperungsproblem genau dann unterschätzen, wo man (ganz cartesianisch) es für denkbar und vorstellbar hält, dass das ‚Ich' ohne Körper existieren kann – eine Vorstellbarkeitsattitüde, die unterschlägt, dass schon unser Vorstellen und Denken insofern somatisch ist, als die Welt des Begreifens und Vorstellens ganz und gar von einem Metaphernreservoir lebt, das ohne somatisches Ausmessen und Erfahren nicht zugänglich wäre –, da stehen materialistische Ansätze vor dem Problem, dass sie körperliche Konstituenten in ein Jenseits retten müssen, obwohl schlicht nicht zu leugnen ist, dass eine körperliche Entität als Leichnam in einem Grab verwest und sich in Teile auflöst, die ihrerseits in neue Naturprozesse integriert werden. Was können wir aus den bisherigen Diskussionen und aus den Schwierigkeiten, die uns insbesondere materialistisch ansetzende Auferstehungskonzepte bereiten, lernen? Es ist vor allem das Konzept der materiellen Integration, Restitution bzw. Re-Integration, das uns von vornherein einen unzureichenden Blick auf die Verfassung materieller Lebewesen zumutet.

1 Hylemorphismus, Desintegration des Körpers und Wiederverkörperung

Wenn die Identitätskonstitution nicht durch die materiellen Teile verbürgt wird, welche Größe könnte dann jene tragende Rolle spielen? Mit Van Inwagen könnten wir an das individuelle *Leben*, das ein Lebewesen zu einer Einheit macht und zu einer Ganzheit verbindet, appellieren, gleichwohl stünde dieser von John Locke her gedeckte Schritt immer auch ein wenig im Verdacht, einer Erklärung des *obscurum per obscurium* Vorschub zu leisten, weil Leben in solchen Überlegungen zu einer

1 Vgl. G. Gasser (ed.), *Personal Identity and the Resurrection: How Do We Survive Our Death?*, Farnham 2010.

https://doi.org/10.1515/9783111055602-019

geradezu mysteriösen Größe avanciert bzw. einfach nur jenen Unterschied in Worte fasst, den wir zwischen einem aufgeschütteten Stein- oder Sandhaufen einerseits und einem Lebewesen andererseits intuitiv herausstellen würden.[2]

Mit ähnlichen Überzeugungen, aber auf der Basis einer *anderen* ontologischen Konzeption versucht der *neue Hylemorphismus* eben diesen Unterschied dingfest zu machen. Denn durch den hylemorphistischen Rekurs auf die *Struktur* bzw. *Form* als Identitätsgarantin können wir die Notwendigkeit der Erhaltung des ‚Artpfades' – und diese Erhaltung ist eine der wichtigen Bedingungen der Möglichkeit der Erhaltung diachroner Identität – über den Graben des Todes nicht nur verständlich machen, sondern auch kriteriell für die Konkretisierung der Bestimmungen der Bedingungen diachroner Identität einsetzen.

So stellt William Jaworski in seinem hylemorphistischen Entwurf heraus, dass es für die adäquate ontologische Beschreibung und Bestimmung materieller Gebilde unerlässlich ist, auf die Rolle von Struktur und Form zu sprechen zu kommen:

> Hylomorphism claims that structure, organization, form, arrangement, order, or configuration is a basic ontological and explanatory principle. Some individuals – living things, for instance – consist of materials that are structured or organized in various ways. You and I are not mere quantities of fundamental physical materials; we are quantities of fundamental physical materials with a certain organization or structure. That structure is responsible for you and I being humans as opposed to dogs or rocks, and it is responsible for you and I having the particular developmental, metabolic, reproductive, perceptive, and cognitive capacities we have.[3]

Wer ontologisch an Strukturen appelliert und diese Strukturen in die metaphysische Rechnung aufnimmt, kann unter solchen Strukturen natürlich nicht nur räumliche Relationen zwischen Teilchen verstehen;[4] Strukturen sind – wie Jaworksi auch herausarbeitet – vielmehr Organisationsprinzipien,[5] die ihre Unabdingbarkeit und explanatorische Überlegenheit dadurch erweisen, dass sie bei der Erklärung und Bestimmung von Phänomenen zu reichhaltigeren Ergebnissen verhelfen als jene

2 Zum Problem der Vernachlässigung von Strukturen als ontologisch höchst relevanten ‚Komponenten' oder Konstituenten vgl. K. Koslicki, *The Structure of Objects*, Oxford/New York 2008, 9–44, 167–199, 235–260.

3 W. Jaworski, *Hylomorphism and Resurrection*, in: *European Journal for Philosophy of Religion* 5 (2013), 197.

4 Das ist eine Deutung von Strukturen im engeren Sinne, die bei Van Inwagen zu finden ist. Vgl. P. van Inwagen, *Ontology, Identity, and Modality*, Cambridge u. a. 2001, 2. Es ist allerdings wichtig, schon hier zu vermerken, dass vieles, was im Struktur- oder Formbegriff bei hylemorphistischen Positionen und inhaltlichen Bestimmungen angesetzt wird, bei Van Inwagen unter den Lebensbegriff subsumiert wird.

5 Vgl. W. Jaworski, *Structure and the Metaphysics of Mind: How Hylomorphism Solves the Mind-Body-Problem*, Oxford 2016, 11, 15.

Perspektive, die sich lediglich auf physikalische Ursachen konzentriert.[6] Wer diese andere, ‚reichhaltigere' Ontologie vertreten will, muss die Existenz von Strukturen gegenüber Struktureliminativisten,[7] Strukturreduktionisten[8] und Strukturantirealisten[9] verteidigen; die letztgenannte Position ist insofern die einschneidendste, als sie unseren Rekurs auf Strukturen in Hinsicht auf Erklärungsleistungen epistemisch ernst nimmt und solche Rekurse auch im Kontext von (wissenschaftlichen) Erklärungen zulässt, dennoch das Gegebensein von Strukturen allein von unseren Konzepten und unserem epistemischen Zugang zur Welt abhängig macht.

Wer also einen Realismus in Hinsicht auf Strukturen vertreten möchte, hat dafür einen *guten Grund* zu nennen; solch ein guter Grund darf nicht nur in Hinweisen auf die ernüchternden und drögen ontologischen Resultate bestehen, die uns eine kondensierte materialistische Sichtweise bescheren würde, sondern sollte auch das Ergebnis der Anwendung eines leitenden metaphysisch-heuristischen Prinzips sein, das – wie Jaworski hervorhebt – einerseits innerhalb eines naturalistischen Rahmens verbleibt und andererseits über einen ‚kondensierten Physikalismus' hinausweist:

> If our best empirical descriptions, explanations, and methods posit entities of kind *K*, then that gives us good prima facie reason to think that *K*s exist. Consider, then, empirical descriptions and explanations [...] that posit various kinds of structure, order, arrangement, organization, or configuration. If ontological naturalism is true, these descriptions and explanations give us good prima facie reason to think those structures exist. They therefore make of us a serious ontological demand.[10]

Man muss, wie Jaworski einräumt, nicht zwingend zu neo-aristotelischen Konzepten Zuflucht suchen, um der oben skizzierten Anleitung zu entsprechen und der ontologischen Verpflichtung auf Strukturen gerecht zu werden; denn theoretisch könnten im Rahmen der Philosophie des Geistes auch funktionalistische oder sogar dualistische Ansätze den angedeuteten Erfordernissen gerecht werden.[11] Der Hylemorphismus ist beiden Alternativen jedoch insofern überlegen, als er eine starke Verpflichtung auf die Existenz von Strukturen mit einer Bindung an einen prädominant materialistischen ontologischen Gesamtrahmen verbindet.[12] Damit verspricht der Hylemorphismus *prima facie* ein Ernstnehmen des Verkörperungsthemas, das im Dualismus unterschätzt oder sogar unterschlagen scheint. Strukturen sind – so die Sichtweise des Hylemorphismus – ultimativ für die Inkorporierung und Integration von (materi-

---

6 Vgl. Jaworski, *Structure*, 13 f.
7 Vgl. Jaworski, *Structure*, 20.
8 Vgl. ebd.
9 Vgl. Jaworski, *Structure*, 20 f.
10 Jaworski, *Structure*, 19.
11 Vgl. Jaworski, *Structure*, 23 f.
12 Vgl. Jaworski, *Structure*, 25.

ellen) Teilen in organismische Ganzheiten verantwortlich.[13] Wie Jaworski unterstreicht, sind Strukturen ebenfalls in letztinstanzlicher Weise die *eigentlichen* Träger von (diachroner) Identität und Persistenz.[14]

Vier Eigentümlichkeiten von Strukturen müssen, so Jaworksi, beachtet werden – und sie induzieren gewissermaßen, weil sie zueinander in Spannung stehen können, weitere metaphysische Klärungsarbeit:

a. Strukturen sind *eigenschaftsanalog*, sodass ihnen die Eigentümlichkeiten von Eigenschaften (nämlich das ‚Verleihen' von Kräften und Dispositionen an jene Entitäten, die die entsprechende Struktur vorweisen können) zukommen.[15]
b. Strukturen sind aber auch *partikularienanalog*, weil sie die numerische Identität einer Entität, die als materielles Gebilde eine Ganzheit darstellen, garantieren.[16]
c. Strukturen *erlauben teleologische Erklärungen* und begründen entelechische Bestimmungen, wie wir sie besonders bei Lebewesen beobachten und antreffen können.[17]
d. Strukturen *verleihen die Kräfte und Dispositionen*, für die sie verantwortlich sind bzw. die sie begründen, mit Notwendigkeit an jene Entitäten, die die in Rede stehende Struktur aufweisen können.[18]

Diese vier wichtigen Gesichtspunkte stehen untereinander in einer gewissen Spannung; Jaworski vermag die resultierenden Folgeprobleme nur dadurch zu lösen, dass er Strukturen als Tropen versteht, die auf eigenschaftsartige Weise qualitative Konstituenten von individuellen Entitäten sind,[19] obwohl sie nach wie vor die Garanten diachroner Identität darstellen sollen.

In einer metaphysischen wortspiel- und anspielungsreichen Weise fasst Jaworski die Relevanz von Strukturen für die Integrität und Identität komplexer Ganzheiten wie folgt zusammen:

> *Structure matters*: it operates as an irreducible ontological principle, one that accounts at least in part for what things essentially are.
>
> *Structure makes a difference*: it operates as an irreducible explanatory principle, one that accounts at least in part for what things can do, the powers they have.

13 Vgl. Jaworski, *Structure*, 93 f.
14 Vgl. ähnlich auch M. Remenyi, *Auferstehung denken: Anwege, Grenzen und Modelle personaleschatologischer Theoriebildung*, Freiburg i. B. u. a. 2016, 583 f., 586–589.
15 Vgl. Jaworski, *Structure*, 94.
16 Vgl. ebd.
17 Vgl. Jaworski, *Structure*, 95.
18 Vgl. Jaworski, *Structure*, 96 f.
19 Vgl. Jaworski, *Structure*, 94, 38–52.

> *Structure counts*: it explains the unity of composite things, including the persistence of one and the same living individual through the dynamic influx and efflux of matter and energy that characterize many of its interactions with the wider world.
>
> *Structure minds*: it provides us with resources for understanding the place of mental phenomena within the natural world.[20]

Aber wie inkorporieren nun Strukturen materielle Partikularien, sodass komplexe Ganzheiten als ‚integre' materielle Gebilde resultieren? Man würde vermuten, dass Jaworski hier zunächst auf die mit Strukturen gegebenen Funktionen als den relevanten Grundlagen zu sprechen kommt, oder dass er eine teleologisch feinporige Analyse der Wirkung von Strukturen empfiehlt. Stattdessen – und darin besteht bereits eine erste Anfrage an dieses Konzept – verengt er seinen Fokus (durch eine bewusste und gesuchte Nähe zu materialistischen Kompositionskonzepten[21]), indem er den ‚biologischen' Beitrag eines Teils zu einer Ganzheit als das Kriterium für das durch die Struktur Integriertsein eben dieses Teiles versteht:

> In short [...] being caught up in the life of an organism can be understood to consist either in composing cells or being composed of cells. My heart qualifies as a part of me because it is composed of cells, whereas the electrons in my heart qualify as parts of me because they compose cells. Let us call this account of part-hood with his specifically biological orientation a *biofunctional account of part-hood*, and call parts that are identified and individuated by the contributions they make to the activities of living things *biofunctional parts*.[22]

Jaworskis Auferstehungskonzept ist nun auch deshalb interessant, weil man vermuten könnte, dass das Problem diachroner Identität über den Bruch, den der Tod darstellt, mit dem Rekurs auf die identitätsverbürgende Rolle und Kraft der Struktur gelöst würde. Das ist in seinem Vorschlag zwar schlussendlich der Fall, aber der Weg zu diesem Ziel ist gewunden, indirekt und voraussetzungsreich; denn Jaworski baut sein Kernargument darauf auf, dass er das metaphysische Dogma, das besagt, dass ‚*gappy existence*' oder Wiederexistenz (im strikten Sinne) nicht denkbar seien, überraschenderweise in Zweifel zieht.[23]

Für den hylemorphistischen Ansatz sieht er somit im Wesentlichen zwei Möglichkeiten, Auferstehung sogar als *Wiederexistenz* – und nicht etwa nur als

---

20 Jaworski, *Structure*, 97.

21 Vgl. Jaworski, *Structure*, 98–114.

22 Jaworski, *Structure*, 115.

23 Vgl. Jaworski, *Hylemorphism and Resurrection*, 215. Vgl. zur aktuellen Diskussion um ‚*gappy existence*' im Rahmen des thomasischen Hylemorphismus A. Wood, *Mind the Gap? The Principle of Non-Repeatability and Aquinas's Accout of Ressurrection*, in: *Oxford Studies in Medieval Philosophy* 3 (2015), 99–127; T. C. Nevitt, *Don't Mind the Gap. A Reply to Adam Wood*, in: *Oxford Studies in Medieval Philosophy* 4 (2016), 198–213.

transformierte Existenz – denkbar zu machen. Das Motiv für diese Deutung von Auferstehung als Wiederexistenz – also nach der Unterbrechung der Existenz durch den Tod – ist, wie man vermuten darf, eine Anerkennung der Realität des Todes (und damit eine klare Absage an wie auch immer geartete immortalistische Hypotheken) einerseits und stellt eine Verneigung vor einer gewissen Dominanz des christlichen Materialismus und Mortalismus dar, die gerade in der nichtkatholischen Religionsphilosophie und Theologie einflussreich geworden ist.

Welche Optionen hat William Jaworski als (einem Biologismus zuneigender) Hylemorphist nun, um die Denkbarkeit von Auferstehung als Wiederexistenz darzulegen? Eine erste Option könnte an die Fortexistenz unzerstörbarer Partikularien (in einem Lebewesen) oder unzerstörbarer Komponenten appellieren, um die herum die volle, lebendige Existenz der in Rede stehenden Entität wiederaufgebaut wird.[24] Da diese Lösung nicht nur zu einer doppelten, sondern eigentlich zu einer dreifachen Buchführung neigt, weil neben den Partikeln, die als Teile in eine Struktur integriert sind, und der Struktur selbst auch noch ein unzerstörbarer Teil oder ein unzerstörbares Konstitutivum eingeführt werden müsste, kommt sie für Jaworski als theoretische Option allerdings auch nicht weiter in Frage. Die Ingredienzien einer solchen Lösung sind in der Tat so eigenwillig, dass demgegenüber ein klassischer Substanzendualismus fast schon wieder preiswert erscheint.

Aber welche Alternative und welche Option bleiben dann? Interessanter-, aber nicht vollkommen überraschenderweise nimmt Jaworski den schon etwas älteren, rein partikularistisch und rekonstitutionstheoretisch angelegten Vorschlag von David Hershenov[25] auf und versucht, ihm mit dem Strukturbegriff eine zusätzliche Plausibilität und ontologische Tiefenschärfe zu verleihen:

> Call this the "gappy existence strategy". Hershenov [...], for instance, argues that there are counterexamples to the re-existence restriction. Certain artefacts (some artworks, as well as guns, and watches) can remain numerically the same despite being disassembled and later reassembled. [...] Hershenov goes on to argue that people are similar to artefacts like the gun, and so it is plausible to suppose that we too could undergo disassembly at death and later reassembly at the resurrection.[26]

24 Vgl. Jaworski, *Hylemorphism and Resurrection*, 216.

25 Vgl. D. Hershenov, *The Metaphysical Problem of Intermittent Existence and the Possibility of Resurrection*, in: *Faith and Philosophy* 20 (2003), 24–36. Zu einer Neuauflage des Restitutionsmodelles mithilfe der Reintegration von Teilen, die ehedem zum Prämortem-Körper gehörten vgl. E. T. Yang/S. T. Davis, *Composition and the Will of God: Reconsidering Resurrection by Reassembly*, in: R. T. Byerly/E. J. Silverman (eds.), *Paradise Understood: New Philosophical Essays about Heaven*, Oxford/New York 2017, 231–272. Das Identitätsproblem wird hier im Wesentlichen ‚voluntaristisch' gelöst; der göttliche Wille fungiert in einem nicht bloß übertragenen Sinne als identitätsverbürgende Instanz.

26 Jaworski, *Hylemorphism and Resurrection*, 216 f.

Die Anknüpfung an Hershenov erlaubt Jaworski zunächst ein Konzept von Auferstehung ‚*ad experimendum*', bei dem einerseits die *Wiedererbringung* der einstmals eine materielle Person bildenden Teile relevant wird, bei dem andererseits aber die *Identität* durch die für die Person typische Form und Struktur *garantiert* werden soll.[27] Hershenovs rein partikularistische Sichtweise litt daran, dass die Wiedererbringung der Teile, aus denen mein Körper einstmals bestanden hat, daran leidet, dass die ehemaligen, ein Ganzes formenden Teile in irgendeiner zumindest virtuellen Beziehung untereinander stehen, sodass sie Teile meines Körpers sind, auch wenn mein Körper sich in einem zerlegten Zustand (‚*scattered stage*') befindet (vgl. Abb. 1). Ein Element von Struktur deutete sich im Hintergrund an, sodass sich hier natürlich bereits ein Votum für eine hylemorphistische Verfeinerung formulieren lässt.

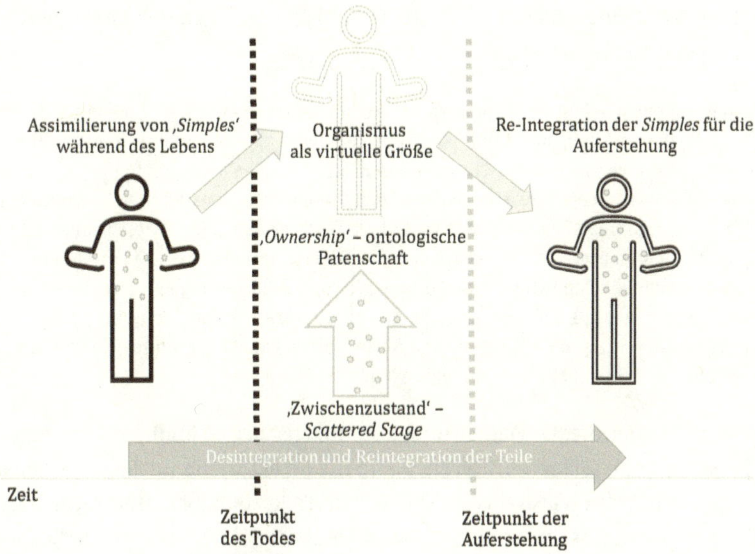

Abbildung 1: *scattered stage* und virtuelle Bezogenheit der Teile.

27 Ein ähnliches Schwanken zwischen der Notwendigkeit der Reintegration der ehemaligen Teile (oder wenigstens einiger ehemaligen Teile) einerseits und der Konzentration auf die identitätsverbürgende Rolle der Form bzw. Struktur andererseits hat Bruno Niederbacher auch bei Thomas von Aquin ausgemacht; sie könnte für hylemorphistische Ansätze systembedingt sein. Vgl. B. Niederbacher, *The Same Body Again: Thomas Aquinas on the Numerical Identity of the Body*, in: G. Gasser (ed.), *Personal Identity and the Resurrection: How Do We Survive Our Death?*, Farnham 2010, 145–159, bes. 154 f.

Allerdings bleibt Jaworski bei dieser Modellentwicklung nicht stehen, sondern bemüht sich um eine, die Restitutionsforderung aufgebende, Erweiterung seines Ansatzes, die ihn von der Notwendigkeit der Wiedererbringung *derselben Materieteile* befreit, da in der Wiedererbringungsforderung allzu offensichtlich ist, dass (einige oder alle) Materieteile des im Grab verwesenden Körpers für die *Post-mortem*-Identität eine unplausibel große Rolle spielen.[28] Damit die weiteren Schritte nachvollziehbar werden, muss Jaworski – wie bereits angedeutet – darauf bestehen, dass das philosophische Dogma, demgemäß *Existenzunterbrechung* diachrone Identität bedroht, ja zerstört, aufgegeben werden muss.

Interessant ist nun, dass Jaworski zur Veranschaulichung und Plausibilisierung dieser Überlegung einen nicht gerade unbedeutenden Rückgriff aus einer hylemorphistischen Substanzmetaphysik auf eine Ereignisontologie vollziehen muss; er verlässt eine drei-dimensionale Ontologie zugunsten der Implementierung vier-dimensionalistischer Aspekte:

> A sporting event might be suspended on account of the weather. The activities of the coaches, players, and spectators that constitute the event all cease to occur, and in that sense the event itself ceases to exist. The same event can nevertheless recommence at a later time provided the right conditions are satisfied (conditions usually stated in the league's bylaws). How is the example of events supposed to help with resurrection? Hylomorphists can argue that my life is an event whose occurrence is sufficient for me to exist. If lives are events like the aforementioned sporting events, if they are capable of ceasing and later recommencing, then there is a basis for rejecting the re-existence restriction for living things such as human beings. If my life ceases to exist when I die, it can still recommence at a later time, and if my life recommences, I will once again exist.[29]

Jaworski überträgt dieses Modell in sein ontologisches Grundkoordinatensystem: Eine Person *a* kann wiederexistieren, wenn die Struktur, die ihr Leben ausmachte, *wieder* in einer Weise wirkt, dass sie materielle Teile zu inkorporieren vermag.[30]

Das klingt zunächst zwar einleuchtend, weist der Struktur aber die Rolle einer mysteriösen, geradezu ätherischen Entität zu: Wie kann eine Struktur diese Rolle erfüllen, wenn gelten sollte, dass Strukturen nur dann reell sind, wenn sie auch aktualisiert sind? Und wie lässt es sich metaphysisch deutlich machen, dass die neu in einer wieder aktivierten Struktur inkorporierten Teile kein ontologischer Zwilling der Person *a* sind? Die an zweiter Stelle genannte Frage drängt sich angesichts der

---

28 Zur ohnedies komplizierten Rolle von Materie (und Material) als ebenfalls identitätsverbürgender Instanz in hylemorphistischen Ansätzen vgl. K. Koslicki, *Form, Matter, Substance*, Oxford/New-York 2018, 33–61.

29 Jaworski, *Hylemorphism and Resurrection*, 218 f.

30 Vgl. Jaworski, *Hylemorphism and Resurrection*, 219.

mehrfachen Instantiierung (und Instantiierbarkeit) der in Rede stehenden Struktur ja geradezu auf.

Jaworski vermag hier nur – im Grunde *ad hoc* – auf die eher intuitiv eingängige Vorstellung zu verweisen, dass jede Person dank der ihr eigentümlichen (psychophysischen) Struktur einzigartige Charakteristika aufweist, die garantieren können, dass die Neu-Aktivierung dieser Struktur dieselbe Person zum Leben erweckt wie die prämortale Person. Da Einzigkeit, Individualität, Identität und Aktualität im hylemorphistischen Ansatz ineinander verschränkt sind, ist es allerdings kein Wunder, wenn man die Plausibilität dieser *Ad hoc*-Lösung bezweifelt, als Krypto-Leibnizianismus zurückweist und den Verdacht äußert, dass die wieder aktualisierte Struktur wohl eher in der Lage ist, eine famose Replik zu produzieren, aber eben nicht ein und dieselbe Person neu zum Leben zu erwecken.

Diese Verdachtsmomente verweisen zudem auf ein tiefer liegendes Problem, dem wir uns noch eingehender widmen müssen: Die mehrfache Instantiierbarkeit lässt die (substanziellen) Strukturen von Organismen wie Abstrakta oder Universalien aussehen, sodass der ontologische Mangel an Individuationskraft ebendieser Struktur folgerichtig ein Problem der Identität der durch diese Struktur neu geformten Entität aufwirft. Daher wird ein an Jaworski orientiertes Auferstehungsmodell nicht davon absehen können, dem Problem der multiplen Realisierbarkeit noch einmal nachzugehen. Das Problem lässt sich in ein sehr präzises Argument kleiden; die Prämissen dieses metaphysischen Argumentes könnten folgendermaßen lauten:

1. Wenn eine Struktur synchron mehrfach instantiiert werden kann, dann ist eine Struktur etwas Allgemeines. [Ontologischer Grundsatz zur Unterscheidung von Universalien und Partikularien]
2. Wenn eine Struktur etwas Allgemeines ist, dann kann eine Struktur kein Individuum bzw. kein Konstituens von Individualität sein. [*Corollarium* aus dem Individuationsprinzip]
3. Was immer diachron mehrfach instantiiert werden kann, kann auch synchron mehrfach instantiiert werden. [These]
4. Die Struktur einer Person *a* kann, wenn Hylemorphismus und Auferstehungsglaube kompatibel sind, diachron mehrfach instantiiert werden. [Jaworskis These]

Der Ausweg aus der Problemgemengelage könnte darin bestehen, die dritte These zu bestreiten. Aber ihre Plausibilität drängt sich intuitiv auf – gerade, wenn wir (wie Jaworskis Modell nahezulegen scheint) unterstellen dürfen, dass die beiden diachron voneinander getrennten Instantiierungen der in Rede stehenden Struktur kausal nicht mehr miteinander verbunden sind. Gäbe es solche kausalen Verbindungen jedoch, bliebe die Struktur – strenggenommen – ja noch in Existenz (wenn auch möglicherweise in veränderter Ausdrucksgestalt während der ‚Interimsphase') und man könnte Auferstehung eben nicht mehr streng als Wiederexistenz deuten, sondern müsste einen Aspekt der Fortexistenz einräumen, wie das in der traditionellen katholischen Eschatologie auch formuliert worden war.

Alternativ wäre zu überlegen, ob man das Problem der diachron mehrfachen Instantiierung durch das Ausstreichen eines Existenzabbruchs oder durch eine andere Konturierung des Form- und Strukturbegriffs, die die Individualität einer Struktur bzw. Form durch die Analyse ihres metaphysischen Layouts sichern könnte, zu lösen versucht. Dieser Alternative könnten wir theologisch zudem durch das Konzept einer *Auferstehung im Tode* gerecht werden, bei dem es allerdings keinen unverkörperten Zwischenzustand geben kann.[31]

2 Der Zwischenzustand und das Problem der ‚*anima separata*'

Das Problem einer sogenannten *gappy existence* ließe sich *prima facie* aber auch durch die – wie Josef Quitterer beispielsweise vorgeschlagen hat[32] – Annahme einer *anima separata* beheben, die sozusagen eine Emphase auf eine gewisse Eigenständigkeit der substanziellen Form oder Struktur legt, aber auch herausstellt, dass eine von ihrer Materialisierung isolierte substanzielle Form keine Substanz im Vollsinn sein könne:

> The assumption that the soul is the form of the human organism shapes the philosophical account of post-mortem survival. The role of the soul is not to be the immaterial person. According to Thomas Aquinas, the soul guarantees diachronic personal identity beyond death, but at the same time Thomas acknowledges a profound change to the detriment of the personal integrity of the deceased person, as long as the soul has no attendant body. Even if the human soul can endure when its body is destroyed, Thomas stresses that the soul is not the human person but only an incomplete remnant which lacks most of the capabilities human persons normally have. Therefore, the soul as the substantial form of the organic body cannot guarantee the existence of the person without this body. For Thomas Aquinas it is exactly at this point where Christian belief in the resurrection of the body acquires its philosophical plausibility. The

31 Vgl. T. Schärtl, *Bodily Resurrection: When Metaphysics Needs Phenomenology*, in: G. Gasser (ed.), *Personal Identity and the Resurrection: How Do We Survive Our Death?*, Farnham 2010, 103–110.
32 Vgl. J. Quitterer, *Hylomorphism and the Constitution View*, in: G. Gasser (ed.), *Personal Identity and the Resurrection: How Do We Survive Our Death?*, Farnham 2010, 185. Zu den generellen, für das Leib-Seele-Problem relevanten Umrissen in Quitterers hylemorphistischem Ansatz vgl. weiterführend J. Quitterer, *Ist der Hylemorphismus eine brauchbare Alternative zum Substanzdualismus?*, in: P. Wallusch/H. Watzka (Hg.), *Verkörpert existieren: Ein Beitrag zur Metaphysik menschlicher Personen aus dualistischer Perspektive*, Münster 2015, 109–121; ders., *Lässt sich die Seele naturalisieren?*, in: *ZKth* 133 (2011), 303–320.

> inner logic of the concept of the immortal soul implies the resurrection of the body; or, as Thomas Aquinas puts it, as the substantial form of the body the soul is naturally united to the body and cannot survive death perpetually, that is, without being reunited to the body.[33]

Diese klassisch-thomistische Bearbeitung des oben benannten Problems wirkt aber durchaus kontraintuitiv und bleibt problembehaftet, wenn gelten sollte, dass eine *anima separata* für sich allein keine Substanz sein kann. Denn diese Konzeption kollidiert massiv mit dem Grundsatz, dass Entitäten in Hinsicht auf die Erhaltung ihrer Identität die Zugehörigkeit zu einer bestimmten Art, mithin auch die ontologische Kategorie, nicht wechseln dürfen, wenn sie diachron identisch bleiben sollen: Wenn eine prämortale Person *a* eine (vollständige) Substanz ist, eine *anima separata* jedoch keine (vollständige) Substanz sein kann (oder darf), wie können wir dann eine Identitätsbeziehung zwischen der prämortalen Person *a* und der *anima separata* von *a* in Anschlag bringen? Wenn wir die *anima separata* allerdings doch als Substanz ansehen und eine numerische Identität zwischen der prämortalen Person *a* und der *anima separata* annehmen, dann ist es schwierig zu erklären, wieso diese Konzeption nicht dualistisch sein soll. Das bringt uns im hier entwickelten Rahmen in eine Zwickmühle: Entweder reißt die personale Identität im Tod ab und es bleibt (von uns) nur ein ‚ontologischer Schatten'.[34] Oder wir sind als Personen eigentlich mit Seelensubstanzen identisch – eine These, die den *materialistischen* Rahmen für Auferstehungskonzepte verlässt[35] und das hylemorphistische Versprechen bricht.

Robert Pasnau hat die Problemgemengelage, mit der wir beim Ansatz einer *anima separata* konfrontiert sind, eindringlich analysiert.[36] Wir können mit ihm zwei zentrale Bereiche unterscheiden: den Bereich der Funktionsweise einer separierten Seele einerseits und (wie schon angedeutet) die Frage, ob eine *anima separata* wirklich mit der in Rede stehenden Person identisch sein kann.

Das erste Problem lässt sich mit einer einfachen, aber in ihren Konsequenzen prekären Implikation illustrieren:[37]

---

33 Quitterer, *Hylomorphism and the Constitution View*, 185. Vgl. dazu ähnlich auch C. M. Brown, *Some Advantages for a Thomistic Solution to the Problem of Personal Identity beyond Death*, in: R. T. Byerly/E. J. Silverman (eds.), *Paradise Understood: New Philosophical Essays about Heaven*, Oxford/New York 2017, hier bes. 248–260.

34 Vgl. hierzu die Diskussion bei J. T. Turner, *On the Resurrection of the Dead. A New Metaphysics of Afterlife for Christian Thought*, London/New York 2019, 139–158, 165–180.

35 Das muss *a priori* kein Schaden sein, zwingt diese Form des Dualismus, die man mit J. P. Moreland dann auch ‚thomasischen Dualismus' nennen müsste, zu einer eigenen, intensiven Auseinandersetzung mit so genannten anti-dualistischen Anfragen und Argumenten.

36 Vgl. R. Pasnau, *Thomas Aquinas on Human Nature: A Philosophical Study of Summa Theologiae Ia 75–89*, Cambridge 2002, 361–393.

37 Vgl. Pasnau, *Aquinas on Human Nature*, 368 f.

1. Wenn die Seele nach dem Tod nicht in der ihr gemäßen Weise operiert, dann existiert sie nicht unabhängig fort. [¬O → ¬E]
2. Die Seele operiert nach dem Tod nicht in der ihr gemäßen Weise. [¬O]
3. Also existiert die Seele nicht unabhängig fort. [¬E]

Thomas von Aquin bietet selbst eine Begründung für die zweite Prämisse: Eine separierte Seele wäre in ihren Erkenntnisfähigkeiten depraviert; die zentrale Rolle sinnlicher Inputs wäre ja sistiert; sie ist – um postmortal überhaupt eine für die Seele unentbehrliche kognitive Funktion zu entfalten – auf eine Illumination durch Gott angewiesen.[38] Zudem – und diesen Aspekt müssten wir unter hylemorphistischen Vorzeichen in Hinsicht auf Thomas von Aquin noch ergänzen – übt eine separierte, für sich stehende Seele ihre formierende Funktion auf die Materie nicht mehr aus, sodass auch dieses Indiz als Begründung der zweiten Prämisse herangezogen werden könnte (vgl. Abb. 2).

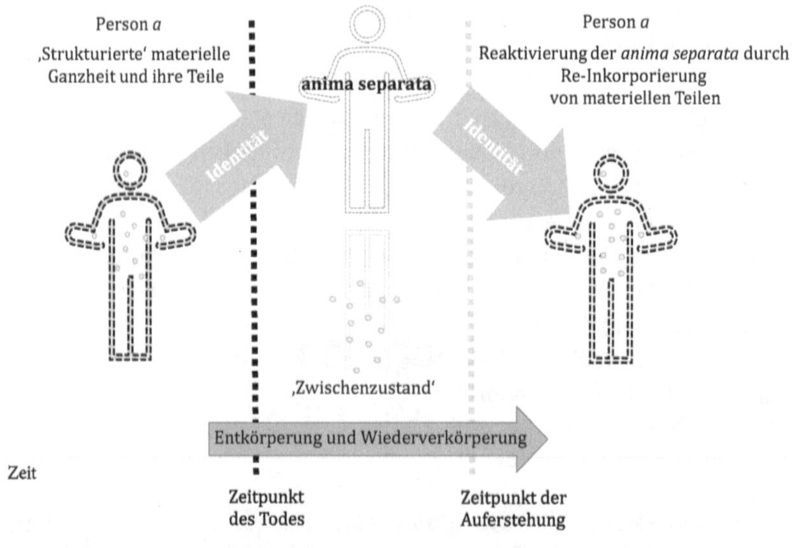

Abbildung 2: *anima separata* und Wiederverkörperung.

38 Vgl. Thomas von Aquin, *Summa Theologiae: Editio Leonina*, Vol. I-V, hg. v. d. Universität Salamanca, Madrid 1978 f., hier I[a] q. 89 a. 1, ad 3: „[...] anima separata non intelligit per species innatas; nec per species quas tunc abstrahit; nec solum per species conservatas, ut obiectio probat, sed per species ehx influentia divini luminis participatas, quarum anima fit particeps sicut et aliae substantiae separatae, quamvis inferiori modo. Unde tam cito cessante conversione ad corpus, ad superiora convertitur. Nec tamen propter hoc cognitio non est naturalis, quia Deus est auctor non solum influentiae gratuiti luminis, sed etiam naturalis."

Robert Pasnau arbeitet nun heraus, dass Thomas von Aquin in seiner Antwort auf das genannte Problem eine Doppelstrategie verfolgt: Zum einen stellt er den Notwendigkeitskarat der Ausgangsprämisse 1. in Frage.[39] Zum anderen offeriert Thomas von Aquin rechtfertigende Gründe für die Annahme der Existenz einer separierten Seele und greift damit die zweite Prämisse sozusagen frontal an, sodass: $(\neg O \rightarrow \neg E) \wedge E \Rightarrow O$.[40] Zumindest steuert Thomas von Aquin auf eine solche argumentative Strategie zu, wenn er betont, dass die Seele etwas für sich Subsistierendes sei,[41] und daneben auch die Unzerstörbarkeit der Seele[42] unterstreicht. Der Hinweis auf den ‚unnatürlichen Zustand' einer *anima separata* ist, wie Robert Pasnau herausstellt, notwendig, um den Status einer separierten menschlichen Seele vom Status der Engel zu unterscheiden, die bei Thomas ja individuierte Formen darstellen – eine ontologische Verfassung, die dem Sein einer separierten Seele auf den ersten Blick sehr ähnlich sieht.[43] Es ist angesichts beider Strategien auch keine Überraschung, wenn man bei Thomas von Aquin trotz gegenläufiger Interpretationsetiketten doch dualistische Tendenzen vermutet.[44]

Das zweite große Problem, das die *anima separata*-Konzeption nach sich zieht, ist die oben schon gestreifte Frage der Aufrechterhaltung personaler Identität.[45] Auch hier können wir ein kurzes, aber hinreichend aussagekräftiges Argument formulieren:

1. Nur dann, wenn meine Seele mit mir identisch ist, sind all jene postmortalen Erfahrungen meiner entkörperten Seele (Erfahrungen eines Anteils an der Glückseligkeit oder Erfahrungen einer Läuterung) meine Erfahrungen. [Bikonditional: $I \leftrightarrow E$]

---

39 Vgl. Pasnau, *Aquinas on Human Nature*, 369–373.

40 Vgl. Pasnau, *Aquinas on Human Nature*, 368.

41 Vgl. Thomas von Aquin, *S.Th.*, I^a q. 75 a. 2 resp.: „[...] necesse est dicere id quod est principium intellectualis operationis, quod dicimus animam hominis, esse quoddam principium incorporeum et subsistens. Manifestum est enim quod homo per intellectum cognoscere potest naturas omnium corporum. Quod autem potest cognoscere aliqua, oportet ut nihil eorum habeat in sua natura, quia illud quod inesset ei naturaliter impediret cognitionem aliorum; sicut videmus quod lingua infirmi quae infecta est cholerico et amaro humore, non potest percipere aliquid dulce, sed omnia videntur ei amara. Si igitur principium intellectuale haberet in se naturam alicuius corporis, non posset omnia corpora cognoscere. Omne autem corpus habet aliquam naturam determinatam. Impossibile est igitur quod principium intellectuale sit corpus. Et similiter impossibile est quod intelligat per organum corporeum, quia etiam natura determinata illius organi corporei prohiberet cognitionem omnium corporum; sicut si aliquis determinatus color sit non solum in pupilla, sed etiam in vase vitreo, liquor infusus eiusdem coloris videtur. Ipsum igitur intellectuale principium, quod dicitur mens vel intellectus, habet operationem per se, cui non communicat corpus. Nihil autem potest per se operari, nisi quod per se subsistit."

42 Vgl. Thomas von Aquin, *S.Th.*, I^a q. 75 a. 6.

43 Vgl. Pasnau, *Aquinas on Human Nature*, 374–377.

44 Vgl. U. Meixner, *The Two Sides of Being: A Reassessment of Psycho-Physical Dualism*, Paderborn 2004, 78 f.

45 Vgl. Pasnau, *Aquinas on Human Nature*, 380–387.

2. Die Seele ist nicht mit mir identisch [¬I].
3. All jene postmortalen Erfahrungen meiner Seele sind nicht meine Erfahrungen.[46] [Aus 1, 2: ¬E]

Thomas von Aquin selbst gibt, wie Robert Pasnau hervorhebt,[47] für die Begründung der zweiten Prämisse ausreichende Hinweise:

> [...] homo naturaliter desiderat salutem sui ipsius, anima autem cum sit pars corporis hominis, non est totus homo, et anima mea non est ego; unde licet anima consequatur salutem in alia vita, non tamen ego vel quilibet homo. Et praeterea cum homo naturaliter desideret salutem, etiam corporis, frustraretur naturale desiderium.[48]

Thomas benennt hier auch gleich das theologisch-anthropologische Problem, das sich – wie im skizzierten Argument – als Schlussfolgerung ergibt: Das für mich erwartete eschatologische Heil wäre vergeblich, wenn es nur meiner Seele und nicht mir widerführe. Welche Motive hat Thomas von Aquin also, um so eisern an der Nichtidentität von Selbst und Seele festzuhalten? Robert Pasnau stellt heraus, dass Thomas einerseits das Drama des Todes radikal ernst nehmen[49] und wirklich von einem Ende des bisherigen Selbst ausgehen will; andererseits unterstreicht er die Notwendigkeit einer leiblichen Auferstehung für die Integrität des eschatologisch vollendeten Selbst.[50]

Pasnau sieht nur zwei mögliche Auswegstrategien, um das Identitätsproblem zu lösen; beide münden in eine behutsame Modifikation der Ausgangsprämisse, deren Geltung diesmal nicht allein mit einer restringierten Notwendigkeit relativiert werden kann, und in eine Ersetzung der zweiten Prämisse, was gerade innerhalb des von Thomas vorgezeichneten Rahmens durchaus einiger Anstrengung bedarf.

Die erste Auswegstrategie ist diejenige, die Jeffrey Brower in seiner Thomas-Interpretation als legitime Interpretation des thomasischen Weges angedeutet hat und die darin besteht, dass Thomas die These, dass mein Selbst wesentlich *und aktual* ein menschliches Wesen ist, das notwendig aus Seele und Leib zusammengesetzt

---

46 Zur Illustration der weiteren desaströsen theologischen Folgen dieser Schlussfolgerung vgl. E. Stump, *Resurrection, Reassembly, and Reconstitution: Aquinas on the Soul*, in: B. Niederbacher/E. Runggaldier (Hg.), *Die menschliche Seele: Brauchen wir den Dualismus?* (Metaphysical Research), Heusenstamm 2006, 158 f.

47 Vgl. Pasnau, *Aquinas on Human Nature*, 386.

48 Thomas von Aquin, *Super I Epistolam B. Pauli ad Corinthios lectura a capite XI ad caput XVI*, hg. v. Corpus Thomisticum, 2019, online unter: https://www.corpusthomisticum.org/c1v.html#87682 (Zugriff am 09.05.2023), cap. XV, lect. 2.

49 Vgl. Pasnau, *Aquinas on Human Nature*, 381 f.

50 Vgl. Pasnau, *Aquinas on Human Nature*, 386 f.

ist, suspendiert, sodass für eine ‚unnatürliche' Interimsphase andere identitätsrelevante Faktoren in die ontologische Rechnung aufgenommen werden können.[51]

Pasnau hebt aber hervor, dass Thomas von Aquin selbst wohl eher einen anderen Weg favorisiert, der sich darauf konzentriert, das Verhältnis von Seele und Selbst nicht als Identität, wohl aber als Einheits- und Stützungsverhältnis zu beschreiben; die Seele wäre in diesem Bild eine Art hochrelevanter *Teil* meiner Identität.[52] Das die Identitätsbeziehung problematisierende Argument wäre also wie folgt zu modifizieren:

1. Wenn meine Seele mit mir identisch ist *oder* mit meinem Selbst eine Einheit bildet, sind all jene postmortalen Erfahrungen meiner entkörperten Seele (Erfahrungen eines Anteils an der Glückseligkeit oder Erfahrungen einer Läuterung) meine Erfahrungen. [I ∨ U → E]
2. Die Seele ist nicht mit mir identisch; aber sie bildet mit meinem Selbst eine Einheit. [¬I ∧ U]
3. All jene postmortalen Erfahrungen meiner Seele sind meine Erfahrungen. [Aus 1, 2: E]

Genau diesen Faden greift auch Eleonore Stump in ihrer Thomas-Interpretation auf; sie kritisiert Pasnau (und lehnt die eher alarmistische Diagnose ab),[53] weil sie als Interpretationsbasis stattdessen die Konstitutionstheorie zu bemühen versucht. Stump verweist zunächst darauf, dass Thomas von Aquin, weil er aus ihrer Sicht von vornherein eine Konstitutionstheorie in Anschlag bringe, auch immer schon einen mereologischen Identitätsbegriff zurückweisen könne: Eine Person, die materielle Teile verliert (sogar eine Hand oder ein Bein), bleibt dennoch mit sich selbst identisch, weil die materiellen Teile nur zur Konstitution der Person beitragen und weil die Identitätsbedingungen von Personen einerseits und von materiellen, organischen Agglomeraten andererseits verschieden sind.[54] Diese Einsicht überträgt Stump auch auf die metaphysischen Grundkomponenten, die ein menschliches Lebewesen ausmachen; hier obwalte ebenfalls eine Konstitutionsbeziehung im Verhältnis von Leib, Seele und Person: *C*((s, l), p):

> Analogously, although the metaphysical constituents of a human being normally include matter and a substantial form, Aquinas thinks that a human being can exist without being in the normal condition this way, because what constitutes a human being is not the same

51 Vgl. dazu J. E. Brower, *Aquinas's Ontology of the Material World: Change, Hylomorphism, and Material Objects*, Oxford/New York 2014, 299 f.; dazu auch Pasnau, *Aquinas on Human Nature*, 387.
52 Vgl. Pasnau, *Aquinas on Human Nature*, 388; dazu Thomas von Aquin, *S.Th.*, I[a] q. 75 a. 4 resp.
53 Vgl. Stump, *Resurrection, Reassembly*, 154 f.
54 Vgl. Stump, *Resurrection, Reassembly*, 165 f.

> as that to which a human being is identical. On Aquinas's view, a human being can survive even the loss of his entire body, when the substantial form remains.[55]

Und so kann Eleonore Stump an anderer Stelle festhalten:

> A human person is not identical to his soul; rather, a human person is identical to an individual substance in the species rational animal. A particular of that sort is normally, naturally, composed of form and matter configured into a human body. Because constitution is not identity for Aquinas, however, a particular can exist with less than the normal, natural complement of constituents. It can, for example, exist when it is constituted only by one of its main metaphysical parts, namely, the soul. And so although a person is not identical to his soul, the existence of the soul is sufficient for the existence of a person.[56]

Stump erläutert diesen Gedanken an einer animalistischen Analogie, die auch noch einmal zeigt, dass die zweite Substrategie durchaus der Hilfe der ersten bedarf, die darauf zielt zu betonen, dass ich zwar wesentlich ein menschliches (und damit organisches) Lebewesen bin, dass ich aber nicht aktual ein organisches Lebewesen sein muss, um meine Identität zu erhalten: Stellen wir uns vor, dass das Gehirn einer Person für eine Zeit lang von seinem biologischen Körper getrennt wurde und am Leben erhalten wird. Natürlich würden wir sagen, dass das Ergebnis dieser chirurgischen Prozedur kein menschliches Lebewesen im Vollsinne ist, womit wir meinen, dass das separierte Gehirn aktual kein volles menschliches Lebewesen ist. Dieser Zustand wird erst beendet und aufgehoben, wenn das Gehirn wieder in einen Körper gepflanzt würde, was auch deshalb möglich und nötig ist, weil das Gehirn in letzter Konsequenz immer nur in einer Beziehung zu einem von ihm regulierten Körper existiert, auch wenn diese Beziehung für einen beschränkten Zeitraum nur virtueller Art wäre. Auf genau dieser Linie sei das Überleben einer separierten und entkörperten Seele zu denken.[57] Seele und Leib zusammen konstituieren die Person; deswegen ist mein Ich mit der Seele nicht identisch, dennoch kann aber die Seele in der postmortalen Sondersituation als alleinige Konstitutionsbasis genügen, um die Existenz der Person aufrecht zu erhalten, wiewohl das Fehlen der zweiten Konstitutionsbasis ein naturwidriger Umstand sei.[58]

Der dahinter stehende Gedanke bemüht, wie bereits angedeutet, das Konzept der *materiellen Konstitution*: So wie ein Tonklumpen eine Statuette konstituiert, ohne damit identisch zu sein, so können Seele und Leib mein Selbst konstituieren, ohne jeweils (und auch nicht in ihrer Verbindung miteinander) mit dem Selbst

---

55 Stump, *Resurrection, Reassembly*, 166.

56 E. Stump, *Resurrection and the Separated Soul*, in: B. Davies/E. Stump (eds.), *The Oxford Handbook of Aquinas*, Oxford/New York 2012, 458–465, hier 463.

57 Vgl. Stump, *Resurrection, Reassembly*, 168.

58 Vgl. Stump, *Resurrection, Reassembly*, 169.

identisch zu sein.[59] Die Nichtidentität der Konstitutionsbasis mit dem Konstituierten wird herkömmlicherweise damit plausibilisiert, dass Konstitutionsbasis auf der einen und Konstituiertes auf der anderen Seite über unterschiedliche Identitätskriterien verfügen, weil sie unterschiedliche (modale) Eigenschaften bzw. Dispositionen aufweisen.[60]

Hilft uns Stumps Vorschlag, die von Pasnau identifizierten Probleme einer separierten Seele wirklich zu lösen?[61] Es sind drei Überhangfragen, die zeigen, dass wir mit Stumps Vorschlag immer noch nicht zufrieden sein können:

i. Die Konstitutionsbeziehung ist eine Relation zwischen Individuen bzw. Individualen. Es wäre daher darzulegen, weshalb wir die Seele als substanzielle Form als Individuum zu denken hätten, aber dann doch nicht – trotz der ihr inhärierenden Möglichkeit, vom Körper unabhängig zu sein – als Substanz aufzufassen hätten, um eine dualistische Sichtweise zu verhindern.
ii. Die konstitutionstheoretische Rekonstruktion unterschlägt die formierende Rolle der Seele und die damit gegebene (notwendige) Verwiesenheit auf zu formende Materie. Wird diese hylemorphistische Rolle der Seele deutlicher unterstrichen, wäre eine Seele ohne Materie, die durch sie strukturiert wird, eine in ihrem *modus operandi* erheblich gestörte substanzielle Form, sodass sich das Problem des ersten von Pasnau skizzierten Argumentes wieder einstellt: $\neg O \rightarrow \neg E$.
iii. Die konstitutionstheoretische Rekonstruktion behauptet nur, dass die Seele als Konstitutionsbasis ausreiche; wird die Konstitutionssicht jedoch so appliziert, dass Seele und Leib immer nur zusammen als Konstitutionsbasis fungieren können, sodass $C((l + s), p)$, dann wird vollkommen unklar, warum wir akzeptieren sollten, dass eine Seele ohne Körper als Konstitutionsbasis ausreichen könne. Ganz im Gegenteil: Die Aneinanderreihung der Thesen: $\ulcorner C((l + s), p) \land C(s, p) \land p = p \urcorner$ legt den Verdacht nahe, dass die Seele schlussendlich allein das Personsein einer menschlichen Person und damit ihre Identität ausmache.

59 Vgl. hierzu den grundlegenden Text von M. Johnston, *Constitution is Not Identity*, in: M. Rea (ed.), *Material Constitution: A Reader*, Lanham/Oxford 1997, 44–62.

60 Vgl. Zur metaphysischen Problemlage F. C. Doepke, *Spatially Coinciding Objects*, in: M. Rea (ed.), *Material Constitution: A Reader*, Lanham/Oxford 1997, 10–24.

61 Zur kritischen Auseinandersetzung mit Stump vgl. zudem Turner, *Resurrection*, 180 f.

3 Individuelle Form, Hylemorphismus und Auferstehung im Tod

Das Konzept einer *Auferstehung im Tod* vermeidet solche Probleme von vornherein, weil es zum einen betonen würde, dass die Seele als substanzielle Form ihren *modus operandi* in der Formung von Materie gar nicht erst einbüßt und dass wir – selbst wenn wir eine konstitutionstheoretische Analyse bemühten – keinen wirklich entkörperten Zustand anzusetzen hätten, sodass auch die intrikaten Identitätsfragen verschwinden. Aber auch dieses Konzept einer ‚Auferstehung im Tod'[62] ist nicht über jeden Zweifel erhaben; es wirkt auf den ersten Blick so wie Jaworskis zweiter Aufschlag, der eine diachrone multiple Instantiierung zu denken versucht, auch wenn im Konzept einer Auferstehung im Tod kein Existenzgraben klafft, der überbrückt werden müsste und gar nicht überbrückt werden kann. Das oben angedeutete Argument, das uns zwingt, darüber nachzudenken, ob eine Struktur, die sich in einer gänzlich neuen und anderen Materie ausdrücken, das heißt die gänzlich neue oder andere materielle Teile (Komponenten oder Konstituenten) inkorporieren kann, nicht doch etwas Allgemeines (eine Universalie) darstellt, könnte hier erneut verfangen, auch wenn wir zwischen der prämortalen und postmortalen Struktur starke Kausalbeziehungen postulierten.

Ein (in der Literatur ähnlich gewendetes) Gedankenexperiment mag dies verdeutlichen: Stellen wir uns vor, in Michelangelos berühmter Davidskulptur ($David_1$) würde innerhalb weniger Augenblicke aller Marmor auf molekularer bzw. atomarer Ebene durch Kupfer ersetzt und der teleportierte Marmor würde in einem unansehnlichen Haufen neben der neuen Kupferskulptur ($David_2$) deponiert. Wäre es legitim zu behaupten, dass $David_1$ mit $David_2$ identisch ist, weil wir ja immer noch dieselbe Struktur vor uns haben und weil $David_2$ – trotz der Tatsache, dass er aus gänzlich anderem Material besteht – die exakten Raum-Zeit-Linien von $David_1$ fortsetzt? Oder läge es näher, diesen Fall als Beispiel für eine diachrone mehrfache Instantiierung einer *David-Struktur* zu verstehen: An der Stelle des marmornen $David_1$ findet sich eine kupferne *Kopie*: $David_2$.

Ist die oben im Hinblick auf eine Auferstehung-im-Tod-Konstellation skizzierte Konzeption einer (fortgesetzten) Aktualisierung einer Struktur in einem neuen Material nicht eigentlich ein Kopiervorgang? Es mag sein, dass sich für den Betrachter in Hinsicht auf die Funktion und Bedeutung, die die Skulptur spielt, wenig geändert hat, aber die instantane Materialersetzung lässt sich als neue Aus-

---

62 Zur theologiegeschichtlichen Verortung und den theologischen Argumenten für eine ‚Auferstehung im Tod'-Konzeption vgl. die hervorragende und minutiös ausgearbeitete Darstellung bei Remenyi, *Auferstehung denken*, 425–544.

prägung einer Struktur und damit als Replikationsvorgang deuten. Wenn gelten sollte, dass die Trennung von Struktur und Material die Zerstörung und das Ende einer (hylemorphistisch beschriebenen) materiellen Entität bedeuten, dann hätte $David_1$ mit dem Austausch der Marmorteile aufgehört zu existieren und $David_2$ wäre *ohne* Identitätsanspruch als Replik an seine Stelle getreten.

Natürlich ist das gewählte Anschauungsbeispiel schon deshalb tückisch, ja sogar schief, weil wir hier ein lebloses Artefakt zur Veranschaulichung ausgewählt haben, dessen Identitätsbedingungen ohnedies prekär sind. Stellen wir uns daher auf ein zweites, vielleicht besser geeignetes Gedankenexperiment ein: Wie würden wir die Identitätssituation beurteilen, wenn wir eine Steineiche vor uns hätten, die in einem letzten, instantanen Transformationsschub alle Holzmoleküle durch Gold ersetzt und das Holz gewissermaßen abschält und strukturlos bzw. strukturdesintegrierend zurücklässt? Diese Frage ist nicht so abwegig, wie sie zunächst klingt. Denn unter gewissen Bedingungen könnten wir daran festhalten, dass dieser durchaus radikale Transformationsvorgang nicht identitätsbedrohend ist und dass hier kein Fall von Replikation, Kopie oder multipler Instantiierung vorliegt. Ausschlaggebend sind im Wesentlichen zwei Bedingungen:

1. Die Transformation muss *im Einklang* mit der Struktur und Natur der in Rede stehenden Entität stehen; lebendige Organismen tauschen ohnedies immer und fortwährend Teile mit ihrer Umgebung aus. Natürliche Wachstumsprozesse sorgen für Veränderungen, die Interaktion mit der Umwelt muss verschiedenste Veränderungsprozesse sogar einkalkulieren. Selbst wenn wir – um unser Beispiel konsistent ausmalen zu können – in Rechnung stellen müssten, dass die plötzliche und finale Vergoldung der Steineiche auf eine komplizierte genetische Manipulation und einen dadurch massiv veränderten Stoffaustauschvorgang zurückzuführen wäre, ließe sich auch dieser Eingriff noch mit dem Gedanken einer Erhaltung von diachroner Identität vereinbaren, wenn das ‚Funktionieren', die ‚entelechischen Bestimmungen' der Steineiche, die durch ihre Struktur sozusagen gegeben und festgelegt sind, erhalten bleiben.
2. Für einen solchen Erhalt würde – akzeptiert man die Prämissen unseres märchenartigen Anschauungsbeispiels – ebenfalls sprechen, dass es die durch die Struktur präfigurierten, präskribierten und der Steineiche verliehenen immanent-kausalen Kräfte sind, durch die der Transformationsprozess zustande kommt. Dabei ist es auch nicht zwangsläufig identitätsbedrohend, wenn diese immanent-kausalen Kräfte durch transeunte, externe Kausalkräfte angeregt oder erweitert würden.

Der Verdacht der multiplen Realisierung und der damit verbundene Verdacht eines Replikationsmodells wird aber erst vollständig ausgeräumt, wenn wir eine Konzeption von Form und Struktur entwickeln könnten, die Formen und Strukturen ihrerseits als etwas Individuelles begreift – was ja nicht ausschlösse, dass es zusätzlich und darüber hinaus auch *generische Strukturen und Formen* geben kann, die Merkmale und Gesetzmäßigkeiten enthalten, die für einen bestimmten Typ von Formen und Strukturen einschlägig sind. Schon Jaworski hatte versucht, durch eine Implementierung der sogenannten Tropen-Theorie zu der Denkmöglichkeit vorzustoßen, dass Formen und Strukturen etwas Individuelles darstellen können. In jüngerer Zeit hat aber vor allem Kathrin Koslicki einen entsprechenden Ansatz vorgelegt:

> If forms are particular or individual entities, then the individual essences of hylomorphic compounds are either exhausted by their individual forms or other factors, e.g., the matter composing them, also figure in some way into their individual essences, if only generically. Alternatively, if forms are universal or general entities, then the essences under discussion are generic essences shared by all members of a certain kind. Still, this latter option is also compatible with both possibilities mentioned earlier: either kind essences are purely formal or other factors are also included in the generic essence of a certain kind of hylomorphic compound, e.g., that it be suitably enmattered. Thus, to advance further in our attempt to assign forms to their proper ontological category, we must appeal to a different set of considerations besides those already canvased concerning the causal role of forms and the relationship between form and essence.[63]

Diese Auffassung fügt sich insofern organisch zu den bisherigen Überlegungen, als Koslicki auch einen eher unspezifischen Materiebegriff vertritt; in ihrem ontologischen Ansatz sind materielle Teile – wie sie uns in den vorausgehenden Überlegungen im Zusammenhang mit dem Integrations- und Reintegrationsproblem begegnet sind – dasjenige, was der strukturierenden Kraft und Fähigkeit der individuellen Form unterliegt:

> As far as our evidence is concerned, then, hylomorphists should opt for the [...] approach to matter [...] according to which the matter composing concrete particular objects is nothing other than their material parts and these are themselves construed as matter-form compounds, unless or until we reach an empirically confirmed level in the compositional hierarchy at which the hylomorphic analysis no longer applies.[64]

Durch die Emphase der identitätsverbürgenden Rolle der Form gelingt es Koslicki besser als Jaworski, den Beitrag der materiellen Teile bzw. Komponenten zur numerischen Identität eines materiellen Gebildes zu minimieren, ja zu bestreiten. Da Koslicki die Möglichkeit der materiellen Koinzidenz von Objekten nicht ausschließt (und damit einen rein mereologisch errichteten Identitätsbegriff ableh-

---

63 Koslicki, *Form, Matter, Substance*, 88. Zur Diskussionslage in Hinsicht auf die Frage, ob Formen etwas Allgemeines sind (und damit Universalien vergleichbar) oder etwas Individuelles vgl. die stupende Literaturauswertung und Positionenanalyse bei Koslicki, *Form, Matter, Substance*, 64–73.
64 Koslicki, *Form, Matter, Substance*, 61.

nen muss), kann und darf die identitätsverbürgende Rolle sowieso nicht[65] bei den materiellen Komponenten, das heißt Teilen, liegen:

> [A] reference to facts concerning the material parts of a matter-form compound cannot by itself be expected to resolve all of the difficult questions surrounding the numerical identity and distinctness of matter-form compounds, since some of these responsibilities will also have to be borne by the remaining constituent of a matter-form compound, viz., its form. In addition, suppose an account of the numerical identity and distinctness of a concrete particular object, A, appeals to facts concerning the numerical identity and distinctness of some further concrete particular objects, B and C, which materially compose A. In that case, a further question arises as to how (if at all) facts concerning the numerical identity and distinctness of B and C are determined, and so on down, unless or until we reach a point at which we find ourselves appealing to facts concerning numerical identity and distinctness which can be assumed to be basic, i. e., not open to further explanation. In this way, even if the material parts composing matter-form compounds are of the right ontological type to supply us with some of the facts that are needed for an account of the numerical identity and distinctness of the wholes they compose, further questions concerning the numerical identity and distinctness of matter-form compounds will still be left open. Nevertheless, the hylomorphic conception of matter at the very least constitutes a step in the right direction, by assigning the material parts of matter-form compounds to an ontological category which makes these entities suitable to serve as a partial source for facts concerning numerical identity and distinctness of the wholes they help to compose.[66]

Wie bei anderen hylemorphistischen Ansätzen spielt die Form die dominante Rolle für die Bildung und Zusammensetzung komplexer Entitäten; ein Kompositionsuniversalismus, der jede Zusammenfügung irgendeiner Art für ein Objekt hält, ist damit genauso vermieden wie ein Kompositionsnihilismus, der allen zusammengesetzten Entitäten eine echte Identität abspricht. Koslicki ruft hier das von ihr in anderen Publikationen schon vorgelegte Prinzip restringierter Komposition in Erinnerung und reichert es mit zwei weiteren Bestimmungen an:

> *Restricted Composition Principle*: Some objects, $m_1, \dots, m_n$, compose an object, O, of kind, K, at a time t just in case $m_1, \dots, m_n$ satisfy at t the constraints dictated by some formal components [...], $f_1, \dots, f_n$, associated with objects of kind, K.[67]

> *Structural constraints*: Requirements concerning (1) the *type* or *variety* of material components; (2) their *configuration*, i. e., *manner of arrangement*; and, in some cases, (3) the *number* of material components of which objects of kind, K, may be composed.[68]

65 Vgl. Koslicki, *Form, Matter, Substance*, 113–119. Koslicki ordnet sich dem *hylemorphistischen Pluralismus* zu und grenzt sich damit von der Gegenposition, die bei Jaworski kurz aufblitzt, als dem hylemorphistischen Monismus ab; vgl. Koslicki, *Form, Matter, Substance*, 111–113.

66 Koslicki, *Form, Matter, Substance*, 59 f.

67 Koslicki, *Form, Matter, Substance*, 192.

68 Ebd.

Durch das genannte Prinzip und die anreichernden Bedingungen wäre ausgeschlossen, dass das von Jaworski zumindest im Ansatz aufgegriffene Modell eines desintegrierten Zustandes unter Einbeziehung der ehedem für die Integrität der materiellen Person relevanten materiellen Teile als identitätsüberbrückend und identitätserhaltend gedeutet werden könnte. Auch ein Leichnam, der in psychophysischer Hinsicht nicht mehr die Merkmale eines lebendigen menschlichen Wesens aufweist, könnte unter der Maßgabe der skizzierten Zusammenhänge nicht mehr als Identitätsfortsetzung einer prämortalen Person gelten. So beschreibt Koslicki treffend den Unterschied zwischen echten komplexen Organismen und bloßen Ansammlungen von Teilen (Haufen):

> Not surprisingly, natural matter-form compounds meet the criteria [...] with flying colors. For Aristotle, the contrast between heaps and natural matter-form compounds comes down to whether an entity's constituents are held together by an internal principle of unity whose presence in the object is due to nature, rather than art. In the case of a heap, the constituents (e.g., the sticks in a bundle) are held together, if at all, only by an external and artificially imposed principle of unity (e.g., a band tied around the bundle of sticks). But the principle of unity, in this case, is not one which is internal to the bundle of sticks or which arises naturally from the sticks in the bundle; rather, it is an element that is added to the sticks, by art rather than by nature, for the specific purpose of giving some cohesion to the bundle of sticks which it would otherwise lack. In this case, the principle of unity (the band) which holds together the remaining constituents (the sticks in the bundle) belongs to the same ontological category as the constituents on whom it confers cohesion. If the category of matter-form compounds includes artifacts, then each of the constituents of the heap would already in itself count as more highly unified than the entire constellation into which these constituents enter when they form a heap.[69]

Zwei Nachfragen bleiben freilich bestehen: Welche Gründe haben wir, um Formen und Strukturen als etwas Individuelles zu deuten? Und wie sollen wir die Form-Materie-Zusammensetzung ihrerseits verstehen?

Die erste Frage beantwortet Koslicki mit einem Hinweis auf die Probleme, die sich einstellen, wenn wir eine sogenannte Trans-Welt-Identität dingfest machen möchten. Eine Übereinstimmung in Hinsicht auf alle Eigenschaften (gemäß dem Leibnizprinzip von Identität) kommt dafür aus offensichtlichen Gründen nicht in Frage. Aber wie legen wir dann die Identität fest? Koslicki meint, dass für solche Fälle der Rekurs auf die Form den (überlegenen) Ausweg bildet.[70]

Auf die zweite Frage antwortet Koslicki mit einer Summenkonzeption und mit dem Teil-Begriff: f + m = o.[71] Nun ist das ⌜+⌝-Zeichen natürlich so stipulierbar, dass es nicht nur einen herkömmlichen, physisch assoziierten Konglomerations- oder

69 Koslicki, *Form, Matter, Substance*, 194 f.
70 Vgl. Koslicki, *Form, Matter, Substance*, 89–103.
71 Vgl. Koslicki, *Form, Matter, Substance*, 109–111.

Additionsbegriff meinen muss, sondern auch eine anderweitige Verbindung von zwei aufeinander bezogenen ‚Komponenten' andeuten kann. Aber Koslicki setzt für das Verständnis der beiden durch die ⌜+⌝-Relation verbundenen Instanzen den Teilbegriff ein:

> [A] matter-form compound has both its matter and its form literally and strictly speaking as proper parts, according to a single relation of proper parthood. Given the close connection between form and essence [...], a compound's relation to its form includes a further dimension, which goes beyond their mereological connection: for the compound's form also figures in the compound's essence either by exhausting (i. e., being identical to) the compound's essence or by being included in the compound's essence, along with whatever else turns out to be essential to the compound in question.[72]

Allerdings hat diese Konstruktion, wie Koslickis eigene Kautel und der Verweis auf die ‚essenzbestimmende' Funktion der Form deutlich machen, den erheblichen Nachteil, dass die formierende Kraft der Form bzw. Struktur so nicht mehr deutlich wird. Zwar ist der Teilbegriff – für sich besehen – liberal verwendbar und lässt sich dehnbar einsetzen: vom Bedeutungsbestandteil bis zum materiellen Anteil an einem komplexen Gebilde. Aber Koslickis Modell erweckt den Eindruck, als wären individuelle Form und materielle Bestandteile gleichwertige *Komponenten* eines komplexen materiellen Gebildes *o*.

Es empfiehlt sich daher, die formierende Kraft der Struktur und Form durch eine nicht mehr weiter zurückführbare, philosophisch grundlegende Funktion des Formierens zu beschreiben, auf deren einen Seite sich aktivisch die individuelle Form findet, während auf ihrer passivischen Seite alle materiellen Bestanteile eines komplexen Gebildes zum Stehen kommen (wobei hier die Notationsweise für kontrafaktische Konditionale benutzt wird, um den Kausalitätsaspekt anzuzeigen): $\neg f(f, (m_1, \ldots, m_n)) \;\Box\!\!\rightarrow \neg o$. Dieses Schema lässt es zu, dass ein hylemorphistisch analysiertes komplexes materielles Gebilde so rekonstruiert wird, dass es seinerseits schon aus Teilen besteht, die ihrerseits geformt sind: $\neg f(f_0, (f^*(f_1, (a_1, a_2, a_3)), f^{**}(f_2,(a_3, a_4, a_5)), \ldots, f^{\odot}(f_n\ (a_p, a_q, a_r)))) \;\Box\!\!\rightarrow \neg o$. Das von Jaworski her skizzierte aristotelisch-thomasische Problem der Annihilierung der subdominanten Formen der materiellen Gebilde kann aber in diesem Schema wohl nur dann einer Lösung zugeführt werden, wenn wir – wie Jaworski und Koslicki selbst – verschieden starke und verschieden einschlägige Formierungsprozesse annehmen; die metaphysische Analyse kann somit an dieser Stelle nur noch beschreibend arbeiten. In diesem Schema wird aber eher deutlich, dass die Form die identitätsverbürgende Rolle spielen soll.

Für ein hylemorphistisches *Konzept von Auferstehung* ergibt sich aus den bisherigen Reflexionen zweierlei: (i) Wenn die Form in der Tat die identitätsverbürgende

72 Koslicki, *Form, Matter, Substance*, 124.

Instanz eines komplexen, lebendigen materiellen Gebildes ist, spielt die Reintegration ‚alter', gewissermaßen abgelegter und von Desintegration betroffener Teile für die diachrone Identität des in Rede stehenden Gebildes *o* keine Rolle.[73] Was dagegen höchst relevant wird, ist der Umstand, dass die Form in ihrer formierenden Funktion den Austausch von Teilen, ja die vollständige Ersetzung zulassen kann. Schon bei einfachen lebendigen Wesen werden wir auf den Unterscheid zwischen statischen materiellen, artifiziellen Gebilden und Organismen verwiesen; letztere verfügen dank der ihnen eigentümlichen Form(en) über eine gewisse Unabhängigkeit gegenüber den sie bildenden materiellen Teilen und Komponenten. Grade solcher Unabhängigkeit lassen sich vermutlich daran bemessen, wie sehr und wie weit ein lebendiger Organismus in der Lage ist, transformierend in seine Umwelt einzugreifen und sich selbst zu entwickeln. (ii) Wenn die Form ihre formierende Funktion f nur anhand von und im Gegenüber zu materiellen Teilen und Komponenten ausüben kann – und dieses Problem hatten wir analog schon bei der Diskussion des defizitären *modus operandi* einer *anima separata* diskutiert –, dann wäre ‚*gappy existence*' – also ein entmaterialisierter Zustand einer Form f – ein enormes Problem. Eine ihrer formierenden Kraft beraubte Form hätte somit ihre Funktion und damit ihre intrinsische Eigenart verloren. Eine adäquate Lösung kann somit nur darin bestehen – und diese These sei hier eindringlich wiederholt –, die hylemorphistische Konzeption mit der These einer Auferstehung im Tod zusammenzudenken.[74] Das gilt umso mehr, als in einem konsequent hylemorphistischen Ansatz die Reintegration der abgeschiedenen Materie für die Identität des Körpers nicht nötig

73 Zu einer theologisch-anthropologischen Deutung des Todes als Anfangspunkt der Desintegration vgl. M. Stango, *Death as a Material Kenosis: A Thomistic Proposal*, in: *The Heythrop Journal* 61 (2020), 327–346.

74 Vgl. hierzu das ähnlich gelagerte Plädoyer bei Turner, *Resurrection*, 183–216, bes. 222 f. unter zusätzlicher Berücksichtigung einer Metaphysik der Zeit.

ist, da die Rede von einer Identität des Körpers entweder irreführend ist oder eben diese Identität voll und ganz von der substanziellen Form her garantiert wird.[75]

75 Eleonore Stump würde auf der Basis ihrer Auslegung des Hylemorphismus bei Thomas von Aquin von vornherein klarstellen, dass eine Wiedererbringung der materiellen Teile grundsätzlich nicht nötig sei; vgl. Stump, *Resurrection, Reassembly*, 170: „For Aquinas, preservation of identity is not something which has to be guaranteed by recomposing the human being of the same bits of matter-form composites, such as atoms, as before. Rather, on Aquinas's account, the soul is what makes unformed prime matter into this human being by configuring prime matter in such a way that the matter is this living animal capable of intellective cognition. In the resurrection of the body, by informing unformed matter, the soul makes unformed matter this human being again. And so puzzles about what happens when the same atoms have been part of more than one human being are avoided."

Die gleichlautende These vertritt auch Pasnau, *Aquinas on Human Nature*, 393. Mit dieser durchaus sehr konsequenten Deutung des thomasischen Konzepts kommt Stump dem Ansatz von Durandus nahe, der sich ja seinerseits in die thomasische, hylemorphistische Tradition einzureihen bemühte. Die These von der (dank der durch die Seele repräsentierten Form und dank der durch eben diese Struktur garantierten) formellen Identität zwischen dem Prämortem-Körper und dem Auferstehungsleib wird Durandus von St.-Purçain zugeschrieben. Vgl. zu diesem Topos weiterführend die theologiegeschichtlichen Hinweise bei Remenyi, *Auferstehung denken*, 409–450.

Helmut Hoping

Die Identität der Toten: Von der Ganztodtheorie zur Rehabilitierung der Seele in der neueren Eschatologie

1 Einführung

Es gibt wohl nur wenige Begriffe, die für das Selbstverständnis des Menschen von so zentraler Bedeutung gewesen sind wie der Begriff der „Seele“[1]. In der Neuzeit verlor er durch den Empirismus David Humes (1711–1776)[2] und die Kritik von Immanuel Kant (1724–1804) an der rationalen Psychologie der Metaphysik[3] seine Bedeutung in der Philosophie. Schließlich kam es auch in theologischer Anthropologie und Eschatologie zur Krise des Seelenbegriffs. Die Unterscheidung zwischen dem vergänglichen Leib und der unvergänglichen Seele wurde als dualistisch zurückgewiesen. Die Hoffnung auf leibliche Auferstehung und die Vorstellung einer unsterblichen Seele, die im Frühjudentum und in den Anfängen des Christentums miteinander verbunden wurden, galten als unvereinbar, obschon sich die jüdische und christliche Unsterblichkeitslehre signifikant von der orphisch-platonischen Unsterblichkeitslehre unterscheidet.[4] In der evangelischen Theologie wurde zunehmend die „Ganztodtheorie“ vertreten.[5] Die Ganztodtheorie schien zudem der Rechtfertigung des den Mächten von Sünde und Tod unterworfenen Menschen zu entsprechen, sofern sie nach der Sicht Luthers *sola gratia* und *mere passive* erfolgt.

Mit der Seelenunsterblichkeit wurde auch die traditionelle Vorstellung eines zeitlichen Zwischenzustandes zwischen dem Tod des Einzelnen und der Totenauferweckung bei der Parusie Christi fraglich. Während in der katholischen Theologie des letzten Jahrhunderts vor allem die Theorie einer Auferstehung im Tod Karriere

---

1 Vgl. H. Hinterhuber, *Die Seele. Natur- und Kulturgeschichte von Psyche, Geist und Bewusstsein*, Wien/New York 2001; R. Schönberger, *Seele*, in: P. Kolmer/A. F. Wildfeuer (Hg.), *Neues Handbuch philosophischer Grundbegriffe* 3, Freiburg/München 2011, 1956–1970, hier 1956.

2 Vgl. D. Hume, *Über die Unsterblichkeit der Seele*, in: *Die Naturgeschichte der Religion* (Philosophische Bibliothek 341), Hamburg 1984, 79–87.

3 Vgl. KrV B 399–432.

4 Vgl. H. Sonnemanns, *Seele – Unsterblichkeit – Auferstehung. Zur griechischen und christlichen Anthropologie und Eschatologie* (Freiburger Theologische Studien 32), Freiburg/Basel/Wien 1984.

5 Vgl. A. Ahlbrecht, *Tod und Unsterblichkeit in der evangelischen Theologie der Gegenwart*, Paderborn 1964.

https://doi.org/10.1515/9783111055602-020

machte[6], vertrat eine Reihe prominenter evangelischer Theologen die Theorie, dass der Tod den Menschen mit Leib und Seele vernichtet. Doch die Ganztodtheorie sollte nicht unwidersprochen bleiben, schließlich kam es in der evangelischen wie auch in der katholischen Theologie zur Rehabilitierung der „Seele". Außerhalb der Theologie gewann die Frage nach dem Leib-Seele-Verhältnis neue Aktualität in Verbindung mit der *Mind-Brain*-Debatte und dem Physikalismus.

2 Luther und die Unsterblichkeit der Seele (Carl Stange, Paul Althaus)

Der konservative Göttinger Lutheraner Theologe Carl Stange (1870–1959), der 1932 die Berufung zum Abt des evangelischen Klosters Bursfelde bei Hann. Münden erhielt, vertrat in einer Studie des apologetischen Seminars Werningerode die These, Martin Luther (1493–1546) habe eine Unsterblichkeit der menschlichen Seele verworfen.[7] Dafür berief sich Stange auf Luthers Kritik am 5. Laterankonzil (1215–1217). In der Bulle *Apostolici Regiminis* (1513) hatte Leo X. (1513–1521) die Unsterblichkeit der vernunftbegabten Seele gegenüber den Neu-Aristotelikern definiert und auf der Linie des Konzils von Vienne (1211–1212) die Lehre der Averroisten zurückgewiesen, die menschliche Seele sei eine einzige in allen Menschen.[8]

Gegen die These Stanges wandte sich der berühmte Lutherforscher Paul Althaus (1888–1966).[9] Wie die Tradition habe Luther dualistisch zwischen vergänglichem Leib und unvergänglicher Seele unterschieden, auch wenn er mit seiner

6 Der prominenteste Vertreter einer Auferstehung im Tod ist Gisbert Greshake. Vgl. *Tod – und dann? Ende – Reinkarnation – Auferstehung. Der Streit der Hoffnungen*, Freiburg/Basel/Wien 1988; G. Greshake/J. Kremer, *Resurrectio mortuorum. Zum theologischen Verständnis der leiblichen Auferstehung*, Darmstadt 1986. – Greshake hat später den Gedanken der unsterblichen Seele und der Auferstehungshoffnung im Rahmen seiner Theorie einer Auferstehung im Tod miteinander verbunden. Vgl. *Das Verhältnis „Unsterblichkeit der Seele" und „Auferstehung des Leibes" in problemgeschichtlicher Sicht*, in: G. Brüntrup/M. Rugel/M. Schwarz (Hg.), *Auferstehung des Leibes – Unsterblichkeit der Seele*, Stuttgart 2010, 25–42.

7 Vgl. C. Stange, *Luther und das fünfte Laterankonzil* (= Studien des apologetischen Seminars Wernigerode 24), Gütersloh 1928.

8 Vgl. DH 1440 f.

9 Vgl. P. Althaus, *Die Unsterblichkeit der Seele bei Luther*, in: *Zeitschrift für Systematische Theologie* 3 (1926), 725–734; Ders., *Unsterblichkeit und ewiges Leben bei Luther. Zur Auseinandersetzung mit Carl Stange*, Gütersloh 1930.

Wort- und Gnadentheologie den Dualismus anders begründet habe.[10] Doch wie Stange vertrat Althaus zunächst die Ganztodtheorie. „Von uns aus gesehen ist der Tod ein Sinken ins Bodenlose, Ausgang ins Nichts“[11]. Der „alte Seelenglauben“ sei „der ‚letzte Feind‘ in der Eschatologie, der abgetan werden muss“[12], ebenso müsse man sich von der Vorstellung eines zeitlichen Zwischenzustandes zwischen dem Tod des Einzelnen und der allgemeinen Auferweckung bei der Parusie Christi verabschieden. Man würde die Lehre von der Neuschöpfung nicht ernstnehmen, so Althaus, würde man davon ausgehen, dass die Seele den Tod überlebt.[13]

In seinen *Retraktationen zur Eschatologie* (1950)[14] hat Althaus seine Kritik am Gedanken der Seelenunsterblichkeit korrigiert. Der Text geht auf einen Vortrag auf dem evangelischen deutschen Theologentag zurück. Darin erklärte Althaus, dass „eine Affinität der Philosophie und der biblischen Gewissheit von der Unsterblichkeit“[15] bestehe. „Das Neue Testament bekämpft nirgends den Gedanken eines Fortlebens der Person und nimmt nirgends in dieser Sache gegen das griechische Denken Stellung. Im Gegenteil [...] setzt es die Fortdauer der Person über den Tod hinaus selbstverständlich voraus“[16]. „Leben und Existenz sind zu unterscheiden. Ohne Christus ist alles Fortexistieren wie alle Existenz überhaupt ‚Tod‘ [...] im biblischen Vollsinne“[17], Trennung vom Gott, dem Ursprung des Lebens. „Die christliche Theologie hat also nicht gegen die ‚Unsterblichkeit‘ als solche zu kämpfen“[18], wohl aber gegen eine Abwertung des Leibes gegenüber der Seele. „Das Ärgernis, das wir mit diesem Kampf in der letzten Zeit öfter gegeben haben, ist nicht das des Evangeliums!“[19]

Luther vertrat nicht wie der Renaissancephilosoph Pietro Pomponazzi (1462–1525) die Sterblichkeit der Seele[20], begründete die Unsterblichkeit der Seele aber nicht substanzmetaphysisch, sondern streng wort- und gnadentheologisch, lehnte

---

10 So P. Althaus, *Die letzten Dinge. Lehrbuch der Eschatologie*, Gütersloh [8]1961, 92f. u. a. mit Verweis auf WA 43, 218, 8: „Mors naturalis, quae est separatio animae et corpore.“

11 Althaus, *Die letzten Dinge*, 83.

12 Althaus, *Die letzten Dinge*, 155.

13 Vgl. Althaus, *Die letzten Dinge*, 95.

14 Vgl. P. Althaus, *Retraktationen zur Eschatologie*, in: *Theologische Literaturzeitung* 75 (1950), 253–260.

15 Althaus, *Retraktationen zur Eschatologie*, 253.

16 Ebd.

17 Althaus, *Retraktationen zur Eschatologie*, 255.

18 Althaus, *Retraktationen zur Eschatologie*, 256.

19 Ebd. – In die Neuauflage seines Lehrbuchs zur Eschatologie von 1957 sind die späteren Erkenntnisse Althaus’ nicht mehr eingegangen.

20 Vgl. P. Pomponazzi, *Abhandlungen über die Unsterblichkeit der Seele* (Philosophische Bibliothek 434), hg. v. B. Mojsisch, Hamburg 1990.

aber die Vorstellung eines Purgatoriums zur Reinigung der Seele der Verstorbenen ab. Die schöpferische Anrede Gottes im Wort lässt die Seele des Menschen im Tod nicht untergehen: „Wo also und mit wem Gott redet, sei es im Zorn sei es in Gnaden, der ist gewiss unsterblich. Die Person des redenden Gottes und das Wort signalisieren, dass wir solche Kreaturen sind, mit denen Gott reden will in Ewigkeit und unsterblicherweise."[21]

In diesem Kontext kann Luther eine kreatürliche Unsterblichkeit der Seele lehren, auch wenn er es ablehnt, dabei wie die Scholastiker auf ein philosophisches Seelenkonzept zu rekurrieren: *Deus producit animam immortalem et aeternam.*[22] Wenn Luther erklärt, der sei wahrhaft unsterblich, der von Gott in Gnade gerechtfertigt ist, darf nicht übersehen werden, dass Luther von einer dem Menschen inhärierenden Seele ausging, die durch den Tod nicht vernichtet wird.

> Die Seele des Menschen ist der unsterbliche und den Körpertod überdauernde Geist [...] Sie ist nämlich unsterblich [...], weil Gott denjenigen Teil der menschlichen Natur, in den er sein Ebenbild eingegossen hat, nicht sterblich sein, sondern nach des Körpers Tod erhalten bleiben lässt, damit durch sie inzwischen Gott gelobt werde, während der Körper ruht.[23]

„Allerdings kann die Welt es nicht begreifen noch glauben, dass die Seele unsterblich ist."[24]

3 Die Ganztodtheorie in der evangelischen Theologie

In seiner Eschatologie *Tod und ewiges Leben*[25] rechnet Joseph Ratzinger neben Adolf Schlatter (1852–1938) Carl Stange und Paul Althaus zu den Wegbereitern der Ganz-

---

21 WA 43, 481, 32–34 (*Genesisvorlesung*, 1538/1542): „Ubi igitur et cum quocunque loquitur Deus, sive in ira, sive in gratia loquitur, is certo est immortalis. Persona Die loquentis et verbum significant nos tales creaturas esse, cum quibus velit loqui Deus usque in aeternum et immortaliter."

22 Vgl. WA 39II, 401, 4–8 (*Die Promotionsdisputation von Petrus Hegemon*, 1545): „Gott bringt die unsterbliche und ewige Seele hervor."

23 WA 39II, 400, 34–39 (*Die Promotionsdisputation von Petrus Hegemon*, 1545): „Etiamsi hominis anima est spiritus immortalis et superstes post corporis interitum [...] Immortalis enim est [...] quod Deus eam partem naturae humanae, in quam suam imaginem transfudit, non esse mortal, sed post corporis mortem superstitem, et ab ea celebratur interea, dum corpus quiescit."

24 WA 20, 70, 23–24 (*Vorlesung über Prediger Salomo*, 1526): „Mundus certe non potest intelligere neque credere animam esse immortalem."

25 Vgl. J. Ratzinger, *Tod und ewiges Leben. Eschatologie,* Regensburg ^{1}1977 (^{6}1990). – Im Pontifikat Benedikts XVI. (2005–2013) erschien die sechste erweiterte Auflage der Eschatologie in einer Neu-

todtheorie.[26] Eine Reihe weiterer prominenter evangelischer Theologen hat die Ganztodtheorie vertreten, darunter Werner Elert (1855–1954), Karl Barth (1886–1968), Paul Tillich (1886–1965), Helmut Thielicke (1908–1986), Oscar Cullmann (1902–1999) und Eberhard Jüngel (1934–2021).[27]

Für Barth war der Tod zwar schon in seiner frühen dialektischen Theologie ein wichtiges Thema.[28] Eine entfaltete Theologie des Todes legte Barth allerdings erst in der individuellen Eschatologie seiner *Kirchlichen Dogmatik* vor. Für Barth bleibt vom Menschen, der stirbt, außer seinem Leichnam nichts übrig, denn der Geist in uns „ist weder ein göttliches, noch ein menschliches Etwas, sondern ein Tun und Verhalten des Schöpfers seinem Geschöpf gegenüber“[29]. Lebendige Seele ist der Mensch nur, solange Gott ihm den Geist des Lebens gibt. „In der Beziehung Geist-Leben und also Geist-Seele-Leben aber besteht zwischen dem Menschen und dem Tier *kein* Unterschied.“[30] Mit dem Tod entzieht Gott dem Menschen den Geist, so dass es auch keine Seele mehr gibt.[31] Der Tod bedeutet damit eine vollständige *annihilatio*, den Übergang vom „Sein ins Nichts“[32]. Sterben heißt, „dass es endgültig nichts ist mit dem Menschen“[33]. Nur die Beziehung Gottes zum Menschen bleibt für Barth über den Tod hinaus bestehen. Das Nichtige ist dabei nicht identisch mit unserer kreatürlichen Kontingenz, sondern umfasst immer schon die Macht des Bösen, wie sie sich von Beginn an in der Schöpfung zeigt.

Wenn Barth vom Nichtigen spricht, geht es ihm um den Zusammenhang von Sünde und menschlichem Tod, der für Barth vor allem Fluchtod ist. Die Rechtfertigung des Sünders allein durch Gnade stützt nach Barths Auffassung die Ganztodtheorie. Abgelehnt wird von Barth jede theologische Rezeption des Gedankens der Seelenunsterblichkeit. Der Geist, das spezifische Lebensprinzip im Menschen,

ausgabe (Regensburg 2007) und im Rahmen der „Gesammelten Schriften“ von Joseph Ratzinger (*Tod und ewiges Leben*, in: *Auferstehung und ewiges Leben* (JRGS 10), Freiburg/Basel/Wien 2012).

26 Vgl. A. Schlatter, *Jesu Gottheit und das Kreuz*, Gütersloh ²1913, 61; ders., *Das christliche Dogma*, Calw 1911, 266.

27 Vgl. die Überblicke bei Ahlbrecht, *Tod und Unsterblichkeit in der evangelischen Theologie der Gegenwart*; A. Peters, *Der Tod in der neueren theologischen Anthropologie*, in: *Neue Zeitschrift für Systematische Theologie* 14 (1972), 29–67.

28 Vgl. K. Barth, *Die Auferstehung der Toten. Eine akademische Vorlesung über 1 Kor 15*, München 1924, 6–70, 112–119.

29 K. Barth, *Kirchliche Dogmatik III: Die Lehre von der Schöpfung*, Zweiter Teil, Zollikon-Zürich 1948, 428.

30 Barth, *Kirchliche Dogmatik III*, 432.

31 Vgl. Barth, *Kirchliche Dogmatik III*, 431, 437.

32 Barth, *Kirchliche Dogmatik III*, 428 f.

33 Barth, *Kirchliche Dogmatik III*, 761.

kehrt beim Tod des Menschen zu Gott, der ihn gegeben hat, zurück.[34] Was allein bleibt ist, dass die Verstorbenen die „*Gewesenen* sind“[35] und „in diesem ihrem Gewesensein in *Gottes* Macht und Hand sind“[36].

Da Barth erklärt, dass der Tod alles im Menschen vernichtet und nur die Beziehung der Verstorbenen zu Gott bleibt, in der sie standen, rechnet Ansger Ahlbrecht den reformierten Theologen mit Recht zu den Vertretern der Ganztodtheorie. Die Beziehung Gottes zum Menschen hat auf Seiten des Verstorbenen für Barth keine Entsprechung. Es gibt keinen Träger der Identität der Verstorbenen.[37] Der katholische Autor Hermann Wohlgschaft meint dagegen, dass mit der Beziehung Gottes zum Menschen in ihm etwas Unzerstörbares besteht, das den Tod überdauert, da die Rechtfertigung des Sünders nicht als bloße Imputation verstanden werden dürfe.[38] Freilich vermag diese Interpretation nicht zu überzeugen, da es bei einer vollständigen Annihilation des Verstorbenen keine Person geben könnte, von der man sagen könnte, sie sei gerechtfertigt. Der Verstorbene hat seine Identität allein in der *memoria Dei*.[39] Thielicke entfaltete seine Ganztodtheorie in dem Buch *Tod und Leben. Studien zur christlichen Anthropologie* (1946)[40]. Wie Barth bestreitet Thielicke jede Form einer kreatürlichen Unsterblichkeit der Seele. Es gibt „keine dem Geschöpf inhärierende qualitative Unsterblichkeit“[41] der Seele, wobei Thielicke die Verbindung der Ganztodtheorie mit der evangelischen Rechtfertigungslehre betont. Wenn es heißt, Gott zieht mit dem Tod seinen Lebensodem zurück, dann bedeutet der Tod die Vernichtung allen Lebens, übrig bleibt vom Menschen nur „Staub“ (vgl. Ps 104,29 f.).[42]

34 Vgl. Barth, *Kirchliche Dogmatik III*, 437.
35 Barth, *Kirchliche Dogmatik III*, 753.
36 Ebd.
37 Vgl. Ahlbrecht, *Tod und Unsterblichkeit in der evangelischen Theologie der Gegenwart*, 51, 118.
38 Vgl. H. Wohlgschaft, *Hoffnung angesichts des Todes. Das Todesproblem bei Karl Barth und in der zeitgenössischen Theologie des deutschen Sprachraums* (Beiträge zur ökumenischen Theologie 14), München/Paderborn/Wien 1977, 85 f.
39 Mit Verweis auf die *memoria Dei* versucht auch Elert die Identität der verstorbenen und auferweckten Person zu begründen (vgl. *Der christliche Glaube. Grundlinien der lutherischen Dogmatik* [1940]), Hamburg [5]1960, 513). Für Tillich ist die Unsterblichkeit nur ein Symbol für die Hoffnung auf ewiges Leben (vgl. *Systematische Theologie III: Das Leben und der Geist – Die Geschichte und das Reich Gottes*, Stuttgart 1966, 463–465).
40 H. Thielicke, *Tod und Leben. Studien zur christlichen Anthropologie*, Genf o.J. 1946.
41 Thielicke, *Tod und Leben*, 108.
42 Vgl. Thielicke, *Tod und Leben*, 139.

Thielicke setzt an beim Tod als Grenze des Lebens.[43] Ähnlich wie Martin Heidegger (1889–1976), der in *Sein und Zeit* (1927) vom „Sein zum Tod“ des menschlichen Daseins spricht, nennt Thielicke unser Leben „ein ständiges Zulaufen auf seine Grenze“[44]. Auf der Ebene der menschlichen Existenz vollzieht Thielicke wie Heidegger eine „Inversion der Thanatologie“ (Hans Ebeling).[45] „Ich versinke ganz im Tode, und nichts gibt mir das Recht, die biblisch vorhandene Ganzheit des Menschen angesichts des Todesverhängnisses nun doch wieder plötzlich aufzuspalten in Leib und Seele“[46]. Bewahrt bleibt die Identität des Verstorbenen auch für Thielicke allein in der *Memoria Dei.*[47]

Ähnlich dezidiert hat sich Oscar Cullmann zur Ganztodtheorie bekannt. Für den international renommierten Exegeten besteht zwischen dem Gedanken einer Seelenunsterblichkeit und der Hoffnung auf Auferstehung der Toten ein prinzipieller Gegensatz. In *Immortalité de l’âme ou résurrection des morts?* (1956)[48] spricht Cullmann von „diametral entgegengesetzten Lehren“[49]. Das Neue Testament kenne keine Seele, die unsterblich sei, wofür sich Cullmann auf einen breiten Konsens der Exegeten seiner Zeit beruft.[50] Indem man miteinander verknüpft hat, was schlechterdings unvereinbar war, habe man die in 1 Kor ausgesprochene Hoffnung auf Auferstehung der Toten dem *Phaidon* geopfert, in dem Platon am Sterben des Sokrates die Hoffnung auf Seelenunsterblichkeit demonstriert.[51]

Wenn Cullmann einen strikten Gegensatz von jüdischer und griechischer Anthropologie behauptet,[52] verkennt er den Einfluss des Frühjudentums, vor allem des hellenistischen Judentums, auf das Neue Testament. Es ist zwar richtig, dass das Sterben des Sokrates und Jesu nicht gegensätzlicher sein könnten[53], und das biblische Schöpfungsdenken „allen griechischen Dualismus zwischen Körper und Seele“[54]

---

43 Vgl. Thielicke, *Tod und Leben,* 142 f.
44 Thielicke, *Tod und Leben,* 166.
45 Vgl. H. Ebeling, *Der Tod in der Moderne,* Königstein/Ts. 1979, 12–14.
46 Thielicke, *Tod und Leben,* 195.
47 Vgl. ebd.
48 Vgl. O. Cullmann, *Immortalité de l’âme ou résurrection des morts? Le témoignage du Nouveau Testament,* Neuchatel 1956; *Unsterblichkeit der Seele und Auferstehung der Toten. Das Zeugnis des Neuen Testaments,* in: *Theologische Zeitschrift* 12 (1956) H. 2, 126–156; *Unsterblichkeit der Seele oder Auferstehung der Toten? Antwort des Neuen Testaments,* Stuttgart 1962. – Zitiert wird der Text von 1962.
49 Cullmann, *Unsterblichkeit der Seele oder Auferstehung der Toten?,* 11.
50 Vgl. Cullmann, *Unsterblichkeit der Seele oder Auferstehung der Toten?,* 12.
51 Ebd.
52 Vgl. Cullmann, *Unsterblichkeit der Seele oder Auferstehung der Toten?,* 36.
53 Vgl. Cullmann, *Unsterblichkeit der Seele oder Auferstehung der Toten?,* 23–31.
54 Cullmann, *Unsterblichkeit der Seele oder Auferstehung der Toten?,* 35.

ausschließt. Die Auferstehungshoffnung hatte allerdings schon im hellenistischen Frühjudentum den entscheidenden Impuls gegeben, darüber nachzudenken, wie die Identität des Menschen gewährleistet sein könne, wenn der Leib des Menschen verwest.[55] Dies führte zu einer stärkeren Differenzierung zwischen Leib und Seele.

Auf dieser Linie unterscheidet auch der Apostel Paulus zwischen Seele und Leib bzw. innerem und äußerem Menschen. Da dies in Verbindung mit der Hoffnung auf leibliche Auferstehung geschieht, widersteht Paulus jedem Dualismus, wie er beim jüdischen Religionsphilosophen Philo von Alexandrien (um 15/10–40) anzutreffen ist. Cullmann hält den Gegensatz von Auferstehungsglauben und Unsterblichkeitsglauben freilich nicht durch:

> Wenn erkannt ist, dass im Neuen Testament Tod und ewiges Leben an das Christusgeschehen gebunden sind, dann ist klar, dass für die ersten Christen die Seele nicht an sich unsterblich ist, sondern dass sie es nur durch die Auferstehung Jesu Christi, des „Erstgeborenen von den Toten" geworden ist und durch den Glauben an ihn wird.[56]

In diesem Sinne kann Cullmann von einer „Auferstehung der Seele"[57] sprechen. Der ganze Mensch, nicht nur der Leib, „wird durch einen neuen Schöpfungsakt Gottes zum Leben gerufen."[58] Für die Zeit der Seele bis zur Auferstehung des Leibes am Ende der Zeiten greift Cullmann wie Luther auf das Bild vom Seelenschlaf zurück.[59] Und Cullmann gesteht zu, dass im Hinblick auf die Gemeinschaft mit Christus und dem inneren Menschen, von dem Paulus spricht, eine „*Analogie* zur ‚Unsterblichkeit der Seele'"[60] besteht.

Zu der von Eberhard Jüngel in seinem bekannten Buch *Tod* (^{1}1971; ^{5}1993) geforderten „Entplatonisierung des Christentums"[61] gehört der Abschied von der Unterscheidung zwischen vergänglichem Leib und unvergänglicher Seele. Jüngel versteht den Tod als absolute Verhältnislosigkeit des Menschen, mit der eine Seele, die den Tod überdauert, unvereinbar ist. Jüngel formuliert folgende Alternative:

---

55 Vgl. J. W. Cooper, *Body, Soul & Life Everlasting. Biblical Anthropology and the Monism-Dualism Debate* (1989). Updated with a new preface of the author, Leicester 2000, 73–93; F. Avemarie/H. Lichtenberger (Hg.), *Auferstehung – Resurrection* (Wissenschaftliche Untersuchungen zum Neuen Testament 135), Tübingen 2001.

56 Cullmann, *Unsterblichkeit der Seele oder Auferstehung der Toten*?, 21.

57 Ebd.

58 Cullmann, *Unsterblichkeit der Seele oder Auferstehung der Toten*?, 31.

59 Vgl. Cullmann, *Unsterblichkeit der Seele oder Auferstehung der Toten*?, 40–42.

60 Cullmann, *Unsterblichkeit der Seele oder Auferstehung der Toten?*, 60.

61 E. Jüngel, *Tod*, Gütersloh 1993, 73.

> a) Wenn der Mensch stirbt, weil und insofern er Leib ist, dann legt sich die Konsequenz nahe, dass der Mensch nicht stirbt, weil und insofern er *noch etwas anderes als Leib*, weil und insofern er *Seele oder Geist* ist. [...] b) Wenn der Mensch stirbt, weil und insofern er Leib ist, dann ließe sich aber auch umgekehrt folgern, dass im Leib und als Leib der *ganze Mensch* dem Tode ausgesetzt ist.[62]

Wenn man zwischen Leib und Seele unterscheidet, dann muss man sagen, dass der Mensch mit Leib und Seele stirbt und es auf Seiten des Menschen keinen Träger der Identität des Verstorbenen gibt. Die Auferstehung der Toten wird als radikale Neuschöpfung durch Gott gelebten Lebens verstanden. Jüngels Sicht des Todes und der Auferstehung der Toten hat ihre Grundlage in seiner These vom Primat der Möglichkeit vor der Wirklichkeit im Unterschied zur philosophischen Ontologie.[63]

4 Die Bedeutung des Seelenbegriffs für die Eschatologie

Auch wenn Joseph Ratzinger anfänglich Überlegungen für eine „entplatonisierte“ Eschatologie anstellte,[64] vertrat er doch nie die Theorie des Ganztodes, anders dagegen Hans Küng (1928–2021).[65] Ratzinger sah in Luthers Angriff auf die metaphysisch begründete Unterscheidung zwischen vergänglichem Leib und unvergänglicher Seele die Grundlagen für die spätere Ganztodtheorie in der evangelischen Theologie gelegt. Und in der Tat konnte Luther, was die Lehre von der *anima separata* betrifft, sehr drastisch und polemisch formulieren: Nimmt man an, so der späte Luther in einer Tischrede (1542/1543), „Abrahams Seele lebt bei Gott“ (*anima Abrahae vivet apud Deum*), sein Körper aber würde verwesen, so sage er, dass die Distinktion zwischen unsterblicher Seele und sterblichem Leib „ein Dreck“ ist. Das müsste

62 Jüngel, *Tod*, 57f.

63 Vgl. E. Jüngel, *Die Welt als Möglichkeit und Wirklichkeit*, in: *Evangelische Theologie* 29 (1969), 417–442. – Zuletzt haben Christian Link und Markus Mühling die Ganztodtheorie vertreten. Vgl. C. Link, *Unsterblichkeit der Seele – Auferstehung des Leibes*, in: T. Buchheim (Hg.), *Das Leib-Seele-Problem. Antwortversuche aus medizinisch-naturwissenschaftlicher, philosophischer und theologischer Sicht*, München 2006, 223–237; M. Mühling, *Grundinformation Eschatologie. Systematische Theologie aus der Perspektive der Hoffnung*, Göttingen ^{2}2022, 224–229. Auch ein Votum des Theologischen Ausschusses der Union Evangelischer Kirchen in der EKD hat sich zur Ganztodtheorie bekannt. Vgl. *Unsere Hoffnung auf ewiges Leben*, Neukirchen-Vluyn 2006, bes. 34, 91–94.

64 Ratzinger/Benedikt XVI., *Vorwort zur ersten Auflage*, in: *Eschatologie* (2007), 15f., hier 15 = JRGS 10 (2012), 36f., hier 36.

65 Vgl. H. Küng, *Ewiges Leben?*, München 1982, 178.

auch eine „närrische Seele“ sein, die bereits bei Gott im Himmel ist und wieder „den Leib begehren würde“[66].

Luther bekannte sich aber klar zur Unsterblichkeit der Seele. In der neueren evangelischen Theologie haben Theodor Mahlmann (1931–2011)[67] und Christof Gestrich (1940–2018) an der Unsterblichkeit der Seele festgehalten.[68] Mahlmann unterstreicht die Notwendigkeit der Kontinuität für Identität: „Identität ohne Kontinuität, jene gesichert nur durch Gottes Neuschöpfung vor allem, diese nur gesichert durch Gottes Gedächtnis: das ist ein im wörtlichen Sinne uneigentliches Individuum – eine leere Metapher“[69]. Nach dem Urteil Gestrichs ist Ratzinger mit seinem Konzept einer dialogischen Unsterblichkeit der Seele der Seelenauffassung Luthers „erstaunlich nahegekommen – näher als er es selbst erkannt oder darzulegen vermochte“[70]. Franziskus Kim hat dies in seiner Freiburger Dissertation zum dialogischen Verständnis der unvergänglichen Seele bei Joseph Ratzinger und in der evangelischen Theologie eindrücklich belegt.[71]

Einer der ersten, der sich für eine Rehabilitierung der Seele einsetzte und diese ausgehend vom biblischen Zeugnis und der Theologie Luthers lehrte, war der Pfarrer und Theologe Fritz Heidler (1908–1988).[72] Heidler konnte zeigen, dass Luther im Anschluss an die Unterscheidung zwischen Geist (πνεῦμα), Seele (ψυχή) und Leib (σῶμα) in 1 Thess 5,23 von einer Einheit des Menschen bestehend aus Leib, Seele und Geist ausging[73] und für die postmortale Existenz des Verstorbenen mit der Erwartung des Apostels argumentierte, mit dem Tod „aufzubrechen und bei Christus zu sein“ (Phil 1,24). Die biblische Anthropologie ist nicht dergestalt, dass sie mit dem Gedanken einer unsterblichen Seele gänzlich unvereinbar wäre.[74]

66 WA *Tischreden* 5 (Nr. 5534), 219, 11–17.

67 Vgl. T. Mahlmann, *Auferstehung der Toten und ewiges Leben*, in: K. Stock (Hg.), *Die Zukunft der Erlösung. Zur neueren Diskussion um die Eschatologie* (Veröffentlichungen der Wissenschaftlichen Gesellschaft für Theologie 7), Gütersloh 1994, 108–131.

68 Vgl. C. Gestrich, *Die Seele des Menschen und die Hoffnung der Christen. Evangelische Eschatologie vor der Erneuerung*, Frankfurt/Main 2009; ders., *Die menschliche Seele – Hermeneutik ihres dreifachen Weges*, Tübingen 2019.

69 Vgl. Mahlmann, *Auferstehung der Toten und ewiges Leben*, 117.

70 Gestrich, *Die menschliche Seele*, 84.

71 Vgl. B. F. Kim, *Leben als Beziehung zu Gott. Zum Leben als Beziehung zu Gott: Zum dialogischen Verständnis der unvergänglichen Seele bei Joseph Ratzinger und in der neueren evangelischen Theologie*, Hamburg 2022.

72 Vgl. F. Heidler, *Die biblische Lehre von der Unsterblichkeit der Seele. Sterben, Tod, ewiges Leben im Aspekt lutherischer Anthropologie*, Göttingen 1983; ders., *Ganztod oder nachtodliche Existenz?*, in: *Theologische Beiträge* 16 (1985) H. 4, 169–175.

73 Vgl. WA 7, 550 f. (*Das Magnificat verdeutscht und ausgelegt*, 1521).

74 Vgl. G. Sauter, *Das verborgene Leben in Gott. Eine theologische Anthropologie*, Gütersloh 2013.

Die Verheißung einer Auferweckung der Toten aber stärkte die Überzeugung, dass der Tod den Menschen nicht vollständig vernichtet.[75] Zu den neueren Kritikern der Ganztodtheorie in der evangelischen Theologie gehören neben Werner Thiede[76] und Uwe Swarat[77] auch Christian Rudolf Henning[78] und Kirstin Huxel.[79]

Für Hennig ist die Ganztodtheorie, was die Identität der Toten betrifft, voller Aporien, bis hin zu einer *nova creatio ex nihilo*, die zwar ein Double des Verstorbenen erwecken könnte, nicht aber den Verstorbenen mit der ihm eigenen Identität.[80] Es gehört zum Glauben an Christus, dass Beziehung zu Gott und seinem Sohn im Tod nicht zerbricht. Widerspricht es nicht der Treue Gottes, wenn er den Menschen der völligen Vernichtung preisgibt?[81] Es widerspricht dem biblischen Zeugnis nicht, eine Kontinuität der Identität des Verstorbenen anzunehmen, ganz im Gegenteil finden sich Spuren für die Überzeugung, dass es etwas Unzerstörbares im Menschen gibt, das traditionell „Seele" genannt wird.[82]

Eschatologisch hat der Begriff der Seele die Funktion, den Träger der Kontinuität und Authentizität der irdischen und auferweckten Person zu bezeichnen. Henning begründet die Identität der Toten mit der durch den Geist Gottes geschenkten Gabe des Lebens. Im Geist, der uns mit Gott verbindet, bleibt die Beziehung der verstorbenen Person zu Gott erhalten, „nicht aus eigener Kraft, sondern weil ihm von Gott ein Leben geschenkt worden ist, das die Bestimmung hat, in die Ewigkeit einzugehen"[83] – „Seele meint das individuelle Leben in seiner Ganzheit, das auf-

75 Vgl. auch C. Hermann, *Unsterblichkeit der Seele durch Auferstehung. Studien zu den anthropologischen Implikationen der Eschatologie* (Forschungen zur systematischen und ökumenischen Theologie 83), Göttingen 1997.

76 Vgl. W. Thiede, *Karl Barths individuelle Eschatologie und die Krise der Ganztod-Theologie*, in: Ders. (Hg.), *Karl Barths Theologie der Krise heute. Transfer-Versuch zum 50. Todestag*, Leipzig 2018, 253–278.

77 Vgl. U. Swarat, *Jenseits des Todes – Unsterblichkeit der Seele oder Auferstehung des Leibes?*, in: U. Swarat/T. Söding (Hg.), *Gemeinsame Hoffnung – Über den Tod hinaus. Eschatologie im ökumenischen Gespräch* (Quaestiones Disputatae 257), Freiburg/Basel/Wien 2013, 13–35, hier 18–20.

78 Vgl. C. Henning, *Wirklich ganz tot? Neue Gedanken zur Unsterblichkeit der Seele vor dem Hintergrund der Ganztodtheorie*, in: *Neue Zeitschrift für Systematische Theologie* 43 (2001), 236–252.

79 Vgl. K. Huxel, *Unsterblichkeit der Seele versus Ganztodthese? – Ein Grundproblem christlicher Eschatologie in ökumenischer Perspektive*, in: *Neue Zeitschrift für Systematische Theologie* 48 (2006), 341–366.

80 Vgl. Henning, *Wirklich ganz tot?*, 241.

81 Vgl. Henning, *Wirklich ganz tot?*, 245.

82 Vgl. Henning, *Wirklich ganz tot?*, 247.

83 Henning, *Wirklich ganz tot?*, 249.

grund der göttlichen Schöpfung zur Beziehung mit Gott bestimmt ist."[84] Die Seele ist nicht „unsterblich" von Natur aus, sondern sie ist „unzerstörbar"[85] aufgrund der Treue Gottes zum Menschen. Im Anschluss an Greshake nimmt Henning eine Auferstehung im Tod an, allerdings ohne von einem zeitlichen Zwischenzustand auszugehen.[86]

Die Tübinger Theologin Kirstin Huxel sieht zwischen Ganztodtheorie und christlicher Glaubenswelt einen unüberbrückbarer Hiatus, glauben wir doch, dass unsere Verstorbenen bei Gott bzw. Christus sind.[87] Die Annahme, die verstorbene Person würde durch den Tod mit Leib und Seele vernichtet, schwächt die Auferstehungshoffnung, die Aussicht auf eine zwischenzeitliche Vernichtung der ganzen Person kann auch keinen Trost verleihen. Soll die Identität der Toten im „Gedenken Gottes" bewahrt werden, muss das Gedenken selbst schöpferisch sein.[88] So spricht Wolfhart Pannenberg (1928–2014) von dem in Gott in seiner Ewigkeit bewahrten Leben des Verstorbenen.[89] Doch dagegen steht seine These, die Identität der Geschöpfe bedürfe „keiner Kontinuität ihres Seins auf der Zeitlinie"[90]. Wie Pannenberg geht auch Jürgen Moltmann von einer durch Gott verbürgten „Unsterblichkeit des gelebten Lebens"[91] aus.

Am Anfang der Ganztodtheorie, für die neuerdings wieder Markus Mühling argumentiert,[92] stand die Behauptung, der Gedanke einer unsterblichen Seele und die biblische Auferstehungshoffnung seien miteinander unvereinbar. Im Neuen Testament wird aber durchaus zwischen Leib und Seele unterschieden.[93] Zu nennen ist hier die gerichtsparänetische Aussage in Mt 10,28: „Fürchtet euch nicht vor denen, die den Leib töten, die Seele aber nicht töten können, sondern fürchtet euch eher vor dem, der Seele und Leib in die Hölle verderben kann!" Im Kontext einer Grußformel wird in 1 Thess 5,3 zwischen Geist, Seele und Leib unterschieden: „Er selbst, der Gott des Friedens, heilige euch ganz und gar und bewahre euren Geist, eure Seele und euren Leib unversehrt, damit ihr ohne Tadel

84 Ebd.
85 Ebd.
86 Vgl. Henning, *Wirklich ganz tot?*, 251.
87 Vgl. Huxel, *Unsterblichkeit der Seele versus Ganztodthese?*, 356 f.
88 Vgl. Huxel, *Unsterblichkeit der Seele versus Ganztodthese?*, 360.
89 Vgl. W. Pannenberg, *Systematische Theologie III*, Göttingen 1993, 598–631.
90 Pannenberg, *Systematische Theologie III*, 652.
91 Vgl. J. Moltmann, *Das Kommen Gottes. Christliche Eschatologie*, Gütersloh 1995, 88–96.
92 Vgl. Mühling, *Grundinformation Eschatologie*, 224–229.
93 Zum Begriff der Seele im Neuen Testament vgl. G. Dautzenberg, *Seele II. Neues Testament*, in: *Theologische Realenzyklopädie* 30 (1999), 744–748.

seid bei der Ankunft unseres Herrn Jesus Christus." Damit war die Möglichkeit eröffnet, die Gemeinschaft mit Christus über den Tod nicht allein von Gott her, sondern auch vom Träger der Identität der Verstorbenen her zu denken.

Gemäß dem Wort Christi in Joh 11,25 leben jene, die an Christus glauben, auch wenn sie sterben, und jeder, der durch Christus lebt, wird in Ewigkeit nicht sterben. Schließlich nennt der Apostel Paulus unseren Leib in 2 Kor 5,1–9 „unser irdisches Zelt", in dem wir „fern vom Herrn in der Fremde" leben, das wir aber verlassen, wenn wir „aus dem Leib auswandern und daheim beim Herrn" sind. In 2 Kor 4,16 unterscheidet Paulus zwischen dem inneren Menschen und dem äußeren Menschen. Zwar ist die sokratische Sicht des Todes unvereinbar mit der biblischen Anthropologie des Alten und Neuen Testaments. Dies gilt aber auch für die Ganztodtheorie, die eine Verkürzung der biblischen Anthropologie darstellt.[94]

Nach biblischem Verständnis gehören zu den Konstitutionselementen des Menschen in seiner kreatürlich Existenz Fleisch bzw. Leib (*basar*), Seele (*nefesch*) und Geist (*nischmath chajjim*; *ruach*). Damit war im Alte Testament die Unterscheidung zwischen unvergänglicher Seele und vergänglichem Leib vorbereitet.[95] Die Bilder von Abrahams Schoß (Lk 16,22) und vom Paradies (Lk 23,43) machen deutlich, dass im Frühjudentum mit der Erwartung einer endzeitlichen Auferweckung der Toten die Vorstellung eines Zwischenzustandes verbunden war.

Wenn der Tod den Menschen, der stirbt, in seiner Existenz vollständig vernichtet, gibt es keinen Träger der Identität des Verstorbenen, den die traditionelle christliche Anthropologie und Eschatologie „Seele" nennt. Von einer Identität des Verstorbenen kann dann ausschließlich in der *memoria Dei* gesprochen werden, und die Auferstehung der Toten müsste als *nova creatio ex nihilo* konzipiert werden. Der nicht nur von Paulus geteilte Glauben, dass die in Christus Verstorbenen in der Gemeinschaft mit ihm geboren sind, lässt sich ohne Identität der Toten aber nicht denken. Soll die Auferstehungshoffnung einen Sinn haben, muss es eine Kontinuität der Person geben.

---

94 Zur Anthropologie des Alten Testaments und dem Begriff der Seele vgl. E. Haag, *Seele und Unsterblichkeit in biblischer Sicht*, in: W. Breuning/R. Friedli (Hg.), *Seele. Problembegriff christlicher Eschatologie*, Freiburg/Basel/Wien 1986, 31–93; B. Janowski, *Anthropologie des Alten Testaments. Grundfragen – Kontext – Themenfelder. Mit einem Quellenanhang und zahlreichen Abbildungen*, Tübingen 2019.

95 Vgl. K. Schöpflin, *Seele I. Altes Testament*, in: *Theologische Realenzyklopädie* 30, Berlin/New York 1999, 737–740; B. Janowski, *Die lebendige næpæš. Das Alte Testament und die Frage der „Seele"*, in: B. Janowski/C. Schwöbel (Hg.), *Gott – Seele – Welt. Interdisziplinäre Beiträge zur Rede von der Seele* (Theologie Interdisziplinär 14), Neukirchen-Vluyn 2013, 12–43.

Auf den Zwischenzustand zwischen dem Tod des Einzelnen und der endzeitlichen Auferweckung der Toten beziehen sich eine Reihe ganz unterschiedlicher Bilder im Neuen Testament, sei es das Bild einer besonderen Nähe der in Christus Gestorbenen zum auferstandenen Herrn (Phil 1,23), von Abrahams Schoß (Lk 16,22 f.), des Paradieses, das der Gekreuzigte dem Schächer am Kreuz verheißt (Lk 23,43), das Bild der in Christus „Entschlafenen" (1 Thess 4,14) oder der Seelen unter dem Altar Gottes (Offb 6,19).

5 Schluss: Die Aktualität des Leib-Seele-Problems

Seit den Anfängen der Philosophie gehört das Leib-Seele-Problem zu ihren zentralen Themen. Heute wird es vor allem im Kontext der *Mind-Brain*-Debatte behandelt. Der Physikalismus bzw. Naturalismus vertritt die These, dass es sich bei dem, was wir Geist (*mind*) nennen, also Bewusstsein, Selbstbewusstsein und die Merkmale (Qualia) des bewussten Lebens, ausschließlich um Epiphänomene neurophysiologischer Prozesse handelt, also nicht um ein Phänomen von Emergenz im starken Sinne, das nicht durch seine Elemente bzw. Voraussetzungen erklärbar ist.[96] Zu nennen wären hier der Neurobiologe Gerhard Roth (1942–2020)[97] oder der Philosoph Thomas Metzinger[98], für die Selbstbewusstsein und Willensfreiheit eine vom Gehirn erzeugte Illusion darstellen.[99]

Reduktionistische bzw. eliminative Strategien zur Lösung des *Mind-Brain*-Problems führen aber in erhebliche Aporien. Die Innenperspektive lässt sich schon aus methodischen Gründen nicht aus neurophysiologischen Prozessen ableiten. Die Illusionsthese bedeutet, dass unser bewusstes Leben keine eigene Realität darstellt. Die menschliche Seele steht für das in uns, was auf physikalische und biochemische

96 Emergenz leitet sich ab vom lat. *emergere* für „auftauchen", „herauskommen", „emporsteigen".

97 Vgl. G. Roth, *Aus der Sicht des Gehirns*, Frankfurt/Main 2003; G. Roth/N. Strüber, *Wie das Gehirn die Seele macht*, Stuttgart 2018; G. Roth, *Über den Menschen*, Berlin 2021.

98 Vgl. T. Metzinger, *Subjekt und Selbstmodell. Die Perspektivität phänomenalen Bewusstseins vor dem Hintergrund einer naturalistischen Theorie mentaler Repräsentation*, Paderborn [2]1999.

99 Vgl. R. Schneider, *Das Ich als Konstrukt und Illusion: Reduktion und Elimination in Hirnforschung und Neurophilosophie unter besonderer Berücksichtigung des neurobiologischen Konstruktivismus Gerhard Roths und der Selbstmodell-Theorie Thomas Metzingers*, Hamburg 2018; C. Geyer (Hg.), *Hirnforschung und Willensfreiheit. Zur Deutung der neuesten Experimente*, Frankfurt/Main 2004.

Prozesse nicht reduzierbar ist. Ob die menschliche Seele den Tod überlebt, kann philosophisch nicht entschieden werden.[100] Dass es aber etwas Unzerstörbares in uns gibt, das wir traditionell Seele nennen, ist Voraussetzung für die Identität der verstorbenen und der auferweckten Person und damit ein Implikat der Auferstehungshoffnung.[101]

100 Zur Diskussion vgl. C. Söling, *Das Gehirn-Seele-Problem. Neurobiologie und theologische Anthropologie*, Paderborn 1995; T. Zoglauer, *Geist und Gehirn. Das Leib-Seele-Problem in der aktuellen Diskussion*, Göttingen 1998; G. Brüntrup, *Das Leib-Seele-Problem. Eine Einführung*, Stuttgart [4]2012; ders., *Philosophie des Geistes. Eine Einführung in das Leib-Seele-Problem* (Grundkurs Philosophie 2), Stuttgart 2018; B. Niederbacher/E. Runggaldier (Hg.), *Die menschliche Seele. Brauchen wir den Dualismus?* (Metaphysical Research 7), Frankfurt/Main/Paris u. a. 2006.

101 Zur Diskussion vgl. C. Herrmann, *Unsterblichkeit der Seele durch Auferstehung. Studien zu den anthropologischen Implikationen der Eschatologie* (Forschungen zur systematischen und ökumenischen Theologie 83), Göttingen 1997; Cooper, *Body, Soul & Life Everlasting*, 110–231; J. Quitterer/G. Gasser (Hg.), *Die Aktualität des Seelenbegriffs. Interdisziplinäre Zugänge*, Paderborn/München/Wien/Zürich 2010; G. Brüntrup/M. Rugel/M. Schwarz (Hg.), *Auferstehung des Leibes – Unsterblichkeit der Seele*, Stuttgart 2010.

Mouez Khalfaoui

Tod und Sterben aus muslimischer Perspektive

Weisen Tod und Sterben im Islam bestimmte Besonderheiten auf, die sie von anderen Kulturen und Religionen unterscheiden?[1] Und welchen Beitrag können diese zum allgemeinen gegenwärtigen Verständnis des Themas leisten? Um die Fragen beantworten zu können, ist zunächst hervorzuheben, dass Tod und Sterben mittlerweile in postmodernen Gesellschaften von deren Wahrnehmung und Verständnis in vormodernen Gesellschaften stark abweichen. So werden Tod und Sterben zunehmend desakralisiert behandelt. Sie rückten von der allgemeinen Sphäre ins individuelle persönliche Interesse des Einzelnen. Die islamische Konzeption zu Tod und Sterben in allgemeinen muslimischen Kulturkreisen, vor allem in der islamischen Welt, weist ein anderes Bild auf, das vom Kollektivum und weiteren vormodernen Merkmalen immer noch geprägt ist. Deshalb stelle ich in diesem Beitrag die These auf, dass die Behandlung von „Tod und Sterben im Islam" nicht nur Einblicke in die entsprechende Konzeption ermöglicht, sondern auch manche Aspekte beleuchtet, die bei anderen Religionen und Kulturkreisen aufgrund der zunehmenden Säkularisierung und Modernisierung verloren gingen, inbesondere spreche ich hier über das Kollektivum.

Mit Kollektivum ist die Menge gemeint: Tod und Sterben sind in der Tat Phänomene, die im islamischen Glauben maßgeblich kollektiv gestaltet, verarbeitet und bewältigt werden können.[2] Mit Kollektivum ist hier das soziale Gemeinsame gemeint, die Vorbereitung und das Zelebrieren in großen Kreisen sowie das gemeinsame Trauern und Verarbeiten des Todes. Diese Haltung resultiert aus der Tatsache, dass Tod und Sterben sowohl im islamischen Glauben als auch in muslimischen Gesellschaften als etwas Kollektives verstanden werden – ein Umstand und Zustand, der die gesamte Gesellschaft interessiert und die individuellen kleinen Kreise der Familie und Freundschaft übersteigt. Es ist ein Phänomen, bei

1 Für die Unterstützung bei der Erstellung dieses Kapitels/Beitrags möchte ich bei Clara Meier-Ewert herzlich bedanken.

2 Das Begleiten eines Toten bzw. die Verrichtung des Gebets ist eine Pflicht für alle Muslime, vgl. Al-Kāsānī, *Badā'i' al-ṣanā'i' fī tartīb al-sharā'i'*, *Dār al-ḥadīṯ*, Bd. II, Kairo 2005, 301–376. Hier werden alle religiösen Aspekte des Themas systematisch behandelt. Al-Kāsānī beginnt das Kapitel mit einer Erläuterung der Vorbereitung von sterbenden Menschen auf das Sterben und geht den Schritten des Rituals entsprechend der Reihe nach vor.

https://doi.org/10.1515/9783111055602-021

dem Menschen, Freunde sowie Fremde stark ermutigt werden, daran teilzunehmen, auch wenn sie keinen Bezug dazu haben.[3] Die Teilnahme an einer Beerdigung ist eine religiöse Vorschrift (farḍ kifāya), d. h. eine Teilnahmepflicht für alle Muslime, auch wenn sie nur von einer kleinen Gruppe verwirklicht werden kann.[4] Somit wird garantiert, dass keiner alleine stirbt oder allein zum Grab gebracht wird. Dieses Merkmal wird in allen Teilen des Beitrags dargestellt und ist dort wiederzufinden.

Zunächst werden die Konzepte von Tod und Sterben allgemein beschrieben. Dabei wird die Wichtigkeit des Themas behandelt, vor allem aber die allgemeine Haltung zum Tod im Islam. Neben den bedeutungsvollen Aspekten der Reinheit und der Rituale soll außerdem der Genderaspekt beleuchtet werden, da die Beteiligung von Frauen an Beerdigungen im Islam ein häufig diskutiertes Thema ist. Ein weiteres wichtiges Thema dieses Beitrags ist der Tod als Zugehörigkeitsmerkmal, welches einerseits verdeutlichen soll, dass der Tod letztendlich über das Leben entscheidet und andererseits interreligiöse Aspekte anschneidet.

1 Die Konzepte von Tod und Sterben im Islam

„Die Tragfähigkeit einer Religion erweist sich immer auch besonders darin, ob sie ihren Anhängern den Weg nicht nur durch das Leben, sondern auch aus dieser Welt hinausweisen kann."[5] Im Islam wird einem „guten Tod" ein sehr hoher Stellenwert zugesprochen, vor allem der Ausführung von Riten, die den Eintritt der Seele ins Jenseits gewähren. Ein Beitrag im Bayrischen Rundfunk verdeutlicht das Konzept des Sterbens und des Todes im Islam:

> Ist der Tod eines Muslims nahegekommen, rezitieren die Angehörigen aus dem Koran. Der Kopf des Sterbenden wird in Richtung Mekka ausgerichtet. Gemeinsam spricht man das muslimische Glaubensbekenntnis. Es sollen die letzten Worte eines Menschen vor dem Tod sein. [...] Bei einer muslimischen Bestattung ist ein fester Ablauf vorgeschrieben. Zuerst wird der Leichnam gewaschen. Die rituelle Waschung gleicht den Waschungen vor dem täg-

---

3 Das Aufstehen und Mitlaufen zum Friedhof wird stark empfohlen, vgl. Al-Buḫārī/Muḥammad ibn Ismāʿīl, *Ṣaḥīḥ al-Buḫārī*, ed. Wizārat al-Awqāf, Doha 2015, Buch 2, 179–180.

4 Siehe Al-Kāsānī, *Badāʾiʿ al-ṣanāʾiʿ fī tartīb al-sharāʾi*, Buch 2, 337 f. Pierre Lory hat einen interessanten Beitrag u. a. zu diesem Thema verfasst, in dem er die islamische Konzeption zum Tod und Sterben von Menschen und Tieren vergleichend präsentiert, vor allem anhand von klassischen Quellen, vgl. P. Lory, *vie des hommes et mort des animaux en islam classique*, in: A. Caiozzo (ed.), *Mythes, rites et émotions: Les funérailles le long de la Route de la soie*, Paris 2016, 153–164.

5 Vgl. M. Miehl, *Hauptbereiche muslimischer Religionsausübung*, online unter: http://library.fes.de/fulltext/asfo/01003011.htm (Zugriff am 02.05.2023).

> lichen Gebet. Sie soll schnellstmöglich vollzogen werden, genauso wie die Beerdigung, am besten noch am gleichen Tag. Der Tote wird nach der Waschung in ein Leinentuch gewickelt. Eine Auferstehung nach dem Tod ist nach islamischem Glauben nicht möglich, wenn der Verstorbene verbrannt wurde [deshalb werden Muslime nicht verbrannt[6]]. Er muss mit Leib und Seele vor dem Jüngsten Gericht erscheinen. Eine Urnenbeisetzung ist deswegen nicht möglich. Der Leichnam wird von mindestens vier Männern zu Grabe getragen. Am Grab wird ein Totengebet vor den versammelten Trauernden gesprochen. Der Tote wird auf seine rechte Seite und ohne Sarg in die Erde gelegt. Die Grabstelle soll nach Mekka ausgerichtet und nicht prunkvoll sein. Denn im Koran heißt es, dass im Tod alle Menschen gleich sind. Trotzdem gibt es in Deutschland häufig Gräber, die schön geschmückt sind. Die Totenruhe darf nicht gestört werden. Daher dürfen Gräber auch nicht mehrfach genutzt werden. [...] Muslime glauben, dass die Seelen der Verstorbenen in einem unbestimmten Raum auf die Auferstehung und das Jüngste Gericht warten. Sie glauben an das Paradies und die Hölle. Im Paradies werden die Gläubigen für ihre guten Taten belohnt. In der Hölle dagegen werden sie bestraft. Männer und Frauen trauern getrennt. Man zieht sich nicht zurück als Trauernder, sondern trauert in der Gemeinschaft. Männer treffen sich häufig in einem öffentlich aufgeschlagenen Trauerzelt. Nach 40 Tagen kommt man erneut zusammen. Nach 120 Tagen ist das Trauern offiziell beendet.[7]

Diese Darstellung liefert nicht nur eine vergleichende Perspektive, sie unterstreicht vor allem die Wichtigkeit des Kollektivums. Thomas Lemmen und Melanie Miehl unterstreichen diesen Punkt ebenfalls in ihrem Beitrag:

> Ist der Tod eingetreten, gilt es, eine Reihe von Verpflichtungen zu erfüllen, die die muslimische Gemeinde ihren Toten schuldet. Waschung, Bekleidung, Totengebet und Bestattung nach islamischem Ritus obliegen als Pflicht der Gemeinde im Sinne einer Kollektivpflicht, *fard kifaya* [sic].[8]

Daneben gilt es zu beachten, dass Todes- und Sterberituale von den Lebensbedingungen bzw. kontextabhängig sind.[9] Abgesehen von den allgemeinen oben genannten Richtlinien bezüglich der Umsetzung des Todesrituals, wie z. B. die

---

6 Hier soll klargestellt werden, dass hier nicht die Kapazität Gottes in Frage gestellt wird. Im Koran wird betont, dass Er alles wieder ins Leben rufen kann, selbst wenn es schon Asche ist. Vgl. Koran Sure 36 Yā-Sīn, Vers 78: „Er führt Uns ein Beispiel an und vergißt seine (eigene) Erschaffung. Er sagt: ‚Wer macht die Knochen wieder lebendig, wenn sie zerfallen sind?'"

7 Vgl. Bayrischer Rundfunk, *Tod und Sterben im Islam: Mit Leib und Seele vor dem Jüngsten Gericht*, in: *Bayrischer Rundfunk*, 01.03.2016, online unter: https://www.br.de/themen/religion/muslime-tod-sterben-100.html#:~:text=Man%20zieht%20sich%20nicht%20zur%C3%BCck,ist%20das%20Trauern%20offiziell%20beendet (Zugriff am 21.11.2022).

8 T. Lemmen/M. Miehl, *Islamisches Alltagsleben in Deutschland* (Gesprächskreis Migration und Integration), Bonn [2]2001, 93.

9 Al-Kāsānī, *Badāʾiʿ al-ṣanāʾiʿ fī tartīb al-sharāʾiʿ*, Buch 2, 301–376. Hier erklärt er die vielen Facetten des Sterbe-Rituals; vor allem seine Benutzung der Konditionalformen „wenn ... wenn ...". Damit zeigt er große Flexibilität, was die Umsetzung der Rituale angeht.

Orientierung nach Mekka, existiert eine Bandbreite regionaler Merkmale, deren Ursprung in uralten Konzeptionen und Mythen verankert ist. Die Frage, ob islamische Sterberituale und vor allem Vorstellungen bzgl. eines Lebens nach dem Tod ihren Ursprung in der vorislamischen Zeitepoche (die ǧāhilīya) haben,[10] wurde u. a. von Julius Wellhausen ausführlich behandelt. In seinem Buch „Reste arabischen Heidentums" widmet Wellhausen dem Thema ein Kapitel mit dem Titel „Totenkultus", in dem er die Sitten der Araber beim Umgang mit dem Tod bzw. mit sterbenden Menschen vor der islamischen Ära ausführlich behandelt. Die dort beschriebenen Bräuche der Araber erklären u. a., dass Muslime manche Rituale bzw. Unternehmungen untersagten, um sich von deren Vorgängern stark zu unterscheiden. Von besonderer Bedeutung ist die Rolle des Klagens, Schreiens und lauter klagevoller Dichtungen bei allen Begleitritualen des Todes. Dies erklärt auch, warum Muslime die Beteiligung von Frauen an Todesritualen stark reduzieren wollten, da sie mit den oben genannten untersagten Bräuchen, also Klagen und Schreien, stark korrelierten.[11]

Ein weiteres wichtiges Diskussionsthema in diesem Beitrag ist der interreligiöse Aspekt. Die Fragestellung hierzu bezieht sich auf die Anpassungsfähigkeit des islamischen Rituals im europäischen Kontext. Wie eingangs erwähnt, sind islamische Sterberituale immer noch vom nahöstlichen Kontext stark geprägt. Lemmen und Miehl sehen dies als Hindernis, da sie die islamischen Riten als „kaum flexibel [sehen], was sie von den christlichen Bestattungsriten unterscheidet" und Schwierigkeiten bereiten könnte.[12] Diese These kann nicht bedingungslos für richtig gehalten werden; es ist eher das Gegenteil zu vermuten: Islamische Rituale und Dogmen sind stark von den Lebenskontexten beeinflusst und können daher nicht allgemein gültig sein. Auf diese These wird später detaillierter eingegangen, wenn es um die muslimischen Todesrituale im gegenwärtigen Europa geht. Historisch gesehen sind im Vergleich zwischen Christen, Juden und Muslimen im Nahen Osten Gemeinsamkeiten erkennbar.[13] Qasim Zaman geht auf diese Ähnlichkeiten ein. Er hebt vor allem die gesellschaftliche Rolle der öffentlichen Prozession hervor, beispielsweise das Tragen des Toten zum Grab. Zaman untermauert sein Argument, dass Beerdi-

---

10 Vgl. J. Ozols/F. J. Thiel, *Tod und Jenseits im Glauben der Völker*, Wiesbaden 1978, 130–144. Im Kapitel „Das Leben nach dem Tod in islamischer Sicht" lehnt Tilmann Nagel solche Vorstellungen ab; er beweist anhand der arabischen vorislamischen Literatur, dass Araber überwiegend über keine solche Vorstellungen verfügen, obwohl es in manchen Regionen christlicher und jüdischer Prägungen vorhanden ist.

11 Vgl. J. Wellhausen, *Reste arabischen Heidentums*, Berlin, 1887, 159–164.

12 Vgl. Lemmen/Miehl, *Islamisches Alltagsleben in Deutschland*, 92.

13 Vgl. Wellhausen, *Reste arabischen Heidentums*, 164–171. Dort erklärt er die gegenseitige Prägung als Merkmal aller Kulturen und Religionen der damaligen Zeiten, zwischen den Hebräern und Arabern, sowie zwischen ihnen und Griechen.

gungen ein Zeichen für die Autorität waren, indem er eine Reihe von Berichten von Gelehrten des späten zweiten und frühen bis mittleren dritten islamischen Jahrhunderts liefert, deren Beerdigungen in den biografischen Wörterbüchern erwähnt werden. Was die Beerdigungen dieser Gelehrten alle gemeinsam haben ist, dass sie von einer großen Menge besucht wurden, zum Teil von enormer Größe und oftmals auch von Vertretern und Gemeinden verschiedener Konfessionen. Der größte Trauerzug, der hier erwähnt werden sollte, ist der von Ahmad b. Hanbal (d.241/855), der zu den größten muslimischen Trauerzügen der Vormoderne zählt.[14] Qasim Zaman sieht darin nicht nur eine religiöse, sondern auch gesellschaftliche Dimension. Dadurch wird ihm zufolge dem Verstorbenen Autorität verliehen.[15]

Aus den oben genannten Ausführungen ist festzustellen, dass die islamischen Todesrituale einige Ähnlichkeiten mit anderen Glaubensgemeinschaften aufweisen, insbesondere in früheren Epochen, als die drei monotheistischen Religionen in unmittelbarer Nähe im Nahen Osten existierten.[16] Dadurch kann man von einer intertextuellen, gegenseitigen Beeinflussung und Befruchtung sprechen. Sollte es um gegenwärtige Konzeptionen in Europa gehen, so kann man eine ungleichmäßige Entwicklung erkennen: Während muslimische Konzeptionen immer noch stark von vormodernen bzw. nahöstlichen Wahrnehmungen beeinflusst sind, haben sich die Rituale von manch anderen Religionen, vor allem im Juden- und Christentum, stark an deren Lebenskontext angepasst, was in Europa zu einer Abschwächung von deren kollektiver Dimension geführt hat.

2 Die allgemeine Haltung zum Tod und Sterben im Islam

Die französische *Encyclopédie sur la mort* fasst die allgemeine muslimische Haltung bezüglich des Sterbens wie folgt zusammen:

> Zu den quälenden Fragen des Todes bringt der Islam das Versprechen einer neuen Welt. Am Ende eines Lebens der totalen und bedingungslosen Unterwerfung unter den Willen des

---

14 Vgl. M. Q. Zaman, *Death, Funeral Processions, and the Articulation of Religious Authority in Early Islam*, in: *Studia Islamica* 93 (2001), 27–58, 44 f., online unter: chrome-extension://efaidnbmnnnibpcajpcglclefindmkaj/https://www.ilmgate.org/wp-content/uploads/2011/02/Death-Funeral-Processions-and-the-Articulation-of-Religious-Authority-in-Early-Islam.pdf (Zugriff am 29.04.2023).

15 Vgl. Zaman, *Death, Funeral Processions, and the Articulation of Religious Authority in Early Islam*, 38–45.

16 Vgl. T. Nagel, *Das Leben nach dem Tod in islamischer Sicht*, in: H.-J. Klimkeit (Hg.), *Tod und Jenseits im Glauben der Völker*, Wiesbaden 1978, 130–144, 131 f.

> Schöpfers erhält der Gläubige Zugang zum Paradies. Das Schicksal des Gläubigen, das Schicksal seiner Seele, hängt von dem irdischen Leben ab, das er geführt hat. Der Tod kann daher mit einer Geburt verglichen werden, mit einem Übergang in eine andere Welt, eine Welt, die das Leben hier auf Erden krönt und ihm volle Berechtigung verleiht. Die Bestattungsriten der verschiedenen muslimischen Gruppen unterscheiden sich nur geringfügig. Diese Unterschiede beruhen auf Details oder Varianten, die nichts an der grundlegenden Auffassung des Islam vom Tod und dem zukünftigen Leben ändern. Diese lässt sich wie folgt zusammenfassen: Das Leben auf der Erde ist eine Prüfung, es ist vergänglich und eine Illusion, und es kann dem Menschen nur durch die Qualität des Lebens, das er führen wird, von Nutzen sein. Und das zukünftige Leben ist eine Gewissheit. Ebenso ist die Auferstehung der Seelen eine Gewissheit. Der Islam verbietet ausdrücklich die Mumifizierung, die Einäscherung, das Aussetzen der Leichen den Vögeln (ein zoroastrischer Ritus) und das Aussetzen der Leichen oder ihre Beerdigung ohne Ritual, da dies der Zerstörung einer Schöpfung Gottes gleichkommt [Quran 30:30]. Die Heiligkeit des menschlichen Körpers wird durch das Verlassen der Seele nicht geschmälert [Quran 17:70]. Daher ist es strengstens verboten, die sterblichen Überreste zu beschädigen, sei es durch Sezieren, Entnahme oder sogar Transplantation.[17]

Man darf mittlerweile die letzten Aussagen der französischen Enzyklopädie bezüglich der Organtransplantation anpassen bzw. korrigieren, da der Eintrag von einer essentialistischen Auffassung spricht, die nur in streng religiös-konservativen Milieus unter Muslimen verbreitet ist. Auch wenn im muslimischen Mainstream viele andere Positionen vertreten werden: Die Organtransplantation wird stark diskutiert und akzeptiert, solange es sich um den Nutzen für Menschen handelt.[18] Deshalb kann man nicht von einer einheitlichen muslimischen Position sprechen. Wichtig in diesem Kontext ist, den Fokus auf den Prozess des Sterbens und der sterbenden Person selber zu richten und vor allem die zentrale Rolle der Reinheitsrituale hervorzuheben.[19] Die Komplexität der muslimischen Position bezüglich der Organtransplantation erklärt u. a. die Stringenz, mit der der menschliche Körper in dieser Konzeption behandelt wird. Dazu gehören auch die strikt konzipierten Rituale der Waschung und Beerdigung von toten Menschen.

---

17 Übersetzung eigens übernommen aus: vgl. L. M. Larocque, in: *Encyclopédie sur la mort*, 30.11.2001, online unter: http://agora.qc.ca/thematiques/mort/documents/rites_funeraires_dans_li slam (Zugriff am 21.11.2022).

18 Vgl. J. Ali, *Islamic Perspectives on Organ Transplantation: A Continuous Debate*, in: *Religions, MDPI*, 12/8 (2001), 27.08.2021, online unter: https://www.mdpi.com/2077-1444/12/8/576, 576 (Zugriff am 21.11.2022).

19 Vgl. ebd.

3 Die Reinheit als Drehscheibe der Todesrituale

Der islamische Grundgedanke, dass der Mensch und sein Körper von Grund auf rein sind, betrifft ausschließlich lebende Menschen. Nach Eintritt des Todes wird der Körper als unrein verstanden, weil die Seele ihn verlassen hat; ein Prozess der den Körper stark beansprucht und ihn in einen unreinen Zustand bringt.[20] Deshalb sind die Reinigung bzw. Wiederherstellung der ursprünglichen Reinheit unumgänglich.[21] Der Verstorbene ist in dieser Hinsicht nicht nur unrein, sondern schwebt auch in potentieller Gefahr, denn ein Leichnam ohne Seele könnte von unerwünschten Geistern oder vom Satan und Dämonen bewohnt werden, weshalb Leichen überwacht werden müssen und einige strenge Reinheitsrituale durchlaufen, um die ursprüngliche Reinheit wiederherzustellen.[22]

Die strenge Überwachung der Leiche während des Zeitraums zwischen dem Tod und der Bestattung des Leichnams nimmt einen sehr wichtigen Platz in dieser Konzeption ein.[23] Dieses Ritual zeigt die starke Vermischung mancher Todesrituale mit mythologischen und eschatologischen Konzeptionen von anderen Kulturen, vor allem der Araber aus vorislamischer Zeit. Das Kapitel über das Todesgebet in der berühmten Hadith-Sammlung (Ṣaḥīḥ) von al-Buḫārī beinhaltet einige Aspekte solcher Konzeptionen. Dort werden Überlieferungen tradiert, in denen man nicht klar zwischen der islamischen Wirklichkeit und geerbten Ritualen unterscheiden kann.[24] Zu den berühmten islamischen Todesritualen zählt die schnelle Abwicklung des Geschehens: Der am Morgen Verstorbene soll am Nachmittag desselben Tages beerdigt werden. Diese Eile ist darauf zurückzuführen, dass einerseits klimatische Gründe gegen das lange Warten sprechen; diese bringen manche Kühlungs- und Aufbewahrungsrituale ins Spiel, die früher praktiziert wurden, um den Geruch des

---

20 Al-Qurṭubī sieht in seinem Werk über das Jenseits den Tod nicht als Erlöschen der Existenz; er sieht ihn als einen bloßen Akt der Trennung der Seele vom Körper, vgl. M. Al-Qurṭubī, *Kitāb al-Tadhkirah bi-aḥwāl al-mawtá wa-umūr al-ākhirah (Die Erinnerung an die Zustände der Toten und des Jenseits)*, Riadh 1425 AH, 111–1124.

21 Al-Kāsānī, *Badā'i' al-ṣanā'i' fī tartīb al-sharā'i'*, Band 2, 303 f. Hier bringt Al-Kāsānī auch die Diskussion zwischen den Gelehrten seiner Rechtsschule in den Vordergrund: Manche unter ihnen sehen keinen Grund zur Waschung des Toten, andere – und hier ist die Mehrheit gemeint – sehen den Tod als Grund für den Verlust der Reinheit; sie glauben, dass sich der Körper beim Sterbeprozess umwandelt.

22 Hier sind einige Volkssprüche und Mythen bzgl. des Satans und seiner Rolle zu thematisieren.

23 Vgl. Al-Kāsānī, *Badā'i' al-ṣanā'i' fī tartīb al-sharā'i'*, 302.

24 Vgl. Al-Buḫārī/Muhammad ibn Ismā'īl, *Ṣaḥīḥ*, Buch 2, 243–245. Hier erzählt der Prophet von einem Traum, den er deutete, wobei viele verschiedene Aspekte mit mythologischen Inhalten auftauchen.

Verstorbenen zu ersticken.[25] Anderseits soll eine unverzügliche Beerdigung das Leiden der Hinterbliebenen reduzieren und dem Verstorbenen eine Totenehre erweisen. Die Beerdigung zielt somit auf die Aufbewahrung eines unbeschädigten Körpers bis zur Wiederauferstehung ab. Nach islamischer Vorstellung wird die menschliche Seele, nachdem sie vom Körper getrennt wurde, zunächst vom Todesengel ʿazrāʾīl zu einem Zwischengericht in den Himmel gebracht.[26] Davor wird diese Person im Grab aufgeweckt und befragt. In diesem Zustand werden seine Taten auch gewogen.[27] Danach erfolgt die Niederlassung entweder im Höllenfeuer oder im Paradies.

Die Waschung des Leichnams spielt eine besondere Rolle beim Ritual.

> [Er] wird auf dem Rücken auf einen erhöhten Platz gelegt, von dem aus das Wasser gut abfließen kann, und wird vom Bauchnabel bis zu den Knien mit einem Tuch zugedeckt. Zunächst wird durch leichten Druck auf den Unterleib versucht, den Körper zu entleeren. Danach werden die Ausscheidungs- und Geschlechtsteile unter dem Tuch gewaschen, wozu der Wäscher seine Hand mit einem Stofftuch umwickelt. Dann erfolgt die eigentliche rituelle Waschung, die der vor dem Gebet entspricht. Zuerst werden Mund und Nasenlöcher gereinigt sowie Hände, Gesicht, Kopf und Füße gewaschen und sodann der ganze Körper, wobei zuerst die rechte und dann die linke Körperhälfte gewaschen wird. Die einmalige Waschung des Leichnams ist verpflichtend, eine zweite und dritte gilt als empfehlenswert. Abschließend wird der Körper abgetrocknet und mit Kampfer eingerieben[28].

Nach der rituellen Waschung wird die Leiche wieder überwacht und in ein reines Tuch gewickelt. Zum Schluss begräbt man den Leichnam in dem „frisch" gegrabenen und gereinigten Grab. Im Grab wird sie von zwei anderen Engeln, Munkar und Nakīr, angesprochen, die sie nach Gott, ihren Propheten, ihrer Religion und der Richtung ihrer Gebete fragen. Kennt die Seele die richtige Antwort – Gott, Mohammed, Islam und Mekka – bestätigen die Engel den künftigen Eintritt in den Himmel; kennt die Seele die richtige Antwort nicht, beginnt die Qual im Grab. Das verzögerte Begräbnis verzögerte auch die Anfrage des Engels.[29]

Diese Zwischenstufe oder das Verweilen in einer unentschiedenen Position der Seele, bis sie am Jüngsten Tag wieder zusammengeführt wird, stärkt die Annahme, dass das Leben in der muslimischen Konzeption durch den Tod nicht beendet wird.[30] Bis zum Tag der endgültigen Auferstehung und Entscheidung können viele

---

25 Vgl. Al-Buḫārī, *Ṣaḥīḥ*, B.2, 188–190.

26 Vgl. R. Wielandt, *Zum islamischen Verständnis von Tod und Sterben*, in: F.-J. Bormann/G. D. Borasio (Hg.), *Sterben: Dimensionen eins anthropologischen Grundphänomens*, Berlin/Boston 2012, 504–528, bes. 513–517.

27 Vgl. Al-Buḫārī, *Ṣaḥīḥ*, B.2, 237–239.

28 Vgl. T. Lemmen, *Islamische Bestattungen in Deutschland. Eine Handreichung*, Altenberge ²1999.

29 Vgl. Lemmen/Miehl, *Islamisches Alltagsleben in Deutschland*, 92 f.

30 Vgl. Nagel, *Das Leben nach dem Tod aus islamischer Sicht*, 138 f.

Faktoren das Schicksal des Verstorbenen beeinflussen: z. B. Spenden, gute Taten und Gebete (du‘ā’).[31] Außerdem ist im islamisch-religiösen Denken der Glaube verbreitet, dass es dem Prophet Muhammad am Jüngsten Tag gelingen würde, bei Gott um Vergebung für die gesamte Umma zu bitten und eventuell alle Muslime vor dem Höllenfeuer zu retten.

In der Hadith-Literatur, das heißt den Überlieferungen des Propheten Muhammad, wird auf unterschiedliche Art und Weise beschrieben, wie Muhammad Gott um Vergebung für seine Gemeinschaft bittet. Dort ist nicht von einer individuellen Rettung bzw. Vergebung die Rede. Der Mensch wird eher im Rahmen des Kollektivums betrachtet und ihm wird dementsprechend vergeben oder er wird bestraft. Diese Überlieferungen werden von koranischen Positionen untermauert: Der Koran spricht hier von Gruppen von Übeltätern, die gemeinsam zur Hölle gebracht werden. Auf dem Weg dahin begegnen ihnen gute Menschen, die ihre Freude und die Freude der Engel über sie ausstrahlen. Der Dialog zwischen beiden Gruppen sättigt die Menschen mit der Vorstellung und Träumen bezüglich des Lebens nach dem Tod.[32]

Die oben genannten koranischen Darstellungen des Jüngsten Tags und des Lebens nach dem Tod prägten die nachfolgenden Epochen stark. Das Risālat al-Ghufrān (Epistel des Vergebens) aus dem 11. Jahrhundert von Abū l-ʿAlā’ al-Maʿarrī (1057) gibt hierzu ein deutliches Beispiel. Es erinnert stark an die „Göttliche Komödie“ des italienischen Dichters Dante Alighieri (1265–1321) und wird von manchen Kritikern und Literaturhistorikern als Vorbild für Dante diskutiert.[33] Al-Maʿarrī bringt in verschiedenen Kapiteln seiner Abhandlung ironische Szenen zum Ausdruck, die veranschaulichen, wie Menschen aus der islamischen Hölle durch Tricks versuchen heimlich und durch Bestechung der Engel die Barriere zwischen Hölle und Paradies zu überqueren. Einer der wichtigsten Aspekte der „Epistel der Vergebung“ besteht darin, dass der Autor vor dem Hintergrund des Kollektivums die individuellen Versuche der Menschen, Rettung und Vergebung zu erlangen, aufzeichnet und aufdeckt.

All dies zeigt eine neue Tendenz in der islamischen Kultur nach dem 8. Jahrhundert, in der man versucht, den Tod zu desakralisieren und den Umgang damit zu rationalisieren; er wird allmählich als Normalität verstanden. Dies ist vor allem mit einem neuen Aspekt zu erklären, der in dem Leben nach dem Tod ver-

31 Vgl. Al-Buḫārī, *Ṣaḥīḥ*, B.2, 242. Hier wird über die Spenden und Almosen, die man für Verstorbene ausgibt, geschrieben.

32 Vgl. Koran, Sure 39, Vers 71–73.

33 Vgl. hierzu S. Attar, *Divided Mediterranean, Divided World: The Influence of Arabic on Medieval Italian Poetry*, in: *Arab Studies Quarterly* 40/3 (2018), 197–212.

ankert ist. Tilman Nagel sieht diesen Aspekt als wichtiges Merkmal der islamischen Konzeption, welcher bei den Arabern nicht bekannt war.[34]

Dadurch kann man sagen, dass die islamischen Konzeptionen zum Leben nach dem Tod, vor allem zu einem Leben im Paradies, als ein Mittel zur Linderung des Todesschmerzes verstanden wurden. Sie wandelten sich oft zu einer Art Phantasie über ein geträumtes Leben um, wobei die Ausführungen von al-Maʿarrī lediglich einen Bruchteil davon darstellen.

4 Der Genderaspekt bei islamischen Bestattungsritualen

Ob die verstorbene Person ein Mann oder eine Frau ist, ändert nicht viel bei den meisten Todesritualen wie Waschung und Beerdigung. Dass man darauf stark achtet, dass familiäre und genderspezifischen Faktoren respektiert werden, stellt keine Besonderheit dar. Nichtsdestoweniger wurde die genderbezogene Diskussion bereits in früheren Epochen des Islam darauf fokussiert, ob Frauen die Männer zum Friedhof bei einer Beerdigung begleiten bzw. ob Frauen dazu erscheinen dürfen. Die allgemeine Haltung wird an manchen Eckpunkten festgehalten, die vom zentralasiatischen hanafitischen Gelehrten Al-Kāsānī klargestellt werden. Dort ist zu entnehmen, dass die Beteiligung der Frauen an den Ritualen allgemein untersagt ist, vor allem das Berühren, Tragen und die Beisetzung des Sarges sind ausschließlich Männern vorbehalten.[35] Eine genaue Lektüre des Al-Kāsānī Kapitels über Tod und Sterben wirft dabei viele Fragen auf und hinterfragt die angebliche allgemeine Haltung muslimischer Gelehrter. Zunächst argumentiert Al-Kāsānī, dass das Erscheinen der Frauen beim Tragen des Leichnams zum Friedhof (Ǧanāzah) keine Pflicht sei, da der Prophet es ihnen untersagt hatte.[36] Im darauffolgenden Abschnitt beleuchtet er das Thema aus einer anderen Perspektive. Er sagt: „Und wenn es unter der begleitenden Menge eine klagende oder weinende Frau gäbe, muss man sie zum Aufhören auffordern".[37] Interpretiert man beide Stellen, kann man sagen, dass sich das Erscheinen der Frauen durchgesetzt hat und akzeptiert wurde, solange sie nicht laut schreien oder weinen. Damit ist auch der Grund der grundsätzlichen Ablehnung erklärt: Es hängt eher mit der Angst zusammen, dass Frauen weinen und Schwäche bei diesem Ritual zeigen. Diese klassische Diskussion wird

34 Nagel, *Das Leben nach dem Tod aus islamischer Sicht*, 135.
35 Vgl. Al-Kāsānī, *Badāʾiʿ al-ṣanāʾiʿ fī tartīb al-sharāʾiʿ*, 35 f.
36 Vgl. Al-Kāsānī, *Badāʾiʿ al-ṣanāʾiʿ fī tartīb al-sharāʾiʿ*, 335.
37 Vgl. Al-Kāsānī, *Badāʾiʿ al-ṣanāʾiʿ fī tartīb al-sharāʾiʿ*, 336.

gegenwärtig von anderen Aspekten überholt, wodurch der Genderaspekt des Todes in anderen Dimensionen diskutiert wird.

Muslimische Frauen, die an der Bestattung teilnehmen, sorgen immer wieder für Schlagzeilen in muslimischen Staaten und für die Wiederbelebung dieser altbekannten Debatte. Wie vorher erwähnt, handelt es sich hierbei um eine allgemeine Haltung, wonach die Teilnahme von Frauen an solchen Prozessionen womöglich die Ernsthaftigkeit und Konzentration des Rituals beeinträchtigt und ihre Anwesenheit deswegen untersagt ist. Man könnte dies als Präventionsmaßnahme interpretieren. Die bisher vorhandenen Informationen aus den Quellen des Islam, vor allem im Koran und der Sunna, können diese Meinung bestätigen, dass es eher um eine patriarchale Abweisung von Frauen geht, für die jedoch keine konkreten Argumente angeführt werden. Denn außer einer einzigen Überlieferung, in der der Prophet Muhammad Frauen von der Begleitung des Leichnams abrät, gibt es eher Positionen, die das Verbot als kontextbezogen interpretieren und entsprechend anpassungsfähig sind. Dass die Nichtteilnahme von Frauen an Todesritualen im Laufe der Zeit einen allgemeinen Konsens bildete, lag an der intensiven Tradierung von konservativen Meinungen durch konservative Tradierungskanäle. Diese Thematik greift ein bekanntes Thema wieder auf: Wie so oft findet eine patriarchale Interpretation der Quellen und eine von Männern beanspruchte Hoheit bei der Interpretation der Quellen in der Gestaltung der Todesrituale statt. Dabei werden Männer als starke und Frauen als schwache, empfindliche Wesen präsentiert. Lamentierende, weinende Frauen auf der einen Seite, starke Männer, für die der Tod eine Prüfung der Stärke darstellen soll, auf der anderen Seite. Sollte eine Frau, die mit dem Tod und dem Leid in Kontakt kommt, nicht weinen, wird sie stark kritisiert. Ein weinender Mann wird wiederum auch stark kritisiert.

5 Ist Sterben ein Scheideweg zwischen Seele und Körper?

Die Seele ist in einer gewissen Weise der Mensch. Manche Philosophen neigen dazu zu sagen, dass man den verkörperten Menschen als die Person betrachten kann. Jedoch sind wir im Grunde nicht unsere Körper und auch nicht unsere beseelten Körper, sondern wir sind unsere Seelen. Wir sind sogar nur unsere Seelen unter dem Aspekt der Vernunft und des Intellekts. Peter Adamson vertritt diese Meinung und argumentiert, dass dieses Phänomen bereits in der Spätantike sehr prägend war, aber in der islamischen Welt nicht allgemein vertreten wurde. In der christlichen Tradition ist die Seele wichtig für die Identität des Menschen, vor allem in Bezug auf die Wiederauferstehung. Der Gedanke „du bist nur du, wenn du deinen Körper hast“, wird in der islamischen Tradition anders aufgefasst. Islamische Philosophen glauben, dass das Leben nach dem Tod nur seelisch ist, ohne Körper. Sie fassen die Seele als immateriell auf, um genau dadurch erklären zu können, wie die Seele den Tod des Körpers überleben kann.[38] Diese Überlegung von Peter Adamson bezüglich der islamischen Konzeption braucht jedoch einige Anpassungen, denn man kann nicht von einer einheitlichen Position sprechen. Insbesondere die Frage nach der Art und Weise der Wiederauferstehung verrät eine Diskrepanz bzw. keine klare Position.

Eine allgemeine Position kann man dem Koran entnehmen. Dort wird der Seele eine sehr wichtige Rolle beigemessen; sie wird dem Körper gegenüber bevorzugt, vor allem beim Tod. Während der Körper in die Erde geht, schwebt die Seele unbegrenzt in den Himmel. Bei der Auferstehung wird zunächst die Seele angesprochen. Nichtsdestotrotz verspricht Allah selbst, zertrümmerte und verbrannte Knochen wieder ins Leben zu rufen. Damit bleibt der Mensch als Ganzes. Die vielseitige Diskussion bezüglich der Natur der Seele hat bereits ihre Wurzeln in der griechischen Philosophie.[39]

6 Der Tod als Zugehörigkeitsmerkmal: Der Tod entscheidet über das Leben

Nach islamisch-theologischen Auffassungen – vor allem in vormodernen Gesellschaften und teilweise auch noch in der islamischen Welt – sind Menschen nicht aufgefordert, irgendeine schriftliche Bestätigung ihrer religiösen Zugehörigkeit vorzuweisen. Denn die Zugehörigkeit zum muslimischen Glauben wird durch andere Merkmale bestimmt, z. B. durch die Niederlassung in muslimischen Vierteln, das Gebet in muslimischen Moscheen und durch die Befolgung bestimmer Todesrituale. Das Bekenntnis zum Islam kann sowohl durch das Aussprechen des Glaubensbekenntnisses als auch durch soziale und religiöse Rituale gezeigt werden. Es gibt auch andere Menschen, die sich zum Islam bekennen, sich aber als nichtpraktizierende Muslime identifizieren. Jedoch kann kein Mensch über die Zugehörigkeit eines Muslims entscheiden, denn Gott allein weiß, wer der richtige ist. Rein theologisch gesehen ist jeder Mensch ein potentieller Muslim, vor allem solange er nichts gegen den Islam unternimmt. Damit wird der Spielraum für die

38 Vgl. P. Adamson, *LMUcast, Vorlesung. „Philosophie in der islamischen Welt“*, 01.08.2018, online unter: https://cast.itunes.uni-muenchen.de/clips/n2w3fciQ0D/vod/online.html (Zugriff am 19.02.2023).

39 Peter Adamson ist der Meinung, dass die späte Tradition der islamischen Welt vom spätantiken Platonismus beeinflusst ist und auch eine immaterielle Vorstellung von der Seele (Dualismus) hat.

Gemeinschaft weiter ausgebreitet und kein Mensch darf zwischen dem Schöpfer und seinen Geschöpfen intervenieren. Sobald der Mensch jedoch stirbt, ändert sich die Situation radikal: Die Gemeinschaft sowie die Familie übernehmen die Entscheidung und der Mensch ist nicht mehr Herrscher seiner selbst; er kann weder über sich, noch über seinen Körper entscheiden. Und so entscheiden die Gemeinschaft bzw. die Hinterbliebenen über die Zugehörigkeit, verbunden mit sehr wichtigen Konsequenzen für beide Seiten – nicht zuletzt bezüglich der Erbfrage. So kann man sagen, dass der Tod über das Leben entscheidet, denn erst nach dem Tod wird die Zugehörigkeit zur muslimischen Gemeinschaft (Umma) dezidiert entschieden. Die verstorbene Person hat keinen Einfluss auf die Entscheidung. So entscheidet die Gemeinschaft darüber, ob die Person auf dem muslimischen Friedhof (maqābir al Muslimīn) begraben werden darf oder nicht. Faktoren wie das Verhalten des Verstorbenen vor seinem Tod spielen hier eine zentrale Rolle. Somit ist der Tod ein erstes Gericht auf Erden, bevor man endgültig in den Himmel auffährt.

Ein Präzedenzfall fand beispielsweise in der früheren Zeit der muslimischen Gemeinde statt. Nach der Ermordung des dritten Kalifen und Schwiegersohns des Propheten Muhammad, Uṯmān ibn ʿAffān ca. 656 durch eine Gruppe unzufriedener Muslime wegen angeblicher Korruption und schlechten Verhaltens, entschieden die Täter, die mächtige Muslime waren, ihn nicht auf dem muslimischen Friedhof zu begraben. Stattdessen blieb seine Leiche drei Tage liegen. Die Täter begründeten dies damit, dass Uṯmān mit seinem Verhalten der muslimischen Gemeinschaft schadete und damit nicht zur muslimischen Glaubensgemeinde gehöre. Einigen Überlieferungen zufolge wurde eine Lösung gefunden, ihn auf dem jüdischen Friedhof begraben zu lassen. Letztendlich wurde Uṯmān in seinem Garten begraben, nachdem Ali, Uṯmāns Nachfolger und vierter Kalif, intervenierte und die Umbettung des Leichnams veranlasste.[40]

In zahlreichen anderen Überlieferungen wird über Jahrhunderte hinweg von ähnlichen Geschehnissen erzählt – zum Beispiel die Entscheidung, jemanden nicht auf einem muslimischen Friedhof zu begraben, vor allem wenn ihm Häresie vorgeworfen wurde, beispielsweise Zandaqa.

Während der Unabhängigkeitskämpfe muslimischer Staaten im 20. Jahrhundert war das Verweigern, Menschen auf muslimischen Friedhöfen zu begraben, die größte Strafe für Verräter. Dem Tod wird somit eine wichtige Funktion in der muslimischen Gemeinschaft verliehen: Er wird als Mittel zur Wiederherstellung der ursprünglichen Gleichheit zwischen den Menschen hervorgehoben, sowie als Warnung

40 Vgl. Zaman, *Death, Funeral Processions, and the Articulation of Religious Authority in Early Islam*, 31–35.

bzw. Abmahnung und letztlich als Abrechnung mit den Übeltätern. Diese letzte Funktion des Todes wird besonders von muslimischen Theologen betont.

Abu Hamid Al Ghazali, der berühmte Denker und Philosoph des 11. und 12. Jahrhunderts, bringt diesen Aspekt in seinem Buch „Die Wiederbelebung der religiösen Wissenschaften" zum Ausdruck: Al Ghazali spricht über den Tod und sieht ihn in erster Linie als Abrechnung mit den Despoten und brutalen Tyrannen (Herrschern). Er beschreibt dies in seinem Kapitel folgendermaßen:

> Gedankt sei Gott, der den Tod als Mittel zur Brechung der Macht von Despoten schuf [...] diejenigen, die nie an den Tod glauben wollten, bis er sie überraschte. Durch den Tod werden sie von ihren Palästen getrennt und unter die Erde begraben. Durch ihn (den Tod) werden sie von ihren mit Gold geschmückten Leuchten (Lampen) in die Finsternis gestellt ...[41]

Nach dieser Eröffnung folgen lange Passagen mit Ermutigungen, sich an den Tod zu erinnern und bescheiden auf der Erde zu leben. So wird die negative Seite des Todes zu einer positiven umgewandelt, wodurch die Wiederherstellung der ursprünglichen Gleichheit ermöglicht wird, ein Aspekt, der auch in anderen Kulturen und Glaubensgemeinschaften verbreitet ist.

7 Die interreligiösen Aspekte

Unter dem „Interreligiösen" sind zwei Aspekte hervorzuheben: zum einen die soziale Funktion, zum anderen die Konkurrenz zwischen den monotheistischen Religionen in der Spätantike.

Die historischen Berichte über den Tod und das Sterben aus der Spätantike vermitteln ein eindeutiges Bild, in dem alle religiöse Gruppen, Muslime, Juden und Christen, einem Konkurrenzdrang verfallen, was die soziale Funktion des Todes angeht.[42] Die vorhandenen Informationen zeigen, dass ein schlechter bzw. guter Ruf sowie die Prominenz einer Person oder ihre Irrelevanz durch ihren Tod bzw. danach große Bedeutung bekommen kann. So wird der Leichenzug von prominenten Priestern, Imamen oder Gelehrten als wichtiges Geschehnis erachtet und von tausenden Menschen zelebriert. Die Sultane nutzten zudem solche Gelegenheiten, um ihre Macht zu festigen.

Andere Berichte erwähnen, dass jüdische sowie christliche Bewohner auf den Straßenrändern Platz nahmen, um die Trauerprozessionen zu verfolgen und dadurch Respekt vor den Muslimen zu zeigen. Der wichtigste Aspekt hierbei ist das

---

41 A. H. Al Ghazali, *Ihyā' 'Ulūm al-Dīn, Dar Ibn Hazm*, Beirut 2005, 1825. (eigene Übersetzung)
42 Zaman, *Death, Funeral Processions, and the Articulation of Religious Authority in Early Islam*, 53.

getrennte Feiern bzw. Trauern. Im Gegensatz zu diesen prominenten Berichten begegnen uns auch manche Berichte über Gnostiker, Sufi oder bescheidene Menschen, die sich weit entfernt von den Mengen von der Welt verabschiedeten.

Heute erleben das kollektive Zelebrieren von Begräbnissen und die langetablierte Annahme bezüglich der Wichtigkeit des Sterbens im Umkreis von vielen Menschen einen starken Wandel, nicht nur in Europa – so beispielsweise der „Friedhof der Unbekannten" in Zarzis in Südtunesien, der vor einigen Jahren durch private bzw. individuelle Initiativen ins Leben gerufen wurde.[43] Er soll ein Andenken an und die Beerdigung für die im Mittelmeer ertrunkenen Flüchtlinge aus Subsahara-Afrika sein. Manche Grabstätten sind mit einem Namen versehen, die meisten aber nicht, da sie schwer identifizierbar waren. Auf diesem Friedhof spielt die Religion keine Rolle, dort liegen Muslime, Christen oder Animisten nebeneinander. Der Initiative begegneten Anhänger der muslimischen Gemeinde und Bewohner der Stadt Zarzis zunächst mit Skepsis und gar Ablehnung. Man fragte sich, wozu man so einen Friedhof brauche. Die Stadt verfüge über genügend muslimische Friedhöfe.

Diese Annahme dürfte vor Kurzem eine sehr starke Änderung erlebt haben, denn vor einigen Monaten sind etwa 150 Jugendliche aus der gleichen Stadt beim unerlaubten Überqueren des Mittelmeers ertrunken. Aufgrund schlecht koordinierter Bergungsarbeiten der Behörden wurden die Leichen erst mehrere Tage und zum Teil Wochen später gefunden. Sie waren nicht identifizierbar und die Behörden entschieden sich gegen Untersuchungen und Feststellungen der Identitäten. Dadurch wurden die meisten Leichen im „Friedhof der Unbekannten" mit anderen Menschen aus anderen Religionen und Regionen begraben. Diese Angelegenheit wirft die Frage nach der klassischen Zuordnung von Menschen auf diesem Friedhof auf, sowie die Relevanz und Wichtigkeit der Rituale vor und nach der Beerdigung. Es stellt sich außerdem die Frage für Stadtplaner, Theologen und Politiker, ob und inwieweit weitere Modelle für konfessionelle oder nichtkonfessionelle Friedhöfe gestaltet werden können. In Bezug auf Muslime in Deutschland bleibt außerdem ungeklärt, inwieweit das Ritual der Beerdigung veränderbar ist und ob es das überhaupt sein sollte. Müssen sich die geographischen Orientierungen des Grabes und die Vorgaben der Beerdigungen verändern und wenn ja, wie?

---

43 Siehe hierzu einen Beitrag des Deutschlandfunks: Deutschlandfunk, *Tunesien – Friedhof der ertrunkenen Migranten*, in: *Deutschlandfunk*, 22.07.2019, online unter: https://www.deutschlandfunk.de/tunesien-friedhof-der-ertrunkenen-migranten-100.html (Zugriff am 12.06.2023).

8 Fazit

Tod und Sterben sind immer noch ein schwieriges Thema für alle Menschen. Religionen können zur Bewältigung dieses Phänomens und seiner Herausforderungen stark beitragen, aufgrund ihrer langen und vielseitigen Erfahrung damit in vielen Kontexten und in verschiedenen Epochen. In den vorherigen Abschnitten wurden einige Aspekte der islamischen Auffassung bezüglich des Todes und Sterbens vorgestellt. Dadurch wurden einige seiner wichtigen Aspekte beleuchtet. Vor allem ist die Rolle der Gemeinschaft bzw. des Kollektivums deutlich geworden. So ist ersichtlich, dass die Gemeinschaft für die Toten verantwortlich ist; sie übernimmt die materielle und spirituelle Verantwortung für verstorbene Menschen. Dies erleichtert den Muslimen in vielen Hinsichten das Nachdenken über den Tod. Man kann sich immer sicher sein, dass die Gemeinschaft die eigene Leiche begraben und das Notwendige veranlassen wird. Vor allem für Muslime in modernen europäischen Ländern spielt diese Gemeinschaft eine große Rolle.

Ein weiterer wichtiger Aspekt dieser Thematik bezieht sich auf die Todesrituale. Der allgemeine Charakter des islamischen Rituals ist von Stringenz und Genauigkeit geprägt. Obwohl diese Rituale nicht sehr kompliziert sind, müssen sie sehr genau ausgeführt werden; deren Umsetzung bzw. Befolgung wird genau von der Gemeinschaft beobachtet. Angesichts der aktuellen Lebensumstände muslimischer Minderheiten in Europa sowie der starken Entwicklungen im Bereich der Toten-Aufbewahrung, des Transports und Begräbnisses stellt sich die Frage, ob die muslimischen Todes- und Bestattungsrituale sich an neue Umstände anpassen lassen. Die Änderungen des Begräbnisgesetzes in Deutschland in den letzten Jahren, in deren Folge u. a. private und interreligiöse Friedhöfe entstanden sind, lassen eine Änderung vermuten: einerseits bezüglich der Wahrnehmung des Todes und Sterbens seitens der Muslime; anderseits bezüglich der medizinischen Abwicklung solche Fälle.

Teil III: **Sterben unter den Bedingungen moderner Medizin**

Peter Rosenberger

Medizinische Intensivtherapie am Lebensende

1 Einführung

Intensivstationen führten in unserem Gesundheitssystem vor der COVID-19-Pandemie eher ein Schattendasein, das nicht besonders von medialem Interesse geprägt war. Nur wenigen war bekannt, was sich innerhalb einer solchen Station genau abspielt und welche Behandlungstechniken dort zur Anwendung kommen. Dies hat sich mit den Erfahrungen der COVID-19-Pandemie grundlegend geändert, denn durch die Pandemie wurde die Behandlung von Patienten in einer Intensivstation und die dabei durchgeführte Intensivtherapie zum ersten Mal verstärkt in den Medien dargestellt. Dadurch wurde die Intensivtherapie auch in eine öffentliche Debatte überführt. Auf einmal waren Begriffe wie Beatmung, Extrakorporale Membranoxygenierung (ECMO) und DIVI-Intensivregister in aller Munde und wurden Teil der alltäglichen medialen Berichterstattung. In dieser Darstellung wurde aber auch sehr schnell vergessen, dass es bei der Debatte um die Intensivtherapie des Einzelnen nicht nur darum gehen sollte, wie technisiert die Therapie sein kann, wer davon profitiert und ob es genügend Kapazitäten geben wird. Die eigentlich wichtigen Fragen gerieten dadurch zunächst in den Hintergrund. Zentrale Fragen, wie z. B. „Wie wollen wir die Versorgung gestalten?“ oder „Wollen wir eine Überversorgung zulassen und wie mit einer möglichen Unterversorgung umgehen?“, und als wichtigste Frage überhaupt: „Wie wollen wir die Therapie gestalten, damit sie auch als würdevoll und angemessen bezeichnet werden kann?“, kamen in der öffentlichen Debatte – zumindest zu Beginn der Pandemie – nur wenig vor. Im weiteren Verlauf wurden diese Fragen dann aber doch langsam in den Vordergrund gespült, ausgehend von der Angst, dass es eventuell nicht genügend Behandlungsplätze für alle Erkrankten geben könnte. Das Thema einer möglichen Triage hatte zumindest für einen kurzen Zeitabschnitt bewirkt, dass die Art und Weise, wie wir die Therapie für den einzelnen Intensivpatienten gestalten wollen, öffentlich diskutiert wurde. Es bleibt zu erwähnen, dass die Grundbedürfnisse eines jeden Patienten in Zuwendung, Selbstbestimmung einer wenn möglich körperlichen Agilität und einer Interaktion mit dem behandelnden Team bestehen. Dies sind ganz essentielle Anforderungen, um die Behandlungsumgebung, aber auch die Interaktion mit dem Behandlungsteam für den einzelnen Patienten als positiv zu definieren. Diese Aspekte sind nicht nur vorrangig aus Sicht des Patienten wichtig, sondern auch aus Sicht des Behandlungsteams, denn auch für die Behandler sollte ein würdevoller Umgang und eine würdevolle Atmosphäre herrschen.

https://doi.org/10.1515/9783111055602-022

2 Grundlagen und Grenzen der Intensivmedizin

Unter einer Intensivstation versteht man „eine Spezialstation, auf der mit speziell ausgebildetem pflegerischem und ärztlichem Personal schwerstkranke Patienten intensivmedizinisch, d. h. mit höchstem Aufwand, überwacht und behandelt werden“[1]. Intensivmedizin bedeutet dabei die Versorgung schwerst- bis lebensbedrohlich erkrankter Patienten mit einem über das sonstige Maß weit hinausgehenden medizinischen und pflegerischen Aufwand. Grundlage hierfür ist eine Intensivüberwachung, „d. h. eine weit über das übliche Maß hinausgehende klinische Beobachtung und apparative Überwachung von Patienten“[2]. Hierzu gehört auch die Intensivtherapie; diese bezeichnet „eine mit erhöhtem Aufwand betriebene Intensivüberwachung und Behandlung von schwer erkrankten Patienten, meist mit Störungen der Atmung, der Herz-Kreislauf-Funktion, des Stoffwechsels, des zentralen Nervensystems, des Wasser-Elektrolyt- und Säure-Basen-Gleichgewichts, der Nierenfunktion oder der Temperaturregulation“[3].

Störungen der Organfunktionen können mit einer Reihe von Techniken behandelt werden. So kann ein Versagen der Atmung, also ein Atem- oder Lungenversagen, durch eine maschinelle Beatmung ersetzt werden und so für den Patienten die Atemfunktion der Lunge als solche übernommen werden.[4] Sollte dies nicht ausreichen, kann eine Extrakorporale Membranoxygenierung (ECMO) an den Patienten angeschlossen werden; diese ermöglicht dann einen Gasaustausch außerhalb des Körpers. So kann Sauerstoff in den Körper gelangen und die basalen Funktionen des Körpers können weiter aufrechterhalten werden.[5] Die Funktion des Herzens kann mit Medikamenten, sogenannten Katecholaminen, unterstützt und verbessert werden.[6] Reicht diese Form der Unterstützung zur Verbesserung der Herzfunktion nicht aus, kann auch hier eine mechanische Pumpe zur Unterstützung der Herzfunktion am Patienten zu Hilfe genommen werden, die dann eine ausreichende

---

1 R. Larsen, *Einführung in die Intensivmedizin. Anästhesie und Intensivmedizin für die Fachpflege*, [9]2016, 502–507.

2 Ebd.

3 Ebd.

4 Vgl. D. A. Berlin/R. M. Gulick/F. J. Martinez, *Severe Covid-19*, in: *N Engl J Med* 383(25) (2020), 2451–2460; B. T. Thompson/R. C. Chambers/K. D. Liu, *Acute Respiratory Distress Syndrome*, in: *N Engl J Med* 377(6) (2017), 562–572.

5 Vgl. A. Combes/A. S. Slutsky/D. Brodie, *ECMO for Severe Acute Respiratory Distress Syndrome*, in: *N Engl J Med* 379(11) (2018), 1091 f.

6 Vgl. J. C. Jentzer/S. M. Hollenberg, *Vasopressor and Inotrope Therapy in Cardiac Critical Care*, in: *J Intensive Care Med* 36(8) (2021), 843–856.

Funktion des Herzens sicherstellt.[7] Stellt die Niere ihre Funktion ein, kann diese entweder mit einer kontinuierlichen Dialyse oder einer intermittierenden Dialyse übernommen werden. Diese Technik muss bei einer relativ großen Anzahl von Patienten auf einer Intensivstation angewandt werden, bei einer ganzen Reihe der behandelten Patienten erholt sich die Nierenfunktion wieder und die Dialyse kann dann beendet werden.[8] Auch bei Störungen der Leberfunktion besteht die Möglichkeit, einen teilweisen Ersatz der Organfunktion durchzuführen. Hier kommt eine Plasmapherese zum Einsatz und kann zu einer Entgiftung beitragen, die eine eventuell beeinträchtigte Leber nicht mehr leisten kann.[9]

Ist ein Patient vom Ausfall mehrerer Organfunktionen betroffen, nennt man dies Multi-Organversagen; das Multi-Organversagen ist meist mit einer schlechten Prognose verbunden. Hierbei können die oben genannten Therapien und Organersatztechniken auch kombiniert zum Einsatz kommen. Ziel der Organersatzmethoden ist es zunächst einmal, Zeit für die Therapie zu verschaffen und dem Patienten die Möglichkeit zur Erholung zu geben.

Alle Patienten werden zunächst mit dem Grundsatz aufgenommen, eine kurative Therapie durchzuführen; das bedeutet, den Patienten soweit zu stabilisieren und zu behandeln, dass der Körper des Patienten selbst wieder die Organfunktionen übernehmen kann. Das Behandlungsteam der Intensivstation beabsichtigt natürlich, den Patienten wieder in ein selbstbestimmtes und unabhängiges Leben entlassen zu können. Die ständige Evaluation der Behandlungsmethoden, also die Evidenz und eine ausreichende Erfahrung, bestimmen dabei die Wahrscheinlichkeit, mit der eine bestimmte Methode den gewünschten Erfolg erreichen kann. Dieser Ansatz sollte dann aber auch als Ziel der Behandlung formuliert werden, das sogenannte Therapieziel. Die Prognose der zugrundeliegenden Erkrankung muss bei der Formulierung des Therapiezieles miteinbezogen werden. Es ist Aufgabe des behandelnden Arztes, dabei sowohl den Willen des Patienten als auch – wenn notwendig – der Angehörigen mit in die Therapieentscheidung einzubeziehen. Aus all diesen Faktoren ergibt sich in der ärztlichen Betrachtung in der Zusammenschau eine ärztliche Verantwortung, die die Sinnhaftigkeit der Behandlung berücksichtigen und auf dieser Grundlage dem Patienten und den Angehörigen ein Behandlungsangebot machen muss. Des Weiteren sind eine Reihe von ethischen Aspekten, die die Behandlung betreffen, in einer Publikation der Sektion Ethik der Deutschen Interdisziplinären Vereinigung

7 Vgl. D. Abrams et al., *Extracorporeal cardiopulmonary resuscitation in adults: evidence and implications*, in: *Intensive Care Med* 48(1) (2022), 1–15.

8 Vgl. J. Himmelfarb et al., *The current and future landscape of dialysis*, in: Nat Rev Nephrol 16 (10) (2020), 573–585.

9 Vgl. P. R. Bauer et al., *Plasma exchange in the intensive care unit: a narrative review*, in: *Intensive Care Med* 48(10) (2022), 1382–1396.

für Intensiv und Notallmedizin (DIVI) veröffentlicht worden.[10] Diese geben dem Behandler Leitplanken für die ethische Evaluation der Therapie, die er zusammen mit dem Patienten und den Angehörigen anlegen sollte, um festzustellen, ob die durchgeführte Therapie auch den notwendigen ethischen Grundanforderungen genügt.

3 Ursachen für eine Übertherapie

Es gibt eine ganze Reihe von Faktoren, die einen Einfluss auf eine mögliche Überversorgung in der Intensivmedizin haben. Hierzu gehören die Organisationsstruktur der Gesundheitsversorgung, rechtliche Regelungen, kommerzielle Interessen, aber auch gesellschaftliche Wertvorstellungen und Normen. Diese Vielzahl der Einflussfaktoren, die auf das Behandlungsteam einwirken, sind in Abbildung 1 dargestellt.

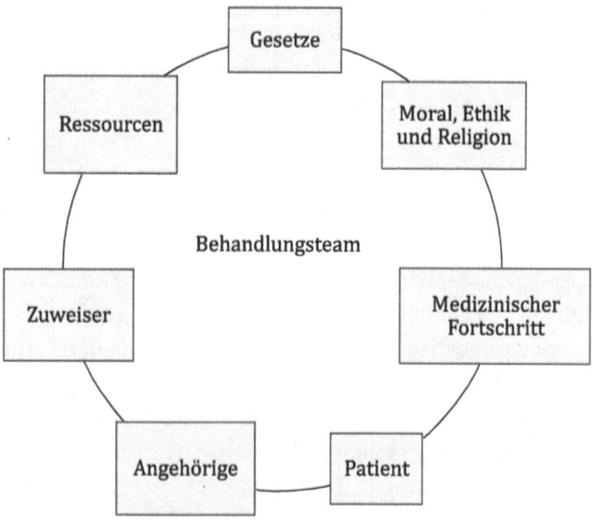

Abbildung 1: Vielzahl der Einflussfaktoren, die das Behandlungsteam bei Therapie-Entscheidungen beeinflussen.

10 Vgl. S. Jobges et al., *Dealing with coercion in intensive care medicine: Recommendations from the Ethics Section of the German Interdisciplinary Association for Intensive Care and Emergency Medicine (DIVI) in collaboration with the Ethics Section of the German Society for Internal Intensive Care and Emergency Medicine (DGIIN)*, in: *Med Klin Intensivmed Notfmed* 117(4) (2022), 255–263; A. Michalsen et al., *Overtreatment in intensive care medicine-recognition, designation, and avoidance: Position paper of the Ethics Section of the DIVI and the Ethics section of the DGIIN*, in: *Med Klin Intensivmed Notfmed* 116(4) (2021), 281–294.

In der Realität ist es immer wieder eine Herausforderung, eine Übertherapie zu verhindern. Die bereits genannten Einflussfaktoren wirken auf die Behandler natürlich ein, obwohl sie selbst als Werte und Normen nicht genau definiert sind. Das macht es dann aber auch schwierig, diese Faktoren innerhalb des Teams festzulegen oder zu definieren. Zudem sind Begriffe wie „Indikation für eine Behandlung“ oder der „mutmaßlicher Patientenwille“ keine rechtssicheren Begriffe und lassen hier wiederum Platz für Interpretationen innerhalb des Behandlungsteams, siehe auch Abbildung 2.[11]

Einflussfaktoren für eine Übertherapie

Indikation	• Unsicherheit • Ökonomische Faktoren • Epidemiologische Faktoren • Handlung/Bewertung des Behandlungsteams • Juristische Aspekte • Gesellschaftliche Faktoren • Sekundäre Interessen
Patientenwille	• Individuelle Erwartung • Haltung • Wünsche • Gesundheitskompetenz • Gesellschaftliche Faktoren

Abbildung 2: Einflussfaktoren auf eine Übertherapie auf einer Intensivstation.

Alter, Geschlecht und Herkunft sind weitere Faktoren, die einen Einfluss auf die Behandlung haben, ohne dass es hier rechtsverbindliche Normen oder Festlegungen geben würde. Hinzu kommen die Erwartungen der Familie, der Patientenzuweiser, aber auch möglicherweise der Glaube des Patienten und der Behandler als weitere Einflussfaktoren. Die Prognose des Erkrankten und der Einfluss seiner Therapie sind hier auch nur als eine statistische Wahrscheinlichkeit zu sehen, die einen Spielraum für eine individuelle Einschätzung des Arztes lassen. Besonders bei unerfahrenen Kollegen kann dies zu einer Fehleinschätzung der Situation führen.

Seitens des Patienten kann ein falsches Bild der Möglichkeiten entstehen, die die Intensivmedizin anbieten kann. Dabei kann eine Überversorgung eventuell

11 Vgl. J. Myburgh et al., *End-of-life care in the intensive care unit: Report from the Task Force of World Federation of Societies of Intensive and Critical Care Medicine*, in: *J Crit Care* 34 (2016), 125–130.

auch als etwas Gutes wahrgenommen werden, die den Eindruck entstehen lässt oder verstärkt, dass der Patient besonders fürsorglich behandelt wird. Die Angehörigen des Patienten sind in der intensivmedizinischen Behandlungssituation oft emotional überlastet oder fühlen sich überfordert, eine Entscheidung zu treffen. Meist sind sie daher nicht in der Lage dazu, einzuschätzen, ob eventuell eine Übertherapie stattfindet oder eben auch nicht.

Dies alles ist zudem im Kontext von Personalengpässen und Einsparungen der Krankenhausträger bei den Personalkosten zu sehen. Dies führt nicht selten dazu, dass einfach nicht genügend Zeit vorhanden ist, die Ziele der Therapie ausreichend zu besprechen. Das Risiko des Informationsverlustes innerhalb des Behandlungsteams, aber auch in der Interaktion mit der Familie des Patienten, das ohnehin schon unter normalen Versorgungsumständen gegeben ist, wird durch Personalmangel nur noch weiter verstärkt.[12]

4 Praktische Durchführung und Sinnhaftigkeit der Therapie

Jede Form der Intervention bzw. die Behandlung als Ganzes sollten immer auf ihre Sinnhaftigkeit hin überprüft werden. Dies bezieht sich auf das Behandlungsangebot, das dann auch so vom Patienten oder gesetzlichen Vertreter angenommen werden muss oder aber auch angelehnt werden kann. Um eine falsche Versorgung oder aber eine Überversorgung zu minimieren ist es geboten, die Behandlung immer wieder in einem interprofessionellen Team zu besprechen und einen interdisziplinären Konsens innerhalb aller an der Behandlung Beteiligten zu erzielen. Therapieziel kann hier auch die Linderung der Symptome oder die Begleitung eines Sterbenden sein. Ein Qualitätsindikator für die Versorgung des Patienten ist zudem die tägliche Durchführung einer interdisziplinären Visite, die jede Maßnahme überprüft und nicht mehr indizierte Maßnahmen beendet. So kann am Lebensende zum Beispiel auf die Gabe von Antibiotika verzichtet oder aber die maschinelle Beatmung beendet werden, wenn diese als nicht mehr sinnvoll erachtet wird. Weitere Maßnahmen wären hier zum Beispiel auch die Beendigung einer Dialyse oder die Gabe von Medikamenten, die künstlich den Blutdruck erhöhen, sogenannten Katecholaminen. Es sollte grundsätzlich auch mit dem Patienten oder den Angehörigen besprochen werden, welche Maßnahmen überhaupt eingeleitet werden und welche nicht. Dies sollte dann auch für jeden

12 Vgl. A. P. Marshall et al., *Handover from operating theatre to the intensive care unit: A quality improvement study*, in: *Aust Crit Care* 32(3) (2019), 229–236.

an der Behandlung Beteiligten sichtbar und transparent dokumentiert werden. Sollte eine Entscheidung für einen Therapierückzug gefallen sein, so sollten gleichzeitig die notwendigen palliativmedizinischen Maßnahmen begonnen werden, wie z. B. die Unterbringung in einem Einzelzimmer. Wenn möglich, sollten unnötige Zugänge am Patienten entfernt werden und eine ruhige, vertrauensvolle Atmosphäre geschaffen werden. Auf jeden Fall sollte die Familie in die Planungen miteinbezogen werden, damit diese ausreichend Gelegenheit hat, sich von dem Sterbenden zu verabschieden.

5 Ethische Aspekte und Patientenverfügung

Das ethische Klima der Versorgung auf einer Intensivstation hat direkte Auswirkungen auf den Patienten und dessen Angehörige. Dieser Punkt wird weithin akzeptiert und scheint dem Betrachter leicht verständlich. Es ist zusätzlich aber auch wichtig, dass das ethische Klima auch für das Behandlungsteam akzeptabel sein sollte. Hierzu gibt es mittlerweile veröffentlichte Faktoren, die das ethische Klima innerhalb des Behandlungsteams wesentlich bestimmen können (Abbildung 3).[13]

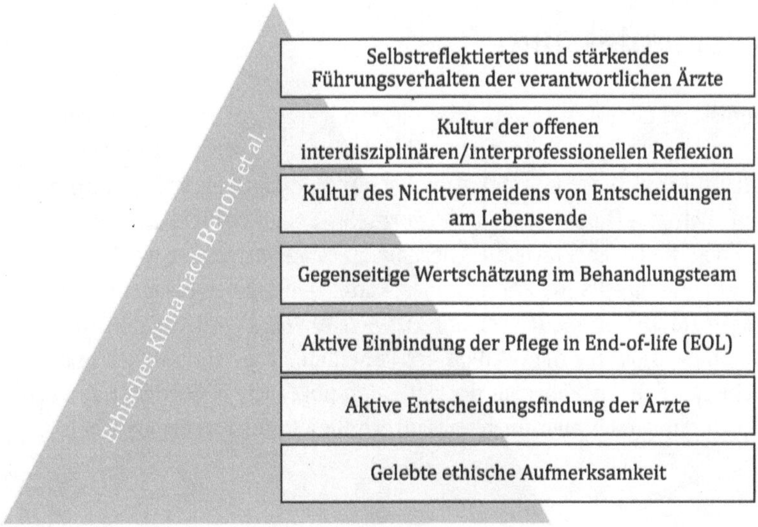

Abbildung 3: Ethisches Klima nach Benoit et al. (DISPROPRICUS-Studie).

13 Vgl. D. D. Benoit et al., *Outcome in patients perceived as receiving excessive care across different ethical climates: a prospective study in 68 intensive care units in Europe and the USA*, in: *Intensive Care Med* 44(7) (2018), 1039–1049.

Diese Faktoren sind wichtig, um dem Behandlungsteam die Chance zu geben, dauerhaft unter den Belastungen einer Intensivstation agieren zu können und eine innere Emigration einzelner Mitglieder des Behandlungsteams zu verhindern. Ein positives Klima auf der Intensivstation innerhalb des Behandlungsteams überträgt sich auch auf die Atmosphäre für die Patienten und Angehörigen.

Wichtig ist es, ein ethisches Klima zu schaffen, in dem Patienten das Gefühl haben, dass ihr Wille berücksichtigt wird. Gesetzlich ist klar geregelt, dass der Patientenwille respektiert werden muss, und jedes Behandlungsteam wird sich daran halten. Jeder von uns sollte seinen Patientenwillen vorab festlegen und dokumentieren. Es ist essentiell wichtig, die Patienten bei der Erstellung des Patientenwillens, aber auch während der Therapie auf einer Intensivstation ergebnisoffen und vertrauensvoll zu beraten, denn der Patientenwille ist nicht immer eindeutig. Zudem besteht die Möglichkeit, dass der Patientenwille sich im Lauf der Behandlung ändern kann. Deswegen kann es sinnvoll sein, dass das Behandlungsteam anbietet, wiederholt zur Verfügung zu stehen, denn die Perspektive auf den Behandlungsverlauf kann sich mit der Zeit ändern. Widersprüche sollten, so weit möglich, aufgeklärt und gut dokumentiert werden.

6 Zusammenfassung

Zusammenfassend lässt sich sagen, dass die moderne Intensivmedizin sowohl ein breites Spektrum als auch die technischen Möglichkeiten besitzt, Organersatztherapien durchzuführen. Diese können einem schwer erkrankten Patienten die Zeit verschaffen, sich zu erholen und in ein normales Leben zurückzukehren. Es besteht aber auch die Gefahr, dass die Therapie zu lange fortgesetzt wird oder aber gegen den Willen eines Patienten verstoßen kann. Daher ist es essentiell, dass das Behandlungsteam immer wieder reflektiert, wie sinnvoll die durchgeführte Therapie ist, und ob die Therapie dem Willen des Patienten entspricht. All dies sollte eng in Absprache mit den Angehörigen des Patienten abgeglichen werden, um so eine würdevolle Therapie oder aber auch ein würdevolles Sterben zu ermöglichen.

Gerhild Becker

Humanisierung des Sterbens durch die Palliativmedizin: Chancen und Grenzen

1 Was ist Palliativmedizin?

Der Begriff Palliativmedizin, abgeleitet vom lateinischen *pallium* (Umhang, Mantel) bzw. *palliare* (bedecken, lindern) bezeichnet ein umfassendes Konzept zur Betreuung von Menschen mit einer unheilbaren, fortschreitenden und zum Tode führenden Erkrankung. Nach Definition der Weltgesundheitsorganisation (WHO) umfasst die Palliativmedizin einen Ansatz, mit dem die Lebensqualität der Patienten und ihrer Familien verbessert werden soll, wenn diese mit einer lebensbedrohlichen Krankheit und den damit verbundenen Problemen konfrontiert sind.[1] Dies soll erfolgen durch „Vorbeugung und Linderung von Leiden, durch frühzeitiges Erkennen und fehlerlose Erfassung und Behandlung von Schmerzen und anderen physischen, psychosozialen und spirituellen Problemen"[2]. Dabei unterscheidet sich die Bezeichnung Palliativmedizin als umfassendes Betreuungskonzept von dem in der Medizin häufig verwendeten Begriff der „palliativen Therapie", mit dem eine medikamentöse, chirurgische oder strahlentherapeutische Behandlung bezeichnet wird, durch die eine Erkrankung wie z. B. eine Tumorerkrankung zwar nicht kurativ therapiert, d. h. geheilt werden kann, jedoch versucht wird, das Leben eines unheilbar erkrankten Patienten zu verlängern, indem z. B. Einfluss auf das Tumorwachstum genommen wird. Eine palliativmedizinische Betreuung schließt die Anwendung palliativer Therapien nicht aus, das Ziel der palliativmedizinischen Betreuung ist jedoch vor allem, die Lebensqualität der Patienten zu verbessern bzw. zu erhalten, durch die Behandlung körperlich belastender Symptome sowie durch die Berücksichtigung der psychosozialen und spirituellen Bedürfnisse sowohl der Patienten wie auch der betreuenden An- und Zugehörigen (die in der Palliativmedizin bewusst systemisch als *significant others* in den Blick genommen und als *unit of care* in die Betreuung einbezogen werden), während eine palliative Therapie in der Regel vor allem die Lebensverlängerung zum Ziel hat. Dabei ist Palliativmedizin nicht auf einzelne Krankheitsbilder oder bestimmte Altersgruppen begrenzt, son-

1 Vgl. World Health Organization 24.05.2014, 67th World Health Assembly, *Strengthening of palliative care as a component of comprehensive care throughout the life course,* WHO 67.19, Agenda item 15.5., online unter: https://apps.who.int/iris/bitstream/handle/10665/162863/A67_R19-en.pdf?sequence=1&isAllowed=y (Zugriff am 01.03.2023).
2 Ebd.

https://doi.org/10.1515/9783111055602-023

dern eine palliativmedizinische Betreuung soll für alle Patienten mit einer unheilbaren und zum Tode führenden Erkrankung gewährleistet werden, und zwar horizontal in allen medizinischen Fachbereichen und vertikal in allen Altersstufen, vom neugeborenen bis hin zum sehr alten Menschen.

Die Frage, wie die Leiden schwer erkrankter und sterbender Patienten wenn nicht geheilt, so doch gelindert werden können, war angesichts stark eingeschränkter kurativer Therapiemöglichkeiten schon seit der Frühzeit der Medizin ein zentrales Thema ärztlichen Handelns. Der Begriff *cura palliativa* (Palliativkur) taucht zum ersten Mal um 1363 auf in Guy de Chauliacs Werk *Chirurgia.*[3] Dabei bezog sich dieser Begriff im Gegensatz zu heute nicht nur auf Patienten im fortgeschrittenen Stadium einer unheilbaren Erkrankung, sondern umfasste auch eine lindernde Behandlung bei nicht unmittelbar lebensbedrohlichen Krankheiten. Die ärztliche Pflicht, Schwerstkranken und Sterbenden auch im Verlauf einer medizinisch nicht zu heilenden Erkrankung beizustehen, lässt sich seit dem ausgehenden Mittelalter im ärztlichen Schrifttum und auch in der medizinischen Praxis nachweisen.[4] Parallel zur Entfaltung der vor dem Hintergrund der aufstrebenden Naturwissenschaften seit dem ausgehenden 19. Jahrhundert zunehmend entwickelten Behandlungskonzepte der modernen Medizin mit einer exorbitanten Zunahme kurativer Therapieoptionen rückte die begleitende und umsorgende Facette ärztlichen Handelns jedoch zunehmend in den Hintergrund. Zwar brachte und bringt die konsequente Orientierung der Medizin am kurativen Paradigma einen beeindruckenden Zuwachs an Behandlungsmöglichkeiten und lebensverlängernden Therapieoptionen hervor, bei unheilbaren Erkrankungen jedoch gelangt dieses Modell an seine Grenzen. Ersatzstrategien für den Fall, dass das Ziel der Kuration nicht erreicht werden kann, sind nicht definiert, so dass die Thematik von Sterben, Tod und Trauer in der modernen Medizin zunehmend verdrängt und der Tod teilweise als Misserfolg therapeutischer Bemühungen aufgefasst und als Niederlage einer an Lebensverlängerung ausgerichteten Medizin tabuisiert wurde. Als Reaktion auf diesen systematischen *Neglect* innerhalb der modernen Medizin entwickelte sich ab Mitte des 20. Jahrhunderts die zunächst von einzelnen Ärztinnen und Pflegefachpersonen wie u. a. Elisabeth Kübler-Ross und Cicely Saunders geprägte und vor allem durch bürgerschaftliches Engagement getragene Hospizbewegung, die mit ihrem Namen bewusst an eine schon seit dem Mittelalter in Europa etablierte Tradition der *Sorge für die Sterbenden* anknüpfte. Der Begriff Hospiz, abgeleitet vom lat. *hospitium* (Gastfreundschaft), findet sich seit dem 4. Jahrhundert nach Christus und bezeichnete

3 Vgl. M. Stolberg, *Cura palliativa. Begriff und Diskussion der palliativen Krankheitsbehandlung in der vormodernen Medizin ca. 1500–1850*, in: *Medizinhistorisches Journal* 42 (2007), 7–29.
4 Vgl. ebd.

kirchliche und klösterliche Herbergen an Alpenpässen und Flussfurten entlang der großen Pilgerwege zum Heiligen Land. Seit den Anfängen des Christentums war die Gastfreundschaft gegenüber Hilfsbedürftigen ein Gebot christlicher Nächstenliebe und zählte zu den caritativen Aufgaben vieler christlicher Orden. Als bedürftig galten dabei nicht nur reisende Pilger, sondern auch Kranke und Sterbende, die sich im übertragenen Sinne auf der Reise durch ihr Leben befanden, das im christlichen Sinne als Wallfahrt von der Geburt zum Tod verstanden wurde. Die etymologische Wurzel „Hospiz" blieb erhalten im Begriff *Hospital* als Bezeichnung für Häuser, in denen als Vorläufer der modernen Krankenhäuser vor allem unvermögende Kranke gepflegt wurden, die nicht wie die wirtschaftlich besser gestellten Erkrankten in der eigenen Häuslichkeit versorgt werden konnten. Erst ab dem 13. Jahrhundert lösten sich parallel zur Entstehung größerer Städte zunehmend sog. „Bürgerhospitäler" aus der Bindung an religiöse Ordensgemeinschaften. Bürger- und Adelsfrauen betätigten sich hier caritativ in der Pflege Kranker und Sterbender. Mit der zunehmenden Etablierung der Funktion des Arztes als zentralem Element entwickelte sich seit dem 18. Jahrhundert allmählich die Institution des modernen Krankenhauses, das sich konzentrierte auf die Erkennung, Deutung und wenn möglich gezielte Beseitigung von Krankheitsursachen. Die englische Ärztin Cicely Saunders führte die alte Tradition der Pflege und Sterbebegleitung in Hospizen mit den Erkenntnissen der modernen Medizin zusammen und eröffnete 1967 das *St Christopher's Hospice* in London. Ausgehend von der Hospizidee, die das Sterben als einen wichtigen Teil des Lebens begreift, der auch in der modernen Medizin nicht verdrängt werden soll, entstand eine weltweite Entwicklung von hospizlichen und palliativmedizinischen Einrichtungen, zunächst vor allem in angloamerikanischen Ländern, zunehmend aber ebenso in anderen Staaten wie auch in Deutschland. War Palliativmedizin in ihren Anfängen vor allem auf die Betreuung in der Sterbephase im Sinne einer *end-of-life-care* ausgerichtet, so hat sich das Fach inzwischen weiter entwickelt, hin zu einer sog. Palliativmedizinischen Frühintegration (*early palliative care*), bei der Patienten bereits bei der Diagnosestellung einer potentiell unheilbaren und zum Tode führenden Erkrankung über palliativmedizinische Betreuungsmöglichkeiten zumindest informiert werden sollen. *Palliative Care* umfasst demzufolge nicht nur die Betreuung in der unmittelbaren Sterbephase, sondern soll frühzeitig in die medizinische Behandlung integriert werden und erstreckt sich über den gesamten (gegebenenfalls auch langen) Krankheitsverlauf einer fortgeschrittenen unheilbaren und zum Tode führenden Erkrankung.[5]

5 Vgl. World Health Organization, *Fact sheets*, 05.08.2020, online unter: https://www.who.int/news-room/fact-sheets/detail/palliative-care (Zugriff am 09.03.2023).

2 Palliativmedizin und Todeswunsch

Todeswünsche reichen bei palliativmedizinisch betreuten Patienten von einer Akzeptanz des nahenden Todes im Sinne einer „Lebenssattheit" über das Hoffen auf einen baldigen Beginn des Sterbeprozesses – ohne oder mit dem Wunsch nach einer Beschleunigung des Sterbens z. B. durch den Abbruch lebensverlängernder Maßnahmen – bis hin zu einem intendierten Suizid oder sogar dem Wunsch nach einer Tötung auf Verlangen.[6] Zur Häufigkeit des Todeswunsches findet sich in der Literatur eine große Spannbreite, die von 8–22% reicht, je nach verwendeter Definition.[7] Schwer kranke Menschen, die den Wunsch zu sterben äußern, wünschen dabei nicht zwingend einen baldigen Tod, sondern vielfach vor allem das Ende einer ihnen subjektiv unerträglichen Situation von Leid. Weiterhin können Patienten sowohl einen Todeswunsch wie auch zugleich einen Wunsch nach Leben in sich tragen; das Vorliegen von Todeswünschen schließt Lebenswünsche nicht aus.[8] Vielmehr zeigt die klinische Alltagserfahrung, dass es Menschen durchaus möglich ist, im Sinne einer „doppelten Buchführung" Paradoxes gleichzeitig zu äußern.[9] Bei vielen unheilbar kranken Patienten sind Todes- und Lebenswunsch darüber hinaus kein stabiles Phänomen, sondern können im Verlauf in Art und Intensität fluktuieren.[10] Ein in der Literatur als häufig beschriebenes Phänomen ist der Todeswunsch

---

6 Vgl. Leitlinienprogramm Onkologie, *S3-Leitlinie Palliativmedizin*, Version 2.2 von 2020, hier: Kapitel 18: *Todeswünsche*, 413–439; K. Ohnsorge et al., *Intentions in wishes to die: analysis and a typology – A report of 30 qualitative cases of terminally ill cancer patients in palliative care*, in: *Psychooncology* 23 (2014), 1021–1026.

7 Vgl. H. M. Chochinov et al., *Desire for death in terminally ill*, in: *Am J Psychiatry* 152 (1995), 1185–1191; K. Mystakidou et al., *The role of physical and psychological symptoms in desire for death: a study of terminally ill patients*, in: *Psychooncology* 15 (2006), 355–360; E. Tiernan et al., *Relations between desire for early death, depressive symptoms and antidepressant prescribing in terminally ill patients with cancer*, in: *J R Soc Med* 95 (2002), 386–390.

8 Vgl. S. Carmel, *The will to live: gender differences among elderly persons*, in: *Soc Sci Med* 52 (2001), 949–958.

9 Vgl. G. Rodin et al., *Psychoanalytic reflections on mortality: a reconsideration*, in: *J Am Acad Psychoanal Dyn Psychiatry* 36 (2008), 181–196.

10 Vgl. A. Rodriguez-Prat et al., *Understanding patients' experiences of the wish to hasten death: an updated and expanded systematic review and meta-ethnography*, in: *BMJ Open* 7 (2017), e016659; R. Voltz et al., *Issues of „life" and „death" for patients receiving palliative care – comments when confronted with a research tool*, in: *Supportive Care in Cancer* 19 (2011), 771–777; H. M. Chochinov et al., *Depression, hopelessness and suicidal ideation in the terminally ill*, in: *Psychosomatics* 39 (1998), 366–370; B. Rosenfeld et al., *Does desire for death change in terminally ill cancer patients?*, in: *Social Science & Medicine* 111 (2014), 35–40; H. Burkhardt et al., *Todesverlangen – Ergebnisse einer Pilotstudie mit geriatrischen Akutpatienten*, in: *Z Gerontol Geriat* 36 (2003), 392–400; H. M. Chochinov et al., *Will to live in terminally ill*, in: *Lancet* 354 (1999), 816–819.

als „hypothetischer Fluchtplan“[11], um vielschichtigen Zukunftsängsten durch einen für den Bedarfsfall existierenden Ausweg als einer stabilisierenden Copingstrategie zu begegnen.[12] Dieses deckt sich mit Erfahrungen aus dem US-amerikanischen Bundesstaat Oregon, in dem Ärzte Patienten mit unheilbaren Erkrankungen, die in voraussichtlich weniger als sechs Monaten zum Tode führen werden, im Rahmen des sog. *Oregon Death With Dignity Act* ein tödliches Medikament (in der Regel Barbiturate) verschreiben dürfen. Hier zeigen Untersuchungen, dass etwa ein Drittel der Patienten ihr im Rahmen des *Oregon Death with Dignity Actes* erhaltenes Rezept für eine tödliche Medikation nicht einlöst.[13]

Todeswünsche können auch in der Palliativmedizin verbunden sein mit einem expliziten Wunsch nach (gegebenenfalls ärztlich assistiertem) Suizid. Jedoch wird dieser Wunsch von den in der Palliativmedizin betreuten Patienten vergleichsweise selten geäußert. Diese klinische Erfahrung deckt sich mit amerikanischen Daten, die davon berichten, dass sich nur zwischen 2–4% aller Suizide im Kontext einer terminalen Erkrankung ereignen.[14] Häufig stellt sich in der Palliativmedizin jedoch die Frage des *„Sterbenlassens“*. Eine europäische Studie zeigte, dass zwischen einem Viertel und der Hälfte aller Todesfälle stattfindet, nachdem eine Entscheidung bezüglich Einleitung oder eben Nicht-Einleitung lebensverlängernder Maßnahmen getroffen wurde.[15] Das Beenden einer maschinellen Beatmung, das Unterlassen einer antiinfektiösen Therapie bei einer Lungenentzündung oder das Beenden einer künstlichen Ernährung über eine sog. PEG-Sonde (perkutane endoskopische Gastrostomie) kann Folge eines Todeswunsches eines Patienten sein, jedoch handelt es sich hierbei nicht um einen ärztlich assistierten Suizid, sondern um den Abbruch einer vom Patientenwillen nicht mehr getragenen medizinischen Behandlung.

In den medialen Debatten, die begleitend zur Einführung des § 217 StGB zum Verbot der geschäftsmäßigen Förderung der Selbsttötung 2016 sowie anlässlich des Urteils des Bundesverfassungsgerichtes zur Verfassungsgemäßheit des § 217 StGB im Jahr 2020 geführt wurden, wurde vielfach die Palliativmedizin als „Alternative“ zum assistierten Suizid benannt. Die oftmals geäußerte Behauptung, dass in der Palliativmedizin ein „humanes Sterben“ ermöglicht werde, so dass der Wunsch

11 Leitlinienprogramm Onkologie, *S3-Leitlinie Palliativmedizin*, 415.

12 Vgl. R. Nissim et al., *The desire for hastened death in patients in palliative care*, in: C. Rehmann-Sutter et al. (ed.), *The patient's wish to die: Research, Ethics and Palliative Care*, Oxford 2015, 71–80.

13 Vgl. K. Hedberg/C. New, *Oregon's Death with dignity act: 20 years of experience to inform the Debate*, in: *Annals of Internal Medicine* 167 (2017), 579–583.

14 Vgl. H. Hendin, *Suicide, assisted suicide and medical illness*, in: *J Clin Psychiatry* 60 (1999), suppl. 2, 46–50.

15 Vgl. A. van der Heide et al. für das EURELD-Consortium, *End-of-life decision making in six european countries*, in: *Lancet* 362 (2003), 345–350.

nach Suizidassistenz sich erübrige bzw. nicht notwendig sei, da es, pointiert formuliert, durch die Hilfe optimaler palliativmedizinischer Betreuung keine Not mehr zu wenden gäbe, muss kritisch hinterfragt werden. Untersuchungen aus dem US-Bundesstaat Oregon sowie aus den Beneluxländern zeigen, dass für den Wunsch nach einem ärztlich assistierten Suizid vor allem drei Gründe besonders häufig benannt werden:[16] erstens die Angst vor belastenden physischen Symptomen wie z. B. unzureichend therapierbaren Schmerzen oder stark belastender Atemnot. Zweitens die Angst, in stark pflegebedürftigem Zustand den Angehörigen oder der Gesellschaft als Ganzer zur Last zu fallen. Und drittens die Angst vor einem Verlust von Autonomie und Kontrolle verbunden mit der Befürchtung, eine medizinische Übertherapie zu erhalten und angeschlossen an Maschinen kein natürliches Sterben mehr erleben zu können. Wie bereits dargestellt, versucht die Palliativmedizin, auf alle diese Ängste und den Wunsch nach einem „guten Sterben" zu antworten mit einem umfassenden Betreuungskonzept: Körperlich belastende Symptome wie z. B. Schmerzen können in der Regel gut behandelt werden; in den wenigen Fällen, wo dieses nicht ausreichend zufriedenstellend für den Patienten möglich ist, besteht die Möglichkeit, einen Patienten durch einen gezielten Einsatz bewusstseinsdämpfender Medikamente in einen „künstlichen Dauerschlaf" zu versetzen, so dass dieser nicht ein subjektiv als unerträglich empfundenes Leiden ertragen muss. Diese „gezielte Sedierung" senkt die Bewusstseinsschwelle, führt jedoch bei sachgerechter Durchführung nicht zu einer Lebensverkürzung.[17] Die An- und Zugehörigen des Patienten werden mit ihren Belastungen als *unit of care* bewusst in den Blick genommen und z. B. in der häuslichen Betreuung unterstützt durch die spezialisierte ambulante Palliativversorgung (SAPV). Und die Würdigung der Autonomie des Patienten, der Respekt vor einer jeweils individuellen Ausgestaltung der Sterberolle im Sinne einer (Mit-)Gestaltung des Lebensendes sowie ein Sterben in sozialer Einbettung gehören zu den Kernbotschaften der Hospizidee. Dennoch greift es zu kurz, wenn die Palliativmedizin dem Wunsch nach ärztlicher Suizidassistenz als „bessere Alternative" gegenübergestellt wird, nach dem Motto „statt sterben durch die Hand sterben an der Hand eines Menschen". Der Wunsch nach Suizidassistenz ist ein komplexes Phäno-

---

16 Vgl. E. T. Logers et al., *Implementing a death with dignity program at a comprehensive cancer center*, in: *New England Journal of Medicine* 368 (2013), 1417–1424; R. L. Marquet et al., *Twenty five years of request for euthanasia and physician assisted suicide in Dutch general practice: trend analysis*, in: *Br Med J* 327 (2003), 201–202; L. Ganzini et al., *Experiences of Oregon nurses and social workers with hospice patients who requested assistance with suicide*, in: *New England Journal of Medicine* 347 (2002), 582–588.

17 Vgl. I. Maeda et al., *Effect of continous deep sedation on survival in patients with advanced cancer: a propensity score-weighted analysis of a prospective cohort study*, in: *Lancet* Oncology 17 (2016), 115–122.

men. Daten aus Oregon zeigen, dass ein hoher Prozentsatz der Patienten, die im Rahmen des *Oregon Death with Dignity Acts* ein Rezept für ein tödlich wirksames Medikament beantragten, zuvor in palliativmedizinischer oder hospizlicher Betreuung waren und dennoch den Wunsch nach Suizidassistenz äußerten.[18] Auch wenn ein Ausbau palliativmedizinischer Betreuungsstrukturen angesichts der demographischen Entwicklung notwendig und sinnvoll ist, kann nicht davon ausgegangen werden, dass der Ausbau palliativmedizinischer Betreuungsangebote automatisch auch die Nachfrage nach Suizidassistenz reduzieren wird.

Die Gründe für die Frage nach Suizidassistenz sind vielfältig und können hier nicht in der Tiefe diskutiert werden. In den medialen Debatten wurde immer wieder deutlich, dass die Wahrnehmung des Todes als unverfügbares Ereignis und des Sterbens als einer nicht kontrollierbaren Lebensphase Ängste auslösen, denen mit einer „bewussten Gestaltung des Sterbens unter Wahrung der Autonomie" begegnet werden soll. Zwar beinhaltet menschliches Leben immer Bedingungen von Unverfügbarkeit und Kontingenz, jedoch sind wir den Umgang damit deutlich weniger gewohnt als die Generationen vor uns, da es in unserem durchorganisierten Alltag nur noch wenig Raum gibt für individuelle Kontingenzerfahrungen sowie das exemplarische Einüben in den Umgang damit. Individualität, Freiheit und Selbstbestimmung sind spätestens ab der Generation der Babyboomer ganz selbstverständliche Grundpfeiler unseres Selbstverständnisses, während die anthropologische Grundkonstituente der permanenten Fragilität menschlichen Seins im Alltag immer seltener erfahrbar wird, nicht zuletzt auch aufgrund einer exzellenten medizinischen Versorgung. Insofern ist nachvollziehbar, dass bei dem Gedanken an den Tod, in dem die Fragilität menschlichen Seins gewissermaßen ihren Höhepunkt findet, nach einer medizinischen Behandlung gefragt wird, die dieses Ereignis entweder durch Hochleistungsmedizin möglichst abwenden bzw. in eine ferne Zukunft verschieben oder alternativ ein „selbstbestimmtes Sterben" durch einen ärztlich begleiteten Suizid ermöglichen soll. Auch wenn beide Möglichkeiten als Extreme einander diametral gegenüberstehen, geht es doch in beiden Fällen um dasselbe Motiv: der Unverfügbarkeit des Todes zu begegnen mit einer Übernahme der Kontrolle durch die Hilfe der Medizin.

Selbstkritisch muss auch ein weiterer Aspekt betrachtet werden. In den medialen Debatten wurde deutlich, dass auch die Angst vor einer sich nicht selbst adäquat begrenzenden Medizin ein Motiv für eine bewusste Gestaltung des Sterbens durch Suizidassistenz darstellen kann. Dabei besteht ein Dilemma der modernen Medizin darin, dass sie ihren Erfolg ja gerade ihrer permanenten Expansion und dem immer

---

18 Vgl. Hedberg/New, *Oregon's Death with dignity act*, 579–583; Ganzini et al., *Experiences of Oregon nurses*, 582–588.

wieder neu geleisteten erfolgreichen Überwinden von Grenzen verdankt, so dass Gronemeyer und Heller zu Recht darauf hinweisen, dass eine Selbstbegrenzung der Medizin aus sich heraus nur schwerlich zu erwarten sei.[19] Wie andere Gesellschaftsbereiche auch steht die moderne Medizin jedoch vor der Herausforderung, das richtige Maß zu finden. Während man in der Medizin über mehrere Jahrhunderte und bis in die 60er Jahre des letzten Jahrhunderts hinein nahezu allen medizinischen Fortschritt als „gut" im Sinne einer Erweiterung der therapeutischen Möglichkeiten wahrnehmen und daher als Faustregel definieren konnte, dass man möglichst alles machen sollte, was man machen kann, stehen wir heute aufgrund des rasanten Fortschrittes in der Medizin seit Mitte des letzten Jahrhunderts zunehmend vor der Herausforderung, auch bewusst „lassen zu können". Ähnlich wie auch in der Ökologie oder der Ökonomie ist das Optimum nicht einfach das Maximum. Vielmehr geht es um eine besonnene Suche nach dem Adäquaten. Dies erfordert eine kluge Mäßigung, die an die platonische Tugend der *temperantia* erinnert. Das gilt auch für den Umgang der modernen Medizin mit dem Sterben.

3 Humanisierung des Sterbens durch die Palliativmedizin?

Die Palliativmedizin stellt eine Integration der Hospizidee in die moderne Schulmedizin dar. Vor dem Hintergrund, dass hier das Sterben bewusst als ein Teil des Lebens anerkannt und nicht als medizinisch um jeden Preis zu verhindernder Krankheitsausgang, sondern als eine intensive und wichtige letzte Lebensphase aufgefasst wird, mag man die Frage, ob in der Palliativmedizin eine Humanisierung des Sterbens stattfindet, zunächst bejahen. Eine tiefergehende Analyse zeigt jedoch, dass diese Frage nicht so einfach zu beantworten ist.

Palliativmedizin sieht im Sterben mehr als ein körperliches Ereignis. Durch ein multiprofessionell getragenes und transdisziplinär gestaltetes Betreuungskonzept soll sowohl den körperlichen wie auch den psychischen, sozialen und spirituellen Bedürfnissen sterbender Menschen und ihrer Zugehörigen Rechnung getragen werden. Während die moderne Medizin gekennzeichnet ist durch eine Konzentration auf die Suche und Beseitigung von Krankheitsursachen und eine immer stärkere Spezialisierung im ärztlichen und pflegerischen Bereich, was einen stetigen Zuwachs an therapeutischen Optionen ermöglicht hat, aber auch mit einem resul-

---

19 Vgl. R. Gronemeyer/A. Heller, *Suizidassistenz? Warum wir eine solidarische Gesellschaft brauchen*, Esslingen 2021, 51.

tierenden Reduktionismus einhergeht, wird in der Palliativmedizin bewusst eine ganzheitlich ausgerichtete Begleitung angestrebt. Dabei sieht sich die Palliativmedizin nicht als Gegenmodell zur modernen Medizin, sondern als eine wichtige Ergänzung. Am Beispiel des Symptoms Schmerz lässt sich der ganzheitliche Betreuungsansatz der Palliativmedizin gut verdeutlichen. Während der Schmerz in der Medizin unter dem Erklärungsmodell des Ursache-Wirkung-Prinzips überwiegend vor allem als somatisches Phänomen betrachtet wird (ein bekanntes bildliches Beispiel für eine lineare Kausalität stellt die Glockenzug-Metapher dar, mit der Descartes das Empfinden von Schmerz als rein körperliches Phänomen beschrieb wie einen Seilzug, der eine Glocke im Gehirn zum Klingeln bringt[20]), beschreibt der von Cicely Saunders geprägte Begriff des *total pain*[21] ein multidimensionales Modell, mit dem das Symptom Schmerz als komplexes Erleben eines einzigartigen Menschen in einer belastenden Lebenssituation verstanden wird. Menschen mit einer unheilbaren und zum Tode führenden Erkrankung leiden nicht nur unter mit einem einfachen Modell von Ursache und Wirkung beschreibbaren physischen Schmerzen, sondern an ihrer gesamten durch die Erkrankung bedingten Lebenssituation. Hinzu kommt die Angst vor der Zukunft, vor dem eigenen Sterben und vor dem Zurücklassenmüssen geliebter Menschen. Starke physische Schmerzen können diese Angst verstärken, indem sie an die Präsenz der unheilbaren Erkrankung und das bevorstehende Sterbenmüssen erinnern. So kann ein *Circulus Vitiosus* entstehen, der Hoffnungslosigkeit und soziale Isolation verursachen und dadurch zur weiteren Schmerzverstärkung führen kann. Korrespondierend zum Modell des *total pain* werden in der Palliativmedizin daher nicht nur die physischen Symptome, sondern bewusst auch die psychischen, sozialen und spirituellen Bedürfnisse unheilbar kranker und sterbender Menschen als miteinander verknüpft wahrgenommen und beantwortet im Sinne einer *total care* analog zum *total pain* bzw. *total symptom*. Dieses impliziert einen sowohl ganzheitlichen wie auch gezielt auf die individuellen Bedürfnisse des jeweiligen Menschen ausgerichteten Betreuungsansatz.

Aus der Hospizidee leiten sich weitere Merkmale ab, in denen sich die Palliativmedizin vom traditionellen Medizinsystem unterscheidet: Während das klassische Medizinsystem darauf zielt, durch ärztliches und pflegendes Handeln Kontrolle über Krankheitsprozesse zu erlangen, um idealerweise eine Heilung der Erkrankung bzw. mindestens eine Verlängerung der Lebenszeit zu erreichen, nehmen sich die Gesundheitsberufe in der Palliativmedizin bewusst zurück; die Betreuung

---

20 Vgl. R. Descartes, *Über den Menschen (1632)*, nach der ersten französischen Ausgabe von 1664 übersetzt und mit einer historischen Einleitung und Anmerkungen versehen von K. E. Rothschuh, Heidelberg 1969, 69.

21 Vgl. D. Clark et al., *A little bit of heaven for the few? An oral history of the modern hospice movement in the United Kingdom*, Lancaster 2005.

sterbender Patienten hat weder ein Verhindern noch ein Beschleunigen des Sterbens zum Ziel. Palliativmedizin ist weniger auf die Befunde als auf das Befinden ausgerichtet; es geht darum, sterbende Menschen zu begleiten im Sinne eines Mantels, der – wenngleich man die grundsätzlichen Wetterbedingungen, d. h. die unheilbare und zum Tode führende Erkrankung nicht ändern kann – Schutz bietet; die individuelle Ausgestaltung der Sterberolle jedoch, Andreas Kruse spricht hier von Autopoiesis im Sinne einer bewussten Gestaltung des eigenen Sterbens,[22] inklusive der Frage, ob überhaupt und in welcher Art und Weise der nach den individuellen Bedürfnissen des Patienten maßgeschneiderte schützend angebotene Mantel angezogen wird, obliegt dem Patienten und seinen Zugehörigen. Auch wenn in der Palliativmedizin als Teil der Schulmedizin die Grundsätze der sog. evidenzbasierten Medizin (EBM) angewandt werden, d. h. die Ergebnisse von klinischen Studien eine wichtige Basis für Therapieentscheidungen darstellen, ist das Ziel der Palliativmedizin keine „Standardtherapie für das Sterben". Vielmehr liegt das Ziel der Palliativmedizin in einer unterstützenden Begleitung eines individuellen Sterbeprozesses, ausgehend von der Beobachtung, dass Menschen ganz unterschiedlich sterben, ebenso wie Menschen auch ganz unterschiedlich leben. So richtet sich z. B. die Tagesstruktur auf Palliativstationen mit den Zeiten für ärztliche Visiten, Mahlzeiten usw. nicht nach den Anforderungen der Institution oder der Effizienz, sondern nach den individuellen Lebensgewohnheiten und Wünschen des Patienten. Aus dem ganzheitlichen Betreuungskonzept leitet sich weiter ab, dass die im traditionellen Medizinsystem immer noch erkennbare (u. a. aus der historischen Entwicklung des Krankenhauses aus den militärischen Feldlazaretten heraus begründete) hierarchische Struktur, in der die ärztliche Berufsgruppe eine Führungsrolle einnimmt, die wiederum in unterschiedliche Rangstufen unterteilt ist (Chefarzt-Oberarzt-Facharzt-Assistenzarzt), abgelöst wird durch eine bewusst gelebte „Team-Kultur", in der sich unterschiedliche Berufe auf Augenhöhe begegnen, in dem Bewusstsein wechselseitiger Ergänzungsbedürftigkeit. Durch die Vernetzung der verschiedenen Blickwinkel unterschiedlicher Berufsgruppen entsteht so etwas gemeinsames Neues, das Erich Loewy mit dem Bild einer „Orchestrierung des Lebensendes" beschrieben hat.[23] Dabei ist das Orchester mehr als die Summe der einzelnen Solisten. Durch gemeinsames Musizieren (was erfordert, dass alle Mitwirkenden nicht nur ihr jeweils eigenes Instrument adäquat spielen können, sondern auch den Klang und die Einsätze der anderen Instrumente kennen) spielt man zwar nach vorgegebenen Noten

---

22 Vgl. A. Kruse, *Vom Leben und Sterben im Alter. Wie wir das Lebensende gestalten können*, Stuttgart 2021, 182.

23 E. H. Loewy, *Orchestrieren oder töten*, in: E. H. Loewy/R. Gronemeyer (Hg.), *Die Hospizbewegung im internationalen Vergleich. Dokumentation des ersten Gießener Symposiums vom 10. bis 12. Dezember 1999*, Gießen 2000, 11.

im Sinne evidenzbasierter Fachlichkeit, ordnet sich dabei aber dem individuellen Patienten als Dirigenten unter, der z. B. Parameter wie Tempo und Rhythmus vorgibt. Zusammenfassend lässt sich feststellen: *to die in dignity and character* (sterben in Würde und Individualität) ist der Inhalt der Hospizidee, aus der sich die Palliativmedizin speist. Versteht man Humanisierung als das Bestreben, die Begleitung Sterbender so gut wie möglich an die individuellen Bedürfnisse eines sterbenden Menschen und seiner Zugehörigen anzupassen, lässt sich die Frage, ob in der Palliativmedizin eine Humanisierung des Sterbens stattfindet, bejahen.

Ein zweiter Blick jedoch zeigt, dass der Beitrag der Palliativmedizin hinsichtlich einer Humanisierung des Sterbens durchaus auch kritisch betrachtet werden muss. Dies soll im Folgenden erläutert werden.

Seit die Palliativmedizin in Deutschland 2005 als medizinisches Fachgebiet und eine durch Weiterbildung und erfolgreiche Prüfung erwerbbare ärztliche Zusatzbezeichnung (ähnlich zu der in Deutschland wie in anderen Ländern ebenfalls angebotenen Weiterbildung in *Palliative Care* für Pflegefachpersonen) etabliert wurde, steigt die Zahl entsprechend weitergebildeter Ärzte kontinuierlich, so dass mit Stand 2020 bereits etwa 12.900 Ärzte die Zusatzbezeichnung Palliativmedizin führten.[24] Im stationären Bereich gibt es in Deutschland inzwischen (Stand 03/23)[25] ca. 340 Palliativstationen und ca. 260 Hospize sowie ca. 400 Teams für eine spezialisierte ambulante palliativmedizinische Betreuung.[26] Jedoch wird die Palliativmedizin vielfach nicht – wie eigentlich mit der Hospizidee intendiert – umgesetzt als grundsätzliche Haltung in allen Gesundheitsberufen und allen medizinischen Fächern; sondern die Palliativmedizin als Betreuung unheilbar kranker und sterbender Menschen entwickelt sich zunehmend zu einem weiteren „Fachgebiet“ einer sich immer weiter spezialisierenden Medizin. Pointiert formuliert: Während das Sterben in der modernen Medizin zunächst überwiegend als Misserfolg therapeutischer Bemühungen verstanden und entsprechend verdrängt wurde, wird der medizinischen Ohnmacht angesichts des Todes nun begegnet durch ein neues Fachgebiet, das mittels eines ganzheitlichen Betreuungskonzeptes und eines exzellenten medizinischen „Managements“ belastender Symptome für ein „gutes“ (definiert als möglichst wenig leidvolles) Sterben sorgen kann. Die Begleitung des Sterbens mitsamt den hierbei auszuhaltenden inhärenten Grenzen medizinischer Handlungsoptionen kann auf

---

24 Vgl. Bundesärztekammer, *Ärztestatistik. Gesundheitsdaten der Kassenärztlichen Bundesvereinigung*, online unter: https://gesundheitsdaten.kbv.de/cms/html/17066.php (Zugriff am 22.02.22).

25 Vgl. Deutscher Hospiz- und Palliativverband (DHPV), *Zahlen, Daten, Fakten – DHPV*, Stand 3.3.2023, online unter: https://www.dhpv.de/zahlen_daten_fakten.html (Zugriff am 22.03.2023).

26 Vgl. Kassenärztliche Bundesvereinigung, *KBV Gesundheitsdaten – SAPV-Teams*, Stand 25.10.2021, online unter: https://gesundheitsdaten.kbv.de/cms/html/17067.php (Zugriff am 22.03.2023).

diese Weise organisatorisch delegiert, medizinisch beherrscht und auf einem höheren Niveau erneut erfolgreich aus der medizinischen Hauptströmung verdrängt werden.

Zugleich wird der Palliativmedizin innerhalb des traditionellen Medizinsystems eine Rolle zugewiesen, die an die Funktion eines „Narren" erinnert. Dabei steht der Narr als ideengeschichtliches Motiv, das sich mit unterschiedlichen Attribuierungen immer wieder in der Kulturgeschichte findet, zum einen für die Erinnerung an die Vergänglichkeit. Bereits im antiken Rom gab es die Tradition, dass hinter dem im Triumphzug in die Stadt einziehenden bejubelten Feldherrn ein Sklave ging, der die Aufgabe hatte, dem siegreichen Feldherrn einen Lorbeerkranz über das Haupt zu halten, dabei jedoch unablässig *memento mori* zu flüstern. An den Fürstenhöfen des Mittelalters entwickelte sich bis in die Zeit des Absolutismus hinein das Narrenmotiv zu der Person des „Hofnarren", der als fester Bestandteil des Hofstaates einerseits die Aufgabe hatte, den Herrschenden als Spaßmacher zu belustigen und trübe Gedanken oder Langeweile zu vertreiben; andererseits aber sollte der Narr auch die Herrschenden erinnern an die Vergänglichkeit ihres irdischen Daseins. Der Narr war innerhalb des Systems in gewissem Sinne zuständig für die „Metaebene". Dabei stand er, gekennzeichnet durch seine Kleidung, außerhalb der ständischen Ordnung und hatte innerhalb der gesellschaftlich vorgegebenen Normen einen besonderen Handlungsspielraum, die sprichwörtliche „Narrenfreiheit". Diese Freiheit konnte der Narr nutzen, um als kritischer Beobachter des Zeitgeschehens den Herrschenden konträre Einschätzungen und Impulse zum Nachdenken sowie gegebenenfalls auch zu verändertem Handeln zu übermitteln. Die Angesprochenen hatten dabei die Freiheit, die kritischen Botschaften des Narren anzunehmen, oder aber sie als „Narretei" zu klassifizieren und zu ignorieren, ohne dabei das Gesicht zu verlieren. *Cum grano salis* kann man auch in der Rolle der Palliativmedizin innerhalb des medizinischen Mainstreams Parallelen zum Narrenmotiv erkennen: nicht nur, weil die Palliativmedizin immer wieder auf die in der modernen Medizin ansonsten überwiegend ausgeblendeten Themen Sterben und Tod hinweist und diese sogar in ihr Zentrum stellt, sondern auch, weil die Palliativmedizin in vielen Bereichen konträr zum medizinischen Mainstream organisiert ist: Statt einer ärztlichen und pflegerischen Kontrolle über Krankheitsprozesse geht es um ein bewusstes Sich-zurück-Nehmen, beim dem die Ausgestaltung des Sterbens bewusst dem Patienten überlassen wird. Einer abgegrenzten Professionalität und Auffächerung in immer kleinteiliger organisierte medizinische Subdisziplinen im traditionellen Medizinsystem steht in der Palliativmedizin ein holistischer Behandlungsansatz gegenüber mit einer bewussten Integration von Ehrenamtlichen, die als Nicht-Professionelle einen unverzichtbaren Teil des Betreuungsteams bilden, indem sie eine durch keine professionelle Betreuung ersetzbare zwischenmenschliche Solidarität leben und die gesellschaftliche Normalität des Sterbens repräsentieren. Und inhaltlich steht dem Selbstverständnis eines helfenden Tuns im traditionellen Medizinsystem im Sinne eines *give me a problem and I'll fix it* in der Palliativmedizin ein „Liebevoll-lassen-Können" und ein Benennen, Würdigen und Aushalten von Leiden im Sinne eines *sitting with suffering*[27] gegenüber.

Die Palliativmedizin bewegt sich also in einem Spannungsfeld. Einerseits ist sie Teil des klassischen Medizinsystems. Anders als Hospize sind Palliativstationen als Teil der Akutmedizin an Krankenhäusern angesiedelt und sowohl die stationäre wie auch die ambulante Palliativversorgung werden gemäß Sozialgesetzbuch V durch die gesetzliche Krankenversicherung finanziert. Andererseits ist die Palliativmedizin ebenso wie die überwiegend durch bürgerschaftliches Engagement getragenen ambulanten Hospizgruppen und die stationären Hospize Teil der Hospizbewegung und versucht, die Hospizidee bewusst in das Medizinsystem zu integrieren. Mit dem Wissen um dieses Spannungsfeld lässt sich nachvollziehen, warum die deutsche Übersetzung des von Cicely Saunders und ihrem Schüler Balfour Mount geprägten Begriffes „*Palliative Care*" eine wichtige Bedeutung hat. Der englische Begriff *Care* lässt sich wörtlich übersetzen mit „Versorgung". Dies ist jedoch problematisch, da es impliziert, dass hier versorgende Subjekte (Professionelle und Ehrenamtliche) sterbende Menschen als Objekte ihrer Fürsorge betreuen.[28] *Care* ist jedoch ein Begriff, der mehr umfasst als ärztliche Betreuung und medizinische Pflege. Gronemeyer und Heller weisen richtig darauf hin, dass die Haltung der Hospizidee eine „fragende Haltung" gegenüber leidenden Menschen ist; es geht nicht in erster Linie darum, dass man etwas gibt, sondern dass man sich selbst gibt als ein resonanzfähiges Gegenüber, das einfach „da ist" für den Sterbenden. Es geht darum, das Sterben und die Sterbenden nicht auszugrenzen, sondern die Sterbenden in die Mitte unserer Gesellschaft zurückzuholen; Klaus Dörner spricht von einer „Resozialisierung" der Sterbenden,[29] bei der Sterbende nicht nur „Versorgte", sondern durchaus auch „Gebende" sein können. Diese Art der Sorgekultur kommt im Sprachgebrauch anderer Länder deutlicher zum Ausdruck, z. B. in dem in Norwegen und anderen skandinavischen Ländern verwendeten Begriff *Omsorg* (umsorgen) oder im Begriff Sorge (*palliatieve zorg*), wie er in den Niederlanden verwendet wird.[30] In Deutschland wird durch die Deutsche Gesellschaft für Palliativmedizin als zuständiger medizinischer

27 Vgl. M. Rattner/J. Berzoff, *Rethinking Suffering. Allowing for Suffering that is Intrinsic at End of Life*, in: *Journal of Social Work in End-of-life & Palliative Care* 12 (2016), 240–258.

28 Vgl. R. Gronemeyer/A. Heller, *In Ruhe sterben. Was wir uns wünschen und was die moderne Medizin nicht leisten kann*, München 2014, 93.

29 Vgl. K. Dörner, *Der gute Arzt. Lehrbuch ärztlicher Grundhaltung*, Stuttgart [2]2003, zit. nach: Gronemeyer/Heller, *Suizidassistenz? Warum wir eine solidarische Gesellschaft brauchen*.

30 Vgl. R. Radbruch/S. Payne, *White paper on the standards and norms for hospice and palliative care in Europe: part 1.*, in: *European Journal of Palliative Care* 16 (6) (2009), 278–289.

Fachgesellschaft bewusst der Begriff Palliativmedizin verwendet, um die Integration von *Palliative Care* in das traditionelle Medizinsystem zu betonen. Selbstverständlich sollen mit der Übersetzung von *Palliative Care* als Palliativmedizin nicht nur der Beitrag der ärztlichen und pflegenden Berufsgruppen, sondern auch die anderen Gesundheitsberufe ebenso wie die weiteren zum palliativmedizinischen Behandlungsteam gehörenden Berufsgruppen wie z. B. Seelsorge, Psychologie oder Sozialarbeit gewürdigt werden. Durch den Begriff Palliativ*medizin* wird jedoch das Fach als eine ernstzunehmende Disziplin auf Augenhöhe mit den anderen medizinischen Disziplinen im traditionellen Medizinsystem verankert (vgl. das bereits beschriebene Narrenmotiv!). Aus diesem Grunde kann man *Palliative Care* auch schlecht übersetzen mit „palliative Pflege", weil dieses dann innerhalb des traditionellen Medizinsystems möglicherweise im Sinne von therapeutischem Nihilismus als „reine Pflege" missverstanden würde.

In dem Bemühen der Palliativmedizin um Anerkennung als ernstzunehmende Fachdisziplin innerhalb des traditionellen Medizinsystems liegt jedoch auch die Gefahr, dass die aus der Hospizidee als Wurzel resultierenden bewussten „Brüche" zur medizinischen Hauptströmung allmählich abgeschliffen werden und so immer weniger zu einem Impuls und *Nucleus* für einen Paradigmenwechsel im traditionellen Medizinsystem werden können. So sind der zunehmende Ausbau, die immer differenzierter werdende Institutionalisierung und die ökonomische Abbildung der Palliativmedizin in der Abrechnungssystematik des Gesundheitssystems wie zuletzt im Hospiz- und Palliativversorgungsgesetz von 2015, mit dem die „Palliativversorgung" ausdrücklich zum Bestandteil der Regelversorgung in der gesetzlichen Krankenversicherung erklärt wurde,[31] einerseits ein Fortschritt in Richtung einer Humanisierung des Sterbens. Andererseits besteht jedoch gerade durch die zunehmende Institutionalisierung der Palliativmedizin im traditionellen Medizinsystem die Gefahr, dass die „Sorge" und der Begegnungscharakter in der Begleitung Sterbender überdeckt werden durch eine tätigkeitsbezogene qualitätskontrollierte „palliativmedizinische Versorgungsindustrie".

In der eingangs zitierten Definition der Weltgesundheitsorganisation (WHO) wird als Ziel der Palliativmedizin ein „Vorbeugen und Lindern von Leiden" durch „frühzeitiges Erkennen und fehlerlose Erfassung und Behandlung von Schmerzen und anderen physischen, psychosozialen und spirituellen Problemen" definiert,[32]

---

31 Vgl. *Gesetz zur Verbesserung der Hospiz- und Palliativversorgung in Deutschland vom 1. Dezember 2015*, in: *Bundesgesetzblatt* Jahrgang 2015 Teil I Nr. 48, ausgegeben zu Bonn am 7. Dezember, online unter: https://www.bgbl.de/xaver/bgbl/start.xav?startbk=Bundesanzeiger_BGBl&jumpTo=bgbl115s2114.pdf#__bgbl__%2F%2F*%5B%40attr_id%3D%27bgbl115s2114.pdf%27%5D__1677329168470 (Zugriff am 01.02.2023).

32 World Health Organization, *Strengthening of palliative care*, WHO 67.19, Agenda item 15.5.

und in der Tat gehört das Bemühen um die Linderung von Leiden zum Kern des medizinischen Selbstverständnisses. Der Tod bleibt jedoch ein erschütterndes Ereignis, und die Grundbedingung der letztlich unabwendbaren Endlichkeit unserer Existenz bleibt ebenso „untherapierbar" wie unser existentielles Leiden daran. Obwohl die WHO-Definition in der Tradition des Medizinsystems *relief of suffering* als Ziel von *Palliative Care* bestimmt („Palliative care is an approach that improves the quality of life of patients [...] through the prevention and relief of suffering by means of early identification and correct assessment and treatment of pain and other problems, whether physical, psychosocial or spiritual"[33]), können zwar körperlich belastende Symptome therapiert werden, und es kann auf psychosoziale und spirituelle Bedürfnisse (die WHO spricht interessanterweise von „Problemen") eingegangen werden, aber Leiden bleibt eine *conditio humana* und ist nicht einfach auf ein im Sinne von Ursache und Wirkung therapierbares Symptom reduzierbar. Dem Leiden eines Menschen respondiert ein mitleidfähiges Gegenüber. Auch wenn die WHO-Definition in der Tradition des klassischen ärztlichen Selbstverständnisses von einem *„relief of suffering"* spricht, besteht die Palliativmedizin zu einem nicht unbeträchtlichen Teil aus dem Benennen, Aushalten und Würdigen von Leiden sowie dem Aushalten, dass man nicht alles Leiden erleichtern kann. Auch dieses *sitting with suffering*[34] kann eine Humanisierung des Sterbens darstellen. Aus dem *watch with me* (übersetzt: bleib bei mir), das Cicely Saunders beschreibt als Essenz der Hospizidee,[35] kann eine Form des Heilens entstehen, die sich an den Begriffen *to cure* und *to heal* verdeutlichen lässt, die beim Begriff der Heilung im Englischen unterschieden werden. Obwohl eine Erkrankung inkurabel ist und nicht zum Verschwinden gebracht werden kann, so dass der Mensch nicht geheilt ist im Sinne eines Wieder-so-Leben-Könnens-wie-zuvor, kann ein Mensch auch bei nicht verschwundener Krankheit dennoch wieder „heil" werden im Sinne einer die Krankheit integrierenden neuen Ganzheit.

Eine zunehmende Institutionalisierung und Professionalisierung der Palliativmedizin birgt die Gefahr, dass der soziale Zusammenhang des Sterbens verdeckt wird von einer perfekten medizinischen Rundumversorgung als Systempaket des Gesundheitswesens. In der Palliativmedizin vielfach verwendete Ausdrücke wie „Symptomkontrolle" oder „Symptommanagement" weisen nicht nur auf einen gewissen Distanzierungs-Jargon hin, sondern spiegeln auch das Selbstverständnis unserer modernen Gesellschaft, das, was uns widerfährt, möglichst kontrollieren und managen, also steuernd beherrschen zu wollen. Kernbotschaft der Hospizidee ist

33 World Health Organization, *Strengthening of palliative care*, WHO 67.19, Agenda item 15.5.
34 Vgl. Rattner/Berzoff, *Rethinking Suffering*, 240–258.
35 Vgl. C. Saunders, *Watch with me*, Sheffield 2003.

jedoch, dass das Sterben grundsätzlich eine „normale menschliche Lebensphase" darstellt, die nicht *per se* als Krankheit pathologisiert werden muss und deren Begleitung nicht auf die Betreuung durch professionell tätige Experten reduziert werden kann, sondern die durch soziale Systeme wie Familie, Freunde und Nachbarschaft sowie durch lokal gegebenenfalls unterschiedliche Formen des Umgangs mit Sterben und Tod geprägt ist. Für eine weitere Humanisierung des Sterbens durch eine verbesserte soziale Einbindung müssen wir unser Denken in Modellen von „*Care*-Dienstleistungen" daher erweitern hin zu einem zivilgesellschaftlichen Ansatz. Dies beinhaltet eine Stärkung der jeweiligen Sorge-Netzwerke sterbender Menschen durch den Ausbau supportiver Strukturen in den Gemeinden, vor allem aber die Solidarität der Zivilgesellschaft hinsichtlich der Wichtigkeit der Unterstützung sterbender Menschen und ihrer Zugehörigen.[36]

36 Vgl. A. Kellehear, *Compassionate communities: end-of-life care as everyone's responsibility*, in: *Quarterly Journal of Medicine: An international journal of medicine* 106 (2013), 1071–1077; K. Wegleitner et al., *Public Health als kommunale Sorgekultur*, in: H. Schmidt-Semisch/F. Schorb (Hg.), *Public Health. Disziplin - Praxis - Politik* (Sozialwissenschaftliche Gesundheitsforschung), Wiesbaden 2021, 285–302.

Alfred Königsrainer

Aktuelle Entwicklungen in der Transplantationsmedizin und ihre Implikationen für das Todesverständnis

1 Einleitung

Die weltweit erste erfolgreiche Organübertragung war eine Nierentransplantation zwischen eineiigen Zwillingen und wurde 1954 in Boston (USA) durchgeführt. Aufgrund der identischen Erbsubstanz der beiden Brüder war lediglich eine moderate Immunosuppression mit Steroiden erforderlich. Erst die wesentlichen Fortschritte der Immunosuppression in den folgenden Jahren machen die Lebertransplantation, Herztransplantation, Lungentransplantation, Pankreastransplantation und letztlich auch die Darmtransplantation überhaupt erst möglich. Durch die ständige Verfeinerung der chirurgischen Technik sowie die Verbesserung der Anästhesie- und Intensivmedizin sind Organtransplantationen inzwischen Standardverfahren an spezialisierten Kliniken geworden. Der Transplantatverlust durch chirurgische Komplikationen und Abstoßungsreaktionen liegt heutzutage weit unter 10%, nach einem Jahr zeigen 80% bis 90% der Organe eine stabile Funktion. Die weitgehende Verhinderung von Abstoßungsreaktionen hat allerdings auch ihre Kehrseiten, und zwar gibt es neben spezifischen Nebenwirkungen der einzelnen Medikamente ein höheres Risiko für Infektionen und eine gewisse Zunahme der Inzidenz von Tumoren im Langzeitverlauf.

Hauptprobleme der modernen Transplantationsmedizin bleiben allerdings nach wie vor das chronische multifaktoriell bedingte Transplantatversagen und vor allem ein sich verschärfender Organmangel. In Deutschland warten derzeit beinahe 10.000 Patienten auf eine Transplantation, wovon lediglich ein Drittel zeitgerecht transplantiert werden kann. Besonders tragisch ist, dass im Jahre 2020 ca. 850 Patienten auf der Warteliste verstorben sind und weitere 700 vorwiegend wegen Komorbiditäten von der Warteliste gestrichen werden mussten. So beträgt die aktuelle Wartezeit für eine Nierentransplantation bei Patienten mit Blutgruppe 0 oder Blutgruppe A 5 bis 6 Jahre.[1] Dem Organmangel kann zum Teil chirurgisch begegnet werden, und zwar durch Teilung einer Leber (Splitting) in

1 Vgl. Deutsche Stiftung Organtransplantation (DSO), *Jahresbericht* 2020, Frankfurt a.M. 2021, online unter: https://dso.de/SiteCollectionDocuments/DSO-Jahresbericht%202020.pdf (Zugriff am 09.06.2023).

https://doi.org/10.1515/9783111055602-024

zwei Transplantate, und letztlich auch mittels einer Lebendspende. Diese Möglichkeit bietet sich für die Niere, aber auch bei der Leber, wo ein Leberlappen oder zwei Segmente bei einem gesunden Spender entnommen werden können. Wichtigste Voraussetzung dafür ist, dass dem Spender durch die Organentnahme kein kurz-, aber vor allem langfristiger Schaden erwächst. Nach dem Transplantationsgesetz muss die Spende freiwillig sein und darf nur zwischen Verwandten 1. oder 2. Grades, zwischen Ehepartnern und dem Empfänger besonders nahestehenden Personen erfolgen. Die Freiwilligkeit der Entscheidung für die Organspende wird von einer unabhängigen Kommission der Ärztekammer überprüft.

Die Zuteilung eines Transplantates erfolgt nach klaren Richtlinien über eine unabhängige Verteilungsstelle, die für Deutschland und andere europäische Länder in Leiden, Holland (Eurotransplant) angesiedelt ist. Diese sind für alle Organe unterschiedlich und beinhalten unter anderem den Immunisierungsstatus des Empfängers, die Übereinstimmung von Blutgruppe und HLA-Kompatibilität zwischen Spender und Empfänger, die Wartezeit, aber genauso die Dringlichkeit einer Transplantation. Ebenso sollte die Erfolgsaussicht und eine größtmögliche Gerechtigkeit Berücksichtigung finden.

Letztlich muss jegliche Organübertragung alternativen Behandlungsoptionen überlegen sein und für den Patienten, gerade wenn es sich um überlebenswichtige Organe handelt, nicht nur das Überleben sichern, sondern auch mit einer adäquaten Lebensqualität einhergehen.

Patientennutzen durch Transplantation im Vergleich zu alternativer Behandlung ohne Transplantation: Was muss erfüllt sein?

- Bessere Lebensqualität
- Deutlich verbesserte Überlebenswahrscheinlichkeit
- Beachtung der Wirtschaftlichkeit

Auch wenn auf der Habenseite der Benefit für den Empfänger eines Transplantates auf der Hand liegt, ist Transplantation emotional beladen und bis auf die geringe Inzidenz der Lebendspende nur durch eine postmortale Organspende möglich. Dies wiederum ist unweigerlich mit dem Ableben eines Menschen verbunden. Dabei müssen wir als Transplantationschirurgen der Richtigkeit der Todesfeststellung vertrauen, denn nur dann ist jegliche Intervention bzw. Organentnahme bei vorliegender Zustimmung überhaupt denkbar. Dies ist in Deutschland durch das Transplantationsgesetz vom Juli 2022 geregelt. In der neuesten Fassung wurden die strukturellen Vorgaben und Abläufe deutlich geschärft, sodass die Feststellung des irreversiblen Funktionsausfalls des Gehirns als absolut sicher angesehen werden kann.

Der Organmangel in Deutschland ist multifaktoriell und lässt sich nicht durch fehlende Infrastruktur (wir sind eher überversorgt mit Transplantationszentren) oder dem fehlenden Willen der Bevölkerung erklären. Während in Spanien, das Land mit dem höchsten Spenderaufkommen weltweit, die Zustimmung der Bevölkerung bei etwa 85% liegt, zeigen Umfragen in Deutschland eine Zustimmung von 75%. Man müsste somit eine deutlich höhere Spenderzahl erwarten können. Verbesserungspotential gibt es in Kliniken insbesondere bei der Spendererkennung und bei der Logistik der Umsetzung und dem Ablauf der Organspende. Diesem Problem wurde politisch durch flächendeckende Implementierung von Transplantationsbeauftragten in allen Kliniken mit Intensivstationen, Refinanzierung der Entnahmekrankenhäuser, ein verpflichtendes Meldesystem, Verfahrensanweisungen zur Festlegung der Zuständigkeiten und Abläufe und letztlich auch eine Betreuung der Angehörigen Rechnung getragen. Trotz all dieser Maßnahmen und dem politischen Willen dahinter zeigt sich tendenziell ein weiterer Rückgang der Spenderzahlen. Von 60.000 Todesfällen mit Hirnschädigung in deutschen Krankenhäusern wurden ca. die Hälfte zumindest temporär beatmet, 3000 gemeldet, und letztlich resultierten daraus weniger als 1000 Organspender.[2] Bezogen auf die hohe Zustimmungsrate der deutschen Bevölkerung bedeutet dies, dass der Wille des Volkes nicht umgesetzt werden konnte. Die Verantwortlichen und Fachgesellschaften haben das Problem in der Tiefe analysiert, und in mehreren Teilbereichen wurden gezielte Maßnahmen auf dem Weg gebracht. Ob die neuerliche Diskussion zur Implementierung der Widerspruchslösung als weiteren Baustein eine Trendwende herbeiführen würde, wage ich zu bezweifeln. Vielmehr sehe ich ein hohes Potential in den Kliniken, welches allerdings ein striktes Umsetzen der oben beschriebenen Maßnahmen erfordert.

2 Nierentransplantation

Für die Nierentransplantation ist es zwischenzeitlich klar belegt, dass Patienten deutlich davon profitieren und länger leben als Patienten, die an der Dialyse verbleiben. Unberücksichtigt bleibt dabei der Faktor Lebensqualität. Während Dialysepatienten in ihrer Freiheit durch die mehrmals wöchentliche Blutwäsche deutlich eingeschränkt sind, können Transplantierte mit wenigen Ausnahmen ein weitgehend normales Leben führen. Dies inkludiert berufliche Tätigkeiten genauso wie Aktivitäten in der Freizeit, Reisen und Sport. Für Frauen mit einer stabilen Trans-

2 Vgl. A. Rahmel, *Bericht des Vorstandes. Vortrag* (18. Jahreskongress der Deutschen Stiftung Organtransplantation), Frankfurt a. M. 2022.

plantatfunktion sind auch Schwangerschaften und die Geburt gesunder Kinder eine Selbstverständlichkeit.

In einer Vergleichsbeobachtung hatten Patienten, die an der Dialyse verblieben sind, ein etwa 40% schlechteres 5-Jahres-Überleben.[3] Nach Angaben der National Kidney Foundation[4] beträgt die 1-Jahres-Überlebensrate für Nierentransplantationen etwa 95%, während die 5-Jahres-Überlebensrate etwa 85% beträgt. Im Vergleich dazu beträgt die 1-Jahres-Überlebensrate für Hämodialyse etwa 85% und die 5-Jahres-Überlebensrate etwa 35%.

In einer rezenten europäischen Vergleichsstudie von 2015–2019 wurden die zu erwartenden Rest-Lebensjahre der allgemeinen Bevölkerung im Vergleich zu Dialysepatienten und transplantierten Patienten berechnet. So wurde für 30–34-jährige gesunde Menschen eine zu erwartende Überlebenswahrscheinlichkeit von weiteren 50 Jahren, für Dialysepatienten von unter 20 Jahren und für Transplantierte von beinahe 40 Jahren berechnet. Für die Altersgruppe von 50–54 Jahren ergab die Berechnung weitere 37 Jahre für Gesunde, für Dialysepatienten knappe 10 Jahre und für Transplantierte immerhin eine Verdoppelung auf 20 Jahre. Auch über 65-jährige profitieren noch signifikant von einer Nierentransplantation im Vergleich zu Dialysepatienten.[5] Es ist aber auch relevant, wie lange man auf der Warteliste steht, denn Patienten, die weniger als sechs Monate dialysiert werden, haben ebenfalls eine deutlich höhere Überlebenschance als solche, die länger als zwei Jahre dialysiert werden müssen.

Zusammengefasst spricht alles für eine zeitnahe Nierentransplantation: Die Lebensqualität ist besser, das Überleben länger und letztlich schlägt das Pendel, auch was Kosteneffizienz angeht, eindeutig zu Gunsten der Transplantation aus. So kostet die Transplantation samt der notwendigen Medikation zur Modulation des Immunsystems so viel wie ein Jahr Dialyse.

Nachdem der Spendermangel das Hauptproblem darstellt, werden in Deutschland circa 30% der Nierentransplantationen durch eine Lebendspende realisiert.[6] Gemeint ist, dass ein gesunder Mensch – ein naher Verwandter – dem Patienten eine seiner Nieren spendet. Obwohl die Langzeitergebnisse für den Empfänger im Vergleich zu einer Todspende deutlich besser sind, muss ein gesunder Mensch operiert werden und verliert ein wichtiges Organ. Auch wenn die Komplikationsrate

3 Vgl. *Österreichisches Dialyse- und Transplantationsregister*, online unter: https://www.nephrologie.at/gesellschaft/oedtr (Zugriff am 09.06.2023).

4 National Kidney Foundation, online unter: https://www.kidney.org (Zugriff am 09.06.2023).

5 Vgl. European Renal Association (ERA), *ERA registry report*, online unter: https://www.era-online.org (Zugriff am 09.06.2023).

6 Vgl. Deutsche Stiftung Organtransplantation (DSO), *Jahresbericht* 2017, Frankfurt a.M. 2018, online unter: https://dso.de/SiteCollectionDocuments/DSO_JB_17_www.pdf (Zugriff am 02.09.2023).

und das Risiko für Spätschäden sehr niedrig sind, bleibt die Spende ein Eingriff in die Integrität eines gesunden Individuums und kann nur als großer Akt der Nächstenliebe gesehen werden.

3 Lebertransplantation

Bei der Lebertransplantation sprechen wir von einem lebenswichtigen Organ, d. h., ein Versagen der Organfunktion ist mit dem Leben nicht vereinbar, es gibt keine Maschine im Sinne einer künstlichen Leber, die die komplexen Stoffwechselvorgänge übernehmen könnte. Zudem ist eine eingeschränkte Leberfunktion, je nach Schweregrad, mit viel Leid verbunden. Patienten verlieren Muskelmasse, entwickeln Aszites (Bauchwassersucht) und haben ein hohes Blutungsrisiko aus Ösophagusvarizen. Letztlich resultiert ein Nierenversagen, gefolgt von einer hoch riskanten Dekompensation.

Dem Transplantationsregister kann man entnehmen, dass das 10-Jahres-Überleben nach Lebertransplantation bei etwa 70% liegt, immerhin sind nach 20 Jahren noch 40%-50% der Patienten nach einer Lebertransplantation noch am Leben.[7] Können Patienten mit einer terminalen Lebererkrankung nicht transplantiert werden, so beläuft sich das mittelfristige Überleben auf wenige Monate. Die allermeisten dieser Patienten versterben innerhalb von ein bis zwei Jahren. Die Organzuteilung an Patienten auf einer Warteliste orientiert sich in Deutschland an der *Dringlichkeit und Erfolgsaussicht*, was gewissermaßen ein Widerspruch darstellt. Unter Dringlichkeit wird definiert, wie hoch das Risiko für einen Patienten ist, innerhalb von drei Monaten an den Folgen der Lebererkrankung zu versterben. Die Dringlichkeit wird mit Hilfe des MELD-Score (*M*odel of *E*nd Stage *L*iver *D*isease) berechnet, und zwar basiert die Berechnung im Wesentlichen auf drei Blutbefunden (Leber- und Nierenfunktionswerte). Bezüglich der Erfolgsaussicht wird vom Gesetzgeber bzw. der ständigen Transplantationskommission der Bundesärztekammer eine 5-Jahres-Überlebenswahrscheinlichkeit von 50% gefordert. Betrachtet man allerdings die Überlebenschancen der Patienten, die mit einem sehr hohen MELD-Score, d. h. in einem sehr schlechten Zustand transplantiert werden, so liegt das 1-Jahres-Überleben lediglich um die 50% oder knapp darüber, d. h. somit deutlich unter der Sollvorgabe. Daneben mussten für eine Reihe von Patientengruppen Ausnahmekriterien erarbeitet werden, damit diese von einer lebensrettenden Transplantation nicht a priori ausgeschlossen sind. Dies betrifft im Wesentlichen Patienten mit einem al-

7 Vgl. *Kaplan-Meier Überlebenskurve aus dem europäischen Register für Lebertransplantation*, online unter: http://www.eltr.org/IMG/png_Diapositive4_.png (Zugriff am 28.06.2023).

koholbedingten akuten Leberversagen, Patienten mit primären und sekundären Lebertumoren und vielfach auch cholestatischen Hepatopathien.

4 Pankreastransplantation

Die erste erfolgreiche Pankreastransplantation wurde im Jahr 1967 in Minneapolis bei einem Patienten mit einem Typ 1 Diabetes mellitus in Verbindung mit einer diabetischen Nephropathie durchgeführt. Dieses Patientengut stellt nach wie vor die Hauptindikation dar. Inzwischen werden jährlich ca. 2000 Pankreastransplantationen, meist in Kombination mit einer Niere und deutlich seltener in Verbindung mit einer Leber, durchgeführt. Durch die Optimierung der chirurgischen Technik, guter Spender- und Empfängerselektion, insbesondere aber auch durch eine zielgerichtete Immunsuppression, können exzellente Langzeitfunktionsraten erreicht werden.

Nachdem die Pankreastransplantation lediglich einen Hormondefizit korrigiert und somit nicht als akut lebenserhaltender Eingriff klassifiziert werden kann, werden besondere Erfolgskriterien gefordert. Wesentlich dabei ist zumindest eine vergleichbare Lebenserwartung gegenüber nicht transplantierten Patienten mit einer ähnlichen bzw. vergleichbaren Ausgangslage. Gemeint ist, dass das operative Risiko und die Folgen der Langzeitimmunsuppression gerechtfertigt sein müssen. Die klassische Indikation zur kombinierten Pankreas- und Nierentransplantation (simultane Pankreas-Nierentransplantation = SPK) besteht bei Patienten mit einer Diabetes assoziierten Niereninsuffizienz. Die Indikationen für eine alleinige Pankreastransplantation ist ein instabiler Typ 1 Diabetes vorwiegend bei „hypoglycemia unawareness" und bei rasch progredienten Sekundärkomplikationen bei guter Nierenfunktion.

Als erfolgreiche Transplantation wird ein normaler Kohlenhydratstoffwechsel gewertet, d. h., der Patient braucht keine Insulinzufuhr mehr, hat ein normales C-Peptid und einen normalen Hb1c Wert. Das Patientenüberleben und die Transplantatfunktionsrate nach simultaner Pankreas- und Nierentransplantation nach 1, 5, 10, und 20 Jahren werden mit 95%, 89%, 80%, 58%, 56% sowie 85%, 76%, 63%, 36% und 32% angegeben.

Obige Daten aus einem spezialisierten Zentrum in den USA belegen beeindruckend, dass Patienten nach (SPK) ein signifikant besseres Überleben als Patienten mit Typ 1 Diabetes nach einer alleinigen Nierentransplantation haben. In der monozentrischen Analyse erreichten SPK-Patienten nach 20 Jahren ein Überleben von 56.8%, gegenüber 32.8% nach alleiniger Nierentransplantation (Lebendspende) bzw. 14.7% (postmortaler Spender). Ein Überlebensvorteil der SPK auch gegenüber der Lebendspende einer Niere zeigte sich bereits nach fünf Jahren (Abb. 1). Haupt-

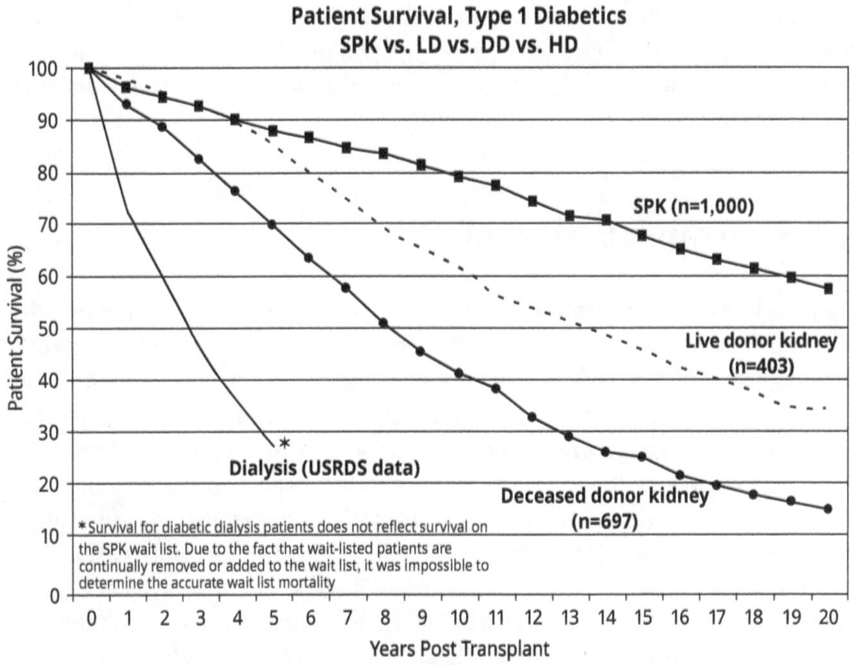

Abbildung 1: Vergleich Patientenüberleben bei Typ 1 Diabetes mellitus: 1000 Patienten nach kombinierter Pankreas-Nierentransplantation (SPK), 403 Patienten nach alleiniger Nierentransplantation allerdings durch eine Lebendspende, 697 Patienten nach alleiniger konventioneller Nierentransplantation und Dialysepatienten aus dem amerikanischen Dialyseregister (USRDS).[8]

todesursache bei diesen Patienten insbesondere nach alleiniger Nierentransplantation sind kardiovaskuläre Komplikationen.

Die Pankreastransplantation hat einen günstigen Einfluss auf den Augenhintergrund, und zwar wird die proliferative diabetische Retinopathie positiv beeinflusst bzw. die Progression verlangsamt. Eine Rückbildung kann allerdings nur in frühen Stadien der Retinopathie erwartet werden. An den großen Gefäßen verbesserte sich die Endothelfunktion und die Mediadicke nimmt ab, insbesondere kommt es an den Koronargefäßen zu einem Rückgang arteriosklerotischer Veränderungen. Dies ist wohl der wesentliche Faktor für das signifikant längere Überleben dieser Patienten. Ebenso verbessert sich die sensorische und motorische Neuropathie.

8 H. Sollinger/J. S. Odorico/Y. T. Becker/A. M. D'Alessandro/J. D. Pirsch, *One Thousand Simultaneous Pancreas-Kidney Transplants at a Single Center With 22-Year Follow-Up. Discussion*, in: *Annals of Surgery* 250(4) (2009), 618–630.

Durchwegs wird von Patienten nach erfolgreicher simultaner Pankreas- und Nierentransplantation eine bessere Lebensqualität als nach alleiniger Nierentransplantation angegeben, und zwar steht da insbesondere der Wegfall diabetesbedingter Einschränkungen im Vordergrund.[9]

5 Darmtransplantation

Darmverlust durch erweiterte Resektionen unter ein kritisches Minimum wird als Kurzdarm definiert.[10] Unterschiedlichen Erkrankungen (M. Crohn, Verwachsungen, schwere Bauchfellentzündung uam.) oder ein schweres Bauchtrauma beim Erwachsenen sowie angeborene Enteropathien und eine nekrotisierende Enterokolitis bei Frühgeborenen sind die häufigsten Gründe für einen Kurzdarm. Als kritisch wird eine Darmlänge von < 1 m erachtet, wobei ebenfalls zu beachten ist, welche Abschnitte fehlen und ob noch Dickdarm vorhanden ist. Die resultierende Mangelernährung erfordert mehr oder weniger eine totale parenterale patientenangepasste Ernährung. Das primäre Therapieziel ist gerade bei Kindern die enterale Rehabilitation[11] durch den Einsatz von Wachstumsfaktoren[12] und chirurgische Verfahren der Darmverlängerung, um möglichst alle vorhandenen Darmabschnitte in Kontinuität zu bringen.

Die totale parenterale Ernährung alleine gilt heute nicht mehr als Indikation für eine Darmtransplantation. Nur wenn trotz optimaler parenteraler Ernährung ein kontinuierlicher Gewichtsverlust dokumentiert ist, rezidivierende katheterassoziierte Septikämien auftreten, eine progrediente Hepatopathie vorliegt oder kein suffizienter venöser Zugang mehr besteht, spricht man von einem irreversiblen Darmversagen[13] und die Indikation zur Transplantation ist gegeben.

---

9 Vgl. K. K. Sureshkumar/B. M. Patel/A. Markatos/D. D. Nghiem/R. J. Marcus, *Quality of life after organ transplantation in type 1 diabetics with end-stage renal disease*, in: *Clin Transplant* 20(1) (2006), 19–25.

10 Vgl. G. Lamprecht/A. Königsrainer, *Kurzdarmsyndrom*, in: *Gastroenterologie up2date* 09(03) (2013), 157–170.

11 Vgl. G. Frongia/A. Nickkholgh/M. M. R. Hafez/J. Arvin/A. Saffari/M. Golriz/E. Aydin/S. Weih/M. Kessler/G. Emami/C. Garoussi/J. G. Okun/K. Schmidt/C. Thiel/M. Brune/P. Günther/S. Holland-Cunz/A. Mehrabi, *Significance of the Extent of Intestinal Resection on the Outcome of a Short-bowel Syndrome in a Porcine Model*, in: *J Invest Surg* 29(1) (2016), 57–65.

12 Vgl. P. B. Jeppesen/R. Gilroy/M. Pertkiewicz/J. P. Allard/B. Messing/S. J. O'Keefe, *Randomised placebo-controlled trial of teduglutide in reducing parenteral nutrition and/or intravenous fluid requirements in patients with short bowel syndrome*, in: *Gut* 60(7) (2011), 902–914.

13 Vgl. P. Ruiz, *Updates on acute and chronic rejection in small bowel and multivisceral allografts*, in: *Curr Opin Organ Transplant* 19(3) (2014), 293–302.

Darmtransplantationen erfordern ein patientenangepasstes Vorgehen, und zwar kann in Abhängigkeit vom Ausgangssitus die Transplantation einmal als isolierte Darmtransplantation oder als kombinierte Transplantation mit der Leber oder zusammen mit weiteren Oberbauchorganen notwendig sein.[14] Für die isolierte Darmtransplantation ist eine normale Leberfunktion die absolute Voraussetzung. In der Neuzeit wird neben dem gesamten Dünndarm beinahe immer auch das rechte Hemicolon mittransplantiert, um den Flüssigkeitshaushalt besser steuern zu können.

Die Ergebnisse der Transplantationen werden in einem internationalen Transplantationsregister kontinuierlich erfasst. In etwa 2/3 der Patienten erreichen eine komplette orale Autonomie, d. h. sie können sich enteral ernähren, die restlichen brauchen meist über Nacht eine zusätzliche Ernährung oder Flüssigkeit über die Vene. Die Lebensqualität wird vorwiegend als gut bis exzellent angegeben, die Patienten können ihrem Beruf wieder nachgehen und lassen sich sozial reintegrieren. Das Überleben nach einem, nach fünf und nach zehn Jahren wird mit 80%, 60% sowie 50% angegeben.[15] Diese Ergebnisse sind mehr als gut, wenn man bedenkt, dass Patienten mit einem terminalen Darmversagen meist eine Lebenserwartung von wenigen Monaten haben und neben der totalen parenteralen Ernährung vielfach im Krankenhaus behandelt werden müssen.

Gerade für diese Patienten bedeutet der Spendermangel lange Wartezeiten, sodass insbesondere Kleinkinder die Transplantation oft gar nicht erreichen und vorher an den Komplikationen versterben.

6 Herztransplantation

Das Herz als lebensnotwendiges Organ ist eine komplexe Pumpe, die alle Funktionen im Körper aufrecht erhält. Die Herztransplantation ermöglicht bei therapierefraktären Herzerkrankungen im Endstadium (Herzinsuffizienz, Herzfehler, Durchblutungsstörungen, schweren Herzrhythmusstörungen, Krankheiten der Herzmuskulatur) für viele Patienten eine Chance auf ein Langzeitüberleben mit guter Lebensqualität. Mittlerweilen kann man sagen, dass 95% der Patienten die Transplantation überleben und nach zehn Jahren sieben von zehn Patienten mit ihrem neuen Herzen leben. Gerade für dieses lebenswichtige Organ ist der Spen-

---

14 Vgl. zu den Arten der Darmtransplantation die Abbildung in: T. M. Fishbein, *Intestinal transplantation*, in: *N Engl J Med* 361 (2009), 998–1008.

15 Vgl. D. Grant/K. Abu-Elmagd/G. Mazariegos/R. Vianna/A. Langnas/R. Mangus/D. G. Farmer/F. Lacaille/K. Iyer/T. Fishbein, Intestinal Transplant Association, *Intestinal transplant registry report: global activity and trends*, in: *Am J Transplant* 15 (2015), 210–219.

dermangel besonders problematisch, in Deutschland wurden 2022 358 Herzen transplantiert. Ende 2022 fanden sich 1096 Patienten auf der Warteliste und im Jahresverlauf wurden 496 Patienten neu angemeldet.[16]

Erfreulicherweise hat sich in den letzten Jahren vieles im Bereich der Herzunterstützungsverfahren getan. Die Geräte sind deutlich kleiner und besser geworden, sodass viele Patienten davon profitieren, um die schlussendlich lebensrettende Transplantation überhaupt erleben zu können. Wesentlich dabei ist aber für den Patienten auch, dass die Transplantation in einem deutlich stabileren Zustand erfolgen kann. Trotz aller technischen Fortschritte und ersten Versuche der Xenotransplantation (Übertragung von tierischen Herzen) gibt es bis heute keine wirkliche Alternative zum menschlichen Herzen.

7 Schlussfolgerung

Zusammenfassend möchte ich festhalten, dass jegliche Form der Transplantation unabhängig vom betroffenen Organ die Lebensqualität deutlich verbessert, aber wesentlicher noch, das Überleben langfristig sichert. Dieses Glück ist allerdings auf Grund des Organmangels nur wenigen gegönnt. Einzige Alternative zur konventionellen Transplantation ist bei der Niere und Leber nach wie vor die Lebendspende. In Deutschland wurden 2022 535 Nierentransplantationen über eine Lebendspende realisiert (27,2%).[17] Dahingegen erhielten von insgesamt 748 Lebertransplantationen 41 einen Leberlappen/Lebersegmente eines Lebendspenders. Davon profitierten im Wesentlichen Kinder.[18] Diese Form der Transplantation ist grundsätzlich nur möglich, wenn die Gesundheit des Spenders durch den Eingriff langfristig nicht gefährdet wird. Deshalb erfordert dieses Verfahren eine besondere Aufmerksamkeit, denn der Organspender ist ein gesunder Mensch und würde keine Operation brauchen. Im Vordergrund der Abklärung steht neben der Prüfung der „Freiwilligkeit (erfolgt über die Ethikkommission der Ärztekammer)“ die Spendersicherheit, weshalb eine intensive und sehr aufwendige Abklärung des potentiellen Spenders erforderlich ist. Für den Empfänger hat diese Transplantationsoption viele Vorteile: Er muss nicht warten, der Eingriff ist elektiv und die Langzeitergebnisse sind signifikant besser.

---

16 Vgl. Deutsche Stiftung Organtransplantation (DSO), *Jahresbericht* 2022, Frankfurt a.M. 2023, online unter: https://www.dso.de/SiteCollectionDocuments/DSO-Jahresbericht%202022.pdf (Zugriff am 29.06.2023).

17 Vgl. ebd.

18 Vgl. ebd.

Letztlich ist festzuhalten:

- Transplantation rettet Leben und stellt Lebensqualität wieder her.
- Ohne Organspende ist die Lebendspende die einzige Alternative einer zeitgerechten Transplantation.
- Die Lebendspende sollte allerdings Alternative für die Transplantation bleiben.
- Festigung des Vertrauens in die Todesfeststellung.
- Optimierung der Logistik der Spendererkennung und Realisierung der Spende in den Krankenhäusern.
- Umsetzung des Patientenwillens und der hohen Zustimmung in der Bevölkerung sowie der Richtlinien der Bundesärztekammer.

Stephan A. Brandt

Die Plausibilität des Hirntodkonzeptes

1 Einführung

„Hirntodkonzept" bezeichnet die Deutung des Irreversiblen Hirnfunktionsausfalls (IHA)[1], d. h. des endgültigen, nicht behebbaren Ausfalls der Gesamtfunktion des Großhirns, des Kleinhirns und des Hirnstamms. Er ist ein sicheres Todeszeichen des Menschen, der nicht wie ein Toter aussieht, weil die intensivmedizinischen Maßnahmen die allgemein bekannten Todeszeichen verhindern. Die „Plausibilität" dieser Bewertung umfasst deren naturwissenschaftlich-medizinische Begründung, die Informationen über Ursachen, Entstehungsweise und Feststellung des IHA sowie das Bemühen um sein Verständnis und seine Akzeptanz bei der Bevölkerung. Dabei geht es auch um die Glaubhaftigkeit der medizinischen Wissenschaft und um die Integrität der Ärzteschaft als Grundlagen des für das ärztliche Handeln unerlässlichen Vertrauens.

In das Verständnis des Todes gehen biologische Gegebenheiten des Menschen zusammen mit geisteswissenschaftlichen Aspekten ein, die den Menschen als körperlich-unkörperliche Einheit betrachten. Die Frage, wann ein Mensch tot ist, wird in unterschiedlichen Kontexten auf unterschiedliche Art und Weise beantwortet. Die Feststellung des Hirntodes fordert uns heraus, sowohl die medizinischen als auch die geisteswissenschaftlichen Aspekte zu berücksichtigen, um so den Anspruch auf eine einheitliche Anwendung eines Todeskonzeptes vertreten zu können. Ein Brückenschlag zwischen diesen Herangehensweisen ist auch eine Herausforderung für die zum Teil gesellschaftlich geführte Diskussion. Er kann dann gelingen, wenn einerseits zwischen der *Definition* und andererseits zwischen *Kriterien und Testverfahren* zur Feststellung des Todes unterschieden wird.[2] In der seit Einführung der Hirntoddiagnostik geführten Diskussion werden das medizinisch-wissenschaftliche Verfahren der Todesfeststellung und andere Aspekte des Todes (zum Beispiel metaphysische und kulturelle Sichtweisen und Fragen des Umgangs der Lebenden mit den Toten) häufig miteinander vermischt. Möchte man zwischen Definition und Kri-

1 Der Begriff „Hirntod" wurde in den Richtlinien seit 2015 durch die naturwissenschaftlich-medizinisch korrekte Bezeichnung „irreversibler Hirnfunktionsausfall" ersetzt. Im Folgenden werden wir auch den verbreiteten und etablierten Terminus „Hirntod" synonym zu der Bezeichnung „irreversibler Hirnfunktionsausfall" (IHA) verwenden.

2 Vgl. D. Birnbacher/H. Angstwurm/F. W. Eigler/H.-B. Wuermeling, *Der vollständige und endgültige Ausfall der Hirntätigkeit als Todeszeichen des Menschen – Anthropologischer Hintergrund*, in: *Deutsches Ärzteblatt* 90 (44) (1993), A 2926–A 2929.

https://doi.org/10.1515/9783111055602-025

terien zur Feststellung des Todes unterscheiden, sollte man sich bewusst sein, dass es sich bei der Todesdefinition um eine umfassende, auch weltanschaulich geprägte Deutung handelt. Die Kriterien und Testverfahren zur Feststellung des Todes hingegen begründen sich allein auf naturwissenschaftlichen Standards. Ethische Fragen werden im religiösen und philosophischen Diskurs erörtert, der den Umgang der Lebenden mit den Toten adressiert. Diese unterliegen historischen und gesellschaftlichen Einflüssen und repräsentieren so den damit einhergehenden Wertewandel. Die Medizin wiederum begreift den Tod als das biologische Lebensende des Menschen. Bei allen Menschen gelten die gleichen biologischen Gegebenheiten, die unabhängig von den vorher genannten anderen Aspekten begriffen werden können. In der Medizin kann es daher nur einen Tod geben, der allein abhängig vom aktuellen Stand der medizinischen Wissenschaften festgestellt wird.[3]

Die Möglichkeiten der Intensivmedizin hat die Einführung eines neuen Kriteriums zur Feststellung des Todes erst notwendig gemacht. Der irreversible Hirnfunktionsausfall ist nur möglich, wenn die maschinelle Beatmung (oder die extrakorporale Oxygenierung) sowie die Herz- und Kreislauffunktion noch aufrechterhalten werden können und zugleich die während der Intensivbehandlung regelmäßig überprüften Hirnfunktionen erloschen sind. Anders gesagt verzögern die intensivmedizinischen Maßnahmen den ansonsten konsekutiv und zwangsläufig eintretenden Herzkreislaufstillstand und verhindert damit das Absterben der übrigen Organe. Der Herzkreislaufstillstand kann unter diesen Umständen nicht mehr allein ein hinreichendes Kriterium für den Tod sein.

Die Diagnostik des IHA stellt daher ein für die Intensivmedizin unverzichtbares Instrument zur Todesfeststellung dar. In Deutschland gelten seit über 40 Jahren verbindliche Regelungen zur Feststellung des Hirntodes. Die aktuelle Richtlinie wurde im Juni 2022 vom Vorstand der Bundesärztekammer bestätigt, dann vom Bundesministerium für Gesundheit beschlossen und gemäß § 16 Abs. 3 des Transplantationsgesetzes (TPG) für rechtsgültig erklärt. In der Septemberausgabe des Deutschen Ärzteblattes ist sie als Fünfte Fortschreibung der *Richtlinie gemäß § 16 Abs. 1 S. 1 Nr. 1 TPG für die Regeln zur Feststellung des Todes nach § 3 Abs. 1 S. 1 Nr. 2 TPG und die Verfahrensregeln zur Feststellung des endgültigen, nicht behebbaren Ausfalls der Gesamtfunktion des Großhirns, des Kleinhirns und des Hirnstamms nach § 3 Abs. 2 Nr. 2 TPG* veröffentlicht worden.[4] Die Aufgabe der Richtlinie ist es, eine detaillierte Verfahrensanweisung

3 Vgl. S. A. Brandt/H. Angstwurm et al., *Bedeutung des irreversiblen Hirnfunktionsausfalls als sicheres Todeszeichen*, in: *Dtsch Arztebl* 115 (41) (2018), 675–681, online unter: https://doi.org/10.3238/arztebl.2018.0675 (Zugriff am 07.06.2023).

4 Bundesärztekammer, *Richtlinie gemäß § 16 Abs. 1 S. 1 Nr. 1 TPG für die Regeln zur Feststellung des Todes nach § 3 Abs. 1 S. 1 Nr. 2 TPG und die Verfahrensregeln zur Feststellung des endgültigen, nicht behebbaren Ausfalls der Gesamtfunktion des Großhirns, des Kleinhirns und des Hirnstamms nach § 3*

zur Feststellung des Todes zu geben.[5] Sie ist als Richtschnur ärztlichen Handelns verbindlich und erlaubt eine retrospektive Überprüfung durch eine entsprechende Falldokumentation.

Dieses Kapitel fasst diese Vorgaben zusammen und vertritt damit die medizinische Perspektive zur Frage, ob der Hirntod ein sicheres Todeszeichen ist. Die Frage nach der Plausibilität des Hirntodkonzeptes wird also zunächst aus Sicht eines Neurologen und damit im Sinne einer naturwissenschaftlichen und medizinischen Fragestellung besprochen. Der Beitrag stellt den aktuellen Kenntnisstand der pathophysiologischen Grundlagen, die praktische Durchführung der klinischen Befunderhebung dar und gibt einen kurzen Überblick über die Bedeutung der apparativen Untersuchungsmethoden. Zuletzt wird auf dieser Grundlage die Frage der Plausibilität des Hirntodkonzeptes diskutiert.

1.2 Historische Aspekte

Die Zusammenfassung historischer Aspekte zeigt, welche medizinischen Entwicklungen dazu geführt haben, dass ein neues Kriterium zur Feststellung des Todes notwendig wurde. Hirntodgegner und Befürworter stellen historische Zusammenhänge der Hirntoddebatte (siehe Abbildung 1a und 1b) zum Beleg ihrer Theorien unterschiedlich dar.[6]

Abs. 2 Nr. 2 TPG, Fünfte Fortschreibung, in: *Deutsches Ärzteblatt*, 8. Juli 2022, 1–31, online unter: https://doi.org/10.3238/arztebl.2022.rl_hirnfunktionsausfall_02 (Zugriff am 07.06.2023). Richtlinien sind rechtlich bindende Handlungsanweisungen – hier gebunden an das Transplantationsgesetz.

5 Interessanterweise enthält das deutsche Recht keine Definition des Hirntodes oder auch des Todes an sich. Die mit dem Hirntod zusammenhängenden Fragen sind rechtlich im Transplantationsgesetz (TPG) in Verbindung mit der Richtlinie der Bundesärztekammer geregelt. Hier legt der Gesetzgeber fest, dass im Falle einer Organ- oder Gewebeentnahme der Tod des Spenders nach dem Stand der Erkenntnisse der medizinischen Wissenschaft festgestellt worden sein muss (§ 3 Abs. 1 Satz 2 TPG). Eine Explantation vor Feststellung des endgültigen, nicht behebbaren Ausfalls der Gesamtfunktion des Großhirns, des Kleinhirns und des Hirnstamms ist untersagt (§ 3 Abs. 2 Satz 2 TPG) und mit Strafe bedroht (§ 19 Abs. 2, 4 und 5 TPG). Gemäß § 16 Abs. 1 Nr. 1 TPG legt die Bundesärztekammer den Erkenntnisstand der medizinischen Wissenschaften in Richtlinien fest. Hierzu dienen die Regeln zur Feststellung des Todes nach § 3 Abs. 1 Satz 1 Nr. 2 TPG und die Verfahrensregeln zur Feststellung des endgültigen, nicht behebbaren Ausfalls, die damit über das Leitlinienkonzept von Erkrankung weit hinausgehen.

6 Vgl. D. Moskopp, *Das Konzept des Hirntodes wurde in Europa zwischen 1952 und 1960 entwickelt: Eine Übersicht zur Historie*, in: *Nervenheilkunde* 36 (2017), 423–432; R. Beckmann, *Kontrafaktische Darstellung des Hirntod-Konzepts*, in: *Nervenheilkunde* 39 (09) (2020), 572–576, online unter: https://doi.org/10.1055/a-1162-5547 (Zugriff am 07.06.2023).

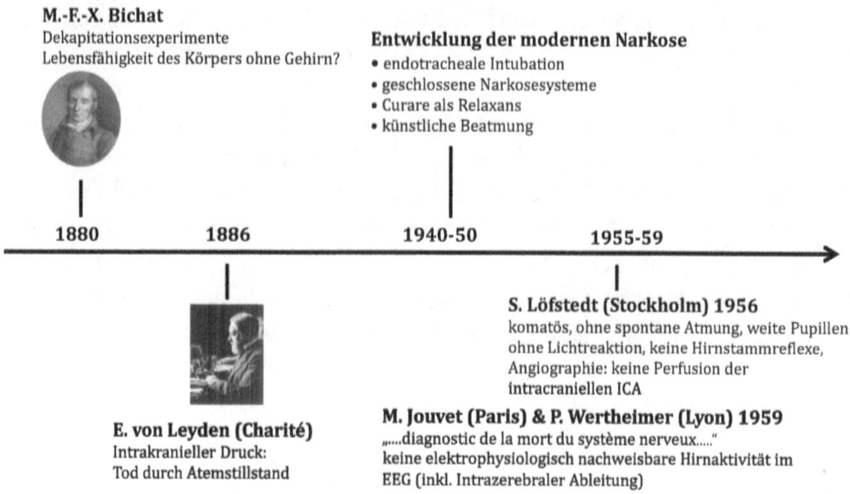

Abbildungen 1a und 1b: Übersicht zur Historie des irreversiblen Hirnfunktionsausfalls als Todeskriterium: SHT = Schädelhirntrauma, EEG = Elektroenzephalographie, ICA = internal carotis artery.

Beide Gruppen arbeiten zum Teil mit unbelegten historischen Quellen, ohne sich über die Bedeutung ihrer Aussagen für die ethischen Aspekte im Klaren zu sein.[7]

Das Wort „Hirntod“ hat Marie Francois Xavier Bichat Ende des 18. Jahrhunderts analog zu Herz- und Lungentod geprägt, um den im jeweiligen Organ beginnenden Gesamttod zu kennzeichnen, dem der Tod der anderen Organe folgt.[8] Seine Motivation war jedoch nicht durch die Frage nach Lebensfähigkeit des Menschen ohne das Gehirn motiviert. Die Diskussion kreiste vielmehr um die Frage, wodurch sich die besondere Maßnahme der Exekution durch das Fallbeil auszeichnet. Im Vordergrund standen die bei der Hinrichtung entstehenden Schmerzen und nicht die Frage des Lebensbegriffes. Es wurden hier also keine Aussagen dazu getroffen, ob der Tod des Gehirns mit dem Tod des Lebewesens eingetreten sei.[9]

Der im 20. Jahrhundert durch die Intensivmedizin vergrößerte Zeitabstand zwischen dem Tod des Gehirns und dem Tod der übrigen Organe bedingte nicht nur die mittlerweile nicht mehr verwendete Bezeichnung „dissoziierter Hirntod“,

7 Vgl. S. Brandt/U. Walter/S. Schreiber, *Anwendung der aktuellen Richtlinie zur Feststellung des irreversiblen Hirnfunktionsausfalls*, in: *Aktuelle Neurologie* 43 (03) (2016), 182–203, online unter: https://doi.org/10.1055/s-0042-102935 (Zugriff am 07.06.2023).

8 Vgl. X. Bichat, *Recherches physiologiques sur la vie et la mort. Reproduction en Facsimile de l'édition de 1796*, ed. by Gauthier-Villars, Paris 1805.

9 Vgl. Brandt/Walter/Schreiber, *Anwendung der aktuellen Richtlinie zur Feststellung des irreversiblen Hirnfunktionsausfalls*.

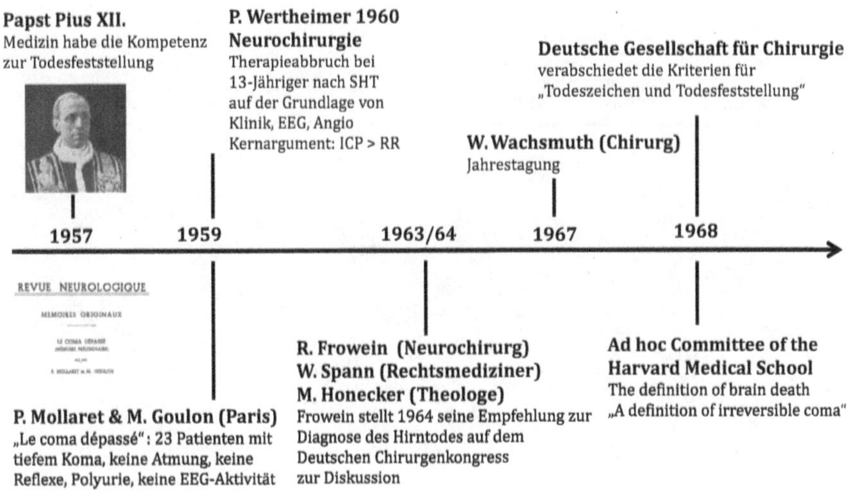

Abbildungen 1a und 1b (fortgesetzt)

sondern bestimmt bis heute grundsätzliche Fragen ärztlichen Handelns. So sah man sich seit den 1950er Jahren zunehmend mit Fragen zur Entscheidung zwischen künstlicher Lebenserhaltung und Beendigung einer künstlichen Beatmung konfrontiert, und der Unterschied zwischen dem Gesamthirntod als Todeskriterium für den Menschen und dem Tod seiner übrigen Organe bekam in dieser Zeit eine praktische Relevanz. Von Anfang an wurde die Frage nach der Bedeutung des unter intensivmedizinischer Behandlung eingetretenen irreversiblen Ausfalls der Gesamtfunktion des Gehirns für den betroffenen Menschen nicht allein von Ärzten entschieden. Noch vor den ersten einschlägigen Beobachtungen durch Pierre Mollaret und Maurice Goulon 1959[10] unter dem Titel „Le coma dépassé" und der Veröffentlichung des anatomischen Befunds im gleichen Jahr durch Pierre und Henri Mollaret zusammen mit Ivan Georges Bertrand[11] wurde der Sachverhalt von Repräsentanten eines Anästhesisten-Kongresses dem damaligen Papst Pius XII. vorgelegt. Dieser hat die Frage, ob ein Mensch in entsprechendem, damals noch nicht Hirntod genanntem, aber aus der Beschreibung hinreichend klar erkennbarem Zustand tot sei, an die Ärzte zurückgegeben.[12] Die Bedeutung dieser

---

10 P. Mollaret/M. Goulon, *The depassed coma (preliminary memoir)*, in: *Rev Neurol (Paris)* 101 (1959), 3–15, online unter: http://www.ncbi.nlm.nih.gov/pubmed/14423403 (Zugriff am 07.06.2023).

11 P. Mollaret/I. Bertrand/H. Mollaret, *Coma Dépassé et Nécroses nerveuses centrales massives*, in: *Rev. Neurol.* 101 (1959), 3–15.

12 Vgl. Pius XII., *Pope speaks on prolongation of life*, in: *Osservatore Romano* 4 (1959), 393–398. Die Stellungnahme von Papst Pius XII. geht auf das Jahr 1957 zurück, wurde aber erst 1959 veröffentlicht.

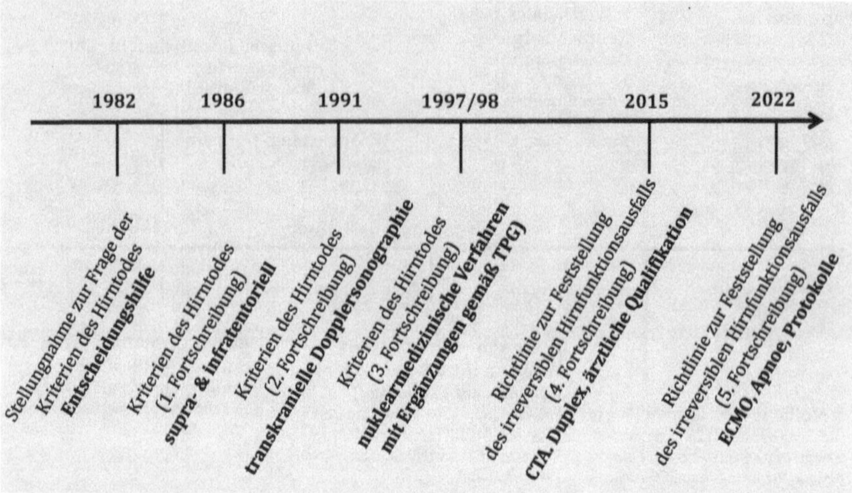

Abbildung 2: IHA der letzten 40 Jahre mit Auflistung der Richtlinie und ihren Fortschreibungen. In Stichworten die wichtigsten inhaltlichen Veränderungen.

Antwort lag darin, dass damit keine von der naturwissenschaftlichen Medizin unabhängige Definition des Todes beansprucht wurde. In klinischer Hinsicht waren die damaligen Forschungen zur intrakraniellen Angiographie[13] ein wichtiger Anhaltspunkt auf dem Weg zur Darstellung eines zerebralen Zirkulationsstillstandes[14] und damit auch des irreversiblen Ausfalls aller Hirnfunktionen. Bereits im März 1968[15] hat Frowein – langjähriger Leiter der Kölner Neurochirurgischen Universitätsklinik – auf dem Jahreskongress der Deutschen Gesellschaft für Chirurgie die Bedeutung und die Diagnostik des Hirntods als eines der Kernthemen dieser Zeit herausgestellt.[16] Die später im Jahr 1968 von einer Kommission aus Ärzten und Geisteswissenschaftlern der Harvard Medical School zusammengestellten diagnos-

13 D. h. der radiologischen Darstellung der durchbluteten Gefäße im Kopf und insbesondere im Gehirn.

14 D. h. ein Fehler der Hirndurchblutung.

15 Die Deutsche Gesellschaft für Chirurgie hatte schon Monate vor der Veröffentlichung des Harvard Komitees im Jahr 1968 und auch unabhängig von einer möglichen Organentnahme den irreversiblen Hirnfunktionsausfall als Todeszeichen beschrieben. Die Beschreibung des IHA erfolgte in einer Zeit, in der sich Intensivmedizin und Transplantationsmedizin parallel entwickelten. Die Feststellung des IHA hat also unabhängig vom jeweiligen Kontext ihrer Anwendung Bestand.

16 Vgl. R. A. Frowein/K. H. Euler/A. Karimi-Nejad, *Grenzen der Wiederbelebung bei schweren Hirntraumen*, in: *Langenb Arch Klin Chirurgie* 308 (1964), 276–281.

tischen Kriterien waren ein wichtiger Bezugspunkt für weitere Arbeiten ärztlicher Gremien sowie für juristische und ethische Stellungnahmen.[17]

Die erste Stellungnahme des Wissenschaftlichen Beirates der Bundesärztekammer unter Vorsitz eines Neurochirurgen (Professor Dr. Kuhlendahl) wurde 1982[18] veröffentlicht. Die klinischen und pathophysiologischen Kriterien des Hirntodes wurden in den folgenden Fortschreibungen immer bestätigt und nur mit Ergänzungen versehen (siehe Abbildung 2). So gilt seit 1986 die pathophysiologisch wichtige Unterscheidung von supra- und infratentoriellen Läsionen und die Festlegung, dass bei primären infratentoriellen Läsionen eine EEG-Ableitung[19] mit Nachweis einer sogenannten Nulllinie obligat ist oder ein zerebraler Zirkulationsstillstand nachgewiesen werden muss.[20] Die 2. und 3. Fortschreibung in den Jahren 1991 und 1997 war vor allem von technischen Neuerungen geprägt und etablierte die transkranielle Dopplersonographie[21] und nuklearmedizinische Verfahren.[22] Die 4. Fortschreibung der Richtlinie präzisiert dann ab 2015 die Qualifikationsanforderungen der Ärzte.[23] Zum einen ist seither die fachärztliche Qualifikation vorgegeben und zum anderen wurden die inhaltlichen Anforderungen an die Diagnostik und die Diagnostiker so präzisiert, dass auf eine zusätzliche „Zertifizierung“ verzichtet werden kann. In dieser Vierten Fortschreibung wurde außerdem ein weiteres apparatives Verfahren – die

---

17 Vgl. Ad Hoc Committee of the Harvard Medical School, *A definition of irreversible coma. Report of the Ad Hoc Committee of the Harvard Medical School to Examine the Definition of Brain Death*, in: *JAMA* 205 (6) (1968), 337–340, online unter: https://www.ncbi.nlm.nih.gov/pubmed/5694976 (Zugriff am 07.06.2023).

18 Bundesärztekammer, *Stellungnahme Kriterien des Hirntodes: Entscheidungshilfen zur Feststellung des Hirntodes*, in: *Deutsches Ärzteblatt* 79 (14) (1982), 45–55.

19 Elektroenzephalografie (EEG) ist eine medizinische Methode zur Messung der summierten elektrischen Aktivität des Gehirns durch Aufzeichnung der Spannungsschwankungen an der Kopfoberfläche.

20 Vgl. Bundesärztekammer, *Kriterien des Hirntodes – Entscheidungshilfen zur Feststellung des Hirntodes (Fortschreibung der Stellungnahme vom 09.04.1982)*, in: *Deutsches Ärzteblatt* 83 (43) (1986), 2940–2946.

21 Vgl. Bundesärztekammer, *Stellungnahme des Wissenschaftlichen Beirates der Bundesärztekammer: Kriterien des Hirntodes – Entscheidungshilfen zur Feststellung des Hirntodes*, in: *Deutsches Ärzteblatt* 88 (49) (1991), 4396–4407, online unter: https://www.aerzteblatt.de/int/article.asp?id=101110 (Zugriff am 07.06.2023).

22 Vgl. Bundesärztekammer, *Richtlinien zur Feststellung des Hirntodes. Dritte Fortschreibung 1997 mit Ergänzungen gemäß Transplantationsgesetz (TPG)*, in: *Deutsches Ärtzeblatt* 53 (30) (1998), A1861–A1868.

23 Vgl. Bundesärztekammer, *Vierte Fortschreibung der Richtlinien zum Hirnfunktionsausfall*, in: *Deutsches Ärzteblatt* (30. März 2015), online unter: 10.3238/arztebl.2015.rl_hirnfunktionsausfall_01 (Zugriff am 07.06.2023).

Computertomographie (CT)[24] mit kontrastmittelgestützter CT-Angiografie zur Feststellung des zerebralen Zirkulationsstillstandes zugelassen. Die im Herbst 2022 veröffentlichte und derzeit aktuelle Richtlinie[25] zeichnet sich dadurch aus, dass das diagnostische Vorgehen bei Patienten mit extrakorporaler Membranoxygenierung (ECMO) und Extracorporeal-Life-Support Systemen (ECLS) präzisiert wurde.[26] Erarbeitet wurden zu diesen gerade in der Pandemie häufig angewendeten intensivmedizinischen Verfahren detailliertere Vorgaben, insbesondere zum Apnoe-Test. Die Protokollbögen, die die Anforderungen der Richtlinie eindeutig abbilden müssen, um während einer Untersuchung auf der Intensivstation die Untersuchenden im Sinne einer „roadmap" zu unterstützen, wurden überarbeitet.

Richtlinien spiegeln in der Terminologie auch Veränderungen in der Medizin und der Gesellschaft wider, die Zeichen einer zunehmenden wissenschaftlichen Präzisierung und gesetzlichen Kontrolle von Verfahren und Abläufen sind. In diesem Sinne sind auch Änderungen der Nomenklatur zu sehen, etwa von „Entscheidungshilfen"[27] zu „Richtlinie" in der 3. Fortschreibung 1997[28] und von „Hirntod" zu „Irreversibler Hirnfunktionsausfall" ab der vierten Fortschreibung.[29]

Die Validität der Hirntoddiagnostik muss den Anspruch der Sicherheit erfüllen und nicht nur anstreben. Dieser in der Medizin ungewöhnliche, weil absolute Anspruch, muss wissenschaftlich und empirisch belegt sein (siehe Punkt 3.3 „Zur diagnostischen Sicherheit des IHA"). Das Verständnis der Ätiologie und Pathophysiologie der Hirnschäden, die zum IHA führen können, sind das Fundament für diesen wissenschaftlichen Zugang.

2 Ätiologie und Pathophysiologie

Zum IHA können alle Krankheiten und Schäden des Gehirns führen, die eine Steigerung des Drucks in seiner knöchernen Kapsel über den Blutdruck hinaus und damit letztlich den Stillstand der Durchblutung des Hirngewebes bedingen. Auch

24 Die Computertomographie ist ein bildgebendes Verfahren in der Radiologie, hier zur Darstellung der Blutgefäße im Gehirn (CTA).

25 Bundesärztekammer, *Beschluss. Fünfte Forschreibung.*

26 Die extrakorporale Membranoxygenierung (ECMO) und die extrakorporale Lungenunterstützung (oder extrakorporale Lungenassistenz, ECLA) sind in der Intensivmedizin eingesetzte Unterstützungssysteme, bei denen eine Maschine teilweise oder vollständig Atemfunktionsleistungen für den Patienten außerhalb seines Körpers übernimmt.

27 Bundesärztekammer, *Stellungnahme Kriterien des Hirntodes.*

28 Bundesärztekammer, *Richtlinien zur Feststellung des Hirntodes.*

29 Bundesärztekammer, *Vierte Fortschreibung.*

Blut- und/oder Sauerstoffmangel, zum Beispiel infolge eines vorübergehenden Herzstillstands, können zum IHA führen. In Abbildung 3 ist eine Zusammenfassung der verschieden Ätiologien in einem Flussdiagramm dargestellt. Die Kernaussage ist, dass trotz der sehr unterschiedlichen primären Ursachen eine gemeinsame pathogenetische Endstrecke – das generalisierte Hirnödem bei eingetretenem Hirntod – zum gesamten Zerfall des Gehirns führt. Das Hirnödem bewirkt also eine Drucksteigerung in dem geschlossenen System des Hirnschädels, welche eine suffiziente Durchblutung unmöglich macht (der Hirndruck wird größer als der Blutdruck). Das führt zu der in Abbildung 3 zusammengefassten Kaskade und zieht damit den irreversiblen Hirnfunktionsausfall nach sich.

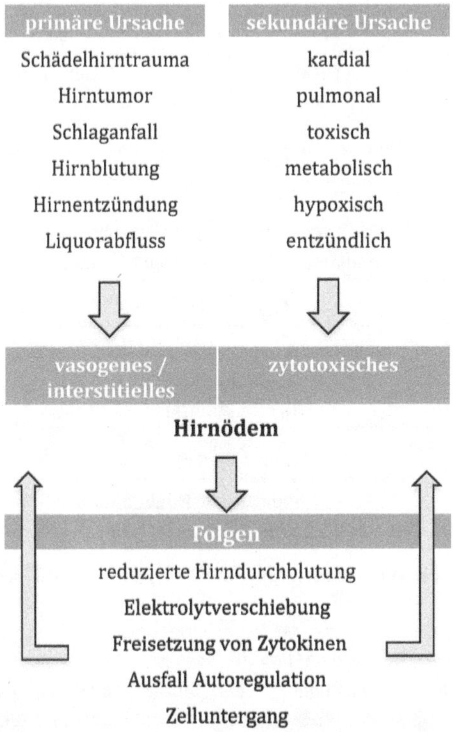

Abbildung 3: Pathomechanismen, die über das vasogene, interstitielle oder zytotoxische Hirnödem zum nicht behebbaren Ausfall der Gesamtfunktion des Großhirns, des Kleinhirns und des Hirnstamms führen können.

3 Feststellung des irreversiblen Hirnfunktionsausfalls

3.1 Ärztliche Qualifikation und ärztliche Unabhängigkeit

Die beiden den irreversiblen Hirnfunktionsausfall feststellenden und protokollierenden Ärzte müssen Fachärzte sein. Neurologen, Neurochirurgen und Neuropädiatern kommt bei der Diagnostik eine besondere Verantwortung zu, denn die Beteiligung eines Neuromediziners mit einer mehrjährigen Erfahrung in der Intensivbehandlung von Patienten mit akuten schweren Hirnschädigungen ist obligat für die richtlinienkonforme Feststellung des Hirntodes (siehe Abbildung 4).

*Berufsbezeichnungen in der Richtlinie beziehen sich auf alle Geschlechter

Abbildung 4: Ärztliche Qualifikationen der an der Hirntoddiagnostik beteiligten Ärzte. Mindestens einer der den irreversiblen Hirnfunktionsausfall feststellenden Ärzte muss ein den genannten Anforderungen entsprechender Facharzt für Neurologie oder Neurochirurgie sein. Bei der Feststellung des irreversiblen Hirnfunktionsausfalls von Kindern bis zum vollendeten 14. Lebensjahr muss zusätzlich einer der Ärzte ein den genannten Anforderungen entsprechender Facharzt für Kinder- und Jugendmedizin sein. Nimmt diese Funktion ein Facharzt für Kinder und Jugendmedizin mit dem Schwerpunkt Neuropädiatrie wahr, muss der andere untersuchende Arzt kein Facharzt für Neurologie oder Neurochirurgie sein.[30]
HTD: Hirntoddiagnostik; WBO: Weiterbildungsordnung.

30 Bundesärztekammer, *Richtlinie. Fünfte Fortschreibung*, Punkt 5.

Sie müssen die Kenntnisse, Fähigkeiten und Fertigkeiten haben, um die Indikation zur Diagnostik des irreversiblen Hirnfunktionsausfalls zu prüfen, die klinischen Untersuchungen durchzuführen und die Ergebnisse der angewandten apparativen Zusatzdiagnostik im Kontext der hier beschriebenen diagnostischen Maßnahmen beurteilen zu können.[31]

Diese sind unter anderem folgende Kenntnisse, Fähigkeiten und Fertigkeiten:

- *Fähigkeit*, zerebrale von spinalen und von peripher neurogenen Reaktionen zu unterscheiden,
- *Erfahrung* bei der Beurteilung von Medikamenteneffekten auf klinische und neurophysiologische Befunde,
- *Erfahrung* bei der Beurteilung der Pharmakokinetik zentral dämpfender Medikamente (Beachtung von Interaktionen und Körpertemperatur),
- *Erfahrung* bei der Beurteilung der Auswirkungen von Vorerkrankungen, aktuellen Organschäden, metabolischen Störungen etc. auf die Symptome,
- *Kenntnis* der Indikationen und der Limitationen der ergänzenden Untersuchungen.

Eine weitere Qualifikationsanforderung ist die Unabhängigkeit der den Hirntod feststellenden Ärzte von der Organ- und Gewebeentnahme. Im Vorwort zu der Richtlinie heißt es: Die Frage, ob der irreversible Hirnfunktionsausfall eingetreten ist, stellt sich in der Intensivmedizin häufig auch unabhängig von der Frage einer Organ- oder Gewebespende.[32]

So ist festgelegt, dass

- die den irreversiblen Hirnfunktionsausfall feststellenden Ärzte weder an der Entnahme von Organen beteiligt sein noch der Weisung eines Arztes unterstehen dürfen, der daran beteiligt ist,
- die Diagnostik unabhängig von einer danach medizinisch möglichen Organ- oder Gewebeentnahme durchgeführt wird und
- die Befunde der beiden den irreversiblen Hirnfunktionsausfall feststellenden und dokumentierenden Ärzte unabhängig voneinander und übereinstimmend festgestellt werden.

Umstritten ist die Frage, ob auch ärztliche Transplantationsbeauftragte der Kliniken die Hirntoddiagnostik durchführen dürfen, sofern sie nicht an der Durchführung der Organ- oder Gewebeentnahme beteiligt sind. Soweit bekannt ist, wird die Frage in den Ausführungsgesetzen der Bundesländer beantwortet.

---

31 Siehe Bundesärztekammer, *Richtlinie. Fünfte Fortschreibung*, 5.
32 Bundesärztekammer, *Richtlinie. Fünfte Fortschreibung*, 1.

3.2 Diagnostik des IHA

Der irreversible Hirnfunktionsausfall wird in einem dreistufigen Verfahren festgestellt (siehe Abbildung 5). Grundsätzlich gilt, dass die nächste Stufe erst dann durchgeführt werden darf, wenn die vorherige abgeschlossen ist. Es wird hier in Abbildung 5[33] zusammengefasst und kommentiert.

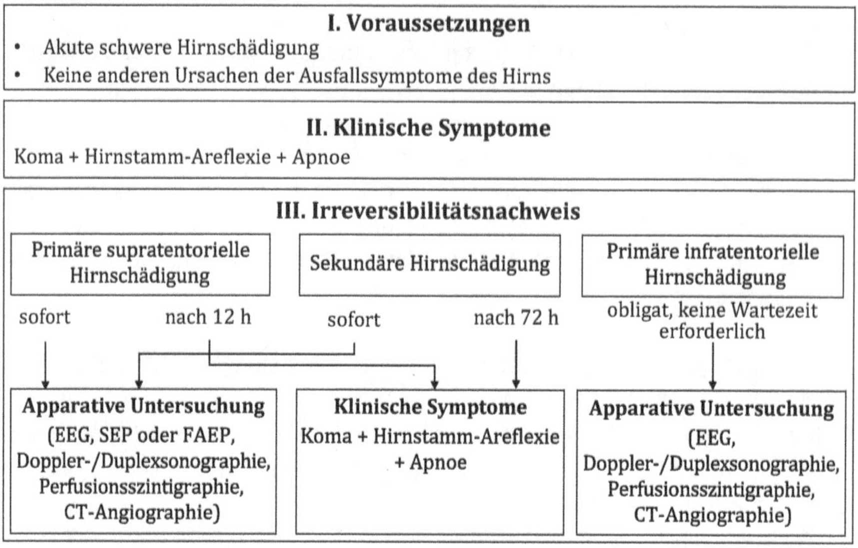

Abbildung 5: Dreistufiges Schema zur Diagnostik des IHA ab Beginn des 3. Lebensjahrs (Besonderheiten bei Kindern bis zum vollendeten 2. Lebensjahr sind hier nicht enthalten).

- Voraussetzung für die Feststellung des irreversiblen Hirnfunktionsausfalls ist der zweifelsfreie Nachweis einer akuten schweren primären oder sekundären Hirnschädigung sowie der Ausschluss reversibler Ursachen.
- Nachweis aller geforderten klinischen Ausfallsymptome.
- Nachweis der Irreversibilität der klinischen Ausfallsymptome durch wiederholte klinische Beurteilung und/oder apparative Untersuchungsverfahren.

33 Die Zusammenfassung beschränkt sich hier auf das Vorgehen bei Menschen ab dem 3. Lebensjahr. Es handelt sich hier um eine vereinfachte Darstellung eines vollständigeren Schaubildes aus der Richtlinie (siehe Abbildung 1 in Bundesärztekammer, *Richtlinie. Fünfte Fortschreibung.*)

Wenn nicht alle klinischen Ausfallssymptome geprüft werden können, ist ein ergänzender Nachweis des zerebralen Zirkulationsstillstandes erforderlich. Bei kombinierten Hirnschädigungen, z. B. sowohl ein Schlaganfall im Hirnstamm (primär infratentorielle Hirnschädigung) als auch Zustand nach einer Reanimation (sekundäre Hirnschädigung), ist das jeweils konservativere Vorgehen zu wählen.[34]

Im Folgenden werden die Voraussetzungen, die Durchführung der klinischen Untersuchungen sowie die apparativen Untersuchungsverfahren zum Nachweis des irreversiblen Hirnfunktionsausfalls zusammengefasst und begründet.

3.2.1 Voraussetzungen

Die den Tod feststellenden Ärzte müssen aus der aktuellen und früheren Krankengeschichte des Patienten, der Art und Lokalisation der Hirnschädigung sowie der neurologischen Befundentwicklung im Krankheitsverlauf eine Synopse bilden, die auch potentiell verschleiernde Einflussgrößen berücksichtigt (z. B. zentral wirksame Medikamente, metabolische Faktoren). Gegebenenfalls muss unter Zuhilfenahme von apparativen Untersuchungsverfahren – die nach einer ebenfalls genau festgelegten Weise zur Anwendung kommen – das diagnostische Vorgehen erweitert werden, so dass Zweifel ausgeräumt werden können.

Sollten Zweifel fortbestehen, ist die richtlinienkonforme Feststellung des IHA nicht möglich.

3.2.2 Klinische Diagnostik

Die klinische Untersuchung besteht aus 3 Teilen:

- Feststellung des Komas ohne zerebrale Reaktion auf äußere Einflüsse (GCS-Score 3[35]).
- Feststellung der Hirnstamm-Areflexie (siehe Abbildung 6).
- Feststellung des Ausfalls der Spontanatmung mit Durchführung des Apnoe-Tests (siehe Abbildung 7).

Dieser Teil der Diagnostik ist seit Jahrzehnten nahezu unverändert geblieben.

Der Nachweis des Ausfalls der Spontanatmung trotz hyperkapnischer Provokation (Apnoe-Test) ist ebenfalls obligat. Hier wird der klinisch unterste (kaudalste)

---

34 Siehe Bundesärztekammer, *Richtlinie. Fünfte Fortschreibung*, Punkt 3, Seite 3.

35 GCS = Glasgow Coma Scale ist eine Skale zur Abschätzung der Ausprägung einer Bewusstseinsstörung. 3 steht hier für das völlige Fehlen von Reaktionen.

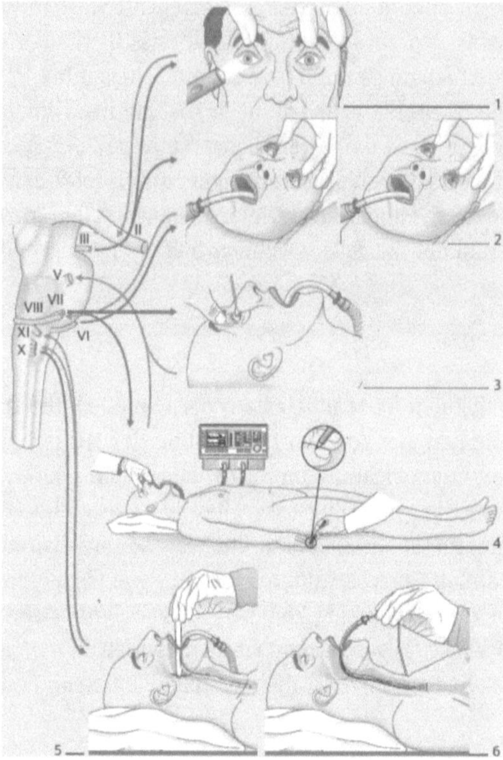

Abbildung 6: [36]

1 Pupillen-Lichtreaktion Direkte und konsensuelle Lichtreaktion mit hellem Licht in einer abgedunkelten Umgebung. Lichtstarre beider Pupillen ohne Mydriatikum bei mittelweiten bis maximal weiten Pupillen.

2 Okulozephaler Reflex (OCR) Der Ausfall ist dann klinisch belegt, wenn eine wiederholte und rasche, ruckartige Kopfdrehung nicht von einer gegenläufigen konjugierten Augenbewegung kompensiert wird.

3 Kornealreflex NaCl-Tropfen führt nicht zu einer Lidschlussreaktion oder einem Augenzwinkern.

4 Zilio-spinaler Reflex Reaktionen auf Schmerzreize. Wiederholtes beidseitiges Setzen von Schmerzreizen in und außerhalb des Trigeminusbereichs ohne zerebrale Reaktionen auf diese.

5 Pharyngealreflex Wiederholte mechanische Reizung der Rachenhinterwand mit einem Holzspatel führt zu keinerlei Würgereaktion und auch zu keiner sonstigen motorischen Reaktion.

6 Trachealreflex Wiederholtes Einführen eines Absaugkatheters wie bei einer trachealen Absaugung führt nicht zu einem Hustenreiz oder anderen motorischen Reaktionen.

36 Siehe Brandt/Walter/Schreiber, *Anwendung der aktuellen Richtlinie*; D. Moskopp, *Hirntod. Konzept – Kommunikation – Verantwortung*, Stuttgart 2015.

Hirnstammreflex überprüft, indem trotz systematischer Erhöhung des Partialdrucks von CO_2 im Blut keine Eigenatmung mehr nachgewiesen werden kann. Die folgende Abbildung 7 beschreibt das Vorgehen und zeigt einen kleinen Ausschnitt der apparativen intensivmedizinischen Maßnahmen, die berücksichtigt werden müssen. Da das Ergebnis der Untersuchungen zu diesem Zeitpunkt noch offen ist, werden Vorkehrungen getroffen, damit die diagnostischen Maßnahmen nicht zum Schaden des Patienten sind.

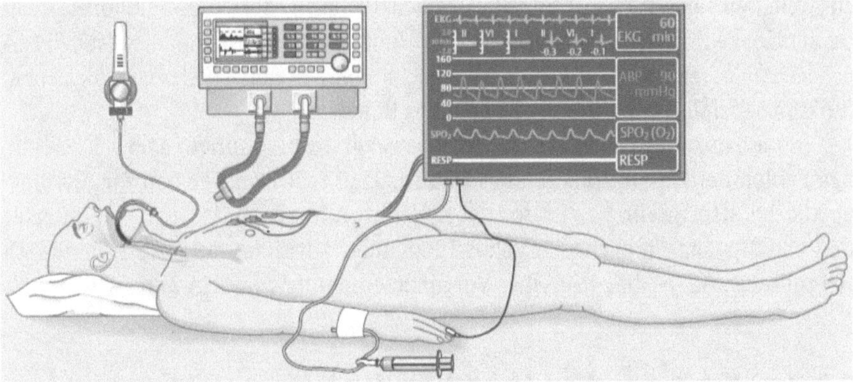

Abbildung 7: Apnoe-Test. Normalerweise ist es möglich, nach ausreichender Präoxygenierung die Lungenalveolen mit druckloser Gabe von reinem Sauerstoff zu insufflieren. Alternativ kann auch durch niederfrequente manuelle Beatmung mit reinem Sauerstoff (z. B. 2 Atemzüge/Minute) oder reduzierte maschinelle Beatmung mit reinem Sauerstoff eine hinreichende Oxygenierung sichergestellt werden. Durch dieses Vorgehen wird ein Anstieg des $paCO_2$-Werts provoziert und gleichzeitig eine stabile Oxygenierung garantiert. Durch eine regelmäßige Kontrolle der Laborparameter (ca. alle 5 Minuten) kann man dann bei Erreichen des temperaturkorrigierten Ziel$paCO_2$-Werts von 60mmHg über eine angemessene Zeit von ca. 1 Minute feststellen, ob noch ein Atemantrieb vorliegt.

3.2.3 Irreversibilitätsnachweis durch Feststellung beweisender Befunde

Der Irreversibilitätsnachweis ist der dritte und ggf. abschließende Schritt in der Hirntoddiagnostik. Hierbei wird die Unwiederbringlichkeit des vollständigen Funktionsverlusts von Großhirn, Kleinhirn und Hirnstamm erbracht. Je nach Diagnose und Voraussetzungen kann die Irreversibilität durch eine erneute klinische Untersuchung nach definierter Wartezeit festgestellt werden oder muss durch zusätzliche und geeignete apparative Zusatzuntersuchung nachgewiesen werden. Die Darstellung der einzelnen apparativen Verfahren würden den Rahmen dieses Buchkapitels sprengen. Zusammenfassend kann gesagt werden, dass zwischen Verfahren unterschieden wird, die darauf abzielen, den zerebralen Zirkulationsstillstand festzustellen und den Verfahren, die das Fehlen der bioelektrischen Hirnaktivität belegen. Die Wahl der Methodik wird durch die individuellen Voraussetzungen und diagnostischen Möglichkeiten im Einzelfall und bei Wahlmöglichkeit durch die Verfügbarkeit und Eignung der Verfahren am Krankenbett durch die Untersucher festgelegt.

Immer dann, wenn ein Einfluss von potenziell reversiblen oder extrazerebralen Erkrankungen und Störungen auf die klinischen Symptome des Hirnfunktionsausfalls nicht mit klinischer Beurteilung ausgeschlossen werden kann, ist mit zusätzlichen (apparativen) Verfahren nachzuweisen, dass diese Faktoren nicht Ursache des klinischen Syndroms des Hirnfunktionsausfalls sind. Also ist der IHA differenzialdiagnostisch sicher abgrenzbar von einem *potenziell reversiblen* Hirnfunktionsausfall (verschiedene Formen des Komas).

Die möglichen Gründe für das vorübergehende, nicht unabänderlich endgültige Fehlen der Gesamtfunktion des Gehirns sind insbesondere den für die Diagnostik des IHA qualifizierten Ärzten bekannt. Alle Zustände nur verminderter und alle Zustände nur vorübergehend fehlender Hirnfunktion lassen sich durch richtliniengemäßes diagnostisches Vorgehen eindeutig vom IHA unterscheiden.[37]

3.3 Zur diagnostischen Sicherheit des IHA

In unserem Land ist keine vorschriftsgemäße, aber sachlich unzutreffende IHA-Diagnose bekannt geworden. Keine der bisher fünf „Fortschreibungen …“ wurde durch eine fehlerhafte Vorgabe der „Entscheidungshilfe …“, bzw. der „Richtlinien …“ veranlasst. In einer retrograden Analyse richtlinienkonformer Hirntod–Diagnosen bei 2745 Patienten in Nordostdeutschland, die von den Jahren 2001–2010 protokolliert wurden, ist in keinem Fall eine Reversibilität der klinischen Symptome des Ausfalls der Hirnfunktion festgestellt worden.[38] In einem US-amerikanischen Konsensus-Report mit Bezug auf die dort gültigen Richtlinien der American Academy of Neurology wurde ebenfalls die Validität bestätigt.[39] Es gibt in der internationalen Fach-

37 Vgl. Brandt/Angstwurm et al., *Bedeutung des irreversiblen Hirnfunktionsausfalls als sicheres Todeszeichen*, 676.

38 Vgl. O. Hoffmann/F. Masuhr, *Zugang zur Hirntoddiagnostik*, in: *Nervenarzt* 85 (2014), 1573–1581.

39 Vgl. E. F. Wijdicks/P. N. Varelas/G. S. Gronseth/D. M. Greer/American Academy of Neurology, *Evidence-based guideline update: determining brain death in adults: report of the Quality Standards Subcommittee of the American Academy of Neurology*, in: *Neurology* 74 (23) (2010), 1911–1918, online unter: https://doi.org/10.1212/WNL.0b013e3181e242a8 (Zugriff am 07.06.2023); A. Lewis/J. L. Bernat, *Ethics in Neurology*, in: *Semin Neurol* 38 (5) (2018), 495–496, online unter: https://doi.org/10.1055/s-0038-1673410 (Zugriff am 07.06.2023).

presse einen ständigen Diskurs darüber, ob das diagnostische Konzept in sich schlüssig und zuverlässig ist. Einzelfallbeschreibungen, z. B. bei Shewmon,[40] die für sich in Anspruch nehmen, dass der Hirntod reversibel sein könnte, zeigen unter anderem, dass hier tendenzöse Falldarstellungen ohne die gebotene medizinische Objektivität getätigt wurden und dass die fraglichen Diagnosen der Irreversibilität nach den Maßstäben der in Deutschland gültigen Richtlinie nicht gestellt worden wären.[41]

Die Realität des Hirntodes infolge des vor dem endgültigen Herz- und allgemeinen Kreislaufstillstand hirndruckbedingten Ausfalls der Hirndurchblutung und damit das Ende des zum IHA führenden Krankheitsgeschehens in der Hirnschädelhöhle ist autoptisch belegt. Die innere Leichenschau zeigt, dass der postmortalen Autolyse- und Destruktionsprozess am Gehirn weiter fortgeschritten, somit früher eingetreten ist als im übrigen Körper. Er ist umso weiter fortgeschritten, je länger nach dem Hirntod intensivmedizinisch der Herzstillstand verzögert worden war. Dieser Befund wurde erstmals 1959 von Mollaret, Bertrand und Mollaret[42] publiziert, zusammen mit der Erstbeschreibung des vorausgegangenen und als „Coma dépassé" bezeichneten Krankheitsgeschehens.[43] Gemäß diesen Befunden muss zuerst allein das Gehirn abgestorben sein. Dieser Sektionsbefund und seine letztlich bei allen Unterschieden seiner Ursachen einheitliche Pathogenese verdeutlichen auch, dass es naturwissenschaftlich-medizinisch nur einen Tod gibt, verstanden als biologisches Lebensende des Menschen, nicht notwendig als in etwa gleichzeitiges Ende aller seiner Körperteile.

Aus der Analyse aller relevanten Veröffentlichungen kann also der Schluss gezogen werden, dass die Diagnostik des IHA konzeptuell sicher ist. Allein Irrtümer im Sinne einer groben Fehldiagnose können eine falsch-positive Diagnose provozieren. Leider ist es bisher der Weltgesundheitsorganisation (WHO) nicht gelungen, die IHA-Feststellung weltweit zu vereinheitlichen und die verständlicherweise irritierenden Diskrepanzen zu beheben. So kann man nur um Verständnis für die unvermeidliche Klarstellung ersuchen, dass die hierzulande geltenden diagnostischen Vorschriften zu den weltweit differenziertesten gehören und als sicher gewertet werden dürfen.

---

40 D. A. Shewmon, *Truly Reconciling the Case of Jahi McMath*, in: *Neurocrit Care* 29 (2) (2018), 165–170, online unter: https://doi.org/10.1007/s12028-018-0593-x (Zugriff am 07.06.2023).

41 Für eine Übersicht s. U. Walter/S. A. Brandt, *Diagnosis of irreversible loss of brain function („brain death")-what is new?*, in: *Nervenarzt* 90 (10) (2019), 1021–1030, online unter: https://doi.org/10.1007/s00115-019-0765-8 (Zugriff am 07.06.2023); engl.: https://www.ncbi.nlm.nih.gov/pubmed/31312849 (Zugriff am 07.06.2023).

42 Mollaret/Bertrand/Mollaret, *Coma Dépassé et Nécroses nerveuses centrales massives.*

43 Vgl. Mollaret/Goulon, *The depassed coma (preliminary memoir).*

3.4 Der IHA als Voraussetzung für Transplantationsmedizin

Die naturwissenschaftlich-medizinische und anthropologische Bedeutung des Hirntods als sicheres inneres Todeszeichen hängt weder von seiner Bedeutung für die Transplantationsmedizin noch von irgendeinem anderen Zweck ab, sondern stellt eine Naturgegebenheit dar, mit deren Standardisierung die Medizin versucht zu helfen.

Die Feststellung des IHA erfolgt also grundsätzlich unabhängig von der Frage einer Organ- oder Gewebespende. Vielmehr ist im Rahmen der Diagnostik zu entscheiden, ob die intensivmedizinische Behandlung gleich zu beenden, oder dem Willen des Verstorbenen entsprechend zunächst die Organ- und/oder Gewebeentnahme einzuleiten ist.[44]

Unmittelbar lebenswichtige Organe können nur einem verstorbenen Menschen entnommen werden. Die Explantation der Organe eines sterbenden oder eines zwar irreversibel schwer hirngeschädigten, aber nicht hirntoten Menschen stellt eine Tötung dar, die dem Arzt ethisch und gesetzlich verwehrt ist. Die mit der Hirntodfeststellung betrauten Ärzte haben hier die Aufgabe, die Glaubhaftigkeit ärztlichen Handelns transparent und unabhängig von Fragen später vielleicht möglicher Organübertragungen zu vertreten.

4 Zur anthropologischen und biologischen Bedeutung des IHA

Die Frage nach der Bedeutung des IHA für den betroffenen Menschen wurde trotz der von Philippe Aries[45] beschriebenen, seit dem 19. Jahrhundert zunehmenden „Medikalisierung" des Todes nie und nirgends allein ärztlich entschieden. Vielmehr haben die (in unserem Land großen beiden) Kirchen, staatliche Institutionen, Theologen, Philosophen und Juristen von Anfang an die Bemühungen um eine allgemein verständliche und akzeptable Lösung gefördert. Die Antwort von Papst Pius XII. auf die eine der an ihn 1957 gerichteten Fragen (s. o.) war richtungsweisend für seine Nachfolger und hat die ärztlichen und anderen Belange des Todes voneinander abgegrenzt.[46]

---

44 Vgl. Bundesärztekammer, *Richtlinie. Fünfte Fortschreibung.*

45 P. Ariès, *Geschichte des Todes*, München 1982.

46 Wer grundsätzlich–theoretische Fragen zum IHA, seiner Bedeutung und seiner Diagnostik hat, kann sich an die eigens bei und von der Bundesärztekammer eingerichtete „Vertrauensstelle Transplantationsmedizin" (https://www.geschaeftsstelle-transplant.de/vertrauensstelle) wenden,

Im Wissen um die Differenz zwischen einer umfassenden Definition und einem validen Kriterium des Todes geht es im Folgenden zunächst um die naturwissenschaftlich-medizinische Begründung der Bedeutung des IHA als sicheres Todeskriterium, das heißt ein Kriterium für den Tod als biologisches Lebensende des Menschen. Davon sind die unterschiedlichen kulturellen, religiös-metaphysischen und sonstigen Aspekte des Todes zu unterscheiden.

In den vorherigen Kapiteln sind die medizinischen Grundlagen für das Verständnis des IHA dargelegt worden. Welche Folgen hat dieser Zustand für den Betroffenen? Zuletzt hat 2018 auf Ersuchen des Vorstands der Bundesärztekammer ein interdisziplinärer Arbeitskreis ihres Wissenschaftlichen Beirats die Bedeutung des irreversiblen Hirnfunktionsausfalls als sichereres Todeszeichen begründet und erläutert. Die folgenden Ausführungen sind Teil dieser Stellungnahme des Wissenschaftlichen Beirates und werden wie folgt zusammengefasst.[47] Es liegt in der Natur der Sache, dass hier und jetzt dazu medizinisch und ärztlich nichts entscheidend anderes gesagt werden kann.

Folgen des IHA für den Betroffenen

Mit dem IHA fehlen dem Betroffenen unwiederbringlich die körperlichen Voraussetzungen für

- Kontaktaufnahme mit anderen Menschen und der Umwelt,
- angeborenes oder erlerntes, durch innere Antriebe oder von außen auslösbares zielorientiertes und zweckmäßig gerichtetes Handeln,
- Möglichkeit zum Wach- und zum Schlafzustand,
- Spontanatmung und ihre bedarfsgerechte Modifikation,
- Steuerung von Körpertemperatur, Blutdruck sowie von Hormon- und Wasserhaushalt mit ihrer vegetativen Integration,
- eigenständige körperliche Entwicklung,
- Integration der einzelnen Körpertätigkeiten zur Einheit als Lebewesen.

Zudem gehen damit dem Menschen das Bewusstsein und jede Fähigkeit verloren

- zum Lenken der Aufmerksamkeit,
- zum Empfinden, Wahrnehmen,
- zum Denken, Überlegen, Schlussfolgern, Bewerten, Entscheiden, Planen,
- zu reflektierendem Eigenbezug und
- zur Interaktion mit anderen Menschen.

aus: Brandt/Angstwurm et al., *Bedeutung des irreversiblen Hirnfunktionsausfalls als sicheres Todeszeichen.*

---

ebenso jeder, den aus welchen Gründen auch immer einschlägige persönliche Fragen im Zusammenhang mit dem Schicksal eines ihm nahestehenden Menschen beschäftigen.

47 siehe auch Brandt/Angstwurm et al., *Bedeutung des irreversiblen Hirnfunktionsausfalls als sicheres Todeszeichen.*

Die Bedeutung des IHA als sicheres Todeszeichen des Menschen ergibt sich also zum einen aus der Bedeutung des Gehirns für den Menschen als Lebewesen, zum anderen aus dem Unterschied zwischen dem Lebewesen als Einheit und als bloße Summe seiner Körperteile und deren Funktionen.[48] Das Gehirn ist als Steuerungsorgan des übrigen Körpers nur teilweise, als Integrationsorgan nicht ersetzbar und ist die notwendige und unersetzliche körperliche Voraussetzung für alle psychischen und geistigen Phänomene des Menschen. Es wird deutlich, dass entlang der Definition des irreversiblen Hirnfunktionsausfalls und den daraus abgeleiteten *Todeskriterien* (mit den zugehörigen Testverfahren sowie den Regeln einer Richtlinie) ein in sich stimmiges Vorgehen bei der Feststellung des Todes durch die Medizin zu leisten ist.

Zugleich müssen wir akzeptieren, dass aus diesem Vorgehen und den damit festgelegten Konventionen eine *objektive Definition des Todes* nicht ableitbar ist.

Wer die vorausgesetzte Todesdefinition nicht akzeptiert, wird in der Regel auch die entsprechenden Kriterien ablehnen – nicht, weil diese wissenschaftlich nicht hinreichend sicher wären, sondern weil sie etwas anderes anzeigen, als sie seiner Auffassung nach anzeigen müssten.[49]

Daher kreisen Kontroversen zum IHA nicht nur um die medizinisch-naturwissenschaftliche Sicherheit dieses Kriterium,[50] sondern auch um die grundsätzlichen normativen Fragen und um die notwendige Unterscheidung von „Todesverständnis, Todeskriterien und der Feststellung des Todes“[51].

Widersprüche werden aus der Tatsache abgeleitet, dass die intensivmedizinische Behandlung die Herzaktion, den Kreislauf und die Tätigkeit der extrazerebralen Organe über den mit dem IHA eingetretenen Tod des Menschen hinaus erhalten kann. Nur so werden die seit Menschengedenken allgemein bekannten anderen sicheren Todeszeichen verhindert. Vermutlich provoziert dieser Umstand Einwände gegen die Bedeutung des IHA als Todeskriterium und weckt Zweifel an der Sicherheit seiner Feststellung. Allen einschlägigen Bedenken und Befürchtungen, wohl nicht zuletzt auch Ausdruck der mit dem Tod zusammenhängenden existenziellen Ängste, kann man erfahrungsgemäß mit rationalen Argumenten nur schwer begegnen. Trotzdem kann, soll und will die Information über die

---

48 Vgl. S. Brandt/H. Angstwurm, *Hirntod – Bedeutung und Begründung*, in: D. Kömpf (Hg.), *100 Jahre Deutsche Gesellschaft für Neurologie*, Lübeck 2007, 299–302.

49 Vgl. Birnbacher/Angstwurm/Eigler/Wuermeling, *Der vollständige und endgültige Ausfall der Hirntätigkeit*.

50 Vgl. Walter/Brandt, *Diagnosis of irreversible loss of brain function („brain death“) – what is new?*

51 Deutscher Ethikrat, *Hirntod und Entscheidung zur Organspende*, in: *Stellungnahme* 20 (1) (2016), 341–354, online unter: https://doi.org/10.1515/jwiet-2016-0122 (Zugriff am 07.06.2023), Kapitel 3 ab Seite 51 in Stellungnahme *Hirntod und Entscheidung zur Organspende*.

Diagnose und Dokumentation des IHA helfen, sachlich unbegründete Befürchtungen zu zerstreuen.

Der Arbeitskreis des wissenschaftlichen Beirates der Bundesärztekammer, der sich der „Bedeutung des irreversiblen Hirnfunktionsausfalls als sicheres Todeszeichen" widmete, stellte in seiner Übersichtsarbeit fest, dass aus einer naturwissenschaftlich-medizinischen Sicht und aufgrund der bei allen Menschen gleichen biologischen Gegebenheiten es nur *einen* Tod geben kann, der nach den medizinisch-wissenschaftlichen Kriterien festgestellt wird. „Im Mittelpunkt der Todesfeststellung stehen die Irreversibilität der Ausfälle sowie der Verlust der Integration der Körperfunktionen zur Einheit als Lebewesen und der Verlust der Fähigkeit zu jeglicher Selbstreflexion sowie zu jeglicher eigenständigen Interaktion mit der Umwelt."[52]

Weiterhin wird festgestellt, dass:

- alle lebenden Menschen in gleicher Weise als Lebewesen durch die den Einzelnen konstituierende untrennbare Einheit von Körper und Geist gekennzeichnet sind;
- für diese untrennbare körperlich-geistige Einheit das Gehirn die notwendige und unersetzliche körperliche Grundlage ist und
- daher der Ausfall dieser körperlichen Grundlage, d. h. der gemäß dem Erkenntnisstand der medizinischen Wissenschaft nachgewiesene IHA, ein sicheres Zeichen für das Lebensende des Menschen ist.

Mit dem Hirntod fehlt dem Menschen also die unersetzbare und nicht wieder zu erlangende körperliche Grundlage für sein geistiges Dasein in dieser Welt. Der unter allen Lebewesen einzigartige menschliche Geist ist körperlich ausschließlich an das Gehirn gebunden.

Es steuert die anderen Organe und integriert deren Tätigkeiten und Interaktionen zur übergeordneten Einheit des selbständigen und selbsttätigen Lebewesens, das mehr und etwas anderes ist als die bloße Summe seiner Teile. Mit und nach dem IHA fehlen dem Menschen zum einen die Integration der verschiedenen extrazerebralen Organfunktionen, zum anderen das unerlässliche und unersetzliche körperliche Substrat für alle seine geistigen Aktivitäten. Ein hirntoter Mensch kann nie mehr eine Beobachtung oder Wahrnehmung machen, verarbeiten und beantworten, nie mehr einen Gedanken fassen, verfolgen und äußern, nie mehr eine Gefühlsregung empfinden und zeigen, nie mehr irgendetwas entscheiden. Nach dem Hirntod fehlt dem Menschen zugleich die integrierende Tätigkeit des Gehirns für die Lebensfähigkeit des Organismus. Es fehlt die Steuerung aller anderen Organe

52 Brandt/Angstwurm et al., *Bedeutung des irreversiblen Hirnfunktionsausfalls als sicheres Todeszeichen*, 675.

und die Zusammenfassung ihrer Tätigkeit zur übergeordneten Einheit des selbstständigen Lebewesens, das mehr und etwas qualitativ anderes ist als eine bloße Summe seiner Teile. Hirntod bedeutet also etwas entscheidend anderes als nur eine bleibende Bewusstlosigkeit, die allein noch nicht den Tod des Menschen ausmacht. Mit und nach dem IHA ist die den Menschen als Lebewesen kennzeichnende und konstituierende untrennbare Einheit von Körper und Geist verloren. Der Mensch ist tot.

5 Fazit

Die Plausibilität des Hirntodkonzepts ist naturwissenschaftlich-medizinisch erklärt. Wohl deshalb ist es weltweit wissenschaftlich anerkannt und wird es trotz aller Unterschiede der Religionen, Menschenbilder und Weltanschauungen in den verschiedenen Regionen und Staaten entsprechenden Todesfeststellungen zugrundgelegt. Die Bedeutung des IHA als sicheres Todeszeichen des Menschen konnte als Naturgegebenheit nur aufgefunden, nicht aber erfunden, nur aus der Natur abgeleitet, nicht aber für irgendeinen Zweck eingeführt werden. Sie ist auch kein grundsätzlich neues, sondern das erst mit der Entwicklung der Intensivmedizin am frühesten fassbare sichere Todeszeichen. Der Unterschied zwischen einem sterbenden, aber noch nicht verstorbenen, sondern noch lebenden, und einem toten Menschen ist medizinisch zweifelsfrei festzustellen und lässt sich nicht verwischen oder gar aufheben. In diesem Sinne ist der IHA nicht nur medizinisch plausibel, sondern auch als ein angemessenes sicheres Todeszeichen des Menschen begründet.

Zugleich zeigt die ärztliche Erfahrung und die Alltagsrealität, dass bei aller prinzipiellen Wertschätzung der Wissenschaft in unserer Gesellschaft die medizin-wissenschaftlich begründete Todesfeststellung (durch richtlinienkonforme Diagnose und Dokumentation des IHA) nicht als Selbstverständlichkeit akzeptiert wird. Die mit der Hirntodfeststellung betrauten Ärzte haben daher unverändert die Aufgabe, die Glaubhaftigkeit ärztlicher Empathie und ärztlichen Handelns transparent und unabhängig von später vielleicht möglichen Organspenden zu vertreten. Diese Ärzte kennen sehr wohl die Belange und die Grenzen ihrer medizinischen Kompetenz.

Dieses Buch und die Synopse seiner Kapitel zeigt: Sowohl unglücklichen Angehörigen in entsprechender Akutsituation eines ihnen nahestehenden Menschen wie auch Menschen, die sich in gesunden Tagen mit Fragen ihres Sterbens und Todes befassen, können Ärzte, Vertreter von Geisteswissenschaften, Seelsorger und Pflegekräfte nur gemeinsam helfen.

Es ist daher eine Gemeinschaftsaufgabe, das Vertrauen in die Todesfeststellung nicht zu beschädigen. Wie hoch die Anforderungen an die Feststellung des Todes sind und wie streng und umfassend die Verfahrensregeln sind, ist nur ein Aspekt. Unser aller Aufgabe ist es, dieses Vertrauen zu fördern, indem in der ärztlichen Praxis transparent, stringent und kontrolliert vorgegangen wird.

Joachim H. Schneider

Stufenmodell der Todessysteme: Eine Alternative zur Hirntodkonzeption

Der Einstieg in unser Thema soll mit dem Märchen der Gebrüder Grimm vom „Gevatter Tod“ beginnen, das dem tief verwurzelten Volksglauben Europas in einer mythischen Legende beredten Ausdruck verliehen hat.

Es heißt da, ein armer Mann habe zwölf Kinder gehabt und musste Tag und Nacht arbeiten, um ihnen das Nötigste zu beschaffen. Als das dreizehnte geboren wurde, ging er auf die Straße, um dem Erstbesten die Patenschaft für das Neugeborene anzutragen. Als ersten traf er Gott, von dem er nicht wusste, wen er vor sich hatte. Da Gott von vornherein vorhergesehen hatte, was der arme Mann wollte, versprach er, für das Kind zu sorgen. Darauf sagte der Mann: „Dich begehre ich nicht zu meinem Paten, du gibst den Reichen, und lässt die Armen hungern.“ Der arme Mann wendete sich ab und traf den Teufel. Auch ihn erkannte der Taufvater zunächst nicht. Erst als dieser dem Kind viele irdische Reichtümer versprach und dazu alle Lust der Welt, erkannte er den Teufel und sagte: „Dann will ich dich nicht zum Paten für mein Kind haben. Du betrügst und verführst die Menschen.“ Als letztes traf der Mann den ‚dürrbeinigen Tod‘, auch er wollte die Patenschaft für das Kind übernehmen. Das Gerippe überzeugte den Vater und der sagt darauf: „Du bist der Rechte, du holst die Reichen wie die Armen ohne Unterschied, du sollst der Pate meines Kindes sein. Stell dich zur rechten Zeit ein, nächsten Sonntag soll die Taufe sein.“

Als das Kind herangewachsen war, hieß ihn der Tod mitgehen und führte ihn in den großen Weltwald, um das Patengeschenk einzulösen. Der Tod stellte dem jungen Mann in Aussicht, ein berühmter Arzt zu werden, der darauf achten sollte, in welcher Position der Tod zum Todgeweihten stehe. Wenn er am Kopfende des Kranken stehe, könne der Patient gesund werden, stehe er aber am Fußende, dann käme alle Hilfe zu spät. Auch er als Arzt könne den Patienten dann nicht mehr helfen.

Es dauerte nicht lange, bis der junge Arzt jene vorhergesagte Berühmtheit erlangte, was auch dem König des Landes nicht verborgen bleiben konnte. Es ergab sich, dass der König sterbenskrank wurde. Der berühmte Arzt wurde gerufen und befragt, ob Hilfe möglich sei. Der junge Arzt trat an das Bett des Königs, dort stand der Tod bereits zu Füßen des Kranken. Schnell drehte der Arzt den König im Bette um, so dass der Tod nun am Kopfende des Kranken stand. Der Tod, über den Trick schwer erbost, kündigte Konsequenzen an, wenn das noch einmal vorkomme.

https://doi.org/10.1515/9783111055602-026

Es geschah, dass die Tochter des Königs von einer schweren Krankheit befallen wurde und niemand für ihr Leben garantieren konnte. Da ließ der König bekannt machen, wer seine einzige Tochter gesund machen könne, solle sie zur Frau haben und die Krone erben. Der berühmte Arzt wurde erneut in den Palast gerufen. Kaum war der Arzt an das Krankenlager der Königstochter getreten, gewahrte er den Tod zu Füßen der Schönen. Geblendet von der Anmut der Königstochter und der Aussicht auf die Krone, drehte er die Tochter im Bett um, so dass der Tod nun am Kopf der Kranken stand.

Der Tod, als er sich ein weiteres Mal betrogen sah, packte den Arzt und alsbald sank der Arzt zu Boden. Er war selbst in die Hand des Todes geraten.[1] Soweit das Grimm'sche Märchen vom ‚Gevatter Tod'.

Nun, diese alte Geschichte wurde wohl noch nie von irgendjemandem so geglaubt, wie sie die Gebrüder Grimm durch Erzählungen vorgefunden und aufgeschrieben haben. Sie ist und war eben gerade darum ein Märchen. Wenn aber diese Geschichte oder Teile von ihr von niemandem je geglaubt worden wäre, wäre sie dann jemals zu einem mythischen Märchen verdichtet worden? Ein Märchen, dessen Sichtweise in die Tiefen des kollektiven Unbewussten unserer Kultur abgesunken ist?

Die Vorstellung, den Tod als einen gestorbenen Menschen, als Gerippe, subjektiv mit individualisiertem Charakter, Sinn für Gerechtigkeit und einer ethischen Normierung ausgestattet zu imaginieren und darzustellen, ist bis ins hohe Mittelalter, unter anderem im *Danse macabre*, dem Totentanz, üblich gewesen, was heute nicht einmal mehr Kinder zu Halloween erschreckt, aber noch Tausende jedes Jahr zum „Jedermann" nach Salzburg treibt.

Eine sehr sinnreiche, moderne Interpretation dieses Märchens liegt von dem Theologen und Psychoanalytiker Eugen Drewermann vor,[2] der alle Figuren dieses Märchens seiner Analyse unterzieht, mit Ausnahme der Figur des Todes selbst, die im Märchen allerdings überraschende Einsichten, wenn auch unbegründeter Art, für uns bereithält.

Schwer zu interpretieren ist nämlich die Stellung, die der Tod dem Todgeweihten gegenüber im Märchen einnimmt. Was kann es damit auf sich haben, dass der Sterbende erst dann stirbt, wenn der Tod am Fußende, nicht am Kopf steht? Will unser Märchen damit andeuten, dass Genesung vom Kopf her möglich ist, was bereits im Denken Epikurs ausgeführt wurde? Mithin ist dieser Gedanken ein tradierter. Der Tod, wenn er denn todbringend ist, wird unserem Märchen

1 Vgl. J. Grimm/W. Grimm, *Die Märchen*, Reutlingen 1958, 162.

2 E. Drewermann, *Der Herr Gevatter. Grimms Märchen tiefenpsychologisch gedeutet*, Olten/Freiburg i. Br. ^{2}1991, 27 ff.

nach erst in der Peripherie manifest, nicht vom Kopf her. Natürlich ginge diese Interpretation weit über das alte Volkswissen hinaus und griffe auch ideengeschichtlich weit voraus, passt aber durchaus in den emanzipatorischen Grundtenor des ganzen Grimm'schen Märchens vom ‚Gevatter Tod'.

1 Die basalste, genuine Stufe der Systeme des Todes höherer Lebewesen: das biologische System des Todes

Wann hat der Gegenstand Tod die Identität seiner selbst mit sich selbst erreicht? Wann stimmen Begriff und Wirklichkeit des Todes überein? Wohl dann, wenn er seine Selbigkeit durch sich selbst für sich selbst hergestellt hat. Das hat er, wenn er selbst gestorben ist. Es stellt sich somit die Frage, kann der Tod seine Identität herstellen und sich selbst töten? Wenn der Tod eine Identität hätte, dann hat er auch ein Sein. Ist dieses Sein ein abstraktes oder reales Sein? Wenn das thanatologische Nichts, der Tod, nicht nur ein Sein, sondern auch ein Dasein hätte, mithin als ein Etwas durch Raum und Zeit bestimmt ist, wo wäre dieses Sein dann wohl verortet und wie wäre dieses Sein dann genauer zu spezifizieren? Das alles sind schwierige Fragen, die wir näherungsweise bestimmen können, wenn wir den *basalen Tod* als *reales, bio-logisches System* in der Zelle eines jeden höheren Lebewesens einordnen. Das Sein des Todes ist ein spezifisches, das nämlich *ein an das Leben gebundenes Sein* ist, das heißt, es ist endliches, sterbliches Sein. Der Tod als Moment der belebten Natur hat ein Sein wie die Natur selbst, die paradox mit den Momenten Werden und Vergehen in Erscheinung tritt. Das thanatologische Sein ist damit nicht selbständiger Teil eines Organismus, sondern *nur ein* Moment des Lebendigen, vollkommen unfrei in der Abhängigkeit von dem Anderen seiner selbst, dem Leben nämlich.

Wird das Prinzip des Todes seines ontologischen, seinsbezogenen Kerns beraubt, dann könnten wir von einer potenziellen Unsterblichkeit ausgehen. Gegen den Gedanken eines ewigen Lebens ist logisch nichts einzuwenden, nur muss er vom Begriff der Sterblichkeit getrennt werden. Man kann die Sterblichkeit widerspruchslos mit und ohne den Gedanken eines ewigen Lebens denken. Allerdings ist die Sterblichkeit die Voraussetzung oder Bedingung der vorgestellten Unsterblichkeit.

Die Gedanken von Unsterblichkeit und Ewigkeit gingen dem Gedanken der Sterblichkeit historisch voraus. Die menschliche Endlichkeit oder Sterblichkeit wurde in animistischer Zeit, in der man noch an Geister glaubte, zunächst überhaupt nicht gesehen, wurde geleugnet und nicht verstanden. Es wurden zwei

Welten mit zwei unterschiedenen Wirklichkeiten angenommen. Die eine war die sichtbare Welt, die andere die unsichtbare, und beide Welten beeinflussten sich wechselseitig. So musste die Sterblichkeit regelrecht erst entdeckt, ins Bewusstsein gehoben und zur Anerkennung gebracht werden, was erstmalig in schriftlicher Form im Gilgamesch-Epos 3000 Jahre vor unserer Zeitrechnung festgehalten ist. Die Unsterblichkeit und Ewigkeit sind metaphysische Begriffe und gehören nicht in die Kategorie der realen Sterblichkeit.

Noch einmal anders formuliert: Auf die alte leibnizsche Frage „Warum ist [eigentlich] nicht nichts“ ist aus thanatologischer Sicht zu sagen: Weil der Tod endlich ist, ist nicht nichts, und dies gilt nicht nur im globalen – auf organisches Leben bezogen – sondern auch im kosmischen Maßstab. Kurz gesagt: Der Tod hat ein Sein, ist an Sein gebunden. Sein und Nichtsein sind relationale Terme. Oder noch allgemeiner gefasst: ohne Sein kein Nichtsein, wobei das Unvergängliche dem Vergänglichen vorweg geht.

Doch hilft uns der makroskopische, enzyklopädische Blick nicht wirklich weiter.

Zunächst der kurze Blick auf die traditionelle Sichtweise, sei sie metaphysisch oder durch die positiven Wissenschaften begründet, die *Selbst-Negativierung des Todes,* der Tod des Todes, war bisher kein Gegenstand einer Naturbetrachtung. Ein ursprüngliches System der Negativierung des Lebens im empirischen Modus, das ubiquitär prozessual, selbstanwendend, lebenslänglich wirksam ist, ist als System auf zellulärer Basis lebender Organismen als *Apoptose* bekannt. *Die Apoptose ist eine prototypische, prozessuale Manifestation der Selbstnegativierung des Todes,* seine Selbstauslöschung. Warum suchen wir den Begriff des Todes wesentlich durch seine zelluläre Form zu bestimmen? Der Grund ist durch die Logik der Zirkularität des Lebens selbst begründet, das in zellulären Strukturen beginnt und naturbedingt nach unserer Auffassung auch so endet.

Die *Apoptose* wurde im Nordosten Schottlands 1972 sinnigerweise *im Zuge der Krebsforschung* entdeckt und systematisch bearbeitet. Der Begriff der Apo–Ptose besteht aus der Vorsilbe ἀπό, was so viel ausdrückt wie ‚ausgehend von‘, ‚hat seinen Ursprung in ...‘, und πτωσις was bedeutet: ‚herabsinken, herabhängen‘. Die wörtliche Übersetzung könnte etwa so lauten: ‚von dem das Herabsinken seinen Ursprung hat‘. Die Griechen haben mit der Apoptose das Herabfallen der Blätter im Herbst und Winter bezeichnet und dabei den zyklischen Verlauf der Jahreszeiten, das Neuwerden im Frühling zugleich mitgedacht.

Die komplexen biochemischen Strukturen der Apoptose werden *Caspasen* genannt, ein zusammengesetztes Kunstwort: Cystin-abhängige-aspertat-spezifische-Proteasen. Caspasen sind eiweißspaltende Eiweiße, die Proteasen genannt werden, die in anderer Form und Funktion gängige Stoffwechselvorgänge der Verdauung von tierischem Eiweiß vornehmen. Bei ‚höheren‘ Lebewesen finden wir

14 verschiedene Caspasetypen mit jeweils unterschiedlicher Funktion, die im Sinne eines Zyklus kaskadenförmig in der Zelle angeordnet sind. Das Besondere dieses Zyklus ist: Das funktionelle Ende fällt mit dem Anfang zusammen. Das Ende, das ein neuer Anfang ist, kann Kontinuität bedeuten, ist funktionell organisch interpretiert, die *restitutio ad integrum*, die Wiederherstellung des Ausgangszustandes. Eine schadhafte Leberzelle, die eliminiert ist,[3] ermöglicht die normale Funktion der Leber und führt nicht zum Leberkrebs.

Die Caspasen sind der biochemische Name des Apoptosesystems, das als programmierter Zelltod ein autolytisches System auf zellulärer Basis darstellt. Dass diese Eiweiße artspezifisch sind, zeigt an, dass sie eine lange evolutionäre Entwicklung hinter sich haben.

Es genügen aber nur wenige Andeutungen (auf die genauere Darstellung dieser Zusammenhänge wird bewusst verzichtet), um den *affirmativen Charakter* der Funktion der Apoptose zu erkennen. Mit der Apoptose ist eine *innere normative Selektion* verbunden, die der äußeren gegenübergestellt werden kann, die schadhafte oder funktionsuntüchtige Zellen eliminiert, und damit die regelhafte Funktion des Organismus bestätigt, gewährleistet und wiederherstellt, indem sie z. B. Krebszellen eliminiert. Diese Zellclearance kann auch als organische Resilienz bestimmt werden.

Die Funktion der Apoptose manifestiert sich daher noch prägnanter, wenn das Erkennen und die Aussonderung von zellulärer Funktionseinschränkung oder Malignität durch den Ausfall des Apoptosesystems nicht erfolgt.[4] Die Regeneration oder Wiederherstellung des Organismus in seinen natürlichen gesunden Zustand ist eine notwendige Überlebensbedingung des Gesamtorganismus, was auch *teleologisch* zu interpretieren ist. Mit dieser unbewussten Weisheit des Körpers lebt der Organismus länger als die einzelne Körperzelle, das System des Todes der Zelle beugt der vorzeitigen Veraltung vor oder macht, dass wir alt die Neuen sind, die immer wieder die anderen unserer selbst sind: Wir sind nicht mehr die Jungen, die wir waren und sind doch immer noch dieselben.

Damit ist die *lebensdienliche* Funktion der Apoptose und der programmierte Verfall der Zelle in Umrissen dargestellt; was fehlt und was bisher thanatologisch völlig unterschätzt wurde, ist die *Selbstbezüglichkeit des Systems des Todes der Apoptose durch sich und für sich.* Denn bei höheren Lebewesen denaturieren die ersten acht bis neun Caspasen die Zellkompartimente, d. h., der Zellkern verliert die Fähigkeit der Weitergabe der Erbinformation, der Stoffwechsel der Zelle

---

3 Vgl. M. Jo/T. H. Kim/D. W. Seol, *Apoptosis induced in normal human hepatocytes by tumor necrosis factor-releated apoptosis-inducuing ligand*, in: *Nat Med* 6 (2000), 564–567.

4 Vgl. Y. Ishiaki/L. Cheng/A. W. Mudge/M. C. Raff, *Programmed cell death by default in embryonic cells, fibroblast, and cancer cells*, in: *Mol Biol Cell* 6 (11) (1995), 1443–1458.

kommt zum Erliegen und die Kommunikation der Zelle mit anderen wird eingeschränkt und schließlich aufgelöst.

In diesem Zustand ist der Vorgang in Teilen noch reversibel. Sobald die neunte bis vierzehnte Caspase aktiviert ist, *wird das System des Todes selbst seiner Fähigkeit, todbringend zu sein, beraubt, das System des Todes stirbt durch sich und an sich.* Die Biomoleküle der Caspasen werden aufgespalten, ihre Verbindungen gelöst, damit verliert das System des Todes nicht nur seine Struktur, sondern vor allem seine Funktion. Die Caspasen denaturieren die zellulären Funktionssysteme, sie entziehen den Organen und damit unter anderem auch dem Tod das Leben, nehmen ihnen ihre Operabilität. Hervorzuheben ist, dass die Funktion dieser Tilgung oder Negativierung sich nicht generell ereignet, sie ist auf eine Zelle beschränkt, in der diese Vereinzelung stattfindet, und sie geht nicht wie beim Infektionsgeschehen auf andere Zellreihen über, was nicht ausschließt, dass dieser Vorgang in vielen Zellen gleichzeitig abläuft, was beim finalen Tod wohl der Fall ist.

Das Ende der Caspasenkaskade ist das Abschalten der Mitochondrien in den Einzelzellen, die die Energiezufuhr für den gesamten Entwicklungsgang bereitstellen. (Es ist von hoher Symbolkraft, dass die DNA der Mitochondrien nur von Frauen vererbt wird, sie spenden das Leben, und entziehen der lebenden Zelle zuletzt die Energie.) Zu Lebzeiten fragmentiert die Zelle und zerfällt.

Das Todesereignis ist mithin kein singulärer prozessualer Vorgang, sondern ereignet sich zu Lebzeiten immer wieder.

Der Stein als Repräsentant der unbelebten Natur ist endlich, er kann aber im Gegensatz zur Zelle nicht sterben, er hat nicht die Eigenschaft, sterblich zu sein, ihm fehlt das System des Todes, das in der Zelle höherer Lebewesen manifestiert ist.

Von den vielen Fragen, die uns die Apoptose vorlegt, drängt sich eine als besonders wichtig auf, ob denn dieses System des Todes auch den finalen Tod bedeutet. Lassen Sie mich den Zusammenhang zunächst metaphorisch formulieren. Wenn ein Wald stirbt, dann sterben die Bäume, ohne Sterben der Bäume kein Waldsterben. Ohne Sterben der Zellen kein Tod des Organismus. Natürlich greift diese Analogie zu kurz, macht aber das Verhältnis von Zelle zum Organ bzw. zum Organismus deutlich.

Wir wissen nicht, wie oft im Leben ein Mensch zu sterben und wiedergeboren zu werden hat, wir wissen aber sehr wohl, dass der Tod ein letztes Mal im Organismus stirbt. Der Tod ist der letzte sterbliche Teil des Menschen. Der Mensch ist erst dann gestorben, wenn der Tod in ihm ein letztes Mal gestorben ist. Dabei ist zu bedenken, mit dem Tod der Zelle stirbt zu Lebzeiten nicht der ganze Organismus, wenngleich auch beim finalen Tod der Tod erst zellulär sein Ende findet.

Der Tod stirbt mit der Zelle, um das Organ oder global betrachtet, um den Organismus zu erhalten. Die Regeneration oder Wiederherstellung des Organismus in seinen natürlichen gesunden Zustand ist *der Zweck des Systems* des Todes.

Strukturell erweist sich diese Prozessualität des Verhältnisses der Einzelzelle zum Gesamtorganismus analog zum Verhältnis des Individuums zur Gattung. Mit dem Tod des Systems des Todes hat sich organisch gesehen eine *normative Affirmation*, eine Bestätigung, ergeben, die als Lebensprinzip eine Verstetigung des Überlebensprinzips der Gattungen und Arten ist, die wir logisch erwartet haben.

Weil der menschliche, natürliche Tod, der der Tod des Organismus als Ganzheit ist, ein leibhaftiger, intrinsischer, ein innerer, unbewusster, sich wiederholender, biologischer Prozess auf zellulärer Basis ist, ist er nicht durch eine externe Macht, sei es durch ein Messer, das Geschoss, eine Bombe oder durch Strahlung richtig bestimmt. Sie sind nicht die Ursache des Todes, sondern sie sind die Mittel zum Zweck der Tötung. Er ist auch nicht als Herz- oder Hirntod richtig erklärt, wenn diese möglichen Initiatoren des Todes mit dem System des Todes gleichgesetzt werden. Stellen wir die Frage: Muss ein Mensch am Herz- oder Hirntod notwendig sterben? Die primäre, grundlegende Prozessualität und Operationalität, die wesentliche Funktion sowohl des Herzens als auch des Gehirns – da sagen wir nichts Neues – besteht nicht darin, den Tod herbeizuführen, deshalb stirbt ein Mensch nicht am Herz- oder Hirntod notwendigerweise. Schlussendlich enden alle sogenannten Signal- und Induktionswege der Systeme des Todes – auch die kognitiven, auf die wir gleich eingehen werden – in den kleinsten Bausteinen des menschlichen Körpers, in den Körperzellen, in denen das Todesereignis ein Leben lang, aber auch final irreversibel ist. Der Sterbeprozess ist beim sogenannten Herz- oder Hirntod keinesfalls abgeschlossen. Wenn der Sterbeprozess des Gesamtorganismus nicht abgeschlossen ist, einschließlich der lebendigen Zellen, ist der Mensch nicht gestorben. Also ist beim Herz- oder Hirntod als Teiltod des Organismus der Mensch nicht gestorben. Es ist allerdings richtig, dass der Mensch im Falle einer eindeutigen Diagnose des Hirntodes innerhalb einer kurzen Zeitdauer stirbt, wenn er nicht künstlich maschinell und pharmakologisch am Leben gehalten wird. Aus der Irreversibilität des finalen Todes ist der Schluss der Einzigartigkeit des Lebens, seine Exklusivität abzuleiten.

Philosophisch gesehen kann die Operabilität des Caspasesystems in der Zelle in zwei Phasen unterteilt werden. Die *erste Phase der Negation* betrifft die Zerstörung der Zellkompartimente, daher kann sie in Beziehung auf das System des Todes als *äußere Zerstörung oder Denaturierung* bezeichnet werden. Hier ist die Negation noch nahezu vollständig abhängig von der Induktion durch den Gesamtorganismus. Die *zweite Stufe der Negativierung* bezieht sich auf das System der Deletion selbst, die die *innere* Negativierung vornimmt oder die *selbstbezügliche Negation* ist. Die *selbstanwendende Prozessualität* des Todes steuert *die zweite Negation*, sie ist dem System selbst zu eigen und ein für-sich-seiendes Moment des Todes.

Betrachten wir den Vorgang noch etwas genauer, dann ist dieser Zweiphasenvorgang in zwei Bewegungsmomente aufgeschlüsselt, den wir in der ersten Phase als *Attraktion*, vorwärtstreibende, und in der zweiten Phase als *Repulsion*, als rückbezügliche Kraft auffassen, die wir mithin als eine Kreisbewegung oder Zirkularität beschreiben können. Die *zweite Negation* ist die in unserem Zusammenhang entscheidende. Der rückbezügliche Vorgang ist der auf das System des Todes *selbstbezügliche* Vorgang. *Die Selbstbezüglichkeit des Systems des Todes ist selbstanwendende Operationalität als Negation.* Sie macht die Dialektik der Sache aus.

Natürlich stellt das Gerede vom ‚Gevatter Tod' auch eine unsägliche Sprachverwirrung dar. Der Tod als biologisches System hat kein Ich, er hat auch kein Geschlecht wie der Artikel im Deutschen zu unterstellen scheint, im französischen und tschechischen ist der Begriff ‚Tod' weiblich. Und über den Tod zu sprechen ist erst recht nicht tödlich. In der unheiligen Allianz unseres Märchens trifft der Tod als ein *von-außen-kommendes-Ereignis* auf organische Wesen. Diese überholte Vorstellung, das Wesen des Todes extern von Sterblichen zu verorten, geht zudem noch auf eine andere Traditionslinie zurück. Vor mehr als zweitausend Jahren spricht Epikur in einem Brief an Menoikeus davon, was seither über Jahrhunderte unreflektiert nacherzählt wurde: ‚Wo der Mensch ist, ist nicht der Tod, und dort wo der Tod ist, ist der Mensch nicht'. Allein, wenn diese Vorstellung zu Recht bestehen würde, wären die Menschen nicht sterblich. Das Grimm'sche Märchen beschreibt diese lange Zeit geglaubte *transzendente Thanatologie* detailliert mit den Stilmitteln des Märchens.

2 Das kognitive System des Todes: die zweite Stufe der Systeme des Todes

Um uns auf das Phänomen des *kognitiven Todes* einzustellen, möchte ich eine Gedankenanleihe bei Sören Kierkegaard machen, der ein kurzgefasstes Buch mit dem Titel: „Die Krankheit zum Tode" unter seinem Pseudonym 1849 publiziert hat. In dieser hoch dialektischen und psychologischen Schrift wird die These vertreten, die Verzweiflung eines Menschen sei eine ‚Krankheit zum Tode'.[5]

Was hat es mit diesem Term der ‚endogenen Schwermut' auf sich, wenn wir ihn in seiner expressivsten Form als zum Tode führend auffassen? Gibt es mentale Zustände, die als Gedanken selbstbezüglich lebensbedrohlich sind?

Der Zusammenhang von Körper, Geist und Seele ist immer noch opak, weil er wohl auch nicht den Gesetzen der Kausalität unterworfen ist. Wir sprechen hier also nicht über irgendeine Krankheit, sondern über ein tödliches Ereignis.

---

5 S. Kierkegaard, *Die Krankheit zum Tode*, München ^{2}2011, 183 ff.

Die Einheit von Geist und Körper als leiblich zu verstehen, ist schnell postuliert und dahingesagt. Wer aber darüber Auskunft erteilen soll, wie die Übertragung der Psyche auf den Leib und umgekehrt erfolgt, der hat Mühe, diesen Übergang, diesen sogenannten Signal- oder Induktionsweg, zu erklären. Es geht hier in erster Linie nicht darum, den Tod im Sinne einer externen Verursachung herbeizuführen, sondern darum, dass postuliert wird, der selbsteigene Geist habe einen inneren, todbringenden Zugriff auf den Leib. Dies ist deshalb so bemerkenswert, weil der Überlebenstrieb als der stärkste unter den Trieben angesehen wird. Kierkegaard behauptet aber, es gibt mentale Formen, die als ‚Krankheit zum Tode' führen können.

Es liegt nun nahe, diese Frage auch inhaltlich auf unser Thema zu beziehen. Kann der Verlust geliebter Menschen, von Freunden, Partnern, Ehefrauen oder Ehemännern, eines geliebten Kindes, das vor der Zeit sterben musste, eine solchen Abgrund der Verzweiflung auslösen? Können Krieg und Folter oder Krankheit die Entfremdung so weit treiben, lieber sterben zu wollen, als unter solchen Bedingungen weiterzuleben? Können Vorstellungen verpasster Lebenschancen, durch körperliche Behinderung oder Versagungsängste, Alter oder Jugendlichkeit oder durch andere widrige Umstände so schwermütig bis zum Tode machen? Kann es sein, dass die Vorstellung, nie mehr in das Land unserer Kindheit zurückkehren zu können,[6] eine ‚Krankheit zum Tode' wird? Bei erster Näherung würden wir all diese Vorstellungen wohl bejahen und anderes in diesem Sinne hinzufügen können.

Es gibt ein historisches Beispiel, bei dem ein kognitiver, ein bloß verstandesmäßiger Konflikt, zum Tode geführt haben soll. Im Anhang an die ‚Pensées, Gedanken' von Blaise Pascal (1623–1662) beschreibt seine Schwester, die Pascals Schrift posthum veröffentlicht hat, eine Form endogener Verzweiflung bei ihrem Bruder, die durch den gedachten Antagonismus von Endlichkeit und Unendlichkeit zum vorzeitigen Tod von Pascal geführt haben soll. Kurz vor dem Ende seines Lebens verweigerte Pascal die Nahrung, verlangte nur nach einem Priester, der ihm die Beichte abnehmen und die letzte Ölung zukommen lassen sollte und wollte ansonsten allein gelassen werden. Der Mathematiker und Philosoph Blaise Pascal starb mit 39 Jahren ohne ersichtliche körperliche Erkrankung, er wollte schlicht nicht mehr sterblich leben.[7]

Doch all diese Beispiele, so furchtbar oder auch tröstlich sie für den einen oder anderen auch sein mögen, scheinen doch nicht das zu adressieren, was Kierkegaard in seiner Schrift ‚Die Krankheit zum Tode' darlegt. Er spricht über die Verzweiflung, die zur Schwermut führt, unabhängig von auslösenden Faktoren

6 Vgl. E. Bloch, *Prinzip Hoffnung*. Teil Drei, Frankfurt a. M. $^{11-15}$1976, 1628.

7 Vgl. B. Pascal, *Pensées – Gedanken*, Darmstadt 2016, 25 ff.

oder, anders formuliert, der auslösende Faktor ist die Verzweiflung selbst, die die Krankheit zum Tode sein soll. Verstehen wir richtig, die Trostlosigkeit, der Zustand tiefsten depressiven Denkens, kann selbst zur Ursache der Verzweiflung werden, die zum Tode führt. Kierkegaard beschreibt den performativen Charakter oder die *self fullfiling prophecy*, die sich selbst erfüllende Prophezeiung, als Grund der mentalen Krankheit, die zum Tode führen kann. Damit beschreibt Kierkegaard aber auch die mögliche inhärente Lösung, dem *circulus vitiosus*, dem Teufelskreis vernichtender Gedanken zu entkommen, der nämlich als mentaler Prozess auch kognitiv zu lösen wäre.[8]

Der dargestellte Zusammenhang der Übertragung mentaler Prozesse auf unsere Systeme des Todes lässt mutmaßen, was bisher noch nie wirklich nachgewiesen wurde, allerdings von Sigmund Freud als Todestrieb hypostasiert wurde, dass eine operationale, ontologische Verbindung auch auf diesem Niveau von Geist und Körper vorhanden sein muss, wenn die Einheit von Körper und Geist nicht nur hohles Gerede sein soll.

3 Der Tod der Gattung im geologischen Lebensraum

Als Charles Darwin 1859 seine Hypothesen in dem damaligen epochalen Werk: ‚The origin of species by means of natural selection' publizierte, hatte er eher den *Ursprung der Arten* im Sinn.[9] Der Blick auf die Gattungen und Arten der Natur in unseren Tagen fokussiert eher die Fragen ihres Untergangs mit erschreckender Aktualität. Wir leben im Zeitalter des *Anthropozäns*, eine Vorstellung, die weitgehend akzeptiert ist.[10] Wir Menschen nehmen auf die Geologie unserer Erde in einer Weise Einfluss, dass die verpestete Atmosphäre toxische Rückstände konserviert, die den Sauerstoffgürtel der Erde zerstören, und dass der zunehmende CO_2-Anstieg die Erde aufheizt, die Pole abschmelzen, die Meere versauern lässt. Dabei vernichten Brände Land- und Lebensräume, die die Ressourcen des Erdbodens verbrauchen, wodurch der Verlust der tropischen Regenwälder noch in Jahrmillionen in der Stratosphäre nachweisbar sein wird, weil alles mit allem zusammenhängt.[11] All das wissen wir. Was dabei das Bedenkenswerteste ist, die Geologie kann im

8 Diese These hat Epikur schon vor 2400 Jahren vertreten.

9 Vgl. C. Darwin, *The origin of species* (Collins Classics), London 2011, 1 ff.

10 Vgl. L. Dartnell, *Ursprünge*, Berlin 2018, 9.

11 Vgl. G. W. Leibniz, *Vernunftprinzipien der Natur und der Gnade. Monadologie*, Hamburg ²1982, Nr. 61.

schlechtesten sowie im besten Fall Einfluss auf die ‚natura naturans',[12] die schaffende Natur bzw. Biologie, ausüben. Die Implosionstheorie des Meteoriteneinschlages mit dem konsekutiven Sterben der Gattung der Dinosaurier ist die eine Seite dieser naturhistorischen Phänomene.

Dass das Artensterben dabei selbstbezüglich auch auf die Gattung Mensch bezogen sein kann, dramatisiert die heutige Situation bis ins Bewusstsein einer potenzierten Krise hinein. Es wird daher nicht wundern, wenn das Artensterben im Zusammenhang der *conditio humana* hier auftaucht. Wenn nämlich die Systeme des Todes in den Körperzellen basal in jedem einzelnen sterblichen Individuum verortet sind, mag der Eindruck entstanden sein, der *naturgegebene Überlebensmaßstab* sei der einzelne Mensch. Abgesehen von der Bedeutung, die der Tod für jeden Einzelnen hat – sei es, dass er als narzisstische Kränkung bzw. als furchtbares Schicksal empfunden, oder sei es, dass er herbeigesehnt und willkommen geheißen wird – sind die geologischen Determinationen *überindividuell.* Die Vorstellung eines solipsistischen Todes mag zwar egoistisch gedacht richtig sein, ist aber unzureichend bestimmt. Gemäß der Natur liegt der Überlebensfokus beim Allgemeinen der Gattung. Das Bonmot der Übereinstimmung des Rückgangs der Störche mit der menschlichen Geburtenrate weist auf das Gemeinsame von Geologie und Biologie hin. Eine vergiftete Mitwelt, die doch in Wirklichkeit unsere Welt *global* ist, schlägt auf den Genpool durch (bei Verstrahlung oder durch Sintfluten), vermindert diesen und ganze Gattungen sind in ihrer Existenz bedroht oder gelangen nicht mehr zur Existenz. Ist die Umwelt als Mitwelt der Menschen bedroht, ist der Lebensraum – unser Wohnzimmer – und sind nicht nur die Chrysanthemen auf dem Balkon in Gefahr. Wer aber sein Habitat verliert, hat sich schon verloren, denn es ging nicht nur die Natur verloren, sondern mit ihr auch unsere ‚zweite Natur', die Kultur.

4 Der Zweck in der Natur- und Kulturgeschichte

Nun stellt sich auf unser Thema bezogen die Frage der Zweckhaftigkeit des Todes, die wir als Telos, auf einer Metaebene noch einmal genauer, sowohl in der Natur- und der Kulturgeschichte, bedenken sollten. Den Zweck, das Telos, das auch Endzweck sein kann, können wir dabei nach zwei Ordnungen hin unterscheiden. Es bezieht sich zum einen nur auf ein Individuum einer Gattung, und zum anderen kommt es *generationsübergreifend* auch bei mehreren Arten und Gattungen im Sinne einer qualitativen Steigerung zum Ausdruck, sowohl in der Natur als auch kulturbezogen. Beide Formen des Telos sind nicht erst im Zeitalter des Anthropo-

12 B. Spinoza, *Ethik*, Stuttgart 1990, Teil 1, Proposition 29.

zäns miteinander verknüpft, sie sind logisch verknüpft. Die teleologisch gedachte Bewegung endlicher Systeme des Vergehens und Entstehens besteht im Hineingehen in die Vergänglichkeit und Sterblichkeit und in der Propulsion, in die Zurückführung in die Lebendigkeit, die wieder sterblich ist. Es wurde dargelegt, dass der Solipismus der Individuen einer teleologischen Notwendigkeit widerspricht, die zwischen einer Bewegung vom Einzelnen zur Allgemeinheit der Gattung und von der Allgemeinheit der Gattung zur Einzelheit oszilliert und übergeht, um Kontinuität zu bewirken, worin und wodurch sich das natürliche Telos manifestiert.

Nun bestaunen wir einerseits die schöpferische Fortentwicklung des Naturgeschehens, uns mag aber angst und bange werden, wenn wir nur unsere eigene gegenwärtige Zeitgeschichte und Kultur anschauen. Wir sind schnell geneigt, hier einen anthropologischen Determinismus in dem Sinne zu denken, der Mensch ändere sich sowieso nicht und sei ohnehin nicht vernunftgesteuert. Die Frage bleibt dennoch offen, ob das Telos uns zyklisch oder doch linear mitnimmt. Und wenn es linear strukturiert wäre, geht es dann gemäß dem zweiten Lehrsatz der Thermodynamik ins Chaos über oder geht das Telos den humanen Weg?

Nun ist es unrichtig, einen naturgegebenen oder kulturellen Determinismus herzuleiten, sei er physikalisch oder psychologisch begründet, der sich apokalyptisch oder – realitätsfern idealistisch – auftut. Sowohl die Katastrophiker unter uns als auch die anderen, die ein *Euzän*, das gute Zeitalter, erwarten, sollten sich hüten, einen Automatismus in die eine oder andere Richtung für gegeben anzunehmen. Wir sind gut beraten, den Geist nicht zu determinieren, sondern ihn offen zu halten für Gesetze, die wir noch nicht durchschauen, um nicht im Denken dem Ungesetz des Zufalls zu verfallen. Gerade darin liegt die Chance unserer Verantwortung.

Es hat sich am Beispiel der Thanatologie gezeigt, dass auch die Systeme des Todes einer *stufenweisen Logik* folgen, die biologisch von den kleinsten Bausteinen lebender Zellen bis hin zu abstrakten, überindividuellen und allgemeinen Formen fortschreitet. Die selbstanwendenden Operabilitäten der Systeme des Todes enden *selbstbestimmt* mit der Kontinuität des Lebens als ihrer Idee. Am Ende dieses Reigens nimmt der Tod sich selbst an die Hand und beendet damit den Reigen, den *Danse macabre*.

5 Ethische Konsequenz des Schichtenmodells der Systeme des Todes am Beispiel der Transplantationsmedizin

Nachdem die stufenweise thanatologische Theorie in Kürze zur Darstellung gebracht wurde, stellt sich allerdings die Frage nach der Praxis. Welche ethischen Handlungsoptionen ergeben sich denn aus dem dargestellten Stufenaufbau des Todes? Von den vielen offenen Fragen ist nur eine hervorzuheben, die in der Überschrift zu unserem Thema adressiert ist: Schließt der biologisch-zellulär bestimmte, leibeigene Tod die Transplantationsmedizin aus oder doch nicht? Es wurde gesagt, dass sich alle Systeme des Todes schlussendlich in der Zelle abspielen. Nun können lebenswichtige Organe wie die Niere, die Leber, die Bauchspeicheldrüse nur im lebendigen Zustand transplantiert werden. Ist der zelluläre Tod erst einmal final manifest, dann ist auch das Organ tot, es ist nicht mehr transplantabel.

Es kann und muss gesagt werden, die *Organtransplantation* ist machbar, sinnvoll und notwendig auch unter der Vorstellung des zellulär gefassten Todes.

Um den Tod auf zellulärer Basis im Transplantationswesen zu verankern, ist nur die theoretische Erkenntnis notwendig, dass der Mensch als Gesamtorganismus nicht tot ist, wenn er seine lebensstiftenden Organe in einem anderen Organismus weiter leben lässt. Die sogenannte *dead donor rule*, die international geltende Regel, wonach nur von Toten Organe zu entnehmen zulässig ist, muss fallen. Diese Vorstellung mag noch ein wenig fremd klingen, ist aber nicht schwer nachzuvollziehen, wenn wir überlegen, ob wir unter allen Umständen leben oder weiterleben wollen.

Nun steht die Forderung, die *dead donor* Regel für falsch zu erklären, in einem krassen Widerspruch zu den nicht nur in Deutschland herrschenden Gesetzen. Jeder unfreiwillig erfolgte Körpereingriff erfüllt den strafrechtlichen Tatbestand der Körperverletzung. Wir haben gehört, dass es natürlich auch die Möglichkeit der Lebendspende gibt, sofern *Verhältnismäßigkeit* und *Angemessenheit* erfüllt sind, und die Organspende freiwillig ohne Zwänge erfolgt. Niemand kann über sein Vermögen hinaus ethisch verpflichtet werden, Organe zu spenden. Es ist häufiger wirklich, dass Eltern ihren leberkranken Kindern Teile ihrer Leber spenden, und in vielen anderen Fällen ist die Lebendspende geübte Praxis. Wie hat der Gesetzgeber international auf diesen Widerspruch, nur die postmortale Organspende für legitim zu halten, reagiert? Er erklärt die ehrenwerten Organspender für tot. Der konsequenzenreiche schmale Grat der Unterscheidung ist der: Die unheilbare Erkrankung, die zum Tode führt, ist nicht gleichbedeutend mit dem Tod eines Menschen. Der Unterschied ergibt sich terminologisch, biologisch, medizinisch und philosophisch.

Wie ist man auf die Toderklärung der potenziellen Organspender gekommen? Eine der meist umstrittenen Festlegungen dabei ist der sogenannte Hirntod. Dieser Teiltod des menschlichen Organismus fußt auf der Entscheidung des *Ad hoc Commitees* der Harvard Medical School in Boston, das zwar nicht vom Hirntod spricht, sondern vom *irreversiblen Koma,* um eine normative Richtlinie für die sinnvolle Fortführung der Therapie auf den Intensivstationen zu haben. Das Komitee ging bei der Festlegung des *irreversiblen Comas* vom Absterben der *funktionellen Integrationsleistung* eines oder mehrerer Organsysteme aus, was später auf die Hirnleistung in besonderer Weise angewandt wurde.

Eines der häufigsten Gegenargumente gegen das Hirntodkonzept und seine Integrationsleistung ist die Tatsache, dass in der Literatur zehn Fälle dokumentiert sind, in denen der Hirntod von schwangeren Frauen klinisch sauber diagnostiziert wurde und lebende Kinder geboren werden konnten. Zudem gewinnt in der Epoche zunehmender Demenz die Aussage des berühmten amerikanischen Neurologen Schewmon an Gewicht, dass auch Menschen ohne Bewusstsein, er spricht von *cranial decapitation,* als Personen anzuerkennen sind, womit sie den Föten vergleichbar wären. Nebenbei bemerkt können bei der Hirntoddiagnostik Bewusstseinszustände des Gehirns noch nicht einmal untersucht werden. Aus den dargelegten Gründen ist der sogenannte Herz- oder Hirntod weder biologisch noch medizinisch und schon gar nicht anthropologisch als Tod des Gesamtorganismus zu bestimmen.

Die hier vertretene Überzeugung, die Systeme des Todes basal als zellulär zu verstehen, führt nun zur Auflösung des Widerspruchs in der Teiltoddebatte insofern, als zur Ganzheit der *conditio humana* das Todesgeschehen auf zellulärer Basis notwendig einbezogen gehört. Die sich daraus ergebende medinisch-ethische Fortentwicklung wird nun ganz andere Themenfelder der Organtransplantation adressieren, auf die kurz unter dem Gesichtspunkt der Machbarkeit, ihrer Sinnhaftigkeit und Notwendigkeit einzugehen ist.

Auf die Lebendspende wurde kurz eingegangen, und sie ist unter den Bedingungen der weitgefassten Freiwilligkeit nicht wesentlich problematisch. Der zu beschreibende und zu diskutierende Fortschritt im Tansplantationswesen stellt die Entwicklung dar, die wir mit dem Begriff der *Genschere* (CRISPR) verbinden. 2018 hat Georg Church vom Wyss Institut an der Harvard University in den USA Teile des menschlichen Genoms auf ein Tiermodell übertragen und so die theoretische und praktische Möglichkeit aufgezeigt, menschliche Organe in Tieren auf diese Weise für Organempfänger bereitzustellen. Eine noch weitergehende Forschungsrichtung mag darin bestehen, menschliche Organe auf bestimmten Nährböden im Labor züchten zu können. All das ist klinisch nicht erprobt, ethisch noch nicht bis ins Detail diskutiert und auch die Notwendigkeit, solche Wege zu gehen, sei dahingestellt, stellt aber die Möglichkeit des medizinischen Fortschritts dar.

6 Synopse

Eine Systematik der Systeme des Todes hat von einer asymmetrischen Schichtung auszugehen, wobei jede Ebene dieser Schichtungen nicht ohne die andere auskommt, sie bedingen einander. Jede Schichtung hat ihre eigene Funktionalität, ihren Komplexitätsstatus und ihren Würdestatus, zusammen bilden sie eine Einheit, die die Totalität des Menschseins, ausmacht.

Teil IV: **Die Debatte um ‚selbstbestimmtes Sterben' und Suizidassistenz**

Andreas Kruse

Suizidalität und Lebensbindung: Welche Faktoren beeinflussen den Wunsch nach einem Tod von eigener Hand?

1 „Existenzielle Fühlung" als Kern von Lebensbindung

Aus existenzpsychologischer Sicht besteht eine bedeutende Aufgabe im Lebenslauf darin, sich mit den grundlegenden („existenziellen") Fragen auseinanderzusetzen, die dem Menschen gestellt sind. Diese grundlegenden Fragen bilden einen Teil der geistigen Welt, an der wir als Menschen teilhaben. Die geistige Auseinandersetzung allein ist aus existenzpsychologischer Sicht noch nicht ausreichend, damit diese grundlegenden Fragen auch für die *konkrete Lebensführung* unmittelbare Bedeutung gewinnen. Die geistige Auseinandersetzung muss sich auch in der seelischen (psychischen) Situation des Menschen widerspiegeln, sie muss das Erleben des Menschen erreichen und beeinflussen.[1] Ich schlage den Begriff der „existenziellen Fühlung"[2] vor, um die Widerspiegelung der großen existenziellen Themen im Erleben des Individuums zu umschreiben. Wie versucht das Individuum, sich in der seelisch-geistigen Verarbeitung der „großen" Lebensthemen zu orientieren? Wie und mit welchem Ergebnis verarbeitet es diese Themen?

Der Lebensrückblick des Individuums, dem im hohen Alter eine bedeutende psychologische Funktion für die gelingende Auseinandersetzung mit Verletzlichkeit, Vergänglichkeit und Endlichkeit zukommt[3], der aber – in früheren Lebensjahren – auch für die gelingende innere Verarbeitung schwerer, möglicherweise zum Tode führender Erkrankungen bedeutsam ist,[4] zeigt, *inwieweit* im Lebenslauf derartige existenzielle Fühlungen stattgefunden haben und *welche* grundlegenden existenziellen Fragen diese betrafen; zudem zeigt sich im Lebensrückblick das *Ergebnis* dieser Fühlungen: Erschütterung, Hoffnung, Vertiefung des Lebensgefühls,

1 Vgl. vor allem V. E. Frankl, *Der Wille zum Sinn*, Bern 1972; R. R. May, *The Discovery of Being: Writings in Existential Psychology*, New York 1983; M. D. Yalom, *Existential Psychotherapy*, New York 1980.

2 A. Kruse, *Lebensphase hohes Alter: Verletzlichkeit und Reife*, Heidelberg 2017.

3 Vgl. R. N. Butler, *The Life Review: An Interpretation of Reminiscence in the Aged*, in: *Psychiatry* 26 (1963), 65–76; R. N. Butler, *The life review: An unrecognized bonanza*, in: *International Journal of Aging and Human Development* 12 (1980), 35–38.

4 Vgl. C. Bausewein, *Sterbende begleiten. Ignatianische Impulse*, Würzburg [2]2009.

https://doi.org/10.1515/9783111055602-027

Getragenheit, Geborgenheit, Verlassenheit und Verzweiflung sind Beispiele für dieses Ergebnis. Wenn man das – auf Viktor von Weizsäcker (1950) zurückgehende – Konzept des „ungelebten Lebens“[5] verwendet, so kann bei Einnehmen der Perspektive des persönlichen Lebensrückblicks gesagt werden: Das ungelebte Leben zeigt sich in diesem Rückblick vor allem in fehlenden existenziellen Fühlungen; diese Fühlungen wurden in Bezug auf bestimmte Lebensfragen nicht gewagt oder nicht tiefgreifend verwirklicht. Hier können sich *Erlebenslücken* zeigen, die auch im Sinne von *existenziellen Lücken* zu begreifen sind; und es sind diese existenziellen Lücken, die dazu beitragen können, dass Menschen in wirklichen Lebenskrisen zur Überzeugung gelangen, nun das Leben nicht mehr fortsetzen zu „können“, weil dieses Leben als (in hohem Maße) „unvollständig“, weil nicht gelebt gedeutet wird. Umgekehrt kann es Menschen, die in vielfacher Hinsicht existenzielle Fühlungen erlebt haben und diese auch im Lebensrückblick als sinnstiftend deuten, in solchen Lebenskrisen gelingen, „Ja zum Leben zu sagen“, wie dies Viktor Emil Frankl in seinem bekanntesten Buch: „... trotzdem Ja zum Leben sagen. Ein Psychologe erlebt das Konzentrationslager“ (1946/1977) ausgedrückt hat. Die existenzielle Fühlung lässt sich in meinen Augen als *Kern der Lebensbindung* verstehen: Je mehr Fühlungen dieser Art in der Biografie verwirklicht wurden, desto stärker ist die Lebensbindung ausgeprägt.[6]

2 Der erlebte Wert des eigenen Lebens

Für nahezu alle Menschen besitzt das eigene Leben einen besonderen Wert; es wird als ein besonderes Gut gedeutet. Dies gilt auch für Menschen im Alter, obwohl in dieser Lebensphase Suizidalität deutlich häufiger anzutreffen ist als in den früheren Lebensphasen. Führt man lebensthematische Analysen mit alten Menschen durch, in denen diese sich möglichst umfassend, spontan und offen darüber äußern sollen, was sie aktuell bewegt, was sie positiv, was sie eher negativ berührt, welche Erwartungen und Hoffnungen, aber auch Befürchtungen und Sorgen sie leiten,[7] so stößt man fast immer *auch* oder sogar *primär* auf Lebensthemen, in denen sich Freude, Interesse und „produktive“ Sorge zeigen; Freude zum Beispiel an der

5 Zur ausführlichen Differenzierung dieses Konzepts siehe T. Fuchs, *Versöhnung mit dem Ungelebten – Zum Gelingen des Lebens im Sterben*, in: O. Mitscherlich-Schönherr (Hg.), *Gelingendes Sterben. Zeitgenössische Theorien im interdisziplinären Dialog*, Berlin 2019, 85–100.

6 Vgl. A. Kruse, *Leben in wachsenden Ringen. Sinnerfülltes Alter*, Stuttgart 2023.

7 Ausführlich in A. Kruse/E. Schmitt (Hg.), *... der Augenblick ist mein und nehm ich den in Acht. Daseinsthemen und Lebenskontexte alter Menschen*, Heidelberg 2022.

Begegnung mit nahestehenden Menschen, an der Natur, an Musik und Literatur, an Filmen, schließlich an bestimmten Festtagen; Interesse an dem Nahumfeld, aber auch an der weiteren Welt, produktive Sorge um und für andere Menschen, so zum Beispiel Angehörige der jungen Generation.[8] Dies heißt nicht, dass in den Lebensthemen alter Menschen Sorgen, Befürchtungen, vielleicht auch Ängste nicht ein großes Gewicht annehmen könnten. In jenen Fällen, in denen gegebene Lebensbedingungen als in hohem Maße einschränkend erlebt werden, können negativ konnotierte Gedanken immer stärker das Situationserleben bestimmen. Aber auch in solchen Fällen ist fast immer das Motiv erkennbar, das eigene Leben als etwas Wertvolles zu begreifen, als ein besonderes Gut anzusehen.[9] Man kann dies auch anders ausdrücken: Die *Lebensbindung* der meisten alten Menschen bleibt erhalten, selbst dann, wenn Belastungen das Leben erschweren. Dieses hier für das hohe Lebensalter beschriebene Motiv – nämlich jenes der Lebensbindung auch in existenziellen Krisen oder Grenzsituationen – kann auch bei Menschen in früheren Lebensphasen angenommen werden, die sich mit Suizidgedanken beschäftigen oder sogar von Suizidimpulsen gequält werden. Diese *Gleichzeitigkeit* von Suizidalität und Lebensbindung ist fast immer gegeben – selbst dann, wenn Suizidgedanken oder -impulse im Erleben des Menschen aktuell dominieren. Im Kern möchten von Suizidgedanken oder -impulsen bestimmte Menschen immer auch in ihrer (noch gegebenen) Lebensbindung angesprochen werden. So wie es falsch wäre, würde man nur die Lebensbindung thematisieren, wäre es falsch, würde man sich alleine auf die Suizidalität konzentrieren und die Lebensbindung ausblenden. Dies gilt für alle Lebensalter, dies gilt für alle existenziellen Krisen. Und auch dann, wenn Menschen ganz von dem Verlangen bestimmt sind, dass ihrem Leben ein Ende gesetzt werde – zum Beispiel wegen eines rasch wachsenden Tumors, von dem bekannt ist, dass er nicht nur in vergleichsweise kurzer Zeit zum Tode führen wird, sondern der auch mit erheblichen Funktionseinbußen und Schmerzzuständen assoziiert ist (oder in naher Zukunft sein wird) –, wäre es falsch, würde man an dem Aspekt der Lebensbindung vorbeigehen: Denn diese zeigt sich möglicherweise in der Trauer (oder Verzweiflung) darüber, dass sich kein anderer Weg mehr bietet als jener der Beendigung des Lebens.

---

8 Vgl. A. Kruse/E. Schmitt/G. Becker et al., *Mitverantwortung in „sorgenden Gemeinschaften" als eine Form der Weltgestaltung und Teilhabe im Alter*, in: A. Kruse/E. Schmitt (Hg.), *... der Augenblick ist mein und nehm ich den in Acht. Daseinsthemen und Lebenskontexte alter Menschen*, Heidelberg 2022, 139–175.

9 Vgl. Bausewein, *Sterbende begleiten.*

3 Die erlebte Überforderung in der gegebenen oder antizipierten Situation

Suizidgedanken können auf ganz unterschiedliche Motive zurückgehen, die vielfach auf ein generelles Motiv verweisen: nämlich die Überzeugung der Person, das Leben in der Art und Weise, wie es sich aktuell darstellt und wie es sich – antizipiert – in Zukunft darstellen wird, *nicht mehr ertragen zu können*. Dies heißt nun nicht, dass keinerlei Lebenswunsch mehr bestünde. Die Person kann den Wunsch äußern, „eigentlich" weiter leben zu wollen, aber sie kann sich nicht vorstellen, *unter diesen konkreten Bedingungen* weiterzuleben. Diese Differenzierung ist wichtig: Der Selbsttötungswunsch muss nicht notwendigerweise auf den erloschenen Wunsch zu leben hindeuten; nicht wenige Personen, die sehr konkrete Selbsttötungsgedanken äußern, betonen, dass sie gerne weiterleben würden, wenn sich die Situation nicht in der Art und Weise darstellte, wie sie sich darstellt; wobei vielfach hinzugefügt wird, dass sich Gestaltungs- und Veränderungsperspektiven in keiner Weise böten. Der letzte „Freiheitsakt", wenn man diesen Begriff an dieser Stelle verwenden will, ist die verwirklichte Entscheidung, das Leben zu beenden.[10] Bedeutsam für das Verständnis dieser Dynamik ist die subjektive Überzeugung, keine Gestaltungs- und Veränderungsmöglichkeiten mehr zu besitzen; die „Kontrolle" über das Leben bzw. über die weitere Entwicklung erscheint der Person als völlig entglitten bzw. entzogen: damit ist eine zentrale Einflussgröße von Suizidalität angesprochen. Hier sei betont, wie wichtig es ist, gemeinsam mit dem suizidgefährdeten Menschen zu erörtern, inwieweit sich die aktuell gegebenen (und antizipierten) Lebensbedingungen durch Hilfe von An- und Zugehörigen wie auch durch Unterstützung von Institutionen so weit verändern lassen, dass sich neue Zukunftsperspektiven einstellen können.

Das generelle Motiv – nämlich unter den gegebenen Bedingungen nicht mehr weiterleben zu können – lässt sich in *situationsspezifische* Motive aufgliedern. Der Analyse dieser situationsspezifischen Motive ist dabei größte Beachtung zu schenken: verweisen diese doch nicht alleine auf erlebte Grenzen eigenen Handelns, sondern geben möglicherweise auch Hinweise darauf, wie durch tiefgreifende Veränderungen der Situation subjektiv unerträgliche Einengungen – auch der Gestaltungsfähigkeit – zumindest in Teilen aufgehoben werden können. Die situationsspezifischen Motive sind im Kern so verschiedenartig, wie es Menschen sind. Diese interindividuelle Variabilität von Motiven kann nicht ernst genug genommen werden, wenn es darum geht, zu einem tieferen Verständnis der inne-

10 Vgl. J. Amery, *Hand an sich legen. Diskurs über den Freitod*, Stuttgart 1976/2012.

ren und äußeren Situation einer Person zu gelangen, die Suizidgedanken zeigt bzw. die sich mehr und mehr einem konkreten Suizidversuch nähert.

Wichtig ist hier die Aussage, dass die „Überforderung“ in einer gegebenen Situation *nicht objektiv bestimmt* werden kann – wie dies auch mit Blick auf die „Unerträglichkeit“ von Schmerzen nicht möglich ist.[11] Die Frage, ob eine Person in einer gegebenen Situation überfordert ist oder nicht, bestimmt sich immer auch von ihrem Erleben her – in welches nicht nur objektive Situationsmerkmale (wie zum Beispiel das objektiv bestimmbare Krankheits- und Funktionsgeschehen, die objektiv einschätzbare soziale Integration und Partizipation sowie die objektiv gegebenen ökonomischen Ressourcen) und messbare Persönlichkeitsmerkmale (die sich positiv oder negativ auf das Belastungserleben auswirken) eingehen, sondern auch *individuell höchst bedeutsame Einflussgrößen* der subjektiven Situationsdeutung, die sich in der Biografie ausgebildet haben (vor allem in den persönlich wichtigen Wendepunkten) und die die „erlebte und gedeutete Gegenwart“ psychologisch mitbestimmen („strukturieren“).[12] Dies sei anhand zweier Beispiele veranschaulicht.

Beispiel 1: In einer Studie zur daseinsthematischen Struktur im hohen Lebensalter,[13] in der die Relation zwischen persönlich bedeutsamen Lebens- oder Daseinsthemen einerseits und psychometrisch (also mit Testverfahren) bestimmten Kennwerten der emotionalen Befindlichkeit andererseits eingeschätzt wurde, ergab sich eine statistisch hochsignifikante Beziehung zwischen den Daseinsthemen „Eine Aufgabe im Leben haben“ bzw. „Von anderen Menschen gebraucht werden“ und emotionaler Befindlichkeit. In jenen Fällen, in denen die beiden genannten Daseinsthemen das Erleben bestimmten, bestand eine wesentlich bessere emotionale Befindlichkeit als in jenen Fällen, in denen diese Daseinsthemen sehr gering ausgeprägt oder gar nicht erkennbar waren. Nun gehörten der Stichprobe (N = 400) nicht wenige Personen an, bei denen die Analyse der Schmerzintensität auf passager auftretende, starke oder stärkste Schmerzen deutete. Doch bei jenen Menschen, bei denen die

11 Vgl. C. Bozzaro, *Ärztlich assistierter Suizid: Kann „unerträgliches Leiden“ ein Kriterium sein?*, in: *Deutsche Medizinische Wochenschrift* 140 (2015), 131–134; G. Maio, *Schmerz als Widerfahrnis. Die Kontrollierbarkeitserwartung als Problem*, in: G. Maio/C. Bozzaro/T. Eichinger (Hg.), *Leid und Schmerz. Konzeptionelle Annäherungen und medizinethische Implikationen*, Freiburg/München 2015, 169–179.

12 Siehe dazu auch die Beiträge in J. Küchenhoff/M. Teising, *Sich selbst töten mit Hilfe Anderer. Kritische Perspektiven auf den assistierten Suizid*, Gießen 2022; vor allem: J. Küchenhoff, *Unaushaltbarkeit – wer misst das Maß des Leidens?*, 39–56.

13 Vgl. A. Kruse/E. Schmitt/J. Hinner/D. Kampanaros/M. Mettner, *Grenzgänge zwischen Verletzlichkeit und Wachstum – eine daseinsthematische Analyse*, in: A. Kruse/E. Schmitt (Hg.), *... der Augenblick ist mein und nehm ich den in Acht. Daseinsthemen und Lebenskontexte alter Menschen*, Heidelberg 2022, 35–82.

beiden Daseinsthemen „Eine Aufgabe im Leben haben“ bzw. „Von anderen Menschen gebraucht werden“ stark ausgeprägt waren, ließ sich zeigen, dass das Daseinsthema „Schmerz“ trotz starker Schmerzen (gemessen mit einer visuellen Analogskala) eher selten zu einem dominanten Thema wurde und entsprechend selten mit negativer emotionaler Befindlichkeit einherging. Mit anderen Worten: Der „subjektive Aufgabencharakter“ des Lebens war so stark ausgeprägt, dass unter diesem das Erleben von Schmerz *thematisch* eher in den Hintergrund trat, mithin Schmerz das Bewusstsein *nicht dominierte*.[14] Dieser Befund zeigt, dass eine „von außen“ unerträglich erscheinende Situation dann eher ertragen – oder besser: „durchgetragen“ – werden kann, wenn die hochbelastete Person Möglichkeiten erkennt und verwirklicht, sich Lebens- und Weltbereichen hinzugeben, in denen für sie der Schlüssel zum Sinn- oder Stimmigkeitserleben liegt.

Beispiel 2: In einer Studie zur inneren Verarbeitung und äußeren Bewältigung der gegebenen Situation bei Tumorpatientinnen und -patienten mit einer infausten Tumordiagnose[15] zeigte sich, dass bei vergleichbarem medizinischen Befund die Art der Verarbeitung und Bewältigung der lebensbedrohlichen Erkrankung sehr unterschiedlich ausfiel: Bei jenen Patientinnen und Patienten, bei denen die Akzeptanz der Krankheit und des herannahenden Todes oder die Suche nach Stimmigkeit und Sinn trotz der Krankheit und des herannahenden Todes als Verarbeitungs- und Bewältigungsart dominierten, war gleichzeitig die stark ausgeprägte Überzeugung erkennbar, am Lebensende und im Prozess des Sterbens anderen Menschen (den An- oder Zugehörigen, den behandelnden Ärztinnen und Ärzten sowie den Pflegefachpersonen) etwas geben zu können.[16] Bei jenen Patientinnen und Patienten, die mit Niedergeschlagenheit antworteten oder die mit ihrem Schicksal haderten, war eine derartige Überzeugung nicht erkennbar; vielmehr dominierte die stark ausgeprägte Überzeugung, im Leben keinen Sinn, keine Stimmigkeit mehr erleben zu können. Dies hieß nun nicht, dass keinerlei Bindung an das Leben bestanden hätte. Vielmehr gingen diese schwerkranken Personen davon aus, dass es ihnen nicht mehr gelingen würde, ihre Lebensbindung „lebendig“ werden zu lassen.

---

14 Vgl. A. Kruse/H. Remmers/E. Schmitt/B. Wild, *Schmerzempfinden und Schmerzverarbeitung*, in: A. Kruse/E. Schmitt (Hg.), ... *der Augenblick ist mein und nehm ich den in Acht: Daseinsthemen und Lebenskontexte alter Menschen*, Heidelberg 2022, 225–244.

15 Vgl. A. Kruse, *Menschen im Terminal-Stadium und ihre betreuenden Angehörigen als ‚Dyade‘: Wie erleben sie die Endlichkeit des Lebens, wie setzen sie sich mit dieser auseinander?*, in: *Zeitschrift für Gerontologie und Geriatrie* 28 (1995), 264–272; ausführliche Darstellung und Erörterung in A. Kruse, *Vom Leben und Sterben im Alter. Wie wir das Lebensende gestalten können*, Stuttgart 2021.

16 Siehe dazu auch die Beiträge in O. Mitscherlich-Schönherr (Hg.), *Gelingendes Sterben. Zeitgenössische Theorien im interdisziplinären Dialog*, Berlin 2019.

Diese beiden Beispiele veranschaulichen nicht nur die „inneren", also die seelisch-geistigen Einflüsse auf das Erleben und die Deutung der gegebenen Situation. Sie geben auch Hinweise auf die mögliche Intervention im Falle erhöhter Suizidalität. Diese besteht in der Erkundung von Situationen, in denen der suizidbereiten Person das eigene Leben – trotz der bestehenden Belastungen – als „stimmig" erscheint, in denen sie spürt, dass sie anderen Menschen etwas „geben", sich um andere Menschen in kreativer, produktiver Weise sorgen kann. Die von Viktor Frankl wiederholt vorgenommene Charakterisierung einer sinnstiftenden Situation – als einer, in der das eigene Leben *in den Dienst von etwas gestellt* wird, was nicht die Person selbst ist[17] – gibt hier einen wichtigen Fingerzeig auf die „Haltung" der begleitenden Person: Sie muss fähig und bereit sein, die potenzielle, kreative und produktive Sorge der suizidbereiten Person zu erkennen, gezielt anzusprechen, anzuerkennen und anzunehmen. Diese Haltung kann sie in der Begleitung schwer kranker und sterbender Menschen ausbilden. Das auf Andreas Gryphius zurückgehende Sprachbild: „Ihr, die ihr liegt, lehrt mich stehen!" kann als Impuls zum Lernen von Menschen in Grenzsituationen dienen.

Was hier *nicht* gemeint ist: Menschen mit erhöhter Suizidalität eine innere Aufgabe quasi „aufzudrängen" und damit über die Suizidgefährdung hinwegzusehen. Vielmehr ist es die Aufgabe, zu erspüren, ob – und wenn ja – in welcher Hinsicht die suizidbereite Person *responsiv* gegenüber dem Leben und den Lebensfragen nahestehender Menschen ist; und diese Responsivität bildet eine bedeutende Grundlage dafür, das eigene Leben auch weiterhin in den Dienst des anderen Menschen zu stellen. In dem Maße, in dem dieses gelingt, kann vielleicht auch die Lebensbindung der Person gestärkt werden.

4 Die eigenständige Bedeutung der Lebensbindung

4.1 Grundlegung

Der erlebte Wert des eigenen Lebens ist – inspiriert durch Arbeiten von Powell M. Lawton und Kollegen – seit den 1990er Jahren ein Gegenstand psychologischer Forschung zur (subjektiven) Lebensqualität. Befunde zum Zusammenhang zwischen Gesundheit und Lebensqualität, insbesondere zu den Lebensbedingungen, unter denen Menschen ein Weiterleben *noch* oder *nicht mehr* vorstellbar erscheint,

17 Siehe die Beiträge in: V. E. Frankl, *Der Wille zum Sinn*, Bern 1972.

wurden zunächst auf die (vermeintlichen) Auswirkungen körperlicher, seelischer und kognitiver Verluste auf die Lebensqualität zurückgeführt. In weiteren Studien wurde deutlich, dass sich *Unterschiede im erlebten Wert des eigenen Lebens* auf der Grundlage aktueller oder antizipierter gesundheitlicher und sozialer Verluste ebenso wenig zufriedenstellend erklären lassen wie durch negative oder positive emotionale Befindlichkeit. Folglich wurde mit dem Konzept der Lebensbindung („Valuation of Life") ein umfassendes Verständnis der Bindung an das Leben zu entwickeln versucht, das vor allem auf individuelle Erwartungen an das Leben (subjektive Kriterien eines „guten Lebens"), auf psychische Anpassungsleistungen in der aktuellen Situation sowie auf existentielle Themen Bezug nimmt.[18]

Lawton und Kollegen erläutern das Lebensbindungskonzept im Kontext einer längeren Tradition der Suche nach positiven Aspekten seelisch-geistiger Gesundheit, zu der sie das von Carol Ryff explizierte, theoretische (und empirisch geprüfte) Verständnis von subjektivem Wohlbefinden zählen,[19] das den Übergang von einem bis in die 1980er Jahre dominanten hedonistischen Ansatz (hedonic approach) zu einer eudämonistischen Sichtweise (eudaimonic perspective) kennzeichnet: „[...] the model is not about lives of smooth sailing where all goes well and one manages to evade adversity but rather is about successful engagement with difficult events and experiences"[20].

Vor dem Hintergrund dieser Forschungstradition sind für das Lebensbindungs- oder Valuation of Life-Konzept drei grundlegende Annahmen leitend: (I) Subjektive Urteile über körperliche Gesundheit sind auch als das Ergebnis psychischer (emotionaler, motivationaler und kognitiver) Prozesse zu begreifen; (II) es wird bei der Definition von Lebensbindung die Bezugnahme auf Psychopathologie vermieden (Lebensbindung wird positiv – im Sinne von positiver Motivation – und nicht negativ – im Sinne des Fehlens von Störungen – verstanden); (III) Lebensbindung ist nicht das Resultat verallgemeinernder Urteile über die erlebte Qualität der verschiedenen Lebensbereiche oder lebensbereichsspezifischer Zufriedenheiten; es stellt vielmehr eine ganz eigene psychologische Größe dar.[21]

---

18 Vgl. M. P. Lawton/M. Moss/C. Hoffman et al., *Valuation of Life. A Concept and a Scale*, in: *Journal of Aging and Health* 13 (1) (2001), 3–31; M. P. Lawton/M. S. Moss/L. Winter/C. Hoffman, *Motivation in later life. Personal projects and well-being*, in: *Psychology and Aging* 17 (4) (2002), 539–547.

19 Ausführlich dazu C. D. Ryff, *Psychological well-being revisited: Advances in the science and practice of eudaimonia*, in: *Psychotherapy and Psychosomatics* 83 (2013), 10–28.

20 C. D. Ryff/B. Singer, *Flourishing under fire: Resilience as a prototype of challenging thriving*, in: C. L. Keyes/J. Haidt (eds.), *Flourishing positive psychology and the life well-lived*, Washington 2003, 15–36, 21.

21 Vgl. Lawton/Moss/Hoffman et al., *Valuation of Life. A Concept and a Scale.*

Empirische Befunde zeigen, dass sich die Lebensbindung auch ohne Bezugnahme auf psychopathologische Aspekte gut vorhersagen lässt; sie sprechen weiterhin für die Annahme, dass Lebensbindung ein in Teilen von seelisch-geistiger Gesundheit unabhängiges, mithin ganz eigenständiges Konzept darstellt. Die von den Studienteilnehmerinnen und -teilnehmern in empirischen Untersuchungen zu verschiedenen Erkrankungen und Einschränkungen angegebene *gewünschte Lebensdauer* lässt sich durch das Konzept der Lebensbindung (oder der Valuation of Life) besser vorhersagen als durch allgemeine Einschätzungen von Lebensqualität und seelisch-geistiger Gesundheit. Lawton und Kollegen deuten dies im Sinne eines Zusammenhangs zwischen Valuation of Life und der Fähigkeit, Kriterien (oder: Standards) hinsichtlich dessen, was im alltäglichen Leben als „akzeptabel" angesehen wird, an die Veränderung der Situation (im Sinne einer Wechselwirkung von Person- und Umweltmerkmalen) *anzupassen.* Sie postulieren, dass die Lebensbindung einen dynamischen Prozess repräsentiert: In ihr spiegelt sich die Fähigkeit und Bereitschaft des Individuums wider, sich auf die Veränderungen der Situation – so zum Beispiel auf die Bedrohung durch Krankheit und Verluste – nach und nach einzustellen und damit zu einer veränderten Haltung dem Leben gegenüber zu finden. Was heißt dies? Der Einfluss zunehmender gesundheitlicher Verluste auf das subjektive Befinden kann demnach durch eine *Veränderung des persönlichen Anspruchsniveaus* verringert oder sogar minimiert werden. Eine Person kann auch die in Grenzsituationen auftretenden depressiven Verstimmungen als Veränderungen erleben und deuten, an die sie sich kontinuierlich anzupassen vermag.

Mit Blick auf mögliche depressive Veränderungen im hohen Alter konstatieren Ryff und Singer in ähnlicher Weise:

> We suggest even further, however, that depressive feelings themselves may constitute a facet of the aging context to which partial adaption is possible. A very small proportion of depressed people wish to die, and an infinitesimal proportion commit suicide. Thus we suggest that Valuation of Life represents the cognitive-affective AL [Adaptation Level] of present, past, and contextual inputs that summarizes the meaning and purpose of the individual's total life[22].

4.2 Übertragung auf die innere Situation von Menschen mit Suizidalität

Das Konzept der Lebensbindung ist für das Verständnis von Suizidalität, der inneren Ambivalenz zwischen Todesimpulsen oder Todesphantasien einerseits, dem Verlangen nach Überwindung dieser Impulse oder Phantasien andererseits, schließ-

22 Ryff/Singer, *Flourishing under fire*, 25 f.

lich einer spezifischen Form der Begleitung von Menschen mit Suizidalität hilfreich.[23] *Zum Verständnis von Suizidalität:* Suizidalität ist nicht allein im Sinne der wachsenden Dominanz von Suizidimpulsen und -phantasien zu verstehen, sondern zugleich im Sinne kontinuierlich abnehmender Lebensbindung. Eine kontinuierlich abnehmende Lebensbindung hat zur Folge, dass die „Lebensfühlung" immer weiter verlorengeht, somit auch von der „Welt" kaum noch oder keine Anregungen ausgehen. Dieser Aspekt ist theoretisch-konzeptionell wie auch praktisch von Bedeutung: Die Lebensfühlung erneut aufzubauen und zu stärken, ist aus praktischer Perspektive genauso bedeutsam wie die Linderung seelischer Belastungen (und gegebenenfalls seelischer Störungen). *Zum Verständnis der inneren Ambivalenz:* Vor dem Hintergrund der wissenschaftlichen Arbeiten zur Lebensbindung ist die Annahme, dass ein hohes Maß an seelischen Belastungen das Erleben von Lebensbindung ausschließt, nicht korrekt. Vielmehr geht es darum, individuell zu bestimmen, inwieweit neben Belastungen auch Lebensbindung erkennbar ist und inwieweit dieses gleichzeitige Bestehen auch darauf zurückzuführen ist, dass es dem Individuum gelingt, sein eigenes Anspruchsniveau mit Blick auf ein subjektiv zufriedenstellendes Leben an die gegebenen Bedingungen anzupassen.[24] Dabei ist auch zu berücksichtigen, dass die gegebene Lebensfühlung, zudem die erfahrbare Lebensbindung eine Grundlage dafür darstellt, dass sich das Individuum motiviert fühlt, sich um eine Veränderung der Einstellung und Haltung gegenüber dem eigenen Leben zu bemühen – wobei mit Einstellungs- und Haltungsveränderung auch eine Anpassung des Anspruchsniveaus verbunden ist. Daraus folgt: Es geht nicht allein um die Linderung von Belastungen, sondern es geht auch darum, die betreffende Person darin zu unterstützen, ihre Lebensbindungen zu erspüren und schließlich intensiver zu erleben. *Zum Verständnis der spezifischen Begleitung von Menschen mit Suizidalität:* Die getroffene Aussage, wonach eine Aufgabe der Begleitung suizidaler Menschen darin besteht, Lebensbindungen zu erspüren und zu erleben, lässt sich dahingehend konkretisieren, dass in diesem Prozess versucht wird, die „existenziellen Fühlungen", von denen einleitend gesprochen wurde, noch einmal erlebbar zu machen – auch wenn diese in Teilen schon länger zurückliegen und als bedeutende Komponente des Lebensrückblicks zu begreifen sind. Mit solchen Fühlungen wird dem Individuum die eigene Existenz als Potenzial wie auch als Aufgabe erfahrbar, woraus sich eine neue Motivation zum „inneren Kampf um das Leben" ergeben kann.

---

23 Siehe dazu auch die Beiträge in Küchenhoff/Teising, *Sich selbst töten mit Hilfe Anderer.*

24 Siehe dazu auch A. Lob-Hüdepohl, *Gelassen. Gestalten. Moraltheologische Erkundungen zum Advance Care Planning*, in: W. Höfling/T. Otten/J. in der Schmitten (Hg.), *Advance Care Planning / Behandlung im Voraus Planen: Konzept zur Förderung einer patientenzentrierten Gesundheitsversorgung*, Baden-Baden 2019, 109–129.

5 Sich einschwingen in die innere Situation der Person mit erhöhter Suizidalität

Das Auftreten von Todes- und Selbsttötungswünschen geschieht, wie deutlich gemacht werden sollte, meist in einem Prozess stark ausgeprägter gefühlsmäßiger Spannung und Ambivalenz. Eine der Herausforderungen bei der Begleitung von Menschen, die Todes- und Selbsttötungswünsche äußern, ist darin zu sehen, sich in diese hochkomplexe emotionale und affektive Situation hineinzuversetzen – oder „einzuschwingen" –, um diesen Menschen dabei zu helfen, ihre emotionale und existenzielle Situation besser zu verstehen und damit (zumindest in Ansätzen) jene innere Freiheit wiederzugewinnen, die notwendig ist, um zu einem verantwortlichen Umgang mit der gegebenen Situation zu gelangen. Es geht hier zunächst nicht darum, eine Person davon zu überzeugen, sich gegenüber dem Leben zu öffnen und diesem „eine Chance zu geben". Es stellt sich vielmehr in einem ersten Schritt die Aufgabe, die betreffende Person darin zu unterstützen, zur inneren Freiheit zu gelangen und vor diesem Hintergrund reflektiert auf ihre Situation – und dies heißt auch: auf die gegebenen Handlungsalternativen – zu blicken.

Was bedeutet dies für das vertiefte Verständnis des Erlebens von Menschen mit erhöhter Suizidalität? Diese Menschen weisen nicht selten – phasenweise oder sogar konstant – eine verringerte Kontrolle der Emotionen und Affekte auf. Emotionen und Affekte können nun möglicherweise nicht mehr inhibiert oder moduliert werden, sodass die Person den Eindruck gewinnt, ihren Emotionen und Affekten vielfach „ausgesetzt" zu sein, hilflos gegenüberzustehen. Vor dem Hintergrund der Vielfalt von Emotionen und Affekten wie auch des zu beobachtenden, kurzfristigen Wechsels der Stimmungen kann folgende Annahme – mit aller Vorsicht – getroffen werden: Todes-, vor allem Selbsttötungswünsche kristallisieren sich bei einem nicht geringen Anteil der Menschen nach und aus einer inneren, von hoher Ambivalenz bestimmten Situation heraus, wobei diese Ambivalenz nicht notwendigerweise im Sinne einer psychischen Störung zu interpretieren ist, sondern – zunächst – im Sinne einer eher plötzlich eintretenden oder sich eher kontinuierlich verstärkenden inneren Erschütterung und Zerrissenheit. Dies würde für Außenstehende heißen: Er bzw. sie müsste sich in den Erlebensfluss einschwingen und die Vielfalt der Stimmungen, Emotionen und Affekte im eigenen Erleben wenigstens ansatzweise nachvollziehen. Die ausgeprägte intraindividuelle Variabilität der Emotionen und Affekte wird (zunächst) nicht mit psychopathologischen Begriffen belegt. Vielmehr sind hier zunächst Aussagen über das Wesen der Psyche in einer Grenzsituation zu erarbeiten. Wenn man sich der Psyche auf diese Art und Weise nähert, so ergibt sich nicht nur ein natürlicherer Zugang zum Menschen, sondern auch eine ganz andere, weil ungleich differenziertere und einfühlsamere Begegnung und Begleitung. Das Sich-

Einschwingen muss allerdings immer begleitet sein vom begrifflichen – und damit konzeptionellen – „Ordnen“: Das Erlebte und Erfahrene ist im Kontext einer psychopathologischen und nosologischen Ordnung zu deuten.

In den Worten des Psychiaters und Philosophen Karl Jaspers (1883–1969):

> Das Eigentümlichste, das der Psychopathologe erkennt, erwächst ihm im Umgang mit Menschen. Was er hier erfährt, ist abhängig davon, wie er in der Situation sich dem Menschen gibt und wie er therapeutisch mitwirkt an dem Geschehen, indem er zugleich sich selbst und den anderen erhellt.

Aber:

> Das Miterzittern der eigenen Seele mit den Ereignissen im anderen fordert dann vom Forscher das denkende Vergegenständlichen solcher Erfahrung. Ergriffenheit ist noch keine Erkenntnis, sondern Quelle der Anschauungen, die für die Erkenntnis das unerlässliche Material bringen. Kühle und Ergriffenheit gehören zusammen und sind nicht gegeneinander auszuspielen. Kühle Beobachtung allein sieht nichts Wesentliches. Nur beides in Wechselwirkung kann zu Erkenntnis führen. Der Psychopathologe, welcher wirklich sieht, ist eine vibrierende Seele, die ständig das Erfahrene bewältigt, indem sie es in rationale Fassung bringt.[25]

In diesem Sich-Einschwingen erkannte Karl Jaspers eine zentrale Fähigkeit jener Menschen, die sich fachlich mit psychisch leidenden Menschen auseinandersetzen. Dabei ist wichtig, dass Karl Jaspers – wie übrigens andere Psychiater auch: man denke zum Beispiel an Viktor Emil von Gebsattel, Kurt Schneider und Hubertus Tellenberg – zur Beschreibung der inneren Prozesse eines psychisch veränderten Menschen immer auch auf Beiträge aus der Weltliteratur zurückgriff und die Forderung erhob, dass Psychiater und Psychologen sich intensiv mit Prosa und Lyrik befassten, um durch diese Anregungen zu einer noch differenzierteren Beschreibung innerer Prozesse zu gelangen. Mit der hier vorgenommenen Deutung innerer Prozesse psychisch leidender Menschen wurde diese Empfehlung ausdrücklich aufgegriffen.

Die intraindividuelle Variabilität im Erleben und Verhalten, die wir bei allen Menschen finden, ist bei psychisch leidenden Menschen in Inhalt und Ausprägung vielfach noch deutlicher erkennbar. Dafür ist, wie bereits dargelegt, auch die reduzierte Kontrolle und Modulation von Gefühlsäußerungen verantwortlich zu machen. Gleichwohl wäre es unangebracht, würde man Erleben und Verhalten auch bei schweren Formen psychischen Leidens allein unter dem Aspekt der „Pathologie“ und nicht mehr unter dem Aspekt des Ausdrucks natürlicher Prozesse betrachten. Das Bemühen, auf diese Prozesse möglichst sensibel zu reagieren, mithin ausreichend responsiv zu sein, darf auf Seiten der Behandelnden, Pflegenden und Begleitenden nicht hintangestellt oder aufgegeben werden.

---

25 K. Jaspers, *Allgemeine Psychopathologie*, Heidelberg 1979, 12.

5.1 Unerträglichkeit der Situation

Diese Aussage ist deswegen wichtig, weil sie uns besser verstehen lässt, warum es Menschen gibt, die ihrem Leben ein Ende setzen. Dies ist in aller Regel nicht der Fall, weil das eigene Leben einfach seinen Wert verloren hätte, weil das innere Interesse an dem Leben erloschen wäre, weil das eigene Leben nicht mehr als ein besonderes Gut angesehen würde. Die Selbsttötungstendenz des Menschen ist primär damit zu erklären, dass er sein Leben in der Art und Weise, wie sich dieses derzeit gestaltet, nicht mehr weiterleben kann.[26] Unter den aktuell gegebenen Belastungen, die subjektiv als unveränderbar erscheinen, bilden sich Freude, Interesse und produktive Sorge immer weiter zurück, Lebensbindungen lockern sich immer weiter und sind ab einem gewissen Zeitpunkt nicht mehr erlebbar, erfahrbar. Weiterleben möchten Menschen „eigentlich schon, aber eben nicht mehr so" – eine Aussage, die von Menschen mit erhöhter Suizidalität vielfach zu vernehmen ist. Das Leben hat sich in einem Maße verdunkelt, die Lebensperspektive ist in einem Maße eingeengt, dass das Leben nur noch als Bürde oder Last empfunden wird, unter der die Person schließlich zusammenbricht.[27]

Mit Blick auf die Suizidalität im hohen Alter werden in der Bevölkerung zwei Gründe genannt: die chronische körperliche Erkrankung sowie die unterschiedlichen Formen der Demenz. Es ist zwar richtig, dass es immer wieder alte Menschen gibt, die unter einer körperlichen Erkrankung oder unter der Diagnose „Demenz" seelisch zusammenbrechen und sich für die Selbsttötung entscheiden. Doch ist die Anzahl dieser Menschen vergleichsweise gering im Vergleich zu jener, bei der zwei andere – empirisch eindeutig nachgewiesene – Merkmale erkennbar sind: (a) zunehmende Isolation, die mit dem wachsenden Gefühl der Vereinsamung einhergeht, (b) psychische Störungen, unter denen Depressionen sowie Ängste ein besonderes Gewicht besitzen.

5.2 Resilienz: gesellschaftlich-kulturelle Rahmung

Die Tatsache, dass sich vergleichsweise wenige alte Menschen mit chronischen körperlichen Erkrankungen oder mit Demenz selbst töten, kann indirekt auch als Zeichen von Resilienz (übersetzt heißt dies: seelische Widerstandsfähigkeit) bei hoher

---

26 Vgl. Küchenhoff, *Unaushaltbarkeit – wer misst das Maß des Leidens?*; R. Lindner, *Suizidalität und Sterben*, in: J. Küchenhoff/M. Teising (Hg.), *Sich selbst töten mit Hilfe Anderer. Kritische Perspektiven auf den assistierten Suizid*, Gießen 2022, 159–176.

27 Vgl. R. Lindner, *Psychoanalytisch orientierte Studien zur Suizidalität im Alter*, in: *Forum Psychoanalyse* 36 (2020), 149–161.

körperlicher oder geistiger Verletzlichkeit gedeutet werden. Und in der Tat zeigen uns viele Studien, dass bei alten Menschen dann, wenn sie sich als sozial integriert und geschätzt erleben, wenn sich ihnen ausreichende Möglichkeiten sozialer Teilhabe bieten, wenn sie die Gelegenheit zum emotionalen Austausch haben, vor allem aber, wenn sie die Erfahrung machen, im Leben noch eine Aufgabe zu haben, eine hohe Lebensbindung und – vermittelt über diese – seelische Widerstandsfähigkeit zeigen, auch wenn sie an einer körperlichen bzw. neurokognitiven Erkrankung leiden. Dies ist an sich schon ein sehr wichtiges Ergebnis.[28] Dessen Bedeutung wird noch einmal unterstrichen, wenn man sich vor Augen führt, was geschieht, wenn alte Menschen mehr und mehr isoliert sind, wenn sie sich einsam und vergessen fühlen, wenn sie keine Wege mehr aus der Einsamkeit finden: Gerade in solchen Fällen wird die Lebensbindung in einem Maße gelockert, dass auch die Resilienz erkennbar zurückgeht. Schon unter diesen Bedingungen ist das Suizidrisiko erhöht; dieses nimmt noch einmal zu, wenn chronische Krankheiten (vor allem, wenn diese schmerzassoziiert sind und mit Behinderungen einhergehen) oder kognitive Einbußen bestehen: Denn nun kann die Person diesen Belastungen immer weniger Lebensbindung und seelische Kräfte entgegensetzen.

Dabei scheint das Gefühl oder die (prägnantere) Überzeugung, keine Aufgabe mehr im Leben zu haben bzw. von anderen Menschen nicht mehr geschätzt zu sein (bzw. gebraucht zu werden), unseren Ergebnissen zufolge eine sehr wichtige Erlebenskomponente von Isolation und Einsamkeit zu bilden. Diese ergänzende Aussage muss auch deswegen getroffen werden, weil sie uns zeigt, dass ein *gesellschaftlich-kultureller Neuentwurf des hohen Alters*[29] nottut: Nämlich tiefgreifend darüber zu reflektieren, auf welche Art und Weise alte Menschen in intra- und intergenerationelle Beziehungen eingebunden werden können, in denen sich auch das Gefühl oder die Überzeugung einstellen kann, andere Menschen zu befruchten, von diesen gemocht, geachtet und geschätzt zu werden. Die existenzpsychologische Kategorie der Sinn- oder Stimmigkeitserfahrung findet auch hier ihren bedeutenden Ort: Das, was ich tue, ist auch für die bzw. den Anderen bedeutsam, bereichert diese bzw. diesen. Wenn sich solche Erfahrungen nicht einstellen, so wird das Leben im Alter vielleicht primär oder sogar nur noch als eine Belastung bzw. Last empfunden. In der Erfahrung zunehmender Vereinsamung wird diese Last unerträglich, ergibt sich auch kein „Korrektiv“ mehr, welches „äußerlich“ und „innerlich“ (nämlich auf dem Wege der Lebensbindung) in den Vorsatz eingreifen könnte, das Leben aufzugeben, dieses zu beenden.

---

28 Vgl. R. Lindner/R. Voltz, *Arbeitsgruppe: „Todeswünsche“*, in: Leitlinienprogramm Onkologie (Hg.), *Erweiterte S3-Leitlinie Palliativmedizin für Patienten mit einer nicht heilbaren Krebserkrankung*, Berlin 2020, 167–178.

29 Vgl. A. Kruse, *Lebensphase hohes Alter: Verletzlichkeit und Reife*, Heidelberg 2017.

Eine weitere Ursache für die Selbsttötung bilden, wie bereits hervorgehoben wurde, psychische Störungen – und hier vor allem Depressionen und Angstzustände. Psychische Störungen werden durch Isolation noch einmal deutlich verstärkt, nicht selten durch diese erst hervorgerufen. Zudem gilt, dass gerade in der Isolation und unter dem Eindruck zunehmender Vereinsamung psychische Störungen noch einmal deutlich verstärkt werden. Bei alten Menschen kommt hinzu, dass aufgrund erhöhter kognitiver Verletzlichkeit Isolation und Vereinsamung mit Wahnbildungen und Halluzinationen einhergehen können, die ihrerseits das Risiko der Selbsttötung deutlich erhöhen.[30]

6 Notwendigkeit therapeutischer Angebote: Einige Interventionsstrategien

Psychische Störungen – vor allem depressive Störungen und Angststörungen – bilden ein zentrales Risiko für das Auftreten von Suizidgedanken und -impulsen.[31] Bei depressiven Störungen und Angststörungen ist die Suizidgefährdung um ein Vielfaches erhöht. Dies gilt besonders für das hohe Lebensalter, wobei mit Blick auf dieses zu bedenken ist, dass psychische Störungen *gerade im hohen Alter unerkannt und unbehandelt* bleiben. Allein in der Tatsache der „Unterdiagnostizierung" psychischer Störungen – vor allem in den späteren Lebensjahren – liegt ein (man müsste sagen: institutionell oder infrastrukturell mitbedingtes) erhöhtes Gefährdungspotenzial. Denn diese Unterdiagnostizierung ist mit dafür verantwortlich zu machen, dass sich die Symptome immer weiter vertiefen, das Antriebsgeschehen und damit die Eigeninitiative erheblich verringern und die Tendenz zum Rückzug von anderen Menschen mit der Gefahr wachsender Isolation fördern. Über diese Unterdiagnostizierung hinaus ist hervorzuheben, dass die genannten psychischen Störungen – speziell im Alter – höchst negative Auswirkungen auf Lebensbindung und Widerstandsfähigkeit des Menschen haben: denn zu der nicht selten zu beobachtenden, erhöhten körperlichen Verletzlichkeit im hohen Alter tritt nun die psychische Verletzlichkeit hinzu: Damit entsteht ein gefährlicher psychosomatischer oder somatopsychosomatischer Zirkel, aus dem die betroffene Person aus eigener Kraft kaum oder gar nicht mehr herausfindet. Hinzu tritt die

30 Vgl. N. Erlemeier, *Suizidalität und Suizidprävention im höheren Lebensalter*, Stuttgart 2011.
31 Siehe zum Beispiel M. Dong/L.-N. Zeng/L. Lu et al., *Prevalence of suicide attempt in individuals with major depressive disorder: a meta-analysis of observational surveys*, in: *Psychological Medicine* 49 (10) (2019), 1691–1704; L. Orsolini/R. Latini/M. Pompili et al., *Understanding the complex of suicide in depression: from research to clinics*, in: *Psychiatry Investigation* 17 (3) (2020), 207–221.

erkennbar erhöhte Suizidgefährdung im Falle neurokognitiver Störungen; dabei ist vor allem kurz nach erfolgter Befundung „leichter kognitiver Beeinträchtigung" (MCI) oder einer der unterschiedlichen Formen von Demenz von einer erhöhten Suizidgefährdung auszugehen, die substanziell „reaktive Komponenten" in sich trägt.[32] Aus den hier getroffenen Aussagen folgt mit Blick auf die Intervention: Die psychotherapeutischen, psychosomatischen und psychiatrischen Behandlungsangebote *speziell für alte Menschen* müssen erkennbar ausgebaut, die Sensibilität der Fachpersonen muss auch mit Blick auf alte Menschen und deren Bedarfe erkennbar erhöht werden; aber auch für jüngere Altersgruppen besteht die Notwendigkeit des Ausbaus solcher Angebote. Darüber hinaus ergibt sich die Notwendigkeit einer deutlichen Stärkung von Präventionsangeboten, die nicht erst dann in Betracht kommt, wenn Suizidgedanken und -impulse auftreten, sondern bereits dann, wenn Risikolagen gegeben sind, aus denen solche Gedanken und Impulse hervorgehen.[33] Mit Blick auf die Versorgungsdichte wie auch die Sensibilität besteht in der Bundesrepublik Deutschland erheblicher Handlungsbedarf, nein: Handlungsdruck.[34]

Diesen Handlungsdruck werden aber die für die Versorgung Verantwortlichen (bis hinein in die Politik) nur dann spüren, wenn sie sich noch viel deutlicher vor Augen führen, dass das Leben in allen Lebensphasen einen *Wert an sich* bildet, ja, das fundamentalste Gut darstellt, das wir überhaupt besitzen. Sich dafür einzusetzen, dass sich das Leben in einem tieferen wie auch in einem höheren Sinne verwirklichen, mithin „leben" kann, ist auch mit Blick auf das hohe Lebensalter von größter Bedeutung. Dies erfordert, wie schon angedeutet, eine tiefgreifende Reflexion über das Alter, die nicht nur auf gesellschaftlicher, sondern auch auf ganz persönlicher Ebene geleistet werden muss.

---

32 Siehe zum Beispiel M. M. Günak/D. E. Barnes/K. Yaffe et al., *Risk of suicide attempt in patients with recent diagnosis of mild cognitive impairment or dementia*, in: *Journal of American Medical Association: Psychiatry* 78 (6) (2021), 659–666.

33 Vgl. World Health Organization (ed.), *Live Life. An implementation guide for suicide prevention in countries*, 2021, online unter: https://apps.who.int/iris/rest/bitstreams/1350957/retrieve (Zugriff am 18.03.2023).

34 Überblick: Deutscher Ethikrat, *Suizid – Verantwortung, Prävention und Freiverantwortlichkeit. Stellungnahme*, Berlin 2022, online abrufbar unter: www.ethikrat.org; B. Schneider/R. Lindner/I. Giegling/S. Müller/H. Müller-Pein/D. Rujescu/B. Urban/G. Fiedler (Hg.), *Suizidprävention in Deutschland. Aktueller Stand und Perspektiven*, Kassel 2021.

6.1 Störfragen

Hier sei von „empathisch gestellten Störfragen“ gesprochen, in denen das Leben „zu seinem Recht kommt“[35]. Diese Störfragen sollen dazu dienen, die Tiefe und Stabilität des Suizidverlangens zu prüfen, sie sollen das Individuum, das dieses Verlangen äußert, darin unterstützen, dieses Verlangen noch einmal zu reflektieren, sie sollen schließlich zum Ausdruck bringen, dass man dessen Selbstbestimmung ernstnimmt: und eben aus diesem Grunde das Verlangen noch einmal genau auf seine Motive hin abklopft. Nicht selten ist gerade in einem solchen Prozess der wahrhaftigen Kommunikation ein Perspektivenwechsel auf Seiten der von Todeswünschen bestimmten Person erkennbar: Neben die Vorstellung, das Leben durch eigene Hand zu beenden (eine Vorstellung, die viel Entlastendes bergen kann), tritt nun – noch einmal – das Leben, das danach verlangt, ernstgenommen und fortgesetzt zu werden.[36] Mit anderen Worten: Die Aussage, das Leben beenden zu wollen, bildet – von diesem Kommunikationsakt aus betrachtet – eben nicht den Endpunkt, sondern vielmehr den Ausgangspunkt des intensiven Dialogs, des solidarisch gemeinten „Kampfes“. Und am Ende eines solchen Kampfes kann die Entscheidung des vormals suizidbereiten Menschen für die Fortsetzung des Lebens stehen. In einen derartigen Dialog muss selbstverständlich die Information über die objektiv gegebenen Möglichkeiten einfließen, die gegebene Lebenssituation positiv zu verändern und das Individuum darin zu unterstützen, die weitere Entwicklung in stärkerem Maße kontrollieren zu können; dieser Aspekt gewinnt vor allem bei chronisch-progredient verlaufenden Erkrankungen an Bedeutung.

6.2 Dem Leben eine Chance geben

Es sind vielfach chronisch-progrediente, (möglicherweise) zum Tode führende Erkrankungen, die vor allem dann, wenn sie symptomreich verlaufen, mit starken (chronischen oder intermittierenden) Schmerzen sowie mit körperlichen Deformationen verbunden sind, in Patientinnen und Patienten die Überzeugung wachsen lassen, dass das eigene Leben nun an einem Endpunkt angelangt ist, dass

35 A. Kruse, *Sich in das Erleben schwer kranker und sterbender Menschen „einschwingen“. Antworten auf das Todes- und Selbsttötungsverlangen*, in: J. Küchenhoff/M. Teising (Hg.), *Sich selbst töten mit Hilfe Anderer. Kritische Perspektiven auf den assistierten Suizid*, Gießen 2022, 177–198, 194.

36 Vgl. G. Maio, *Der assistierte Suizid und die Identität der Medizin*, in: J. Küchenhoff/M. Teising (Hg.), *Sich selbst töten mit Hilfe Anderer. Kritische Perspektiven auf den assistierten Suizid*, Gießen 2022, 85–94.

dieses Leben nicht mehr so viel Positives, Sinnstiftendes bereithält, um dazu zu motivieren, Ja zum Leben zu sagen.[37] Hier nun bilden die Erfolge der Palliativmedizin und Palliativpflege sowie der Hospizarbeit eine bedeutende Grundlage für den mitfühlend und solidarisch gemeinten Appell an die Patientinnen und Patienten, „dem Leben eine Chance zu geben“[38]. Und es lässt sich ja in der Tat beobachten, dass jene schwer kranken Menschen, die auf einer Palliativstation oder in einem Hospiz umfassend betreut werden, vielfach mit einer Perspektivenänderung antworten: Die Erfahrung von Mitgefühl und Solidarität stärkt die bestehende Lebensbindung in einem Maße, dass die Todeswünsche zurückgehen.[39]

6.3 Antizipation und Aufklärung

Im Falle chronisch-progredienter Erkrankungen (seien dies körperliche, seien dies neurokognitive Erkrankungen) spielt auch die Frage der gedanklich-emotionalen Vorwegnahme (Antizipation) des weiteren Krankheits- und Symptomverlaufs eine überaus große Rolle für auftretende und an Intensität gewinnende Todeswünsche. Die Antizipation des weiteren Krankheitsgeschehens kann Sorgen, wenn nicht sogar Ängste vor einer abnehmenden Kontrolle über Körper- und kognitive Funktionen auslösen, die schließlich in die Überzeugung münden, dass das Leben – unter einer solchen Perspektive – nicht mehr ertragen werden kann. Ein Beispiel für derartige Entwicklungen ist, wie bereits dargelegt wurde, bei manchen Patientinnen und Patienten nach Vermittlung des Befundes „Demenz“ zu finden. Wie wichtig ist hier eine hochgradig sensible, immer auch die Ressourcen der Patientinnen und Patienten akzentuierende Aufklärung über den weiteren Krankheits- und Symptomverlauf wie auch über die Möglichkeiten, trotz dieser chronisch-progredienten Erkrankung Phasen von Wohlbefinden, Stimmigkeit und Glück zu erleben.[40] Wichtig ist die Thematisierung des gleichzeitigen Bestehens von Verletzlichkeit, von Ressourcen und von Potenzialen der Selbst- und der Weltgestaltung.

37 Vgl. ebd.

38 Siehe die Beiträge in J. Attaie/C. Berger-Zell/A. Giebel (Hg.), *Leben. Selbstbestimmung und Lebensschutz: Ambivalenzen im Umgang mit der Beihilfe zur Selbsttötung*, Esslingen 2022 sowie in: Küchenhoff/Teising, *Sich selbst töten mit Hilfe Anderer*.

39 Vgl. C. Bausewein, *Sterben ohne Angst: Was Palliativmedizin leisten kann*, München 2015.

40 Vgl. Lob-Hüdepohl, *Gelassen*.

6.4 Teilhabe stärken

Todeswünsche nehmen unter dem Eindruck von Isolation und Einsamkeit sowie im Falle von Armut und andauernder Arbeitslosigkeit zu[41] – vor allem dann, wenn das Individuum die Überzeugung ausbildet, von anderen Menschen vergessen worden zu sein, aus sozialen Bezügen („aus der Welt") gefallen zu sein, keine Aufgabe mehr zu haben, nicht mehr von anderen Menschen gebraucht zu werden. Menschen, die ihre Arbeit verloren haben, Menschen nach Austritt aus dem Beruf, Menschen nach dem Verlust des Partners bzw. der Partnerin können in eine Situation wachsender Isolation und Einsamkeit geraten, in der die Lebensbindung immer weiter zurückgeht, depressive Episoden (nicht selten verbunden mit generalisierter Angst) immer häufiger und symptomreicher werden und schließlich nur der eigene Tod als „Ausweg" und „Entlastung" gedeutet wird. Gerade hier erweist sich der Aspekt der Teilhabe als so wichtig. Gerade hier wird deutlich, dass Todeswünsche und Suizidhandlungen auch der Gesellschaft einen Spiegel vorhalten, denn: Darf und kann es sein, dass Menschen immer weiter in Isolation und Einsamkeit geraten, von der Welt vergessen werden? Man darf sich hier nicht täuschen: Isolation und Einsamkeit, vor allem dann, wenn sie mit deutlich einschränkenden sozialen Lebensbedingungen einhergehen, bilden ein bedeutendes Motiv für auftretende und stärker werdende Todeswünsche. Die zentrale Antwort lautet: anregende und Selbstbild stärkende Teilhabeangebote und Erfahrungen, eine Stützung des Individuums in einer von Verlusten bestimmten Lebenssituation. „Das Leben stark machen" bedeutet hier: Empathie und Solidarität zeigen.

6.5 Korrektur der Annahme, Anderen zur Last fallen

Eine hochkomplexe Situation tritt dann ein, wenn Schwerstkranke die Überzeugung ausbilden oder mit der Aussage konfrontiert wurden, dass betreuende oder pflegende Angehörige die Begleitung bzw. Pflege nur noch als „Last" erleben. „Ich bin eine Last für andere Menschen": Diese Überzeugung, diese Erfahrung ist ein in seiner Bedeutung vielfach unterschätztes Motiv, aus dem Leben zu gehen; wobei hier die Nahrungs- und Flüssigkeitsverweigerung eine häufig anzutreffende Form

---

41 Siehe zum Beispiel S. J. Piatkowska, *Poverty, inequality, and suicide rates: a cross-national assessment of the Durkheim theory and the stream analogy of lethal violence*, in: *The Sociological Quarterly* 61 (4) (2020), 787–812.

der schleichenden Selbsttötung darstellen.[42] Aus einer somatopsychosomatischen Perspektive kann hier aber auch noch eine ganz andere „Antwort" erfolgen: Bestehende Erkrankungen exzazerbieren, das heißt sie nehmen an Symptomtiefe und Symptomvielfalt so stark zu, dass das Individuum nach und nach in einen lebensbedrohlichen Zustand gerät, aus dem es ab einer gewissen Schwere nicht mehr befreit werden kann. Was bedeutet dies? Familien mit einem schwer kranken oder pflegebedürftigen Menschen müssen immer auch aus einer „Sorgeperspektive" betrachtet werden: Inwieweit besteht die Gefahr der körperlichen und psychischen Überforderung? Inwieweit erwachsen daraus erhöhte Anforderungen mit Blick auf die psychologische und soziale Begleitung dieser Familien, möglicherweise auch ein Umzug des Schwerstkranken in eine stationäre Einrichtung oder in ein Hospiz?

6.6 Langfristige professionelle Begleitung

Es wird vielfach – und zu Recht, wie bereits gezeigt wurde – die Aussage getroffen, dass Todes- und Suizidgedanken aus einer psychisch hoch belastenden Situation oder einer psychischen Störung (vor allem Depressionen und Angstzustände) hervorgehen. Schon aus diesem Grunde ist unbedingt zu empfehlen, diesen Menschen die Möglichkeit einer langfristigen psychotherapeutischen oder psychiatrischen Begleitung zu eröffnen – einer Begleitung übrigens, die nicht stigmatisiert oder demütigt, sondern die von dem Prinzip der mitfühlenden Solidarität bestimmt ist, in der existenzielle Fühlungen im Lebensrückblick noch einmal lebendig werden können und damit auch die Lebensbindung wieder gestärkt werden kann. Zudem kann gerade diese Begleitung die Möglichkeit zur Introversion mit Introspektion[43] eröffnen, mithin die vertiefte Auseinandersetzung des Menschen mit sich selbst in der geschützten Sphäre des emotional intimen und geistig stimulierenden Dialogs.

6.7 Erinnerung an Verantwortung

Aber: Nicht alle Todeswünsche sind das Ergebnis hoher psychischer Belastung oder psychischer Störungen. Es ist durchaus möglich, dass Menschen mit einer schweren körperlichen Erkrankung, ja sogar ohne eine derartige Erkrankung das Verlangen zeigen, aus dem Leben zu gehen – zum Beispiel, weil sie „lebensmüde"

42 Vgl. Deutsche Gesellschaft für Psychoanalyse, Psychotherapie, Psychosomatik & Tiefenpsychologie (DGPT), *Vorstellungen und Vorschläge zu wesentlichen Eckpunkten einer möglichen Neuregelung der Suizidassistenz*, Berlin 2020.
43 Vgl. Kruse, *Lebensphase hohes Alter*.

oder „lebenssatt" sind. Ein derartiges Verlangen darf nicht einfach als Pathologie klassifiziert werden.

Und doch sind auch hier „empathisch gestellte Störfragen" wichtig, diesmal folgender Art: Auch wenn das Recht auf Selbsttötung nicht abgesprochen wird, so ist es doch notwendig, die *Verantwortungsbezüge* der Person zu thematisieren. Inwiefern berührt die Selbsttötung auch das Leben *anderer Menschen*, die einem sehr nahe sind? Besteht nicht auch eine Verantwortung *diesen* gegenüber? Kann die Erinnerung an diese Verantwortung vielleicht sogar die Lebensbindung fördern? Und besteht nicht eine Verantwortung *sich selbst* gegenüber? Kann die Erinnerung an die Verantwortung vor sich selbst die Überlegung anstoßen, dem „Leben eine Chance zu geben"? Und ist schließlich nicht auch die Verantwortung vor dem Gemeinwohl wie auch – für den (religiös oder existenziell) gläubigen Menschen – vor Gott oder dem Göttlichen angesprochen?

7 Abschluss: Ein persönliches Wort

Im Zentrum des Beitrags stand das Konstrukt der „Lebensbindung": Besonderes Gewicht wurde der Stärkung der Lebensbindung, mithin des Bewusstseins der Gebundenheit an das Leben trotz aller Belastungen und Konflikte beigemessen. Es genügt also nicht, allein auf die Linderung der Belastungen und Konflikte zu bauen; es genügt auch nicht, allein die (psychische, neurokognitive) Störungsperspektive in das Zentrum zu rücken. Genauso wichtig ist die Erkundung bestehender Bindungen an das Leben und deren Stärkung, verbunden mit einer intensiven Reflexion über das Leben – den Lebensrückblick, die Gegenwart, die Zukunft. Dabei sollte die Haltung begleitender Menschen vom „Kampf um das Leben" des lebensmüden Menschen bestimmt sein. Es ist keinesfalls ausreichend, nur in einer „abstrakt-kühlen" Art vom Wert des Lebens wie auch der Würde des Menschen zu sprechen. Der leidende Mensch muss im Austausch mit dem begleitenden Menschen den fundierten, berechtigten Eindruck gewinnen, dass letzterer um sein Leben kämpft und auf der „Seite" des Lebens steht – dies ist auch mit der Umschreibung der „empathischen Störfrage" gemeint. Es gibt keine rechtlich definierte Pflicht zum Leben. Wenn der leidende Mensch die Entscheidung trifft, aus dem Leben zu gehen, und diese Entscheidung nicht mehr korrigiert: Dann wird die begleitende Person in Trauer, möglicherweise auch in Erschütterung zurückbleiben. Und doch: Der „Kampf" um das Leben lohnt immer. Er bleibt „geistig" in der Welt und kann letztlich nicht rückgängig gemacht werden.

Christoph Enders

Individuelle Autonomie zwischen Selbstbestimmung und Gemeinschaftsbindung: Das Menschenbild des Grundgesetzes

1 Verfassungsstaaten, ihr Blick auf den Staatszweck und die Frage nach dem Menschenbild des Grundgesetzes

1.1 Die Verfassung als Organisationsstatut

Moderne Staatsverfassungen verstehen sich in erster Linie als Organisationsstatute. Sie regeln „die Organisation und Ausübung der Herrschaftsgewalt" im Staat und verknüpfen darüber hinaus „die Rechte der Bürger mit der Staatsorganisation".[1] Weder nehmen sie ein bestimmtes Bild des Menschen ausdrücklich in Bezug noch entwerfen sie ein solches Bild. Diesen Negativbefund belegt die Verfassung der Vereinigten Staaten von Amerika, wie sie 1887 erlassen wurde: In der kurzen Einleitungssentenz ist kurz von der allgemeinen Wohlfahrt die Rede, die dauerhaft zu befördern, vom Glück der Freiheit, das zu bewahren sei. Der Rest ist Organisation. Selbst einer Normierung von Freiheitsrechten enthielt sich die US-Verfassung ursprünglich. Man hielt das für eine überflüssige Zutat, ja für eine Überbetonung individueller Partikularinteressen und damit für einen Störfaktor in einem funktionierenden politischen Repräsentativsystem.[2]

1 H. Wißmann, *Einleitung*, in: ders. (Hg.), *Europäische Verfassungen*, Tübingen ^{2}2019, 2; diese Begriffsbildung geht zurück auf G. Jellinek, *Allgemeine Staatslehre*, Berlin 1900, 460, ferner etwa 332, 336, 349, 474.

2 A. Hamilton/J. Madison/J. Jay, *Die Federalist Papers* (1787/88), hg. v. B. Zehnpfennig, Darmstadt 1993, Nr. 84, 501 ff. Im Jahre 1791 traten erste Zusatzartikel mit Garantien individueller Rechte in Kraft.

https://doi.org/10.1515/9783111055602-028

1.2 Freiheitsnatur des Menschen und Freiheitsorganisation als verfassungsmäßiger Staatszweck

Auf der anderen Seite zeigt ein Blick auf andere Verfassungstexte und Rechteerklärungen jener Zeit, dass es ihren Urhebern, seit die Freiheit des Menschen als unhintergehbare Tatsache gelten konnte,[3] durchaus ein Bedürfnis war, nicht allein das Verhältnis des Einzelnen zum Staatsganzen in einem technischen Sinne zu bestimmen, sondern mehr noch aus der Freiheitsnatur des Menschen, die dadurch zum Maßstab für die äußere Ordnung der Welt wird, den Zweck des Staates, seine der Organisation menschlicher Freiheit dienende Funktion, abzuleiten.

In dem Maße, in dem die Freiheit des Menschen ernst genommen wurde, erschien sein Verhältnis zur staatlichen Ordnung als eines der gegenseitigen Verwiesenheit: Wird die Freiheit des Menschen zum Orientierungsmaßstab, dann ist das „Ziel jeder politischen Vereinigung [...] die Erhaltung der natürlichen und unveräußerlichen Menschenrechte“, wie die französische Erklärung der Menschen- und Bürgerrechte vom 26. August 1789 in Art. 2 formuliert.[4] Zugleich kann Freiheit ohne eine äußere staatliche Ordnung, die die Rechte des Menschen garantiert und im Zweifelsfall durchsetzt, nicht realisiert werden. Die Zugehörigkeit zu einer bestimmten staatlichen Gemeinschaft, das Recht auf Staatsbürgerschaft, so sah es mit Blick auf die Folgen des NS-Terrors und des Zweiten Weltkriegs für die Ausgestoßenen und Verfolgten und die *displaced persons* jedenfalls Hannah Arendt, müsse sogar als das eigentliche Ur-Recht des Menschen angesehen werden, weil dieses allein ihm die Chance eröffne, in einer Gesellschaft von Menschen als frei und gleich seiner Freiheitsnatur gemäß zu leben.[5] Freiheit hat keinen praktischen Wert ohne ihre politische Organisation im Staat.

Aber über einen solchen Entstehungskontext hinaus und weiter in die Tiefe menschlicher Natur führt das Räsonnement der modernen Verfassungstexte regelmäßig nicht. Ihr Anliegen ist es, das in Wahrheit Normative als selbstverständlich hinzustellen und dadurch zu legitimieren: „Die Menschen sind und bleiben

3 Vgl. E.-W. Böckenförde, *Die Entstehung des Staates als Vorgang der Säkularisation* (1967), in: ders., *Recht, Staat, Freiheit*, Frankfurt/M. 1991, 113; ferner auch ders., *Vom Wandel des Menschenbildes im Recht*, Münster 2001, 15 f., 20.

4 Ähnlich die Virginia Bill of Rights vom 12. Juni 1776 in Art. 1 und 3.

5 H. Arendt, *Es gibt nur ein einziges Menschenrecht*, in: *Die Wandlung* 4 (1949), 760, 762, 766, 770; O. W. Lembcke, *Scheideweg: Würdelosigkeit des Muselmanns?*, in: R. Gröschner/S. Kirste/O. W. Lembcke (Hg.), *Wege der Würde*, Tübingen 2023, 230. Darum besagt Art. 15 Abs. 1 der Allgemeinen Erklärung der Menschenrechte vom 10. Dezember 1948: „Jeder Mensch hat Anspruch auf eine Staatsangehörigkeit“; und Art. 16 Abs. 1 GG normiert in Satz 2: „Der Verlust der Staatsangehörigkeit darf nur auf Grund eines Gesetzes und nur dann eintreten, wenn der Betroffene dadurch nicht staatenlos wird.“

von Geburt frei und gleich an Rechten“, stellt Art. 1 der französischen Erklärung der Menschen- und Bürgerrechte scheinbar nüchtern fest.[6] Oder, wie es die Väter der amerikanischen Unabhängigkeitserklärung vom 4. Juli 1776 mit Blick auf die angeborenen und für die Staatsorganisation maßgeblichen Rechte des Menschen formulierten: „We hold these truths to be self-evident [...].“[7] Ein Bild des Menschen wird, abgesehen von dieser Tatsachenbehauptung der Freiheit, nicht gezeichnet. Der Textbefund gibt Hegel recht, der es im praktischen Gebrauch, was also das äußere, rechtliche Verhältnis der Menschen zueinander und zum Gemeinwesen angeht, für ausreichend erklärte, „sich kurzweg daran zu halten, daß die Freiheit als eine Tatsache des Bewußtseins gegeben sei und an sie geglaubt werden müsse.“[8]

1.3 Ein Menschenbild des Grundgesetzes?

Das Grundgesetz der Bundesrepublik Deutschland vom 23. Mai 1949 bleibt allerdings, über andere Verfassungstexte, die sich an diesem von den revolutionären Verfassungsurkunden des späten 18. Jahrhunderts vorgezeichneten Rahmen orientieren, bewusst hinausgehend, nicht beim menschenrechtlich ausformulierten Befund der Freiheit stehen. Es nimmt darum nicht einfach kommentarlos eine „Bill of Rights“, einen Grundrechtsabschnitt, in den Verfassungstext auf. Unter dem Eindruck der systematischen Missachtung der gleichen Freiheit des Menschen durch das nationalsozialistische Unrechtsregime fragt es vielmehr nach einem unverrückbaren *Grund des Rechtsanspruchs menschlicher Freiheit* und findet ihn in der *Würde des Menschen*. Über die Herkunft und Bedeutung dieses Begriffs der „Würde des Menschen“ gibt das Grundgesetz zwar keine Auskunft. Aber der systematische Kontext, in den das Grundgesetz den Begriff stellt, lässt erkennen, worum es ihm geht: Die Anerkennung der Würde des Menschen richtet sich gegen dessen grenzenlose Inpflichtnahme für fremde Zwecke. Mit der Würde ist anerkannt, dass dem Menschen als Menschen Rechte zustehen, Rechte um seiner selbst willen (Art. 1 Abs. 2 GG), die der Verteidigung seines originären Freiheitsanspruchs gegen willkürliche Vereinnahmung dienen. Das Grundgesetz

6 In der Sache Art. 1 der Virginia Bill of Rights vom 12. Juni 1776 folgend: „Alle Menschen sind von Natur aus gleichermaßen frei und unabhängig und besitzen gewisse angeborene Rechte [...]“. Die Allgemeine Erklärung der Menschenrechte von 1948 hebt in Art. 1 gleichfalls mit einem solchen Bekenntnis an: „Alle Menschen sind frei und gleich an Würde und Rechten geboren [...].“

7 Etwa W. Frotscher/B. Pieroth, *Verfassungsgeschichte*, München [19]2021, Rn. 23.

8 G. W. F. Hegel, *Grundlinien der Philosophie des Rechts*, in: ders., *Werke*, hg. v. E. Moldenhauer und K. M. Michel, Bd. 7, Frankfurt/M. 1970, § 4 Anm., 48.

betont und erneuert damit die unter dem Nationalsozialismus verhöhnte Einsicht, dass, wer Pflichten haben soll, auch Rechte haben muss.[9] Die Anerkennung dieses Umstands findet in der Gewährleistung individueller Grundrechte ihren Ausdruck (Art. 1 Abs. 3 GG), die – ungeachtet der allgemeinen Rechts- und Gesetzesbefolgungspflicht, die in den jeweiligen Schrankenklauseln der Grundrechtsnormen zum Ausdruck kommt – ein unabdingbares Recht der Betroffenen auf Rechtfertigung aller staatlichen Maßnahmen statuieren und konkretisieren, die jenen originären Freiheitsanspruch schmälern.[10]

Dieser zentrale Zusammenhang zwischen Rechten und Pflichten, die einander unauflöslich korrespondieren, verweist auf den klassischen *Kontext moderner Rechtsbegründung*[11], den das Grundgesetz damit unausgesprochen in Bezug nimmt: Der Mensch wird nach dieser modernen Vorstellung verstanden als Rechtssubjekt, als Träger von Rechten und Pflichten und wird *Person* genannt.[12] Der Mensch hat insofern – als Person – „Rechte, als er Pflichten, und Pflichten, insofern er Rechte hat" – anderenfalls wäre Sklaverei als Rechtsinstitution legitimiert.[13] Rechte jeglicher Art können überhaupt nur Personen zukommen. Und nur als Person ist es dem Menschen möglich, seiner Freiheitsnatur gemäß in der sozialen Wirklichkeit mehr als Funktionsträger und Befehlsempfänger zu sein und sein Leben in die eigenen Hände zu nehmen. Als Person anerkannt zu werden und damit Rechte zu haben, ist darum des Menschen absolutes vorstaatliches Recht:[14] „Alles Recht ist vorhanden um der sittlichen, jedem einzelnen Menschen innewohnenden Freyheit willen", erläutert Savigny diesen Befund. Und weiter:

---

9 Zu diesem Aspekt von Mangoldt, in der 5. Sitzung des Ausschusses für Grundsatzfragen des Parlamentarischen Rats vom 29. September 1948, in: Deutscher Bundestag und Bundesarchiv (Hg.), *Der Parlamentarische Rat.* 1948–1949, Bd. 5/I, Boppard a. Rhein 1993, 98. Zur Richtung gegen die nationalsozialistische Terrorherrschaft und andere totalitäre Herrschaftsformen M. Baldus, *Verfahrensweg. Menschenwürde und Methode,* in: R. Gröschner/S. Kirste/O. W. Lembcke (Hg.), *Wege der Würde,* Tübingen 2023, 290 f.; allgemein zur Entstehungsgeschichte des Grundgesetzes C. Enders, *Die Menschenwürde in der Verfassungsordnung,* Tübingen 1997, 404 ff.

10 Enders, *Menschenwürde,* 430 f.; R. Forst, *Die Würde des Menschen und das Recht auf Rechtfertigung,* in: *DZPh* 53 (2005), 593; H. Dreier, *Verbindungsweg: Würde und Freiheit,* in: R. Gröschner/S. Kirste/O. W. Lembcke (Hg.), *Wege der Würde,* Tübingen 2023, 53.

11 Der insbesondere mit der Aufklärungsphilosophie verbunden wird, Dreier, *Würde und Freiheit,* 53; vgl. Böckenförde, *Vom Wandel des Menschenbilds,* 14 f.

12 Zu diesem Ausgangspunkt moderner Rechtsordnung auch G. Radbruch, *Rechtsphilosophie* (1932), Studienausgabe, hg. v. R. Dreier und S. L. Paulson, Heidelberg 2003, § 17, 124 f.

13 Hegel, *Grundlinien der Philosophie des Rechts,* § 155 und Zusatz, 304 f.; § 261 Anm., 408 f. (Zit.): „Sklaven haben deswegen keine Pflichten, weil sie keine Rechte haben und umgekehrt."

14 Hegel, *Philosophie des Rechts. Die Vorlesung von 1819/20 in einer Nachschrift,* hg. v. D. Henrich, Frankfurt/M. 1983, 127: „Das absolute Recht ist, Rechte zu haben."

> Darum muß der ursprüngliche Begriff der Person oder des Rechtssubjects zusammen fallen mit dem Begriff des Menschen, und diese ursprüngliche Identität beider Begriffe läßt sich in folgender Formel ausdrücken: Jeder einzelne Mensch, und nur der einzelne Mensch, ist rechtsfähig.[15]

In diese ihm gebührende *Stellung als Person* will das Grundgesetz nach der Zeit der Unrechtsherrschaft des Nationalsozialismus den Menschen wieder einsetzen,[16] indem es ohne Vorbedingungen und uneingeschränkt seine Rechtsfähigkeit anerkennt.[17]

Diese besondere Eigenschaft der Rechtsfähigkeit des Menschen (als Person) und des mit ihr sich verbindenden Wechselverhältnisses von Rechten und Pflichten bezeichnet darum ein Kernelement des von der rechtswissenschaftlichen Literatur der frühen Jahre der Bundesrepublik immer wieder betonten *Personalismus* des Grundgesetzes.[18] Hinter Hans Peters' knappem Resümee, es halte in „der Stufenfolge Individualismus – Personalismus – Kollektivismus [...] das Grundgesetz die mittlere Linie des Personalismus inne“[19], verbirgt sich aber eine noch weiterge-

15 F. C. von Savigny, *System des heutigen Römischen Rechts*, Zweyter Band, Berlin 1840, § 60, 2; ganz ähnlich G. Jellinek, *System der subjektiven öffentlichen Rechte*, Tübingen ^{2}1905, 10, 28: „Alles Recht ist Beziehung von Rechtssubjekten [... Es ist darum] eine als Produkt jahrtausendelanger Entwicklung erkannte sittliche Forderung, den Menschen schlechthin als Rechtssubjekt anzuerkennen.“

16 Dieser Anspruch auf Freiheit im Rechtssinne, das Recht, als Person anerkannt zu sein, ist nach dem Standpunkt des Grundgesetzes das Ur-Recht des Menschen, Enders, *Menschenwürde*, 250 f., 427 f.; demgegenüber hebt C. Möllers, *Staat als Argument*, Tübingen ^{2}2011, XLVIII in losem Anschluss an Arendt (Fn. 4) auf das Recht der (demokratischen) „Teilhabe an einer politischen Gemeinschaft“ ab. (In Art. 1 GG geht es dem Grundgesetz jedoch nicht um Teilhabe, sondern um den gebührenden Respekt vor dem Selbststand des Menschen, also die Abwehr von Übergriffen durch grundsätzliche Anerkennung seiner Rechtsposition, auch für Sicherheit im Verhältnis zu anderen hat der Staat folgerichtig zu sorgen.)

17 Enders, *Menschenwürde*, 502 f.; in dieselbe Richtung M. Stolleis, *Das Menschenbild der Verfassung*, in: H.-R. Duncker (Hg.), *Beiträge zu einer aktuellen Anthropologie: zum 100-jährigen Jubiläum der Gründung der Wissenschaftlichen Gesellschaft im Jahre 1906 in Straßburg*, Stuttgart 2006, 372.

18 G. Dürig, in: T. Maunz/G. Dürig, *Grundgesetz, Kommentar (Loseblatt)*, München, 1958 ff., Art. 1 Rn. 19 (1958), spricht von der „gleiche(n) Rechtsfähigkeit, die in Art. 1 I ihren wertmäßigen Standort hat“; ferner etwa J. M. Wintrich, *Zur Problematik der Grundrechte*, Köln/Opladen 1957, 31. Bereits im Vorfeld der Grundgesetzgebung (1947) hatte Helmut Coing „Die obersten Grundsätze des Rechts“ proklamiert und bemerkt, dass der Mensch als geistig-sittliches Wesen Person sei, dass „Freiheit [...] Ausdruck der Personwürde des Menschen“ sei, dabei „das höchste Rechtsgut, das einem jeden zukommt“ und dass sie vom Recht dadurch gesichert werde, „daß es dem Einzelnen Rechtspersönlichkeit, das heißt Rechts- und Handlungsfähigkeit zuerkennt“, H. Coing, *Die obersten Grundsätze des Rechts. Ein Versuch zur Neubegründung des Naturrechts*, Heidelberg 1947, 39 f., 41 f., 64.

19 H. Peters, *Die freie Entfaltung der Persönlichkeit als Verfassungsziel*, in: D. S. Constantopoulos/ H. Wehberg (Hg.), *Festschrift für R. Laun zum 70. Geburtstag*, Hamburg 1953, 671; zustimmend G. Dürig, in: T. Maunz/G. Dürig, *Grundgesetz, Kommentar*, Art. 1 Rn. 47 (1958); ähnlich bereits ders., *Die Menschenauffassung des Grundgesetzes*, in: *JR* (1952), 261. Ferner in diesem Sinne etwa

hende Stellungnahme. Das aus den Umständen jener Zeit verständliche Bemühen, in Bezug auf geistesgeschichtlich gesicherte Begrifflichkeit nach der Barbarei des Nationalsozialismus und dem von ihr provozierten Zusammenbruch Deutschlands wieder festen Boden und Orientierung für die nun gebotene Reorganisation des Rechtslebens zu gewinnen, geht über das rechtsbegrifflich die Person konstituierende Moment der Rechtsfähigkeit hinaus. Man verbindet den Personalismus des Grundgesetzes vielfach mit einer inhaltlichen Orientierung an abendländischen (insbesondere also: christlichen) Werten.[20] Damit soll ebenso ein Zeichen gegen den nationalsozialistischen Ungeist und andere, aktuelle Arten rücksichtsloser Kollektivierung gesetzt, wie den Gefahren eines jedwedem Extremismus hilflos ausgelieferten, liberalistischen Wertrelativismus Weimarer Prägung gewehrt werden.

Aber auch in den Judikaten des Bundesverfassungsgerichts begegnet der Person-Begriff, der als Hinweis auf die Eigenständigkeit des Menschen gegenüber allen Tendenzen einer ihn bevormundenden Konditionierung verstanden wird, einer Inanspruchnahme also, die nicht durch ein wechselseitiges Rechts- und Pflichtenverhältnis limitiert wird.[21] Was das Bundesverfassungsgericht zunächst mit Blick auf das Eltern-Kind-Verhältnis ausgesprochen hat, gilt allgemein und muss letztlich auch für das Verhältnis des Einzelnen zum Staat gelten: „Eine Verfassung, welche die Würde des Menschen in den Mittelpunkt ihres Wertsystems stellt, kann bei der Ordnung zwischenmenschlicher Beziehungen grundsätzlich niemandem Rechte an der Person eines anderen einräumen, die nicht zugleich pflichtgebunden sind und die Menschenwürde des anderen respektieren."[22] Der Mensch wird demnach „als Person" begriffen, „die in Freiheit über sich selbst bestimmen und ihr Schicksal eigenverantwortlich gestalten kann."[23] Diese Eigenständigkeit und den mit ihr verbundenen „Achtungsanspruch des Einzelnen als Person"[24] gilt es auch dann zu wahren, wenn der individuellen Freiheit Grenzen zu ziehen sind, das

---

K. Hesse, *Grundzüge des Verfassungsrechts der Bundesrepublik Deutschland*, Neudruck der 20. Auflage, Heidelberg 1999, Rn. 116; K. Stern, *Das Staatsrecht der Bundesrepublik Deutschland*, Bd. III, Teilband 1, München 1988, 13 ff. Zur Lehre vom „Personalismus" des Grundgesetzes Enders, *Menschenwürde*, 30 ff.

20 Deutlich bei Dürig, *Menschenauffassung*, 260 f.

21 BVerfGE 4, 7 (15 f.); etwa noch BVerfGE 45, 187 (227 f.); BVerfGE 65, 1 (44): „Wert und Würde der Person, die in freier Selbstbestimmung als Glied einer freien Gesellschaft wirkt". Zu dieser Rechtsprechung Enders, *Menschenwürde*, 45 ff.

22 BVerfGE 24, 119 (144). C. Enders, *Grundrechte-Kommentar*, Art. 1, Rn. 28, 34 f., 66.

23 BVerfGE 144, 20 (207, Rn. 539 f.). Das Gericht spricht in diesem Kontext auch von der „Subjektqualität" des Menschen; vgl. H. Dreier, in: ders. (Hg.), *Grundgesetz, Kommentar*, Bd. 1, Tübingen ^{3}2013, Art. 1 Abs. 1, Rn. 42.; C. Enders, in: K. Stern/F. Becker (Hg.), *Grundrechtekommentar*, Köln ^{3}2019, Art. 1, Rn. 28, 33 ff.

24 BVerfGE 144, 20 (208, Rn. 541).

sollen die Grundrechte gewährleisten, die die Einsicht rechtsförmig umsetzen, dass dem Menschen „Würde kraft seines Personseins zukommt"[25], weshalb ihnen das Bundesverfassungsgericht gelegentlich einen „personalen Grundzug" oder „Bezug" zuspricht.[26] In seiner vielbeachteten Entscheidung zur Sterbehilfe aus dem Jahre 2020 hat das Bundesverfassungsgericht erneut und mit Nachdruck betont, dass das Grundgesetz den Menschen als Person sieht und die Würde als den „[Grund] der Selbstbestimmung der Person",[27] weshalb (auch) das „Recht auf selbstbestimmtes Sterben [...] als Ausdruck personaler Freiheit"[28] anzusehen und zu respektieren sei – eine Position, die die Freiheit des Einzelnen stark macht und mit einer hohen Rechtfertigungslast für allfällige Eingriffe umgibt.

In diesem Verständnis des Menschen als Person, die kraft ihrer Würde zur Selbstbestimmung fähig ist, mag man ein „Menschenbild des Grundgesetzes" sich abzeichnen sehen oder, wie Günter Dürig, eine „Menschenauffassung".[29] Einer weiteren Begründung dieser Position hat sich allerdings der Verfassungsgeber mit Bedacht enthalten: Religiöse, namentlich christliche oder auch ethisch-philosophische, weltanschauliche, naturwissenschaftliche Definitions- und Erläuterungsversuche wurden ganz bewusst unterlassen, um den zentralen Satz von der Würde des Menschen anschlussfähig zu halten für individuelle Überzeugungen, Lebensorientierungen und allgemein Sinnentwürfe jeder Art:[30] Woraus die Würde des Menschen abzuleiten ist, woher sie stammt, ist gleichgültig, solange nur klar ist, dass mit ihr – wie Kant diese Eigenart menschlichen Wesens bezeichnet hat – „der Mensch als Per-

---

25 BVerfGE 30, 173 (194); 115, 118 (152 f.); ähnlich BVerfGE 35, 202 (235); 45, 187 (228).

26 BVerfGE 50, 290 (348, 353, 362); vgl. auch BVerfGE 12, 45 (51): Bürger als „personale Träger" der Gemeinschaft.

27 BVerfGE 153, 182 (264 Rn. 211).

28 BVerfGE 153, 182 (262, Rn. 210).

29 Dürig, *Menschenauffassung*. Kritisch Stolleis, *Das Menschenbild der Verfassung*, 371, 373, 377 f., der stattdessen für eine stärkere „Trennung von Verfassungsrecht und politischer Kultur, Bürgerrechten und Bürgertugenden" plädiert. In der Tat sollte nach Carlo Schmid der Grundrechtskatalog zwar anzeigen, „daß der Verfassungsgeber von einem bestimmten Menschenbild ausgegangen ist", allerdings nur, um vor diesem Hintergrund den aktuell gebotenen und gewollten Freiheitsstandard zu konkretisieren, 4. Sitzung des Ausschusses für Grundsatzfragen am 23. September 1948, in: Deutscher Bundestag und Bundesarchiv (Hg.), *Der Parlamentarische Rat*. 1948–1949, Bd. 5/I, Boppard a. Rhein, 1993, 66 f.

30 Es habe „keinen Sinn, hier eine Staatsphilosophie aufzustellen und das Wesen des Menschen, das Wesen des Staates usw. zu definieren", C. Schmid, 4. Sitzung des Ausschusses für Grundsatzfragen, *Der Parlamentarische Rat*, Bd. 5/I, 65; in dieselbe Richtung: T. Heuss, 4. Sitzung des Ausschusses für Grundsatzfragen, *Der Parlamentarische Rat*, Bd. 5/I, 67, H. Weber, 4. Sitzung des Ausschusses für Grundsatzfragen, *Der Parlamentarische Rat*, Bd. 5/I, 69 und A. Süsterhenn, 32. Sitzung des Ausschusses für Grundsatzfragen vom 11. Januar 1949, *Der Parlamentarische Rat*, Bd. 5/II, 915. Dreier, *Grundgesetz*, Bd. 1, Art. 1 Abs. 1, Rn. 26.

son [...], d.i. als Subjekt einer moralisch-praktischen Vernunft“[31] verbindlich anerkannt ist.[32] Die Rechts- als Freiheitsordnung wird damit nicht etwa moralisch begründet – sie setzt aber mit dem Bekenntnis zur Würde des Menschen, um überhaupt ein äußeres Verhältnis von Rechten und Pflichten zu etablieren, die Subjektqualität des Menschen verbindlich voraus.[33]

Die weitergehenden Schlussfolgerungen, die man in der rechtswissenschaftlichen Literatur, immer wieder auch in der Rechtsprechung des Bundesverfassungsgerichts der frühen Jahre der Bundesrepublik[34] aus dem „Personalismus des Grundgesetzes“ für eine bestimmte Wertorientierung der Verfassungsordnung ziehen wollte, finden dagegen im Verfassungstext, gerade auch mit Rücksicht auf seine Entstehungsgeschichte, keine Grundlage. Die beflissene Immunisierung der Verfassung durch die vorgebliche Wertgebundenheit ihrer Freiheitsordnung, die diese insbesondere vor kollektivistischen Tendenzen kommunistischer und realsozialistischer Prägung bewahren sollte,[35] ist im Verlauf der Jahre und mit der Veränderung der weltpolitischen Situation einstweilen einer Normalisierung auch im Umgang mit der Verfassung gewichen. Die Attitüde ängstlicher Verteidigung des Freiheitsbollwerks wird durch eine zwar wachsame, aber doch alles in allem selbstbewusster gelebte Verfassungspraxis abgelöst.[36]

---

31 I. Kant, *Metaphysik der Sitten* (1797/98), in: ders., *Werke*, hg. v. W. Weischedel, Bd. IV, Darmstadt 1956, Tugendlehre § 11, 569. Vgl. E. Gräb-Schmidt, *Würde als Bestimmung der Natur des Menschen? Theologische Reflexionen zu ihrem (nach-) metaphysischen Horizont*, in: W. Härle/B. Vogel (Hg.), *Begründung von Menschenwürde und Menschenrechten*, Freiburg 2008, 152 zu Pufendorf: „Freiheit im Sinne der Kompetenz zur Moralität [...]“; L. Siep, *Ethik und Menschenbild*, Münster 1999, 21: „der Mensch ein genuin moralisches Wesen“; auch Forst, *Die Würde des Menschen und das Recht auf Rechtfertigung*, 595 f.

32 Zu dieser Enthaltsamkeit des modernen (Verfassungs-)Rechts, dessen „Menschenbild“ sich auf die rechtliche Anerkennung der individuellen Selbstbestimmung beschränkt, auch (mit Kritik) Böckenförde, *Wandel des Menschenbilds*, 17, 34 f. Es geht dabei also nicht um die aktuelle – stets nur mehr oder weniger gegebene – Fähigkeit zur „Selbstgesetzgebung“ eines bestimmten Menschen, wie wohl E. Hilgendorf, *Rettungsweg: Menschenwürdiges Sterben*, in: R. Gröschner/S. Kirste/O. W. Lembcke (Hg.), *Wege der Würde*, Tübingen 2023, 199 m. Fn. 55 annimmt.

33 Kant, *Metaphysik der Sitten, Rechtslehre, Einleitung* § E, 339. Anders C. Menke, *Kritik der Rechte*, Berlin 2015, 255.

34 Das Bundesverfassungsgericht betont in der Lüth-Entscheidung aus dem Jahre 1958, dass das Grundgesetz „keine wertneutrale Ordnung sein“ wolle. Sein Wertsystem finde „seinen Mittelpunkt in der innerhalb der sozialen Gemeinschaft sich frei entfaltenden menschlichen Persönlichkeit und ihrer Würde“, BVerfGE 7, 198 (205); etwa noch BVerfGE 12, 45 (51), 24, 119 (144), 35, 202 (235), 45, 187 (227).

35 Vgl. A. Funke, *Parallelweg: Menschenwürde und Menschenbild*, in: R. Gröschner/S. Kirste/O. W. Lembcke (Hg.), *Wege der Würde*, Tübingen 2023, 88.

36 Vgl. BVerfGE 144, 20 (224 ff., Rn. 585 ff., 307 ff., Rn. 845 ff. – NPD II: Eine gegen die freiheitliche demokratische Grundordnung gerichtete Zielsetzung einer Partei, hier der NPD, reicht nicht aus,

2 Das „Menschenbild des Grundgesetzes" als Inbegriff selbstverständlicher Freiheitsgrenzen

Dass das Grundgesetz mit dem Satz von der Würde des Menschen seine „Eigenständigkeit als Person" anerkennt, blieb und bleibt demgegenüber für das Bundesverfassungsgericht, bei aller Zeitgebundenheit und Fragwürdigkeit weiterer Konsequenzen, die man aus der Menschenbildformel noch ziehen mag, stets der zentrale Orientierungspunkt, wenn es um Fragen der richtigen Freiheitsorganisation geht. Zunächst freilich nur im Sinne eines Vorbehalts letzter, unantastbarer Freiheit gegenüber dem Grunde nach legitimen Bestrebungen des Staates, in das Sozialgefüge gestaltend einzugreifen und zu diesem Zweck das Ausmaß individueller Freiheit den Bedürfnissen gerechter Ordnung anzupassen. Die – seither oft in Bezug genommene – *Menschenbildformel* des Bundesverfassungsgerichts hatte ursprünglich ersichtlich den Sinn, Freiheitsschranken der freien Entfaltung der Persönlichkeit (Art. 2 Abs. 1 GG) zu legitimieren. Näher geht es dem Bundesverfassungsgericht in seiner Investitionshilfe-Entscheidung aus dem Jahre 1954[37] darum, das Investitionshilfe-Gesetz in seiner wirtschaftslenkenden, die freie Unternehmerinitiative beschränkenden Eingriffswirkung zu rechtfertigen, ohne im damals in der Literatur ausgetragenen Streit um die richtige (enge oder weite) Deutung des Grundrechts auf freie Entfaltung der Persönlichkeit Stellung beziehen zu müssen:[38]

> Das Menschenbild des Grundgesetzes ist nicht das eines isolierten souveränen Individuums; das Grundgesetz hat vielmehr die Spannung Individuum – Gemeinschaft im Sinne der Gemeinschaftsbezogenheit und Gemeinschaftsgebundenheit der Person entschieden, ohne dabei deren Eigenwert anzutasten. Das ergibt sich insbesondere aus einer Gesamtsicht der Art. 1, 2, 12, 14, 15, 19 und 20 GG. Dies heißt aber: der Einzelne muß sich diejenigen Schranken seiner Handlungsfreiheit gefallen lassen, die der Gesetzgeber zur Pflege und Förderung des sozialen Zusammenlebens in den Grenzen des bei dem gegebenen Sachverhalt allgemein Zumutbaren zieht, vorausgesetzt, daß dabei die Eigenständigkeit der Person gewahrt bleibt.[39]

In dieser Rechtfertigungsfunktion wurde die Menschenbild-Formel seither immer wieder vom Bundesverfassungsgericht gebraucht, sei es, dass der Freiheitseingriff von besonderer Brisanz war, wie sich etwa im Falle heimlicher Überwachungsmaßnahmen, die mit der Einschränkung des Brief-, Post- und Fernmeldegeheim-

---

um ein Parteiverbot zu begründen, solange es einschlägigen Aktivitäten an Erfolgsaussichten fehlt – eine im Verhältnis zur Argumentation im SRP-Urteil (1952), BVerfGE 2, 1 (14, 68 ff.) und KPD-Urteil (1956), BVerfGE 5, 85, insb. LS 6), zurückgenommene Position.

37 BVerfGE 4, 7 (15 f.)

38 Im Einzelnen näher Enders, *Menschenwürde*, 45 ff.; Funke, *Menschenwürde und Menschenbild*, 85 f.; vgl. BVerfGE 6, 32 (36).

39 BVerfGE 4, 15 f.

nisses im Zuge der Notstandsgesetzgebung (1968) erlaubt wurden,[40] die Frage nach den Schranken der Freiheit mit großer Dringlichkeit stellte. Oder sei es, dass die rechtsdogmatische Situation die Rechtsauslegung und -anwendung mit dem Schrankenproblem konfrontierte und nach einer plausiblen Auflösung verlangte, wie (in der Mephisto-Entscheidung) im Falle der Kunstfreiheit, deren Gewährleistung keine ausdrückliche Schrankenklausel aufweist, sondern die Kunst nach dem Wortlautbefund vorbehaltlos schützt.[41] Aber auch in mehr alltäglichen Fällen beruft sich das Bundesverfassungsgericht gelegentlich zur Rechtfertigung von Freiheitsschranken auf das Menschenbild des Grundgesetzes.[42] Zwar ist es zuletzt stiller geworden um die Menschenbild-Formel. Aber die Rechtsprechung zur informationellen Selbstbestimmung greift – seit dem Volkszählungsurteil (1983)[43] – doch nach wie vor auf dieses Begründungselement zurück, um Freiheitsschranken im Recht des Datenschutzes zu rechtfertigen, auch wenn der Begriff „Menschenbild" hier gar nicht mehr zu ihrer Kennzeichnung bemüht wird.[44] Im nämlichen Sinne bringt auch die Entscheidung des Bundesverfassungsgerichts zur Sterbehilfe diese Formel wieder in Anschlag, als es darum geht, ob nicht Rücksicht auf die Rechte Dritter das Verbot der geschäftsmäßig assistierten Selbsttötung gegenüber dem allgemeinen Persönlichkeitsrecht und der mit ihm garantierten Befugnis freier Verfügung über sich selbst rechtfertigen könnte.[45]

Es fällt freilich auf: Indem die Menschenbildformel dazu dient, Schranken individueller Freiheit zu rechtfertigen,[46] erfüllt der Verweis auf die Personqualität des Menschen, seine Eigenschaft, Träger von Rechten und Pflichten zu sein und Rechtfertigung verlangen zu dürfen für Eingriffe in seinen Freiheitsstatus, eine *rein negative Funktion*. Aus der unvermeidlichen Einbettung und Einbindung des Menschen in so-

---

40 BVerfGE 30, 1 (20). Hierzu und zum folgenden besonders Funke, *Menschenwürde und Menschenbild*, 86 ff.

41 BVerfGE 30, 173 (193); deutlich BVerfGE 32, 98 (107 f.) zu den Schranken der Glaubens- und Religionsfreiheit: „Diese vom Grundgesetz anerkannte Gemeinschaftsbindung des Individuums macht auch Grundrechte, die vorbehaltlos gewährleistet sind, gewissen äußersten Grenzziehungen zugänglich."

42 BVerfGE 50, 166 (175) – Ausweisung eines straffälligen Ausländers aus generalpräventiven Gründen.

43 BVerfGE 65, 1 (44).

44 BVerwGE 141, 329 (343 f., Rn. 47) – Videobeobachtung der Reeperbahn; BVerwGE 169, 350 (356, Rn. 15) – Auskunft über Disziplinarverfahren.

45 BVerfGE 53, 182 (296, Rn. 301).

46 Diese Funktion – u. a. – kommt auch der „Menschenauffassung des Grundgesetzes" bei Günter Dürig zu, Dürig, *Menschenauffassung*, 260 f.

ziale Netzwerke und das hieran anknüpfende Pflichtenregime des Rechts[47] ragt nach der ursprünglichen Menschenbild-Formel die Person in ihrer Eigenständigkeit als letzter, unüberwindlicher Gegenpol staatlichen Herrschaftsanspruchs heraus, und sei dieser Herrschaftsanspruch noch so plausibel begründet: Freiheitschranken sind zulässig nach Maßgabe des Zumutbaren – „vorausgesetzt, daß dabei die Eigenständigkeit der Person gewahrt bleibt". Eine positiv das Recht gestaltende Wirkung entfaltet die Rede von der Person hier (noch) nicht.

Gestaltende Wirkung kann man allenfalls einem zweifelhaften Gebrauch dieses Menschenbilds zusprechen: Dieser hält an der frühen These von der Wertgebundenheit der Ordnung des Grundgesetzes gerade mit Blick auf das Menschenbild fest. In der Würde des Menschen, die ja den „(Grund) der Selbstbestimmung der Person" ausmacht,[48] sieht diese Vorstellung zugleich ein objektives Wertsystem verankert, das im obersten Wert der Menschenwürde sein Zentrum hat[49] und das den individuellen Freiheitsgebrauch nicht nur trägt, sondern ihn auch auf die nach Maßgabe jenes Wertsystems sozial akzeptablen Formen beschränkt. Der Mensch als Person wird dadurch vor einem fehlsamen Gebrauch seiner Selbstbestimmung, letztlich also: vor sich selbst geschützt und bevormundet. Weil aber ein Staat, der Rechtstaat sein will, keine Besserungsanstalt ist,[50] leuchtet es wenig ein, wenn die Würde des Menschen dergestalt gegen seine Autonomie ausgespielt werden soll. Soweit daher das Bundesverwaltungsgericht in Peep-Shows oder auch Tötungsspielen (Laser-Drome) rechtlich unzulässige Verstöße gegen das Prinzip der Menschenwürde sehen wollte,[51] obwohl alle, die sich hier, in welcher aktiven oder passiven Funktion immer, beteiligen, dies freiwillig tun, ist dies ganz überwiegend auf Ablehnung gestoßen.[52] Obwohl gestaltend zur Geltung gebracht, fällt doch die freiheitsfeindliche Tendenz dieser Wendung des Menschenbilds auf, die darum nicht allein in der Literatur auf Ablehnung stößt, sondern sich auch in der Rechtsprechung nicht dauerhaft etablieren konnte. Im Gegenteil: Man kann die Entscheidung des Bundesverfassungsgerichts aus dem Jahre 2020, mit der das Gericht das strafrechtliche Verbot geschäftsmäßiger Sterbehilfe für verfassungswidrig und nichtig erklärt, als dezidiertes Votum gegen die Bevormundung des Einzelnen in allen Fra-

---

47 Vgl. T. Vesting, *Staatstheorie*, München 2018, Rn. 41, 295 ff.; Funke, *Menschenwürde und Menschenbild*, 103: „kommunitäre Dimension."

48 BVerfGE 153, 182 (264 Rn. 211).

49 BVerfGE 6, 32 (40 f.); 7, 198 (205); etwa noch BVerfGE 50, 166 (175).

50 Zentral BVerfGE 22, 180 (219 f.), auf die von der Entscheidung zu Zwangsbehandlung und Patientenverfügung im Maßregelvollzug verwiesen wird: BVerfGE 158, 131 (Rn. 72).

51 BVerwGE 64, 274 (278 f.); 115, 189 (202). Verwandt in der Argumentation: BVerfGE 12, 1 (4).

52 Dreier, *Grundgesetz*, Art. 1 Abs. 1, Rn. 149; ders., *Würde und Freiheit*, 60 f.; Enders, *Menschenwürde*, 368 f.; C. Hillgruber, *Der Schutz des Menschen vor sich selbst*, München 1992, 64 f., 119.

gen höchstpersönlicher Entscheidung über die eigene Existenz, die Art und Weise, wie diese „richtig" zu führen und wie sie unter Umständen auch zu beenden ist, lesen.[53] Hier bricht sich eine die individuelle Selbstbestimmung stärker betonende Interpretation des Menschenbilds Bahn, die zugleich den normativen, in der Verfassung mit ihrem Bekenntnis zur Würde des Menschen an vorderster Stelle verankerten Anspruch erkennen lässt, die Rechtsordnung an dieser Deutung auch positiv auszurichten.

3 Die „autonome Selbstbestimmung" – eine Übersteigerung des Individualismus?

3.1 Zur Vorgeschichte des Rechts auf den selbstbestimmten Tod

Nur wenn man die Menschenbildformel auf ihre häufige Verwendung zur Legitimation von Freiheitsschranken reduziert, kann die nachdrückliche Betonung der „autonomen Selbstbestimmung" des Menschen als Person, wie sie dann in der Sterbehilfe-Entscheidung des Bundesverfassungsgerichts begegnet,[54] überraschen. Denn diese misst nun dem Menschenbild eine positiv das Rechtsverhältnis zum Staat und nicht zuletzt zu Dritten gestaltende Funktion bei: „Dieses Menschenbild hat Ausgangspunkt jedes regulatorischen Ansatzes zu sein."[55] Eine Perspektive, die in der Formulierung kulminiert, jedem Menschen komme als „Ausdruck persönlicher Autonomie [...] ein Recht auf selbstbestimmtes Sterben" zu,[56] ja sogar das „Recht [...] sich das Leben zu nehmen"[57], und bei der Ausübung dieses Rechts zur Selbsttötung auf die Hilfe Dritter zurückzugreifen.[58] Damit bedeutet diese Entscheidung, die auf dieser Grundlage das strafrechtliche Verbot geschäftsmäßiger Sterbehilfe für verfassungswidrig und nichtig erklärt, eine gewichtige Stärkung und Ausdehnung von Anerkennung und Schutz individueller persönlicher Selbst-

53 Darauf weist zu Recht Funke, *Menschenwürde und Menschenbild*, 96 f. mit Fn. 71 hin.
54 BVerfGE 153, 182 (LS 1b; 261, Rn. 263, Rn. 210).
55 BVerfGE 153, 182 (286, Rn. 274).
56 BVerfGE 153, 182 (261, Rn. 208, 262, Rn. 210, 263, Rn. 210).
57 BVerfGE 153, 182 (260, Rn. 204); auch: das „Recht, sich selbst zu töten", BVerfGE 153, 182 (263, Rn. 211; 296, Rn. 301).
58 BVerfGE 153, 182 (260, Rn. 203; 264 f., Rn. 213).

bestimmung im Recht:[59] Sie argumentiert verfassungsrechtlich nicht primär aus der Perspektive derjenigen, die vom Verbot geschäftsmäßiger Sterbehilfe als Adressaten unmittelbar betroffen sind, weil sie Sterbehilfe organisieren und anbieten. Sie können sich nur auf die wenig eingriffsresistenten, also vergleichsweise „schwachen" Grundrechte der Berufs- und der allgemeinen Handlungsfreiheit berufen.[60] Die Entscheidung definiert vielmehr den Rechtskreis des Sterbewilligen so umfassend, dass sich das (eigentlich an Dritte, die Sterbehelfer, gerichtete) Verbot geschäftsmäßiger Sterbehilfe als Eingriff in dessen eigenen Rechtskreis ausnimmt und vor seinem höchstpersönlichen und als solchem nicht weiter begründungsbedürftigen Recht auf selbstbestimmtes Sterben zu rechtfertigen hat (Art. 2 Abs. 1 i.V.m. Art. 1 Abs. 1 GG).[61] Die Entscheidung versteht mit anderen Worten das Verbot geschäftsmäßiger Sterbehilfe als Verbot der Selbsttötung, weil und soweit Sterbewillige von der besonderen Unterstützungsleistung der Suizidhelfer Gebrauch machen wollen und auf sie angewiesen sein können.

Dennoch ist die Entscheidung nicht das Produkt eines plötzlichen und willkürlichen Richtungswechsels. Zum einen lässt sich eine Entscheidungslinie identifizieren, die zu den frühen Judikaten des Bundesverfassungsgerichts führt, in denen Würde und Freiheit der Person zueinander ins Verhältnis gesetzt wurden. Mit dem Verblassen des schrankenrechtfertigenden Gehalts des „Menschenbilds des Grundgesetzes" ist dieses schon früh – mit Blick besonders auf die Menschenwürde – hervortretende positiv-gestalterische Moment der Menschenbild-Formel stärker wirksam geworden: Bereits in seiner Entscheidung zum Verbot der KPD hebt das Bundesverfassungsgericht darauf ab, dass der Mensch – kraft seiner Würde – „eine mit der Fähigkeit zu eigenverantwortlicher Lebensgestaltung begabte ‚Persönlichkeit'" sei,[62] eben darum werde ein politisches Konzept der Unterdrückung durch das Grundgesetz programmatisch ausgeschlossen. Dass das Bundesverfassungsgericht mit der „Vorstellung [scil.: des Grundgesetzes] vom Menschen" argumentiert, „die diesen als Person begreift, die in Freiheit über sich selbst bestimmen und ihr Schicksal eigenverantwortlich gestalten kann", gehört seither zu den feststehenden Begründungselementen verfassungsgerichtlicher Entscheidungen, wann immer die Freiheit des Einzelnen gegenüber staatlicher Herrschaftsgewalt zur Debatte steht.[63]

---

59 Positiv gewürdigt von Dreier, *Würde und Freiheit*, 59: „das hohe Lied von der Autonomie des Einzelnen", auch 60. Kritisch gegenüber einem „radikal voluntaristischen Freiheitsverständnis" dagegen Funke, *Menschenwürde und Menschenbild*, 108, 111.

60 BVerfGE 153, 182 (299, Rn. 306).

61 Vgl. BVerfGE 153, 182 (262 f., Rn. 209 f.).

62 BVerfGE 5, 85 (204); vgl. BVerfGE 6, 32 (40) und noch BVerfGE 158, 131 (159, Rn. 71).

63 Etwa BVerfGE 45, 187 (227); 144, 20 (207, Rn. 539).

Zum anderen hat sich gerade die – auf die Würde des Menschen als Person gestützte – *Stärkung der individuellen Autonomie* als Maßstab der Entscheidung höchstpersönlicher, die eigene Existenz betreffender Anliegen, die im Urteil zur Sterbehilfe lediglich „ihren radikalsten Ausdruck" gefunden hat,[64] schon länger angekündigt: in den Entscheidungen zur medizinischen Zwangsbehandlung von im Maßregelvollzug Untergebrachten oder auch Betreuten. Mit Blick auf derartige Zwangssituationen hat das Bundesverfassungsgericht bereits im Jahre 2011 eine „Freiheit zur Krankheit" statuiert.[65] Es hat klargemacht, dass der „Einzelne [...] grundsätzlich frei [ist], über Eingriffe in seine körperliche Integrität und den Umgang mit seiner Gesundheit nach eigenem Ermessen zu entscheiden."[66] Es war nach dieser richtungsweisenden Entscheidung zugunsten eines voraussetzungslosen Verfügungsrechts der Person über sich selbst offenkundig, dass diese Deutung freier Persönlichkeitsentfaltung auch ein Recht auf selbstbestimmtes Sterben umfassen müsse.

3.2 Das Recht „auf" den selbstbestimmten Tod als Erweiterung des Rechtsverhältnisses um die Rechte anderer

Man hat eine derart starke Betonung der persönlichen Autonomie scharf als „neuen Rechtsindividualismus" kritisiert, der nur mehr eine „Selbstbestimmung ohne Nomos [kenne], eine Autonomie, von der nur das *autos*, das Selbst, bleibt". Ein solcher „Kult der Differenz" pflege eine „verirrte Vorstellung von ‚selbstbestimmter Autonomie'", weil sich nach diesem Modell die individuelle Entscheidung schon im Ansatz nicht mehr an Maximen orientiert, die sich – wie es Autonomie als Selbst-*Gesetzgebung* doch traditionell verlangt – am Kriterium ihrer Verallgemeinerungsfähigkeit und damit objektiver Notwendigkeiten des Zusammenlebens in der sozialen Gemeinschaft messen lassen müssen.[67]

Den Vorwurf eines übersteigerten, aller sozialen Bindung entfremdeten Individualismus scheint die auffällige Verdoppelung im Begriff der „autonomen Selbstbestimmung" zu bestätigen, wie ihn das Bundesverfassungsgericht in der Sterbehilfe-Entscheidung zur Kennzeichnung des Verfügungsrechts der Person über sich selbst

64 Dreier, *Würde und Freiheit*, 60.

65 BVerfGE 128, 282 (304), hier abgeleitet aus Art. 2 Abs. 2 Satz 2 GG.

66 BVerfGE 158, 131 (159, Rn. 70, zusammenfassend 159 f., Rn. 71 f.) – Patientenverfügung bei Zwangsbehandlung im Maßregelvollzug. Vgl. weiter BVerfGE 129, 269; 133, 112; 146, 294; auch 142, 313 (339, Rn. 74 f.) – Zwangsbehandlung Betreuter (§ 1906 BGB).

67 Vesting, *Staatstheorie*, Rn. 302.

gebraucht.[68] Kann wirklich der Entschluss zur Selbsttötung je vernünftig im Sinne einer möglichen Anerkennung als allgemeine, für alle gültige Regel sein, die es dann verdient, im Recht und als Recht festgeschrieben zu werden, wie dies das Bundesverfassungsgericht unternommen hat? Wer die Frage verneint,[69] muss sich daran erinnern lassen, dass zwischen Moral und Recht zu unterscheiden ist und dass zwar die „Selbstentleibung", in der sich der Mensch selbst zum Objekt macht und seine Qualität als Person mit Rechten und Pflichten negiert, wider die Vernunft und unmoralisch sein mag (Kant),[70] dass gleichwohl eine Rechtspflicht gegen sich selbst, das eigene Leben zu erhalten, nicht anerkannt werden kann.[71] Es kann darum durchaus vernünftig, ja im Sinne freiheitlicher Ordnung geboten sein,[72] die Selbsttötung als letzte und dem Staat gegenüber nicht rechtfertigungspflichtige Option höchstpersönlichen individuellen Entscheidens und Handelns von staatlichen rechtsförmigen Verboten freizustellen. Das Ergebnis entspricht der geltenden Rechtslage: Die Selbsttötung ist (strafrechtlich) nicht verboten.

Mit dieser Argumentation lässt sich allerdings ein Recht, sich selbst das Leben zu nehmen, nur begründen, solange dieses Recht darin besteht, dass der Staat gegen die Selbsttötung – Entscheidungs- und Verantwortungsfähigkeit des Sterbewilligen vorausgesetzt – nicht hindernd einschreiten und insbesondere die (versuchte) Tat nicht bestrafen darf. Das Bundesverfassungsgericht geht mit seinem „Recht auf selbstbestimmtes Sterben", das nicht nur die humane Art und Weise, sein Leben zu beenden, sondern ein umfassendes „Recht, sich selbst zu töten" meint, darüber hinaus. In der verfassungsrechts-dogmatischen Konstruktion dieses Rechts auf Selbsttötung liegt die eigentlich *zweifelhafte Verdoppelung*. Denn das Recht „auf" Selbsttötung, wie es in der Entscheidung zur Sterbehilfe entwickelt wird, entspricht dogmatisch nicht der in Gestalt eines Abwehrrechts gegenüber Zwangsmaßnahmen geschützten „Freiheit zur Krankheit". Als Abwehrrechte geben die Grundrechte nicht „Rechte auf" eine vom Staat zu erbringende Leistung, etwa der Schaffung von Räumen der Freiheitsentfal-

---

68 Dreier, *Würde und Freiheit*, 60; auch: I. Augsberg, *Königsweg: Würde als Autonomie*, in: R. Gröschner/S. Kirste/O. W. Lembcke (Hg.), *Wege der Würde*, Tübingen 2023, 77 f., wobei dieser Sammelband mit Beiträgen zu Würde und Freiheit (Dreier) und Würde und Autonomie (Augsberg) selbst die kritisierte Verdoppelung aufweist.

69 Funke, *Menschenwürde und Menschenbild*, 109 gegen BVerfGE 153, 182 (263 f., Rn. 211).

70 Kant, *Metaphysik der Sitten*, Tugendlehre § 6, 554 f.

71 Kant, *Naturrecht Feyerabend*, in: *Kants gesammelte Schriften*, Bd. XXVII, hg. v. der Akademie der Wissenschaften, Berlin 1979, 1335; anders M. Kahlo, *Sterbehilfe und Menschenwürde*, in: G. Freund u. a. (Hg.), *Grundlagen und Dogmatik des gesamten Strafrechtssystems. Festschrift für W. Frisch zum 70. Geburtstag*, Berlin 2013, 735: (innere) Rechtspflicht, freilich nicht mit äußerem Rechtszwang durchsetzbar.

72 Vgl. BVerfGE 153, 182 (286, Rn. 274).

tung[73] oder bestimmter Güter. Sie statuieren einen staatsgerichteten Anspruch auf Unterlassen, der in der Sache in einen Anspruch auf Rechtfertigung staatlicher Eingriffsmaßnahmen mündet: Schlägt die (durch Art. 1 Abs. 3 GG) gebotene Rechtfertigung einer Eingriffsmaßnahme (etwa: der Zwangsbehandlung im Maßregelvollzug) fehl, ist das Grundrecht verletzt. In das Recht, vom Staat nicht an der freiverantwortlich ins Werk gesetzten Selbsttötung gehindert zu werden, greift aber das Verbot geschäftsmäßiger Sterbehilfe gar nicht ein.

Das Bundesverfassungsgericht weitet daher, um einen Eingriff in die rechtlich geschützte Freiheitssphäre des Sterbewilligen zu bejahen, den tradierten abwehrrechtlichen Konstruktionsrahmen: Es versteht das „Recht auf selbstbestimmtes Sterben", über die Reflexwirkung des an andere adressierten Verbots geschäftsmäßiger Sterbehilfe hinausgehend, als verfassungsbasiertes und darum vom Staat (nach Art „wohlerworbener Rechte") zu respektierendes *Leistungsrecht*, als Anspruch auf das immaterielle Gut der von Dritten angebotenen Leistung der Sterbehilfe.[74] In diesem Recht auf die Freiheit anderer, das – anders als etwa im Falle der Versammlungs- oder Vereinigungsfreiheit (Art. 8 Abs. 1 GG, Art. 9 Abs. 1 GG) – keine tatbestandliche Basis im Verfassungstext findet, liegt zugleich eine Absage an die Rechtsverhältnislehre. Denn das „Recht auf Selbsttötung", soweit es auf die Freiheit anderer zielt, die in den Dienst der eigenen Zwecke gestellt werden soll, ist eigentlich ein die eigene Rechtsposition verdoppelndes *Recht auf die Rechte anderer*, das dem Grunde nach unabhängig davon geltend gemacht werden kann, ob die Inhaber jener Rechte sich gegenüber dem Staat überhaupt auf sie berufen wollen.

Natürlich ist Freiheit zu ihrer Entfaltung einerseits stets „auf zwischenmenschliche Bezüge angewiesen."[75] Aber diese „zwischenmenschlichen Bezüge", in denen sich Freiheit entfaltet, verstehen sich als soziale, also tatsächliche Voraussetzungen, Bedingungen und zugleich Beschränkungen der Ausübung von Freiheit, nicht als Gegenstand eines Rechtsanspruchs. Auch lässt es andererseits der offene Begriff der Persönlichkeitsentfaltung ohne weiteres zu, mit dem Grundrecht der freien Entfaltung der Persönlichkeit eine Vielzahl von Rechtspositionen geschützt zu sehen, „die für die Entfaltung der Persönlichkeit notwendig sind."[76] Aber damit sind eigene Rechtspositionen gemeint, die die freie Entfaltung der Persönlichkeit absichern. In den Rechtsverhältnissen, die an diese Rechtsposi-

73 Das mag für die freiheitsangemessene Ausgestaltung vom Staat verantworteter öffentlicher Einrichtungen anders sein, vgl. BVerfGE 35, 79 zur Wirkung der Wissenschaftsfreiheit im Hochschulrecht.

74 BVerfGE 153, 182 (264 f., Rn. 213); zum Güterbegriff M. Erlei, Art. *Güter*, in: *Staatslexikon*, hg. v. der Görres-Gesellschaft und dem Verlag Herder, Bd. 2, Freiburg [8]2018, Sp. 1518.

75 BVerfGE 50, 290 (353 f.); deutlich auch im Versammlungsrecht, vgl. BVerfGE 69, 315 (356 f.).

76 BVerfGE 34, 238 (246).

tionen anknüpfen, entfaltet sich die Person im Außenverhältnis zu anderen Personen (und deren Rechtspositionen). Sie konstituieren die Rechtssphäre der Person, indem sie wechselseitig Rechte mit Pflichten verknüpfen; mein Recht ist des anderen Pflicht und umgekehrt:[77] „Alles Recht ist Beziehung von Rechtssubjekten", heißt es darum bei Jellinek.[78] Zugleich ist so jede Pflicht stets durch die Rechtsstellung ihres Adressaten begrenzt.

Nach der Konstruktion des Bundesverfassungsgerichts korrespondieren einander stattdessen das Freiheitsrecht und diejenigen Rechte anderer, auf deren Berücksichtigung von Verfassung wegen in Ausdehnung der abwehrrechtlichen Rechtssphäre ein Rechtsanspruch besteht und die, obwohl „Rechte anderer" (vgl. Art. 2 Abs. 1 GG), darum verfassungsprozessual im eigenen Namen geltend gemacht werden können.[79] Diese Konstruktion überdehnt die Freiheitsordnung in einer Weise, die die tradierte und bewährte Form des Rechtsverhältnisses als ihre Funktionsbedingung aufsprengt. Sie schmälert nicht allein die staatliche Befugnis, die im Menschenbild des Grundgesetzes mitgedachte Gemeinschaftsbezogenheit und -gebundenheit des Einzelnen zu aktualisieren.[80] Sie ist auch in gesteigertem Maße missbrauchsanfällig, wie besonders die Überlegung vor Augen führt, dass das strafrechtliche Verbot der „Tötung auf Verlangen" (§ 216 StGB), das vor allem möglichem Missbrauch vorbeugen soll, dem nun vom Bundesverfassungsgericht entwickelten Maßstab der „autonomen Selbstbestimmung" kaum wird standhalten können. Sie kann schließlich mittelbar in eine Bevormundung derjenigen münden, die von ihrer Rechtsposition, sie mag für andere noch so wichtig sein, keinen Gebrauch machen wollen,[81] und sie kann schließlich bei der Schrankenbestimmung zu einer Zurücksetzung von Rechts-

77 Im Verhältnis des Einzelnen zum Staat sind die einander entsprechenden Rechte und Pflichten nicht inhaltlich gleichartig; vgl. Hegel, *Grundlinien der Philosophie des Rechts*, § 261 Anm., 408 f. Die Rechtsunterworfenen schulden dem Staat insbesondere – verfassungsrechtlich durch Gegenrechte limitierten – Rechts- und Gesetzesgehorsam, der Staat schuldet, wenn er Rechts- und Gesetzgehorsam einfordert, verfassungsrechtlich die Wahrung bestimmter Formen und die Beachtung seiner Rechtfertigungspflicht.

78 Jellinek, *System der subjektiven öffentlichen Rechte*, 10; auch Savigny, *System des heutigen Römischen Rechts*, Erster Band, Berlin 1840, § 4, 7 f., vgl. § 52, S. 333; ders., *System des heutigen Römischen Rechts*, Zweyter Band, § 60, 1.

79 Das gilt – konsequent – in beide Richtungen, BVerfGE 153, 182 (264 f., Rn. 213 einerseits; 306, Rn. 331 andererseits). Im Ergebnis zustimmend M. Sachs, *Verbot der geschäftsmäßigen Förderung der Selbsttötung als mittelbare Grundrechtsverletzung* (Entscheidungsanmerkung), in: *JuS* (2020), 582 m. Fn. 10. Grundsätzlich gegen eine solche Ausdehnung H. Kube, *Der subjektive Abwehrgehalt der Grundrechte – Zur grundrechtlichen Rüge der Verletzung von Rechten Dritter*, in: *DVBl.* 120 (2005), 725 mit Nachweisen in Fn. 35 und 37.

80 Funke, *Menschenwürde und Menschenbild*, 110 f.

81 Kube, *Der subjektive Abwehrgehalt der Grundrechte*, 725.

positionen und Belangen führen, die mit dem Pfund der „personalen Selbstbestimmung" nicht oder nur eingeschränkt wuchern können.

3.3 Autonome Selbstbestimmung als Grund und Ziel rechtlicher Freiheit – Konsequenzen für Kollisionsfälle

Die gesteigerte Sensibilität gegenüber dem vom Bundesverfassungsgericht formulierten Ideal der sich autonom, nach selbstgesetzten Maßstäben bestimmenden Persönlichkeit[82], nach welchem vor allem den „Akt(en) autonomer Selbstbestimmung" der Respekt von Staat und Gesellschaft gebührt,[83] kann zu Legitimitäts-Einbußen eines Schutzinteresses führen, wenn es dem Autonomie-Ideal nicht oder nur unzulänglich gerecht wird.

So hat die Diskussion um die (typischerweise religiös motivierte) nicht medizinisch indizierte *Beschneidung* männlicher Kinder vor Augen geführt: Ein heute wohl allgemeiner gesellschaftlicher Konsens versteht das Eltern-Kind-Verhältnis – auch rechtlich – im Sinne der Gewaltfreiheit (§§ 1626, 1631 Abs. 2 BGB) und nimmt darum die Beschneidung des männlichen Kindes als Sonderfall wahr.[84] Die Selbstbestimmung der Eltern, wie sie sich auch im Recht der elterlichen Personensorge manifestiert, die die religiöse Erziehung der Kinder einschließt, vermag sich unter Umständen dennoch gegen einen solchen allgemeinen Konsens zu behaupten – um den Eltern, solange das Kindeswohl nicht klar entgegensteht, eine sehr weitgehende Verfügungsmacht über das Kind (etwa im Interesse eines religiös begründeten elterlichen Bestimmungsrechts) zu eröffnen, die nicht an dessen körperlicher Integrität Halt macht (§ 1631d Abs. 1 Satz 1 BGB).[85] Denn das Kind ist (noch) nicht in der Lage, seine Maßstäbe eigenverantwortlich zu setzen und geltend zu machen und so weithin der elterlichen Definitionsgewalt überantwortet, wenn auch der Staat kraft seines Wächteramts die Aufsicht führt (Art. 6 Abs. 2 GG). Wird hier die Autonomie der Eltern gegen eine ihr (auch normativ) nachgeordnete (vgl. Art. 6 Abs. 2 S. 1 GG), eingeschränkte Selbstbestimmung in Stellung gebracht, kann sich letztere nur nach Maßgabe der vom Staat zu wahrenden Gemeinschaftsbezogenheit und -gebundenheit der ersteren durchsetzen. Die Entscheidung eines solchen

82 BVerfGE 153, 182 (261, Rn. 207; 262, Rn. 209; 264, Rn. 211).
83 BVerfGE 153, 182 (263, Rn. 210 a.E.).
84 Vgl. LG Köln, in: *NJW* 65 (2012), 2128.
85 Zum Ganzen und im Einzelnen C. Enders, *Recht ist, was allgemein ist. Die gesetzliche Regelung zur Beschneidung „des männlichen Kindes" (§ 1631d BGB)*, in: J. Nolte/R. Poscher/H. Wolter (Hg.), *Die Verfassung als Aufgabe von Wissenschaft, Praxis und Öffentlichkeit*, Heidelberg u. a. 2014, 291–308.

Konflikts ist nicht vorgezeichnet. Betont man die besondere Bedeutung der autonomen Selbstbestimmung, als Recht, über seinen Rechtskreis, zu dem, wie die Entscheidung zur Sterbehilfe darlegt, auch die Rechtspositionen anderer gehören können, „entsprechend dem eigenen Selbstbild autonom (zu) bestimmen",[86] ist aber die Verteilung der Gewichte klar. Der Gesetzgeber hat ihr mit seiner Regelung der Beschneidung Ausdruck verliehen (§ 1631d BGB).

Aus dieser Perspektive zeichnet sich auch ab, wie sich die Diskussion über die Strafbarkeit der *Abtreibung* entwickeln könnte. Die Rechtsfähigkeit des Menschen als Person beginnt traditionell mit der Geburt (§ 1 BGB).[87] Vor diesem Zeitpunkt ist sie nur in einzelnen Ausnahmefällen in Betracht zu ziehen (§ 844 Abs. 2 Satz 2, § 1923 Abs. 2 BGB), und von Autonomie kann schlechterdings nicht die Rede sein. Der menschliche Embryo ist keine Person.[88] Eine Straflosstellung der Abtreibung wird darum – zumal der Schutz ungeborenen Lebens auch anders als allein durch das Strafrecht geschehen kann – vor dem Bundesverfassungsgericht Bestand haben – wenn es seiner Linie treu bleibt.

---

86 Vgl. BVerfGE 153, 182 (262, Rn. 209).

87 Savigny, *System des heutigen Römischen Rechts*, Zweyter Band, § 61, 4, 6 ff.

88 Vgl. G. Geismann, *Kant und ein vermeintes Recht des Embryo*, in: *Kant-Studien* 95 (2004), 443–469, 453 f.

Bernd Hecker

Drei Jahre Sterbehilfe-Urteil des BVerfG: Quo vadis Recht auf selbstbestimmtes Sterben?

1 Einleitung

In seinem epochalen Urteil vom 26.02.2020 hat das BVerfG das Recht auf selbstbestimmtes Sterben erstmals in der deutschen Rechtsgeschichte unter den Schutz des Grundgesetzes gestellt (→ 4.1).[1] Der am 10.12.2015 in Kraft getretene § 217 StGB, der jede auf Wiederholung angelegte („geschäftsmäßige") Förderung der Selbsttötung ausnahmslos mit Strafe bedrohte, wurde mit Gesetzeskraft (§ 31 Abs. 2 BVerfGG) für nichtig erklärt. Die verfassungswidrige Strafvorschrift zielte vor allem darauf ab, die Aktivitäten von Sterbehilfevereinen zu unterbinden („Lex Kusch"). Die eigentlich Leidtragenden dieser verfehlten Gesetzgebung waren aber insbesondere schwer kranke Menschen, die sich mangels legalen Zugangs zu professioneller Suizidassistenz vor die Wahl gestellt sahen, Sterbehilfe im Ausland zu suchen, ihr Leiden ertragen zu müssen oder sich für eine gewaltsame Modalität der Selbsttötung zu entscheiden. Das aus Art. 2 Abs. 1 GG i.V.m. Art. 1 Abs. 1 GG abgeleitete Recht auf Selbstbestimmung am Lebensende umfasst aber – wie das BVerfG ausdrücklich hervorhebt – auch die Freiheit, hierfür die Hilfe hierzu bereiter Dritter in Anspruch zu nehmen. Der Staat muss den Schutz dieses Grundrechts innerhalb der eigenen Rechtsordnung gewährleisten.[2] Während die große Mehrheit der Bürger diese Freiheitsgewährleistung als rechtsstaatliche Errungenschaft begrüßt,[3] nehmen weite Teile der Politik sie immer noch als Bedrohung wahr. So wird die Gefahr einer gesellschaftlichen Normalisierung der Selbsttötung beschworen, der mit strafrechtlichen Mitteln entgegenzuwirken sei.[4] Oder es wird behauptet, eine Regulierung der Sterbehilfe sei notwendig, weil suizidwillige Menschen ansonsten in die

1 BVerfGE 153, 182 Rn. 201 ff.; zur Diskussion über die Existenz eines solchen Grundrechts im rechtswissenschaftlichen Schrifttum vgl. F. Saliger, *Selbstbestimmung bis zuletzt*, Norderstedt 2015, 46 ff. m.w.N.

2 BVerfGE 153, 182 Rn. 300.

3 Nach einer repräsentativen Umfrage der Data und Analytic Group YouGov vom 07.04.2019 befürworten 69 % der Befragten die Straffreiheit des assistierten Suizides, während 13 % diese ablehnen; vgl. https://yougov.de/topics/health/articles-reports/2019/07/08/sterben-lassen-sollte-erlaubt-sein (Zugriff am 13.04.2023).

4 L. Castellucci u. a., *BT-Drs. 20/904*, 2.

https://doi.org/10.1515/9783111055602-029

Arme „undurchsichtiger Organisationen“ getrieben würden.[5] Dabei wird jedoch verkannt, dass sich die organisierte Suizidhilfe in Deutschland nicht etwa in einem rechtsfreien Raum bewegt. Bereits die geltenden Strafvorschriften (→ 2) gewährleisten einen ausreichenden Schutz vor Angriffen gegen das Leben. Im Übrigen arbeiten alle drei in Deutschland tätigen Sterbehilfevereine[6] regelgeleitet, d. h. auf der Grundlage vereinsautonom erlassener Satzungen, ethischer Leitlinien usw., deren Gesetzes- und Verfassungskonformität noch nie in Zweifel gezogen wurde.

Aus dem Recht auf selbstbestimmtes Sterben leitet sich kein Anspruch gegenüber Dritten darauf ab, bei einem Selbsttötungsvorhaben unterstützt zu werden.[7] Die Sterbehilfevereine reagieren hierauf, indem sie ihren Mitgliedern fachlich qualifizierte Ärzte vermitteln, die bereit sind, die Freiverantwortlichkeit eines Suizidwilligen zu begutachten. Das BVerfG erkennt diese zentrale Funktion der Sterbehilfevereine für die wirksame Ausübung des Grundrechts auf selbstbestimmtes Sterben ausdrücklich an.[8] Es besteht eine „funktionale Verschränkung“ der Grundrechte der Sterbehelfer mit dem Recht auf selbstbestimmtes Sterben, weil die grundrechtlich geschützte Freiheit des Einzelnen, sich selbst mit Unterstützung von Dritten das Leben zu nehmen, in inhaltlicher Abhängigkeit zu dem grundrechtlichen Schutz der Suizidhilfe steht.[9] Die Dritten müssen ihre Bereitschaft zur Suizidhilfe auch rechtlich umsetzen dürfen. Anderenfalls läuft das Recht des Einzelnen auf Selbsttötung faktisch leer.

Eine bedeutende Aufwertung erfuhr das Selbstbestimmungsrecht des Einzelnen bereits durch ein Urteil des BVerwG aus dem Jahre 2017, in dem das Betäubungsmittelgesetz (BtMG) in verfassungskonformer Weise so ausgelegt wurde, dass der Erwerb des Betäubungsmittels Natrium-Pentobarbital für eine Selbsttötung ausnahmsweise gestattet ist, wenn sich der suizidwillige Erwerber wegen einer schweren und unheilbaren Erkrankung in einer extremen Notlage befindet.[10] Leider wird die rechtsstaatlich gebotene Umsetzung dieses Urteils durch das Bundesinstitut für Arzneimittel und Medizinprodukte bis heute hartnäckig konterkariert (→ 6).[11]

---

5 R. Künast u. a., *BT-Drs. 20/2293*, 10.

6 Deutsche Gesellschaft für Humanes Sterben (DGHS e.V.), DIGNITAS-Deutschland und Verein Sterbehilfe; vgl. hierzu R. Kusch/B. Hecker, *Handbuch der Sterbehilfe*, Norderstedt [2]2021, 1.7 m.w.N.

7 BVerfGE 153, 182 Rn. 289.

8 BVerfGE 153, 182 Rn. 201 ff., 213, 330 ff.

9 BVerfGE 153, 182 Rn. 331.

10 BVerwGE 158, 142.

11 Vgl. hierzu bereits F. Hufen, *Selbstbestimmtes Sterben – Das verweigerte Grundrecht*, in: *NJW* 71 (2018), 1524 ff.

Als wegweisend für die Liberalisierung des Sterbehilferechts erweisen sich auch zwei Urteile des BGH aus dem Jahre 2019, die das Recht zur Inanspruchnahme der Hilfe Dritter beim freiverantwortlichen Suizid stärken.[12] Im Jahre 1984 gelangte der *BGH* in seiner von der Literatur vielfach kritisierten Entscheidung im Fall „Wittig" noch zu dem Urteil, dass die Tatherrschaft bei Eintritt der Bewusstlosigkeit des Suizidenten auf den Sterbehilfe leistenden Arzt übergehe, der demnach nach allgemeinen Unterlassungsgrundsätzen (§ 13 StGB) aus den Tötungstatbeständen hafte.[13] Demgegenüber entschied der *5. Strafsenat*, dass in Anbetracht der gewachsenen Bedeutung der Selbstbestimmung des Einzelnen in Fällen des freiverantwortlichen Suizids der Arzt nicht mit strafrechtlichen Konsequenzen verpflichtet werden könne, gegen den Willen des Suizidenten zu handeln. Den Arzt treffe keine Garantenpflicht für das Leben seines Patienten, wenn er vereinbarungsgemäß nur noch dessen freiverantwortlichen Suizid begleitet.

2 Ausstrahlung des Grundrechts auf selbstbestimmtes Sterben auf § 216 StGB

Bemerkenswert ist die in dem Beschluss des BGH v. 28.6.2022 („Insulin-Fall" → 3.2) in einem *obiter dictum* getätigte Aussage, dass die vom BVerfG in Bezug auf § 217 Abs. 1 StGB entwickelten Grundsätze auf den Tatbestand der Tötung auf Verlangen (§ 216 Abs. 1 StGB) übertragbar seien, weil diese Vorschrift in vergleichbarer Weise in das Grundrecht auf selbstbestimmtes Sterben eingreife. Der 6. Strafsenat hält es „für naheliegend", dass § 216 Abs. 1 StGB einer verfassungskonformen Auslegung bedarf, wonach jedenfalls diejenigen Fälle vom Anwendungsbereich der Norm ausgenommen werden, in denen es einem sterbewilligen Menschen faktisch unmöglich ist, seine frei getroffene Suizidentscheidung selbst umzusetzen (beispielsweise im sog. „Locked-in-Syndrom") und er darauf angewiesen ist, dass eine andere Person die unmittelbar zum Tod führende Handlung ausführt.[14] Auch im rechtswissenschaftlichen Schrifttum finden sich erste Stimmen, die das kategorische Verbot der

12 BGH, *03.07.2019 – 5 StR 393/18: Grenzen ärztlicher Garantenstellung bei Suizidbegleitung*, in: *NJW* 72 (2019), 3089; BGH, *03.07.2019 – 5 StR 132/18: Grenzen der Strafbarkeit bei ärztlich assistierter Selbsttötung*, in: *NJW* 72 (2019), 3092.

13 BGHSt 32, 367.

14 BGH, *28.06.2022 – 6 StR 68/21: Abgrenzung von Tötung auf Verlangen und Suizidbeihilfe* (m. Anm. Grünewald), in: *NJW* 75 (2022), 3023.

Tötung auf Verlangen für unverhältnismäßig halten.[15] § 216 Abs. 1 StGB bezwecke den Schutz vor irreversiblen Folgen, die aufgrund von Übereilung und Rationalitätsdefiziten eintreten könnten. Allein dieser Schutzzweck legitimiere einerseits die Strafvorschrift, setze ihr aber auch Grenzen. Von dieser Prämisse ausgehend wurden bereits konkrete Gesetzesvorschläge ausgearbeitet, die *de lege ferenda* auf eine partielle Legalisierung der Tötung auf Verlangen in Gestalt einer Bindung des § 216 Abs. 1 StGB an ein prozedurales Schutzkonzept abzielen.[16]

Allen Reformvorschlägen, die auf eine Liberalisierung des § 216 Abs. 1 StGB abzielen, ist jedoch kritisch entgegenzuhalten, dass der hiervon erwartete rechtspraktische Mehrwert den rechtspolitisch und rechtsdogmatisch zu zahlenden Preis – nicht weniger als die Durchbrechung des Fremdtötungsverbots – nicht zu rechtfertigen vermag.[17] Auch ein vollständig gelähmter Suizidwilliger kann nahezu immer durch den Einsatz technischer Hilfsmittel in die Lage versetzt werden, sein Leben durch eine von ihm beherrschte Handlung zu beenden, beispielsweise indem er durch Augenbewegungen einen computergestützten Prozess der Infusion eines Suizidmittels in Gang setzt.[18] In den kaum jemals praxisrelevanten Ausnahmefällen, in denen jemand tatsächlich an der Durchführung des von ihm gewünschten Suizids physisch gehindert ist, muss ihm freilich die Wahrnehmung seines verfassungsrechtlich verbürgten Rechts auf selbstbestimmtes Sterben in einer ihm zumutbaren, weil den „Helfer“ nicht in Strafbarkeit verstrickenden Weise ermöglicht

15 C. Coenen, *Die Sterbehilfe bei freiverantwortlichem Sterbewillen – Ein strafwürdiges Verhalten?*, in: *KriPoZ* 5 (2020), 75; T. Hörnle, *Der niederländische Hoge Raad und das BVerfG zu Fragen der Sterbehilfe: Die Abgrenzung von Selbstbestimmung und Fremdbestimmung im Einzelfall und als Leitlinie für die Rechtspolitik*, in: *JZ* 75 (2020), 872 ff.; L. Leitmeier, *Ist § 216 StGB verfassungsrechtlich noch haltbar?*, in: *NStZ* (2020), 508 ff.; J. F. Lindner, *Verfassungswidrigkeit des Verbotes aktiver Sterbehilfe?*, in: *NStZ* 40 (2020), 508; H. Rosenau, *Aktive Sterbehilfe: Ein Stück zu einem deutschen Tabu beim selbstbestimmten Sterben*, in: G. Duttge (Hg.), *Menschenwürde und Selbstbestimmung in der medizinischen Versorgung am Lebensende: ein deutsch-japanischer Vergleich*, Tübingen 2022, 77 ff.; F. Rostalski, *Freiheit und Sterben – Zu den Kriterien autonomen Sterbens und ihrer Beachtung im System der Tötungsdelikte*, in: *JZ* 76 (2021), 477 ff.

16 C. Dorneck u. a., *Gesetz zur Gewährleistung selbstbestimmten Sterbens und zur Suizidprävention, Augsburg-Münchner-Hallescher-Entwurf (AMHE-Sterbehilfe)*, Tübingen 2021, 54 ff.; F. Schäfer, *Zur strafrechtlichen Bewertung der Sterbehilfe de lege lata und de lege ferenda* (Schriften zum Medizinstrafrecht 22), Baden-Baden 2022, 195 ff.

17 Gegen eine Änderung des § 216 StGB daher auch T. Hillenkamp, *Über Stand und Notwendigkeit einer Nachfolgeregelung zu § 217 StGB*, in: J. Bülte u. a. (Hg.), *Festschrift für Gerhard Dannecker*, München 2023, 622 f.; ders., *Kann, wer die Straftat selbst begeht, nur Gehilfe sein?*, in: *ZfL* 31 (2022), 383 (395); H. Schneider, in: Erb/Schäfer (Hg.), *Münchener Kommentar zum StGB*, Band 4, München [4]2021, § 216 Rn. 60.

18 Lindner, *Verfassungswidrigkeit des Verbotes aktiver Sterbehilfe?*, 507; Schneider, *MüKo-StGB* (Fn. 17) § 216 Rn. 60.

werden. Diese Option ist rechtlich bereits *de lege lata* im Wege einer nicht nur naheliegenden,[19] sondern gebotenen verfassungskonformen Auslegung des § 216 Abs. 1 StGB eröffnet.[20] Vom Anwendungsbereich der Norm ist demnach eine aktive Sterbehilfe gegenüber einer Person auszuschließen, die sich aufgrund ihrer schweren Erkrankung physisch nicht selbst töten kann.[21] Vor einer hinreichenden Erprobung dieses für extreme Ausnahmesituationen gedachten rechtlichen Lösungswegs sollte der Gesetzgeber den für den Lebens- und Autonomieschutz unverzichtbaren § 216 Abs. 1 StGB nicht antasten. In den derzeit im Deutschen Bundestag beratenen drei Gesetzentwürfen zur Regulierung der Sterbehilfe[22] ist keine Änderung dieser Strafvorschrift vorgesehen. Falls das Parlament jemals eine Reform des § 216 Abs. 1 StGB in Betracht zieht, sollte die Inanspruchnahme aktiver Sterbehilfe jedenfalls zwingend an die Bedingung geknüpft werden, dass der Leidenszustand des Sterbewilligen nicht anders – z. B. durch assistierten Suizid – abwendbar ist.

3 Strafrechtlicher Schutz der Selbstbestimmung über das eigene Leben

3.1 Straflosigkeit der Selbsttötung und der Suizidhilfe

Die Tötungsdelikte (§§ 211, 212, 216, 222 StGB) bedrohen die vorsätzliche oder fahrlässige Tötung eines Menschen mit Strafe. Es besteht Einigkeit darüber, dass nur die Fremdtötung strafbares Unrecht darstellt, obwohl der Gesetzestext – anders als in § 223 Abs. 1 StGB (Körperverletzung) – nicht einen „anderen" Menschen als Tatopfer benennt. Jedoch wäre die Konstruktion eines fiktiv tatbestandsmäßigen Suizids[23] aus systematischen Gründen nicht haltbar. Denn wäre die Selbsttötung i. S. d. § 212 Abs. 1 StGB (Totschlag) tatbestandsmäßig, dann würde daraus folgen,

---

19 So BGH, *6 StR 68/21*, 3023.

20 T. Hillenkamp, *Kann, wer die Straftat selbst begeht, nur Gehilfe sein?*, 392; ders., *Über Stand und Notwendigkeit einer Nachfolgeregelung zu § 217 StGB* (Fn. 17), 623; F. Saliger, in: Saliger/Tsambikakis (Hg.), *Strafrecht der Medizin, Handbuch für Wissenschaft und Praxis*, München 2022, § 4 Rn. 99.

21 Ebenso Schneider, *MüKo-StGB* (Fn. 17), § 216 Rn. 61, der das gleiche Resultat durch die Anwendung von Notstandsgrundsätzen (§ 34 StGB) erzielt.

22 Castellucci u.a., *BT-Drs. 20/904*; Künast u. a., *BT-Drs. 20/2293*; K. Helling-Plahr u. a., *BT-Drs. 20/2332*.

23 So noch vertreten von E. Schmidhäuser, *Selbstmord und Beteiligung am Selbstmord in strafrechtlicher Sicht*, in: G. Stratenwerth u. a. (Hg.), *Festschrift für Hans Welzel zum 70. Geburtstag*, Berlin 1974, 801 ff.

dass die (versuchte) Selbsttötung einer höheren Strafdrohung ausgesetzt wäre als die Tötung auf Verlangen (§ 216 Abs. 1 StGB).[24] Als nicht tatbestandsmäßige Handlung ist die Selbsttötung nicht rechtswidrig (§ 11 Abs. 1 Nr. 5 StGB). Daraus folgt erstens, dass der Suizident durch seine (versuchte) Selbsttötung kein strafbares Unrecht verwirklicht. Noch bedeutsamer ist zweitens, dass auch die Beihilfe zur Selbsttötung straflos bleibt, weil es an einer vorsätzlichen rechtswidrigen Haupttat (§ 27 Abs. 1 StGB) als notwendigem Bezugspunkt für eine strafbare Teilnahmehandlung fehlt.

Die materielle Rechtfertigung der Straflosigkeit der Suizidhilfe folgt aus der grundrechtlich verbürgten Verfügungsbefugnis der zu Selbstbestimmung und Eigenverantwortung fähigen Person über ihr Leben.[25] Da die Selbsttötung über den Rechtskreis des Suizidenten nicht hinausreicht, fehlt ihr die zur Begründung strafrechtlichen Unrechts relevante soziale Dimension, sofern die Tat freiverantwortlich erfolgt (→ 3.3).[26] Die Hilfe bei der Selbsttötung eines Suizidenten, der die Tragweite und Bedeutung seines Verhaltens voll ermessen kann und der die Tatherrschaft über den unmittelbar lebensbeendenden Akt innehat, bleibt daher nach geltendem Recht straflos. Diese Zuschreibung der strafrechtlichen Verantwortungsbereiche gilt unabhängig von der Lauterkeit der Motive des Suizidhelfers.[27] Straffrei bleibt nicht nur, wer den Lebensmüden aus achtenswerten altruistischen Erwägungen bei der Selbsttötung unterstützt; auch der aus egoistischen Antrieben Handelnde wird nicht bestraft, soweit sein Verhalten rechtlich eine bloße Förderung des freiverantwortlichen Suizids darstellt.

3.2 Tatherrschaftskriterium

Für die Abgrenzung einer straflosen Beihilfe zur Selbsttötung von der täterschaftlichen Tötung eines anderen ist maßgeblich, wer in Vollzug des Gesamtplans die

---

24 R. Ingelfinger, *Grundlagen und Grenzbereiche des Tötungsverbots*, Köln 2004, 219; U. Neumann, in: Kindhäuser/Neumann/Paeffgen (Hg.), *Nomos Kommentar zum StGB*, Baden-Baden [5]2017, Vor § 211 Rn. 39 m.w.N.; vgl. auch BGHSt 32, 367, 371 f.

25 BVerfGE 153, 182 Rn. 208 ff.

26 A. Eser/D. Sternberg-Lieben, in: Schönke/Schröder, *StGB Kommentar*, München [30]2019, Vor §§ 211 ff. Rn. 35; K. Kühl, *Das Unrecht als Kern der Straftat*, in: R. Esser u. a. (Hg.), *Festschrift für H.-H. Kühne*, Heidelberg 2013, 27; H. Schneider, *MüKo-StGB* (Fn. 17), Vor § 211 Rn. 34; T. Weigend, *Teilnahme am nicht freiverantwortlichen Suizid?*, in: J. C. Bublitz u. a. (Hg.), *Festschrift für Reinhard Merkel*, Berlin 2020, 1130.

27 BGHSt 32, 367, 371; OLG München, *31-07-1987 – 1 Ws 23/87: Zurverfügungstellung eines Selbsttötungsmittels für einen Freitod (Fall Hackethal)*, in: *NJW* 40 (1987), 2941; Schneider, *MüKo-StGB* (Fn. 17), Vor § 211 Rn. 34.

Herrschaft über das zum Tode führende Geschehen ausübt.[28] Begibt sich der Suizidwillige in die Hand eines Dritten und nimmt duldend von ihm den Tod entgegen, dann hat dieser die Tatherrschaft über das Geschehen. Nimmt dagegen der Suizidwillige selbst die todbringende Handlung vor und behält er dabei die freie Entscheidung über sein Schicksal, tötet er sich selbst, wenn auch mit fremder Hilfe. Nach der neuesten Judikatur des BGH ist die Frage, ob eine strafbare Tötung auf Verlangen (§ 216 Abs. 1 StGB) oder eine straflose Suizidhilfe vorliegt, nicht anhand einer naturalistischen Bestimmung des Tatherrschaftskriteriums, sondern nach Maßgabe einer normativ-wertenden Betrachtung vorzunehmen.[29] Danach ist nicht zwangsläufig Täter einer Tötung auf Verlangen, wer einem Suizidwilligen auf dessen ausdrückliches und ernsthaftes Verlangen hin eine zum Tode führende Insulinspritze verabreicht. Verbleibt es in der Macht des Suizidwilligen, sich dem Einsetzen der tödlichen Wirkung des Mittels zu entziehen und somit eine freie Entscheidung über sein Versterben zu treffen, ist nicht von Fremdtötung, sondern von Suizid auszugehen.

Diese Betrachtungsweise findet bereits eine Parallele in der Fallgruppe des einverständlichen Behandlungsabbruchs.[30] Nach der Grundsatzentscheidung des BGH aus dem Jahre 2010 sind alle im Einklang mit dem aktuellen oder mutmaßlichen Willen des Patienten erfolgenden Maßnahmen wie z. B. das Abschalten eines Beatmungsgeräts oder die Entfernung einer Nahrungssonde straflos, selbst wenn damit ein vorzeitiges Versterben des Patienten verbunden ist und selbst dann, wenn der vom Patienten verlangte Behandlungsabbruch in suizidaler Absicht erfolgt.[31] Bei naturalistischer Betrachtung hat derjenige, der durch eine aktive Handlung den Behandlungsabbruch vollzieht, die Tatherrschaft über das zum Versterben des Patienten führende Geschehen. Würde man hierin eine strafbare Fremdtötung erblicken, könnte der Patient sein Recht, den Abbruch seiner Behandlung verlangen zu dürfen, nicht ausüben. Bei normativ-wertender, das Selbstbestimmungsrecht des Patienten wahrender Einordnung des Geschehens ist aber keine strafbare „Fremdtötung durch Behandlungsabbruch“, sondern eine straflose „Suizidhilfe durch Behandlungsabbruch“ anzunehmen.[32]

---

28 BGH, *5 StR 393/18*, 3089; BGH, *5 StR 132/18*, 3092, 2093; Eser/Sternberg-Lieben, in: *Schönke/Schröder*, Vor §§ 211 Rn. 35; R. Rengier, *Strafrecht Besonderer Teil II*, München [23]2022, § 8 Rn. 11 ff. jew. m.w.N.

29 BGH, *6 StR 68/21*, 3021 ff.; ausführlich hierzu Hillenkamp, *Kann, wer die Straftat selbst begeht, nur Gehilfe sein?*, 383 ff.

30 Vgl. hierzu nur Rengier, *StrafR BT II*, § 7 Rn. 7 ff. m.w.N.

31 BGHSt 55, 191, 202 f.

32 Vgl. hierzu Saliger, *Selbstbestimmung bis zuletzt*, 61 f., der von einem bereits *de lege lata* anerkannten „Recht auf Suizid durch Behandlungsverweigerung“ spricht.

3.3 Freiverantwortlichkeit des Suizids

Eine strafrechtliche Verantwortlichkeit für den Tod des Suizidenten scheidet jedoch nur aus, wenn es sich um eine freiverantwortliche Selbsttötung handelt. Die Mitwirkung an einer unfreien Selbsttötung ist nach allgemeinen Regeln als Tötungsdelikt in mittelbarer Täterschaft (§ 25 Abs. 1 S. 2 StGB) einzustufen. Von einer für die mittelbare Täterschaft typischen Benutzung des Suizidenten als „Werkzeug gegen sich selbst“ ist auszugehen, wenn dieser seinen Selbsttötungsentschluss aufgrund eines Wissens- oder Verantwortlichkeitsdefizits nicht freiverantwortlich gebildet hat.[33] Verkennt ein Suizidhelfer die mangelnde Freiverantwortlichkeit des Suizidenten sorgfaltspflichtwidrig, muss er sich wegen fahrlässiger Tötung (§ 222 StGB) verantworten.[34] Darüber hinaus besteht Einigkeit darüber, dass ein unfreier Suizid ein „Unglücksfall“ i. S. d. Tatbestands der unterlassenen Hilfeleistung (§ 323c Abs. 1 StGB) ist, der jedermann zur Hilfeleistung verpflichtet.[35]

Die Freiverantwortlichkeit des Suizids markiert somit die entscheidende Weichenstellung für die strafrechtliche Bewertung, ob die Mitwirkung an einer Selbsttötung strafbar ist oder straflos bleibt. Nach der Rechtsprechung des BGH ist von der Freiverantwortlichkeit eines Selbsttötungsentschlusses auszugehen, wenn der Suizident die natürliche Einsichts- und Urteilsfähigkeit für seine Entscheidung besitzt und Mangelfreiheit des Suizidwillens sowie innere Festigkeit des Entschlusses gegeben sind.[36] Unter der „natürlichen Einsichts- und Urteilsfähigkeit“ versteht man die von der Geschäftsfähigkeit (§§ 104 ff. BGB) unabhängige und mit der Schuldfähigkeit (§ 20 StGB) nicht identische tatsächliche (also nicht normativ bestimmte) Befähigung einer Person, das Wesen, die Bedeutung und die Tragweite eines Rechtsgutseingriffs vollumfänglich zu erfassen und ihren Willen danach auszurichten.[37] Bei Volljährigen kann diese Befähigung grundsätzlich ohne weiteres angenommen und nicht etwa allein deshalb in Abrede gestellt werden, weil sie aus Sicht eines Dritten „unvernünftig“ erscheint. Die natürliche Einsichts- und Urteilsfähigkeit kann allerdings im Einzelfall bei Vorliegen gewichtiger Beeinträchtigungen

---

33 BGH, *5 StR 393/18*, 3089, 3090; BGH, *5 StR 132/18*, 3092, 2093; Eser/Sternberg-Lieben, in: *Schönke/Schröder*, vor §§ 211 Rn. 37; Schneider, *MüKo-StGB* (Fn. 17), Vor § 211 Rn. 32 jew. m.w.N.

34 Eser/Sternberg-Lieben, in: *Schönke/Schröder*, Vor § 211 Rn. 37; C. Roxin, *Tötung auf Verlangen und Suizidteilnahme*, in: *GA* 160 (2013), 319; Schneider, *MüKo-StGB* (Fn. 17), Vor § 211 Rn. 86 jew. m.w.N.

35 B. Hecker, in: *Schönke/Schröder*, § 323c Rn. 8; Rengier, *BT II*, § 8 Rn. 37 ff.; Schneider, *MüKo-StGB* (Fn. 17), Vor § 211 Rn. 81 jew. m.w.N.

36 BGH, *5 StR 393/18*, 3089, 3090; BGH, *5 StR 132/18*, 3092, 3093.

37 BGH, *7. 10. 2010 – 3 StR 168/10: Tötung auf Verlangen – Ernstlichkeit des Verlangens*, in: *NStZ* (2011), 340, 341; Sternberg-Lieben, in: *Schönke/Schröder*, Vor §§ 32 ff. Rn. 40 m.w.N.

des Geisteszustands (krankhafte psychische oder seelische Störung; rauschmittelbedingte Intoxikation usw.) dauerhaft oder temporär ausgeschlossen sein.[38]

Der Selbsttötungsentschluss ist mangelbehaftet und damit unfrei, wenn er auf Zwang, Drohung oder Täuschung beruht. Dasselbe gilt, wenn er einer depressiven Augenblicksstimmung entspringt, mithin nicht von innerer Festigkeit und Zielstrebigkeit getragen ist.[39] Im Suizidhilfealltag ist schließlich von Bedeutung, dass der Suizidwillige über bestehende Möglichkeiten der medizinischen Behandlung, Alternativen zur Selbsttötung (z. B. palliativmedizinische Behandlung) sowie auf die von einem fehlgeschlagenen Selbsttötungsversuch ausgehenden Risiken aufzuklären ist (→ 5.3.4).[40] Etwaige Fehlvorstellungen, die durch sorgfaltskonforme Aufklärung hätten vermieden werden können, begründen einen Einwilligungsmangel. Der BGH lässt sich von der prozessualen Entscheidungsregel bzw. Regelvermutung leiten, dass im Ausgangspunkt von einem freiverantwortlichen Handeln des Suizidenten auszugehen ist. Zum Ausschluss der Freiverantwortlichkeit müssen konkrete Umstände festgestellt werden.[41]

4 Verfassungsrecht und Suizidhilfe

4.1 Grundrecht auf selbstbestimmtes Sterben

Das BVerfG leitet das Grundrecht auf selbstbestimmtes Sterben aus Art. 2 Abs. 1 GG i.V.m. Art. 1 Abs. 1 GG ab.[42] Die selbstbestimmte Verfügung über das eigene Leben ist unmittelbarer Ausdruck der der Menschenwürde innewohnenden Idee autonomer Persönlichkeitsentfaltung; sie ist, wenngleich letzter, Ausdruck von Würde.[43] Das in der Menschenwürdegarantie wurzelnde allgemeine Persönlichkeitsrecht in seiner Ausprägung als Recht auf selbstbestimmtes Sterben umfasst nicht nur das Bestimmungsrecht darüber, lebenserhaltende Maßnahmen abzulehnen und auf diese Weise einem zum Tode führenden Krankheitsgeschehen seinen Lauf zu lassen (einvernehmlicher Behandlungsabbruch → 3.2). Darüber hinaus gewährleistet

38 BGHSt 53, 288, 290; BGH, *11. 1. 2011 – 5 StR 491/10: Abgrenzung Körperverletzung/straflose Beteiligung an eigenverantwortlicher Selbstgefährdung*, in: *NStZ* (2011), 342; Kusch/Hecker, *Hb-Sterbehilfe*, 4.2.1.

39 BGH, *5 StR 393/18*, 3089, 3090; BGH, *5 StR 132/18*, 3092, 3094.

40 Vgl. hierzu Kusch/Hecker, *Hb-Sterbehilfe*, 4.2.2.

41 BGH, *5 StR 393/18*, 3089, 3090; *5 StR 132/18*, 3092, 3094.

42 BVerfGE 153, 182 Rn. 204 ff.

43 BVerfGE 153, 182 Rn. 211.

dieses Grundrecht die Freiheit des Einzelnen, sein Leben durch Selbsttötung zu beenden und hierfür die Hilfe Dritter in Anspruch zu nehmen.[44]

Das Grundrecht auf selbstbestimmtes Sterben ist als Ausdruck personaler Freiheit nicht auf fremddefinierte Situationen, wie z. B. schwere oder unheilbare Krankheitszustände oder bestimmte Lebens- und Krankheitsphasen beschränkt.[45] Eine Einengung des Schutzbereichs auf bestimmte Ursachen und Motive liefe auf eine Bewertung der Beweggründe des zur Selbsttötung Entschlossenen und auf eine inhaltliche Vorbestimmung hinaus, die dem Freiheitsgedanken des Grundgesetzes fremd ist. Die Verwurzelung des Rechts auf selbstbestimmtes Sterben in der Menschenwürdegarantie des Art. 1 Abs. 1 GG impliziert gerade, dass die eigenverantwortliche Entscheidung über das eigene Lebensende keiner weiteren Begründung oder Rechtfertigung bedarf. Die freiverantwortlich getroffene Entscheidung des Einzelnen, seinem Leben ein Ende zu setzen, entzieht sich einer Bewertung anhand allgemeiner Wertvorstellungen, religiöser Gebote, gesellschaftlicher Leitbilder für den Umgang mit Leben und Tod oder Überlegungen objektiver Vernünftigkeit. Sie ist im Ausgangspunkt als Akt autonomer Selbstbestimmung von Staat und Gesellschaft zu respektieren.[46]

4.2 Europäische Menschenrechtskonvention

Die vom BVerfG getroffenen Wertungen stehen im Einklang mit den vom Europäischen Gerichtshof für Menschenrechte (EGMR) konkretisierten Garantien der Europäischen Menschenrechtskonvention (EMRK).[47] In seiner Entscheidung *Pretty/The United Kingdom*, die die Frage nach einem Recht auf assistierte Selbsttötung einer körperlich schwer erkrankten Person aufwarf, betonte der EGMR, dass die persönliche Autonomie einen wichtigen Grundsatz darstelle, welcher der Auslegung der Garantien des Art. 8 Abs. 1 EMRK (Recht auf Achtung des Privat- und Familienle-

44 BVerfGE 153, 182 Rn. 208 f., 212 ff.

45 BVerfGE 153, 182 Rn. 210, 340.

46 BVerfGE 153, 182 Rn. 210. Zur verfassungsrechtlich gebotenen Absage an ein religiös inspiriertes Rechtsverständnis von der absoluten Unverfügbarkeit des „gottgeschenkten Lebens“ vgl. A. Eser, *Regulierung des Lebensendes zwischen Heiligkeits- und Selbstbestimmungspostulaten – aus der Sicht von Herbert Tröndle*, in: R. Beckmann u. a. (Hg.), *Gedächtnisschrift für Herbert Tröndle*, Berlin 2019, 507 ff.; U. Neumann, *Das sogenannte Prinzip der Nichtdispositivität des Rechtsguts Leben*, in: M. Heger u. a. (Hg.), *Festschrift für Kristian Kühl*, München 2014, 576; Roxin, *Tötung auf Verlangen und Suizidteilnahme*, 320 f.

47 Vgl. hierzu ausführlich Saliger, *Selbstbestimmung bis zuletzt*, 25 ff.

bens) zugrunde liege.[48] Unter Berücksichtigung des die Konvention bestimmenden Grundsatzes der Achtung der Menschenwürde und der Freiheit vertritt er die Auffassung, dass Art. 8 Abs. 1 EMRK Vorstellungen zur Lebensqualität („notions of the quality of life") erfasst. In Zeiten zunehmenden Fortschritts in der Medizin und gestiegener Lebenserwartung dürfe niemand dazu gezwungen werden, entgegen dem eigenen Selbstverständnis und der persönlichen Identität bis ins hohe Alter oder im Zustand schweren körperlichen oder geistigen Verfalls weiterzuleben. Staat und Gesellschaft müssten die Entscheidung, körperliches und psychisches Leiden durch eine assistierte Selbsttötung zu beenden, respektieren.[49]

In der Rechtssache *Haas/Switzerland*, die einen psychisch erkrankten Beschwerdeführer betraf, hat der EGMR seine Rechtsprechung weiter präzisiert und ausdrücklich ausgesprochen, dass das Recht des Einzelnen, darüber zu entscheiden, wie und wann er sein Leben beenden möchte, einen Aspekt des Rechts auf Achtung seines Privatlebens nach Art. 8 Abs. 1 EMRK darstellt. Soweit der Betroffene einen freien Willen bilden und danach handeln könne, stehe ihm das Bestimmungsrecht darüber zu, wie und zu welchem Zeitpunkt er sein Leben beenden möchte.[50] Der EGMR erkennt aber auch an, dass sich Einschränkungen dieses Rechts nach Art. 8 Abs. 2 EMRK aus Gründen des Lebensschutzes Dritter ergeben können. Bei der Abwägung zwischen dem Selbstbestimmungsrecht des Einzelnen einerseits und der aus Art. 2 Abs. 1 EMRK abgeleiteten Schutzpflicht des Staates für das Leben andererseits billigt er den Vertragsstaaten in diesem sensiblen Bereich einen erheblichen Einschätzungs- und Ermessensspielraum zu.[51] Danach ist es in erster Linie Aufgabe der Vertragsstaaten, die von einer Suizidhilfe ausgehenden Risiken und Missbrauchsgefahren zu bewerten.[52]

---

48 EGMR, *29. 4. 2002–2346/02: Strafbarkeit der Beihilfe zum Selbstmord – Pretty/Vereinigtes Königreich*, in: *NJW* 55 (2002), 2851 Rn. 61 – Pretty/The United Kingdom.

49 EGMR, *2346/02*, 2851 Rn. 64 f. – Pretty/The United Kingdom.

50 EGMR, *20.01.2011–31322/07: Beschaffung von Medikamenten für Selbstmord*, in: *NJW* 64 (2011), 3773 Rn. 51 – Haas/Schweiz.

51 EGMR, *19.07.2012–497/09: Verweigerung der Erlaubnis zum Erwerb einer Substanz zur Selbsttötung*, in: *NJW* 66 (2013), 2953 Rn. 70 – Koch/Deutschland.

52 Vgl. zum assistierten Suizid aus rechtsvergleichender Sicht B. Weißer, *Strafrecht am Ende des Lebens – Sterbehilfe und Hilfe zum Suizid im Spiegel der Rechtsvergleichung*, in: *ZStW* 128 (2016), 127 ff.

5 Regulierung der organisierten Suizidhilfe

5.1 Regulierungsoptionen des deutschen Gesetzgebers

Wie das BVerfG in seinem Urteil vom 26.02.2020 ausgeführt hat, steht dem Gesetzgeber in Bezug auf das Phänomen organisierter Suizidhilfe ein breites Spektrum an Möglichkeiten zum Schutz der Selbstbestimmung über das eigene Leben offen, die auch im Strafrecht verankert oder jedenfalls durch strafrechtliche Sanktionierung von Verstößen abgesichert werden können.[53] Jedoch betont das BVerfG eindringlich, dass die Straflosigkeit der Selbsttötung und der Hilfe dazu als Ausdruck der verfassungsrechtlich gebotenen Anerkennung individueller Selbstbestimmung nicht zur freien Disposition des Gesetzgebers stehen. Der Verfassungsordnung liegt ein Menschenbild zugrunde, das von der Würde des Menschen und der freien Entfaltung der Persönlichkeit in Selbstbestimmung und Eigenverantwortung bestimmt ist.

Von diesem Menschenbild des Grundgesetzes, das „Ausgangspunkt jedes regulatorischen Ansatzes" sein muss,[54] hat sich namentlich die Abgeordnetengruppe um den religionspolitischen Sprecher der SPD-Bundestagfraktion Lars Castellucci nicht leiten lassen. In ihrem fraktionsübergreifenden Gesetzentwurf[55] ist vorgesehen, die verfassungswidrige Strafvorschrift des § 217 StGB aF wortgleich wieder einzuführen, ungeachtet aller damit erzeugten strafrechtsdogmatischen Friktionen und rechtspraktischen Verwerfungen.[56] Allerdings soll das strafrechtliche Verbot des § 217 Abs. 1 StGB diesmal um einen Absatz 2 ergänzt werden, der die geschäftsmäßige Hilfe zur Selbsttötung unter bestimmten Bedingungen für „nicht rechtswidrig" erklärt. Doch dieses prozedurale Konzept stellt überbordende und für etliche suizidwillige Menschen unüberwindbare Hürden auf.[57] So muss sich jemand, der mit fremder Hilfe aus dem Leben scheiden will, von einem Facharzt für Psychiatrie und Psychotherapie bescheinigen lassen, dass er an keiner Erkrankung leidet, die seine autonome Entscheidungsfindung beeinträchtigt, und dass sein Sterbeverlangen freiwilliger, ernsthafter und dauerhafter Natur ist. Und dies zweimal, im Abstand von mindestens drei Monaten. Im Anschluss an die erste fachärztliche Untersuchung muss der Suizidwillige mindestens an einer Pflichtberatung „mit

53 BVerfGE 153, 182 Rn. 339.
54 BVerfGE 153, 182 Rn. 274.
55 *BT-Drs. 20/904* v. 07.03.2022.
56 Vgl. hierzu B. Hecker, *Was bleibt vom Grundrecht auf Suizidhilfe?*, in: *StV* 43 (2023), 58 ff. m.w.N.
57 Hecker, *Was bleibt vom Grundrecht auf Suizidhilfe?*, 62 ff.

einem multiprofessionellen und interdisziplinären Ansatz“[58] teilnehmen. Nach der zweiten Untersuchung ist eine Mindestwartezeit von zwei Wochen einzuhalten. Danach verbleibt dem Suizidwilligen für die Umsetzung seines Vorhabens ein Zeitraum von genau sechs Wochen. Macht er davon keinen Gebrauch, verfällt diese Option. Suizidhilfe ist dann wieder unter der Strafandrohung des § 217 Abs. 1 StGB verboten.

Die von Castellucci u. a. angestrebte Wiedereinführung des strafrechtlichen Verbots geschäftsmäßiger Suizidhilfe suspendiert, wie bereits seine verfassungswidrige Vorläuferbestimmung (§ 217 StGB aF), die Selbstbestimmung des Einzelnen in dem von der Regelung erfassten Bereich vollständig, indem sie den Entschluss zur Selbsttötung dem vom Suizidwilligen zu widerlegenden Generalverdacht mangelnder Freiheit und Reflexion unterstellt. Durch die hierdurch implizit zum Ausdruck gebrachte generelle Pathologisierung suizidwilliger Menschen wird die verfassungsprägende Grundvorstellung des Menschen als eines in Freiheit zu Selbstbestimmung und Selbstentfaltung fähigen Wesens[59] in ihr Gegenteil verkehrt. Auch steht diese Beweislastumkehr in Widerspruch zu der vom BGH statuierten Regelvermutung, wonach grundsätzlich von einem freiverantwortlichen Handeln des Suizidenten auszugehen ist, wenn keine entgegenstehenden Gründe festgestellt wurden (→ 3.3).

Das BVerfG gesteht dem Gesetzgeber zwar zu, „besonders gefahrträchtigen“ Erscheinungsformen der Suizidhilfe „entsprechend dem Regelungsgedanken des § 217 StGB“ auch mit einem strafrechtlichen Verbot entgegenzuwirken.[60] Der Gesetzentwurf von Castellucci u. a. ist aber offensichtlich von dem (Miss)verständnis getragen, eine mit der verfassungswidrigen Vorläuferbestimmung identische Strafbestimmung erneut einführen zu dürfen. Der Verweis des BVerfG auf den Regelungsgedanken des § 217 StGB kann indes im Lichte des Gesamtkontexts des Urteils nur als Klarstellung verstanden werden, dass der Gesetzgeber nicht daran gehindert ist, auch abstrakte Gefährdungsdelikte als Instrumente eines vorbeugenden Rechtsgüterschutzes einzusetzen.[61] In Betracht kommt z. B. die straf- oder bußgeldrechtliche Flankierung autonomiesichernder Suizidhilferegularien wie

58 Anhand dieser nicht den Bestimmtheitsmaßstäben des Art. 103 Abs. 2 GG genügenden Anforderungen lässt sich strafbares von straflosem Handeln von den Normadressaten nicht mit hinreichender Klarheit abgrenzen; vgl. zum verfassungsrechtlichen Gebot der *lex certa* BVerfGE 160, 284 Rn. 91 m.w.N.

59 BVerfGE 153, 182 Rn. 279.

60 BVerfGE 153, 182 Rn. 339.

61 BVerfGE 153, 182 Rn. 268 ff.

die Pflicht zur Einholung eines ärztlichen Gutachtens zur Überprüfung der Freiverantwortlichkeit des Suizidwilligen.[62]

Die Pönalisierung bestimmter Erscheinungsformen organisierter Suizidassistenz ist verfassungsrechtlich nur legitim, wenn die inkriminierte Verhaltensweise eine „besondere Gefahrträchtigkeit" für die Autonomie suizidwilliger Personen aufweist.[63] Zu denken ist beispielsweise an eine (bisher freilich nicht praxisrelevante) „gewinnorientierte" oder „ausbeuterische" Freitodbegleitung.[64] Das unrechtsneutrale, da rein formal an die bloße Wiederholungsabsicht des Täters anknüpfende Merkmal der „Geschäftsmäßigkeit" vermag die besondere Gefahrträchtigkeit seines Verhaltens nicht zu kennzeichnen. Es lässt sich nicht begründen, warum die Unterstützung eines freiverantwortlichen Suizids zu strafrechtlichem Unrecht avancieren soll, wenn das grundrechtlich geschützte Recht auf Suizidhilfe mehrmals in Anspruch genommen werden soll oder wird.[65] Der Verzicht auf eine die unrechtsbegründende Gefährlichkeit abbildende Tatbestandsbeschreibung lässt sich auch nicht unter Hinweis auf rechtspraktische Schwierigkeiten des Tatnachweises oder Umgehungsmöglichkeiten rechtfertigen,[66] ohne sich dem Verdikt einer gegen das Schuldprinzip verstoßenden „Verdachtsstraferei"[67] auszusetzen.

5.2 Symbolisches Strafrecht

Das nach den Plänen von Castellucci u. a. unter prozeduralen Kontrollvorbehalt (§ 217 Abs. 2 StGB-E) gestellte repressive Verbot geschäftsmäßiger Suizidassistenz steht allenfalls höchst mittelbar im Dienst des Autonomieschutzes – und dies auch nur dann, wenn man der Vorstellungswelt der Entwurfsverfasser folgend bereits die bloße Existenz eines solchen Angebots als autonomiegefährdendes Phänomen einstuft. Die Strafbarkeitsschwelle ist derart weit in das Vorfeld einer

62 Vgl. hierzu Kusch/Hecker, *Hb-Sterbehilfe*, 2.4.2.3.3; D. Sternberg-Lieben, *Die Nichtigkeit von § 217 StGB als Weg aus dem „Sandkasten"*, in: *GA* 168 (2021), 165.

63 BVerfGE 153, 182 Rn. 339.

64 Vgl. hierzu Hillenkamp, *Über Stand und Notwendigkeit einer Nachfolgeregelung zu § 217 StGB* (Fn. 17), 625; H. Schöch, *Das Recht auf selbstbestimmtes Sterben*, in: *GA* 167 (2020), 431 f. unter Hinweis auf die Rechtslage in der Schweiz (Verbot der Hilfeleistung zur Selbsttötung „aus selbstsüchtigen Beweggründen"; Art. 115 chStGB).

65 Vertiefend hierzu Schäfer, *Zur strafrechtlichen Bewertung der Sterbehilfe de lege lata und de lege ferenda*, 69 ff., 76 m.w.N.

66 So aber *BT-Drs. 20/904*, 14.

67 G. Duttge, *Strafrechtlich reguliertes Sterben*, in: *NJW* 69 (2016), 123; T. Hillenkamp, *§ 217 StGB n. F.: Strafrecht unterliegt Kriminalpolitik*, in: *KriPoZ* 1 (2016), 7; Sternberg-Lieben, *Schönke/Schröder*, § 217 Rn. 8.

substanziellen Rechtsgutsgefährdung vorverlagert, dass dieser Bezug nur noch in hauchdünnen Spuren zu erkennen ist.[68] Der eigentliche Zweck der erneut einzuführenden Strafbarkeit der geschäftsmäßigen Förderung der Selbsttötung (§ 217 Abs. 1 StGB-E) besteht nicht wie vorgegeben im Autonomieschutz, sondern darin, die Anzahl assistierter Suizide in Deutschland möglichst gering zu halten. Dies aber ist nach der Rechtsprechung des BVerfG ebenso unzulässig wie die im Gesetzentwurf unverhohlen zum Ausdruck gelangende Bemakelung der Entscheidung des Einzelnen, mit der Unterstützung Dritter aus dem Leben zu scheiden.[69] Der Gesetzentwurf zielt implizit auf die moralische Brandmarkung einer Freitodkultur als eines gesellschaftspolitisch unerwünschten Zustands ab („symbolisches Strafrecht").[70] Jedoch darf der Erhalt eines tatsächlich bestehenden oder mutmaßlichen Konsenses über Werte- oder Moralvorstellungen nicht unmittelbares Ziel strafgesetzgeberischer Tätigkeit sein.[71]

Das BVerfG hat dem Gesetzgeber keinen Freibrief für die Wiedereinführung des mit Gesetzeskraft für nichtig erklärten § 217 Abs. 1 StGB aF ausgestellt, steht dieser doch in diametralem Widerspruch zu dem verfassungsprägenden Menschenbild des GG.[72]

5.3 Wahrung des Verhältnismäßigkeitsprinzips

5.3.1 Allgemeine Anforderungen

Eine grundrechtseinschränkende Regulierung der organisierten Suizidhilfe muss dem Grundsatz der Verhältnismäßigkeit Rechnung tragen, d. h. sie muss geeignet, erforderlich und angemessen (zumutbar) sein, um den von ihr verfolgten verfassungsrechtlich legitimen Zweck zu erreichen. Hierbei muss sichergestellt sein, dass dem verfassungsrechtlich verbürgten Recht des Einzelnen, aufgrund freier

---

68 G. Duttge, *Die „geschäftsmäßige Suizidassistenz" (§ 217 StGB): Paradebeispiel für illegitimen Paternalismus!*, in: *ZStW* 129 (2017), 464.

69 BVerfGE 153, 182 Rn. 234.

70 Vgl. hierzu bereits S. Britzke, *§ 217 StGB im Lichte des strafrechtlichen Rechtsgutskonzeptes – Legitimität und Auslegung der Norm*, Baden-Baden 2019, 118 ff., 132 ff.; R. A. Kienzerle, *Paternalismus im Strafrecht der Sterbehilfe*, Baden-Baden 2021, 243 f.

71 BVerfGE 153, 182 Rn. 234; V. Boehme-Neßler, *Das Grundrecht auf Suizid*, in: *NVwZ* 39 (2020), 1013; H. Kreß, *Das Selbstbestimmungsrecht im weltlichen Staat*, in: *MedR* 38 (2020), 572 ff.; F. Saliger, *Positives und symbolisches Strafrecht – Von guter und schlechter Kriminalpolitik*, in: *ZfiStw* 2 (2022), 288.

72 BVerfGE 153, 182 Rn. 279.

Entscheidung mit Unterstützung Dritter aus dem Leben zu scheiden, auch faktisch hinreichender Raum zur Entfaltung und Umsetzung verbleibt.[73]

Diesen verfassungsrechtlichen Anforderungen wird der Gesetzentwurf von Castellucci u. a.[74] nicht gerecht. Die nur nach Maßgabe des § 217 Abs. 2 StGB-E zu erlangende Straffreiheit geschäftsmäßiger Suizidhilfe wird auf einen derart schmalen Anwendungsbereich verengt, dass sie die von dem strafrechtlichen Verbot des § 217 Abs. 1 StGB-E ausgehende Einschränkung grundrechtlicher Freiheit nicht auszugleichen vermag.[75] Dem aus den Grundrechten abgeleiteten Gebot, suizidwilligen Menschen verlässliche reale und zumutbare Möglichkeiten zur Umsetzung ihres Entschlusses zu belassen, trägt das prozedurale Rechtfertigungskonzept des § 217 Abs. 2 StGB-E nicht hinreichend Rechnung.

5.3.2 Gebot fachpsychiatrischer Untersuchung und Begutachtung

Um das verfassungsrechtlich legitime Ziel zu erreichen, die Autonomie suizidwilliger Personen zu schützen, bedarf es gewiss der Mitwirkung von fachlich qualifizierten Ärzten, nicht aber eine rigide Begrenzung der zur Untersuchung befugten Personen auf Ärzte mit einem bestimmten Facharzttitel. Die von den in Deutschland tätigen Sterbehilfevereinen geübte Praxis, die Untersuchung durch Ärzte vornehmen zu lassen, die aufgrund ihrer Ausbildung und berufspraktischen Erfahrung über die fachliche Expertise für die sorgfaltskonforme Wahrnehmung dieser Aufgabe verfügen, hat sich als effektives, aber auch ausreichendes Instrument der Autonomiesicherung bewährt.[76] Die Notwendigkeit einer generellen fachpsychiatrischen Begutachtung suizidwilliger Personen lässt sich entgegen der Annahme von Castellucci u. a. auch nicht auf empirische Daten stützen, aus denen sich ergebe, dass ein kurzfristig gefasster Suizidentschluss – wenn die Selbsttötung misslingt – im Nachhinein von den Betroffenen selbst in etwa 80 bis 90% der Fälle als Fehlentscheidung gewertet und revidiert wird.[77] Dieser Befund mag auf Menschen zutreffen, die im Wege eines „Do-it-yourself“-Suizidversuchs einen spontanen Suizidentschluss umgesetzt haben; sie werden von dem Regulierungskonzept des § 217 Abs. 2 StGB-E aber ohnehin nicht erreicht. Die unterstellte unzureichende Reflektion trifft aber nicht auf Menschen zu, die in dem Angebot organisierter Suizidhilfe für sich eine Option sehen, selbstbestimmt aus dem

73 BVerfGE 153, 182 Rn. 341.
74 *BT-Drs. 20/904.*
75 Vgl. hierzu bereits Hecker, *Was bleibt vom Grundrecht auf Suizidhilfe?*, 62 ff.
76 Schöch, *Das Recht auf selbstbestimmtes Sterben –Konsequenzen aus dem Urteil*, 433.
77 *BT-Drs. 20/904*, 15 f.

Leben zu scheiden. Ob jemand fremde Hilfe für seine Selbsttötung in Anspruch nimmt, ist – anders als in Akutsituationen bei „Do-it-yourself-Suiziden" – stets das Ergebnis eines gereiften Entscheidungsprozesses.[78] Wer sich entschließt, Mitglied in einem Sterbehilfeverein zu werden oder sich mit seinem Suizidwunsch an einen Arzt zu wenden, geht diesen Schritt nicht aus einer spontanen Laune heraus, sondern mit Bedacht.

5.3.3 Abstands- und Wartefrist

Um eine nicht erforderliche Überregulierung handelt es sich auch bei der in dem Gesetzentwurf[79] vorgeschriebenen Regelerfordernis einer zweifachen fachpsychiatrischen Untersuchung im Abstand von mindestens drei Monaten (§ 217 Abs. 2 S. 1 Nr. 2 StGB-E). Wenn die Freiverantwortlichkeit, Ernsthaftigkeit und Konsistenz des Suizidwunsches ärztlicherseits festgestellt wurden, muss die prozedurale Maßnahme ein zwingendes Ende finden, denn jenseits dieses Zeitpunkts dient sie nicht mehr dem allein legitimen Ziel des Autonomieschutzes. Ab dann besteht kein sachlicher Grund mehr, der es rechtfertigt, den Suizidwilligen an der Umsetzung seines Suizidwunsches für noch mindestens weitere drei Monate zuzüglich einer Wartefrist von mindestens zwei Wochen (§ 217 Abs. 2 S. 1 Nr. 4 StGB-E) zu hindern.

Nicht in Abrede gestellt werden soll, dass die Stabilität des Suizidwillens ein zentrales Kriterium der Freiverantwortlichkeit darstellt und die zeitliche Dringlichkeit bei einem „Bilanzsuizidenten" mit weiterem zeitlichen Planungshorizont eine andere ist als bei einem austherapierten schwerstkranken Menschen. Die Festlegung einer – gegebenenfalls auch über zwei Wochen hinausgehenden – Wartefrist ist jedoch mit Blick auf die sich aus § 222 StGB ergebenden Sorgfaltsanforderungen nur angezeigt, wenn im konkreten Einzelfall Anhaltspunkte vorliegen, die an der inneren Festigkeit eines Suizidentschlusses zweifeln lassen. Auf solche Zweifel reagieren Sterbehilfevereine mit der Festlegung einer Wartefrist. Dies ermöglicht ihnen, die Zusage von Suizidhilfe von der Einhaltung einer passgenauen, auf den individuellen Befund zugeschnittenen Wartefrist abhängig zu machen. Demgegenüber stellt der vorliegende Gesetzentwurf jeden Suizidwunsch unter den Generalverdacht mangelnder Konsistenz, der nur durch die Einhaltung des in § 217 Abs. 2 StGB-E vorgesehenen Procederes mit einem zeitlichen Mindest-

---

78 J. F. Spittler, *Sterbehilfe in Deutschland? Eine neurologisch-psychiatrische Sicht*, in: *NJOZ* 20 (2020), 97 ff.

79 *BT-Drs. 20/904.*

rahmen von drei Monaten und zwei Wochen ausgeräumt werden kann. Dass hierdurch Menschen gegen ihren Willen viel länger als nötig zum Weiterleiden gezwungen werden, ist nichts anderes als ein Ausdruck paternalistischer Bevormundung und ein inakzeptabler Kollateralschaden des Gesetzentwurfs.

5.3.4 Verfallsfrist

Die wohl schlimmste Entgleisung des Gesetzentwurfs von Castellucci u. a. ist die in § 217 Abs. 2 S. 1 Nr. 4 StGB-E vorgesehene Verfallsanordnung. Diese bestimmt, dass nach Ablauf von zwei Monaten nach der letzten fachpsychiatrischen Untersuchung der legale Zugang zu geschäftsmäßiger Suizidassistenz versperrt ist und nur nach dem erneuten vollständigen Durchlaufen des in § 217 Abs. 2 StGB-E normierten Verfahrens wieder eröffnet werden kann. Durch diese Regelung wird die vom BVerfG ausdrücklich anerkannte suizidpräventive Wirkung der Suizidhilfezusage („Grünes Licht")[80] konterkariert. Da Suizidwillige durch die Verfallsfrist in die konkrete Gefahr einer vorzeitigen „fristgerechten" Selbsttötung getrieben werden, kollidiert diese Vorgabe des prozeduralen Rechtfertigungskonzepts mit dem verfassungsrechtlichen Auftrag, das Leben zu schützen (Art. 2 Abs. 2 S. 1 GG). Nach dem Willen der Entwurfsverfasser soll die Verfallsfrist verhindern, dass die vorgesehenen verfahrensrechtlichen Stufen „auf Vorrat" durchlaufen werden und zu einem deutlich späteren Zeitpunkt eine aktuell autonome Willensbildung nicht mehr gewährleistet ist.[81] Die Festsetzung einer Verfallsfrist ist aber zur Autonomiesicherung schon deshalb nicht erforderlich und daher unverhältnismäßig, weil bereits das geltende Recht unter Strafandrohung (§ 222 StGB) jeden Anbieter geschäftsmäßiger Suizidassistenz darauf verpflichtet, sich von der (fort)bestehenden Freiverantwortlichkeit des Suizidenten zum Zeitpunkt der Suizidhilfe zu überzeugen.

5.3.5 Aufklärungspflicht – Beratungsangebot – Zwangsberatung

Nach der Rechtsprechung des BVerfG setzt eine freie Willensbildung voraus, dass der Suizidwillige die Handlungsalternativen zum Suizid erkennt, ihre jeweiligen Folgen bewertet und seine Entscheidung in Kenntnis aller erheblichen Umstände und Optionen trifft. Insoweit gelten dieselben Grundsätze wie bei einer Einwilligung in

80 BVerfGE 153, 182 Rn. 283; vgl. hierzu aus ethischer Perspektive C. F. Gethmann, *Ethische Fragen der Selbsttötung angesichts der aktuellen Diskussion um ärztliche Sterbehilfe und um Sterbehilfevereine*, in: Bublitz u. a. (Hg.), *Festschrift für Reinhard Merkel*, 1058.
81 *BT-Drs. 20/904*, 16.

eine Heilbehandlung.[82] Eine freie Entscheidung setzt daher zwingend eine umfassende Beratung und Aufklärung hinsichtlich möglicher Entscheidungsalternativen voraus, um sicherzustellen, dass der Suizidwillige nicht von Fehleinschätzungen geleitet, sondern tatsächlich in die Lage versetzt wird, eine realitätsbezogene, rationale Einschätzung der eigenen Situation vorzunehmen. Nur auf diese Weise wird sichergestellt, dass sich der Betroffene – in Kenntnis aller relevanten Umstände – für den eigenen Tod entscheiden kann.[83] Der Gesetzgeber ist befugt, eine entsprechende Aufklärungspflicht des Anbieters von Suizidhilfe gesetzlich festzuschreiben.[84]

Von der an den Suizidhelfer adressierten Aufklärungspflicht zu unterscheiden ist die Pflicht des Suizidwilligen zur Inanspruchnahme einer Beratung. Eine derartige Zwangsberatung wird in allen drei derzeit im Bundestag beratenen Gesetzentwürfen[85] vorgeschrieben. Die Abgeordneten um Castellucci u. a. wollen dennoch vom Aufbau einer gesonderten Beratungsinfrastruktur unter staatlicher Verantwortung ausdrücklich absehen.[86] Wenn sich demnach im geografischen Umfeld des Suizidwilligen kein gegebenenfalls zu einem Hausbesuch bereiter und fachlich geeigneter Berater findet, dann scheitert die Ausübung des Grundrechts auf selbstbestimmtes Sterben bereits schlicht an der fehlenden Verfügbarkeit eines passenden Beratungsangebots. Demgegenüber sehen die konkurrierenden Gesetzentwürfe von Renate Künast u. a.[87] sowie von Katrin Helling-Plahr u. a.[88] immerhin vor, ein ausreichendes Angebot an wohnortnahen Beratungsstellen sicherzustellen.

Die gesetzliche Festlegung einer Pflicht zur Inanspruchnahme einer Beratung (Zwangsberatung) ist jedoch abzulehnen. Diese setzt den Suizidwilligen einem auf fremddefinierte Situationen gründenden Rechtfertigungsdruck aus, der sich mit seinem Anspruch auf Achtung des innersten Bereichs individueller Selbstbestimmung berührenden Verfügungsrecht über das eigene Leben[89] nicht vereinbaren lässt.[90] Aus gutem Grund ist daher einerseits die Pflicht von Ärzten, Aufklärung und Beratung anzubieten, in § 630e Abs. 1, 2 BGB gesetzlich festgeschrieben. Andererseits statuiert das geltende Recht aus Respekt vor dem Selbstbestimmungsrecht des Einzelnen keine Pflicht, dieses Beratungsangebot anzunehmen. Gem. § 630e

---

82 BVerfGE 153, 182 Rn. 242.
83 BVerfGE 153, 182 Rn. 246.
84 BVerfGE 153, 182 Rn. 301.
85 Vgl. hierzu die Nachweise in Fn. 22.
86 *BT-Drs. 20/904*, 11, 16.
87 *BT-Drs. 20/2293*, 5.
88 *BT-Drs. 20/2332*, 6.
89 BVerfGE 153, 182 Rn. 210.
90 J. Neumann, *Vier Gesetzentwürfe zur Neuregelung der Suizidhilfe – eine Bewertung*, in: *NJOZ* 21 (2021), 388; F. Rostalski, *Die Neuregelung der Suizidassistenz – Würdigung der aktuell vorliegenden Gesetzentwürfe und einige allgemeine Gedanken*, in: *GA* 169 (2022), 226.

Abs. 3 BGB kann der Patient sogar, z. B. weil er bereits aufgeklärt ist, auf eine Aufklärung ausdrücklich verzichten. Unberührt bleibt nach geltender Rechtslage die Freiheit der geschäftsmäßigen Anbieter von Suizidhilfe, die Leistung von Suizidassistenz von einem vorgängigen Beratungs- und Aufklärungsgespräch abhängig zu machen. Vor diesem Hintergrund besteht mit Blick auf den Autonomieschutz kein Bedarf für eine staatlicherseits auferlegte Bevormundung suizidwilliger Menschen in Gestalt einer Zwangsberatung.[91]

6 Kein Gesetz ist besser als ein schlechtes Gesetz

Das BVerfG hat mit seinem Urteil vom 26.02.2020 lediglich die Rechtslage wiederhergestellt, die nach deutschem Strafrecht bereits seit 150 Jahren und davon seit mehr als 70 Jahren unter der Geltung des Grundgesetzes bestanden hat. Die ausnahmslose Straflosigkeit der Beihilfe zum freiverantwortlichen Suizid hat in der Rechtspraxis keine Missstände hervorgerufen, die den Gesetzgeber auf den Plan rufen müssten.[92] Dringend reformbedürftig ist allerdings das Betäubungsmittelrecht und zwar dahingehend, dass Ärzte auch in Deutschland künftig Natrium-Pentobarbital als sicherstes Suizidmittel[93] verschreiben dürfen.[94]

---

91 Vgl. zu weiterer Kritik an den vorgelegten Gesetzentwürfen J. Neumann, *Vier Gesetzentwürfe*, 387 ff. und an strafgesetzlichen Verfahrenslösungen F. Saliger, *Zur prozeduralen Regelung der Freitodhilfe*, in: J. C. Bublitz u. a. (Hg.), *Festschrift für Reinhard Merkel*, 1070 ff.

92 Zutreffend erkannt im Feststellungsantrag „Keine neuen Straftatbestände bei Sterbehilfe" von K. Keul u. a., *BT-Drs. 18/6546*. Zur Unhaltbarkeit der sog. „Dammbruch-Behauptung" vgl. Schäfer, *Zur strafrechtlichen Bewertung der Sterbehilfe de lege lata und de lege ferenda*, 177 ff., 187 m.w.N.

93 Vgl. hierzu die Ausarbeitung des Wissenschaftlichen Dienstes des Bundestags „Medikamente zur Selbsttötung – Insbesondere zu Regelungen über die Verschreibung von Natrium-Pentobarbital in Deutschland, der Schweiz, den Niederlanden und Belgien", in der ausgeführt wird, dass die ausländischen Sterbehilfeorganisationen nahezu ausnahmslos Natrium-Pentobarbital als bei richtiger Dosierung sicherstes Suizidpräparat verwenden (WD 9 – 3000 – 020/20).

94 B. Brunhöber, *MüKo-StGB*, § 217 Rn. 55; Hillenkamp, *Über Stand und Notwendigkeit einer Nachfolgeregelung zu § 217 StGB*, (Fn. 17), 621 f.; Schöch, *Das Recht auf selbstbestimmtes Sterben –Konsequenzen aus dem Urteil*, 423 (436 ff.). Für eine verfassungskonforme Auslegung des BtMG *de lege lata* vgl. U. Neumann, *Das „Grundrecht auf selbstbestimmtes Sterben" und die Schwierigkeit, es in Anspruch zu nehmen*, in: *ZfiStw* 1 (2022), 392 ff. und S. Schurz, *Von ignorierten Sterbewünschen*, in: *NVwZ* 41 (2022), 621 ff. gegen OVG Münster, *2.2.2022 – 9 A 146/21. Kein Anspruch auf Erwerbsgenehmigung von Betäubungsmitteln zum Suizid*, in: *MedR* (2022), 505 ff.; mangels Entscheidungserheblichkeit im konkreten Fall offengelassen, aber nicht generell ausgeschlossen von BVerfG, *20.05.2020 – 1 BvL 2/20, 1 BvL 3/20, 1 BvL 4/20, 1 BvL 5/20, 1 BvL 6/20, 1 BvL 7/20: Entscheidungserheblichkeit einer Vorlage – Unterstützung bei Selbsttötung (m. Anm. Schütz, Sitte)*, in: *NJW* 73 (2020), 2394 Rn. 14.

Franz-Josef Bormann

Humanes Sterben in der Spannung von Natur und Selbstbestimmung

Von zentraler Bedeutung für die gegenwärtige Diskussion um unterschiedliche Formen der Sterbehilfe im Allgemeinen und der Suizidassistenz im Besonderen ist die Einsicht, dass es sich beim Sterben eines Menschen um ein komplexes Phänomen handelt, das einerseits eine *universale* Dimension besitzt, die insofern untrennbar mit der *conditio humana* verbunden ist, als wir alle früher oder später sterben müssen, das andererseits aber auch eine *partikulare* Dimension aufweist, die aus unserer Individualität und den jeweiligen situativen Umständen des Versterbens resultiert. Genau um diese Spannung zwischen *Universalität* und *Partikularität* soll es nachfolgend gehen, wenn nach der Beziehung zwischen *Natur* und *Selbstbestimmung* gefragt wird. Zur partikularen Dimension von Tod und Sterben gehören dabei nicht nur solche im strengen Sinne singulären Aspekte, die sich unmittelbar aus der einmaligen Biographie eines sterbenden Individuums ergeben, sondern auch all diejenigen überindividuellen kulturellen Prägungen seines Lebensraumes, die in unserer spätmodernen Gesellschaft von ganz bestimmten Ambivalenzen geprägt sind. So stehen etwa dem kontinuierlich steigenden Lebensalter[1] und der im internationalen Vergleich hohen Lebensqualität der meisten Menschen in unserem Land auch mehrere kulturspezifische soziale Belastungen etwa in Gestalt einer fortschreitenden Vereinsamung vieler hochbetagter Menschen, der gesellschaftlichen Tabuisierung von Tod und Sterben und ihrer Delegation an anonyme Institutionen wie Krankenhäuser und stationäre Pflegeeinrichtungen gegenüber: „Aus dem Sterben in der Solidarität der Gesellschaft, der Geborgenheit und Fürsorge der Glaubensgemeinschaft, Ortsgemeinschaft und Familie ist [in den letzten Jahrzehnten] das professionell begleitete, langsame Sterben und nicht selten ein einsamer Tod geworden."[2] Beachtung verdient in diesem Zusammenhang auch das zwiespältige Verhältnis vieler Zeitgenossen zur modernen Hochleistungsmedizin. Obwohl die Mehrheit der Bevölkerung den rasant gestiegenen Möglichkeiten der Lebenserhaltung grundsätzlich durchaus positiv gegenübersteht,

---

1 Zur Entwicklung der Lebenserwartung vgl. R. Rau/G. Doblhammer, *Zur Epidemiologie des Sterbens in der deutschen Gesellschaft: Entwicklung von Lebenserwartung, Todesursachen und Pflegebedarf*, in: F.-J. Bormann/G. D. Borasio (Hg.), *Sterben. Dimensionen eines anthropologischen Grundphänomens*, Berlin/Boston 2012, 3–22.

2 M. Wasner, *Keiner stirbt für sich allein: Bedeutung und Bedürfnisse des sozialen Umfelds bei Sterbenden*, in: Bormann/Borasio (Hg.), *Sterben*, 83.

https://doi.org/10.1515/9783111055602-030

misstrauen immer mehr Menschen aus unterschiedlichen Gründen den ärztlichen Entscheidungen am Lebensende mit der Folge, dass sie sich durch verschiedene rechtliche Instrumente (wie z. B. Patientenverfügungen, Vorsorgebevollmächtigungen etc.) vor den gegenläufigen Gefahren einer drohenden intensivmedizinischen Übertherapie und einer – etwa palliativmedizinischen – Unterversorgung zu schützen versuchen. Es ist jedoch keineswegs nur der Verdacht einer ökonomisch motivierten Indikationsbeugung ärztlicherseits, der diese Entwicklung hin zur individuellen Vorsorge vorantreibt. Vielmehr führt auch die zunehmende Pluralisierung der Wertüberzeugungen innerhalb der Gesellschaft dazu, dass sich die Vorstellungen von einem ‚guten Lebensende' immer stärker ausdifferenzieren. Grob schematisierend lassen sich dabei *zwei konträre Denkmodelle* gegeneinander abgrenzen, die in ihrem Kern auf unterschiedlichen Deutungen von Freiheit und Verantwortung beruhen und als Folge davon auch gegensätzliche Bewertungen von Suizid und Suizidassistenz vertreten. Im Mittelpunkt des ersten Denkmodells, das sich geradezu mustergültig am BVerfG-Urteil vom 26.2.2020 illustrieren lässt, steht ein *Ideal individueller Selbstbestimmung*, das die näheren Modalitäten des eigenen Sterbens tendenziell zur Privatsache erklärt und der freien Gestaltungsmacht persönlicher Willensentscheidungen des Einzelnen überantwortet. Demgegenüber weiß sich das zweite Modell der *normativen Leitvorstellung eines ‚natürlichen Todes'* verpflichtet, die nicht auf einer antagonistischen, sondern einer integrativen Verhältnisbestimmung von Freiheit und Natur beruht. Nachfolgend sollen beide Denkmodelle zunächst kurz rekonstruiert werden, um die dramatischen Verschiebungen im Verständnis zentraler ethischer Kategorien – wie z. B. der Autonomie und der Menschenwürde – zu verdeutlichen. Abschließend sind dann noch einige Desiderate für eine überzeugende gesetzliche Regelung der Suizidassistenz zu formulieren, um der Gefahr einer schleichenden Normalisierung suizidaler Handlungsmuster innerhalb der Gesellschaft entgegenzuwirken.

1 Entgrenzte Selbstbestimmung als Rechtfertigungsgrund von Suizidassistenz

Die zentrale Bedeutung des sog. Autonomie- bzw. Selbstbestimmungs-Argumentes in der neueren Debatte um die Sterbehilfe lässt sich mustergültig an den programmatischen Grundaussagen des rechtspolitisch extrem weitreichenden Urteils des BVerfG vom 26.2.2020 verdeutlichen, mit dem nicht nur das erst 2015 eingeführte strafrechtliche Verbot der ‚geschäftsmäßigen Förderung der Selbsttötung' für verfassungswidrig und damit nichtig erklärt wurde, sondern das darüber hinaus auch ein sog. „Recht auf selbstbestimmtes Sterben“[3] postuliert, das als solches die Freiheit einschließe, „sich selbst das Leben zu nehmen“[4] und „hierfür bei Dritten Hilfe zu suchen und Hilfe, soweit sie angeboten wird, in Anspruch zu nehmen“[5]. Zwar stehe das so verstandene Recht auf Selbsttötung grundsätzlich nur „zur freien Selbstbestimmung und Eigenverantwortung fähigen Menschen“ (Rn. 204) zu, doch profiliert das Gericht dieses Recht in einer Art und Weise, die signifikant von der bisherigen höchstrichterlichen Rechtsprechung in Deutschland abweicht[6] und auch im internationalen Vergleich völlig singulär dasteht. Dabei wird die Entscheidung, das eigene Leben zu beenden, nicht nur sprachlich als „grundlegender Ausdruck der zur Selbstbestimmung und Eigenverantwortung fähigen Person“ (Rn. 209) und als „unmittelbarer Ausdruck der der Menschenwürde innewohnenden Idee autonomer Persönlichkeitsentfaltung“ (Rn. 211) eigentümlich überhöht, sondern es wird auch von *allen inhaltlichen Eingrenzungen* befreit. So bestehe das Recht auf ein selbstbestimmtes Sterben „in jeder Phase menschlicher Existenz“ (Rn. 210) und sei „insbesondere nicht auf schwere oder unheilbare Krankheitszustände oder bestimmte Lebens- und Krankheitsphasen beschränkt“ (ebd.). Eine Bewertung des Suizidwunsches durch „materielle Kriterien“ (Rn. 340) gleich welcher Art verbiete sich ebenso wie dessen Beurteilung durch „Maßstäbe[...] objektiver Vernünftigkeit“ (ebd.; vgl. auch Rn. 210). Bezeichnend für die hier propagierte Autonomievorstellung ist auch der Hinweis, der Suizidwillige unterliege keinesfalls der „autonomiefeindliche[n] Pflicht“ (Rn. 299), palliativmedizinische Angebote in Anspruch zu nehmen und dadurch von seinem Suizidverlangen Abstand zu nehmen. Zwar unterliegen pallia-

---

3 Bundesverfassungsgericht (BVerfG), *Urteil des Zweiten Senats vom 26. Februar 2020* – Az. 2 BvR 2347/15, Leitsatz 1 a.

4 BVerfG-Urteil vom 26.2.2020, Leitsatz 1 b.

5 BVerfG-Urteil vom 26.2.2020, Leitsatz 1 c.

6 Vgl. das Urteil des Bundesverwaltungsgerichtes in Leipzig vom 2.3.2017. Die Leipziger Richter erklärten in den Leitsätzen ihres Urteilsspruchs, der Erwerb eines Betäubungsmittels zum Zwecke der Selbsttötung sei zwar „grundsätzlich nicht erlaubnisfähig“ (Leitsatz 1), doch umfasse das allgemeine Persönlichkeitsrecht aus Art. 2 Abs. 1 i.V.m. Art. 1 Abs. 1 GG „auch das Recht eines schwer und unheilbar kranken Menschen, zu entscheiden, wie und zu welchem Zeitpunkt sein Leben enden soll“ (Leitsatz 2), sodass § 5 Abs. 1 Nr. 6 des BtMG dahingehend auszulegen sei, dass „der Erwerb eines Betäubungsmittels für eine Selbsttötung mit dem Zweck des Gesetzes ausnahmsweise vereinbar ist, wenn sich der suizidwillige Erwerber wegen einer schweren und unheilbaren Erkrankung in einer extremen Notlage befindet“ (Leitsatz 3). Eine solche ‚extreme Notlage‘ sahen die Richter dann gegeben, „wenn – erstens – die schwere und unheilbare Erkrankung mit gravierenden körperlichen Leiden, insbesondere starken Schmerzen verbunden ist, die bei dem Betroffenen zu einem unerträglichen Leidensdruck führen und nicht ausreichend gelindert werden können, – zweitens – der Betroffene entscheidungsfähig ist und sich frei und ernsthaft entschieden hat, sein Leben beenden zu wollen, und ihm – drittens – eine andere zumutbare Möglichkeit zur Verwirklichung des Sterbewunsches nicht zur Verfügung steht“ (Leitsatz 4).

tivmedizinische Interventionen wie alle anderen medizinischen Maßnahmen auch selbstverständlich der Einwilligung des urteilsfähigen Patienten, doch überrascht es, dass ausgerechnet die gegenwärtig noch keineswegs überall verfügbare Palliativmedizin, deren Sinn nach allgemeiner Überzeugung gerade darin besteht, die Symptomlast zu mindern und dadurch die Autonomie des Betroffenen zu schützen bzw. wiederherzustellen, hier indirekt unter den Verdacht der Autonomiefeindlichkeit gestellt wird.

Nimmt man alle diese Aussagen zusammen, dann drängt sich der Eindruck auf, dass die Argumentation des Gerichtes über weite Strecken von einem Autonomieverständnis geprägt ist, das sich insofern weit von der philosophischen Tradition entfernt, als es stark *(negativ-freiheitlich-)emanzipatorische, voluntaristische* und *privatistische* Züge trägt.[7] So betont das Gericht nicht nur den „höchstpersönliche[n] Charakter“ (Rn. 222) der Suizidentscheidung als integralen Bestandteil der „Privatsphäre“ (Rn. 221) und entzieht das suizidale Begehren ausdrücklich „einer Bewertung anhand allgemeiner Wertvorstellungen, religiöser Gebote, gesellschaftlicher Leitbilder für den Umgang mit Leben und Tod oder Überlegungen objektiver Vernünftigkeit“ (Rn. 210) mit dem Ergebnis, dass die solchermaßen material entgrenzte und von allen kognitiven Beschränkungen entkleidete Autonomie letztlich auf eine möglichst *authentische* individuelle Willensäußerung reduziert wird, der dann auf wundersame Weise eine *normative Kraft* zugesprochen wird. Dem Gericht zufolge gehört die Selbstbestimmung über das eigene Lebensende nicht nur „zum ‚ureigensten Bereich der Personalität des Menschen, in dem er frei ist, seine Maßstäbe zu wählen und nach ihnen zu entscheiden“ (Rn. 210), sie sei sogar „letzter [...] Ausdruck von Würde“ (Rn. 211), der von Staat und Gesellschaft zu respektieren sei, weshalb sich jede gesetzliche Regelung verbiete, „die die Entscheidung des mit autonomem Willen handelnden Grundrechtsträgers, sich mit Unterstützung Dritter bewusst und gewollt selbst zu töten, als solche missbilligt, tabuisiert oder mit einem Makel belegt“ (Rn. 234). Im Blick auf diese, die Autonomie in Richtung einer rein voluntaristischen *Willkürfreiheit* (i. S. einer *libertas indifferentiae*) verschiebenden Argumentationslinie drängt sich zwangsläufig die Frage auf, wie sich unter diesen Bedingungen dann überhaupt noch ein Verbot der ‚Tötung auf Verlangen‘ i. S. des § 216 StGB rechtfertigen ließe. Denn wenn das in seinem Kern als negatives Abwehrrecht zum Schutz einer freiheitlichen Lebensgestaltung konzipierte ‚allgemeine Persönlichkeitsrecht‘ tatsächlich eine derart unbegrenzte Verfügungsmacht über Art und Umfang des eigenen Sterbens sogar durch die Mitwirkung Dritter be-

7 Vgl. F.-J. Bormann, *Der Autonomiebegriff aus philosophischer und theologischer Perspektive*, in: A. Uhle/J. Wolf (Hg.), *Entgrenzte Autonomie? Die assistierte Selbsttötung nach der bundesverfassungsgerichtlichen Entscheidung vom 26. Februar 2020* (Essener Gespräche zum Thema Staat und Kirche 56), Münster 2021, bes. 11–17.

inhaltet, wie hier im Blick auf die Suizidassistenz behauptet wird, dann ist schwer verständlich, aus welchem Grund die ausdrücklich vom Betroffenen frei verlangte Tötung durch eine von ihm beauftragte Person noch länger strafrechtlich verboten bleiben sollte. Ist das dem Wortlaut der Verfassung zufolge lediglich von der „Freiheit Dritter" und dem „Sittengesetz" begrenzte „Recht auf die freie Entfaltung der Persönlichkeit"[8] erst einmal so weit entgrenzt, dass es auch ein Recht auf die Inanspruchnahme der Hilfe Dritter zur Selbsttötung einschließt, dann dürfte es wohl nur eine Frage der Zeit sein, bis genau diese Deutung des BVerfG zur Rechtfertigung eines im Selbstbestimmungsrecht verankerten vermeintlichen ‚Rechts auf die Tötung auf Verlangen' ins Feld geführt wird.[9]

Jedoch wird man fairerweise auch darauf hinweisen müssen, dass das Urteil des BVerfG neben der bislang geschilderten, ganz einem *entgrenzten Selbstbestimmungsdenken* folgenden Hauptargumentationslinie auch noch eine zweite, deutlich anders akzentuierte gedankliche Strömung aufweist, die allerdings begriffspolitisch weniger ambitioniert ausgerichtet ist. So wird zum einen ausdrücklich betont, dass sich aus dem „Recht auf selbstbestimmtes Sterben [...] kein Anspruch gegenüber Dritten darauf ab[leitet], bei seinem Selbsttötungsvorhaben unterstützt zu werden" (Rn. 289)[10], und folglich von einer wie auch immer gearteten *generellen Verpflichtung zur Suizidassistenz* keine Rede sein kann. Zum anderen enthält das Urteil im Wissen um Manipulationsgefahren der freiheitlichen Selbstbestimmung besonders verletzlicher Personengruppen auch bestimmte Anforderungen an den Sterbewunsch des Betroffenen. Es sei nämlich nur dann davon auszugehen, dass der Suizidentschluss auf einen „autonom gebildeten, freien Willen" zurückgehe, wenn „der Einzelne seine Entscheidung auf der Grundlage einer realitätsbezogenen, am eigenen Selbstbild ausgerichteten Abwägung des Für und Wider trifft" (Rn. 240) und nicht durch eine „akute psychische Störung" (Rn. 241) beeinträchtigt ist. Zudem müssten dem Betroffe-

8 Art. 2 Abs. 1 GG: „Jeder hat das Recht auf die freie Entfaltung seiner Persönlichkeit, soweit er nicht die Rechte anderer verletzt und nicht gegen die verfassungsmäßige Ordnung oder das Sittengesetz verstößt."

9 Vgl. dazu C. Dorneck/U. M. Gassner/J. Kersten/J. F. Lindner u. a., *Gesetz zur Gewährleistung selbstbestimmten Sterbens und zur Suizidprävention (Augsburg-Münchener-Hallescher Entwurf = AMHE SterbehilfeG)*, Tübingen 2021 sowie F. Rostalski, *Freiheit und Sterben: Zu den Kriterien autonomen Sterbens und ihrer Betrachtung im System der Tötungsdelikte*, in: *Juristenzeitung* 76 (2021), 477–484.

10 Diese Einschränkung wird *de facto* aber wieder dadurch relativiert, dass die Ausübung des Rechts auf selbstbestimmte Selbsttötung nicht durch weitreichende Verbote von Suizidassistenzangeboten eingeschränkt werden darf, sondern der Sterbewillige seine Selbsttötungsabsicht ‚in zumutbarer Weise' realisieren können muss, was den Zugang zu bestimmten Dienstleistungsangeboten in diesem Bereich offenbar nach Auffassung des Gerichts zwingend erfordert: vgl. BVerfG, *Urteil* (Fn. 5), Rn. 213.

nen „alle entscheidungsrelevanten Gesichtspunkte tatsächlich bekannt sein", so dass er in der Lage sei, „auf einer hinreichenden Beurteilungsgrundlage realitätsgerecht das Für und Wider abzuwägen", was wiederum voraussetze, dass der Entscheidungsträger „Handlungsalternativen zum Suizid erkennt, ihre jeweiligen Folgen bewertet und seine Entscheidung in Kenntnis aller erheblichen Umstände und Optionen trifft" (Rn. 242). Eine wirklich freie Entscheidung setze „daher zwingend eine umfassende Beratung und Aufklärung hinsichtlich möglicher Entscheidungsalternativen voraus, um sicherzustellen, dass der Suizidwillige nicht von Fehleinschätzungen geleitet, sondern tatsächlich in die Lage versetzt wird, eine realitätsbezogene, rationale Einschätzung der eigenen Situation vorzunehmen" (Rn. 246). Zusammen mit der zusätzlich geforderten „gewissen ‚Dauerhaftigkeit' und ‚inneren Festigkeit'" (Rn. 244) entsteht hier das Bild einer zwar individuell getönten, aber gleichwohl rationalen Willensbestimmung, deren Anforderungsprofil sich deutlich von der zuvor artikulierten Absage an alle „Überlegungen objektiver Vernünftigkeit" (Rn. 210) unterscheidet. Leider enthält die Urteilsbegründung keine Hinweise dazu, wie diese einander widerstreitenden Aussagen auf überzeugende Weise miteinander zum Ausgleich gebracht werden können.

Eine ganz ähnliche Spannung kennzeichnet auch die Aussagen des Urteils zum Würdebegriff, der vom Gericht als Wurzelgrund des propagierten ‚Rechts auf selbstbestimmtes Sterben' ins Feld geführt wird. Auch hier findet sich zum einen die auf Entgrenzung angelegte Aussage, die Würde des Menschen sei „nicht Grenze der Selbstbestimmung der Person, sondern ihr Grund" (Rn. 212), wobei es für den Einzelnen allein darauf ankomme, „über seine Existenz nach eigenen, selbstgesetzten Maßstäben bestimmen" (ebd.) zu können. Dieser allein auf den *authentischen* Ausdruck von „Selbstbild und Selbstverständnis" (Rn. 207) ausgerichteten Konzeption steht zum anderen der eher traditionelle Gedanke gegenüber, das legislative Schutzkonzept habe sich an der „Vorstellung vom Menschen als einem *geistig-sittlichen* Wesen auszurichten, das darauf angelegt" sei, „sich in Freiheit selbst zu bestimmen und zu *entfalten*" (Rn. 338; Kursivierung FJB). Erneut bleibt unklar, wie sich das zuvor propagierte, materiell völlig entgrenzte ‚Recht auf selbstbestimmtes Sterben' mit den für den Würdebegriff konstitutiven Mindestanforderungen sittlicher Subjektivität vereinbaren und als legitime Form der ‚Selbstentfaltung' seines Trägers behaupten lässt.

In der Gesamtschau gewinnt man daher den Eindruck, dass die Gedankenführung der Urteilsbegründung des BVerfG zwischen zwei gegensätzlichen Polen oszilliert, ohne eine wirklich kohärente Orientierung zu bieten: Einerseits sollen sich die einem individuellen Suizidentschluss zugrundeliegenden Motive „einer Beurteilung nach Maßstäben objektiver Vernünftigkeit" entziehen, so dass es sich „verbietet [...], die Zulässigkeit einer Hilfe zur Selbsttötung materiellen Kriterien zu unterwerfen" (Rn. 340). Andererseits wird eine akribische Überprüfung des individuellen Sterbewunsches nach den Kriterien der Realitätsnähe, Wohlinformiertheit und Rationalität verlangt und ein „prozedurales Sicherungskonzept“ (ebd.) angemahnt, für dessen Ausgestaltung dem Gesetzgeber ein „breites Spektrum an Möglichkeiten“ (Rn. 339) offenstehe. Je nachdem welcher gedanklichen Linie man folgt, lassen sich daher ganz unterschiedliche Schlussfolgerungen aus dem Text der Urteilsbegründung ableiten.

2 Das Leitbild des ‚natürlichen Todes‘

Eine ganz andere Deutung von Freiheit, Autonomie und legitimer Selbstbestimmung liegt der normativen Leitvorstellung eines ‚natürlichen Todes‘ zugrunde, die von verschiedener Seite in unterschiedlichen Spielarten vertreten wird.[11] Der Umstand, dass auch das Lehramt der katholischen Kirche diesen Begriff in jüngster Zeit vermehrt verwendet, darf nicht dahingehend missverstanden werden, dass es sich bei diesem Denkmodell um eine exklusiv katholische Konzeption handeln würde. Vielmehr lassen sich analoge Ansätze sowohl in anderen Religionssystemen als auch in rein säkularen medizinethischen Entwürfen[12] nachweisen, wobei sich auch weite Teile der modernen Palliativ- und Hospizbewegung diesem Ideal verpflichtet fühlen.

Aufgrund der notorischen Mehrdeutigkeit des *Natur*-Begriffs und der sprunghaft gestiegenen Handlungsmacht des Menschen durch die moderne Technik stehen die Anhänger dieses Denkmodells vor einer mehrfachen Herausforderung: Erstens haben sie die *anthropologischen Prämissen* dieses Konzeptes in einer Weise zu klären, die dessen Unabhängigkeit von partikulären religiös-weltanschaulichen Prämissen garantiert; zweitens müssen sie dessen *normativen Gehalt* definitorisch möglichst präzise bestimmen, um eine praktische Orientierung gerade in schwierigen klinischen Entscheidungssituationen zu ermöglichen; drittens haben sie den Begriff des ‚natürlichen Todes‘ gegen *mögliche Missverständnisse* zu verteidigen; und viertens müssen sie die *Konsequenzen* verdeutlichen, die aus diesem Konzept insbesondere für den konkreten Umgang mit suizidalen Krisen resultieren.

---

11 Zur juristischen, medizinethischen und kirchlich-lehramtlichen Verwendung dieses Begriffs vgl. F.-J. Bormann, *Ist die Vorstellung eines ‚natürlichen Todes‘ noch zeitgemäß? Moraltheologische Überlegungen zu einem umstrittenen Begriff*, in: Bormann/Borasio (Hg.), *Sterben*, bes. 326–341.

12 Vgl. D. Callahan, *On defining a ‚Natural Death‘*, in: *Hastings Center Report* 7,3 (1977), 32–37; sowie ders., *Can Nature Serve as a Moral Guide?*, in: *Hastings Center Report* 26,6 (1996), 20–22.

2.1 Anthropologische Prämissen

Im Gegensatz zu einem primär emanzipativ ausgerichteten, rein voluntaristischen Selbstbestimmungsmodell, das den Menschen tendenziell als einen weithin *autarken Solitär* begreift, authentische Willensäußerungen *per se* zur Quelle normativer Ansprüche stilisiert und sogar massiv selbstschädigendes Verhalten als legitime Form des eigenen Freiheitsgebrauchs für moralisch unbedenklich erklärt, beruht das Konzept des ‚natürlichen Todes' auf einer *ganzheitlicheren* Anthropologie, die den Menschen als leiblich verfasstes, vernunftbegabtes und daher zu einem sittlichen Selbstvollzug befähigtes Beziehungswesen – mithin als *Person* – begreift, dessen Freiheit in *positiver* Weise auf die möglichst optimale Entfaltung der verschiedenen gattungs- und individualspezifischen Fähigkeiten ausgerichtet ist.

Unter diesen für das Menschsein konstitutiven Befähigungen nimmt die *Handlungsfähigkeit* insofern einen besonders wichtigen Platz ein, als sie die *notwendige Bedingung der Möglichkeit* dafür ist, sich überhaupt persönliche Ziele setzen und diese durch planvolles eigenes Handeln anstreben und erreichen zu können. Daher gilt, dass jeder, der überhaupt irgendetwas wirklich will, aus logischen Gründen zumindest implizit den Erhalt und die bestmögliche Entwicklung der eigenen Handlungsfähigkeit (sowie der sie konstituierenden kognitiven, emotionalen, sozialen und somatischen Teilkompetenzen) wollen muss.[13] Der Schutz und die Entfaltung der eigenen Handlungsfähigkeit stellen also keine rein subjektiven Strebensziele dar, deren Verfolgung ins völlige Belieben jedes Einzelnen gestellt wäre. Es handelt sich vielmehr um *objektive Güter*, die einen *universalen* Charakter aufweisen.

Als universelles Instrument sowohl der individuellen Wunscherfüllung als auch jeglicher persönlicher Verantwortungsübernahme hat die Handlungsfähigkeit aber nicht nur einen rein *instrumentellen*, sondern auch einen *intrinsischen Wert*, der mit der Selbstzwecklichkeit personaler Existenz untrennbar verbunden ist. Denn ‚Zweck an sich selbst' und damit Träger einer unverlierbaren *Würde* ist der Mensch nur deswegen, weil er kraft seiner praktischen Vernunftbegabung die Anlage zur sittlichen Subjektivität in sich trägt und es vermag, den praktischen Selbstvollzug durch eigene Einsicht in die Forderungen des Sittengesetzes verantwortlich zu gestalten. Solche Verantwortung besteht nun aber genau darin, vermeidbare und unbegründete Schädigungen eigener oder fremder Handlungs-

13 Vgl. dazu auch F.-J. Bormann, *„Handlungsfähigkeit" und „gutes Leben", Plädoyer für einen schwachen Perfektionismus*, in: M. Hoesch/S. Muders/M. Rüther (Hg.), *Glück – Werte – Sinn*, Berlin 2012, 177–194.

fähigkeit zu unterlassen und objektiv vorhandene Möglichkeiten zur weiteren Entfaltung der Handlungsfähigkeit zu nutzen.

Es dürfte daher ein *Grundprinzip* vernünftigen Handelns sein, *stets so zu handeln, dass man die eigene Handlungsfähigkeit sowie die Handlungsfähigkeit derer, die vom eigenen Handeln betroffenen sind, nicht ohne zwingenden Sachgrund beeinträchtigt oder gar zerstört, sondern nach Möglichkeit (und sozialer Verantwortlichkeit und Rolle) möglichst umfassend fördert und entfaltet.*

Ungeachtet seiner *Universalität* bedarf der nur allgemein bestimmte Wert einer möglichst umfassend entfalteten Handlungsfähigkeit jedoch der näheren *Konkretisierung* durch detailliertere Konzeptionen eines *guten Lebens*, die der freiheitlichen Selbstbestimmung jedes Einzelnen anvertraut sind und daher auch einen weiten Spielraum für individuelle Akzentuierungen eröffnen. Natur und Freiheit schließen sich also keineswegs aus, sondern bedingen einander. Statt beide Kategorien wie im reinen Selbstbestimmungsmodell in ein *antagonistisches* Verhältnis zu setzen, beruht das Ideal des ‚natürlichen Todes' auf einer *Integrationsleistung*, die die unterschiedlichen Voraussetzungen einer verantwortlichen Selbstgestaltung des Menschen in Form basaler naturaler Strebungen und Neigungen (sog. *inclinationes naturales*) nicht durch ein eindimensionales Emanzipationsparadigma marginalisiert, sondern als freiheitskonstitutive Faktoren in die Betrachtung einbezieht. Trotz ihrer *Unbeliebigkeit* sind diese basalen Strebungen durchaus *gestaltungsoffen* und bedürfen einer *individuellen Moderation* durch die praktische Vernunft des Menschen, die ein flexibles Reagieren auf jeweils unterschiedliche persönliche Voraussetzungen und variable Handlungsumstände ermöglicht. Entscheidender Bezugspunkt für diese Moderationsleistung ist dabei ein – *schwach essentialistisches* – ‚Natur'-Verständnis, das sich auf die *bestmögliche Entfaltung der person-konstitutiven Fähigkeiten* (insbesondere der eigenen Handlungsfähigkeit) bezieht.[14] Diese vollendete Individualnatur eines Menschen weist der autonomen Gestaltungsmacht des Menschen nicht nur eine klare *Richtung*, sondern setzt ihr auch bestimmte *Grenzen*, die eine recht verstandene Autonomie von bloßer Authentizität deutlich unterscheidet. Nicht ohne Grund war denn auch der Begründer des aufklärerischen Autonomie-Gedankens in der neu-

14 Zur Vermeidung naturalistischer Missverständnisse, wie sie z. B. in P. Foots naturphilosophisch inspirierten Analogien des Menschen mit anderen biologischen Spezies (vgl. *Natural Goodness*, Oxford 2001) begegnen, ist strikt zwischen dem ‚spezifischen' und dem ‚moralisch guten' menschlichen Leben zu unterscheiden, das durch den richtigen Gebrauch und die bestmögliche Entfaltung der charakteristischen menschlichen Vermögen konstituiert wird. Vgl. hierzu F.-J. Bormann, *Naturrechtliche Begründung von Menschenrechten? Ein Blick in die aristotelische Tradition*, in: M. Wasmaier-Sailer/M. Hoesch (Hg.), *Die Begründung der Menschenrechte*, Tübingen 2017, 135–159.

zeitlichen Ethik – Immanuel Kant[15] – der Überzeugung, dass „ein freier Wille und ein Wille unter sittlichen Gesetzen einerlei“[16] sind, wobei er im Sinne der abendländischen moralischen Tradition ganz selbstverständlich unterstellte, dass diese sittlichen Gesetze auch für einen verantwortlichen Umgang mit dem eigenen Lebensende im Allgemeinen und dem Suizid im Besonderen[17] durchaus normative Vorgaben enthalten, die es nachfolgend näher zu bestimmen gilt.

2.2 Normativer Gehalt des Natur-Begriffs

Der tief in der naturrechtlichen Tradition der abendländischen Moral- und Rechtsphilosophie verankerte und durch die zeitgenössische Befähigungsethik wieder stärker zu Bewusstsein gebrachte Gedanke, dass sich eine wahrhaft autonome Willensbestimmung mit der Entfaltung der für das Personsein konstitutiven Grundbefähigungen an einem *positiven Freiheits-* und einem *kognitiven Moralbegriff* orientieren müsse, hat nun auch verschiedene normative Implikationen für den persönlichen Umgang mit Krankheit, medizinischer Behandlung und den Modalitäten des eigenen Sterbens:

Erstens verteidigt dieses Denkmodell grundsätzlich ein robustes Moralverständnis, das neben Pflichten gegenüber anderen Personen auch moralische *Tugendpflichten gegen sich selbst* kennt, die u. a. auch für gesundheitsbezogene Entscheidungen relevant sind. Dem Individuum steht es also in moralischer Hinsicht selbst dann nicht einfach frei, Handlungen vorzunehmen oder zu unterlassen, die eine vermeidbare gravierende Schädigung grundlegender personaler Fähigkeiten bewirken, wenn unsere Rechtsordnung aus Gründen des Schutzes eines freiheitlichen Selbstvollzuges auch irrationale Entscheidungen unter bestimmten Bedingungen toleriert und von rechtlichen Sanktionen absieht.

Zweitens sollten sich medizinische Behandlungen und pflegerische Maßnahmen grundsätzlich am *personal Sinnvollen* und nicht am *technisch Möglichen* orientieren. Personal sinnvoll ist der Schutz und Erhalt sowie die Wiederherstellung der individuellen Handlungsfähigkeit mit verhältnismäßigen Mitteln – nicht jedoch

15 Vgl. J. B. Schneewind, *The Invention of Autonomy. A History of Modern Moral Philosophy*, Cambridge 1998; O. Sensen (ed.), *Kant on Moral Autonomy*, Cambridge 2013; sowie S. Bacin/O. Sensen (eds.), *The Emergence of Autonomy in Kant's Moral Philosophy*, Cambridge 2019.

16 Kant, *GMS*, BA 99.

17 Vgl. *GMS*, BA 54 und BA 67 sowie in diesem Band O. Sensen, *Kants tugendethische Reflexionen zum Umgang mit Tod und Sterben*, 109–122.

eine ‚Lebenserhaltung um jeden Preis', die keinerlei Aussicht auf die Rückgewinnung von personalen Ausdrucksmöglichkeiten im eigenen Handeln mehr gestattet.

Drittens hat jede Person einerseits das *moralische Recht* auf eine angemessene medizinische Versorgung, die diesem Ziel dient, und andererseits die *moralische Pflicht*, sich derartigen Behandlungen auch tatsächlich im Rahmen der eigenen Belastbarkeit zu unterziehen. Der in diesem Zusammenhang einschlägige normative Begriff des ‚Patientenwohls' weist insofern eine komplexe bzw. hybride Struktur auf, als er neben objektiven – auf den probabilistisch abschätzbaren medizinischen Nutzen (*benefit*) einer Behandlung abhebenden – Elementen auch irreduzibel subjektive Komponenten enthält, die zum einen aus der höchstpersönlichen Auffassung des Patienten über ein ‚gutes Leben' und zum anderen aus der individuell sehr unterschiedlich ausgeprägten Bereitschaft resultieren, sich belastenden medizinischen Interventionen zu unterziehen. Obwohl der Begriff des ‚Wohls' (*well-being*) insofern irreduzibel mit der 1.-Person-Perspektive verbunden ist, als er die Erfüllung individueller Pläne, Wünsche und Vorlieben des jeweils Betroffenen einschließt,[18] geht er nicht in diesen rein subjektiven Faktoren auf. Vielmehr schließt er auch objektive, aus der 3.-Person-Perspektive zu bestimmende Elemente ein, die aus der intrinsischen Werthaftigkeit bestimmter basaler Güter und Fähigkeiten resultieren und universelle Konstitutionsbedingungen menschlicher Selbstentfaltung betreffen.[19] Beide Dimensionen sind wichtig, um den unterschiedlichen Rollen und Verantwortlichkeiten von Ärzten und Patienten in einer individuellen Behandlungsplanung i. S. des *shared decision making* gerecht zu werden. Während es dem Arzt im Rahmen der Indikationsstellung obliegt, die für den konkreten Patienten aus medizinischer Sicht bestmögliche Behandlung vorzuschlagen, hat der urteils- und einwilligungsfähige Patient unter Berücksichtigung seiner Lebenssituation und individuellen Kraftressourcen auf der Basis seiner persönlichen Wertüberzeugungen eine Entscheidung darüber zu treffen, ob er dem ärztlichen Behandlungsvorschlag folgen möchte oder nicht. Je gravierender der gesundheitliche Schaden ist, der aus der Ablehnung einer objektiv indizierten Behandlung resultiert, desto stärkerer Gründe bedarf es, um die abweichende Handlungsoption moralisch rechtfertigen zu können. Dieses komplexe Verständnis des Patientenwohls ist erforderlich, um nicht nur der Sorgfalts- und Fürsorgepflicht des Arztes, sondern auch der mora-

18 Vgl. C. Heathwood, *Desire-fulfillment theory*, in: G. Fletcher (ed.), *The Routledge Handbook of Philosophy of Well-Being*, London/New York 2016, 135–147.

19 Vgl. M. Nussbaum, *Die Natur des Menschen, seine Fähigkeiten und Tätigkeiten: Aristoteles über die distributiven Aufgaben des Staates*, in: dies., *Gerechtigkeit oder Das gute Leben*, hg. v. H. Pauer-Studer, Frankfurt 1999, 86–130; dies., *Creating Capabilities. The Human Development Approach*, Cambridge, MA 2011 sowie G. Fletcher, *Objective List Theories*, in: ders. (ed.), *The Routledge Handbook of Philosophy of Well-Being*, London/New York 2016, 148–160.

lischen Verantwortung in der individuellen Entscheidungssituation des Patienten gerecht zu werden. Die einseitige Auflösung dieses komplexen Spannungsverhältnisses zwischen objektiven und subjektiven Elementen innerhalb der Kategorie des ‚Wohles' einer Person führt dagegen zu gravierenden Problemen: Während die Verabsolutierung der objektiven Dimension zwangsläufig eine unzulässige paternalistische Übermächtigung des Patienten nach sich zieht, führt die – gegenwärtig größere – Gefahr einer Verabsolutierung der subjektiven Dimension nicht nur zu moralisch fragwürdigen Formen vermeidbarer Selbstschädigungen des Patienten, sondern auch zu einer schleichenden Unterminierung der Fürsorgepflichten des ärztlichen Personals.

Viertens ist angesichts verbreiteter naturalistischer Missverständnisse des Naturbegriffs zu betonen, dass die medizinisch sinnvollen und wegen eines erwartbaren gesundheitlichen Nutzens für den jeweiligen Patienten indizierten Behandlungen grundsätzlich auch den Einsatz verschiedener *technischer Mittel* einschließen, so dass von einem prinzipiellen Gegensatz zwischen der ‚Natur' des Menschen und dem Bereich von ‚Kultur und Technik' keine Rede sein kann. Der Mensch ist *von Natur aus* ein *Kulturwesen*, so dass eine Orientierung an der Natur i. S. des ‚äußersten Seinkönnens des Menschen' keine generelle Technikfeindlichkeit impliziert, sondern lediglich darauf besteht, dass der jeweilige Technikeinsatz daraufhin befragt wird, ob er tatsächlich dazu beiträgt, die natürlichen Potentiale der Person – allen voran ihre Handlungsfähigkeit – zu schützen, wiederherzustellen oder deren alters- bzw. krankheitsbedingten Verfall zu verlangsamen.

Fünftens ist grundsätzlich davon auszugehen, dass der in Freiheit vollzogene *Suizid* als irreversible Zerstörung des eigenen Selbst bei noch bestehenden Handlungsmöglichkeiten wegen des *intrinsischen Wertes personaler Existenz* in der Regel eine *moralisch nicht zu rechtfertigende Handlungsweise* darstellt, so dass alles dafür getan werden sollte, Menschen in verzweifelten Lebenslagen und suizidalen Krisen alternative Handlungsperspektiven zu eröffnen.

2.3 Definition des ‚natürlichen Todes'

Für eine überzeugende Definition des Begriffs eines ‚natürlichen Todes' sind drei Kriterien entscheidend: erstens die *Kausalität* des jeweiligen Todeseintritts, zweitens die gerechtigkeitsethische Forderung der *Verhältnismäßigkeit* der medizinischen Maßnahmen zum Lebenserhalt und drittens die intrinsische *Werthaftigkeit* des personalen Selbstvollzuges (in Gestalt objektiv vorhandener Handlungspotentiale).

Ethik und Recht stehen – z. B. im Rahmen der Leichenschau – zunächst einmal vor der gemeinsamen Herausforderung, verschiedene Todesarten rein *kausal* gegeneinander abzugrenzen – also einen auf *äußere Einwirkung* (z. B. Mord, Totschlag oder Unfall) zurückführbaren Tod vom Versterben einer Person infolge von Krankheit oder altersbedingter Lebensschwäche zu unterscheiden. Da eine solche kausale Betrachtung lediglich eine erste grobe Differenzierung in dem Sinne ermöglicht, dass ein ‚natürlicher Tod' nur dort vorliegt, wo dieser durch *innere Ursachen* und nicht durch äußere Einwirkungen bedingt ist, bedarf es im Blick auf die stark gestiegenen Möglichkeiten der medizinischen Lebensverlängerung schon aus gerechtigkeitsethischen Gründen eines weiteren Kriteriums, das auf die *Verhältnismäßigkeit* der jeweils ergriffenen Maßnahmen abhebt und es vermag, sinnvolle Behandlungen von unzulässiger Übertherapie oder Unterversorgung abzugrenzen. Das Kriterium der Verhältnismäßigkeit (mit den drei Einzelforderungen der *Geeignetheit, Erforderlichkeit* und *Angemessenheit* der einschlägigen Mittel) bedarf jedoch drittens eines *werthaften Zielpunktes*, auf den hin die jeweiligen Einzelmaßnahmen beurteilt werden. Dieser Zielpunkt besteht m. E. aus den oben genannten Gründen im *Schutz der personalen Grundbefähigungen* – insbesondere der Handlungsfähigkeit – eines Menschen. Um die Grenzen sinnvoller Behandlungen am Lebensende auszuloten und so den komplementären Gefahren einer drohenden Übertherapie bzw. Unterversorgung zu entgehen, reicht es nicht aus, auf den Technisierungsgrad oder die Kosten möglicher medizinischer Behandlungen oder gar den Wunsch von Angehörigen des Patienten zu verweisen. Vielmehr ist zu klären, ob die jeweils angedachte Maßnahme nach vorliegender medizinischer Evidenz in dem Sinne *indiziert* ist, dass sie mit hinreichender Wahrscheinlichkeit geeignet, erforderlich und angemessen ist, um die Möglichkeiten des personalen Selbstvollzuges des Patienten positiv zu beeinflussen.

Obwohl die beiden Phänomene des *Verlustes personaler Vollzugsmöglichkeiten* (z. B. in Gestalt einer von Bewusstseinsaktivität getragenen Kommunikation mit der Umwelt) einerseits und der für die Feststellung des Todes nach derzeitigem Wissensstand relevanten Zustände eines *irreversiblen Hirnfunktionsverlustes* sowie einer *Desintegration des Gesamtorganismus als funktionaler Einheit* andererseits in zeitlicher Hinsicht durchaus auseinanderfallen können und insbesondere unterschiedliche Formen komatöser Zustande sorgfältig vom Tod eines Menschen abzugrenzen sind,[20] dürfte es im Blick auf die ständig wachsenden Möglichkeiten der technischen Manipulation und Substitution einer immer größeren Zahl von Vitalfunktionen eine sinnvolle moralische Forderung darstellen, schwerstkranke Patienten weder durch den unverhältnismäßigen Einsatz technischer Mittel *am Sterben zu hindern* noch ihnen durch die Unterlassung palliativer Maßnahmen vermeid-

20 Vgl. S. A. Brandt/H. Angstwurm, *Bedeutung des irreversiblen Hirnfunktionsausfalls als sicheres Todeszeichen*, in: *Deutsches Ärzteblatt* 115 (2018), 675–681 sowie S. A. Brandt, *Die Plausibilität des Hirntodkonzeptes*, in diesem Band, 411–433.

bare physische oder mentale Belastungen im Sterbeprozess zuzumuten. Eine ‚Lebenserhaltung um jeden Preis' unabhängig von der Möglichkeit wenigstens minimaler personaler Selbstvollzüge stellt kein medizinisch sinnvolles und ethisch gerechtfertigtes Handlungsziel dar. Daher sollte zum Zwecke einer Humanisierung des Sterbens insbesondere bei Patienten mit infauster Prognose durch eine rechtzeitige umfassende Aufklärung alles dafür getan werden, dass die Behandlungsplanung nicht allein auf die Verlängerung der Überlebenszeit ausgerichtet wird, sondern auch die Lebensqualität und damit der Schutz der noch vorhandenen personalen Befähigungen in der noch verbleibenden Lebensspanne sukzessive mehr Bedeutung gewinnt. Konkret bedeutet dies, dass nicht mehr indizierte Maßnahmen zur Lebenserhaltung auch dann zu unterlassen sind, wenn deren Einleitung oder Fortführung entweder für das Krankenhaus lukrativ erscheint oder von uneinsichtigen Angehörigen aggressiv eingefordert wird.[21]

Im Sinne der hier angestellten Überlegungen zur zentralen Bedeutung der Handlungsfähigkeit für unseren Selbstvollzug als Personen schlage ich folgende *Definition* vor:

> *Natürlich* ist der Tod eines Menschen immer dann, wenn er infolge *innerer Ursachen* (wie z. B. Krankheit oder Lebensschwäche) auftritt, deren Wirkung bereits soweit fortgeschritten ist, dass es zu einer definitiven, d. h. mit dem *verhältnismäßigen* Einsatz medizinisch-therapeutischer Maßnahmen nicht mehr zu revidierenden Zerstörung jener körperlichen (insbesondere cerebralen) Wirkungsabläufe gekommen ist, die die Bedingung der Möglichkeit eines wenigstens *minimalen personalen Selbstvollzuges* (i. S. der Handlungsfähigkeit) darstellen und die funktionale Einheit des Gesamtorganismus ermöglichen.

> *Nicht natürlich* ist ein Tod dagegen immer dann, wenn er durch *äußere Ursachen* bedingt ist und in zeitlicher Hinsicht entweder (z. B. als Folge von Unfall, Verbrechen, Suizid oder Nichtbehandlung einer behandlungsbedürftigen und behandelbaren Erkrankung) deutlich *vor* oder wenn er (z. B. aufgrund des unverhältnismäßigen Einsatzes (Intensiv-)medizinischer Maßnahmen) deutlich *nach* dem definitiven Verlust wenigstens *minimaler personaler Vollzugsmöglichkeiten* des Betroffenen eintritt.

2.4 Missverständnisse des ‚natürlichen Todes'

Diese Definition ist gegen wenigstens drei mögliche Missverständnisse abzugrenzen:

Ein erstes *naturalistisches* Missverständnis besteht darin, das ‚Natürliche' mit dem ‚Ursprünglichen', ‚Urwüchsigen' bzw. ‚Vorzivilisatorischen' zu identifizieren.

21 Vgl. Zentrale Ethikkommission bei der Bundesärztekammer, *Ärztliche Verantwortung an den Grenzen der Sinnhaftigkeit medizinischer Maßnahmen. Zum Umgang mit Futility*, in: *Deutsches Ärzteblatt* 119,19 (2022) (DOI: 10.3238/arztebl.zeko_sn_futility_2022).

Da die meisten Zeitgenossen beim Natur-Begriff nicht an die *vollendete Wesensnatur* des Menschen, sondern an die – von menschlichen Interventionen möglichst unberührte – *Umwelt* i. S. intakter Biotope und damit an das genaue Gegenteil eines klinischen, von menschlicher Technik dominierten Settings denken, gerät der Begriff des ‚natürlichen Todes' hier zur ebenso romantisch verklärten wie anachronistischen Vorstellung eines *archaischen* Sterbens, das sich ohne jeden Kontakt mit der modernen Medizin(technik) – gewissermaßen in freier Wildbahn – vollzieht. Die berechtigte Kritik an einem technisch-überfremdeten Sterbeprozess auf modernen Intensivstationen, bei dem Patienten durch einen unsachgemäßen Einsatz moderner Möglichkeiten der Lebenserhaltung bisweilen sogar am Sterben gehindert werden, ohne dafür Lebenszeit mit ausreichender Lebensqualität zu gewinnen, gerät hier zur generellen Skepsis gegenüber der modernen Medizin und ihren vielfältigen Behandlungsformen, was angesichts der Ambivalenz des medizinisch-technischen Fortschritts wenig überzeugend erscheint.

Ein zweites *autonomistisches* Missverständnis besteht in der Identifikation von ‚Natur' und ‚entgrenzter Selbstbestimmung'. Aus der grundsätzlichen Befähigung des Menschen zu einem freiheitlichen Selbstvollzug und der Notwendigkeit eines reflektierten Umgangs mit unseren natürlichen Neigungen (einschließlich unseres Selbsterhaltungstriebes) wird auf eine unbegrenzte Verfügungsgewalt über das eigene Leben geschlossen, die keinerlei ‚Pflichten gegen sich selbst' mehr anerkennt und auch den intrinsischen Wert objektiv noch vorhandener Handlungspotenziale in Abrede stellt. Eine solche Denkungsart beruht auf einer Fehldeutung des philosophischen Autonomie-Begriffs und ist vor allem bei Personen verbreitet, die sich an ein hohes Maß *persönlicher Unabhängigkeit* gewöhnt haben, Zustände der Abhängigkeit als entwürdigend empfinden und eine maximale Kontrolle über ihr eigenes Lebensende ausüben möchten.

Ein drittes *aktivistisches* Missverständnis verkürzt das Personsein auf die aktuelle Fähigkeit, durch *aktives Tun* – insbesondere in Gestalt möglichst effizienter Erwerbstätigkeit – einen Beitrag zum Gemeinwohl zu leisten. In diesem für unsere Wirtschaftsgesellschaft typischen Nützlichkeitsdenken ist kein Platz mehr für die *passiv-kontemplative* Dimension menschlicher Handlungsfähigkeit, die in der Vergangenheit unter dem Begriff der ‚Muße' (*otium*) als eine wesentliche – wenn nicht sogar prioritär bedeutsame – Dimension eines guten Lebens verstanden wurde. Dieser problematische Aktivismus hat unterdessen zu einer fortschreitenden Medikalisierung von Geburt und Tod geführt, die uns leicht übersehen lassen kann, dass beiden Phänomenen eine *grundlegende Passivität* eingeschrieben ist, die wir nicht einfach überspringen sollten: Wir werden geboren und wir sterben, ohne dass dies in der Regel vom Menschen geplante Handlungen sind. Zwar kann und soll sich der Mensch durchaus reflexiv zu seinem Lebensende verhalten und aktiv auf den eigenen Tod vorbereiten, wie es in der gesamten *ars moriendi*-Tradition auch immer geschehen ist, doch verliert der Tod dadurch nicht den Charakter eines *Widerfahrnisses*, das sich als solches kategorial von intentionalen Handlungsabläufen unterscheidet. Gerade in der Begegnung des Menschen mit dem Tod wäre daher nach Einschätzung der zeitgenössischen Thanatologie mehr *Mut zur Passivität*[22] und zum *geduldigen Abwarten*[23] ratsam, um dem individuellen Reifwerden für den je *eigenen Tod* den gebührenden Raum zu geben. Es stellt daher eine wichtige Herausforderung dar, die derzeit in unserer Kultur bestehende einseitige Wertschätzung von Aktivismus gerade am Lebensende zu überwinden und die verschiedenen Dimensionen der Handlungsfähigkeit wieder in eine insgesamt gesündere Balance zu bringen.

2.5 Umgang mit Suizid(assistenz) und suizidalen Krisen

Aus den bisherigen Überlegungen zum normativen Leitbild des ‚natürlichen Todes' sind im Blick auf den Umgang mit den beiden Handlungstypen von *Suizid* und *Suizidassistenz* wenigstens *vier Schlussfolgerungen* zu ziehen:

Auch wenn sich moralische Pauschalurteile über *den* Suizid insofern verbieten, als nur hinreichend spezifizierte Handlungstypen überhaupt einer begründeten Beurteilung zugänglich sind und suizidale Handlungsmuster in sehr verschiedenen Konstellationen auftreten können,[24] kann erstens kein Zweifel daran bestehen, dass die abendländische Moralphilosophie die in Freiheit vollzogene Selbsttötung eines Menschen zur Vermeidung alterstypischer Belastungen (sog. Alterssuizid) mehrheitlich abgelehnt hat, da die gewaltförmige Selbstauslöschung dem intrinsischen Wert personaler Existenz widerstreitet. Unabhängig davon, ob man dabei im

22 In diesem Sinne hat bereits M. Montaigne treffend festgestellt: „Falls ihr nicht zu sterben versteht – keine Angst! Die Natur wird euch, wenn es soweit ist, schon genau sagen, was ihr zu tun habt, und die Führung der Sache voll und ganz für euch übernehmen; grübelt also nicht darüber nach." (*Essais. Erste moderne Gesamtübersetzung von Hans Stilett*, Frankfurt 1998, 530r).

23 Vgl. C. Müller-Busch, *Abschied braucht Zeit. Palliativmedizin und Ethik des Sterbens*, Berlin 2012.

24 So stellen etwa der politisch motivierte Suizid als symbolische Protesthandlung, der Suizid einer psychisch beeinträchtigten Person, der sog. Bilanzsuizid eines noch relativ gesunden Menschen und die Selbsttötung eines völlig vereinsamten Hochbetagten, eines am Gefühl der Sinnlosigkeit seiner Existenz Verzweifelnden, eines körperlich schwer leidenden Patienten in einer als unerträglich empfundenen Krankheitssituation oder eines lebenssatten bzw. lebensmüden Menschen sehr unterschiedliche Phänomene dar, deren jeweilige Eigenarten auch in der moralischen Urteilsbildung zu berücksichtigen sind. Zur Vielgestaltigkeit suizidaler Konstellationen vgl. Deutscher Ethikrat, *Suizid – Verantwortung, Prävention und Freiverantwortlichkeit*, Berlin 2022, Kap. 2.

Einzelnen stärker die natürlich gebotene Selbstliebe, die Würde und Selbstzwecklichkeit des Menschen oder die Widersprüchlichkeit des Versuchs, seine Freiheit und Würde durch deren Zerstörung bewahren zu wollen, betonte, stets war man ganz überwiegend der Überzeugung, dass eine Totalverfügung des Menschen über sein eigenes Leben moralisch nicht zu rechtfertigen ist. Abweichende Stimmen (wie etwa diejenige David Humes) bilden eher die Ausnahme als die Regel. Auch der Umstand, dass die großen Weltreligionen – wie Judentum, Christentum und Islam, aber auch der Buddhismus und Hinduismus – ihre Ablehnung des Suizids bisweilen in religiöse Vorstellungen (wie z. B. die Rede vom ‚Geschenk des Lebens' oder besonderer Vorrechte Gottes als Schöpfer und Herrn über Leben und Tod) kleiden, ändert nichts an der Tatsache, dass die moralische Verurteilung des Suizids im Kern auf rein *rationalen, naturrechtlichen* Argumenten beruht, die als solche auch heute noch nichts von ihrer Gültigkeit verloren haben.[25]

Zweitens ist auch der Handlungstyp der *Suizidassistenz* insofern differenziert zu betrachten, als sich i. S. der klassischen Mitwirkungslehre (*cooperatio in malo*) ganz verschiedene Arten der Unterstützung einer moralisch problematischen Haupthandlung gegeneinander abgrenzen lassen, die sich sowohl hinsichtlich der Absicht des Akteurs als auch der räumlichen und zeitlichen Nähe zur Haupthandlung oder des Grades des Erfordernisses für den Handlungserfolg des Haupttäters gravierend voneinander unterscheiden können. Das Spektrum der möglichen Mitwirkungsformen reicht im Fall der Suizidassistenz von der fachkundigen Aufklärung über medizinische bzw. pharmakologische Aspekte der Einnahme tödlicher Substanzen über die Herstellung des Kontaktes zu einem Sterbehelfer und die Bereitstellung geeigneter Räumlichkeiten bis hin zur unmittelbaren Unterstützung der Ausführung eines Suizides etwa durch die Besorgung und Aushändigung eines Tötungsmittels.[26] Einrichtungen des Gesundheitswesens (Kliniken, stationäre Altenhilfeeinrichtungen, Hospize etc.) sollten ihre Mitarbeiter daher durch geeignete Fortbildungsmaßnahmen frühzeitig darüber informieren, welche Formen der Mitwirkung mit ihrem jeweiligen ethischen Leitbild vereinbar sind – und welche nicht.

Drittens ist angesichts der *Volatilität* von Sterbewünschen deutlich zu machen, dass nicht jede Äußerung eines Sterbewunsches als Ausdruck einer manifesten Suizidalität zu interpretieren ist. Professionelle Akteure im Gesundheitswesen sollten sich die nötige Expertise aneignen, um auch diskrete Sterbewünsche wahrzuneh-

25 Vgl. F.-J. Bormann, *Das Naturrecht unter den Bedingungen der Gegenwart*, in: J. C. Joerden/ J. C. Schuhr (Hg.), *Jahrbuch für Recht und Ethik*, Band 30 (2022), Berlin 2023, 71–86.

26 Zu den verschiedenen Formen der Mitwirkung unter den Bedingungen des österreichischen Sterbeverfügungsgesetzes vgl. F.-J. Bormann, *Ärztliche Mitwirkung an Suizidhandlungen nach dem StVfG – moraltheologische Überlegungen*, in: *Imago Hominis* 29 (2022), 75–88.

men und die Dynamik einer suizidalen Entwicklung realistisch einschätzen zu können. Während sie je nach Ausbildung und Kompetenz im Rahmen ihrer Fürsorgeverantwortung für die professionelle *Begleitung* einer suizidgefährdeten Person verpflichtet sind, fällt die *Assistenz* von Suizidhandlungen *nicht* in ihren Zuständigkeitsbereich, so dass sie zu derartigen Handlungen auch in keiner Weise rechtlich verpflichtet werden dürfen.

Viertens ist ausdrücklich zu betonen, dass hinsichtlich der genauen Entstehung und Verfestigung suizidaler Impulse zu stabilen und irreversiblen Handlungsmustern noch manche Fragen offen sind, so dass insbesondere im Bereich der sog. Alterssuizidalität noch erheblicher *Forschungsbedarf* besteht, dem in einer alternden Gesellschaft größere Aufmerksamkeit entgegengebracht werden sollte.

3 Desiderate für die deutsche Gesetzgebung

Obwohl die Aufgabe von Ethik und Moraltheologie nicht darin besteht, selbst konkrete Gesetzesvorschläge zu unterbreiten oder vorliegende Gesetzesentwürfe detailliert zu kommentieren, sollen hier abschließend doch noch einige Desiderate für die künftige Gesetzgebung auf diesem besonders sensiblen Feld formuliert werden.[27]

Die erste und wichtigste Forderung besteht in der *Stärkung der Suizidprävention.* Die juristische Konstruktion eines ‚Rechtes auf selbstbestimmtes Sterben' darf nicht dazu führen, dass ein gesellschaftlicher *Gewöhnungsprozess* in dem Sinne einsetzt, dass der Suizid schleichend als *normale* Form der Lebensbeendigung betrachtet wird und die frühzeitige professionelle Hilfe für suizidgefährdete Personen als zunehmend entbehrlich erscheint. Dies gilt umso mehr, als die überwältigende Mehrzahl sowohl der Suizidversuche als auch der vollendeten Suizide von Personen verübt wird, die aufgrund von psychischen Problemen nicht als ‚freiverantwortlich' zu qualifizieren sind,[28] so dass sich auch die Unterstützung solcher Suizide schon aus strafrechtlichen Gründen kategorisch verbietet.[29] Eine suizidprä-

27 Vgl. F.-J. Bormann, *Desiderate einer gesetzlichen Neuregelung der Suizidassistenz*, in: *Zeitschrift für medizinische Ethik* 67 (2021), 511–524.

28 Vgl. U. Hegerl, *Suizidalität im Kontext psychischer Erkrankungen*, in: Deutscher Ethikrat, *Öffentliche Anhörung zur „Phänomenologie der Sterbe- und Selbsttötungswünsche" am 17. Dezember 2020*, online unter: https://www.ethikrat.org/fileadmin/PDF-Dateien/Veranstaltungen/anhoerung-17-12-2020-hegerl.pdf (Zugriff am 06.06.2023).

29 Während die Unterstützung einer freiverantwortlichen Suizidhandlung im Grundsatz in Deutschland straffrei ist, wird die Hilfe zur Realisierung einer nicht freiverantwortlichen Suizidentscheidung strafrechtlich als „mittelbare Täterschaft (vgl. § 25 Abs. 1 2. Alt. StGB) bewertet und

ventive Wirkung dürfte auch von einem weiteren *Ausbau der palliativmedizinischen und hospizlichen Angebote* ausgehen, die in Deutschland vor allem im ländlichen Bereich noch immer unzureichend sind. Zudem erscheint es dringend geboten, nicht nur der Entstehung von *existentiellen Notlagen* (z. B. infolge von Altersarmut) entgegenzuwirken und den hausgemachten Mangel an bezahlbaren Pflegeangeboten durch eine gerechtere Ressourcenallokation innerhalb unseres Gesundheitssystems zu überwinden, sondern auch die Chancen zur *gesellschaftlichen Teilhabe* älterer und hochbetagter Personen zu verbessern. Zudem sollte die Bekämpfung der keineswegs nur auf eine bestimmte Altersgruppe beschränkten *Einsamkeit* als eine gesamtgesellschaftliche Aufgabe begriffen werden, die nur durch eine enge Zusammenarbeit aller zivilgesellschaftlichen Akteure zu bewältigen sein dürfte.

Eine zweite Forderung betrifft die Entwicklung eines *legislativen Schutzkonzeptes*, das alle Formen der Suizidassistenz (also nicht nur die sog. geschäftsmäßige Unterstützung von Suizidhandlungen) umfasst und zwei Bedingungen erfüllt: Zum einen hat es für die kleine Zahl der in voller Freiheit zum Suizid entschlossenen Personen einen *rechtssicheren Zugang* zur Suizidassistenz zu gewährleisten. Da in einer freiheitlich-demokratischen Gesellschaft unterschiedliche Auffassungen über die *Sinnhaftigkeit* der je eigenen Existenz anzutreffen sind, wird es auch immer einige Personen geben, die ihrem Leben unter bestimmten – für sie subjektiv unerträglichen – Bedingungen ein Ende setzen möchten. Aufgrund der grundsätzlich begrenzten Möglichkeiten zur Stärkung der Lebensbindung eines Menschen durch Dritte wird es daher auch bei bester Suizidprävention nicht gelingen, alle Suizide zu verhindern. Ein überzeugendes legislatives Schutzkonzept muss den Zugang zur begehrten Suizidassistenz zum anderen aber an *anspruchsvolle prozedurale Bedingungen* binden, die nicht nur eine angemessene Überprüfung der tatsächlichen Freiwilligkeit des Suizidbegehrens garantieren, sondern auch verhindern, dass ein *sozialer Druck* auf besonders vulnerable Personengruppen entsteht, von der – für das jeweilige Umfeld womöglich entlastenden – Möglichkeit einer Suizidassistenz tatsächlich Gebrauch zu machen.[30] Zu diesen Anforderungen gehört zunächst einmal die *Pflicht zu einer umfassenden Beratung* des Sterbewilligen, die neben der medizinischen Aufklärung über alternative Behandlungsangebote zur Leidensminderung auch eine psycho-soziale Beratungskomponente beinhaltet. Darüber hinaus ist zwingend eine *fachärztliche Überprüfung* der tatsächlichen Freiheit des Suizid-

als Fremdtötung bestraft" (Deutscher Ethikrat, *Suizid – Verantwortung, Prävention und Freiverantwortlichkeit*, Berlin 2022, 34).

30 Das übersehen diejenigen, die aus den unterschiedlich gelagerten Defiziten der derzeit vorliegenden Gesetzentwürfe den Schluss ziehen, auf eine neue gesetzliche Regelung des Zugangs zur Suizidassistenz ganz zu verzichten: vgl. R. Anselm/C. Bausewein/P. Dabrock/W. Höfling, *Recht auf Leben, Rechte im Sterben*, in: *FAZ* vom 8. Mai 2023, Nr. 106, 6.

wunsches nach dem Vier-Augen-Prinzip durch zwei psychiatrische bzw. psychologische Gutachten erforderlich, die auch die Beständigkeit des Willens zur Selbsttötung beurteilen. Die beiden gutachterlich tätigen Ärzte bzw. Psychologen dürfen zudem selbst nicht an der Durchführung der Suizidassistenz beteiligt sein. Aufgrund der einzigartigen Tragweite einer Suizidentscheidung, die immerhin die irreversible Selbstauslöschung beinhaltet, sind darüber hinaus hohe Anforderungen an die *geistige Reife* des Betroffenen zu stellen, so dass ein Zugang zur Suizidassistenz ausschließlich *volljährigen* Personen eröffnet werden sollte. Auch ist sicherzustellen, dass die suizidwillige Person zum Zeitpunkt der Suizidhandlung über eine *aktuelle Urteilsfähigkeit* verfügt, was die Zulässigkeit eines *vorausverfügten* Suizidhilfebegehrens grundsätzlich ausschließt.

Der Gesetzgeber sollte zudem die (möglichst zentral gesteuerte) Abgabe der tödlichen Substanzen an suizidwillige Personen und ihre Unterstützer an die strikte Einhaltung der hier genannten Sorgfaltskriterien binden und die Praktiken von Sterbehilfevereinen regelmäßig kontrollieren.

Schließlich ist durch entsprechende sozialrechtliche Regelungen sicherzustellen, dass sich die Suizidassistenz nicht schleichend zu einem *Teil des medizinischen Versorgungssystems* entwickelt. Da die Unterstützung von Suizidhandlungen *keine ärztliche Aufgabe* darstellt und auch keinerlei objektive Indikationsstellungen für diesen Handlungstyp existieren, ist dafür Sorge zu tragen, dass auch die Vergütung für entsprechende Dienstleistungen nicht über die Krankenversicherung abgedeckt werden darf, sondern grundsätzlich vom Suizidenten selbst privat liquidiert werden muss. Selbst wenn man approbierten Ärzten nicht mit den Mitteln des Berufsrechts die Beteiligung an Akten der Suizidassistenz verbieten kann, weist die Bundesärztekammer zu Recht darauf hin, dass die Unterstützung von Suiziden dem berufsethischen Selbstverständnis der Ärzteschaft widerspricht[31] und daher individuell verantwortet werden muss.

Aufgrund der teilweise unseriösen Praktiken einzelner Sterbehelfer sollte der Gesetzgeber auch ein generelles *Verbot sämtlicher Formen gewerblicher Suizidassistenz* aussprechen, da die Gewinnerzielungsabsicht in diesem Kontext nicht nur sittenwidrig erscheint, sondern auch höchst anfällig dafür ist, die notwendigen Qualitätskriterien zu unterlaufen.

Schließlich bedarf es auch geeigneter *Schutzklauseln* für Gesundheitseinrichtungen in privater Trägerschaft, deren Leitbild eine Durchführung der Suizidassistenz innerhalb der eigenen Räumlichkeiten kategorisch ausschließt und die

---

31 Vgl. *Stellungnahme der Bundesärztekammer anlässlich der Durchführung einer öffentlichen Anhörung des Rechtsausschusses des Deutschen Bundestages zur Suizidhilfe und Suizidprävention am 28. November 2022*, Berlin 23.11.2022, 6.

dies in ihren jeweiligen Heimverträgen auch unmissverständlich und transparent kommuniziert haben.

Ob und inwieweit sich diese ethischen Desiderate politisch umsetzen lassen, dürfte weitgehend davon abhängen, welcher der beiden Argumentationslinien des BVerfG-Urteils die Mehrheit der Parlamentarier tatsächlich folgt und welche Lehren der deutsche Gesetzgeber daraus zieht, dass sog. liberale Sterbehilferegelungen im Ausland bislang überall zu kontinuierlich steigenden Suizidraten und damit zu ethisch problematischen sog. *slippery slope*-Effekten geführt haben.

Karl-Josef Kuschel

Krankheit, Tod und Sterben im Spiegel literarischer Texte

1 Warum lesen wir Literatur?

Die großen Geschichten, die Geschichten, die sich zu erinnern lohnen, die haften bleiben, die man mit sich trägt, oft ein Leben lang, die Geschichten also, welche die große Literatur erzählt, sind in der Regel Zäsurgeschichten. Solche Geschichten beginnen immer damit, dass Sicherheiten erschüttert werden. Alltägliches wird fremd. Beginnen damit, dass das fraglos gelebte Leben zum Rätsel wird. Der Boden wankt. Etwas Fremdes spüren wir in uns. Unbekannt, unheimlich vielleicht. Der eigene Körper? Wie selbstverständlich war er einem geworden. Plötzlich der Einbruch einer Krankheit. Der eigene Partner? Jahrzehntelang war man mit ihm durchs Leben gegangen. Plötzlich lebt man ohne ihn. Allein mit der Trauer, ausgesetzt der Einsamkeit. Die eigenen Kinder? Ein Leben war nicht vorstellbar ohne sie. Plötzlich fehlt eins, weil – wie man sagt – das „Schicksal" es so „gewollt" hat.

Nicht zufällig spielen Schlüsselromane der europäischen Literatur des 20. Jahrhunderts in Sanatorien und Spitälern: der „Zauberberg" von Thomas Mann, die „Krebsstation" von Alexander Solschenizyn, „Homo Faber" von Max Frisch, „Jedermann" von Philipp Roth. Ob in einem Lungensanatorium zu Davos, einer Krebsstation im asiatischen Taschkent, einem Krankenhaus in Athen oder New York – überall dasselbe Motiv: die Welt der Kranken als Spiegelung einer kranken Welt. Figuren wie diese wandern durch die fiktive, virtuelle Neben- und Gegenwelt namens Literatur: die Castorps bei Thomas Mann, die der morbiden Welt der Moribunden verfallen sind und am Ende selber lebensunfähig zugrunde gehen. Die Kostoglotows bei Solschenizyn, die den Krebs besiegen, aber erkannt haben, wie sehr die eigene Gesellschaft vom Krebsgeschwür einer verlogenen Ideologie bereits zersetzt ist. Der Techniker Walter Faber bei Max Frisch. In einem Athener Krankenhaus wartet er auf seine Magenoperation und legt über sein Leben Rechenschaft ab. Er glaubt es zu beherrschen. Es war ihm entglitten, hatte ihn vor das Rätsel unschuldigen Schuldigwerdens gestellt. Die Klinik-Welt im Spiegel der Literatur? Eine Zwischenwelt, in der Menschen noch einmal neu mit der Wahrheitsfrage über ihr bisher gelebtes Leben konfrontiert werden. Warum lesen wir solche Geschichten? Im fiktionalen Raum trainieren wir den schlimmstmöglichen Fall. Die Sprache hilft, ihn zu bannen, ihn bewältigbar zu halten. Wir wollen vorbereitet sein. Die Literatur als zweite Realität hilft uns, krisensensibler und damit krisenre-

https://doi.org/10.1515/9783111055602-031

sistenter zu werden. Das literarische Medium ist ja auch die unaufdringlichste und zugleich intensivste Form, uns selber dabei zuzusehen, was aus uns geworden ist. Das gilt insbesondere für die dramatischen Krankheitsgeschichten mit tödlichem Ausgang, ob durch körperlichen Verfall oder durch selbstbestimmten Eingriff.

(1) Zunächst zwei Beispiele für ein klassisches fiktionales Erzählmuster, also Narrative von moribunden Krankheitsverläufen, die von Schriftstellern „erfunden" wurden.

(2) Dann neuere autobiographische Erzählmuster des Sterbens, also Narrative, die nicht „erfunden", sondern gefunden wurden, geschrieben von Patienten, die ihre eigene Geschichte erzählen, ja, überhaupt zu Autoren wurden, als sie mit Krankheit und Sterben konfrontiert werden.

(3) Und schließlich drittens: Geschichten selbstbestimmten Sterbens in einem breiten, hier nur skizzierbaren Spektrum von Suizidgeschichten, fiktional oder autobiographisch, die ich abrunde mit dem Thema selbstbestimmten Sterbens im Kontext der heutigen Sterbehilfe-Debatte Pro und Contra, deren literarische Form das Drama ist. Es geht um einen fiktiven Fall, der im Für und Wider in Gestalt eines Theaterstücks dem Publikum zur Urteilsbildung und zur Entscheidung vorgelegt wird.

2 Sterben im Prozess moribunder Krankheiten

Nicht jede Krankheit führt zum Tode; nicht jede Krankheit läutet sofort das Sterben ein. Aber wenn Krankheitsausbruch und Sterbensbeginn zusammenfallen, dann schlägt die Stunde der Literatur. Zwei Beispiele für das klassische Erzählmuster greife ich heraus: die Geschichte vom „Tod des Iwan Iljitsch" des Russen Leo Tolstoj und die Geschichte „Das sterbende Tier" des Amerikaners Philip Roth.

2.1 Fiktionale Sterbegeschichten

2.1.1 Der Krankheitsprozess als Bewußtseinsprozess: Leo Tolstojs „Der Tod des Iwan Iljitsch"

Geschichten dieser Gattung fangen immer mit dem Einbruch des Unerwarteten an. Gerade hatte man noch zufrieden dahingelebt, da spürt man plötzlich etwas Beunruhigendes. 58 Jahre ist Lew Nikolajewitsch Tolstoj alt, als er 1886 seine Geschichte „Der Tod des Iwan Iljitsch" publiziert. Ein Schlüsseltext nach seiner großen „Bekehrung", einer krisenhaften religiösen Wende in seinem Leben, die ihn für ein radikales Christentum frei gemacht hatte. Einen Namen hatte der Schriftsteller sich längst gemacht, und zwar mit dem gewaltigen historischen und geschichtsphilosophischen Roman „Krieg und Frieden" (1868/69) und dem großen Frauen- und Eheroman „Anna Karenina" (1878). Zwanzig bzw. zehn Jahre ist das her. Die Geschichte Russlands und die Geschichte der russischen Oberschicht hatte er in psychologisch sensiblen, realistischen Portraits eindrücklich geschildert. Tolstoj – er ist bereits einer der Großen in der Welt der Literatur.

Doch dann war bei Tolstoj eine Umkehr erfolgt, war es zu einer tiefgreifenden religiösen Krise, zu einer öffentlichen „Beichte" (1882) und damit zur Besinnung auf ein radikales Ethos im Geiste der Bergpredigt gekommen. Tolstoj widerruft sein ganzes bisher gelebtes Leben als ethisch flach und privilegiert verwöhnt. Auch die bisherige Form von Literatur wird auf einmal in Frage gestellt. Ist sie nicht bloßes ästhetisches Spiel, Medium öffentlicher Selbstinszenierung? Doch Tolstoj schreibt weiter, jetzt aber entstehen Geschichten, die eine ganz andere ethisch-religiöse Radikalität aufweisen! Zum Beispiel die „Iwan Iljitsch"-Geschichte.

Ins Zentrum rückt Tolstoj hier eine Krankheit, die unerbittlich zum Tode führt, und an diese Unerbittlichkeit des Sterben-Müssens knüpft er jetzt seine Form radikaler Auseinandersetzung mit der Gesellschaft seiner Zeit. Die Krankheitsgeschichte wird zur Spiegelgeschichte. Im Mittelpunkt steht nicht zufällig ein Richter in hoher Stellung: Iwan Iljitsch Golowin. Ein typisches Leben nach bürgerlichen Normen hatte dieser bisher gelebt: mit beruflicher Qualifikation, Karriere, gesellschaftlich günstiger Heirat, erfolgreicher Erziehung zweier Kinder. Eine hohe Stellung im Justizwesen hatte er erlangt. Da reißt ihn ein Magenkrebs aus dem Alltag des gewohnten Lebens, und kein Arzt kann ihm helfen. Als die Schmerzen unerträglich werden, ist der Richter gezwungen, das Bett zu hüten, er, der in seinem Beruf Ehrgeizige und Erfolgreiche. Er kennt das alles nicht, was ihm widerfährt, hat Angst vor dem Versagen, dem beruflichen Ausfall, dem Unnützwerden in der Gesellschaft:

> Und wenn wirklich mein ganzes Leben, mein bewusstes Leben nicht das richtige gewesen ist? [...] Ihm kam der Gedanke, dass die von ihm kaum bemerkten Neigungen, sich gegen das zu wehren, was von den Hochgestellten des Lebens für gut gehalten wurde, jene kaum merkbaren Neigungen, die er stets sofort unterdrückt hatte, wirklich berechtigt waren und dass alles andere nichts war: sein Dienst, seine Lebensgestaltung, seine Familie, die Interessen der Gesellschaft und des Dienstes – alles das war vielleicht nichts, nichts. [...] Er legte sich auf den Rücken und begann von neuem sein ganzes Leben durchzugehen [...]. Er sah [...] alles das, wofür er gelebt hatte, und er sah klar, dass das gar nichts, dass das alles ein furchtbarer, ein ungeheurer Betrug war, der Leben und Tod verdeckte.[1]

1 L. N. Tolstoj, *Der Tod des Iwan Iljitsch* (1886), in: *Die großen Erzählungen*. Aus dem Russischen von A. Luther u. R. Kassner, Frankfurt/M. 1961, TB-Ausgabe Frankfurt/M. 1997, 11–82, 78.

Nach einigen Monaten beginnt der Prozess des Sterbens mit einem „drei Tage lang ohne Unterbrechung währenden Schreien".

> Und plötzlich war ihm klar, dass das, was ihn quälte und nicht aus ihm heraus wollte, auf einmal herausging von zwei Seiten, von zehn Seiten, von allen Seiten. Sie taten ihm leid, er musste etwas tun, dass sie nicht mehr zu leiden brauchten; er musste sie retten und sich selber von den Leiden retten.
>
> Wie gut und wie einfach, dachte er. Und der Schmerz? fragte er sich. Wo soll der hin? Ja, wo ist denn der Schmerz. Und er horchte auf. Ja, da ist er. Nun, meinetwegen.
>
> Und der Tod? Wo ist der Tod?
>
> Und er suchte seine frühere Todesangst und fand sie nicht. Wo ist sie? Wo ist der Tod? Die Angst war nicht mehr da, weil auch der Tod nicht mehr da war. An Stelle des Todes war ein Licht da.
>
> Das ist es also! sagte er. Welche Freude![2]

Das aber ist gerade das Erkenntnisinteresse Tolstojs am Thema Krankheit, Sterben, Tod. Dass ein Richter wie Golowin so stirbt, wie er stirbt, soll ihn herausheben aus der Masse der alles banalisierenden Mitbürger. Diesen ist der Tod dieses Mannes, den sie soeben noch als Freund betrachtet und als Kollegen hofiert hatten, völlig gleichgültig. Betroffenheit? Trauer? Verlustschmerz? Keine Spur davon! Aber gegen diese Vergleichgültigung in einer selbstgefälligen, in ihren Ritualen erstarrten Gesellschaft setzt Tolstoj die minutiöse Beschreibung des Sterbens dieses Menschen. Wenigstens in seiner letzten Phase gewinnt ein Einzelner aus diesem Milieu Größe: Golowin. Der Richter richtet sich, nachdem er sich selbst zum Angeklagten gemacht hat. So wird er fähig, die Nichtigkeit des bisher gelebten Lebens zu durchschauen und zu ahnen, welches Leben er hätte führen sollen – verpflichtet einem Ethos des Mitleids nämlich.

Tolstoj ist der erste Schriftsteller von Rang, der durch eine Krankheitsgeschichte seinen Lesern den Illusionscharakter eines äußerlich erfolgreichen, in Wirklichkeit aber banalen und ethisch verflachten Lebens bewusst macht. Schon er nutzt das Thema Krankheit zur Aufdeckung von Verblendungen einer bestimmten gesellschaftlichen Schicht. Schon er kennt damit die Paradoxie großer Krankheitsgeschichten, der wir auch künftig begegnen werden: Dem Zuwachs an innerem Verfall beim Betroffenen entspricht ein Gewinn an Bewusstsein. Dem destruktiven Wachstum der Geschwulst korrespondiert ein geistiges Wachstum an Wahrhaftigkeit über sich selbst. Erst die Krankheit im Leib vermag oft einem Menschen, je länger desto klarer, die Augen zu öffnen für den Wert und Unwert seines bisher gelebten Lebens. Die Krankheitsgeschichte wird zur Spiegel- und damit zur Aufklärungsgeschichte. Denn erst der wuchernde Krebs in seinem Leib öffnet dem Tolstojschen Richter schonungslos die Augen für den Unwert seines

2 Tolstoj, *Der Tod des Iwan Iljitsch*, 81 f.

rein materiell orientierten Lebens. Jetzt sieht er klar, dass er gelebt hat, wie er nicht hätte leben sollen. Sein Amt, der Lebensstil seiner Familie, die Interessen der Gesellschaft – das alles „war vielleicht nichts, nichts". Und doch wird der Todesschrecken am Ende der Erzählung – gewissermaßen im letzten Augenblick – noch einmal ins Positive gewendet. Nach dem dreitägigen Schrei schwindet auf einmal die Todesangst, ein Licht ist da, so dass der Sterbende plötzlich sagen kann: „Das ist es also! Welche Freude!"[3]

2.1.2 Entzauberung eines „harmonischen Hedonismus": Philip Roths „Das sterbende Tier"

Beides gehört in den großen Texten der Weltliteratur zusammen: die Auseinandersetzung mit dem Gesellschaftsorganismus *und* dem Organismus des eigenen Körpers; messerscharfe Systemanalyse *und* differenzierte Intimitätserfahrung; schonungslose Aufdeckung von gesellschaftlichen Verblendungen *und* die menschliche Fähigkeit zur Wahrheit in Wahrhaftigkeit. Genau diese Verbindung literarisch zu zeigen, gelingt einem der bedeutendsten Schriftsteller der amerikanischen Gegenwartsliteratur: Philip Roth. Im Jahr 2001 erscheint sein Buch „The Dying Animal", zu Deutsch: „Das sterbende Tier", als Roth sich längst neben John Updike, Saul Bellow und Bernhard Malamud als einer der führenden Schriftsteller der amerikanischen Gegenwartsliteratur etabliert hatte.

Das Buch hat die Form eines Dialogs, ohne dass ein Adressat genannt würde. Jemand wird angesprochen, bleibt aber namenlos. Ein bewusst kalkulierter Kunstgriff des Erzählers. Es ist, als seien wir Leser die Instanz, als wären wir gemeint, wenn der Sprecher direkt jemanden anredet:

> Können Sie sich vorstellen, wie es ist, alt zu sein? Natürlich können Sie das nicht. Ich jedenfalls konnte es nicht [...] Man beobachtet (wenn man so viel Glück hat wie ich) seinen eigenen Verfall und hat, aufgrund seiner anhaltenden Vitalität, zugleich einen erheblichen Abstand zu diesem Verfall[4].

Acht Jahre ist das Ereignis her, über das der Erzähler Rechenschaft ablegt. Er heißt David Kepesh, ist ein alt gewordener Professor der Literaturwissenschaft und ein angesehener Kultur- und Literaturkritiker. Vor acht Jahren hatte er eine Studentin kubanischer Herkunft kennengelernt, Consuela Cordillio. Er war überwältigt worden

---

3 Tolstoj, *Der Tod des Iwan Iljitsch*, 82.

4 P. Roth, *The Dying Animal* (2001), dt.: *Das sterbende Tier*. Roman. Aus dem Amerikanischen von Dirk van Gunsteren, München/Wien 2003, 43.

von der erotischen Magie dieser Frau, ihrem „phantastischen Körper“, den „schönsten Brüsten der Welt“. Nicht ohne Stolz berichtet Kepesh, dass es ihm als „altem Mann“ noch gelungen sei, mit einer solch attraktiven Studentin in eine intime Beziehung zu treten. Potenzstolz, Männerphantasie, Schlüsselerfahrungen einer permissiven Lust- und Spaßgesellschaft, durchlebt von einem Mann, der einmal verheiratet war, in den 60er Jahren aber Frau und Sohn im Zuge der sexuellen Revolution verlassen hatte: „Männliche Emanzipation“ hatte er erfahren wollen. Nie wieder im Gefängnis leben! Verschiedenste Beziehungen zu Frauen hatte er „ausprobiert“. Problemlos war er zwischen ihnen gewechselt. Stichwort „harmonischer Hedonismus“[5].

Dann Consuela. Was er nie zuvor erlebte, passiert jetzt: Er „verfällt“ der Magie einer Frau, kommt nicht mehr von ihr los. Was als erotische Freiheitserfahrung begonnen hatte, wird zum Wahn, zur Obsession. Erfahrungen tiefer Ambivalenz durchlebt Roths Protagonist in der Beziehung zu dieser Frau: sexuelle Spitzenerlebnisse und gleichzeitig sexuelle Obsessionen, Überwältigtsein und Gefesseltsein, Freiheitsgenuss und Abhängigkeitsqual, Sucht und Eifersucht, Erfüllungsräusche und Verlassenheitsängste. „Sex ist das, was unser normalerweise geordnetes Leben in Unordnung bringt“, resümiert Kepesh. „Das weiß ich so gut wie jeder andere. Jede kleine Eitelkeit kehrt zurück, um einen zu verspotten. Lesen Sie Byrons Don Juan. Aber was soll man machen, wenn man 62 ist und glaubt, dass man nie wieder etwas so Perfektes in Händen halten wird?“[6].

Eineinhalb Jahre hatte die Beziehung gedauert, dann war sie auseinander gebrochen. Jahrelang hatte man nichts mehr voneinander gehört. Aber jahrelang war Kepesh von einer Depression in die andere getaumelt. Auch neue Beziehungen zu Frauen können den Trennungsschmerz nicht überspielen. „Harmonischer Hedonismus“? Das ist seine Sache jetzt nicht mehr. Da tritt Consuela erneut in sein Leben, das gerade dabei ist, wieder in ruhigen Bahnen zu verlaufen. In einer Silvesternacht erscheint sie in seiner Wohnung, erotisch eher noch attraktiver als früher, nimmt aber merkwürdigerweise einen fezartigen Hut nicht vom Kopf. Consuela befindet sich mitten in einer chemotherapeutischen Behandlung. Diagnose: Brustkrebs. Ausgerechnet bei ihr, der Frau mit den „schönsten Brüsten der Welt“, dem Fetisch der westlichen Konsum- und Spaßgesellschaft.

Was folgt? Es folgt ein melancholisches Abschiedsritual zwischen den beiden – jetzt aber unter veränderten Bedingungen. Die Abhängigkeiten haben sich vertauscht. War er früher ihr verfallen, hatte wie ein Hund unter ihrem Entzug gelitten, so ist nun sie es, die ihn braucht. Eine Brustverstümmelung steht ihr bevor. Sie braucht ihn zunächst, um von ihm noch einmal bestätigt zu werden. Er

---

5 Roth, *The Dying Animal*, 82.
6 Roth, *The Dying Animal*, 41 f.

war von all ihren Liebhabern derjenige gewesen, der ihren Körper am meisten bewundert hatte. Alle anderen Männer hatten sich ihres Körpers bedient, nur er hatte ihn geliebt. So fordert sie ihn auf, diesen ihren Körper noch einmal zu berühren, zu betasten, ja ihn auf Fotografien festzuhalten, ein hilfloser Versuch, die Schönheit zu bannen. Denn jetzt braucht sie ihn nicht mehr als Sexual-, sondern als Geborgenheitspartner. Die neue Rolle aber fällt ihm schwer, hatte doch die Beziehung zu ihr damals reinen Lust- und Selbstbestätigungscharakter. Als sie in derselben Nacht wieder Vertrauen zu ihm gefasst hat, nimmt sie nun doch den Hut vor ihm ab:

> Die ganze Zeit, müssen Sie wissen, hatte sie diesen fezartigen Hut getragen, auch als sie sonst nackt gewesen war und ich die Fotos von ihren Brüsten gemacht hatte, doch jetzt riß sie ihn sich vom Kopf. Mit Silvesterausgelassenheit riß sie sich den komischen Silvesterhut vom Kopf. [...] radikale Enthüllung von Consuelas Sterblichkeit. [...]
>
> Da. Da war es. Das ganze Grauen manifestierte sich in diesem Kopf. Ich küßte ihn immer wieder. Was sonst hätte ich auch tun sollen? Das Gift der Chemotherapie. Was hatte es in ihrem Körper angerichtet! Was hatte es in ihrem Kopf angerichtet! Sie ist zweiunddreißig, sie glaubt, dass sie nun aus dem Leben verbannt ist, und erlebt alles zum allerletzten Mal. Aber was, wenn es nicht so ist? Was –[7]

Die Kontraste von Einst und Jetzt könnten schärfer nicht sein. Sie machen die schockartig inszenierte Spannung des Textes aus. Der von der Chemotherapie kahlgefressene Kopf der einst erotisch anziehenden Frau wird zur Sinnbild von Sterblichkeit, welche die Illusionen einer reinen Genuss- und Spaßexistenz unterläuft. In die Gier von einst mischt sich Grauen. Entsprechend schwer fällt das Umschalten vom Sex in die Sorge, von der Mitlust ins Mitleid, vom Beischlaf zum Beistand. Der Rothsche Held muss begreifen, dass die Grunderfahrung von Mann und Frau nicht mehr die des Eros und Sexus ist, sondern die der gemeinsamen Sterblichkeit.

Noch auf den letzten eineinhalb Seiten dieser Erzählung lässt Roth die ganze Irritation, Unentschiedenheit, ja Hilflosigkeit seines Nicht-Helden deutlich werden. Keine glatte Lösung wird uns Lesern geboten, keine Moral aufgedrängt, keine Botschaft plump vermittelt. Am Ende bleiben Fragen. Muss er, Kepesh, sich nicht um diese Frau kümmern? Wünscht sie, dass er bei ihr bleibt? Aber würde dies nicht zu neuer Abhängigkeit führen? Zu neuen Qualen? Zu neuen Obsessionen? Der fiktiven Instanz gegenüber erklärt Kepesh in den letzten Zeilen dieses Romans:

7 Roth, *The Dying Animal*, 162–164.

Ich muss gehen. Sie will mich bei sich haben. Sie will, dass ich bei ihr im Bett schlafe. Sie hat den ganzen Tag nichts gegessen. Sie muss etwas essen. Jemand muss sie füttern. Sie? Sie können bleiben, wenn Sie wollen. Sie können bleiben. Sie können gehen ... Aber ich habe jetzt keine Zeit mehr, ich muss gehen!

,Tun Sie's nicht.'

Was?

,Gehen Sie nicht.'

Aber ich muss. Jemand muss bei ihr sein.

,Sie wird schon jemand finden.'

Aber sie hat schreckliche Angst. Ich muss gehen.

,Denken Sie darüber nach. Denken sie nach. Denn wenn Sie gehen, sind Sie erledigt.'[8]

2.2 Autobiographische Sterbegeschichten: Der Patient als Autor

Bei allen Unterschieden – in einem ist die Strategie der großen Erzähler von Tolstoj bis Roth beim Thema moribunde Krankheit gleich: Der jeweilige Erzähler bleibt außen vor. Er ist der Allwissende, der die Fäden zieht, das Geschehen aus gehöriger Distanz arrangiert und die Figuren in ihrem Innen- wie Außenleben kunstvoll konstruiert. Bei allen autobiographischen Affinitäten zwischen Autor und Text – bei dieser Erzählstrategie muss die eigene Geschichte unberücksichtigt bleiben. So ist denn auch traditionellerweise in der Welt der Literatur von Krebserkrankungen und Sterbeprozessen erzählt worden: Es dominiert die erfundene Geschichte, bei der der Erzähler – mit dem Krebs als „Aufhänger" – auf eine inhaltliche Pointe zielt, selber aber in Distanz bleibt.

Eine neue Art des Schreibens bricht sich später Bahn – gerade beim Thema Krebs. Seit den 70er Jahren dominiert als Gattung nicht mehr die fiktive Erzählung, sondern das autobiographische Zeugnis. Tagebücher, Diktate, Briefe, Aufzeichnungen, Konfessionen oder gar Eruptionen lösen die souverän-distanzierten „Meistererzählungen" ab. Die Ich-Form dominiert. Die Erlebnisliteratur drängt sich vor. Eine Form des Schreibens setzt sich durch, bei der man keine Geschichte über die Krankheit mehr erfindet, sondern eine eigene erzählt. Der Autor ist nicht mehr in Distanz zum Geschehen, sondern der eigentlich Betroffene. Autor und Patient sind identisch. Die Krankheits-Geschichte ist die des eigenen Körpers.

Dadurch kommt es zu einer ästhetischen Paradoxie eigener Art. Viele Verfasser werden überhaupt erst zu Autoren, weil sie an Krebs erkrankt sind. Die Krankheit gibt den bisher Geschichtslosen eine unverwechselbare Geschichte; den Menschen ohne öffentliches Gesicht ein scharfes Profil. Durch die Krankheit

8 Roth, *The Dying Animal*, 164 f.

zum Tode beginnt für den Kranken auf einmal ein neues Leben – und zwar im Modus des Schreibens. Die Gezeichneten zeichnen sich auf. Im Wettlauf mit dem Tode erschreibt man sich kleine Auferstehungen, Seite für Seite, solange man über Sprache noch verfügt. Von daher erklärt sich die Schreibbegierde gerade der Moribunden. Sterbend hat man keine Zeit mehr zu verlieren, denn man fühlt, dass jetzt eine Zeit kommt, die das Leben einem nie zuvor bot: Man nimmt sich – positiv oder negativ – höchst intensiv mit allen Sinnen wahr.

Ich wähle aus der Fülle des Materials wiederum einen exemplarischen Fall: Die Tagebücher und Briefe der Maxie Wander, 1979 herausgegeben von ihrem Mann Fred Wander unter dem Titel „Leben wär' eine prima Alternative“, und schließlich die „Diktate über Sterben und Tod“ des Schweizer Juristen Peter Noll, 1984 publiziert, zusammen mit einer Totenrede von Max Frisch. Nur hinweisen kann ich darauf, dass diese Art authentischer Krankheitsliteratur bis heute fortgeschrieben wird – mit beschleunigter Frequenz. Ich verweise stellvertretend auf das Buch des österreichischen Kabarettisten Werner Schneyder über den Krebstod seiner Frau „Krebs. Eine Nacherzählung“ (2008)[9]. Dann auf das Buch des Publizisten Jürgen Leinemann „Das Leben ist der Ernstfall“ (2009),[10] und schließlich auf die Aufzeichnungen des Dramatikers Christoph Schlingensief: „So schön wie hier kanns im Himmel gar nicht sein. Tagebuch einer Krebserkrankung“ (2009)[11].

Textkorpora zu vergleichen ist immer prekär. Alle haben ihre eigene geistige und stilistische Physiognomie. Ob Wander oder Noll: Jeder der beiden Verfasser hat seine eigene Herkunft, seinen eigenen Weg, seine eigene Welt. Nichts ist hier zu nivellieren; nichts in der Analyse einfach auf gleiche Strukturen zu bringen. Die Texte sind zu disparat, um sie über einen Kamm zu scheren. Welten liegen zwischen der 1933 in Wien als Arbeiterkind geborenen und seit 1958 mit ihrem Mann, einem österreichischen Schriftsteller jüdischer Provenienz, in der DDR lebenden Frau, die mit 44 Jahren an Brustkrebs stirbt, und dem Professor für Strafrecht an der Universität Zürich, Peter Noll, der mit 56 Jahren Anfang Oktober 1982 seinem Blasenkrebs erliegt. Aber gerade in der Unterschiedlichkeit spiegelt sich die Komplexität der Zugangsweisen. Dass jeder seinen eigenen Tod stirbt, diese Wahrheit zeigt sich gerade in den so differierenden Notaten. Sie sind aber gerade darin komplementär im Blick auf das Gesamtphänomen einer *ars moriendi* im Horizont der authentischen Krankheitserfahrung.

---

9 W. Schneyder, *Krebs. Eine Nacherzählung*, München 2008.
10 J. Leinemann, *Das Leben ist der Ernstfall*, Hamburg 2009.
11 C. Schlingensief, *So schön wie hier kanns im Himmel gar nicht sein! Tagebuch einer Krebserkrankung*, Köln 2009.

2.2.1 Stichwort: Krankheitserfahrung als Zeitverdichtung

Von Maxie Wander und ihrem Fall haben wir ihre Tagebücher und Briefe. Es sind weniger philosophische als lebenspraktische Reflexionen einer jungen Frau, die ihr Leben in seinen Chancen ganz und gar positiv bejaht. Eben noch hatte sie ihre Interview-Sammlung „Guten Morgen, du Schöne", Protokolle von Gesprächen mit Frauen aus der DDR, zum Druck gebracht und die ersten positiven Reaktionen von Lesern empfangen; sie ist auf dem besten Wege, eine anerkannte Schriftstellerin zu werden. Da wird Brustkrebs bei ihr diagnostiziert. Und nach der Operation ahnt sie, dass dies den Tod bedeutet.

Aber ihre Texte, die sie zunächst einmal privat für sich schreibt, sind nicht Abrechnungen, sondern Akte zarter Trauerarbeit über ein Leben, das mitten im Vollzug abgebrochen werden muss. Sie berühren gerade durch ihre Gelassenheit, ihre Protestlosigkeit. Wir Leser werden dabei vor allem konfrontiert mit präzisen, unprätentiösen Notaten über ein Leben unter den Bedingungen des real existierenden Krankenhauswesens: Aufzeichnungen über Mitpatienten, Ärzte, Besucher und die eigene Geschichte. Der Ausbruch des Krebses verschärft auch bei ihr die Wahrnehmung, aber der Blick wird nicht rebellisch, sondern zart-melancholisch. Wer diese Aufzeichnungen liest, wird einige Szenen daraus nicht vergessen.

Da ist schon gleich zu Beginn die Szene mit einer alten Frau:

> Ich werde auf die Abteilung Gyn 2, Zimmer 5, eingewiesen. Wir sind fünf Frauen, sofort machen sich alle bekannt, ich erfahre Namen und Krankheit. Ein Abortus, eine mit Krebsverdacht, eine Abtreibung, dann eine alte Frau, die sie Oma Breitscheit nennen (sie liegt offenbar im Sterben), und schließlich eine dunkelhaarige hübsche Person, die schweigt. Mir sehr sympathisch! Die Weber und die Keil unterhalten sich andauernd darüber, ob Oma Breitscheit Krebs hat, deuten alle Symptome und die Bemerkungen der Ärzte, die sich ja nur in Andeutungen äußern![12]

Schon in dieser ersten kleinen Passage wird unaufdringlich etwas von der Gefühlskälte offenbart, die sich gerade zwischen Patient und Patient einstellen kann. Menschen werden als Krankheiten verdinglicht; eine alte Frau ist zu einem Gegenstand geworden, über den man spekuliert, sich ein wenig lustig macht, an dem man den Abstand zu seinem eigenen Unglück noch einmal bemisst. Nirgendwo stärker als im Krankenhaus wuchert der Vergleich: Bin ich besser weggekommen als andere? Wieder werden die Aufzeichnungen lakonisch-präzise:

12 M. Wander, *Leben wär' eine prima Alternative. Tagebücher und Briefe*, hg. v. F. Wander, Berlin 1979, TB-Ausgabe München 1994, 9.

> Oma Breitscheit ist in den letzten Tagen arg ‚verfallen', wie mir die Frauen erzählen, hat fünfzig Pfund abgenommen, ist verkalkt und völlig durcheinander. Sie lebt ledig bei einer ihrer Schwestern in Birkenwerder. Sie jammert leise: ‚Wenn meine Mutter das erlebt hätte!' Und dann weint sie wieder. Wenn niemand fragt und ihr Schicksal beklagt, tut sie es selber. Was sollen wir Menschen sonst machen? Sie findet nichts, auch wenn es vor ihrer Nase liegt, rennt andauernd aufs Klo, ihr Darm ist kaputt. Eine der Frauen sagt: ‚Sie hat Metastasen im Hirn!' Als ich die Schwester bitte, ihr etwas gegen die Schmerzen zu geben oder für den Darm, meint die Schwester widerwillig: ‚Wir tun's ja schon, mehr geht wirklich nicht!' (ein paar Tage später werde ich erfahren, dass Oma Breitscheit nach Hause geholt wurde, zum Sterben!)[13]

Das ist – *zum einen* – nur der Introitus für die Wahrnehmung der eigenen Krebsgeschichte: Was „Oma Breitscheit" passiert, wird es einem auch selber widerfahren? Die völlige Entwürdigung auf ein hilfloses Stück Fleisch, das herumgeschoben wird, bespöttelt? Das eigene Ende – besteht es auch im Rennen aufs Klo, im kaputten Darm, in Metastasen im Hirn? „An Krebs zu denken ist, als wär man in einem dunklen Zimmer mit einem Mörder eingesperrt. Man weiß nicht, wo und wie und ob er angreifen wird!"[14]

Und da sind – zum *zweiten* – all die Beobachtungen zur Sprachpolitik der Ärzte: Was haben sie wirklich gesagt, angedeutet, verschwiegen? Nirgendwo stärker als auf der Krebsstation wird eine Sprachpolitik des künstlich induzierten Optimismus betrieben, welche die Täuschungen und Vertröstungen begünstigt:

> Was wirklich mit einem los ist, sagt dir kein Arzt, auf dem Gebiet wird alles mit Schweigen bedeckt [...] ich war ziemlich hartnäckig. Die meisten anderen Frauen wollen es anscheinend gar nicht wissen, lassen sich erstaunlich leicht betrügen, da gibt es eben ‚Vorstadien' und ‚gutartige Geschwülste' oder irgend etwas ‚Zusammengewachsenes', das entfernt werden muß, und das alles in einer Abteilung, wo hauptsächlich Geschwulstkranke liegen, alles wird bereitwillig geglaubt. Natürlich versteh ich's. Und ich ertrag diese beschissene Wahrheit ja auch nur, weil ich entschlossen bin, noch sehr lange zu leben, jetzt erst recht, jetzt weiß ich ja mehr vom Leben als die andern[15].

Und zugleich sind da – zum *dritten* – Notizen über den körperlichen Verfall, insbesondere den Verlust der Weiblichkeit. Wie nimmt man als Operierte die Verstümmlung des eigenen Körpers wahr? Wie werden andere ihn wahrnehmen? Was werden die „Augen der Männer" sagen, die ja vor allem auf „Äußerlichkeiten" fixiert sind? Man wird also diese Aufzeichnungen der Maxie Wander noch einmal unter der spezifischen Perspektive weiblicher Körpererfahrung zu lesen haben.

Aber die geheime Mitte dieser Texte ist der Widerstand, der auf sanfte Weise gegen den Tod geübt wird. Von Larmoyance keine Spur; Trauer mischt sich mit

13 Wander, *Leben wär' eine prima Alternative*, 14.
14 Wander, *Leben wär' eine prima Alternative*, 18.
15 Wander, *Leben wär' eine prima Alternative*, 33.

Tapferkeit. Im Prozess des Sterbens werden Menschen fähig, das Beste von sich preiszugeben. Als sei der Krebs eine Art Katalysator, der freisetzt, was Menschen an Sensibilität, Fürsorglichkeit und Hellsichtigkeit in sich tragen. Maxie Wander wird denn auch die Konfrontation mit ihrer Krankheit zur Erfahrung einzigartiger Zeitverdichtung: *„Diese letzten Wochen waren die dichtesten in meinem Leben ich möchte sie nicht missen – vorausgesetzt, dass ich davonkomme!“*[16] Und zugleich beginnt diese Frau zu begreifen, dass es eine Kraft gibt, die in allem wohnt, ein „Lebensgesetz in allem Lebendigen“, das man nicht ungestraft verletzen dürfe.

3 Selbstbestimmtes Sterben

3.1 Der Suizid als literarisches Motiv

Wenn von selbstbestimmtem Sterben im Raum der Literatur die Rede ist, dann drängt sich eine literarische Szene auf, die geradezu archetypischen Charakter hat. Wer könnte den Schlüssel- und Schlusssatz der entsprechenden Erzählung vergessen: „Kein Priester hat ihn begleitet“. Die Rede ist von Werther, dem Goethe in seiner ersten großen Prosadichtung ein Denkmal gesetzt hat, geschrieben als 24-jähriger 1773, als er noch als junger Jurist im Frankfurter Elternhaus auf seine Zukunft wartet, veröffentlicht 1774: „Die Leiden des jungen Werther“.

Ein Buch, das nicht nur Goethe mit einem Schlag zu einer nationalen und europäischen Berühmtheit macht, sondern zugleich eine Schockwelle in bürgerlich-kirchlichen Kreisen auslöst, als bekannt wird, dass manche Leser, Werther gleich, sich eine Kugel in der Kopf geschossen hatten. Literatur hatte wie kaum zuvor eine lebensgefährliche Brisanz gewonnen. Pädagogen warnen vor dem Buch als jugendgefährdend, Prediger verurteilten es als Glorifizierung einer Todsünde. Doch die Frage bleibt, erweist sich als unabweisbar: Gibt es eine Verführbarkeit des Menschen zum Tod von eigener Hand? Eine seelische Disposition? Hier, hier beim jungen Goethe, hatte einer, emotional tief getroffen, seine Eintrittskarte in die Welt zurückgegeben, einer, der an der Welt und ihren Gesetzen gescheitert war: von der Liebe zu einer Frau ausgeschlossen, in seiner beruflichen Stellung unangepasst. Und wir Leser werden durch diese Art der Literatur zu Voyeuren, gebannt vom Faszinosum „Selbstmord“.

Durch Goethes Werther aber wird die als „Selbstmord“ verurteilte Tat zum Freitod, und die Literatur wird zur Anwältin dieser Freiheit, seinem Leben selbst-

16 Wander, *Leben wär' eine prima Alternative*, 32.

bestimmt ein Ende zu machen. Bekannt ist der Fall der jungen Dichterin Karoline von Günderrode. Sie zählt zu den bedeutenden, sich selbst bestimmenden Frauen der deutschen literarischen Romantik. „Die Günderrode", wie sie genannt wurde, erstach sich 1806 mit einem goldenen Dolch nicht zuletzt unter dem Eindruck der „Werther"-Lektüre. Sie war gerade 26 Jahre alt. Literarisch lebt sie in mehreren Texten weiter, unter anderem in Christa Wolfs Roman „Kein Ort. Nirgends".

Rechtfertigungen des Freitods als Akt selbstbestimmten Sterbens ziehen sich auch durch die neuere Literatur. Ich denke an an Jean Amery, dessen Essay „Hand an sich legen. Diskurs über den Freitod" 1976 Aufsehen machte, zumal dieser große Schriftsteller und jüdische Zeitzeuge zwei Jahre später dann selber aus dem Leben ging, und ich denke an den Schweizer Romancier Hermann Burger, der zuerst, 1988, einen „Tractatus logico-suicidalis" veröffentlichte und dann ein Jahr später ebenfalls seinem Leben ein Ende setzte.

3.2 Der Suizid als authentische Tat

Fälle von Suizid ziehen eine breite Spur in der Literatur, auch wenn ihnen keine literarischen Rechtfertigungen vorausgingen. In der deutschen Literatur ist der archetypische „Fall", der Ur-Fall gewissermaßen, der Freidtod Heinrich von Kleists. Wer diesen einzigartigen Dichter liebt, wird den 21. November 1811 nicht vergessen, den Tag, an dem am Berliner Wannsee Kleist mit 34 Jahren zusammen mit seiner Gefährtin Henriette Vogel aus dem Leben ging. Er sei einer, heißt es in seinem Abschiedsbrief, „dem auf Erden nicht zu helfen war". Die literarischen Texte, die er hinterließ, zeigen die Widersprüche auf, unter denen er lebte und die zu ertragen er nicht länger bereit ist.

Aus diesen oder ähnlichen Motiven haben sie ihrem Leben selber ein Ende gemacht: ein Ernest Hemingway und eine Virginia Woolf, ein Kurt Tucholsky und ein Stefan Zweig, ein Klaus Mann und ein Walter Benjamin, ein Georg Trakl und ein Paul Celan. Ich kann hier nur Schlaglichter setzen und verweise auf die Studie von Birgit Lahann von 2014: „Am Todespunkt. 18 berühmte Dichter und Maler, die sich das Leben nahmen".[17]

17 B. Lahann, *Am Todespunkt. 18 berühmte Dichter und Maler, die sich das Leben nahmen*, Bonn 2014.

3.3 Sterben als Einübung in die Sterbenskunst: Peter Noll

Auf einen völlig anderen Umgang mit dem Thema selbstbestimmten Sterbens treffen wir bei dem Schweizer Juristen Peter Noll. Und zwar in seinem Buch: „Diktate über Sterben und Tod" von 1984. Er war ein Freund von Max Frisch, der ihn nicht nur bis zum Tod begleitet hat, der ihm auch die Totenrede hielt, die im Buch mit abgedruckt wurde. Es sind die autobiographischen Aufzeichnungen eines Mannes, der als Patient auf weitere Therapien verzichtet hat und so selbstbestimmt auf das Ende zuzugehen bereit ist. Und anders als die in einer Mischung aus Lakonie und Melancholie beobachtende Maxie Wander haben die Erfahrungen Nolls mit dem bevorstehenden Tod noch stärker den Charakter einer Zelebration. Will sagen: In der Person dieses Schweizers haben wir einen Intellektuellen vor uns, der über die letzten neun Monate seines Lebens hin eine *ars moriendi* zu pflegen versteht – bei Bibel- und Goethe-Lektüre sowie dem Anhören der Bachschen H-Moll-Messe. Einen Juristen, Professor für Strafrecht an der Universität Zürich, der in die Rolle eines Liturgen schlüpft, um sich ein Privatrequiem zu zelebrieren. Da klingt kein Verzweiflungsschrei durch die Notate, da kommt nicht der aufgewühlte, krebsverseuchte Mensch mit seinem Schrei nach dem Warum zur Sprache: Warum *ich*, warum *jetzt*, warum *so*? Da wird ein Sterben bewusst angenommen, nachdem Noll die ihm angeratene Operation abgelehnt hatte. So kann der Prozess des Sterben-Müssens überlegen reflektiert werden. Nolls Aufzeichnungen sind denn auch voll von Sentenziösem über Politisches, Theologisches und Literarisches. Montaigne und das Alte Testament, das Leben Jesu und die Frage nach Gott werden zu ständigen Bezugsgrößen. Die Erinnerungen an Friedrich Dürrenmatt geben dem Ganzen den Charakter literaturgeschichtlicher Zeugenschaft; der Umgang mit Max Frisch, bis zum Schluss ein Sterbebegleiter und dann der öffentliche Totenredner, macht aus dem Ganzen fast ein kulturelles Ereignis ...

Und doch sind auch bei Noll bestimmte Stellen besonders eindrücklich. Vor allem solche, die schonungslos die eigenen sowie die kirchlichen und gesellschaftlichen Defizite benennen. Der eigene Lebenslauf? Jetzt zur Ehrlichkeit fähig, werden Missverständnisse und Fehler eingestanden: in der Karriere, die nur äußerlich glänzend erscheint; in der Ehe, die scheiterte und mit Scheidung endete. Ja, unter dem Eindruck des in seinem Körper wuchernden Krebses wird das Selbstgespräch zum Beichtgespräch, das seinen Höhepunkt im Eingeständnis findet: „Für mein Leben habe ich zu vieles falsch gemacht [...] Ich hätte mich selber zu ändern versuchen sollen ..."[18]. Ja, unter dem Eindruck des bevorstehenden Todes wird eine Re-

18 P. Noll, *Diktate über Sterben und Tod. Mit Totenrede von M. Frisch*, Zürich 1984, 209.

formation des Sterbens und des Todes gefordert, eingedenk des biblischen Satzes: „Herr lehre uns bedenken, dass wir sterben müssen, damit wir weise werden." (Psalm 90,12)

Dies ist denn auch das Schlüsselwort der gesamten „Diktate": das religiöse Urwort Weisheit. Mit der Präzision des Juristen gibt sich dieser Patient Punkt für Punkt Rechenschaft darüber, welche Art von Weisheit das Denken an den Tod denn vermitteln soll: *erstens, zweitens, drittens.* Genau wird reflektiert, dass durch den Gedanken an den Tod die Zeit wertvoller werde; dass wir Menschen, wenn wir das Leben vom Tode her sähen, freier würden; dass vieles leichter, manches intensiver würde und dass auch das Verhältnis zu anderen Menschen sich verändere. Banale Sätze kommen zugestandenermaßen dabei heraus, aber in diesem Moment sind sie dem Professor für Strafrecht wichtiger als alles andere:

> Mehr diejenigen lieben, die dich lieben, weniger dich denjenigen widmen, die dich nicht lieben. Geduldiger werden, wo du zu ungeduldig warst, ruhiger, wo du zu unruhig warst, offener und härter, wo du zu nachgiebig und anpassungswillig warst.[19]

Äußerlich und innerlich dramatisch aber wird alles erst in dem Augenblick, in dem es zum äußeren Durchbruch der Krankheit kommt. Der Freund Max Frisch hatte Noll eingeladen, ihn auf eine Reise nach Ägypten zu begleiten. Ausgerechnet hier kommt es zum körperlichen Zusammenbruch: „Harn nur noch tropfenweise und rot. Extreme Kurzatmigkeit, vor allem im Liegen und nachts. Kalte Schweißausbrüche am ganzen Körper. Gefühl des Verendens."[20] Noll wird mit einem Rettungstransporter nach Zürich gebracht. Zum ersten Mal erlebt er die Demütigung der „passiven Patientenrolle". Danach ist nichts mehr, wie es war. Selbst die eigenen Aufzeichnungen werden jetzt in Frage gestellt. Haben sie überhaupt noch einen Sinn? Ja, selbstkritisch wird eingestanden, dass man zwar viel gesagt, aber auch viel verschwiegen habe. Zum ersten Mal blitzt damit das Bewusstsein auf, dass man mit Sprache und Schreiben offensichtlich nicht erfassen kann, was sich im Sterben vollzieht, noch nicht einmal das eigene Innere. Die Zelebration des eigenen Todes? Sie erweist sich als brüchig. Der Patient als Sinnproduzent? Offensichtlich ist er damit überfordert: „Ich wollte meinem Sterben und Tod einen Sinn geben, der auch für andere in der gleichen Situation Sinn sein kann. Das ist mir nicht gelungen"[21].

---

19 Noll, *Diktate über Sterben und Tod,* 83.

20 Noll, *Diktate über Sterben und Tod,* 176.

21 F. von Schirach, *Gott,* München 2020, 237.

3.4 Sterbehilfe? Ein dramaturgisches Gedankenspiel

1964 in München geboren, wird Ferdinand von Schirach in eine Familie hineingeboren, die durch den Großvater Baldur als NS-Reichsjugendführer politisch zutiefst belastet ist. Im Wissen um diese Verantwortung geht der Enkel einen eigenen Weg, studiert Jura in Bonn, leistet sein Referendariat in Köln ab und lässt sich 1994 in Berlin als Rechtsanwalt nieder. Bald wird aus dem versierten Juristen ein Schriftsteller eigenen Rechts. Erzählungenbände wie „Verbrechen", „Schuld", „Der Fall Collini" und andere erscheinen ab 2009 in rascher Folge. Romane und Essaybände folgen, die diesem Mann hohe Aufmerksamkeit in der deutschen Publizistik verschaffen. Hinzu kommen Theaterstücke: „Terror", 2015, und „Gott", 2020. Und diesem Stück „Gott" gilt nun unter dem Stichwort „Selbstbestimmtes Sterben" unsere Aufmerksamkeit.

Der Ansatz des Stückes ist das Grundsatzurteil des BVG zur Sterbehilfe am 26. Februar 2020, das nach langen, kontroversen, konfliktträchtigen rechtlichen und ethischen Diskussionen entschied: Jede Person hat das Recht, selbst zu entscheiden, wie und zu welchem Zeitpunkt man sein Leben beenden soll. Und wörtlich: „Die Freiheit, sich das Leben zu nehmen, umfasst auch die Freiheit, hierfür bei Dritten Hilfe zu suchen und Hilfe, soweit sie angeboten wird, in Anspruch zu nehmen".[22] Damit war die Frage, ob ein Arzt einem Menschen beim Suizid helfen darf, rechtlich geklärt. Aber die gesellschaftliche Diskussion war damit keineswegs beendet. Denn die ethische Frage bleibt. Sie lautet: Soll ein Arzt einem Menschen dabei helfen können? Und wie? Entsprechend ist nun der Bundestag gefordert. Es muss vor allem gesetzlich festgeschrieben werden, dass auch Ärzte Patienten beistehen dürfen, wenn sie ihrem Leben ein Ende setzen wollen. Darum geht es in dem Stück von Ferdinand von Schirach und dafür wählt er eine dramaturgisch effektvolle Form.

Er konstruiert einen Fall, der heftige Diskussionen auslösen muss, und bietet dazu Stellungsnahmen von Fachleuten auf. Der Rahmen ist dabei nicht eine Gerichtsverhandlung, sondern ein Diskursforum: ein Saal der Berlin-Brandenburgischen Akademie der Wissenschaften. Die Vorsitzende bei diesem Diskursgeschehen ist keine Richterin, sondern die „Vorsitzende des Ethikrates". Und im Mittelpunkt steht auch nicht ein Angeklagter, sondern ein betroffener Mensch, der um Hilfe zum Sterben bittet.

Verhandelt wird der Fall eines 78 Jahre alten Mannes, Richard Gärtner, der – direkt gesagt – sterben möchte, weil er seines Lebens überdrüssig ist. Er war ein

22 Bundesverfassungsgericht (BVerfG), *Urteil des Zweiten Senats vom 26. Februar 2020* (2 BvR 2347/15), Leitsätze 1c.

freiberuflich arbeitender Architekt gewesen, war verheiratet, hat zwei Söhne und drei Enkelkinder, doch seine Frau Elisabeth war nach 42 Jahren Ehe vor drei Jahren an einem Gehirntumor gestorben. Seither will dieser Mann nicht mehr weiterleben, obwohl er selber weder krank ist, noch unerträgliche Schmerzen hat oder sterbenskrank wäre. Gärtner ist körperlich gesund und auch nicht psychisch defekt, wie Gutachten ausdrücklich festhalten. Aber er will nicht mehr leben und sucht ganz elementar Hilfe zum Sterben. Die aber wird ihm von Ärzten in seiner Umwelt verweigert. Da aber die Verweigerung der Hilfe beim Sterben durch einen Arzt alle Menschen angeht, geht von Schirachs Figur nicht in die Schweiz, um sein Leben einer Sterbehilfe-Organisation zu überantworten, sondern an die Öffentlichkeit. „Ich will", sagte er eingangs der Verhandlung, „dass alle verstehen, dass es in Ordnung ist, dass ich sterben will. Ich will, dass man Menschen wie mir hilft. Ich will sterben, und das ist nicht amoralisch, egoistisch oder krank"[23].

Von Schirach nutzt nun die Mittel des dokumentarischen Theaters, um das Pro und Contra vor uns Zuschauern zu entfalten. Dafür bietet er sechs weitere Personen auf: Neben der Vorsitzenden des Ethikrates und dem Betroffenen die Augenärztin Brandt, die für Gärtner durch ihre lange Beziehung zur Vertrauensärztin geworden war, dann seinen Rechtsbeistand Biegler, ferner Frau Dr. Keller als Mitglied des Ethikrates, welche die drei Sachverständigen befragt: Sie kommen aus der Welt des Rechts (der Rechtswissenschaft), der Medizin (Bundesärztekammer) und der Theologie, in diesem Fall ein katholischer Bischof.

Aus der Vorgeschichte erfahren wir, warum Gärtner seinen Fall an die Öffentlichkeit hatte bringen wollen: Seine Ärztin hatte sich geweigert, ihm beim Suizid zu helfen, indem sie ihm das entsprechende Mittel beschafft:

> Mir ist völlig klar, dass der Ethikrat mir die persönliche Entscheidung nicht abnehmen kann. Ich möchte keine Beihilfe zum Suicid leisten. Aber davon ganz unabhängig zweifle ich auch, ob es für andere Ärzte richtig wäre, ihren Patienten dabei zu helfen[24].

Damit ist der Dramatiker bei der zentralen Frage, um die sich jetzt alles in seinem Stück dreht, und bei welcher der Betroffene, Richard Gärtner, einerseits auf die Unterstützung seines Rechtsbeistandes trifft, aber gleichzeitig auch auf die entschiedene Ablehnung durch den Vertreter der Ärzteschaft und der Theologie.

Die einzelnen Argumente in diesem Stück pro und contra sind hier nicht zu rekonstruieren. Ich greife exemplarisch zwei Stellen heraus, auf die der Titel des Stücks „Gott" neugierig macht und bei denen die Gegensätze besonders kontrovers und unerbittlich aufeinander prallen. Bei der einen Szene lässt der Autor Ri-

23 von Schirach, *Gott*, 20.
24 von Schirach, *Gott*, 22.

chard Gärtner direkt intervenieren, der ansonsten sich alles ruhig angehört hat. Aber in dem Moment, in dem ein ehemaliger Vorsitzender der Bundesärztekammer zitiert wird, „ärztlich assistierter Suizid sei ‚Drecksarbeit' für die Ärzte", „Abspritzen oder Keulen wie beim Vieh", man möge diese Aufgabe „den Klempnern" überlassen, bricht es aus ihm heraus:

> Sie reden hier die ganze Zeit von ‚ärztlichem Ethos'. Von einer ‚moralischen Verpflichtung'. Die Realität aber sieht ganz anders aus: Ich will nicht mehr leben. Mich interessiert kein Buch mehr, kein Film, keine Unterhaltung.
>
> SPERLING
>
> Ich ...
>
> GÄRTNER *Unterbricht*
>
> Sie und ihre Kollegen müssen endlich verstehen, was die Menschen von Ihnen erwarten.
>
> VORSITZENDE
>
> Herr Gärtner ...
>
> GÄRTNER *Unterbricht*
>
> Ihr verdammtes Ethos steht nicht über dem Ethos der Gesellschaft. In diesem Lande leben freie Menschen, sie können und dürfen über ihr Leben und ihr Sterben selbst entscheiden. Wenn einem vernünftigen Menschen das eigene Leben nicht mehr lebenswert ist, muss ein Sterbewunsch respektiert werden. Auch von Ihnen.
>
> VORSITZENDE *Unterbricht*
>
> Herr Gärtner, bitte beruhigen Sie sich doch ...
>
> GÄRTNER *Unterbricht*
>
> Sie sprechen hier von Vertrauen, ja, Sie haben ganz recht, genau darum geht es. Ich erwarte von klugen, menschlichen Ärzten, die mit den Mitteln der Bürger und für die Bürger ausgebildet wurden, dass sie mir helfen. Und ich darf das erwarten, glaube ich. Warum, Herr Professor Sperling, warum haben Sie nur so wenig Vertrauen zu Ihren Patienten? Warum glauben Sie, sie dürften sich für Gott halten?[25]

Die Pointe „Gott" mag hier überraschen, weil es in der Regel gerade die Gegner einer ärztlichen Beihilfe sind, die gegen den Suizid mit Verweis auf Gott argumentieren. Aber die Pointe hier liegt in der Logik der Argumentation von Schirachs Bühnenfigur, prallt doch jeder Appell um Hilfe zur Selbsttötung eines leidenden Menschen ab unter Verweis auf das „ärztliche Ethos". Ein solcher Arzt aber wird für die Figur Gärtner in diesem Moment zu einem unfehlbaren „Herrn über Leben und Tod", übt also praktisch gottähnliche Macht aus. Es ist diese prinzipiensture Empathieunfähigkeit auf Seiten dieses Vertreters der Ärzteschaft, welche die Figur Gärtner in diesem Stück außer sich sein lässt. Dem Ohnmächtigen *homo patiens* erscheint ein unempfindlicher Standesvertreter wie ein kalter „Gott", den das Leiden eines Menschen nicht zu einer Hilfe zum Suizid herausfordert.

25 von Schirach, *Gott*, 70 f.

Den Vertreter der Kirche lässt der Dramatiker völlig anders argumentieren. Er bringt, was keine Überraschung ist, das klassische schöpfungstheologische Argument gegen die Selbsttötung:

> Das Leben ist ein Geschenk Gottes. Nur er allein darf die Entscheidung über Leben und Tod treffen. [...] Gott, sagt Thomas [von Aquin], hat das Leben gegeben und nur er darf es nehmen. So wie der Lebensanfang dem Zugriff des Einzelnen und seinem Selbstbestimmungsrecht entzogen ist, so ist es auch das Lebensende. Das Leben ist Geschenk Gottes an Sie.[26]

Was umgekehrt heißt: Wer sich selbst das Leben nimmt, versündigt sich an Gott. Genauer: maßt sich eine Macht an, die nur Gott allein zusteht. Macht sich selbst zu Gott, zum unfehlbaren Herrn über Leben und Tod. Mit einem Wort: Suizid ist Blasphemie.

Dass die Standpunkte der befragten Personen in der entscheidenden Frage weit auseinander liegen, ist vom Dramatiker gewollt. Er greift ja auch die offenste Form auf, welche die Literatur zu bieten hat: den dramatischen Dialog, also die Kunstform des Für und Wider mit offenem Ausgang. Die Zuschauer dieses Stücks sollen bewusst keine „Lösung“ oder auch nur Meinung durch den Autor vorgesetzt bekommen, sondern mit Argumenten ausgestattet werden, um zu einem eigenen Urteil und zu einer eigenen Entscheidung nach Abwägung der Argumente zu kommen. Am Ende des Stückes ist denn auch die Fragestellung: Entweder – Oder wieder ganz einfach, und die Vorsitzende fasst sie so zusammen:

> „Halten sie es für richtig, dass Herr Gärtner Pentobarbital bekommt, um sich töten zu können?“ Das ist die Frage, die wir uns stellen müssen. Das Bundesverfassungsgericht hat eindeutig gesagt, dass es keinen Unterschied mache, ob ein gesunder Mensch oder ein Todkranker sterben möchte. Der Arzt kann beim Suizid helfen, aber er ist nicht dazu verpflichtet. Der Gesetzgeber mag später Regeln aufstellen, die Missbrauch verhindern und den freien Willen prüfen. Aber uns hier und heute geht es nur um die grundsätzliche, um die ethische Frage. Halten Sie es für richtig, einem gesunden Menschen ein tödliches Medikament zu geben? [...]Würden Sie Herrn Gärtner Pentobarbital überreichen, wenn Sie wissen, dass er damit aus dem Leben scheiden wird?[27]

Was ist die Stärke der Literatur im Blick auf Krankheit, Sterben und Tod? Sie liefert sinnliche Anschauung, existentielle Authentizität und argumentative Aufklärung in nötiger Komplexität.

Mehr also erwarten Sie nicht von der Literatur, will ich ein Zitat von Marie Luise Kaschnitz abwandeln. Und ich antworte: weniger nicht.

---

26 von Schirach, *Gott*, 94–96.
27 von Schirach, *Gott*, 110 f.

Abkürzungsverzeichnis

Aev.	Aevum. Milano
AGPh	Archiv für Geschichte der Philosophie
AKThG	Arbeiten zur Kirchen- und Theologiegeschichte
Am J Psychiatry	American Journal of Psychiatry
Am J Transplant	American Journal of Transplantation
AMHE	Augsburg-Münchener-Hallescher Entwurf
ANRW	Aufstieg und Niedergang der römischen Welt
AOW	Augustinus Opera – Werke
ARG	Archiv für Reformationsgeschichte
Aust Crit Care	Australian Critical Care
BEHE.R	Bibliothèque de l'École des Hautes Études – Section des Sciences Religieuses
BETL	Bibliotheca Ephemeridum theologicarum Lovaniensium
BGB	Bürgerliches Gesetzbuch
BGH	Bundesgerichtshof
BGHSt	Amtliche Sammlung der Entscheidungen des Bundesgerichtshofs in Strafsachen
BGrL	Bibliothek der griechischen Literatur
BiKi	Bibel und Kirche
BLE	Bulletin de littérature ecclésiastique
BÖT	Beiträge zur ökumenischen Theologie
Br Med J	British Medical Journal
BtMG	Betäubungsmittelgesetz
BVerfG	Bundesverfassungsgericht
BVerfGE	Amtliche Sammlung der Entscheidungen des Bundesverfassungsgerichts
BVerfGG	Bundesverfassungsgerichtsgesetz
BVerwG	Bundesverwaltungsgericht
BVerwGE	Amtliche Sammlung der Entscheidungen des Bundesverwaltungsgerichts
CCL	Code of canon law
CCSL	Corpus Christianorum – Series Latina
CeS	Civilisations et sociétés
Clin Transplant	Clinical Transplantation
CSCP	Cornell studies in classical philology
CSEL	Corpus scriptorum ecclesiasticorum Latinorum
Curr Opin Organ Transplant	Current Opinion in Organ Transplantation
DGHS	Deutsche Gesellschaft für Humanes Sterben
DGIIN	Deutsche Gesellschaft für Internistische Intensivmedizin und Notfallmedizin
DGPT	Deutsche Gesellschaft für Psychoanalyse, Psychotherapie, Psychosomatik & Tiefenpsychologie
DHPV	Deutscher Hospiz- und Palliativverband
Did(L)	Didaskalia. Lisboã
DIVI	Deutsche Interdisziplinäre Vereinigung für Intensiv- und Notfallmedizin

https://doi.org/10.1515/9783111055602-032

DSO	Deutsche Stiftung Organtransplantation
DVBl	Deutsches Verwaltungsblatt
DZPh	Deutsche Zeitschrift für Philosophie
EGMR	Europäischer Gerichtshof für Menschenrechte
EGTSK	Essener Gespräche zum Thema Staat und Kirche
EHS.	Europäische Hochschulschriften
EMRK	Europäische Menschenrechtskonvention
ERA	European Renal Association
ErJb	Eranos-Jahrbuch
EURELD	European End-of-Life Decisions
EvQ	Evangelical quarterly
FAZ	Frankfurter Allgemeine Zeitung
FC	Fontes Christiani
FKDG	Forschungen zur Kirchen- und Dogmengeschichte
FRLANT	Forschungen zur Religion und Literatur des Alten und Neuen Testaments
FSÖTh	Forschungen zur systematischen und ökumenischen Theologie
FThSt	Freiburger Theologische Studien
GA	Goltdammers Archiv für Strafrecht
GCS	Die griechischen christlichen Schriftsteller der ersten drei Jahrhunderte
GG	Grundgesetz
GNO	Gregorii Nysseni Opera
Gr.	Gregorianum. Roma
HTR	Harvard theological review
HWPh	Historisches Wörterbuch der Philosophie
Intensive Care Med	Intensive Care Medicine
IThS	Innsbrucker theologische Studien
J Am Acad Psychoanal Dyn Psychiatry	Journal of the American Academy of Psychoanalysis and Dynamic Psychiatry
J Clin Psychiatry	Journal of Clinical Psychiatry
J Crit Care	Journal of Critical Care
J Invest Surg	Journal of Investigative Surgery
J R Soc Med	Journal of the Royal Society of Medicine
JAMA	Journal of the American Medical Association
JbAC.E	Jahrbuch für Antike und Christentum – Ergänzungsband
JBTh	Jahrbuch für biblische Theologie
JEH	Journal of ecclesiastical history
JQR	Jewish quarterly review
JR	Juristische Rundschau
JRGS	Joseph Ratzinger Gesammelte Schriften
JThS	Journal of theological studies
JuS	Juristische Schulung
JZ	Juristenzeitung
KantSt	Kant-Studien
KBV	Kassenärztliche Bundesvereinigung
KPD	Kommunistische Partei Deutschlands
KriPoZ	Zeitschrift für Kriminalpolitik
KT	Kaiser-Taschenbücher

Langenb Arch Klin Chirurgie	Langenbecks Archiv für klinische Chirurgie
LG	Landgericht
Med Klin Intensivmed Notfmed	Medizinische Klinik – Intensivmedizin und Notfallmedizin
MedR	Medizinrecht
Mol Biol Cell	Molecular Biology of the Cell
MThS.S	Münchener theologische Studien – Systematische Abteilung
MüKo-StGB	Münchener Kommentar zum Strafgesetzbuch
N Engl J Med	New England Journal of Medicine
Nat Med	Nature Medicine
Nat Rev Nephrol	Nature Reviews Nephrology
Neurocrit Care	Neurocritical Care
NJOZ	Neue Juristische Online-Zeitschrift
NJW	Neue Juristische Wochenschrift
NK-StGB	Nomos Kommentar zum Strafgesetzbuch
NPD	Nationaldemokratische Partei Deutschlands
NStZ	Neue Zeitschrift für Strafrecht
NVwZ	Neue Zeitschrift für Verwaltungsrecht
NZSTh	Neue Zeitschrift für Systematische Theologie
OLG	Oberlandesgericht
OSAP	Oxford Studies in Ancient Philosophy
ÖTh	Ökumenische Theologie
OVG	Oberverwaltungsgericht
OWD	Origenes Werke mit deutscher Übersetzung
Pat.	Patrologia. Beiträge zum Studium der Kirchenväter
PG	Patrologiae cursus completus. Accurante Jacques-Paul Migne. Series Graeca
PhB	Philosophische Bibliothek
QD	Quaestiones Disputatae
RAC	Reallexikon für Antike und Christentum
Rev Neurol (Paris)	Revue Neurologique (Paris)
Rev. Neurol.	Revue Neurologique
RHR	Revue de l'histoire des religions
RSLR	Rivista di Storia e Letteratura Religiosa
RSPhTh	Revue des sciences philosophiques et théologiques
SC	Sources chrétiennes
Semin Neurol	Seminars in Neurology
Soc Sci Med	Social Science & Medicine
SRP	Sozialistische Reichspartei
StGB	Strafgesetzbuch
StIsl	Studia Islamica
StPatr	Studia patristica
StV	Strafverteidiger
StVfG	Sterbeverfügungsgesetz
SVigChr	Supplements to Vigiliae Christianae
TBei	Theologische Beiträge

TBF	Theologische Beiträge und Forschungen
Theol(P)	Théologie. Paris
Theos	Theos. Studienreihe theologische Forschungsergebnisse
ThLZ	Theologische Literaturzeitung
ThRv	Theologische Revue
ThTh	Themen der Theologie
ThZ	Theologische Zeitschrift
TPG	Transplantationsgesetz
TRE	Theologische Realenzyklopädie
TThZ	Trierer theologische Zeitschrift
TzF	Texte zur Forschung
UTB	Uni-Taschenbücher
USRDS	United States Renal Data System
VetChr	Vetera Christianorum
VWGTh	Veröffentlichungen der Wissenschaftlichen Gesellschaft für Theologie
WA	Weimarer Ausgabe
WHO	World Health Organization
WUNT	Wissenschaftliche Untersuchungen zum Neuen Testament
Z Gerontol Geriat	Zeitschrift für Gerontologie und Geriatrie
ZAC	Zeitschrift für antikes Christentum
ZDMG	Zeitschrift der Deutschen Morgenländischen Gesellschaft
ZfiStw	Zeitschrift für Internationale Strafrechtswissenschaft
ZfL	Zeitschrift für Lebensrecht
ZfmE	Zeitschrift für medizinische Ethik
ZKTh	Zeitschrift für katholische Theologie
ZSTh	Zeitschrift für Systematische Theologie
ZStW	Zeitschrift für die gesamte Strafrechtswissenschaft
ZThK	Zeitschrift für Theologie und Kirche

Literaturverzeichnis

Abrams, D. et al., *Extracorporeal cardiopulmonary resuscitation in adults: evidence and implications*, in: *Intensive Care Med* 48/1 (2022), 1–15.

Ad Hoc Committee of the Harvard Medical School, *A definition of irreversible coma. Report of the Ad Hoc Committee of the Harvard Medical School to Examine the Definition of Brain Death*, in: *JAMA* 205/6 (1968), 337–340, online unter: https://www.ncbi.nlm.nih.gov/pubmed/5694976 (Zugriff am 07.06.2023).

Adamson, P., *LMUcast. Vorlesung: „Philosophie in der islamischen Welt“*, 01.08.2018, online unter: https://cast.itunes.unimuenchen.de/clips/n2w3fciQ0D/vod/online.html (Zugriff am 19.02.2023).

Ademollo, F., *Cosmic and Individual Soul in Early Stoicism*, in: B. Inwood/J. Warren (ed.), *Body and Soul in Hellenistic Philosophy*, Cambridge 2020, 113–144.

Ahlbrecht, A., *Tod und Unsterblichkeit in der evangelischen Theologie der Gegenwart*, Paderborn 1964.

Al Ghazali, A. H., *Ihyā'"Ulūm al-Dīn, Dar Ibn Hazm*, Beirut 2005.

Albertus Magnus, *De morte et vita* (Manuskript), Rom, Vat. lat. 718, 136ra-142rb.

Albertus Magnus, *De morte et vita* (Manuskript), Zwettel, Stiftsbibliothek 56, 182ra-187rb.

Albertus Magnus, *De intellectu et intelligibili*, Editio Parisiensis IX, ed. A. Borgnet, Paris 1890, 477–525.

Albertus Magnus, *De morte et vita*, Editio Parisiensis IX, ed. A. Borgnet, Paris 1890, 345–373.

Albertus Magnus, *De quattuor coaequaevis*, Editio Parisiensis XXXIV, ed. A. Borgnet, Paris 1895.

Albertus Magnus, *De natura et origine animae*, Editio Coloniensis XII, ed. B. Geyer, Münster 1955, 1–46.

Albertus Magnus, *De anima*, Editio Coloniensis VII, 1, ed. C. Stroick, Münster 1968.

Albertus Magnus, *Über die Natur und den Ursprung der Seele*, übers. v. H. Anzulewicz, Freiburg i.Br./Basel/Wien 2006.

Albertus Magnus, *De homine*, Editio Coloniensis XXVII, 2, ed. H. Anzulewicz, Münster 2008.

Albrecht, R., *Das Leben der heiligen Makrina auf dem Hintergrund der Thekla-Traditionen. Studien zu den Ursprüngen des weiblichen Mönchtums im 4. Jahrhundert in Kleinasien* (FKDG 38), Göttingen 1986.

Al-Buḫārī/Muhammad ibn Ismāʿīl, *Ṣaḥīḥ al-Buḫārī*, ed. Wizārat al-Awqāf, Doha 2015.

Alesse, F. (ed.), *Panezio di Rodi. Testimonianze, edizione, traduzione e commento*, Napoli 1997.

Algra, K./Barnes, J./Mansfeld, J./Schofield, M. (eds.), *The Cambridge History of Hellenistic Philosophy*, Cambridge 1999.

Ali, J. A., *Islamic Perspectives on Organ Transplantation: A Continuous Debate*, in: *Religions* 12/8 (2001), 27.07.2021, 576, online unter: doi:10.3390/rel12080576 (Zugriff am 21.11.2022).

Al-Kāsānī, *Badāʾiʿ al-ṣanāʾiʿ fī tartīb al-sharāʾiʿ*, Buch 2, Kairo 2005.

Allison, H., *Kant's Groundwork for the Metaphysics of Morals*, Oxford 2011.

Althaus, P., *Die Unsterblichkeit der Seele bei Luther*, in: *ZSTh* 3 (1926), 725–734.

Althaus, P., *Unsterblichkeit und ewiges Leben bei Luther. Zur Auseinandersetzung mit Carl Stange*, Gütersloh 1930.

Althaus, P., *Retraktationen zur Eschatologie*, in: *ThLz* 75 (1950), 253–260.

Althaus, P., *Die letzten Dinge. Lehrbuch der christlichen Eschatologie*, Gütersloh [8]1961. Zunächst unter dem Titel *Die letzten Dinge. Entwurf einer christlichen Eschatologie* (1922).

Althaus, P., *Die Theologie Martin Luthers*, Gütersloh 1962.

Ambrosius, *De bono mortis*, in: *Ausgewählte Schriften des Heiligen Ambrosius, Bischofs von Mailand*, 2. Band, übers. v. F. X. Schulte (Bibliothek der Kirchenväter, 1. Serie, Band 49), Kempten 1871.

Amery, J., *Hand an sich legen. Diskurs über den Freitod*, Stuttgart 1976/2012.

https://doi.org/10.1515/9783111055602-033

Anders, G., *Die Antiquiertheit des Menschen*, Bd. 1: *Über die Seele des Menschen im Zeitalter der zweiten industriellen Revolution*, München ^{6}1983.

Anzulewicz, H., *Zur Entwicklung und Stellung der Intellekttheorie im System des Albertus Magnus*, in: M. C. Pacheco et al. (Hg.), *Intellect et imagination dans la Philosophie Médiévale*, Turnhout 2006, 1317–1334.

Anzulewicz, H., *Rezension Hellmeier, P.D.: Anima et intellectus. Albertus Magnus und Thomas von Aquin über Seele und Intellekt des Menschen*, in: *ThRv* 5 (2012), 397–398.

Arendt, H., *Es gibt nur ein einziges Menschenrecht*, in: *Die Wandlung* 4 (1949), 754–770.

Ariès, P., *Geschichte des Todes*, aus dem Französischen von H.-H. Henschen/U. Pfau, München 1982/ Darmstadt 1996.

Aristoteles, *De anima*, Aristoteles graece I, ed. Immanuel Bekker, Berolini 1831.

Aristoteles, *Kleine naturwissenschaftliche Schriften. Parva naturalia*, übers. und hg. v. E. Dönt, Stuttgart 1997.

Aristoteles, *De anima. Einführung, griechischer Text von Aurelius Förster (1912), Übersetzung und Kurzkommentar*, übers. v. K. Corcilius, Hamburg 2017.

Assmann, J., *Schrift, Tod und Identität. Das Grab als Vorschule der Literatur im alten Ägypten*, in: A. Assmann/J. Assmann/C. Hardmeier (Hg.), *Schrift und Gedächtnis. Beiträge zur Archäologie der literarischen Kommunikation*, München ^{2}1993, 64–93.

Attaie, J./Berger-Zell, C./Giebel, A. (Hg.), *Leben. Selbstbestimmung und Lebensschutz: Ambivalenzen im Umgang mit der Beihilfe zur Selbsttötung*, Esslingen 2022.

Attar, S., *Divided Mediterranean, Divided World: The Influence of Arabic on Medieval Italian Poetry*, in: *Arab Studies Quarterly* 40/3 (2018), 197–212.

Audi, R., *The Good in the Right. A Theory of Intuition and Intrinsic Value*, Princeton 2004.

Augsberg, I., *Königsweg: Würde als Autonomie*, in: R. Gröschner/S. Kirste/O. W. Lembcke (Hg.), *Wege der Würde. Philosophenwege – Rechtswege – Auswege*, Tübingen 2023, 67–82.

Augustinus, *De Genesi ad litteram*, hg. v. J. Zycha (CSEL 28/1), Wien 1894.

Augustinus, *De cura pro mortuis gerenda*, hg. v. J. Zycha (CSEL 41), Wien 1900.

Augustinus, *De nuptiis et concupiscentia*, hg. v. K. F. Vrba/J. Zycha (CSEL 42), Wien 1902.

Augustinus, *In Iohannis euangelium tractatus* CXXIV, hg. v. D. R. Willems (CCSL 36), Turnholt 1954.

Augustinus, *De civitate dei*, Corpus Christianorum 42/43, ed. B. Dombart/A. Kalb, Turnholt 1955. (Übersetzung: W. Thimme, *Aurelius Augustinus. Vom Gottesstaat*, München ^{2}1985).

Augustinus, *De doctrina christiana*, hg. v. W. M. Green (CSEL 80), 1963.

Augustinus, *De trinitate libri quindecim*, hg. v. W. J. Mountain/F. Glorie (CCL 50/50A), Turnholt 1968.

Augustinus, *Confessiones*, hg. v. L. Verheijen (CCL 27), Turnholt 1981.

Augustinus, *De quantitate animae*, hg. v. W. Hörmann (CSEL 89), Wien 1986 (Übersetzung: *Augustinus, Philosophische Spätdialoge*, eingel., übers. und erl. v. K.-H. Lütcke, Zürich 1973).

Augustinus, *Soliloquiorum libri duo*, hg. v. W. Hörmann (CSEL 89), Wien 1986.

Augustinus, *De moribus ecclesiae catholicae et de moribus Manichaeorum libri duo*, hg. v. J. B. Bauer (CSEL 90), Wien 1992 (Übersetzung E. Rutzenhöfer, AOW 25, Paderborn 2004).

Augustinus, *Retractationes libri II*, hg. v. A. Kuchenbecker (CCL 57), Turnholt 1999.

Augustinus, *De musica*, hg. v. M. Jacobsson, Einleitung von M. Jacobsson und L. J. Dorfbauer (CSEL 102), Wien 2017.

Avemarie, F./Lichtenberger, H. (Hg.), *Auferstehung – Resurrection* (WUNT 135), Tübingen 2001.

Avery-Peck, A. J., *Death and After-Life in the Early Rabbinic Sources: The Mishnah, Tosefta, and Early Midrash Compilations*, in: Ders./Neusner, J. (eds.), *Judaism in Late Antiquity. Part Four: Death, Life-After-Death, Resurrection and the World-To-Come in the Judaisms of Antiquity*, Leiden 2000, 243–266.

Bacin, S./Sensen, O. (eds.), *The Emergence of Autonomy in Kant's Moral Philosophy*, Cambridge 2019.

Baillie, J., *The Belief in Progress*, London 1950.
Baldus, M., *Verfahrensweg: Menschenwürde und Methode*, in: R. Gröschner/S. Kirste/O. W. Lembcke (Hg.), *Wege der Würde. Philosophenwege – Rechtswege – Auswege*, Tübingen 2023, 271–295.
Baltes, M., *Die Todesproblematik in der griechischen Philosophie*, in: *Gymnasium* 95 (1988), 97–128.
Baltes, M., *Die Todesproblematik in der griechischen Philosophie*, in: Ders., *Dianoemata. Kleine Schriften zu Platon und zum Platonismus*, hg. v. M.-L. Lakmann et al., Stuttgart/Leipzig 1999, 157–189.
Bardolle, M.-A., *Tristesse (athumia) et Thérapeutique Spirituelle Dans l'Exhortation À Stagire de Chrysostome*, in: *Lettre de Ligugé* 241 (1987), 6–19.
Barnes, J., *Aristotle's Concept of Mind*, in: *Proceedings of the Aristotelian Society* 72 (1971/72), 101–114.
Barnes, J., *Logic and the Imperial Stoa*, Leiden 1997.
Barrow, J. D./ Tipler, F. J., *The Anthropic Cosmological Principle*, Oxford 1986.
Barth, K., *Die Auferstehung der Toten. Eine akademische Vorlesung über 1 Kor 15*, München 1924.
Barth, K., *Kirchliche Dogmatik III: Die Lehre von der Schöpfung*, Zweiter Teil, Zollikon-Zürich 1948.
Barthes, R., *Die helle Kammer. Bemerkungen zur Photographie*, Frankfurt a.M. 1985.
Bauer, J., *Luther und die Philosophie*, in: *NZSTh* 26 (1984), 13–28.
Bauer, J., *Martin Luther. Seine letzte Reise*, Rudolstadt 1996.
Bauer, P. R. et al., *Plasma exchange in the intensive care unit: a narrative review*, in: *Intensive Care Med* 48/10 (2022), 1382–1396.
Baumann, N., *Sterblichkeit*, in: *RAC* 31 (2022), 59–98.
Bausewein, C., *Sterbende begleiten. Ignatianische Impulse*, Würzburg ^{2}2009.
Bausewein, C., *Sterben ohne Angst: Was Palliativmedizin leisten kann*, München 2015.
Baxley, A. M., *Kant's Theory of Virtue*, Cambridge 2010.
Bayrischer Rundfunk, *Tod und Sterben im Islam: Mit Leib und Seele vor dem Jüngsten Gericht*, in: *Bayrischer Rundfunk*, 01.03.2016, online unter: https://www.br.de/themen/religion/muslime-tod-sterben-100.html#:~:text=Man%20zieht%20sich%20nicht%20zur%C3%BCck,ist%20das%20Trauer n20offiziell%20beendet (Zugriff am 21.11.2022).
Beckmann, R., *Kontrafaktische Darstellung des Hirntod-Konzepts*, in: *Nervenheilkunde* 39/09 (2020), 572–576, online unter: https://doi.org/10.1055/a-1162-5547 (Zugriff am 07.06.2023).
Belshaw, C., *Annihilation: The Sense and Significance of Death*, Stocksfield 2009.
Benoit, D. D. et al., *Outcome in patients perceived as receiving excessive care across different ethical climates: a prospective study in 68 intensive care units in Europe and the USA*, in: *Intensive Care Med* 44/7 (2018), 1039–1049.
Berglund, C. J., *A Desirable Death: The Philosophical Context of Origen's Exhortation to Martyrdom*, in: A. Fürst (ed.), *Origeniana Tertia Decima: Origen and Philosophy. A Complex Relation. Proceedings of the 13th International Origen Congress, Münster, 15–19 August, 2022* (BETL), Leuven (im Druck).
Berlin, D. A./Gulick, R. M./Martinez, F. J., *Severe Covid-19*, in: *N Engl J Med* 383/25 (2020), 2451–2460.
Berner, U., *Selbstinterpretation und Unsterblichkeitsglaube in Religion und Religionswissenschaft: Untersuchungen über alttestamentliche und frühchristlich-alexandrinische Texte und zur historischen Religionsphänomenologie*, Diss. masch., Göttingen 1974.
Bernstein, A., *The Future of Immortality. Remaking Life and Death in Contemporary Russia*, Princeton 2019.
Bichat, X., *Recherches physiologiques sur la vie et la mort. Reproduction en Facsimile de l'édition de 1796*, ed. by Gauthier-Villars, Paris 1805.
Birnbacher, D., *Tod*, Berlin/Boston 2017.
Birnbacher, D./Angstwurm, H./Eigler, F. W./Wuermeling, H.-B., *Der vollständige und endgültige Ausfall der Hirntätigkeit als Todeszeichen des Menschen – Anthropologischer Hintergrund*, in: *Deutsches Ärzteblatt* 90/44 (1993), A 2926–A 2929.

Blanc, C., *L'attitude d'Origène a [sic] l'égard du corps et de la chair*, in: *StPatr* 17 (1982), 843–858.
Blanke, F., *Die Bedeutung von Tod, Auferstehung und Unsterblichkeit bei Luther*, in: *Luther* 8 (1926), 49–56.
Bloch, E., *Prinzip Hoffnung. Teil Drei*, Frankfurt a.M. 1976.
Blosser, B. P., *Become like the Angels: Origen's Doctrine of the Soul*, Washington D.C. 2012.
Bobzin, H./Bobzin, K., *Sure 36 Yā-Sīn, Vers 78*, in: *Der Koran: Neu übertragen von Hartmut Bobzin*, München 2010, online unter: http://www.jstor.org/stable/j.ctv1168mgz (Zugriff am 11.06.2023).
Bobzin, H./Bobzin, K., *Sure 39, Vers 71–73*, in: *Der Koran: Neu übertragen von Hartmut Bobzin*, München 2010, online unter: http://www.jstor.org/stable/j.ctv1168mgz (Zugriff am 11.06.2023).
Böckenförde, E.-W., *Die Entstehung des Staates als Vorgang der Säkularisation* (1967), in: Ders., *Recht, Staat, Freiheit*, Frankfurt a.M. 1991, 92–114.
Böckenförde, E.-W., *Vom Wandel des Menschenbildes im Recht*, Münster 2001.
Boehme-Neßler, V., *Das Grundrecht auf Suizid*, in: *NVwZ* 39 (2020), 1012–1015.
Bonhöffer, A., *Epictet und die Stoa*, Stuttgart 1890, ND 2018.
Bormann, F.-J., *‚Handlungsfähigkeit' und ‚gutes Leben': Plädoyer für einen schwachen Perfektionismus*, in: M. Hoesch/S. Muders/M. Rüther (Hg.), *Glück – Werte – Sinn*, Berlin 2012, 177–194.
Bormann, F.-J., *Ist die Vorstellung eines ‚natürlichen Todes' noch zeitgemäß? Moraltheologische Überlegungen zu einem umstrittenen Begriff*, in: F.-J. Bormann/G. D. Borasio (Hg.), *Sterben. Dimensionen eines anthropologischen Grundphänomens*, Berlin/Boston 2012.
Bormann, F.-J., *Naturrechtliche Begründung von Menschenrechten? Ein Blick in die aristotelische Tradition*, in: M. Wasmaier-Sailer/M. Hoesch (Hg.), *Die Begründung der Menschenrechte*, Tübingen 2017, 135–159.
Bormann, F.-J., *Der Autonomiebegriff aus philosophischer und theologischer Perspektive*, in: A. Uhle/J. Wolf (Hg.), *Entgrenzte Autonomie? Die assistierte Selbsttötung nach der bundesverfassungsgerichtlichen Entscheidung vom 26. Februar 2020* (EGTSK 56), Münster 2021, 9–45.
Bormann, F.-J., *Desiderate einer gesetzlichen Neuregelung der Suizidassistenz*, in: *ZfmE* 67 (2021), 511–524.
Bormann, F.-J., *Ärztliche Mitwirkung an Suizidhandlungen nach dem StVfG – moraltheologische Überlegungen*, in: *Imago Hominis* 29 (2022), 75–88.
Bormann, F.-J., *Das Naturrecht unter den Bedingungen der Gegenwart*, in: J. C. Joerden/J. C. Schuhr (Hg.), *Jahrbuch für Recht und Ethik*, Bd. 30 (2022), Berlin 2023, 71–86.
Bormann, F.-J., *Suizid und Suizidassistenz: Überlegungen aus katholisch-theologischer Perspektive*, in: M. Pulte/J. Ruthig (Hg.), *Assistierter Suizid. Ethische Fragen und rechtliche Entwicklungen angesichts fortschreitend pluralisierender Lebenswelten*, Würzburg 2022, 117–132.
Borowski, L. E., *Darstellung des Lebens und Charakters Immanuel Kants*, in: F. Gross (Hg.), *Immanuel Kant*, Darmstadt 1993 (1804), 1–102.
Bovon, F., *The Soul's Comeback: Immortality and Resurrection in Early Christianity*, in: *HTR* 103/4 (2010), 387–406.
Bowlby, J./Murray Parkes, C., *Separation and Loss within the Family*, in: E. J. Anthony/C. Koupernik (eds.), *The Child in his Family*, New York 1970, 197–216.
Bowne, B., *Metaphysics: A Study in First Principles*, London 1882.
Bozzaro, C., *Ärztlich assistierter Suizid: Kann „unerträgliches Leiden" ein Kriterium sein?*, in: *Deutsche Medizinische Wochenschrift* 140 (2015), 131–134.
Brachtendorf, J., *Body and Soul as a Leading Theme in the Retractationes*, in: S. Elm/C. Blunda (eds.), *The Late (Wild) Augustine*, Paderborn 2021, 48–63.
Bradley, B./Feldman, F./Johansson, J. (eds.), *The Oxford Handbook of Philosophy of Death*, Oxford 2013.
Brandt, H., *Am Ende des Lebens. Alter, Tod und Suizid in der Antike*, München 2010.

Brandt, S. A./Angstwurm, H. et al., *Bedeutung des irreversiblen Hirnfunktionsausfalls als sicheres Todeszeichen*, in: *Deutsches Ärzteblatt* 115/41 (2018), 675–681, online unter: https://doi.org/10.3238/arztebl.2018.0675 (Zugriff am 07.06.2023).

Brandt, S. A./Walter, U./Schreiber, S., *Anwendung der aktuellen Richtlinie zur Feststellung des irreversiblen Hirnfunktionsausfalls*, in: *Aktuelle Neurologie* 43/03 (2016), 182–203, online unter: https://doi.org/10.1055/s-0042-102935 (Zugriff am 07.06.2023).

Brandt, S./Angstwurm, H., *Hirntod – Bedeutung und Begründung*, in: D. Kömpf (Hg.), *100 Jahre Deutsche Gesellschaft für Neurologie*, Lübeck 2007, 299–302.

Brandt, S./Walter, U./Schreiber, S., *Anwendung der aktuellen Richtlinie zur Feststellung des irreversiblen Hirnfunktionsausfalls*, in: *Aktuelle Neurologie* 43/03 (2016), 182–203, online unter: https://doi.org/10.1055/s-0042-102935 (Zugriff am 07.06.2023).

Brennan, T., *Stoic Souls in Stoic Corpses*, in: D. Frede/B. Reis (eds.), *Body and Soul in Ancient Philosophy*, Berlin 2009, 389–408.

Brentano, F., *Vom Ursprung sittlicher Erkenntnis*, Hamburg 1969 (1889).

Britzke, S., *§ 217 StGB im Lichte des strafrechtlichen Rechtsgutskonzeptes – Legitimität und Auslegung der Norm*, Baden-Baden 2019.

Broadie, S., *Soul and Body in Plato and Descartes*, in: *Proceedings of the Aristotelian Society* 101 (2001), 295–308.

Brouwer, R., *The Stoic Sage. The Early Stoics on Wisdom, Sagehood, and Socrates*, Cambridge 2014.

Brower, J. E., *Aquinas's Ontology of the Material World: Change, Hylomorphism, and Material Objects*, Oxford/New York 2014.

Brown, C. M., *Some Advantages for a Thomistic Solution to the Problem of Personal Identity beyond Death*, in: R. T. Byerly/E. J. Silverman (eds.), *Paradise Understood: New Philosophical Essays about Heaven*, Oxford/New York 2017, 228–262.

Brühl, L., *Die Erlösung des Menschen durch Jesus Christus: Anthropologische und soteriologische Grundzüge in der Theologie des Origenes*, Bd. 1, Diss. masch., Münster 1970.

Brunt, P. A., *Studies in Stoicism*, ed. by M. Griffin and A. Samuels with assistance of M. Crawford, Oxford 2013.

Brüntrup, G., *Das Leib-Seele-Problem. Eine Einführung*, Stuttgart ^{4}2012.

Brüntrup, G., *Philosophie des Geistes. Eine Einführung in das Leib-Seele-Problem* (Grundkurs Philosophie 2), Stuttgart 2018.

Brüntrup, G., *Erinnerungen an die Erfahrung des eigenen Todes: Eine philosophische Interpretation der „Nahtoderfahrung"*, in: S. Gäb/G. Gasser (Hg.), *Philosophie der Unsterblichkeit*, Stuttgart 2023, 119–139.

Brüntrup, G./Rugel, M./Schwarz, M. (Hg.), *Auferstehung des Leibes – Unsterblichkeit der Seele*, Stuttgart 2010.

Bundesärztekammer, *Ärztestatistik. Gesundheitsdaten der Kassenärztlichen Bundesvereinigung*, online unter: https://gesundheitsdaten.kbv.de/cms/html/17066.php (Zugriff am 22.02.2022).

Bundesärztekammer, *Kriterien des Hirntodes – Entscheidungshilfen zur Feststellung des Hirntodes (Fortschreibung der Stellungnahme vom 09.04.1982)*, in: *Deutsches Ärzteblatt* 83/43 (1986), 2940–2946.

Bundesärztekammer, *Stellungnahme des Wissenschaftlichen Beirates der Bundesärztekammer: Kriterien des Hirntodes – Entscheidungshilfen zur Feststellung des Hirntodes*, in: *Deutsches Ärzteblatt* 88/49 (1991), 4396–4407, online unter: https://www.aerzteblatt.de/int/article.asp?id=101110 (Zugriff am 07.06.2023).

Bundesärztekammer, *Richtlinien zur Feststellung des Hirntodes. Dritte Fortschreibung 1997 mit Ergänzungen gemäß Transplantationsgesetz (TPG)*, in: *Deutsches Ärzteblatt* 53/30 (1998), A1861–A1868.

Bundesärztekammer, *Vierte Fortschreibung der Richtlinien zum Hirnfunktionsausfall*, in: *Deutsches Ärzteblatt* 30. März 2015, online unter: doi.org/10.3238/arztebl.2015.rl_hirnfunktionsausfall_01 (Zugriff am 07.06.2023).

Bundesärztekammer, *Richtlinie gemäß § 16 Abs. 1 S. 1 Nr. 1 TPG für die Regeln zur Feststellung des Todes nach § 3 Abs. 1 S. 1 Nr. 2 TPG und die Verfahrensregeln zur Feststellung des endgültigen, nicht behebbaren Ausfalls der Gesamtfunktion des Großhirns, des Kleinhirns und des Hirnstamms nach § 3 Abs. 2 Nr. 2 TPG, Fünfte Fortschreibung*, in: *Deutsches Ärzteblatt* 8. Juli 2022, 1–31, online unter: https://doi.org/10.3238/arztebl.2022.rl_hirnfunktionsausfall_02 (Zugriff am 07.06.2023).

Bundesärztekammer, *Stellungnahme der Bundesärztekammer anlässlich der Durchführung einer öffentlichen Anhörung des Rechtsausschusses des Deutschen Bundestages zur Suizidhilfe und Suizidprävention am 28. November 2022*, Berlin 23.11.2022.

Bundesärztekammer, *Stellungnahme Kriterien des Hirntodes: Entscheidungshilfen zur Feststellung des Hirntodes*, in: *Deutsches Ärzteblatt* 79/14 (1982), 45–55.

Bürke, G., *Des Origenes Lehre vom Urstand des Menschen*, in: *ZKTh* 72/1 (1950), 1–39.

Burkhardt, H. et al., *Todesverlangen – Ergebnisse einer Pilotstudie mit geriatrischen Akutpatienten*, in: *Z Gerontol Geriat* 36 (2003), 392–400.

Butler, R. N., *The Life Review: An Interpretation of Reminiscence in the Aged*, in: *Psychiatry* 26 (1963), 65–76.

Butler, R. N., *The life review: An unrecognized bonanza*, in: *International Journal of Aging and Human Development* 12 (1980), 35–38.

Callahan, D., *On defining a ‚Natural Death'*, in: *Hastings Center Report* 7/3 (1977), 32–37.

Callahan, D., *Can Nature Serve as a Moral Guide?*, in: *Hastings Center Report* 26/6 (1996), 20–22.

Carmel, S., *The will to live: gender differences among elderly persons*, in: *Soc Sci Med* 52 (2001), 949–958.

Carone, G. R., *Mind as the Foundation of Cosmic Order in Plato's Late Dialogues*, Diss. London 1995.

Carone, G. R., *Mind and Body in Late Plato*, in: *AGPh* 87 (2005), 227–269.

Cave, S./Dihal, K./Dillon, S. (eds.), *AI Narratives. A History of Imaginative Thinking about Intelligent Machines*, Oxford 2020.

Chadwick, H., *Origen, Celsus, and the Resurrection of the Body*, in: *HTR* 41 (1948), 83–102.

Charles, D., *The Undivided Self. Aristotle and the Mind-Body Problem*, Oxford 2021.

Chilton, C. W., *Diogenes of Oenoanda. The Fragments*, Oxford 1971.

Chochinov, H. M. et al., *Desire for death in terminally ill*, in: *Am J Psychiatry* 152 (1995), 1185–1191.

Chochinov, H. M. et al., *Depression, hopelessness and suicidal ideation in the terminally ill*, in: *Psychosomatics* 39 (1998), 366–370.

Chochinov, H. M. et al., *Will to live in terminally ill*, in: *Lancet* 354 (1999), 816–819.

Cicero, *Gespräche in Tusculum* I 118, übers. und mit einer Einführung und Erläuterungen versehen v. O. Gigon, Zürich 1991.

Cicero, *Tusculanae disputationes – Gespräche in Tusculum*, übers. v. E. A. Kirfel, Stuttgart 2008.

Clark, D./Small, N./Wright, M./Winslow, M./Hughes, N., *A little bit of heaven for the few? An oral history of the modern hospice movement in the United Kingdom*, Lancaster 2005.

Clarke, A. C., *The City and the Stars*, New York 1957.

Coenen, C., *Die Sterbehilfe bei freiverantwortlichem Sterbewillen – Ein strafwürdiges Verhalten?*, in: *Zeitschrift für Kriminalpolitik (KriPoZ)* 5 (2020), 67–76.

Coing, H., *Die obersten Grundsätze des Rechts. Ein Versuch zur Neubegründung des Naturrechts*, Heidelberg 1947.

Combes, A./Slutsky, A. S./Brodie, D., *ECMO for Severe Acute Respiratory Distress Syndrome*, in: *N Engl J Med* 379/11 (2018), 1091 f.

Connolly, R., *The Rise and Persistence of the Technological Community Ideal*, in: C. Werry/M. Mowbray (ed.), *Online Communities. Commerce, Community Action and the Virtual University*, Upper Saddle River 2001, 317–364.

Cooper, J. W., *Body, Soul & Life Everlasting. Biblical Anthropology and the Monism-Dualism Debate* (1989). Updated with a new preface of the author, Leicester 2000.

Cooper, J. M., *Greek Philosophers on Euthanasia and Suicide*, in: Ders. (ed.), *Reason and Emotion. Essays on Ancient Moral Psychology and Ethical Theory*, Princeton 1999, 515–541.

Cornélis, H., *Les fondements cosmologiques de l'eschatologie d'Origène*, in: *RSPhTh* 43/1 (1959), 32–80.

Costa, J., *L'au-delà et la résurrection dans la littérature rabbinique*, Leuven 2004.

Craemer-Ruegenberg, I., *Die Seele als Form in einer Hierarchie von Formen. Beobachtungen zu einem Lehrstück aus der De anima-Paraphrase Alberts des Großen*, in: G. Meyer et al. (Hg.), *Albertus Magnus. Doctor universalis 1280/1980*, Mainz 1980, 59–88.

Crouzel, H., *Théologie de l'image de Dieu chez Origène* (Theol(P) 34), Aubier 1956.

Crouzel, H., *Le thème platonicien du ‚véhicule de l'âme' chez Origène*, in: *Did(L)* 7 (1977), 225–237.

Crouzel, H., *L'Hadès et la Géhenne selon Origène*, in: *Gr.* 59 (1978), 291–331.

Crouzel, H., *Mort et immortalité selon Origène*, in: *BLE* 79/1 (1978), 19–38.

Crouzel, H., *La doctrine origénienne du corps ressuscité (1)*, in: *BLE* 81 (1980), 175–200.

Crouzel, H., *La doctrine origénienne du corps ressuscité (suite)*, in: *BLE* 81 (1980), 241–266.

Crouzel, H., *L'anthropologie d'Origène: de l'archē au telos*, in: U. Bianchi/H. Crouzel (eds.), *Arché e Telos: L'antropologia di Origene e di Gregorio di Nissa. Analisi storico-religiosa. Atti del colloquio. Milano, 17–19 Maggio 1979*, Mailand 1981, 36–57.

Crouzel, H., *Différences entre les ressuscités selon Origène*, in: *Jenseitsvorstellungen in Antike und Christentum: Gedenkschrift für Alfred Stuiber* (JbAC.E 9), Münster 1982, 107–116.

Crouzel, H., *L'apocatastase chez Origène*, in: L. Lies (Hg.), *Origeniana Quarta: Die Referate des 4. Internationalen Origeneskongresses. Innsbruck, 2.–6. September 1985* (IThS 19), Innsbruck/Wien 1987, 282–290.

Cullmann, O., *Immortalité de l'âme ou résurrection des morts? Le témoignage du Nouveau Testament*, Neuchatel 1956.

Cullmann, O., *Unsterblichkeit der Seele und Auferstehung der Toten. Das Zeugnis des Neuen Testaments*, in: *ThZ* 12 (1956), 126–156.

Cullmann, O., *Unsterblichkeit der Seele oder Auferstehung der Toten?*, Stuttgart 1962.

Cummiskey, D., *Kantian Consequentialism*, Oxford 1996.

Dartnell, L., *Ursprünge*, Berlin 2018.

Darwin, C., *Ursprung und Entwicklung der moralischen Gefühle*, in: K. Bayertz (Hg.), *Evolution und Ethik*, Stuttgart 1993, 37–48.

Darwin, C., *The origin of species* (Collins Classics), London 2011.

Darwin, C./Huxley, T. H., *Autobiographies*, Oxford/New York 1983.

Dautzenberg, G., *Seele*, in: *TRE* 30 (1999), 744–748.

de Faye, E., *Origène: Sa vie, son œuvre, sa pensée*, Bd. 3: *La doctrine* (BEHE.R 44), Paris 1928.

de Harven, V., *The Resistance to Stoic Blending*, in: *Rhizomata* 6 (2018), 1–23.

Dekkers, W. J. M., *Autonomy and the lived body in cases of severe Dementia*, in: R. B. Purtilo/H. Ten Have (eds.), *Ethical foundations of Palliative Care for Alzheimer Disease*, Baltimore/London 2004, 115–130.

Descartes, R., *Über den Menschen (1632)*, nach der ersten französischen Ausgabe von 1664 übers. und mit einer historischen Einleitung und Anmerkungen versehen v. K. E. Rothschuh, Heidelberg 1969.

Descartes, R., *Meditationes*, in: *Oeuvres de Descartes*, hg. v. C. Adam/P. Tannery, Bd. VII, Paris 1973, 26–28.

Deutsche Gesellschaft für Psychoanalyse, Psychotherapie, Psychosomatik & Tiefenpsychologie (DGPT), *Vorstellungen und Vorschläge zu wesentlichen Eckpunkten einer möglichen Neuregelung der Suizidassistenz*, Berlin 2020.

Deutsche Stiftung Organtransplantation (DSO), *Jahresbericht* 2017, Frankfurt a.M. 2018, online unter: https://dso.de/SiteCollectionDocuments/DSO_JB_17_www.pdf (Zugriff am 02.09.2023).

Deutsche Stiftung Organtransplantation (DSO), *Jahresbericht* 2020, Frankfurt a.M. 2021, online unter: https://dso.de/SiteCollectionDocuments/DSO-Jahresbericht%202020.pdf (Zugriff am 09.06.2023).

Deutsche Stiftung Organtransplantation (DSO), *Jahresbericht* 2022, Frankfurt a.M. 2023, online unter: https://www.dso.de/SiteCollectionDocuments/DSO-Jahresbericht%202022.pdf (Zugriff am 29.06.2023).

Deutscher Bundestag und Bundesarchiv (Hg.), *Der Parlamentarische Rat. 1948–1949. Akten und Protokolle*, Bd. 5/I und 5/II: *Ausschuß für Grundsatzfragen*, Boppard a. Rhein, 1993.

Deutscher Ethikrat, *Hirntod und Entscheidung zur Organspende*, in: *Stellungnahme* 20/1 (2016), 341–354, online unter: https://doi.org/10.1515/jwiet-2016-0122 (Zugriff am 07.06.2023).

Deutscher Ethikrat, *Suizid – Verantwortung, Prävention und Freiverantwortlichkeit. Stellungnahme*, Berlin 2022, online unter: https://www.ethikrat.org/fileadmin/Publikationen/Stellungnahmen/deutsch/stellungnahme-suizid.pdf (Zugriff am 03.07.2023).

Deutscher Hospiz- und Palliativverband (DHPV), *Zahlen, Daten, Fakten - DHPV*, Stand 03.03.2023, online unter: https://www.dhpv.de/zahlen_daten_fakten.html (Zugriff am 22.03.2022).

Deutschlandfunk, *Tunesien – Friedhof der ertrunkenen Migranten*, in: *Deutschlandfunk*, 22.07.2019, online unter: https://www.deutschlandfunk.de/tunesien-friedhof-der-ertrunkenen-migranten-100.html (Zugriff am 12.06.2023).

Diels, H./Kranz, W. (Hg.), *Die Fragmente der Vorsokratiker*, *Griechisch und Deutsch*, Berlin ^{6}1951/1952, Nachdrucke.

Dillon, J. T., *Musonius Rufus and Education in the Good Life. A Model of Teaching and Living Virtue*, Lanham 2004.

Diogenes Laërtius, *Lives of eminent Philosophers*, Greek with an English translation by R. D. Hicks (Loeb Classical Library), 2 vols., Cambridge, Ma., 1972, reprints.

Dively Lauro, E. A., *Fall*, in: J. A. McGuckin (ed.), *The Westminster Handbook to Origen*, Louisville 2004, 100 f.

Dodaro, R., *Fear of Death in the Thought of Augustine of Hippo: The Influence of Augustine on Heidegger*, in: C. J. N. de Paulo (ed.), *The Emergence of an Augustinian Phenomenology*, Lewiston 2006, 29–51.

Doepke, F. C., *Spatially Coinciding Objects*, in: M. Rea (ed.), *Material Constitution: A Reader*, Lanham/Oxford 1997, 10–24.

Dörfler-Dierken, A., *Luther und die heilige Anna. Zum Gelübde von Stotternheim*, in: *Lutherjahrbuch* 64 (1997), 19–46.

Dong, M./Zeng, L.-N./Lu, L. et al., *Prevalence of suicide attempt in individuals with major depressive disorder: a meta-analysis of observational surveys*, in: *Psychological Medicine* 49/10 (2019), 1691–1704.

Dorival, G., *Origène et la résurrection de la chair*, in: L. Lies (Hg.), *Origeniana Quarta: Die Referate des 4. Internationalen Origeneskongresses. Innsbruck, 2.–6. September 1985* (IThS 19), Innsbruck/Wien 1987, 291–321.

Dorneck, C. et al., *Gesetz zur Gewährleistung selbstbestimmten Sterbens und zur Suizidprävention, Augsburg-Münchner-Hallescher-Entwurf (AMHE-Sterbehilfe)*, Tübingen 2021.

Dörner, K., *Der gute Arzt. Lehrbuch ärztlicher Grundhaltung*, Stuttgart ^{2}2003.

Dreier, H., *Art. 1 Abs. 1*, in: Ders. (Hg.), *Grundgesetz. Kommentar*, Bd. 1, Tübingen [3]2013.
Dreier, H., *Verbindungsweg: Würde und Freiheit*, in: R. Gröschner/S. Kirste/O. W. Lembcke (Hg.), *Wege der Würde. Philosophenwege – Rechtswege – Auswege*, Tübingen 2023, 49–66.
Drewermann, E., *Der Herr Gevatter. Grimms Märchen tiefenpsychologisch gedeutet*, Freiburg i.Br. 1991.
Droge, A. J./Tabor, J., *A noble death. Suicide and martyrdom among Christians and Jews in antiquity*, San Francisco 1992.
Duda, J., *„Mors est a vita discedere": Teologiczna koncepcja śmierci w nauczaniu Orygenesa*, in: *Verbum Vitae* 24 (2014), 197–217.
Dürig, G., *Die Menschenauffassung des Grundgesetzes*, in: *JR* (1952), 259–263.
Dürig, G., *Art. 1*, in: T. Maunz/G. Dürig, *Grundgesetz, Kommentar (Loseblatt)*, München 1958 ff.
Dürr, O., *Transhumanismus. Traum oder Alptraum?*, Freiburg i.Br. 2023.
Duttge, G., *Strafrechtlich reguliertes Sterben*, in: *Neue Juristische Wochenschrift (NJW)* 69 (2016), 120–125.
Duttge, G., *Die „geschäftsmäßige Suizidassistenz" (§ 217 StGB): Paradebeispiel für illegitimen Paternalismus!*, in: *Zeitschrift für die gesamte Strafrechtswissenschaft (ZStW)* 129 (2017), 448–466.
Ebeling, G., *Des Todes Tod. Luthers Theologie der Konfrontation mit dem Tode*, in: *ZThK* 84 (1987), 162–194.
Ebeling, H., *Der Tod in der Moderne*, Königstein/Ts. 1979.
Ebrey, D., *Plato's Phaedo: Forms, Death, and the Philosophical Life*, Cambridge 2023.
Eddington, A., *Space, Time and Gravitation*, Cambridge 1920.
Eddington, A., *The Nature of the Physical World* (Gifford Lectures), London 1928.
Edelstein, L./Kidd, I. G. (eds.), *Posidonius I. The Fragments*, Cambridge 1972.
Edgar, B., *Biblical Anthropology and the Intermediate State*, Part I, in: *EvQ* 74/1 (2002), 27–45.
Edwards, M. J., *Origen's two Resurrections*, in: *JThS* 46/2 (1995), 502–518.
Enders, C., *Die Menschenwürde in der Verfassungsordnung*, Tübingen 1997.
Enders, C., *Recht ist, was allgemein ist. Die gesetzliche Regelung zur Beschneidung „des männlichen Kindes" (§ 1631d BGB)*, in: J. Nolte/R. Poscher/H. Wolter (Hg.), *Die Verfassung als Aufgabe von Wissenschaft, Praxis und Öffentlichkeit, Freundesgabe für Bernhard Schlink zum 70. Geburtstag*, Heidelberg 2014, 291–308.
Enders, C., *Art. 1*, in: K. Stern/F. Becker (Hg.), *Grundrechte-Kommentar*, Köln [3]2019.
Engstrom, S., *The Inner Freedom of Virtue*, in: M. Timmons (ed.), *Kant's Metaphysics of Morals*, Oxford 2002, 289–315.
Epictetus, *The Discourses as reported by Arrian, the Manual, and Fragments, Greek with an English translation by W. A. Oldfather* (Loeb Classical Library), 2 vols., Cambridge, Ma., 1928, reprints.
Epiktet, *Gespräche – Fragmente – Handbuch*, übers. v. R. Mücke/T. Deckert, Hamburg 2021.
Epiktet/Teles/Musonius, *Ausgewählte Schriften*, übers. v. R. Nickel, Zürich 1994.
Epikur, *Briefe, Sprüche, Werkfragmente, griechisch-deutsch*, hg. v. H.-W. Krautz, Stuttgart 1980.
Epikur, *Brief an Menoikeus* 125, in: Ders., *Von der Überwindung der Furcht*, eingel. u. übertr. v. O. Gigon, Zürich [3]1989.
Erb, V./Schäfer, J. (Hg.), *Münchener Kommentar zum Strafgesetzbuch (MüKo-StGB)*, Bd. 4, München [4]2021.
Erlei, M., Art. *Güter*, in: *Staatslexikon*, hg. v. der Görres-Gesellschaft und dem Verlag Herder, Bd. 2, Freiburg [8]2018, 1517–1525.
Erlemeier, N., *Suizidalität und Suizidprävention im höheren Lebensalter*, Stuttgart 2011.
Erler, M., *Epikur – Die Schule Epikurs – Lukrez*, in: H. Flashar (Hg.), *Grundriss der Geschichte der Philosophie. Die Philosophie der Antike*, Bd. 4: *Die hellenistische Philosophie*, 1. Halbband, Basel 1994, 29–490.
Ernst, G. (Hg.), *Philosophie als Lebenskunst. Antike Vorbilder, moderne Perspektiven*, Berlin 2016.

Eser, A., *Regulierung des Lebensendes zwischen Heiligkeits- und Selbstbestimmungspostulaten – aus der Sicht von Herbert Tröndle*, in: R. Beckmann et al. (Hg.), *Gedächtnisschrift für Herbert Tröndle*, Berlin 2019, 501–523.

European Renal Association (ERA), *ERA registry report*, online unter: https://www.era-online.org (Zugriff am 09.06.2023).

Eusebius von Cäsarea, *Histoire ecclésiastique: Livres V–VII.* Texte Grec, traduction et notes par G. Bardy (SC 41), Paris 1955.

Evangelisches Predigerseminar Wittenberg, *... da Tod und Leben rungen: Tod und Leben in der Sicht Martin Luthers und heute. Wittenberger Sonntagsvorlesungen 1996*, Wittenberg 1996.

Feldman, F., *Confrontations with the Reaper. A Philosophical Study of the Nature and Value of Death*, Oxford 1992.

Fischer, J. M. (Hg.), *The Metaphysics of Death*, Stanford 1993.

Fischer, J. M., *Death, Immortality, and Meaning in Life*, Oxford 2019.

Fischer, N., *Confessiones 4. Der Tod als Phänomen des Lebens und als Aufgabe des Denkens*, in: N. Fischer/D. Hattrup (Hg.), *Augustinus Confessiones*, Paderborn 2004, 105–126.

Fishbein, T. M., *Intestinal transplantation*, in: *N Engl J Med* 361 (2009), 998–1008.

Flashar, H., *Aristoteles. Fragmente zu Philosophie, Rhetorik, Poetik, Dichtung* (Aristoteles. Werke in deutscher Übersetzung 20/I), Berlin 2006.

Flashar, H., *Dialogfragmente*, in: C. Rapp et al. (Hg.), *Aristoteles Handbuch*, Stuttgart 2021, 180–183.

Fletcher, G., *Objective List Theories*, in: Ders. (ed.), *The Routledge Handbook of Philosophy of Well-Being*, London/New York 2016, 148–160.

Florey, E., *Was kann das Leben?*, in: E. P. Fischer/K. Mainzer (Hg.), *Die Frage nach dem Leben*, München 1990, 185–232.

Foot, P., *Natural Goodness*, Oxford 2001.

Forschner, M., *Μόνον τὸ καλὸν ἀγαθόν – oder von der Gleichgültigkeit des Wertvollen in der stoischen Ethik*, in: *Perspektiven der Philosophie, Neues Jahrbuch* 21 (1995), 125–145.

Forschner, M., *„Der Tod ist nichts Gewaltiges". Stoische und epikureische meditatio mortis*, in: *JBTh* 19 (2004), 297–310.

Forschner, M., *Das Selbst- und Weltverhältnis des Weisen. Über die stoische Begründung des Guten und Wertvollen*, in: F. W. Horn/R. Zimmermann (Hg.), *Jenseits von Indikativ und Imperativ. Kontexte und Normen neutestamentlicher Ethik*, Bd. 1, Tübingen 2009, 19–38.

Forschner, M., *Epiktets Theorie der Freiheit im Verhältnis zur klassischen stoischen Lehre* (*Diss.* IV, 1), in: *Epiktet: Was ist wahre Freiheit? Diatribe* IV, 1, eingeleitet, übersetzt und mit interpretierenden Essays versehen von S. Vollenweider, M. Baumbach, E. Ebel, M. Forschner und T. Schmeller, Tübingen 2013, 97–118.

Forschner, M., *Marc Aurel und Epikur. Über stoische und epikureische meditatio mortis*, in: G. Ernst (Hg.), *Philosophie als Lebenskunst. Antike Vorbilder, moderne Perspektiven*, Berlin 2016, 91–108.

Forschner, M., *Die Philosophie der Stoa. Logik, Physik und Ethik*, Darmstadt 2018.

Forst, R., *Die Würde des Menschen und das Recht auf Rechtfertigung*, in: *DZPhil* 53 (2005), 589–596.

Foucault, M., *Technologies of the Self*, in: L. H. Martin/H. Gutman/P. H. Hutton (eds.), *Technologies of the Self. A Seminar with Michel Foucault*, Amherst 1988, 16–49.

Frankl, V. E., *... trotzdem Ja zum Leben sagen. Ein Psychologe erlebt das Konzentrationslager*, München 1946/1977.

Frankl, V. E., *Der Wille zum Sinn*, Bern 1972.

Frede, D., *Platon Phaidon. Der Traum von der Unsterblichkeit der Seele*, Darmstadt 1999.

Frede, D., *Theodicy and Providential Care in Stoicism*, in: Dies./A. Laks (eds.), *Traditions of Theology. Studies in Hellenistic Theology*, Leiden 2002, 85–119.

Frede, M., *On Aristotle's Conception of the Soul*, in: A. O. Rorty /M. C. Nussbaum (eds.), *Essays on Aristotle's De Anima*, Oxford 1992, 93–109.

Frongia, G. et al., *Significance of the Extent of Intestinal Resection on the Outcome of a Short-bowel Syndrome in a Porcine Model*, in: *J Invest Surg* 29/1 (2016), 57–65.

Frotscher, W./Pieroth, B., *Verfassungsgeschichte*, München [19]2021.

Frowein, R. A./Euler, K. H./Karimi-Nejad, A., *Grenzen der Wiederbelebung bei schweren Hirntraumen*, in: *Langenb Arch Klin Chirurgie* 308 (1964), 276–281.

Fuchs, T., *Versöhnung mit dem Ungelebten – Zum Gelingen des Lebens im Sterben*, in: O. Mitscherlich-Schönherr (Hg.), *Gelingendes Sterben. Zeitgenössische Theorien im interdisziplinären Dialog*, Berlin 2019, 85–100.

Funke, A., *Parallelweg: Menschenwürde und Menschenbild*, in: R. Gröschner/S. Kirste/O. W. Lembcke (Hg.), *Wege der Würde. Philosophenwege – Rechtswege – Auswege*, Tübingen 2023, 83–116.

Fürst, A., *Origenes: Grieche und Christ in römischer Zeit* (Standorte in Antike und Christentum 9), Stuttgart 2017.

Fürst, A., *Matter and Body in Origen's Christian Platonism*, in: B. Bitton-Ashkelony et al. (eds.), *Origen's legacy in the Holy Land – a Tale of three Cities: Jerusalem, Caesarea and Bethlehem. Proceedings of the 12th International Origen Congress, Jerusalem, 25–29 June, 2017* (BETL 302), Leuven 2019, 573–588.

Ganzini, L. et al., *Experiences of Oregon nurses and social workers with hospice patients who requested assistance with suicide*, in: *N Engl J Med* 347/8 (2002), 582–588.

Garland, R., *The Greek Way of Death*, Ithaca/NY, 1985.

Gasser, G. (ed.), *Personal Identity and the Resurrection: How Do We Survive Our Death?*, Farnham 2010.

Geismann, G., *Kant und ein vermeintes Recht des Embryo*, in: *KantSt* 95 (2004), 443–469.

Gerson, L. P., *Platonic Dualism*, in: *The Monist* 69 (1986), 352–369.

Gerson, L. P., *Knowing Persons. A Study in Plato*, Oxford 1986/2003.

Gestrich, C., *Die Seele des Menschen und die Hoffnung der Christen. Evangelische Eschatologie vor der Erneuerung*, Frankfurt a.M. 2009.

Gestrich, C., *Die menschliche Seele – Hermeneutik ihres dreifachen Weges*, Tübingen 2019.

Gethmann, C. F., *Ethische Fragen der Selbsttötung angesichts der aktuellen Diskussion um ärztliche Sterbehilfe und um Sterbehilfevereine*, in: J. C. Bublitz et al. (Hg.), *Festschrift für Reinhard Merkel*, Berlin 2020, 1045–1061.

Geyer, C. (Hg.), *Hirnforschung und Willensfreiheit. Zur Deutung der neuesten Experimente*, Frankfurt a.M. 2004.

Gill, C., *The Body's Fault? Plato's* Timaeus *on Psychic Illness*, in: M. R. Wright (ed.), *Reason and Necessity. Essays on Plato's* Timaeus, London 2000, 59–84.

Goulet-Cazé, M.-O., *L'ascèse cynique. Un commentarie de Diogène Laërce VI 70–71*, Paris 1986.

Gousmett, C. J., *Shall the Body strive and not be crowned? Unitary and instrumentalist anthropological models as keys to interpreting the structure of Patristic eschatology*, Diss. Dunedin 1993; mit neuer Paginierung online unter: earlychurch.org.uk/book_gousmett.php (Zugriff am 20.02.2023).

Gräb-Schmidt, E., *Würde als Bestimmung der Natur des Menschen? Theologische Reflexionen zu ihrem (nach-)metaphysischen Horizont*, in: W. Härle/B. Vogel (Hg.), *Begründung von Menschenwürde und Menschenrechten*, Freiburg 2008, 134–168.

Grant, D. et al., *Intestinal transplant registry report: global activity and trends*, in: *Am J Transplant* 15 (2015), 210–219.

Gregor von Nazianz, *Orationes 6–12*, hg. v. M.-A. Calvet-Sebasti (SC 405), Paris 1995.

Gregor von Nyssa, *De virginitate*, hg. v. J. P. Cavarnos (GNO 8/1), Leiden [2]1962; hg. v. M. Aubineau, *Grégoire de Nysse. Traité de la virginité. Introduction, texte critique, traduction, notes et index* (SC 119), Paris 1966.
Gregor von Nyssa, *Vita Macrinae*, hg. v. V. Woods Callahan (GNO 8/1), Leiden [2]1962; hg. v. P. Maraval, *Grégoire de Nysse. Vie de sainte Macrine. Introduction, texte critique, traduction, notes et index* (SC 178), Paris 1971.
Gregor von Nyssa, *Oratio consolatoria in Pulcheriam*, hg. v. U. Gantz (Chrêsis 6), Basel 1999.
Gregor von Nyssa, *De anima et resurrectione*, hg. v. A. Spira/E. Mühlenberg (GNO 3/3), Leiden/Boston 2014.
Greshake, G., *Tod – und dann? Ende – Reinkarnation – Auferstehung. Der Streit der Hoffnungen*, Freiburg i.Br./Basel/Wien 1988.
Greshake, G., *Das Verhältnis „Unsterblichkeit der Seele“ und „Auferstehung des Leibes“ in problemgeschichtlicher Sicht*, in: G. Brüntrup/M. Rugel/M. Schwarz (Hg.), *Auferstehung des Leibes – Unsterblichkeit der Seele*, Stuttgart 2010, 25–42.
Greshake, G./Kremer, J., *Resurrectio mortuorum. Zum theologischen Verständnis der leiblichen Auferstehung*, Darmstadt 1986.
Griffin, M., *Seneca. A Philosopher in Politics*, Oxford 1976.
Griffin, M., *Nero. The End of a Dynasty*, London 1984.
Grimm, J./Grimm, W., *Die Märchen*, Reutlingen 1958.
Gröschner, R./Kirste, S./Lembcke, O. W. (Hg.), *Wege der Würde. Philosophenwege – Rechtswege – Auswege*, Tübingen 2023.
Gronemeyer, R./Heller, A., *In Ruhe sterben. Was wir uns wünschen und was die moderne Medizin nicht leisten kann*, München 2014.
Gronemeyer, R./Heller, A., *Suizidassistenz? Warum wir eine solidarische Gesellschaft brauchen*, Esslingen 2021.
Groß, W., *Zum alttestamentlich-jüdischen Verständnis von Sterben und Tod*, in: F.-J. Bormann/G. D. Borasio (Hg.), *Sterben. Dimensionen eines anthropologischen Grundphänomens*, Berlin/Boston 2012, 465–480.
Gruber, G., *ΖΩΗ: Wesen, Stufen und Mitteilung des wahren Lebens bei Origenes* (MThS.S 23), München 1962.
Gruman, G. J., *A History of Ideas about the Prolongation of Life. The Evolution of the Prolongevity Hypothesis to 1800*, in: *Transactions of the American Philosophical Society* 56/9 (1966), 1–102.
Günak, M. M./Barnes, D. E./Yaffe, K./Li, Y./Byers, A. L., *Risk of suicide attempt in patients with recent diagnosis of mild cognitive impairment or dementia*, in: *Journal of American Medical Association: Psychiatry* 78/6 (2021), 659–666.
Haag, E., *Seele und Unsterblichkeit in biblischer Sicht*, in: W. Breuning/R. Friedli (Hg.), *Seele. Problembegriff christlicher Eschatologie* (QD 106), Freiburg i.Br./Basel/Wien 1986, 31–93.
Hachlili, R., *Jewish Funerary Customs, Practices and Rites in the Second Temple Period*, Leiden 2005.
Hadot, P., *Philosophy as a Way of Life. Spiritual Exercises from Socrates to Foucault*, Malden/Oxford 1995.
Hadot, P., *Die innere Burg. Anleitung zu einer Lektüre Marc Aurels*, Frankfurt a.M. 1997.
Hadot, P., *The Inner Citadel. The Meditations of Marcus Aurelius*, Cambridge, Ma., 2001.
Hamilton, A./Madison, J./Jay, J., *Die Federalist Papers*, hg. v. B. Zehnpfennig, Darmstadt 1993.
Harari, Y. N., *Homo Deus. Eine Geschichte von Morgen*, München [2]2017.
Harl, M., *La préexistence des âmes dans l’œuvre d’Origène*, in: L. Lies (Hg.), *Origeniana Quarta: Die Referate des 4. Internationalen Origeneskongresses. Innsbruck, 2.–6. September 1985* (IThS 19), Innsbruck/Wien 1987, 238–258.

Harriman, B., *Musonius Rufus, Cleanthes, and the Stoic Community at Rome*, in: *Elenchos* 41/1 (2020), 71–104.
Harrington, H. K., *The Impurity Systems of Qumran and the Rabbis. Biblical Foundations*, Atlanta/Ga., 1993.
Hawking, S./Penrose, R., *The Singularities of Gravitational Collapse and Cosmology*, in: *Proceedings of the Royal Society* 314 (1970), 529–548.
Hayles, N. K., *How we Became Posthuman. Virtual Bodies in Cybernetics, Literature and Informatics*, Chicago 1999.
Heathwood, C., *Desire-fulfillment theory*, in: G. Fletcher (ed.), *The Routledge Handbook of Philosophy of Well-Being*, London/New York 2016, 135–147.
Hecker, B., *Was bleibt vom Grundrecht auf Suizidhilfe?*, in: *Strafverteidiger (StV)* 43 (2023), 57–64.
Hedberg, K./New, C., *Oregon's Death with dignity act: 20 years of experience to inform the Debate*, in: *Annals of Internal Medicine* 167 (2017), 579–583.
Hegel, G. W. F., *Grundlinien der Philosophie des Rechts* (1821), in: Ders., *Werke*, hg. v. E. Moldenhauer/ K. M. Michel, Bd. 7, Frankfurt a.M. 1970.
Hegel, G. W. F., *Grundlinien zur Philosophie des Rechts* (1820), Hamburg 2016.
Hegerl, U., *Suizidalität im Kontext psychischer Erkrankungen*, in: Deutscher Ethikrat, *Öffentliche Anhörung zur „Phänomenologie der Sterbe- und Selbsttötungswünsche" am 17. Dezember 2020*, online unter: https://www.ethikrat.org/fileadmin/PDF-Dateien/Veranstaltungen/anhoerung-17-12-2020-hegerl.pdf (Zugriff am 06.06.2023).
Heidegger, M., *Marburger Vorlesungen* (GA 17–26), Frankfurt a.M. 1975–2006.
Heidegger, M., *Frühe Freiburger Vorlesungen 1919–1923* (GA 56–63), Frankfurt a.M. 1982–2005.
Heidegger, M., *Vom Geheimnis des Glockenturms*, in: Ders., *Aus der Erfahrung des Denkens 1910–1976*, hg. v. H. Heidegger (GA 13), Frankfurt a.M. 1983, 113–116.
Heidegger, M., *Beiträge zur Philosophie (Vom Ereignis)*, hg. v. F.-W. von Herrmann (GA 65), Frankfurt a.M. 1989.
Heidegger, M., *Sein und Zeit*, Tübingen ^{17}1993.
Heidegger, M., *Ein Grußwort für das Symposion in Beirut November 1974*, in: Ders., *Reden und andere Zeugnisse eines Lebensweges 1910–1976*, hg. v. H. Heidegger (GA 16), Frankfurt a.M. 2000, 742–743.
Heidegger, M., *Bauen Wohnen Denken*, in: Ders., *Vorträge und Aufsätze*, hg. v. F.-W. von Herrmann (GA 7), Frankfurt a.M. 2000, 145–164.
Heidegger, M., *Das Ding*, in: Ders., *Vorträge und Aufsätze*, hg. v. F.-W. von Herrmann (GA 7), Frankfurt a.M. 2000, 165–187.
Heidegger, M., *Der Begriff der Zeit*, hg. v. F.-W. von Herrmann (GA 64), Frankfurt a.M. 2004.
Heidegger, M., *Natorp-Bericht*, in: M. Heidegger, *Phänomenologische Interpretationen ausgewählter Abhandlungen des Aristoteles zur Ontologie und Logik*, hg. v. G. Neumann (GA 62), Frankfurt a.M. 2004, 341–419.
Heidler, F., *Die biblische Lehre von der Unsterblichkeit der Seele. Sterben, Tod, ewiges Leben im Aspekt lutherischer Anthropologie*, Göttingen 1983.
Heidler, F., *Ganztod oder nachtodliche Existenz?*, in: *TBei* 16/4 (1985), 169–175.
Heimann, P., *Erwähltes Schicksal: Präexistenz der Seele und christlicher Glaube bei Origenes* (TBF 5), Tübingen 1988.
Held, M., *Moralische Motivation in der Stoa und bei Augustinus*, Tübingen 2020.
Hellmeier, P. D., *Anima et intellectus. Albertus Magnus und Thomas von Aquin über Seele und Intellekt des Menschen*, Münster 2011.
Hendin H., *Suicide, assisted suicide and medical illness*, in: *J Clin Psychiatry* 60 (1999), suppl. 2, 46–50.

Hennessey, L. R., *Expressions of Death and Immortality in Homer, Plato and Origen of Alexandria: A Literary and Theological Comparative Study*, Diss. masch., Washington D.C. 1982.

Hennessey, L. R., *Origen of Alexandria: The Fate of the Soul and the Body after Death*, in: *The second century* 8/3 (1991), 163–178.

Hennessey, L. R., *A Philosophical Issue in Origen's Eschatology: The Three Senses of Incorporeality*, in: R. J. Daly (ed.), *Origeniana Quinta: Historica, Text and Method, Biblica, Philosophica, Theologica, Origenism and Later Developments. Papers of the 5th International Origen Congress. Boston College, 14–18 August 1989* (BETL 105), Leuven 1992, 373–380.

Henning, C. R., *Wirklich ganz tot? Neue Gedanken zur Unsterblichkeit der Seele vor dem Hintergrund der Ganztodtheorie*, in: *NZSTh* 43 (2001), 236–252.

Henry, W. B., *Philodemus, On Death*, Atlanta 2009.

Hense, O. (ed.), *C. Musonii Rufi Reliquiae*, Leipzig 1905, ND Berlin/Boston 1990.

Herman, B., *The Practice of Moral Judgment*, Cambridge, Ma., 1993.

Herrmann, C., *Unsterblichkeit der Seele durch Auferstehung. Studien zu den anthropologischen Implikationen der Eschatologie* (FSÖTh 83), Göttingen 1997.

Hershenov, D., *The Metaphysical Problem of Intermittent Existence and the Possibility of Resurrection*, in: *Faith and Philosophy* 20 (2003), 24–36.

Hesse, K., *Grundzüge des Verfassungsrechts der Bundesrepublik Deutschland*, Heidelberg 1999.

Hilgendorf, E., *Rettungsweg: Menschenwürdiges Sterben*, in: R. Gröschner/S. Kirste/O. W. Lembcke (Hg.), *Wege der Würde. Philosophenwege – Rechtswege – Auswege*, Tübingen 2023, 191–217.

Hillenkamp, T., *§ 217 StGB n. F.: Strafrecht unterliegt Kriminalpolitik*, in: *Kriminalpolitische Zeitung (KriPoZ)* 1 (2016), 1–10.

Hillenkamp, T., *Kann, wer die Straftat selbst begeht, nur Gehilfe sein?*, in: *Zeitschrift für Lebensrecht (ZfL)* 31 (2022), 383–398.

Hillenkamp, T., *Über Stand und Notwendigkeit einer Nachfolgeregelung zu § 217 StGB*, in: J. Bülte et al. (Hg.), *Festschrift für Gerhard Dannecker*, München 2023, 615–626.

Hillgruber, C., *Der Schutz des Menschen vor sich selbst*, München 1992.

Himmelfarb, J. et al., *The current and future landscape of dialysis*, in: *Nat Rev Nephrol* 16/10 (2020), 573–585.

Hinterhuber, H., *Die Seele. Natur- und Kulturgeschichte von Psyche, Geist und Bewusstsein*, Wien/New York 2001.

Hirzel, R., *Der Dialog*, Bd. 2, Leipzig 1895.

Hobbel, A. J., *The Imago Dei in the Writings of Origen*, in: *StPatr* 21 (1989), 301–307.

Hoch, M., *„Reinheit" und „Ordnung". Leibliches und seelisches Dasein in den Schriften de virginitate, vita Sanctae Macrinae, de anima et resurrectione, de hominis opificio und der oratio catechetica magna des Gregor von Nyssa* (Theos 107), Hamburg 2013.

Hoffmann, O./Masuhr, F., *Zugang zur Hirntoddiagnostik*, in: *Nervenarzt* 85 (2014), 1573–1581.

Hofmann, D., *Suizid in der Spätantike. Seine Bewertung in der lateinischen Literatur* (Altertumswissenschaftliches Kolloquium 18), Stuttgart 2007.

Hölscher, L., *Die Entdeckung der Zukunft*, Göttingen ^{2}2016.

Horn, F. W./Volp, U./Zimmermann, R. (Hg.), *Ethische Normen des frühen Christentums. Gut – Leben – Leib – Tugend* (WUNT 313), Tübingen 2013.

Hörnle, T., *Der niederländische Hoge Raad und das BVerfG zu Fragen der Sterbehilfe: Die Abgrenzung von Selbstbestimmung und Fremdbestimmung im Einzelfall und als Leitlinie für die Rechtspolitik*, in: *JZ* 75 (2020), 872–879.

Horst, W., *Formed from the Earth: Adam and Created Mortality in Second Temple Literature*, in: *JQR* 112 (2022), 645–669.

Hossenfelder, M., *Antike Glückslehren. Quellen zur hellenistischen Ethik in deutscher Übersetzung*, 2., aktualisierte Auflage, Stuttgart 2013.
Houser, J. S., *The Philosophy of Musonius Rufus. A Study of Applied Ethics in the Late Stoa*, Diss. masch., Providence, RI, 1997.
Hufen, F., *Selbstbestimmtes Sterben – Das verweigerte Grundrecht*, in: *Neue Juristische Wochenschrift (NJW)* 71 (2018), 1524–1528.
Hügli, A., *Tod*, in: J. Ritter/K. Gründer (Hg.), *Historisches Wörterbuch der Philosophie*, Bd. 10, Basel 1998, 1227–1242.
Hume, D., *Über die Unsterblichkeit der Seele*, in: *Die Naturgeschichte der Religion* (PhB 341), Hamburg 1984, 79–87.
Huntington, R./Metcalf, P., *Celebrations of Death: The Anthropology of Mortuary Ritual*, Cambridge 1979.
Huxel, K., *Unsterblichkeit der Seele versus Ganztodthese? – Ein Grundproblem christlicher Eschatologie in ökumenischer Perspektive*, in: *NZSTh* 48 (2006) 341–366.
Höffe, O., *Ethik und Politik*, Frankfurt a.M. 1979.
Ingelfinger, R., *Grundlagen und Grenzbereiche des Tötungsverbots*, Köln 2004.
Inwood, B., *Ethics and Human Action in Early Stoicism*, Oxford 1985.
Inwood, B., *The Legacy of Musonius Rufus*, in: T. Engberg-Pedersen (ed.), *From Stoicism to Platonism. The Development of Philosophy, 100 BCE-100 CE*, Cambridge 2017, 254–276.
Ireton, S., *Heidegger's Ontological Analysis of Death and its Prefiguration in Nietzsche*, in: *Nietzsche-Studien* 26 (1997), 405–420.
Ishiaki, Y./Cheng, L./Mudge, A. W./Raff, M. C., *Programmed cell death by default in embryonic cells, fibroblast, and cancer cells*, in: *Mol Biol Cell* 6/11 (1995), 1443–1458.
Jacobsen, A.-C., *The Constitution of Man according to Irenaeus and Origen*, in: B. Feichtinger/S. Lake/H. Seng (Hg.), *Körper und Seele: Aspekte spätantiker Anthropologie*, München 2006, 67–94.
James, W., *The Principles of Psychology*, New York 1890.
Janowski, B., *Der ganze Mensch. Zur Anthropologie der Antike und ihrer europäischen Nachgeschichte*, Berlin 2012.
Janowski, B., *Was ist der Mensch? Grundzüge einer biblischen Sicht des Menschen*, in: *BiKi* 67 (2012), 4–9.
Janowski, B., *Die lebendige nœpœš. Das Alte Testament und die Frage nach der „Seele"*, in: B. Janowski/C. Schwöbel (Hg.), *Gott – Seele – Welt. Interdisziplinäre Beiträge zur Rede von der Seele*, Neukirchen-Vluyn 2013, 12–43.
Jaspers, K., *Allgemeine Psychopathologie*, Heidelberg 1913/1979.
Jaspers, K., *Philosophie*, Bd. II: *Existenzerhellung*, Berlin/Heidelberg/New York ^{4}1973.
Jaworski, W., *Hylomorphism and Resurrection*, in: *European Journal for Philosophy of Religion* 5 (2013), 197–224.
Jaworski, W., *Structure and the Metaphysics of Mind: How Hylomorphism Solves the Mind-Body-Problem*, Oxford 2016.
Jellinek, G., *Allgemeine Staatslehre*, Berlin 1900.
Jellinek, G., *System der subjektiven öffentlichen Rechte*, Tübingen ^{2}1905.
Jentzer, J. C./Hollenberg, S. M., *Vasopressor and Inotrope Therapy in Cardiac Critical Care*, in: *J Intensive Care Med* 36/8 (2021), 843–856.
Jeppesen, P. B./Gilroy, R. et al., *Randomised placebo-controlled trial of teduglutide in reducing parenteral nutrition and/or intravenous fluid requirements in patients with short bowel syndrome*, in: *Gut* 60/7 (2011), 902–914.
Jo, M./Kim, T. H./Seol, D. W., *Apoptosis induced in normal human hepatocytes by tumor necrosis factor-releated apoptosis-inducuing ligand*, in: *Nat Med* 6 (2000), 564–567.

Jobges, S. et al., *Dealing with coercion in intensive care medicine: Recommendations from the Ethics Section of the German Interdisciplinary Association for Intensive Care and Emergency Medicine (DIVI) in collaboration with the Ethics Section of the German Society for Internal Intensive Care and Emergency Medicine (DGIIN)*, in: *Med Klin Intensivmed Notfmed* 117/4 (2022), 255–263.

Johannes Chrysostomos, *Ad Stagirium* (PG 47), Paris 1858, 423–494.

Johansen, T., *Body, Soul, and Tripartition in Plato's* Timaeus, in: *OSAP* 19 (2000), 87–111.

Johnston, M., *Constitution is Not Identity*, in: M. Rea (ed.), *Material Constitution: A Reader*, Lanham/ Oxford 1997, 44–62.

Jonas, H., *Evolution und Freiheit*, in: Ders., *Philosophische Untersuchungen und metaphysische Vermutungen*, Frankfurt a.M./Leipzig 1992, 11–33.

Jonas, H., *Last und Segen der Sterblichkeit*, in: Ders., *Philosophische Untersuchungen und metaphysische Vermutungen*, Frankfurt a.M./Leipzig 1992/Frankfurt a.M. 1994, 81–100.

Jonas, H., *Werkzeug, Bild und Grab*, in: Ders., *Philosophische Untersuchungen und metaphysische Vermutungen*, Frankfurt a.M./Leipzig 1992, 34–49.

Kahlo, M., *Sterbehilfe und Menschenwürde*, in: G. Freund et al. (Hg.), *Grundlagen und Dogmatik des gesamten Strafrechtssystems, Festschrift für W. Frisch zum 70. Geburtstag*, Berlin 2013, 711–738.

Kalogerakos, I., *Seele und Unsterblichkeit. Untersuchungen zur Vorsokratik bis Empedokles*, Stuttgart/ Leipzig 1996/^{2}2012.

Kant, I., *Metaphysik der Sitten* (1797/98), in: ders., *Werke*, hg. v. W. Weischedel, Bd. IV, Darmstadt 1956, 303–634.

Kant, I., *Naturrecht Feyerabend*, in: *Kants gesammelte Schriften*, Bd. XXVII, hg. v. der Akademie der Wissenschaften, Berlin 1979, 1317–1394.

Kant, I., *Grundlegung zur Metaphysik der Sitten*, in: C. Horn et al. (Hg.), *Immanuel Kant: Grundlegung zur Metaphysik der Sitten*, Frankfurt a.M. 2007.

Karle, I./Anselm, R./Lilie, U., *Den assistierten professionellen Suizid ermöglichen*, in: *FAZ* 8 (11.1.2021), 6.

Kassenärztliche Bundesvereinigung, *KBV Gesundheitsdaten – SAPV-Teams*, Stand 25.10.2021, online unter: https://gesundheitsdaten.kbv.de/cms/html/17067.php (Zugriff am 22.03.2023).

Kast, V., *Trauern. Phasen und Chancen des psychischen Prozesses*, Stuttgart 1982 (= Dies., *Zeit der Trauer*, Stuttgart 2006).

Kather, R., *Die Verheißung gesteigerter Lebensqualität. Philosophische Hintergründe von Künstlicher Intelligenz und Transhumanismus*, Ostfildern 2022.

Kather, R., *Der menschliche Leib als Vermittlung zwischen bewussten und nicht-bewussten Ausdrucksformen*, in: C. Tewes et al. (Hg.), *Verletzlichkeit und Personalität in der Demenz. Anthropologisch-phänomenologische Zugänge*, Baden-Baden 2023, 29–58.

Kellehear, A., *Compassionate communities: end-of-life care as everyone's responsibility*, in: *Quarterly Journal of Medicine: An international journal of medicine* 106 (2013), 1071–1077.

Kidd, I. G., *Posidonius vol. II/1 and II/2: Commentary*, Cambridge 1988.

Kiel, N., *Das Erbe des Origenes bei Gregor von Nyssa. Protologie und Eschatologie im Kontext des Origenismus* (Adamantiana 24), Münster 2022.

Kienzerle, R. A., *Paternalismus im Strafrecht der Sterbehilfe*, Baden-Baden 2021.

Kierkegaard, S., *Die Krankheit zum Tode*, München 2011.

Kim, B. F., *Leben als Beziehung zu Gott: Zum dialogischen Verständnis der unvergänglichen Seele bei Joseph Ratzinger und in der neueren evangelischen Theologie*, Hamburg 2022.

Kindhäuser, U. et al. (Hg.), *Nomos Kommentar zum Strafgesetzbuch (NK-StGB)*, Baden-Baden ^{5}2017.

King, R. A. H., *Aristotle on Life and Death*, London 2001.

King, R. A. H., *Parva naturalia*, in: C. Rapp et al. (Hg.), *Aristoteles Handbuch*, Stuttgart 2021, 109–117.

Kisiel, T., *The Genesis of Heidegger's Being and Time*, Berkeley/Los Angeles/London 1993.

Klein, J., *The Stoic Argument from oikeiōsis*, in: *OSAP* 50 (2019), 143–200.

Klein, J., *Desire and Impulse in Epictetus and the Older Stoics*, in: *AGPh* 103/2 (2021), 221–251.

Klibansky, R./Panofsky, E./Saxl, F., *Saturn und Melancholie. Studien zur Geschichte der Naturphilosophie und Medizin, der Religion und der Kunst*, Frankfurt a.M. 1990.

Klitzsch, I., *Redaktion und Memoria. Die Lutherbilder der „Tischreden"*, Tübingen 2020.

Klöckener, M., *Makrina – Ideal einer christlichen Asketin, Lehrerin und Heiligen im 4. Jahrhundert*, in: *Information und Material. Zeitschrift für den katholischen Religionsunterricht* 2 (2020), 6–9.

Köckert, M., *Das Verbot „Du sollst nicht töten" im Dekalog*, in: J. C. de Vos/H. Löhr (ed.), *„You shall not Kill". The Prohibition of Killing in Ancient Religions and Cultures*, Göttingen 2018, 15–35.

Kohnle, A. (Hg.), *Luthers Tod. Ereignis und Wirkung*, Leipzig 2019.

Kolb, R., *‚Life is King and Lord over Death': Martin Luther's View of Death and Dying*, in: M. Kobelt-Groch/C. N. Moore (Hg.), *Tod und Jenseits in der Schriftkultur der Frühen Neuzeit*, Wiesbaden 2008, 23–44.

Korobili, G., *Aristotle. On Youth and Old Age, Life and Death, and Respiration 1–6*, Cham 2022.

Korsgaard, C., *Creating the Kingdom of Ends*, Cambridge 1996.

Koslicki, K., *The Structure of Objects*, Oxford/New York 2008.

Koslicki, K., *Form, Matter, Substance*, Oxford/New York 2018.

Kotila, H., *Mors, mortalitas*, in: *Augustinus-Lexikon* IV, hg. v. C. Mayer et al., Basel 2018, 89–97.

Kraatz, K., *Das Sein zur Sprache bringen. Die formale Anzeige als Kern der Begriffs- und Bedeutungstheorie Martin Heideggers*, Würzburg 2022.

Kraemer, D., *The Meanings of Death in Rabbinic Judaism*, London 2000.

Krause, G., *Luthers Stellung zum Selbstmord. Ein Kapitel seiner Lehre und Praxis der Seelsorge*, in: *Luther* 36 (1965), 50–71.

Kreß, H., *Das Selbstbestimmungsrecht im weltlichen Staat*, in: *Medizinrecht (MedR)* 38 (2020), 572–574.

Krüger, O., *The Suspension of Death. The Cryonic Utopia in the Context of the U.S. Funeral Culture*, in: *Marburg Journal of Religion* 15 (2010), 1–19.

Krüger, O., *Film und Fernsehen in der Religionsforschung. Ein Beitrag zur Medienhermeneutik*, in: L. Simonis (Hg.), *Religion und Medien. Ansätze zu einem interdisziplinären Forschungsprogramm*, Bielefeld 2019, 83–111.

Krüger, O., *Virtualität und Unsterblichkeit. Gott, Evolution und die Singularität im Post- und Transhumanismus*, Freiburg i.Br./Berlin/Wien/Baden-Baden 2019.

Kruse, A., *Menschen im Terminal-Stadium und ihre betreuenden Angehörigen als ‚Dyade': Wie erleben sie die Endlichkeit des Lebens, wie setzen sie sich mit dieser auseinander?*, in: *Zeitschrift für Gerontologie und Geriatrie* 28 (1995), 264–272.

Kruse, A., *Lebensphase hohes Alter: Verletzlichkeit und Reife*, Heidelberg 2017.

Kruse, A., *Vom Leben und Sterben im Alter. Wie wir das Lebensende gestalten können*, Stuttgart 2021.

Kruse, A., *Sich in das Erleben schwer kranker und sterbender Menschen „einschwingen". Antworten auf das Todes- und Selbsttötungsverlangen*, in: J. Küchenhoff/M. Teising (Hg.), *Sich selbst töten mit Hilfe Anderer. Kritische Perspektiven auf den assistierten Suizid*, Gießen 2022, 177–198.

Kruse, A., *Leben in wachsenden Ringen. Sinnerfülltes Alter*, Stuttgart 2023.

Kruse, A./Remmers, H./Schmitt, E./Wild, B., *Schmerzempfinden und Schmerzverarbeitung*, in: A. Kruse/E. Schmitt (Hg.), *… der Augenblick ist mein und nehm ich den in Acht: Daseinsthemen und Lebenskontexte alter Menschen*, Heidelberg 2022, 225–244.

Kruse, A./Schmitt, E. (Hg.), *… der Augenblick ist mein und nehm ich den in Acht. Daseinsthemen und Lebenskontexte alter Menschen*, Heidelberg 2022.

Kruse, A./Schmitt, E./Becker G. et al., *Mitverantwortung in „sorgenden Gemeinschaften" als eine Form der Weltgestaltung und Teilhabe im Alter*, in: A. Kruse/E. Schmitt (Hg.), *… der Augenblick ist mein* *und nehm ich den in Acht. Daseinsthemen und Lebenskontexte alter Menschen*, Heidelberg 2022, 139–175.

Kruse, A./Schmitt, E./Hinner, J./Kampanaros, D./Mettner, M., *Grenzgänge zwischen Verletzlichkeit und Wachstum – eine daseinsthematische Analyse*, in: A. Kruse/E. Schmitt (Hg.), *... der Augenblick ist mein und nehm ich den in Acht. Daseinsthemen und Lebenskontexte alter Menschen*, Heidelberg 2022, 35–82.

Kube, H., *Der subjektive Abwehrgehalt der Grundrechte – Zur grundrechtlichen Rüge der Verletzung von Rechten Dritter*, in: *DVBl.* 120 (2005), 721–727.

Kübler-Ross, E., *On Death and Dying*, New York/London 1969 (div. Nachdr./Übers.).

Küchenhoff, J., *Unaushaltbarkeit – wer misst das Maß des Leidens?*, in: J. Küchenhoff/M. Teising (Hg.), *Sich selbst töten mit Hilfe Anderer. Kritische Perspektiven auf den assistierten Suizid*, Gießen 2022, 39–56.

Küchenhoff, J./Teising, M., *Sich selbst töten mit Hilfe Anderer. Kritische Perspektiven auf den assistierten Suizid*, Gießen 2022.

Kühl, K., *Das Unrecht als Kern der Straftat*, in: R. Esser et al. (Hg.), *Festschrift für Hans-Heiner Kühne*, Heidelberg 2013, 15–30.

Küng, H., *Ewiges Leben?*, München 1982.

Kurzweil, R., *The Singularity is Near. When Humans Transcend Biology*, New York 2005.

Kurzweil, R., *‚Werden wir ewig leben, Mr. Kurzweil?‘*, in: T. Hülswitt/R. Brinzanik, *Werden wir ewig leben? Gespräche über die Zukunft von Mensch und Technologie*, Berlin 2010.

Kusch, R./Hecker, B., *Handbuch der Sterbehilfe*, Norderstedt ^{2}2021.

L. Annaeus Seneca, *Philosophische Schriften (lateinisch-deutsch)*, übers., eingel. und mit Anm. versehen v. M. Rosenbach, 5 Bde., Darmstadt 1984.

Lahann, B., *Am Todespunkt. 18 berühmte Dichter und Maler, die sich das Leben nahmen*, Bonn 2014.

Lamprecht, G./Königsrainer, A., *Kurzdarmsyndrom*, in: *Gastroenterologie up2date* 09/03 (2013), 157–170.

Landauer, S., *Die Psychologie des Ibn Sînâ*, in: *ZDMG* 29/3 (1876), 335–418, online unter: http://www.jstor.org/stable/43366215 (Zugriff am 19.02.2023).

Larocque, L. M., *Rites funéraires dans l'Islam*, in: *Encyclopédie sur la mort*, 30.11.2001, online unter: http://agora.qc.ca/thematiques/mort/documents/rites_funeraires_dans_lislam (Zugriff am 21.11.2022).

Larsen, R., *Einführung in die Intensivmedizin. Anästhesie und Intensivmedizin für die Fachpflege*, Berlin/Heidelberg ^{9}2016, 502–507.

Laurand, V., *Stoïcisme et lien social. Enquête autour de Musonius Rufus*, Paris 2014.

Laurenti, R., *Musonio, Maestro di Epitteto*, in: *ANRW* 2.36.3 (1989), 2105–2146.

Lawton, M. P./Moss, M. S./Winter, L./Hoffman, C., *Motivation in later life. Personal projects and well-being*, in: *Psychology and Aging* 17/4 (2002), 539–547.

Lawton, M. P./Moss, M./Hoffman, C./Kleban, M. H./Ruckdeschel, K./Winter, L., *Valuation of Life. A Concept and a Scale*, in: *Journal of Aging and Health* 13/1 (2001), 3–31.

Leibniz, G. W., *Die philosophischen Schriften von Gottfried Wilhelm Leibniz*, hg. v. C. I. Gerhardt, 7 Bde., Berlin 1875–1890/Nachdruck Hildesheim 1978.

Leibniz, G. W., *Vernunftprinzipien der Natur und der Gnade. Monadologie*, Hamburg ^{2}1982.

Leinemann, J., *Das Leben ist der Ernstfall*, Hamburg 2009.

Leitlinienprogramm Onkologie, *S3-Leitlinie Palliativmedizin*, Version 2.2 von 2020.

Leitmeier, L., *Ist § 216 StGB verfassungsrechtlich noch haltbar?*, in: *Neue Zeitschrift für Strafrecht (NStZ)* 40 (2020), 508–514.

Lem, S., *Dialoge*, Frankfurt a.M. 1980.

Lembcke, O. W., *Scheideweg: Würdelosigkeit des Muselmanns?*, in: R. Gröschner/S. Kirste/O. W. Lembcke (Hg.), *Wege der Würde. Philosophenwege – Rechtswege – Auswege*, Tübingen 2023, 219–239.

Lemmen, T., *Islamische Bestattungen in Deutschland. Eine Handreichung*, Altenberge ^{2}1999.

Leppin, V., *Martin Luther*, Darmstadt ^{3}2017.

Leppin, V., *Schmerz und Trost. Beobachtungen zu Luthers Umgang mit dem Tod*, in: A. Kohnle (Hg.), *Luthers Tod. Ereignis und Wirkung*, Leipzig 2019, 49–68.

Leroux, N. R., *Martin Luther as comforter. Writings on Death*, Leiden 2007.

Levin, K., *Der Begriff der Genese in Physik, Biologie und Entwicklungsgeschichte: eine Untersuchung zur vergleichenden Wissenschaftslehre*, Berlin 1922.

Levine, L. I., *Visual Judaism in Late Antiquity. Historical Contexts of Jewish Art*, New Haven/London 2012.

Lewis, A./Bernat, J. L., *Ethics in Neurology*, in: *Semin Neurol* 38/5 (2018), 495–496, online unter: https://doi.org/10.1055/s-0038-1673410 (Zugriff am 07.06.2023).

Lewis, E., *Diogenes Laertius and the Stoic Theory of Mixture*, in: *Bulletin of the Institute of Classical Studies* 35 (1988), 84–90.

Liatsi, M., *Irdische Unsterblichkeit. Die Suche nach dem ewigen Leben in der Antike*, Berlin/Boston 2021.

Lindner, J. F., *Verfassungswidrigkeit des Verbotes aktiver Sterbehilfe?*, in: *NStZ* 40 (2020), 505–508.

Lindner, R., *Psychoanalytisch orientierte Studien zur Suizidalität im Alter*, in: *Forum Psychoanalyse* 36 (2020), 149–161.

Lindner, R., *Suizidalität und Sterben*, in: J. Küchenhoff/M. Teising (Hg.), *Sich selbst töten mit Hilfe Anderer. Kritische Perspektiven auf den assistierten Suizid*, Gießen 2022, 159–176.

Lindner, R./Voltz, R., *Arbeitsgruppe: „Todeswünsche“*, in: Leitlinienprogramm Onkologie (Hg.), *Erweiterte S3-Leitlinie Palliativmedizin für Patienten mit einer nicht heilbaren Krebserkrankung*, Berlin 2020, 167–178.

Link, C., *Unsterblichkeit der Seele – Auferstehung des Leibes*, in: T. Buchheim (Hg.), *Das Leib-Seele-Problem. Antwortversuche aus medizinisch-naturwissenschaftlicher, philosophischer und theologischer Sicht*, München 2006, 223–237.

Lob-Hüdepohl, A., *Gelassen. Gestalten. Moraltheologische Erkundungen zum Advance Care Planning*, in: W. Höfling/T. Otten/J. in der Schmitten (Hg.), *Advance Care Planning / Behandlung im Voraus Planen: Konzept zur Förderung einer patientenzentrierten Gesundheitsversorgung*, Baden-Baden 2019, 109–129.

Loewy, E. H., *Orchestrieren oder töten*, in: E. H. Loewy/R. Gronemeyer (Hg.), *Die Hospizbewegung im internationalen Vergleich. Dokumentation des ersten Gießener Symposiums vom 10. bis 12. Dezember 1999*, Gießen 2000, 7–17.

Logers, E. T. et al., *Implementing a death with dignity program at a comprehensive cancer center*, in: *N Engl J Med* 368 (2013), 1417–1424.

Loh, J., *Trans- und Posthumanismus zur Einführung*, Hamburg 2018.

Long, A. A., *Soul and Body in Stoicism*, in: Ders., *Stoic Studies*, Berkeley 1996, 224–249.

Long, A. A., *Epictetus: A Stoic and Socratic Guide to Life*, Oxford 2002.

Long, A. A./Sedley, D., *Die hellenistischen Philosophen. Texte und Kommentare*, übers. v. K. Hülser, Stuttgart 2006.

Lory, P. L., *Vie des hommes et mort des animaux en islam classique*, in: A. Caiozzo (ed.), *Mythes, rites et émotions: Les funérailles le long de la Route de la soie*, Paris 2016, 153–164.

Lössl, J., *Augustine in Byzantium*, in: *JEH* 51 (2000), 267–295.

Lukrez, *De rerum natura. Welt aus Atomen*, übers. v. K. Büchner, Stuttgart 1981.

Luper, S., *The Philosophy of Death*, Cambridge 2009.

Luper, S. (ed.), *The Cambridge Companion to Life and Death*, Cambridge 2014.

Luther, M., *Werke. Kritische Gesamtausgabe (WA)*, Weimar 1883–2009.
Lutz, C., *Musonius Rufus. „The Roman Socrates“*, in: *Yale Classical Studies* 10 (1947), 3–147.
Mack, K., *Das Ende von allem – astrophysikalisch betrachtet*, München 2021.
Maeda, I. et al., *Effect of continous deep sedation on survival in patients with advanced cancer: a propensity score-weighted analysis of a prospective cohort study*, in: *Lancet Oncology* 17 (2016), 115–122.
Mahlmann, T., *Auferstehung der Toten und ewiges Leben*, in: K. Stock (Hg.), *Die Zukunft der Erlösung. Zur neueren Diskussion um die Eschatologie* (VWGTh 7), Gütersloh 1994, 108–131.
Maio, G., *Schmerz als Widerfahrnis. Die Kontrollierbarkeitserwartung als Problem*, in: G. Maio/C. Bozzaro/ T. Eichinger (Hg.), *Leid und Schmerz. Konzeptionelle Annäherungen und medizinethische Implikationen*, Freiburg i.Br./München 2015, 169–179.
Maio, G., *Der assistierte Suizid und die Identität der Medizin*, in: J. Küchenhoff/M. Teising (Hg.), *Sich selbst töten mit Hilfe Anderer. Kritische Perspektiven auf den assistierten Suizid*, Gießen 2022, 85–94.
Malitz, J., *Philosophie und Politik im frühen Prinzipat*, in: H. W. Schmidt/P. Wülfing (Hg.), *Antikes Denken – Moderne Schule. Beiträge zu den antiken Grundlagen unseres Denkens*, Heidelberg 1988, 164–176.
Marc Aurel, *Wege zu sich selbst, Griechisch-deutsch*, hg. und übers. v. R. Nickel, Düsseldorf/Zürich 1998, ^{3}2004.
Marc Aurel, *Ad se ipsum*, übers. v. R. Nickel, Mannheim ^{2}2010.
Marcus Aurelius Antoninus, *The Communings with Himself, together with his Speeches and Sayings. A revised text and a translation into English* by C. R. Haines (Loeb Classical Library), Cambridge, Ma., 1916, reprints.
Marcus Tullius Cicero, *De natura deorum – Über das Wesen der Götter, Lateinisch/Deutsch*, übers. und hg. v. U. Blank-Sangmeister, Stuttgart 1995.
Marquet, R. L. et al., *Twenty five years of request for euthanasia and physician assisted suicide in Dutch general practice: trend analysis*, in: *Br Med J* 327 (2003), 201 f.
Marshall, A. P. et al., *Handover from operating theatre to the intensive care unit: A quality improvement study*, in: *Aust Crit Care* 32/3 (2019), 229–236.
Marshall, P. K. (ed.), *Aulus Gellius: Noctes Atticae*, 2 vols., Oxford 1968, rev. ed. 1990.
Martens, P. W., *Origen's Doctrine of Pre-Existence and the Opening Chapters of Genesis*, in: *ZAC* 16 (2013), 516–549.
Martin, D. B., *The Corinthian Body*, London/New Haven 1995.
Martin, G. M., *Brief proposal on immortality: an interim solution*, in: *Perspectives in Biology and Medicine* 14/2 (1971), 339.
Maturana, H., *Biologie der Realität*, Frankfurt a.M. 1998.
Maul, S., *Das Gilgamesch-Epos*, München ^{2}2005.
May, R. R., *The Discovery of Being: Writings in Existential Psychology*, New York 1983.
McGuckin, J. A., *Image of God*, in: Ders. (ed.), *The Westminster Handbook to Origen*, Louisville 2004, 131–134.
McGuckin, J. A., *Origen's Eschatology*, in: R. E. Heine/K. J. Torjesen (ed.), *The Oxford Handbook to Origen*, Oxford 2022, 410–426.
Meissner, H. M., *Rhetorik und Theologie. Der Dialog Gregors von Nyssa „De anima et resurrectione“*, Frankfurt a.M. 1991.
Meixner, U., *The Two Sides of Being: A Reassessment of Psycho-Physical Dualism*, Paderborn 2004.
Menke, C., *Kritik der Rechte*, Berlin 2015.
Mennecke-Haustein, U., *Luthers Trostbriefe*, Gütersloh 1989.

Mercer, C./Trothen, T. J. (eds.), *Religion and the Technological Future: An Introduction to Biohacking, Artificial Intelligence, and Transhumanism*, New York 2021.
Metzinger, T., *Subjekt und Selbstmodell. Die Perspektivität phänomenalen Bewusstseins vor dem Hintergrund einer naturalistischen Theorie mentaler Repräsentation*, Paderborn [2]1999.
Michalsen, A. et al., *Overtreatment in intensive care medicine-recognition, designation, and avoidance: Position paper of the Ethics Section of the DIVI and the Ethics section of the DGIIN*, in: *Med Klin Intensivmed Notfmed* 116/4 (2021), 281–294.
Miehl, M., *Hauptbereiche muslimischer Religionsausübung*, online unter: http://library.fes.de/fulltext/asfo/01003011.htm (Zugriff am 02.05.2023).
Milchert, T., *Christliche Wurzeln der Todesphilosophie Heideggers. Untersuchungen zu Sein und Zeit*, Marburg 2012.
Miles, M., *Augustine and the Body*, Missoula 1979.
Miles, M., *Corpus*, in: *Augustinus-Lexikon* II, hg. v. C. Mayer et al., Basel 2002, 6–20.
Mitscherlich-Schönherr, O. (Hg.), *Gelingendes Sterben. Zeitgenössische Theorien im interdisziplinären Dialog*, Berlin 2019.
Mohr, H., *Wissen. Prinzip und Ressource*, Berlin/Heidelberg/New York 1999.
Mollaret, P./Bertrand, I./Mollaret, H., *Coma Dépassé et Nécroses nerveuses centrales massives*, in: *Rev. Neurol.* 101 (1959), 3–15.
Mollaret, P./Goulon, M., *The depassed coma (preliminary memoir)*, in: *Rev Neurol (Paris)* 101 (1959), 3–15, online unter: http://www.ncbi.nlm.nih.gov/pubmed/14423403 (Zugriff am 07.06.2023).
Möllers, C., *Staat als Argument*, Tübingen [2]2011.
Moltmann, J. *Das Kommen Gottes. Christliche Eschatologie*, Gütersloh 1995.
Montaigne, M., *Essais*, übers. v. H. Stilett, Frankfurt a.M. 1998.
Moravec, H., *Today's Computers, Intelligent Machines and Our Future*, in: *analog. Science Fiction/Science Fact* 99 (February 1979), 59–84.
Moravec, H., *Mind Children. The Future of Robot and Human Intelligence*, Cambridge 1988.
Moravec, H., *Robot. Mere Machine to Transcendent Mind*, New York 1999.
Moskopp, D., *Hirntod. Konzept – Kommunikation – Verantwortung*, Stuttgart 2015.
Moskopp, D., *Das Konzept des Hirntodes wurde in Europa zwischen 1952 und 1960 entwickelt: Eine Übersicht zur Historie*, in: *Nervenheilkunde* 36 (2017), 423–432.
Muhammad, Al-Qurṭubī, *Kitāb al-Tadhkirah bi-aḥwāl al-mawtá wa-umūr al-ākhirah (Die Erinnerung an die Zustände der Toten und des Jenseits)*, Riadh 1425 AH.
Mühling, M., *Grundinformation Eschatologie. Systematische Theologie in der Perspektive der Hoffnung* (UTB 2918), Göttingen 2007.
Müller, C., *Der Tod als Wandlungsmitte. Zur Frage nach Entscheidung, Tod und letztem Gott in Heideggers „Beiträgen zur Philosophie“*, Berlin 1999.
Müller, J., *Die Seele als Seins- und Tätigkeitsprinzip des menschlichen Lebens nach Averroes, Albertus Magnus und Thomas von Aquin*, in: B. Petra et al. (Hg.), *Das Leben: historisch-systematische Studien zur Geschichte eines Begriffs*, Bd. 1, Tübingen 2009, 183–217.
Müller, J., *Willensschwäche in Antike und Mittelalter. Eine Problemgeschichte von Sokrates bis Johannes Duns Scotus*, Leuven 2009.
Müller-Busch, C., *Abschied braucht Zeit, Palliativmedizin und Ethik des Sterbens*, Berlin 2012.
Musonius Rufus, *Die Kunst, trotz Mühsal gut zu leben. Die Lehren eines römischen Stoikers*, übers. v. K. Brömer, München 2022.
Myburgh, J. et al., *End-of-life care in the intensive care unit: Report from the Task Force of World Federation of Societies of Intensive and Critical Care Medicine*, in: *J Crit Care* 34 (2016), 125–130.

Mystakidou, K. et al., *The role of physical and psychological symptoms in desire for death: a study of terminally ill patients*, in: *Psychooncology* 15 (2006), 355–360.

Nagel, T., *Death*, in: *Nous* 4 (1970), 73–80.

Nagel, T., *Das Leben nach dem Tod in islamischer Sicht*, in: H.-J. Klimkeit (Hg.), *Tod und Jenseits im Glauben der Völker*, Wiesbaden 1978, 130–144.

Nagel, T., *Death*, in: Ders., *Mortal Questions*, Cambridge 1979.

Nagel, T., *Der Tod*, in: *Thomas Nagel: Letzte Fragen. Mortal Questions*, hg. v. Michael Gebauer, Hamburg 2008, 17–28.

National Kidney Foundation, online unter: https://www.kidney.org (Zugriff am 09.06.2023).

Neumann, J., *Vier Gesetzentwürfe zur Neuregelung der Suizidhilfe – eine Bewertung*, in: *NJOZ* 21 (2021), 385–390.

Neumann, U., *Das sogenannte Prinzip der Nichtdispositivität des Rechtsguts Leben*, in: M. Heger et al. (Hg.), *Festschrift für Kristian Kühl*, München 2014, 569–583.

Neumann, U., *Das „Grundrecht auf selbstbestimmtes Sterben" und die Schwierigkeit, es in Anspruch zu nehmen*, in: *ZFiStw* 1 (2022), 388–396.

Nevitt, T. C., *Don't Mind the Gap. A Reply to Adam Wood*, in: *Oxford Studies in Medieval Philosophy* 4 (2016), 198–213.

Niederbacher, B., *The Same Body Again: Thomas Aquinas on the Numerical Identity of the Body*, in: G. Gasser (ed.), *Personal Identity and the Resurrection: How Do We Survive Our Death?*, Farnham 2010, 145–159.

Niederbacher, B./Runggaldier, E. (Hg.), *Die menschliche Seele. Brauchen wir den Dualismus?* (Metaphysical Research 7), Frankfurt a.M./Paris 2006.

Nissim, R. et al., *The desire for hastened death in patients in palliative care*, in: C. Rehmann-Sutter et al. (Hg.), *The patient's wish to die: Research, Ethics and Palliative Care*, Oxford 2015, 71–80.

Noam, V., *From Qumran to the Rabbinic Revolution. Conceptions of Impurity*, Jerusalem 2010.

Noll, P., *Diktate über Sterben und Tod. Mit Totenrede von M. Frisch*, Zürich 1984.

Nussbaum, M., *Die Natur des Menschen, seine Fähigkeiten und Tätigkeiten: Aristoteles über die distributiven Aufgaben des Staates*, in: H. Pauer-Studer (Hg.), *Gerechtigkeit oder Das gute Leben*, Frankfurt a.M. 1999, 86–130.

Nussbaum, M., *Gerechtigkeit oder das gute Leben*, Frankfurt a.M. 1999.

Nussbaum, M., *Creating Capabilities. The Human Development Approach*, Cambridge, Ma., 2011.

O'Neill, O., *Constructions of Reason*, Cambridge 1989.

Ohnsorge, K. et al., *Intentions in wishes to die: analysis and a typology – A report of 30 qualitative cases of terminally ill cancer patients in palliative care*, in: *Psychooncology* 23/9 (2014), 1021–1026.

Origenes, *Das Gespräch mit Herakleides und dessen Bischofskollegen über Vater, Sohn und Seele. Die Aufforderung zum Martyrium*. Eingeleitet, übersetzt und mit Anmerkungen versehen v. E. Früchtel (BGrL 5), Stuttgart 1974.

Origenes, *De principiis*. Hg., übersetzt mit kritischen und erläuternden Anmerkungen versehen v. H. Görgemanns/H. Karpp (TzF 24), Darmstadt ^{3}1992.

Origenes, *Commentaire sur Saint Jean 1: Livres I–V*. Texte critique, avant-propos, traduction et notes par C. Blanc (SC 120bis), Paris 1996.

Origenes, *Die Homilien zum Buch Jesaja*. Eingeleitet und übersetzt v. A. Fürst und C. Hengstermann (OWD 10), Berlin/Freiburg i.Br. 2009.

Origenes, *Aufforderung zum Martyrium*. Eingeleitet und übersetzt v. M.-B. von Stritzky (OWD 22), Berlin/Freiburg i.Br. 2010.

Origenes, *Contra Celsum. Gegen Celsus*. Eingeleitet und kommentiert v. M. Fiedrowicz. Übersetzt v. C. Barthold (FC 50/2), Freiburg i.Br. 2011; (FC 50/4,5), Freiburg i. Br. 2012.

Origenes, *Die Homilien zum Buch Genesis*. Eingeleitet und übersetzt v. P. Habermehl (OWD 1/2), Berlin 2011.
Origenes, *Die neuen Psalmenhomilien: Eine kritische Edition des Codex Monacensis Graecus 314*. Hg. v. L. Perrone in Zusammenarbeit mit M. Molin Pradel/E. Prinzivalli/A. Cacciari (GCS Orig. 13), Berlin/München/Boston 2015.
Orsolini, L. et al., *Understanding the complex of suicide in depression: from research to clinics*, in: *Psychiatry Investigation* 17/3 (2020), 207–221.
Ossege, B., *Tod, wo ist dein Stachel? Zur Herstellbarkeit von Leben und Tod*, in: J. Riegler/C. Lammer/M. Stecher (Hg.), *Puppe. Monster. Tod. Kulturelle Transformationsprozesse der Bio- und Informationstechnologien*, Wien 1999, 172–180.
Ostenfeld, E., *Ancient Greek Psychology and the Modern Mind-Body Debate*, Aarhus 1987.
Österreichische Gesellschaft für Nephrologie, *Österreichisches Dialyse- und Transplantationsregister*, online unter: https://www.nephrologie.at/gesellschaft/oedtr (Zugriff am 09.06.2023).
Ozols, J./Thiel, F.-J., *Tod und Jenseits im Glauben der Völker*, Wiesbaden 1978.
Paley, W., *Natural Theology*, London 1802.
Pannenberg, W., *Systematische Theologie III*, Göttingen 1993.
Pascal, B., *Pensées – Gedanken*, Darmstadt 2016.
Pasnau, R., *Thomas Aquinas on Human Nature: A Philosophical Study of Summa Theologiae Ia 75–89*, Cambridge 2002.
Perrone, L., *„Et l'homme tout entier devient dieu": La déification selon Origène à la lumière des nouvelles* Homélies sur les Psaumes, in: L. Perrone, *„Meine Zunge ist mein Ruhm": Studien zu den neuen Psalmenhomilien des Origenes*. Hg. v. A. Fürst (Adamantiana 20), Münster 2021, 317–344.
Peters, A., *Der Tod in der neueren theologischen Anthropologie*, in: *NZSTh* 14 (1972), 29–67. Nachdruck in: *Rechenschaft des Glaubens. Aufsätze*. Zum 60. Geburtstag des Autors herausgegeben von R. Slenczka und R. Keller, Göttingen 1984, 239–277.
Rechenschaft des Glaubens. Aufsätze. Zum 60. Geburtstag des Autors herausgegeben von R. Slenczka und R. Keller, Göttingen 1984, 239–277.
Peters, H., *Die freie Entfaltung der Persönlichkeit als Verfassungsziel*, in: D. S. Constantopoulos/H. Wehberg (Hg.), *Festschrift für Rudolf Laun zum 70. Geburtstag*, Hamburg 1953, 669–678.
Piatkowska, S. J., *Poverty, inequality, and suicide rates: a cross-national assessment of the Durkheim theory and the stream analogy of lethal violence*, in: *The Sociological Quarterly* 61/4 (2020), 787–812.
Pieper, J., *Tod und Unsterblichkeit*, Kevelaer 2012.
Pius XII., *Pope speaks on prolongation of life*, in: *Osservatore Romano* 4 (1959), 393–398.
Platon, *Sämtliche Werke in 10 Bänden*, Griechisch und Deutsch, hg. v. K. Hülser, Frankfurt a.M. 1991.
Plotin, *Enneaden*, in: *Plotins Schriften*, übers. v. R. Harder, Hamburg 1956.
Pomponazzi, P., *Abhandlungen über die Unsterblichkeit der Seele* (PhB 434), hg. v. B. Mojsisch, Hamburg 1990.
Primavesi, O., *Ein Blick in den Stollen von Skepsis. Vier Kapitel zur frühen Überlieferung des Corpus Aristotelicum*, in: *Philologus* 51 (2007), 51–77.
Primavesi, O., *Werk*, in: C. Rapp et al. (Hg.), *Aristoteles Handbuch*, Stuttgart 2021, 67–74.
Proudfoot, D., *Software Immortals: Science or Faith?*, in: A. H. Eden et al. (eds.), *Singularity Hypothesis. A Scientific and Philosophical Assessment*, Berlin 2012, 367–394.
Puls, H., *Better never to have been? Kant über menschliche Reproduktion, Glück und den Wert des Lebens*, in: *KantSt* 106 (2015), 596–625.
Quitterer, J., *Hylomorphism and the Constitution View*, in: G. Gasser (ed.), *Personal Identity and the Resurrection: How Do We Survive Our Death?*, Farnham 2010, 177–190.
Quitterer, J., *Lässt sich die Seele naturalisieren?*, in: *ZKTh* 133 (2011), 303–320.

Quitterer, J., *Ist der Hylemorphismus eine brauchbare Alternative zum Substanzdualismus?*, in: P. Wallusch/H. Watzka (Hg.), *Verkörpert existieren: Ein Beitrag zur Metaphysik menschlicher Personen aus dualistischer Perspektive*, Münster 2015, 109–121.

Quitterer, J./Gasser, G., *Die Aktualität des Seelenbegriffs. Interdisziplinäre Zugänge*, Paderborn/München/Wien/Zürich 2010.

Radbruch, G., *Rechtsphilosophie* (1932), hg. v. R. Dreier und S. L. Paulson, Heidelberg 2003.

Radbruch, R./Payne, S., *White paper on the standards and norms for hospice and palliative care in Europe: part 1.*, in: *European Journal of Palliative Care* 16/6 (2009), 278–289.

Rahmel, A., *Bericht des Vorstandes. Vortrag* (18. Jahreskongress der Deutschen Stiftung Organtransplantation), Frankfurt a.M. 2022.

Rahner, H., *Das Menschenbild des Origenes*, in: *ErJb* 15 (1947), 197–248.

Rankin, D., *The Early Church and the Afterlife: Post-Death Existence in Athenagoras, Tertullian, Origen and the* Letter to Rheginos, London/New York 2018.

Rapp, C., *Thomas von Aquin zum Verhältnis von Leib, Seele und Intellekt*, in: U. Meixner et al. (Hg.), *Seele, Denken, Bewusstsein. Zur Geschichte der Philosophie des Geistes*, Berlin/New York 2003, 124–152.

Rapp, C., *Epikur: Ausgewählte Schriften*, Stuttgart 2010.

Rapp, C., *Lebenskunst und Naturforschung bei Epikur*, in: G. Ernst (Hg.), *Philosophie als Lebenskunst*, Berlin 2016, 33–65.

Rasmussen, T./Flæten, J. Ø. (eds.), *Preparing the Death, Remembering the Dead*, Göttingen 2015.

Rattner, M./Berzoff, J., *Rethinking Suffering. Allowing for Suffering that is Intrinsic at End of Life*, in: *Journal of Social Work in End-of-life & Palliative Care* 12 (2016), 240–258.

Ratzinger, J. (Benedikt XVI.), *Eschatologie. Tod und ewiges Leben* (1977), Regensburg 2007 (Neuausgabe der 6. Auflage von 1990).

Ratzinger, J. (Benedikt XVI.), *Auferstehung und ewiges Leben* (Gesammelte Schriften 10), Freiburg i.Br./Basel/Wien 2012.

Rau, R./Doblhammer, G., *Zur Epidemiologie des Sterbens in der deutschen Gesellschaft: Entwicklung von Lebenserwartung, Todesursachen und Pflegebedarf*, in: F.-J. Bormann/G. D. Borasio (Hg.), *Sterben. Dimensionen eines anthropologischen Grundphänomens*, Berlin/Boston 2012, 3–22.

Rawls, J., *Lectures on the History of Moral Philosophy*, ed. by B. Herman, Cambridge, Ma., 2000.

Rebillard, É., *Religion et sépulture. L'Église, les vivants et les morts dans l'Antiquité tardive (iiie–ve siècles)* (CeS 115), Paris 2003 (= *The Care of the Dead in Late Antiquity* [CSCP 59], Ithaca, NY, 2009).

Rechenauer, G., *Demokrits Seelenmodell und die Prinzipien der atomistischen Physik*, in: D. Frede/B. Reis (eds.), *Body and Soul in Ancient Philosophy*, Berlin/New York 2009, 111–144, online unter: https://doi.org/10.1515/9783110216523.1.111 (Zugriff am 26.04.2023).

Refoulé, F., *Immortalité de l'âme et résurrection de la chair*, in: *RHR* 16/1 (1963), 11–52.

Reinis, A., *Reforming the Art of Dying. The ars moriendi in the German Reformation (1519–1528)*, Aldershot 2007.

Remenyi, M., *Auferstehung denken: Anwege, Grenzen und Modelle personal-eschatologischer Theoriebildung*, Freiburg i.Br. 2016.

Rengier, R., *Strafrecht Besonderer Teil II*, München [23]2022.

Reynolds, L. D. (ed.), *L. Annaei Senecae ad Lucilium epistulae morales*, 2 vols., ed. by L. D. Reynolds, Oxford 1965.

Ricken, F., *Ars moriendi – zu Ursprung und Wirkungsgeschichte der Rede von der Sterbekunst*, in: F.-J. Bormann/G. D. Borasio (Hg.), *Sterben. Dimensionen eines anthropologischen Grundphänomens*, Berlin/Boston 2012, 309–324.

Rieske-Braun, U., *Duellum mirabile. Studien zum Kampfmotiv in Martin Luthers Theologie*, Göttingen 1999.

Rittgers, R., *The reformation of suffering. Pastoral theology and lay piety in late medieval and early modern Germany*, Oxford 2012.

Rius-Camps, J., *La suerte final de la naturaleza corpórea según el* Peri Archon *de Orígenes*, in: *VetChr* 10 (1973), 291–304.

Rius-Camps, J., *La hipótesis origeniana sobre el fin último (peri telous)*, in: U. Bianchi/H. Crouzel (eds.), *Arché e Telos: L'antropologia di Origene e di Gregorio di Nissa. Analisi storico-religiosa. Atti del colloquio. Milano, 17–19 Maggio 1979*, Mailand 1981, 58–121.

Rodin, G. et al., *Psychoanalytic reflections on mortality: a reconsideration*, in: *J Am Acad Psychoanal Dyn Psychiatry* 36 (2008), 181–196.

Rodriguez-Prat, A. et al., *Understanding patients' experiences of the wish to hasten death: an updated and expanded systematic review and meta-ethnography*, in: *BMJ Open* 7 (2017), e016659.

Rohbeck, J., *Technologische Urteilskraft. Zu einer Ethik technischen Handelns*, Frankfurt a.M. 1993.

Röhser, G., *Sterblich wegen der Sünde? Zum Verständnis des Todes bei Paulus*, in: P. Becker/C. Heinrich (Hg.), *Theonome Anthropologie? Christliche Bilder von Menschen und Menschlichkeit*, Freiburg i.Br. 2016, 79–96.

Rosenau, H., *Aktive Sterbehilfe: Ein Stück zu einem deutschen Tabu beim selbstbestimmten Sterben*, in: G. Duttge et al. (Hg.), *Menschenwürde und Selbstbestimmung in der medizinischen Versorgung am Lebensende: ein deutsch-japanischer Vergleich*, Tübingen 2022, 77–87.

Rosenbaum, S. E., *How to be Dead and not Care: A Defense of Epicurus*, in: J. M. Fischer (ed.), *The Metaphysics of Death*, Stanford 1993, 119–134.

Rosenberg, J. F., *Thinking Clearly about Death*, Englewood Cliffs 1983.

Rosenfeld, B. et al., *Does desire for death change in terminally ill cancer patients?*, in: *Social Science & Medicine* 111 (2014), 35–40.

Roser, T., *Eine neue Ars moriendi. Zwölf Beobachtungen zu Sterben und Sterbebegleitung in der Tradition Martin Luthers*, in: *Luther* 90 (2019), 12–28.

Rostalski, F., *Freiheit und Sterben – Zu den Kriterien autonomen Sterbens und ihrer Beachtung im System der Tötungsdelikte*, in: *JZ* 76 (2021), 477–484.

Rostalski, F., *Die Neuregelung der Suizidassistenz – Würdigung der aktuell vorliegenden Gesetzentwürfe und einige allgemeine Gedanken*, in: *GA* 169 (2022), 209–229.

Roth, G., *Aus der Sicht des Gehirns*, Frankfurt a.M. 2003.

Roth, G., *Über den Menschen*, Berlin 2021.

Roth, G./Strüber, N., *Wie das Gehirn die Seele macht*, Stuttgart 2018.

Roth, P., *The Dying Animal* (2001), dt.: *Das sterbende Tier.* Roman. Aus dem Amerikanischen v. D. van Gunsteren, München/Wien 2003.

Roukema, R., *„Die Liebe kommt nie zu Fall" (1 Kor 13,8A) als Argument des Origenes gegen einen neuen Abfall der Seelen von Gott*, in: W. A. Bienert/U. Kühneweg (Hg.), *Origeniana septima: Origenes in den Auseinandersetzungen des 4. Jahrhunderts* (BETL 137), Leuven 1999, 15–23.

Roxin, C., *Tötung auf Verlangen und Suizidteilnahme – Geltendes Recht und Reformdiskussion*, in: *GA* 160 (2013), 313–327.

Ruiz, P., *Updates on acute and chronic rejection in small bowel and multivisceral allografts*, in: *Curr Opin Organ Transplant* 19/3 (2014), 293–302.

Runggaldier, E., *Die menschliche Seele bei Albertus Magnus. Ein nicht-reduktionistischer Beitrag zum Leib-Seele-Problem*, Münster 2010.

Russell, B., *The Analysis of Matter*, London 1927.

Ryff, C. D., *Psychological well-being revisited: Advances in the science and practice of eudaimonia*, in: *Psychotherapy and Psychosomatics* 83 (2013), 10–28.

Ryff, C. D./Singer, B., *Flourishing under fire: Resilience as a prototype of challenging thriving*, in: C. L. Keyes/J. Haidt (eds.), *Flourishing positive psychology and the life well-lived*, Washington D.C. 2003, 15–36.

Sachs, M., *Verbot der geschäftsmäßigen Förderung der Selbsttötung als mittelbare Grundrechtsverletzung (Entscheidungsanmerkung)*, in: *JuS* (2020), 580–582.

Saldarini, A. J., *Last words and deathbed scenes in rabbinic literature*, in: *JQR* 68 (1977) 28–45.

Saliger, F., *Selbstbestimmung bis zuletzt. Rechtsgutachten zum Verbot organisierter Sterbehilfe*, Norderstedt 2015.

Saliger, F., *Zur prozeduralen Regelung der Freitodhilfe*, in: J. C. Bublitz et al. (Hg.), *Festschrift für Reinhard Merkel*, Berlin 2020, 1063–1078.

Saliger, F., *§ 4 Sterbehilfe, Tötung auf Verlangen und Mitwirkung an Selbsttötung*, in: F. Saliger/M. Tsambikakis (Hg.), *Strafrecht der Medizin. Handbuch für Wissenschaft und Praxis*, München 2022.

Saliger, F., *Positives und symbolisches Strafrecht – Von guter und schlechter Kriminalpolitik*, in: *ZfiStw* 2 (2022), 276–288.

Samellas, A., *Alienation. The Experience of the Eastern Mediterranean (50–600 A.D.)*, New York 2010.

Saunders, C., *Watch with me*, Sheffield 2003.

Sauter, G., *Das verborgene Leben in Gott. Eine theologische Anthropologie*, Gütersloh 2013.

Schäfer, F., *Zur strafrechtlichen Bewertung der Sterbehilfe de lege lata und de lege ferenda* (Schriften zum Medizinstrafrecht 22), Baden-Baden 2022.

Schärtl, T., *Bodily Resurrection: When Metaphysics Needs Phenomenology*, in: G. Gasser (ed.), *Personal Identity and the Resurrection: How Do We Survive Our Death?*, Farnham 2010, 103–126.

Schiefenhövel, W., *Krankheit, Altern, Tod*, in: W. Schiefenhövel et al. (Hg.), *Zwischen Natur und Kultur. Der Mensch in seinen Beziehungen*, Stuttgart 1994, 217–244.

Schilling, J., *Passio Doctoris Martini Lutheri. Bibliographie, Texte und Untersuchungen*, Gütersloh 1989.

Schlatter, A., *Das christliche Dogma*, Calw 1911.

Schlatter, A., *Jesu Gottheit und das Kreuz*, Gütersloh ^{2}1913.

Schlingensief, C., *So schön wie hier kanns im Himmel gar nicht sein! Tagebuch einer Krebserkrankung*, Köln 2009.

Schmidhäuser, E., *Selbstmord und Beteiligung am Selbstmord in strafrechtlicher Sicht*, in: G. Stratenwerth et al. (Hg.), *Festschrift für Hans Welzel zum 70. Geburtstag*, Berlin 1974, 801–822.

Schneewind, J. B., *The Invention of Autonomy, A History of Modern Moral Philosophy*, Cambridge 1998.

Schneider, B. et al. (Hg.), *Suizidprävention in Deutschland. Aktueller Stand und Perspektiven*, Kassel 2021.

Schneider, R., *Das Ich als Konstrukt und Illusion. Reduktion und Elimination in Hirnforschung und Neurophilosophie unter besonderer Berücksichtigung des neurobiologischen Konstruktivismus Gerhard Roths und der Selbstmodell-Theorie Thomas Metzingers*, Hamburg 2018.

Schneyder, W., *Krebs. Eine Nacherzählung*, München 2008.

Schöch, H., *Das Recht auf selbstbestimmtes Sterben – Konsequenzen aus dem Urteil des BVerfG vom 26.02.2020 zur Förderung der Selbsttötung für den Gesetzgeber*, in: *GA* 167 (2020), 423–438.

Schofield, M., *Stoic Ethics*, in: B. Inwood (ed.), *The Cambridge Companion to the Stoics*, Cambridge 2003, 233–256.

Schönberger, R., *Seele*, in: P. Kolmer/A. F. Wildfeuer (Hg.), *Neues Handbuch philosophischer Grundbegriffe* 3, Freiburg i.Br./München 2011, 1956–1970.

Schönecker, D./Wood, A., *Kants „Grundlegung zur Metaphysik der Sitten“*, Paderborn 2002.

Schönke, A./Schröder, H., *Strafgesetzbuch Kommentar*, München ^{30}2019.

Schöpflin, K., *Seele I. Altes Testament*, in: *TRE* 30, Berlin/New York 1999, 737–740.

Schriefl, A., *Stoische Philosophie. Eine Einführung*, Stuttgart 2019.

Schrödinger, E., *Was ist Leben?*, München 1987.

Schubart, C., *Die Berichte über Luthers Tod und Begräbnis. Texte und Untersuchungen*, Weimar 1917.
Schumacher, B. N., *Der Tod in der Philosophie der Gegenwart*, Darmstadt 2004.
Schurz, S., *Von ignorierten Sterbewünschen*, in: *NVwZ* 41 (2022), 621–624.
Schweitzer, A., *Die Ehrfurcht vor dem Leben. Grundtexte aus fünf Jahrzehnten*, München 1991.
Schweitzer, A., *Aus meinem Leben und Denken*, Frankfurt a.M. 1995.
Scott, M. S. M., *Journey Back to God: Origen and the Problem of Evil*, New York 2012.
Sedley, D. N., *Chrysippus on Psychophysical Causality*, in: J. Brunschwig/M. C. Nussbaum (eds.), *Passions and Perceptions. Studies in Hellenistic Philosophy of Mind*, Cambridge 1993, 313–331.
Seils, M., *Der Gedanke vom Zusammenwirken Gottes und des Menschen in Luthers Theologie*, Gütersloh 1962.
Sellars, J., *Stoic Practical Philosophy in the Imperial Period*, in: *Bulletin of the Institute of Classical Studies*, Supplement 94 (2007), 115–140.
Sellars, J., *Stoische geistige Übungen*, in: G. Ernst (Hg.), *Philosophie als Lebenskunst. Antike Vorbilder, moderne Perspektiven*, Berlin 2016, 109–126.
Seneca, *Philosophische Schriften*, Bd. 1–5, übers. v. M. Rosenbach, Darmstadt ²2011.
Sensen, O., *Kant on Human Dignity*, Berlin 2011.
Sensen, O. (ed.), *Kant on Moral Autonomy*, Cambridge 2013.
Sensen, O., *Dialectic of Pure Practical Reason*, in: S. Baiasu/M. Timmons (eds.), *The Kantian Mind*, London 2023, 178–188.
Sensen, O., *Universal Law and Poverty Relief*, in: *Ethical Theory and Moral Practice* 26/2 (2022), 177–190, online unter: https://link.springer.com/article/10.1007/s10677-022-10281-0 (Zugriff am 31.03.2023).
Servan-Schreiber, D., *Man sagt sich mehr als einmal Lebewohl*, aus dem Französischen von Ursel Schäfer, München 2012.
Shewmon, D. A., *Truly Reconciling the Case of Jahi McMath*, in: *Neurocrit Care* 29/2 (2018), 165–170, online unter: https://doi.org/10.1007/s12028-018-0593-x (Zugriff am 07.06.2023).
Siep, L., *Ethik und Menschenbild*, Münster 1999.
Simonetti, M., *Alcune osservazioni sull'interpretazione Origeniana di* Genesi *2,7 e 3,21*, in: *Aev.* 36 (1962), 370–381.
Simonetti, M., *La morte di Gesù in Origene*, in: *RSLR* 8 (1972), 3–41.
Singer, P., *Praktische Ethik*, Stuttgart ²1994.
Söling, C., *Das Gehirn-Seele-Problem. Neurobiologie und theologische Anthropologie*, Paderborn 1995.
Sollinger, H./Odorico, J. S./Becker, Y. T./D'Alessandro, A. M./Pirsch, J. D., *One Thousand Simultaneous Pancreas-Kidney Transplants at a Single Center With 22-Year Follow-Up. Discussion*, in: *Annals of Surgery* 250/4 (2009), 618–630.
Sonnemanns, H., *Seele – Unsterblichkeit – Auferstehung. Zur griechischen und christlichen Anthropologie und Eschatologie* (FThSt 32), Freiburg i.Br./Basel/Wien 1984.
Sopata, M., *Zur Theologie des Todes* (EHS., Reihe 23, Bd. 439), Frankfurt a.M. 1993.
Spadafora, D., *The Idea of Progress in Eighteenth-Century Britain*, New Haven 1990.
Spiegel, Y., *Der Prozeß des Trauerns* (KT 60), Gütersloh 1973/⁸1995.
Spinoza, B., *Die Ethik*, Stuttgart 1990.
Spittler, J. F., *Sterbehilfe in Deutschland? – Eine neurologisch-psychiatrische Sicht*, in: *NJOZ* 20 (2020), 97–99.
Stange, C., *Die Unsterblichkeit der Seele*, Gütersloh 1925.
Stange, C., *Zur Auslegung der Aussagen Luthers über die Unsterblichkeit der Seele*, in: *ZSTh* 3 (1925/1926), 735–784.
Stange, C., *Luther und das fünfte Laterankonzil*, in: *ZSTh* 6 (1928), 339–444.

Stange, C., *Das Ende aller Dinge, Gütersloh* 1930.

Stange, C., *Luthers Gedanken über die Todesfurcht*, Berlin/Leipzig 1932.

Stango, M., *Death as a Material Kenosis: A Thomistic Proposal*, in: *The Heythrop Journal* 61 (2020), 327–346.

Stern, K., *Das Staatsrecht der Bundesrepublik Deutschland*, Bd. III, Teilband 1, München 1988.

Sternberg-Lieben, D., *Die Nichtigkeit von § 217 StGB als Weg aus dem „Sandkasten"*, in: *GA* 168 (2021), 161–177.

Stolberg, M., *Cura palliativa. Begriff und Diskussion der palliativen Krankheitsbehandlung in der vormodernen Medizin ca. 1500–1850*, in: *Medizinhistorisches Journal* 42 (2007), 7–29.

Stolleis, M., *Das Menschenbild der Verfassung*, in: H.-R. Duncker (Hg.), *Beiträge zu einer aktuellen Anthropologie: zum 100-jährigen Jubiläum der Gründung der Wissenschaftlichen Gesellschaft im Jahre 1906 in Straßburg*, Stuttgart 2006, 369–378.

Strugazki, A./Strugazki, B., *Kerzen vor dem Pult*, in: Dies., *Mittag, 22. Jahrhundert. Der Junge aus der Hölle*, Berlin 1989, 101–126.

Strutwolf, H., *Gnosis als System: Zur Rezeption der valentinianischen Gnosis bei Origenes* (FKDG 56), Göttingen 1993.

Stump, E., *Resurrection, Reassembly, and Reconstitution: Aquinas on the Soul*, in: B. Niederbacher/E. Runggaldier (Hg.), *Die menschliche Seele: Brauchen wir den Dualismus?* (Metaphysical Research), Heusenstamm 2006, 151–171.

Stump, E., *Resurrection and the Separated Soul*, in: B. Davies/E. Stump (eds.), *The Oxford Handbook of Aquinas*, Oxford/New York 2012, 458–465.

Sturlese, L., *Vernunft und Glück. Die Lehre vom „intellectus adeptus" und die mentale Glückseligkeit bei Albert dem Großen*, Münster 2005.

Sureshkumar, K. K./Patel, B. M./Markatos, A./Nghiem, D. D./Marcus, R. J., *Quality of life after organ transplantation in type 1 diabetics with end-stage renal disease*, in: *Clin Transplant* 20/1 (2006), 19–25.

Swarat, U., *Jenseits des Todes – Unsterblichkeit der Seele oder Auferstehung des Leibes?*, in: U. Swarat/T. Söding (Hg.), *Gemeinsame Hoffnung – Über den Tod hinaus. Eschatologie im ökumenischen Gespräch* (QD 257), Freiburg/Basel/Wien 2013, 13–35.

Szlezák, T. A., *Platon. Meisterdenker der Antike*, München 2021.

Taylor, J. S. (Hg.), *The Metaphysics and Ethics of Death*, Oxford 2013.

Teilhard de Chardin, P., *Der Mensch im Kosmos*, München [3]1959.

Theologischer Ausschuss der UEK in der EKD, *Unsere Hoffnung auf ewiges Leben. Ein Votum*, Neukirchen-Vluyn 2006.

Thiede, W., *Nur ein ewiger Augenblick: Luthers Lehre vom Seelenschlaf zwischen Tod und Auferstehung*, in: *Luther* 64 (1993), 112–125.

Thiede, W., *Karl Barths individuelle Eschatologie und die Krise der Ganztod-Theologie*, in: Ders., *Karl Barths Theologie der Krise. Transfer-Versuche zum 50. Todestag*, Leipzig 2018, 253–278.

Thielicke, H., *Tod und Leben. Studien zur christlichen Anthropologie*, Tübingen 1946.

Thielicke, H., *Der evangelische Glaube III: Theologie des Geistes. Der dritte Glaubensartikel*, Tübingen 1978.

Thomas von Aquin, *Summae theologiae, pars prima*, Editio Leonina V, Rom 1888.

Thomas von Aquin, *Summa contra gentiles*, lib. I-II, Editio Leonina XIII, Rom 1918.

Thomas von Aquin, *Summa contra gentiles*, lib. IV, Editio Leonina XV, Rom 1930.

Thomas von Aquin, *De anima*, ed. P.F. Angeli/M. Pirotta, Turin/Rom 1948.

Thomas von Aquin, *Summa Theologiae*, Editio Leonina, Vol. I-V, hg. v. d. Universität Salamanca, Madrid 1978 f.

Thomas von Aquin, *Super I Epistolam B. Pauli ad Corinthios lectura a capite XI ad caput XVI*, hg. v. Corpus Thomisticum, 2019, online unter: https://www.corpusthomisticum.org/c1v.html#87682 (Zugriff am 09.05.2023).

Thompson, B. T./Chambers, R. C./Liu, K. D., *Acute Respiratory Distress Syndrome*, in: *N Engl J Med* 377/6 (2017), 562–572.

Tiernan, E. et al., *Relations between desire for early death, depressive symptoms and antidepressant prescribing in terminally ill patients with cancer*, in: *J R Soc Med* 95 (2002), 386–390.

Tillich, P., *Systematische Theologie III: Das Leben und der Geist – Die Geschichte und das Reich Gottes*, Stuttgart 1966.

Timmermann, J., *Kant's Groundwork of the Metaphysics of Morals*, Cambridge 2007.

Tipler, F. J., *The Physics of Immortality. Modern Cosmology, God and the Resurrection of the Dead*, New York 1995.

Tipler, F. J., *The Laws of Physics Say The Singularity is Inevitable! Interview*, in: *SingularityWebblog* 29.10.2013, online unter: https://www.singularityweblog.com/frank-j-tipler-the-singularity-is-inevitable/ (Zugriff am 09.06.2023).

Tittel, G. A., *Über Herrn Kant's Moralreform*, Bad Neustadt 1786.

Tolstoj, L. N., *Der Tod des Iwan Iljitsch* (1886), in: *Die großen Erzählungen*. Aus dem Russischen von A. Luther u. R. Kassner, Frankfurt a.M. 1961; TB-Ausgabe Frankfurt a.M. 1997, 11–82.

Trampota, A., *Kants Konzeption der Tugend als Habitus der Freiheit*, Baden-Baden 2021.

Tsouna, V., *The Ethics of Philodemus*, Oxford 2007.

Tugendhat, E., *Egozentrizität und Mystik. Eine anthropologische Studie*, München 2003.

Tugendhat, E., *Über den Tod*, Frankfurt a.M. 2006.

Turner, J. P., *On the Resurrection of the Dead. A New Metaphysics of Afterlife for Christian Thought*, London/New York 2019.

Valantasis, R., *Musonius Rufus and Roman Ascetical Theory*, in: *Greek, Roman, and Byzantine Studies* 40 (1999), 207–231.

van der Eijk, P., *The Matter of Mind. Aristotle on the Biology of Psychic Processes and the Bodily Aspects of Thinking*, in: S. Föllinger (Hg.), *Aristotelische Biologie. Intentionen, Methoden, Ergebnisse* (Philosophie der Antike 6), Stuttgart 1997, 221–258.

van der Heide, A. et al. für das EURELD-Consortium, *End-of-life decision making in six european countries*, in: *Lancet* 362 (2003), 345–350.

van Gennep, A., *Übergangsriten*, Frankfurt a.M./New York ^{3}2005 (= *Les rites de passage. Étude systématique des rites*, Paris 1909).

van Geytenbeek, A. C., *Musonius Rufus and Greek Diatribe*, Assen 1963.

van Hooff, A. J., *From Autothanasia to Suicide: Self-killing in Classical Antiquity*, London/New York 1990.

van Inwagen, P., *Ontology, Identity, and Modality*, Cambridge 2001.

van Straaten, M. (ed.), *Panaetii Rhodii Fragmenta*, Leiden ^{3}1962.

Veillard, C., *Soul, Pneuma, and Blood: The Stoic Conception of the Soul*, in: B. Inwood/J. Warren (eds.), *Body and Soul in Hellenistic Philosophy*, Cambridge 2020, 145–170.

Verne, J., *Le Château des Carpathes*, Paris 1892.

Vesting, T., *Staatstheorie*, München 2018.

Vinge, V., *First Word*, in: *Omni* (January 1983), 10.

Vogel, M., *Commentatio mortis. 2Kor 5,1–10 auf dem Hintergrund antiker ars moriendi* (FRLANT 214), Göttingen 2006.

Vogel, M., *Der Tod im Neuen Testament vor dem Hintergrund antiker ars moriendi*, in: U. Volp (Hg.), *Tod* (ThTh 12), Tübingen 2018, 57–115.

Vogt, H. J., *Die Exegese des Origenes in* Contra Celsum – *Das neue Interesse an der Eschatologie*, in: Ders., *Origenes als Exeget*, Paderborn et al. 1999, 143–159.
Vogt, K., *The Good is Benefit: On the Stoic Definition of the Good*, in: *Proceedings of the Boston Area Colloquium in Ancient Philosophy* 23 (2008), 155–186.
Volp, U., *Tod und Ritual in den christlichen Gemeinden der Antike* (SVigChr 65), Leiden/Boston/Köln 2002.
Volp, U., *Die Würde des Menschen. Ein Beitrag zur Anthropologie in der Alten Kirche* (SVigChr 81), Leiden/Boston 2006.
Volp, U., *„That unclean spirit has assaulted you from the very beginning". John Chrysostom and Suicide*, in: *StPatr* 47 (2010), 273–286.
Volp, U./Horn, F. W./Zimmermann, R. (Hg.), *Metapher – Narratio – Mimesis – Doxologie. Begründungsformen frühchristlicher und antiker Ethik* (WUNT 356), Tübingen 2016.
Volp, U., *Sacra Privata, Family Duties, and the Dead: Insights from the Fathers and Cultural Anthropology*, in: *ARG* 18 (2017), 171–185.
Volp, U., *„Denn Leidenschaftslosigkeit besaß er ..." Das sogenannte Apathieaxiom im Kontext antiker Christentumskritik*, in: *JBTh* 30 (2018), 225–246.
Volp, U., *„Wer könnte tränenlos reden?" Die antike christliche Leichenrede zwischen Diskurs und Affekt*, in: T. Wabel/T. Stamer (Hg.), *Zwischen Diskurs und Affekt. Vergemeinschaftung und Urteilsbildung in der Perspektive öffentlicher Theologie* (ÖTh 35), Leipzig 2018, 167–187.
Volp, U., *Der Mensch. Kirchen- und theologiegeschichtliche Perspektive*, in: J. van Oorschot (Hg.), *Mensch* (ThTh 11), Tübingen 2018, 105–140.
Volp, U., *Der menschliche Tod in den christlichen Gemeinden. Kirchengeschichtliche Perspektiven*, in: Ders. (Hg.), *Tod* (ThTh 12), Tübingen 2018, 117–162 (darin außerdem: *Einführung*, ebd., 1–10, und *Zusammenschau*, ebd., 251–260).
Volp, U., *Patristische Perspektiven: Zu den Ursprüngen christlicher Ethik*, in: M. Roth/M. Held (Hg.), *Was ist theologische Ethik? Grundbestimmungen und Grundvorstellungen* (De Gruyter Studium), Berlin/New York 2018, 255–268.
Volp, U., *Die Christianisierung des Todes. Zum Nutzen religionswissenschaftlicher Modelle für die Erforschung der Christentumsgeschichte*, in: K. Fitschen/W. Kinzig/A. Kohnle/V. Leppin (Hg.), *Kirchengeschichte und Religionswissenschaft* (AKThG 51), Leipzig 2018, 117–134.
Volp, U., *Die Macht der Athymie und der Sinn des Leidens. Kirchenväter und Suizidwunsch*, in: M. Pulte/J. Ruthig (Hg.), *Assistierter Suizid. Ethische Fragen und rechtliche Entwicklungen angesichts fortschreitend pluralisierender Lebenswelten*, Würzburg 2022, 65–72.
Volp, U., *Demonology, Medicine, Ethics or Pastoral Care? John Chrysostom's Letter to Stageirios*, in: J. Winnebeck/M. Munkholt (Hg.), *In the Grip of the Supernatural: Dependencies above, within, and before us* (Dependency and Slavery Studies 11), Berlin/Boston (im Druck).
Voltz, R. et al., *Issues of „life" and „death" for patients receiving palliative care – comments when confronted with a research tool*, in: *Supportive Care in Cancer* 19 (2011), 771–777.
von Arnim, H. (ed.), *Stoicorum Veterum Fragmenta*, 3 Bde. und 1 Bd. indices, Stuttgart 1905, ND 1964.
von Balthasar, H. U., *Apokatastasis*, in: *TThZ* 97 (1988), 169–185.
von der Stap, S., *Morgen bin ich wieder da. Die Suche nach meinem zweiten Leben*, aus dem Niederländischen von Barbara Heller, München 2009.
von Savigny, F. C., *System des heutigen Römischen Rechts*, Erster Band, Berlin 1840.
von Savigny, F. C., *System des heutigen Römischen Rechts*, Zweyter Band, Berlin 1840.
von Schirach, F., *Gott*, München 2020.
von Staupitz, J., *Johann von Staupitzens Sämmtliche Werke*, hg. v. J. K. F. Knaake, Bd. 1: *Deutsche Schriften*, Potsdam 1867.

von Stuckrad, K., *The Scientification of Religion. An Historical Study of Discursive Change, 1800–2000*, Berlin 2014.

von Weizsäcker, V., *Diesseits und jenseits der Medizin*, Stuttgart 1950.

Wachsmuth, K. (ed.), *Joannis Stobaei anthologii libri duo priores, qui inscribi solent eclogue physicae et ethicae*, Berlin 1884, ND 1958.

Walde, C., *Selbstbildnis des Philosophen als eines alten Mannes: Senecas Briefe an Lucilius*, in: J. Küchenhoff/C. Pietzcker (Hg.), *Altern. Jahrbuch für Literatur und Psychoanalyse* (Freiburger literaturpsychologische Gespräche 36), Würzburg 2017, 133–167.

Walter, U./Brandt, S. A., *Diagnosis of irreversible loss of brain function („brain death") – what is new?*, in: *Nervenarzt* 90/10 (2019), 1021–1030, online unter: https://doi.org/10.1007/s00115-019-0765-8 (Zugriff am 07.06.2023); engl.: https://www.ncbi.nlm.nih.gov/pubmed/31312849 (Zugriff am 07.06.2023).

Wander, M., *Leben wär' eine prima Alternative. Tagebücher und Briefe*, hg. v. F. Wander, Berlin 1979, TB-Ausgabe München 1994.

Wanner, H., *Klima und Mensch – eine 12'000-jährige Geschichte*, Bern [2]2020.

Warren, J., *Facing Death. Epicurus and his Critics*, Oxford 2004.

Warren, J., *Epicurus and Democritean Ethics: an Archaeology of Ataraxia*, Cambridge 2002.

Warren, J. (Hg.), *The Cambridge Companion to Epicureanism*, Cambridge 2009.

Wasianski, E. A. C., *Immanuel Kant in seinen letzten Lebensjahren*, in: F. Gross (Hg.), *Immanuel Kant*, Darmstadt 1993 (1804), 189–271.

Wasner, M., *Keiner stirbt für sich allein: Bedeutung und Bedürfnisse des sozialen Umfelds bei Sterbenden*, in: F.-J. Bormann/G. D. Borasio (Hg.), *Sterben. Dimensionen eines anthropologischen Grundphänomens*, Berlin/Boston 2012, 82–91.

Wegleitner, K. et al., *Public Health als kommunale Sorgekultur*, in: H. Schmidt-Semisch/F. Schorb (Hg.), *Public Health: Disziplin – Praxis – Politik* (Sozialwissenschaftliche Gesundheitsforschung), Wiesbaden 2021, 285–302.

Weigend, T., *Teilnahme am nicht freiverantwortlichen Suizid*? in: J. C. Bublitz et al. (Hg.), *Festschrift für Reinhard Merkel*, Berlin 2020, 1129–1140.

Weißer, B., *Strafrecht am Ende des Lebens – Sterbehilfe und Hilfe zum Suizid im Spiegel der Rechtsvergleichung*, in: *Zeitschrift für die gesamte Strafrechtswissenschaft (ZStW)* 128 (2016), 106–138.

Wellhausen, J., *Reste arabischen Heidentums*, Berlin, 1887.

Whitehead, A. N., *Science and the Modern World*, New York 1948.

Whitehead, A. N., *Die Funktion der Vernunft*, Stuttgart 1974.

Whitehead, A. N., *Prozeß und Realität: Entwurf einer Kosmologie*, Frankfurt 1987.

Wielandt, R., *Zum islamischen Verständnis von Sterben und Tod des Menschen*, in: F.-J. Bormann/G. D. Borasio (Hg.), *Sterben: Dimensionen eins anthropologischen Grundphänomens*, Berlin/Boston 2012, 504–528.

Wijdicks, E. F./Varelas, P. N./Gronseth, G. S./Greer, D. M./American Academy of Neurology, *Evidence-based guideline update: determining brain death in adults: report of the Quality Standards Subcommittee of the American Academy of Neurology*, in: *Neurology* 74/23 (2010), 1911–1918, online unter: https://doi.org/10.1212/WNL.0b013e3181e242a8 (Zugriff am 07.06.2023).

Wilkening, K., *Wir leben endlich. Zum Umgang mit Sterben, Tod und Trauer* (Transparent 43), Göttingen 1997.

Williams, B., *The Makropulos Case: Reflections on the Tedium of Immortality*, in: Ders., *The Problems of the Self*, Cambridge 1973 (zitiert nach der Übersetzung in: B. Williams, *Probleme des Selbst*, übers. v. Joachim Schulte, Stuttgart 1987, 133–162).

Williams, B., *Ethics and the Limits of Philosophy*, London 2011.

Williams, N. P., *The Ideas of the Fall and of Original Sin: A Historical and Critical Study*, London 1927.
Wilson, E. O., *Der Wert der Vielfalt. Die Bedrohung des Artenreichtums und das Überleben des Menschen*, München 1995.
Wilson, E. O., *Half the Earth. Our Planet's Fight for Life*, New York/London 2016.
Wintrich, J. M., *Zur Problematik der Grundrechte*, Köln/Opladen 1957.
Wißmann, H., *Einleitung*, in: Ders. (Hg.), *Europäische Verfassungen*, Tübingen ^{2}2019, 1–8.
Wittgenstein, L., *Werke*, 8 Bde., Frankfurt a. M. 1984.
Wittwer, H., *Der Leichnam aus der Sicht der Philosophie*, in: *DZPh* 56 (2008), 97–117.
Wittwer, H., *Risiken und Nebenwirkungen der Lebensverlängerung*, in: H.-J. Höhn (Hg.), *Welt ohne Tod – Hoffnung oder Schreckensvision?*, Göttingen 2004, 19–58.
Wittwer, H., *Philosophie des Todes*, Stuttgart ^{2}2020.
Wohlgschaft, H., *Hoffnung angesichts des Todes. Das Todesproblem bei Karl Barth und in der zeitgenössischen Theologie des deutschen Sprachraums* (BÖT 14), München/Paderborn/Wien 1977.
Wood, A., *Kant's Ethical Thought*, Cambridge 1999.
Wood, A., *Mind the Gap? The Principle of Non-Repeatability and Aquinas's Accout of Ressurrection*, in: *Oxford Studies in Medieval Philosophy* 3 (2015), 99–127.
World Health Organization 24.05.2014, 67th World Health Assembly: *Strengthening of palliative care as a component of comprehensive care throughout the life course*. WHO 67.19, Agenda item 15.5., online unter: https://apps.who.int/iris/bitstream/handle/10665/162863/A67_R19-en.pdf?sequence=1&isAllowed=y (Zugriff am 01.03.2023).
World Health Organization, *Fact sheets*, 05.08.2020, online unter: https://www.who.int/news-room/fact-sheets/detail/palliative-care. (Zugriff am 09.03.2023).
World Health Organization (WHO) (ed.), *Live Life. An implementation guide for suicide prevention in countries*, 2021, online unter: https://apps.who.int/iris/rest/bitstreams/1350957/retrieve (Zugriff am 18.03.2023).
Wright, J., *Between Despondency and the Demon. Diagnosing and Treating Spiritual Disorders in John Chrysostom's Letter to Stageirios*, in: *Journal of Late Antiquity* 8 (2015), 352–367.
Yalom, M. D., *Existential Psychotherapy*, New York 1980.
Yang, E. T./Davis, S. T., *Composition and the Will of God: Reconsidering Resurrection by Reassembly*, in: R. T. Byerly/E. J. Silverman (eds.), *Paradise Understood: New Philosophical Essays about Heaven*, Oxford/New York 2017, 231–272.
Yoke, C. B., *List of Works on Immortality in Science Fiction*, in: C. B. Yoke/D. Hassler (eds.), *Death and the Serpent. Immortality in Science Fiction and Fantasy*, Westport 1985, 209–222.
Zaborowski, H., *Phänomenologie und Theologie*, in: M. Kühnlein (Hg.), *Religionsphilosophie und Religionskritik. Ein Handbuch*, Frankfurt a.M. 2018, 542–553.
Zaman, M. Q., *Death, Funeral Processions, and the Articulation of Religious Authority in Early Islam*, in: *StIsl* 93 (2001), 27–58, online unter: https://www.ilmgate.org/wp-content/uploads/2011/02/Death-Funeral-Processions-and-the-Articulation-of-Religious-Authority-in-Early-Islam.pdf (Zugriff am 29.04.2023).
Zentrale Ethikkommission bei der Bundesärztekammer, *Ärztliche Verantwortung an den Grenzen der Sinnhaftigkeit medizinischer Maßnahmen. Zum Umgang mit Futility*, in: *Deutsches Ärzteblatt* 119/19 (2022) (DOI: 10.3238/arztebl.zeko_sn_futility_2022).
Zoglauer, T., *Geist und Gehirn. Das Leib-Seele-Problem in der der aktuellen Diskussion*, Göttingen 1998.

Namensregister

https://doi.org/10.1515/9783111055602-034

Autorenverzeichnis

Prof. Dr. Gerhild Becker
Lehrstuhl für Palliativmedizin und
Ärztliche Direktorin der Klinik für Palliativmedizin
Universität Freiburg i. Br.

Prof. Dr. Stephan A. Brandt
Stellvertretender Klinikdirektor am Campus Charité Mitte
Universitätsmedizin Berlin

Prof. Dr. Franz-Josef Bormann, M.A.
Lehrstuhl für Moraltheologie
Universität Tübingen

Prof. Dr. Johannes Brachtendorf
Lehrstuhl für Philosophische Grundfragen der Theologie
Universität Tübingen

Prof. Dr. Godehard Brüntrup SJ
Lehrstuhl für Metaphysik, Philosophie des Geistes und Sprachphilosophie
Hochschule für Philosophie München

Prof. Dr. Klaus Corcilius
Lehrstuhl für antike Philosophie
Universität Tübingen

Prof. em. Dr. Christoph Enders
Institut für Grundlagen des Rechts, Juristenfakultät
Universität Leipzig

Prof. em. Dr. Maximilian Forschner
Institut für Philosophie: Lehrstuhl für Praktische Philosophie
Universität Erlangen-Nürnberg

Prof. Dr. Bernd Hecker
Lehrstuhl für Deutsches und Europäisches Strafrecht, Strafprozessrecht sowie Umwelt- und Wirtschaftsstrafrecht
Universität Tübingen

Dr. Markus Held
Norbertusgymnasium Magdeburg

Prof. Dr. phil. habil. Lic. theol. Stephan Herzberg
Lehrstuhl für Geschichte der Philosophie und Praktische Philosophie
Philosophisch-Theologische Hochschule Sankt Georgen

https://doi.org/10.1515/9783111055602-035

Prof. Dr. Helmut Hoping
Lehrstuhl für Dogmatik und Liturgiewissenschaft
Universität Freiburg i. Br.

Prof. Dr. Christoph Horn
Lehrstuhl für Praktische Philosophie und Philosophie der Antike
Universität Bonn

Apl. Prof. Dr. Regine Kather
Philosophisches Seminar
Universität Freiburg i. Br.

Prof. Dr. Mouez Khalfaoui
Lehrstuhl für Islamisches Recht
Universität Tübingen

Dr. Monnica Klöckener, M.A.
Seminar für Alte Kirchengeschichte, Patrologie und Christliche Archäologie
Universität Münster

Prof. Dr. Alfred Königsrainer
Ärztlicher Direktor Universitätsklinik für Allgemeine, Viszeral- und Transplantationschirurgie
Universitätsklinikum Tübingen

Prof. Dr. Oliver Krüger
Lehrstuhl für Religionswissenschaft
Universität Freiburg (CH)

Prof. Dr. Dr. h.c. Andreas Kruse
Institut für Gerontologie: Seniorprofessor distinctus
Universität Heidelberg

Prof. em. Dr. Dr. h.c. Karl-Josef Kuschel
Institut für Ökumenische und Interreligiöse Forschung
Universität Tübingen

Prof. Dr. Volker Leppin
Horace Tracy Pitkin Professor of Historical Theology
Yale University

Apl. Prof. Dr. Hannes Möhle
Albertus-Magnus-Institut
Universität Bonn

Prof. Dr. Christof Rapp
Lehrstuhl für Philosophie III – Antike Philosophie
Universität München

Prof. Dr. Peter Rosenberger
Ärztlicher Direktor der Klinik für Anästhesiologie und Intensivmedizin
Universitätsklinikum Tübingen

Prof. Dr. Thomas Schärtl
Lehrstuhl für Fundamentaltheologie
Universität München

Prof. Dr. Joachim H. Schneider, M.A.
Oberarzt der Chirurgischen Universitätsklinik Tübingen i.R.

Prof. Dr. Oliver Sensen
Department of Philosophy
Tulane University

Prof. em. Dr. Günter Stemberger
Institut für Judaistik
Universität Wien

Prof. Dr. Ulrich Volp
Lehrstuhl für Kirchen- und Dogmengeschichte (Schwerpunkt: Alte Kirche)
Universität Mainz

Prof. Dr. Dr. Holger Zaborowski
Lehrstuhl für Philosophie
Universität Erfurt

www.ingramcontent.com/pod-product-compliance
Lightning Source LLC
LaVergne TN
LVHW092148300926
849161LV00002B/214